有机自由基的电子自旋共振波谱

Electron Spin Resonance Spectroscopy of Organic Radicals

〔瑞士〕法比安·格尔松（Fabian Gerson）
〔瑞士〕沃尔特·胡贝尔（Walter Huber） 著

苏吉虎 译

科学出版社
北京

图字：01-2025-2358 号

内 容 简 介

电子自旋共振波谱，是唯一能原位和无损地直接跟踪有机自由基的物理方法。本书全面系统地介绍了有机自由基的电子自旋共振波谱表征，分总论部分和专论部分两篇，共 11 章。上篇从有机自由基的电子自旋内禀属性入手，介绍了有机自由基物种的分类与产生、电子自旋与磁性核的超精细分裂、电子自旋布居和自由基种类之间错综复杂的关系、双与三共振技术、实验谱图的采集与分析。下篇是不同有机自由基的代表性特征参数的汇编，依次源自于定域在一到三个原子核的自由基、共轭烃自由基、含杂原子的共轭自由基、罕见的饱和烃自由基阳离子，最后是双自由基和三重态分子。

本书既可供从事化学、生物学和医学、药学等领域的研究人员参考，也可供有机化学专业的教学人员和高年级学生参考。

Title: Electron Spin Resonance Spectroscopy of Organic Radicals by Fabian Gerson，Walter Huber，ISBN：3-527-30275-1

Copyright ©2003 WILEY-VCH Verlag GmbH & Co. KGaA，Weinheim

All Rights Reserved. Authorised translation from the English language edition published by John Wiley & Sons Limited. Responsibility for the accuracy of the translation rests solely with China Science Publishing & Media Ltd.（Science Press）and is not the responsibility of John Wiley & Sons Limited. No part of this book may be reproduced in any form without the written permission of the original copyright holder，John Wiley & Sons Limited.

Copies of this book sold without a Wiley sticker on the cover are unauthorized and illegal.

本书中文简体字版专有翻译出版权由 John Wiley & Sons，Inc. 公司授予科学出版社。未经许可，不得以任何手段和形式复制或抄袭本书内容。

本书封底贴有 Wiley 防伪标签，无标签者不得销售。

图书在版编目(CIP)数据

有机自由基的电子自旋共振波谱 /（瑞士）法比安·格尔松（Fabian Gerson），（瑞士）沃尔特·胡贝尔（Walter Huber）著；苏吉虎译.
北京：科学出版社，2025.5. -- ISBN 978-7-03-082175-1

Ⅰ. O482.4

中国国家版本馆 CIP 数据核字第 20251QM868 号

责任编辑：周 涵 孙 曼 / 责任校对：高辰雷
责任印制：张 伟 / 封面设计：无极书装

科学出版社 出版
北京东黄城根北街 16 号
邮政编码：100717
http://www.sciencep.com

北京中石油彩色印刷有限责任公司印刷
科学出版社发行 各地新华书店经销

*

2025 年 5 月第 一 版　开本：787×1092 1/16
2025 年 5 月第一次印刷　印张：32 1/2
字数：656 000
定价：228.00 元
(如有印装质量问题，我社负责调换)

译 者 序

越来越多的实验结果表明，在有机化合物的合成、转化和分解过程中，自由基起到不可或缺的作用。因此，学习和掌握作为唯一能原位和无损地直接表征有机自由基的电子自旋共振波谱方法，就成为相关领域研究人员的必修课程。由 Fabian Gerson 和 Walter Hubert 共著的 *Electron Spin Resonance Spectroscopy of Organic Radicals*，就是根据他们直接置身于其间的有机自由基研究和发展过程而凝练出来的专著（详见原版序，不再赘述），也是相关领域中最全面和最系统地阐述电子自旋共振波谱如何表征有机自由基的专著。

译者在之前的相关专著《电子顺磁共振波谱——原理与应用》（科学出版社，2022 年 3 月）中，曾将原著浓缩成第 3 章的主要内容。但是，无论对于广大从事有机自由基研究工作的人员而言，还是面对当前国内蓬勃发展的有机化学和生物学等领域，仅仅这么一章的篇幅都是远远不够的。这些迫切需求，最终转化为这个译本的诞生。译者希望这本译著，能对我国化学、生物学和医学、药学等领域的有机化学教学和研究有所贡献。

在译著中，译者将原著中的少数几个物理符号的表达方式作了一些改动，以方便读者阅读和理解。例如，在原著中，g_e 因子既表示自由电子的 g 因子，也表示各向同性的 g 因子；在译著中，前者依旧用 g_e 表示，后者以更常用的 g_{iso} 表示。再如，译者把各向异性的 g 因子和超精细耦合常数 A 的三个主值的先后顺序，由原著的 $z、y、x$ 改成更常见的 $x、y、z$。在表格中，自由基的中文、英文名称并存，方便读者检索；对于部分自由基，译者尚未找到公开报道的正式中文名称，故只作尝试性翻译。在正文中，有部分有机物使用了简称或泛称，目的是防止行文被过长学名弄得破碎不堪，完整名字详见相应的表格。原著中存在的如错引表格或图例等的一些明显错误，在译著中已作更正。对于某些内容，译者添加了译者注，方便读者对相应问题的理解。原著中的名词检索，在此被省略不译。

在计算机已经非常普及的今日，读者需要掌握至少一种模拟软件，以加深对自由基 ESR 谱图的理解和掌握。在此，译者向读者推荐基于 Matlab 的 Easyspin 开源软件，这是一款成熟的 ESR/EPR 软件。

原著对电子自旋共振波谱的理论基础，仅作简要介绍，想对此作全面了解的人员，请参阅译者的专著《电子顺磁共振波谱——原理与应用》。

中国科学技术大学和中国科学院微观磁共振重点实验室对本书的翻译工作给予了充分的重视，并提供资助；部分国内同行曾经阅读过译稿，并提出了许多宝贵的修改意见。译者谨向他们表示衷心的感谢。同时，译者希望读者能对译著中的不当之处给予指正。

译　者
乙巳年（2025 年）仲夏

原 版 序

几年前，庆祝了电子自旋共振（electron spin resonance，ESR）波谱自1944年发现以来的第50周年。在诞生之后的30年里，它在有机自由基中的应用经历了迅速扩展的过程[1]，在1965年至1978年间出版了许多专著[2-15]。其中，我们当中一人所撰写的题为《高分辨率ESR波谱》[6]的小册子，关注的是溶液中有机自由基的多重超精细图谱。所讨论的自由基大多是芳香族化合物通过还原或氧化而容易产生的离子。这一限制使篇幅保持在较低水平，而这种易于理解的处理方式使这本小册子对具备有机化学背景的研究人员而言很有吸引力。从那以后，人们一再提出撰写第二个更新版本的建议，但由于各种原因，这些建议没有得到实施。直到最近，在作者于1997年退休后，这样一个计划才得以设想，并于两年后付诸行动。然而，显而易见的是，用几段话补充这本小册子是不足以说明该领域的重要发展的，尤其是在20世纪后30多年里文献所积累的大量数据。因此，必须撰写一个几乎全新的、更全面的版本，但我们试图保持之前简短版本的清晰。

虽然更广泛的电子顺磁共振（electron paramagnetic resonance，EPR）术语被建议采纳，但"ESR"一词一直保留着。这是因为有机自由基的磁性主要源自电子自旋，如2.1节所述。同样保留的是将内容分为总论部分（General Part）和专论部分（Special Part），前者作为该领域的入门，后者是基于超精细数据对有机自由基进行分类和表征。

添加到第一个版本中的最重要的主题如下：

（1）有机π自由基，无论是带电的还是中性的，以及σ自由基，都得到了充分讨论。（2）双自由基和三重态分子也得到了充分讨论。（3）自由基的g_{iso}因子获得了更多关注。（4）对g_{iso}和超精细各向异性的起源和重要性作了详细描述（因此"高分辨率"一词不再适用）。（5）介绍产生自由基的新方法，尤其是采用更高电离能将化合物转变成自由基阳离子的方法，如溶液中使用更有效的试剂，或固体基质中用X或γ射线辐照。（6）多共振方法的介绍，特别是电子-核双共振（electron-nuclear double resonance，ENDOR）谱及其物理基础[12,15,16]。(7) 简要介绍了超越π电子模型的、计算自由基中自旋分布的现代量化方法，并引用了特定自由基的结果。然而，这些方法背后的理论并不在本专著的范围内；相关的计算机程序很容易获得，并很容易被实验人员所掌握。

那些因与有机自由基 ESR 不太相关而没有被提及的几个领域，如下所列：

（1）物理和生物领域的顺磁性物种，如晶体中的色心和高能辐照生物材料产生的自由基。（2）自由基化学，尽管我们已经指出了自由基是如何产生的，以及在许多情况下它们是如何转化为二级顺磁性物种的。（3）有机配体与过渡金属的配合物，因为它们的结构和有机自由基大相径庭，而且它们的超精细主要由重原子磁性核的相互作用决定。（4）除连续波（continuous wave，CW）以外的仪器条件，即脉冲 ESR 和 ENDOR 技术。

1998 年出版了一本阐述 ESR 领域成就的书[17]。自 1965 年以来，与自由基（g_{iso}因子和超精细耦合常数）相关的数据已汇编在 Landolt-Börnstein 系列[18]中，自 1973 年以来英国皇家化学学会《专家定期特别报告》对 ESR 相关出版物进行了综述[19]。

我们感谢我们的同事，伦敦的 Alwyn G. Davies、柏林的 Harry Kurreck 和诺克斯维尔（田纳西州）的 Ffrancon Williams 等三位教授，以及圣拉蒙（加利福尼亚州）的 Marj Tiefert 女士，他们批判性地阅读了书稿并提出了改进建议。感谢 Gudrun Walter、Karen Kriese 和 Romy Kirsten 三位博士以及 Weinhheim Wiley-VCH 的 Hans-Jörg Maier 先生等的建设性合作。我们还特别感谢 Ruth Pfalzberger 女士对图例的娴熟绘制。

目　录

缩写词和符号

上篇　总论部分

第 1 章　电子自旋共振的物理基础 ················· 3

　1.1　电子自旋和磁矩 ································ 3
　1.2　塞曼分裂和共振条件 ···························· 5
　1.3　自旋－晶格弛豫 ································ 6
　1.4　线宽和线型 ···································· 8

第 2 章　顺磁性有机物种及其产生 ··················· 10

　2.1　自旋多重性 ···································· 10
　2.2　中性自由基 ···································· 13
　2.3　自由基离子 ···································· 18
　2.4　三重态：电子-电子的磁性相互作用 ·············· 25

第 3 章　电子-核的磁性相互作用 ····················· 35

　3.1　原子核的磁性 ·································· 35
　3.2　ESR 信号的超精细分裂 ·························· 37

第 4 章　自旋密度、自旋布居、自旋极化和自旋离域 ···· 47

　4.1　基本概念 ······································ 47
　4.2　π 自由基 ······································ 54
　4.3　σ 自由基 ······································ 72

4.4	三重态	75
4.5	自旋布居的计算	77

第 5 章　多共振技术 ... 80

5.1	史料笔记	80
5.2	电子-核双共振	81
5.3	电子-核-核三共振	91
5.4	电子-电子双共振	93

第 6 章　采集和解析 ESR 谱 ... 94

6.1	谱仪简介	94
6.2	g_{iso} 因子	96
6.3	最优实验条件	99
6.4	解析超精细图谱	105
6.5	超精细耦合常数的归属和符号	122
6.6	离子配对	135
6.7	分子内的动力学过程	146

下篇　专论部分

第 7 章　单、双或三核中心的有机自由基 ... 161

7.1	以 C、N 或 O 原子为中心的自由基	161
7.2	以 Si、P 或 S 原子为中心的自由基	181
7.3	以 CC、NN 或 OO 双原子为中心的双核自由基	183
7.4	以 NO 或 NO_2 为中心的双或三核自由基	195
7.5	以 PO、PP、SO、SS 或 SO_2 为中心的双或三核自由基	203

第 8 章　共轭烃自由基 ... 205

8.1	理论导论	205
8.2	奇交替烃自由基	212
8.3	奇非交替烃自由基和自由基二价阴离子	222
8.4	偶交替烃自由基离子	228

8.5	偶非交替烃自由基离子	261
8.6	含受扰闭合共轭环的自由基和自由基离子	273
8.7	蕃自由基离子	294
8.8	轴烯自由基离子	305

第9章 含杂原子的共轭自由基 309

9.1	中性自由基	309
9.2	电子受体的自由基阴离子	323
9.3	电子供体的自由基阳离子	377
9.4	含特殊结构的自由基阳离子	402
9.5	多重氧化还原体系的自由基离子	409

第10章 饱和烃自由基 412

10.1	烷烃自由基阳离子	412
10.2	结构修饰的自由基阳离子	417

第11章 双自由基和三重态分子 424

11.1	双自由基	424
11.2	处于光激发三重态的分子	427
11.3	基态或热可及三重态分子	431

附录 444

A.1	作为自旋标记和自旋加成的硝酰基氧基	444
A.2	自由基阴离子抗衡离子中碱金属核的超精细分裂	446

参考文献 454

缩写词和符号

英文缩写	中文名称或诠释	英文名称或诠释
ESR	电子自旋共振	electron spin resonance
EPR	电子顺磁共振	electron paramagnetic resonance
ENDOR	电子-核双共振	electron-nuclear double resonance
ELDOR	电子-电子双共振	electron-electron double resonance
TRIPLE	电子-核-核三共振	electron-nuclear-nuclear triple resonance
NMR	核磁共振	nuclear magnetic resonance
RF	射频	radio frequency
SLR	自旋-晶格弛豫	spin-lattice relaxation
SSR	自旋-自旋弛豫	spin-spin relaxation
ZFS	零场分裂	zero-field splitting
AO	原子轨道	atomic orbital
LCAO	原子轨道的线性组合	linear combination of AOs
MO	分子轨道	molecular orbital
SOMO	单占分子轨道	singly occupied MO
HOMO	最高占据分子轨道	highest occupied MO
LUMO	最低未占分子轨道	lowest unoccupied MO
NHOMO	次高占据分子轨道	next highest occupied MO
NLUMO	次最低未占分子轨道	next lowest occupied MO
NBMO	非键轨道	nonbonding MO
IE	电离能	ionization energy
EA	电子亲和势	electron affinity
UHF	非限制性 Hartree-Fock 理论	unrestricted Hartree-Fock
DODS	不同自旋使用不同轨道	different orbitals for different spins
INDO	间略微分重叠	intermediate neglect of differential overlap

续表

英文缩写	中文名称或诠释	英文名称或诠释
MNDO	修正忽略双原子微分重叠方法	modified neglect of differential overlap
AM1	奥斯汀模型1（MNDO的重参数化版本）	Austin model 1 (reparametrized version of MNDO)
DFT	密度泛函理论	density functional theory
ACN	乙腈	acetonitrile
DME	1,2-二甲氧基乙烷	1,2-dimethoxyethane
DEE	乙醚	diethylether
DMF	N,N-二甲基甲酰胺	N,N-dimethylformamide
DMSO	二甲基亚砜	dimethylsulfoxide
MTHF	2-甲基四氢呋喃	2-methyltetrahydrofuran
TFA	三氟乙酸	trifluoroacetic acid
THF	四氢呋喃	tetrahydrofuran
Alk	碱金属原子	alkali-metal atom
COT	环辛四烯	cyclooctatetraene
DABCO	1,4-二氮杂双环[2.2.2]辛烷	1,4-diazabicyclo[2.2.2]octane
DDQ	2,3-二氯-5,6-二氰基对苯醌	2,3-dichloro-5,6-dicyano-p-benzoquinone
DPPH	2,2-二苯基-1-苦基肼基	2,2-diphenyl-1-picrylhydrazyl
TCNE	四氰基乙烯	tetracyanoethene
TCNQ	7,7,8,8-四氰基对苯二醌二甲烷	7,7,8,8-tetracyanobenzo-1,4-quinodimethane
TEMPO	4-氧-2,2,6,6-四甲基哌啶-1-氧基自由基	2,2,6,6-tetramethyl-4-oxopiperidin-1-oxyl
TME	四亚甲基乙烷	tetramethyleneethane
TMM	三亚甲基甲烷	trimethylenemethane
TTF	四硫富瓦烯	1,4,5,8-tetrahydro-1,4,5,8-tetrathiafulvalene

符号	中文名称或诠释	英文名称或诠释
e	基本电荷	elementary charge
m_e	电子的静止质量	(rest) mass of electron
m_p	质子的静止质量	(rest) mass of proton
A	ESR 谱线的吸收强度	absorption intensity of ESR line
$\vec{B}$	外磁场	external magnetic field
B	外磁场强度	strength of magnetic field $\vec{B}$
ΔB	谱线宽度	line-width in mT
$\Delta B_{1/2}$	谱线半高的宽度	line-width at half-height
dA/dB	吸收强度 A 对磁场强度 B 作一阶导数	first derivative of A with respect to B
ΔB_{pp}	峰-峰间距（或峰-峰宽）	peak-to-peak-distance in dA/dB
ν	频率	frequency
$\omega = 2\pi\nu$	圆频率	circular frequency
ν_e	电子共振频率	resonance frequency of electron
ν_N	核共振频率	resonance frequency of nucleus
$\Delta\nu$	谱线宽度	line-width in MHz
T	热力学温度	absolute temperature in K
t	时间	time
Δt	自旋态寿命	lifetime of spin state
T_{1e}	电子自旋-晶格弛豫时间	SLR time of electron
T_{2e}	电子自旋-自旋弛豫时间	SSR time of electron
T_{1N}	核自旋-晶格弛豫时间	SLR time of nucleus
T_X	电子自旋-晶格交叉弛豫时间	SLR cross-relaxation time
τ	单个自由基的寿命	lifetime of an individual form of radical
τ_r	旋转相关时间	rotational correlation time
P	跃迁概率	transition probability
η	溶液黏度	viscosity of the solvent
h	普朗克常数	Planck constant
$\hbar = h/2\pi$	约化普朗克常数（即角动量的最小衡量单位）	reduced Planck constant
k	玻尔兹曼常数	Boltzmann constant

续表

符号	中文名称或诠释	英文名称或诠释
μ_0	真空磁导率	permeability of vacuum
$\vec{S}$	电子自旋矢量	electron-spin vector
S_x, S_y, S_z	电子自旋矢量 $\vec{S}$ 的分量	components of $\vec{S}$
S	电子自旋量子数	electron-spin quantum number
M_S, m_s	电子自旋的磁量子数	magnetic electron-spin quantum number
α	自旋方向朝上的电子取 $M_S = +1/2$	spin function for $M_S = +1/2$ (spin up)
β	自旋方向朝下的电子取 $M_S = -1/2$	spin function for $M_S = -1/2$ (spin down)
$\vec{\mu}_e$	电子磁矩	magnetic moment of electron
$\mu_{e,x}, \mu_{e,y}, \mu_{e,z}$	电子磁矩 $\vec{\mu}_e$ 的分量	components of $\vec{\mu}_e$
g_e	自由电子的 g 因子	g-factor of free electron
μ_B	玻尔磁子	Bohr magneton
γ_e	电子旋磁比	gyromagnetic ratio of electron
$\vec{I}$	核自旋矢量	nuclear spin vector
I	核自旋量子数	nuclear spin quantum number
M_I, m_I	核自旋磁量子数	magnetic nuclear spin quantum number
I_S	一组等性核的自旋量子数	spin quantum number of a subset of equivalent nuclei
$\vec{\mu}_N$	核磁矩	magnetic moment of nucleus
$\mu_{N,x}, \mu_{N,y}, \mu_{N,z}$	核磁矩 $\vec{\mu}_N$ 的分量	components of $\vec{\mu}_N$
g_N	核的 g 因子	g-factor of nucleus
μ_N	核磁子	nucleus magneton
γ_N	核旋磁比	gyromagnetic ratio of nucleus
T_x, T_y, T_z	三重态的三个主值分量	components of triplet spin state
T_{+1}, T_0, T_{-1}	较强外磁场中三重态的三个主值分量	components of triplet spin state in a relatively
D	零场分裂张量	ZFS tensor
D_x, D_y, D_z	D 的主值	principal values of D
D, E	以 cm^{-1} 为单位的零场分裂参数	ZFS parameters in cm^{-1}

续表

符号	中文名称或诠释	英文名称或诠释
D', E'	以 mT 为单位的零场分裂参数	ZFS parameters in mT
$\vec{r}$	$\vec{\mu}_e$ 与 $\vec{\mu}_N$ 或 $\vec{S}$ 与 $\vec{I}$ 间的矢量连接	vector joining $\vec{\mu}_e$ and $\vec{\mu}_N$ or $\vec{S}$ and $\vec{I}$
r	$\vec{r}$ 的长度	length of $\vec{r}$
φ	矢量 $\vec{r}$ 与 $\vec{B}$ 的夹角	angle between $\vec{r}$ and $\vec{B}$ in a relatively strong field $\vec{B}$
J	两个单占分子轨道的交换积分	exchange integral over two SOMOs
E_{hf}	超精细相互作用能	energy of hyperfine interaction
E_{dip}	偶极超精细相互作用能	energy of dipolar hyperfine interaction
E_{FC}	费米接触相互作用能	energy of Fermi-contact term
δ_{FC}	费米接触导致的 NMR 位移	NMR shift due to Fermi-contact term
$\rho(x,y,z)$	电子密度	electron density
$\rho_S(x,y,z)$	自旋密度	spin density
ρ_X^ψ	中心核 X 上 ψ 轨道内的自旋布居	spin population in an orbital ψ (AO or MO) centered at the nucleus X
ρ_μ^π	π 中心核 μ 上的 π 自旋布居	π-spin population at π-nucleus μ
ψ_j	第 j 个 π 分子轨道	π-MO
φ_μ	π 中心核 μ 的 p_z 轨道	p_z-AO at π-center μ
$c_{j,\mu}$	中心核 μ 的 ψ_j 轨道的 LCAO 系数	LCAO coefficient at center μ for ψ_j
X	原子核或与其相关的原子	nucleus or the atom pertinent it
X(α), X(β), X(γ), ...	X 是与携带自旋的中心(通常是 π 中心)间隔 1, 2, 3, 4, 5, …个 sp³ 杂化原子的原子	X separated from the spin-bearing center (usually π center) by 1, 2, 3, 4, 5, … sp³-hybridized atoms
a_X	某核 X 的各向同性超精细耦合常数,单位是 mT	isotropic hyperfine-coupling constant of X in mT
a'_X	某核 X 的各向同性超精细耦合常数,单位是 MHz	isotropic hyperfine-coupling constant of X in MHz
a_{X_μ}	π 中心某核 X 的各向同性超精细耦合常数,单位是 mT	isotropic hyperfine-coupling constant of X in or at π-center μ in mT
a'_{X_μ}	π 中心某核 X 的各向同性超精细耦合常数,单位是 MHz	isotropic hyperfine-coupling constant of X in or at π-center μ in MHz

续表

符号	中文名称或诠释	英文名称或诠释
$\boldsymbol{A}_X$	X 核的超精细张量	hyperfine tensor of X
$A_{X,x}, A_{X,y}, A_{X,z}$	超精细张量 $\boldsymbol{A}_X$ 的主值,单位是 mT	principal values of $\boldsymbol{A}_X$ in mT
$A'_{X,x}, A'_{X,y}, A'_{X,z}$	超精细张量 $\boldsymbol{A}_X$ 的主值,单位是 MHz	principal values of $\boldsymbol{A}_X$ in MHz
$A_{X\parallel}, A_{X\perp}$	轴对称超精细张量 $\boldsymbol{A}_X$ 的主值,单位是 mT	principal values of an axial tensor $\boldsymbol{A}_X$ in mT
$A'_{X\parallel}, A'_{X\perp}$	轴对称超精细张量 $\boldsymbol{A}_X$ 的主值,单位是 MHz	principal values of an axial tensor $\boldsymbol{A}_X$ in MHz
$A_{X,dip}$	无迹的超精细各向异性张量	(traceless) hyperfine-anisotropy tensor of X
$2B_{X,dip}, -B_{X,dip}$	以 mT 为单位的轴对称张量 $A_{X,dip}$ 的主值	principal values of an axial tensor $A_{X,dip}$ in mT
$2B'_{X,dip}, -B'_{X,dip}$	以 MHz 为单位的轴对称张量 $A_{X,dip}$ 的主值	principal values of an axial tensor $A_{X,dip}$ in MHz
$\boldsymbol{G}_e$	g 因子的张量	tensor of the g factor
g_x, g_y, g_z	张量 $\boldsymbol{G}_e$ 的主值	principal values of $\boldsymbol{G}_e$
$g_\parallel, g_\perp$	轴对称张量 $\boldsymbol{G}_e$ 的主值	principal values of an axial $\boldsymbol{G}_e$ tensor
Δg	g 因子各向异性的偏差	$g_\parallel - g_\perp = g_z - (g_x + g_y)/2$
$\boldsymbol{G}_{e,aniso}$	无迹的各向异性因素对 g 主值的贡献	(traceless) tensor with anisotropic contributions to g as principal values
g_{iso}	各向同性的 g 因子	the isotropic g factor
$Q_H^{X_\mu H_\mu}$	α-H 的 π-σ 自旋极化参数	π, σ-spin polarization parameter for α-protons
$B_H^{H_{\mu'} H_{\mu'}}$	β-H 的 π-σ 自旋极化参数	π, σ-spin polarization parameter for β-protons
$Q_X, Q_H^{X_\mu X_\nu}, Q_H^{X_\nu X_\mu}$	除 H 外,其他核的 π-σ 自旋极化参数	π, σ-spin polarization parameter for nuclei X other than protons
S_C	碳原子的 π-1s 自旋极化参数	π-1s spin polarization parameter for C
θ	泛指自旋中心 p_z 轴和 C—H (β) 的三面角	dihedral angle between p_z-axis at the spinbearing center and direction of C—H(β) bond of an alkyl substituent, in particular, and of X(α)—X(β), in general
U, V, W	描述溶液中各向异性贡献的相关参数	parameters for anisotropy contributions to ΔB in solution

上篇　总论部分

涵盖1.1~6.7节的上篇，是有机自由基电子自旋共振（electron spin resonance，ESR）波谱的导论。该篇充分地举例说明了ESR谱是如何获得的，以及它们提供了哪些关于这些顺磁性物种的结构信息。大量引用的参考文献和大多数案例都取自我们的工作，因为我们对它们了如指掌。这样选择仅仅是出于行文方便，而不是以实验谱图质量为指导的原则。

第1章 电子自旋共振的物理基础

1.1 电子自旋和磁矩

自旋（spin）是一种内禀的、非经典的轨道角动量。倘若将电子自旋看作是围绕电子某个轴的运动，那么相应的类比示意成如图1.1所示的原子（微观宇宙，microcosmos）和太阳系（宏观宇宙，macrocosmos）。

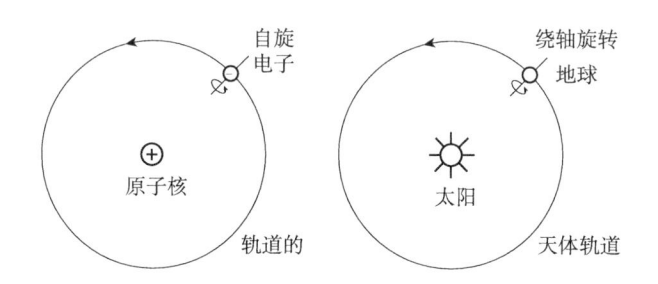

图1.1 原子和太阳系之间的类比

自旋的概念是由 Uhlenbeck 和 Goudsmit 于 1925 年提出的[17a,20]，用来解释在外磁场中碱金属原子的电子光谱中的谱线分裂。这样的分裂，被称为塞曼效应，是不可能起因于轨道角动量的，因为对于碱金属原子 s 轨道中的电子，轨道角动量为零。理论上，自旋波函数于 1925 年被 Pauli 同期引入，作为空间波函数的补充[21]。后来，狄拉克从量子力学的相对论处理中证明了自旋的出现并不需要额外的假设[22]。

一般地，遵循 Pauli 理论，电子被赋予 $S=1/2$ 的自旋量子数。当存在较强的外磁场 $\vec{B}$ 时，第二个（磁性）量子数 $M_S=+1/2$ 或 $-1/2$ 开始生效，与 M_S 相对应的波函数分别用希腊字母 α 和 β 表示。于是，自旋可以用沿着 z 方向绕 $\vec{B}$ 进动的矢量 $\vec{S}$ 来表示（图1.2）。这个矢量的长度 $|\vec{S}|=\hbar\sqrt{S(S+1)}=\hbar\sqrt{3}/2$。其

中，$\hbar = h/2\pi$，$h = 6.6262 \times 10^{-34}$ J·s，是普朗克常数①。z 方向的分量 S_z 是 $\hbar M_S = +\hbar/2$ 或 $-\hbar/2$，前者与 z 轴同向平行，后者与 z 轴反向平行。$M_S = +1/2$ 的自旋也可以表示成自旋朝上（↑）和 α，相应地，$M_S = -1/2$ 表示成自旋朝下（↓）和 β。在绕 $\vec{B}$ 进动时，矢量 $\vec{S}$ 历经了一个半开角为 $\arccos(1/\sqrt{3}) = 54.73°$ 的圆锥区域。分量 S_x 和 S_y 垂直于 $\vec{B}$ 所施加的 z 方向，不能单独确定，但是它们的平方和 $S_x^2 + S_y^2 = |\vec{S}|^2 - S_z^2 = \hbar[S(S+1) - M_S^2] = \hbar\left[\dfrac{3}{4} - \dfrac{1}{4}\right] = \hbar/2$，是一个可观测量。

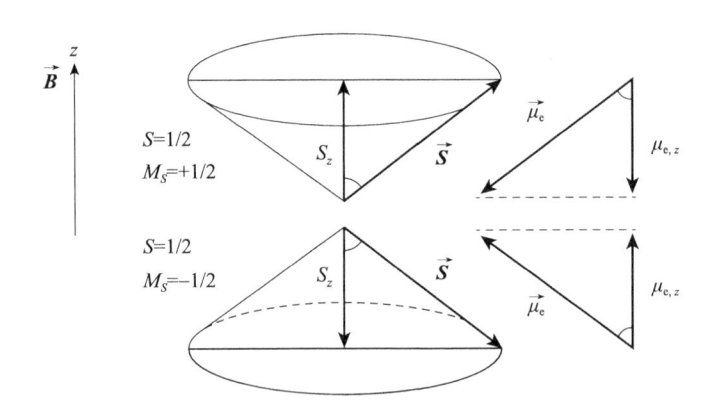

图 1.2　自旋矢量 $\vec{S}$ 绕外磁场 $\vec{B}$ 在 z 方向上的进动

由于内禀自旋（经典地，一个旋转电荷），电子具有一个与 $\vec{S}$ 成正比的磁矩 $\vec{\mu}_e$（图 1.2）：

$$\vec{\mu}_e = [g_e(-e)/2m_e]\vec{S} \tag{1.1}$$

其中，$|\vec{\mu}_e| = [g_e e/2m_e]\hbar\sqrt{S(S+1)}$，$\mu_{e,z} = [g_e(-e)/2m_e]\hbar M_S$。在此，$g_e$ 是电子的 g 因子（无量纲），对于自由电子 $g_e = 2.0023$（0.0023 是相对论修正值），基本电荷 $e = 1.6022 \times 10^{-19}$ C，电子静止质量 $m_e = 9.1096 \times 10^{-31}$ kg。令 $\dfrac{\hbar e}{2m_e} = \mu_B = 9.2741 \times 10^{-24}$ A·m² 或 J/T，其中 μ_B 是玻尔磁子，T = Tesla = V·s·m²，是磁场 $\vec{B}$ 的单位，式（1.1）变成

$$\vec{\mu}_e = -[g_e \mu_B/\hbar]\vec{S} \tag{1.2}$$

---

① 译者注：原著的物理常数比较陈旧，请参考国际数据委员会（CODATA）2022 年的推荐值，下同。

得 $|\vec{\mu}_e| = g_e \mu_B \sqrt{S(S+1)}$ 和 $\mu_{e,z} = -g_e \mu_B M_S = -g_e \mu_B (\pm 1/2)$。令 $g_e \approx 2$，$|\vec{\mu}_e| = \mu_B \sqrt{3}$ 和 $\mu_{e,z} = \mp \mu_B$。因电子携带负电荷，$\vec{\mu}_e$ 的方向与 $\vec{S}$ 的相反（图1.2）。

1.2 塞曼分裂和共振条件

得益于其磁矩 $\vec{\mu}_e$，电子自旋与外磁场 $\vec{B}$ 相互作用，相互作用能 E 是 $\vec{\mu}_e$ 与 $\vec{B}$ 的标量积的负值。这个相应的相互作用能是

$$E = -\vec{\mu}_e \cdot \vec{B} = -\mu_{e,z} \cdot B = -(-g_e \mu_B M_S) \cdot B = g_e \mu_B M_S B \quad (1.3)$$

其中，磁场强度 $|\vec{B}| = B$，$\mu_{e,z} = -g_e \mu_B M_S$。因此，对于这两种不同朝向的自旋，$E$ 是有差别的（图1.3），即

$$\left.\begin{array}{l} E_+ = (+1/2) g_e \mu_B B, \quad M_S = +1/2(自旋朝上、\alpha 或 \uparrow) \\ E_- = (-1/2) g_e \mu_B B, \quad M_S = -1/2(自旋朝下、\beta 或 \downarrow) \end{array}\right\} \quad (1.4)$$

能级差 $E_+ - E_- = g_e \mu_B B$ 是电子塞曼分裂（electron-Zeeman splitting），与所施加的外磁场 $\vec{B}$ 的强度 B 成正比（图1.3）。两个能级间的跃迁 $E_+ \rightleftarrows E_-$，即自旋翻转 $\alpha \rightleftarrows \beta$，服从跃迁选择定则，$\Delta M_S = \pm 1$。这些跃迁可以被电磁波 $h\nu$ 所激励，假如：

(i) 与该电磁波相关的磁场方向垂直于外磁场 $\vec{B}$ 的 z 方向，即位于 xy 平面（图1.2）。

(ii) 电磁波的能量与塞曼分裂的相等，即

$$h\nu = E_+ - E_- = g_e \mu_B B \quad (1.5)$$

此关系被称为共振条件（图1.3）。该条件可变换成

$$\nu = g_e \cdot (\mu_B/h) \cdot B = \gamma_e B \text{ 或 } \omega = g_e \cdot (\mu_B/\hbar) \cdot B = 2\pi \gamma_e B \quad (1.6)$$

其中，ν 是电磁波的频率，$Hz = s^{-1}$；$\omega = 2\pi\nu$，是角频率，也是共振时自旋 $\vec{S}$ 绕 $\vec{B}$ 进动的频率[拉莫尔频率（Larmor frequency）]。将频率 ν 换算成磁场强度 B 的系数，$\gamma_e = \nu/B = g_e \mu_B/h$，被称为电子的旋磁比。当 $g_e = 2.0023$ 时，$\gamma_e = 2.8024 \times 10^{10}$ Hz/T = 28.024 MHz/mT。

为了满足该共振条件，可以通过变化 ν 或 B，或者两者都变。由于技术原因，频率 ν 保持固定而磁场强度 B 变化以使其达到满足共振条件的值。最常使用的是频率 ν 约为 9500 MHz 的 X 波段微波，它需要大约 340 mT 的磁场强度 B。

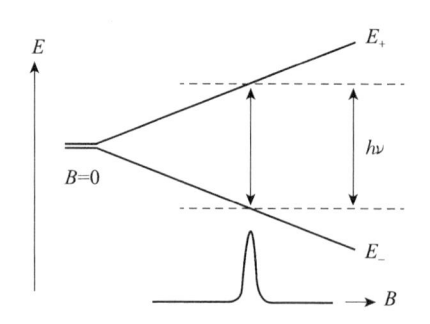

图1.3 以外磁场强度 B 为函数的电子塞曼分裂和共振条件

1.3 自旋-晶格弛豫

除了共振条件，对于一个成功的电子自旋共振实验，还需要满足其他必备条件。为了观测 ESR 信号，一个单电子是不够的，而是需要很多个电子（即一个系综）。并且，这些电子不是孤立的，而是必须嵌入一个通常由原子和分子所提供的适当环境（晶格）中。

处于 E_+ 和 E_- 两个塞曼能级上的电子数量，分别用它们的布居数 n_+ 和 n_- 来表示。根据玻尔兹曼分布定律，这些布居数的比例是

$$n_+/n_- = \exp[-(E_+ - E_-)/kT] = \exp[-(g_e \mu_B B)/kT] \quad (1.7)$$

其中，$k=1.3806\times 10^{-23}$ J/K，是玻尔兹曼常数；T 是热力学温度，单位为 K。未施加外磁场（即 $B=0$）时，布居数 $n_+=n_-$；当 $B>0$ 时，$n_->n_+$，也就是相对于较高能级 E_+ 的自旋布居数，较低能级 E_- 偏多，从而形成一个布居差，$\Delta n=n_- - n_+$。为了形成这个差值，E_+ 中的一部"热"自旋（$M_S=+1/2$，自旋朝上，α）势必转变成 E_- 中的自旋（$M_S=-1/2$，自旋朝下，β）。这个导致磁化的"冷却"过程需要将能量从自旋系综传递给晶格，并受到自旋-晶格弛豫（spin-lattice relaxation, SLR）的影响。在磁场强度 B 中完全磁化后，此时最大布居差 Δn_m 是

$$\Delta n_m \approx (n/2)(g_e \mu_B B)/kT \quad (1.8)$$

其中，$n=n_-+n_+$，是系综的总自旋数。实际上，这个布居差是很小的：当 $g_e=2.0$、$B=340$ mT 和 $T=298$ K 时，它仅相当于 $0.00077n$。然而，因为 $E_+\rightarrow E_-$ 和 $E_-\rightarrow E_+$ 的跃迁概率是相同的，正是由于这个微不足道的布居差，电磁波辐射给出了 ESR 的净吸收。

当外磁场打开时，Δn 作为时间 t 的函数势必从 0 增大至 Δn_m（图1.4中的

曲线①）：
$$\Delta n = \Delta n_\mathrm{m}[1-\exp(-t/T_\mathrm{1e})] \qquad (1.9)$$

在时刻 $t=0$（即 $\vec{B}$ 开启时刻），$\Delta n=0$；当 $t\to\infty$ 时，$\Delta n\to\Delta n_\mathrm{m}$；当 $t=T_\mathrm{1e}$ 时，$\Delta n=\Delta n_\mathrm{m}[1-\exp(-1)]$。$T_\mathrm{1e}$ 被称为电子的自旋-晶格弛豫时间，在此刻热自旋的数量下降到大约 1/e（e 表示自然数）或 1/3。较短（或较长）的 T_1e 意味着有效（或无效）的自旋-晶格弛豫。该弛豫不仅为外磁场 $\vec{B}$ 中的磁化提供了手段，而且还兼顾到 Δn 不会随着持续微波辐照 $h\nu$ 而趋于零。施加微波后，若自旋-晶格弛豫是低效的，那么布居数 n_- 和 n_+ 将会趋于等同，Δn 会从 Δn_m 降至 0。这是 $E_-\to E_+$ 的跃迁数量多于 $E_+\to E_-$ 的跃迁数量造成的。Δn 减少，称为饱和，遵循如下关系：

$$\Delta n = \Delta n_\mathrm{m}\cdot\exp(-2Pt) \qquad (1.10)$$

其中，P 是跃迁概率，$E_-\to E_+$ 的跃迁概率与 $E_+\to E_-$ 的相同。当 $t=0$ 时（即在外磁场 $\vec{B}$ 中开启微波 $h\nu$ 的时刻），$\Delta n=\Delta n_\mathrm{m}$；当 $t\to\infty$ 时，$\Delta n\to 0$。

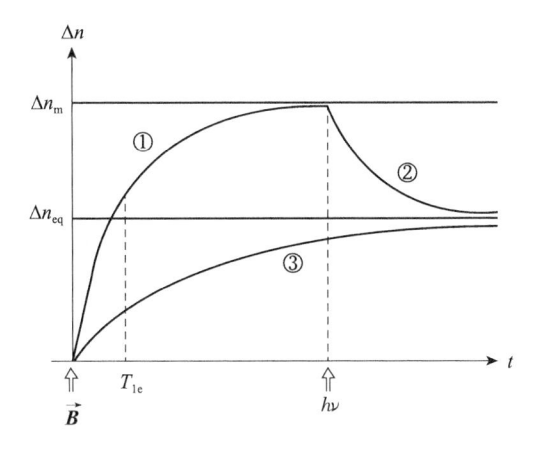

图 1.4　以时间 t 为函数的布居差 $\Delta n=n_- -n_+$。曲线①，开启磁场 B 时的磁化率；曲线②，因启动微波辐照而导致磁化强度的部分衰减；曲线③，同时施加 B 和 $h\nu$ 时的磁化率

事实上，自旋-晶格弛豫抵消了这种饱和效应，因此，所得的新平衡是 $0<\Delta n_\mathrm{eq}<\Delta n_\mathrm{m}$（图 1.4 中的曲线②和③）：

$$\Delta n_\mathrm{eq} = \Delta n_\mathrm{m}/(1+2PT_\mathrm{1e}) \qquad (1.11)$$

分母 $1+2PT_\mathrm{1e}$ 称为饱和项，当 P 高和/或 T_1e 长时而呈大值，当 P 低和/或 T_1e 短时而呈小值。

自旋-晶格弛豫最重要的机制是自旋-轨道耦合，对重原子而言这是实实在在的。对于缺少重原子的有机自由基，自旋-晶格弛豫不是很有效，T_1e 相当长。因此，为了使饱和项 PT_{1e} 尽可能小，P 必须相当低，这通过减小微波的辐照功率 $h\nu$ 实现。然而，由于 ESR 吸收峰与 P 和 Δn_{eq} 都成正比，即正比于 $P/(1+2PT_{1e})$，因此微波衰减过程应连续进行直到 P 值对于所观测强信号是最佳的。这个 P 值随着待研究样品不同而异：T_{1e} 越短（或越长），P 值越大（或越小），所允许的微波功率就越大（或越小）。T_{1e} 可以用饱和实验来确定，其中 PT_{1e} 一项被测量为施加微波功率强度的函数。

1.4 线宽和线型

海森伯不确定关系，$\Delta E \cdot \Delta t \approx \hbar$，可以用另外一个等效公式来表示：

$$\Delta \nu \cdot \Delta t \approx \gamma_e \Delta B \cdot \Delta t \approx 1/2\pi \tag{1.12}$$

其中，$\Delta \nu = \gamma_e \Delta B$（以 Hz 为单位）或 ΔB（以 mT 为单位），代表 ESR 信号的宽度；Δt（以 s 为单位）是自旋态的寿命。显然，该寿命越长（或越短），ESR 信号就越窄（或越宽）。

自旋态 $\alpha(M_S=+1/2$，自旋朝上）或 $\beta(M_S=-1/2$，自旋朝下）的寿命 Δt 由弛豫时间 T_{1e} 和 T_{2e} 所决定：

$$\frac{1}{\Delta t} \approx \frac{1}{T_{1e}} + \frac{1}{T_{2e}} \tag{1.13}$$

其中，T_{1e} 是在 1.3 节所提到的自旋-晶格弛豫（SLR）时间；T_{2e} 是电子的自旋-自旋弛豫（spin-spin relaxation，SSR）时间。自旋-晶格弛豫操控自旋中心与环境（晶格）之间的能量交换，自旋-自旋弛豫由系综内部的相互作用构成，并没有像前者那样存在能量交换。例如，1 和 2 两个自由基能互换各自电子的不同自旋状态（flip-flop，翻番），结果是在总能量不变的情况下各个自旋的寿命变短了：

$$\text{自由基自旋} \begin{bmatrix} 1 & 2 \\ \alpha & \beta \end{bmatrix} \rightarrow \begin{bmatrix} 1 & 2 \\ \beta & \alpha \end{bmatrix}$$

这种现象称为海森伯交换，是在高自由基浓度下发生，当携带自旋的轨道重叠时非常有效。如上所述，缺少重原子的有机自由基 T_{1e} 长（$10^{-3} \sim 10^{-1}$ s）。由于 T_{2e} 更短（$10^{-7} \sim 10^{-5}$ s），于是，$T_{1e} \gg T_{2e}$ 且 $1/T_{1e} \ll 1/T_{2e}$ 的关系一般都可遵循，得

$$1/\Delta t \approx 1/T_{2e} \tag{1.14}$$

因此，根据不确定性原理，线宽（line-width）是

$$\Delta \nu = \gamma_e \Delta B \propto 1/\Delta t \approx 1/T_{2e} \tag{1.15}$$

第 1 章 电子自旋共振的物理基础

其中，$\Delta\nu \approx 10^5 \sim 10^7$ Hz，ΔB 大致介于 $0.001 \sim 0.1$ mT。因此，T_{2e} 可通过测量线宽 ΔB 来确定。

作为磁场强度 B 的函数，ESR 信号一般记录成吸收谱强度 A 对磁场强度 B 的一阶导数，dA/dB（图 1.5）。吸收谱的形状可近似成高斯型或洛伦兹型曲线，或两者的适当混合，在指数（高斯型）或分母（洛伦兹型）中含有 T_{2e}^2。特征参数是 A 的最高值 $A_{\max}$，半高（$A_{\max}/2$）处的峰宽 $\Delta B_{1/2}$，一阶导数曲线 dA/dB 的峰-峰间距 ΔB_{pp}（图 1.5）。对于高斯线型，$A_{\max} = 2\gamma_e T_{2e}$，$\Delta B_{1/2} \approx 0.47/\gamma_e T_{2e}$，$\Delta B_{pp} \approx 0.85 \Delta B_{1/2} \approx 0.40/\gamma_e T_{2e}$；对于洛伦兹线型，$A_{\max} = 2\gamma_e T_{2e}$，$\Delta B_{1/2} \approx 0.32/\gamma_e T_{2e}$，$\Delta B_{pp} \approx 0.58 \Delta B_{1/2} \approx 0.18/\gamma_e T_{2e}$。与洛伦兹型曲线相比，钟形开头的高斯型曲线腰部更宽，尾部更短。

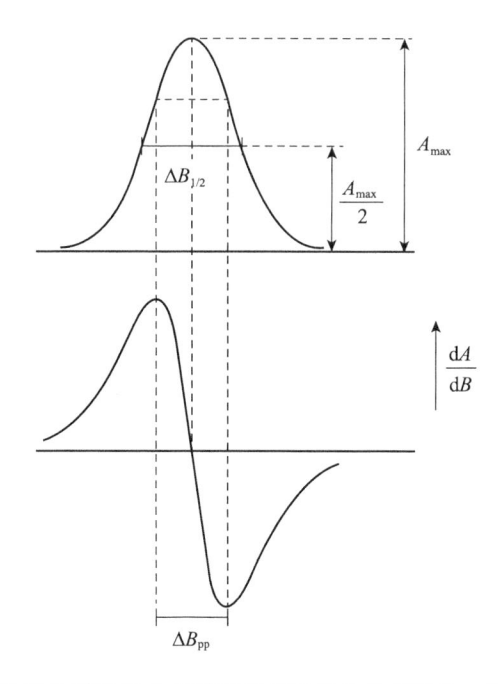

图 1.5 ESR 吸收谱强度 A 及其以磁场强度 B 为函数的一阶导数 dA/dB

第 2 章 顺磁性有机物种及其产生

2.1 自旋多重性

自由基是一类特殊的、顺磁性的分子[17b]，也就是那些经得起 ESR 检验的分子。尽管抗磁性（diamagnetism）是物质的普通属性之一，但顺磁性（paramagnetism）是非零电子总磁矩的分子诊断。在此类分子中，顺磁性掩盖了抗磁性，因为前者的贡献比后者大两个数量级。在原子中，除了球形的 s 轨道之外，磁矩起源于如由 1.1 节所描述的电子自旋以及电子占据的非零轨道角动量特性。然而，在一般分子中，特别是在有机分子中，轨道角动量基本上是无效的［即"淬灭或冻结"（quenched）］，虽然它们可以通过自旋-轨道耦合稍微地改变 g_{iso} 因子。因此，有机分子的顺磁性几乎完全源于电子自旋。

为此，对于这类分子的磁共振，用电子自旋共振（ESR）这个术语更为贴切，而不是那个更通用的电子顺磁共振（electron paramagnetic resonance, EPR）。因为有机分子有许多个电子，所以总自旋波函数源自全部电子的贡献。对于大多数电子，这些贡献是抵消的（它们成对地占据轨道并具有相反的自旋）。因此，只有那些分布于单占的、通常也是最高能量轨道中的未配对自旋电子，才与总自旋波函数有关。于是，自旋量子数 S 是未配对电子相应值 1/2 的正的代数和；自旋多重性（spin multiplicity）$2S+1$，对于奇数（或偶数）个电子取偶数（或奇数），表示成与 S 关联的自旋磁量子数的集合，$M_S=S$, $S-1$, $\cdots$, $-S+1$, $-S$。因此，单个未配对电子形成二重态，即 $2S+1=2$，$M_S=+1/2$ 或 $-1/2$。两个未配对的电子有 $S=(1/2)-(1/2)=0$ 或 $S=(1/2)+(1/2)=1$，也就是它们可能导致 $2S+1=1$ 且 $M_S=0$ 的单重态，或者 $2S+1=3$ 且 $M_S=+1$、0 或 -1 的三重态。相应地，单重态自旋函数是

$$1/\sqrt{2}(\alpha\beta-\beta\alpha) \quad (\text{对于 } S=0, M_S=0) \tag{2.1}$$

三重态自旋函数是

$$\begin{aligned}
&\alpha\alpha &&\text{(对于 } S=1, M_S=+1) \\
&1/\sqrt{2}(\alpha\beta+\beta\alpha) &&\text{(对于 } S=1, M_S=0) \\
&\beta\beta &&\text{(对于 } S=1, M_S=-1)
\end{aligned} \quad (2.2)$$

其中，字母组合 $\alpha\alpha$、$\alpha\beta$、$\beta\alpha$ 和 $\beta\beta$ 中的第一个和第二个字母分别表示第一个和第二个未配对电子。考虑到两个电子的交换，单重态波函数是反对称的（antisymmetric），三重态的三个分量是对称的（symmetric）。因为作为电子的自旋波函数与空间（轨道）波函数乘积的自旋轨道必须反对称，所以单重态的总波函数必须是对称的，对于三重态的必须是反对称的[①]。

在 1.1 节和 1.2 节中介绍的公式，同样适用于任意自旋多重性 $2S+1$ 的自旋矢量 $\vec{S}$ 和磁矩 $\vec{\mu}_e$，以及它们与外磁场 $\vec{B}$ 的相互作用。因此，对于 $2S+1=2$ 且 $M_S=+1/2$ 或 $-1/2$ 的二重态，所得数值和本节所给出的基本上是相同的，$\vec{S}$ 绕 $\vec{B}$ 进动的图示（图 1.2）也是正确的。对于 $S=M_S=0$ 的单重态，矢量 $\vec{S}$ 和磁矩 $\vec{\mu}_e$ 变为零，$\vec{\mu}_e$ 与 $\vec{B}$ 的相互作用也是如此。反过来，对于 $2S+1=3$ 且 $M_S=+1$、0 或 -1 的三重态，有

$$\left.\begin{aligned}
&|\vec{S}|=\sqrt{2}\hbar,\ S_z=+\hbar, 0 \text{ 或 } -\hbar \\
&|\vec{\mu}_e|=\sqrt{2}g_e\mu_B \\
&\mu_{e,z}=g_e\mu_B M_S=+g_e\mu_B, 0 \text{ 或 } -g_e\mu_B
\end{aligned}\right\} \quad (2.3)$$

当 $g_e\approx 2.0$ 时，$|\vec{\mu}_e|\approx\sqrt{2}g_e\mu_B$，$\mu_{e,z}\approx +2\mu_B$、0 或 $-2\mu_B$。$\vec{\mu}_e$ 与 $\vec{B}$ 的相互作用能是

$$E=-\mu_{e,z}B=+g_e\mu_B BM_S=+g_e\mu_B B, 0 \text{ 或 } -g_e\mu_B B \quad (2.4)$$

分别对应于 $M_S=+1$、0 或 -1。

单重态和三重态的三个组分的自旋矢量 $\vec{S}$ 在磁场 $\vec{B}$ 中的进动如图 2.1 所示。

根据 ESR 跃迁选择定则 $\Delta M_S=\pm 1$，当满足共振条件 $h\nu=g_e\mu_B B$ 时，能级 $M_S=+1$ 与 0 及 $M_S=0$ 与 -1 间的跃迁应是允许的。事实上，跃迁方案相当复杂，这是因为未配对电子自旋矢量 $\vec{S}_1$ 和 $\vec{S}_2$ 间的相互作用（2.4 节）。

分子中任意数量未配对电子的自旋多重性均可从图 2.2 所示的分支图中推导出来。例如，三个电子产生一个四重态和两个二重态；四个电子形成一个五

[①] 译者注：全同性要求电子波函数反对称，从而将它们的自旋波函数与空间波函数关联起来。两个电子总自旋为零时，自旋波函数反对称，空间波函数对称；两个电子总自旋量子数为 1 时，自旋波函数对称，空间波函数必须反对称。

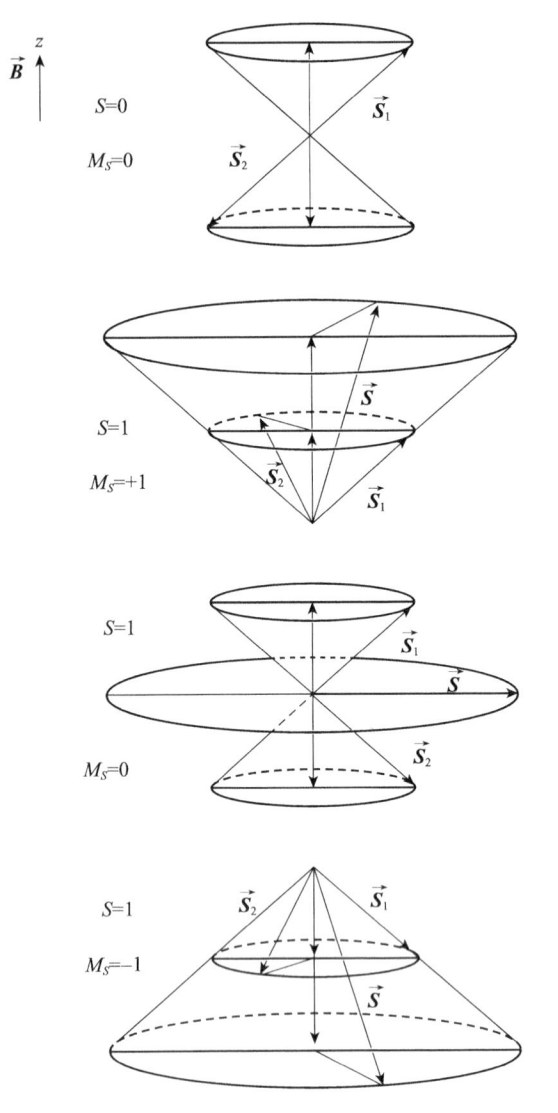

图 2.1 单重态（最顶图）和三重态的三个分量的自旋矢量 $\vec{S}$
在 z 方向上绕磁场 $\vec{B}$ 的进动

重态、三个三重态和一个单重态。显然，$|\vec{\mu}_e|=0$ 的那些单重态是抗磁性的，而具有较高自旋多重性的分子本应呈顺磁性。

在本书中，除了二重态的自由基之外，只考虑三重态。那些具有一个自旋多重性高于三重态的有机分子很少出现在日常普通化学中，虽然在过去十年里这类物种已被合成，并作为有机磁体的模型[23-27]。它们通常是三重态的复制品，如间二甲苯（2.4节）。

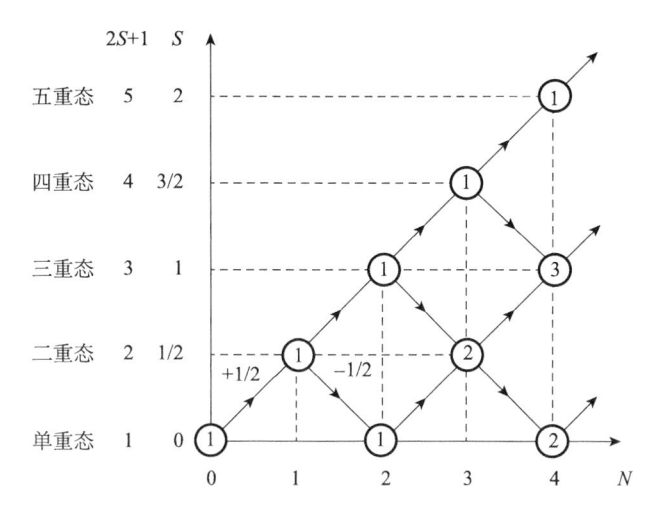

图 2.2 分支图：以未配对电子数量 N 为函数的自旋多重性 2S+1，给定多重性状态的数量用圆圈表示

2.2 中性自由基

自由基是具有一个未配对电子的顺磁性分子，也就是处于二重态的分子。"自由"（free）基起源，是因为对于 19 世纪的化学家，"基"（radical）被定义成含有未配对电子的，可以从一个分子转移到另一个分子的原子基团，如甲基和烯丙基。当时，这样的"基"并没有被当成可以独立的存在。因此，当发现自由基本身可能是独立的分子时，就需要使用"自由的"基一词来将其与传统的"非自由的"（nonfree）基区分开。"自由的"这个形容词现在已经变得多余了，在本书中没有使用。

1900 年，Gomberg 首次证明了现代意义上自由基的存在。他关于三苯甲基（trityl，**1**˙）的开创性论文标志着有机自由基化学的诞生[28,29]。他在试图制备空间位阻六苯乙烷的过程中，发现了三苯甲基与其二聚体（**1**$_2$）处于平衡状态，直到 60 年后该二聚体才被证明是 1,4-环己二烯的一个衍生物[30]。

根据携带自旋的轨道是 π 还是 σ，自由基可分成 π 型或 σ 型（4.2 节和 4.3 节）。π 自由基，特别是那些含有扩展 π 体系的自由基，在热力学上比 σ 自由基更稳定，因此被 ESR 广泛研究的自由基大多数是 π 型的。然而，更有价值的并不是热力学稳定性，而是自由基寿命，是它们的动力学稳定性（或持久性）。持久性自由基通常受到位阻保护，从而阻碍了它和顺磁性或抗磁性分子的二聚化和其他反应[31]。自由基的另一种分类是基于它们的电荷，即经常提到的中性自由基、自由基离子和自由基多价离子（radical polyions）。它们不仅在电荷上有差别，而且在生成方法上也有差别。

本节先讨论中性自由基。理论上，中性自由基的形成需要共价键的均裂。为了产生烃基自由基，一个 C—H 或 C—C 键必须被打断，这需要 $300\sim400$ kJ/mol 的键解离能，除非该键被位阻应力所削弱[32]，如虚拟的六苯乙烷分子中的那种极端情况。显然，如此大的能量不容易通过常规反应方法来提供。并且，由此形成的自由基通常具有高反应性和短命性，所以它们必须被束缚在惰性基质中，或有效地产生以至于获得稳定的浓度。在一个经典研究中，Fessenden 和 Schuler 等用 2.8 MeV 电子原位辐照液化烃，成功地在流动溶液中检测到大量简单的瞬态烃基自由基的 ESR 谱，包括脂肪烃与环烃的，以及非共轭与共轭的[17j,33,34]。其中，那些简单又重要的自由基如甲基、乙基和烯丙基等，均以相当高的浓度分别产生于甲烷、乙烷和丙烯中。

然而，对于大多数实验室，这种高效方法是没有的，因为他们没有机会使用范德格拉夫加速器。因此，为了产生中性烃基自由基，人们发展了可替代的、较少耗时的和较低成本的方法。这些方法通过原位光解含有较弱 C—X 键的前体，尤其是碘化物[35,36]或二酰基过氧化物，从而避免了直接打断 C—H 或 C—C 键的麻烦，其中，不稳定的 O—O 键（译者注：键解离能约 200 kJ/mol）很容易被光解而断裂，有两个 CO_2 分子释放出，留下两个烃基自由基 **R**·[37-39]：

$$\text{RCOO—OOCR} \xrightarrow{h\nu} 2\text{RCOO}\cdot \longrightarrow 2\mathbf{R}\cdot + CO_2$$

烃基也能容易地通过叔丁基过酸酯的光解来制备，产生烃基自由基 **R**· 和叔丁氧基自由基[40,41]：

$$\text{RCOO}t\text{-Bu} \longrightarrow \mathbf{R}\cdot + CO_2 + t\text{-BuO}\cdot$$

通过这种方式，可以获得高浓度的甲基自由基。较大的 g 各向异性导致严重的谱线增宽，t-BuO· 的 ESR 谱图并没有被检测到。

Krusic 和 Kochi 等开创了一种同样涉及 t-BuO· 的有效且相对简单的方法，与 Fessenden 和 Schuler 等的方法相比还具有一些明显的优势[42-46]。他们利用了在纯的或环丙烷稀释的前体溶液中的二叔丁基过氧化物。该过氧化物在低温下的光解产生两个叔丁氧基自由基,从前体中夺取一个 H 原子而产生自由基。这种方法特别适用于生成共轭自由基,如烯丙基和苄基等:

$$t\text{-BuOO}t\text{-Bu} \xrightarrow{h\nu} 2\ t\text{-BuO}^{\cdot}$$

$$CH_2\!\!=\!\!CHCH_3 + t\text{-BuO}^{\cdot} \longrightarrow CH_2\!\!=\!\!CHCH_2^{\cdot} + t\text{-BuOH}$$

$$Ph\,CH_3 + t\text{-BuO}^{\cdot} \longrightarrow PhCH_2^{\cdot} + t\text{-BuOH}$$

该方法的第一步是通过三烷基硅基或三烷基锡基自由基,将卤代烃转变成烃基自由基[47-53],例如:

$$Et_3SiH + t\text{-BuO}^{\cdot} \longrightarrow Et_3Si^{\cdot} + t\text{-BuOH}$$

$$n\text{-Bu}_3SnH + t\text{-BuO}^{\cdot} \longrightarrow n\text{-Bu}_3Sn^{\cdot} + t\text{-BuOH}$$

接着,这些自由基中间体再夺取卤化物中的卤素,例如:

$$CH_3Br + Et_3Si^{\cdot}(n\text{-Bu}_3Sn^{\cdot}) \longrightarrow CH_3^{\cdot} + Et_3SiBr(n\text{-Bu}_3SnBr)$$

可替代过氧化物的是 H_2O_2,其 O—O 键断裂而形成的 $HO^{\cdot}$ 自由基,可用于从醇和水溶性酯中夺取 H 原子。这个断裂在固相基质中通过低温光催化来实现[54-58],或最好地,将相关的醇或酯的酸性溶液和 H_2O_2 与 Ti(Ⅲ)[59-63]、Fe(Ⅱ)[64] 或 Ce(Ⅲ)[65] 等离子一起构成一个流动体系:

$$Ti(Ⅲ) + H_2O_2 \longrightarrow Ti(Ⅳ) + HO^{\cdot} + HO^{-}$$

$$CH_3OH + HO^{\cdot} \longrightarrow {}^{\cdot}CH_2OH + H_2O$$

在某些情况下,有机阳离子(R^+)与锌粉反应[66,67]或被电解还原[68],转变成中性自由基:

$$R^+ + e^- \longrightarrow R^{\cdot}$$

二级自由基通常通过一级自由基($R^{\cdot}$)加成到烯烃双键上而获得[69-71]:

$$R^{\cdot} + R_1R_2C\!\!=\!\!CR_3R_4 \longrightarrow RR_1R_2C\!\!-\!\!C^{\cdot}R_3R_4$$

哪怕形式上的双键是芳香族化合物[72-74]或富勒烯[75,76]的一个局部,这种加成反应也能进行。这种类型的加成特别有用,当 $R^{\cdot}$ 是瞬态的而二级自由基是持久的,如后者是亚硝基化合物时发生:

$$R^{\cdot} + R'N\!\!=\!\!O \longrightarrow RR'N\!\!-\!\!O^{\cdot}$$

$R'N\!\!=\!\!O$ 和 $RR'N\!\!-\!\!O^{\cdot}$ 分别被称为自旋捕获剂和自旋加成物[77-79](附录 A.1)。

短寿命的自由基,如烃氨基和烃氧基等,在室温下通过 X 射线辐照金刚烷基质中的相应前体而产生[80-83]。这种基质起到了各向同性介质的作用,因而观察到的 ESR 与溶液中的相当。在大多数持久性的烃基自由基中,分子中携带自旋的片段受到大体积取代基的位阻保护。该类自由基的两个典型代表是 1,3-二(芴基)-2-苯烯丙基自由基($2^{\cdot}$)[84]和全氯代三苯甲基自由基($3^{\cdot}$)[85]。

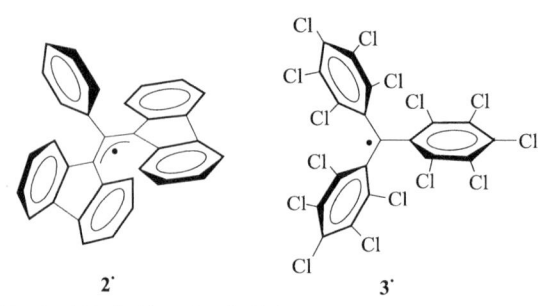

没有位阻保护基团的高持久性中性烃基自由基（8.2节）以䓛基（**4·**）及其衍生物[86-91]为例。䓛基自由基在汽油馏分热解产物中可被检测到[87]，实验上只要将其四氯化碳溶液暴露于空气中即可形成，其中一个 H 原子被 O_2 分子所夺[86,88]。

䓛基自由基与其二聚体（**4**$_2$）处于平衡，并且可以轻易地经加热而再生。

未配对电子主要位于杂原子上的持久性自由基比 C 中心的更常见（9.1节）。这一说法也特别适用于以氮为杂原子的自由基，如一些苦基肼基、吡啶基、四嗪基和许多亚硝基化合物。下面给出了具有代表性的例子。

固态的 2,2-二苯基-1-苦基肼基自由基（DPPH，**5·**）[2,3,92,93]已经实现商品化，是 ESR 研究最深入的第一批自由基之一。吡啶碘化物用锌粉还原，产生 1-乙基-4-甲氧基羰基吡啶自由基（**6·**），可通过蒸馏提纯[66]。甲䐶（formazane）前体的烷基化和随后的氧化，产生稳定的 1,3,5-三苯基四联氮基（1,3,5-三苯基-1,2,4,5-四嗪）自由基（**7·**）[94,95]：

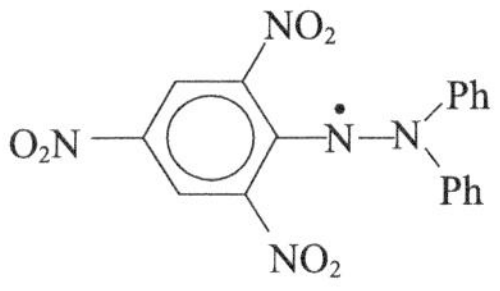

源自一氧化氮的硝酰基氧基自由基（或氮氧自由基 NO·），是一大类持久性自由基[96]，而一氧化氮是最简单的无机自由基之一，也是重要的生物"信使"。硝酰基氧基自由基的通式是 RR′N—O·，其中 R 或 R′是烷基或芳基。硝酰基氧基自由基可很容易地制备，通过在各种溶剂中用 H_2O_2[96-99]、过氧化物[100-102]、Ag(Ⅰ)[103]，或 H_2O_2 和 Ti(Ⅲ)[104]等氧化相应的仲胺或肟而获得。特别是，众所周知，硝酰基氧基自由基是瞬态自由基加成到亚硝基化合物或硝酮等自旋捕获剂上的自旋加成物，也可以作为添加到生物体系的自旋探针（附录 A.1）。最著名的硝酰基氧基自由基大概是 4-氧-2,2,6,6-四甲基哌啶-1-氧基自由基（TEMPO，8·）[97,105]：

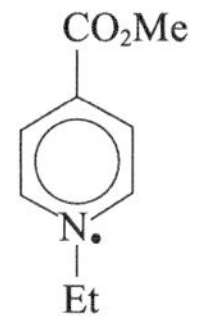

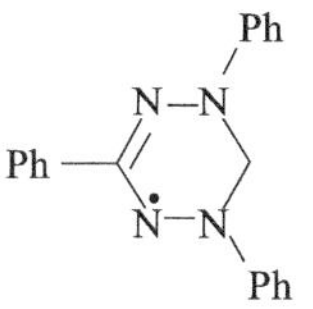

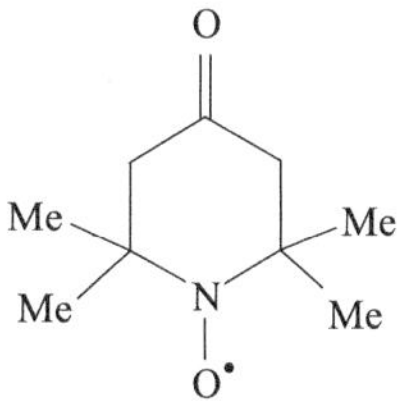

那些未配对电子主要位于 O 原子上的自由基，如芳氧基自由基[106-109]，当自旋中心被庞大体积取代基所保护时，也是持久性的。它们是通过酚在混入亚铁氰化钾碱性水溶液的有机溶剂中氧化而产生的。突出的代表是 2,4,6-三叔丁基苯氧基自由基（9·）[108]和加尔万氧基自由基 10·（galvinoxyl 或 Coppinger's radical）[109]。

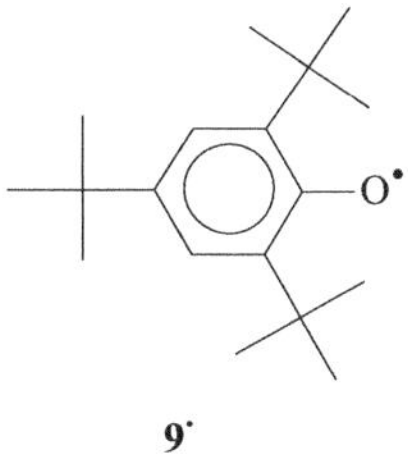

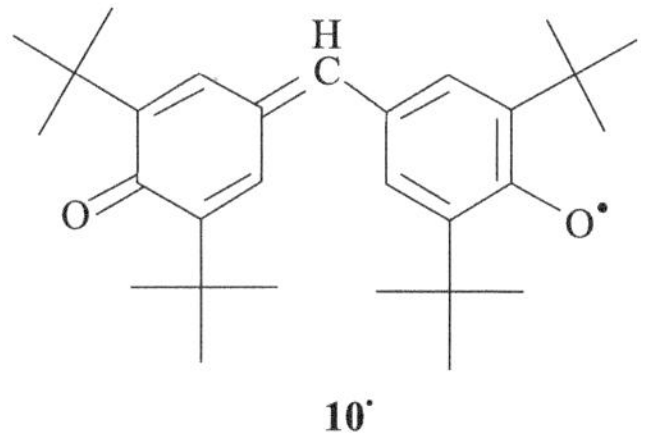

到目前为止，所考虑过的自由基都是 π 型的。由于其低稳定性和高反应性，σ 自由基不太容易检测到。然而，几个简单且重要的物种必须被提及。例

如，乙烯基自由基（**11·**），产生于 2.8 MeV 电子辐照液化乙烷[17j,34]或乙炔中 HI 的光解[110]；苯基自由基（**12·**），来自基质中固体碘苯与钠反应[111]，或发生光解[36]，或 2.8 MeV 电子辐照溴苯水溶液[112]；甲酰基自由基（**13·**），先是产生于 HI 在固体 CO 中的光解[113]，后来是产生于固体甲醛的光解[114]。

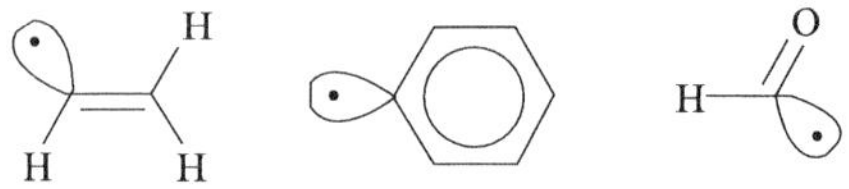

11·   **12·**   **13·**

环丙基自由基（**14·**），首先是通过用 2.8 MeV 电子辐照液化环丙烷而产生的[34]，可归为介于 π 和 σ 自由基之间的中间类型（4.3 节和 7.1 节）。

在以杂原子为中心的 σ 自由基中，应该提到亚氨基氧基自由基（7.4 节），例如，（**15·**）通过流动甲醇中相应的醛肟与 Ce(Ⅳ) 反应而形成[115]。

即使是 σ 自由基也可以通过位阻保护而持久存在，2,4,6-三叔丁基苯基自由基（**16·**）就是如此，产生于 1-溴前体与 Me₃Sn· 反应的溶液中[49]。

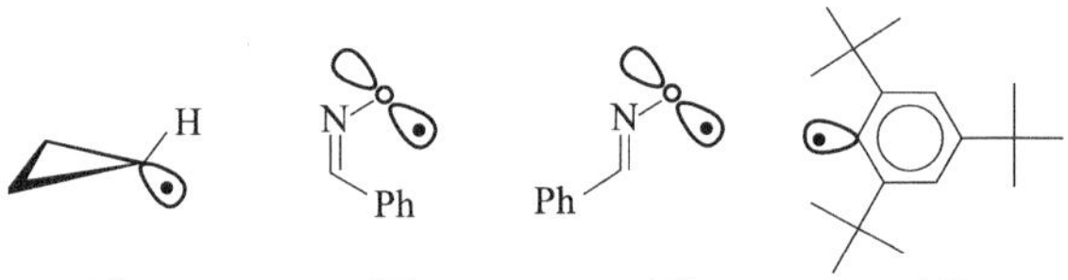

14·   *cis*-**15·**   *trans*-**15·**   **16·**

2.3　自由基离子

19 世纪的化学家反反复复地发现有机自由基离子，如 Wurster 蓝或试剂，即 N,N,N',N'-四甲基对苯二胺（**17**）阳离子，但他们无法甄别这些有色物种的本性[17e]。

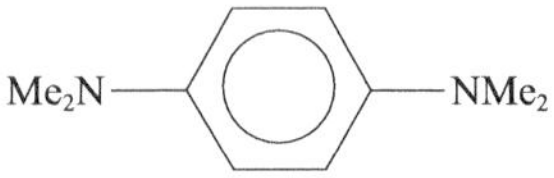

17

有机自由基离子早在 1920~1940 年间就被认为是存在的，如酮[116-119]、醌[120,121]和萘[122,123]等的阴离子。然而，直到 ESR 出现，它们的结构才被准确地解析。

自由基离子的产生需要氧化还原反应，也就是电子自中性抗磁性分子传出或向中性抗磁性分子传递。从这样的中性分子中夺取电子，产生自由基阳离子，是氧化反应（在气相和固相中也称为电离）；而摄入电子则形成自由基阴离子，是还原反应。因此，在自由基阳离子和阴离子的形成过程中，分子分别充当电子供体和受体。在气相中，分子释放电子的倾向以其电离能（ionization energy，IE）为特征，它的电子亲和势（electron affinity，EA）可衡量其是否准备好接纳额外的电子。这两个特征值在很大程度上取决于分子结构[9d]。对于有机分子，电离能为 +5 ~ +15 eV (+500 ~ +1500 kJ/mol，1 eV ≈ 96.5 kJ/mol)，这是电离过程中必须施加的能量。电子亲和势是 +4 ~ -2 eV (+400 ~ -200 kJ/mol)。实际上，因为电子亲和势等于所得自由基阴离子的电离能，所以正值表示摄入电子后能量减少，负值表示能量增加。因此，从能量角度来看，相比自由基阳离子，自由基阴离子的形成耗能更小。事实上，直到 1980 年，ESR 所研究的自由基阴离子数量远比阳离子的多得多[18]，尽管新的电离方法使这种不平衡在过去二十年中得到了一定程度的改善。

乍一看，气相中形成自由基阳离子和某些自由基阴离子所需的大量能量，如 IE 和 EA，似乎令人沮丧。实际上，在溶液里中性分子和它们的自由基离子之间的能量平衡常常有利于向后者转变，因为自由基离子从与周围物种的相互作用中受益，如溶剂分子的溶剂化或抗衡离子的库仑吸引。原则上，倘若找寻到合适的条件，每个分子都可以被氧化成自由基阳离子，也可以被还原成自由基阴离子。因此，总体讲，自由基离子的产生看来是比中性自由基更简单。因为它们的电荷，与中性自由基相比，自由基离子的二聚体不太常见，当排除空气和水分后许多自由基离子会在溶液中持续存在。自由基离子的诱导方法有化学法（通常与光解法相结合）、电解法和辐解法。

自由基阴离子

将有机物还原成自由基阴离子的最古老也是最标准的方法是在醚溶剂中与钾或其他碱金属反应，所使用的醚是 1,2-二甲氧基乙烷（DME）、四氢呋喃（THF）[124-142]，或不太常见的 2-甲基四氢呋喃（MTHF）[140-142]。极性更强的六甲基磷酰三胺（HMPT）也会用作溶剂，尽管它不容易干燥和纯化[143,144]。在还原过程中，有机物分子接受来自 Li、Na、K、Rb 或 Cs 的电子：

$$\mathbf{M} + \mathbf{K} \longrightarrow \mathbf{M}^{\cdot -} + \mathbf{K}^{+}$$

碱金属的还原能力随着其电离能的降低而增加，也就是从 Li 经 Na、K 和 Rb 到 Cs 的次序。将彻底干燥的含有底物有机物的醚与新切割的 Li 块或 Na、K、Rb、Cs 的热升华金属镜（sublimed metallic mirror）接触，反应在真空中进行。其中，对于高反应活性的 Rb 和 Cs，优选可热分解的叠氮化物为起始原料。自由基离子的形成通常会伴随着某种明亮色彩的出现。一个可以避免有机物直接与金属镜接触的改进方法是在低温下，首先将碱金属，最好是 K 或 Na/K 合金，溶解在 DME 或 HMPT 中以形成溶剂化电子的蓝色溶液，然后再进行反应[145]。这种溶液的还原能力随着可见光辐照而增强，以至于即使电子亲和势非常低的苯衍生物也可以被还原成自由基阴离子[146]：

$$K + solv. \xrightarrow{h\nu} K^+ + e^-_{solv.}$$

$$M + e^-_{solv.} \longrightarrow M^{\cdot -} + solv.$$

与碱金属的反应，用于产生几乎所有芳烃[6,18,124-139,145,146]、轮烯[147-150]、环蕃[151-156]、杂环化合物[157-167]、酮[168-172]和富勒烯[173,174]等化合物的自由基阴离子。在与碱金属镜长时间接触时，容易还原的中性化合物或含有一个以上电子接受基团的化合物，可能会接受一个以上的电子以产生抗磁性二价阴离子 M^{2-} 或二价阴离子三重态 $M^{\cdot\cdot 2-}$ [175,176] （2.4 节），甚至自由基三价阴离子 $M^{\cdot 3-}$：

$$M^{\cdot -} + K \longrightarrow M^{2-} （或 M^{\cdot\cdot 2-}） + K^+$$

$$M^{2-} （或 M^{\cdot\cdot 2-}） + K \longrightarrow M^{\cdot 3-} + K^+$$

已获得的自由基三价阴离子的来源分别是：（1）具有高电子亲和力的四氰基芳基醌二甲烷[177,178]；（2）数种非交替芳烃、轮烯和 1,8-二苯基萘[178]；（3）苯基取代的二苯并[2.2]对环蕃-1,9-二烯[156]、心环烯[179]、2,4,6-三苯基磷杂苯[180,181]、二磷酸聚苯[181]和富勒烯[174]。

在某些情况下，自由基阴离子会发生歧化反应，形成中性分子与二价阴离子[182]，削弱了对前者的探测[183]：

$$2M^{\cdot -} \longrightarrow M + M^{2-}$$

由于阴离子与带正电抗衡离子的配对（6.6 节），低溶剂化能力的醚（如 MTHF）有利于这种歧化。自由基阴离子可以通过光催化引起的电子损失而从二价阴离子或三价阴离子中再生：

$$M^{2-} （或 M^{\cdot\cdot 2-}） \xrightarrow{h\nu} M^{\cdot -} + e^-$$

$$M^{\cdot 3-} \xrightarrow{h\nu} M^{2-} （或 M^{\cdot\cdot 2-}） + e^- \xrightarrow{h\nu} M^{\cdot -} + e^-$$

当以现成的二价阴离子盐为起始原料时，该方法就特别有用[184,185]。二氢前体可以去质子化变成二价阴离子，随后经温和的氧化转变成自由基阴离子[177]：

$$MH_2 \longrightarrow M^{2-} + 2H^+$$

$$M^{2-} \longrightarrow M^{\cdot -} + e^-$$

具有奇数个 π 中心的中性自由基 $R^{\cdot}$，通常会被还原成抗磁性阴离子 R^-，甚至被还原成自由基二价阴离子 $R^{\cdot 2-}$ [67,147,186-189]：

$$R^· + K \longrightarrow R^- + K^+$$
$$R^- + K \longrightarrow R^{·2-} + K^+$$

好的电子受体，如二酮、醌和多氰基或多硝基取代的其他化合物，通过温和试剂如葡萄糖[148,190]、连二亚硫酸钠[191]、锌粉[190,192]或汞金属[193]等的处理，转变成自由基阴离子。典型的电子受体是四氰基乙烯（TCNE，**18**）、对苯半醌（**19**）、7,7,8,8-四氰基对苯二醌二甲烷（TCNQ，**20**）和对二硝基苯（**21**）（9.2节）。

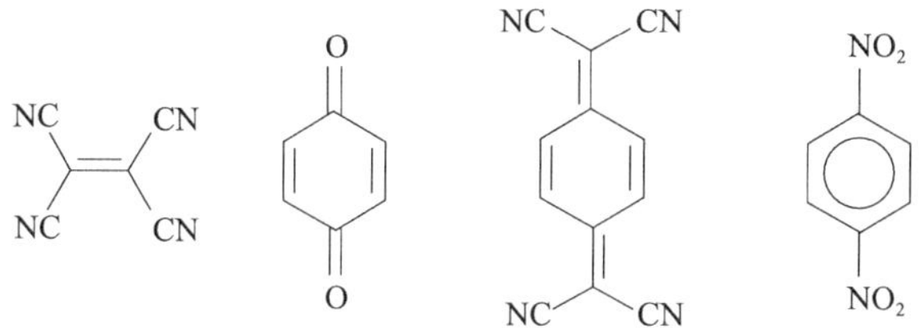

18　　**19**　　**20**　　**21**

一个替代上述化学法的重要方法是原位电解还原，它最初应用于苯的硝基衍生物[194-197]和蒽[198]。以 0.1 mol/L 四烷基高氯铵的乙腈（ACN）、二甲基亚砜（DMSO）或 N,N-二甲基甲酰胺（DMF）为溶剂，汞池为工作电极。后来，这种方法应用于液氨[199-201]或 THF[202]中的多烯烃，用铂丝代替汞池，或应用于 DMF、THF、DME 中的芳烃[203,204]，使用金汞齐（amalgamated gold）螺旋阴极。总体而言，电解还原法已被广泛应用于许多不同类别的有机物，如硝基烷[205]、氰基取代化合物[206,207]、杂环[167,208,209]、轮烯[210,211]、酮[212-215]和醌[216-219]。

自由基阳离子

与自由基阴离子的标准化学制备法（即碱金属还原）相比，不存在类似的将中性有机物氧化成自由基阳离子的单一方法。芳烃溶解在浓硫酸中是生成芳烃自由基阳离子的第一种常规方法，酸既是溶剂又是氧化剂[127,129,136,159,220-224]。在少数情况下，紫外辐照能提高该方法的效率[225]。使用硫酸是一个相当粗糙的方法，其确切反应历程尚未完全清楚；因此，它被更精炼的方法所取代[226,227]。氧化可以在其他替代 H_2SO_4 的质子酸中发生，如 CF_3COOH（三氟乙酸，TFA）、FSO_3H/SO_2（氟磺酸/二氧化硫）[228]、TFA 与硝基甲烷或二氯苯的混合液[229,230]。在硝基甲烷或二氯甲烷中，质子酸通常被如 $AlCl_3$[150,230-235]、SbF_5[236,237]、熔融 $SbCl_3$[238-241]、$SbCl_5$[242]等路易斯酸所取代。特别是，含 $AlCl_3$ 的二氯甲烷已经被证明是烃[233-235]、硫杂环[230]和有机硅[232]等的首选体系，而 SbF_5 则适用于许多三烃基胺[236,237]。这些反应中一些抗衡负离子的性质仍然不确定：
$$M + AlCl_3 \longrightarrow M^{·+} + AlCl_4^- \ (?)$$

在二氯甲烷中，包括烃和含氮有机物在内的许多有机物与商品化的三（4-溴苯基）六氯锑酸铵[243-246]或其三（2,4-二溴苯基）类似物[245,247]发生电子传递的氧化。这些试剂是顺磁性的，分别被称为"魔蓝"（magic blue）和"魔绿"（magic green），后者是更强的氧化剂：

$$M + Ar_3N^{·+} \longrightarrow M^{·+} + Ar_3N$$

其中 Ar 表示 4-溴-苯基或 2,4-二溴苯基。最近，对于不太难氧化的化合物，已发现含有不同电子受体的 1,1,1,3,3,3-六氟异丙醇是产生高持久性自由基阳离子的合适溶剂[248-250]。

此外，在质子溶剂中的 Ag(Ⅰ) 盐[164]，以及在三氟乙酸、二氯甲烷或二者混合液中的 Hg(Ⅱ) 盐[251-254]、Tl(Ⅲ) 盐[255,256]、Ce(Ⅳ) 盐[257]、Co(Ⅲ) 盐[258-260]，已被有效地应用于产生自由基阳离子，尤其是当它们的氧化能力通过附加紫外辐照而增强时[251-253]：

$$M + Hg(Ⅱ) \xrightarrow{h\nu} M^{·+} + Hg(Ⅰ)$$

通过这种方式，奠[261,262]与环辛四烯[263]等的衍生物可以变成自由基阳离子。奠[259]和环辛四烯[260]等母体的氧化需要使用快流技术（rapid-flow system），而未取代的苯和多烯烃必须经过如下更严格的处理。醌[264,265]和偶氮芳烃[265-267]在酸性溶液中电解还原或用连二亚硫酸钠或锌"化学"还原时，所形成的相应持久性自由基阳离子，代表着在两个 O 或两个 N 原子上双质子化的自由基阴离子：

$$M + e^- + 2H^+ \longrightarrow MH_2^{·+}$$

在有些情况下，在 DME 中用钾镜以及在 DMF 或甲醇中用锌粉，自由基阳离子是通过还原抗磁性二阶阳离子而得到的[267-268]：

$$M^{2+} + K/Zn \longrightarrow M^{·+} + K^+/Zn^{2+}$$

电解氧化是一种产生自由基阳离子的方法，几乎与产生自由基阴离子的类似还原法同时被引入到实验中[17h]。通过该方法获得的第一个自由基阳离子，是在含 0.1 mol/L 高氯酸钠乙腈溶液中的对苯二胺自由基阳离子，以铂丝作为工作电极[269]。在二氯甲烷、三氟乙酸及其酸酐（10:1:1）的混合液中，螺旋形金阳极被证明更有效，特别是对于芳烃的氧化[204,270]。对于阳离子和阴离子，电解法的实验结果是和产生自由基离子的化学方法相互印证。电解法已被广泛用于氧化一部分烃[204,270-273]及许多胺与肼[274-281]。

与带负电荷的物质相比，带有一个以上正电荷的顺磁性物质很少被 ESR

观察到。三（二甲基氨基）环丙烯自由基二价阳离子，是用硫酸或电解氧化相应的抗磁性阳离子产生的[282]。据报道，六氮杂十八氢蔻（hexaazaoctadecahydrocoronene，HOC）能形成自由基三价阳离子[283]，而最近，在分别含有两个和三个四硫富瓦烯单元的膦氧化中，获得了形成自由基三价阳离子和自由基五价阳离子的有力证据[284]。在少数几个研究中也观察到了三重态二价阳离子的形成[277,283,285]（2.4节）。

一个经常发生的反应是自由基阳离子与其中性前体的π络合形成二聚体自由基阳离子[204,242,270,287,288]。温和的氧化剂、高浓度的前体和低温等均有利于这种二聚反应[204]：

$$M^{\cdot+} + M \longrightarrow M_2^{\cdot+}$$

这种二聚体自由基阳离子将在8.4节中给予更详细的讨论。

好的电子供体，类似于好的电子受体，是那些被烷氧基和氨基等斥电子基取代的π体系，如1,2,4,5-四甲氧基苯（**22**）、N,N,N',N'-四甲基对苯二胺（**17**）和四（二甲氨基）乙烯（**23**），或者那些含富电杂原子（主要是硫）的体系，如四硫富瓦烯（TTF，**24**）（9.3节）。这些化合物很容易被各种各样的化学法和电解法氧化成自由基阳离子。自从由TCNQ（**20**）和TTF（**24**）组成的晶体电荷转移络合物（charge-transfer complex）作为第一种表现出高导电性的有机材料（一种"有机金属"）被发现后，优良的电子受体和供体就受到广泛关注[289]。随后，许多TTF衍生物的自由基阳离子获得研究[230]，而它们的盐或衍生物与受体络合物的导电性能等也已被研究[290-294]。

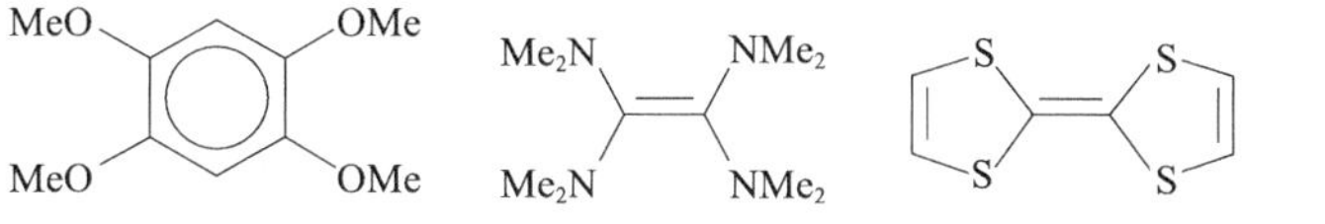

一部分烃和含氮有机物是中等强度的电子供体，尽管它们并不含有共轭的π体系。它们的自由基阳离子已经被EPR、化学法和电解法等所研究，它们的热力学和动力学稳定性归因于其特殊的结构特征。在这方面，乙烯、氨和联氨的烷基取代衍生物，以及一些二氮杂二环烷烃值得特别关注。这类化合物的代表是2,2-金刚烷烯（**25**）[272]，顺式和反式倍半萜（*syn*-**26**和*anti*-**26**）[273]，三异丙胺（**27**）[236,237]，8,8'-二（8-氮杂双环[3.2.1]辛烷）(**28**)[295]，9,9'-二（9-氮杂二环[3.3.1]壬烷）(**29**)[227,296]，1,4-二氮杂双环[2.2.2]辛烷（DABCO，**30**）[297]和1,5-二氮杂双环[3.3.3]十四烷（**31**）[298-300]。

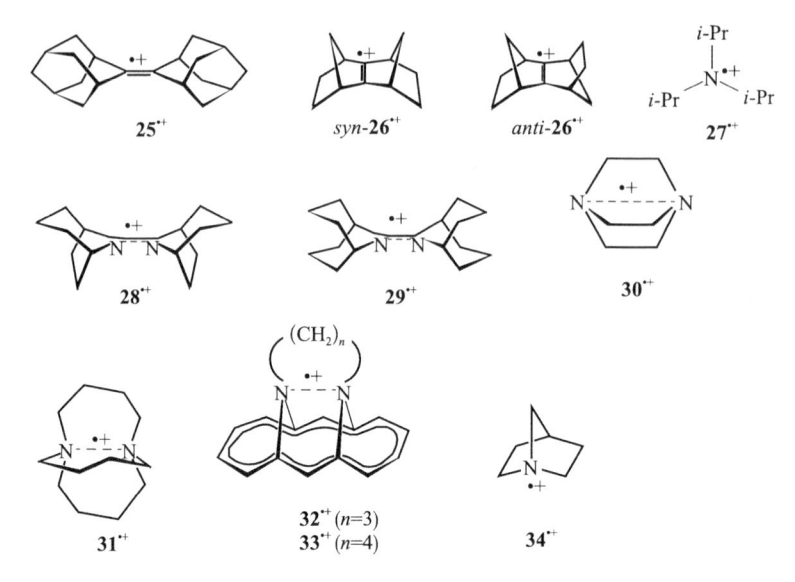

肼类自由基阳离子因形成了三电子 N—N π 键而具有较高的稳定性。反之，在几种二氮杂双环烷烃的自由基阳离子中形成了三电子 N—N σ 键，如 **30** 与 **31** 的二氮杂双环烷烃，以及如 **32** 和 **33** 的多亚甲基-顺式-1,6:8,13-二亚氨桥[14]轮烯[244]。有机物 **28**[295]、**29**[296]、**31**[301]、**32**[302] 和 **33**[303] 的自由基阳离子已分离成盐，其结构也已被 X 射线晶体学所揭示。

一般而言，只有电离能低于 8 eV 的化合物的自由基阳离子才能在流动溶液中进行 ESR 研究。在 20 世纪 80 年代初，那些更难氧化且产生高反应活性自由基阳离子的有机物，如未取代的多烯烃和饱和烃等，通过在刚性基质中发生电离而变得适合 ESR 研究[304-308]。这一方法在过去二十年里带来了自由基阳离子领域广泛的研究活动。在此过程中，有机物在卤代烃（氟利昂）[304-330]、六氟化硫[313,331,332] 或极低温的惰性气体基质[333-336] 中经受高能辐照或其他严格的处理。宿主分子最先被电离，由此产生的电子空穴在基质中迁移，直到它们被溶于其中的客体有机物所捕获，后者具有一个低于宿主的电离电势（氟利昂的是 11.5 eV，SF_6 的是 15.7 eV，Ne 的是 21.6 eV）。特别是，在 77 K 的氟利昂（如 $CFCl_3$、CF_3CCl_3 或 $CF_2ClCFCl_2$）中，通过 ^{60}Co 探针进行的 γ 辐解经常用于产生自由基阳离子，如许多烃类有机物[309-319,327-330]、醚[320-323]、胺[237,324-326] 和其他有机物。所得自由基阳离子的 ESR 谱检测温度通常可高达至基质的软化点：

$$CFCl_3 \xrightarrow{\gamma} CFCl_3^{\cdot +} + e^-$$

$$CFCl_3^{\cdot +} + M \longrightarrow CFCl_3 + M^{\cdot +}$$

因为电离的高能量，经常会发生初始形成的一级自由基阳离子的重排[318,321-323,325-330,340]。例如，在非常"善变"的 $CF_2ClCFCl_2$ 基质中，双分子反应失去一个质子后，可能形成如烯丙基或二烯基一类的中性自由基 **R·** [307,328,337-340]：

$$M^{·+}(\equiv RH^{·+}) + M \longrightarrow R^{·} + MH^{+}$$

在室温下，一些烃在沸石中也会形成自由基阳离子[341-346]。同样地，所研究的全部自由基离子均为π型，除了固相基质中烷烃和其他饱和烃通过高能辐照产生的自由基阳离子[309-313,331-336,347]以及多环胺如1-氮杂-双环［2,2,1］庚烷（1-氮杂降冰片烷，**34** [348]）等一些非平面自由基阳离子外。另一个值得注意的例外是含有如 **30·+**～**33·+**（见上面）的三电子 N—N σ 键且相对长寿命的自由基阳离子，以及含有在分子内或分子间形成的类似的 N—N[349]、P—P[350-353]、S—S[354-357]、Se—Se[358]、As—As[350,359]等重键的自由基阳离子。

亚硝基苯（**35**）[360]和二苯卡宾（**36··**）[361]也会形成 σ 自由基阳离子，而 **36··** 的前体二苯基重氮甲烷（**37**）自由基阳离子具有 π 或 σ 结构（它是一个"化学变色龙"），取决于其生成的具体条件[245]。

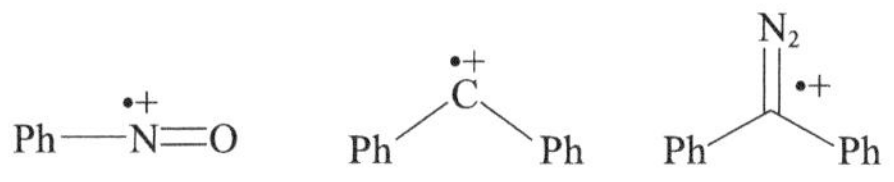

$$\underset{\mathbf{35^{·+}}}{Ph-\overset{·+}{N}=O} \qquad \underset{\mathbf{36^{·+}}}{Ph-\overset{·+}{C}-Ph} \qquad \underset{\mathbf{37^{·+}}}{Ph-\overset{N_2}{\underset{|}{C}}-Ph}$$

理论计算曾预测了自旋与电荷分布于分子 **M** 内不同部位的自由基阳离子 **M·+** 的存在。这类物质被称为荷基异位自由基阳离子（distonic radical cation），它们被预计主要存在于气相中[362-365]。例如，自由基阳离子 $CH_3X^{·+}$（X 代表 F、OH 或 NH_2）应与荷基异位自由基阳离子 $·CH_2X^+H$ 保持平衡，它是通过质子从 C 原子转移到 X 原子使前者发生转变而获得[365]。然而，支持荷基异位自由基阳离子的 ESR 证据相当少，因为仅在少数几个研究中，它们被认为是在氟利昂基质的低温 γ 辐照过程中形成的瞬态中间体[363]。

2.4 三重态：电子-电子的磁性相互作用

双自由基，是指在单占轨道上（开壳层）有两个未配对电子的有机分子。这种表示法是合乎情理的，当这两个电子被分子内的"隔离"片段隔开，致使彼此间的相互作用较弱时。在极端情况下，当这种相互作用可以忽略不计时，双自由基可以认为是处于二重态的两个自由基的总和。此时，若这两个携带自旋的分子片段是可互换的，那么这个双自由基的 ESR 信号强度将是相应单个自由基的两倍。然而，当两个电子之间有显著的相互作用时，这两个二重态会形成两个电子进行配对的单重态和两个电子保持不配对的三重态。通常，原子的洪特规则也适用于在单占轨道上有两个电子的分子，也就是三重态的能量一般低于相应的单重态。然而，当这两个自旋态的几何结构迥异时会出现例外，此时畸变的单重态可能会比三重态更稳定。单-三重态间的能级差是由在两个自旋轨道波函数上的交换积分 J 所决定。

与相应的二重态相比，三重态 ESR 谱的不同之处是精细分裂（fine splitting）的出现，这是由于两个未配对电子间经典的磁矩偶极相互作用 E_{dip}：

$$E_{\mathrm{dip}} = \frac{\mu_0}{4\pi}\left[\frac{\vec{\mu}_{\mathrm{e},1} \cdot \vec{\mu}_{\mathrm{e},2}}{r^3} - \frac{3(\vec{\mu}_{\mathrm{e},1} \cdot \vec{r})(\vec{\mu}_{\mathrm{e},2} \cdot \vec{r})}{r^5}\right]$$

$$\propto \frac{\vec{S}_1 \cdot \vec{S}_2}{r^3} - \frac{3(\vec{S}_1 \cdot \vec{r})(\vec{S}_2 \cdot \vec{r})}{r^5} \tag{2.5}$$

其中，μ_0 是真空磁导率，$\mu_0/4\pi = 10^{-7}$ V·s/(A·m)；$\vec{\mu}_{\mathrm{e},1}$ 和 $\vec{\mu}_{\mathrm{e},2}$ 是分别与两个未配对电子自旋矢量 $\vec{S}_1$ 和 $\vec{S}_2$ 有关的磁矩；$\vec{r}$ 是连接 $\vec{S}_1$ 和 $\vec{S}_2$ 间的矢量（$|\vec{r}| = r$）。括号内的矢量对表示它们的标量乘积。显然，作为 $\vec{r}$ 的函数，E_{dip} 是极具各向异性的，也就是取向依赖的。

这个表达式［式（2.5）］可以方便地转换为以下形式的乘积：

$$\vec{S}_1 \cdot \boldsymbol{D} \cdot \vec{S}_2 \tag{2.6}$$

其中，作为 $\vec{r}$ 的函数，$\boldsymbol{D}$ 表示一个对称的被称为零场分裂（zero-field splitting, ZFS）张量的无迹张量。这是因为 ZFS 作为三重态 ESR 谱精细分裂的缘由，即使在没有外部磁场 $\vec{B}$（$B=0$）的情况下也是有效的。由于 $\boldsymbol{D}$ 的三个主值之和 $D_x + D_y + D_z = 0$（形式上张量是矩阵），因此这三个主值通常用两个 ZFS 参数 $D = 3D_z/2$ 和 $E = (D_x + D_y)/2$ 来代替。

$|E|$ 一般比 $|D|$ 小很多；对于轴对称的分子，$|E| = 0$，因为 $D_x = D_y$。D 和 E 这两个能量参数通常用波数（cm^{-1}）表示。在 ESR 实验中，它们被测量为 $D' = D/g_e\mu_B$ 和 $E' = E/g_e\mu_B$，单位是 T，即磁场强度 B 的单位。令 $g_e = 2.0$，1 T 对应于 0.93 cm^{-1} 或 0.011 kJ/mol。因为 $|D|$ 依赖于 r^{-3}，所以它是一个非常灵敏的分子结构的函数。$|D|$ 的范围是 0.001~2 cm^{-1}，即 $|D'|$ 的数量级是 1 mT~2 T。使用点-偶极近似（point-dipole approximation），$|D'|$ 可以通过两个未配对电子之间的平均距离 r 来估计，反之亦然：

$$|D'| = 2.78 \times 10^9 r^{-3}, \quad \text{或} \quad r = \sqrt[3]{2.78 \times 10^9/|D'|} \tag{2.7}$$

其中，D' 以 mT 为单位，r 以 pm 为单位[366]。

显然，当$|D'|$与B相当或甚至大于B时，用术语$M_S = +1、0、-1$表示的自旋量子化是没有意义的，而用空间坐标$x、y、z$作规范指示。其间，三重态函数T_z（z是$\vec{B}$施加的方向）可以等同于$T_0 = (1/\sqrt{2})(\alpha\beta + \beta\alpha)$，$T_x$和$T_y$则用$T_{+1} = \alpha\alpha$和$T_{-1} = \beta\beta$的线性组合来描述［式（2.2）］。图2.3示意了一个三重态有机分子的塞曼分裂，其中，$D = +0.1\ \text{cm}^{-1}$，$\vec{B}$的空间取向（z方向）垂直于分子π平面。在右侧的高磁场强度中，术语$T_{+1}、T_0、T_{-1}$和ESR跃迁选择定则$\Delta M_S = \pm 1$仍然有效；在左侧的低磁场强度中，术语$T_x、T_y、T_z$是必须遵守的，而跃迁选择定则就不必严格遵守了。在固定微波辐照能量$h\nu$情况下，当$B \gg |D'|$时，$E(T_{+1}) \rightleftharpoons E(T_0)$和$E(T_0) \rightleftharpoons E(T_{-1})$两个跃迁是允许的。由于ZFS，它们具有明显的各向异性，会出现在不同的磁场强度B位置上；在图2.3中，这两个跃迁都被标注成"$\Delta M_S = \pm 1$"，虽然低磁场强度的跃迁组分出现在B值相当小的位置。此外，对于相当大的ZFS，通常在较低磁场强度B处还观测到第三个跃迁，但ESR跃迁选择定则不再有效。这个"禁戒"跃迁被称为"半场"或"$\Delta M_S = \pm 2$"，与相应的"± 1"跃迁相比，它基本上是各向同性的。

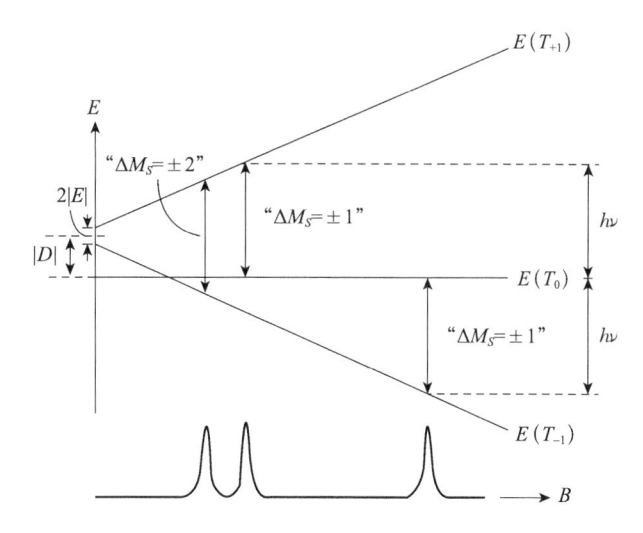

图2.3　以磁场强度B为函数的三重态有机分子的零场分裂（D和E）和塞曼分裂，以及共振时的ESR信号

因为$|D|$相对较大，在溶液里三重态中两个未配对电子之间的偶极相互作用E_{dip}不会因布朗运动而被完全平均，此时，ESR吸收峰会分布在一个相当宽的磁场范围内而无法被检测[367,368]。因此，在溶液中三重态分子的ESR谱不会被观测到，除了那些两个电子间距r较大（$|D|$值可忽略不计）的类似双自由

基的物质外。这就是此类谱图的首次报道比二重态的自由基和自由基离子晚了十年的原因。

为了观察特定取向的三重态分子的 ESR 谱，单晶是必需的。此外，分子间的自旋相互作用也是必须要避免的，所以，顺磁性物质必须通过将其嵌入分子形状类似的抗磁性基质分子中来稀释。然后，通过在磁场中旋转晶体来记录 ESR 谱。Hutchison 和 Mangum 首次报道了这种成功的 ESR 实验[369-371]，即萘分子于 77 K 下在均四甲苯单晶中原位电子激发产生的三重态。其中，使用稀释的材料代替纯萘的单晶，阻止了激发的快速交换，从而延长了三重态的寿命。类似的将激发态客体嵌于抗磁性基质晶体中的研究，随后得到效仿（见下面）。

单晶实验，不仅能提供取向依赖的参数$|D|$和$|E|$，而且还提供它们的相对符号，但是却是非常费力的，因为必须生长混合物的单晶。因此，替代方案常常是需要的。在刚性玻璃态溶液中，汇总了不同随机取向但暂时固定的各个三重态分子的贡献的总和，不会形成一个因增宽而无法分辨的 ESR 吸收峰面积 A，其一阶导数曲线 dA/dB 展示了与分子主轴 x、y 和 z 相对应的特征转折点（图 2.4）[372-374]。即，各向异性的"$\Delta M_S = \pm 1$"跃迁出现六个共振峰，以及几乎各向同性的"$\Delta M_S = \pm 2$"跃迁的半场共振峰。当 $E=0$ 时，x 和 y 轴两个方向的共振峰重叠在一起，造成"$\Delta M_S = \pm 1$"跃迁一共只有四个共振峰的情况。两条最外侧的 z 吸收峰的间距是$|D'|$的两倍，相邻 x 和 y 吸收峰的间距是 $3|E'|$（图 2.4）。对于光催化产生随机取向三重态的刚性玻璃态溶液，使用 MTHF 或混合溶剂如十氢化萘/环己烷和乙醚/戊烷/乙醇（EPA）等，有利于在冷冻过程中形成无定形固体，尽管其他基质也适用于此目的。

研究表明，对于自旋间距离 r 较短的三重态，"半场 $\Delta M_S = \pm 2$"跃迁会产生相对较强的 ESR 信号，因为该信号的强度与 r^{-6} 成正比[17n,375]。

三重态有机分子可分为两类，一类是单重态基态经光激发而产生的三重态，另一类是基态或热可及的三重态（ground or thermally accessible triplet states）。具有如此低能态的三重态分子是相当特殊的，但并不罕见，见下面提及的例子。

光激发三重态

几乎所有的稳定分子都处于单重态基态，所有电子都在双占据轨道（闭壳层）中配对，并且这个能态与电子激发态相隔几电子伏特。对于配对电子处于成键 π 轨道或处于杂原子非成键 n 轨道的系统，一个电子从这些轨道到反键 π* 轨道（π→π* 和 n→π*）的激发，会形成具有两个单占轨道（开壳层）的 π-π*

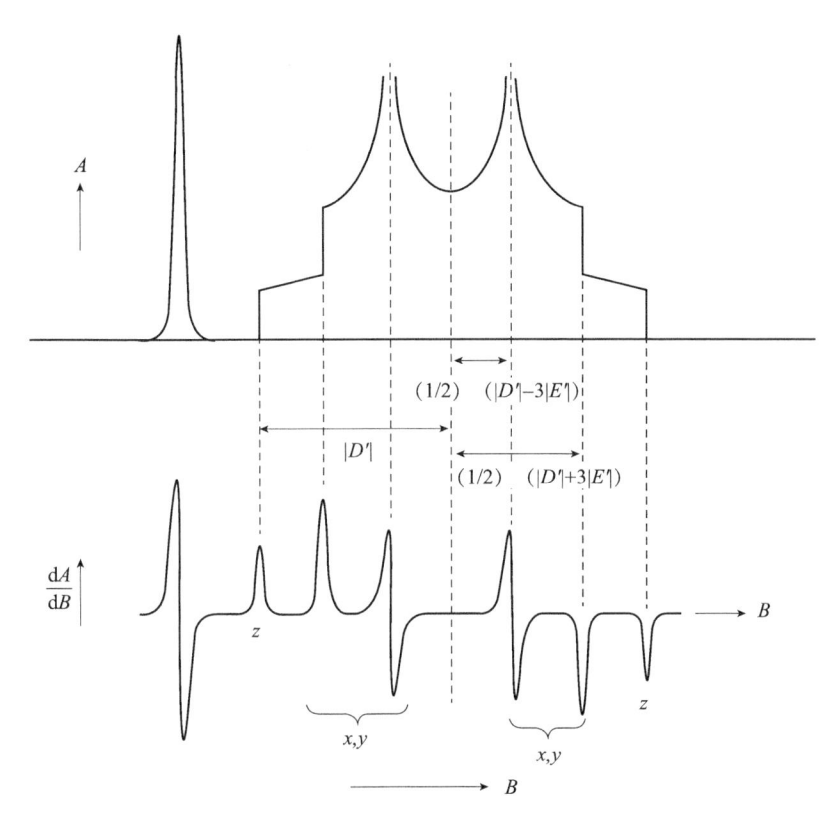

图 2.4 以磁场强度 B 为函数,计算所得的处于随机取向分布的三重态
有机分子的 ESR 吸收 A 及其一阶导数 dA/dB。经许可复制[368a]

或n-π^*状态。这样的激发态是单重态或三重态;后者位于较前者低的能级上,π-π^*态的单-三重态能级差显著大于n-π^*态。

紫外或可见光的辐照,使处于单重态基态的分子被激发成激发单重态,因为只有自旋多重性不变($\Delta S=0$)的电子跃迁是允许的。在这种激励之后的事件演化序列可用所谓的 Jablonski 能级图示意(图 2.5)[376]。激发单重态在能量上相当接近,因此最顶部的激发单重态以非辐射的方式迅速衰变到最底部的激发单重态(即内转换,internal conversion)。后者,又被称为第一激发单重态,也是相当短暂的(约 10^{-8} s),因为辐射返回到单重态基态是允许的,这种辐射被称为荧光(fluorescence)。然而,一部分处于第一激发单重态的分子可能"倾向"经非辐射跃迁到相应的低能级的三重态(即系间窜跃,intersystem crossing)。因为小的第一激发单重态-三重态能隙和自旋-轨道耦合均有利于这种跃迁,所以在具有非键 n 轨道的分子(如酮)和那些含有重原子的分子中,这种跃迁更为频繁；溶剂中重原子的存在对此也是有所促进的。自三重态到单重态基态的辐射返回（radiative return）是不允许的，因此，该激发三重态的寿命相对较长（$10^{-3}\sim 10^2$ s）。不过，这种返回可以通过磷光（phosphorescence）而发生，与荧光相比，磷光是一种波长更长且延迟的发射（emission）。

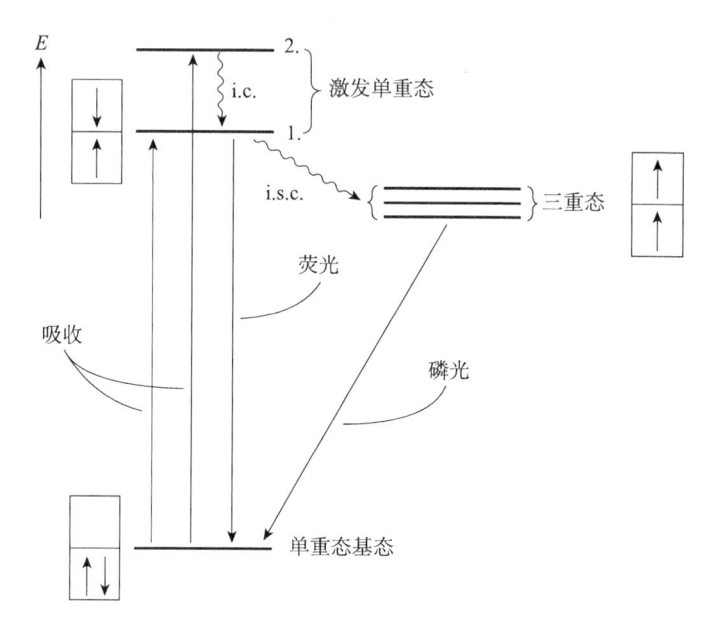

图 2.5 Jablonski 能级图。非辐射跃迁，如内转换（i.c.）和系间窜跃（i.s.c.）用波浪线表示

在 ESR 问世之前的一小段时间里，磷光态被当成是三重态[377]，ESR 为这一观点（perception）提供了最可靠的证实[17m]。混合单晶中光激发三重态分子的 ESR 谱，不仅发现于均四甲苯中的萘[369-371]，也发现于其他 π 电子体系：苯中的甲苯[378]，吩嗪中的蒽[379]，联苯中的菲[380]和吖啶[381]，芴酮中的全氘代芘[382]，二苯并呋喃中的联苯[383]，均四甲苯中的喹喔啉、喹啉和异喹啉[384,385]，对三联苯中的苣（䓛或 1,2-苯并菲，chrysene）[386]，二苯甲酮中的二苯乙炔[387]，1,4-二溴苯中的茚、吲哚、吲唑和香豆素等[388,389]。

玻璃态苯系烃及其衍生物的紫外辐照，首先是导致"$\Delta M_S=\pm 2$"跃迁的实验观测[390-392]，然后才是"$\Delta M_S=\pm 1$"跃迁的实验观测。其中，那些"$\Delta M_S=\pm 1$"跃迁在玻璃态被 ESR 所研究的化合物是萘、蒽和 9,10-苯并菲[337]，菲和苊[393]，苣（䓛）[394]，以及吡嗪[395]与对称三嗪[396]的衍生物等。对于 [2.2] 对环蕃[397]和富勒烯[398]，也有类似的激发三重态研究的报道。

基态或热可及三重态

三重态为基态或热可及三重态的中性有机分子包括烷烃二基、卡宾和氮宾以及非凯库勒烃（non-Kekulé hydrocarbons）。它们是寿命短暂的物种，除非通过高度取代或掺入保护性分子骨架而趋于稳定。产生它们的常用方法是相应重氮化合物或其他前体在玻璃态中的光解。卡宾或氮宾中的两个未配对电子，基本上由一个 C 或 N 原子所容纳，尽管其中一个或两个电子可能会离域到取代基的 π 体系中。烷烃二基的例子是环戊烷-1,3-二基（**38**··[399,340]）及其二苯衍生物（**39**··）[401]，卡宾和氮宾的例子是最简单的卡宾本身（**40**··）[402-404]、二苯基卡宾（**36**··）[405,406]和苯基氮宾（**41**··）[407,408]。

38··，R=H
39··，R=Ph

40··，R=H
36··，R=Ph

41··

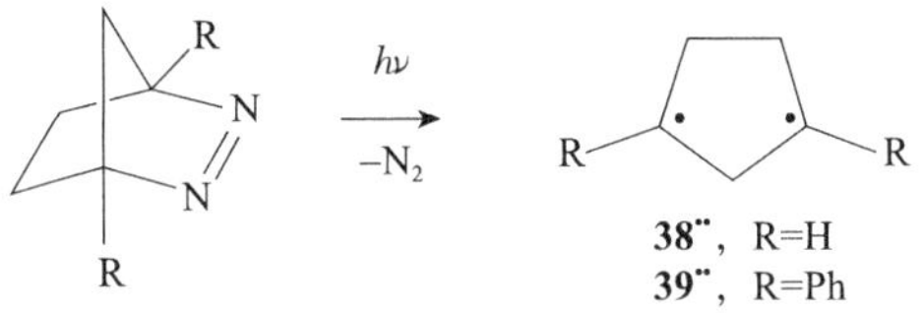

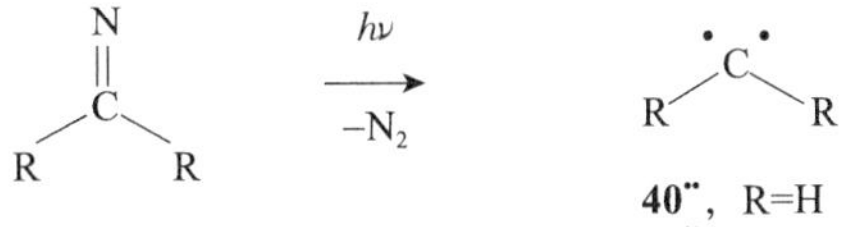

非凯库勒烃是 π 体系的[409]，如三亚甲基甲烷（TMM，**42**··）[410,411]、四亚甲基乙烷（TME，**43**··）[412,413]、间二亚甲苯基（**44**··）[414]和 1,8-二亚甲萘基（**45**··）[415]等，它们非 π 键键合的碳原子数量少于 2，故无法用凯库勒公式描述。这些化合物及其衍生物，如 **46**··[416]、**47**··[417,418]、**48**··[419]和 **49**··[420]，已经通过 ESR 进行了研究。

42··

43··

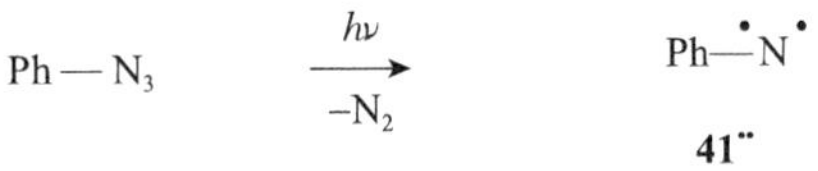

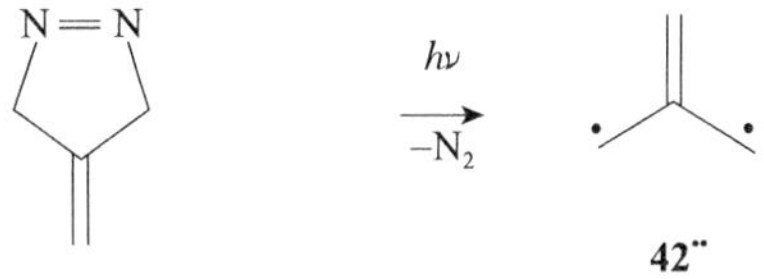

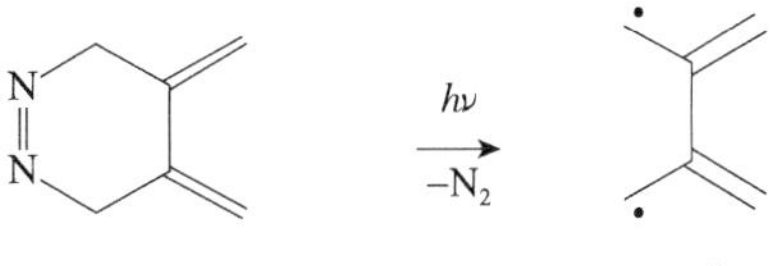

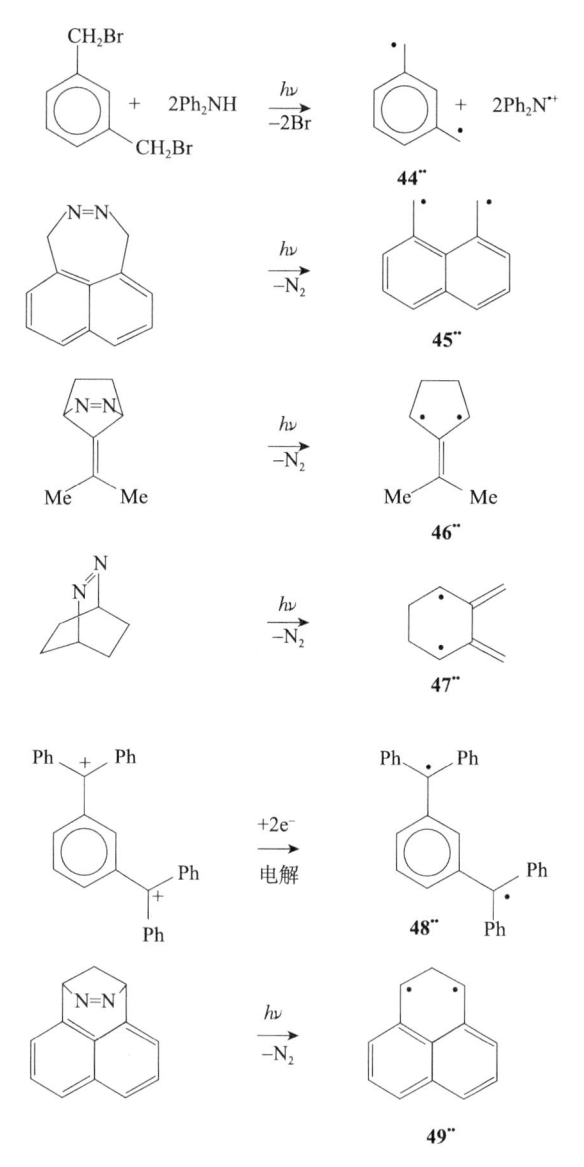

二价阴离子也能以基态或热可及三重态而存在。如 2.3 节所述，在各类醚溶剂中，首选 MTHF，延长分子 **M** 与碱金属的反应，二价阴离子 **M**$^{2-}$ 经 **M**$^{\cdot-}$ 而产生。这些二价阴离子 **M**$^{2-}$ 大部分是抗磁性的，因为这两个额外的电子成对地占据最低能量的 π^* 反键轨道。然而，对于那些具有轴对称的分子（$n \geqslant 3$ 的旋转轴 C_n），这些轨道是简并的，它们的单占形式是允许的，即每个轨道被一个未配对电子所占据。在冷冻溶液中，相应三重态分子的 ESR 谱是会被检测到的。9,10-苯并菲[176]、1,3,5-三苯基苯和十环烯[175]等的二价阴离子 **M**$^{\cdot\cdot 2-}$

第 2 章　顺磁性有机物种及其产生

就是这样的三重态基态，而三重态蔻 **M**··²⁻ 是热可及的激发态[421]。经与钾镜长时间接触后，在 C_{60} 富勒烯[422]和那些具有两个较好隔开的 π 片段的分子也能观测到三重态二价阴离子[146,156,423,424]。三重态基态通常可以通过 ESR 的温度依赖性与热可及三重态区分开来。当三重态是基态时，降低温度 T 导致 ESR 信号吸收强度 A 的增强，因为磁化强度大致与 $1/T$ 成正比[式（1.8）]。反过来讲，对于热可及三重态，这种增强会被三重态与单重态基态中布居数的玻尔兹曼分布所抵消。因此，吸收强度 A 对 $1/T$ 的曲线会在某个温度 T 处呈现最大值。

带正电荷的有机三重态分子是罕见的。三重态基态或热可及三重态的 ESR 谱也已经被报道，它们是严格溶液中的环戊二烯基（**50**··⁺）[425]及其取代衍生物五氯环戊二烯基（**51**··⁺）[426,427]和五苯环戊二烯基（**52**··⁺）[427,428]（另见[429]～[431]），以及六氯苯（**53**··²⁺）[285]、六氮杂十八氢蔻[283]和三氨基苯的一个衍生物[277]。

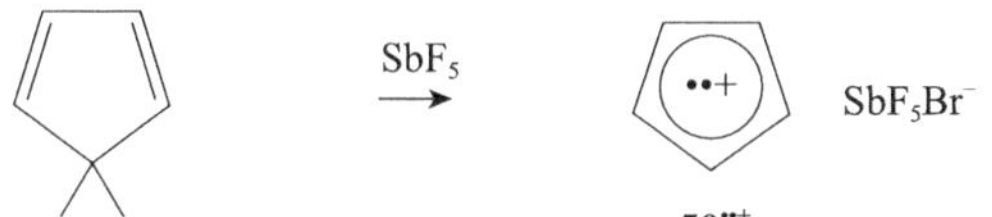

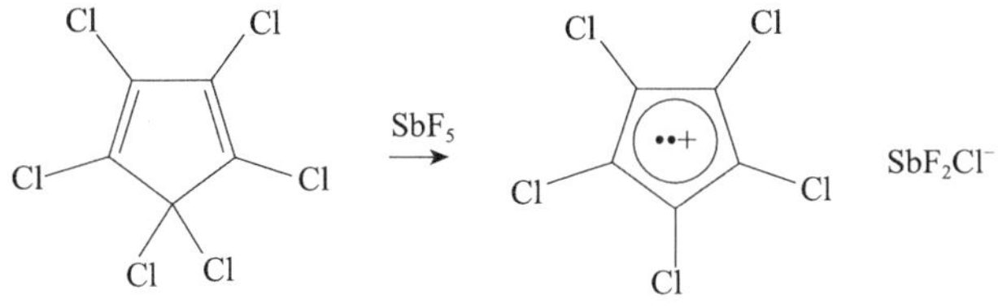

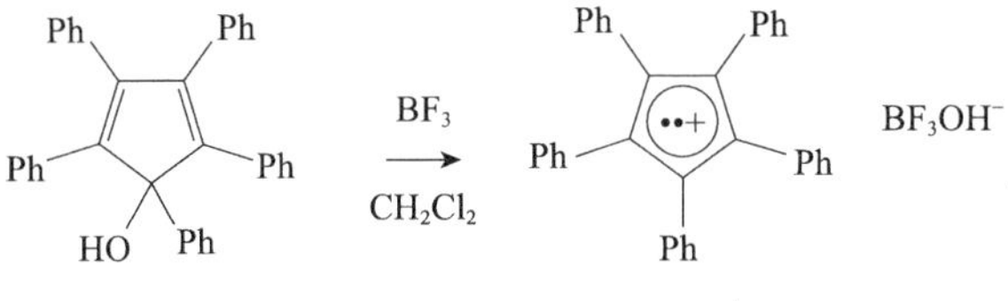

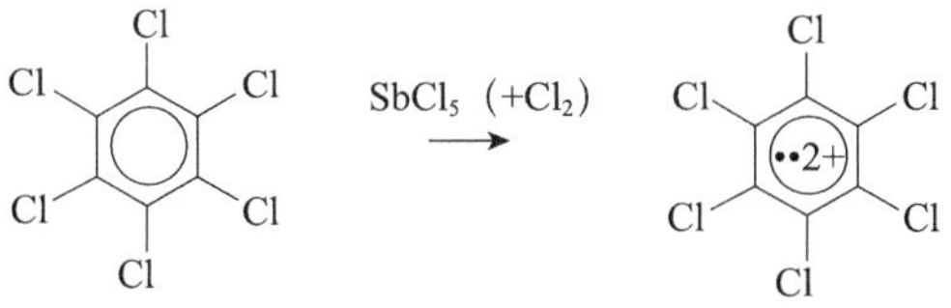

持久性双自由基，如 **54**·· [432]、**55**·· [433,434] 和 **56**·· [435,436] 等含有持久性的自由基官能团，分别是全氯代三苯甲基（**3**·）、与 TEMPO 相似的硝酰基氨基（**8**·）、加尔万氧基 **10**·（11.1 节）。最近分离的稳定卡宾是咪唑衍生物，具有单重态基态[437]。像处于双重态的自由基一样，大多数三重态分子都是 π 分子。

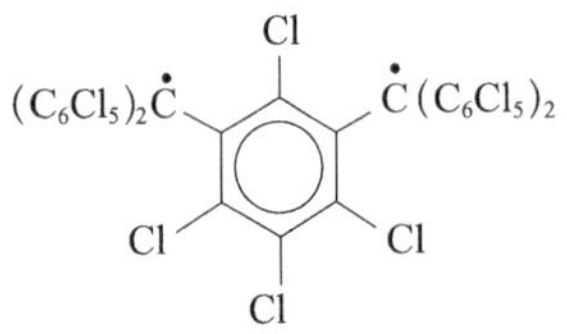

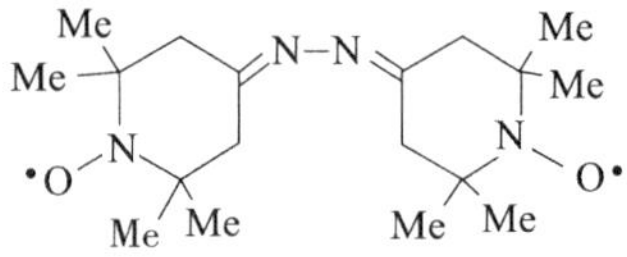

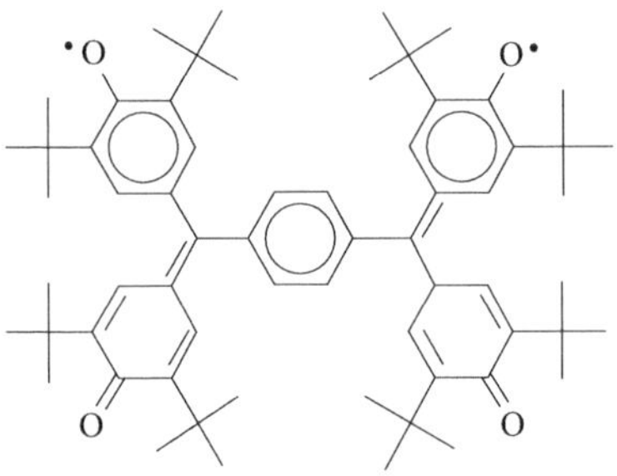

第3章 电子-核的磁性相互作用

3.1 原子核的磁性

原子核的自旋和磁学属性，可以用与电子完全相似的公式来描述（1.1节）。我们只需要将电子自旋量子数 S 与 $M_S=S、S-1、\cdots、-S$，自旋多重性 $2S+1$ 和自旋矢量 $\vec{S}$ 等，置换成相应的核自旋量子数 I 与 $M_I=I、I-1、\cdots、-I$，自旋多重性 $2I+1$ 和自旋矢量 $\vec{I}$ 等。此外，电子磁矩 $\vec{\mu}_e=-[g_e\mu_B/\hbar]\vec{S}$ 及其 z 分量 $\mu_{e,z}=-g_e\mu_B M_S$ 被分别替换成

$$\vec{\mu}_N=+[g_N\mu_N/\hbar]\vec{I}, \quad \mu_{N,z}=+g_N\mu_N M_I \tag{3.1}$$

其中，g_N 和 μ_N 分别是原子核的 g 因子和磁矩，$\mu_N=5.0508\times10^{-27}\mathrm{A\cdot m^2}$（或 J/T），是核磁子（nuclear magneton）。电子和原子核的自旋和磁学属性之间的本质区别如下：

(1) 对于单电子和有机自由基，$S=1/2$ 和 $g_e\approx 2$，而核自旋量子数 I 是 $1/2$ 的倍数，介于 $1/2$ 到 9 之间，g_N 取值范围大致是 -4 到 $+6$，I 和 g_N 都取决于各自磁性核 X。

(2) 核磁子 μ_N 代表 $he/2m_p$，其中，$m_p=1.6726\times10^{-27}\mathrm{kg}$，是质子的静止质量。因此，$\mu_N$ 比玻尔磁子 μ_B 小，约是 $m_p/m_e=1836$；相应地，核磁矩 $\vec{\mu}_N$ 比 $\vec{\mu}_e$ 小三个数量级。

(3) 由于原子核始终带正电，$\vec{\mu}_N$ 相对于 $\vec{I}$ 的方向由 g_N 的符号决定。对于绝大多数原子核，$g_N>0$，故 $\vec{\mu}_N$ 与 $\vec{I}$ 同向。只有一小部分的原子核，$g_N<0$，$\vec{\mu}_N$ 与 $\vec{I}$ 反向，像携带负电荷的电子那样，$\vec{\mu}_e$ 与 $\vec{S}$ 反向。

核自旋量子数 I 与磁性核 X 的组成密切相关。在这方面，后者可以被表征为（偶，偶）核、（偶，奇）核、（奇，偶）核或（奇，奇）核，其中括号内第一个和第二个数字分别表示质子和中子的数量。

（偶，偶）核 $I=0$，包括许多稳定、高天然丰度的核，如 ^{4}He(2,2)、^{12}C(6,6)、^{16}O(8,8)、^{24}Mg(12,12)、^{28}Si(14,14)、^{32}S(16,16) 和 ^{40}Ca(20,20)。对于（偶，奇）核，如较低天然丰度的同位素 ^{13}C(6,7)、^{17}O(8,9)、^{25}Mg(12,13)、^{29}Si(14,15) 和 ^{33}S(16,17)，I 是 1/2 的奇数倍；同样地，（奇，偶）核也是如此，如 ^{1}H(1,0)、^{7}Li(3,4)、^{11}B(5,6)、^{15}N(7,8)、^{19}F(9,10)、^{23}Na(11,12)、^{27}Al(13,14)、^{31}P(15,16)、^{35}Cl(17,18)、^{37}Cl(17,20) 和 ^{39}K(19,20)。最后，对于（奇，奇）核，如 ^{2}H(1,1)、^{6}Li(3,3)、^{10}B(5,5) 和 ^{14}N(7,7)，I 是 1/2 的偶数倍，即 I 是整数。

（偶，偶）核 $I=0$，显然是非磁性的，它们的自旋既不和电子自旋相互作用，也不和外磁场 $\vec{B}$ 相互作用；相反地，凭借 $I\neq 0$ 的属性，（偶，奇）核、（奇，偶）核和（奇，奇）核等都是有磁性的，并且适用于这种相互作用。表 3.1 列举了在本书中提到的与有机自由基 ESR 相关的磁性核 X 的自旋量子数 I、M_I、g_N 和相应的天然丰度。

表 3.1 部分磁性核的特征数据

同位素	I	M_I	g_N	天然丰度/%
^{1}H	1/2	±1/2	5.5854	99.985
^{2}H≡D	1	±1、0	0.8574	0.0148
^{6}Li	1	±1、0	0.8221	7.5
^{7}Li	3/2	±3/2、±1/2	2.1710	92.5
^{9}Bi	3/2	±3/2、±1/2	−0.7850	100
^{10}B	3	±3、±2、±1、0	0.6002	19.8
^{11}B	3/2	±3/2、±1/2	1.7924	80.2
^{13}C	1/2	±1/2	1.4048	1.11
^{14}N	1	±1、0	0.4038	99.63
^{15}N	1/2	±1/2	−0.5664	0.366
^{17}O	5/2	±5/2、±3/2、±1/2	−0.7575	0.038
^{19}F	1/2	±1/2	5.2577	100
^{23}Na	3/2	±3/2、±1/2	1.4784	100
^{25}Mg	5/2	±5/2、±3/2、±1/2	−0.3422	10.00
^{27}Al	5/2	±5/2、±3/2、±1/2	1.4566	100
^{29}Si	1/2	±1/2	−1.1106	4.67
^{31}Pi	1/2	±1/2	2.2632	100
^{33}S	3/2	±3/2、±1/2	0.4291	0.75
^{35}Cl	3/2	±3/2、±1/2	0.5479	75.77
^{37}Cl	3/2	±3/2、±1/2	0.4561	24.23
^{39}K	3/2	±3/2、±1/2	0.2610	93.26
^{41}K	3/2	±3/2、±1/2	0.1433	6.73
^{79}Br	3/2	±3/2、±1/2	1.4043	50.69

续表

同位素	I	M_I	g_N	天然丰度/%
^{81}Br	3/2	±3/2、±1/2	1.5137	49.31
^{85}Rb	5/2	±5/2、±3/2、±1/2	0.5413	72.17
^{87}Rb	3/2	±3/2、±1/2	1.8343	27.83
^{127}I	5/2	±5/2、±3/2、±1/2	1.1253	100
^{133}Cs	7/2	±7/2、±5/2、±3/2、±1/2	0.7378	100

电磁波 $h\nu$ 辐照时，磁性核 X 在外磁场 $\vec{B}$ 中的行为也一样用类似于电子的公式来描述。因此，磁场相互作用能是

$$E = -\vec{\mu}_N \cdot \vec{B} = -\mu_{N,z} \cdot B = -g_N\mu_N M_I B \tag{3.2}$$

其中，$\vec{\mu}_N$ 和 g_N 是磁性核 X 的特征参数。考虑到跃迁选定则 $M_I = \pm 1$，在核磁共振（nuclear magnetic resonance，NMR）波谱中满足观测的共振条件是

$$h\nu = g_N\mu_N M_I B \tag{3.3}$$

由于核磁子 μ_N 远远小于 μ_B，因此 NMR 的频率 $\nu(\nu = \nu_N)$ 远远小于 ESR 的 $\nu(\nu = \nu_e)$，甚至需要更大的磁场强度 B；ν_N 通常位于无线电波的射频区。

与电子的旋磁比 γ_e 相对应，原子核的旋磁比 γ_N 被定义为

$$\nu_N = \gamma_N B \tag{3.4}$$

其中，$\gamma_N = g_N\mu_N/h = g_N \times 7.6226 \times 10^{-3}$ MHz/mT。对于 $g_N = 5.5854$ 的质子，γ_N 是 4.2575×10^{-3} MHz/mT。

在 ESR 谱学背景下，原子核的极大重要性在于它们与未配对电子的磁性相互作用。这种相互作用导致 ESR 谱的超精细分裂（hyperfine splitting），从而为有机自由基提供了最重要的结构信息。与之前用于探测物质顺磁性的磁天平相比，这证明了 ESR 装置的昂贵和复杂是合乎情理的。

3.2 ESR 信号的超精细分裂

对于外磁场 $\vec{B}$ 中的顺磁性有机分子，由未配对电子和磁性核的自旋所引起的相互作用可以拆分成五项来形象地描述：

$$\vec{S} \cdot \vec{B} + \vec{I} \cdot \vec{B} + \vec{S} \cdot \vec{S} + \vec{S} \cdot \vec{I} + \vec{I} \cdot \vec{I} \tag{3.5}$$

前两项"$\vec{S} \cdot \vec{B}$"和"$\vec{I} \cdot \vec{B}$"分别是电子和磁性核的塞曼相互作用；第三项"$\vec{S} \cdot \vec{S}$"与含有一个以上未配对电子的顺磁性物种有关，如具有 $\vec{S}_1$ 和 $\vec{S}_2$ 的三重态（精细分裂）；第四项"$\vec{S} \cdot \vec{I}$"代表电子-核的磁性相互作用（超精细分

裂）；第五项"$\vec{I} \cdot \vec{I}$"代表核-核相互作用（自旋-自旋耦合）。

由于 $\vec{\mu}_N$ 比 $\vec{\mu}_e$ 小约三个数量级，因此但凡用 $\vec{I}$ 替代 $\vec{S}$ 的项都会以相同数量级成比例缩小。在常规 ESR 所使用的 $B=0.34$ T 的场强中，上述五项的相对大小是：$\vec{S} \cdot \vec{B} \approx \vec{S} \cdot \vec{S} \gg \vec{I} \cdot \vec{B} \approx \vec{S} \cdot \vec{I} \gg \vec{I} \cdot \vec{I}$。考虑到跃迁选择定则 $M_S = \pm 1$ 和 $M_I = 0$，在含有一个以上未配对电子的物种的 ESR 谱中，必须考虑"$\vec{S} \cdot \vec{B}$"、"$\vec{S} \cdot \vec{S}$"和"$\vec{S} \cdot \vec{I}$"这三项，而处理自由基时考虑"$\vec{S} \cdot \vec{B}$"和"$\vec{S} \cdot \vec{I}$"两项就足够了。在跃迁选择定则是 $M_S = 0$、$M_I = \pm 1$ 的核磁共振波谱中，"$\vec{I} \cdot \vec{B}$"、"$\vec{S} \cdot \vec{I}$"与"$\vec{I} \cdot \vec{I}$"这三项是和顺磁性物质的研究有关，而在通常的抗磁性分子研究中只涉及"$\vec{I} \cdot \vec{B}$"与"$\vec{I} \cdot \vec{I}$"两项。在电子-核双共振（electron-nuclear double resonance, ENDOR）谱中，"$\vec{I} \cdot \vec{B}$"和"$\vec{S} \cdot \vec{I}$"两项是关键的，详见 5.2 节。

由于磁的电子-核或超精细相互作用"$\vec{S} \cdot \vec{I}$"通常比电子塞曼能量"$\vec{S} \cdot \vec{B}$"弱得多，因此前者可以被视为后者的微扰。外磁场强度 B 越高，这种微扰处理就越好，称为强场近似（strong-field approximation）。不依赖于外磁场强度 B 的超精细相互作用的微扰，将自由基的 E_+ 与 E_- 和三重态的 $E(T_0)$、$E(T_-)$ 与 $E(T_+)$ 等各个电子塞曼能级再分裂成几个亚能级。

这种超精细相互作用 E_{hf}，是经典的偶极项 E_{dip} 和被称为费米接触项 E_{Fc} 的"量子力学"项之和：

$$E_{hf} = E_{dip} + E_{Fc} \tag{3.6}$$

偶极相互作用

这种电子-核相互作用 E_{dip}，完全类似于电子-电子相互作用，如式（2.5）所述的三重态。我们只需要将磁性核 X 的相应矢量 $\vec{I}$ 和 $\vec{\mu}_N$ 替换一个未配对电子的自旋 $\vec{S}$ 和磁矩 $\vec{\mu}_e$，即

$$E_{dip} = \frac{\mu_0}{4\pi} \left[\frac{\vec{\mu}_e \cdot \vec{\mu}_N}{r^3} - \frac{3(\vec{\mu}_e \cdot \vec{r})(\vec{\mu}_N \cdot \vec{r})}{r^5} \right]$$

$$\propto \frac{\vec{S} \cdot \vec{I}}{r^3} - \frac{3(\vec{S} \cdot \vec{r})(\vec{I} \cdot \vec{r})}{r^5} \tag{3.7}$$

作为 $\vec{r}$ 的函数，E_{dip} 是极具各向异性的，其中 $\vec{r}$ 是连接 $\vec{\mu}_e$ 与 $\vec{\mu}_N$ 或 $\vec{S}$ 与 $\vec{I}$ 的向量。类似于电子-电子相互作用［式（2.6）］，它可以表示成以下形式的乘积：

$$\vec{S} \cdot A_{X,dip} \cdot \vec{I} \tag{3.8}$$

其中，$A_{X,dip}$ 表示依赖于 $\vec{r}$ 的对称的无迹张量，被称为偶极超精细张量，它与

$\vec{\mu}_N$ 一样,是磁性核 X 的特征。在强外磁场 $\vec{B}$ 中,磁偶极矩可以视为与外磁场(z 方向)相对齐,所以,$\vec{\mu}_e \cdot \vec{\mu}_N = \mu_{e,z} \cdot \mu_{N,z} = -g_e \mu_B g_N \mu_N M_S M_I$,$\vec{\mu}_e \cdot \vec{r} = \mu_{e,z} r \cos\varphi = -g_e \mu_B M_S r \cos\varphi$,$\vec{\mu}_N \cdot \vec{r} = \mu_{N,z} r \cos\varphi = g_N \mu_N M_I r \cos\varphi$,其中,$\varphi$ 是 $\vec{r}$ 与 $\vec{B}$ 的夹角。代入式 (3.7),得

$$E_{\text{dip}} = \frac{\mu_0}{4\pi} \frac{g_e \mu_B g_N \mu_N M_S M_I}{r^3} (3\cos^2\varphi - 1) \tag{3.9}$$

因此,用 $(3\cos^2\varphi - 1)$ 表示 E_{dip} 的取向依赖。对于含有磁性核 X 的原子中,当 $\varphi = 0°$ 或 $180°$ 时,$3\cos^2\varphi - 1 = 2$,E_{dip} 取最大值,当 $\varphi = 90°$ 或 $270°$ 时,$3\cos^2\varphi - 1 = -1$,E_{dip} 取最小值;$\varphi = 54.73°$〔即魔角(magic angle)〕时,E_{dip} 为零。例如,当未配对电子被 C 原子的 $2p_z$ 轨道所容纳时,E_{dip} 的最大值与最小值分别对应着 $2p_z$ 轨道对称轴和外磁场 $\vec{B}$ 方向平行(z 方向)或垂直(x, y 方向)。当未配对电子占据"球形的"轨道或"纯"的 s 轨道时,各向异性相互作用 E_{dip} 是无效的。这种相互作用最好是在单晶中进行研究,但当 ESR 吸收谱强度 A 及其一阶导数 dA/dB 呈现出与随机取向的三重态分子相似的谱形时,也可以在玻璃态和粉末样品中观测(图 2.4)。

如上所述,电子-核的磁相互作用比电子-电子相互作用弱约三个数量级,这一说法特别适用于偶极相互作用 E_{dip}。因此,与类似的电子-电子相互作用相反,电子-核的磁相互作用通常因分子在溶液中的布朗运动而被平均为零,而在黏性介质中不完全平均只会使 ESR 谱线增宽。尽管在固体介质中自由基的 ESR 研究能解析 E_{dip} 并将其添加到 E_{Fc} 上,从而提供有价值的结构信息,但与三重态分子的研究相比,大多数自由基研究都是在溶液中进行的。

费米接触相互作用

与固体和黏性介质中的 ESR 谱相比,溶液中自由基 ESR 谱的超精细分裂分析更为简单明了,因为它完全是由各向同性的费米接触相互作用项 E_{Fc} 引起的。该相互作用项是

$$E_{\text{Fc}} = -\frac{2\mu_0}{3} (\vec{\mu}_e \cdot \vec{\mu}_N) \rho_S(0) \tag{3.10}$$

其中,$\rho_S(0)$ 是在原子核($x = y = z = 0$)处的自旋密度 $\rho_S(x, y, z)$,在该处原子核被未配对电子所"接触"(自旋密度的定义见 4.1 节)。在强磁场强度 B 中磁矩有序排列时,式 (3.10) 变成

$$E_{\text{Fc}} = \frac{2\mu_0}{3} g_e \mu_B g_N \mu_N M_S M_I \rho_S(0) = \left[\frac{2\mu_0}{3} g_e \mu_B g_N \mu_N \rho_S(0)\right] M_S M_I \tag{3.11}$$

对于磁性核 X 和给定自由基，括号内的项是常数，其符号取决于磁性核 X 的 g_N 和 $\rho_S(0)$ 的符号。若二者均为正值，则 E_{Fc} 的符号由 $M_S M_I$ 的符号决定，即 M_S 和 M_I 同号为正，异号为负。因此，在前者中超精细相互作用导致电子塞曼能级的失稳（destabilization），相反地，在后者中则促进电子塞曼能级的稳定。

对于外磁场 $\vec{B}$ 中的自由基，图 3.1 示意了当 g_N 和 $\rho_S(0)$ 均为正值时 $I=1/2$ 和 $I=1$ 磁性核 X 所引起的超精细分裂。根据 ESR 跃迁选择定则，$\Delta M_S = \pm 1$ 和 $\Delta M_I = 0$，对于 $I=1/2$ 有两个允许跃迁，对于 $I=1$ 有三个允许跃迁。超精细组成部分（或超精细峰）实际上都具有相同的强度，因为核的磁化和核塞曼能级的布居数差比电子的小约三个数量级［式 (1.8)］，在此可被忽略。相邻超精细峰的间隔就是磁性核 X 超精细耦合常数 a_X 的绝对值。$|a_X|$ 与磁场强度 B 无关，通常是以磁场强度为单位来测量的。

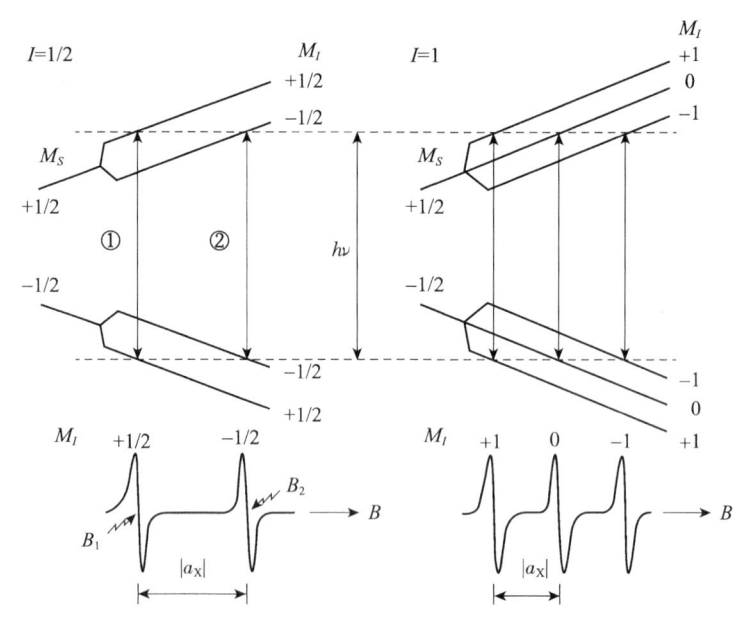

图 3.1 电子塞曼能级因一个 $I=1/2$（左）或 $I=1$（右）的磁性核而产生的超精细分裂。ESR 信号是在满足共振条件时观察到的。对于正的耦合常数，即 $a_X > 0$，自旋磁量子数 M_I 的符号在谱图的低场半区为正，在高场半区为负。对于 $a_X < 0$，情况刚好相反

当 $I=1/2$ 时（图 3.1，左图），两个跃迁的共振条件是

$$\left. \begin{array}{l} h\nu = g_e \mu_B B_1 + 2|E_{Fc}|, \text{对于跃迁 1①} \\ h\nu = g_e \mu_B B_2 - 2|E_{Fc}|, \text{对于跃迁 2②} \end{array} \right\} \quad (3.12)$$

令右侧相等，$|E_{Fc}| = \dfrac{2}{3} \mu_0 g_e \mu_B \mu_N |g_N \rho_S(0)|(1/4)$，其中 $1/4$ 是 $|M_S M_I|$，于

是有

$$|a_X| = B_2 - B_1 = \frac{4|E_{Fc}|}{g_e \mu_B} = \frac{2\mu_0}{3} g_N \mu_N \rho_S(0) \tag{3.13}$$

以磁场强度 B 为单位。在自由基溶液中，a_X 的绝对值从 ESR 谱中直接获得，但是其符号要通过如 6.5 节所述的多种方法来确定。像式（3.11）括号内整项的符号一样，a_X 的符号由 g_N 和 $\rho_S(0)$ 共同决定，即 g_N 和 $\rho_S(0)$ 同号时 a_X 取正值，异号时 a_X 取负值。对于 $g_N > 0$ 的绝大多数磁性核（表 3.1），$\rho_S(0)$ 的符号可由 a_X 的符号反映。

耦合常数 a_X 的绝对值和符号一起表示成

$$a_X = \frac{2\mu_0}{3} g_N \mu_N \cdot \rho_S(0) = K_X \cdot \rho_S(0) \tag{3.14}$$

对于 $I=1$ 的磁性核 X 和 a_X，相同的公式可由共振条件推导而得（图 3.1，右图），这同样适用于任意磁性核 X 和任意自旋量子数 I。$K_X = \frac{2\mu_0}{3} g_N \mu_N$ 是磁性核 X 的特征，其符号与 g_N 相同，而 a_X 是给定自由基中磁性核 X 和未配对电子之间相互作用的诊断，它取决于 $\rho_S(0)$。

超精细峰的数量随着磁性核的数量 n 呈倍数增长，因为每个新加的磁性核 X 都会将原先的每个峰再分裂成等强度的 $2I+1$ 条等间隔的超精细峰，于是 n 个非等性核会给出 $(2I+1)^n$ 条超精细峰。然而，当 n 个磁性核 X 是等性时，一部分超精细峰位置重叠，导致数量减少到 $2nI+1$。对于 $I=1/2$，超精细图谱呈特征二项式的强度分布。图 3.2 示意 $I=1/2$ 和 $I=1$ 的两个等性核 X 的超精细分裂，以下图案展示了 $I=1/2$ 时从 $n=1$ 到 6（杨辉三角），$I=1$ 时从 $n=1$ 到 4，$I=3/2$ 时从 $n=1$ 到 2 的超精细峰强度分布。

```
              I =1/2                              I =1
n =0            1                                   1
 1             1 1                                1 1 1
 2            1 2 1                             1 2 3 2 1
 3           1 3 3 1                          1 3 6 7 6 3 1
 4          1 4 6 4 1                    1 4 10 16 19 16 10 4 1
 5         1 5 10 10 5 1
 6        1 6 15 20 15 6 1
              I =3/2
n =0            1
 1           1 1 1 1
 2         1 2 3 4 3 2 1
```

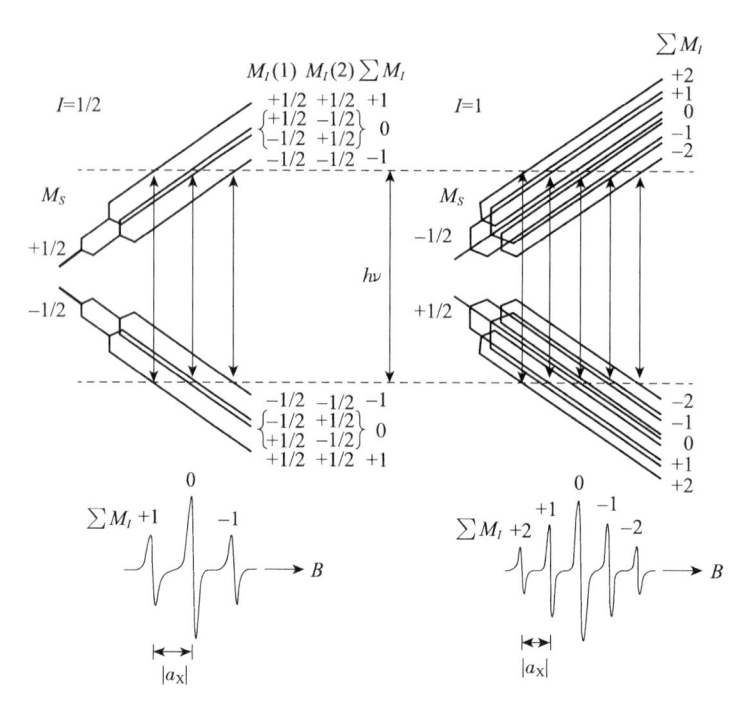

图 3.2 电子塞曼能级因两个 $I=1/2$（左）或 $I=1$（右）的等性磁性核而产生的超精细分裂。ESR 信号是在满足共振条件时观察到的。对于正的耦合常数，即 $a_X>0$，自旋磁量子数 M_I 的符号在谱图的低场半区为正，在高场半区为负。对于 $a_X<0$，情况刚好相反

当自由基含有自旋量子数分别是 I_1、I_2、I_3、$\cdots$、I_k 和数量分别是 n_1、n_2、n_3、$\cdots$、n_k 个磁性核所构成的 1、2、3、$\cdots$、k 组等性核时，超精细峰的总数是

$$(2n_1I_1+1)(2n_2I_2+1)(2n_3I_3+1)\cdots(2n_kI_k+1) \quad (3.15)$$

与这些集合相关的耦合常数是 a_{X1}、a_{X2}、a_{X3}、$\cdots$、a_{Xk}，ESR 谱覆盖的总范围，也就是最外侧超精细峰之间的间距是

$$(2n_1I_1|a_{X1}|)+(2n_2I_2|a_{X2}|)+(2n_3I_3|a_{X3}|)+\cdots+(2n_kI_k|a_{Xk}|)$$
$$(3.16)$$

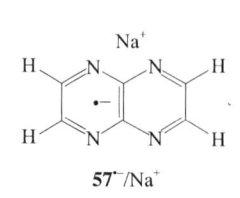

例如，与钠阳离子缔合（离子配对）的 1,4,5,8-四氮杂萘（**57**）自由基阴离子[162]，含有四个 $I=1$ 的磁性核 ^{14}N 和四个 $I=1/2$ 的质子，并展示了它与一个抗衡离子 Na^+ 的磁性核 $^{23}Na(I=3/2)$ 的相互作用。超精细峰的总数是 $(2\times4\times1+1)(2\times4\times1/2+1)(2\times1\times3/2+1)=9\times5\times4=180$，ESR 谱覆盖的范围是 $8|a_N|+4|a_H|+3|a_{Na}|$。

第 3 章 电子-核的磁性相互作用

将具有自旋量子数 I 和 g_N 的磁性核 X 置换成 I' 和 g'_N 的同位素 X' 时，超精细峰数量由 $2I+1$ 变成 $2I'+1$，耦合常数由 a_X 变成 $a_{X'}=a_X \cdot \dfrac{g'_N}{g_N}$。因此，用氘（$X={}^2H=D$、$I=1$、$g_N=0.8574$）替代质子（$X={}^1H=H$、$I=1/2$、$g_N=5.5854$）会增大超精细峰的数量，从 $2\times\dfrac{1}{2}+1=2$ 增加到 $2\times1+1=3$，并将耦合常数从 a_H 减小到 $a_D=a_H\times\dfrac{0.8574}{5.5854}=0.1535a_H$。不过，当用同位素 ${}^{15}N$（${}^{15}N=N'$、$I=1/2$、$g_N=-0.5664$）置换其同位素 ${}^{14}N$（${}^{14}N=N$、$I=1$、$g_N=0.4038$）时，超精细峰数量从 $2\times1+1=3$ 减少到 $2\times\dfrac{1}{2}+1=2$，而耦合常数 a_N 变成 $a_{N'}=a_N\times\dfrac{-0.5664}{0.4038}=-1.4027a_N$。然而，如前面所述，耦合常数的符号是不能直接从 ESR 谱中获得的，因此只有 $|a_N|$ 增大到 $|a_{N'}|=1.4027|a_N|$ 是可以直接检测的。从 $|a_H|$ 到 $|a_D|$ 和 $|a_N|$ 到 $|a_{N'}|$ 的变化，如图 3.3 所示。可以容易验证的是，如果离子对 $\mathbf{57}^{\cdot-}/Na^+$ 中四个 ${}^{14}N$ 和四个质子全部被同位素 ${}^{15}N$ 和 D 取代，那么总的超精细峰数量将（罕见地）保持不变，尽管它们的位置和相对强度会发生变化，ESR 谱的总范围将减小到 $4|a_{N'}|+8|a_D|+3|a_{Na}|=5.6108|a_N|+1.2280|a_H|+3|a_{Na}|$。

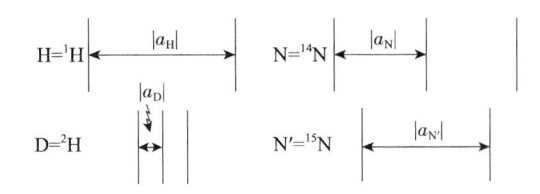

图 3.3 用氘（D）取代质子（H）和用 ${}^{15}N$ 同位素（N'）取代 ${}^{14}N$ 核（N）的超精细图谱示意图

二阶超精细分裂

到目前为止，我们将超精细相互作用当成一阶微扰，这对大多数有机自由基而言是足够的。在这样的处理中，耦合常数 $|a_X|$ 的具体值等于实际所测的裂分间隔，于是，由 n 个等性核 X 产生的 $2nI+1$ 重超精细峰的位置可以用一阶项表示成

$$-a_X\sum M_I \tag{3.17}$$

它指定这些超精细峰相对于 ESR 谱图中心的位置。总和 $\sum M_I$ 是 n 个等性核

X 集合的核自旋磁量子数的总和；它可假定为 $2nI+1$ 个值，即 nI、$nI-1$、…、$-nI$。然而，对于具有较大 $|a_X|$ 的一小部分自由基，二阶微扰处理可能就是必要的，因此，必须将允许该微扰的二阶项添加到式（3.17）中的项，得

$$-a_X \sum M_I - (a_X^2/2B)\left[I_S(I_S+1) - \left(\sum M_I\right)^2\right] \qquad (3.18)$$

在这个二阶项的计算中，每组等性核被划分为具有不同自旋多重性的子集。对于 $I=1/2$ 的磁性核，如质子，与 n 个 $S=1/2$ 的电子类似（图 2.2 的分支图），这些核自旋多重性是：单重态，$I_S = \sum M_I = 0$；二重态，$I_S = \frac{1}{2}$，$\sum M_I = +\frac{1}{2}$、$-\frac{1}{2}$；三重态，$I_S = 1$，$\sum M_I = +1$、0、-1；四重态，$I_S = \frac{3}{2}$，$\sum M_I = +\frac{3}{2}$、$+\frac{1}{2}$、$-\frac{1}{2}$、$-\frac{3}{2}$；五重态，$I_S = 2$，$\sum M_I = +2$、$+1$、0、-1、-2；依此类推。一个质子对应一个二重态，两个质子形成一个三重态和一个单重态，三个质子产生一个四重态和两个二重态，四个质子导致一个五重态、三个三重态和一个单重态。对于 $n=1\sim4$ 个 $I=1/2$ 的等性核，表 3.2 给出了二阶项计算所需的 I_S、$\sum M_I$ 和 $\left[I_S(I_S+1) - \left(\sum M_I\right)^2\right]$ 等的具体值，以及所得超精细峰的强度。图 3.4 示意了相关的超精细图谱。因此，一般可观测的二阶分裂增加了超精细峰的数量。它们的相对强度由它们的统计权重决定，即由和这些超精细峰相关的并具有相同多重性的子集数量来决定。以三个质子为例，两个二重态所产生的谱峰强度就是唯一一个四重态的两倍（表 3.2 和图 3.4）。

表 3.2 计算所得的 $n=1\sim4$ 个 $I=1/2$ 等性核的二阶分裂的数量

n	1	2			3			3					
I_S	1/2	1	1	0	3/2	3/2	1/2	2	2	2	1	1	0
$\sum M_I$	±1/2	±1	0	0	±3/2	±1/2	±1/2	±2	±1	0	±1	0	0
	(d)	(tr)	(tr)	(s)	(qr)	(qr)	(d)	(qn)	(qn)	(qn)	(tr)	(tr)	(s)
$I_S(I_S+1) - \left(\sum M_I\right)^2$	1/2	1	2	0	3/2	7/2	1/2	2	5	6	1	2	0
相对强度	1	1	1	1	1	1	2	1	1	1	3	3	2

注：s. 单态；d. 二重态；tr. 三重态；qr. 四重态；qn. 五重态。

在从一阶模式过渡到二阶分裂模式时，ESR 谱的中心略微地往低场方向偏移，因此表观上 g_{iso} 似乎增大了，所以实验上必须对这种偏移作校正。当 $n=1$ 且 $I=1/2$ 时，二阶微扰的唯一影响是谱图中心往低场方向的偏移和 g_{iso} 的表观增加，而双超精细峰的图案保持不变。明显地，对于 $B=340$ mT，二阶分裂只

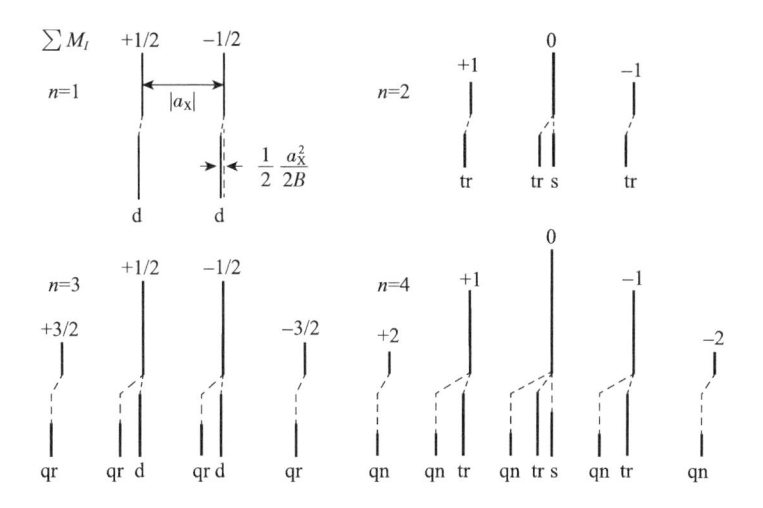

图 3.4 因允许二阶分裂，n 个 $I=1/2$（$n=1$、2、3 和 4）等性核的超精细图谱的变化。对于正的耦合常数，即 $a_X>0$，自旋磁量子数 M_I 的符号在谱图的低场半区为正，在高场半区为负。对于 $a_X<0$，情况刚好相反。其中，s 表示单重态 (singlet)，d 表示二重态 (doublet)，tr 表示三重态 (triplet)，qr 表示四重态 (quartet)，qn 表示五重态 (quintet)

有在 $a_X^2/2B$ 与约 0.01 mT 的线宽相当时才能被分辨，这适用于 $|a_X|>1.5$ mT 的情况。

补充说明

当偶极相互作用 E_{dip} 起作用并且相应的超精细分裂可分辨时，这种相互作用的贡献添加到各向同性的耦合常数 a_X 上，使得所检测的耦合常数变成取向依赖的。一般地，耦合常数用超精细张量 $\boldsymbol{A}_X$ 表示，其三个主值 $A_{X,x}$、$A_{X,y}$ 和 $A_{X,z}$ 分别是 x、y 和 z 方向上各向异性的耦合常数（z 是平行于外磁场 $\vec{\boldsymbol{B}}$ 的方向，x 和 y 则垂直于 $\vec{\boldsymbol{B}}$）。a_X 是这三个主值的平均值，即 $a_X=(A_{X,x}+A_{X,y}+A_{X,z})/3$。耦合常数的各向异性部分 $A_{X,x}-a_X$、$A_{X,y}-a_X$ 和 $A_{X,z}-a_X$，就是式（3.8）所述的偶极超精细张量 $\boldsymbol{A}_{X,\text{dip}}$ 的主值。显然，这些差值的总和为零，即 $\boldsymbol{A}_{X,\text{dip}}$ 是无迹的。最简单的例子是，对于 $2p_z$ 轨道中有一个未配对电子的具有磁性核 X 的单原子，$\boldsymbol{A}_X$ 和 $\boldsymbol{A}_{X,\text{dip}}$ 都是轴对称的。轴对称张量 $\boldsymbol{A}_X$ 的主值可表示成 $A_{X\perp}(=A_{X,y}=A_{X,x})$ 和 $A_{X\parallel}(=A_{X,z})$，轴对称张量 $\boldsymbol{A}_{X,\text{dip}}$ 的主值与 $(3\cos^2\varphi-1)$ 成正比 [式（3.9）]，可表示成 $-B_{X,\text{dip}}(=A_{X,x}-a_X)$、$-B_{X,\text{dip}}(=A_{X,y}-a_X)$ 和 $+2B_{X,\text{dip}}(=A_{X,z}-a_X)$。对于离域于几个原子和原子核上的分子轨道中的未配对电子，如往常一样，情况更为复杂，因为整个自旋分布都必须考虑到。这些

案例详见 4.1 节和 4.2 节。

  上面针对含有一个未配对电子的自由基而提出的超精细分裂的处理，也适用于具有两个未配对电子的三重态分子。然而，除了两个未配对电子之间的偶极相互作用非常弱的分子外，其他三重态分子必须在固体或黏性介质中才能被研究，所以超精细分裂极少被解析。

第4章 自旋密度、自旋布居、自旋极化和自旋离域

4.1 基本概念

在分子内,电子密度 $\rho(x, y, z)$ 是由空间坐标 x、y、z 界定的在给定位置上每单位体积内的电子数。实验上,它可以通过 X 射线衍射来确定。理论上,它可通过量子力学计算来确定,而且可以被当成是自旋朝上(↑、M_S = +1/2、α)和朝下(↓、M_S = −1/2、β)电子数之和:

$$\rho(x, y, z) = \rho^{\uparrow}(x, y, z) + \rho^{\downarrow}(x, y, z) \tag{4.1}$$

相应地,3.2 节所提到的自旋密度 $\rho_S(x, y, z)$,代表着自旋朝上(↑、M_S = +1/2、α)和朝下(↓、M_S = −1/2、β)电子数之差:

$$\rho_S(x, y, z) = \rho^{\uparrow}(x, y, z) - \rho^{\downarrow}(x, y, z) \tag{4.2}$$

在所有电子均两两配对的抗磁性分子中,$\rho^{\uparrow}(x, y, z) = \rho^{\downarrow}(x, y, z)$,于是,在整个分子中 $\rho(x, y, z) = 2\rho^{\uparrow}(x, y, z) = 2\rho^{\downarrow}(x, y, z)$,$\rho_S(x, y, z) = 0$。另一方面,在含有至少一个未配对电子的顺磁性分子中,自旋密度 $\rho_S(x, y, z)$ 总体上是非零的。因为按照惯例,自旋朝上被指派给未配对的电子,所以 $\rho^{\uparrow}(x, y, z)$ 应该大于或至少等于 $\rho^{\downarrow}(x, y, z)$,即在分子中的某些部位自旋密度 $\rho_S(x, y, z)$ 通常应是正的,并且很少为零。然而,在顺磁性分子中特定部位,小的负自旋密度的存在,通常是可以理论预测和用实验证实的。

氢原子

最简单的化学顺磁体系是氢原子 H·,其原子核是一个质子,在 1s 轨道中有一个未配对的电子。因此,$\rho(x, y, z) = \rho_S(x, y, z) = \rho^{\uparrow}(x, y, z) = \psi_{1s}^2(r) = [1/(\pi r_0^3)]\exp(-2r/r_0)$,其中,$\psi_{1s}(r) = \dfrac{1}{\sqrt{\pi}} \left(\dfrac{Z}{r_0}\right)^{\frac{3}{2}} \exp\left(-\dfrac{Zr}{r_0}\right)$ 是 1s 轨道的函

数，Z是元素序数，$r=\sqrt{x^2+y^2+z^2}$，$r_0=0.5292\times10^{-10}$ m，是玻尔半径。

对于$g_N=5.5847$的质子，式（3.14）中的$K_H=\dfrac{2\mu_0}{3}g_N\mu_N=2.363\times10^{-32}$ V·s·m，质子H·的自旋密度$\rho_S(0)=\psi_{1s}^2(0)=1/(\pi r_0^3)=2.148\times10^{30}$ m^{-3}（$r=x=y=z=0$）。因此，耦合常数a_H(H·)$=K_H\cdot\rho_S(0)=2.363\times10^{-32}\times2.148\times10^{30}=+5.076\times10^{-2}$ V·s/m$^2=+50.76$ mT。氘对质子的同位素取代将该值降低到a_D(D·)$=+50.76\times0.1535=+7.79$ mT。

这些纯理论的值与实验数据相吻合，后者在一定程度上取决于产生 H· 或 D· 原子的具体条件（气相、液相、固相）[18]。如上所述，由于1s轨道呈球形，在 H· 中没有偶极超精细相互作用，因此，在所有介质中它的ESR谱都是纯各向同性的。

令人失望的是，对于像有机自由基这样更复杂的顺磁体系而言，像H·那样精确地计算$\rho_S(0)$，在计算上太难了。一个方便的但理论上定义不那么严格的量子力学概念是ψ自旋布居ρ_X^ψ（ψ-spin population），其中 X 是所研究的原子核，ψ表示轨道。这个自旋布居可以被理解成以原子核 X 为中心的，在ψ轨道中的积分自旋密度$\rho_S(x, y, z)$，而且是自旋朝上和自旋朝下的未配对电子的布居差：

$$\rho_X^\psi=\rho_X^{\psi\uparrow}-\rho_X^{\psi\downarrow} \tag{4.3}$$

与$\rho_S(x, y, z)$相似，自旋布居ρ_X^ψ一般是正的，但在顺磁性分子的一些部位可以是零甚至是负的。正的ρ_X^ψ值表示在轨道ψ中发现自旋朝上的未配对电子的概率大于自旋朝下的，负值则表示相反的情况。与以m^{-3}为单位的自旋密度$\rho_S(x, y, z)$相反，自旋布居ρ_X^ψ是无量纲的。遗憾的是，大多数作者没有充分区别这两个参量，把自旋密度表示法用于自旋布居。对于H·，独特的自旋布居ρ_H^{1s}显然是$+1$，因为在1s轨道中只有一个自旋朝上的未配对电子。

下面ψ自旋布居的概念将被用于解释一些代表性有机自由基ESR谱中的超精细分裂。在仔细分析考虑甲基和乙基自由基中的自旋分布之后，电子自旋转移的两种机制被提出，即自旋极化和自旋离域（spin polarization and spin delocalization）。

甲基自由基

H$_3$C·（**58·**），这个最简单的有机自由基，是平面的（D_{3h}对称性），含有九个电子，其中未配对电子容纳于非键的、对称轴垂直于分子xy平面的碳原子$2p_z$轨道内。除了这个自旋布居$\rho_C^{2p}=+1$的最高单占原子轨道，还有四个双占轨道，也就是碳原子内层的非键1s轨道和三个参与形成C—H键的且对称等价的

σ分子轨道（molecular σ-orbitals，σ-MOs）。这些σ分子轨道由氢原子1s轨道和碳原子sp²杂化轨道（hybrid orbital，h）构成，每个杂化轨道中2s轨道成分占1/3，$2p_x$与$2p_y$轨道一起占余下的2/3。如果忽略电子-电子相互作用，对于独立的电子模型，**58·**的自旋密度仅由单占的$2p_z$轨道的平方函数ψ_{2p}^2所决定，该函数无论是在碳核上还是在位于该轨道节点xy平面内的三个质子上均为零。因此，同位素¹³C的耦合常数a_C和三个质子的a_H都理应为零，并且在**58·**的ESR谱中不应观察到超精细分裂。然而，这一理论预测与实验形成鲜明对比，因为对于三个质子，检测到一个$|a_H|=2.30$ mT的值[34]，并且，对于¹³C同位素标记的**58·**，$|a_C|=3.83$ mT也被确定[438]。值得注意的是，尽管a_C需要一个正号[439]，但a_H应该是负的[440]。诚然，与H·的相应值相比，$|a_H|$的大小就显得相当小，但它显然与零不同。在甲基自由基（**58·**）的每个氢原子1s轨道中，σ自旋布居$\rho_H^{\sigma(1s)}$可以通过比较这两个物种的¹H耦合常数来推导。于是，ρ_H^{1s}(**58·**)$=\rho_H^{1s}(H·)\cdot\dfrac{a_H(\mathbf{58·})}{a_H(H·)}=+1\times\dfrac{-2.30}{+50.76}=-0.045$，其中，$\rho_H^{1s}=+1$是H·的1s自旋布居。

为了解释-0.045这个数值，我们必须意识到，在多电子体系中，自旋密度和自旋布居并不仅仅由形式上容纳未配对电子的单占轨道决定。这是因为未配对电子自旋使双占轨道中两个正式配对电子的自旋发生极化，故而后者不再完美地配对。自旋极化必须追溯到理论和实验上众所周知的事实，即两个具有相同自旋的电子间的相互影响，不同于两个具有相反自旋的电子。两个具有相同自旋的电子不能紧密靠近，但对于两个具有相反自旋的电子来讲，这种靠近是可以容许的。相同自旋的电子的平均运动范围，远于相反自旋的电子。因此，与自旋相反的电子相比，对于自旋相同的电子，通过电子的自旋关联减弱了两个携带负电荷的电子之间的静电排斥，使其能量下降。基于同样的理由，对于等电子构型，三重态比单重态更稳定（Hund规则）。

在甲基自由基（**58·**）中，$2p_z$轨道中未配对电子的自旋，极化了碳原子内层1s轨道中的电子自旋对（$2p_z$-1s自旋极化，$2p_z$-1s spin polarization）和三个C—H σ键中每个电子自旋对（$2p_z$-σ自旋极化，$2p_z$-σ spin polarization）。这种自旋相关使图4.1中用Ⅰ标记的自旋排列在能量上略优于用Ⅱ标记的自旋排列。排列Ⅰ表明，碳原子sp²杂化轨道（h）中参与形成C—H σ键的电子自旋朝上，而与其配对的氢原子1s轨道的电子自旋朝下。在排列Ⅱ中，C—H σ键中两个成键电子的自旋排列刚好相反。仔细考虑C原子本身，当分别位于sp²杂化轨道和$2p_z$轨道的两个电子具有如排列Ⅰ所示的同向自旋时，可以被视为三重态，但当它们呈如排列Ⅱ所示的反向自旋时，可以被视为单重态。倘若我们能对 **58·** 中 C—H σ 键的自旋拍摄瞬时快照，那么看到如排列Ⅰ的自旋概率将比排列Ⅱ的大 4.5%。自旋布居 $\rho_H^{\sigma(1s)} = -0.045$，就是对应于这个百分比，其负号说明氢原子 1s 轨道中的电子是自旋朝下的。

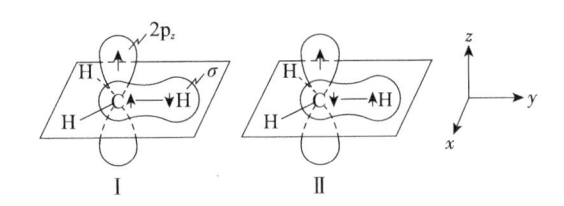

图 4.1　甲基自由基 (**58·**) 中 C—H σ 键内正式配对电子的
两种可供选择的自旋排列（Ⅰ和Ⅱ）

通过对不同自旋使用不同轨道（different orbitals for different spins, DODS），可以将自旋极化引入到分子轨道理论中。在甲基自由基中，C—H 键的 σ 分子轨道通常表示成原子轨道的线性组合（linear combination of atomic orbitals, LCAO），$c_h \psi_h + c_{1s} \psi_{1s}$，其中 ψ_h 和 ψ_{1s} 分别是参与成键的 C 原子 sp² 杂化轨道 h 和 H 原子 1s 轨道。在不考虑自旋极化的"限制性"分子轨道理论中，该分子轨道被两个已配对的电子占据，从而对自旋布居没有贡献。然而，在"非限制性"理论中，不同的分子轨道被指派给不同的自旋。当自旋朝上的电子占据稍微更稳定的 σ 分子轨道时，这个电子首选 C 原子的 sp² 杂化轨道 h，而该轨道所容纳的自旋朝下的电子则首选 H 原子的 1s 轨道。因此，$(c_h^\uparrow)^2 > (c_h^\downarrow)^2$ 和 $(c_{1s}^\uparrow)^2 < (c_{1s}^\downarrow)^2$，这导致小的正自旋布居 $\rho_C^{\sigma(h)} = (c_h^\uparrow)^2 - (c_h^\downarrow)^2 = 0.045$，相应的负自旋布居 $\rho_H^{\sigma(1s)} = (c_{1s}^\uparrow)^2 - (c_{1s}^\downarrow)^2 = -0.045$。

耦合常数 a_C 比 a_H 更不容易解释，因为它是由自旋极化的几个贡献引起的。首先，$2p_z$-σ 自旋极化就有三个贡献，在 C 原子的 sp² 杂化轨道中 $\rho_h^{\sigma(h)} = 3 \times (+0.045) = +0.135$。其次，$2p_z$ 轨道中的未配对电子自旋和碳原子内层原子轨道（即 1s 轨道）中两个已正式配对电子的相互影响（$2p_z$-1s polarization）。因此，在这个球形轨道中两个电子的自旋和未配对电子自旋的关联，使得相同自旋朝上的电子比另外一个自旋朝下的电子稍微更靠近未配对电子。由于外层 $2p_z$ 轨道的电子离 C 原子核的平均距离比内层 1s 轨道的更远，这种位移意味着 1s 轨道中自旋朝上的电子的运动轨道半径略大于自旋朝下的电子的。因此，自旋布居 ρ_C^{1s} 是负的，它是由更靠近原子核的自旋朝下的电子所决定。$2p_z$-σ 和 $2p_z$-1s 两种自旋极化的贡献分别是 $3 \times (+1.95) = +5.85$ mT 和 -1.27 mT，二者之

第 4 章 自旋密度、自旋布居、自旋极化和自旋离域

和等于+4.58 mT，它可作为a_C的预估值[439]。

两个实测值，$a_H = -2.30$ mT 和 $a_C = +3.83$ mT，都是各向同性的耦合常数。^{13}C 耦合常数的各向异性源自碳原子 $2p_z$ 轨道中未配对电子的磁矩和 ^{13}C 核磁矩的偶极相互作用。这种相互作用的取向依赖如式（3.7）所述，其中 $\vec{r}$ 是连接两个磁矩的矢量。图 4.2 示意了 $\vec{r}$ 相对于 $\vec{B}$ 的主要取向。轴对称偶极张量 $\boldsymbol{A}_{C,dip}$ 的主值与 $3\cos^2\varphi - 1$ 成比例，其中，φ 是 $\vec{r}$ 与 $\vec{B}$ 的夹角［式（3.9）］。当携带自旋的 $2p_z$ 对称轴分别与 x、y 和 z 方向平行时，角度 φ 这个函数分别等于 -1、-1、$+2$（3.2 节）。作为张量 $\boldsymbol{A}_{C,dip}$ 的主值，沿着 x、y 和 z 方向的 ^{13}C 耦合常数的各向异性成分分别是 $-B_{C,dip}$、$-B_{C,dip}$ 和 $+2B_{C,dip}$。基于计算所得的 $B_{C,dip} = +3.25$ mT[440]，这些值分别是 -3.25 mT(x)、-3.25 mT(y) 和 $+6.5$ mT(z)。在将实测的各向同性的 $a_C = +3.83$ mT 添加到这些值后，作为轴对称张量 $\boldsymbol{A}_C$ 的主值，各向异性的 ^{13}C 耦合常数应该是 $\boldsymbol{A}_{C\perp}$ ($= A_{C,x} = A_{C,y}$) $= +0.6$ mT 和 $\boldsymbol{A}_{C\parallel}$ ($= A_{C,z}$) $= +10.4$ mT。实验上现有的数据，来自用 2.8 MeV 电子辐照三水合乙酸钠单晶形成的 $H_3C\cdot$，分别是 -1.50 mT(x)、-1.55 mT(y) 和 $+8.7$ mT(z)[441]，相应地，各向同性的 a_C 是 $+3.77$ mT。

φ	0°	90°	90°
$3\cos^2\varphi - 1$	2	-1	-1

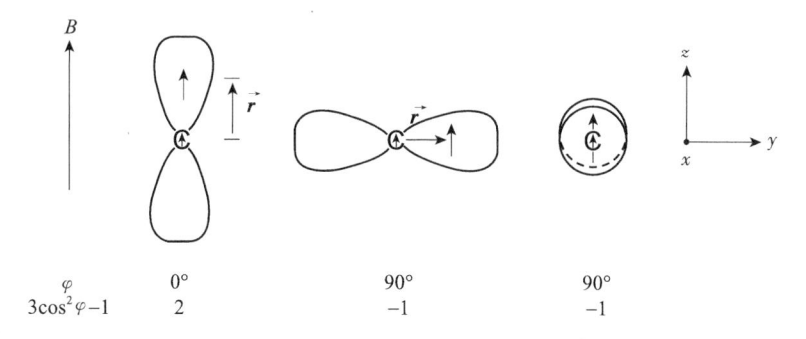

图 4.2 在甲基自由基 **58·** 中，^{13}C 核自旋与碳 p_z 轨道中未配对电子自旋之间取向依赖的磁偶极相互作用

^{1}H 耦合常数的各向异性源自碳原子 $2p_z$ 轨道中未配对电子的磁矩和 C—H 键上质子磁矩的偶极相互作用。因为这种相互作用和未配对电子与原子核之间距离 r 的三次方成反比，并且质子比 ^{13}C 磁性核更远离该未配对电子，所以质子的超精细各向异性不如 ^{13}C 的显著。图 4.3 示意了连接电子和质子磁矩的矢量 $\vec{r}$ 的主要取向。当携带自旋的 $2p_z$ 对称轴分别与 x、y 和 z 方向平行时，偶极张量 $\boldsymbol{A}_{H,dip}$ 对 $3\cos^2\varphi - 1$ 的依赖要求它们（非轴对称的）的主值比例大约是 -1、$+1.25$ 和 -0.25。计算结果是 -1.36 mT(x)、$+1.54$ mT(y) 和 -0.18 mT(z)[442]，

将它们加到实测的各向同性 $a_H = -2.30$ mT，得 $A_{H,x} = -3.8$ mT、$A_{H,y} = -0.8$ mT 和 $A_{H,z} = -2.5$ mT，作为存在空间取向的自由基的各向异性 ^{1}H 耦合常数和（非轴对称的）张量 $\mathbf{A}_{H,dip}$ 的主值。实验上，辐照丙二酸单晶形成的 HC·(COOH)$_2$ 自由基，具有相似的值，即 -3.3 mT(x)、-1.0 mT(y) 和 -2.28 mT(z)[443]。

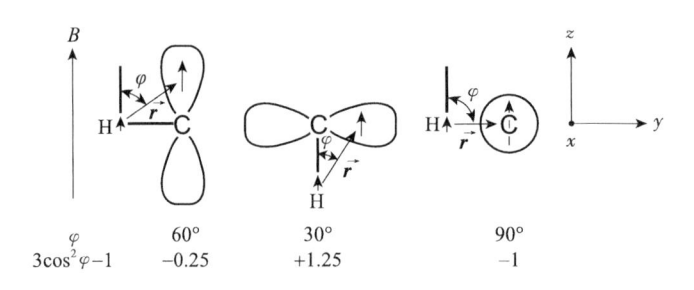

图 4.3 在甲基自由基 **58·** 中，C—H σ 键上质子自旋与碳 $2p_z$ 轨道中未配对电子自旋之间的取向依赖的磁偶极相互作用

乙基自由基

用甲基取代 H$_3$C· 中的一个 H 原子，即衍生成乙基自由基 H$_2$C·—CH$_3$（**59·**），其中，未配对电子仍然主要由与 xy 平面有节点的碳原子 $2p_z$ 轨道所容纳，该 xy 平面穿过两个 C 原子核和两个亚甲基质子。因此，**59·** 的结构应和甲基自由基（**58·**）密切相关，这一预期被 **59·** 中亚甲基原子核的相似耦合常数所支持，即对于两个质子有 $|a_H| = 2.24$ mT[33,34]，对于 ^{13}C 同位素有 $|a_C| = 3.91$ mT[438]。并且，a_H 和 a_C 的符号应该分别为负和正。更为惊奇的是乙基自由基中，对于可自由旋转的甲基上的三个等性质子，实测值是 $|a_H| = 2.69$ mT，大于 2.24 mT，尽管这三个质子是通过 sp^3 杂化的 C 原子与带自旋的 $2p_z$ 轨道隔开。该值及其所需的正号是不能用跨越两个 σ 键的 $2p_z$-σ 自旋极化来解释的，所以，它们指向另外一种不一样的自旋转移机制。

在此，先适当地引入 ESR 命名法，即用 α、β、γ、δ、ε、⋯表示与自由基中心相隔 0、1、2、3、4 或更多个 sp^3 杂化 C 原子上的质子。

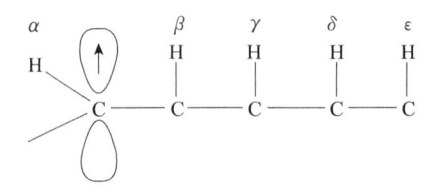

第 4 章　自旋密度、自旋布居、自旋极化和自旋离域

在烷基自由基中，这样的自旋中心是 $2p_z$ 轨道携带自旋的 C 原子；它是甲基自由基（**58·**）中唯一的 C 原子，是乙基自由基（**59·**）中的亚甲基 C 原子。与该 C 原子相连的质子被标记为 α，也就是 **58·** 的三个质子和 **59·** 的两个亚甲基质子。**59·** 的三个甲基质子被标记为 β，而 **58·** 没有这样的质子。在 π 自由基中，相同的命名法也用于 n 个 π 中心中的每一个原子，详见 4.2 节。

必须注意的是，与直接连接到 $2p_z$ 轨道携带自旋的 C 原子上的两个 α 质子相反，**59·** 的三个 β 质子通常不位于该轨道的节点平面中，因此自旋布居可以从该轨道离域到甲基 H 原子的 1s 轨道。在这种特殊情况下，相应的自旋转移机制是 $2p_z$-1s 自旋离域（$2p_z$-1s spin delocalization），这相当于有机化学家所熟悉的超共轭（hyperconjugation）。在如图 4.4 所示的 **59·** 的甲基构象中，氢原子 H_u（upper，平面上方）和 H_l（lower，平面下方）分别位于 xy 节点平面的上方和下方，而 H_p（plane，平面内）位于该平面内。氢原子 H_u 和 H_l 的 1s 原子轨道的组合 $(1/\sqrt{2})(\phi_{H_u}^{1s} - \phi_{H_l}^{1s})$，表示一个赝 p_z 轨道（pseudo p_z-orbital），它具有适当的节点性质，用于和携带自旋的 $2p_z$ 轨道的共轭，并将一些自旋布居从 $2p_z$ 轨道直接转移至赝 p_z 轨道。尽管在图 4.4 所示的构象中，氢原子 H_p 的 1s 轨道不参与这种转移，但甲基的旋转确保了该轨道在自旋离域中具有同等的贡献。

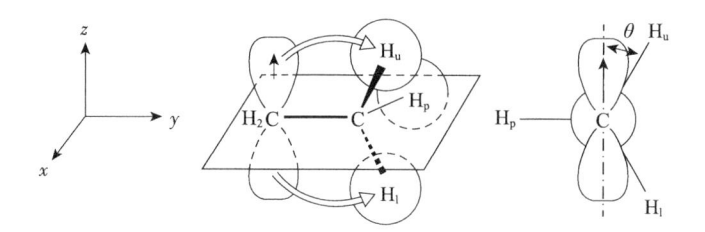

图 4.4　中图：乙基自由基（**59·**）中自旋从 C· 中心原子的 $2p_z$ 轨道离域到甲基 H 原子的 1s 轨道。右图：在 C—C 键方向上的 Newman 投影，显示了 C· 原子的 $2p_z$ 轴与甲基 C—H 键之间的二面角 θ

显而易见的是，超共轭程度和 β 质子耦合常数 a_H 的大小，取决于由 $2p_z$ 对称轴和 C—H(β)σ 键所形成的二面角 θ（图 4.4）；a_H 应与 $\cos^2\theta$ 成比例。当 C—H 键与 $2p_z$ 轨道重叠时（$\theta=0°$ 或 $180°$，$\cos^2\theta=1$，最优超共轭），a_H 取最大值；当该键位于 $2p_z$ 轨道的节点平面内时（$\theta=90°$ 或 $270°$，$\cos^2\theta=0$，没有超共轭），a_H 为零。对于像 **59·** 中那样可以自由旋转的甲基，有效值 $\langle\cos^2\theta\rangle=0.5$ 对应于 $\theta=45°$。该值是通过考虑图 4.4 中所示的构象而获得，其中，C—H_u、C—H_l 和 C—H_p 的角度 θ 分别为 $30°$、$150°$ 和 $270°$，θ 因甲基旋转而被平均成 $\langle\cos^2\theta\rangle=$

$(0.75+0.75+0)/3=0.5$。

这种$\cos^2\theta$依赖通常适用于β质子的耦合常数。当相关基团的自由旋转受到限制时,它用来从这些质子的实测值$|a_H|$中推导二面角θ,作为构象的诊断。

不出所料,在开链和单环烷基自由基中,γ质子的耦合常数比α和β质子的小至少一个数量级。例如,对于正丙基自由基(**60·**)中自由旋转的甲基和环丁烷基自由基(**61·**)中旋转受限的亚甲基,所报道的$|a_H(\gamma)|$分别是0.038 mT 和 0.112 mT[34]。

$$
\begin{array}{cc}
\gamma \ \beta \ \alpha & \\
H_3CCH_2C\cdot H_2 & \\
\mathbf{60\cdot} & \mathbf{61\cdot}
\end{array}
$$

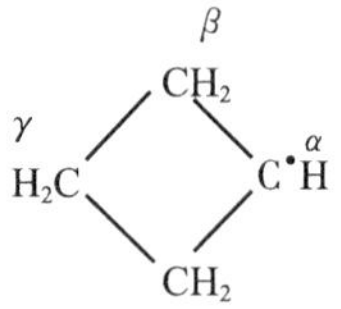

这样的耦合常数可以通过自旋极化和自旋离域产生,并可能具有正号或负号。δ质子的耦合常数$a_H(\delta)$仍然很小,相应的超精细分裂通常难以分辨。只有在更稳固的多环自由基中,因自旋离域的特殊机制〔远程耦合(long-range coupling),见下面〕,γ和δ质子可获得相对较大的$|a_H(\gamma)|$和$|a_H(\delta)|$。

对于β质子,偶极相互作用造成^{1}H耦合常数的各向异性,要比α质子的小得多,因为β质子比α质子更远离自由基中心$2p_z$轨道中的未配对电子。除了在非常低的温度下,甲基甚至在固体中也能自由旋转,因此,**59·**中β质子的张量$\mathbf{A}_H$和$\mathbf{A}_{H,dip}$是轴对称的,局部对称轴C_3沿着z方向,而x和y方向则垂直于该轴。因为实测的$B_{H,dip}$是$+0.1$ mT[444],所以表示张量$\mathbf{A}_{H,dip}$主值的各向异性耦合常数分别是-0.1 mT(x)、-0.1 mT(y)和$+0.2$ mT(z)。对于γ和δ质子,这种各向异性减少得更多,通常可以忽略不计。

4.2 π自由基

与α质子的耦合

甲基自由基(**58·**)可以被当成是π体系的原型,因为sp^2杂化的C原子就是"特征的π中心"。在含有一个未配对电子的被称为π自由基的共轭烃中,电子离域在n个sp^2杂化的C原子上,因此自旋布居分布在所有π中心μ上。于是,在甲基自由基C原子上的$\rho_C^{2p}=+1$的$2p_z$自旋布居,离域分布在n个μ中心上,给出的自旋布居ρ_μ^π是1的分数。它们在π自由基内n个μ中心上的和必须等于1：

$$\sum_{\mu=1}^{n} \rho_\mu^\pi = +1 \tag{4.4}$$

相对于ρ_C^{2p}，尽管自旋布居ρ_μ^π在减少，但是对于直接与π自由基μ中心相连的质子，像为甲基自由基α质子那样而引入的自旋极化机制仍然是有效的。我们仅仅把甲基自由基的C—H片段（图4.1）替换成π自由基的相应C—H片段，即一个由带自旋布居ρ_μ^π和相应C_μ—H_μ σ键组成的μ中心。严格地讲，现在必须将这种自旋极化视为π-σ极化而非$2p_z$-σ极化，它造成了自旋从μ中心的π分子轨道转移到与μ相连的H_μ原子的1s轨道。一个具有说明性的例子是苯自由基阴离子（**62·⁻**），它有六个等性的π中心μ。由此，按照对称性，每个μ中心的自旋布居ρ_μ^π必须是+1/6。六个等性α质子耦合常数的实测值是$|a_{H_\mu}|$ = 0.375 mT[132]。有指导意义的是，H·、甲基自由基（**58·**）和苯自由基阴离子（**62·⁻**）等的ESR谱的比较如图4.5所示。**62·⁻**的谱图总覆盖范围是$6|a_{H_\mu}|$ = 6×0.375 = 2.25 mT，仅仅相当于**58·**中任一个α质子的$|a_H|$（2.30 mT）。这种相等性表明了π自由基中α质子的a_{H_μ}与相邻μ中心自旋布居ρ_μ^π的一个既简单而又重要的关系：

$$a_{H_\mu}(\alpha) = Q_H^{C_\mu H_\mu} \cdot \rho_\mu^\pi \tag{4.5}$$

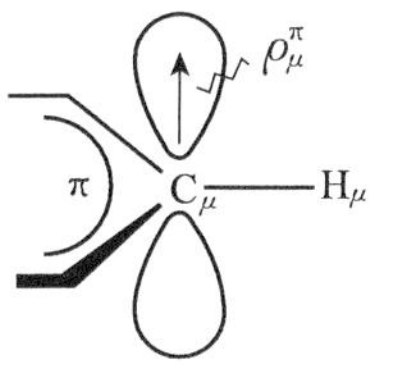

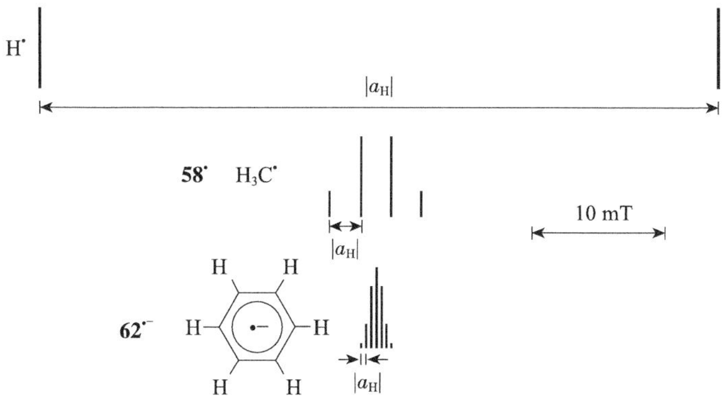

图4.5 氢原子（H·）、甲基自由基（**58·**）和苯自由基阴离子（**62·⁻**）的超精细图谱示意图

在这种被称为McConnell公式的关系中[17f,445]，比例系数$Q_H^{C_\mu H_\mu}$通常被称为π-σ自旋极化系数Q，其中，下标H代表质子，上标$C_\mu H_\mu$代表极化的σ键。它的符号是负的，符合自旋极化机制。因为**58·**有一个"单π中心"，且式（4.5）中自旋布居$\rho_\mu^\pi = \rho_C^{2p} = +1$，所以系数$Q$必须与$a_H = -2.3$ mT相当。这个系数不是固定不变的，但在某种程度上取决于π自由基的结构。表4.1列出了一系列D_{nh}对称的单环π自由基中n个等性α质子的$|a_H|$ [132,188,446-449]。在这样的每种自由基中，每个μ中心的自旋布居ρ_μ^π是$+1/n$，耦合常数a_{H_μ}需要一个负号。

表4.1 部分单环π自由基的耦合常数a_{H_μ}和系数$Q_H^{C_\mu H_\mu} = n a_{H_\mu}$

（单位：mT）

	50·	**62·⁻**	**62·⁺**	**63·**	**63·²⁻**	**64·⁻**
n	5	6	6	7	7	8
a_{H_μ}	−0.602	−0.375	−0.444	−0.392	−0.348	−0.321
$Q_H^{C_\mu H_\mu}$	−3.01	−2.25	−2.66	−2.74	−2.44	−2.57
参考文献	[446]	[132]	[447]	[448]	[188]	[449]

表4.1还列出相应的$Q_H^{C_\mu H_\mu} = n a_{H_\mu}$值。通过比较具有相同结构但电荷不同的单环，如苯自由基的阴离子（**62·⁻**）与阳离子（**62·⁺**）、中性䓬基（环庚三烯基，**63·**）及其二价阴离子（**63·²⁻**），$|Q|$随正电荷增多而增大，随负电荷增多而减小。一般地，对于自由基阴离子和二价阴离子，Q值的适当取值范围是2.0~2.6 mT，中性自由基是2.4~3.0 mT，自由基阳离子是2.6~3.2 mT。Q值的这种变动可以追溯到正电荷所引起的轨道收缩。一个用Q_1（对应于Q）和$Q_2 > 0$（$|Q_2| < |Q|$）两个系数及μ中心过量的π电荷布居ε_μ表达的关系，$a_{H_\mu} = (Q_1 + \varepsilon_\mu Q_2)\rho_\mu^\pi$，曾被提出用于解释$a_H$的电荷依赖，但在实践中很少应用[450]。

在μ中心的π自旋布居ρ_μ^π和α质子的耦合常数a_{H_μ}，映射了单占π分子轨道（SOMO）中未配对电子的分布。一方面因为按照惯例未配对电子是自旋朝上，另一方面因为ρ_μ^π可以被认为是在μ中心找到该未配对电子的概率，所以ρ_μ^π通常应该是正的，并且只有在特殊情况下为零，例如，当π-SOMO恰好在相关的π中心有另外节点时。相应地，对于符号与ρ_μ^π相反的α质子耦合常数a_{H_μ}，可以预计大多是负值，很少为零。这种观点与一个分子轨道模型一致，其中

第 4 章 自旋密度、自旋布居、自旋极化和自旋离域

π-SOMO ψ_j 由以 n 个 sp^2 杂化 C 原子（μ 中心）为中心的 $2p_z$ 轨道 ϕ_μ 线性组合来表示：

$$\psi_j = \sum_{\mu=1}^{n} c_{j,\mu} \phi_\mu \tag{4.6}$$

在 μ 中心的 π 自旋布居 ρ_μ^π 用 LCAO 系数 $c_{j,\mu}$ 的平方给出，由此，这些系数的归一化考虑了它们总和为一的要求 [式 (4.4)]：

$$\rho_\mu^\pi \approx c_{j,\mu}^2, \quad \sum_{\mu=1}^{n} \rho_\mu^\pi \approx \sum_{\mu=1}^{n} c_{j,\mu}^2 = 1 \tag{4.7}$$

然而，ρ_μ^π 和 $c_{j,\mu}^2$ 的确认受到实验的挑战，如烯丙基自由基 (**65·**) 的 ESR 数据所示。在这个有三个 π 中心和在 π 分子轨道中有三个电子的自由基中，非键的 SOMO ψ_2 表示成 $\psi_2 = 0.707\phi_1 - 0.707\phi_3$，于是有 $\rho_1^\pi = \rho_3^\pi \approx c_{2,1}^2 = c_{2,3}^2 = 0.5$，$\rho_2^\pi = c_{2,2}^2 = 0$。因此，在两个末端 π 中心 1 和 3 的每一处发现未配对电子的概率应该是 50%，但在 SOMO 与 π 体系节点平面相互垂直的中心 2 处为零。这一预测和用来描述 **65·** 的共振结构 $\text{CH}_2=\text{CH}-\text{CH}_2^· \rightleftharpoons {}^·\text{CH}_2-\text{CH}=\text{CH}_2$ 是一致的。

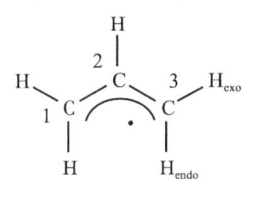

65·

实际上，在 **65·** 中，除了在 π 中心 1 和 3 的内侧位和外侧位 (endo and exo positions) 的两个等效 α 质子的耦合常数 $|a_{\text{H1,3endo}}| = 1.393$ mT 和 $|a_{\text{H1,3exo}}| = 1.483$ mT 之外，还在 π 中心 2 的 α 质子检测到一个相当可观的耦合常数 $|a_{\text{H2}}| = 0.406$ mT[34]。而且，如下所述，a_{H2} 预计有一个正号，尽管 $a_{\text{H1,3endo}}$ 和 $a_{\text{H1,3exo}}$ 应该是负号。

为了解释简单分子轨道模型和实验之间的差异，π-π 自旋极化必须被采纳。π-SOMO 中具有常规自旋朝上的未配对电子，不仅使 σ 键中正式配对的电子自旋发生极化（π-σ 自旋极化），而且使任意双占轨道中的电子自旋也发生极化。这一说法尤其适用于 π 分子轨道中的电子对（π-π 自旋极化）。在自旋极化的双占 π 分子轨道中，自旋朝上的电子有利于发现未配对电子概率高的 π 中心，并避开那些发现电子概率低的 π 中心。相应地，自旋朝下的电子表现出相反的行为。因此，不同自旋的两个电子占据稍微不同的轨道 (DODS)。从自旋引起的电子相关性来看，与自旋朝下电子所占据的分子轨道相比，自旋朝上电子所占据的分子轨道在能量上稍有优势。

对于烯丙基自由基，π-π 自旋极化涉及成键的 π 分子轨道，$\psi_1 = 0.500\phi_1 + 0.707\phi_2 + 0.500\phi_3$，它容纳了三个 π 电子中的两个。自旋朝上的电子占据稍微更稳定的分子轨道 $\psi_1^\uparrow$，对于该轨道，中心 1 和 3 处 LCAO 系数的平方 $c_{1,1}^{\uparrow 2} = c_{1,3}^{\uparrow 2}$ 增大，而中心 2 处 LCAO 系数的平方 $c_{1,2}^{\uparrow 2}$ 则减小。对于自旋朝下的电子所占据的分子轨道 $\psi_1^\downarrow$，π-π 自旋极化效果相反。因此，$c_{1,1}^{\uparrow 2} = c_{1,3}^{\uparrow 2} > c_{1,1}^{\downarrow 2} = c_{1,3}^{\downarrow 2}$，$c_{1,2}^{\uparrow 2} < c_{1,2}^{\downarrow 2}$。计算所得的差是 $c_{1,1}^{\uparrow 2} - c_{1,1}^{\downarrow 2} = c_{1,3}^{\uparrow 2} - c_{1,3}^{\downarrow 2} = 0.0885 (\approx 0.09)$，$c_{1,2}^{\uparrow 2} - c_{1,2}^{\downarrow 2} = -0.177$（4.5 节）。对于 SOMO ψ_2，这些数值必须添加到 $c_{2,1}^2 = c_{2,3}^2 = 0.5$ 和 $c_{2,2}^2 = 0$ 上，从而给出自旋布居 $\rho_1^\pi = \rho_3^\pi = +0.500 + 0.09 = +0.59$，$\rho_2^\pi = 0 - 0.177 = -0.18$。据 $Q_H^{C_\mu H_\mu} \approx -2.4$ mT 的 McConnell 公式 [式 (4.5)]，这些 $\rho_{1,3}^\pi$、ρ_2^π 值符合实测的耦合常数 $|\overline{a}_{H1,3}| = (1/2)(|a_{H1,3exo} + a_{H1,3endo}|) = 1.438$ mT 和 $|a_{H2}| = 0.406$ mT，倘若 $a_{H1,3exo}$ 和 $a_{H1,3endo}$ 是负的，那么 a_{H2} 就是正的。

值得注意的是，**65·** 的 ρ_μ^π 之和 $2 \times (+0.59) - 0.18$ 是 $+1$，符合式 (4.4)，而 $|\rho_\mu^\pi|$ 的总和 $2 \times 0.59 + 0.18$ 是 1.36。一般作为负 π 自旋布居的分布和正 π 自旋布居补偿增加的结果，总和 $\sum|\rho_\mu^\pi|$ 超过 1。与此同时，ESR 谱的总宽度更宽，这取决于 $|a_{H_\mu}|$，因此也取决于 $|\rho_\mu^\pi|$。

总之，由于自旋极化，负自旋布居出现在 π-SOMO 的节点平面内。首先，这一说法适用于 π 自由基分子平面（该平面也是 π 体系的节点平面）内的 α 质子。由于 μ 中心 π 自旋布居 ρ_μ^π 通常是正的，π-σ 自旋极化导致相应 H_μ 原子的负 1s 自旋布居，并同样导致负耦合常数 a_{H_μ}。然而，当 SOMO 有另外一个垂直于 π 体系的并穿过 π 中心 μ 的节点平面时，π-π 自旋极化使 π 自旋布居 ρ_μ^π 本身变为负值，因此两种极化机制的效应叠加在一起，形成 H_μ 原子的正自旋布居 ρ_μ^π 和 α 质子的正 a_{H_μ} 值。实际上，即使当 μ 中心不完全位于 SOMO ψ_j 的另外节点平面内而仅仅是当该节点靠近它时，负的 π 自旋布居 ρ_μ^π 和正的耦合常数 a_{H_μ} 也会出现。这种情况意味着平方系数 $c_{j,\mu}^2$ 非常小，因此，π-π 自旋极化对 ρ_μ^π 的负贡献主导着这种 π 自旋布居。

对应于 McConnell 公式 [式 (4.5)] 的关系，也可以应用于含杂原子 π 中心 μ 的自由基。例如，当 α 质子连接到作为 π 中心 μ 的 N 原子时，类似的关系是

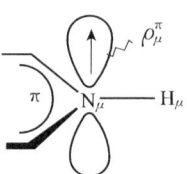

第 4 章 自旋密度、自旋布居、自旋极化和自旋离域

$$a_{H_\mu}(\alpha) = Q_H^{N_\mu H_\mu} \rho_\mu^\pi \qquad (4.8)$$

其中，$Q_H^{N_\mu H_\mu}$ 也像 $Q_H^{C_\mu H_\mu}$ 那样，是负值[451]。

与 β 质子的耦合

虽然甲基自由基（**58·**）可以被视为未取代的 π 自由基原型，但乙基自由基（**59·**）则可以被视为烷基取代的 π 自由基原型。在乙基自由基（**59·**）中，$2p_z$-σ 自旋离域（超共轭）负责从亚甲基 C 原子 $2p_z$ 轨道到甲基 H 原子 1s 轨道的自旋转移，也是烷基取代的 π 自由基中自旋转移的主要机制[452,453]。因为取代中心 μ' 的 $2p_z$ 轨道参与了扩展在 n 个 sp^2 杂化 C 原子上的 π-SOMO，所以这种机制必须重新命名为 π-σ 自旋离域，并且自旋布居 $\rho_{\mu'}^{2p}=1$，也必须按比例缩小成 π 自旋布居 $\rho_{\mu'}^\pi$。与 π 中心 μ' 间隔一个 sp^3 杂化 C 原子的 β 质子的耦合常数 $a_{H_{\mu'}}$，同样取决于 $\langle\cos^2\theta\rangle$，其中 θ 是中心 μ' 的 $2p_z$ 轴和烷基中相应 C—H(β) σ 键所形成的二面角（图 4.6，右图）。烷基取代基 β 质子的耦合常数 $a_{H_{\mu'}}$、被取代中心 μ' 的 π 自旋布居 $\rho_{\mu'}^\pi$ 和 $\langle\cos^2\theta\rangle$ 等之间的关系表示成[454,455]：

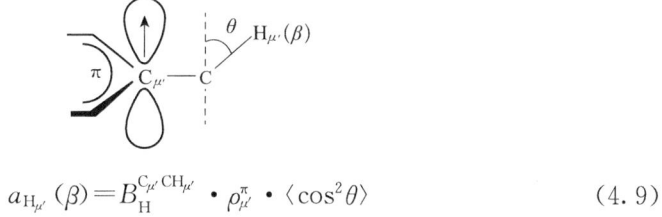

$$a_{H_{\mu'}}(\beta) = B_H^{C_{\mu'} CH_{\mu'}} \cdot \rho_{\mu'}^\pi \cdot \langle\cos^2\theta\rangle \qquad (4.9)$$

这类似于针对 α 质子的式（4.5）。比例系数 $B_H^{C_{\mu'} CH_{\mu'}}$ 是 π-σ 自旋离域系数，通常简写成 B，其中下标 H 代表 β 质子，上标 $C_{\mu'}CH_{\mu'}$ 代表该质子和被取代中心 μ' 之间的两个 σ 键。比例系数 B 取正号，与这种自旋转移的机制一致，其值相当于 $2\times(+2.69)=5.38$ mT，这是 **59·** 中三个 β 质子耦合常数的 2 倍。这是因为对于 **59·**，$a_{H_{\mu'}}$ 可以设为 $+2.69$ mT，自旋布居 $\rho_{\mu'}^\pi$ 设为 $+1$，故自由旋转甲基的 $\langle\cos^2\theta\rangle$ 是 0.5（4.1 节）。图 4.6 分别示意了亚甲基两个等性 β 质子和次甲基一个 β 质子的特征构象。β 质子耦合常数 $a_{H_{\mu'}}$ 对二面角 θ 的依赖，以具有相似 π 自旋分布的 1,8-二甲基萘（**66**）（表 8.9）[135]和二氢苊（**67**）（表 8.9）[453]的自由基阴离子的数据来说明。然而，在 **66·⁻** 中甲基是自由旋转的，$\langle\cos^2\theta\rangle$ 是 0.5，在 **67·⁻** 中亚甲基并合成环，$\theta\approx 25°$，$\langle\cos^2\theta\rangle\approx 0.82$。**66·⁻** 中六个甲基 β 质子与 **67·⁻** 中四个亚甲基 β 质子的耦合常数之比是 $+0.451$ mT/$+0.753$ mT $=0.6$，正如预期的那样，接近 0.50/0.82。

系数 B 对相关被取代 μ' 中心 π 电荷的依赖，甚至比系数 Q 对 μ 中心这种电

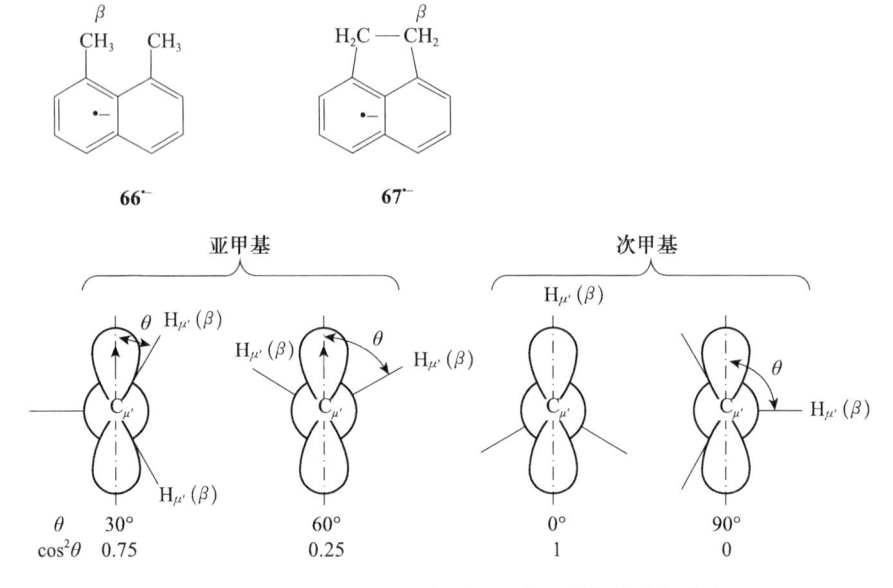

图 4.6 亚甲基（左）和次甲基（右）的部分特征构象
在 $C_{\mu'}$—$C_{烷基}$ 方向上的 Newman 投影

荷的依赖更强烈［式（4.5）］，这一发现与带正电荷分子中超共轭增强的经验是一致的。对于自由基阴离子比例系数 B 的合理范围是 $+4\sim+5$ mT，中性自由基是 $+5\sim+6$ mT，自由基阳离子是 $+6\sim+9$ mT。与 α 质子相比，β 质子耦合常数强烈地依赖电荷，这种差别用蒽（**68**）（表 8.8）[134] 及其 9,10-二甲基衍生物（**69**）[223] 自由基离子的数据来说明。这样的比较是合理的，因为像 **68** 那样的同一交替 π 体系的自由基阴离子和自由基阳离子中 π 自旋分布几乎是等同的（8.1 节）。从 **68**·⁻ 到 **68**·⁺，9 位和 10 位的两个 α 质子的耦合常数增大倍数是 $(-0.653\ \text{mT})/(-0.534\ \text{mT}) = 1.22$；而从 **69**·⁻ 到 **69**·⁺，在这两个位置的 6 个甲基取代基 β 质子，类似的增大倍数是 $(+0.800\ \text{mT})/(+0.388\ \text{mT}) = 2.06$。

因为系数 $B_{\text{H}}^{C_{\mu'}\text{CH}_{\mu'}}$ 是正的，所以 β 质子耦合常数 $a_{\text{H}_{\mu'}}$ 的符号与被取代 μ' 中心的 π 自旋布居 $\rho_{\mu'}^{\pi}$ 的符号相同，即该符号通常是正的，极少为负的。

第 4 章　自旋密度、自旋布居、自旋极化和自旋离域

一般地，式（4.9）充分地解释了这些质子的 $a_{H,\mu'}$ 值，其中与 β 质子的耦合被当成仅仅是因 π-σ 自旋离域（超共轭），因为超过两个 σ 键的 π-σ 自旋极化作用可以被忽略。只有当 β 质子位于分子 π 平面即 π-SOMO 的节点平面内时，二面角 θ 等于 90°和超共轭无效，因此，该质子实测的但通常非常小的耦合常数 $a_{H,\mu'}$ 是由 π-σ 自旋极化引起的。

当亚甲基或次甲基桥连两个 π 中心 μ' 和 μ'' 时，这意味着它与两个中心都相连接，式（4.9）需作修改[456]。该基团 β 质子的耦合常数是

$$a_{H_{\mu',\mu''}}(\beta) = B_H^{C_{\mu'}CH_{\mu''}} \cdot (\sqrt{\rho_{\mu'}^\pi} \pm \sqrt{\rho_{\mu''}^\pi})^2 \cdot \langle\cos^2\theta\rangle \quad (4.10)$$
$$\approx B_H^{C_{\mu'}CH_{\mu''}} \cdot (c_{j,\mu'} + c_{j,\mu''})^2 \cdot \langle\cos^2\theta\rangle$$

而不是 $a_{H_{\mu',\mu''}}(\beta) = B_H^{C_{\mu'}CH_{\mu''}} \cdot (\rho_{\mu'}^\pi + \rho_{\mu''}^\pi) \cdot \langle\cos^2\theta\rangle \approx B_H^{C_{\mu'}CH_{\mu''}} \cdot (c_{j,\mu'}^2 + c_{j,\mu''}^2) \cdot \langle\cos^2\theta\rangle$。在 μ' 和 μ'' 中心，π 自旋布居 $\rho_{\mu'}^\pi \approx c_{j,\mu'}^2$ 和 $\rho_{\mu''}^\pi \approx c_{j,\mu''}^2$ 都是正的，但是 π-SOMO ψ_j 中相应的 LCAO 系数 $c_{j,\mu'}$ 和 $c_{j,\mu''}$ 却可以是同号或异号。当这些系数的符号相同时，式（4.10）的代数和 $\sqrt{\rho_{\mu'}^\pi} \pm \sqrt{\rho_{\mu''}^\pi}$ 必须使用"＋"号，当符号相反时则必须使用"－"号。在大多数情况下，被桥连在一起的中心 μ' 和 μ'' 是对称性等价的，因此，$\rho_{\mu'}^\pi = \rho_{\mu''}^\pi$ 和 $c_{j,\mu'}^2 = c_{j,\mu''}^2$。令 $c_{j,\mu'}$ 和 $c_{j,\mu''}$ 同号，于是式（4.10）简化成

$$a_{H_{\mu',\mu''}}(\beta) = 4B_H^{C_{\mu'}CH_{\mu''}} \cdot \rho_{\mu'}^\pi \cdot \langle\cos^2\theta\rangle \approx 4B_H^{C_{\mu'}CH_{\mu''}} \cdot c_{j,\mu'}^2 \cdot \langle\cos^2\theta\rangle \quad (4.11)$$

一个替代 $a_{H_{\mu',\mu''}} = 2B_H^{C_{\mu'}CH_{\mu''}} \cdot \rho_{\mu'}^\pi \cdot \langle\cos^2\theta\rangle \approx 2B_H^{C_{\mu'}CH_{\mu''}} \cdot c_{j,\mu'}^2 \cdot \langle\cos^2\theta\rangle$ 并成立的关系。

这异乎寻常地增大了两倍的 β 质子耦合常数，有时被称为"Whiffen 效应"[456]，已被实验证实[233,317,457]。当 $c_{j,\mu''} = -c_{j,\mu'}$ 时，即当亚甲桥基位于 SOMO 的另外节点平面（垂直于分子平面）时，情况就不那么明显了，因为此时耦合常数 $a_{H_{\mu',\mu''}} = 0$ 是可以预期的。说明性的实例是环己二烯基自由基（**70·**）[34]（表 8.3）和环丁烯基自由基（**71·**）[458]（表 8.2）。在 **70·** 中，戊二烯基 π 片段的 SOMO ψ_3 在桥连中心 $\mu' = 1$ 和 $\mu'' = 5$ 有 $c_{3,1}^2 = c_{3,5}^2 = 0.33$ 和 $\rho_1^\pi = \rho_5^\pi = +0.43$；在 **71·** 中，烯丙基 π 片段的 SOMO ψ_2，在相应的 μ 中心 1 和 3 有 $c_{2,1}^2 = c_{2,3}^2 = 0.5$ 和 $\rho_1^\pi = \rho_3^\pi = +0.59$。对于 **70·**，二面角和 $\langle\cos^2\theta\rangle$ 分别估计为 30°和 0.75，对于 **71·** 分别是 20°和 0.88。显然，对于 **71·**，不仅自旋布居 $\rho_{\mu'}^\pi = \rho_{\mu''}^\pi$，而且 $\langle\cos^2\theta\rangle$ 比 **70·** 的大。然而，**70·** 中亚甲基两个 β 质子的耦合常数却是异乎寻常的大，＋4.77 mT，而 **71·** 中相应质子的值仅为 0.445 mT（符号待定），不到前者的 1/10。这些发现是式（4.10）有效性的明确证据，因为在 **70·** 中在 μ' 和 μ'' 中心相应的 LCAO 系数是同号的（$c_{3,5} = c_{3,1}$），而在 **71·** 中却是反号的（$c_{2,3} = -c_{2,1}$）。

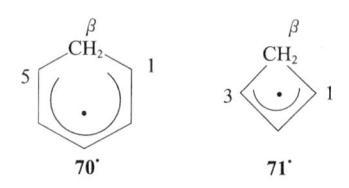

就 β 质子而言，类似于 C 中心的关系也可以用于杂原子 π 中心。因此，当这样的被取代中心 μ' 被 N 中心取代时，用 $B_H^{N_{\mu'}CH_{\mu'}}$ 取代 $B_H^{C_{\mu'}CH_{\mu'}}$ [类似于式（4.10）和式（4.11）]，以下关系是有效的：

$$a_{H_{\mu'}}(\beta) = B_H^{N_{\mu'}CH_{\mu'}} \cdot \rho_\mu^\pi \cdot \langle \cos^2 \theta \rangle \tag{4.12}$$

其中，比例系数 $B_H^{N_{\mu'}CH_{\mu'}}$ 是和 $B_H^{C_{\mu'}CH_{\mu'}}$ 相当的正值[237]。

远程耦合（long-range coupling）

在链状和单环烷基自由基中，随着质子与 $2p_z$ 轨道携带自旋的自由基中心间隔的 σ 键数量增加，^{1}H 耦合常数迅速减小，使得 γ 质子的耦合常数通常是 α 和 β 质子的 1/10 甚至更小，而 δ 质子的超精细分裂通常太小而难以分辨，这些在 4.1 节中已作说明。只有在一些刚性的多环自由基中，γ 和 δ 质子的耦合常数才具有相对较大的值。在这种远程耦合中，自旋转移的机制是 π-σ 自旋离域，与 β 质子的超共轭一样，取代或桥连的 π 中心 μ' 的正电荷促进这种离域。这种自旋离域主要通过 σ 键进行，通常导致正的 ^{1}H 耦合常数。这种贯穿价键相互作用（through-bond interaction）是有效的，特别是当 μ' 中心的 $2p_z$ 对称轴与同其相连的 γ 和 δ 质子的 σ 键几乎位于一个平面中并排列成 Z 字形时。对于 γ 质子，这也被称为 W 字形排列 [高位共轭（homo-hyperconjugation）]。说明性的例子是下列 γ 质子的耦合常数：二环 [2.2.1] 庚烷-2,3-二酮（**72**）自由基阴离子中亚甲基的反式 γ 质子，+0.648 mT（表 9.15）[7c,459]；三环 [3.1.0.0^{2,6}]-3-已烯（盆苯，benzvalene，**73**）自由基阳离子中的两个次甲基 γ 质子，+2.79 mT（表 7.15）[460]；2,2-金刚烷烯（**25**）自由基阳离子中的四个平伏次甲基 γ 质子，+0.605 mT（表 7.15）[272]。

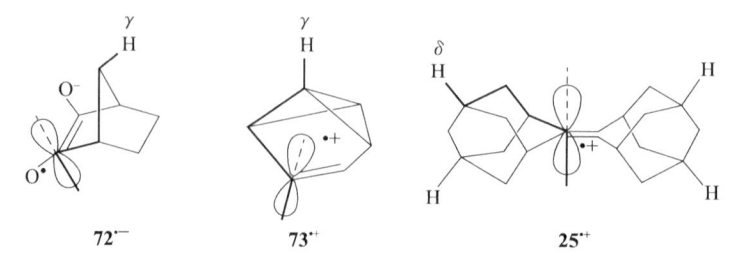

远程耦合也可以贯穿空间相互作用（through-space interaction）发生，就像在一些顺式芳基亚氨基氧基自由基中一样（7.4 节），但很少观察到，因为这

种相互作用需要质子和 π 中心 μ' 之间离得非常近,这导致该中心的 π 轨道和相应 H 原子 1s 轨道之间的实质性重叠。

与质子以外的磁性核的耦合

在 π 中心 μ,有关于磁性核 X 的耦合常数 a_{X_μ} 与 μ 中心及其相邻 ν 中心的 π 自旋布居 ρ_μ^π 和 ρ_ν^π 的关系是

$$a_{X_\mu} = Q_X \cdot \rho_\mu^\pi + \sum_\nu Q_X^{X_\nu X_\mu} \cdot \rho_\nu^\pi \quad (4.13)$$

其中,系数 Q_X 和 $Q_X^{X_\nu X_\mu}$ 是自旋极化系数[439]。Q_X 表示 X_μ 原子轨道和 X_μ—X_ν σ 键中的电子自旋被 μ 中心自身未配对 π 电子(π 自旋布居 ρ_μ^π)所引起的极化,$Q_X^{X_\nu X_\mu}$ 则描述 X_ν—X_μ σ 键中的电子自旋被相邻 ν 中心未配对 π 电子(π 自旋布居 ρ_ν^π)所引起的极化。对于 X 是 ^{13}C 并且中心 μ 和 ν 都是 C 原子($X_\mu = C_\mu$,$X_\nu = C_\nu$)的特定情况,对这两个系数进行了更详细的讨论。在此问题上,式(4.13)变成:

$$a_{C_\mu} = Q_C \cdot \rho_\mu^\pi + \sum_\nu Q_C^{C_\nu C_\mu} \cdot \rho_\nu^\pi \quad (4.14)$$

在式(4.14)中,Q_C 代表了几个系数的和,即

$$Q_C = S_C + n_H \cdot Q_C^{C_\mu H_\mu} + (3 - n_H) \cdot Q_C^{C_\mu C_\nu} \quad (4.15)$$

其中,n_H 是与 μ 中心 C 原子相连的 H 原子数量。计算结果分别是 -1.27 mT 和 $+1.95$ mT 的系数 S_C 和 $Q_C^{C_\mu H_\mu}$ 已经被考虑[439],而没有将其表达成用于解释甲基自由基(**58·**)^{13}C 耦合常数的形式(4.1 节)。S_C 说明 ρ_μ^π 对非键内层 1s 轨道电子自旋的极化。这种 π-1s 自旋极化造成 ^{13}C 同位素负的 1s 自旋布居,因为自旋朝下的电子优先在更靠近原子核的轨道内运动。系数 $Q_C^{C_\mu H_\mu}$ 和 $Q_C^{C_\mu C_\nu}$ 负责 C_μ—H_μ 和 C_μ—C_ν σ 键中电子自旋的极化。在碳原子 C_μ 的 sp^2 杂化轨道中,这些极化系数带来正的自旋布居,因为使更靠近原子核 C_μ 的电子具有自旋向上的排列是具有优势的。这样的自旋排列类似于图 4.1 中标记为 I 的 **58·** 的 C—H σ 键的构象。对于该自由基,因为 $\rho_\mu^\pi = 1$ 和 $n_H = 3$,所以 $Q_C = S_C + 3 Q_C^{C_\mu H_\mu} = +4.58$ mT。然而,在含有离域的未配对电子的 π 自由基中,μ 中心通常与两个 ν 中心($n_H = 1$)或三个 ν 中心($n_H = 0$)相连。因此式(4.15)中的第三个系数 $Q_C^{C_\mu C_\nu}$ 才有意义,它的理论值是 $+1.44$ mT[439]。因此,对于含一个质子的 μ 中心,$Q_C = S_C + Q_C^{C_\mu H_\mu} + 2 Q_C^{C_\mu C_\nu} = +3.56$ mT;对于没有质子的 μ 中心(盲中心),$Q_C = S_C + 3 Q_C^{C_\mu C_\nu} = +3.05$ mT。

在式(4.14)中,系数 $Q_C^{C_\nu C_\mu}$ 考虑了相邻 ν 中心的 π 自旋布居 ρ_ν^π 对 C_ν—C_μ σ 键中电子自旋的极化。这种 π-σ 自旋极化在碳原子 C_μ 的 sp^2 杂化轨道中导致负

的自旋布居，因为当前这样的排列有利于自旋朝上的电子更靠近碳原子C_ν的原子核，而自旋朝下的电子更靠近碳原子C_μ的原子核。根据$Q_C=+3.56$ mT 或 $+3.05$ mT 和计算结果$Q_C^{C_\nu C_\mu}=-1.39$ mT[439]，对于带有一个质子的μ中心，式（4.14）用 mT 为单位变换成：

$$a_{C_\mu} = +3.56\rho_\mu^\pi - 1.39(\rho_\nu^\pi + \rho_{\nu'}^\pi) \tag{4.16}$$

对于盲μ中心[439]，

$$a_{C_\mu} = +3.05\rho_\mu^\pi - 1.39(\rho_\nu^\pi + \rho_{\nu'}^\pi + \rho_{\nu''}^\pi) \tag{4.17}$$

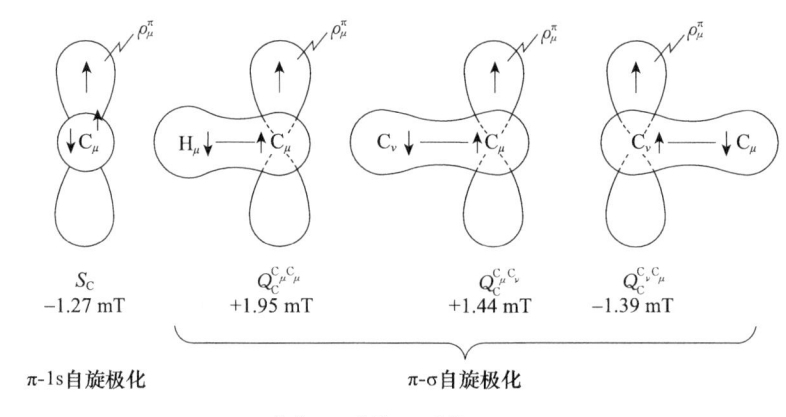

与S_C、$Q_C^{C_\mu H_\mu}$、$Q_C^{C_\mu C_\nu}$和$Q_C^{C_\nu C_\mu}$等系数相关的自旋排列，如图4.7所示。

S_C $\qquad Q_C^{C_\mu H_\mu}$ $\qquad Q_C^{C_\mu C_\nu}$ $\qquad Q_C^{C_\nu C_\mu}$
-1.27 mT $\quad +1.95$ mT $\quad +1.44$ mT $\quad -1.39$ mT

π-1s自旋极化 $\qquad\qquad$ π-σ自旋极化

图4.7 与S_C、$Q_C^{C_\mu H_\mu}$、$Q_C^{C_\mu C_\nu}$和$Q_C^{C_\nu C_\mu}$等系数相关的自旋排列

类似于式（4.16）的关系也能通过Q_C和$Q_C^{C_\nu C_\mu}$修正值的经验推导出来，以 mT 为单位[461]：

$$a_{C_\mu} = +3.86\rho_\mu^\pi - 1.16(\rho_\nu^\pi + \rho_{\nu'}^\pi) \tag{4.18}$$

应用这些关系的一个简单例子是苯自由基（**62·**）阴离子π中心μ的^{13}C耦合常数$|a_{C_\mu}|=0.28$ mT 被确认[132]；它的符号应该是正的。因为在这个自由基阴离子中，π自旋布居$\rho_\mu^\pi=\rho_\nu^\pi=+1/6$，所以用式（4.16）和式（4.18）计算所得的耦合常数a_{C_μ}分别是$+0.13$ mT 和$+0.26$ mT。另一个更具说明性的例子是萘基自由基（**4·**）的^{13}C耦合常数，实测值$a_{C1,3,4,6,7,9}=0.966$ mT 和$a_{C2,5,8}=a_{C3a,6a,9a}\approx-0.784$ mT[88]。在**4·**中含质子μ中心的π自旋布居ρ_μ^π，最好还是根据所观测的^{1}H耦合常数$a_{H1,3,4,6,7,9}=-0.629$ mT 和$a_{H2,5,8}=-0.0625$ mT 来推导。（所有这些a_{C_μ}和a_{H_μ}的符号都是用实验来确定的[90,462]。）基于$Q_H^{C_\mu H_\mu}=-2.8$ mT 的 McConnell 公式$a_{H_\mu}(\alpha)=Q_H^{C_\mu H_\mu}\rho_\mu^\pi$，所得的自旋密度$\rho_{1,3,4,6,7,9}^\pi=+0.225$ 和 $\rho_{2,5,8}^\pi=-0.065$。通过将这些值与理论计算结果相结合，可以得出剩余盲中心的自旋

布居ρ_μ^π，注意满足所有 μ 中心上的ρ_μ^π之和必须为+1 [式 (4.4)] 的前提。该方法给出$\rho_{3a,6a,9a}^\pi = -0.049$ 和$\rho_{9b}^\pi = +0.008$。至此，含质子中心 μ 的耦合常数a_{C_μ}可用式 (4.16) 或式 (4.18) 计算，盲中心则用式 (4.17) 计算。所得的理论值是$a_{C1,3,4,6,7,9} = +0.959$ mT 或 $+1.001$ mT，$a_{C2,5,8} = -0.857$ mT 或 -0.773 mT，$a_{C3a,6a,9a} = -0.786$ mT，与实验符合较好。

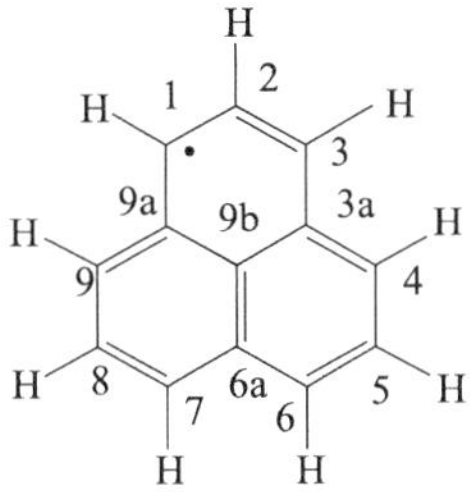

4

在 π 自由基中，μ 中心以外的 C 原子核可以像质子那样做标记。于是，那些与 μ 中心间隔 0、1、2、… 个 sp² 杂化 C 原子的 C 原子核被指定为 α、β、γ、…。

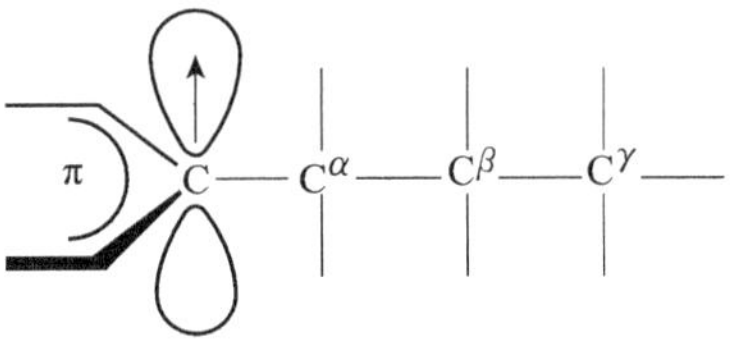

对于被取代中心 μ' 的^{13}C(α)，耦合常数$a_{C_{\mu'}}(\alpha)$源自 π 自旋布居ρ_μ^π引起的 π-σ 自旋极化，它取决于如下的带有比例系数$Q_C^{C_{\mu'}C_\mu} = -1.39$ [式 (4.16) 和式 (4.17)] 或 -1.16 [式 (4.18)] 的自旋布居：

$$a_{C_{\mu'}} = -1.39\rho_\mu^\pi \text{ 或 } -1.16\rho_\mu^\pi \tag{4.19}$$

另一方面，对于通过一个 sp² 杂化 C 原子而与被取代中心 μ' 相隔的 β-^{13}C(β) 磁性核，耦合常数$a_{C_{\mu'}}$像 $a_{H_{\mu'}}$ 一样，取决于 π-σ 自旋离域（超共轭）[463]。相应关系类似于式 (4.9) 的 β 质子。其中，$a_{C_{\mu'}}(\beta)$ 的系数 B 具有与 $a_{H_{\mu'}}(\beta)$ 相似的正值（+4～+9 mT），θ 是被取代中心 μ' 的 2p$_z$ 对称轴与 $C_{\mu'}$—C(β) σ 键所形成的二面角。

式 (4.16) 和式 (4.17) 的应用，以 [3] 轴烯六甲基衍生物 (**74**)[464] 和 [6] 轴烯六甲基衍生物 (**75**)[465] 自由基阴离子中 C(α) 的^{13}C 超精细数据作进一步说明（表 8.24）。对于 C(β)，相关例子是 76～78（表 8.20）等几种桥连 [14] 轮烯自由基离子的^{13}C 耦合常数[463]。有趣的是，在这些自由基离子内，C(β) 位于桥连亚烷基 [或烷叉基（bridging alkylidene group）] 上，它们的^{13}C

耦合常数需要用类似于式（4.11）的关系来解释"Whiffen 效应"所引起的增幅。

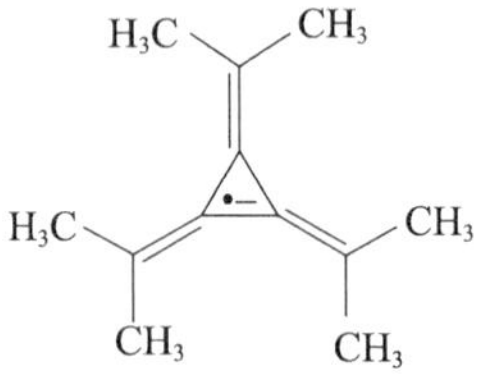

74⁻· 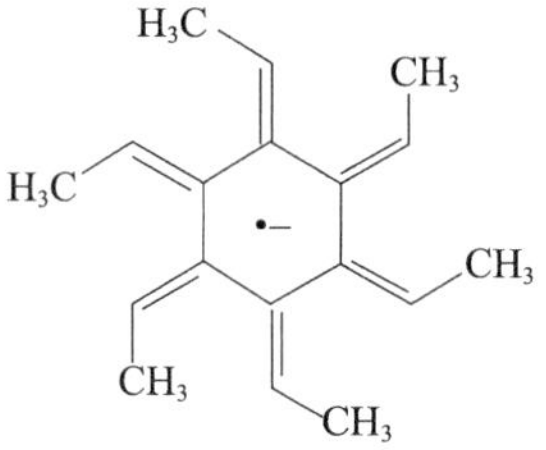   **75⁻·**

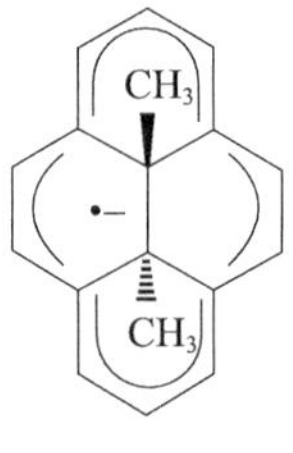

76⁻· 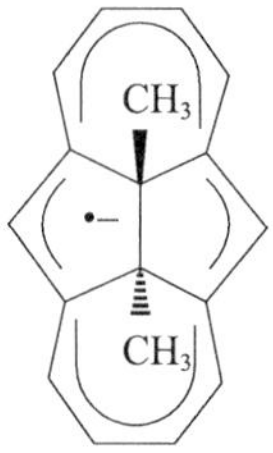   **77⁺·** 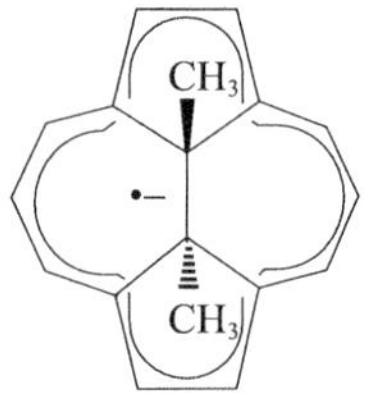   **77⁻·**

当式（4.13）中原子核 X 是 ^{14}N 和杂原子 π 中心 N_μ 与作为中心 ν 的 C 原子相连时，^{14}N 耦合常数 a_{N_μ} 与 π 自旋布居 ρ_μ^π 和 ρ_ν^π 之间的关系是

$$a_{N_\mu} = Q_N \cdot \rho_\mu^\pi + \sum_\nu Q_N^{C_\nu N_\mu} \cdot \rho_\nu^\pi \tag{4.20}$$

与 Q_C 和 $Q_C^{C_\nu C_\mu}$ 类似，目前还没有对系数 Q_N 和 $Q_N^{C_\nu N_\mu}$ 进行量子力学计算，不同作者的经验估值差异很大。然而，一个普遍共识是 Q_N 和 Q_C 一样都是正值，大小介于 +2 mT 和 +3 mT 之间，并且 $|Q_N^{C_\nu N_\mu}|$ 比 $|Q_N|$ 小得多。当 π 中心是氮杂原子及其两个相邻 ν 中心都是 C 原子时，所推荐的 Q_N 和 $Q_N^{C_\nu N_\mu}$ 值分别是 +2.75 mT 和 −0.15 mT，因此，以 mT 为单位，式（4.16）变成[163]：

$$a_{N_\mu} = +2.75\, \rho_\mu^\pi - 0.15(\rho_\nu^\pi + \rho_{\nu'}^\pi) \tag{4.21}$$

明显地，由于 $|Q_N^{C_\nu N_\mu}| \ll |Q_N|$，在一次近似中第二项被省略，于是耦合常数 a_{N_μ} 被当成与相应 μ 中心的 π 自旋布居 ρ_μ^π 成正比。因此，式（4.20）和式（4.21）简化成：

$$a_{N_\mu} \approx Q_N \cdot \rho_\mu^\pi \tag{4.22}$$

这个简单程度不禁让人想起用于描述 α 质子的式（4.5）。此外，因为 $|Q_N|$ 与 $|Q_H^{C_\mu H_\mu}|$ 相似，所以倘若相应 μ 中心的 π 自旋布居 ρ_μ^π 是相当的，耦合常数 $|a_{N_\mu}|$ 与 $|a_{H_\mu}|$ 相当。然而，应该牢记的是，与 $Q_H^{C_\mu H_\mu}$ 相反，系数 Q_N 是正的，因此 a_{N_μ} 与 ρ_μ^π 同号，而 a_{H_μ} 与 ρ_μ^π 反号。

对于分别以C_μ或N_μ表示的X=^{13}C或^{14}N，例如，对于含有氰基[466]和硝基[196]的自由基阴离子，其中π中心μ连接到如N_ν或O_ν等杂原子的π中心ν时，耦合常数a_{C_μ}和a_{N_μ}也具有如式（4.13）所述的关系。

在μ中心的氮杂原子被下一周期的元素P取代时，倘若在这样的替换后π自旋分布没有显著变化，那么观测到的^{31}P耦合常数a_{P_μ}是^{14}N的a_{N_μ}的4～5倍（一般符号不应该改变）。这一预测，已被吡啶（氮杂苯，**79**）（表9.8）[467]和磷杂苯（**80**）（表9.11）[165]自由基阴离子的超精细数据所证明。

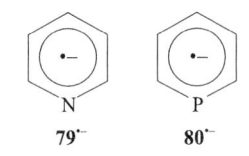

从**79·⁻**到**80·⁻**，α质子的耦合常数最多有25%的波动，但是，a_N=+0.623 mT 比a_P=+3.56 mT 小得多。这五倍多的增幅主要是由于^{31}P的g_N(+2.261)大于^{14}N的(+0.404)。根据苯、联苯、三联苯和四联苯等几种苯基取代的磷衍生物自由基阴离子的数据（表9.11），一个以Q_P=+9.2 mT 为比例系数的耦合常数a_{P_μ}和μ中心π自旋布居ρ_μ^π之间的关系是（以 mT 为单位）[181]

$$a_{P_\mu} \approx Q_P \cdot \rho_\mu^\pi = +9.2 \rho_\mu^\pi \tag{4.23}$$

对应于N和P的下一主族元素的原子分别是O和S，它们也可以作为杂原子π中心μ，并给出^{17}O和^{33}S的耦合常数a_{O_μ}和a_{S_μ}。根据式（4.13），a_{O_μ}和a_{S_μ}与杂原子π中心μ和相邻ν中心C原子的π自旋布居ρ_μ^π、ρ_ν^π之间的关系是

$$a_{O_\mu} = Q_O \cdot \rho_\mu^\pi + \sum_\nu Q_O^{C_\nu O_\mu} \cdot \rho_\nu^\pi \tag{4.24}$$

和

$$a_{S_\mu} = Q_S \cdot \rho_\mu^\pi + \sum_\nu Q_S^{C_\nu S_\mu} \cdot \rho_\nu^\pi \tag{4.25}$$

以O原子为μ中心的大多数π自由基是含羰基的酮自由基阴离子。对于该中心的^{17}O耦合常数a_{O_μ}，推荐系数是Q_O=−4.1 mT 和$Q_O^{C_\nu O_\mu}$=+0.6 mT[468]，于是以 mT 为单位，式（4.24）变成：

$$a_{O_\mu} = -4.1 \rho_\mu^\pi + 0.6 \rho_\nu^\pi \tag{4.26}$$

其中，ρ_μ^π和ρ_ν^π分别是酮基中μ中心O原子和ν中心C原子的π自旋布居。注意，Q_O和$Q_O^{C_\nu O_\mu}$的符号与X=^{13}C、^{14}N、^{31}P和^{33}S等的类似系数Q_X和$Q_X^{C_\nu X_\mu}$的相反。这是因为^{17}O的g_N是负的，而其他几种磁性核的g_N都是正的。由于$|Q_O^{C_\nu O_\mu}| \ll |Q_O|$，式（4.24）和式（4.26）可近似成：

$$a_{O_\mu} \approx Q_O \cdot \rho_\mu^\pi = -4.1 \rho_\mu^\pi \tag{4.27}$$

对于 μ 中心的 ^{33}S 耦合常数 a_{S_μ}，系数 $Q_S = +3.3$ mT，而 $Q_S^{C_\nu S_\mu}$ 因非常小而被忽略[469]。因此，以 mT 为单位，式（4.25）简化成：

$$a_{S_\mu} \approx Q_S \cdot \rho_\mu^\pi = +3.3 \rho_\mu^\pi \tag{4.28}$$

其中，ρ_μ^π 是 μ 中心 S 原子的 π 自旋布居。二噻吩并 [3,4-b; 3',4'-e] 对二噻吩-1,3,5,7-四酮（**81**）自由基离子[172]，作为一种不携带质子的 π 体系，为式（4.13）的应用提供了一个例子，事关于以各种原子 X_ν 为相邻 ν 中心的 μ 中心的 ^{13}C、^{17}O 和 ^{33}S 等的耦合常数 a_{C_μ}、a_{O_μ} 和 a_{S_μ}（6.4 节）。

在余下的其他磁性核 X 中，我们应该提到 ^{19}F 和 ^{29}Si，它们在 π 自由基的 ESR 谱中引起了显著的超精细分裂。F 原子通常取代和 π 中心 μ 相连的 H 原子或与 π 中心 μ' 相隔一个 sp^3 杂化 C 原子的烷基 H 原子，因此，磁性核 ^{19}F 可指定为 $F_\mu(\alpha)$ 或 $F_{\mu'}(\beta)$。

从 π 体系到 F 原子轨道的自旋转移机制，比仅有 1s 轨道的 H 原子复杂得多。在如下关系中[470,471]：

$$a_{F_\mu}(\alpha) = Q_F^{C_\mu F_\mu} \cdot \rho_\mu^\pi + Q_F \cdot \rho_F^{2p} \tag{4.29}$$

对于 $F_\mu(\alpha)$ 的耦合常数，第一个系数 $Q_F^{C_\mu F_\mu}$ 涉及了相邻 μ 中心 C 原子的自旋布居 ρ_μ^π 引起的 C_μ—F_μ σ 键的 π-σ 自旋极化。第二个系数 Q_F 考虑了 C_μ—F_μ 键的微弱 π 特征和一部分 π 自旋布居离域到 F 原子的 $2p_z$ 轨道；这种自旋布居 ρ_F^{2p}，就其本身而言，使 F 原子余下的双占 1s、2s 和 2p 轨道中的电子自旋发生极化。欲根据经验为这两个系数给出一致数值的尝试已经失败，而理论估计又因计算方法不同而差异很大。然而，由于自旋布居的比例 $\rho_F^{2p}/\rho_\mu^\pi = r$ 通常是固定不变的，可以令 ρ_F^{2p} 等于 $r\rho_\mu^\pi$，于是，式（4.29）被简化为类似于 α 质子 McConnell 公式 [式（4.5）] 的关系：

$$a_{F_\mu}(\alpha) \approx (Q_F^{C_\mu F_\mu})_{\text{eff}} \cdot \rho_\mu^\pi \tag{4.30}$$

其中，$(Q_F^{C_\mu F_\mu})_{\text{eff}}$ 等同于 $Q_F^{C_\mu F_\mu} + rQ_F$。

在携带相似自旋布居 ρ_μ^π 的 π 中心 μ，实测的耦合常数 $|a_{F_\mu}|$ 通常是 $|a_{H_\mu}|$ 的 2~3 倍，因此，$|(Q_F^{C_\mu F_\mu})_{\text{eff}}|$ 相对于 $|Q_H^{C_\mu H_\mu}|$ 也必须如此。对于中性 π 自由基和

自由基阴离子，$(Q_F^{C_\mu F_\mu})_{eff}=+5.5$ mT 是适用的，而对于自由基阳离子，相应的适用值高达 $+9$ mT[471]。需要注意的是，该系数需要一个正号[472]，与McConnell公式中 $Q_H^{C_\mu H_\mu}$ 的负号形成鲜明对比。

当与 π 中心 μ' 相连的烷基 β 质子被 ^{19}F(β) 取代时，相对于 $|a_{H_{\mu'}}|$，观测到的耦合常数 $|a_{F_{\mu'}}|$ 似乎也增大了。所报道的数据相当少，其中大多数涉及三氟甲基取代基的 ^{19}F(β)。相应的 ^{19}F 耦合常数也应取决于被取代的 π 中心 μ' 和 F 原子的自旋布居。将 $|a_{F_{\mu'}}|$ 和这些自旋布居关联起来的系数，预计是正的，并且发现它们的值对取代的位置敏感[471,473]。对于除三氟甲基以外的其他取代基中 ^{19}F(β) 的耦合常数，鲜有报道（9.2 节）[193]。

由下一个较大卤素原子 ^{35}Cl 和 ^{37}Cl 磁性核引起的超精细分裂，在 π 自由基的 ESR 谱中大多无法分辨。这是因为 ^{35}Cl 和 ^{37}Cl 的耦合常数很小，所涉及的超精细结构又因核电四极相互作用而增宽[471]。

在 π 自由基中，同位素 ^{29}Si 要么是直接连接到 π 中心 μ 的 Si 原子上，^{29}Si(α)，要么位于和中心 μ' 相隔一个 sp^3 杂化 C 原子的 Si 取代基上，^{29}Si(β)。对于 ^{29}Si(α)，超精细相互作用主要是在自由基阴离子中进行研究，如三甲基甲硅烷基取代的 1，3-丁二烯、苯、萘等的阴离子（表 9.26）[474]，而对于 ^{29}Si(β)，这种超精细相互作用则是在自由基阳离子中进行研究，如 2-丁烯、对二甲苯、均四甲苯和六甲基苯等的二、四和六（三甲基甲硅烷基甲基）衍生物阳离子（表 9.38）[232]，其中甲基取代基的 1 个、2 个或 3 个 H 原子被三甲基甲硅烷基所取代。对于自由基阴离子，μ 中心的三甲基甲硅烷基的 ^{29}Si(α) 耦合常数 a_{Si_μ} 及自旋布居如 π 中心 μ 的 ρ_μ^π 和 Si 原子 3p$_z$ 轨道（最终是一个 3d 混合物）的 ρ_{Si}^{3p} 等之间的关系，可表示成：

$$a_{Si_\mu}(\alpha) = Q_{Si}^{C_\mu Si_\mu} \cdot \rho_\mu^\pi + Q_{Si} \cdot \rho_{Si}^{3p} \quad (4.31)$$

一个类似于式（4.29）的关于 ^{19}F(α) 的关系。第二个系数 Q_{Si} 与零相差无几，使得式（4.31）可简化成：

$$a_{Si_\mu}(\alpha) \approx (Q_{Si}^{C_\mu Si_\mu})_{eff} \cdot \rho_\mu^\pi \quad (4.32)$$

其中，系数 $|(Q_{Si}^{C_\mu Si_\mu})_{eff}|$ 约为 2 mT，可能带有负号（9.2 节）[474]。这里也和 ^{17}O 一样，我们应该记住 ^{29}Si 的 g_N 是负的。

对于自由基阳离子，当 π 中心 μ' 的取代基 β 质子被 ^{29}Si(β) 取代时，耦合常数 $a_{Si_{\mu'}}$ 通过针对 β 质子的式（4.9）和中心 μ' 的自旋布居 $\rho_{\mu'}^\pi$ 相关联。在该表达式中，θ 是被取代 π 中心 μ' 的 3p$_z$ 对称轴与 C—Si(β) 键之间的二面角。系数 $|B|$ 的相应值估计为 3.2 mT[232]。它的符号应该是负的，因为 ^{29}Si 的 g_N 是小于零的。

超精细各向异性

对 π 自由基的 ESR 研究通常在溶液中进行，其中各向异性的电子-核的磁性相互作用因分子运动而被平均。在被研究过的玻璃态自由基中，在氟利昂基质中用 γ 射线辐照而产生的自由基阳离子尤其重要。同样值得注意的是含有自由基中心的黏性或固态生物样品，它们经高能辐照产生或自旋标记（通常是硝酰基氧基）引入的。在大多数研究中，超精细各向异性仍未被解析，仅导致特定的谱线增宽（如自旋标记），该增宽能提供有关介质黏度的有用信息（附录 A.1）。对于质子以外的其他磁性核，当它们位于具有高"局域"自旋布居 ρ_μ^π 的 π 中心 μ 时，这种可分辨的分裂经常会被观测到，并表现出大的超精细耦合各向异性。如 4.1 节所述，这是因为偶极相互作用与 r^{-3} 成正比，其中 r 是电子-磁性核之间的距离。

这里，适当地回忆一下代表磁性核 X 在 x、y 和 z 方向上的各向异性耦合常数的符号 $A_{X,x}$、$A_{X,y}$ 和 $A_{X,z}$，作为张量 $\boldsymbol{A}_X$ 的主值（z 垂直于 π 体系 xy 平面的方向）。对于轴对称的张量 $\boldsymbol{A}_X$，这些值可以用 $A_{X\perp}=A_{X,x}=A_{X,y}$ 和 $A_{X\parallel}=A_{X,z}$ 表示（3.2 节），并且，对于其他许多不严格轴对称的 π 自由基，会采用一个类似的表达式，其中 $A_{X\perp}=(1/2)(A_{X,x}+A_{X,y})$。

对于具有几乎轴对称张量 $\boldsymbol{A}_P$ 的 X=^{31}P 而言，一个高分辨的超精细各向异性例子如图 4.8 所示，它再现了液态和玻璃态 MTHF 中 2,4,6-三叔丁基磷杂苯（**82**）自由基阴离子（表 9.11）的 ESR 谱[165]。由于质子的较小超精细分裂被包络在约 0.2 mT 的线宽中，因此仅有 ^{31}P 的耦合常数被检测到。各向异性的耦合常数共计是 $A_{P\perp}=(1/2)(A_{P,x}+A_{P,y})=(1/2)[-1.42+(-1.52)]$ mT$=-1.47$ mT 和 $A_{P\parallel}=A_{P,z}=+11.76$ mT（x、y 和 z 方向如图 4.8 所示，$A_{P,x}$ 和 $A_{P,y}$ 之间的微小差异无法被分辨，只能通过谱图的计算机模拟来阐释）。于是，$a_P=(1/3)(2A_{P\perp}+A_{P\parallel})=+2.94$ mT 和 $B_{P,dip}=(1/2)(A_{P\parallel}-a_P)=a_P-A_{P\perp}=+4.41$ mT，因此，准轴对称的张量 $\boldsymbol{A}_{P,dip}$ 的主值是 -4.41 mT、-4.41 mT、$+8.82$ mT。各向同性的耦合常数 a_P 是源自 P 原子 s 轨道中的自旋布居，它是由 P 中心 π 自旋布居 ρ_μ^π 的自旋极化造成的。相比之下，$B_{P,dip}$ 是 ρ_μ^π 的直接测量，在 P 原子 $3p_z$ 轨道中约 $+0.4$（当 $3p_z$ 轨道的自旋布居为 $+1$ 时，计算所得的 ^{31}P 耦合常数在 $+1.0$ mT[475] 至 $+1.3$ mT 之间[476]）。由于 P 原子的自旋布居 ρ_μ^π 和 ^{31}P 的 g_N 都是正的，因此，在 **82**·⁻ 各向同性的溶液谱中，高场的超精细峰比低场的略宽，这一发现与 a_P 的正号是一致的（6.5 节）。

在固态基质中形成的且含有扩展 π 体系的自由基阳离子的 ESR 谱，通常表现出分辨率不佳的 ^{1}H 超精细各向异性，因此难以分析。萘（**83**）自由基阴离

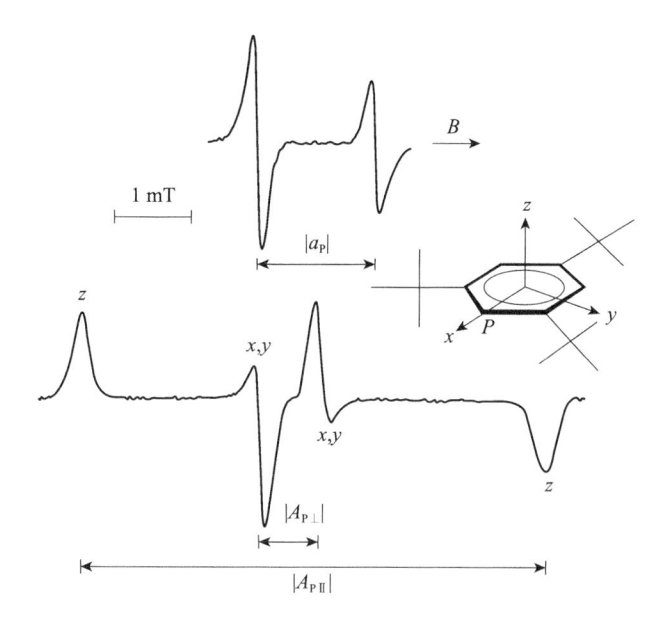

第 4 章 自旋密度、自旋布居、自旋极化和自旋离域

图 4.8　2,4,6-三叔丁基磷杂苯（**82**）自由基阴离子在液态（上图）和玻璃态（下图）2-甲基四氢呋喃中的 ESR 谱。抗衡离子 K$^+$，温度 213 K（上图）和 123 K（下图）。低温玻璃态 ESR 谱图中心附近的对称性偏离是由 6.2 节中考虑的 g 因子各向异性引起的。超精细数据见正文和表 9.11。经许可复制[165]

子的 ESR 谱就是这样的一个例子。它在刚性介质中形成单体自由基阳离子 **83**$^{·+}$，而在溶液中则形成二聚体自由基阳离子 **83**$_2^{·+}$ [242,286,287,477]。第一条部分清晰的 **83**$^{·+}$ 的 ESR 谱，来自紫外辐照硼酸玻璃中的萘[478]。更高分辨率的 ESR 谱及相应的 ENDOR 谱，来自萘在 CFCl$_3$ 基质中被 γ 辐照形成的 **83**$^{·+}$ [479]。在那之后，从 X 射线辐照同一基质的样品中也获得了类似的 ESR 谱和 ENDOR 谱。根据如下示意的三个主要方向上的 ^{1}H 耦合常数，对这些谱图进行重构（更大的实验和理论付出）[480]。

83$^{·+}$

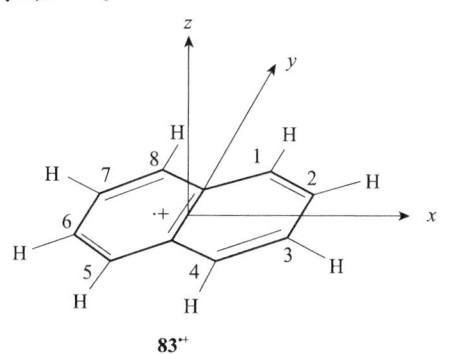

张量A_H和$A_{H,dip}$明显是非轴对称的，并且对于$83^{·+}$的两组等性质子也是完全不同的：对于中心$\mu=1、4、5、8$的4个α质子，x、y和z方向与D_{2h}对称群中的3个C_2二重旋转轴的方向一致，而对于$\mu=2、3、6、7$的另外一组α质子，类似的方向则是$x'=0.955x-0.297y$，$y'=0.297x+0.955y$，$z'=z$。对于$\mu=1、4、5、8$，所报道的A_H的主值是$A_{H,x}=-0.859$，$A_{H,y}=-0.282$，$A_{H,z}=-0.620$；对于$\mu=2、3、6、7$，$A_{H,x}=+0.011$，$A_{H,y}=-0.271$，$A_{H,z}=-0.239$，以上均以mT为单位[480]。它们的平均给出各向同性的耦合常数是$a_{H1,4,5,8}=-0.587$ mT和$a_{H2,3,6,7}=-0.166$ mT。各向异性超精细张量$A_{H,dip}$的主值，作为对这些各向同性耦合常数的相应取向，对$\mu=1、4、5、8$是$-0.272(x)$、$+0.305(y)$、$-0.033(z)$，对$\mu=2、3、6、7$是$+0.177(x')$、$-0.105(y')$、$-0.073(z')$，以上均以mT为单位。

对于$\mu=1、4、5、8$，超精细各向异性的占比，也被用于计算和$2p_z$轨道携带自旋布居为$+1$的C原子相连的质子[-1.36 mT(x)、$+1.54$ mT(y)、-0.18 mT(z)（4.1节）]。在$83^{·+}$中，表示自旋布居$\rho^\pi_{1,4,5,8}$的比例系数约为0.2。在CF_3Cl玻璃态中对$83^{·+}$的研究，是将ENDOR技术应用于氟利昂基质中自由基阳离子的一个范例；该技术是解析余下的微弱的超精细各向异性的技术方法（5.2节）。

4.3 σ自由基

如2.2节所述，有机自由基根据携带自旋的轨道是π还是σ而分成π或σ型；相对于分子的平面也是π体系的节点平面，σ轨道定义为空间对称的，π轨道定义为反对称的。显然，在2.2节提到的如乙烯基自由基（**11·**）（表7.9）、苯基自由基（**12·**）（表7.11）、甲酰基自由基（**13·**）（表7.9）和苯基甲亚胺氧基自由基（**15·**）（表7.23）等，是σ自由基。这些自由基本质上保留了相应抗磁性前体如乙烯、苯、甲醛和羟肟的几何结构，尽管断了一个C—H键并失去了一个H原子。不太明显分类的是那些缺少分子平面的自由基，其中的分类指认仅由携带自旋的轨道"特征"所决定。例如，由环丙烷到环丙基自由基（**14·**）的形成，会遗留下一个介于$2p_z$轨道和sp^3杂化轨道之间的携带自旋的轨道中间体。因此，含自旋的C原子的几何结构是角锥形的（与平面的π自由基相反），尽管如果自由基完全保留环丙烷的几何结构，则没有预期的角锥形结构（7.1节）。所以，如2.2节所述，**14·**可归类为介于π和σ之间的过渡中间体。根据其负责三电子N—N键的SOMO特征，肼自由基阳离子是π型，但如

第 4 章　自旋密度、自旋布居、自旋极化和自旋离域

2.3 节所介绍的 1,4-二氮杂双环 [2.2.2] 辛烷（DABCO，**30**）、1,5-二氮杂双环 [3.3.3] 十四烷（**31**）（表 7.18）及多亚甲基-顺式-1,6:8,13-二亚氨桥 [14] 轮烯 **32** 和 **33**（表 9.40）等二胺的自由基阴离子，是 σ 型。

作为 σ 自由基的常见诊断，ESR 谱的一个特征是超精细耦合常数很大，并且通常是正号的[17i]。这些大的数值是由于携带自旋轨道的实质性 "s 轨道特征"，因此超精细相互作用并不取决于间接的 π-σ 自旋极化机制，而是由更有效的直接机制所造成，如费米接触项所表达。

从 π 自由基到 σ 自由基的转变发生在自由基中心明显偏离平面的情况下，因为这种偏离赋予携带自旋的 p_z 或 π 轨道一些 s 轨道特征，并造成对耦合常数的正贡献。对于如 ^{13}C 和 ^{14}N 这一类具有正耦合常数 a_H 和 a_N 的自由基中心，这些 s 轨道贡献造成实际值的增加。然而，对于具有负耦合常数 a_H 的 α 质子，正的 s 轨道贡献首先部分或全部抵消这些质子的 $|a_H|$，如果与平面的偏差不太大，则观察到 $|a_H|$ 的减小趋势。1,6-甲桥 [10] 轮烯（**85**）自由基阴离子的 ^1H 超精细数据就是一个例子（表 8.20）[149]，其中环状共轭 π 体系（闭合共轭环，π perimeter）与平面的显著偏离不会破坏 π 共轭，但会显著降低 α 质子的 $|a_H|$。当 **85**·⁻ 的 ^1H 超精细数据与 π-SOMO 形状（图 8.11）几乎一样的萘（**83**）自由基阴离子相比（表 8.8）[135]，这种下降变得明显。在两个自由基阴离子中，两组 4 个等性 α 质子的耦合常数都是负值，所以从 **83**·⁻ 到 **85**·⁻，s 轨道贡献等于 $-0.271-(-0.495) = +0.224$ mT 和 $-0.010-(-0.183) = +0.173$ mT。

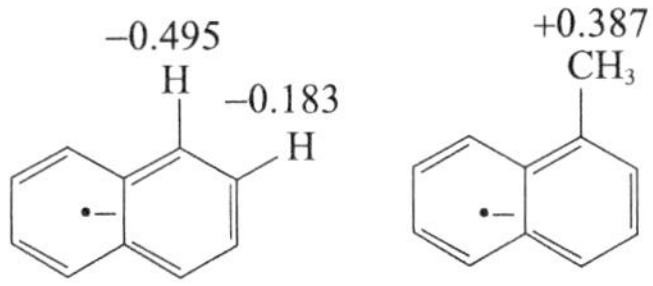

一个确凿的证据是 1-甲基萘（**84**）和 2-甲基-1,6-甲桥 [10] 轮烯（**86**）[481] 等自由基阴离子中甲基 β 质子的耦合常数，表明了这些变化源自 **85**·⁻ 中闭合共轭环与平面的偏离，而不是源自 π 分布与 **83**·⁻ 中不同。因为 β 质子的耦合常数对 π 中心平面的适度偏离相当不敏感，所以这些值，即 **84**·⁻ 的 $+0.387$ mT 和 **86**·⁻ 的 $+0.377$ mT，是相似的。

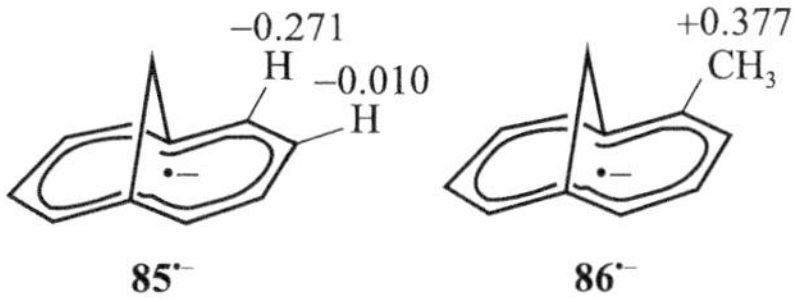

相对于对相平面π自由基的期望值，实测α质子的$|a_H|$显著降低，可以用作对所研究自由基中π体系几何平面的偏离程度的估计[150,210]。

随着自由基中心"角锥化"的增强，α质子最初为负值的a_H首先趋于零，然后变为正值，同时稳步增长到σ自由基的大的诊断值。一个简单的例子是作为π和σ之间中间体的环丙基自由基（**14·**）（表 7.2）。在 **14·** 中[34]，C—H(σ)不位于三元环平面内，次甲基的唯一一个α质子的耦合常数是-0.651 mT（表 7.2），而在基本平面的环丁基自由基（**61·**）中相应的a_H是-2.120 mT（表 7.2）。

更令人印象深刻的是在"弯曲的"甲酰基自由基 O═C·—H(**13·**) 中非常大的^{1}H 耦合常数，$+13.7$ mT（表 7.9）[113]。这个值是对质子所观测到的最大值之一，所对应的自旋布居ρ_H^{1s}是$(+13.7\text{ mT})/(+50.7\text{ mT}) = +0.27$，其中$+50.7$ mT 是 **H·** 的^{1}H 耦合常数。这种高 1s 自旋布居可以用"价键结构"（**13·'**）的权重来识别，其中，甲酰基由稳定的 CO 分子和 **H·** 原子表示。

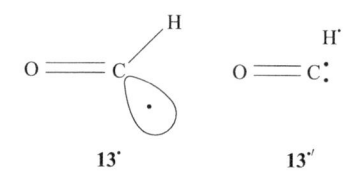

非常大的^{1}H 耦合常数，也发现于刚性介质中形成的正烷烃自由基阳离子的 ESR 谱中，尤其是两个各自位于标记 Z 字形直链末端的甲基上的质子（10.1节）。对于乙烷自由基阳离子，这些质子的耦合常数高达$+15.2$ mT，并且仅随着高级正烷烃自由基阳离子中亚甲基的不断插入而逐渐降低（表 10.1）[306,313]。

对于甲酰基自由基，^{13}C 耦合常数是$+13.5$ mT。一个更大的a_C值，$+27.16$ mT，是在"角锥形的"三氟甲基自由基 F$_3$C·（**87·**）中被观测到（表 7.1）[482]。该值是平面甲基自由基 H$_3$C·（**58·**）的$+3.83$ mT 的 7 倍[438]。因为当 C 原子 2s 轨道的自旋布居为$+1$ 时，计算所得的^{13}C 耦合常数是$+134.7$ mT[476]，所以$+27.2$ mT 的a_C对应$\rho_C^{2s} \approx 0.2$，这可以当成是 **87·**（大致为 sp^3 杂化）中携带自旋的σ轨道所含的 2s 轨道份额。

在"名副其实的"σ自由基中，自旋布居仅限于自旋轨道附近的原子，并且随着与该轨道的距离增加而或多或少地呈单调递减，与自旋在μ中心上的分布模式顺着π-SOMO 形状所指示的π自由基相反。例如，作为经典π和σ物种代表的苄基自由基（**88·**）[42]和苯基自由基（**12·**）[112]环上质子^{1}H 耦合常数的相互比较。由同一化合物二苯基重氮甲烷（**37**）的π和σ自由基阳离子所提供的^{1}H、^{13}C 和^{14}N 超精细数据，是另一个不同自旋分布的例子；这些自由基阳离

第 4 章 自旋密度、自旋布居、自旋极化和自旋离域

子的 π 或 σ 构型取决于它们产生的条件[245]。

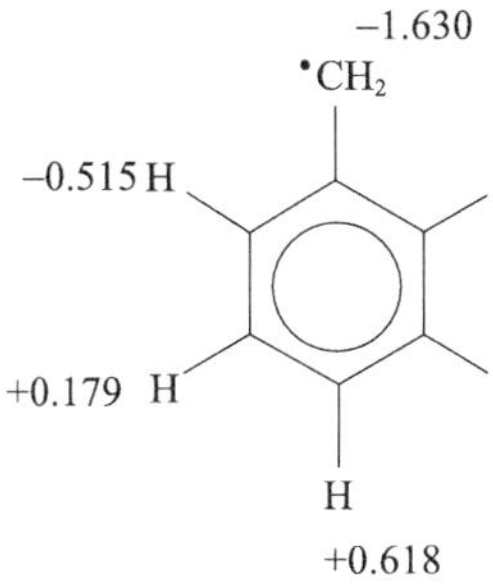

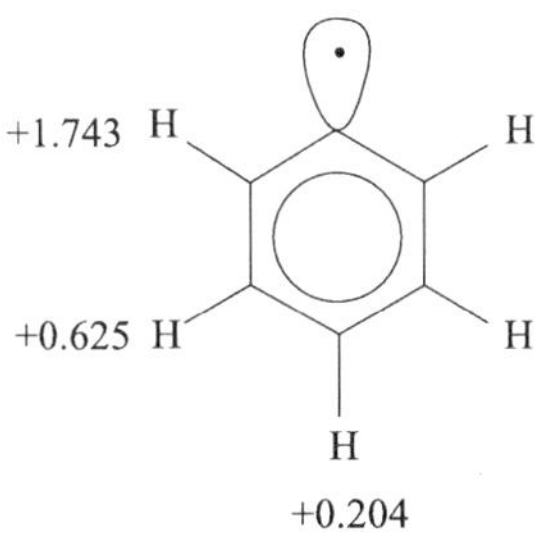

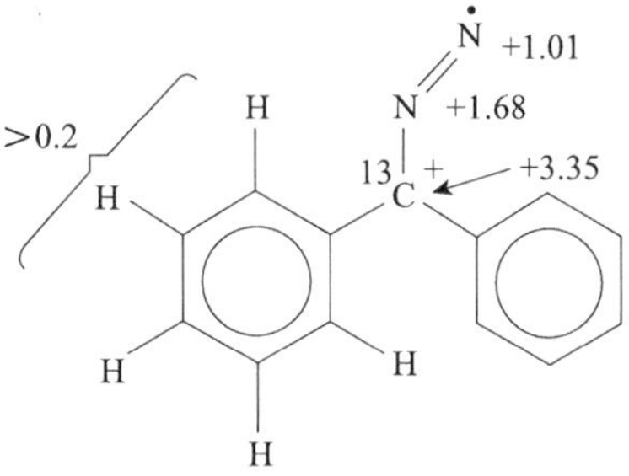

88·: −1.630 (·CH₂), −0.515 H, +0.179 H, +0.618 H (para), H (others)

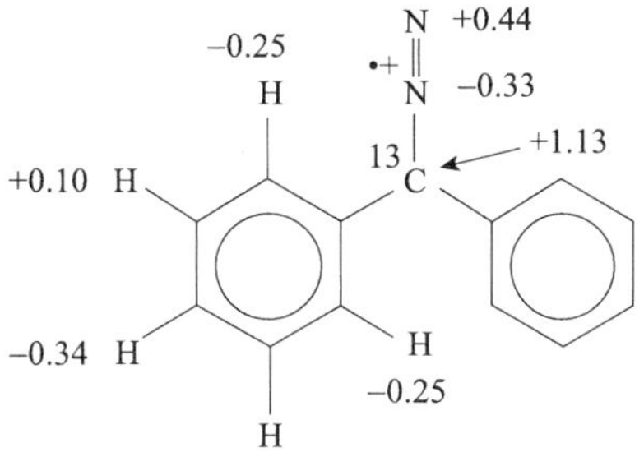

π-37·⁺: N +0.44, N −0.33, −0.25 H, +0.10 H, −0.34 H, −0.25 H, ¹³C +1.13

12·: +1.743 H, +0.625 H, +0.204 H

σ-37·⁺: N +1.01, N +1.68, >0.2, ¹³C +3.35

由于其低持久性，大多数 σ 自由基是在固态介质中产生的。自旋承载轨道的实质性 s 轨道特征所造成的超精细各向异性，不如耦合常数的大数值所预期的那么明显。例如，甲酰基自由基（**13·**）质子的实测各向异性的主值是 $A_{H,x} = +13.3$ mT，$A_{H,y} = +13.6$ mT，$A_{H,z} = +14.2$ mT[113]；它们给出了 +13.7 mT 作为 ¹H 的各向同性耦合常数 a_H，以及 −0.4 mT(x)、−0.1 mT(y) 和 +0.5 mT(z) 作为各向异性张量 $A_{H,dip}$ 的主值。对于 ¹³C 耦合常数 $a_C = +13.5$ mT 的各向异性成分，未见报道。然而，这种各向异性部分可从 ¹³C 标记的、氘代戊二酸形成的与酰基同类的自由基羰基 C 原子中获知[483,484]。相应的值是 $A_{C,x} = +10.7$ mT，$A_{C,y} = +11.4$ mT 和 $A_{C,z} = 16.3$ mT，它们给出 $a_C = +12.8$ mT 作为各向同性的 ¹³C 耦合常数，−2.1 mT(x)、−1.4 mT(y) 和 +3.5 mT(z) 作为 $A_{C,dip}$ 的主值。

4.4 三重态

因为在三重态分子中两个未配对电子通常占据 π 分子轨道，所以本节只考虑此类物种。我们注意到，尽管存在两个未配对的电子，但三重态分子 μ 中心的 π

自旋布居之和 $\rho_\mu^\pi(\text{tr})$ 不是 +2，而仍是 +1，如针对二重态 π 自由基的式（4.4）所述。$\rho_\mu^\pi(\text{tr})$ 可以表示成未配对电子 1 和 2 分别单独占据的两个分子轨道的自旋布居 $\rho_\mu^\pi(\psi_j)$ 和 $\rho_\mu^\pi(\psi_{j'})$ 的平均值：

$$\rho_\mu^\pi(\text{tr}) = (1/2)[\rho_\mu^\pi(\psi_j) + \rho_\mu^\pi(\psi_{j'})] \tag{4.33}$$

因此，在三重态分子中 π 自旋分布与结构相似的 π 自由基相当，如 4.2 节所述的将耦合常数 a_X 和 π 自旋布居 ρ_μ^π 关联起来的表达式也可用于三重态。这一说法的实验证实却相当罕见，因为三重态分子的 ESR 研究通常必须在黏性或固态介质中进行，因此它们的超精细分裂无法分辨。源自几乎各向同性的、"$\Delta M_S = \pm 2$" 跃迁的"半场"信号，分辨率通常好于源自各向异性的、"$\Delta M_S = \pm 1$" 跃迁的"正常"场中的信号（2.4 节）。在某些情况下，如刚性介质中的自由基，三重态分子适用于 ENDOR 技术（5.2 节）[15e]，对于确定分辨率较差的 ESR 谱中的耦合常数 a_X，它已被证明是很有价值的技术。

对于 π 体系的电子激发三重态，两个单占分子轨道（SOMO）分别是未激发分子的最高占据分子轨道（HOMO）和最低未占分子轨道（LUMO）。在交替的 π 体系中，这些轨道通过"配对"性质关联，与在相应的自由基阴离子和自由基阳离子中形成非常相似的 π 自旋布居 ρ_μ^π（8.1 节和 8.4 节）。因此，在交替 π 体系的激发三重态中，π 自旋分布必须几乎与这两种自由基离子中的 π 自旋分布相同。这一说法，在对均四甲苯单晶中电子激发的交替 π 体系萘（**83**）的研究中得到了证实（对于零场分裂参数 D 和 E，见表 11.1），其中对不同氘代样品的分析给出了 $|a_{H1,4,5,8}| = 0.561$ mT 和 $|a_{H2,3,6,7}| = 0.229$ mT [485]。这些值可顺利地比较萘的自由基阴、阳离子 **83·⁻** 和 **83·⁺** 的数据（**83·⁻**，$a_{H1,4,5,8} = -0.495$ mT 和 $a_{H2,3,6,7} = -0.181$ mT；**83·⁺**，$a_{H1,4,5,8} = -0.587$ mT 和 $a_{H2,3,6,7} = -0.166$ mT）。由此得出的结论是，π 自旋布居 $\rho_\mu^\pi(\text{tr})$ 与 **83·⁻** 和 **83·⁺** 的相应 ρ_μ^π 值几乎相同。这一说法也适用于其他 π 体系的电子激发三重态（11.2 节）。

三亚甲基甲烷（TMM，**42··**）（表 11.6）是轴对称的具有三重态基态分子的一个例子。当 3-亚甲基环丁酮单晶于低温下被紫外线辐照时，六个等性质子的 $|a_H| = 0.89$ mT 就是从 **42··** 的半场信号中解析的[486]。随后，当含有亚甲基环丙烷的 CF_3CCl_3 基质被 γ 射线辐照时，在 90 K 下检测到类似 **42··** 的 $|a_H|$ 是 0.91 mT（$|D'| = 26.1$ mT）[487]。其中，三重态 **42··** 以低浓度获得，它是自由基阳离子混合物的副产物。如图 4.9 所示，不仅"$\Delta M_S = \pm 2$"的半场信号展示相应的超精细分裂，而且"$\Delta M_S = \pm 1$"跃迁的平行和垂直方向的特征峰也展示了这些超精细分裂。当以氘代一个 CH_2 基团的亚甲基环丙烷 **42-d_2··** 作为原料时，超精细分裂仅由四个等性质子引起，而两个氘的 0.14 mT

第 4 章 自旋密度、自旋布居、自旋极化和自旋离域

的微小分裂未被解析[487]。检测到的 $|a_H|$ 仅受到超精细各向异性的微弱影响。如果忽略内部盲中心的小的（并且可能是负）$\rho^\pi_\mu(tr)$，那么对于三个等性的连质子 μ 中心，-0.9 mT（它肯定是负的）耦合常数分别对应的 π 自旋布居是 1/3。在式（4.5）所示的 McConnell 公式中，1/3 的 π 自旋布居总体上相当于一个"合理的"系数，$Q_H^{C_\mu H_\mu} = -2.7$ mT。

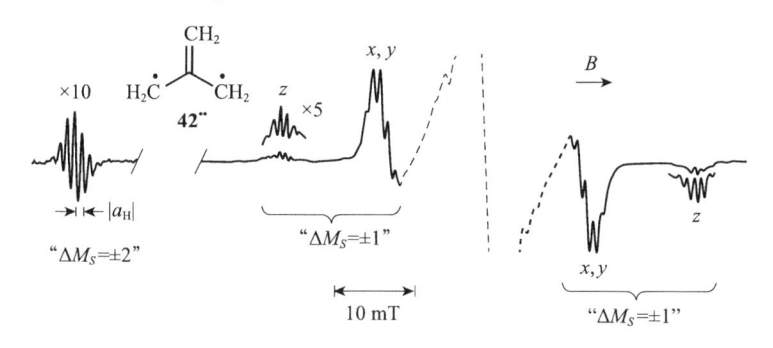

图 4.9 三重态三亚甲基甲烷（TMM，**42··**）的 ESR 谱。为了清晰起见，省略了由自由基阳离子混合物引起的非常强的中心吸收峰。超精细数据见正文，零场分裂参数见表 11.6。摘自文献 [487]

4.5 自旋布居的计算

Hückel-McLachlan 方法

持久的中性 π 自由基，如茈基自由基（**4·**）、三苯甲基自由基（**1·**）和芳烃 π 自由基离子等，是首批受到 ESR 研究的有机物种之一。总体来讲，它们的自旋分布通过 SOMO ψ_j 的形状得到很好的再现，其中在 π 中心 μ 的 π 自旋布居 ρ^π_μ 由 LCAO 系数 $c_{j,\mu}$ 的平方表示（4.2 节），如 Hückel 分子轨道（Hückel MO）模型所描述的那样[488,489]。然而，Hückel 分子轨道模型没有考虑 π-π 自旋极化，因此未能解释出现在具有零或非常小的 $c^2_{j,\mu}$ 的 μ 中心的负自旋布居 ρ^π_μ。这一不足被 McLachlan 引入的改进所弥补[490]，它利用了 Hückel 分子轨道模型的所谓原子-原子极性 $\pi_{\mu,\nu}$[488,489]。在 McLachlan 方法中，自旋布居可表示成

$$\rho^\pi_\mu = c^2_{j,\mu} + \lambda \cdot \sum_{\nu=1}^{n} \pi_{\mu,\nu} \cdot c^2_{j,\nu} \tag{4.34}$$

其中，λ 是一个通常接近 1 的无量纲数值，求和是在所有 ν 中心上进行的，包括 $\nu=\mu$。在 4.2 节中，式（4.7）被用来计算烯丙基自由基的 π 自旋分布，其中，SOMO 是 ψ_2，其 LCAO 系数的平方是 $c^2_{2,1} = c^2_{2,3} = 0.5$ 和 $c^2_{2,2} = 0$ 的。因为

原子-原子的极化率是$\pi_{1,1}=\pi_{3,3}=+0.442$，$\pi_{2,2}=+0.353$，$\pi_{1,2}=\pi_{2,3}=-0.177$，$\pi_{1,3}=-0.265$，所以当$\lambda=1$时式（4.34）给出，$\rho_1^\pi=0.5+0.442\times 0.5-0.177\times 0-0.265\times 0.5=+0.5885=\rho_3^\pi$，$\rho_2^\pi=0+0.353\times 0-2\times 0.177\times 0.5=-0.177$。

这些自旋布居通过McConnell公式和4.2节中提到的其他关系，就可以轻而易举地转换成耦合常数a_{X_μ}。

Hückel模型的一些优点，如交替π体系中反键和成键分子轨道的配对性质（8.1节），在McLachlan方法中得到了保留。引入杂原子π中心X、μ′中心的烷基取代或μ—ν键长的变化等引起的微扰，可以用$\alpha_X=\alpha+h_X\beta$，$\alpha_{\mu'}=\alpha+h_{\mu'}\beta$或$\beta_{\mu,\nu}=k_{\mu,\nu}\beta$等来模拟，其中，α（表示库仑积分，Coulomb integral）和β（<0，表示交换或共振积分，exchange or resonance integral）代表一般的Hückel能量参数（8.1节和译者注），以及h_X、$h_{\mu'}$和$k_{\mu,\nu}$是无量纲的数值。例如，对于X=N、O和S等杂原子，建议的数值分别是$h_N=+0.5\sim+1.5$，$h_O=+1.0\sim+2.5$和$h_S=+0.5\sim+1.0$，具体值随特定的杂原子π体系而变。一个介于$-0.1\sim-0.5$的$h_{\mu'}$，能合理地解释μ′中心因烷基取代基而引起的给电子效应，而μ—ν键的双键特征的增加或减少可通过把$k_{\mu,\nu}$设置成大于或小于1来考虑。McLachlan方法已成功地应用于平面π自由基中π自旋布居的计算[6]，对于这一点，它很难被更复杂的方法所超越。交替苯衍生物自由基离子中α质子耦合常数a_{H_μ}的变化，如图8.4所示。

半经验和非经验方法

超出一般平面体系的σ和π自由基需要对所有价层轨道进行处理，为此已经设计了几种分子轨道方法。相关的背景理论介绍大大超出了ESR的导论范围，它们已经在很多论文、综述和专著中有论述，特别是因为许多实验室都有相关的计算机程序。这些方法可分为半经验的和非经验的（semiempirical and nonempirical）。半经验方法使用经验的能量参数来避免费力和耗时的积分，而非经验方法不作这样的近似。

由于像有机自由基这样的开壳层体系，自旋分布需要足够的自旋极化余量，因此这些方法必须基于非限制性Hartree-Fock（UHF）理论，这意味着不同自旋的不同轨道（DODS）。其中，最常应用于自由基的两种半经验方法是Pople的间略微分重叠（intermediate neglect of differential overlap，INDO）方法[491,492]和AM1-UHF[493]，后者是Dewar的修正忽略双原子微分重叠方法（modified neglect of differential diatomic overlap，MNDO）的重新参数化版本[494]。计算从所研究自由基的给定几何结构出发，该几何结构可以使用分子力学[495,496]以及相同的或其他的分子轨道方法进行优化。然后通过适用于所提及原子 s 轨道的参数，将 s 自旋布居转换为各向同性的耦合常数。对于 INDO 方法中的质子，曾提出了+53.9 mT 的转换因子，这略高于 H˙ 中单位 1s 自旋布居的 a_H 值+50.7 mT。对于 α 和 β 质子，在 Nelsen 的 AM1-UHF 方法[493]中高达+117.7 mT 的相应系数是根据经验估计的。特别是，对于一些具有刚性碳骨架的多环自由基，两种半经验方法都获得了良好的结果[273,317,339,497]。

不需要经验参数的非经验分子轨道方法，通常被称为从头计算方法（*ab initio* methods）。因计算费用昂贵，它们最初仅限于非常小的自由基。然而，随着高性能计算机的出现，通过使用更容易集成的高斯函数而不是 Slater 函数，更大的物种也可以被研究。与在原子核处具有尖锐最大值的 Slater s 轨道（所谓的"尖点"）相反，高斯函数在这个位置要平坦得多。因为费米接触项严格地取决于原子核处的 s 自旋密度，单个高斯函数无法再现它，一个 Slater 轨道必须使用几个高斯函数。从头计算可以在不同水平的理论上进行，通常自由基越小，水平越高。该水平由从头计算方法的符号指定：例如，在 6-31G* 中，6 和 31 分别表示用于内层和价电子层 Slater 轨道的高斯函数的数目，星号"*"表示更高轨道的混合程度[498]。

在过去几年里，Kahn 首次引入的密度泛函理论（density functional theory, DFT）形式[499,500]，已被证明非常适合计算自旋布居，即使在重原子中也是如此，并且随着高斯函数的使用[501]，它已成为最流行的方法[235,361,502-505]。通常，在通过其他方法如 INDO、AM1-UHF 和 6-31G* 等优化几何结构之后，自由基中单点的 s 自旋布居可用 DFT 方法计算。这种计算也可以在不同的理论水平上进行。例如，BLYP/6-31G* 代表具有 6-31G* 基集的泛函，这是由 Becke[506] 和其他作者[507]所引入的。

第 5 章 多共振技术

5.1 史料笔记

1944 年，Zavoisky 在苏联喀山对过渡金属盐进行了第一次成功的顺磁共振实验[17c,508]。紧接这一发现之后的二战后，几个研究组开始着手有机自由基的 ESR 应用研究[1-3]。这些研究以稳定自由基为对象，如三苯甲基自由基（**1**·）[509,510]、2,2-二苯基-1-苦基肼基（DPPH，**5**·）[92,511,512]、䓛基自由基（**4**·）[86]、对苯半醌（**19**）及其衍生物的自由基阴离子[513-515]、N,N,N',N'-四甲基对苯二胺（**17**）（Wurster 蓝）[516,517]和噻蒽[17d,518]的自由基阳离子，以及许多芳烃的自由基阴、阳离子[17e,124-129,220,519,520]；参与这些研究工作的课题组大多位于美国。那时在自制谱仪上获得的第一批 ESR 谱图分辨率很低，但它们的质量在 20 世纪 60 年代有了很大提高，当时瓦里安公司提供了更精密的商用谱仪[17q]。1963 年，在 Varian V-4502 型谱仪上记录所得的环 [3.2.2] 吖嗪（吡咯并[2,1,5-cd]吲嗪，**89**）自由基阴离子的 ESR 谱（图 5.1）（表 9.28），展示了更高分辨率所揭示的丰富的超精细图谱[160]。在接下来的数十年里，这种分辨率并没有得到实质性的改善，但多共振技术取得了很大进展，这大大提高了 ESR 的效率。

对于有机自由基的研究，迄今为止最重要的多共振技术是电子-核双共振（ENDOR），这是 Feher 于 1956 年研究磷硅掺杂体系时发明的[17o,521]。在那几年之后，Hyde 与 Maki[522,523]、Möbius 及其同事[17p,524]将该技术应用于溶液中的自由基，后者还引入了三共振技术[15f,525]。ENDOR 在自由基溶液的应用滞后于其在固态顺磁性物质上的应用，部分原因是率先使用该技术的物理学家对液相实验缺乏足够的兴趣。更重要的是仪器自身的问题，因为液态样品比固态样品需要更强的射频（radio frequency，RF）功率来饱和 NMR 跃迁[15c]。尽管 ENDOR 还没有像 ESR 那样普及，但现在越来越多的研究小组都在使用它，特

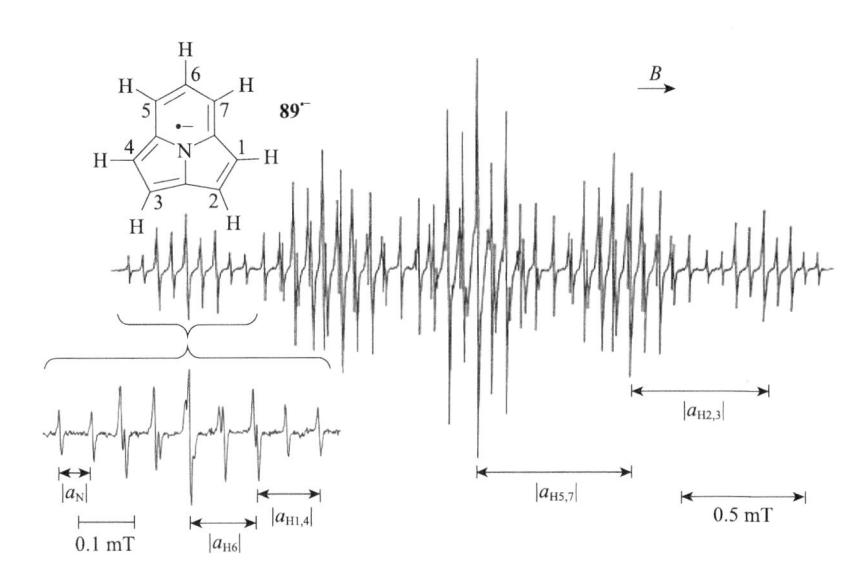

图 5.1 环 [3.2.2] 吖嗪（**89**）自由基阴离子的 ESR 谱。溶剂 DME，抗衡离子 Li$^+$，温度 213 K。低场的超精细结构，经局部放大后置于其下方位置以显示出更高的分辨率，这是用"超外差适配器"配件记录的。以 mT 为单位的耦合常数，对于等性的 α 质子对是 $a_{H1,4} = -0.113$，$a_{H2,3} = -0.534$ 和 $a_{H5,7} = -0.602$，对于单个 α 质子是 $a_{H6} = +0.120$，^{14}N 的 $a_N = -0.60$（这些符号是理论分析所需的，表 9.28）。经许可复制[160]

别是自 20 世纪 70 年代瓦里安公司[17q]和 80 年代布鲁克公司[17r]开始提供商用 ENDOR 配件以来。

另一种双共振技术，电子-电子双共振（electron-electron double resonance, ELDOR)[15a]，于 1968 年首次应用于溶液中的自由基[526,527]。与 ENDOR 不同，ELDOR 对有机自由基的研究在那之后就很少被报道。

5.2 电子-核双共振

ENDOR 的物理基础

早期的几本 ESR 专著[4,5,8,10,11]和最近几本专门研究多共振的书籍[12,15]，都对 ENDOR 技术作了简要的介绍。Kurreck、Kirste 和 Lubitz 等撰写的一篇综述[528]和一本更详细的专著[16]，对用于溶液中有机自由基的 ENDOR 技术进行了精彩地介绍，该书还全面介绍了截止于 1988 年的相关 ENDOR 研究进展。

通过如专著 [16] 所述的方式来考虑所谓的瞬态 ENDOR 效应，这种双共振技术的物理原理是可以理解的。图 5.2 中（a）~（f）示意图描绘了四个塞曼能

级，它们是给定磁场强度 B 下由一个未配对电子和一个 $I=1/2$、$g_N>0$ 的磁性核 X 如质子等一起组成的特征顺磁体系。四个能级，$|++\rangle$、$|+-\rangle$、$|-+\rangle$ 和 $|--\rangle$，由磁自旋量子数 $+1/2$（自旋朝上，α）或 $-1/2$（自旋朝下，β）的符号指定，其中第一个符号表示电子的磁量子数 M_S，第二个表示核的磁量子数 M_I。在此，先不妨回顾一下这两类磁性粒子的一些本质差异，如

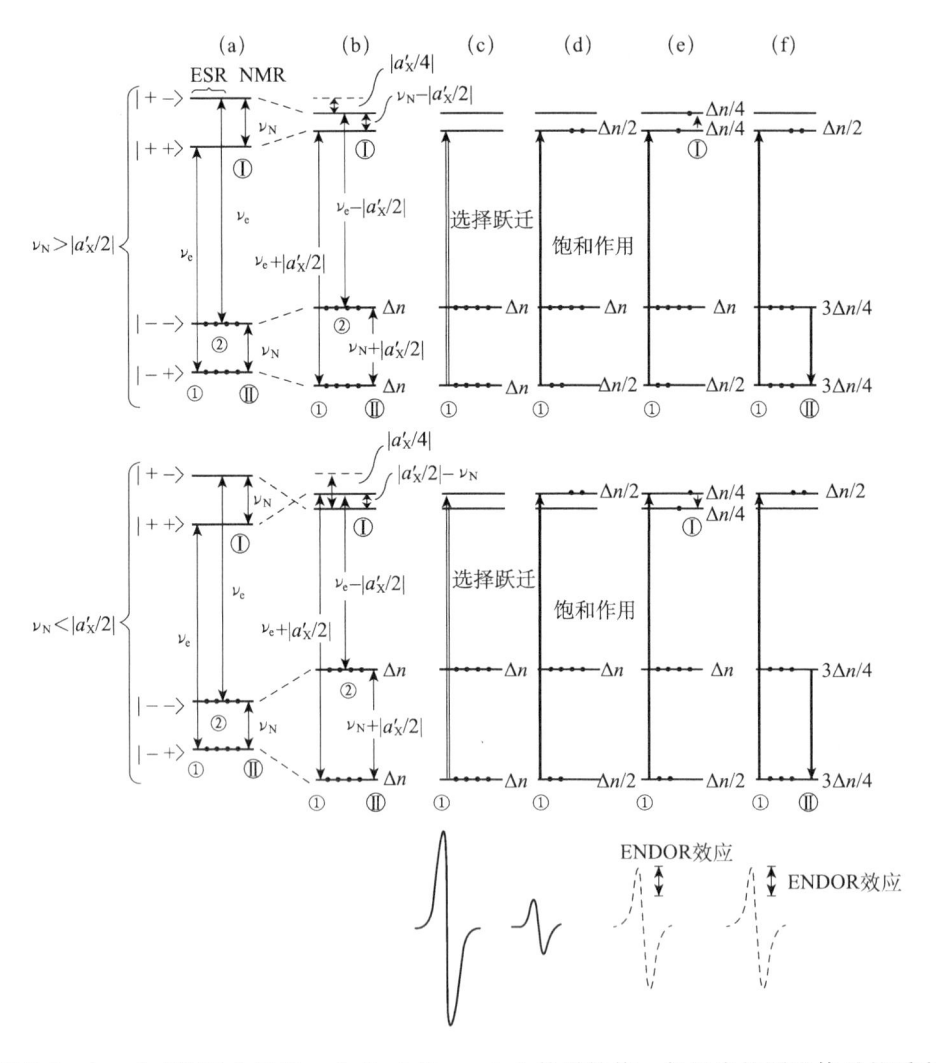

图 5.2 由一个未配对电子和一个 $I=1/2$、$g_N>0$ 的磁性核一起组成的顺磁体系的瞬态 ENDOR 效应示意图。(a) 和 (b) 分别是缺少和存在超精细相互作用时的能级；(c) 选择 ESR 跃迁①进行饱和；(d) 跃迁①的饱和对自旋布居的影响；NMR 跃迁Ⅰ(e) 和Ⅱ(f) 的饱和分别对自旋布居的影响

3.1 节所述。由于其带正电荷,当 $g_N>0$ 时原子核的正号"+"能级比负号"−"的低,这是与带负电的电子能级刚好相反的情况。此外,在相同磁场强度 B 下,原子核的塞曼分裂比电子小约三个数量级,在它们各自较低能级上布居数偏多的情况也是如此(如果像当前情况一样,两种粒子的自旋总数相等,并且温度也相同)。因此,$|++\rangle$ 和 $|-+\rangle$ 能级上的核自旋布居数分别相对于 $|+-\rangle$ 和 $|--\rangle$ 的差额 Δn_N 被忽略,而仅仅考虑 $|-+\rangle$ 和 $|--\rangle$ 分别相对于 $|++\rangle$ 和 $|+-\rangle$ 的电子自旋布居差 Δn ($\equiv \Delta n_e$)。这个布居差 Δn 用 $|-+\rangle$ 和 $|--\rangle$ 能级上的四个圆点表示,每个圆点代表 $\Delta n/4$。为了方便与实际实验对接,在此不仅塞曼分裂是以频率 ν 为单位,而且磁性核 X 的超精细耦合常数 $a'_X = \gamma_e a_X$ 也是以频率 ν 为量纲($\gamma_e = 28.02495$ MHz/mT 是电子的旋磁比,1.2 节)。根据跃迁选择定则,即电子的 $\Delta M_S = \pm 1$、$\Delta M_I = 0$ 和磁性核的 $\Delta M_S = 0$、$\Delta M_I = \pm 1$,两个 ESR 跃迁(①和②)和两个 NMR 跃迁(Ⅰ和Ⅱ)是允许的。

在没有超精细相互作用的情况下,ESR 跃迁①和②的频率 ν_e 是一样的,两个 NMR 跃迁频率 ν_N 也是相同的,如图 5.2 中(a)图所示。当 M_S 与 M_I 的符号相反时超精细相互作用降低 $|+-\rangle$ 和 $|-+\rangle$ 的能量,而当这两个量子数符号相同时则升高 $|++\rangle$ 和 $|--\rangle$ 的能量;每个能级的偏移是 $|a'_X/4|$。由此产生的图 5.2 中(b)~(f)图取决于 $|a'_X/2|$ 是小于还是大于 ν_N。当 $\nu_N > |a'_X/2|$ 时,$|++\rangle$ 能级依旧低于 $|+-\rangle$,如大多数 π 自由基的质子,NMR 跃迁Ⅰ的频率是 $\nu_N - |a'_X/2|$(图 5.2,上图);当 $\nu_N < |a'_X/2|$ 时,$|+-\rangle$ 能级将降至 $|++\rangle$ 以下,跃迁Ⅰ的频率变成 $|a'_X/2| - \nu_N$(图 5.2,下图)。无论哪种情况,$|-+\rangle$ 的能级都低于 $|--\rangle$,所以 NMR 跃迁Ⅱ的频率是 $\nu_N + |a'_X/2|$。ESR 跃迁①和②的频率分别是 $\nu_e + |a'_X/2|$ 和 $\nu_e - |a'_X/2|$,二者相差 $|a'_X|$,正如预期的那样。

在 ENDOR 实验中,会首选一个 ESR 跃迁作进一步研究;在此,它是图 5.2(c)中标注的跃迁①。在将频率锁定为 $\nu_e + |a'_X/2|$ 后,用强劲的微波辐照先使该跃迁发生饱和,所造成的结果如图 5.2(d)所示,即与跃迁①相关联的两个能级 $|-+\rangle$ 和 $|++\rangle$ 上的布居数是一样的。两个能级上的布居差均变成 $\Delta n/2$,于是与此相对应的 ESR 信号强度显著降低。紧接着,该体系受到强劲的射频辐照,并从 0 到更高的频率进行扫描。NMR 跃迁在两处频率发生饱和,首先是低频的跃迁Ⅰ,频率是 $\nu_N - |a'_X/2|$ 或 $|a'_X/2| - \nu_N$,接着是位于 $\nu_N + |a'_X/2|$ 的高频跃迁Ⅱ。因此,受此影响的能级对上的布居数变得相同,如

图 5.2 (e) 和 (f) 分别所示的跃迁①和②。跃迁①的饱和导致$|++\rangle$和$|+-\rangle$上的布居差都变成$\Delta n/4$，而②的饱和则导致$|-+\rangle$和$|--\rangle$上的布居差都变成是$3\Delta n/4$。于是，这两个饱和过程中的任一个，都会使能级$|-+\rangle$上的布居差比$|++\rangle$的多出$\Delta n/4$，所以，在任何一种情况下，ESR 跃迁①都会轻微地发生去饱和，从而使已经饱和的 ESR 信号的强度发生稍微增加，即所谓的 ENDOR 增益（ENDOR enhancement）。然而，这种增益却无法被直接验证，但其存在是通过检测跃迁①和②的 NMR 信号来证实。

ENDOR 谱

图 5.3 示意了对射频频率 ν 进行扫描时所获得的来源于 NMR 跃迁①和②的信号记录。这些记录被称为 ENDOR 谱，因为与 NMR 实验相比，该信号强度是由比核自旋大好几个数量级的电子自旋布居差所决定。因此，ENDOR 的灵敏度远高于 NMR，尽管它低于 ESR。当 $\nu_N > |a'_X/2|$ 时，两个 ENDOR 吸收峰出现在频率等于 $\nu_N \pm |a'_X/2|$ 的地方；它们以"自由的"磁性核 X 的拉莫尔频率 ν_N 为中心，以耦合常数 a'_X 为间距。当 $\nu_N < |a'_X/2|$ 时，这对信号出现在 $|a'_X/2| \pm \nu_N$ 处；它们以 $a'_X/2$ 为中心，以 $2\nu_N$ 为间距。ENDOR 信号可以被记录为吸收谱强度 A 或以 ν 为函数的一阶导数 $dA/d\nu$，这取决于调制是施加于磁场还是施加于频率。

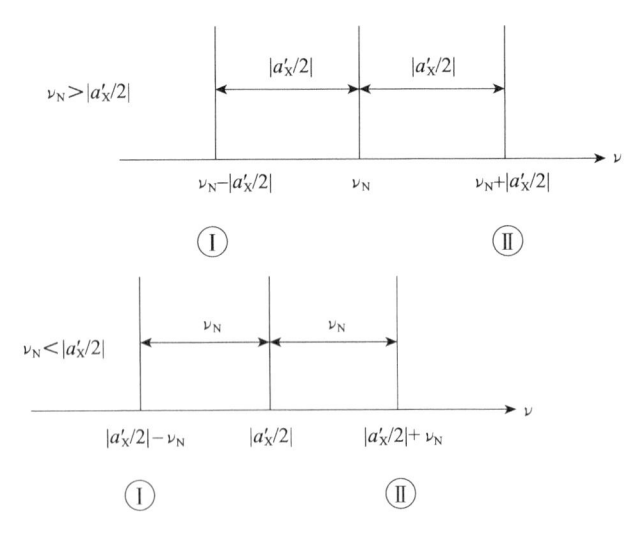

图 5.3 源自一个或一组具有耦合常数 $|a'_X| = \gamma_e|a_X|$ 的等性核 X 的 ENDOR 谱示意图

尽管 ENDOR 的灵敏度不如 ESR，但谱线分辨率的巨大提高弥补了这一不足，因为 ENDOR 信号宽度 $\Delta\nu$（即线宽，line width）约 0.3 MHz，相当于约

0.01 mT 的 $\Delta B(=\Delta\nu/\gamma_e)$，也就是通常在有机自由基溶液中所获得的高分辨 ESR 谱线。相对于 ESR，ENDOR 分辨率的提升是由于谱线数量的急剧减少。这可以很容易地验证，任何磁性核 X 或任意一组具有相同耦合常数 a_X 的 n 个等性核都只会给出一对 ENDOR 吸收峰，而且还与自旋量子数 I 和 g_N 无关。这对吸收峰通常出现在随磁性核 X 而变的不同 NMR 频率范围内。每增加一组等性核，谱峰数量呈相加增长，而不是像 ESR 那样呈相乘增长。因此，k 组等性核的 ENDOR 吸收峰的总数是 $2k$，与 n 和 I 无关，而不像式（3.15）那样，超精细峰的总数是 $(2n_1I+1)(2n_2I+1)\cdots(2n_kI+1)$。

对于表 3.1 中所列举的大多数磁性核，ENDOR 实验都已成功完成[16]。根据 NMR 的共振条件，"自由的" 磁性核 X 在给定磁场强度 B 下的拉莫尔频率 ν_N 取决于该核的旋磁比 $\gamma_N=\nu_N/B$，这反过来又取决于磁性核 X 的 g_N（3.1 节）。由表 3.1 中的 g_N，可轻而易举地计算 $\gamma_N=g_N\times 7.6226\times 10^{-3}$ MHz/mT。对于 $g_N=5.5854$ 的质子，γ_N 是 4.2575×10^{-2} MHz/mT。以下接连列举相关的 ESR 和 ENDOR 例子，首先是与其抗衡离子 K$^+$ 紧密结合的反式 1,4-二叔丁基-1,3-丁二烯（**90**）自由基阴离子（图 5.4）[529]、二噻吩并 [2,3-b, e]-1,2,4,5-四嗪（**91**）自由基阳离子（图 5.5）[530]。对于含有两对 α 质子（$I=1/2$）、2 个叔丁基的 18 个 γ 质子以及一个抗衡离子 ^{39}K（$I=3/2$）的 **90**$^{·-}$/K$^+$ 离子对，ENDOR 的谱峰数量是 $4\times 2=8$，而 ESR 的超精细峰总数是 $3^2\times 19\times 4=684$。类似地，对于拥有两对 α 质子和两对 ^{14}N 原子核（$I=1$）的 **91**$^{·+}$，ENDOR 的谱峰数量是 $4\times 2=8$，ESR 的超精细峰总数是 $3^2\times 5^2=225$（没有检测到来自低天然丰度的 ^{33}S 同位素的超精细分裂）。在巴塞尔实验室所检测的 ENDOR 谱中，自由质子的拉莫尔频率 ν_N，即所谓的 ^{1}H-ENDOR 频率是 14.56 MHz，对应于磁场强度 $B=\nu_N/\gamma_N=342$ mT。在这些谱图中，除质子以外的原子核 X 的 ENDOR 频率 ν_N 可根据 14.56 MHz 和 $|g_N(X)|/g_N(H)$ 计算，即通过将 $|g_N(X)|$ 乘以 14.56 MHz/5.5854=2.6068 MHz。因此，在离子对 **90**$^{·-}$/K$^+$ 中，$g_N=+0.2606$ 的 ^{39}K 的 ENDOR 频率是 $\nu_N=0.68$ MHz（图 5.4），而在 **91**$^{·+}$ 中，$g_N=+0.4036$ 的 ^{14}N 频率是 $\nu_N=1.05$ MHz（图 5.5）。对于自由基阴离子 **90**$^{·-}$ 的 1,4 位和 2,3 位的 α 质子，耦合常数 $|a'_X|$ 分别是 20.47 MHz 和 6.79 MHz，叔丁基 γ 质子的 $|a'_X|$ 是 0.73 MHz。对于 **91**$^{·+}$ 的 2,7 位和 3,8 位的 α 质子，$|a'_X|$ 分别是 11.04 MHz 和 2.07 MHz。因此，对于这两个自由基离子中的质子，关系式 $\nu_N>|a'_X|/2$ 成立。相反地，因为 **90**$^{·-}$ 中抗衡离子 K$^+$ 的 ^{39}K 耦合常数 $|a'_X|$ 是 3.53 MHz，并且因为在 **91**$^{·+}$ 中 4,9 位和 5,10 位的 ^{14}N 的 $|a'_X|$ 分别为 11.22 MHz 和 16.71 MHz，所以对这些磁性核的替代关系 $\nu_N<$

$|a'_X/2|$ 是有效的。

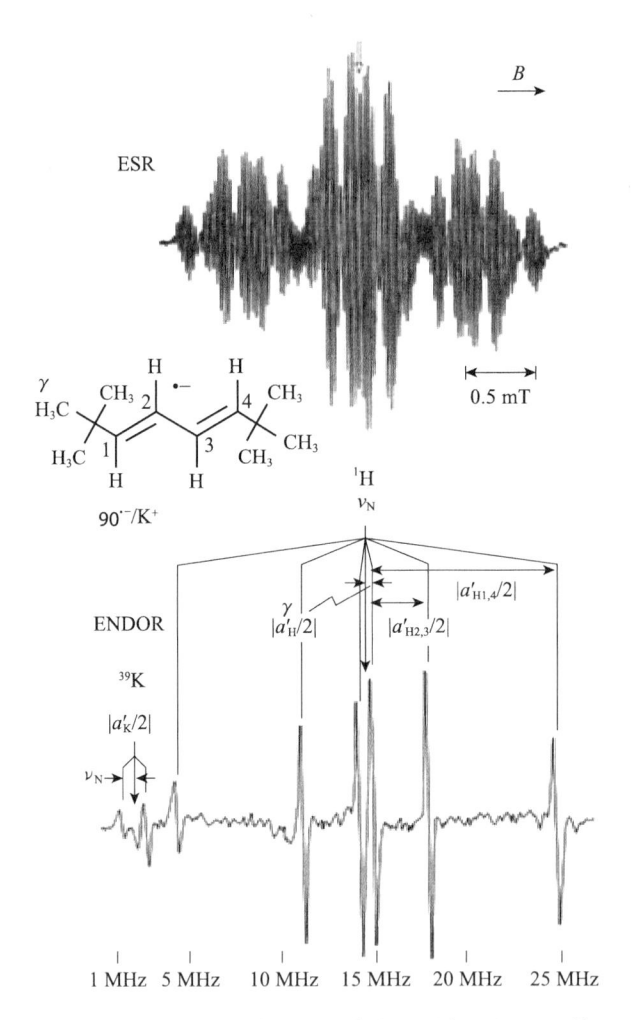

图 5.4 反式 1,4-二叔丁基-1,3-丁二烯（**90**）自由基阴离子的 ESR 谱（上）和 ^{1}H-ENDOR 和 ^{39}K-ENDOR 谱（下）。溶剂二甲醚，抗衡离子 K$^+$，温度 200 K。ESR 谱上方的虚箭头示意饱和激发所选的位置。超精细数据见正文和表 8.6、表 A.2.1。经许可复制[529]

与 NMR 不同，ENDOR 的一个缺点是信号强度不是一个可靠地衡量造成该信号的磁性核数量的方法。这个不足从 **90**·$^-$/K$^+$ 的 ENDOR 谱中可以明显看出，其中 18 个叔丁基 γ 质子的信号强度与 2,3 位的 2 个 α 质子的一样强。在这种情况下，来自 γ 质子的信号强度相对较低，是因为小的耦合常数 $|a'_H|$ 造成 ESR 跃迁①和②（图 5.2）不能充分的相互分离，从而造成所选的跃迁①只能发生不完全的饱和。此外，如图 5.4 和图 5.5 所示，即使来自相同种类和相同数量磁

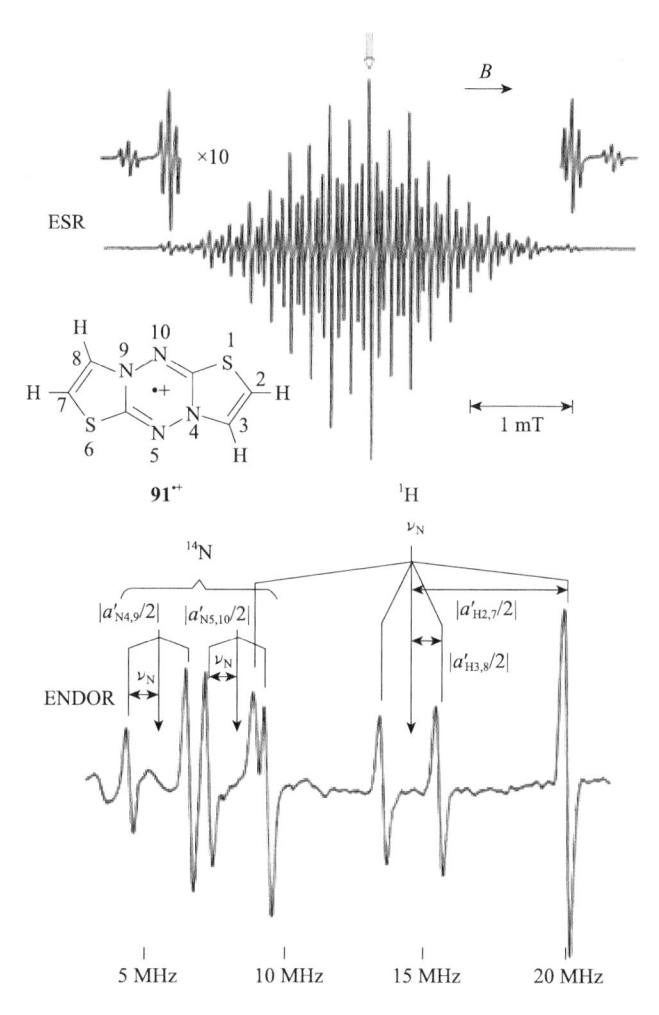

图 5.5 二噻吩并 $[2,3-b,e]$-1,2,4,5-四嗪（**91**）（盐形式是 **91**·$^+$ClO$_4^-$）自由基阳离子的 ESR 谱（上图）和 ^{1}H-ENDOR 与 ^{14}N-ENDOR 谱（下图）。溶剂是 1:2 的二氯甲烷/三氟乙酸，抗衡离子 ClO$_4^-$ 和 CF$_3$COO$^-$，温度 253 K。ESR 谱上方的虚箭头示意饱和激发所选的位置。超精细数据见表 9.33。经许可复制[530]

性核的 ENDOR 信号也可以表现出显著不同的强度。这是因为 ENDOR 增益及 ENDOR 信号的强度，取决于参与 NMR 跃迁①和②的饱和过程是否可以和使所选跃迁①饱和的电子自旋-晶格弛豫相竞争（1.3 节）。除了核自旋-晶格弛豫主导的核自旋反转（$\Delta M_I = \pm 1$）的特定时间 T_{1N}，类似于电子（$\Delta M_S = \pm 1$）的 T_{1e}，还必须考虑更复杂的 $\Delta(M_S+M_I)=0$ 的交叉弛豫过程；后者的时间特征表示为 T_x。通常电子自旋的弛豫效率比核自旋的高得多，因此，$T_{1e} \ll T_x \ll T_{1N}$。由于成功的ENDOR实验要求这些时间具有可比性，因此必须通过适当的实验条件来放缓电子的弛豫。当交叉弛豫时间T_x可以忽略时，正如通常对有机自由基中的质子所做的那样，通过使用黏性溶剂和/或低温，在溶液中实现了T_{1e}相对于T_{1N}的增加。ENDOR实验受到电子弛豫增强所阻碍，如存在重原子核（1.3节）或动态Jahn-Teller效应时（6.7节）。谱仪灵敏度也会影响ENDOR信号的强度，因为它在特定的频率范围内是不相同的。例如，由约5 MHz往下，灵敏度稳步下降，因此低频信号往往比高频信号弱。

ENDOR技术已被证明特别适用于具有多重重叠和/或ESR谱未完全分辨的低对称性自由基[155,481,531,532]，以及谱线因超精细各向异性而增宽的固态介质中的自由基。在后者中，值得注意的是对生物体系[15d]和氟利昂基质中高能辐照产生的有机自由基的研究[310]。对于这些基质，ENDOR的分辨能力通过在玻璃态$CFCl_3$中γ辐照从反式1,3-丁二烯（**92**）产生的自由基阳离子的谱图来证明（图5.6)[316]。在**92**·+的ESR谱中仅观察到源自1,4位的四个α质子的五个宽的超精细峰，而相应的ENDOR谱则显示来自所有质子的信号。这些ENDOR信号不仅包括来自具有小耦合常数$|a'_H|$的2,3位的两个α质子的信号，而且还能够区分1,4位的外侧位和内侧位质子（exo- and endo-protons）的$|a'_H|$值。对于2,3位的质子，两个ENDOR信号出现在$\nu_N \pm |a'_H/2|$（10.59 MHz和18.51 MHz）处，给出$|a'_H|=7.92$ MHz。对于1,4位置的外侧和内侧质子对，仅观察到$\nu_N + |a'_H/2|$的高频吸收峰（外侧位质子为30.25 MHz，内侧位质子为29.28 MHz），而未检测到低于1.5 MHz的低频信号。然而，根据已观测到的频率和自由质子的$\nu_N = 14.56$ MHz，可以轻易地确定外侧位和内侧位质子的相应耦合常数a'_H，分别是31.38 MHz和29.44 MHz。需要注意的是，**92**·+的ENDOR谱峰宽度仅约0.4 MHz，即0.014 mT，而ESR谱中五个超精细峰的宽度约为0.7 mT。从稀溶液到玻璃态的转变过程中，ESR谱中谱峰宽度增宽了10倍以上，而ENDOR在这样的介质物态变化过程中保持其分辨率不变，这和ESR形成鲜明对比。

由于相对于ESR谱的较低灵敏度，ENDOR技术需要更高的自由基浓度，因此，它在瞬态自由基上的应用很成问题。为了提高信噪比，ENDOR谱通常通过重复记录和相加来累积。在谐振腔内电解产生的自由基离子，无法用ENDOR技术开展研究，因为电极会干扰射频线圈。

给出ENDOR信号的磁性核X的数量必须通过仔细检查加以验证，最好是模拟相应的ESR数据（6.4节），单独分析ENDOR可能会导致误判[533,534]。其他方法同样可以用于验证，例如，同位素取代也用于将耦合常数归属给各组等

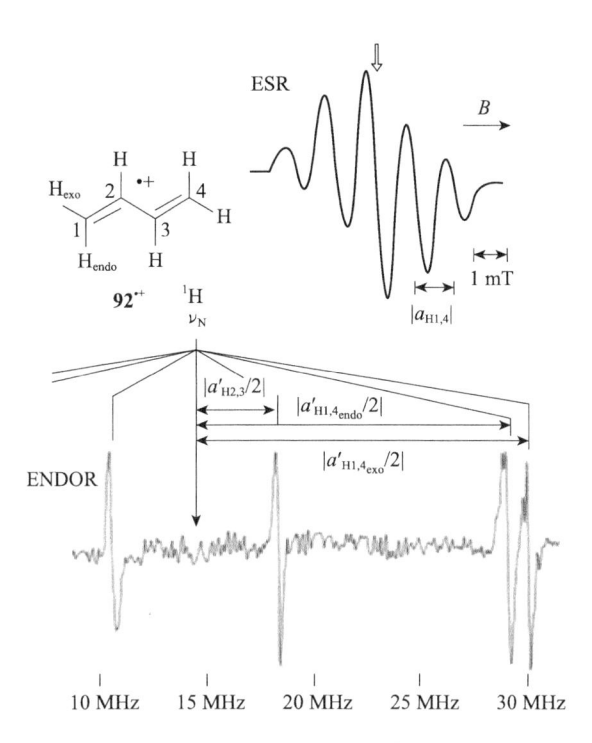

图 5.6　反式 1,3-丁二烯（**92**）自由基阳离子的 ESR 谱（上图）和 ^{1}H-ENDOR 谱（下图）。溶剂是 CFCl$_3$（基质），抗衡离子未知，温度 130 K。ESR 谱上方的虚箭头示意饱和激发所选的位置。ENDOR 谱的基线已经校正。超精细数据见表 8.6。经许可复制[316]

性核（6.5 节）[155]。ENDOR 特别适合这样的验证，因为不同同位素的 ENDOR 信号出现在不同的频域。给出 ENDOR 信号的磁性核的相对数量，可通过基于核-核相干效应[15b,16,531]和特殊三共振效应[15f,16,528]等技术来确定。

只有耦合常数 a'_H 的绝对值是直接从 ENDOR 谱中导出的，这是 ESR 的共同特征。a'_H 的相对符号适用于在 5.3 节中提到的一般和特殊 TRIPLE[15f,16,525,528]。在有利的条件下，氟利昂基质中 ^{1}H 耦合常数的绝对符号是从自由基阳离子的 ENDOR 谱导出的，如下文提到。在 6.4 节引用的一些研究中，在 ENDOR 谱中也观察到二阶分裂。

ENDOR 谱中的超精细各向异性

在 CFCl$_3$ 基质中，**92**$^{·+}$ 的 ^{1}H-ENDOR 信号（图 5.6）具有"准各向同性"的形状，即尽管介质是刚性的，但超精细各向异性因分子运动而被平均。对于烃基自由基阳离子的质子，这样各向同性的信号经常在氟利昂基质中观察到，特别是在冷冻的 CF$_2$ClCFCl$_2$ 中，该溶剂因此被称为"可流动的"基质。否则，

ENDOR 将具有各向异性的谱形。在一些较小的烃基阳离子的部分谱中,不完全平均的(残余的)超精细各向异性是可以分辨的,与相应的 ESR 形成对比。通常,对于轴对称或准轴对称的张量,信号被分成两个与 ^{1}H 耦合常数相关联的各向异性分量 $|A'_{H\perp}|$ 和 $|A'_{H\|}|$;它们分别表示相对于磁场的 x 和 y 方向,与 z 方向垂直和平行的特征。$A'_{H\perp}$ 和 $A'_{H\|}$ 以 MHz 为单位,可转换成以 mT 为单位的相应值 $A_{H\perp}$ 和 $A_{H\|}$,其中,$A_{H\perp} = A'_{H\perp}/\gamma_e$ 和 $A_{H\|} = A'_{H\|}/\gamma_e$。如 3.2 节所述的以 mT 为单位的各向同性和各向异性耦合常数之间的关系,也适用于这些以 MHz 为单位的值。因此,$a'_H = (A'_{H\|} + 2A'_{H\perp})/3$,$A'_{H\perp} = a'_H - B'_{H,dip}$ 和 $A'_{H\|} = a'_H + 2B'_{H,dip}$,其中,$-B'_{H,dip}$、$-B'_{H,dip}$ 和 $+2B'_{H,dip}$ 表示对 a'_H 的各向异性贡献,它们是以 MHz 为单位的、无迹张量 $\mathbf{A}_{H,dip}$ 的主值。根据替代方案,必须考虑四种情况,$2\nu_N > |A'_{H\perp}|$、$|a'_H|$、$|A'_{H\|}|$,$2\nu_N < |A'_{H\perp}|$、$|a'_H|$、$|A'_{H\|}|$,$|A'_{H\perp}| > |A'_{H\|}|$ 或 $|A'_{H\perp}| < |A'_{H\|}|$。图 5.7 示意了在这些情况下所观察到的理想形状的 ENDOR[310,329]。结果发现,当 ^{1}H 耦合常数 a'_H 预期为正值时 $|A'_{H\perp}| < |A'_{H\|}|$,而当 a'_H 为负值时 $|A'_{H\perp}| > |A'_{H\|}|$。这是因为 a'_H、$A'_{H\perp}$、$A'_{H\|}$ 三者同号,并且它们的绝对值均大于一直是正值的 $B'_{H,dip} = (A'_{H\|} - A'_{H\perp})/3$。因此,当 $a'_H > 0$ 时,$|A'_{H\|}| = |a'_H + 2B'_{H,dip}|$ 大于 $|A'_{H\perp}| = |a'_H - B'_{H,dip}|$;反之,当 $a'_H < 0$ 时,相反的关系成立。这说明了耦合常数的单位无论是 MHz 还是 mT,都无关紧要。

三重态分子的 ENDOR

ENDOR 技术同样适用于电子激发态和基态的双自由基和三重态分子[15e,16]。

对于含有两个等性 π 单元并可在稀溶液中进行研究的双自由基,由于 π 自旋布居与相应的单自由基几乎相同(4.4 节),因此,ENDOR 信号出现在这些单自由基通常观测到的频率[435,535,536]。

最常见的情况是,通过 ENDOR 研究在单晶中芳烃的光激发三重态(表 11.1),如萘于均四甲苯[537]、苯于全氘代苯[538]、蒽于吩嗪[379]、联苯于全氘代苯[539] 和全氘代菲于联苯中[540]。根据所观测到的 ^{1}H 超精细数据,这些分子在激发三重态中的对称性似乎比在单态基态的降低了。

对于三重态基态,^{1}H-ENDOR 研究是在与亚芴基(fluorenylidene)[541] 和二苯基亚甲基(diphenylmethylene)[542](表 11.3)相关的结构中进行,这是通过它们的重氮前体的光解而产生的,如重氮芴晶体中的亚芴,二苯基乙烯晶体中二苯基亚甲基。通过 ESR 观察到的 ^{13}C 超精细数据证实,在这两个三重态分子中大部分 π 自旋布居位于中心 C 原子上。质子的超精细分裂在 ESR 谱中是无法分辨的,但其余 π 中心上的自旋分布通过 ^{1}H-ENDOR 研究给予确认。

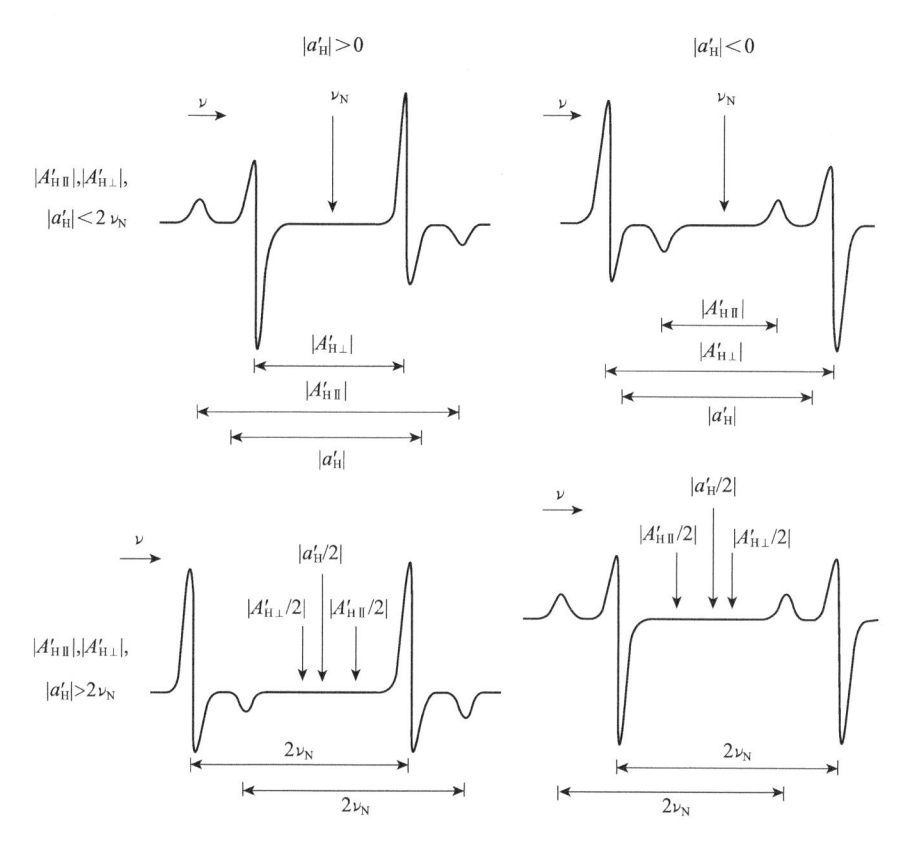

图 5.7 在氟利昂基质中，小分子烃基自由基的轴对称或准轴对称超精细张量的理想 ^{1}H-ENDOR 谱。经许可复制[329]

5.3 电子-核-核三共振

在特殊电子-核-核三共振（electron-nuclear-nuclear triple resonance, TRIPLE）或双 ENDOR 实验中[15f,16,528]，除了饱和微波辐照外，还用另外两个射频场同时照射样品，因此 NMR 跃迁①和②（图 5.2）同时被激励。根据图 5.2 中的（e）和（f），该方法应使 ENDOR 增益加倍，因为它同时导致能级 |－＋⟩ 中的 $3\Delta n/4$ 和 |＋＋⟩ 中的 $\Delta n/4$ 布居，从而形成布居差的变化量是 $\Delta n/2$，而不是用单个射频源所造成的 $\Delta n/4$ 变化量。特殊 TRIPLE 的主要优点是，信号强度比 ENDOR 更好地反映引起该信号的磁性核数量。与耦合常数 a'_X 相关的特殊 TRIPLE 信号，出现在与原点（NMR 频率 $\nu=0$）相间 $a'_X/2$（以频率 ν 为单位）的频率处。如图 5.8 所示的范基自由基（**4·**）（表 8.4）[528]，源自 1、3、

4、6、7、9 位和 2、5、8 位 α 质子的特殊 TRIPLE 信号强度比例，呈现出预期的比值 2，尽管在 ENDOR 中该比值仅约 1.4。

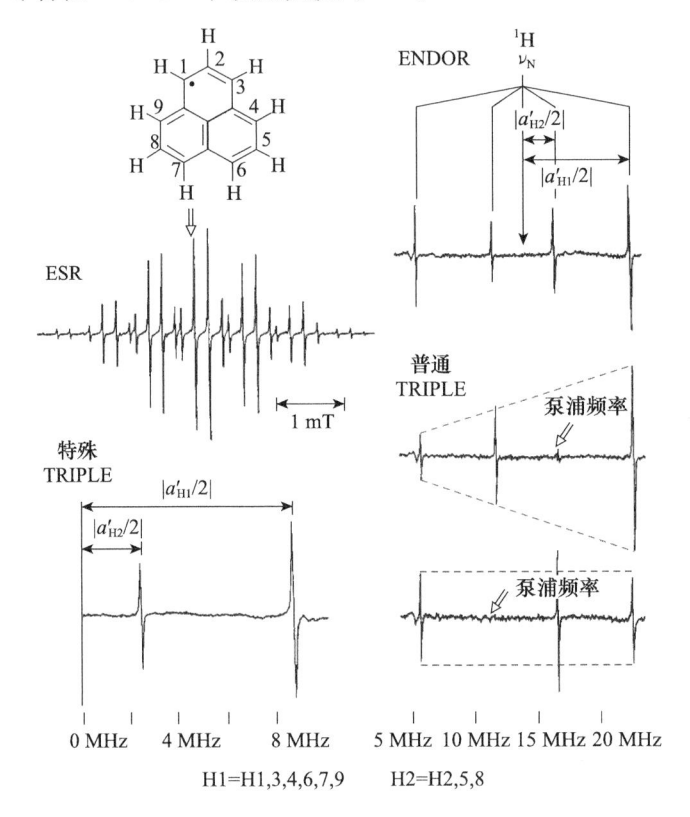

图 5.8　上图，苊基自由基（**4·**）的 ESR 谱（左中）、^{1}H-ENDOR 谱（右上）、特殊 TRIPLE 谱（左下）和普通 TRIPLE 谱（右中和下）。溶剂矿物油，温度 300 K。ESR 谱上方的轮廓箭头表示饱和激发所选的谱线，而普通 TRIPLE 谱中的那些轮廓箭头标记了被选择用于泵浦的 ENDOR 信号。超精细数据见正文及表 8.4。经许可复制[528]

在特殊三共振中同一组质子的 NMR 跃迁被饱和辐照（同核三共振），而在普通三共振中不同组的质子的跃迁同时被饱和（异核三共振）。一个 NMR 跃迁是用第一个（未调制的）射频所"泵浦"，而在整个 NMR 共振范围内扫描第二个（调制的）射频场。与 ENDOR 所观测的信号相比，"泵浦"导致高频和低频信号强度发生特征的一增一减的变化。当高（或低）信号被泵浦时，其强度大大降低，而与该耦合常数对应的另外一个低（或高）频的信号强度会增强，因为对于后者"泵浦"对应于特殊三共振实验。图 5.8 展示了泵浦 **4·** 中以较小耦合常数 $|a'_{H2,5,8}|$ 相隔的、源自三个 α 质子信号的效果[16,528]（在图 5.8 中，$H_{1,3,4,6,7,9}$ 和 $H_{2,5,8}$ 分别简写为 H1 和 H2）。当 $\nu_N + |a'_{H2,5,8}/2|$ 的高频信号被泵浦

时，其强度几乎消失，而低频$\nu_N - |a'_{H2,5,8}/2|$信号则显著增强。若泵浦低频信号时则观察到对强度的相反影响。与此同时，对于 **4·** 中以较大耦合常数$|a'_{H1,3,4,6,7,9}|$间隔的、源自六个 α 质子的这对信号，观察到显著的强度变化，尽管这对信号都没有受到泵浦。从图 5.8 中可以明显看出，这种变化遵循的模式和在以$|a'_{H2,5,8}|$间隔的信号上引起的变化截然相反。相对于 ENDOR 图形，当$\nu_N + |a'_{H2,5,8}/2|$的高频信号被泵浦时，$\nu_N + |a'_{H1,3,4,6,7,9}/2|$的高频信号强度与$\nu_N - |a'_{H1,3,4,6,7,9}/2|$的低频信号强度的比值在增加。相反地，当对$\nu_N - |a'_{H2,5,8}/2|$的低频信号进行泵浦时，该比值减小。这种行为指向两个耦合常数的相反符号，$a'_{H1,3,4,6,7,9} = -17.64$ MHz 和 $a'_{H2,5,8} = +5.08$ MHz，对应于$a_{H1,3,4,6,7,9} = -0.629$ mT 和 $a_{H2,5,8} = +0.181$ mT（4.2 节）[88]。另一个使用普通 TRIPLE 技术确定耦合常数相对符号的例子，将在 6.3 节做介绍。这项技术经常应用于溶液中有机自由基的 ENDOR，尽管其结果有时并不完全是结论性的。

5.4 电子–电子双共振

ELDOR 的物理原理与上述 ENDOR 的物理原理相似。与 ENDOR 一起，它们在部分 ESR 专著中都有简要的介绍[8,10,11]，而在关于多共振技术的两本书籍中有更充分的描述[12,15a,15b]。与 ENDOR 类似，一个 ESR 跃迁发生饱和（对应于图 5.2 中的①）和相应信号强度下降。然而，与 ENDOR 不同，ELDOR 实验的第二次饱和辐照使用了另外一个在 ESR 范围内扫描的微波频率。当该频率与另外一个 ESR 允许跃迁的频率一致时（图 5.2 中的②），第二次微波辐照可以改变与第一次饱和跃迁相关的两个能级中的自旋布居。在对第二次微波做频率扫描的过程中，与第一个跃迁对应的 ESR 信号所发生的强度变化称为 ELDOR 效应。尽管两次微波辐照激励的跃迁并没有共同的能级，但它们可以通过各种动力学过程发生耦合，如交叉弛豫（5.2 节）或高自由基浓度导致的海森伯交换（1.4 节）；将在 6.3 节中展开的化学交换在这方面也是有效的。因此，ELDOR 特别适合研究弛豫过程及其对自由基浓度、温度和微波功率的依赖性[543]。此外，该技术也已被证明可用于测定大的耦合常数，特别是硝酰基氨基和 2,2-二苯基-1-苦基肼基（DPPH，**5·**）等持久性自由基中 ^{14}N 的耦合常数（表 9.3）。在对 **5·** 的 ELDOR 研究中，首次精确测量了两个$|a_N|$的值（0.974 mT 和 0.794 mT）[527]。

第 6 章　采集和解析 ESR 谱

6.1　谱仪简介

ESR 谱仪

标准的 ESR 谱仪由几个部件组成（图 6.1）。主要部件是电磁铁，以及通过波导管连接到速调管与晶体探测器的谐振腔。在谐振腔和速调管之间是衰减器和铁氧体隔离器，晶体探测器通过放大器连接到记录仪。谱仪通常还包括对谐振腔进行操作的调制系统。

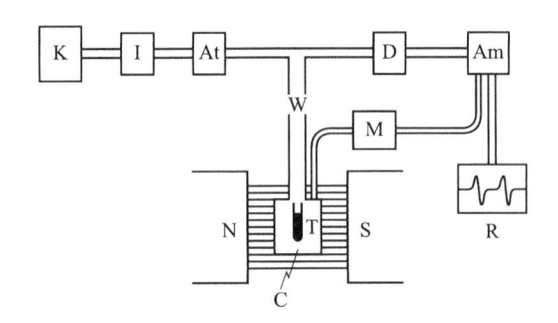

图 6.1　ESR 谱仪的基本组件

N 和 S：电磁铁的两极；C：谐振腔；T：样品管；W：波导；K：速调管；I：铁氧体隔离器；
At：衰减器；D：晶体探测器；Am：放大器；R：记录仪；M：调制系统

最广泛使用的电磁体的磁场 $\vec{B}$ 通常可以扫描到 1 T，并且必须均匀到每 $1/10^5 \sim 1/10^6$。谐振腔位于磁场的均匀区域，磁场强度 B 通常通过放置在谐振腔旁边或内部的 NMR 质子探针来测量。谐振腔是谱仪的核心，因为它容纳了样品池。谐振腔的形状可以是平行六面体（通常称为矩形）或圆柱形，衡量其品质的方法是它存储传输至此的微波能量的能力。在这方面，矩形腔稍好一些，但在某些情况下，如对于特殊电解池[204]或 ENDOR（6.2 节），圆柱形腔更好。在谐振腔内，能量损耗会发生，尤其是当样品含有高介电常数的极性溶液时。这些介电损耗随着溶液温度降低而增加，但当其冻结时则迅速减少。通过减小样品池横截面，或者在矩形腔中通过改变样品池的形状以更适合电场线和磁力线，使这种损耗降低。

速调管（klystron）是迄今为止最常见的波源，是一种在小频率范围内产生微波振荡的真空管。所发射的微波通过波导（waveguide）和谐振腔中的可调节孔（虹膜，iris）而被引导到样品上。速调管和波导的尺寸与所传输的微波波长相匹配。这个波长取决于速调管的类型，它可以在有限的范围内进行调谐。常规的 X 波段速调管的特征在于约 9.5 GHz 的微波频率 ν 或约 3 cm 的波长 λ，对于 g_{iso} 约 2.0 的有机自由基，满足共振条件的磁场强度 B 大约是 0.34 T（340 mT）。更强（或更弱）磁场下的 ESR 研究，需要在更高（或更低）微波频率下运行的速调管，例如，$\nu \approx 36$ GHz 或 $\lambda \approx 8$ mm 的 Q 波段速调管是在 $B \approx 1.3$ T 下运行。更高磁场强度 B 的优点是更有利的玻尔兹曼分布，这带来磁化强度的增加（1.3 节）。然而，对于溶液中的自由基，这一优势被部分抵消，因为需要使用与较小波长 λ 匹配的谐振腔，这意味着样品池更窄，所容纳的电子自旋数更少。

衰减器（attenuator）调节入射到样品上的微波功率的水平，铁氧体隔离器（isolator）保护速调管免受反射回来的微波的影响。

探测器（detector）是一个与钨丝相连的单晶硅二极管。即使在没有 ESR 吸收的情况下也会出现的噪声是 ESR 信号的常见背景：一部分是探测器的固有噪声，一部分是速调管的频率噪声。

放大器（amplifier）增强了所记录的信号，但不会显著改变信噪比（signal-to-noise ratio）。该比值通过场调制器来大大提高，它是由放置在谐振腔两侧的沿着磁场方向的小亥姆霍兹线圈组成。由于调制，ESR 吸收曲线具有其一阶导数 dA/dB 的常见形状（1.4 节）。

有关 ESR 谱仪的更详细描述，可以参考一般的 ESR 教材[4,10,11]或两本早期的专业专著[544,545]。

虽然自 20 世纪 60 年代瓦里安公司生产第一批商用 ESR 谱仪以来，谱仪的分辨率并没有显著提高，但它们的性能却大大提高了。现代 ESR 谱仪，如布鲁克公司生产的谱仪，在很大程度上已经实现了计算机化，因此许多操作都是自动化运行的，并且可以执行如累积、存储和操纵谱图处理等附加功能。尽管这些现代 ESR 谱仪可能具有更友好的用户界面，但它们内部都是集成的黑匣子，因此，任何问题都需要高度专业化的专家的帮助。

专用附件

正如 5.2 节所述，ESR 本身在分析复杂的或分辨率差的超精细图谱方面并没有取得实质性进展，而是通过引入互补的多谐振技术，如 5.2～5.4 节所述的 ENDOR、TRIPLE 和 ELDOR。这些技术所需的附件正被越来越多的课题组所使用，特别是 ENDOR 附件被 20 世纪 70 年代的瓦里安公司和 80 年代的布鲁克公司商业化以来。

除了需要一个标准的 ESR 谱仪外，ENDOR 还需要一个强大的射频发生器和特殊的圆柱形腔，在这个腔上第二路辐照能量是通过嵌入腔内的射频线圈来导入。为了进行 ENDOR 实验，谱仪首先被配置为常规的 ESR 谱仪，下一步的实验流程如 5.2 节所述。通常选定信号强度最大的一条 ESR 吸收峰，被从速调管导出的强烈微波辐照所饱和，接着磁场被调节到该吸收峰对应的位置并且通过场频率锁定而保持恒定。然后，射频发生器开始工作，根据所使用的发生器，谱图在 0～35 MHz 或 400 MHz 的核磁共振频率范围内进行扫描。ENDOR 信号被记录成饱和 ESR 谱峰强度的增加。

ENDOR 所使用的装置及其扩展到特殊或普通三共振（其中两个射频频率通过线圈对 ESR 信号进行操作），在文献 [12]、[15a]、[16] 等专著中有更详细的描述。在电子-电子双共振中，谐振腔必须可调谐到两个不同的且由多重超精细分裂所隔开的微波频率[12,15a,543]。

6.2 g_{iso} 因子[①]

对于恒定的微波频率 ν 和可变的磁场强度 B，共振条件 [式 (1.5)] 意味着 ESR 信号在磁场 $\vec{B}$ 中的位置取决于电子的 g_{iso}。对于溶液中的有机自由基，该因子与超精细耦合常数一样是各向同性的，因为 g 各向异性也通过分子翻转运动而被平均化。在多线 ESR 谱中，g_{iso} 是对谱图中心的量度，它可能与主谱峰的位置重合（如偶数个质子引起的超精细图谱）或落在谱峰之间（如奇数个质子引起的超精细图谱）。偏离中心位置的情况是由二阶超精细分裂所引起，这发生于大的耦合常数，如 3.2 节所述；在这种情况下，观测到的值必须针对这种分裂进行校正（图 3.4）。不对称的超精细图谱，可能源自两个或多个具有不同 g_{iso} 的自由基谱图的叠加。当出现这种不对称性时，在用 Q 波

---

① 译者注：原著用 g_e 表示各向同性的 g 因子，该表达形式容易和自由电子的 g_e 相混淆，在此用更常用的表示形式 g_{iso}，以示区别。

段（36 GHz）替换 X 波段（9.5 GHz）时会观察到明显的变化，因为相互叠加的谱会分开。这是因为谱图在磁场强度 B 中的位置由相应自由基的 g_{iso} 所表征，取决于微波频率 ν［式（1.5）］，而它们的超精细图谱则与微波频率无关，如式（3.14）所示。

对于含有重原子的顺磁性物质，如有机配体与过渡金属的配合物，g_{iso} 提供了重要的结构信息，这在超精细分裂没有被观测到时特别有价值。然而，对于没有重原子的有机自由基，g_{iso} 所含的信息量远低于超精细相互作用，并且在许多关于此类自由基的 ESR 研究报道中都没有被明确指出。这是因为有机自由基的 g_{iso} 接近 2，或者更确切地讲，接近自由电子的值 2.0023。在不存在比 Cl 原子重的原子的情况下，它位于 2.00～2.01 的相当窄的范围内。如 2.1 节所述，g_{iso} 与自由电子值的偏差是由自旋磁性的轨道混合引起的。这种混合源自自旋-轨道耦合，在重原子中特别有效。因此，当自由基含有杂原子时，相对于 2.0023 的偏差发生于 2.00～2.01 的小范围内，对于像 P 和 S 这类具有高 π 自旋布居（这是在这些原子上发现未配对电子的概率的度量）的较重杂原子，这些偏差是最大的。例如，范并［1,2-b］-1,4-二噻烯（**93**）自由基阳离子（表 9.32），g_{iso} 约是 2.0071，而同一化合物的自由基阴离子的 g_{iso} 是 2.0026[546]。之所以 **93**·⁺ 的 g_{iso} 比 **93**·⁻ 的大得多，是因为自由基阳离子中两个 S 原子的 π 自旋布居 2×(+0.25)=0.50 比自由基阴离子的高得多，后者该布居数小于 0.01（符号不确定）。虽然各类有机自由基的 g_{iso} 与超精细数据一起在本书的下篇专论部分中详细给出，下面还是先给出了一部分特征值。

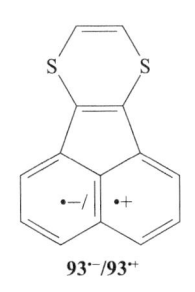

93·⁻/**93**·⁺

对于烷基自由基，如甲基自由基（**58**·）和乙基自由基（**59**·），g_{iso} 是 2.0026±0.0001[547]。烃基 π 自由基的 g_{iso} 为 2.0025～2.0028。通常对于蒽、并四苯、并五苯和苉（二萘嵌苯）等的阳离子，g_{iso} 是 2.00257±0.00003，对于相应的阴离子，则是 2.00267±0.00003[548,549]。因此，阴离子表现出比阳离子稍微但显著更大的 g_{iso}。中性 π 自由基的 g_{iso} 介于两者之间，例如，三苯甲基自由基（**1**·）的 g_{iso} 是 2.00260，苝基自由基（**4**·）的 g_{iso} 是 2.00265[548,549]。例外

情况是具有简并基态的 π 自由基,其 g_{iso} 稍高,如苯和并四苯阴离子,分别是 2.00284 和 2.00305[548,549]。π 自由基阴离子中共轭二炔结构单元的存在似乎在一定程度上降低了 g_{iso},直至低于 2.0023 的自由电子的值[550](8.3 节)。

如上所述,在 π 自由基中引入杂原子通常会使 g_{iso} 增大。对于氮杂芳烃自由基阴离子和偶氮化合物,g_{iso} 的范围分别是 2.0030~2.0035 和 2.0035~2.0042[551,552],对于磷衍生物自由基阴离子,则是 2.0040~2.0050[165,181]。硝基化合物自由基阴离子的 g_{iso} 是 2.0045~2.0055,硝酰基氧基自由基的是 2.0055~2.0065([18] 的第 d1 部分)。半二酮、半醌和酮基阴离子的 g_{iso} 为 2.0040~2.0060([18] 的第 c1 部分),对于 1,4-二噻吩和 1,4,5,8-四硫杂-1,4,5,8-四氢富瓦烯(TTF,简称四硫富瓦烯,**24**)等的自由基阳离子,以及那些与它们结构相关的含 S 化合物的自由基阳离子,g_{iso} 高达 2.0070~2.0080[469]。

对于 σ 自由基,g_{iso} 通常低于 π 自由基的,例如,乙烯基自由基(**11·**)的 2.0022[34],苯基自由基(**12·**)的 2.0023[112]。对于酰基自由基,这种降低尤为明显,例如,甲酰基自由基(**13·**)的 g_{iso} 是 2.0003[553]。

通过与标准物种进行比较,可以间接地确定 g_{iso} 的值,例如,2,2-二苯基-1-苦基肼基(DPPH,**5·**)(2.0036),或饱和 Na_2CO_3 溶液中的 $(NO·)(SO_3^-)_2 2K^+$(Frémy 盐)(2.00550±0.00005),或 DME 中芘自由基阴离子与抗衡离子 K^+(2.002710)[547],或浓 H_2SO_4 中芘自由基阳离子(2.002583±0.000006)[548]。这种测量最好在能并排记录待测样和参考样谱图的双腔中进行。直接方法意味着同时使用 NMR 探针确定磁场强度 B 和使用波长计确定微波频率 ν,然后根据共振条件,实际的 g 因子 g_{eff} 是

$$g_{eff} = \frac{h}{\mu_B} \cdot \frac{\nu}{B} = 0.07144775 \times \frac{\nu}{B} \tag{6.1}$$

其中,ν 和 B 的单位分别是 MHz 和 mT。

g 因子各向异性[①]

到目前为止,已经考虑了各向同性的 g_{iso}。然而,与顺磁性物质的其他特征参数一样,g 因子是各向异性的。由于各向异性在溶液中被平均化,因此各向异性的研究必须在刚性介质中进行,尤其是在单晶中。与各向同性 g_{iso} 和自由电子 g_e 的偏差类似,g 因子各向异性取决于自旋-轨道耦合的程度,因此也取决于

[①] 译者注:在此,省略下标"e",用 g 代替了原著中的 g_e,其余参数 $g_{e,x}$、$g_{e,\parallel}$ 等也作如此简化,以清晰化。

是否具有能容纳高自旋布居的较重原子。各向异性 g 因子用张量 $\boldsymbol{G}$ 表示,主值 g_x、g_y 和 g_z 分别对应自由基相对于外磁场 $\vec{B}$ 取向的在空间上的三个轴向。通过从这三个主值中减去各向同性 g_{iso},得无迹张量 $\boldsymbol{G}_{aniso}$,作为其主值的各向异性成分。对于烃基自由基,这种贡献通常很小。例如,乙基自由基 **59·**(在乙烯存在的情况下于 4.2 K 的氪中通过 HI 的光解产生)的各向异性组分在 x、y 和 z 方向上分别是 +0.0005、+0.0005 和 -0.0010,相应的张量 $\boldsymbol{G}$ 主值 g_x、g_y 和 g_z 分别是 2.0031、2.0031 和 2.0016,各向同性 g_{iso} 是 2.0026 [444,554]。在 **59·** 的亚甲基中,z 方向是携带自旋的 $2p_z$ 轨道对称轴,它平行于外磁场 $\vec{B}$,而 x 和 y 轴与它垂直。因此,对于轴对称的张量 $\boldsymbol{G}$,g_z 表示成 $g_\parallel$,$g_\perp = g_x = g_y$,或者一般地,$g_\perp = (g_x + g_y)/2$。这种表示法特别适用于 π 自由基,其中 z 方向平行于 π 体系中心 μ 的 p_z 对称轴,x 和 y 位于与该对称轴垂直的分子平面内。其中,g_z 分量通常是最低的,也是最接近自由电子的值 2.0023,因此,$\Delta g = g_\parallel - g_\perp = g_z - (g_x + g_y)/2$ 是个负值。对于烃基 π 自由基,$|\Delta g|$ 通常小于 0.001;只有在和超精细各向异性相结合时,它对谱图的影响才变得明显(6.5 节)。例如,$CFCl_3$ 基质中萘(**83**)自由基阳离子具有 $g_{iso} = 2.0025$,几乎是各向同性的,各向异性贡献小于 0.0003 [480]。

张量 $\boldsymbol{G}$ 的轴通常与超精细张量 $\boldsymbol{A}_X$ 的轴重合。在引入较重的原子作为杂原子 π 中心后,g 因子各向异性变得更加明显,如 2,4,6-三叔丁基磷杂苯自由基阴离子(**82·⁻**)(表 9.11)[165]。**82·⁻** 的 ESR 谱如图 4.8 所示,同时显示了超精细张量 $\boldsymbol{A}_P$ 的轴,这些也是张量 $\boldsymbol{G}$ 的轴。由于明显的 $\boldsymbol{G}$ 各向异性,在玻璃态 MTHF 中采集的谱图不是中心对称的,因为每对超精细分量 $A_{P\parallel}$ 和 $A_{P\perp}$ 的中心(也与 $g_\parallel$ 和 $g_\perp$ 相关)相隔 0.55 mT。这个间隔对应于 -0.00325 的 Δg。Δg 的符号是负的,因为 $g_\parallel$ 小于 $g_\perp$,前者在比后者更高的磁场下测到(图 4.8)。三个主值是 $g_x = 2.0048$,$g_y = 2.0069$ 和 $g_z = 2.0026$,相当于 $g_\parallel = 2.0026$,$g_\perp = (2.0069 + 2.0048)/2 = 2.00585$,$\Delta g = 2.0026 - 2.00585 = -0.00325$。因此,各向同性 g_{iso} 是 $(2.0048 + 2.0069 + 2.0026)/3 = (2 \times 2.00585 + 2.0026)/3 = 2.0048$,作为 $\boldsymbol{G}_{aniso}$ 的主值,在 x、y 和 z 方向上的 g 各向异性部分分别约为 -0.0022、+0.0021 和 0。

6.3 最优实验条件

高质量的 ESR 谱图是提供可靠结构信息所必需的。这样的谱图具有两个特征,即最大的信噪比和最小的超精细峰宽度。因为吸收峰强度 A 与信号下的面积成正比，对于一阶导数 dA/dB，该面积是磁场强度 B 的二次积分，所以，谱宽的减小意味着谱高的增加。实际上，在下面所考虑的实验条件下，谱图通常可以被优化为有利于一个所需的特征，而仅以牺牲另一个特征为代价。

微波功率和样品浓度

这两个因素是影响超精细峰高度和宽度的理论基础，详见 1.3 节和 1.4 节，涉及分别具有特征弛豫时间 T_{1e} 和 T_{2e} 的自旋-晶格弛豫和自旋-自旋弛豫。增大微波辐照功率会提高电子自旋的跃迁概率 P，因此也增大了较低塞曼能级中的自旋布居差 Δn，所以 ESR 信号应该更强。然而，由于 $1+2PT_{1e}$ 决定了饱和的程度[式 (1.11)]，只有当 T_{1e} 较短时增大微波功率才能给出更强的信号，这对于缺乏重原子的有机自由基是不会发生的。因此，为了避免饱和，必须衰减微波功率，直到获得最大强度的 ESR 信号。这取决于 T_{1e}，而 T_{1e} 又是样品个体的独特属性，因此，最佳的衰减参数应在每次实验中确定。实际上，这项操作并不麻烦，因为在相似条件（溶剂、温度）下研究的、结构相关的自由基，具有相似的自旋-晶格弛豫时间 T_{1e}，所以对它们可应用相同的衰减参数。

由于样品中未配对电子自旋的数量随着顺磁性分子数量的增加而增加，因此产生高浓度自由基似乎是观察高质量 ESR 谱的先决条件。然而，自由基浓度的增加会缩短两个未配对电子自旋之间的平均距离 r，从而增强它们之间的相互作用。这不仅因两个相邻电子的轨道重叠所导致的海森伯交换变得更有效，而且磁偶极相互作用也变得更有效。两个自由基的分子间磁偶极相互作用取决于 r^{-3}，对应于三重态中两个未配对电子自旋的分子内相互作用[式 (2.5)]。鉴于有机自由基的长 T_{1e}，所有这些相互作用都是影响线宽的主要贡献因素，即有效自旋-自旋弛豫时间 T_{2e} 变短[式 (1.15)]。尤其是对于可以高浓度产生的持久自由基，溶液必须稀释以满足合理的折中，即在可接受的信噪比下获得最佳分辨率。如 5.2 节所述，由于其较低的灵敏度和较高的分辨能力，对于 ENDOR，建议使用略高于 ESR 的浓度。因此，ENDOR 在瞬态自由基中的应用比 ESR 更成问题。

溶剂和温度

溶剂的选择在很大程度上取决于诱导产生自由基的条件（2.2～2.4 节）。这一说法尤其适用于自由基离子，而对于中性自由基，溶剂的选择较少受到限制。溶剂应只溶解试剂和中性自由基的前体，必须具有足够的惰性使其不与目标自由基反应。因此，对于溶液中活泼的中性自由基，惰性溶剂如低温下的环丙烷是优选的。持久的中性自由基一般可以从一种溶剂转移到另一种溶剂中。

与之相反,对于用碱金属诱导的自由基阴离子,必须使用醚类溶剂(它们对金属抗衡离子的溶剂化能力按所列顺序依次降低),如1,2-二甲氧基乙烷(DME)、四氢呋喃(THF)、2-甲基四氢呋喃(MTHF)、乙醚(DEE)。因此,如果需要避免自由基阴离子与其抗衡离子紧密缔合(离子对)而造成的复杂化,那么所选的溶剂是DME,它可以部分或完全被极性更高的六甲基磷酰三胺(HMPT)所取代。自由基阴离子在基质中的研究,通常选用在低温冷冻时能形成玻璃态的MTHF。电解还原法需要使用那些必须能溶解支持盐的相对极性的溶剂,如乙腈(ACN)、N,N-二甲基甲酰胺(DMF)或二甲基亚砜(DMSO)。

二氯甲烷是最适合自由基阳离子(无论是用化学法还是电解法产生的)的溶剂,无论是纯的还是与三氟乙酸(TFA)混合的。如2.3节提到,氟利昂经常被用作γ辐照产生自由基阳离子的基质。这些溶剂是具有高电离能(IE ≈ 12 eV)且低冰点(约160 K)的惰性卤代烃,即$CFCl_3$(F-11)、CF_3CCl_3(F-113A)、$CF_2ClCFCl_2$(F-113)、CF_2ClCF_2Cl(F-114)和CF_2BrCF_2Br(F-114B2)。其他惰性溶剂,特别是对于小的自由基阳离子,是低温下的稀有气体(如Ne,IE=21.6 eV)和六氟化硫(IE=15.7 eV)。

升高温度对溶剂有多种影响,如黏性和极性降低。根据样品的不同,这些影响可能会改善或恶化ESR谱的质量。黏性降低促进了分子运动,进而把偶极相互作用平均化,所以自由基的溶液谱峰宽在较高温度下趋于变窄。因此,许多持久的中性自由基和自由基阳离子在加热溶液时给出更高分辨率的谱图。然而,对于持久性较差的物种,温度的上限由自由基的衰变决定。如5.2节所述,ENDOR实验通常需要黏度高的溶剂以延长电子的自旋-晶格弛豫时间T_{1e}。例如,中性自由基的ENDOR研究通常以黏性矿物油作为溶剂,而对于自由基离子,如醚类溶剂中的阴离子,必须通过降低温度来增大黏度。对于三重态物种,溶剂分子的非流动性是必需的;它是通过完全冷冻溶液或在某些情况下通过将其几乎冷却到冰点而形成的[156]。

随着温度的升高,溶剂极性的降低加强了自由基阴离子与其碱金属抗衡离子的缔合,并使谱图分析复杂化(6.6节)。一般在醚类溶剂中,这些物种的ESR和ENDOR实验最好都首选在200 K附近进行;通常以DME为溶剂,以K^+为抗衡离子(由于[39]K的核磁矩较小,故可避免出现额外分裂)。

改变温度能影响谐振腔的性能。冷却溶液时,它的性能由于极性损耗的增加而恶化。有趣的是,在冷冻时由于溶剂分子迁移率的下降,极性损耗显著减少。如 6.1 节所述，极性损耗的增加，需要通过减小样品管的横截面或通过确定扁平池在矩形腔中的朝向以减少这些损耗来补偿。

顺磁性和质子型杂质

在未充分除气的自由基溶液中所发现的、最常见的顺磁性杂质是 O_2 分子。它对中性自由基（将它们转化为过氧化物）和自由基阴离子（将它们氧化为抗磁性前体）是有害的。

$$R^{\cdot} + O_2 \longrightarrow ROO^{\cdot}$$
$$M^{\cdot -} + O_2 \longrightarrow M + O_2^{\cdot -}$$

一般它对自由基阳离子的危害较小。

除了化学反应活性外，分子氧 O_2 还通过其三重态基态中的两个未配对电子自旋与任何中性自由基或自由基离子发生磁性相互作用。这两个电子自旋与自由基电子自旋的偶极相互作用，增宽了 ESR 谱峰，模糊了超精细结构[17-1]。这种效应在 N,N,N',N'-四甲基对苯二胺（**17**，Wurster 蓝，表 9.34）自由基阳离子的 ESR 谱中得到了证明，如图 6.2 所示。尽管在用氧气饱和的溶液中，这种高持久的自由基阳离子的完整性并未受到影响，但更精细的超精细分裂因增宽而被消除了。

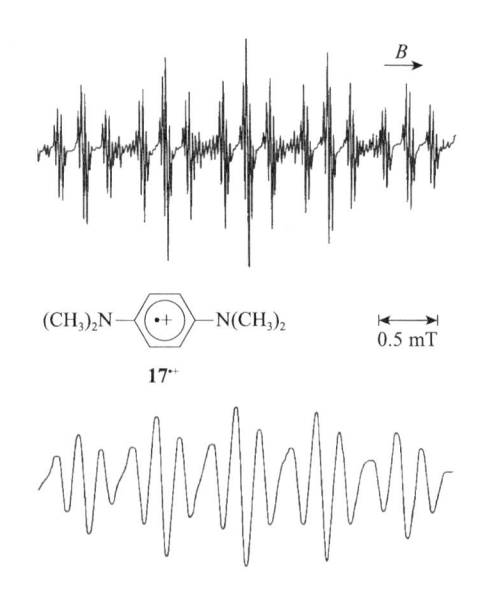

图 6.2　在无氧（上）和空气饱和的乙醇（下）中，Wurster 蓝（**17**$^{\cdot +}$）ESR 谱的中心部分。超精细数据见表 9.34。经许可复制[555]

要避免的较不常见的顺磁性杂质是过渡金属离子，源于产生自由基和自由基离子的试剂。

质子型杂质主要是由未完全干燥的自由基溶液中的水引起的。它们与自由基阴离子 $M^{·-}$ 反应,分别产生单质子化的和双质子化的物种。

$$M^{·-}+H^+ \longrightarrow MH^· \ ; \ MH^·+H^+ \longrightarrow MH_2^{·+} \ ; \ MH_2^{·+}+2\,e^- \longrightarrow MH_2$$

通常 π 自由基阴离子的双质子化发生在最高电荷的中心,如蒽和菲的 9,10 位。在常见的还原条件下,会产生相应的二氢衍生物,这种二氢化相当于众所周知的 Birch 还原。显然,在含有以碱金属为还原剂的醚溶剂中,自由基阴离子的产生必须控制在尽可能好的真空中或在干燥的惰性气体气氛下进行。少量水杂质可以用金属镜去除,但大量水杂质会破坏对还原过程至关重要的镜面。当然,镜面可以通过其下方的纯金属升华而再生。

一个特殊的情况是在 2.3 节中提到的几种醌和二氮杂芳烃的自由基阴离子。在酸性溶液中还原后,这些自由基阴离子 $M^{·-}$ 分别在两个 O 和 N 原子处发生双质子化,由此形成的自由基阳离子 $MH_2^{·+}$ 是持久的[264-267]。

一般用酸氧化形成的自由基阳离子溶液,含有相当浓度的质子。

化学交换

除水和酸外的抗磁性化合物通常不会干扰溶液中的自由基。例外情况是自由基的抗磁性前体,当它们在结构上与顺磁性氧化还原产物仅相差一个电子时。这两个物种之间的快速电子交换,导致自旋-自旋弛豫时间 T_{2e} 的缩短和超精细峰的增宽。这种交换发生在抗磁性离子($R^±$)与中性自由基($R^·$)、抗磁性中性化合物(M)与其自由基离子($M^{·±}$)、$M^{·±}$ 与抗磁性二价离子($M^{2±}$)、$M^{2±}$ 与自由基三价离子($M^{·3±}$),以及抗磁性离子($M^±$)与自由基二价离子($M^{·2±}$)等两两之间:

$$R^± + R^· \rightleftharpoons R^· + R^±$$

$$M + M^{·+} \rightleftharpoons M^{·±} + M \ ; \ M^{·±} + M^{2±} \rightleftharpoons M^{2±} + M^{·±}$$

$$M^{2±} + M^{·3±} \rightleftharpoons M^{·3±} + M^{2±} \ ; \ M^± + M^{·2±} \rightleftharpoons M^{·2±} + M^±$$

最常观察到的电子交换发生在中性抗磁性化合物(M)与其自由基阴离子($M^{·-}$)之间,以及 $M^{·-}$ 与抗磁性二价离子 M^{2-} 之间。不容易还原为二价离子 M^{2-} 的化合物 M,可以几乎完全转变为 $M^{·-}$。然而,对于更好的电子受体 M,因为 M^{2-} 的形成,还原时间要适度,防止还原到下一价态。在这种情况下,如下的平衡使情况变得愈加复杂:

$$2M^{·-} \rightleftharpoons M + M^{2-}$$

因此,还原必须以尽可能使这个平衡向左移动的方式进行。在一个简单的模型中,不带电荷或带 +1 或 +2 电荷的抗衡离子对 M、M^- 和 M^{2-} 的静电吸引分别为 0、$-e^2$ 或 $-4e^2$，从而导致平衡的左侧是 $-2e^2$ 和右侧是 $-4e^2$。因此，M^{2-} 的形成通过与抗衡离子缔合得到促进，可通过使用阳离子溶剂化能力更强的溶剂、四烷基铵取代碱金属阳离子和降低温度而被削弱。

例如，澡盆状的环辛四烯（COT，**64**）[556,557] 转化成平面的二价阴离子（**64**$^{2-}$），在能量上是有利的[558]。

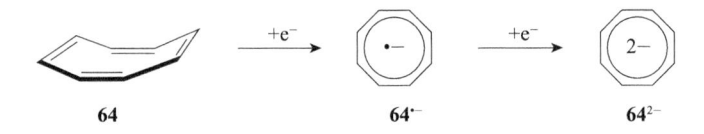

$$\text{64} \xrightarrow{+e^-} \text{64}^{\cdot -} \xrightarrow{+e^-} \text{64}^{2-}$$

在 DMF（以 n-Pr$_4$N$^+$ 或 n-Bu$_4$N$^+$ 为抗衡离子）中电解时[559,560]，以及在 DME 或 THF（以 Li$^+$、Na$^+$ 或 K$^+$ 为抗衡离子）中用碱金属还原时[449,561-563]，可检测到中间自由基阴离子（**64**$^{\cdot-}$）的 ESR 谱（表 8.10），但在阳离子溶剂化能力相对较低的 MTHF 中，用钾还原时并没有观察到抗衡离子 K$^+$ 的信号（见 [183] 的脚注 6）。对于 **64**$^{\cdot-}$，^{1}H 和 ^{13}C 耦合常数给出的结论是该自由基阴离子基本上是平面的，尽管其扁平化在能量上不如 **64**$^{2-}$ 稳定。这一结论得到了 **64** 与 **64**$^{\cdot-}$ 以及 **64**$^{\cdot-}$ 与 **64**$^{2-}$ 之间电子交换研究的证实。**64** 与 **64**$^{\cdot-}$ 之间的电子交换很慢，不会明显影响 **64**$^{\cdot-}$ 的 ESR 谱中的谱峰；然而，**64**$^{\cdot-}$ 与 **64**$^{2-}$ 之间的交换很快，并且明显使 ESR 谱增宽[182]。与澡盆状的 **64** 相比，这一发现表明 **64**$^{\cdot-}$ 和 **64**$^{2-}$ 都是平面的。

提高信噪比

瞬态自由基的检测通常都是困难重重的，因为它们不能以高浓度形成，所以它们的 ESR 谱信噪比很低。一个允许检测此类 ESR 的方法是流动法，其中含有前体和试剂的溶液仅在流经谐振腔内的扁平池时才混合[59-65,258-260]。通过这种方式，自由基的衰变被从新加材料中形成的自由基所补偿，从而获得稳定的浓度。然而，流动方案需要连续供应前体，这对于许多感兴趣的自由基是不可能大量获取的。一种对起始原材料的量要求较低的方法是在惰性刚性介质中通过高能辐照产生瞬态自由基，此时该类活性物种的衰变在很大程度上得到迟缓。比如，氟利昂或稀有气体基质中的自由基阳离子就是显著的例子。

（在此，我们应该注意，如果是使用 ENDOR 技术对自由基离子进行研究，那么在电解产生这些物种时也必须使用流动法[564-566]。电解在 ESR 样品池外进行，这是因为如 5.2 节所述，电极会干扰谐振腔内的射频线圈。自由基离子必须足够持久才能在溶液转移过程中幸存下来。）

如 6.1 节所述，通过增大调制幅度可以大大提高信噪比。该幅度以 mT 为单位，应仅为线宽 ΔB 的几分之一。此外，通常为 100 kHz（0.1 MHz）的调制频率，不应该接近线宽 $\Delta \nu$（在溶液中，对于分辨率良好的自由基 ESR 谱，ΔB 约为 0.01 mT，即 $\Delta \nu = \gamma_e \Delta B$ 约为 0.3 MHz）。当调制的幅度和/或频率的增加超过这些上限时，会导致谱峰的失真和/或增宽，以及小的超精细分裂消失。然而，当谱峰非常宽时这种缺点并不重要，或者当实验的主要目的是证明瞬态自由基的形成时会将其考虑在内。

通过重复记录和叠加而得的谱图累积，应将信噪比提高 $\sqrt{n}$ 倍，其中 n 是扫描次数。对于在低浓度下产生的自由基，当其可以在数据累积所需的时间内保持浓度稳定时，这个方法是合适的。这个技术不能完全排除小的超精细分裂可能被模糊的风险。谱图累积已成为大多数 ENDOR 研究的常规方法，因为它的灵敏度比 ESR 差，并且谱峰数量更少。

6.4 解析超精细图谱

以一些常用于分析自由基溶液谱的有用提示作为本节的开头，再合适不过了。

（1）一般超精细峰相对于谱图的中心是对称的。不对称可能是由以下原因引起的：

（a）不同 g_{iso} 因子的谱图叠加（6.2 节）；

（b）大耦合常数 a_X 引起的二阶超精细分裂（3.2 节）；

（c）g 因子和超精细各向异性的不完全平均，这通常会在不改变谱峰位置的情况下增大谱峰的宽度（6.5 节）。

（2）没有尖锐的中心峰表明超精细相互作用由奇数个等性核 X 引起，当该核的自旋量子数 I 是 1/2 的奇数倍时。然而，由于耦合常数 a_X 之间的偶然关系，相当尖锐的中心峰的存在并不排除与这些核的相互作用。

（3）如式（3.15）和式（3.16）所示，对于 k 组且每组有 n_k 个具有 I_k 和 a_{Xk} 的等性核，超精细峰的总数等于 $(2n_1 I_1 + 1)(2n_2 I_2 + 1)\cdots(2n_k I_k + 1)$ 的乘积，给出的谱图范围是 $2n_1 I_1 |a_{X1}| + 2n_2 I_2 |a_{X2}| + \cdots + 2n_k I_k |a_{Xk}|$ 的总和。对于 $I = 1/2$ 的磁性核，如质子，该乘积与总和分别简化成 $(n_1 + 1)(n_2 + 1)\cdots(n_k + 1)$ 和 $n_1 |a_{X1}| + n_2 |a_{X2}| + \cdots + n_k |a_{Xk}|$。很不幸的是，仅对于少数自由基可以确定超精细峰的总数，这些自由基只有几组等性核，并且展现出完全分辨的谱图。对于谱图范围的测量，两条最外侧的超精细峰的间距就是一个很好的窗口，尽管这两条谱峰是最弱的，通常很难识别。

（4）对应于最小 $|a_X|$ 的耦合常数是从最外侧的谱峰和与紧邻的谱峰之间的

间隔导出的。

简单的超精细图谱（simple patterns）

当自由基仅含一组等性核时，对该谱图的分析是微不足道的，如在80%碱性乙醇中1,4-苯酚自氧化形成的半醌阴离子（**19**）（表9.17）[567]和在DME中用钾还原中性化合物产生的苯（**62**）自由基阴离子（表8.8）[132,568]。由于它们分别含有四个和六个等性质子，相应的谱图展示了五重和七重超精细峰（图6.3），呈预期的二项式强度分布，1:4:6:4:1和1:6:15:20:15:6:1。相应的耦合常数，包括理论要求的符号，对于**19**$^{·-}$是$a_{H2,3,5,6}=-0.237$ mT，对于**62**$^{·-}$是$a_{H1\sim 6}=-0.375$ mT，相应的谱图范围分别是4×0.237 mT$=0.95$ mT和6×0.375 mT$=2.25$ mT。

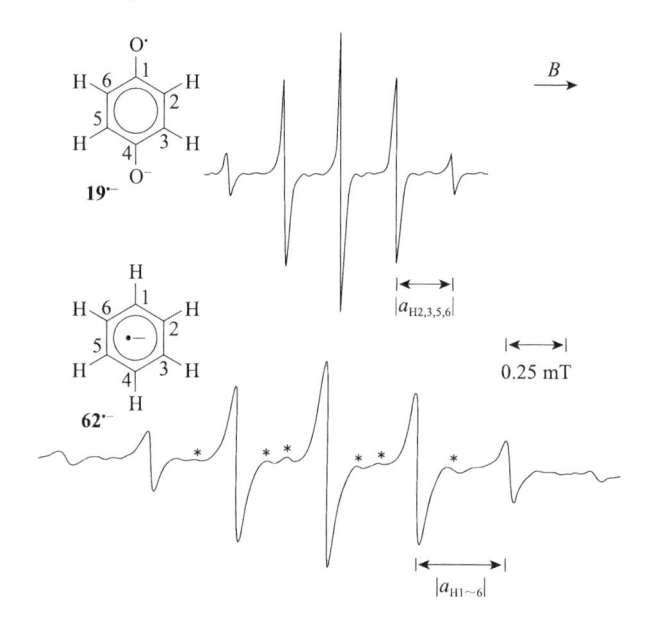

图6.3 对苯半醌（**19**）和苯（**62**）自由基阴离子的ESR谱。上图是**19**$^{·-}$，溶剂80%乙醇，抗衡离子Na$^+$，温度298 K。下图是**62**$^{·-}$，溶剂DME，抗衡离子K$^+$，温度193 K。在**62**$^{·-}$的谱图中心用星号标注最明显的^{13}C卫星峰。超精细数据见正文和表9.17、表8.8。下图经许可引自［132］

同样简单的是分析具有两组等性α质子的茚基自由基（**4**$^{·}$）的超精细图谱（表8.4）。在四氯化碳溶液中，用空气氧化形成的**4**$^{·}$的ESR谱如图6.4所示[88]（图5.8展示了在不同条件下产生的**4**$^{·}$的谱图）。超精细图谱由七组不同的主要峰组构成，强度比是1:6:15:20:15:6:1；这些峰组源自六个等性的质子，它们具有绝对值较大的耦合常数$a_{H1,3,4,6,7,9}=-0.629$ mT。这些峰组中的每一个都再裂分成 1∶3∶3∶1 的四重峰，这源自三个具有 $a_{H2,5,8}=$ $+0.181$ mT 的等性质子。两个 a_H 值的相反符号是通过理论预测的，并得到实验的充分证实[90,462]。超精细峰总数是 $7\times4=28$，谱图范围是（$6\times0.629+3\times0.181$）mT$=4.32$ mT。因为有一组质子的数量是奇数，所以缺少一条尖锐的中心谱峰。

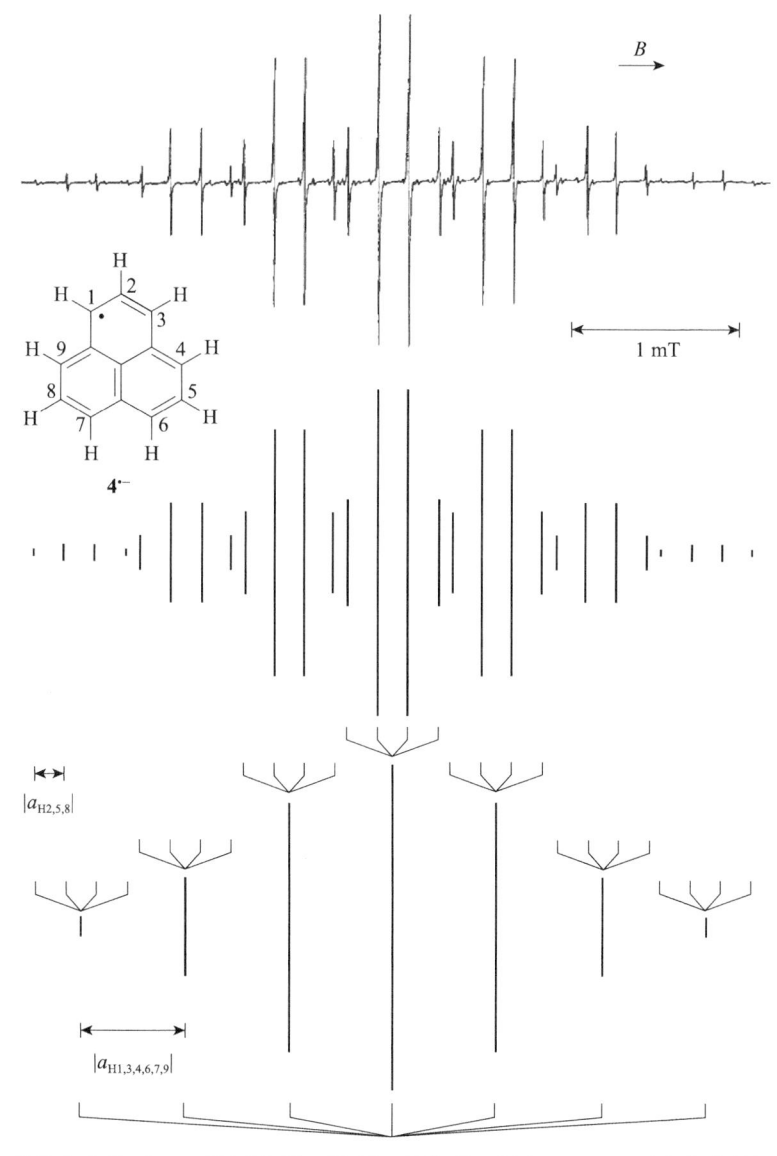

图 6.4　苊基自由基（**4**·）的 ESR 谱。溶剂四氯化碳，温度 298 K。下半部分是根据正文和表 8.4 中的耦合常数所画的棒状示意图。经许可复制[88]

要求稍高的是对 1,4,5,8-四氮杂萘（或吡嗪并 [2,3-b] 吡嗪，**57**）自由基阴离子超精细图谱的分析[162]。它在 DME 中与钠反应生成，并与抗衡离子 Na$^+$ 缔合，如 3.2 节概述。图 6.5 示意在 DMF 中电解生成的 **57·⁻**，以四乙基高氯酸铵为支持盐。因此，该谱图没有表现出与抗衡离子磁性核相互作用而形成的超精细分裂，其超精细图谱更简单，完全源自 **57·⁻** 中的两组磁性核。四个等性 ^{14}N 和四个等性 α 质子应分别给出 9 条和 5 条强度分布为 1：4：10：16：19：16：10：4：1 和 1：4：6：4：1 的超精细峰。在预期的总数为 9×5＝45 条的超精细峰中，最外侧谱峰的强度只有中心峰的 1/(19×6)＝1/114。在较高自由基浓度溶液中所得的分辨率稍低但强度更高的谱图中，可以毫不含糊地识别出这些谱峰和其他一些弱谱峰。$|a_H|$ 和 $|a_N|$ 大小相似的特点，使得 **57·⁻** 的超精细图谱分析不如 **6·** 的简单，因此，无处不在的 0.023 mT 小的谱峰间隔并不是这两个耦合常数的值，而是它们的差。这两个常数本身，0.314 mT 和 0.337 mT，可以通过测量最外侧谱峰和紧邻的两条谱峰之间的间距来确定。然而，因为最外侧谱峰与这两个紧邻谱峰中的每一个的强度比都是 1：4，所以不可能根据这个标准来决定这两个值中的哪一个应该归属给四个 ^{14}N，哪一个归属给四个质子。这个抉择可以通过比较与中心最尖锐谱峰分别相隔 0.314 mT 和 0.337 mT 的两条谱峰的强度来进行。因为较近和稍远的谱峰相对于中心线的强度比分别是 4：6 和 16：19，所以绝对值较大的耦合常数是 ^{14}N 的，而绝对值

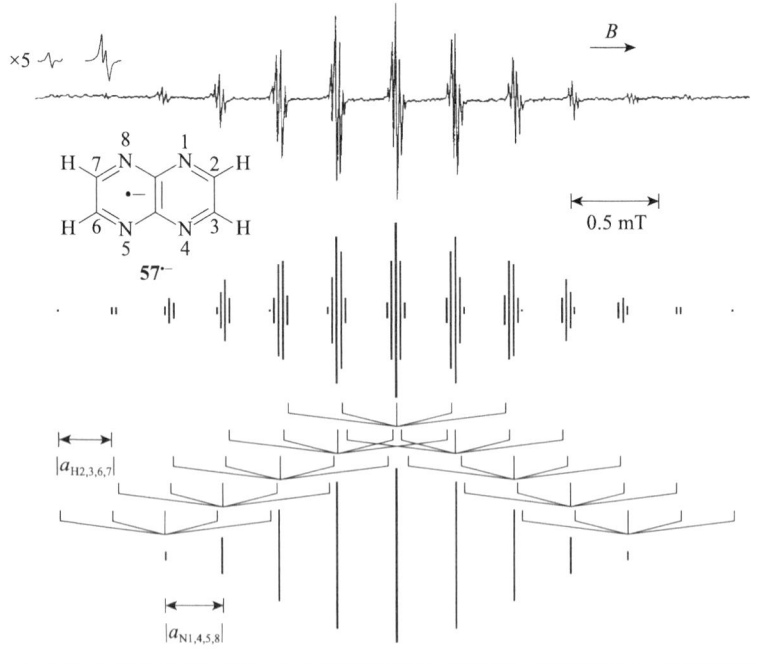

图 6.5　1,4,5,8-四氮杂萘（**57**）自由基阴离子的 ESR 谱。溶剂 DMF，抗衡离子 Et$_4$N$^+$，温度 298 K。下半部分是用正文和表 9.9 中提到的耦合常数画的棒状示意图。经许可复制[162]

较小的是质子的。这一结论由精确测得的 3.95 mT 宽的谱图范围所验证。该值与 $(8\times0.337+4\times0.314)$ mT 一致，而另一备选则给出 $(8\times0.314+4\times0.337)$ mT$=3.86$ mT。因此，分析结果是 $a_{N1,4,5,8}=+0.337$ mT 和 $a_{H2,3,6,7}=-0.314$ mT。这些符号也是理论所要求的符号，实验上高场的谱峰比低场的稍宽，也证明了 a_N 的符号是由 N 原子的正自旋布居 ρ_μ^π 引起的（6.5 节）。

大小相似的 $|a_H|$ 和 $|a_N|$，也是观察到的 13 组谱峰（包括最外面的两条单峰）的原因。这个数值是可通过公式 $2\times4\times(1+1/2)+1$ 得到，其中 4 是两组磁性核的相同数量 n，1 和 1/2 分别是 ^{14}N 和 ^{1}H 的核自旋量子数 I。在较差的分辨率下，$|a_H|$ 和 $|a_N|$ 值看起来像是相等的，并且谱图将由间隔约 0.33 mT 的 13 个宽的超精细峰组成。在 ESR 谱中，经常观察到两个耦合常数 $|a_X|$ 表观相等的情况。这被称为偶然简并，因为它可以被更高的分辨率所消除。这种表示法将其与真正的但由自由基对称性造成的在同一类核 X 上的简并区分开来。

比两个 $|a_X|$ 值偶然相等更常见的是一个值与另一个值呈倍数关系。这些也是意外发生的关系，通常会引起超精细峰强度的不寻常分布。一个早期的著名例子是联苯（**94**）自由基阴离子的 ESR 谱（表 8.11），这是在 DME 或 THF 中用钾还原中性化合物产生[127,159,569]。**94**·⁻ 的超精细图谱由九组谱峰组成（图 6.6），间距

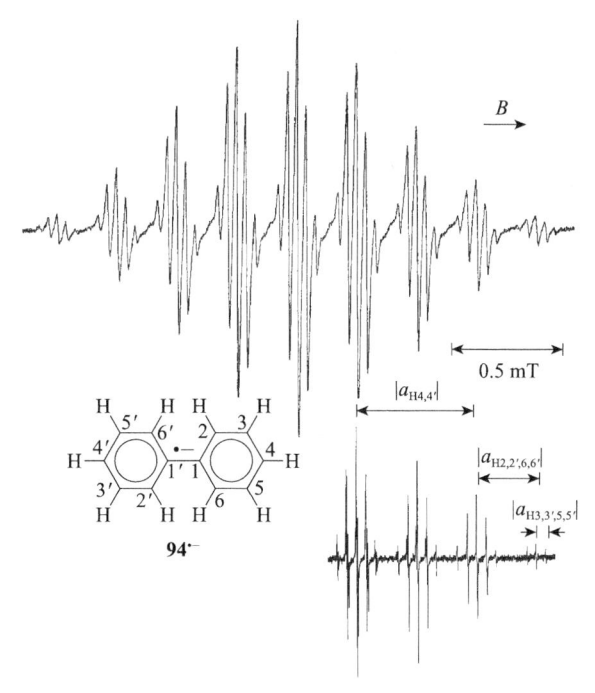

图 6.6 联苯（**94**）自由基阴离子的 ESR 谱。溶剂 DME，抗衡离子 K⁺。下图是分辨率更高的高场局部信号。超精细数据见正文和表 8.11。经许可复制[569]

是 0.270 mT，相对强度是 1∶4∶8∶12∶14∶12∶8∶4∶1。包括每组内又分成以 0.039 mT 间隔的 1∶4∶6∶4∶1 的小的五重分裂，整个图案总共显出 9×5=45 条谱峰，而不是两组 4 个和一对 α 质子所预期的 5×5×3=75 条谱峰。虽然小的 0.039 mT 的裂分源自一组 4 个等性质子，但具有较大绝对值的 4 个和 2 个等性质子的耦合常数必须由九组谱峰的间距和相对强度导出。正确的分析是基于这样的假设，即 2 个质子的 $|a_H|$ 值（0.540 mT）是 4 个质子的值（0.270 mT，九组谱峰的间距）的 2 倍。这些组的独特强度分布如下：

	$|a_H(2H)|$							
	↔								
2 个 H 引起的裂分		1		2		1			
再乘以 6		6		12		6			
	$|a_H(4H)|$								
	↔								
4 个 H 引起的裂分	1	4	6	4	1				
		2	8	12	8	2			
			1	4	6	4	1		
总数	1	4	8	12	14	12	8	4	1

在更高的分辨率下（图 6.6），对 **94**·⁻ 预期的所有谱峰均被分辨，并且上述的 $|a_H(2H)|=|a_H(4H)|$ 不再成立。精确的耦合常数是 $a_{H4,4'}=-0.5387$ mT，$a_{H2,2',6,6'}=-0.2675$ mT 和 $a_{H3,3',5,5'}=+0.0394$ mT[569]。这两组 4 个质子耦合常数的归属，不能从谱图推导，而是通过氘代实验验证[570,571]，所有值的符号都是基于理论和 NMR 研究（6.5 节和图 6.6）。

细心的读者可能已经注意到，对于图 5.1 所示的环 [3.2.2] 吖嗪（**89**）自由基阴离子的谱图（表 9.28），存在如下关系：$|a_{H1,4}|=|a_{H6}|=0.120$ mT $=2|a_N|=2×0.060$ mT。这种偶然的关系造成了一个独特的、用大括号标出的位于低场端的 1∶1∶4∶3∶6∶3∶4∶1∶1 图案，推导如下。

	$|a_{H1,4}|=|a_{H6}|$							
	↔								
2+1=3 个 H 的裂分	1		3		3		1		
	$|a_N|$								
	↔								
1 个 N 的裂分	1	1	1						
		3	3	3					
			3	3	3				
				1	1	1			
总数	1	1	4	3	6	3	4	1	1

如图 5.1 中的插图所示，更高的分辨率同样消除了等式 $|a_{H1,4}|=|a_{H6}|$，但对于 $|a_{H6}|=2|a_N|$ 的倍数关系，仍然无法做到这一点。

复杂的超精细图谱（complex patterns）

图 6.4 和图 6.5 中的棒状示意图，再现了 **4·** 和 **57·−** 的简单超精细结构。然而，对于由许多重叠谱峰组成的复杂谱图，这一方法过于费力且信息量也较少。因此，这类谱图的超精细结构是通过使用一般可用的计算机程序进行模拟。除了耦合常数 $|a_X|$ 外，输入参数必须包括给出这些值的等性核 X 的数量 n，磁性核 X 的自旋量子数 I，以及超精细峰的宽度（单位为 mT 的 ΔB）和形状（洛伦兹线型、高斯线型或二者的混合）。洛伦兹线型常用于分辨率较高的谱，而高斯线型更适合于因未解析的裂分而增宽的谱。对于适合 ENDOR 技术的自由基，可以获得最可靠的 $|a_X|$。一些程序可以通过从粗略的 $|a_X|$ 开始，并通过重复模拟对 $|a_X|$ 进行优化来分析观察到的超精细图谱[572,573]。这些粗略的 $|a_X|$ 可以通过仔细检查 ESR 谱而从中推导，或者必须取自结构相关的自由基的数据。

一个复杂超精细图谱的例子是相对持久的 2,2-金刚烷烯（**25**）自由基阳离子的高分辨多线 ESR 谱（multiline ESR spectrum），这个自由基阳离子是中性化合物在二氯甲烷、TFA 及其酐的 10：1：1 混合物中电解氧化而产生[272]。谱图及其计算机模拟如图 6.7 所示。源自两组（每组各 8 个质子）和三组（每组各 4 个质子）的相互作用，预计的超精细峰总数是 $9^2\times 5^3=10125$。尽管高分辨率，但由于谱峰密度接近 18 条/0.01 mT，超精细图谱在 5.69 mT 的谱图宽度范围内不能被完全分辨，其中 0.01 mT 与分辨良好的谱图中的线宽 ΔB 大致相同。鉴于 **25·+** 是电解法产生的，因此该分析不适用于 ENDOR 技术。然而，通过计算机模拟，超精细图谱得到很好再现，对于 4、8、8、4 和 4 质子等不同等性组所用参数分别是 $|a_H(\beta)|=0.058$ mT、$|a_{H_{eq}}(\gamma)|=0.327$ mT、$|a_{H_{ax}}(\gamma)|=0.047$ mT、$|a_{H_{eq}}(\delta)|=0.605$ mT 和 $|a_H(\varepsilon)|=0.012$ mT，线宽 $\Delta B=0.009$ mT（洛伦兹线型）。耦合常数的归属是基于氘代实验和 INDO 的计算。

ENDOR 技术能成功地应用于阐明如图 6.8（上图）所示的一条多线超精细 ESR 谱。这个分辨率相对较差的谱图来源于动力学和热力学均相当不稳定的 [2.2] 间对环蕃（**95**，详见 8.7 节）自由基阴离子，是在非常低温度下中性化合物在 4：1 的 DME/THF 混合溶液里与钾反应形成的[155]。对于 **95·−**，耦合常数 $|a_H|$ 源自七对质子、两个单质子和抗衡离子的 ^{39}K 磁性核，超精细峰的预期数量大至每 1.68 mT 有 $3^7\times 2^2\times 4=34992$ 条，或每 0.01 mT 约 208 条。

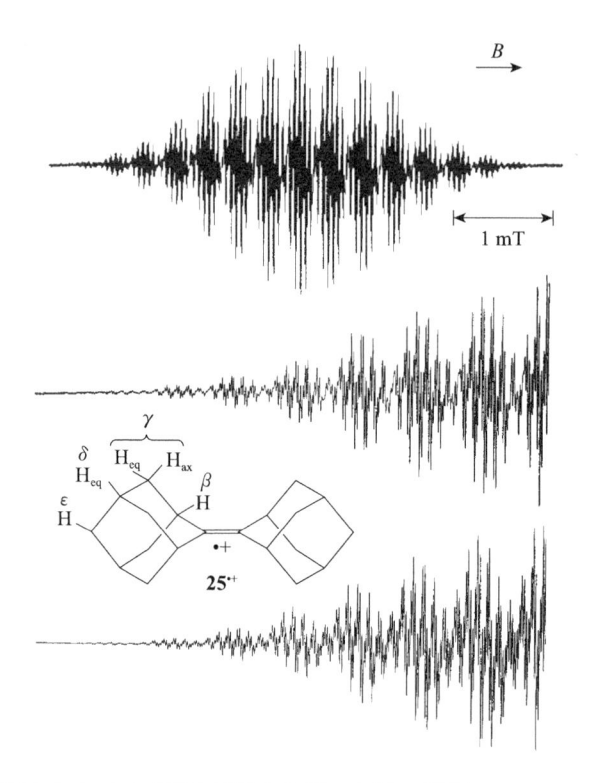

图 6.7 2,2′-金刚烷烯 (**25**) 自由基阳离子的 ESR 谱（上图）。溶剂 $CH_2Cl_2/TFA/(CF_3CO)_2O$ 混合物（10:1:1），抗衡离子 CF_3COO^-，温度 193 K。中图是低场部分的局部放大下图是其计算机模拟，使用的耦合常数见正文和表 7.15。经许可复制[272]

图 6.8 中的计算机模拟使用了从相应 ENDOR 获得的 $|a_H|$，对于七对质子分别是 0.238 mT、0.182 mT、0.131 mT、0.106 mT、0.065 mT、0.065 mT（偶然简并）和 0.007 mT，对于两个单质子是 0.044 mT 和 0.036 mT，以及 $|a_K|$ = 0.062 mT 和 ΔB = 0.020 mT（洛伦兹线型）。

耦合常数对特定位置质子的归属，是基于 **95**·⁻ 的 ¹H-ENDOR 和三种不同氘代自由基阴离子的 ¹H-ENDOR 的比较。这些值的相对符号是通过应用于 ENDOR 的普通 TRIPLE 技术来确定。**95**·⁻ 和氘代衍生物的 ENDOR 谱以及 **95**·⁻ 的 TRIPLE 谱，如 6.5 节的图 6.16 和图 6.17 所示。完整的分析结果是（所有值均以 mT 为单位）：对二甲苯环上的两对 α 质子，$a_{H12,13} = +0.106$ 和 $a_{H15,16} = +0.131$；间二甲苯环上的一对质子和两个单 α 质子，$a_{H4,6} = \pm 0.07$，$a_{H5} = -0.036$ 和 $a_{H8} = -0.044$；与对二甲苯环 (1,10) 相邻的亚甲基桥的两对 β 质子，$a_H(\beta) = +0.268$ 和 $+0.182$；剩下的、靠近间二甲苯环的此类基团 (2,9) 的 β 质子对，$a_H(\beta') = +0.065$ 和 -0.065。

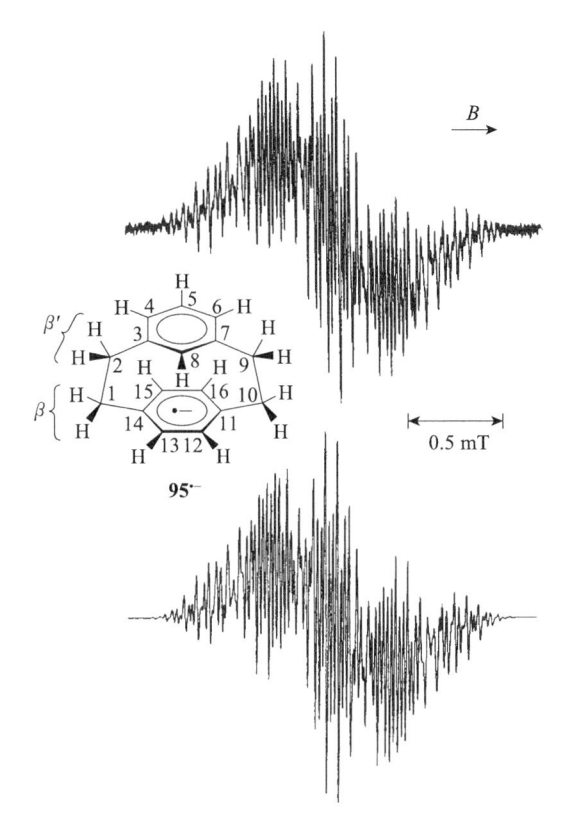

图 6.8 [2.2] 间对环蕃（**95**）自由基阴离子的 ESR 谱。DMF/THF（4∶1）混合溶剂，抗衡离子 K$^+$，温度 168 K。模拟（下图）使用的耦合常数见正文和表 8.22。经许可复制[155]

二阶分裂（second-order splitting）

如 3.2 节所述，二阶分裂发生在具有大 $|a_X|$ 的高分辨率 ESR 谱中。这在简单的烷基如乙基自由基（**59·**）中就能观测到[33]，但对于未配对电子离域在多个中心上的烃类 π 自由基，很少发现这种情况。由于在共轭自由基中 α 质子的 $|a_H|$ 通常小于 1 mT，因此对于 β 质子大的且通常为正的耦合常数，是观察二阶分裂的更好机会，特别是在自由基阳离子的谱中。第一个相关案例是将中性前体溶解于浓硫酸所得的匹拉省（pyracene, **96**）自由基阳离子（表 8.9）[574]。**96·+** 的谱图展示了强度比为 1∶8∶26∶52∶70∶52∶26∶8∶1 的九组谱峰，间距是八个亚甲基 β 质子的耦合常数，+1.280 mT。每组当中小的 1∶4∶6∶4∶1 五重峰源自四个 α 质子，$a_{H2,3,6,7} = -0.200$ mT。更高的分辨率揭示了额外的弱峰，这与式（3.18）预测的图一致，即八个 $|a_H|$ 值为 1.280 mT 的质子所产生的二阶分裂。

为了观测仅由两个等性质子所引起的二阶分裂，更大的$|a_H|$值是必需的。这样的二阶分裂被发现于 1,6:8,13-联亚甲基[14]轮烯（**97**）自由基阳离子中，它是中性化合物和 $AlCl_3$ 在二氯甲烷中发生氧化而生成的[233]。**97**·⁺ 的 ESR 谱图的突出特征是三组超精细峰（图 6.9，上图），间距是联亚甲基桥上两个等性的次甲基 β 质子的异常大的耦合常数，$a_H(\beta)=+2.815$ mT。根据峰高得出的这些组峰的表观强度比仅为 1:1.4:1，而不是预期的 1:2:1。这是因为中心峰组的宽度比两侧峰组的宽，其原因是来自大耦合常数引起的未分辨的二阶分裂，$a_H^2/B=(2.815\text{ mT})^2/(320\text{ mT})=0.025$ mT（图 3.4）。在更高

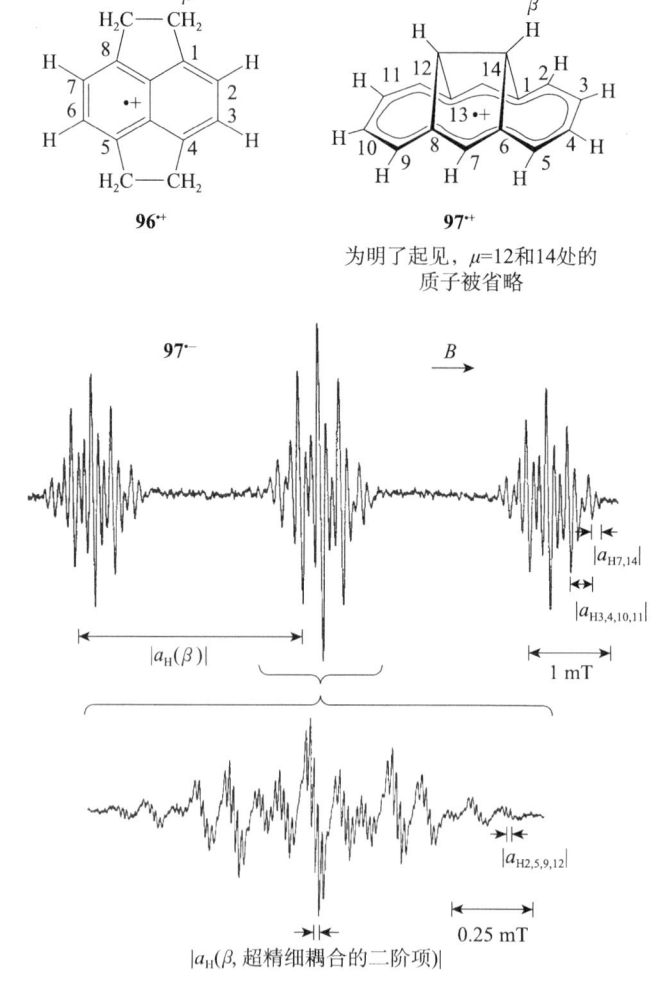

图 6.9 1,6:8,13-联亚甲基[14]轮烯（**97**）自由基阳离子的 ESR 谱（结构式见正文）。溶剂二氯甲烷，抗衡离子推测是 $AlCl_4^-$，温度 213 K。下图是中心线组的更高分辨率的局部放大。超精细数据见正文和表 8.20。经许可复制[233]

的分辨率下，所关心的这个分裂变得清晰（图 6.9，下图），以及两对 α 质子的最小耦合常数，$a_{H2,5,9,12}=+0.014$ mT$\approx (1/2)\times 0.025$ mT。其他 α 质子对的耦合常数，包括理论要求的符号，是 $a_{H3,4,10,11}=-0.248$ mT 和 $a_{H7,14}=+0.092$ mT。值得注意的是，$a_H(\beta)=+2.815$ mT，这个大数值源自"Whiffen 效应"[式(4.10) 和式 (4.11)]，因为每个含 β 质子的 C 原子都与两个具有高自旋布居 $\rho_{\mu'}^\pi=\rho_{\mu''}^\pi$ 的桥接中心 μ' 和 μ'' 相连（$\mu'=1.6$，$\mu''=8.13$），并且 SOMO ψ_3 的 LCAO 系数 $c_{3,\mu'}=c_{3,\mu''}$ 具有相同的符号（8.6 节和图 8.12）。

ENDOR 技术也可用于观察二阶分裂（5.2 节），但文献中只有少数几篇关于 ENDOR 谱中这种分裂的报道。其中一篇以 1,5-二氮杂双环 [3.3.3] 十四烷（**31**）自由基阳离子中两个等性的 ^{14}N 或 ^{15}N 为对象（表 7.18），以盐的形式溶解在甲苯/三氟乙酸溶液中[300]。另外两篇文献报道了在亚甲基 β 质子的 ENDOR 谱中发现二阶分裂，当它们所在基团和携带 π 自旋布居的 N 原子相连时。这些分裂发现于 7-氢二吡啶并咪唑（**98**）（译者注：以单亚甲基敌草快二价阳离子闻名的除草剂）自由基阳离子中的两个 β 质子，这是 6-碘衍生物与锌在三氟乙酸中产生的（表 9.30）[575]，以及 N,N'-三亚甲基-顺式-1,6:8,13-二亚氨桥 [14] 轮烯（**32**）自由基阳离子的一对"准轴对称的"β 质子（表 9.40）[244]，由中性化合物和 AlCl$_3$ 在二氯甲烷中发生氧化而生成。

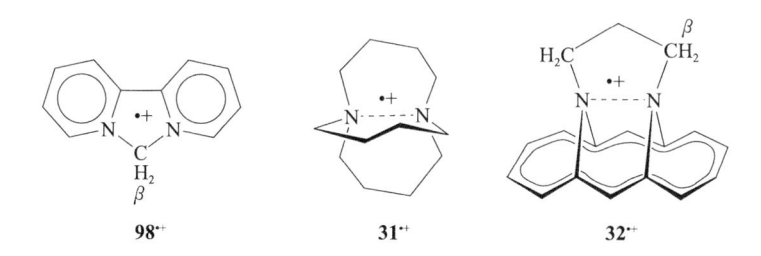

卫星峰（satellite lines）

到目前为止，所考虑的超精细图谱都是源自丰富磁性核如质子和 ^{14}N 等的相互作用。在有机自由基中常见的其他磁性核是 ^{19}F 和 ^{31}P。对许多高信噪比谱图的仔细检查表明，这些谱图都呈现非常弱的叠加图案。这种二级图源于含量较低的自由基，在这些自由基中，天然丰度的稀有磁性同位素取代了同一元素丰富的非磁性核，从而产生了额外的超精细分裂。在这些有机自由基中，最常见的是其中一个 ^{12}C 非磁性核被 ^{13}C 同位素（$I=1/2$）取代的自由基，从而使超精细峰的数量成倍增加。当将这种自由基的二级图叠加到仅具有 ^{12}C 的自由基主超精细图谱上时，主图中的每条谱峰两侧对称地排列着两条非常弱的谱峰，它们与主峰的间隔是 ^{13}C 耦合常数 $|a_C|$ 的一半。因此，以这个 $|a_C|$ 间隔开的两

条谱峰，被称为^{13}C卫星峰（或伴线）。

当一种元素具有几种天然丰度分别是x_1、x_2、x_3、…的同位素X_1、X_2、X_3、…时，它们的分布由$(x_1+x_2+x_3+\cdots)^n$给出，其中n是该元素在自由基中的等性原子数。倘若只有X_1和X_2两种同位素，同位素的分布是二项式的：

$$(x_1+x_2)^n = x_1^n + nx_1^{n-1}x_2 + [n(n-1)/2]x_1^{n-2}x_2^2 + \cdots \quad (6.2)$$

对于^{12}C，$x_1=0.989$，对于^{13}C，$x_2=0.011$，因此式（6.2）变成

$$(0.989+0.011)^n = 0.989^n + n0.989^{n-1}0.011 + [n(n-1)/2]0.989^{n-2}0.011^2 + \cdots$$

由于苯自由基阴离子（**62·⁻**）有六个等性的碳原子，因此这两种同位素的分布是

$$(0.989+0.011)^6 = 0.989^6 + 6\times 0.989^5 \times 0.011 + 15\times 0.989^4 \times 0.011^2 + \cdots$$
$$= 0.936 + 0.062 + 0.0017 + \cdots$$

这意味着，在**62·⁻**的所有六个C原子中只有^{12}C核的概率是94%，在一个原子中发现^{13}C同位素的概率约是6%，因为该同位素可以出现在六个等价位置中的任何一个。**62·⁻**含有一个以上^{13}C同位素的概率随碳原子数量的增加而迅速降低。因此，有两个^{13}C核的概率小于0.2%，尽管在六元环中有15种取代两个^{12}C核的替代方案。对于**62·⁻**，^{13}C耦合常数是+0.28 mT[132]，理论要求为正号（4.2节）。在图6.3中，用星号标注了位于**62·⁻**的三条中间峰两侧的^{13}C卫星峰。它们可以通过更优的调制变得愈加明显。与相对应的主峰相比，卫星峰的相对强度仅为3%，这是因为每个自由基阴离子含有一个^{13}C同位素的总信号强度预计为6%，并由两个卫星峰共享。

一个容易观察到^{13}C卫星峰的例子是7,8,9,10,11,12-六甲基[6]轴烯（**75**）自由基阴离子，这是在DME中用钾还原中性化合物而产生的[465]。在图6.10所示的**75·⁻**的谱图中，主要的超精细图谱由25条呈二项式强度分布的等间距超精细峰组成，这起因于具有相同$|a_H|=0.382$ mT（偶然简并）的环外π中心7~12的6个α质子和6个甲基取代基的18个β质子。在相当浓的溶液中，25条谱峰中有19条是可以识别。即使9条最强中心峰已经超出量程范围，最外侧的6条谱峰仍然过于微弱而无法检测。主超精细结构的每个谱峰两侧都有两个相对总强度为12%的^{13}C卫星峰，或每个卫星峰强度是6%。因此，这些卫星峰来源于两组^{13}C核，每组有6个等性C原子，它们具有相同的耦合常数$|a_C|$（0.200 mT）。这两组暂定为环外上6个π中心1~6的C原子和六个甲基C原子（另一个偶然简并的案例），而预测为更大的6个环外π中心7~12中的$|a_C|$被主要的^{1}H超精细图谱所掩盖。

对于那些具有相对尖锐的最外侧超精细峰的低对称性持久自由基，在谱图

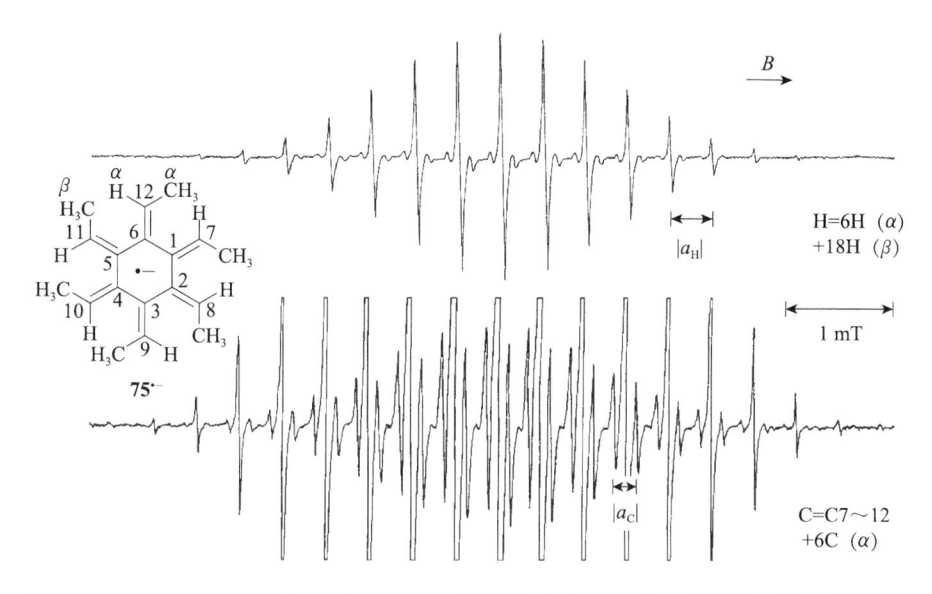

图 6.10 7,8,9,10,11,12-六甲基[6]轴烯（**75**）自由基阴离子的 ESR 谱。溶剂 DME，抗衡离子 K$^+$，温度 213 K。下图是为显示天然丰度的 ^{13}C 卫星峰而放大的局部。超精细数据见正文和表 8.24。经许可复制[465]

外围最方便观察到卫星峰。一个例子是环庚三烯酮（**99**）自由基阴离子（表 9.14），这是以四乙基高氯酸铵为支撑盐在 DMF 中电解还原中性化合物而产生[214]。**99**$^{·-}$ 的 ESR 谱如图 6.11 所示。理论上，它的主超精细图谱应该由来自三对 α 质子的 $3^3=27$ 条谱峰组成，但是来自其中一对质子的非常小的 0.01 mT 分裂仅在更高的分辨率下才会呈现（图 6.11 的右上图），因此实际上只观察到来自两对质子的 $3^2=9$ 条超精细峰。相应的耦合常数是 $a_{H2,7}=-0.867$ mT、$a_{H4,5}=-0.508$ mT 和 $a_{H3,6}=+0.010$ mT，它们的归属和符号很容易用简单的理论计算如 McLachlan 方法推导。这 9 条谱峰中的每一条的两侧都有几个 ^{13}C 卫星峰，这些卫星峰在把谱图的低场部分放大后而变得明显（图 6.11 的左下图）。由于标注为Ⓐ、Ⓑ、Ⓒ和Ⓓ的这些卫星峰具有不同的线宽，因此它们相对于主超精细图谱最外层谱峰的强度必须通过积分来确定。卫星峰Ⓐ、Ⓒ和Ⓓ的积分强度约 1%，对应于在自由基阴离子的两个等性位置具有一个 ^{13}C 同位素的预期强度。与这些卫星峰相关的耦合常数 a_{C_μ}，通过考虑线宽与 $a_{H_\mu}^2$ 的关系而被归属，即 $|a_{H_\mu}|$ 越大，卫星峰越宽。（这种相关性的基本原理见本小节和 6.5 节等处。）因此，卫星峰Ⓐ、Ⓒ和Ⓓ分别与 $a_{H2,7}$、$a_{H4,5}$ 和 $a_{H3,6}$ 相关，按此顺序，^{13}C 耦合常数是 $a_{C2,7}=+1.233$ mT、$a_{C4,5}=+0.454$ mT 和 $a_{C3,6}=-0.602$ mT。它们的符号（Ⓐ和Ⓒ正号、Ⓓ负号）是由式（4.16）～式（4.18）所示的耦合常数 a_{C_μ} 和自

旋布居ρ_μ^π之间的关系所要求的。依此获得的a_{C_μ}值与实验检测到的耦合常数一致。这一说法同样适用于与卫星峰Ⓑ相关的耦合常数$a_{C1}=-0.832$ mT；其 0.5% 的相对强度使其符合来源于单位点 1 中的 ^{13}C 同位素的条件。图 6.11 中的Ⓐ′表示下一组具有与Ⓐ相同超精细结构的卫星峰。

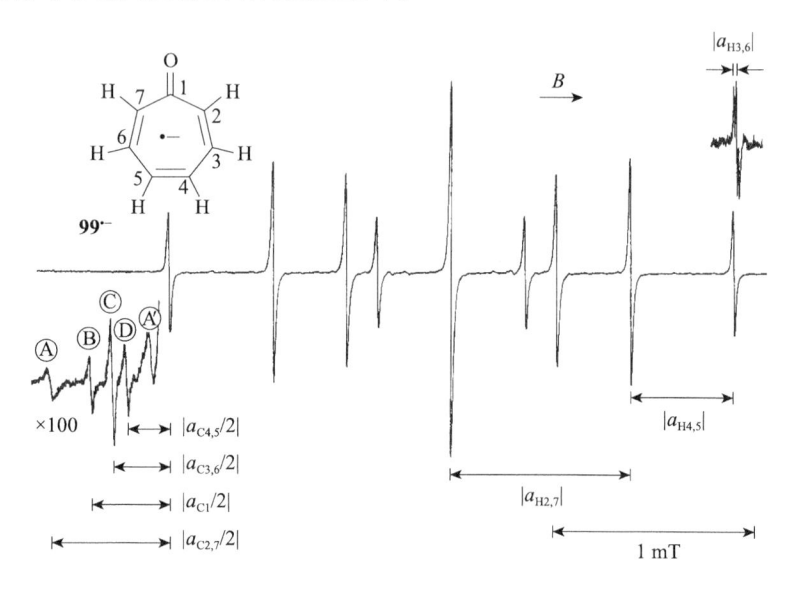

图 6.11　环庚三烯酮（**99**）自由基阴离子的 ESR 谱。溶剂 DME，抗衡离子 Na$^+$，温度 203 K。左上图，分辨率较高的右侧最外层；左下图，左侧外围局部放大以显示天然丰度的 ^{13}C 卫星峰。超精细数据见正文和表 9.14 中。经许可复制[214]

除了 ^{13}C，三种低天然丰度的磁性同位素对有机自由基也是重要的。这些同位素是 ^{17}O、^{29}Si 和 ^{33}S，它们与丰富的非磁性同位素 ^{16}O、^{28}Si 和 ^{32}S 一起出现。最容易探测到的是 ^{29}Si 卫星峰，因为 ^{29}Si 同位素的天然丰度是 0.047，其自旋量子数 I 是 1/2。图 6.12 示意了在二氯甲烷中 AlCl$_3$ 与中性化合物反应形成的 2,2,4,4,6,6,8,8-八甲基-2,4,6,8-四硅杂双环 [3.3.0]-1(5)-辛烯（**100**）自由基阳离子的 ESR 谱（表 9.38）[576,577]。**100**·$^+$的主超精细图谱由 4 个亚甲基质子和 24 个甲基质子造成，相应的耦合常数是 $a_H(\delta)=0.062$ mT 和 $a_H(\gamma)=4\times 0.062$ mT（偶然关系）。叠加在仅由 ^{28}Si 构成的自由基阳离子主谱图上的二级超精细图谱，源于四个等性二甲基硅基中的一个 Si 原子是 ^{29}Si 同位素的自由基阳离子。根据式（6.2），^{29}Si 与 ^{28}Si 的分布比是 0.953^4 : $(4\times 0.953^3\times 0.047)$，或 0.825 : 0.163，这意味着主图两侧的两组线中的每一组都应该具有 $(1/2)\times 0.163/0.825=0.10$ 或 10% 的相对强度。然而，观测到的谱高比例较低，这是因为 ^{29}Si 超精细各向异性的不完全平均导致卫星峰的线宽较

大。^{29}Si 的 $|a_{Si}|$ 是 2.271 mT。请记住，这个 Si 同位素的 g_N 是负的，这么大的 a_{Si} 也应该是有负号的。

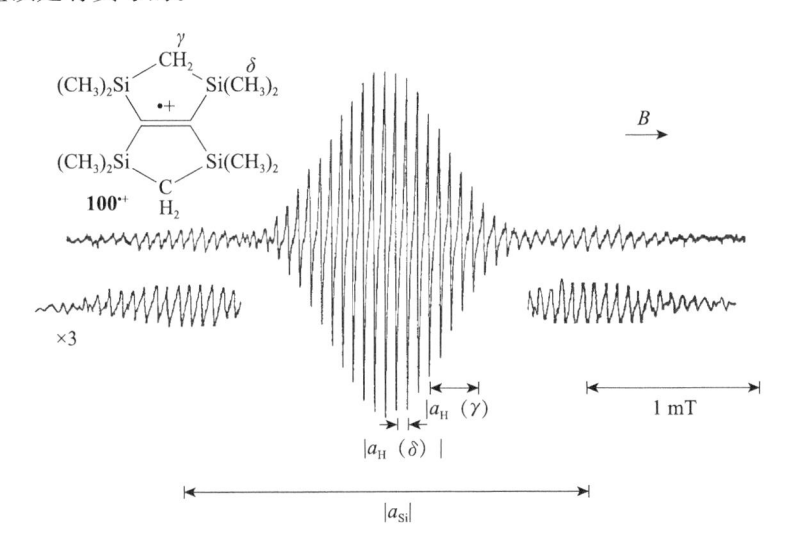

图 6.12　2,2,4,4,6,6,8,8-八甲基-2,4,6,8-四硅杂双环 [3.3.0]-1(5)-辛烯 (**100**) 自由基阳离子的 ESR 谱。溶剂二氯甲烷，抗衡离子推测为 $AlCl_4^-$，温度 180 K。下图是局部放大的 ^{29}Si 卫星峰。超精细数据见正文和表 9.38。经许可复制[576]

对于 ^{33}S，卫星峰的出现不如对 ^{29}Si 有利，这是因为 ^{33}S 的天然丰度很低，仅为 0.0074，而其自旋量子数 $I=3/2$，又较大。然而，^{33}S 的卫星峰很容易观察到，特别是对于在 S 原子处具有大 π 自旋布居的"硫供体"(S-donors) 高持久性自由基阳离子。在二氯甲烷中用 $AlCl_3$ 制备的四硫富瓦烯 (TTF, **24**) 自由基阳离子 (图 6.13) 就是一个很好的例子。**24**·$^+$ 的谱图显示了源自四个等性质子的、简单的 1:4:6:4:1 图案，耦合常数 $|a_{H2,3,6,7}|=0.125$ mT。在放大时，观察到两个卫星峰群，它们代表了 1:1:1:1 四重峰中左右两边的外侧谱峰，这是由四个等效 S 原子中的一个原子含有 ^{33}S 同位素的自由基阳离子所引起的，而中间的两组谱峰则被主超精细图谱所掩盖。仅含有 ^{32}S 的自由基阳离子与含有一个 ^{33}S 的自由基阳离子的分布比是 0.9926^4 : $(4×0.9926^3×0.0074)$，或 0.971:0.029，导致四重 ^{33}S 谱峰中每一个的相对强度为 $(1/4)×0.029/0.971=0.0075$ 或 0.75%。同样地，由于 ^{33}S 超精细各向异性的不完全平均，这些卫星峰的谱峰通常比主超精细图谱的更宽。此外，高场一侧的 ^{33}S 卫星峰线宽明显比低场一侧的宽。这一发现表明 ^{33}S 耦合常数是正号的 (6.5节)，$a_S=+0.425$ mT，因为 S 原子的局部自旋布居 ρ_μ^π 是正的，而 a_H 被预测为负的。

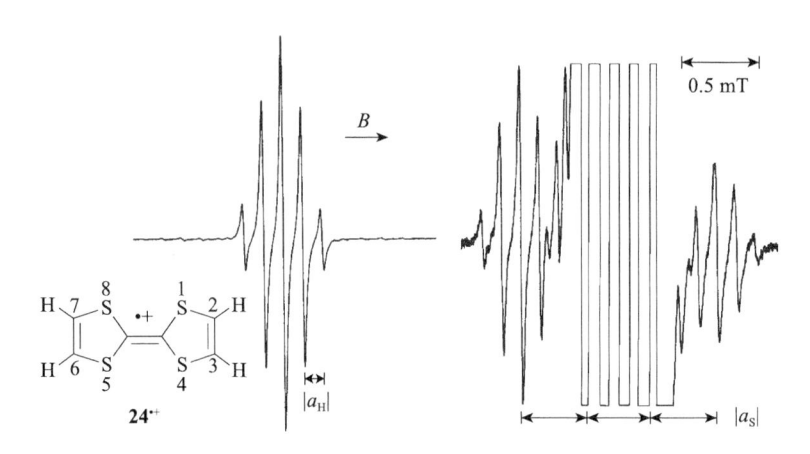

图 6.13　1,4,5,8-四氢-1,4,5,8-四硫富瓦烯（或四硫富瓦烯，**24**）自由基阳离子的 ESR 谱。溶剂二氯甲烷，抗衡离子推测为 $AlCl_4^-$，温度 233 K。右图是局部放大以显示天然丰度的 ^{33}S 卫星峰。超精细数据见正文和表 9.31。经许可复制[230]

同位素 ^{17}O 的天然丰度仅为 0.00037，而其自旋量子数 I 却高达 5/2。因此，为了观测 ^{17}O 卫星峰，需要对其进行富集。一个显著的例外是在 DME 中用钾还原中性化合物而产生的二噻吩并 [3,4-b; 3',4'-e] 对二噻吩-1,3,5,7-四酮（**81**）自由基阴离子[172]。如 4.2 节提到，这个自由基阴离子不具有 H 原子，但在等性位置上含有其他原子，即两组 4 个 C 原子、两对 S 原子和一组 4 个 O 原子。在没有质子的情况下，**81**·⁻ 的主超精细图谱由一个单峰组成。由于这一特点，可以检测到大量由天然丰度的稀有磁性同位素引起的卫星峰。不仅观察到每个自由基阴离子由一个 ^{13}C 或 ^{33}S 同位素产生的卫星峰，还观察到由两个这样的同位素产生的那些卫星峰，即来自同一组或不同组中的两个 ^{13}C 以及同时由一个 ^{13}C 和一个 ^{33}S 产生的卫星峰。对于图 6.14 所示的 **81**·⁻ 的 ESR 谱图，放大的倍数从上到下逐渐增加。^{13}C 和甚至 ^{33}S 产生的卫星峰可以在中等放大倍数下观察到。对于和较大 $|a_{C_\mu}|$ 值相关联的卫星峰，高场的谱峰比低场的宽且矮，但对于与较小 $|a_{C_\mu}|$ 值相关联的卫星峰，高场的谱峰比低场的窄且高。通过与两个耦合常数 a_{S_μ} 相关的 ^{33}S 卫星峰，来展示高场谱峰的谱宽比低场的更宽的现象。同位素 ^{16}O 和 ^{17}O 的分布比（^{18}O 的份额可以忽略）是 0.99963^4 : ($4 \times 0.99963^3 \times 0.00037$)，或 0.9985 : 0.0015，产生每个 ^{17}O 卫星峰的相对强度 $(1/6) \times 0.0015/0.9985 = 0.00025$ 或 0.025%。相应地，对于天然丰度中的 ^{17}O 同位素，需要最高的放大倍数和过调制来显示其卫星峰。在 1:1:1:1:1:1 的六重峰中，可观测到最外侧的四个峰，而内侧的两个峰被强的主信号及其 ^{13}C 和 ^{33}S 等的卫星峰所掩盖。^{17}O 卫星峰中高场的谱宽比低场的宽且矮。分子轨道

模型预测了 **81**·⁻ 所有 π 中心 μ 的正自旋布居 ρ_μ^π，除了位于 SOMO 垂直节点平面中并具有负 ρ_μ^π 的 S 原子。至此，可以通过考虑卫星峰的线宽，以及 C 和 O 原子处的正自旋布居 ρ_μ^π 和 S 原子的负自旋布居 ρ_μ^π，将符号归属给相应的 ^{13}C、^{33}S 和 ^{17}O 的耦合常数（6.5 节）。由于 ^{13}C 和 ^{33}S 同位素的 $g_N > 0$，归属给 μ 中心 3a，

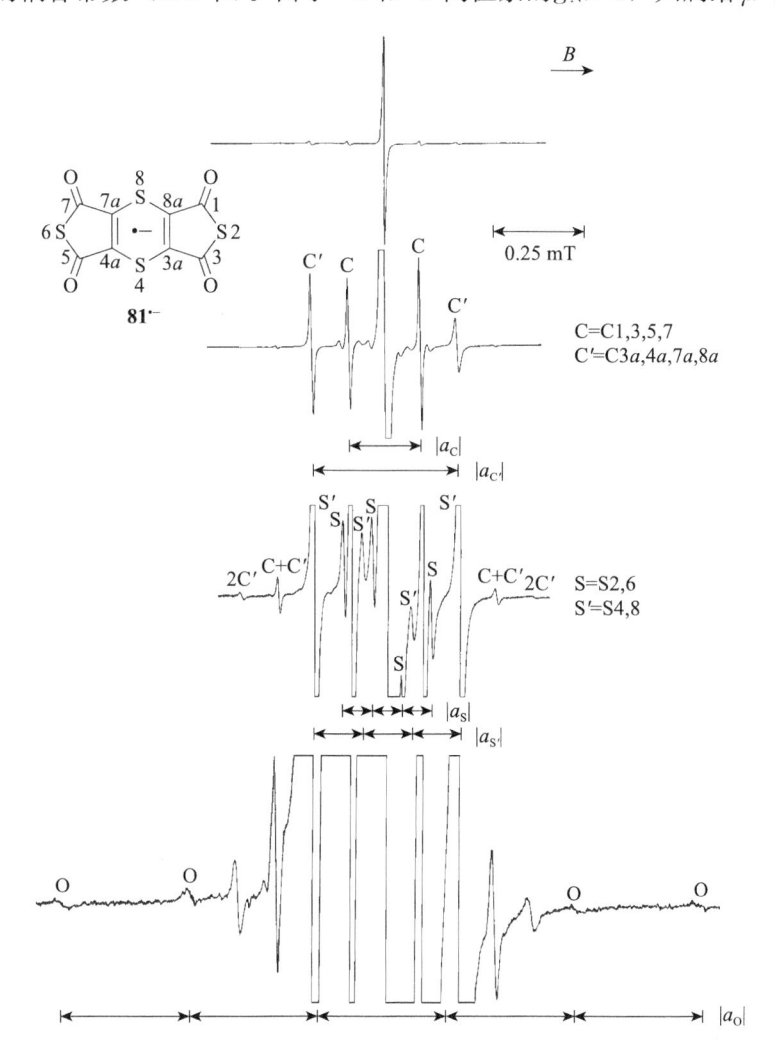

图 6.14 二噻吩并 [3,4-b; 3',4'-e] 对二噻吩-1,3,5,7-四酮（**81**）自由基阴离子的 ESR 谱。溶剂 DME，抗衡离子 K⁺，温度 183 K。放大倍数和调制幅度从上到下依次增加，以连续显示出自然丰度的 ^{13}C、^{33}S 和 ^{17}O 卫星峰。卫星峰上方的字母表示同位素及其在自由基阴离子中出现的等性位置；C：一个 ^{13}C 在 1, 3, 5, 7 位；C'：一个 ^{13}C 在 3a, 4a, 7a, 8a 位；S：一个 ^{33}S 在 4, 8 位；O：一个 ^{17}O；2C'：在 3a, 4a, 7a, 8a 位中的两个 ^{13}C；C+C'：1, 3, 5, 7 位中的一个 ^{13}C 和 3a, 4a, 7a, 8a 位中的一个 ^{13}C。超精细数据见正文。经许可复制[172]

4a，7a，8a 位的 ^{13}C 同位素的较大耦合常数 a_{C_μ} 是正值，而归属给 μ 中心 1，3，5，7 位的 ^{13}C 同位素的较小 a_{C_μ} 是负值；两个 a_{S_μ} 均为负值。鉴于 O 原子的正自旋布居数 ρ_μ^π 和 ^{17}O 同位素的负 g_N，耦合常数 a_O 必须为负值。对于 **81**·⁻ 分析的完整结果，包括耦合常数的归属和符号，是 $a_{C1,3,5,7} = -0.202$ mT、$a_{C3a,4a,7a,8a} = +0.410$ mT、$a_{S2,6} = -0.083$ mT、$a_{S4,8} = -0.138$ mT 和 $a_{O1,3,5,7} = -0.361$ mT。

对于少数几个 π 自由基，还曾有基于这些天然丰度的 ^{13}C-ENDOR 和 ^{29}Si-ENDOR 的报道[16,578-581]。

6.5　超精细耦合常数的归属和符号

如果 ESR 的超精细图谱可以根据每组由具有自旋量子数 I_k 和耦合常数 $|a_{A_k}|$ 的 n_k 个等性核 X_k 组成的 k 组等性核来再现，那么 ESR 谱的分析是成功的。若一个以上的等性核组具有相同的数量 n_k 和 I_k，那么将这些值归属给位于自由基特定位置的 X_k 核是有问题的，因为这样的磁性核组会产生相同的分裂模式。除了明确指定绝对值 $|a_{A_k}|$ 之外，关于自由基结构的完整信息还需要了解耦合常数符号，正如本书中多次指出的那样，这不是从 ESR 谱中直接获得的。

几种方法，无论是理论方法、实验方法还是二者的结合，都可以归属耦合常数并确定其符号。这些方法如下所述。

理论计算

我们在 4.5 节中指出，自由基中的自旋分布以及相应磁性核 X 的耦合常数，可以通过适当的经验、半经验和非经验量子化学方法来计算。通过它们与实测 $|a_X|$ 的相关性，考虑了自旋极化的计算得出耦合常数的归属和符号。一般理论方案的水平越高，这种相关性的结果就越可靠。如果计算结果与实验数据完全不相关，则必须怀疑以 ESR 谱表征的自由基结构与理论预测的不同。如果在给定条件下产生的自由基不是预期的自由基，或者如果计算所示的 SOMO 形状与自由基中未配对电子实际占据的形状不一致，则可能会出现这种差异。在后一种情况下，对于有两个能量接近的轨道作为候选 SOMO 的自由基，实验数据可能与自由基计算结果不相关，并且其中一些与它们的能级顺序相关的效应未被计算所解释；这种情况在亚联萘（**398**）自由基阳离子中有所报道（表 8.10）[582]。在此，以苄基自由基（**88**·）（表 8.1）为例，展示理论计算作为一种将实测耦合常数 $|a_X|$ 归属给特定位置原子核 X 的方法的优缺点。

第 6 章 采集和解析 ESR 谱

88·

对于像 **88·** 这样的具有七个 μ 中心的简单 π 自由基，经验量化方法应该适用于预测自旋布居 ρ_μ^π。因为这个 π 体系是奇数和交替的，所以它在 Hückel 模型中的 SOMO 是一个非键的 π 轨道 ψ_4，其中，中心 $\mu=1\sim7$ 处的 LCAO 系数 $c_{4,\mu}$ 的平方很容易被导出为 $c_{4,1}^2=c_{4,3}^2=c_{4,5}^2=0$，$c_{4,2}^2=c_{4,4}^2=c_{4,6}^2=1/7$，$c_{4,7}^2=4/7$。应用参数 $\lambda=1$ 的 McLachlan 方法［式 (4.34)］，将这些值转化成 $\rho_1^\pi=-0.102$、$\rho_2^\pi=\rho_6^\pi=+0.161$、$\rho_4^\pi=+0.136$、$\rho_3^\pi=\rho_5^\pi=-0.062$ 和 $\rho_7^\pi=+0.769$。基于 McConnell 公式［式 (4.5)］的比例系数 $Q_H^{C_\mu H_\mu}=-2.8$ mT，将质子承载中心 $\mu=2\sim7$ 的自旋布居 ρ_μ^π 转换成 α 质子的耦合常数，其中，邻、间位质子对分别是 $a_{H2,6}=-0.451$ mT 和 $a_{H3,5}=+0.174$ mT，对位质子是 $a_{H4}=-0.381$ mT，环外亚甲基的两个质子是 $a_{H7}(2H)=-2.153$ mT。实验上，这三对质子的 $|a_{H_\mu}|$ 值是 1.630 mT、0.515 mT 和 0.179 mT，单个质子的是 0.618 mT[42] (4.3 节)。虽然理论和实验之间的一致性很低，但预测的质子对的大小次序，$|a_{H7}(2H)|\gg|a_{H2,6}|\gg|a_{H3,5}|$，显然对应于 ESR 谱给出的次序（1.630 mT≫0.515 mT≫0.179 mT）。这种对应关系不仅使人们能够将这三个观测值归属给特定的位置，而且还使人们能够为它们以及为单个质子值 $|a_{H4}|=0.618$ mT 指定符号。因此，**88·** 的完整分析结果是 $a_{H2,6}=-0.515$ mT、$a_{H3,5}=+0.179$ mT、$a_{H4}=-0.618$ mT 和 $a_{H7}(2H)=-1.630$ mT。与实验结果形成对比，Hückel-McLachlan 方法的一个严重缺点就是 $|a_{H2,6}|$ 明显大于 $|a_{H4}|$ 的预测，这种缺陷无法通过合理修改经验方法或应用 INDO 等半经验处理来纠正[583]。总而言之，如果 $|a_X|$ 的大小相差很大，那么简单的理论计算可以作为归属耦合常数的方法，但如果这些值相似，它们就不那么令人满意了。在 **88·** 的特定情况下，两个相关值 $|a_{H2,6}|$ 和 $|a_{H4}|$ 来自不同数量的原子核，想错误归属都难，但对于大小相当的 $|a_X|$，就要慎之又慎。如果一个自由基有几个这样的耦合常数，那么分配小 $|a_X|$ 的理论计算同样是不可靠的，并且它们在指定符号时更是不可信的。

同位素置换

将观察到的耦合常数归属给自由基中特定磁性核 X 的最可靠方法，是在特

定位置上用相应低丰度的同位素X′置换这些核中的一个或多个。如3.2节所述，这种置换强烈地改变了超精细图谱，因为X′与X的不同之处在于它的g_N，通常也在于它的核自旋量子数I。大体上，自由基电子结构不受这种置换显著影响的一般假设是有效的，除了具有简并基态的自由基，如苯自由基阴离子**62**$^{·-}$，其结构可以受到哪怕最轻微的扰动的影响（8.1节和8.6节）。在有机自由基中，最常见的磁性核X被其同位素X′替换的是质子（^{1}H＝H）被氘（^{2}H＝D）置换。具有两组4个等性$α$质子的萘（**83**）自由基阴离子是最早通过ESR研究的π自由基离子之一（表8.8）[520]。将观测到的较大$|a_H|$（＝0.495 mT）归属给中心$μ$＝1、4、5、8，较小的0.183 mT归属给中心$μ$＝2、3、6、7[135]，是毋庸置疑的，因为即使是Hückel模型也准确地再现它们的比例是2.7。这一归属通过用氘取代1，4，5，8位的四个质子得到了验证，其中，**83**$^{·-}$的$|a_{H1,4,5,8}|$＝0.495 mT，变为**83**-$d_4^{·-}$的$|a_{D1,4,5,8}|$＝$|a_{H1,4,5,8}|×g_N(D)/g_N(H)$＝0.495 mT×0.1535＝0.076 mT。从图6.15所示的**83**$^{·-}$和**83**-$d_4^{·-}$的ESR谱中可以明显看出[149]，这样的同位素置换使超精细图谱变得不那么简单，因为谱峰数量从5^2＝25增加到9×5＝45，而谱图范围从（4×0.495＋4×0.183）mT＝2.71 mT减小到（8×0.076＋4×0.183）mT＝1.34 mT。（当然，耦合常数$a_{H_μ}$和$a_{D_μ}$都是负的。）

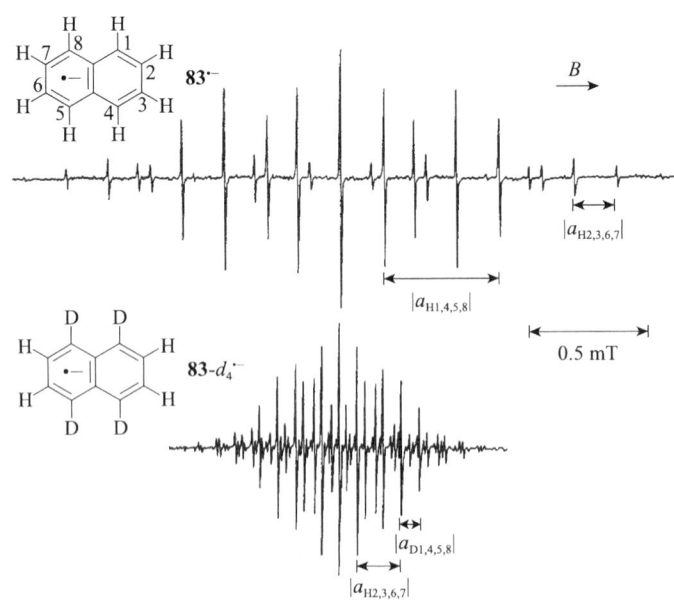

图6.15 萘（**83**）和1,4,5,8-四氘萘（**83**-d_4）自由基阴离子的ESR谱。溶剂DME，抗衡离子Na$^+$，温度203 K。超精细数据见正文和表8.8。经许可复制[149]

ENDOR 技术中不会遇到因氘代而引起的谱图复杂性。相反地，用氘置换等性质子会导致 ^{1}H-ENDOR 谱中除去相应信号，因为 ^{2}H 同位素的信号出现在不同的频率范围内。ENDOR 技术在这一方面的强大功能，以 [2.2] 间对环蕃 (**95**，见 6.4 节) 阴离子自由基为例来展示。其复杂的超精细图谱是利用从 ^{1}H-ENDOR 中得到的 $|a_H|$ 来进行计算机模拟，并在特定氘代的帮助下完成归属[155]。这三种氘代衍生物分别是被同位素标记在间二甲苯环桥上的 8 位 (**95**-d)，在对二甲苯环桥与两个相邻亚甲基上 (**95**-d_8) 或在两个亚乙基桥上 (**95**-d_8')。即使 **95**-$d^{\cdot-}$、**95**-$d_8^{\cdot-}$ 和 **95**-$d_8'^{\cdot-}$ 的 ESR 超精细图谱比 **95**$^{\cdot-}$ 的更复杂且分辨率较低，但它们的 ^{1}H-ENDOR 都是允许直接分析和检验的。如图 6.16 所示，这些 ENDOR 谱列在 **95**$^{\cdot-}$ 的谱图下方。虽然 ENDOR 信号的强度不是引起其磁性核数量的可靠量度，但 **95**$^{\cdot-}$ 的大多数信号还是确实反映了这种关系。因此，分别与等性质子对数值 0.268 mT、0.182 mT、0.131 mT 和 0.106 mT 相关的信号Ⓐ、Ⓑ、Ⓒ和Ⓓ具有相似的强度。强度加倍的信号Ⓔ是由具有相同 $|a_H|$ 为 0.065 mT 的两对质子（偶然简并）引起的，而强度减半的信号Ⓕ和Ⓖ来自那些具有 $|a_H|$ 分别为 0.044 mT 和 0.036 mT 的单个质子。非常弱的位于自由质子频率 ν_N 的吸收峰Ⓗ只能是属于余下的 0.007 mT 的一质子对，其强度的剧烈降低是由该值过小引起的，原因如 5.2 节所述。**95**-$d^{\cdot-}$ 的 ENDOR 谱与 **95**$^{\cdot-}$ 的差异之处就在于缺少了Ⓕ (0.044 mT)，从而将这些信号归因于间二甲苯环桥 8 位上的单个 α 质子，余下的Ⓖ (0.036 mT) 是同环上的 5 位质子。**95**-$d_8^{\cdot-}$ 和 **95**-$d_8'^{\cdot-}$ 的 ENDOR 谱中均缺少信号Ⓐ (0.268 mT) 和Ⓑ (0.182 mT)，因此它们必须来自与对二甲苯环相邻亚甲基 (1,10 位) 的两组 β 质子对。此外，**95**-$d_8^{\cdot-}$ 的 ENDOR 谱中还缺少信号Ⓒ (0.131 mT) 和Ⓓ (0.106 mT)，这表明它们来自该对二甲苯环 (12,13 位和 15,16 位) 上的 α 质子对，而 **95**-$d_8'^{\cdot-}$ 的 ENDOR 谱中缺少信号Ⓔ，表明它们是与靠近间二甲苯环的亚甲基 (2,9 位) 中的两组 β 质子对有关。最后，弱信号Ⓗ必须是与间二甲苯环的 4 位与 6 位上的 α 质子对有关，因为这些质子是仅剩的尚未被考虑的质子。

氘的 ENDOR 信号比质子的更难观测到，因为更长的核自旋-晶格弛豫时间 T_{1N} 和更低频率的出峰范围，即出现在 ENDOR 技术很不灵敏的较低频率范围内 (5.2 节)。不仅耦合常数 a_D 相对于 a_H 值降低了 $g_N(D)/g_N(H)=15.35\%$，而且自由氘的频率 ν_N 也以相同比例变小了。例如，在 **95**$^{\cdot-}$ 的 ^{1}H-ENDOR 中，$\nu_N(H)=14.56$ MHz，最大值 $|a_H|$ 是 0.268 mT，或 $|a_H'|=|a_H|\gamma_e=0.268$ mT $\times 28.04$ MHz/mT $= 7.51$ MHz，因此 $\nu_N(D) = 14.56$ MHz $\times 0.1535 = 2.23$ MHz 和 $|a_D'|=7.51$ MHz $\times 0.1535=1.15$ MHz。所以，在 **95**$^{\cdot-}$ 的 ^{2}H-ENDOR

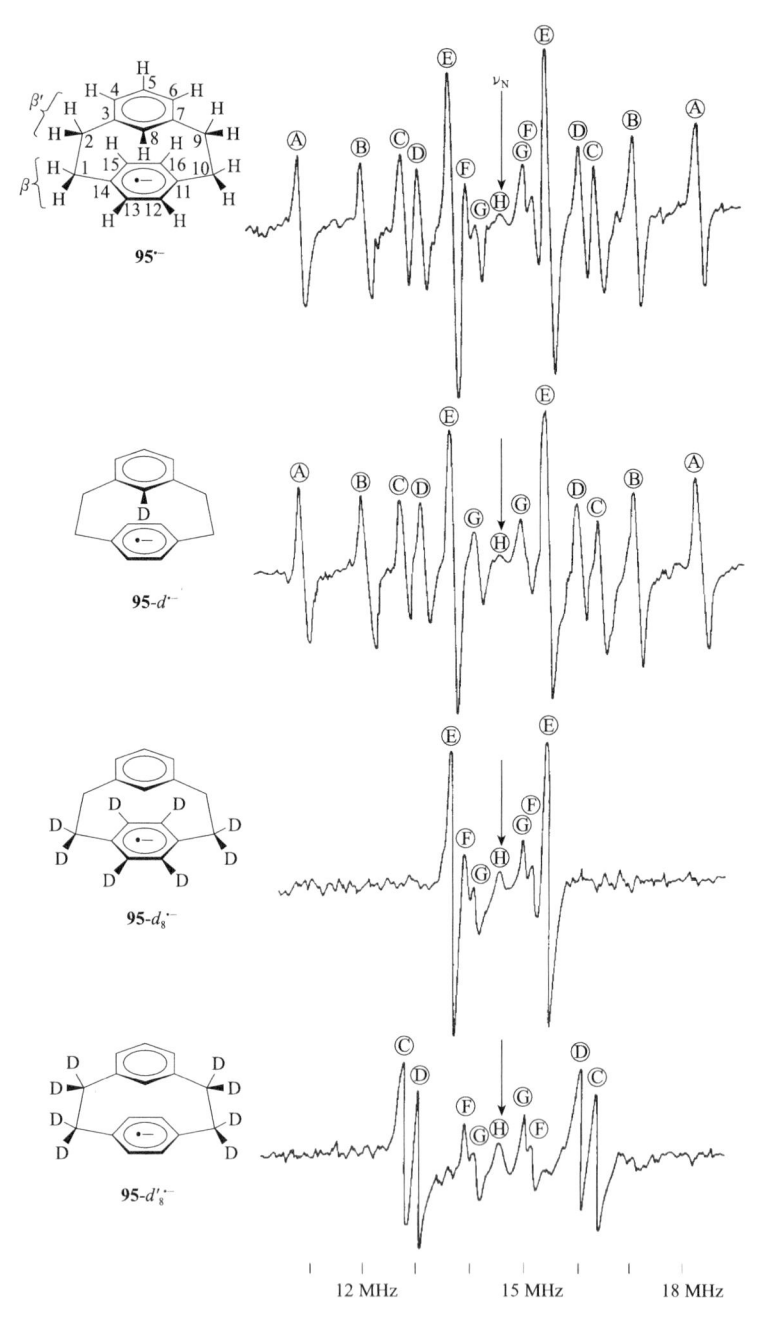

图 6.16 [2.2] 间对环蕃 (**95**) 的自由基阴离子及其 8 位氘代 (**95**-d·⁻)、1,1,10,10,12,13,15,16 - 八氘代 (**95**-d_8·⁻) 和 1,1,2,2,9,9,10,10 - 八氘代 (**95**-d_8'·⁻) 衍生物的 ¹H-ENDOR谱。混合溶剂 DMF/THF (4∶1), 抗衡离子 K⁺, 温度 168 K。超精细数据见正文和表 8.22。经许可复制[155]

中，信号预计出现在 1.65～2.81 MHz 的低灵敏度的频率范围内，即 $\nu_N(D) \pm |a'_D|/2$。尽管存在这些相当不利的条件，但已经报道了几个自由基的 ^{2}H-ENDOR[192,584-587]。

用 ^{15}N 同位素置换 ^{14}N 也被用于耦合常数的归属。这种置换的最突出例子是 2,2-二苯基-1-苦基肼基（DPPH，**5**·）（表 9.3），其中 ^{15}N 标记用以区分两个 ^{14}N 的相似 $|a_N|$[587]。

一般研究含氘核（天然丰度 0.015%）的自由基需要制备标记的前体。只有"酸性的"质子，尤其是在—OH 和—NH 官能团中或在 π 自由基某些位置上的那些质子，才能在富含氘的溶液中通过 H/D 交换而取代。对于其他自由基，必须从合适的前体开始，在几个反应步骤中合成特定标记的前体，这在时间和资金方面是昂贵的。这种支出阻碍了氘代作为归属 ^{1}H 耦合常数最可靠方法的更广泛使用。用 ^{15}N 同位素代替 ^{14}N 也需要很大的支出，尽管在有利的情况下，对于一些含有 NO 基团的自由基，可以观察到天然丰度（0.37%）的 ^{15}N 卫星峰[588,589]。

同位素 ^{13}C 的富集通常是自由基所必需的，不仅在来自这些天然丰度的磁性核的卫星峰难以探测的情况下，而且为了确保将 $|a_C|$ 归属到特定位置。这样的富集在合成上甚至比引入氘更苛刻[361,463,586,590,591]。

烷基取代

一般自由基的烷基衍生物比在特定位置氘化的物种更容易获得。因此，使用烷基取代似乎是替代同位素置换作为归属 ^{1}H 耦合常数的一种有吸引力的方法。不幸的是，与同位素置换相反，烷基取代可以显著改变任何自由基中的自旋分布，而不仅仅是在简并基态中。虽然这种取代的作用首先是（诱导的和超共轭的）电子效应，但引入烷基的空间后果也需要考虑。在 π 自由基中，用甲基取代 n 个等效 α 质子，从而用 $3n$ 个具有相反符号但相似 $|a_H|$ 的 β 质子的超精细分裂来置换这些 α 质子的二项式分裂（4.2 节）。如果取代基是叔丁基，那么引起相关分裂的质子数量会增加九倍。然而，由于叔丁基质子是 γ 质子，所以它们的 $|a_H|$ 仅为 α/β-H 的 1/10 或更小，这么小的裂分是无法分辨的。最终，叔丁基取代导致 α 质子耦合常数的消失和谱线的增宽。

烷基化被证明是一种区分质子在外侧位与内侧位、顺位与反位耦合常数的合适方法。主要例子是烯丙基自由基（**65**·）的 1,3 外侧位与内侧位[43]和二环[2.2.1]庚烷-2,3-二酮（**72**）自由基阴离子中的 7 顺和反位（半二酮，表 9.15）[7c]。此外，对于反式二苯乙烯（**101**）（表 8.12）[592]和反式偶氮苯（**102**）（表 9.13）[551,593]的自由基阴离子，烷基的引入可以归属两个不等性邻位和两个同样不等性间位的苯基质子的耦合常数。这些质子看起来是不等性的，因为苯基的旋转在超精细时间尺度（hyperfine time-scale）上是缓慢的，所以氘代在这里对归属目的是无效的。

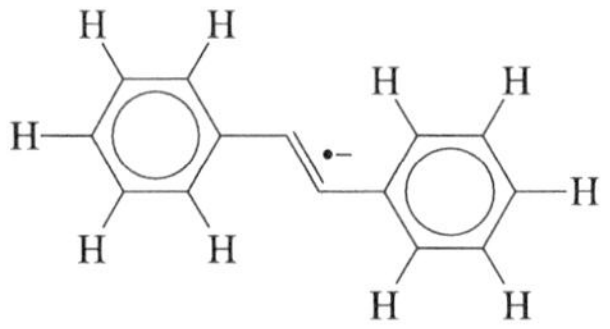

trans-101·⁻ 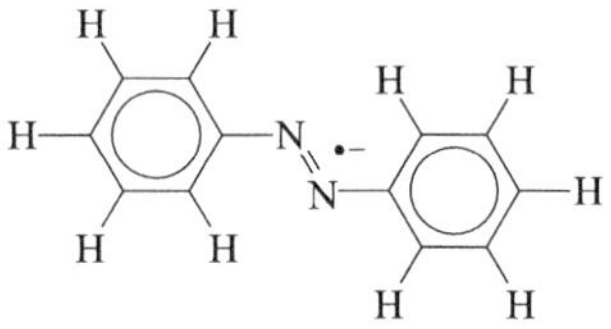　　　　　　　　　　*trans*-102·⁻

普通 TRIPLE（general-TRIPLE resonance）

如图 5.8 中苊基自由基（**4·**）的 ENDOR 信号所示，耦合常数 a_X 的相对符号可以通过称为普通 TRIPLE 的电子-核-核三共振技术确定。另一个使用该技术的例子是 [2.2] 间对环蕃（**95**）自由基阴离子，其 ENDOR 谱如图 6.16 所示。相应的普通 TRIPLE 谱（图 6.17）展示了泵浦信号Ⓐ的高频峰是如何改变高、低频 ENDOR 信号的强度比例的。对于Ⓑ、Ⓒ和Ⓓ该比值降低，对于Ⓕ和Ⓖ则增加。因此，分别与Ⓑ、Ⓒ和Ⓓ关联的三个双质子的值 0.182 mT、0.131 mT 和 0.106 mT 和负责Ⓐ的 0.268 mT 的第四个质子值具有相同的符号。相反地，由Ⓕ和Ⓖ分别表示单质子的值 0.044 mT 和 0.036 mT 具有相反的符号。信号Ⓔ对 TRIPLE 实验的响应不足，这支持了将相关的四质子的值 0.065 mT 归属给具有耦合常数的绝对值相同但符号相反的两对质子。对于弱 ENDOR 吸收峰Ⓗ，无法收集到与其相关的双质子值 0.007 mT 的符号信息，因为该耦合常数实在微不足道。对 **95·⁻** 的 INDO 计算结果与实验数据总体一致，要求 0.268 mT 为正号。因此，0.182 mT、0.131 mT 和 0.106 mT 必须为正，0.044 mT 和 0.036 mT 为负。（**95·⁻** 的超精细图谱（图 5.8）的完整分析，包括通过同位素标记所得的 ENDOR 耦合常数以及通过 TRIPLE 所得的这些参数的相对符号，详见 6.4 节和表 8.22。）

核磁共振

溶液中电子-核的磁性相互作用影响有机自由基的 NMR，因此这些信号通常被增宽到无法识别。然而，几种持久性自由基的 ¹H-NMR 和 ²H-NMR 已经被报道，它们属于两类：(1) π 电子化合物与碱金属在醚溶剂中反应生成的自由基阴离子；(2) 高度取代的硝酰基氧基和苯氧基。

在溶液中，具有 T_{1e} 时间短的有效电子自旋-晶格弛豫是自旋快速反转的条件，因此也是观察自由基 NMR 的条件。如果满足这一条件，则 δ_{Fc} 位移仅由较

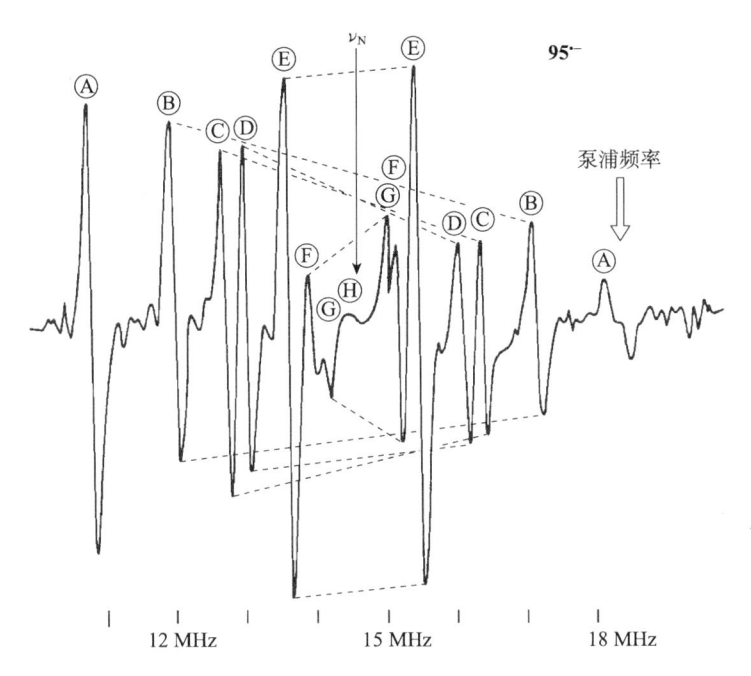

图 6.17 [2.2] 间对环蕃 (**95**) 自由基阴离子的普通 TRIPLE。实验条件与图 6.16 中的 ^{1}H-ENDOR 一样 (完整分子结构见图 6.8 和图 6.16)。超精细数据见正文和表 8.22。经许可复制[155]

低塞曼能级中的布居差 Δn 引起，以 mT 为单位表示主要由费米接触项 (3.2 节) 引起的 δ_{Fc} 是[9b]

$$\delta_{Fc} = -a_X \cdot [(g_e\mu_B)^2/(g_N\mu_N)] \cdot (4kT)^{-1} \quad (6.3)$$

其中，g_N 是磁性核 X 的 g 因子，所有符号都具有 1.1 节和 3.1 节所述的普通含义。δ_{Fc} 位移的测量是以适当的抗磁性化合物为参考。式 (6.3) 的重要性在于，与 ESR 谱中的超精细分裂不同，不仅 $|\delta_{Fc}|$ 的大小与耦合常数 $|a_X|$ 成正比，而且 δ_{Fc} 的偏移方向还决于 a_X 的符号。正的耦合常数 a_X 将 NMR 信号移到较低的磁场强度 B，而负的 a_X 值移到较高的磁场强度 B。因此，除了与 a_X^2 大致成比例并且有时可以用于归属绝对值 $|a_X|$ 的谱峰增宽外，NMR 提供了耦合常数 a_X 的绝对符号。用自身同位素 X′ 置换 X 和用 $a_{X'} = a_X g'_N/g_N$ 替代 a_X，其中 g'_N 是 X′ 的 g_N，将式 (6.3) 的商 a_X/g_N 变换成 $a_{X'}/g'_N = (a_X g'_N/g_N)/g'_N = a_X/g_N$。显然，这样的置换并未改变 δ_{Fc}，对于 X=^{1}H(=H) 和 X′=^{2}H(=D)，这个说法特别适用。在自由基的 NMR 谱中，用氘取代质子的优点是谱峰宽度显著减小约 $g'^2_N(D)/g^2_N(H) = 1/40$，而 δ_{Fc} 位移一如既往不变[594]。

图 6.18 示意了在 DME 溶液中用钠完全还原的 1.1 mol/L 全氘代联苯 (**94**-d_{10}) 的 ^{2}H-NMR[9b,595]。高浓度的 **94**-d_{10} 和其自由基阴离子 **94**-$d_{10}^{\cdot-}$ 导致电

子-自旋晶格弛豫增强。**94-**$d_{10}^{\cdot-}$ 的耦合常数 a_{D_μ}，包括理论要求的符号，可从 **94·**⁻ 的 ESR 谱（图 6.6）获得的 a_{H_μ} 推导，结果是 $a_{D2,2',6,6'} = -0.041$ mT、$a_{D3,3',5,5'} = +0.006$ mT 和 $a_{D4,4'} = -0.082$ mT。将所观测到的所有位移叠加到以 THF-d_8 作为内标的溶液谱上。在部分还原的一般情况下，这些信号必须按总浓度 **94-**d_{10} + **94-**$d_{10}^{\cdot-}$ 中 **94-**$d_{10}^{\cdot-}$ 的比例来放大，以获得自由基阴离子的各种 δ_{Fc} 位移的诊断。这些位移和预期的 $|a_{D_\mu}|$ 值一致，与这些值关联的谱峰线宽则反映了它们的大小。间位氘的信号的低场移动和 $a_{D3,3',5,5'}$ 的正号一致，截然不同于具有负耦合常数 $a_{D2,2',6,6'}$ 和 $a_{D4,4'}$ 的邻位和对位氘的高场移动。

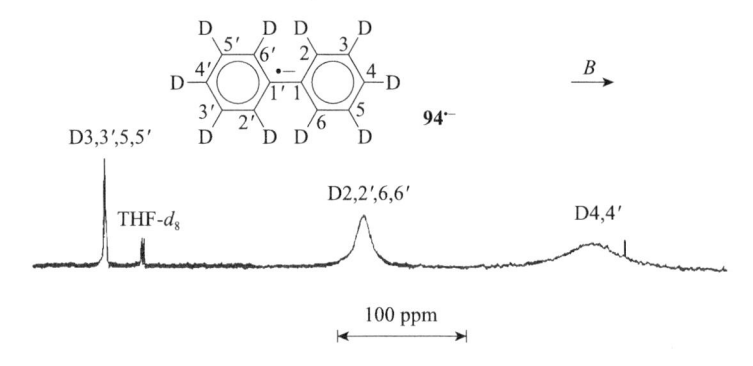

图 6.18　在 303 K 下，在 DME 中用钠完全还原的 1.1 mol/L 全氘代联苯（**94-**d_{10}）的 ²H-NMR 谱。内标是 THF-d_8。超精细数据见正文和表 8.11。经许可复制[595]

除了 **94-**$d_{10}^{\cdot-}$，联苯自身[594,595] 及其 3,3′-二甲基衍生物[596]、萘、全氘代萘[9b]、菲、全氘代菲和芴酮[595] 等的自由基阴离子，以及乙基、异丙基和叔丁基苯等的自由基阳离子[597,598]，已经通过 NMR 进行了研究。

因为 NMR 的谱宽随着 $|a_X|$ 的增加而强烈地增宽，所以这种共振技术特别适合测定非常小的耦合常数，包括通常无法通过 ESR 和 ENDOR 来确定的符号。为此目的，NMR 已经应用于和萘、菲、联苯、芴酮和 2,2′-联吡啶等自由基阴离子缔合的碱金属阳离子的磁性核的测定[9b,595,599,600]（离子配对，见 6.6 节）。这些研究的相应结果与列于表 A.2.1 和表 A.2.2 中的 ESR 数据 $|a_X|$（X = ⁶Li、⁷Li、²³Na、³⁹K、⁸⁵Rb、⁸⁷Rb 和 ¹³³Cs）相一致；存在的偏差是由两种谱学方法中使用浓度的不同而引起的。这些耦合常数 a_X 的符号会通过改变溶剂和/或温度而发生变化，这会影响抗衡离子和自由基阴离子之间的缔合强度（6.6 节）。

在高度取代的硝酰基和苯氧基化合物中，如 4-氧-2,2,6,6-四甲基哌啶-1-氧基自由基（TEMPO，**8·**）[601]、硝酰基氧基自由基（**103·**）[602]、2-氮杂金刚

第 6 章　采集和解析 ESR 谱　　　　　　　　　　　　　　　　　131

烷-N-氧基自由基（**104·**）[603]、[2.2]对环蕃基-4-叔丁基硝酰基氧基自由基（**105·**）[604]、2,6-二叔丁基苯氧基自由基的对位取代衍生物 **106·**[605] 和 **107·**[606]等，都出现了较小的耦合常数 a_X。因此，这样的自由基特别适合 NMR 研究。

有趣的是，在这些研究中，液体自由基二叔丁基亚硝酰基氧基（**108·**）（表 7.20）已被证明是实现高效电子自旋-晶格弛豫的合适溶剂，并被用于 **103·** 和 **105·** ~ **107·** 的研究。对于位于 **8·** 的 γ 位[601]、**103·** 的芳基 Ar(Ar＝Ph 或 2-吡啶基、3-吡啶基或 4-吡啶基)[602]、**104·** 的 γ 和 δ 位[603]、**105·** 的 [2.2]对环蕃单元[604]、**106·** 的烷基 R[605]等的质子和氘，它们的耦合常数 a_H 和某些情况下的 a_D 一起被测定，包括符号。此外，^{19}F-NMR 用于测定 **107·** 的氟化苯基 Ph 的耦合常数 a_F[606]，应用脉冲 ^{13}C-NMR 技术测量 **103·** 的芳基 Ar 的 a_C[607]；并由此导出 a_F 和 a_C 的绝对值和符号。所有这些 ^{1}H、^{2}H、^{19}F 和 ^{13}C 核都相当远离携带自旋的 NO· 或 PhO· 一侧，并且它们与该自由基中心的未配对电子的超精细相互作用相当微弱。

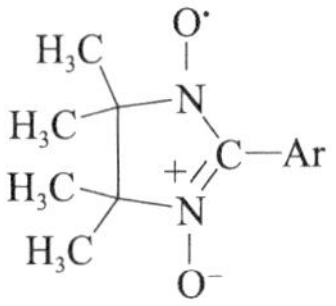

103· 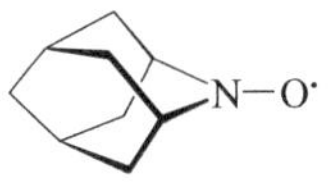　　**104·** 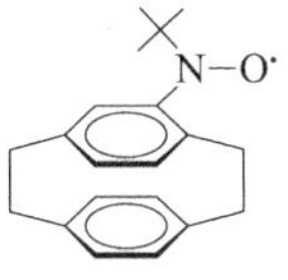　　**105·**

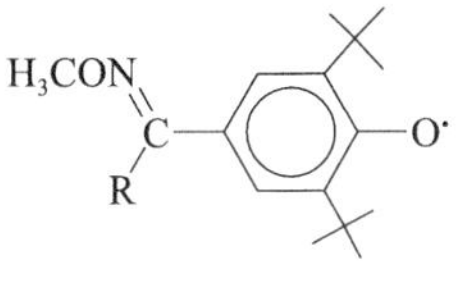

106· 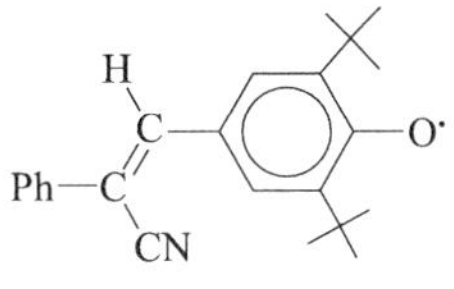　　**107·** 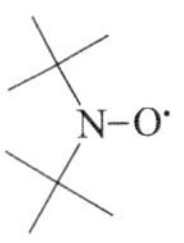　　**108·**

各向异性导致的谱峰增宽

在溶液中，有机自由基 ESR 的线宽因超精细各向异性和 g 因子各向异性的不完全平均而增宽。对于给定的自由基，通过使用黏性更大的溶剂和/或通过降低温度等来提高溶液黏度时，谱峰增宽随之增大。例如，图 6.19 示意了在乙醇中二叔丁基亚硝酰基氧基自由基（**108·**）溶液在 292 K 和 142 K 时测得的 ESR 谱[608]。所观测到的超精细图谱仅仅是源于 ^{14}N 的相互作用，因为两个叔丁基一共 18 个 γ 质子所造成的分裂是无法分辨的。在较低的温度下，特征性增宽的起源如谱图下方的棒状图示意。在棒状图中，从 **108·** 单晶数据导出的差异[609]，$A_{N\parallel} - A_{N\perp} = A_{N,z} - (A_{N,x} + A_{N,y})/2$ 和 $g_\parallel - g_\perp = g_z - (g_x + g_y)/2$，被人为缩小至原数据的 1/3（在某种程度上是任意地）以便于解释溶液中 ^{14}N 超精细各向异性和 g 各向异性的部分平均。在假设彼此重合的情况下，A_N 和 g 两个张量的轴（4.2 节和 6.2 节）如图 6.19 所示（x、y 是 NO 基团的节点 μ 平面，z 垂直于该平面）。如图 6.19 所示的线宽对环境黏性的依赖性，是在生物材料中使用氮氧自由基作为自旋标记的基础（附录 A.1）。

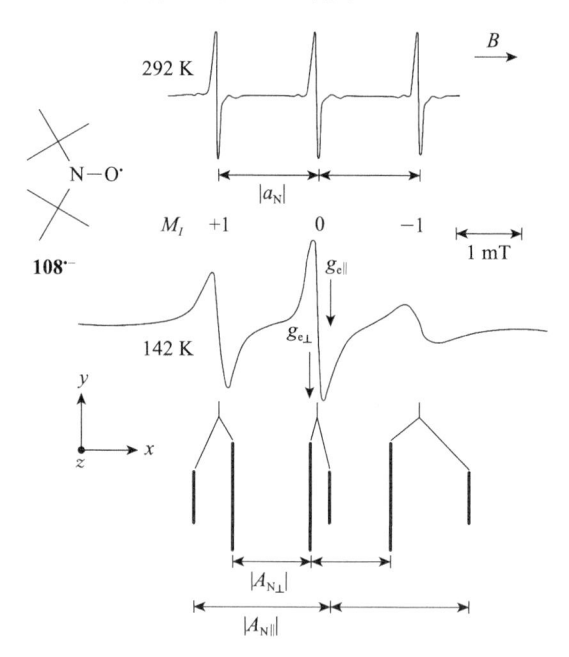

图 6.19　在乙醇中，二叔丁基亚硝酰基氧基自由基（**108·**）于 292 K 和 142 K 的 ESR 谱。超精细数据见正文和表 7.20。经许可复制[608]

在各向异性导致的谱峰增宽中，除了溶液黏度外，自由基结构也起着重要作用。如 4.2 节所述，导致超精细各向异性的电子-核磁偶极相互作用取决于 r^{-3}，其中 r 是原子核和未配对电子的间距。对于具有大量"局部" π 自旋布居的磁性核，这就是超精细各向异性特别明显的原因。因此，这种各向异性所引起的谱峰增宽，经常在 π 自由基的 ^{13}C、^{14}N、^{17}O、^{31}P 和 ^{33}S 等中观察到，但仅在少数情况下报道了质子，例如，在 263 K 的黏性浓硫酸中形成的匹拉省（**96**）自由基阳离子的质子[574]。

超精细各向异性导致的谱峰增宽是和 π 中心 μ 的"局部"自旋布居 ρ_μ^π 的平方成正比，因此，通过这种关系可以将 X＝^{13}C、^{14}N、^{17}O、^{31}P 或 ^{33}S 的耦合常数 a_{X_μ} 归属给特定位置的 μ 中心。例如，在环庚三烯酮（**99**）自由基阴离子的 ESR 谱中（图 6.11）[214]，与 ^{13}C 卫星峰关联的耦合常数 a_{C_μ} 是通过其谱峰宽度与 μ 中心 α 质子的耦合常数 a_{H_μ} 的平方的关联来归属的，就是凭借 a_{H_μ} 与自旋布居 ρ_μ^π 的简单比例，如 McConnell 公式［式（4.5）］所示。[a_{C_μ} 本身不能用于此目的，鉴于相邻中心 ν 的自旋布居 ρ_ν^π 对它们的不小贡献；参考式（4.15）～式（4.17）]。

因为对于没有重原子的有机自由基，g 各向异性相对较小，所以当 g 各向异性与超精细各向异性结合时，谱宽受到的影响才变得可观。在溶液中，这两种各向异性对自由基谱宽的影响可以表示成磁性核 X 核自旋磁量子数 M_I 的函数[165,574,610]：

$$\Delta B(M_I) = U + VM_I + WM_I^2 \tag{6.4}$$

其中，对于一组等性核 X，单个核 X 的 $M_I = M_I(X)$ 被替换成 $\sum M_I(X)$。

从 **108·** 的谱（图 6.19）中可以明显看出，对 M_I 的依赖是至关重要的，因为它会因磁性核 X 或一组这样的等性核而在同一个超精细图谱中产生不同的谱宽。除了自由基旋转相关时间 $\tau_r \propto \eta/T$（其中 η 是溶剂的黏度，T 是热力学温度），参数 U、V 和 W 等取决于超精细耦合及 g 因子的各向异性张量 $\boldsymbol{A}_{X,dip}$ 和 $\boldsymbol{G}_{aniso}$（4.2 节和 6.2 节）。在给定条件下，参数 U 对于超精细图谱的所有超精细峰都是常数，因为 $\boldsymbol{A}_{X,dip}$ 和 $\boldsymbol{G}_{aniso}$ 的平方贡献是正的，并且与 M_I 无关。参数 W 也是正的，它与 $\boldsymbol{A}_{X,dip}$ 的平方成正比，第三项 WM_I^2 也是如此。改变 M_I^2 使谱峰宽度从超精细图谱的中间部分（小 $|M_I|$）到其两边（大 $|M_I|$）的过程中逐渐增加。最有趣的是第二项 VM_I，因为它可以是正或负的，从而导致超精细图谱高场部分的谱宽不同于低场部分的。参数 V 和 $\boldsymbol{A}_{X,dip}$ 与 $\boldsymbol{G}_{aniso}$ 的乘积成正比，其符号取决于 μ 中心的自旋布居 ρ_μ^π、磁性核 X 的 g_N 和差值 $\Delta g = g_\parallel - g_\perp = g_z - (g_x + g_y)/2$，即符号 V = 符号 ρ_μ^π × 符号 g_N × 符号 Δg。原则上，ρ_μ^π、g_N 和 Δg 这三个值都可以取任一符号，但是，由于平面 π 自由基的 Δg 是负的，在这种情况下，符号 $V = -$（符号 ρ_μ^π × 符号 g_N）。

从现在开始，对于正的耦合常数 a_X，核自旋磁量子数 M_I 在超精细图谱的低场区为正，在高场区为负（图 3.1 和图 3.2）。当 a_X 为负时，M_I 的符号则相反。因此，当 a_X 为正时，VM_I 项在低场半区与 V 同号，在高场半区与 V 反号；而当 a_X 为负时，其符号在低场半区与 V 相反，在高场半区则相同。显然，负的 VM_I 项导致线宽变窄，正的 VM_I 项导致线宽变宽。总之，对于 Δg 是负值的情况下，谱峰增和 a_X 的符号之间的关系可以用以下规则表示：

换句话讲：当 ρ_μ^π 和 g_N 同号且高场的谱峰更宽时（情况①和④），或当 ρ_μ^π 和 g_N 异号且低场的谱峰更宽时（情况⑥和⑦），a_X 是正的；当 ρ_μ^π 和 g_N 异号并且高场的谱峰更宽时（情况②和③），或者当ρ_μ^π和g_N同号并且低场的谱峰更宽时（情况⑤和⑧），a_X是负的。

迄今为止，情况①是最常见的情况，因为在所讨论的原子的大量局部自旋布居ρ_μ^π通常是正的，对于大多数磁性核，如$X={}^{13}C、{}^{14}N、{}^{31}P$和${}^{33}S$，$g_N$是正的。不太常见的是情况②和③，其中$\rho_\mu^\pi$或$g_N$（如$X={}^{17}O$）为负，其余情况就更少了。在本书的不同章节中列举了许多相关例子。

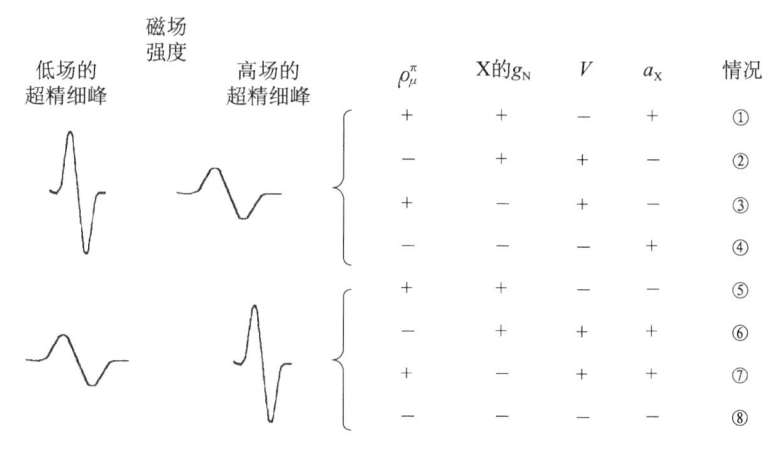

低场的超精细峰	磁场强度	高场的超精细峰	ρ_μ^π	X的g_N	V	a_X	情况
			+	+	−	+	①
			−	+	+	−	②
			+	−	+	−	③
			−	−	−	+	④
			+	+	+	−	⑤
			−	+	+	+	⑥
			+	−	+	+	⑦
			−	−	−	−	⑧

对于${}^{14}N、{}^{31}P$和${}^{33}S$的耦合常数，情况①出现在$1,4,5,8$-四氮杂萘（**57**）[162]与$2,4,6$-三叔丁基磷杂苯（**82**）[165]的自由基阴离子，以及$1,4,5,8$-四氢-$1,4,5,8$-四硫代富瓦烯（**24**）[230]的自由基阳离子中。相应的耦合常数是，**57**·⁻的$a_N=+0.337$ mT（图6.5），**82**·⁻的$a_P=+2.94$ mT（图4.8），**24**·⁺的$a_S=+0.425$ mT（图6.13）。情况①也适用于二噻吩并$[3,4-b;3',4'-e]$对二噻吩-$1,3,5,7$-四酮（**81**）（图6.14）自由基阴离子中${}^{13}C$同位素较大的耦合常数，$a_{C3a,4a,7a,8a}=+0.410$ mT[172]。对于该自由基阴离子，较小的${}^{13}C$耦合常数$a_{C1,3,5,7}=-0.202$ mT代表情况⑤，${}^{33}S$耦合常数$a_{S2,6}=-0.083$ mT和$a_{S4,8}=-0.138$ mT都代表情况②。最后，**81**·⁻中${}^{17}O$同位素的耦合常数$a_O=-0.361$ mT是情况③的例证。

回到图6.19中的二叔丁基亚硝酰基氧基自由基（**108**·）的谱，高场的谱峰明显增宽，我们注意到这是最常见的关于情况①的一个例子。因为在N原子的自旋布居ρ_μ^π和${}^{14}N$的g_N肯定是正的，所以${}^{14}N$耦合常数也具有正号，$a_N=+1.53$ mT。将式（6.4）应用于图6.19中**108**·的142 K低温谱，$\Delta B(M_I)$对线宽的贡献，对于低场峰（$M_I=+1$）是$U+V+W$，中心峰（$M_I=0$）是U，高场峰（$M_I=-1$）则是$U-V+W$。因为$V<0$并且低场峰比中心场的宽，所以$|W|$必须大于$|V|$。根据观察到的线宽，U、V和W的值可以分别估计为$+0.25$ mT、

−0.15 mT 和+0.30 mT。

冗杂项

因为超精细各向异性对耦合常数a_X的贡献通常可以进行可靠计算，所以将这种贡献添加到各向同性的a_X所产生的变化表明了该值的绝对符号。使用液晶作为溶剂，对分子进行部分有序化，防止超精细各向异性在溶液中被完全平均，同时避免固体介质中自由基的烦琐增宽。在各向同性的相中，耦合常数a_X与在溶液中观察到的值相似，但是在降低温度并过渡到向列相（nematic phase）时，这些值呈现特征变化，从而可以获知它们的符号。所报道的研究应用于一些非常持久的 π 自由基，它们含有相当大的局部自旋布居ρ_μ^π的磁性核，如四氰基乙烯（TCNE，**18**）自由基阴离子（表 9.19）和 2,2-二苯基-1-苦基肼基（DPPH，**5·**）（表 9.3）等中的^{14}N 核[611]，以及䓛基自由基（**4·**）中的^{13}C同位素（表 8.4)[90,91,462]。根据理论，证实了耦合常数a_N的正号（**18·−** 的 0.157 mT 和 **5·** 的两个中心^{14}N 的平均值 0.92 mT），以及 **4·** 中$a_{C1,3,4,6,7,9}$ (+0.966 mT) 的正号与$a_{C2,5,8}\approx a_{C3a,6a,9a}$ (−0.784 mT) 的负号。

如 5.2 节所述，当剩余的^{1}H 超精细各向异性被解析时，耦合常数a_H的绝对符号可以从氟利昂基质中自由基阳离子的 ENDOR 谱中推导[310,329]。

6.6　离子配对

在溶液中电荷相反的离子倾向于缔合［离子配对（ion pairing）］这一事实在有机反应过程中非常重要[9]。研究这种涉及顺磁离子配对的选择方法是 ESR 谱法。特别是，该工具已应用于由自由基阴离子与带正电荷的碱金属抗衡离子缔合而形成的离子对[9a,9b,9c]。

松散和紧密离子对

根据缔合强度，自由基阴离子和碱金属抗衡离子的离子对分为紧密的或松散的离子对。紧密离子对也经常称为接触离子对，因为阳离子直接接触自由基阴离子；而松散离子对大多是溶剂分离的，因为两个离子被溶剂分子隔开。缔合强度取决于几个因素，如自由基阴离子的结构、碱金属的性质和浓度，最后但并非最不重要的是溶剂的阳离子溶剂化能力。

当自由基阴离子的杂原子特别是 N 或 O 含有 σ 孤电子对时，它形成的紧密离子对通常是接触离子对，因为阳离子在没有溶剂分子介入的情况下和这些电子紧密相连。另一方面，烃自由基阴离子的松散离子对通常是溶剂分离的，由于阳离子与π体系的缔合是微弱的，因此溶剂分子可有效地与该体系竞争阳离子。除了自由基阴离子的电子结构外，位阻因素也会促进或阻碍抗衡离子的靠近而影响离子的配对。

在没有溶剂分子介入的情况下，就 σ 孤电子对所吸附的抗衡离子而言，阳离子越小，它与自由基阴离子的相互作用就越紧密，因此在从 Li$^+$、Na$^+$、K$^+$、Rb$^+$ 到 Cs$^+$ 的顺序中，缔合强度通常随着阳离子半径的增加而变弱。相反地，在烃的离子对中，缔合强度通常按上述顺序增加，因为阳离子越大，它被溶剂分子溶剂化的程度就越低，穿透 π 电子云就越深。杂原子含有孤电子对的自由基阴离子可以被视为对较硬的硬酸如 Li$^+$ 有偏好的硬碱。相反地，烃自由基阴离子可以被视为软碱，偏好像 K$^+$ 这样较弱的软酸[215,612]。

更高浓度的碱金属阳离子明显促进了离子配对，通过添加所涉及阳离子的盐如可溶于许多有机醚的四苯基硼酸钠或氯化钾等最有效地实现了这一点。同样有效的是增加自由基阴离子和抗衡离子的浓度。

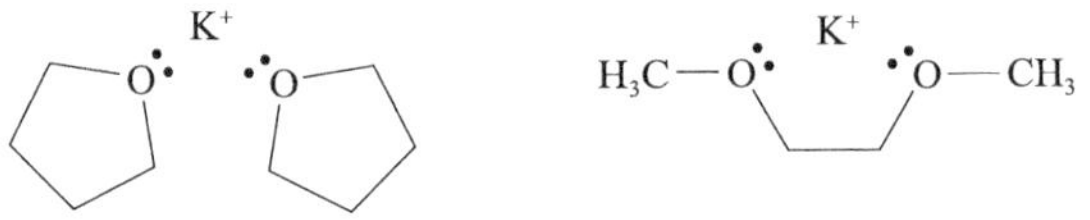

阳离子溶剂化能力从 HMPT、DME、THF、MTHF 到 DEE 的顺序减弱，自由基与抗衡离子的缔合则按这个次序增强。对于给定的溶剂，升高温度有类似的效果。然而，溶剂化能力不能仅仅等同于用溶剂自身介电常数所表示的极性。尽管 THF 和 DME 具有几乎相同的介电常数，但前者更适合于加强这种缔合。这是因为只有一个 O 原子的 THF 只能在分子间溶剂化碱金属阳离子，而 DME 凭借其两个 O 原子可以在分子内以类似螯合物的方式实现溶剂化，尤其是对于 K$^+$。

正如预期的那样，溶剂的阳离子溶剂化能力对松散离子对的影响大于对紧密离子对（特别是那些在杂原子含有孤电子对的自由基阴离子）的作用，在前者中抗衡离子通过溶剂分子与自由基阴离子隔开，而在后者中抗衡离子直接接触自由基阴离子。

相对于自由基阴离子，阳离子分子运动导致的 g 因子和谱线增宽的轻微增强，经常被观察到，这是作为离子配对的明显证据。然而，表明离子对形成的主要特征还是碱金属抗衡离子磁性核的明显超精细分裂。

碱金属抗衡离子的超精细分裂

自从报道了在 THF 或 MTHF 中用钠还原萘形成自由基阴离子的 ESR 谱

中存在着^{23}Na的超精细分裂以来[140]，描述类似现象的文献层出不穷。尽管相当大的抗衡离子磁性核的超精细分裂是形成紧密离子对的最明确证据，但这种分裂很小甚至没有并不一定意味着所讨论的离子对就是松散的。例如，当抗衡离子位于自由基阴离子的节点平面内时，碱金属的超精细分裂会很小（甚至太小而无法在ESR谱中分辨）。从表3.1中的数据可以明显看出，抗衡离子的磁性核通常是天然丰度高的同位素，即^{7}Li、^{23}Na、^{39}K、^{85}Rb、^{87}Rb和^{133}Cs。其中，^{7}Li、^{23}Na、^{39}K和^{87}Rb的自旋量子数I是3/2，^{85}Rb是5/2，^{133}Cs是7/2，因此，自由基谱图会再次裂分成4、6或8重超精细分裂，从而导致更复杂的超精细图谱。所有碱金属的g_N均为正值，但大小差异很大，正如这些金属ns^1轨道中自旋布居为+1时计算所得的耦合常数一样[476]：^{7}Li是+130 mT($n=2$)，^{23}Na是+33.1 mT($n=3$)，^{39}K是+8.1 mT($n=4$)，^{85}Rb是+37.0 mT($n=5$)，^{87}Rb是+125.4 mT ($n=5$)，^{133}Cs是+88.0 mT($n=6$)。

基于显著的s轨道特征，在碱金属阳离子中心上哪怕微弱的自旋布居ρ_{Alk}^{ns}通常也会给出可观测的$|a_X|$，其变化范围很广，从烃的π自由基阴离子松散离子对中X=^{39}K的约0.01 mT到紧密离子对中X=^{87}Rb或^{133}Cs的超过1 mT。对于烃和含杂原子化合物自由基阴离子的离子对，这些值的汇编分别列在表A.2.1和表A.2.2中。一个解释ρ_{Alk}^{ns}存在的最简单模型是从自由基阴离子的SOMO到碱金属阳离子外层s轨道的自旋转移。这样一个电荷和自旋的反向转移需要两个轨道之间有足够的重叠，这得益于自由基阴离子的低电离势和阳离子的高电子亲和势。这可以认为M/Alk·结构对M·$^-$/Alk$^+$的很小贡献，其中M是有机分子，Alk代表碱金属原子。这种到金属ns轨道的直接自旋转移理应造成该轨道的正自旋布居ρ_{Alk}^{ns}，并因此导致碱金属磁性核X正的a_X，其中，a_X是ρ_{Alk}^{ns}与ns自旋布居为+1时计算所得的耦合常数的乘积。事实上，在相同的条件下和对于相同的自由基阴离子，多数紧密离子对中不同碱金属磁性核X的$|a_X|$与这些计算结果大致成比例，这一发现指向相似的离子对结构。然而，如碱金属NMR研究所示，相关的耦合常数a_X也可以是负的[9b,9c]。当碱金属原子的$|a_X|$随着溶液温度的升高而增加时，耦合常数应该是正的，相反地，当该值随着升温而降低时则预期为负值。此外，还观察到耦合常数的符号随温度的变化，在这种情况下$|a_X|$呈现极值。因为所有碱金属原子都具有正的g_N，所以a_X出现负号是发生在当从自由基阴离子的SOMO转移到碱金属原子的ns轨道的自旋布居ρ_{Alk}^{ns}为负时，即当这种转移是通过自旋极化间接发生时。在四氧杂卟啉烯（**109**，表9.42）自由基阴离子的紧密离子对中，观察到碱金属抗衡离子X=^{7}Li、^{23}Na、^{39}K和^{133}Cs小的负耦合常数（表A.2.2）[613]。这当中，阳离子

与四个 O 原子的孤电子对密切接触，但它们位于 π-SOMO 的垂直节点平面内。$|a_{Li}|$、$|a_{Na}|$、$|a_K|$ 和 $|a_{Cs}|$ 值的比值，与 ns 自旋布居为 +1 计算所得的耦合常数的比值相当。

109·⁻/Alk⁺

110·⁻/Alk⁺

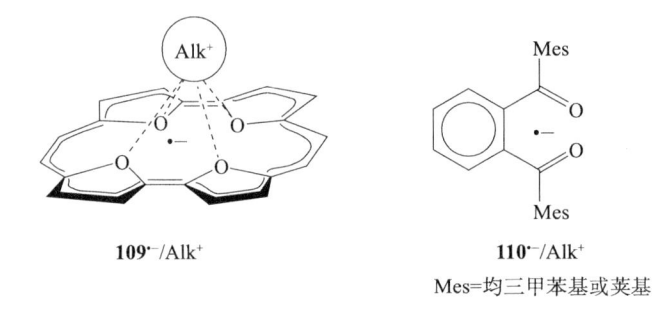

Mes=均三甲苯基或蒸基

多年来使用的一个范例，是在邻二苯甲酰 (**110**) 衍生物紧密离子对中碱金属原子非常大的（可能是正的）耦合常数 a_X（表 9.16）。对于 X=⁷Li、²³Na、³⁹K、⁸⁵Rb、⁸⁷Rb 和 ¹³³Cs，在 DME 中这些值依次是 +0.375 mT、+0.695 mT、+0.133 mT[614]、+0.491 mT、+1.66 mT[615] 和 +1.02 mT[614]（表 A.2.2）。它们比在相同条件下在萘等多环交替芳烃 (polycyclic alternant hydrocarbons, PAHs) 的 π 自由基阴离子松散离子对中通常观察到的数值大 10～100 倍。出乎意料的是，最近发现在 1,4-二叔丁基-1,3-丁二烯（**90**）自由基阴离子与 K⁺、Rb⁺ 和 Cs⁺ 的紧密离子对中[529]，碱金属原子核的耦合常数 a_X 与 **110** 的相当（表 A.2.1）（**90**·⁻/K⁺ 的 ESR 和 ENDOR 谱见图 5.4）。更大的数值，出现在其异构体 2,3-二叔丁基-1,3-丁二烯（**111**）自由基阴离子的相应离子对中（表 A.2.1）[529]。以 DME 为溶剂，在 260 K 时 ³⁹K、⁸⁵Rb 和 ⁸⁷Rb 的耦合常数分别是 +0.155 mT、+0.84 mT 和 +2.84 mT，在 300 K 时，¹³³Cs 的耦合常数是 +2.47 mT（它们的正号与 a_X 的温度依赖一致，也与普通 TRIPLE 的结果一致）。这些数值对于烃自由基阴离子来说异常大，表明 **90** 和 **111** 与各自的碱金属抗衡离子间有很强的缔合。这种缔合已被追踪到离子对的特定结构，其中电子（π 体系的微型化，SOMO 的形状）和位阻（阳离子庞大的叔丁基侧链）因素促进了带相反电荷的粒子之间的紧密接触。图 6.20 示意了于 175 K、195 K 和 220 K 等三个不同温度下在 DME 中观测到的 **111**·⁻/K⁺ 的 ESR 谱。在最低温度下，超精细图谱仅由一个 1:4:6:4:1 的间距是 0.71 mT 的五重峰组成，这是由 1,4 位的四个 α 质子所导致的。2,3-叔丁基取代基中 18 个 γ 质子的超精细分裂因太小而无法分辨，同样地，1,4 内/外侧位质子耦合常数的差异也因太小而无法区分。缺少可探测的 ³⁹K 超精细分裂和升高温度时五重峰强度的快速降低，都证明了它们源自（溶剂分离的）松散离子对 $111^{·-}/K^+$。随着这五重峰占比权重的减弱，如图 6.20 的星号所注，一个分辨率良好的多线超精细图谱开始显现，其展现了明显的 ^{39}K 超精细分裂，所以这个信号被归属于紧密离子对 $111^{·-}/K^+$。当温度升至 220 K 时，这个信号是整个 ESR 谱中仅存的超精细图谱。值得注意的是，在 180~200 K 的中间温度范围内，可以观察到这两种超精细图谱的叠加，这意味着松散的和紧密的两种离子对共存于同一溶液中。因此，这两种离子对应具有不同的结构，以致在超精细时间尺度上彼此间的交换是缓慢的。除了观测到 ^{39}K 超精细分裂这一发现外，还发现了 1,4 位 α 质子的耦合常数在从松散离子对到紧密离子对过程中发生显著变化，这一发现也表明了这种差异。对于松散离子对，

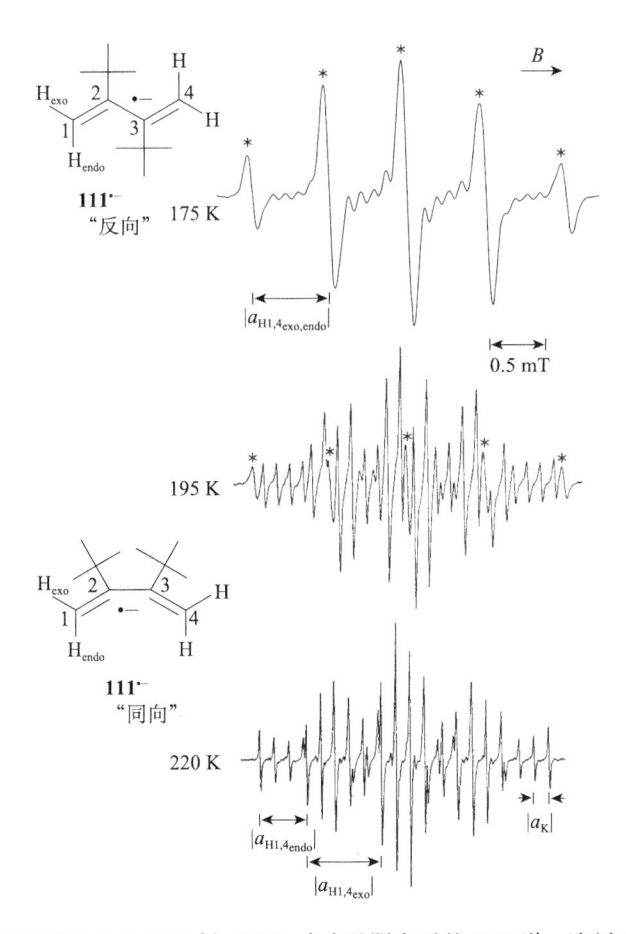

图 6.20 2,3-二叔丁基-1,3-丁二烯（**111**）自由基阴离子的 ESR 谱。溶剂 DME，抗衡离子 K^+，温度如图中所示。用星号标注五条宽峰源自松散离子对。结构式表示假定的紧密离子对和松散离子对的不同几何形状。超精细数据见正文和表 8.6、表 A.2.1。经许可复制[529]

内侧和外侧位质子的a_H都是-0.71 mT，而紧密离子对中内侧位质子的耦合常数不再具有这样的值（这对于在1,3-丁二烯自由基阴离子的1,4位的α质子是常见的），变为约-0.4 mT。同样地，这种变化是**111**$^{\cdot-}$/Rb$^+$和**111**$^{\cdot-}$/Cs$^+$离子对的特征，它们在所研究的温度范围内都是紧密缔合的，并表现出前面所提到的非常大的^{85}Rb、^{87}Rb和^{133}Cs超精细分裂。相关的ESR谱（图6.21）表明，这些分裂主导了超精细图谱，特别是对于^{133}Cs。ENDOR技术可以很容易地应用于^{133}Cs和Rb的两种同位素^{85}Rb、^{87}Rb，其中自由核的频率ν_N小于$|a'_X/2|$，以MHz为单位。当质子$\nu_N=14.56$ MHz（$B=342$ mT）时，^{85}Rb、^{87}Rb和^{133}Cs的ν_N分别为1.39 MHz、4.73 MHz和1.91 MHz，而相应的$|a'_X/2|$值分别是位于7～12 MHz、23～40 MHz和20～36 MHz范围内，取决于溶剂（DME或THF）和测试温度。

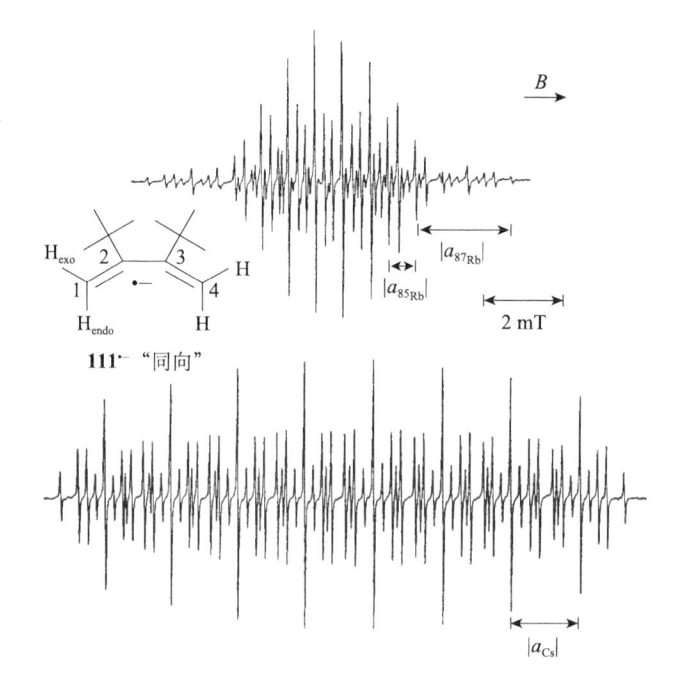

图6.21 2,3-二叔丁基-1,3-丁二烯（**111**）自由基阴离子的ESR谱。上图：溶剂DME，抗衡离子Rb$^+$，温度220 K。下图：溶剂THF，反离子Cs$^+$，温度210 K。由于同位素^{85}Rb和^{87}Rb的天然丰度比是72.17/27.83，因此上图中的谱是混合的超精细图谱。超精细数据见正文和表8.6、表A.2.1。经许可复制[529]

自旋再分配

对于苯类自由基阴离子的松散离子对，由于带正电的抗衡离子的静电吸

引，自由基阴离子超精细图谱的变化相对较小，但在可极化的非交替烃的更紧密的离子对中变得更明显[147]。因此，在薁（**112**）和苊（**113**）的自由基阴离子中，α 质子的耦合常数 a_H 在从非缔合物种变成离子对物种时发生显著变化（以 mT 为单位，符号按理论要求）。对于 **112**·⁻，离子配对增大了七元环上质子的 $|a_H|$ 而降低了五元环上的值，但对于 **113**·⁻，这种配对增大了六元环上质子的 $|a_H|$ 而没有明显改变五元环上的值。

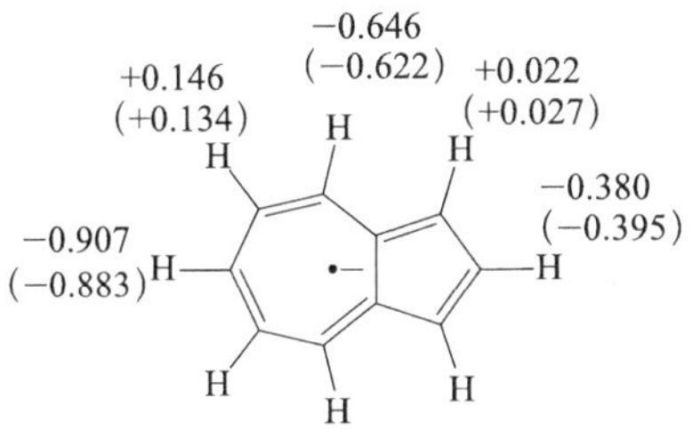

112·⁻

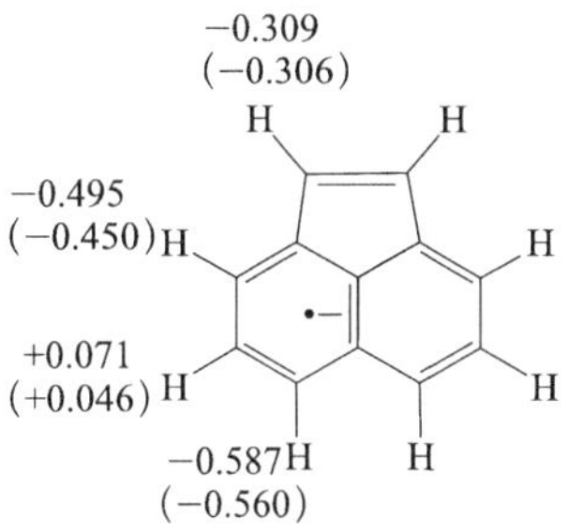

+0.146 (+0.134)
−0.646 (−0.622)
+0.022 (+0.027)
−0.380 (−0.395)
−0.907 (−0.883)

113·⁻

−0.309 (−0.306)
−0.495 (−0.450)
+0.071 (+0.046)
−0.587 (−0.560)

离子对：DME, Li⁺, 293 K[616]
非缔合，括号内：DMF, n-Pr₄N⁺, 298 K[298]

离子对：THF, Na⁺, 298 K[617]
非缔合，括号内：DMF, n-Pr₄N⁺, 298 K[617]

对和碱金属抗衡离子缔合更敏感的是具有羰基和硝基的自由基离子，其中阳离子紧密附着在 O 原子的孤电子对上。对于羰基，最引人注目的变化是该基团中 ¹³C 同位素耦合常数 a_C 的大幅增加。这种增加可以解释为 \C—O⁻ 结构的权重大于 \C—O· 的，因为 O 原子的电子吸引能力通过与碱金属阳离子的接触而增强。出于类似的原因，硝基中 ¹⁴N 的 a_N 通过相对于 —N(O⁻)(O·) ⇌ —N(O·)(O⁻) 更有利的结构 —N⁺(O⁻)(O⁻) 而增加。案例是芴酮（**114**）（表 9.14）和硝基苯（**115**）（表 9.21）自由基阴离子的 a_C 和 a_N（以 mT 为单位，符号按理论要求）。

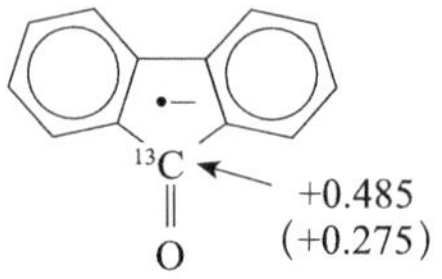

离子对：DME，Li⁺，298 K[7b,591,618]
非缔合，括号内：DMF，Na⁺，298 K[7b,591,618]

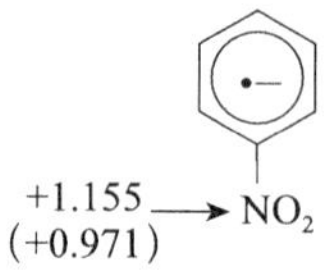

离子对：DME，Li⁺，273 K[619]
非缔合，括号内：DMF，Et₄N⁺，298 K[620]

当自由基阴离子含有两个与阳离子接触的携带孤电子对的等性官能团时，它与碱金属抗衡离子缔合后超精细图谱会发生引人注目的变化，如1,3-二硝基苯 (**116**)（表 9.21 和表 A.2.2）。在从非缔合物种到离子配对的过程中，C_{2v} 对称性因一个硝基上明显的部分自旋局域化而降低到 C_s，这是因为在紧密离子对中阳离子在两个硝基之间的迁移在超精细时间尺度上是缓慢的。

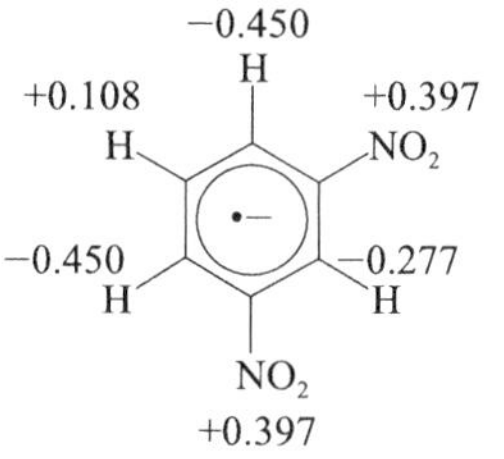

非缔合：n-Pr₄N⁺，DMF，198 K[196]

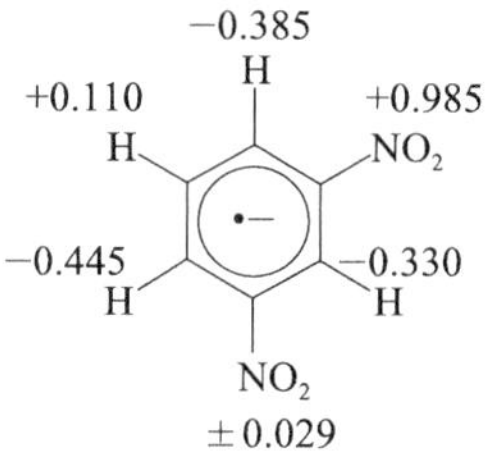

离子对：Na⁺，DME，298 K[620a]

作为与碱金属抗衡离子缔合的结果，含有两个不同且等效的 π 单元以容纳未配对电子的烃自由基阴离子也会遇到因自旋局域化造成的对称性降低。这一现象以图 6.22 所示的 9,9′-螺二芴 (**117**) 自由基阴离子的 ESR 谱为例来说明[141]。在 THF 中，延长钾还原中性化合物的反应时间导致 **117**·⁻ 和 K⁺ 的浓度逐渐增加，引起由四组每组 4 个 α 质子引起的初始超精细图谱 (t_1) 显而易见的变化：$a_{H1,1',8,8'} = +0.042$ mT 或 $+0.039$ mT，$a_{H2,2',7,7'} = +0.039$ mT 或 $+0.042$ mT，$a_{H4,4',5,5'} = -0.193$ mT。随着第二条谱 (t_2) 的每个谱峰强度的下降，获得了一个超精细峰数量从 $5^4 = 625$ 减少到 $3^4 = 81$ 的最终图 (t_3)，这来自四对质子的相互作用，虽然耦合常数增大了一倍：$a_{H1,8} = +0.080$ mT 或 $+0.078$ mT，$a_{H2,7} = 0.533$ mT，$a_{H3,6} = +0.078$ mT 或 $+0.080$ mT，$a_{H4,5} = 0.382$ mT。显然，两个联苯单元的质子参与了初始的超精细图谱，却只有一个联苯单元的质子给出最终的谱图。毫无疑问，通过这一单元上的表观自旋局域化，对称性从 D_{2d} 降低到 C_{2v}。尽管没有检测到 ³⁹K 超精细分裂，但这一发

现表明随着浓度的增加，存在自松散离子对向紧密离子对的转变，从而使阳离子的迁移速率减缓到超精细时间尺度以下。当使用 MTHF 代替 THF 作为溶剂并且在用钾长时间还原后将溶液冷冻时，观察到二价阴离子 **117**$^{\cdot\cdot 2-}$ 的基态或低能态三重态的 ESR 谱（$|D'|\approx 6$ mT），以及紧密离子对 **117**$^{\cdot-}$/K$^+$ 的 ESR 谱。在这个三重态中，每个联苯单元各容纳一个未配对电子，并与一个 K$^+$ 缔合。

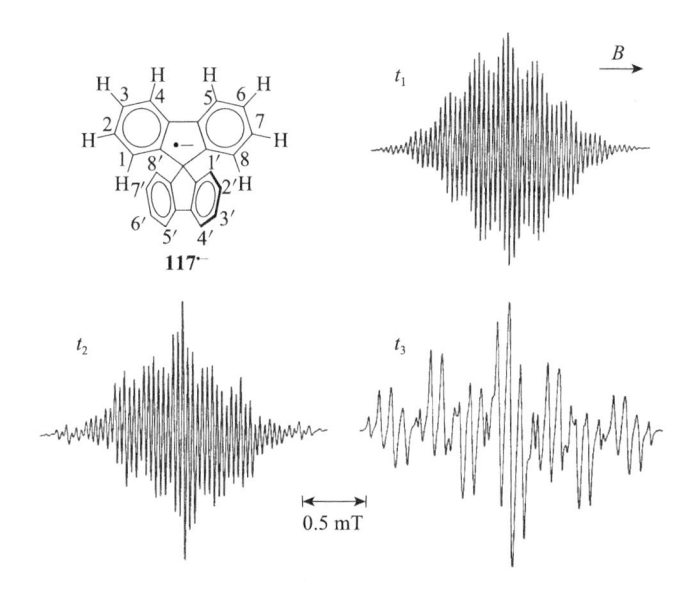

图 6.22　9,9'-螺二芴（**117**）自由基阴离子的 ESR 谱（为了清晰起见，省略了一个芴单元上的 H 原子）。溶剂 THF，抗衡离子 K$^+$，温度 213 K。暴露于钾镜的时间 t 以 $t_1<t_2<t_3$ 的顺序增加。超精细数据见正文。经许可复制[141]

在 [2.2] 对环蕃（**118**）中，两个苯环在约 300 pm 的位置呈刚性面对面，因此其自由基阴离子（表 8.22）是探测电子相互作用的合适体系。图 6.23 示意了在两种不同溶剂中钾与中性化合物反应形成的 **118**$^{\cdot-}$ 的谱图[152,621,622]。上边谱图是在 DME 中采集，其中加入少量 HMPT 以增强其阳离子溶剂化的能力。该谱图相对简单的超精细图谱产生于 $a_H(\alpha)=-0.297$ mT 的两个苯环上的一组 8 个 α 质子和 $a_H(\beta)=+0.103$ mT 的两个亚乙基桥上的一组 8 个 β 质子。在 THF 中则采集到更复杂的下边谱图，显示出 $5^4\times 4=2500$ 条线，而不是只有 $9^2=81$ 条线，这些相互作用源自两组每组各有 4 个 α 质子 [$a_H(\alpha)=-0.378$ mT 和 -0.196 mT]、两组每组各有 4 个 β 质子 [$a_H(\beta)=+0.127$ mT 和 $+0.068$ mT)] 和一个抗衡离子的 ^{39}K 磁性核（$|a_K|=0.012$ mT）。需要注意的

是，两个四质子一组的耦合常数 a_H 的平均值几乎等于对应的两个八质子一组的 a_H，并且后者一个数值似乎以大约 2∶1 的比例拆分以形成前者的两个值。毫无疑问，在从 DME/HMPT 到 THF 的过程中，**118**·⁻ 谱图的生动变化是离子对从松散的到更紧密的转变所引起的，其中，对称性因一个单元上的自旋布居部分局域化，从 D_{2d} 降低至 C_{2v}。在超精细时间尺度上，在松散离子对中阳离子在两个苯单元之间的迁移速率是迅速的，而在紧密离子对中是缓慢的，决定了这种明显的自旋局域化。在 DME/THF 混合物中，阳离子迁移速率与超精细时间尺度相当，这导致 ESR 谱的特征增宽（6.7 节）。

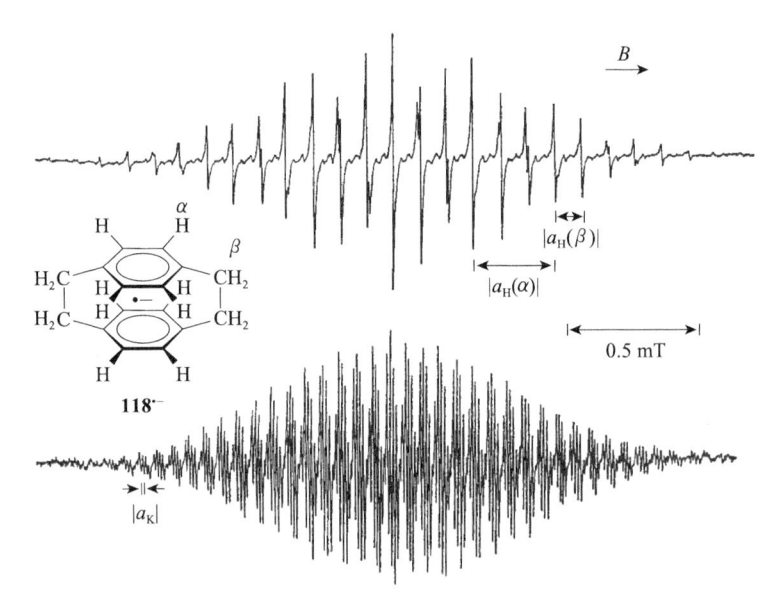

图 6.23 ［2.2］对环蕃（**118**）自由基阴离子的 ESR 谱。上图：混合溶剂 DME/HMPT（约 0∶1），抗衡离子 K⁺，温度 188 K。下图：溶剂 THF，抗衡离子 K⁺，温度 178 K。超精细数据见正文和表 8.22。经许可复制[152]

抗衡离子 K⁺ 因太大而不能嵌入 **118**·⁻ 中的两个苯环之间，虽然这样的"三明治"状的夹心结构在美学上很有吸引力。为了说明较低的 C_{2v} 对称性，设想了三对结构，其中在 D_{2h} 对称的 **118**·⁻ 中，阳离子位于三个双重 C_2 轴的一个轴的外侧。在一个苯环和与其相连的两个亚甲基被氘代后[621,622]，对 **118**-d_8·⁻ 的研究表明首选的离子对结构 **118**·⁻/K⁺ 是最令人期待的。在这个离子对中，阳离子位于垂直于苯环的 C_2 轴上，并在一个环上方和另一个环下方的两个等效位置之间迁移。

118·⁻/K⁺

对于顺式和反式的 [2.2](1,4) 环萘蕃 (*syn*-**119** 和 *anti*-**119**) 自由基阴离子，也获得结构类似的、以 K⁺ 为抗衡离子的离子对 (表 8.23)[142,623]。

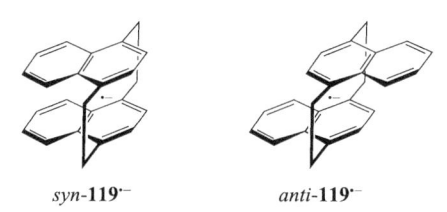

syn-**119**·⁻   *anti*-**119**·⁻

一个特殊的情况是匹拉省 (**96**) 自由基阴离子 (表 8.9)，它只有一个萘 π 体系来容纳未配对电子。以 Na⁺ 或 K⁺ 作为抗衡离子，从 DME 到 MTHF，**96**·⁻ 的超精细图谱表明其对称性由 D_{2h} 下降至 C_{2v}，这是因为离子对由松散的结构过渡到更紧密的结构[624]。这种降低不涉及自旋的重新分布，因为四个 α 质子的耦合常数 (0.163 mT) 并没有因结构转变而发生明显变化。对称性降低是由八个亚甲基 β 质子引起的，其耦合常数 $a_H(β) = +0.658$ mT 分裂为两组 4 个质子，$a_H(β_1) = +0.693$ mT 和 $a_H(β_2) = +0.637$ mT (对于 Na⁺，可观测到 0.176 mT 的 ²³Na 裂分)。在一个或两个亚甲基分别被氘代后，**96**-$d_2^{·-}$ 和 **96**-$d_4^{·-}$ 的 ESR 研究表明，阳离子的首选位点位于萘 π 体系中心上方或下方的垂直二重 C_2 轴上[625]。因此，阳离子位于其中的任意一个位置，都会使分子平面上方的四个 β 质子和分子平面下方的四个 β' 质子不再等性。当抗衡离子在两个位点之间的迁移速率与超精细时间尺度相当时，如在 THF 溶剂中，会观察到谱线的增宽效应。6.7 节将考虑这些影响。

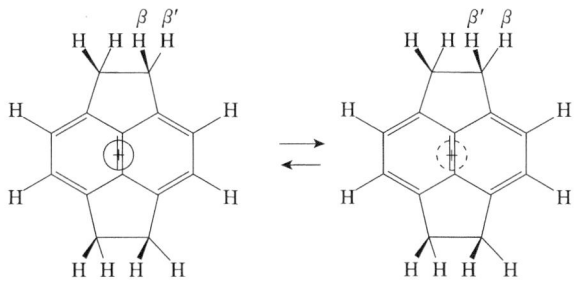

96·⁻/Alk⁺

补充说明

如 2.3 节所述，与碱金属抗衡离子的强缔合有利于形成二价和三价阴离子，它们分别与两个和三个阳离子缔合。这将平衡 $2\mathbf{M}^{\cdot-} \rightleftharpoons \mathbf{M}+\mathbf{M}^{2-}$ 向右移动。在一些研究中，检测到自由基阴离子与两种抗衡离子的暂时缔合，如对苯醌自由基阴离子（**19**$^{\cdot-}$），其中阳离子可以通过孤电子对与两个 O 原子相连[626,627]。对于一些羰基（或酮基）自由基，曾报道了由两个自由基阴离子和两个碱金属阳离子组成的团簇[591,618]。如此这般的两个抗衡离子可以被一个碱土金属阳离子取代，但不会引起额外的超精细分裂，因为 Mg、Ca、Sr 和 Ba 等最丰富的同位素都是非磁性的[591,618]。自由基二价阴离子与两个带正电荷的抗衡离子在等价或非等价位置缔合[67,188,189]。在部分自由基二价阴离子的此类离子对中，碱金属原子的耦合常数如表 A.2.3 所列。

用于形成三重态二价阴离子的碱金属性质，以三个相关抗衡离子的缔合而对零场参数 D 和 E 有很大的影响，虽然固态基质中的 ESR 谱并没有解析碱金属的超精细分裂[175,628]。

与自由基阴离子相反，对于自由基阳离子，很少观察到离子配对效应[629-631]，它们通常在极性溶剂中形成，以及含有不太适合紧密缔合的带负电荷的抗衡离子。

6.7 分子内的动力学过程

如 1.4 节所述，ESR 谱中的线宽主要由电子弛豫时间 T_{1e} 和 T_{2e} 决定，其中后者对没有重原子的有机自由基尤其有效。由这些机制引起的谱线增宽被称为均匀的（homogeneous），而由其他因素引起的谱线增宽被称为非均匀的（inhomogeneous）。对于均匀增宽，洛伦兹函数可以更好地再现谱峰的形状，对于非均匀增宽则用高斯函数。

非均匀的谱峰增宽可能是由磁场不均匀、不完全平均的 g 因子和/或超精细各向异性（特别是在固体和黏性介质中，见 6.5 节）以及未解析的超精细分裂等引起的。对于有机化学家来说，增宽效应最有趣的原因是分子间或分子内时间相关的动态现象。分子间现象包括自由基与其抗磁性前体或产物之间的电子交换等过程，如 6.3 节所述。从结构的角度来看，分子内现象的信息量更大。它们涉及超精细图谱因耦合常数 a_X 随时间而变化的过程。一般一个自由基的两个等价形式 I 和 II 是相互转化的；它们相互转化的速率是各自构象 I 和 II 寿命 τ 的倒数，并且与构象 I 和 II 中磁性核 X 的耦合常数 $|a_X^I|$ 和 $|a_X^{II}|$ 的差成正比：

$$\tau^{-1} \approx 2\pi(|a_X^I|-|a_X^{II}|) = 2\pi\gamma_e(|a_X^I|-|a_X^{II}|) \tag{6.5}$$

式（6.5）符合不确定关系［1.4 节和式（1.12）］。0.006～0.6 mT 的差 $|a_X^I|-|a_X^{II}|$ 对应于 10^6～$10^8\,s^{-1}$ 的速率 τ^{-1}，这与超精细时间尺度相当。通常有机自由基研究的温度范围是 200～300 K。在这个范围内，当 $|a_X^I|$ 和 $|a_X^{II}|$ 相差约小于 0.006 mT 时，它们表现出两个耦合常数的平均值 $(|a_X^I|-|a_X^{II}|)/2$。然后，需要低于 200 K 的温度才能获得比 $10^6\,s^{-1}$ 更慢的相互转换速率，在该速率下可以区分这两个值。相反地，对于大于约 0.6 mT 的差 $|a_X^I|-|a_X^{II}|$，温度必须升高到 300 K 以上，以实现比 $10^8\,s^{-1}$ 更快的相互转换速率和获得两个耦合常数的平均值 $|a_X|$。在这个速率与超精细时间尺度相当的温度下，可以观察到"异常"的超精细图谱。

尽管在构象 $I \rightleftharpoons II$ 相互转换时，两个磁性核 X_1 和 X_2 交换了它们彼此的耦合常数 a_{X_1} 和 a_{X_2}，但它们保留了各自的自旋量子数 $M_I(X_1)$ 和 $M_I(X_2)$，因此：

$$a_{X_1}^I = a_{X_2}^{II} \text{ 和 } a_{X_1}^{II} = a_{X_2}^I$$

但是，

$$M_I^I(X_1) = M_I^{II}(X_1) = M_I(X_1) \text{ 和 } M_I^I(X_2) = M_I^{II}(X_2) = M_I(X_2)$$

因此，超精细峰相对于谱图中心的位置可以表示成：

构象 I：

$$a_{X_1} M_I(X_1) + a_{X_2} M_I(X_2)$$

构象 II：

$$a_{X_2} M_I(X_1) + a_{X_1} M_I(X_2)$$

由于构象 $I \rightleftharpoons II$ 相互转换，对线宽 $(\Delta\nu)_{exch} = \gamma_e (\Delta B)_{exch}$ 的贡献取决于位移：

$$[a_{X_1} M_I(X_1) + a_{X_2} M_I(X_2)] - [a_{X_2} M_I(X_1) + a_{X_1} M_I(X_2)]$$
$$= (a_{X_1} - a_{X_2})[M_I(X_1) - M_I(X_2)]$$

对于快速的相互转换，线宽与寿命 τ 和该位移的平方成比例：

$$(\Delta\nu)_{exch} \propto \tau \cdot \gamma_e^2 \cdot (a_{X_1} - a_{X_2})^2 \cdot [M_I(X_1) - M_I(X_2)]^2 \quad (6.6)$$

其中，如果有两个以上的磁性核交换它们的耦合常数 a_{X_1} 和 a_{X_2}，那么 $M_I(X_1)$ 和 $M_I(X_2)$ 必须换成 $\sum M_I(X_1)$ 和 $\sum M_I(X_2)$。

图 6.24 示意了两对 X_1 和 X_2 的 $I \rightleftharpoons II$ 相互转换的超精细图谱，其中 $I=1/2$，如质子，即分别具有 +1、0 和 -1 的 $M_I(X_1)$ 和 $M_I(X_2)$。很明显，如式 (6.6) 所求，表现出最大差异 $|M_I(X_1) - M_I(X_2)|$ 的超精细峰受到最大的偏移和最明显的增宽。当相互转换速率 τ^{-1} 与超精细时间尺度相当时，只有位置和相关数字 $\sum M_I$ 都固定不变的三条谱峰保持不变。这些谱峰总是可以在 ESR 谱中观察到，而其他六条谱峰往往因增宽而无法辨认。这三条谱峰的相对强度是 1:4:1，间距是 $|a_{X_1} + a_{X_2}|$，即 $|a_{X_1}| + |a_{X_2}|$ 或 $|a_{X_1}| - |a_{X_2}|$，根据两个耦合常数是同

号还是异号；前一种情况更为常见。

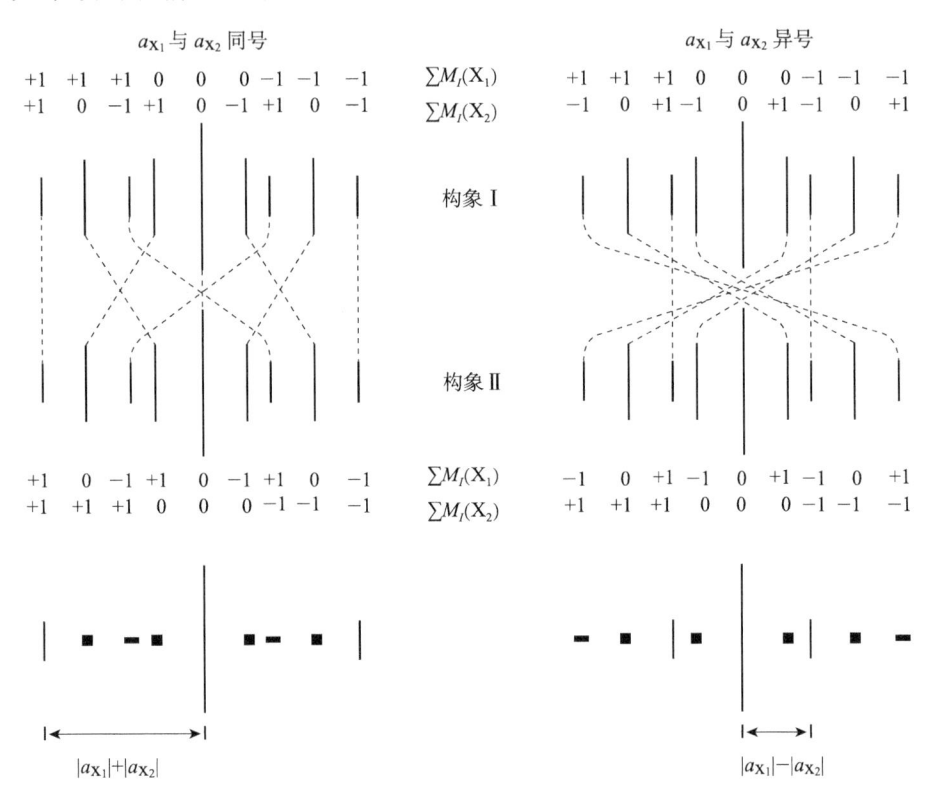

图 6.24 当两个等性构象Ⅰ和Ⅱ的相互转换速率和超精细时间尺度相当时，两个 $I=1/2$ 磁性核的耦合常数 a_{X_1} 和 a_{X_2} 交换所导致的谱线增宽

人们通常不会碰到那些观测具有不同的但又平均的 a_{X_1} 和 a_{X_2} 的超精细结构的 ESR 研究，因为它们需要超出一般的 200~300 K 的温度范围。

构象转变（conformational interconversion）

由于其非凡的持久性，10,11,12-三氢苊基自由基（**120·**）（表 8.4）可在 200 K 到高达 600 K 的温度范围内开展相关研究，ESR 谱如图 6.25 所示[89]。这个自由基其实是 1,9-亚丙基苊基自由基，因此，**120·** 中 α 质子的耦合常数，$a_{H3,7}=a_{H4,6}=-0.614$ mT 和 $a_{H2,8}=a_{H5}=+0.174$ mT，相当于苊基自由基（**4·**）的相应值，-0.629 mT 和 $+0.181$ mT。桥连两个 π 中心的亚丙基侧链历经一个半椅式构象的相互转换，通过这种相互转换，两对 β 质子和两个 γ 质子将它们的耦合常数在准直立和准平伏的位置间交换。然而，对于两个 γ 质子，差值 $|a_{H_{ax}}(\gamma)-a_{H_{eq}}(\gamma)|$ 太小以致哪怕是在 203 K 的温度下仍然无法在超精细时间尺度上观察到，只有平均耦合常数 $\bar{a}_H(\gamma)=\pm 0.047$ mT（符号待定）是

明显的。**120·** 的 ESR 谱对构象相互转换的惊人温度依赖是由两对 β 质子的耦合常数 $a_{H_{ax}}(\beta) = +1.197$ mT 和 $a_{H_{eq}}(\beta) = +0.299$ mT 的交换所造成的。在 203 K下，可以清楚地分辨这两个值，它们对由 $3^6 \times 2 = 1458$ 条线组成的超精细图谱的贡献占比是 $3^2 = 9$ 重超精细分裂。当温度升高时，特征谱线增宽开始，在 293 K 时观察到典型的反常超精细图谱，与 β 质子耦合常数相关的超精细峰强度比是 1：4：1。这几个谱峰的间距是 $|a_{H_{ax}}(\beta) + a_{H_{eq}}(\beta)| = 1.496$ mT，并且超精细峰数量明显减少了 1/3，变成 $3^5 \times 2 = 486$。加热溶液导致这些 $a_H(\beta)$ 的平均化，并且在 573 K 时谱图呈现出看似等性的四个 β 质子的超精细图谱，平均值 $\bar{a}_H(\beta) = +0.719$ mT，这五重分裂使最终的超精细峰变成了 $5 \times 3^4 \times 2 = 810$ 条。相对于 $|a_{H_{ax}}(\beta) + a_{H_{eq}}(\beta)|/2 = (+1.197 + 0.299)/2 = +0.748$ mT 的预期值，稍小的 $\bar{a}_H(\gamma)$ 值是由于溶剂和温度的变化，即从 203 K 的 DME 溶剂到 573 K 的 1-溴萘溶剂。

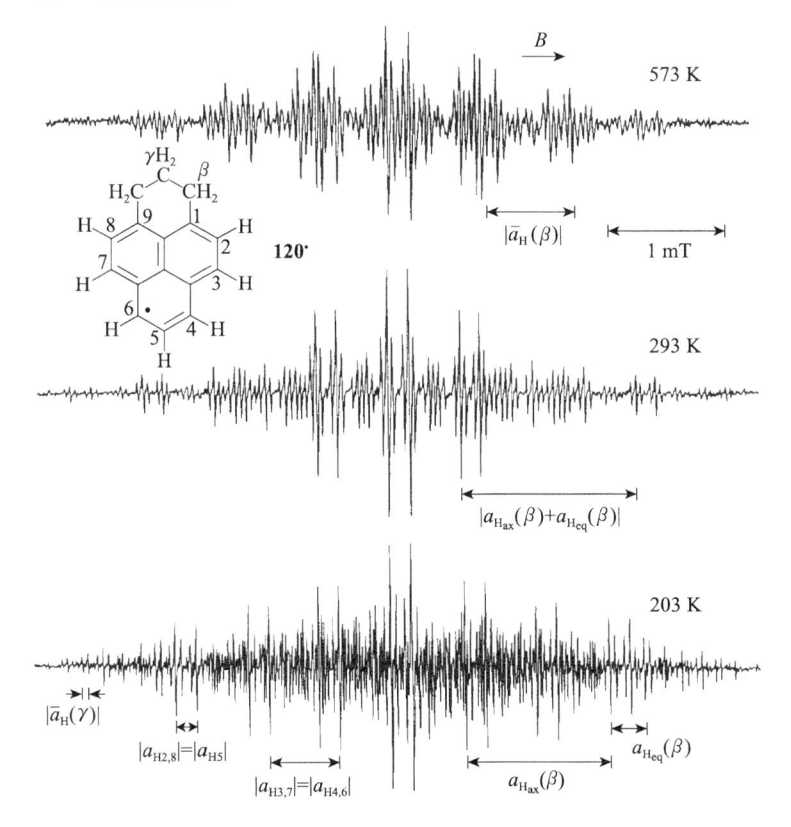

图 6.25 10,11,12-三氢苊基自由基（**120·**）的 ESR 谱。溶剂 1-溴萘（上、中图）和二甲氧基乙烷（下图），温度如图中所示。超精细数据见正文和表 8.4。经许可复制[89]

对于 β 质子，根据式（4.9），比值 $a_{H_{ax}}(\beta)/a_{H_{eq}}(\beta) = +1.197$ mT/

$+0.299$ mT$=4$，应等于 $\langle\cos^2\theta_{ax}\rangle/\langle\cos^2\theta_{eq}\rangle$，其中 θ_{ax} 和 θ_{eq} 是桥连 π 中心的 $2p_z$ 对称轴与 C—$H_{ax}(\beta)$ 和 C—$H_{eq}(\beta)$ 键之间的二面角；这是因为这两个耦合常数都与桥接中心 μ' 处的自旋布居 $\rho_{\mu'}^{\pi}$ 成比例。考虑到 $\theta_{ax}+\theta_{eq}$ 必须接近 $120°$，我们得出 $\langle\cos^2\theta_{ax}\rangle\approx1$ 和 $\langle\cos^2\theta_{eq}\rangle\approx0.25$，其中 $\theta_{ax}\approx0°$ 和 $\theta_{eq}\approx120°$ 对应一种构象，$\theta_{ax}\approx180°$ 和 $\theta_{eq}\approx60°$ 对应另一种构象，如图 6.26 上图所示。当将 **120**· 中 β 质子的两个耦合常数代入式（4.9）中，并令 $\rho_{\mu'}^{\pi}=0.225$ 作为 **4**· 中相应中心的自旋布居（4.2 节）时，得系数 $B_H^{C_{\mu'}-CH_{\mu'}}=+5.3$ mT，其位于适合于中性 π 自由基的范围内。

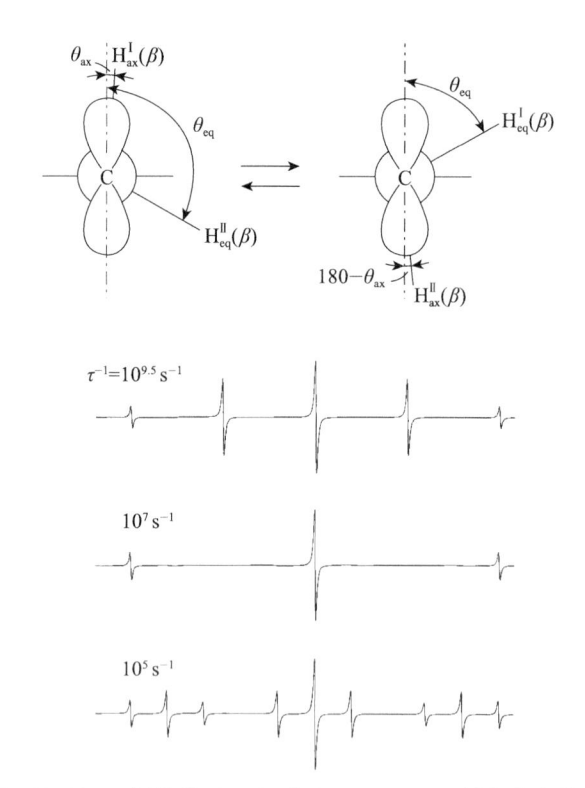

图 6.26　上图：$10,11,12$-三氢苝基（**120**）中 $C_{\mu'}$—$CH_2(\beta)$ 键方向上的 Newman 投影，彰显了构象相互转换时二面角 θ_{ax} 和 θ_{eq} 的变化。下图：计算所得的不同速率 τ^{-1} 的此类相互转换的超精细图谱

对于 $\tau^{-1}=10^5$ s^{-1}、10^7 s^{-1} 和 $10^{9.5}$ s^{-1} 三个交换率，图 6.26 示意了由计算机理论计算的比值是 $\dfrac{a_{H_{ax}}(\beta)}{a_{H_{eq}}(\beta)}=4$ 的两个耦合常数的导数曲线[632]，这对应于由 $a_{H_{ax}}(\beta)$ 和 $a_{H_{eq}}(\beta)$ 的超精细图谱，并分别于 203 K、293 K 和 573 K 温度在

120$^{\bullet}$中观察到。使用 $\log(\tau^{-1})$-$1/T$ 的 Arrhenius 曲线拟合，得 **120**$^{\bullet}$中亚丙基链相互转化的活化能约 27 kJ/mol。

在 π 自由基的构象相互转变过程中，ESR 谱中经常观察到亚甲基上的准直立和准平伏 β 质子的耦合常数交换。一些早期的案例是环已基自由基（**121**$^{\bullet}$）（表 7.2）[633]，4,5,9,10 -四氢芘（**122**）[634,635]和 1,2,3,6,7,8 -六氢芘（**123**）（表 8.9）[636]的自由基离子，以及一些三硫杂并环戊二烯衍生物 **124**（表 9.12）～**126**[209]的自由基阴离子。

121$^{\bullet}$ **122**$^{\bullet-}$/**122**$^{\bullet+}$ **123**$^{\bullet-}$/**123**$^{\bullet+}$

124$^{\bullet-}$, R=Me
125$^{\bullet-}$, R=Et
126$^{\bullet-}$, R=*i*-Pr

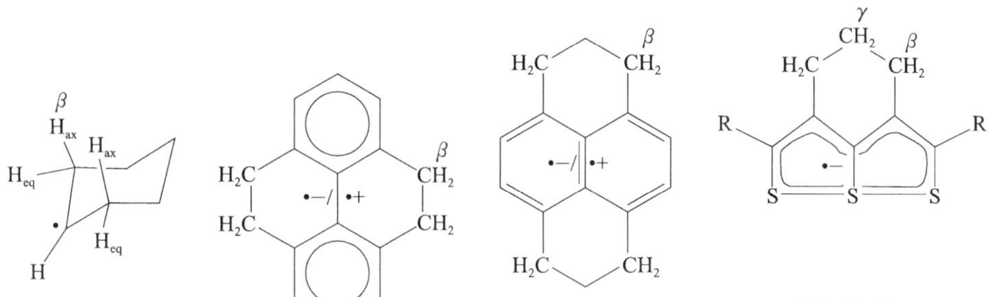

由于围绕单键的旋转受限，其他构象相互转化，如顺式和反式异构体的构象相互转化也已通过 ESR 进行研究。具体实例是 DMF 中对二硝基杜烯（**127**）（表 9.21）[637]和对苯二甲醛（**128**）（表 9.16）[638,639]的自由基阴离子（即不与它们的抗衡离子缔合），以及四甲基对苯二酚（**129**）（表 9.36）[640]和 1,4,5,8 -萘四酚（**130**）（表 9.37）[641]的自由基阳离子。对于 **128**$^{\bullet-}$、**129**$^{\bullet+}$和 **130**$^{\bullet+}$，存在四种异构体，两种顺式和两种反式，相互转化可被视为四级跳过程，与迄今为止考虑的两级跳过程相反。对于 **130**$^{\bullet+}$，这四种异构体集合如下所示。σ 结构的乙烯基自由基（**11**$^{\bullet}$）（表 7.9）也发生顺-反相互转化[34]，然而，这是构型的而不是构象的，因为这是由于围绕双键的旋转受到限制。

对于［2.2］对环蕃- 1,9 -二烯（**131**）自由基阴离子（表 8.22），观察到意外的构象相互转换。与［2.2］对环蕃（**118**）自由基阴离子相反，虽然 **131**$^{\bullet-}$的 ESR 谱没有表现出与碱金属抗衡离子缔合的可观察的效果[642]，但两种构象Ⅰ和Ⅱ的相互转换使它强烈地依赖于温度。这种相互转化不影响源自亚乙烯基 1、2、9 和 10 位的四个烯烃 α 质子的耦合常数 −0.422 mT。这一发现和对自由基阴离子 **131**-$d_8^{\bullet-}$（其中一部分，即 2、4、5、7、8 和 9 位被氘代）的 ESR 研究结果一起表明，两组 4 个 α 质子和每个苯环上的一对质子交换了它们的耦合常数，±0.046 mT 和∓0.020 mT。这个交换的两个特点值得注意：

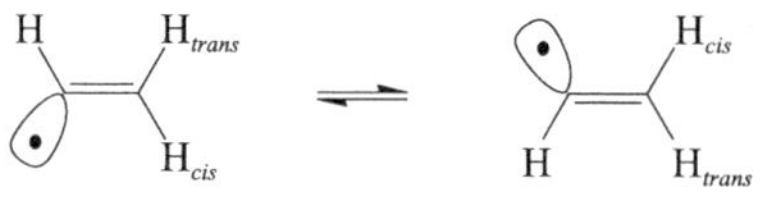

$11^{\cdot}$

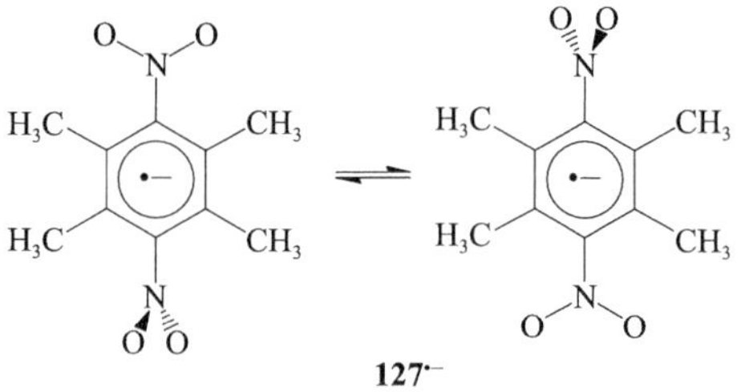

$127^{\cdot-}$

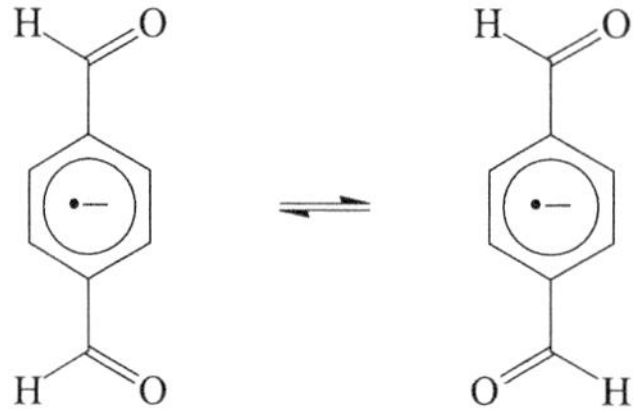

cis *trans*

$128^{\cdot-}$

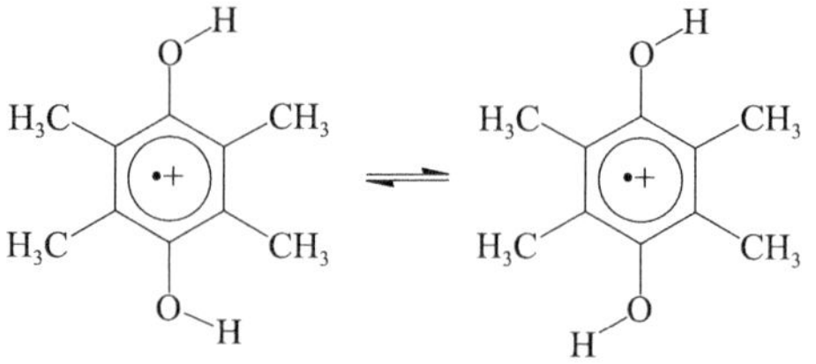

cis *trans*

$129^{\cdot+}$

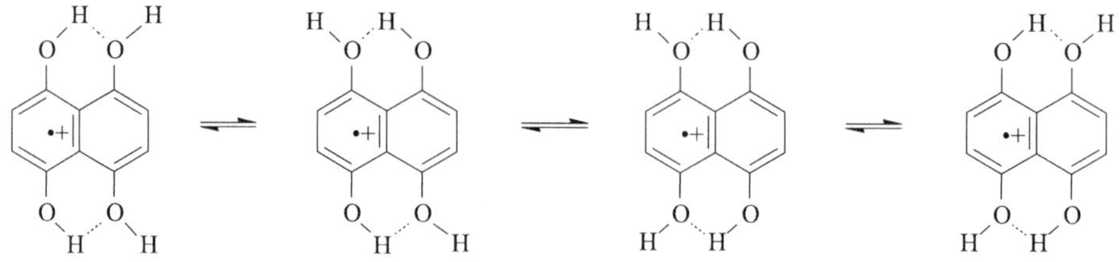

cis *trans* *cis* *trans*

$130^{\cdot+}$

首先，由于两个$|a_{\mathrm{H}}|$的差（=0.026 mT）相当小，在178～273 K温度范围内和相互转化率τ^{-1}为10^5～3×10^8 s^{-1}时，可以观察到具有慢、中和快交换特征的超精细图谱。其次，这两个值代表了一种相当罕见的情况，即交换中涉及的耦合常数具有相反的符号（另见文献［643］）。这一发现由反常超精细图谱表示，在该图中，相关谱峰的间隔是两个绝对值的差，而不是它们的总和。这样的图也符合八个质子的耦合常数的微小平均值，$\bar{a}_{\mathrm{H}}=(1/2)(\pm0.049\mp0.020)$ mT $=\pm0.046$ mT。

假设**131**$^{\cdot-}$的两个相互转换构象具有D_2对称性，其中两个苯环绕垂直于环的二重C_2轴在相反方向上旋转5°。彼此交换耦合常数的两组4个α质子分别是4、7、13、16位和5、8、12、15位的。基于Arrhenius曲线的拟合给出相互转化能垒是33 kJ/mol。

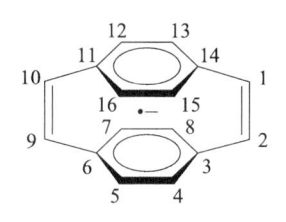

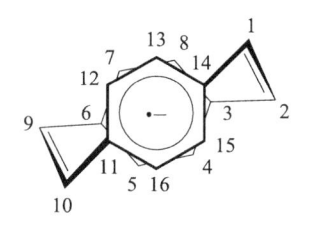

131·⁻

在一些自由基中，当两种构象 I 和 II 以相当于超精细时间尺度的速率 τ^{-1} 相互转换时，在它们的 ESR 谱中观察到交替排列的谱宽，如窄的单峰或峰组和宽的交替。这些谱图以 DMF 中的对二硝基均四甲苯（**127**）自由基阴离子（抗衡离子 Et_4N^+）的 ESR 谱（图 6.27）为例[637]，其中线宽效应是由两个硝基的 ^{14}N 耦合常数的调制造成的。活化势垒在 20~35 kJ/mol 范围内。

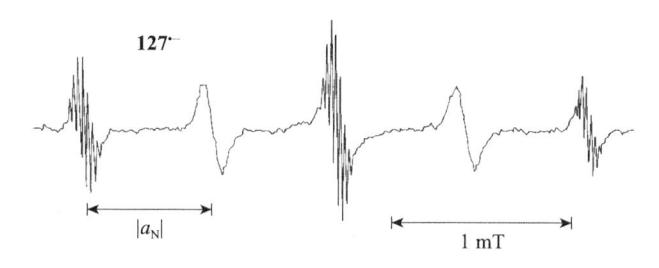

127·⁻

$|a_N|$ 1 mT

图 6.27 对二硝基均四甲苯（**127**）自由基阴离子的 ESR 谱（结构式见正文）。溶剂 DMF，抗衡离子 Et_4N^+，温度 298 K。超精细数据见表 9.21。经许可复制[637]

需要注意的是，像构象相互转化的分子内动力学过程，必须具有高于 40 kJ/mol 的活化势垒才能用 ^{1}H-NMR 来研究。这是因为化学位移 δ 的相关差异大约是 1 ppm，对于 100 MHz 谱仪而言这仅相当于 $100\ s^{-1}$ 的相互转换速率 τ^{-1}。因此，NMR 时间尺度比超精细时间尺度小 4~6 个数量级，这个差异需要更高的活化势垒以便在实验可及的温度范围内观察转换过程。

姜-泰勒效应（Jahn-Teller effect）

以这个名字命名的定理预测处于简并基态的非线形分子，为了降低能量会畸变成对称性降低和简并性消除的物种。这类分子是中性自由基或自由基离子，例如，苯自由基阴离子（**62·⁻**）就具有轴对称性，即有 $n>3$ 的旋转轴 C_n。通常对于每个自由基，必须考虑两个或多个较低对称性的畸变物种（"Jahn-Teller 物种"），它们在几何结构、对称性和自旋分布等方面存在差异。由于这些物种具有相同或几乎相同的能量，它们在超精细时间尺度上迅速相互转换（"动态 Jahn-Teller 效应"），因此在实测的 ESR 谱中较高的轴对称性似乎没有降低（有效对称性）。如 5.2 节所述，Jahn-Teller 效应通常以 ESR 谱峰的增宽来揭示，信号强度在高于普通微波功率的情况下饱和。

有时，某些 Jahn-Teller 物种可以被稳定下来，并在特定条件下观察其 ESR 谱（"静态 Jahn-Teller 效应"）。例如，对于苯自由基阳离子（**62**$^{·+}$ 的 D_{6h} 对称性降低至 D_{2h}）和轴对称的饱和烃自由基阳离子（10.1 节），此类 ESR 谱已被报道，当 **62**$^{·+}$ 和这些烃自由基阳离子在非常低的温度下在氟利昂基质中用 γ 辐照产生时[644]。

电子转移和抗衡离子迁移

采用热、光催化或放射性处理，可以诱导电子在通过间隔片段相连在一起的供体和受体之间的分子内转移，其速率取决于所涉及的两个 π 单元的间距和取向。实际上，ESR 是研究顺磁性物质中电子转移的一种可供选择的技术之一，因为相关电子传递速率通常在 $10^6 \sim 10^8$ s^{-1} 的超精细时间尺度内。因此，该技术已应用于研究含有两个等性单元和间隔物的自由基阴离子。其中一个单元容纳未配对电子，起供体的作用，而另一个是中性的，作为受体［以下分别称为供-受体单元（donor/acceptor moieties）］。在解释这类 ESR 研究的结果时，必须特别注意实验条件，以确保观察到的自旋再分配速率如实地反映真实的电子转移速率。通常由于自由基阴离子与其抗衡离子的缔合，电子转移的速率由抗衡离子在自由基阴离子中两个单元的首选位点之间的同步迁移来控制。升高温度并没有产生更高的电子转移速率，因为这降低了溶剂的阳离子溶剂化能力，从而增强了缔合并减缓了抗衡离子的迁移。

在 6.6 节中提到这种类型的例子，即 [2.2] 对环蕃（**118**）自由基阴离子，其中两个苯环之间的电子自旋转移伴随着阳离子一个环上方和另一个环下方的两个位点之间的迁移。两个亚乙基桥并不能真正起到间隔物的作用，因为未配对电子更容易通过相距仅约 300 pm 的两个环 π 电子云直接转移。

另一个这种类型的例子是顺式-10,11-二甲基二苯基琥珀酰-9,12-二酮（**132**）自由基阴离子，其中两个类苯乙酮单元通过作为间隔物的 C—C 单键相连在一起[215]。在醚中 **132** 与钾反应形成自由基阴离子，其中抗衡离子 K$^+$ 在一个单元中紧密连接到 O 原子的孤电子对上。在 DME 的 **132**$^{·-}$ 中，该单元的部分自旋定位情况如图 6.28 中左下图的 ESR 谱所示，抗衡离子是 K$^+$。在一个类苯乙酮单元中，四组单 α 质子的耦合常数是 $a_{H1} = +0.106$ mT、$a_{H2} = -0.544$ mT、$a_{H3} = +0.077$ mT 和 $a_{H4} = -0.394$ mT，远大于另一单元的 $a_{H5} = +0.028$ mT、$a_{H6} = -0.082$ mT、$a_{H7} = +0.009$ mT 和 $a_{H8} = -0.028$ mT（理论要求的归属和符号）。即使 DME 被 THF 或 MTHF 代替，或者 K$^+$ 被 Li$^+$ 或

Na$^+$ 代替，也没有观察到碱金属原子的超精细分裂。如图 6.28 的左上图所示，当向 **132**$^{•-}$ 的 DME 溶液中加入大量 HMPT（每单位体积约 1/3）时，超精细图谱发生显著变化。此时，抗衡离子优先被具有更高阳离子溶剂化能力的 HMPT 分子所包围，而且 K$^+$ 与自由基阴离子的缔合被削弱，以至于抗衡离子迁移的速率在超精细时间尺度上变得非常迅速。因此，谱图给出 α 质子对的耦合常数是 $a_{H1,5} = +0.059$ mT，$a_{H2,6} = -0.312$ mT，$a_{H3,7} = +0.040$ mT 和 $a_{H4,8} = -0.193$ mT（与上面给出的单个质子的平均值的一些偏差也是源于溶剂的变化）。

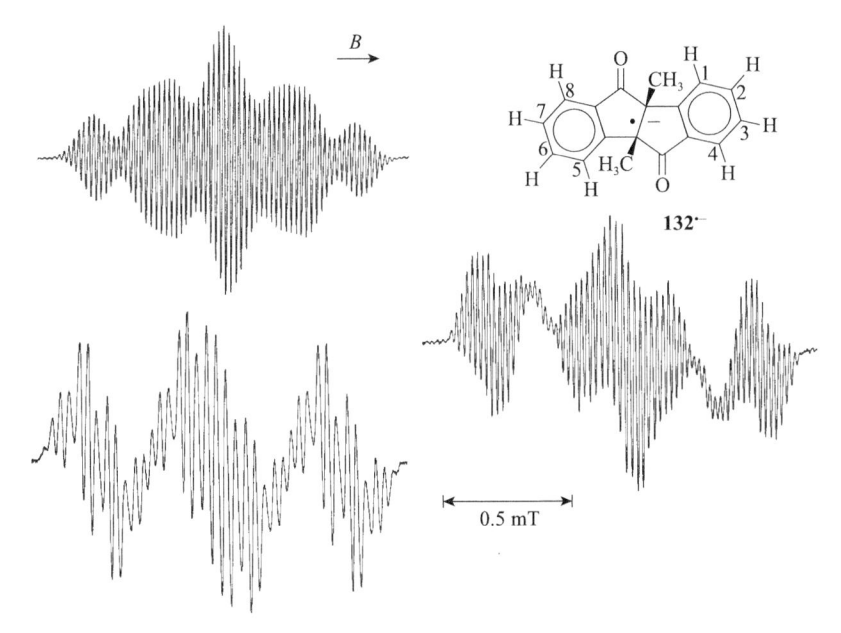

图 6.28　顺式-10,11-二甲基二苯基琥珀酰-9,12-二酮（**132**）自由基阴离子的 ESR 谱。溶剂、抗衡离子和温度分别是：左上图，DME/HMPT（2∶1），K$^+$，183 K；左下图，DME，K$^+$，183 K；右图：DMF，Et$_4$N$^+$，213 K。超精细数据见正文。经许可复制[215]

对于在 DMF 中以 Et$_4$N$^+$ 为抗衡离子电解产生的自由基阴离子 **132**$^{•-}$，其中离子配对仅起配角作用，在 193～298 K 范围内的研究揭示了抗衡离子迁移速率对温度的明确依赖性（添加微量乙腈以防止溶液在 210 K 以下冻结）。该速率从 193 K 的 5.3×10^6 s^{-1} 加速到 253 K 的 3.5×10^8 s^{-1}，用 Arrhenius 曲线拟合给出 29 kJ/mol 的活化势垒。在该速率与超精细时间尺度相当的温度下，观察到如图 6.28 中右图所示的特征超精细图谱，温度 213 K，速率 2.8×10^7 s^{-1}。在 253 K 以上，该速率足够快以产生类似于在 DME/HMPT 中观察到的谱图，从而诊断在两个类苯乙酮基上的自旋离域。

为了确定电子转移对供体-受体间距的依赖，还对自由基阴离子进行了好几项 ESR 研究，其中两个等性单元用不同长度的间隔片段连接。在大多数此类研究中，这些单元用间隔片段连接的萘 π 体系表示，其刚性增加的次序是 **133**[9d,645,646]＜**134**[647]＜**135**[423]＜**136**[424]。其中，数字 **135** 和 **136** 中的每一个还另外再代表由（1）、（2）和（3）指定的三种同系物；**135** 的那些同系物是以实验上无法分离的顺、反构象存在。在 **135（1）**、**135（2）** 和 **135（3）** 的顺式构象中，两个萘 π 体系的中心间距预计分别是 740 pm、1190 pm 和 1640 pm；对于它们的反式构象，预计距离分别是 880 pm、1280 pm 和 1710 pm。在 **136（1）**、**136（2）** 和 **136（3）** 系列中，类似的间距分别是 630 pm、800 pm 和 1030 pm。

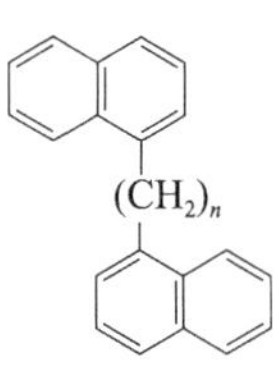

133, n=3~6,8,10,12

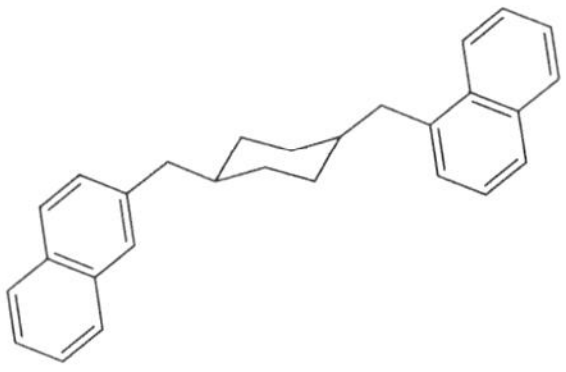

134

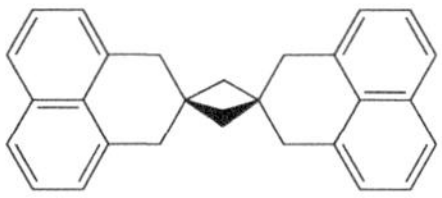

135（1）

syn-**135（1）**

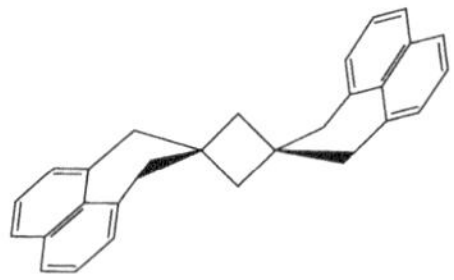

anti-**135（1）**

135（2）

135（3）

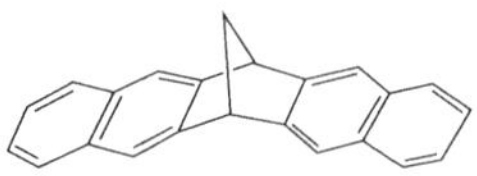

136（1）

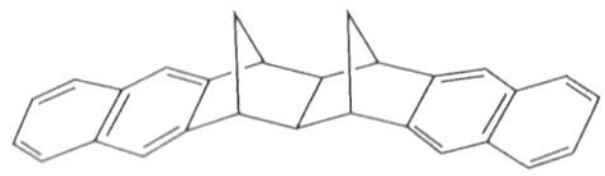

136（2）

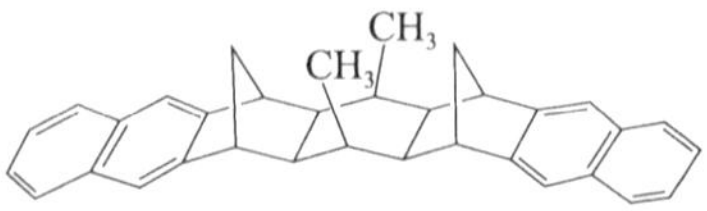

136（3）

135 和 **136** 的六种化合物的自由基阴离子都是在 DME、MTHF 或 DME/HMPT 混合溶剂中与钾反应而产生的，然后在 200~290 K 范围用 ESR 和 ENDOR 对它们进行研究。**135(1)**$^{\cdot-}$ 在 DME 或 MTHF 中的超精细图谱，以及 **135(2)**$^{\cdot-}$ 与 **135(3)**$^{\cdot-}$ 在所有这些溶剂中的超精细图谱，都表明自旋定域在一个萘单元上。**135(1)**$^{\cdot-}$ 在 DME/HMPT（1∶3）混合溶剂中的 ESR 和 ENDOR 揭示了自由基阴离子的存在，其中自旋布居离域在两个单元中。在第二个同系物中，**136(1)**$^{\cdot-}$ 的超精细图谱类似于联萘自由基阴离子的图，且和溶剂无关，因此 **136(1)**$^{\cdot-}$ 可以被认为是后者的同源衍生物，其中自旋布居通过两个 C—C 单键高位共轭离域。另外两个较大的自由基阴离子，**136(2)**$^{\cdot-}$ 和 **136(3)**$^{\cdot-}$，表现出更大的溶剂依赖性。对于 MTHF，仅在一个单元中发现自旋局域化，但对于 DME 和 DME/HMPT，呈现出局部自旋布居的自由基阴离子和自旋布居离域在两个单元上的自由基阴离子共存于溶液中。因此，正如预期的那样，具有自旋局域化的自由基阴离子在 **136(3)**$^{\cdot-}$ 中比在 **136(2)**$^{\cdot-}$ 中更有利。在每个研究中，呈现出自旋局域化的自由基阴离子的浓度随着溶液与钾的长时间接触而增加，但它的浓度随着溶剂中 HMPT 的比例增加而降低，有利于具有离域自旋布居的自由基阴离子。

自由基阴离子 **135**$^{\cdot-}$ 和 **136**$^{\cdot-}$ 属于不同的同系物，它们的结果表明，即使在具有高阳离子溶剂化能力的溶剂中并且在没有明显离子配对的情况下，这种含有两个由间隔片段连接的 π 单元的自由基阴离子中的电子转移速率，也取决于同步的抗衡离子迁移。当具有多达 6 个 C—C 单键的刚性间隔物将两个 π 单元保持在大于 700 pm 的距离时，该速率可以超过 10^7 s^{-1}。

当化合物与钾长时间接触后，在冷冻 MTHF 中观察到 **135(1)**、**136(2)** 和 **136(3)** 的基态或低能态三重态二价阴离子的 ESR 谱[423,424]。三重态二价阴离子 **135(1)**$^{\cdot\cdot 2-}$、**136(2)**$^{\cdot\cdot 2-}$ 和 **136(3)**$^{\cdot\cdot 2-}$ 的近似轴对称张量 D 的零场分裂 $|D'|$=4.7 mT、5.7 mT 和 2.5 mT，这与上面给出的两个萘单元的中心间距相一致［式（2.7）］。这种一致性表明两个单元中的每一个都容纳了一个未配对电子。

下篇　专论部分

由 7.1～11.3 节和附录等一起组成的下篇——专论部分，是对 ESR 所研究的有机自由基领域的综述。不言而喻，这些综述中所列举的超精细数据和代表性自由基的特征仅仅占自由基总数的极小部分；一个更综合性的数据库已出版成 Landolt-Börnstein 汇编系列中[18]①。除非另有说明，各个表中列举的磁性核 X 的耦合常数 a_X 都是以 mT 为单位的各向同性的值。当正、负值很明显并通过实验和/或理论验证时，就会赋予它们相应的符号。当符号不确定时，则引用没有符号的绝对值 $|a_X|$。

---

① 译者注：Landolt-Börnstein 的 *Group* II *Molecules and Radicals*，截止到 2024 年已经出版 107 卷，感兴趣的读者请自行参阅。

第 7 章 单、双或三核中心的有机自由基

通常有机自由基很难被明确地归类为以特定原子为中心。显然，如果大部分自旋布居（the bulk of the spin population）定域于数量有限的 C 原子或杂原子上，那么应将自由基视为以数量有限的 C 原子或杂原子为中心。然而，应该如何解释"大部分"（bulk）呢？是超过 50% 还是高达 90% 的自旋布居？

当 R^i 是 H 或烷基时，通式为 $R^1R^2R^3C^·$ 的烷基符合作为 C 中心物种的条件。当自由基中心的 C 原子与杂原子连接时，这样的烷基分类就变得不那么保险了。烷基醛或烷基酮 R^1R^2CO 的自由基阴离子，仍然可以认为是以 C 原子为中心的（7.1 节），因为根据式 $R^1R^2C^·$—O^-，未配对电子会优先被吸电子基团 $\diagdown C=O$ 中的 C 原子所容纳。这种倾向在该类化合物的质子化自由基阴离子 $R^1R^2C^·$—OH 中甚至更加突出，这可以被视为 C 中心的羟烷基自由基。相反地，在醛和酮的自由基阳离子 $R^1R^2C=O^{·+}$ 中，未配对电子定域在 O 原子上，因此这些物种应被视为 O 中心。

类似的歧义也存在于其他种类的有机自由基中。例如，根据分子式 R—$S^·$=O，烷基亚磺酰基可以被归属为 S 中心。然而，考虑到 O 携带很大一部分的自旋布居，在 7.5 节中将它们优先归属为 SO 中心，用以区别于烷硫基自由基 $R^1R^2S^·$。

尽管存在 π 共轭体系，一部分 σ 自由基如芳基、芳基亚氨基和芳基亚氨氧基等，也分别被归类为 C、N 和 NO 中心，因为自旋布居在很大程度上定域于一个或两个携带未配对电子的原子轨道中（7.1 节）。

7.1 以 C、N 或 O 原子为中心的自由基

烷基自由基

以碳原子为中心的自由基可被视为甲基自由基 $H_3C^·$（**58·**）的衍生物，其中

未配对电子被容纳在 C 原子的 $2p_z$ 轨道中（4.1 节）。开链烷基自由基 $R^1R^2R^3C^·$，可以视为甲基自由基 $H_3C^·$ 中的一个（$R^1=R^2=H$）、两个（$R^1=H$）或全部三个 H 原子被烷基 R^i 取代，但在环烷基自由基中，携带自旋的 C 原子被并合到一个或多个环中。根据 $H_3C^·$ 中的一个、两个或三个 H 原子被 C 原子或其他原子取代的情况，它们分别被称为伯（1°，一级碳）、仲（2°，二级碳）或叔（3°，三级碳）烷基自由基。

与烷基自由基的结构和超精细数据相关的一个特征是自由基中心 $C^·$ 原子的几何结构。作为 $C^·$ 平面的诊断是连在 $C^·$ 原子上 α 质子的 a_H 和该中心原子 ^{13}C 同位素的 a_C。对于平面的甲基自由基（**58·**），相应的值是 $a_H = -2.304$ mT 和 $a_C = +3.834$ mT，它可被当成一个 π 自由基，即"单 π 中心"，其自旋布居定域于 $C^·$ 原子的 $2p_z$ 轨道中（4.1 节）。在这个中心，与平面结构的逐渐偏离（即"角锥化"）意味着 s 轨道对 $C^·$ 原子携带自旋轨道的贡献逐渐增加，即从 $2p_z$ 轨道逐渐转变成 sp^n 杂化，或者，一般从 π 自由基转变成 σ 自由基。这种转变所产生的影响已在 4.3 节详细描述。由于 s 轨道对超精细耦合常数的贡献始终是正的，因此与 $C^·$ 原子相连的 α 质子的 a_H 变成绝对值在减小的负值。所以，它们的绝对值首先随着角锥化的增强而减小，并且在达到零后继续增大，因为此时耦合常数已是正值。相反地，由于 $C^·$ 原子中 ^{13}C 同位素的耦合常数在平面结构中本身就是正的，因此 a_C 及其绝对值一起随着角锥化增强而稳步增大。在一些自由基中，烷基自由基在 $C^·$ 中心获得平面的倾向受到电子和/或空间因素的抵消。

表 7.1 列举了一些开链烷基自由基的超精细数据[34,38,54,438,482,553,648-650]。两个最简单的自由基，甲基自由基（**58·**）和乙基自由基（**59·**），已经在 4.1 节中进行详细分析。与 **58·** 一样，烷基自由基中含自旋的 $C^·$ 原子通常是平面的。从正丁基自由基（**137·**）到正戊基自由基（**138·**）和正己基自由基（**139·**），亚甲基 α、β 和 γ 质子的耦合常数并没有显著变化。甲基自由基 $H_3C^·$ 的 H 原子被任何不破坏平面结构的烷基 R^i（$i=1\sim3$）取代，都会造成耦合常数 $|a_H|$ 的减小，因为 $C^·$ 原子的 $2p_z$ 自旋布居是根据如下关系递减的：

$$\rho_C^{2p} = \prod_i [1-\Delta(R^i)] \tag{7.1}$$

其中，$\Delta(R^i)$ 是取代基 R^i 的特征参数。对于 $R^i = CH_3$、CN 和 OH，建议使用的 $\Delta(R^i)$ 分别是 0.081、0.148 和 0.160[651]。

表 7.1　部分开链烷基自由基的超精细数据

名称	结构	核	值	参考
甲基(methyl) **58·**	$\overset{\alpha}{H_3C\cdot}$	3H(α) ^{13}C	−2.304 +3.834	[34] [38,438]
乙基(ethyl) **59·**	$\overset{\alpha}{CH_3}\overset{\beta}{CH_2}\cdot$	2H(α) 3H(β) $^{13}C\cdot$ $^{13}C(\alpha)$	−2.238 +2.687 +3.907 −1.357	[34] [438]
正丙基(n-propyl) **60·**	$\overset{\gamma}{CH_3}\overset{\beta}{CH_2}\overset{\alpha}{CH_2}\cdot$	2H(α) 2H(β) 3H(γ)	−2.208 +3.332 0.038	[34]
正丁基(n-butyl) **137·**	$CH_3\overset{\gamma}{CH_2}\overset{\beta}{CH_2}\overset{\alpha}{CH_2}\cdot$	2H(α) 2H(β) 2H(γ)	−2.208 +2.933 0.074	[648]
正戊基(n-pentyl) **138·**	$C_2H_5\overset{\gamma}{CH_2}\overset{\beta}{CH_2}\overset{\alpha}{CH_2}\cdot$	2H(α) 2H(β) 2H(γ)	−2.196 +2.857 0.075	[649]
正己基(n-hexyl) **139·**	$C_3H_7\overset{\gamma}{CH_2}\overset{\beta}{CH_2}\overset{\alpha}{CH_2}\cdot$	2H(α) 2H(β) 2H(γ)	−2.196 +2.857 0.075	[649]
异丙基(isopropyl) **140·**	$\overset{\alpha}{(CH_3)_2}\overset{\alpha}{CH}\cdot$	H(α) 6H(β) $^{13}C\cdot$ $2^{13}C(\alpha)$	−2.211 +2.468 +4.130 −1.320	[34] [553]
叔丁基(tert-butyl) **141·**	$\overset{\alpha}{(CH_3)_3}\overset{\alpha}{C}\cdot$	9H(β) $^{13}C\cdot$ $3^{13}C(\alpha)$	−2.272 +4.520 −1.235	[34] [553]
羟甲基(hydroxymethyl) **142·**	$\overset{\alpha}{HOCH_2\cdot}$	2H(α) H(O) ^{13}C	−1.798 −0.115 +4.737	[54] [650]
氰甲基(cyanomethyl) **143·**	$\overset{\alpha}{NCCH_2\cdot}$	2H(α) ^{14}N	−2.098 +0.351	[651]
氟甲基(fluoromethyl) **144·**	$\overset{\alpha}{FCH_2\cdot}$	2H(α) ^{19}F ^{13}C	+2.11 +6.43 +5.48	[482]
二氟甲基(difluoromethyl) **145·**	$\overset{\alpha}{F_2CH\cdot}$	H(α) $2^{19}F$ ^{13}C	+2.22 +8.42 +14.88	[482]
三氟甲基(trifluoromethyl) **87·**	$F_3C\cdot$	$3^{19}F$ ^{13}C	+14.45 +27.16	[482]

对于叔丁基自由基（**141·**），需要考虑与平面结构的稍微偏离，这是因为其耦合常数 $a_C=+4.52$ mT 超过了 **58·** 的相应值[652]。更引人注目的是，随着 H 原子被 F 原子连续取代，C· 中心的角锥化逐渐增强。从 **58·** 到其一氟（**144·**）、二氟（**145·**）和三氟（**87·**）取代衍生物，a_C 分别从 +3.834 mT 增加到 +5.48 mT、+14.88 mT 和 +27.16 mT；最后一个值对应于 C 原子的 sp^3 杂化（4.3 节）。**144·** 和 **145·** 的 a_H 很可能是正的，与 **58·**～**60·** 和 **137·**～**40·** 的负值相反。

表 7.2 列举了最简单的单环烷基以及几个相关物种的超精细数据，其中，**147·**～**150·** 是通过环氧乙烷、氧杂环丁烷和 THF 发生拔氢反应而形成的[34,438,653-656]。相对于那些较大的环烷基，环丙基自由基（**14·**）的 $|a_H|$ 大幅降低。正如 4.3 节指出的那样，C—H(α) 键并没有位于三元环平面内，且 C· 原子携带自旋的轨道务必归类为介于 $2p_z$ 和 sp^3 杂化轨道之间。根据最精确的后自洽场方法（post-HF）计算[657,658]，**14·** 的 $a_H(\alpha)$ 仍应为负的，但 $a_H(\beta)$ 和 a_C 如预期的那样是正的。而在环丁基自由基（**61·**）和环戊基自由基（**146·**）中，碳环被当成是等效的平面，因为在超精细时间尺度上四个 β 质子呈现等性，环己基自由基（**121·**）的直立和平伏质子则表现出不同的 $a_H(\beta)$，它们是通过环反转而发生交换（6.7 节）。

表 7.2 部分单环烷基自由基的超精细数据

环丙基(cyclopropyl) **14·**		H(α) 4H(β) ^{13}C·	−0.651 +2.342 +9.59	[34] [653]
环丁基(cyclobutyl) **61·**		H(α) 4H(β) 2H(γ)	−2.120 +3.666 0.112	[34]
环戊基(cyclopentyl) **146·**		H(α) 4H(β) 4H(γ)	−2.148 +3.516 0.053	[34]
环己基(cyclohexyl) **121·**		H(α) 2H$_{ax}$(β) 2H$_{eq}$(β) 2H(γ) ^{13}C·	−2.13 +3.94 +0.53 0.071 +4.13	[34] [438]
环氧乙烷基(oxiranyl) **147·**		H(α) 2H(β) ^{13}C· ^{13}C(α)	+2.45 +0.53 +12.10 0.30	[654]

环氧丙烷基(oxetanyl) **148·**	γ H$_2$C—CH$_2$ β / CH α \ O	H(α) 2H(β) 2H(γ)	0.805 +2.87 0.15	[655]
四氢呋喃-2-基 (tetrahydrofuran-2-yl) **149·**	γ H$_2$C—CH$_2$ β / CH α γ' H$_2$C—O	H(α) 2H(β) 2H(γ) 2H(γ')	−1.210 +2.848 0.164 0.082	[656]
四氢呋喃-3-基 (tetrahydrofuran-3-yl) **150·**	CH$_2$ β / CH α O \ CH$_2$ β'	H(α) 2H(β) 2H(β')	−2.12 +0.353 +0.353	[656]

同样地，应用于环丙基自由基（**14·**）超精细数据的高级理论计算方法，也被用来研究环氧乙烷基自由基（**147·**）[658]。将 **14·** 中的一个亚甲基替换为 **147·** 中的 O 原子，具有深远的影响，因为 $a_H(\alpha)$ 从 −0.651 mT 增大到 +2.45 mT，$a_H(\beta)$ 则从 +2.342 mT 降至 +0.53 mT，a_C· 从 +9.59 mT 增加到 +12.10 mT。这些变化应该是由于几何效应而不是直接的电子效应，特别是 C· 中心处于显著增强的角锥结构中。注意相对较大的且是正的 $a_H(\alpha)$，其符号与环丙基和其他较大环烷基的值相反。在 **147·** 中两个 β 质子在超精细尺度上看起来是等性的，但它们在 C· 中心氘代的自由基 **147-d·** 中是可以区分的，其中原先等性双质子的 $a_H(\beta)$ 分裂成 +0.523 mT 和 +0.474 mT，每个值对应一个质子[654]。

中心 C· 原子的角锥化，也影响了 **148·** 和 **149·** 中直接与 O 原子相连的 C· 原子上质子的耦合常数 $a_H(\alpha)$。然而，在 **150·** 中，C· 原子通过一个 sp^3 杂化的饱和 C 原子与 O 原子隔开，但 −2.12 mT 的 $a_H(\alpha)$ 表明自由基中心大致是平面的。

在表 7.3，超精细数据来自一部分通过拔氢反应而产生的多环烷基自由基，如双环 [1.1.0] 丁烷、双环 [2.2.0] 己烷、双环 [2.2.1] 庚烷（降冰片烷）、金刚烷和立方烷[41,458,659-666]。双环 [1.1.0]丁-2-基自由基（**151·**）的 ^{1}H 耦合常数表现出显著的特征，理论上这些数据与环丙基自由基（**14·**）的一起作比较研究[658,667]。对于 **151·**，实验数据与计算结果一致，其中 C—H(α) 键位于外侧位，与原先的归属相反[458]。对于耦合常数 $a_H(\alpha)$ = 0.785 mT，需要一个正号，这表明在 **151·** 中 C· 中心的角锥化比 **14·** 的更强，$a_H(\alpha)$ = −0.651 mT，但不如环氧乙烷基自由基（**147·**）的明显，$a_H(\alpha)$ = +2.45 mT。两个次甲基质子小的耦合常数，$a_H(\beta)$ 仅为 +0.440 mT，表明 C—H(β) 键与中心 C· 原子

"名义"上的 $2p_z$ 对称轴形成大的二面角（约 $75°$），而亚甲基质子的大耦合常数，$a_{H_{endo}}(\gamma) = +1.264$ mT，还展示了有效的远程耦合。出人意料地，理论计算要求将该值归属给内侧位的 γ 质子，而不是归属给外侧位的 γ 质子 $[a_{H_{exo}}(\gamma) = -0.081$ mT$]$，因为对于该自由基中外侧构象的 C—H(α) 键，不存在 W 字形排列的远程耦合（4.2 节）。

表 7.3　部分多环烷基自由基的超精细数据

双环[1.1.0]丁-2-基 (bicyclo[1.1.0]but-2-yl) **151·**		H(α) 2H(β) H$_{endo}$(γ) H$_{exo}$(γ)	+0.785 +0.440 +1.264 −0.081	[458]
双环[2.2.0]己-1-基 (bicyclo[2.2.0]hex-1-yl) **152·**		2H$_{exo}$(β) 2H$_{endo}$(β) H(β') 4H(γ)	+2.20 +1.07 +0.62 <0.15	[659]
降冰片烷-1-基(1-norbornyl) **153·**		2H$_{exo}$(β) 2H$_{endo}$(β) 2H(β') 2H$_{exo}$(γ) 2H$_{endo}$(γ) H(δ)	+0.981 +0.049 +0.235 +0.123 0.036 +0.245	[660]
降冰片烷-2-基(2-norbornyl) **154·**		H(α) H$_{exo}$(β) H$_{endo}$(β) H$_{exo}$(γ) H$_{exo}$(δ)	−2.06 +4.17 +2.56 +0.90 0.019	[661]
降冰片烷-7-基(7-norbornyl) **155·**		H(α) 2H(β) 4H$_{exo}$(γ) 4H$_{endo}$(γ)	−1.678 +0.105 0.072 +0.353	[662]
双环[2.2.2]辛-2-基 (bicyclo[2.2.2]oct-2-yl) **156·**		H(α) 2H(β) H$_{exo}$(γ)	−2.15 +3.70 +0.57	[663]
金刚烷-1-基(1-adamantyl) **157·**		6H(β) 3H(γ) 3H$_{ax}$(δ) 3H$_{eq}$(δ) ^{13}C·	+0.658 +0.466 +0.308 0.080 +13.7	[41] [664]

				续表
金刚烷-2-基(2-adamantyl) **158·**	(结构图)	H(α) 2H(β) 4H$_{ax}$(γ) 4H$_{eq}$(γ) 2H(δ) 2H(ε)	−2.073 +0.193 0.098 +0.406 +0.278 0.012	[665]
立方烷基(cubyl) **159·**	(结构图)	3H(β) 3H(γ) H(δ)	+0.82 +1.24 0.03	[666]

降冰片烷-7-基(**155·**)在 C· 中心呈角锥形结构，这种说法甚至更严格地适用于叔烷基、双环[2.2.0]己-1-基(**152·**)、降冰片烷-1-基(**153·**)、金刚烷-1-基(**157·**)和立方烷基(**159·**)等，其中桥头 C· 原子是防止自身平面化的刚性碳骨架的一部分。然而，这种平面化似乎确实存在于降冰片烷-2-基(**154·**)、双环[2.2.2]辛-2-基(**156·**)和金刚烷-2-基(**158·**)等自由基中，因为 $a_H(\beta)$ 接近 −2.1 mT。由于它们的刚性骨架，这些物种的超精细数据展示了如 **151·**～**159·** 等低聚环自由基，为研究几何结构对电子结构的影响提供了一个有利的平台。

事实上，那些具有杂原子与 C· 原子相连的自由基，如 **142·**～**145·**、**87·** 和 **147·**～**149·** 等，不能严格地被视为 C 中心的，因为一部分自旋离域到这些杂原子上。这一说法尤其适用于具有 C·—O 键的 **142·** 和 **147·**～**149·** 等。羟甲基自由基 H$_2$C·—OH(**142·**)更是羰基阴离子 H$_2$C—O·$^-$ 的共轭酸，后者在下一节中介绍。

如 6.2 节所述，缺少杂原子的烷基自由基的 g_{iso} 是 2.0026～2.0027。对于 **142·**，g_{iso} 是 2.0029，对于 **143·**、**87·**、**147·** 和 **148·** 等自由基，g_{iso} 是 2.0032～2.0033。表 7.1～表 7.3 中给出超精细数据的烷基自由基都是在溶液中产生的，除了通过固体前体烃的 X 或 γ 辐解产生的 **153·** 和 **158·** 之外。它们中的大多数是通过高能电子或 t-BuO· 从相应的烷烃中拔氢而形成的，也有一部分拔氢反应是由 HO· 自由基来完成的。

烷基氨基自由基和烷基胺自由基阳离子（alkylaminyl radicals and radical cations of alkylamines）

以 N 原子为中心的氨基自由基 H$_2$N·(**160·**)和氨基自由基阳离子 H$_3$N·$^+$(**161·$^+$**)，是甲基自由基 H$_3$C·(**58·**)的等电子体。**160·** 中的两个 H 原子被烷基取代后形成二烷基氨基自由基 $R^1R^2N\cdot$，若将携带自旋的氮原子整合成杂环时则形成杂环氨基。这类自由基只有少数几个被 ESR 所表征。表 7.4 列举了其中一部分自由基的超精细数据，包括开链的和环状的氨基自由基[668-671]。氨分子 H_3N (**161**) 是 C_{3v} 对称的棱锥体，但氨基自由基却被预测具有平面的几何结构。因此，两个 N—H 或 N—C 键和 N 原子的孤电子对应该位于同一个平面内，并且 N 原子携带自旋的 $2p_z$ 轴应该垂直于该平面。INDO 计算表明，耦合常数 a_N 取决于键角 HNH。对于 $H_2N\cdot$ (**160·**)，所报道的超精细数据对其产生时所处的条件很敏感。对于 a_N，变化范围是 +1.03 mT[672] 到 +1.52 mT[668]；对于 a_H，在 −2.39 mT[672] 和 −2.54 mT[668] 之间。对于 R=甲基、乙基和异丙基的二烷基氨基自由基 $R_2N\cdot$ (**162·**～**164·**)、氮杂环丁烷-1-氨基自由基 (**166·**) 和 四氢吡咯-1-氨基（1-吡咯烷氨基自由基，**167·**），a_N 在 +1.4～+1.5 mT 之间；对于环丙基 (**14**) 等电子体的氮杂环丙烷-1-氨基自由基 (**165·**)，a_N 稍小，仅为 +1.25 mT。式 (4.12) 中的 $\cos^2\theta$ 关系可应用于 $a_H(\beta)$，但系数 $B_H^{N_{p'}-CH_{p'}}$ 取值 +5.5 mT，两倍于 **162·** 中自由旋转甲基的 $a_H(\beta)$ (+2.74 mT)。此外，在 **163·** 和 **166·** 中，亚甲基的构象与图 4.6 所示的那些基团的构象一致（$\theta \approx 30°$）。

表 7.4　部分烷基氨基自由基的超精细数据

氨基(aminyl) **160·**	$\overset{\alpha}{H_2N\cdot}$	^{14}N $2H(\alpha)$	+1.52 −2.54	[668]
二甲氨基(dimethylaminyl) **162·**	$\overset{\beta}{(CH_3)_2N\cdot}$	^{14}N $6H(\beta)$	+1.478 +2.736	[669]
二乙氨基(diethylaminyl) **163·**	$\overset{\beta}{(CH_3CH_2)_2N\cdot}$	^{14}N $4H(\beta)$	+1.427 +3.690	[669]
二异丙氨基(diisopropylaminyl) **164·**	$[\overset{\gamma}{(CH_3)_2}\overset{\beta}{CH}]_2N\cdot$	^{14}N $2H(\beta)$ $12H(\gamma)$	+1.431 +1.431 0.066	[669]
氮杂环丙烷-1-氨基(1-aziridinyl) **165·**	$\overset{\beta}{H_2C}\!\!\triangle\!\!N\cdot$	^{14}N $4H(\beta)$	+1.252 +3.070	[670]
氮杂环丁烷-1-氨基(1-azetinidyl) **166·**	$\overset{\beta}{CH_2}\!\!\square\!\!N\cdot$	^{14}N $4H(\beta)$	+1.399 +3.825	[670]
四氢吡咯-1-氨基(1-pyrrolidinyl) **167·**	$\overset{\beta}{CH_2}\!\!\pentagon\!\!N\cdot$	^{14}N $2H_{ax}(\beta)$ $2H_{eq}(\beta)$	+1.43 +5.42 +2.71	[671]

氨基自由基的 g_{iso} 是 2.0044～2.0048。由氨通过在氩基质中的光解[672]或通过在气相中的高能轰击[668]产生的 $H_2N \cdot$ (**160·**)，g_{iso} 分别是 2.0048 和 2.0046。除了氟利昂基质中 γ 辐照四氢吡咯产生的 **167·** 外，表 7.4 中给出超精细数据的自由基都是在溶液中产生的，一般是在环丙烷中用 $t\text{-BuO}\cdot$ 拔去相应胺的 H 原子。

氨（H_3N，**161**）很难电离，并且自由基阳离子 $H_3N^{\cdot+}$ 的持久性较低[333,334]。用烷基或其他基团取代 H 原子或将携带自旋的 N 原子并合成杂环，会降低电离能，并增强相应自由基阳离子的持久性。至于甲基化衍生物，根据是 H_3N 上的一个、两个还是三个 H 原子被其他原子取代，而分为伯胺、仲胺或叔胺。关于烷基胺自由基阳离子的综述，目前已有两篇[237,673]；最近的一篇包括了许多开链和环状的三烷基胺自由基阳离子的超精细数据[237]。表 7.5[237,324,333,334,674-676] 和表 7.6[237,246,325,348,671,677] 中的超精细数据，分别来自氨和几种代表性的开链与环状的伯胺、仲胺和叔胺的自由基阳离子。

表 7.5　部分开链烷基氨基自由基阳离子的超精细数据

氨(ammonia) **161·+**	$H_3\overset{\cdot+}{N}$	^{14}N $3H(\alpha)$	+1.96 −2.74	[333, 334]
二甲胺(dimethylamine) **168·+**	$(CH_3)_2\overset{\cdot+}{\underset{\alpha}{N}}\overset{\beta}{H}$	^{14}N $H(\alpha)$ $6H(\beta)$	+1.928 −2.273 +3.427	[674]
三甲胺(trimethylamine) **169·+**	$(\overset{\beta}{CH_3})_3N^{\cdot+}$	^{14}N $9H(\beta)$	+2.07 +2.85	[675]
二乙胺(diethylamine) **170·+**	$(\overset{\beta}{CH_3}\overset{\alpha}{CH_2})_2\overset{\cdot+}{N}H$	^{14}N $H(\alpha)$ $4H(\beta)$	+1.865 −2.224 +3.719	[674]
三乙胺(triethylamine) **171·+**	$(\overset{\beta}{CH_3}CH_2)_3N^{\cdot+}$	^{14}N $6H(\beta)$	+2.08 +1.9	[324]
二丙胺(di-n-propylamine) **172·+**	$(C_2H_5\overset{\beta}{CH_2})_2\overset{\cdot+}{\underset{\alpha}{N}}H$	^{14}N $H(\alpha)$ $4H(\beta)$	+1.858 −2.151 +3.421	[674]
二异丙胺(diisopropylamine) **173·+**	$[(\overset{\gamma}{CH_3})_2\overset{\beta}{CH}]_2\overset{\cdot+}{\underset{\alpha}{N}}H$	^{14}N $H(\alpha)$ $2H(\beta)$ $12H(\gamma)$	+1.87 −2.25 +2.17 0.08	[674]
乙基异丙基胺(ethyldiisopropylamine) **174·+**	$CH_3\overset{\beta}{CH_2}\overset{\cdot+}{N}[\overset{\beta'}{CH}(CH_3)_2]_2$	^{14}N $2H(\beta)$ $2H(\beta')$	+2.02 +1.85 +0.44	[237]

续表

名称	结构	核	超精细耦合	文献
三异丙胺(triisopropylamine) **27**·+	$[(CH_3)_2\overset{\gamma}{C}\overset{\beta}{H}]_3 N·^+$	^{14}N $3H(\beta)$ $18H(\gamma)$ $6^{13}C(\beta)$	+2.02 +0.15 0.06 +1.38	[237]
三环丙胺(tricyclopropylamine) **175**·+	(环丙基)$_3$N·+	^{14}N $3H(\beta)$	+2.01 +0.07	[676]

表 7.6　部分环烷基氨基自由基阳离子的超精细数据

名称	结构	核	超精细耦合	文献
氮杂环丁烷(azetidine) **176**·+	四元环 NH	^{14}N $H(\alpha)$ $4H(\beta)$	+1.91 −2.74 +5.41	[325]
四氢吡咯(N-pyrrolidine) **177**·+	五元环 NH	^{14}N $H(\alpha)$ $2H_{ax}(\beta)$ $2H_{eq}(\beta)$	+2.0 −2.45 +7.05 +3.40	[671]
N-叔丁基-9-氮杂双环[3.1.1]壬烷(N-tert-butylbicyclo[3.1.1] nonane) **178**·+		^{14}N	+1.95	[246]
1-氮杂降冰片烷(1-azanorbornane) **34**·+		^{14}N $2H_{exo}(\beta)$ $2H(\beta')$ $2H_{exo}(\gamma)$ $H(\delta)$	+3.02 +1.51 +0.295 +0.295 +0.18	[348]
奎宁环(quinuclidine)或1-氮杂二环[2.2.2]辛烷 **179**·+		^{14}N $6H(\beta)$ $6H(\gamma)$ $H(\delta)$	+2.51 +0.939 +0.226 +1.43	[348]
1-氮杂金刚烷(1-azaadamantane) **180**·+		^{14}N $3H_{ax}(\beta)$ $3H(\gamma)$ $3H_{anti}(\delta)$ $3H_{syn}(\delta)$	+2.16 +0.867 +0.702 +1.08 0.166	[348]
1-氮杂双环[3.3.3]十一烷(马克辛)(1-azabicyclo[3.3.3] undecane)(manxine) **181**·+		^{14}N $3H_{eq}(\beta)$ $3H_{ax}(\beta)$ $3H(\gamma)$ $3H(\delta)$ $H(\varepsilon)$	+1.92 +3.85 0.023 0.18 0.16 +0.60	[237]

续表

| 八氢-1H-吡咯并[2,1,5-cd]吡咯里嗪 1H-pyrrolo[2,1,5-cd]pyrrolizine(Azatriquinane) **182**$^{\cdot +}$ | (结构式：β-HC，中心N$^{\cdot +}$，三环结构) | ^{14}N
3H(β) | +2.50
+4.00 | [677] |

一般烷基取代的胺预期具有母体氨的角锥结构。实验上，这种几何形状被三甲胺（**169**）[678]和三乙胺（**171**）[679]所证实。异丙基会促进平面结构，而环丙基则有利于角锥结构。因此，三异丙胺（**27**）是接近平面的[679]，而三环丙胺（**175**）是呈强角锥形的[676]。单环的氮杂环丁烷（**176**）和四氢吡咯（**177**）预测是角锥形的。具有类似角锥结构的双环分子是1-氮杂降冰片烷（**34**）和奎宁环（**179**），三环分子是1-氮杂金刚烷（**180**）和八氢-1H-吡咯并[2,1,5-cd]吡咯里嗪（**182**）。相反地，双环的N-叔丁基-9-氮杂双环[3.3.1]壬烷（**178**）和1-氮杂双环[3.3.3]十一烷（马克辛，**181**）应该是平面或近乎平面的。在变成自由基阳离子后，胺在N中心趋于平面，就像氨在电离成**161**$^{\cdot +}$时那样。然而，对于**34**、**179**、**180**和**182**等这样的双环胺和三环胺自由基阳离子，无法实现这样的平面，因为刚性的分子骨架阻碍了平面化。判断N原子所处几何结构的一个标准是其耦合常数a_N，由于s轨道的贡献，它随着与平面偏离的增大而增加。在自由基阳离子中，实质性的角锥化表现为耦合常数a_N超过平面N原子的特征值，即（+2.0±0.1）mT。因此，在**180**$^{\cdot +}$<**179**$^{\cdot +}$≈**182**$^{\cdot +}$<**34**$^{\cdot +}$的顺序中，偏离平面的角锥化程度逐渐变得愈加明显。烷基的耦合常数$a_H(\beta)$呈$\cos^2\theta$依赖性[式（4.11）]，对于平面的自由基阳离子，$B_H^{N_{p'}-CH_{p'}} = +5.7$ mT。该系数接近于氨基自由基的+5.5 mT，两倍于**169**$^{\cdot +}$中自由旋转甲基的$a_H(\beta)$。一个较小的$B_H^{N_{p'}-CH_{p'}}$，+4.0 mT，似乎适用于角锥形的自由基阳离子，如**34**$^{\cdot +}$、**179**$^{\cdot +}$、**180**$^{\cdot +}$和**182**$^{\cdot +}$等[237]。一般胺自由基阳离子的烷基取代基会保持其中性前体的构象。引人注目的例外是具有环丙基取代基的胺，三元环的构象在电离后从"垂直"变为"平分"N原子的$2p_z$轨道。因此，在**175**中C—H(β)键与N原子$2p_z$对称轴重叠（二面角$\theta=0°$或180°），但在**175**$^{\cdot +}$中则位于该轨道的节点平面内（$\theta=90°$）[676]。远程耦合表现为大的耦合常数，如**179**$^{\cdot +}$的$a_H(\delta)=+1.43$ mT和**181**$^{\cdot +}$的$a_H(\varepsilon)=+0.60$ mT。

一般胺自由基阳离子的g_{iso}是2.0036～2.0038。**161**$^{\cdot +}$、**181**$^{\cdot +}$和**182**$^{\cdot +}$的g_{iso}分别是2.0032、2.0041和2.0035。自由基阳离子H$_3$N$^{\cdot +}$（**161**$^{\cdot +}$）是用γ辐照NH$_4$ClO$_4$粉末[680]或在氖基质中光解氨[333]产生的。表7.5和表7.6中给出

超精细数据的胺自由基阳离子，是通过其中性前体在 90% H_2SO_4[674] 或 CF_3SO_3H[348]强酸性溶液中发生光解而形成的。或者，它们是在二氯甲烷中用 SbF_5或三（4-溴苯基）六氯锑酸铵（"魔蓝"）氧化相应的胺而变成[236]。只有少数烷基胺（**171**·⁺、**175**·⁺~**177**·⁺和**182**·⁺）被证明难以在溶液中氧化，必须在氟利昂基质中用γ辐照才能转变为相应的自由基阳离子。

烷氧基自由基和烷基醚自由基阳离子（alkoxyl radicals and radical cations of alkylethers）

羟基自由基 HO·（**183**·）和水（**184**）的自由基阳离子 $H_2O^{·+}$，分别是与氨（**161**）的氨基自由基 $H_2N·$（**160**·）和自由基阳离子$H_3N^{·+}$相对应的等电子物种。

由于氢键的差异，羟基自由基（**183**·）中 α 质子的耦合常数在不同实验条件下波动较大，g_{iso} 也是如此。在此，我们仅限于研究高能辐照六角形冰[681]和 $LiOAc·H_2O$[682]单晶产生的自由基。在冰中，HO·在三个可区分的位点所测得的三个各向同性的 $a_H(\alpha)$ 分别是 -2.32 mT、-2.21 mT 和 -2.24 mT（g_{iso} 分别是 2.0238、2.0230 和 2.0232），在 $LiOAc·H_2O$ 中 HO·的 $a_H(\alpha)$ 是 -2.03 mT（$g_{iso}=2.0285$）。用烷基取代 HO·的 H 原子，即得到烷氧基自由基 RO·。对于X射线辐照甲醇多晶产生的甲氧基自由基 $H_3CO·$（**185**·）（$g_{iso,max}=2.088$，$g_{iso,min}=1.999$），5.2 mT 的 $a_H(\beta)$ 可能是正值[683]。就自由旋转甲基中的 β 质子而言，这个值相当大，因为（假设 $\cos^2\theta$ 依赖性）这需要一个 $+10.4$ mT 的值作为系数 $B_H^{O_{\mu'}-CH_{\mu'}}$，类似于式（4.12）中的 $B_H^{N_{\mu'}-CH_{\mu'}}$ 和式（4.9）中的 $B_H^{C_{\mu'}-CH_{\mu'}}$。值得一提的是，辐照生物材料如糖类等会产生许多结构更复杂的烷氧基自由基[684,685]。

用烷基 R 取代 $H_2O^{·+}$（**184**·⁺）的一个 H 原子将形成醇自由基阳离子，而取代两个 H 原子则形成醚自由基阳离子 $R^1R^2O^{·+}$。表 7.7 列举了 **184**·⁺和部分醚自由基阳离子的超精细数据[305,320,322,686,687]。对于 **184**·⁺，耦合常数 $a_H(\alpha)$ 应为负值，对于 **186**·⁺~**190**·⁺，$a_H(\beta)$ 预期为正值。**187**·⁺和 **188**·⁺中亚甲基 β 质子（$\theta \approx 30°$）的 $a_H(\beta)$，如预期的那样大于 **186**·⁺中自由旋转甲基中 β 质子的 $a_H(\beta)$。对于 **184**·⁺，耦合常数 a_O（-3.98 mT）的符号是由 ^{17}O 同位素的 $g_N < 0$ 造成的。**184**·⁺的 g_{iso} 是 2.0093，**186**·⁺的是 2.0085。自由基阳离子 **184**·⁺是水在氖基质中发生光解而形成，**186**·⁺~**190**·⁺是在氟利昂基质中γ辐解中性醚而产生。

表 7.7 水和部分醚自由基阳离子的超精细数据

水(water) **184**·+	$\overset{\alpha}{H_2O}\cdot^+$	$2H(\alpha)$ ^{17}O	-2.74 -3.98	[686]
甲醚(dimethylether) **186**·+	$(\overset{\beta}{CH_3})_2O\cdot^+$	$6H(\beta)$	$+4.3$	[320]
乙醚(diethylether) **187**·+	$(CH_3\overset{\beta}{CH_2})_2O\cdot^+$	$4H(\beta)$	$+6.87$	[305,322]
环氧丙烷(oxetane) **188**·+	$\underset{H_2C}{\overset{\gamma}{}}\overset{\overset{\beta}{CH_2}}{\square}\underset{O\cdot^+}{}$	$4H(\beta)$ $2H(\gamma)$	$+6.4$ 1.1	[305,322]
四氢呋喃(tetrahydrofuran) **189**·+	(环戊烷含O·+，β-CH₂)	$2H_{ax}(\beta)$ $2H_{eq}(\beta)$	$+8.9$ $+4.0$	[305,687]
四氢吡喃(tetrahydropyran) **190**·+	$\overset{\gamma}{H_2C}\overset{\beta}{-CH_2}\cdots O\cdot^+$ (六元环)	$2H_{ax}(\beta)$ $2H_{eq}(\beta)$ $2H_{ax}(\gamma)$ $2H_{eq}(\gamma)$	$+3.45$ $+1.4$ 1.1 0.3	[305,322]

烷基醛和烷基酮的自由基阴离子（羰基阴离子）[radical anions of alkylaldehydes and alkylketones（ketyl anions）]

由于羰基 $\diagdown \!\!\! C\!\!=\!\!O \diagup$ 是吸电子基团，醛和酮理应很容易接受一个电子，该电子由羰基的反键 π* 分子轨道所容纳。由此产生的顺磁性物种称为羰基阴离子。根据离子结构 $\diagdown \!\!\! C^+\!\!-\!\!O^- \diagup$ 的较大权重，在羰基的成键 π 分子轨道 $C_C\varphi_C + C_O\varphi_O$ 中（表示为 $2p_z$ 的轨道 φ_C 和 φ_O 的线性组合，C_C 和 C_O 表示 C 原子和 O 原子轨道的系数），电负性大的 O 原子占主导地位（即系数 $C_C < C_O$）。相反地，对于反键 π* 分子轨道，$C_O\varphi_C - C_C\varphi_O$，C 原子的贡献大于 O 原子，因此，羰基自由基阴离子可以被充分表示成 C 中心，$\diagdown \!\!\! C\cdot\!\!-\!\!O^- \diagup$。表 7.8 列举了通式是 $R^1R^2C\cdot$—O^- 的几种最简单的烷基醛和二烷基酮自由基阴离子的超精细数据，其中 R^i 是 H 原子或烷基[650,688,689]。此外，还包括两个环烷酮自由基阴离子，其中 C· 原子被并合成环。在丙酮自由基阴离子$(CH_3)_2C\cdot$—O^-（**196**·−）中，^{13}C 同位素的

耦合常数 $a_{C^{\cdot}} = +5.22$ mT，远大于甲基自由基 $H_3C^{\cdot}$（**58$^{\cdot}$**）的 +3.83 mT，尽管在 **196$^{\cdot-}$** 中 C$^{\cdot}$ 原子与相邻的 O 原子共享了一部分自旋布居（$\rho_C^{\pi} < +1$）。$a_{C^{\cdot}}$ 的这种增加源自羰基 C 原子的角锥化。在醛的同系物 $H_2C^{\cdot}-O^-$（**191$^{\cdot-}$**）和 $RHC^{\cdot}-O^-$（**192$^{\cdot-}$** ~ **195$^{\cdot-}$**）中，**191$^{\cdot-}$** 的耦合常数 $a_H(\alpha) = -1.402$ mT 的绝对值，随着烷基 R 的引入和大小的增大而逐渐减小，这一发现也可能表明了 C$^{\cdot}$ 原子角锥化越来越强。相反地，**192$^{\cdot-}$** ~ **194$^{\cdot-}$** 的 $a_H(\beta)$ 对这种角锥化并不那么敏感，始终维持在（+2.0±0.1）mT 的小范围内，因此表明烷基 R 缺乏优势构象。然而，对烷基的构象偏好在酮基自由基阴离子中是显而易见的，因为自由旋转甲基的耦合常数 $a_H(\beta)$ 从 **196$^{\cdot-}$** 中的 +1.690 mT 变成 **197$^{\cdot-}$** 乙基中的 +1.430 mT（二面角 $\theta \approx 50°$），以及 **198$^{\cdot-}$** 五元环中的 +2.63 mT（$\theta \approx 30°$）。

表 7.8　部分烷基醛和烷基酮的自由基阴离子（羰基阴离子）及其共轭酸

			碱/酸	
甲醛(formaldehyde) **191$^{\cdot-}$/191H$^{\cdot}$**	$H_2\overset{\cdot}{C}-O^-$ / $H_2\overset{\cdot}{C}-OH$	2H(α) H(O) ^{13}C	−1.402/−1.727 —/0.111 +3.77/+4.737	[688] [650]
乙醛(acetaldehyde) **192$^{\cdot-}$/192H$^{\cdot}$**	$\overset{\beta}{(CH_3)}\overset{\alpha\cdot}{HC}-O^-$ / $\overset{\beta}{(CH_3)}\overset{\alpha\cdot}{HC}-OH$	H(α) 3H(β) H(O)	−1.205/−1.524 +1.985/+2.211 —/0.27	[688]
丙醛 (propionaldehyde) **193$^{\cdot-}$/193H$^{\cdot}$**	$\overset{\gamma}{(CH_3}\overset{\beta}{CH_2})\overset{\alpha\cdot}{HC}-O^-$ / $\overset{\gamma}{(CH_3}\overset{\beta}{CH_2})\overset{\alpha\cdot}{HC}-OH$	H(α) 2H(β) 3H(γ)	−1.172/−1.494 +2.099/+2.114 0.040/0.032	[688]
异丁醛 (isobutyraldehyde) **194$^{\cdot-}$/194H$^{\cdot}$**	$[(CH_3)_2\overset{\beta}{CH}]\overset{\alpha\cdot}{HC}-O^-$ / $[(CH_3)_2\overset{\beta}{CH}]\overset{\alpha\cdot}{HC}-OH$	H(α) H(β)	−1.092/−1.447 +1.931/+2.139	[688]
2,2-二甲基丙醛 (2,2-dimethylpropan-1-one) **195$^{\cdot-}$/195H$^{\cdot}$**	$[(CH_3)_3\overset{\gamma}{C}]\overset{\alpha\cdot}{HC}-O^-$ / $[(CH_3)_3\overset{\gamma}{C}]\overset{\alpha\cdot}{HC}-OH$	H(α) 9H(γ)	−0.865/−1.378 0.029/0.033	[688]
丙酮(acetone) **196$^{\cdot-}$/196H$^{\cdot}$**	$\overset{\beta}{(CH_3)_2}\overset{\cdot}{C}-O^-$ / $\overset{\beta}{(CH_3)_2}\overset{\cdot}{C}-OH$	6H(β) ^{13}C$^{\cdot}$	+1.690/+1.962 +5.22/+6.50	[688] [688,689]
二乙基酮 (diethylketone) **197$^{\cdot-}$/197H$^{\cdot}$**	$\overset{\beta}{(CH_3CH_2)_2}\overset{\cdot}{C}-O^-$ / $\overset{\beta}{(CH_3CH_2)_2}\overset{\cdot}{C}-OH$	4H(β)	+1.430/+1.675	[688]
环戊酮 (cyclopentanone) **198$^{\cdot-}$/198H$^{\cdot}$**	$\overset{\gamma}{H_2C}\overset{\beta}{CH_2}\overset{\cdot}{C}-O^-$ / $\overset{\gamma}{H_2C}\overset{\beta}{CH_2}\overset{\cdot}{C}-OH$ (环)	4H(β) 4H(γ)	+2.63/+2.80 <0.02/0.032	[688]

第 7 章 单、双或三核中心的有机自由基 175

续表

| 环己酮
(cyclohexanone)
199·⁻/199H· | (结构式) | $2H_{ax}(\beta)$
$2H_{eq}(\beta)$ | +3.29/+3.55
+0.84/+1.01 | [688] |

191·⁻ 的 g_{iso} 是 2.0039，烷基醛和烷基酮自由基阴离子的是 2.0032～2.0036。所有这些羰基阴离子，要么是在含钾的相应醇溶液中光解产生，要么是在强碱性条件下用 t-BuO· 自由基从醇中拔氢而形成。后一个反应是通过作为 $R^1R^2C·—O^-$ 的共轭酸羟烷基自由基 $R^1R^2C·—OH$ 中间体来进行的：

$$R^1R^2CHOH \xrightarrow{t-BuO·} R^1R^2C·OH \xrightarrow{HO^-} R^1R^2C·—O^-$$

在弱碱性条件下观察到这些自由基的 ESR 谱，其超精细数据囊括在表 7.8 中。最简单的自由基 $H_2C·—OH$(**191H·**) 等同于表 7.1 中的羟甲基自由基(**142·**)。关于 C· 原子的 π 自旋布居，羟烷基自由基 $R^1R^2C·—OH$ 介于烷基自由基 $R^1R^2HC·$(表 7.1) 和羰基阴离子 $R^1R^2C·—O^-$ 之间，其中 $\rho_C^{\pi(2p)}$ 依此顺序递减。因此，对于 $H_3C·$(**58·**)、$H_2C·—OH$(**191H·** ≡ **142·**) 和 $H_2C·—O^-$(**191·⁻**) 的耦合常数 $a_H(\alpha)$，分别是 −2.304 mT、−1.727 mT 和 −1.402 mT。类似的递减还有 $a_H(\beta)$，从 $(CH_3)_2C·—H$(**140**) 的 +2.468 mT 降至 $(CH_3)_2C·—OH$(**196H·**) 的 +1.962 mT 和 $(CH_3)_2C·—O^-$(**196·**) 的 +1.690 mT。

羟烷基自由基的 g_{iso} 小于相应羰基阴离子的值，这与 π 自旋布居中 O 原子所占的份额较小是一致的，变化范围是 2.0030～2.0033。

乙烯基、酰基和亚氨基的自由基与烷基醛和烷基酮的自由基阳离子（vinyl, acyl, and iminyl radicals and radical cations of alkylaldehydes and alkylketones）

乙烯基自由基(**11·**)、甲酰基自由基(**13·**) 和甲亚氨基自由基(**200·**) 等与甲醛自由基阳离子(**191·⁺**) 等都有 11 个价电子。虽然形式上 **11·** 和 **13·** 以 C 原子为中心，但 **200·** 和 **191·⁺** 分别以 N 原子和 O 原子为中心。

$$\underset{\mathbf{11·}}{H_2C=\overset{·}{C}-H} \quad \underset{\mathbf{13·}}{O=\overset{·}{C}-H} \quad \underset{\mathbf{200·}}{H_2C=\overset{·}{N}} \quad \underset{\mathbf{191·⁺}}{H_2C=\overset{·+}{O}}$$

根据如 4.3 节提到的定义，这四个等电子物种应被归类为 σ 自由基，因为携带自旋的非键原子轨道位于分子平面内，而且该平面还是双键的节点平面。然而，它们在这个轨道的"特色"上各自有所不同，因为 **11·** 和 **13·** 的 SOMO

是具有大量 s 轨道贡献的 sp^n 杂化，而 **200**· 和 **191**·+ 的 SOMO 必须被认为一个几乎"纯"的 p 轨道。

表 7.9[34,110,438,553,690-694] 和表 7.10[695-698] 给出了 **11**·、**13**·、**200**· 和 **191**·+ 及其一部分烷基衍生物的超精细数据。将通式是 R^{1}R^{2}C=C·R^3、O=C·R、R^{1}R^{2}C=N· 和 R^{1}R^{2}C=O·+ 的自由基归类为 σ 自由基，是因为甲酰基自由基（**13**·）的 α 质子和乙烯基自由基（**11**· 与 **201**·）、烷基亚氨基自由基（**200**· 与 **204**·）与烷基醛自由基阳离子（**191**·+~**194**·+）中的 β 质子，均具有较大的正耦合常数。但 **11**· 的 $a_H(\alpha)$（+1.61 mT）比 **13**· 的 $a_H(\alpha)$（+13.18 mT）小得多，这是由于 CCH 键角比 OCH 键角小，从而造成较小的 s 轨道贡献。对于 **13**·，这种对 SOMO 的贡献可以估算为 +13.18 mT/+50.7 mT=0.26，其中分母是具有 1 s 自旋布居为 +1 的 H 原子的 ^{1}H 耦合常数。（与这种贡献相对应的价键结构如 4.3 节所述）。非常大的 $a_H(\alpha)$ 源自 ＼C(α)=X· 双键 C$_\alpha$ 上的质子，其中对于乙烯基自由基、亚氨基自由基和醛自由基阳离子，分别有 X=C·H、N· 和 O·+。产生这些值的超精细相互作用是非常有效的跨越双键的超共轭作用，这得益于很小的二面角 [θ=0°，式 (4.8)] 和该化学键的短小。正如对 σ 自由基所预期的那样，乙烯基自由基 **11**·（+6.85 mT 和 +3.42 mT）和 **201**·（+5.79 mT 和 +1.95 mT）的 $a_H(\beta)$，很大程度取决于 β 质子（反式或顺式）相对于面内 SOMO 的位置。这些耦合常数随着从乙烯基自由基 **11**· 和 **201**· 到烷基亚氨基 **200**·（+8.52 mT）和 **204**·（+8.20 mT），再到醛基自由基阳离子 **191**·+（+9.03 mT）和 **192**·+~**194**·+（+12.0~+13.7 mT）而逐渐增大，这一发现可以从 X· 的电负性逐渐增强和双键键长 ＼C=X 按 X=C·H、N· 和 O·+ 的顺序逐渐缩短来解释。

表 7.9 部分乙烯基、酰基和亚氨基自由基的超精细数据

乙烯基(vinyl) **11**·	H$_{cis}$ ＼$_\alpha$ α ／H C=C· ／ ＼ H$_{trans}$ β	H(α) H$_{cis}$(β) H$_{trans}$(β) ^{13}C· ^{13}C(α)	+1.61 +6.85 +3.42 +10.76 −8.55	[34,110,438,690]
甲基乙烯基(methylvinyl) **201**·	H$_{cis}$ ＼β β'／CH$_3$ C=C· ／ ＼ H$_{trans}$ β	H$_{cis}$(β) H$_{trans}$(β) 3H(β')	+5.789 +1.948 +3.292	[34,690]

续表

名称	结构	原子	数值	参考
甲酰基(formyl) **13·**	O=ĊH (α)	H(α) ^{13}C ^{17}O	+13.175 +13.39 −1.51	[553]
乙酰基(acetyl) **202·**	O=ĊCH$_3$ (β)	3H(β)	+0.40	[553]
2-甲基丙酰基 (2-methylpropan-1-on-1-yl) **203·**	O=ĊCH(CH$_3$)$_2$ (αβ)	H(β) ^{13}C· ^{13}C(α)	<0.15 +11.36 +4.67	[553]
甲亚氨基(methaniminyl) **200·**	H$_2$C=N· (β)	^{14}N 2H(β)	+0.98 +8.52	[691]
乙亚氨基(ethaniminyl) **204·**	(CH$_3$)HC=N· (γβ)	^{14}N H(β) 3H(γ)	+1.020 +8.198 +0.249	[692]
丙基-2-亚氨基 (propan-2-iminyl) **205·**	(H$_3$C)$_2$C=N· (γ)	^{14}N 6H(γ)	+0.96 +1.40	[691]
苯基甲亚氨基 (phenylmethaniminyl) **206·**	C$_6$H$_5$CH=Ṅ (β)	^{14}N H(β)	+1.13 +7.8	[693]
二苯基甲亚氨基 (diphenylmethaniminyl) **207·**	(C$_6$H$_5$)$_2$C=Ṅ (o,m,p)	^{14}N 4H$_o$,4H$_m$ 2H$_p$	+1.0 +0.037 <0.02	[694]

表 7.10　部分烷基醛和烷基酮的自由基阳离子的超精细数据

名称	结构	原子	数值	参考
甲醛(formaldehyde) **191·+**	H$_2$C=O$^{•+}$ (β)	2H(β)	+9.03	[695]
乙醛(acetaldehyde) **192·+**	(CH$_3$)HC=O$^{•+}$ (β)	H(β)	+13.65	[696,697]
丙醛(propionaldehyde) **193·+**	(CH$_3$CH$_2$)HC=O$^{•+}$ (δβ)	H(β) 1H(δ)	+13.5 +1.25	[696,697]
异丁醛(isobutyraldehyde) **194·+**	[(CH$_3$)$_2$CH]HC=O$^{•+}$ (δβ)	H(β) 6H(δ)	+12.03 +2.04	[696,697]
丙酮(acetone) **196·+**	(CH$_3$)$_2$C=O$^{•+}$ (βγ)	1H(γ) 1H(γ) 2^{13}C(β)	0.15 0.03 1.53	[698]

				续表
环己酮(cyclohexanone) **199**·+	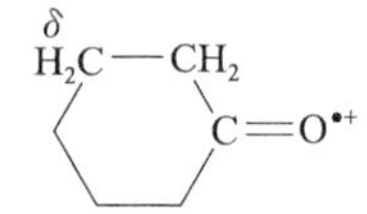 H_2C-CH_2 $C=O^{·+}$ (环己酮结构)	$2H_{eq}(\delta)$	+2.75	[696,697]
金刚烷-2-酮 (adamantan-2-one) **208**·+	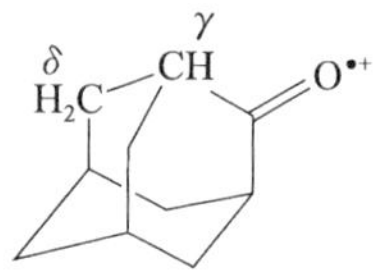 $\overset{\delta}{H_2C}-\overset{\gamma}{CH}-C=O^{·+}$ (金刚烷-2-酮结构)	$2H(\gamma)$ $4H_{eq}(\delta)$	0.69 +2.23	[697]

在乙烯基自由基中，甚至在酰基自由基中，C·原子中较大的^{13}C耦合常数也表明了s轨道对SOMO的显著贡献，例如，**11**·、**13**·和**203**·的$a_{C·}$分别是+10.76 mT、+13.39 mT和+11.36 mT。另一方面，亚氨基自由基相对较小的^{14}N耦合常数$a_N=1.0$ mT也符合SOMO几乎是纯的p轨道特征。在**13**·中，^{17}O同位素中等大小的$|a_O|$证实了酰基C·原子上必要的自旋定域化。在烷基醛和烷基酮自由基阳离子中，部分δ质子的耦合常数相对较大（+1.25～+2.75 mT），而γ质子的很小，经常无法分辨。相应质子的C—H(δ)键相对于O·+原子SOMO的对称轴呈平面W字形排列（4.2节）。

将亚氨基的N原子连到π体系并不会导致明显的自旋离域，因为携带自旋的p轨道位于π节点平面内。例如，苯基甲亚氨基（**206**·）的a_N与$a_H(\beta)$、二苯基甲亚氨基（**207**·）的a_N，仅与开链烷基亚氨基**200**·、**204**·和**205**·的相应数据略有不同；而在**207**·中苯环上质子具有非常小的超精细分裂，这在**206**·中没有见到报道。

乙烯基和烷基亚氨基的g_{iso}分别为2.0021±0.0001和2.0029±0.0002；酰基的g_{iso}小至2.0003～2.0007。在氟利昂基质中，烷基醛和烷基酮自由基阳离子的g_{iso}是2.003～2.005。乙烯基自由基**11**·和**201**·由适当的前体在固体基质中发生光解[110]或在溶液中经2.8MeV电子辐照[34]而产生。甲酰基自由基（**13**·）首先是在固体中产生[113]（2.2节），但后来在流动酮溶液的光解中观察到其形成，同时形成的还有**202**·和**203**·[553]。烷基亚氨基在溶液中产生，例如，**204**·是乙腈经2.8 MeV电子辐照而产生；**200**·和**205**·由相应叠氮烷烃与t-BuO·反应生成。苯基取代的亚氨基**206**·和**207**·由各自硫代氨基甲酸酯的光解或热解而形成。所有烷基醛和烷基酮的自由基阳离子，都是由相应的中性化合物在固体基质中经γ辐解产生的；除了在固体硫酸中形成的**191**·以外，使用的基质都是$CFCl_3$。

芳基自由基 (aryl radicals)

形式上,当乙烯基自由基(**11·**)的乙烯基 π 片段被芳基取代时,将获得以芳基 C 为中心的 σ 自由基。如 **11·** 中一样,当芳基 π 体系中的相关 C—H(α) 或通常的 C—X(α) σ 键断裂时,芳基自由基中的未配对电子位于非键 σ 原子轨道中。因为这个携带自旋的原子轨道位于 π 体系的分子节点平面中,所以自旋布居在很大程度上局限于该原子轨道,并不离域到 π 分子轨道中。表 7.11 列举了苯基和萘基自由基的超精细数据[49,112,699-702],表 7.12 列举了相应的一部分氮杂衍生物的数据[703,704]。对于苯基自由基(**12·**),^{1}H 耦合常数从邻位到间位和对位降低(4.3 节),即随着自由基中心和质子间的 σ 键数量的增加而降低。然而,这种解释不足以解释 2,4,6-三叔丁基苯衍生物 **16·** 中 ^{13}C 耦合常数,其中如 σ-π 和/或 π-σ 自旋极化机制也必须参与自旋转移。同样的说法也适用于所报道的芳基自由基 **210·**~**213·** 的 ^{1}H 和 ^{13}C 的超精细数据。

表 7.11　部分苯基和萘基自由基的超精细数据

苯基(phenyl) **12·**	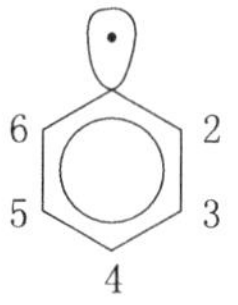 (苯基结构 6,2,5,3,4)	H2,6 H3,5 H4	+1.743 +0.625 +0.204	[112]
4-甲基苯-1-基(*p*-tolyl) **209·**	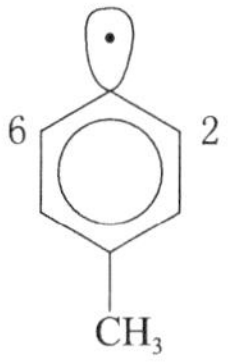 (对甲苯基结构 6,2,5,3,CH₃)	H2,6	+1.82	[699]
2,4,6-三叔丁基苯-1-基(2,4,6-tri-*tert*-butyl-phenyl) **16·**	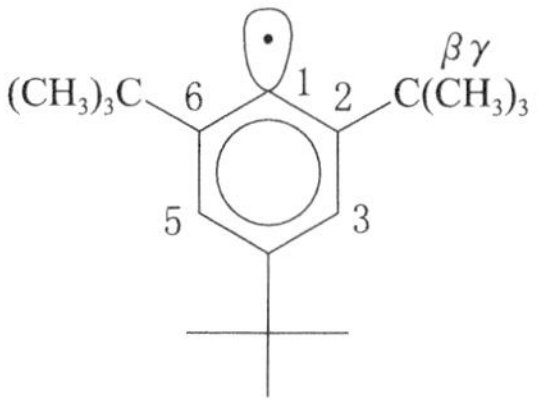 (CH₃)₃C-6,1,2-C(CH₃)₃ βγ 5,3,C(CH₃)₃	H3,5 18H(γ) ^{13}C1 ^{13}C2,6 ^{13}C3,5 6^{13}C(β)	+0.731 0.030 +12.25 −0.616 +1.452 0.202	[49,700,701]
2,4,6-三(金刚烷-1-基)对甲基苯基 [2,4,6-tris(1-adamantyl)phenyl] **210·**	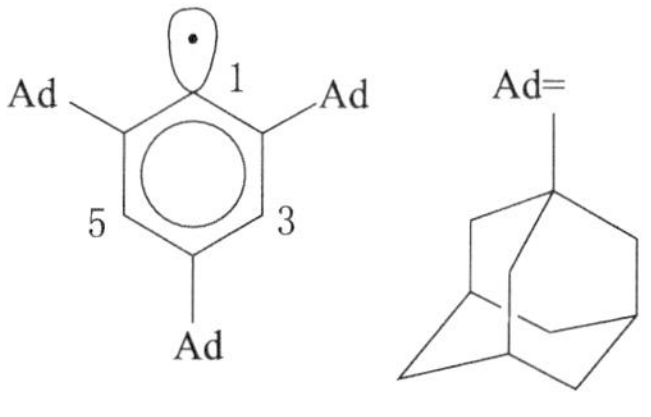 Ad-1-Ad, 5,3, Ad (Ad=金刚烷)	H3,5 ^{13}C1	+0.71 +12.20	[700,701]

续表

名称	结构	原子	值	参考
1,1,4,4,5,5,8,8-八甲基-1,2,3,4,5,6,7,8-八氢蒽-9-基(1,1,4,4,5,5,8,8-octamethyl-1,2,3,4,5,6,7,8-octahydroanthr-9-yl) **211·**	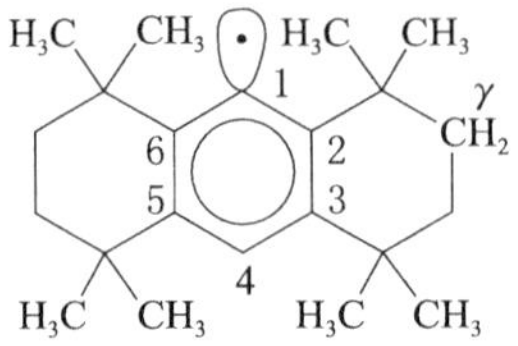 (结构式)	H4 2H$_{eq}$(γ) ^{13}C1 ^{13}C2,6 ^{13}C3,5	+0.06 +0.06 +11.38 0.60 +1.50	[701]
萘-1-基(1-naphthyl) **212·**	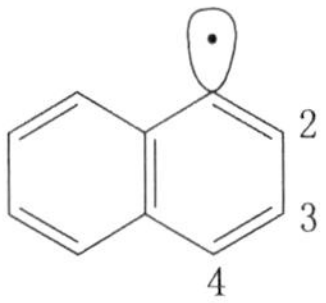 (结构式)	H2 H3 H4	+1.9 +0.6 ~0.2	[702]
萘-2-基(2-naphthyl) **213·**	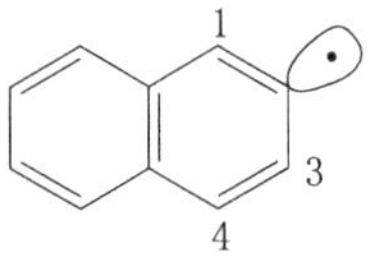 (结构式)	H1 H3 H4	+1.57 +1.97 +5.8	[702]

表 7.12　部分氮杂苯基和氮杂萘基自由基的数据

名称	结构	原子	值	参考
吡啶-2-基(pyridin-2-yl) **214·**	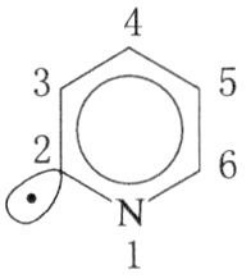 (结构式)	^{14}N H3 H4 H5 H6 ^{13}C2	+2.695 +0.499 +0.856 +0.412 +0.128 +17.0	[112] [703]
吡啶-3-基(pyridin-3-yl) **215·**	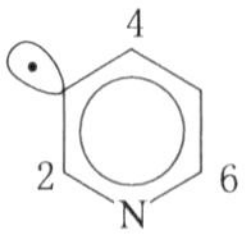 (结构式)	H2,6 H4	+8.0 +1.9	[703]
吡啶-4-基(pyridin-4-yl) **216·**	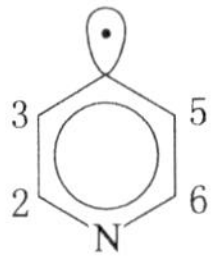 (结构式)	H2,6 H3,5	+1.0 +1.9	[703]
哒嗪-3-基(pyridazin-3-yl) **217·**	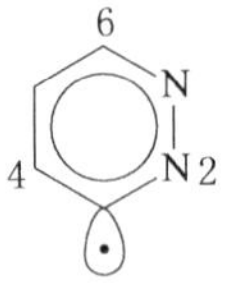 (结构式)	^{14}N2 H4,6	+2.8 +0.9	[704]
嘧啶-4-基(pyrimidin-4-yl) **218·**	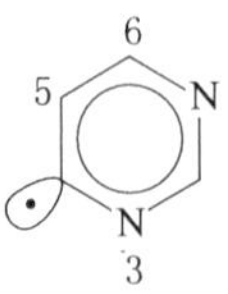 (结构式)	^{14}N3 H5 H6	+2.8 +0.8 +1.3	[704]

续表

名称	结构	原子	值	参考
吡嗪-2-基 (pyrazin-2-yl) **219·**	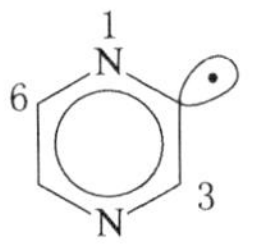	^{14}N1 H3,6	+2.8 +0.8	[704]
喹啉-2-基 (quinoxalin-2-yl) **220·**	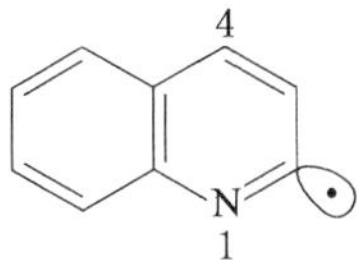	^{14}N1 H4	+2.6 +0.9	[703]
喹啉-3-基 (quinoxalin-3-yl) **221·**	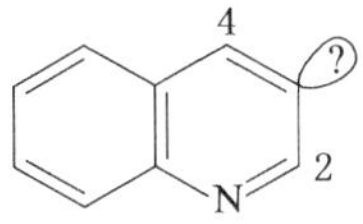	H2 H4	+0.6 +1.9	[703]
喹啉-4-基 (quinoxalin-4-yl) **222·**	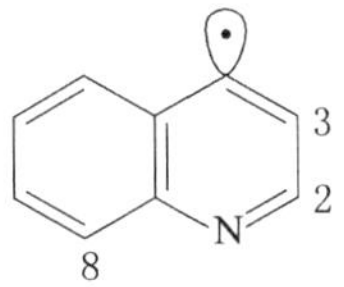	H2 H3 H8	+1.0 +2.0 +0.3	[703]
异喹啉-4-基 (isoquinoxalin-4-yl) **223·**	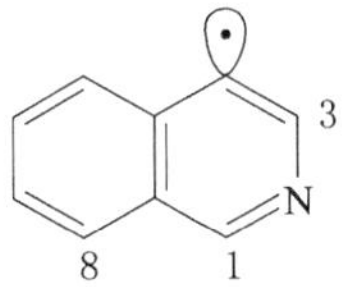	H1 H3 H8	+0.5 +1.3 +0.5	[703]

芳基自由基的 g_{iso} 是 2.0020～2.0025。如 2.2 节所述，苯基自由基（**12·**）是由基质中的固体碘化物与钠反应[111]或光解[36]而产生，或者用 2.8 MeV 电子辐照水溶液中的溴化物而形成，后者也用于产生 **214·**[112]。在环丙烷溶液中，由光催化产生的 Me₃Sn· 自由基与相应的溴化物一起原位形成位阻保护的 **16·**、**210·** 和 **211·** 等苯基自由基。它们可能通过质子隧穿而发生衰变，从 **16·** 到 3,5-二叔丁基萘-1-基自由基、**210·** 和 **211·**，再衰变到难以辨认的自由基。其他持久性较低、反应性较高的芳基自由基在固态下生成。**212·**、**213·**、**215·**、**216·** 和 **220·** ～ **223·** 等自由基是通过在氩基质中光解相应的卤化物而获得的。γ 辐照 4-甲基苯磺酸单晶形成 **209·**，依此辐照 CFCl₃ 基质中的哒嗪、嘧啶和吡嗪时分别形成 **217·** ～ **219·**。

7.2 以 Si、P 或 S 原子为中心的自由基

形式上，当以 C、N 或 O 原子为中心的自由基中携带自旋的原子被下一周期的相应元素所替代时，就会获得以这些杂原子为中心的自由基。这种替代对

自由基的结构有显著影响,因为这些杂原子与相邻原子的键长变长,键强度变弱,从而削弱了自由基中心趋于平面的倾向,降低了超共轭的效率。以下分析一部分以 Si、P 或 S 原子为中心的代表性自由基。

硅烷基自由基(alkylsilyl radicals)

表 7.13 列举了硅基自由基 $H_3Si·$(**224·**)及其一部分衍生物的超精细数据,即前者中的一个、两个或三个 H 原子被烷基取代[705-707]。与烷基自由基相比,硅基中携带自旋的 Si 原子呈角锥形。其中,$|a_H(\alpha)|$ 远小于相应的烷基自由基;这些耦合常数的符号仍应是负的。此外,与烷基相比,本应为正的 $a_H(\beta)$ 显著减小,正如对于效率较低的超共轭所期望的那样。负的 ^{29}Si 同位素的大耦合常数,$a_{Si}=-18\sim-27$ mT($g_N<0$),表明 s 轨道对携带自旋的 $3p_z$ 轨道有相当大的贡献。硅烷基自由基的 g_{iso} 是 2.0031~2.0032。这些自由基是在溶液中用 t-BuO· 从相应的硅烷中拔去一个 H 或在固体基质中用 γ 辐照这些化合物而产生的。

表 7.13 部分硅烷基自由基的超精细数据

硅基(silyl) **224·**	$\overset{\alpha}{H_3Si·}$	3H(α) ^{29}Si	−0.796 −26.6	[705] [706]
甲硅基(methylsilyl) **225·**	$\overset{\beta}{CH_3}\overset{\alpha}{\dot{S}iH_2}$	2H(α) 3H(β) ^{29}Si	−1.182 +0.798 −18.1	[705] [707]
二甲硅基(dimethylsilyl) **226·**	$(\overset{\beta}{CH_3})_2\overset{\alpha}{\dot{S}iH}$	H(α) 6H(β) ^{29}Si	−1.699 +0.719 −18.3	[705]
三甲硅基(trimethylsilyl) **227·**	$(\overset{\beta}{CH_3})_3\dot{S}i$	9H(β) ^{29}Si	+0.628 −18.1	[705]
三乙硅基(triethylsilyl) **228·**	$(\overset{\gamma}{CH_3}\overset{\beta}{CH_2})_3\dot{S}i$	6H(β) 9H(γ)	+0.569 0.16	[705]

烷膦基自由基(alkylphosphinyl radicals)

在这些以 P 原子为中心的膦自由基 $R^1R^2P·$ 中,只有少数被 ESR 所研究。在 γ 辐照相应固体氯化物产生的二异丙基膦基自由基 $[(CH_3)_2CH]_2P·$(**229·**)中,^{31}P 和两个次甲基 β 质子的耦合常数分别是 $a_P=+9.7$ mT 和 $|a_H(\beta)|=1.3$ mT[708]。它和类似物二异丙基氨基自由基(表 7.4)的耦合常数比是 $a_P($**229·**$)/a_N($**164·**$)=+9.7$ mT$/+1.43$ mT$=6.8$,这与磷 $3p_z$ 和氮 $2p_z$ 轨道中自旋布居为+1 的理论值之比相似[476]。

烷硫基自由基和烷硫醚自由基阳离子（alkylthiyl radicals and radical cations of alkylthioethers）

用紫外光辐照相应的结晶二硫化物 R_2S（R 是烷基），会形成一些烷硫基自由基 RS·（g_{iso} 的范围是 2.024～2.030）[709,710]。由于固体中的谱图增宽，这些自由基通常不会呈现出可分辨的超精细结构。对于甲硫基自由基 H_3CS·（**230·**）的三个甲基质子，$|a_H(\beta)|$ 是 0.076 mT[711]，这比甲氧基自由基 H_3CO·（**185·**）的相应数值小了几乎两个数量级。

表 7.14 列举了三种烷硫醚自由基阳离子的超精细数据[712]，它们的耦合常数 $a_H(\beta)$ 通常小于相应醚自由基阳离子的值。相对于 **231·** 中自由旋转甲基上的质子，**233·** 中亚甲基质子的 $a_H(\beta)$ 有所增加，类似于 **186·** 与 **188·** 的差异。**232·** 的 $a_H(\beta)$ 比 **233·** 的小得多，这可以追溯到三元环的特殊几何形状。对于 **231·+**，g_{iso} 是 2.014；对于 **232·+** 和 **233·+**，g_{iso} 是 2.019。这三种烷硫醚自由基阳离子都是在氟利昂基质中经 γ 辐照而产生。

表 7.14　部分烷硫醚自由基阳离子的超精细数据

甲硫醚(dimethylsulfide) **231·+**	$(CH_3)_2S^{·+}$	6H(β)	+2.04	[712]
环硫乙烷(thiirane) **232·+**	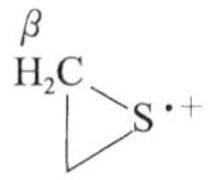 $H_2C\!\!-\!\!S^{·+}$（三元环，β）	4H(β)	+1.61	[712]
环硫丙烷(thietane) **233·+**	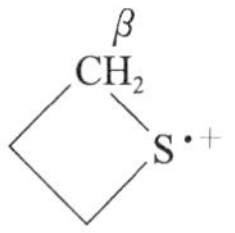 $CH_2\!\!-\!\!S^{·+}$（四元环，β）	4H(β)	+3.11	[712]

7.3　以 CC、NN 或 OO 双原子为中心的双核自由基

乙烯烷基衍生物的自由基阳离子（radical cations of alkyl derivatives of ethene）

尽管共轭烃一直要等到 8.1～8.8 节才会涉及，但顺磁性的乙烯衍生物（烯烃），即一个双中心 π 体系，在这里被当成是 CC 双核自由基。烯烃自由基离子倾向于围绕 C—C 键扭转，其中 π 键键级从中性化合物的 1.0 降低到自由基离子的 0.5（对于阴离子，成键 π 分子轨道有两个电子，第三个电子分布在反键 π* 分子轨道中；对于阳离子，成键 π 分子轨道有一个电子）。据我们所知，母体乙烯（**234**）自由基离子的结构尚未被 ESR 明确解析。在 4 K 氖基质中，

乙烯经高能辐照后给出约 0.3 mT 的 $|a_H|$，并且将该值归属给自由基阳离子 **234**$^{\cdot+}$的四个 α 质子[713]。这个 $|a_H|$ 对围绕 C—C 键的扭转非常敏感，因此对于平面的偏离也非常敏感（4.4 节），如高级计算所证实的那样，-0.3 mT 对应于 $28°$ 的扭转角[714]。这一预测可以解释为 π-σ 自旋极化和超共轭共同作用的结果［式（4.5）和式（4.9）］：

$$a_H = \rho_\mu^\pi \cdot Q_H^{C_\mu H_\mu} + \rho_{\mu'}^\pi \cdot B_H^{C_{\mu'} CH_{\mu'}} \langle \cos^2\theta \rangle$$

令 $\rho_\mu^\pi = \rho_{\mu'}^\pi = 0.5$，$Q_H^{C_\mu H_\mu} = -2.5$ mT，$B_H^{C_{\mu'} CH_{\mu'}} = +8.7$ mT（见下面），$\theta = 90° - 28° = 62°$，于是有

$$a_H = 0.5 \times (-2.5 + 8.7 \times 0.22)\text{mT} = -0.3 \text{ mT}$$

乙烯的烷基取代显著降低了其电离能，因此，几种乙烯的烷基衍生物自由基阳离子具有相当长的持久性，可以通过 ESR 进行研究。表 7.15 列举了其中一部分烯烃自由基阳离子的超精细数据[272,273,307,340,460,715-720]。在少数情况下，烯烃自由基阳离子围绕 C—C 键的扭转可以通过对称性的降低而清楚地表明。例如，当从中性环丙亚基环丙烷（**241**）变成其自由基阳离子时，对称性从 D_{2h} 降低到 D_2，因为原先八个等性 β 质子在 **241**$^{\cdot+}$ 中被拆分成两组，每组各四个。相比之下，环丁亚基环丁烷（**242**）的电离似乎并不影响平面分子的 D_{2h} 对称性，并且原先八个质子的等价性在 **242**$^{\cdot+}$ 中明显得到了保留。在这种情况下，像在许多其他情况下一样，两个等性的扭曲结构看起来是平面的，因为在超精细时间尺度上二者相互转换势垒较低[721]。在一些自由基阳离子如 **246**$^{\cdot+}$ 和顺式与反式的 **26**$^{\cdot+}$ 中，通过将双键嵌入刚性分子骨架中阻碍扭曲。

表 7.15 部分乙烯的烷基衍生物自由基阳离子的超精细数据

顺式 2-丁烯(but-2-ene) cis -**235**$^{\cdot+}$	(结构式)	2H(α) 6H(β)	-0.90 $+2.21$	[307]
反式 2-丁烯(but-2-ene) trans -**235**$^{\cdot+}$	(结构式)	2H(α) 6H(β)	-0.88 $+2.34$	[307]
2,3-二甲基-2-丁烯 (2,3-dimethylbut-2-ene) **236**$^{\cdot+}$	(结构式)	12H(β)	$+1.72$	[307]

续表

顺式 2,2,3,4,5,5-六甲基-2-丁烯 (2,2,3,4,5,5-hexamethylbut-2-ene) *cis*-237·+	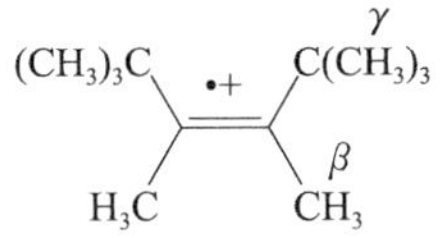 (CH₃)₃C, C(CH₃)₃ (γ), H₃C, CH₃ (β)	6H(β) 18H(γ)	+1.42 0.17	[715]
反式 2,2,3,4,5,5-六甲基-2-丁烯 *trans*-237·+	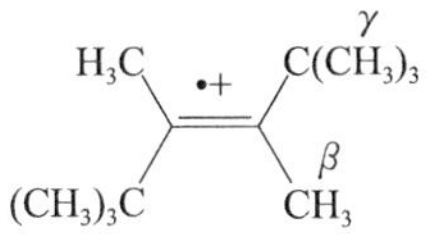 H₃C, C(CH₃)₃ (γ), (CH₃)₃C, CH₃ (β)	6H(β) 18H(γ)	+1.48 0.065	[715]
环丁烯(cyclobutene) 238·+	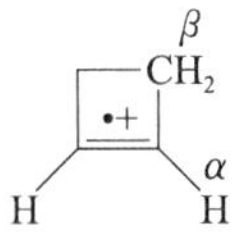 CH₂ (β), H, H (α)	2H(α) 4H(β)	−1.11 +2.80	[716]
环戊烯(cyclopentene) 239·+	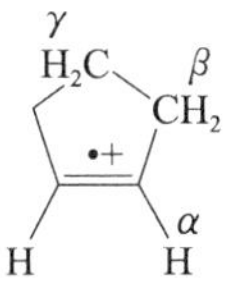 H₂C, CH₂ (β,γ), H, H (α)	2H(α) 4H(β) 2H(γ)	−0.94 +4.73 0.70	[717]
环己烯(cyclohexene) 240·+	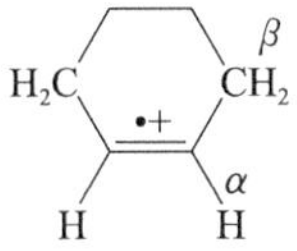 H₂C, CH₂ (β), H, H (α)	2H(α) 2H$_{ax}$(β) 2H$_{eq}$(β)	−0.88 +5.40 +2.25	[307]
盆苯(benzvalene)三环[3.1.0.0^{2,6}]-3-己烯 (tricyclo[3.1.0.0^{2,6}]hex-3-ene) 73·+	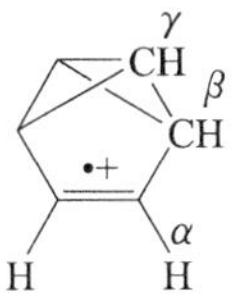 CH, CH (γ,β), H, H (α)	2H(α) 2H(β) H(γ)	−0.835 −0.158 +2.790	[460]
环丙亚基环丙烷 (bicyclopropylidene) 241·+	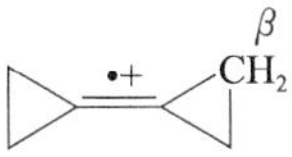 CH₂ (β)	4H(β) 4H(β)	+2.24 −0.27	[340]
环丁亚基环丁烷 (bicyclobutylidene) 242·+	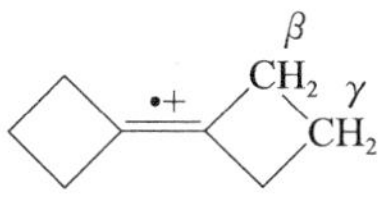 CH₂ (β), CH₂ (γ)	8H(β) 4H(γ)	+2.62 −0.27	[718]
2,2,2',2',4,4,4',4'-八甲基环丁亚基环丁烷 (2,2,2',2',4,4,4',4'-octamethyl-bicyclobutylidene) 243·+	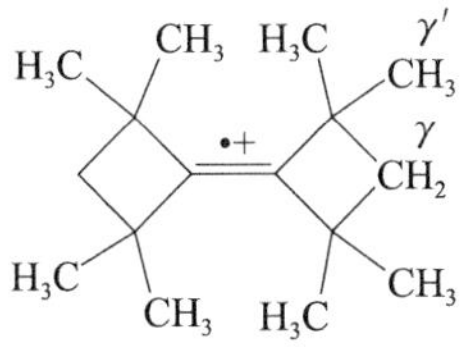 H₃C, CH₃, H₃C, CH₃ (γ,γ'), CH₂, H₃C, CH₃, H₃C, CH₃	4H(γ) 24H(γ')	0.049 0.123	[719]

续表

名称	结构	原子	值	参考
2,2,2',2',5,5,5',5'-八甲基环戊亚基环戊烷 (2,2,2',2',5,5,5',5'-octamethylbicyclopentylidene) **244**·+		4H(γ) 12H(γ') 12H(γ') ^{13}C1,1'	0.028 +0.203 <0.005 +0.88	[719] [720]
二甲基金刚烷-2-烯 (dimethylhomoadamantene) **245**·+		2H(β) 6H(β') 4H$_{eq}$(γ) 4H$_{ax}$(γ) 2H(δ)	+0.062 +1.555 +0.454 0.050 +0.645	[273]
并二金刚烷-2-烯 (sesquihomoadamantene) **246**·+		4H(β) 8H$_{eq}$(γ) 8H$_{ax}$(γ) 4H(δ)	+0.043 +0.486 0.043 +0.439	[273]
顺式并二降冰片-2-烯 (sesquinorbornene) *cis*-**26**·+		4H(β) 2H$_{anti}$(γ) 2H$_{syn}$(γ) 4H$_{exo}$(γ') 4H$_{endo}$(γ')	+0.392 +0.746 0.083 +0.353 0.076	[273]
反式并二降冰片-2-烯 *anti*-**26**·+		4H(β) 2H$_{anti}$(γ) 2H$_{syn}$(γ) 4H$_{exo}$(γ') 4H$_{endo}$(γ')	+0.326 +1.346 0.103 +0.311 0.068	[273]
2,2'-金刚烷烯 [2-(2'-adamantylidene)adamantane] **25**·+		4H(β) 8H$_{eq}$(γ) 8H$_{ax}$(γ) 4H(δ) 4H(ε)	+0.058 +0.327 0.047 +0.605 0.012	[272]

烯烃自由基阳离子中两个 π 中心的 π 自旋布居并不是简单的 0.5，而是根据烷基取代基再降低到一定水平。类似于取代甲基自由基的式 (7.1)，给出如下的一个关系，用于描述被烷基 R^i 取代的乙烯中心 μ' 的 π 自旋布居 $\rho_{\mu'}^{\pi}$ [273]：

$$\rho_{\mu'}^{\pi} = +0.5 \times \prod_i [1 - \Delta(R^i)] \tag{7.2}$$

对于甲基和叔丁基，推荐系数 $\Delta(R^i)$ 分别是 0.111 和 0.237。自由基阳离子的 $\Delta(Me)$ (0.111) 大于中性自由基的 [0.081，式 (7.1)]，这与正电荷增强超共轭作用相一致 (4.2 节)。因此，对于这些自由基阳离子中自由旋转甲基质子

的耦合常数 $a_H(\beta)$，式 (4.8) 中需要一个大到 +8.72 mT 的系数 $B_H^{C_{H'}CH_{\mu'}}$。对于二甲基金刚烷-2-烯（**245**·+）的双环基团，推导得到的 $\Delta(R^i)$（$i=1\sim2$）是 0.197，2，2'-金刚烷烯（**25**·+）和反式并二降冰片-2-烯（**26**·+）中的此类基团也有类似的预估值[273]。

在 **244**·+ 的两个 π 中心，^{13}C 耦合常数是 $a_{C^·} = +0.88$ mT[720]。该值与那些自旋布居均匀离域在两个单元上的烯烃自由基离子的理论值相一致。最初，有人推测自旋定域在一个环戊基单元上，因为仅观察到一半质子的超精细相互作用[719]。在 **25**·+、**73**·+、**245**·+、**246**·+ 和顺式与反式 **26**·+ 等阳离子自由基中，所观测到的 γ 和 δ 质子的耦合常数为刚性碳骨架内的远程超精细相互作用提供了有力的实验数据（4.2 节）。

表 7.15 中所列举的烯烃自由基阳离子的 g_{iso} 变化很大，从顺式 **26**·+ 的 2.0025、**224**·+ 的 2.0026 和 **241**·+ 的 2.0028，到 **73**·+ 的 2.0029 和 **25**·+ 的 2.0032，再到 **246**·+ 的 2.0033 和 **242**·+ 的 2.0037。自由基阳离子 **73**·+ 和 **235**·+ ~ **242**·+ 是在氟利昂基质中的 γ 辐解形成的，而另一类更持久的物种如 **243**·+ ~ **246**·+、**25**·+ 和顺式与反式 **26**·+，可以在二氯甲烷/三氟乙酸的金电极上电解产生。像亚金刚烷基那样的取代基特别有利于持久性，其中 C—H（β）键只能垂直于 π 中心的 $2p_z$ 对称轴。表现出这种特征的自由基称为"Bredt 规则保护"[272]。对于多环自由基阳离子，其持久性增大的顺序是 **245**·+ < 反式 **26**·+ < 顺式 **26**·+ < **25**·+ < **246**·+。在表 7.15 列举的自由基阳离子中，最稳定的可能是 **244**·+，它可以在不同条件下由中性化合物很容易地产生，若隔绝空气可以持续数周。那些含小环的自由基阳离子很容易开环。以此方式，**73**·+ 异构成苯自由基阳离子（**62**·+）[460]，**238**·+ 和 **241**·+ 分别重排成反式 1,3-丁二烯自由基阳离子（**92**·+）[716,722] 和四亚甲基乙烷自由基阳离子（TME，**43**·+）[328] 等。其中，**238**·+ → **92**·+ 的重排是光诱导的，可发生在任意氟利昂基质中，而 **241**·+ → **43**·+ 的开环是热引发的，需要以 $CFCl_3$ 作为基质。

烷基肼基自由基和烷基肼自由基阳离子（alkylhydrazyl radicals and radical cations of alkylhydrazines）

从肼或联氨 $H_2N—NH_2$（**247**）开始，肼自由基 $H_2N—N^·H$（**248**·）和自由基阳离子 $(H_2N—NH_2)^{·+}$（**247**·+）可以分别通过拔去一个 H 原子和从 N 孤电子对去除一个电子而获得。这两个自由基都类似于 N 中心的氨基自由基 $H_2N^·$（**160**·）和氨自由基阳离子 $H_3N^{·+}$（**161**·+），它们在其中一个 N 原子上还有一个质子的差别。它们被归类为 NN 双核中心，因为 π 自旋布居几乎被两个 N 原子均匀共享，而胺基和氨自由基阳离子的未配对电子定域于 N 原子上。

形式上，在未配对电子以一个 N 原子为中心的肼自由基（**248·**）中，第二个 N 原子所占的比例可以用具有 N=N 双键的离子结构式的显著贡献来展示。

$$H_2\overset{..}{\overset{.}{N}}-\overset{.}{N}H \longleftrightarrow H_2\overset{.}{N}=NH$$

248·

因此，肼自由基具有一个三电子 N—N π 键，类似于肼自由基阳离子（H_2N-NH_2）$^{·+}$（**247·+**）的三电子 π 键，这将在下面作更详细的分析。

与 $H_2N·$（**160·**）和 $H_3N^{·+}$（**161·+**）一样，**248·** 和 **247·+** 中的 H 原子可以被烷基取代分别形成 $R^1R^2N-N·R^3$ 和 $(R^1R^2N-NR^3R^4)^{·+}$，或者 N 原子被并成杂环。

尽管肼（**247**）及其衍生物的中心 N 原子是棱锥形的，但根据 π 结构的需要，相应的自由基和自由基阳离子在这些原子上通常是平面化的。表 7.16[723-726] 和表 7.17[272,280,727-730] 列举了其中一部分肼基自由基和肼自由基阳离子的超精细数据。这两个 ^{14}N 的耦合常数是相似的，在烷基肼基自由基中 a_N 的范围是 +0.9~+1.2 mT，在烷基肼自由基阳离子中是 +1.3~+1.5 mT，这些都表明两个 N 原子上具有几乎一样的自旋离域分布。对于一些具有双环的肼自由基阳离子如 **262·+**，明显增大的 a_N 可能是 N 中心的部分角锥化所造成的。由于自旋离域在两个 N 原子上，因此肼自由基阳离子比氨自由基阳离子更稳定。此外，类似于氨自由基阳离子，肼自由基阳离子随着烷基取代基数量的增加而变得愈加持久。这一说法尤其适用于四烷基肼，以及一些能分离成盐的寡聚环类似物的自由基阳离子，如 **29·+**。

表 7.16　部分烷基肼自由基的超精细数据

肼基(hydrazyl) **248·**	$\overset{\alpha'}{H_2N}-\overset{·\alpha}{NH}$ 2　　1	^{14}N1 ^{14}N2 H(α) H(α') H(α')	+1.17 +0.88 −1.63 −0.43 −0.16	[723]
2,2-二甲基肼基 (2,2-dimethylhydrazyl) **249·**	$\overset{\beta}{(CH_3)_2N}-\overset{·\alpha}{NH}$ 2　　1	^{14}N1 ^{14}N2 H(α) 6H(β)	+0.960 +1.149 −1.367 +0.690	[724]
2,2-二乙基肼基 (2,2-diethylhydrazyl) **250·**	$\overset{\beta}{(CH_3CH_2)_2N}-\overset{·\alpha}{NH}$ 2　　1	^{14}N1 ^{14}N2 H(α) 4H(β)	+0.958 +1.114 −1.378 +0.673	[724]

名称	结构	核	超精细值	参考
2,2-二异丙基肼基 (2,2-diisopropylhydrazyl) **251·**	$[(CH_3)_2CH]_2\underset{2}{\overset{\gamma\quad\beta}{N}}{-}\underset{1}{\overset{\bullet\alpha}{NH}}$	$^{14}N1$ $^{14}N2$ $H(\alpha)$ $2H(\beta)$ $12H(\gamma)$	+0.995 +1.166 −1.311 +0.22 0.025	[724]
三甲基肼基 (trimethylhydrazyl) **252·**	$(CH_3)_2\underset{2}{\overset{\beta'}{N}}{-}\underset{1}{\overset{\bullet\beta}{NCH_3}}$	$^{14}N1$ $^{14}N2$ $3H(\beta)$ $3H(\beta')$ $3H(\beta')$	+1.17 +1.05 +1.76 +0.82 +0.59	[725]
1-四氢吡咯基氨基 [(1-pyrrolidinyl)aminyl] **253·**	(环戊环) $\overset{\beta}{CH_2}$ $\underset{2}{N}{-}\underset{1}{\overset{\bullet\alpha}{NH}}$	$^{14}N1$ $^{14}N2$ $H(\alpha)$ $4H(\beta)$	+1.06 +1.06 −1.34 +1.06	[726]

表 7.17　部分烷基肼自由基阳离子的超精细数据

名称	结构	核	超精细值	参考
肼或联氨(hydrazine) **247·+**	$H_2N\overset{\bullet+}{-}NH_2$	$2^{14}N$ $4H(\alpha)$	+1.160 −1.154	[727]
反式 1,2-二甲基肼 (1,2-dimethylhydrazine) *cis*-**254·+**	$\underset{\alpha}{\overset{\beta}{H_3C}}\underset{H}{\overset{}{N}}\overset{\bullet+}{-}\underset{H}{\overset{CH_3}{N}}$	$2^{14}N$ $2H(\alpha)$ $6H(\beta)$	+1.47 −1.08 +1.26	[728]
顺式 1,2-二甲基肼 (1,2-dimethylhydrazine) *trans*-**254·+**	$\underset{\beta}{\overset{\alpha}{H}}\underset{H_3C}{\overset{}{N}}\overset{\bullet+}{-}\underset{H}{\overset{CH_3}{N}}$	$2^{14}N$ $2H(\alpha)$ $6H(\beta)$	+1.303 −0.977 +1.219	[728]
1,1-二甲基肼 (1,1-dimethylhydrazine) **255·+**	$H_2\underset{2}{\overset{\alpha}{N}}\overset{\bullet+}{-}\underset{1}{\overset{\beta}{N(CH_3)_2}}$	$^{14}N1$ $^{14}N2$ $2H(\alpha)$ $6H(\beta)$	+0.969 +1.605 −0.691 +1.439	[729]
四甲基肼 (tetramethylhydrazine) **256·+**	$(CH_3)_2N\overset{\bullet+}{-}\overset{\beta}{N(CH_3)_2}$	$2^{14}N$ $12H(\beta)$	+1.338 +1.261	[729]
四乙基肼 (tetraethylhydrazine) **257·+**	$(CH_3CH_2)_2N\overset{\bullet+}{-}\overset{\beta}{N(CH_2CH_3)_2}$	$2^{14}N$ $8H(\beta)$	+1.315 +0.702	[280]

续表

名称	结构	核	耦合常数	文献
1,2-二甲基-1,2-二氮杂环丁烷 (1,2-dimethyl-1,2-azetidine) **258**·+		$2^{14}N$ $6H(\beta)$ $4H(\beta')$	+1.50 +1.31 +1.57	[730]
1,2-二甲基吡唑 (1,2-dimethylpyrazolidine) **259**·+		$2^{14}N$ $6H(\beta)$ $4H(\beta')$ $2H(\gamma)$	+1.50 +1.28 +1.40 0.07	[280]
1,1'-二氮杂环丁烷 (1,1'-biazetidine) **260**·+		$2^{14}N$ $8H(\beta)$	+1.48 +1.72	[280]
1,1'-联吡咯烷 (1,1'-bipyrrolidine) **261**·+		$2^{14}N$ $8H(\beta)$ $8H(\gamma)$	+1.29 +1.85 0.03	[280,730]
1,5-二氮杂双环[3.3.0]辛烷 (1,5-diazabicyclo[3.3.0]octane) **262**·+		$2^{14}N$ $8H(\beta)$ $4H(\gamma)$	+1.76 +1.56 0.08	[280,730]
2,3-二甲基-2,3-二氮杂双环[2.2.1]庚烷 (2,3-dimethyl-2,3-diazabicyclo[2.2.1]heptane) **263**·+		$2^{14}N$ $6H(\beta)$ $2H_{exo}(\gamma)$ $1H_{anti}(\gamma')$ $1H_{syn}(\gamma')$	+1.60 +1.31 +0.48 +0.17 0.08	[280]
2,3-二甲基-2,3-二氮杂双环[2.2.2]辛烷 (2,3-dimethyl-2,3-diazabicyclo[2.2.2]octane) **264**·+		$2^{14}N$ $6H(\beta)$ $4H_{exo}(\gamma)$	+1.39 +1.27 +0.246	[280]
9,9'-二(9-氮杂二环[3.3.1]壬烷) [9,9'-bis(9-azabicyclo-[3.3.1]nonane)] **29**·+		$2^{14}N$ $4H(\beta)$ $8H(\gamma)$ $8H(\gamma)$ $4H(\delta)$ $4H(\delta)$	+1.33 +0.160 0.128 0.059 0.099 0.027	[272]

肼基自由基和肼自由基阳离子的 g_{iso} 是 2.0032~2.0038。除了在金刚烷基质中 X 射线辐解 1-四氢吡咯氨基形成的 **253**·+ 之外，肼基自由基都是在溶液

中用 t-BuO· 拔去相应肼上的 H 原子而产生。四烷基肼的自由基阳离子，在正丁腈或乙腈中电解或与三（4-溴苯基）六氯锑酸铵（"魔蓝"）反应，或在流动酸性介质中用 Ce(Ⅳ) 离子氧化取代基较少的肼。

如上所述，从肼到自由基阳离子的形成，需要从 N 原子的孤电子对中移除一个电子。这些孤电子对所占据的非键原子轨道 n_1 和 n_2 之间的相互作用，形成了较低能态的成键 π 分子轨道和较高能态的反键 π* 分子轨道，作为这两个原子轨道的"和"与"差"的组合。在 N 原子呈角锥结构的中性肼中，这种相互作用很微弱，使这两个分子轨道的能隙也很小。此外，两个分子轨道都各自被一个孤电子对占据。因此当考虑中性肼的结构时，从能量的观点来看，孤电子对所在原子轨道组合而成的分子轨道被忽略。然而，在自由基阳离子中，N 中心结构的扁平化使 n_1 和 n_2 之间的相互作用得到增强，导致 π 和 π* 分子轨道之间有更大的能级劈裂。因此，从反键 π* 分子轨道中移除一个电子并在成键 π 分子轨道中留下两个电子，会导致实质上的稳定。这种结构特征被称为三电子 N—N π 键。实际上，N—N 键的总体键级是 1.5，因为半个 π 键（两个成键电子减去一个反键电子）加到常规的 σ 键上。

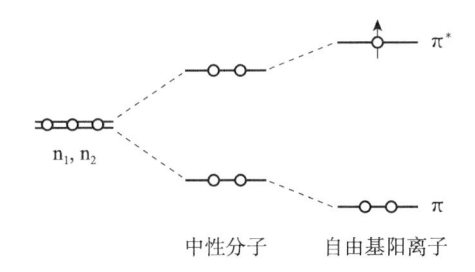

中性分子　　自由基阳离子

烷基二元胺的自由基阳离子（radical cations of alkyldiamines）

类似于联氨的分子轨道方案诠释了几个二元胺自由基阳离子中三电子 N—N σ 键的形成，其中两个 N 原子在形式上没有实质性的连接。然而，两个 N 原子上孤电子对占据的非键原子轨道 n_1 和 n_2 可以通过空间和/或多亚甲基链相互作用，组合成反键 σ* 分子轨道和成键 σ 分子轨道[730a]。同样地，与 σ 与 σ* 分子轨道都被双电子占据的中性二元胺相反，它们的自由基阳离子在 σ* 分子轨道中只剩下一个电子，因此获得了键级为 0.5 的三电子 N—N σ 键。表 7.18 列举了三种具有这样结构特征的双环烷基二元胺自由基阳离子的超精细数据[297,300,349,731]。在 **30**·+ 中，两个 N 原子孤电子对间的相互作用基本上是贯穿化学键的[730a]，但在 **31**·+ 和 **265**·+ 中则主要是贯穿空间的[299]。 ^{14}N 耦合常数 a_N 的变化范围从 **265**·+ 的 +1.47 mT 到 **31**·+ 的 +3.59 mT，因为它在很大程度上取决于中心 N 原子的结构，而这反过来又决定了 σ 分子轨道的性质。最近，在二元胺自由基阳离子中，这种三电子 N—N σ 键的依赖性得到了系统研究，尤其是对于更复杂分子的自由基阳离子[244]（9.4 节和表 9.40）。

表 7.18　部分烷基二元胺自由基阳离子的超精细数据

化合物	结构	核	超精细常数	文献
1,4-二氮杂双环[2.2.2]辛烷 (1,4-diazabicyclo[2.2.2]octane, DABCO) **30**·+		$2^{14}N$ $12H(\beta)$	+1.696 +0.734	[297]
1,5-二氮杂双环[3.3.3]十一烷 (1,5-diazabicyclo[3.3.3]undecane) **265**·+		$2^{14}N$ $12H(\beta)$ $6H(\gamma)$	+1.47 +2.22 0.18	[731]
1,5-二氮杂双环[3.3.3]十四烷 (1,5-diazabicyclo[3.3.3]tetradecane) **31**·+		$2^{14}N$ $6H(\beta)$ $6H(\beta)$ $6H(\gamma)$ $6H(\gamma)$	+3.59 +1.76 +0.086 −0.028 −0.01	[300]
奎宁环二聚体 (dimer of quinuclidine) (**179**)$_2^{·+}$		$2^{14}N$ $12H(\beta)$ $12H(\gamma)$ $2H(\delta)$	+3.87 +0.337 0.066 +0.406	[349]

目前还没有关于二元胺自由基阳离子 g_{iso} 的报道。在乙腈中，这三种自由基阳离子是通过电解或化学氧化相应的二元胺而产生。它们的易成性和持久性随着二元胺大小的增大而增强。即使是像如 Ag(Ⅰ) 离子这样的温和氧化剂的处理，也可以氧化产生如 **265**·+ 和 **31**·+ 这种较大的自由基阳离子，并且还必须谨防它们进一步氧化成抗磁性的二价阳离子。能分离成盐的 **31**·+，X 射线单晶体结构已获得解析，结果表明 N—N 间距如预期那样从中性二元胺 **31** 的 0.2806 nm 缩短到 **31**·+ 的 0.2295 nm[301]。

三电子 N—N σ 键也可以在分子间形成，例如，二聚体自由基阳离子 (**179**)$_2^{·+}$ 就是在 $CHClF_2$ 中用 $O_2^+ SbF_6^-$ 氧化奎宁环 (**179**) 而获得的（表 7.18）。

偶氮烷烃的自由基离子（radical ions of azoalkanes）

偶氮烷烃的原型是虚拟的二亚胺 HN=NH。偶氮基团—N=N—很容易接受一个额外电子，摄入到反键 π^* 分子轨道中。表 7.19 列举了其中一部分自由

基离子的超精细数据[497,552,732-735]。只有在与偶氮基团相连的 C 原子缺少 H 原子时，开链和单环的偶氮烷烃自由基阴离子才是持久性的。在通式是 $R^1N=NR^2$ 的开链自由基阴离子中，烷基呈反式构型，但在环状自由基阴离子中，偶氮基团被限制为顺式构型。^{14}N 耦合常数 a_N 的变化范围是 +0.8～+1.0 mT，具体取决于实验条件。远程的超精细相互作用，体现在双环自由基阴离子 **270**·⁻ 和 **271**·⁻ 的外侧位 γ 质子上，但相应的 $|a_H(\beta)|$ 非常小，因为这些质子位于 N=N π 体系的节点平面内。

表 7.19　部分偶氮烷自由基离子的超精细数据

偶氮二乙烷 (diethyldiimine) **266**·⁻/**266**·⁺	·⁻/·⁺ β CH₃CH₂N=NCH₂CH₃	2¹⁴N 4H(β)	阴离子/阳离子 +0.775/+2.100 +1.28/+1.78	[732]/[733]
偶氮二异丙烷 (diisopropyldiimine) **267**·⁻/**267**·⁺	·⁻/·⁺ β (CH₃)₂HCN=NCH(CH₃)₂	2¹⁴N 2H(β)	+0.80/+2.0 +0.973/+1.60	[732]/[733]
偶氮二异丁烷 (di-*tert*-butyldiimine) **268**·⁻	·⁻ α γ (CH₃)₃CN=NC(CH₃)₃	2¹⁴N 18H(γ) 2¹³C(α)	+0.824/— 0.032/— −0.480/—	[734]
3,3,5,5-四甲基-1-吡唑啉 (3,3,5,5-tetramethyl-1-pyrazoline) **269**·⁻	(结构式)	2¹⁴N 2H(γ) 12H(γ′)	+0.923/— +0.048/— −0.072/—	[552]
2,3-二氮杂双环[2.2.1]庚-2-烯 (2,3-diazabicyclo[2.2.1]hept-2-ene) **270**·⁻	(结构式)	2¹⁴N 2H(β) 2H_exo(γ) 2H_endo(γ) 1H_anti(γ′) 1H_syn(γ′)	+0.855/— +0.044/— +0.340/— −0.073/— −0.223/— −0.122/—	[552]
2,3-二氮杂双环[2.2.2]辛-2-烯 (2,3-diazabicyclo[2.2.2]oct-2-ene) **271**·⁻/**271**·⁺	(结构式)	2¹⁴N 2H(β) 4H_exo(γ) 4H_endo(γ)	+0.876/+3.14 −0.020/−0.336 +0.268/+1.51 −0.071/+0.135	[552]/[497,735]

偶氮烷烃自由基阴离子的 g_{iso} 是 2.0037～2.0042，这取决于抗衡离子的性质。对于那些在与偶氮基团相连的 C 原子上缺少 H 原子的自由基阴离子，是在醚中用碱金属与中性化合物反应而产生的，但那些不太持久的阴离子如

266·⁻和267·⁻等，则需要对该方法做些改进。环状自由基阴离子269·⁻～271·⁻与附着在偶氮基团上的碱金属抗衡离子形成紧密离子对，它们的ESR谱图展现了碱金属显而易见的超精细分裂（表A.2.2）。与偶氮烷烃自由基阴离子相反，相应的自由基阳离子在溶液中并不稳定，因为它们在氧化后会迅速失去N_2。因此，266·⁺、267·⁺和271·⁺是在氟利昂基质中γ辐解中性偶氮烷而产生的。然而，在溶液中，观察到三种含有两个庞大低聚环烷基的反式构型偶氮烷烃自由基阳离子的ESR谱，即1,1'-氮杂降冰片烷（偶氮二降冰片烷，272)[736,737]、1,1'-氮杂二环[3.2.1]辛烷[偶氮二（二环[3.2.1]辛烷），273][737]和1,1'-氮杂扭烷（1,1'-氮杂三环[4.4.0^{3,8}]癸烷，274)[737]。它们是由中性化合物在二氯甲烷中被三（4-溴苯基）六氯锑酸铵（"魔蓝"）氧化而成。同样地，反式272·⁺自由基阳离子是从其顺式异构体转变而来的[738]。

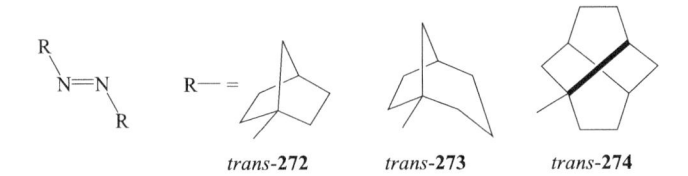

trans-272 trans-273 trans-274

与具有a_N和g_{iso}分别是（+0.80±0.02）mT和2.0041±0.0001的带负电荷π自由基269·⁻～274·⁻相反，在272·⁺～274·⁺中^{14}N耦合常数a_N是+1.1～+1.3 mT和较小的g_{iso}（2.0011±0.0001），这表明这些自由基阳离子是σ型的。这一说法得到了烷基二亚胺自由基阳离子266·⁺和267·⁺的超精细数据的支持，特别是2,3-二氮杂双环[2.2.2]辛-2-烯（271）自由基阳离子的g_{iso}（2.0022）。271·⁺的耦合常数与相应的自由基阴离子271·⁻的耦合常数明显不同。从反式构型的自由基阳离子272·⁺～274·⁺到双环的271·⁺（其中偶氮基团被限制为顺式构型），a_N的大幅增加归因于CNN键角的显著减小。

重氮烷烃的自由基阳离子（radical cations of diazoalkanes）

这类自旋布居定域于重氮基两个N原子上的自由基阳离子很容易失去N_2，所以是不持久的[739,740]。它们最简单的代表是重氮甲烷的未知自由基阳离子CH_2N_2，它可能具有σ或π结构，像那些经过充分研究的苯基和二苯衍生物那样（9.4节）。

烷过氧自由基（alkylperoxyl radicals）

过氧自由基的通式为ROO·，其中R为烷基或芳基。已被ESR研究的最简单烷过氧化物是甲过氧化物自由基$CH_3OO·$（275·）[741]、乙过氧化物自由基

CH₃CH₂OO·(**276·**)[742]、1-丙过氧化物自由基 CH₃CH₂CH₂OO·(**277·**)[743]、2-丙过氧化物自由基(CH₃)₂CHOO·(**278·**)[743] 和叔丁过氧化物自由基(CH₃)₃COO·(**279·**)[742]。烷过氧自由基通常不显现超精细分裂，但在 **277·** 和 **278·** 中，与过氧基团相邻的 C 原子上的亚甲基和次甲基质子，具有约 0.5 mT 的 $|a_N(\beta)|$。以 **279·** 为研究对象，通过 ^{17}O 同位素富集来检测 ^{17}O 耦合常数，实验所得的过氧基团—CO¹O²·的耦合常数 a_{O^1} 和 a_{O^2} 分别是 -2.18 mT 和 -1.64 mT。烷过氧自由基的 g_{iso} 相当大，为 $2.011 \sim 2.016$，这证实了它们是未配对电子占据反键 π^* 分子轨道的 π 自由基。许多有机物的自氧化是通过链式反应来进行的，该过程涉及将最初形成的自由基 R· 转变成过氧自由基作为中间步骤：R· + O₂ ⇌ ROO·[744]。在溶液中，上述过氧化烷基是在 O₂ 存在下光解相应的酯或用 Ce(Ⅳ) 离子氧化氢过氧化物而产生。

7.4 以 NO 或 NO₂ 为中心的双或三核自由基

烷硝酰基自由基（常简称为氮氧自由基，alkylnitroxyl radicals）

持久性硝酰基 π 自由基代表了一大类顺磁性化合物，已被 ESR 广泛研究。一氧化氮自由基 NO·(**280·**) 是一种稳定的无机自由基，有 11 个价电子，其中未配对电子占据反键 π^* 分子轨道。形式上，在二氢硝酰基自由基 H₂NO·(**281·**) 中，来自 NO 基团中一个 N 原子孤电子对的两个电子各参与形成两个 N—H 键。在开链烷硝酰基氨基自由基 R¹R²NO· 中，H 原子被烷基取代，而在环状硝酰基自由基中，N 原子被并合成杂环。表 7.20 列举了气相 NO· 和溶液中几种烷硝酰基自由基的超精细数据[98,603,745-759]。^{14}N 耦合常数 a_N 的变化范围是从 $+1.2$ mT 到 $+1.7$ mT，具体取决于溶剂和温度。对于 **281·** 和 **282·**，$a_H(\alpha)$ 分别是 -1.19 mT 和 -1.38 mT；对于 **282·**~**284·** 的甲基和亚甲基质子，$a_H(\beta)$ 是 $+1.1$ mT 至 $+1.4$ mT，而 **285·**~**287·** 的次甲基质子，$a_H(\beta)$ 仅约为 $+0.4$ mT。在 **108·** 和 **8·** 中，^{17}O 耦合常数 a_O 接近 -2 mT。烷硝酰基自由基在 N 原子上是平面的，未配对电子几乎完全定域 NO· 官能团的反键 π^* 分子轨道中。虽然原子 N 和 O 中心之间的自旋分布仍然不能精准确定，但自旋布居 ρ_N^π 和 ρ_O^π 应该是可比较的，即彼此都接近 $+0.5$[759]。对于硝酰基的 ^{14}N 耦合常数，一个预期成立的关系是

$$a_N = Q_N \cdot \rho_N^\pi + Q_N^{NO} \cdot \rho_O^\pi \tag{7.3}$$

其中，$Q_N \approx +2.8$ mT，$|Q_N^{NO}| \ll Q_N$。令自旋布居 $\rho_N^\pi = 0.5$ 并忽略第二项，

式 (7.3) 给出 $a_N \approx +1.4$ mT，与实验结果一致。倘若令式 (4.28) 中的系数 $Q_O = -4.1$ mT，那么 $\rho_O^\pi \approx 0.5$，同样适用于耦合常数 $a_O \approx -2$ mT。极性溶剂倾向于以牺牲 ρ_O^π 和 $|a_O|$ 为代价来增大 ρ_N^π 和 a_N，因为它们更倾向于形成离子结构而非共价结构。

$$\ddot{\underset{}{N}}-\dot{O} \longleftrightarrow \underset{}{\overset{+}{N}}=\overset{\cdot}{\underset{}{O}}^-$$

表 7.20　部分烷硝酰自由基的超精细数据

一氧化氮(nitrogen oxide) 280·	N—O·	^{14}N	+1.06	[745]
二氢硝酰基 (dihydronitroxyl) 281·	$\overset{\alpha}{H_2N}$—O·	^{14}N 2H(α)	+1.19 −1.19	[746]
甲基硝酰基 (methylnitroxyl) 282·	$\overset{\beta}{(CH_3)}\overset{\alpha}{HN}$—O·	^{14}N H(α) 3H(β)	+1.38 −1.38 +1.38	[746]
二甲基硝酰基 (dimethylnitroxyl) 283·	$\overset{\beta}{(CH_3)_2}N$—O·	^{14}N 6H(β)	+1.52 +1.23	[746]
二乙基硝酰基 (diethylnitroxyl) 284·	$\overset{\gamma}{(CH_3}\overset{\beta}{CH_2})_2N$—O·	^{14}N 4H(β) 6H(γ)	+1.67 +1.12 0.032	[98]
二异丙基硝酰基 (diisopropylnitroxyl) 285·	$[(CH_3)_2\overset{\beta}{CH}]_2N$—O·	^{14}N 2H(β)	+1.59 +0.405	[98]
二叔丁基硝酰基 (di-*tert*-butylnitroxyl) 108·	$[\overset{\beta\gamma}{(CH_3)_3}\overset{\alpha}{C}]_2N$—O·	^{14}N 9H(γ) ^{13}C(α) 3^{13}C(β) ^{17}O	+1.62 −0.095 −0.469^a 0.450^a −1.941	[747] [748] [749] [750]
二环戊基硝酰基 (dicyclopentylnitroxyl) 286·	$\left(\underset{\beta}{CH}\right)_2$N—O·	^{14}N 2H(β)	+1.49 +0.44	[751]
二环己基硝酰基 (dicyclohexylnitroxyl) 287·	$\left(\begin{array}{c}\overset{\delta}{H_2C}-\overset{\gamma}{CH_2}\\ \underset{\beta}{CH}\end{array}\right)_2$N—O·	^{14}N 2H(β) 8H(γ) 4H$_{eq}$(δ)	+1.44 +0.44 0.043 0.083	[752]

续表

名称	结构	核	超精细值	文献
二(金刚烷-1-基)硝酰基 [bis(1-adamantyl)nitroxyl] **288·**	(结构式)	^{14}N 12H(γ) 6H(δ) 6H(ε) 6H(ε)	+1.52 −0.041[a] +0.054 0.0035 0.0015	[753]
二(金刚烷-2-基)硝酰基 [bis(2-adamantyl)nitroxyl] **289·**	(结构式)	^{14}N 2H(β)	+1.41 +1.41	[754]
2-氮杂金刚烷-N-氧基 (2-azaadamantane-N-oxyl) **104·**	(结构式)	^{14}N 2H(β) 4H$_{eq}$(γ) 4H$_{ax}$(γ) 2H(δ)	+1.975 +0.295[a] +0.180 +0.095 +0.19	[603]
吡咯烷-1-氧基 (pyrrolidinyl-1-oxyl) **290·**	(结构式)	^{14}N 4H(β) 4H(γ)	+1.66 +2.23 0.047	[755]
哌啶-1-氧基 (piperidinyl-1-oxyl) **291·**	(结构式)	^{14}N 2H$_{ax}$(β) 2H$_{eq}$(β) 2H$_{ax}$(γ) 1H$_{eq}$(δ)	+1.69 +2.015 +0.345 0.065 0.065	[756]
2,2,6,6-四甲基哌啶-1-氧基 (2,2,6,6-tetramethylpiperidinyl-1-oxyl) **292·**	(结构式)	^{14}N 4H(γ) 12H(γ') 2H(δ) 2^{13}C(α) 2^{13}C(β) ^{13}C(γ) 2$^{13}C_{ax}$(β') 2$^{13}C_{eq}$(β') ^{17}O	+1.615 −0.039[a] −0.023 +0.018 −0.36 +0.49 −0.032 +0.49 +0.082 −1.805	[757] [758] [757]
4-氧-2,2,6,6-四甲基哌啶-1-氧基 (2,2,6,6-tetramethyl-4-oxopiperidinyl-1-oxyl, TEMPO) **8·**	(结构式)	^{14}N 4H(γ) 12H(γ') 2^{13}C(α) 2^{13}C(β) 4^{13}C(β') ^{13}C(γ) $^{17}O·$	+1.445 −0.002[a] −0.012 −0.51 +0.23(+0.25) +0.57(+0.61) −0.038 −1.929	[759] [758] [759]

注：a. 超精细数值由NMR测得（括号内是EPR检测结果）。

多环烷硝酰自由基 **104·** 代表一个例外，因为它的 a_N 接近 +2 mT，这表明

N原子呈非平面结构。刚性金刚烷骨架中质子的耦合常数作为远程超精细相互作用的例证,其他自由基(**157·**和**158·**)和含有该骨架的自由基(**25·**、**180·**、**208·**、**245·**和**246·**)的阳离子中的相应值同样为此做证。

最持久的烷硝酰自由基,如**108·**、**292·**和**8·**,在与NO基团相连的C原子上都缺少H原子。这就是为什么此类顺磁性物质可被用作自旋标记和自旋加合物(附录A.1)。其中,4-氧-2,2,6,6-四甲基哌啶-1-氧基自由基(TEMPO,**8·**)也被囊括在表7.20中,作为唯一除含有NO基团之外还含有杂原子的烷硝酰自由基。它可能是最为人知和最持久的烷硝酰自由基,并已被广泛研究。

如本书上篇部分所述,烷硝酰自由基的 g_{iso} 是 2.0055～2.0065(6.2节),它们在不同溶剂中由过氧化物、Ag(Ⅰ)、Tl(Ⅲ)、Ce(Ⅳ)或Pb(Ⅳ)离子等氧化相应的仲胺或羟胺而生成(2.2节)。

亚硝基烷烃和硝基烷烃的自由基阴离子 (radical anions of nitrosoalkanes and nitroalkanes)

亚硝基烷烃 RN=O 和硝基烷烃 RNO_2(R代表烷基)的原型分别是假定的 HN=O(以二聚体 $H_2N_2O_2$ 的形式出现)和亚硝酸 HNO_2。HN=O 与二亚胺 HN=NH 是等电子的,因为前者的O原子替代了后者的NH基团。往亚硝基—N=O加成第二个O原子则变成硝基—NO_2,具有稳定作用。因此,与HNO相比,HNO_2 是一种众所周知的酸,类似地,硝基烷烃比其亚硝基烷烃更稳定。与—N=N—类似,吸电子的亚硝基—N=O很容易摄入一个 π^* 电子而变成自由基阴离子。这种趋势对于硝基—NO_2 更为明显,其中第二个O原子增强了电子亲和力。因此,与在能量上不太有利的亚硝基烷烃自由基阴离子相比,硝基烷烃自由基阴离子更常见。在亚硝基异丙烷自由基阴离子$(CH_3)_3CN=O·^-$(**293·−**)中,^{14}N 和 ^{17}O 耦合常数分别是 $a_N = +1.21$ mT 和 $a_O = -1.42$ mT,比硝基烷烃的相应值小 20%～25%[760]。表7.21列举了一部分硝基烷烃自由基阴离子超精细数据,^{14}N 耦合常数 $a_N = +2.3$～$+2.7$ mT,大约是 **293·−** 的两倍[761-764]。与此同时,^{17}O 耦合常数从 **293·−** 亚硝基中单个 ^{17}O 原子的 -1.42 mT 变为 **297·−** 硝基中两个 ^{17}O 的 -0.51 mT。从亚硝基烷烃自由基阴离子到硝基烷烃自由基阴离子,a_N 的大幅增加不仅仅归因于N原子上具有更大的自旋布居 ρ_N^π,正如下面这两个不同结构式中左侧的权重比右侧大所表明的那样:

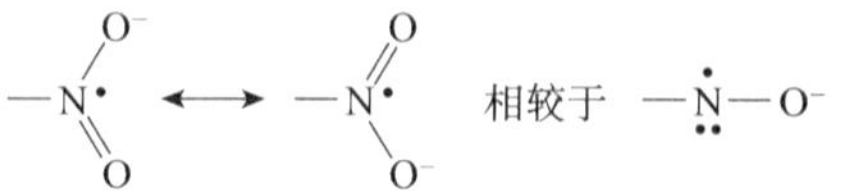

虽然亚硝基烷烃自由基阴离子与烷硝酰自由基阴离子一样，在 N 原子上是平面的，但在硝基烷烃自由基阴离子中这是稍微呈角锥状的。

表 7.21 部分硝基烷烃自由基阴离子的超精细数据

硝基甲烷(nitromethane) 294·⁻	(CH₃)NO₂·⁻	¹⁴N 3H(β)	+2.555 +1.202	[761]
硝基乙烷 (nitroethane) 295·⁻	(CH₃CH₂)NO₂·⁻ βγ αβ	¹⁴N 2H(β) 3H(γ) ¹³C(α) ¹³C(β)	+2.597 +0.963 0.045 <0.25 +0.605	[762]
2-硝基丙烷 (2-nitropropane) 296·⁻	[(CH₃)₂CH]NO₂·⁻ βγ αβ	¹⁴N H(β) 6H(γ) ¹³C(α) 2¹³C(β)	+2.54 +0.48 0.03 <0.3 +0.511	[761] [762]
2-硝基叔丁烷 (2-nitro-2-methylpropane) 297·⁻	(CH₃)₃CNO₂·⁻ βγ	¹⁴N 9H(γ) 3¹³C(β) 2¹⁷O	+2.659 0.020 +0.37 −0.51	[762] [760]
硝基环丙烷 (nitrocyclopropane) 298·⁻	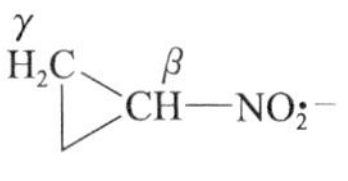 H₂C—CH—NO₂·⁻ γ β	¹⁴N H(β) 4H(γ)	+2.38 +0.73 0.06	[763]
硝基环戊烷 (nitrocyclopentane) 299·⁻	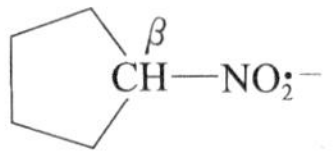 ⬠—CH—NO₂·⁻ β	¹⁴N H(β)	+2.70 +0.83	[764]

硝基烷烃自由基阴离子的 g_{iso} 为 2.0050～2.0055。虽然中性亚硝基烷烃和硝基烷烃在 DMF 或乙腈中的电解还原是产生相应自由基阴离子的标准方法，但在水或流动体系中化学试剂与各种前体的反应也经常被采用。

亚氨氧基自由基 (iminoxyl radicals)

开链烷基亚氨氧基的通式是 R¹R²C=N—O·，其中 R' 是 H 或烷基；在环烷基亚氨氧基中，双键上的 C 原子并合成环。这些自由基的电子结构表示如下，其中自旋布居几乎由 O 原子的 2p 轨道和 N 原子的 sp" 杂化轨道平均分配。

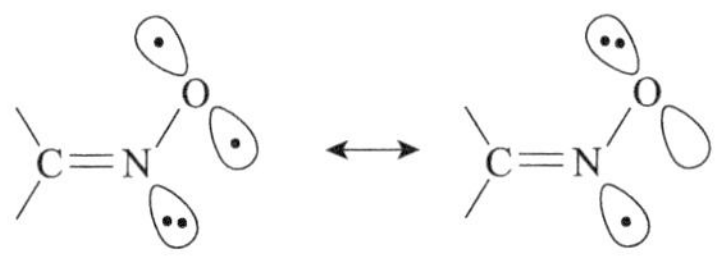

两个原子轨道都位于 C═N π 分子轨道的节点平面内，因此，亚氨氧基被归类为以 NO· 基团为中心的 σ 自由基。表 7.22 列举了部分烷基亚氨氧基自由基的超精细数据[765-770]。它们的 σ 特征由大约 3 mT 的 ^{14}N 耦合常数 a_N 来阐释，这是由 N 原子上 s 轨道对携带自旋原子轨道的实质性贡献造成的。与表 7.9 中乙烯基 σ 自由基的数值一样，双键平面内 C 原子上质子的耦合常数 $a_H(\beta)$ 也因顺式或反式位置而异。

表 7.22　部分烷基亚氨氧基自由基的超精细数据

甲亚氨氧基 (methaniminoxyl) **300·**	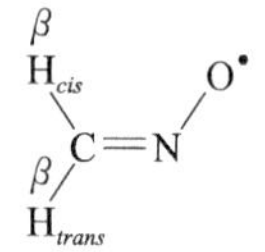	^{14}N $H_{cis}(\beta)$ $H_{trans}(\beta)$	+3.33 +2.62 +0.28	[765]
乙亚氨氧基 (ethaniminoxyl) **301·**	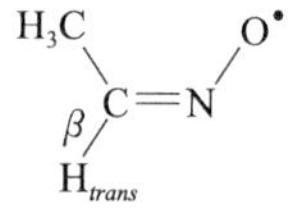	^{14}N $H_{trans}(\beta)$	+3.25 +0.52	[766]
反式 2,2-二甲基丙亚氨氧基 (2,2-dimethylpropaniminox-yl) *trans*-**302·**	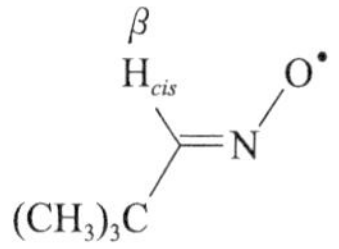	^{14}N $H_{cis}(\beta)$	+3.05 +2.70	[767]
顺式 2,2-二甲基丙亚氨氧基 *cis*-**302·**	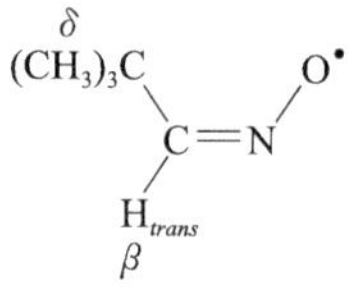	^{14}N $H_{trans}(\beta)$ $9H(\delta)$	+3.22 +0.74 0.0095	[767]
2,4-二甲基戊基-3-亚氨氧基 (2,4-dimethylpentan-3-iminoxyl) **303·**	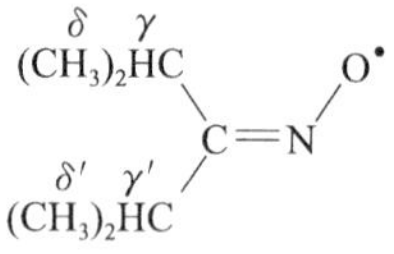	^{14}N $H(\gamma), H(\gamma')$ $6H(\delta), 6H(\delta')$	+3.07 0.12 0.12	[768]
2,2,4,4-四甲基戊基-3-亚氨氧基 (2,2,4,4-tetramethylpentan-3-iminoxyl) **304·**	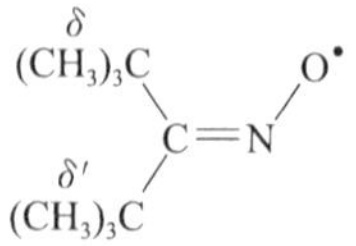	^{14}N $9H(\delta)$ $9H(\delta')$ ^{17}O	+3.132 +0.077[a] +0.048 -2.26	[769] [770]
二(金刚烷-1-基)亚氨氧基 [bis(1-adamantyl) methaniminoxyl] **305·**	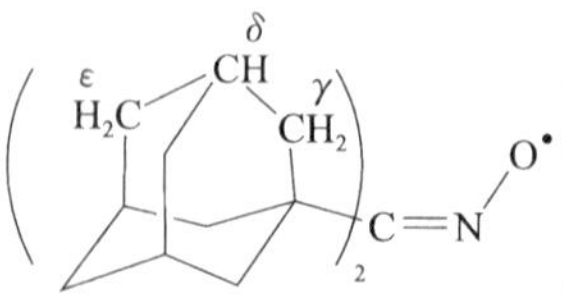	^{14}N $12H(\gamma)$ $6H(\delta)$ $6H_{ax}(\varepsilon)$	+3.114 +0.055[a] +0.019 +0.002	[769]

续表

名称	结构	核	值	参考
环丁基亚氨氧基 (cyclobutaniminoxyl) 306·	(环丁基=N—O·)	^{14}N	+3.16	[768]
环戊基亚氨氧基 (cyclopentaniminoxyl) 307·	(环戊基=N—O·)	^{14}N	+3.22	[768]
环己基亚氨氧基 (cyclohexaniminoxyl) 308·	(环己基=N—O·, 含 $CH_2(\beta)$ 和 $CH_2(\beta')$)	^{14}N $2H(\beta)$ $2H(\beta')$	+3.07 +0.28 +0.14	[768]

注：a. 超精细数值由 NMR 测得。

因为亚氨氧基中携带自旋的 σ 原子轨道不与 C=N 的 π 分子轨道共轭，所以苯基或萘基单元（R^1 和/或 R^2＝芳基）对该 C 原子的取代，会使自旋布居基本上定域于该基团内。然而，如表 7.23 中的超精细数据所示[115,767,771,772]，一部分被取代的亚氨氧基表现出显著的特点：这种芳基亚氨氧基以两种异构形式存在，即顺式（或 Z）和反式（或 E），它们的超精细结构明显不同。特别有趣的是，O 原子上未配对电子与连接亚氨氧基的 π 片段的磁性核之间贯穿空间的相互作用。在顺式苯基甲亚氨氧基自由基（顺式 15·）中，这样的磁性核由一个在空间上靠近 O 原子的邻位质子 H_o 来表示。然而，所报道的耦合常数 a_{H_o} 是+0.14 mT，小于该单质子的实际值，因为它是通过苯基围绕 C—C 键快速旋转而得到的两个邻位质子 H_o 的平均值。对于反式 15·，由于 O 原子与邻位质子 H_o 的距离变远，相应的值太小而无法观察到。与亚氨氧基的烷基衍生物一样（表 7.22），芳基亚氨氧基中，与亚硝基相连的 C 原子上质子的耦合常数 $a_H(\beta)$ 也因其在顺式和反式异构体中的位置而不同。有趣的是，由于存在位阻，15· 更倾向于反式构象，但它的 N-甲基衍生物 309· 仅检测到顺式异构体。顺式和反式萘-1-基甲亚氨氧基自由基（314·）的耦合常数 a_N 和 a_H 与 15· 的相应异构体的耦合常数相似，这是因为稠环上的质子对观察到的超精细图谱没有贡献。由于萘基的旋转较慢，在顺式 314· 中观察到靠近 O 原子的单个质子的耦合常数 a_{H2}＝+0.28 mT；它是顺式 15· 中两个质子 a_{H_o} 平均值的两倍。

表 7.23　部分芳基取代的亚氨氧基自由基的超精细数据

名称	结构	核	值	参考
顺式苯基甲亚氨氧基 (phenylmethaniminoxyl) syn-15·	(苯基-CH=N—O·, H_o 邻位, $H(\beta)$)	^{14}N $H(\beta)$ $2H_o(\beta)$	+3.26 +0.65 +0.14	[115]

续表

名称	结构	核	a (mT)	文献
反式苯基甲亚氨氧基 *anti*-15·	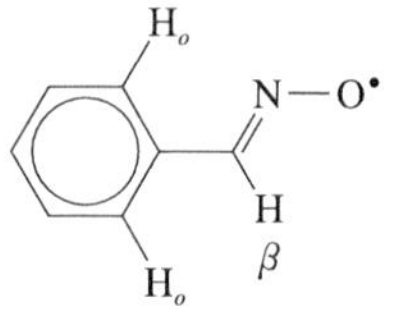 (结构式)	^{14}N H(β) 2H$_o$(β)	+3.00 +2.75 <0.05	[115]
1-苯乙基-1-亚氨氧基 (1-phenylethan-1-iminoxyl) 309·	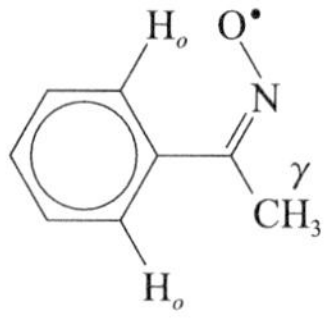 (结构式)	^{14}N 2H$_o$(β) 3H(γ)	+3.16 +0.135 0.135	[771]
顺式1-(2-氟苯基)乙基-1-亚氨氧基 [1-(2-fluorophenyl)ethan-1-iminoxyl] *syn*-310·	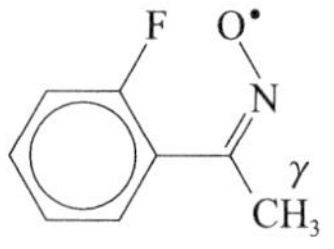 (结构式)	^{14}N 3H(γ) ^{19}F	+3.195 0.150 +0.660	[767]
反式1-(2-氟苯基)乙基-1-亚氨氧基 *anti*-310·	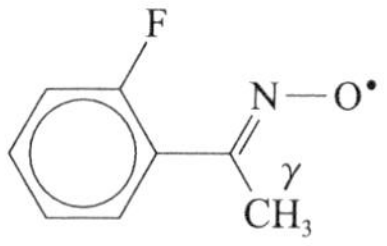 (结构式)	^{14}N 3H(γ) ^{19}F	+3.20 0.14 <0.05	[767]
二苯基甲亚氨氧基 (diphenylmethaniminoxyl) 311·	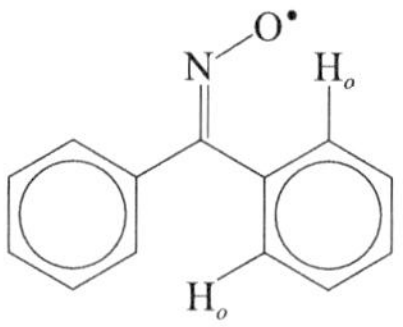 (结构式)	^{14}N 2H$_o$	+3.15 +0.135	[771]
芴-9-基甲亚氨氧基 (fluoreniminoxyl) 312·	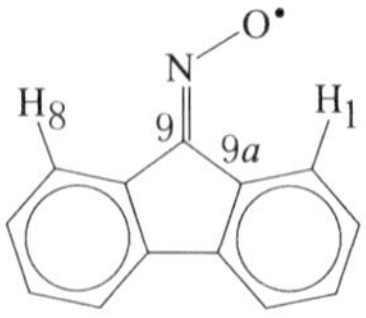 (结构式)	^{14}N H1 H8 ^{13}C9 ^{13}C9a	+3.085 +0.270 +0.100 2.66 0.96	[772]
顺式1-氟-芴-9-基甲亚氨氧基 (1-fluorofluoreniminoxyl) *syn*-313·	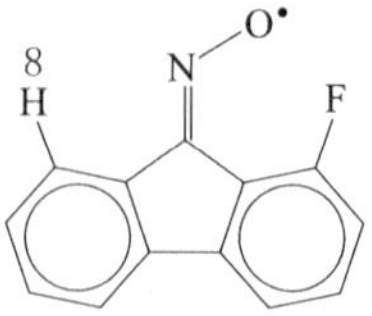 (结构式)	^{14}N H8 ^{19}F	+3.110 +0.081 +1.350	[772]
反式1-氟-芴-9-基甲亚氨氧基 *anti*-313·	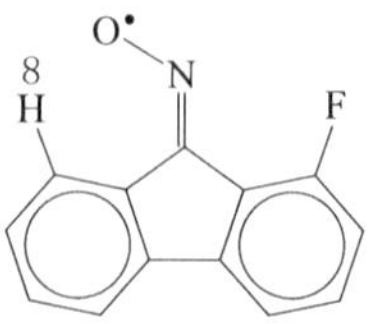 (结构式)	^{14}N H8 ^{19}F	+3.260 +0.285 +0.440	[772]

续表

顺式萘-1-基甲亚氨氧基 (1-naphthylmethaniminoxyl) syn-314·	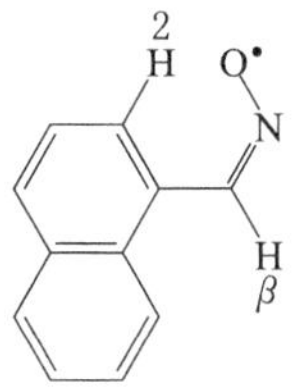 (结构式)	^{14}N H(β) H2	+3.24 +0.705 +0.28	[767]
反式萘-1-基甲亚氨氧基 anti-314·	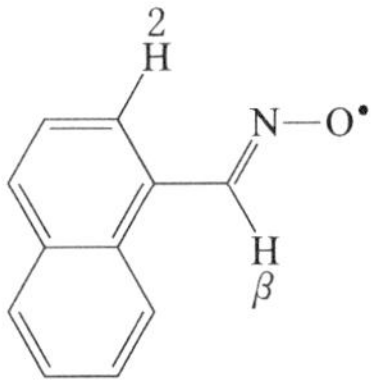 (结构式)	^{14}N H(β) H2	+3.10 +2.75 <0.05	[767]

对于二苯基甲亚氨氧基自由基（**311·**），相应的耦合常数是与 O 原子同侧的苯基上两个邻位质子的平均值。相反地，在具有相似自旋分布但两个苯基通过 C—C 键固定的芴-9-基甲亚氨氧基自由基（**312·**）中，相应质子的耦合常数 a_{H1}（+0.270 mT）是 **311·** 中相应双质子值的两倍。当在空间上接近 O 原子的是 F 原子时，亚氨氧基的顺式（或 Z）和反式（或 E）构象的超精细图谱差异甚至更明显。这一发现以 **310·** 和 **313·** 为例，它们分别是 **309·** 和 **312·** 的邻位氟衍生物。尽管顺式 **310·** 的 ^{19}F 耦合常数=+0.660 mT，但反式异构体中 a_F 太小而无法观察到。对于顺式和反式 **313·**，类似耦合常数 a_F 分别是+1.35 mT 和+0.44 mT。

亚氨氧基的 g_{iso} 在 2.0051～2.0064 之间。除了在氩基质中通过共存一氧化氮情况下重氮甲烷光解产生的 **300·** 以外，这些自由基都是通过有机溶剂或流动水丙酮混合液中的 Ce(Ⅳ) 或 Pb(Ⅳ) 离子，从相应的醛肟或酮肟中拔氢而在溶液中产生的，如 2.2 节所述。另一种方法是使用苯甲腈捕获瞬态自由基；当应用于产生 **309·** 和 **311·** 时，这些瞬态自由基分别是甲基和苯基。

7.5 以 PO、PP、SO、SS 或 SO₂为中心的双或三核自由基

烷基膦酰基、烷基亚磺酰基和烷基磺酰基自由基（alkylphosphonyl, alkylsulfinyl and alkylsulfonyl radicals）

这些烷基膦酰基、烷基亚磺酰基和烷基磺酰基自由基的通式分别是 R¹R²P·=O、

RS·=O 和 RS·O₂。它们最简单的代表分别是二甲基膦酰基自由基(CH₃)₂P·=O(**315·**)[773]、甲亚磺酰基自由基 CH₃S·=O(**316·**)[774] 和甲磺酰基自由基 CH₃S·O₂(**317·**)[775]。对于 **315·**(g_{iso}=2.005),³¹P 耦合常数 a_P=+37.3 mT,两个甲基一共六个质子的 $a_H(\beta)$ 是+5.6 mT。该膦酰基和类似结构的二甲基硝酰自由基 **283·**(表 7.20)的耦合常数之比 a_P(**315·**)/a_N(**283·**)=(+37.3 mT)/(+1.52 mT)=24.5,比 P-3p_z 和 N-2p_z 轨道中自旋布居为+1 的预期值之比大了三倍[476],这一结果表明 **315·** 的 P 原子呈显著的角锥化,与 **283·** 的平面形成鲜明对比。三个甲基 β 质子的耦合常数 $a_H(\beta)$,在 **316·** 中是+1.16 mT(g_{iso}=2.012),在 **317·** 中是+0.058 mT(g_{iso}=2.049)。此外,据报道,**316·** 的 ³³S 耦合常数 a_S=+0.8 mT,它是 SO₂⁻ 的等电子体。对于这类耦合常数,a_S 相当小,表明结构式 CH₃—S̈—O· 对 CH₃—S·=O 有相当大的贡献。

315· 和 **316·** 分别通过(CH₃)₃PO 和(CH₃)₂SO 的 γ 辐解以固态形式产生,而 **317·** 是通过 Et₃SiH 和 t-BuO· 预先反应产生的 Et₃Si· 与 CH₃SO₂Cl 一起在溶液中发生光解而形成。

二膦烷和二硫烷的自由基阳离子 (radical cations of alkanediphosphines and alkanedisulfides)

这些二膦和二硫化合物的自由基阳离子,通常是由相应的膦化物 R¹R²R³P 和硫化物 R¹R²S 氧化而形成的二聚体,分别具有如下结构通式:

$$R^3R^2R^1P \stackrel{\cdot+}{\text{—}} PR^1R^2R^3 \text{ 和 } R^2R^1S \stackrel{\cdot+}{\text{—}} SR^1R^2$$

这两个单体通过 P—P 或 S—S 三电子 σ 键连在一起,这类似于上面提到的二元胺自由基阳离子中的三电子 N—Nσ 键。这类最简单的自由基阳离子分别是六甲基二膦和四甲基二硫化物:

$$(CH_3)_3P \stackrel{\cdot+}{\text{—}} P(CH_3)_3 \text{ 和 } (CH_3)_2S \stackrel{\cdot+}{\text{—}} S(CH_3)_2$$
$$\textbf{318·}^+ \qquad\qquad\qquad \textbf{319·}^+$$

在 CH₂Cl₂ 基质中 γ 辐解三甲基膦所形成的 ESR 谱中[352],自由基阳离子 **318·⁺** 两个 ³¹P 的耦合常数 a_P 是+48.2 mT(g_{iso}=2.005),而 18 个甲基 β 质子中只有两个给出了可分辨的超精细分裂,约 2 mT。对于在流动酸性溶液中由二甲硫醚与 Ti(Ⅲ) 离子、H₂O₂ 反应而形成的 **319·⁺**,12 个甲基 β 质子的耦合常数 $a_H(\beta)$=+0.68 mT(g_{iso}=2.0103)[353]。如 2.3 节所述,同时还生成了具有 P—P[350-353] 或 S—S[354-357] 三电子 σ 键的其他自由基阳离子,以及具有类似 Se—Se[358] 或 As—As 键[350,359] 的自由基阳离子。

第 8 章　共轭烃自由基

8.1　理论导论

顺磁性的共轭烃都是 π 自由基的典范，它们的自旋分布很容易用简单的理论模型来解释。根据 π 中心碳原子的数量 n 是偶数还是奇数，这些 π 自由基分为偶或奇共轭烃。因为它们的 π 电子数量 $N=n+\Delta N$ 必须是奇数，所以奇共轭的 ΔN 是偶数，而偶共轭的 ΔN 是奇数。$\Delta N=0$ 表示中性奇共轭烃自由基，±1 表示偶共轭烃自由基离子，±2 表示奇共轭烃自由基二价离子，±3 表示偶共轭烃自由基三价离子，其中 ΔN 前面的正号表示阴离子，负号表示阳离子。

奇偶交替和非奇偶交替 π 共轭体系（alternant and nonalternant π systems）

在拓扑学上，π 体系被分为交替和非交替两种体系。在交替体系中，n 个 π 中心（μ）可以分成星标的 μ^* 中心和未星标的 μ° 中心，使得化学键只分布于 μ^* 和 μ° 之间[488,489]。显然，这种体系不能包含奇数环，否则它就是非交替的。以下列举了两个偶交替烃和一个奇交替烃，以及具有相同碳中心数量 n 的非交替烃。

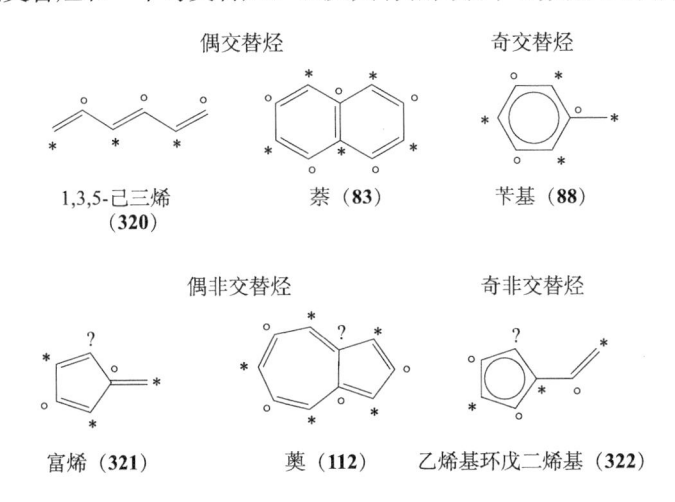

偶交替烃　　　　　　　　　　　　奇交替烃

1,3,5-己三烯　　萘（83）　　苄基（88）
（320）

偶非交替烃　　　　　　　　　奇非交替烃

富烯（321）　　薁（112）　　乙烯基环戊二烯基（322）

一般在交替 π 体系中 μ^* 中心的数量是等于或大于 μ° 的,由此,对于偶交替烃 μ^* 超出的数量必须是偶数,相应地,对于奇交替烃则必须是奇数。常见偶交替烃的每组 μ^* 和 μ° 中心都是 $n/2$ 个,而由所谓的非凯库勒烃组成的不太常见的偶交替烃中(2.4 节和 11.3 节),μ^* 的数量是 $(n/2)+1$,μ° 是 $(n/2)-1$。奇交替烃有 $(n+1)/2$ 个 μ^* 中心和 $(n-1)/2$ 个 μ° 中心。

得益于其简单明了,Hückel 分子轨道模型是对 π 体系进行定性和半定量处理的有用工具。这种含有 n 个 π 中心的体系有 n 个 π 分子轨道,对于交替烃而言,它们通过配对特征而相关联,因为每一个成键的分子轨道 ψ_j 都有一个反键的分子轨道 $\psi_{\hat{j}}$ 与之相匹配。它们的能量分别是[①]

$$\left.\begin{array}{l} E(\psi_j) = \alpha + x_j \beta \\ E(\psi_{\hat{j}}) = \alpha + x_{\hat{j}} \beta \end{array}\right\} \quad (8.1)$$

其中,$\alpha(\approx -8 \text{ eV})$ 和 $\beta(\approx -2 \text{ eV})$ 分别表示库仑和共振(或交换)积分。判定分子轨道 ψ_j 能量的系数 x_j 是无量纲的,对于成键轨道取正值,反键轨道取负值,取值范围是 +3~-3 之间;对于非键分子轨道(NBMO),x_j 为零。因为

$$x_{\hat{j}} = -x_j \quad (8.2)$$

能级 $E(\psi_j)$ 和 $E(\psi_{\hat{j}})$ 以 NBMO 的 $E=\alpha$ 为中心呈对称分布。在 LCAO 表示法中,成对的分子轨道表示成:

$$\left.\begin{array}{l} \psi_j = \sum_{\mu^*} c_{j,\mu^*} \phi_{\mu^*} + \sum_{\mu^\circ} c_{j,\mu^\circ} \phi_{\mu^\circ} \\ \psi_{\hat{j}} = \sum_{\mu^*} c_{\hat{j},\mu^*} \phi_{\mu^*} + \sum_{\mu^\circ} c_{\hat{j},\mu^\circ} \phi_{\mu^\circ} \end{array}\right\} \quad (8.3)$$

它们的 LCAO 系数之间的关系是

$$\left.\begin{array}{l} c_{\hat{j},\mu^*} = c_{j,\mu^*} \\ c_{\hat{j},\mu^\circ} = -c_{j,\mu^\circ} \end{array}\right\} \quad (8.4)$$

对于所有 μ 中心,$c_{j,\mu^*}^2 = c_{\hat{j},\mu^*}^2$。对于常见的成键和反键分子轨道数量同为 $n/2$ 的偶交替 π 体系,最低反键与最高成键的分子轨道间的配对是至关重要的。基于它们在中性体系中的占据情况,这两个"前线的"分子轨道分别称为最低未占分子轨道(LUMO)和最高占据分子轨道(HOMO)。在相应的自由基离子

[①] 译者注:另外一种比较常见的表示法是,对于含 n 个碳原子的直链共轭多烯烃,第 j 个 π 分子轨道的能量是 $E(\psi_j) = \alpha + 2\beta\cos\dfrac{j\pi}{n+1}$,$j = 1, 2, \cdots, n$;而对于环共轭多烯烃,相应轨道的能量是 $E(\psi_j) = \alpha + 2\beta\cos\dfrac{2j\pi}{n}$,$j = 0, 1, \cdots, n-1$。

中，其中一个轨道变成单占分子轨道（SOMO），即阴离子的 LUMO 和阳离子的 HOMO。由于 SOMO ψ_j 的 LCAO 系数平方 $c_{j,\mu}^2$ 表示成 μ 中心自旋布居数 ρ_μ^π 的 Hückel 近似（4.2 节），LUMO 和 HOMO 的配对特征意味着在同一交替烃的自由基阴离子和自由基阳离子中自旋分布理应是一致的。在 McLachlan 方法和一些其他更复杂的分子轨道方法中也都保留了这种一致性，意味着这两个相应的"交替"自由基离子的 ESR 谱具有非常相似的超精细图谱。

在奇交替 π 体系中，$(n-1)/2$ 个成键分子轨道与 $(n-1)/2$ 个反键分子轨道相匹配，因此余下一个没有配对的单分子轨道。然而，配对理论要求这个"奇数"分子轨道应该与"它自己配对"。因此（式 8.2）变为 $x_{\hat{j}} \equiv -x_j$，这要求 x_j 为零并且要求该分子轨道 ψ_j 变成 $E(\psi_j) = \alpha$ 的 NBMO。此外，因为式 (8.4) 此时变成了 $c_{\hat{j},\mu^*} \equiv c_{j,\mu^*}$ 和 $c_{\hat{j},\mu^\circ} \equiv -c_{j,\mu^\circ}$，故所有 LCAO 的系数及其平方在所有未星标的 μ° 中心都应该为零，即 $c_{j,\mu^\circ} \equiv -c_{j,\mu^\circ} = 0$。故，与同一 μ° 中心相连的 μ^* 中心的 c_{j,μ^*} 之和必须为零，这与归一化条件［式 (4.7)］一起，使得可以通过一个粗略的计算来推导这类 NBMO 的 LCAO 系数，在此以苄基自由基（**88·**）为例作说明：

显然，μ 中心的系数 $|c_{j,\mu}|$ 比 2∶1∶0 反映了 **88·** 的内消旋凯库勒（Kekulé）公式的数量，其中相应的中心携带未配对电子是

在中性奇交替烃自由基中，因为 NBMO 就是 SOMO，所以系数平方 c_{j,μ°^2 预期为零，意味着在这些自由基的 μ° 中心自旋布居有望为零。实际上，正如 McLachlan 方法和其他方法所表明的那样，这些 $\rho_{\mu^\circ}^\pi$ 虽然很小，但通常不为零，并且它们还具有负号。

图 8.1 分别示意了萘（**83**）和苄基自由基（**88·**）的 Hückel 能级图，作为没有轨道简并的偶和奇交替 μ 体系的代表范例。图中标注箭头的分别是阴离子

83·⁻ 的 LUMO、阳离子 **83**·⁺ 的 HOMO 和中性 **88**· 的 NBMO 等单占分子轨道。在偶交替烃的自由基三价阴离子中，LUMO 变成双占轨道，未配对电子只能进入下一个更高能级的次最低未占分子轨道（NLUMO），而在偶交替烃自由基三价阳离子中，HOMO 被空置，下一个更低能级的次高占据分子轨道（NHOMO）变成 SOMO。同样地，在奇交替烃自由基二价阴离子中，在 NBMO 已经被填满后未配对电子被 LUMO 容纳，奇交替烃自由基二价阳离子有一个空置的 NBMO 而 HOMO 被单占。

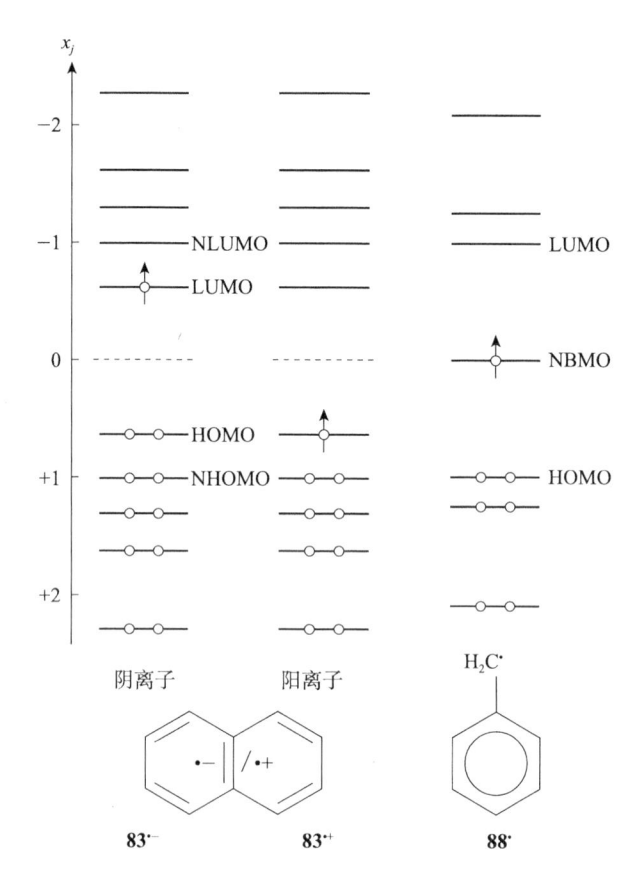

图 8.1 萘（83）和苄基自由基（**88**·）的 Hückel 能级示意图，及其在 **83**·⁻ 与 **83**·⁺ 自由基离子和 **88**· 自由基中的轨道占据情况

图 8.1 的能级示意图并不适用于缺少分子轨道配对特征的非交替 π 体系。在偶非交替烃的自由基阴离子和自由基阳离子中，被分别单占的 LUMO 和 HOMO 并不配对，所以在这两类自由基离子中自旋布居 ρ_μ^π 理应差异很大，ESR 谱的超精细图谱也理应明显不同。此外，由于奇非交替烃通常没有 NB-

MO，所以中性奇非交替烃自由基的 SOMO 要么是最高的成键分子轨道，要么是最低的反键分子轨道，相应的 π 自旋分布和超精细图谱无法作简单预测。

单环共轭烃（闭合共轭环烃）[monocyclic π systems（π perimeters）]

具有旋转轴 C_n 的轴对称 π 电子体系，其中 $n \geq 3$，可以具有多个相同能量的分子轨道（简并分子轨道）。有一类特殊的体系，其中所有 π 中心都位于一个环平面内（闭合共轭环烃），特别有趣。这是因为在正多边形的理想情况下，闭合共轭环烃的 π 分子轨道并不取决于用于其计算的量子化学过程，而是完全由其 D_{nh} 对称性所决定。尤其是那些具有 n 元环的自由基或自由基离子，由于这种对称性，所有 n 个 π 中心 μ 的自旋布居 ρ_μ^π 都是 $+1/n$。因此，在顺磁性闭合共轭环烃中，环上 α 质子的耦合常数 $a_{H_\mu} = Q_H^{C_\mu H_\mu}/n$，可推导被称为 McConnell 公式的式（4.5）的系数 Q，如表 4.1 所列。

偶数元闭合共轭环烃是交替的 π 体系，但奇数元共轭环烃是非交替的。图 8.2 以五元和六元两个闭合共轭环烃为代表，展示了它们的 Hückel 能级图；分子轨道的能级次序和简并度分别由 D_{5h} 和 D_{6h} 对称性来决定。Hückel 能级是（参考第 206 页的译者注①）

$$E(\psi_j) = \alpha + 2\beta \cos \frac{2j\pi}{n} \qquad (8.5)$$

其中，用 $|j| = 0、1、\cdots、n-1$ 可直观地列举闭合共轭环烃的 π 轨道 ψ_j，所以，按能量递增顺序排列，最低的非简并分子轨道是 ψ_0，紧接着的是二重简并分子轨道 $\psi_1、\psi_2、\cdots$。如图 8.2 所示的分子轨道能级图是 Hückel 规则的基础，该规则指出稳定的闭合共轭环烃具有 $N = 4m+2$ 个 π 电子的闭壳层结构，其中 m 是整数。这类具有 $N = 6$ 和 $m = 1$ 的五元和六元共轭环烃分别由 π 等电子体的环戊二烯阴离子（**50⁻**）和苯（**62**）来体现。这些 π 体系是抗磁性的，但它们通过氧化或还原转变成自由基，如中性的 **50·**，离子型的 **62·⁻** 与 **62·⁺**。图 8.2 示意了 **50·** 与 **62·⁺** 中简并的 HOMO ψ_1 和 **62·⁻** 中同样简并的 LUMO ψ_2 的占据情况。

在数学意义上，二重简并的闭合共轭环烃的分子轨道 ψ_j 就是复共轭函数对，但每对都可以用实数形式表示成这对函数的"和"与"差"的组合，ψ_{j+} 与 ψ_{j-}。相对于垂直于 π 体系平面的垂直镜面，实分子轨道都是对称的（ψ_{j+}）或反对称的（ψ_{j-}）。在偶闭合共轭环烃中该垂直镜面穿过两个相对的 μ 中心，在奇闭合共轭环烃中该镜面穿过中心 μ 和对面化学键的中间（参考图 8.8～图 8.13）。其中，五元闭合共轭环烃的一对简并 HOMO 表示如下：

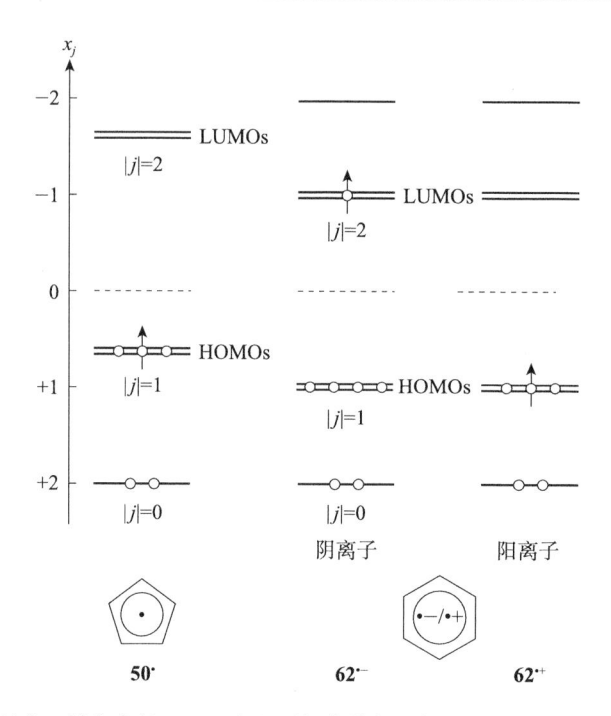

图 8.2 五元（环戊二烯自由基 **50·**）和六元闭合共轭环烃（苯 **62**）的 Hückel 能级示意图，以及中性自由基 **50·** 与自由基离子 **62·⁻** 和 **62·⁺** 中的轨道占据情况

$$\left.\begin{array}{l}\psi_{1+} = 0.632\phi_1 + 0.195(\phi_2 + \phi_5) - 0.512(\phi_3 + \phi_4) \\ \psi_{1-} = 0.602(\phi_2 - \phi_5) + 0.371(\phi_3 - \phi_4)\end{array}\right\} \quad (8.6)$$

六元闭合共轭环烃的一对简并 LUMO 表示如下：

$$\left.\begin{array}{l}\psi_{2+} = 0.577(\phi_1 + \phi_4) - 0.289(\phi_2 + \phi_3 + \phi_5 + \phi_6) \\ \psi_{2-} = 0.500(\phi_2 - \phi_3 + \phi_5 - \phi_6)\end{array}\right\} \quad (8.7)$$

在六元闭合共轭环烃中，由于交替 π 体系的配对性质，ψ_{2+} 和 ψ_{2-} 分子轨道对与同样简并的 HOMO ψ_{1+} 和 ψ_{1-} 分子轨道对存在如下关系：

$$\left.\begin{array}{l}\hat{\psi_{1+}} = \psi_{2+}, \hat{\psi_{1-}} = \psi_{2-} \\ c_{1+,\mu^*} = c_{2+,\mu^*}, \ c_{1+,\mu^\circ} = -c_{2+,\mu^\circ} \\ c_{1-,\mu^*} = c_{2-,\mu^*}, \ c_{1-,\mu^\circ} = -c_{2-,\mu^\circ}\end{array}\right\} \quad (8.8)$$

当 ψ_j 是二重简并时，可以用下式表示一个分子轨道：

$$\psi_j = C_+ \psi_{j+} + C_- \psi_{j-} \quad (8.9)$$

其中，$C_+^2 + C_-^2 = 1$。尤其当该分子轨道被单占（SOMO）时，自旋布居 ρ_μ^π 和超精细耦合常数 a_X 分别表示成：

$$\rho_\mu^\pi = C_+^2 \rho_\mu^\pi(\psi_{j+}) + C_-^2 \rho_\mu^\pi(\psi_{j-}) \quad (8.10)$$

和
$$a_X = C_+^2\, a_X(\psi_{j+}) + C_-^2\, a_X(\psi_{j-}) \tag{8.11}$$
其中，$\rho_\mu^\pi(\psi_{j+})$、$\rho_\mu^\pi(\psi_{j-})$、$a_X(\psi_{j+})$ 和 $a_X(\psi_{j-})$ 是 ψ_{j+} 或 ψ_{j-} 被"专一"单占时的预期值。

对于未受微扰的闭合共轭环烃自由基，$C_+ = C_- = 1/\sqrt{2}$，因此 $\rho_\mu^\pi = +1/n$，也就是在环戊二烯自由基（**50·**）及苯自由基离子（**62·−** 和 **62·+**）中 ρ_μ^π 分别是 +1/5 和 +1/6。然而，引入烷基或甚至是简单氘代其中的一个质子等所造成的微扰，都会造成闭合共轭环烃对称性的下降，进而消除 ψ_j 的简并。于是，ψ_{j+} 和 ψ_{j-} 分子轨道不再具有相同的能量，因此，$C_+ \neq C_-$ 和自旋布居 ρ_μ^π 明显偏离 +1/n。例如，当取代基具有使分子轨道失稳的供电子诱导效应时，情况①和②因 ψ_j 的简并被消除而明显不同。

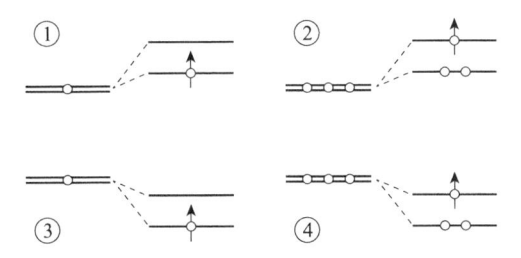

在情况①中，由于一个电子必须容纳在 ψ_{j+} 和 ψ_{j-} 中，因此较低能量的分子轨道更有利于 SOMO，如受微扰的自由基阴离子 **62·−** 的 ψ_{2+} 和 ψ_{2-}。在情况②中，其中三个电子被 ψ_{j+} 和 ψ_{j-} 容纳时，更高能量的分子轨道更有利于 SOMO，如受微扰的中性自由基 **50·** 及 π 等电子体的自由基阳离子 **62·+** 的 ψ_{1+} 和 ψ_{1-}。当取代基是吸电子基团而使分子轨道趋稳时，ψ_{j+} 和 ψ_{j-} 的能级次序应该与前述情况刚好相反（情况③和④）。

根据 ψ_{j+} 和 ψ_{j-} 的形状及微扰的位置，可直接预测这两个分子轨道（ψ_{j+} 和 ψ_{j-}）中的哪一个将更强地受到微扰的影响。关于该微扰是起到趋稳抑或失稳的信息，可以从这两个分子轨道的能级次序中获知，因为该次序是基于目标自由基的 ESR 谱之上的。这是因为超精细图谱映射的 π 自旋分布反映了 SOMO 的形状，使 SOMO 很容易被识别为到底是更类似于 ψ_{j+} 还是更类似于 ψ_{j-} 的分子轨道。

如 6.7 节所述的 Jahn-Teller 定理所预测的那样，具有简并基态的非线形分子为了降低其能量而畸变成对称性较低而使简并度被消除的物种。对于像 **50·**、**62·+** 和 **62·−** 等中性自由基和自由基离子这样的两个物种，它们是对应

那些 ψ_{j+} 或 ψ_{j-} 被单占的物种，在几何形状、对称性和 π 自旋分布等方面均不相同。在无微扰情况下（$C_+ = C_- = 1/\sqrt{2}$），这两个物种具有相同的能量，并且通常在超精细时间尺度上快速相互转换，所以，在大多数具有简并基态的自由基中，有效的 D_{nh} 对称性和 $+1/n$ 的 π 自旋布居等明显地得到保留。因此，所观察到的"动态 Jahn-Teller 效应"一般表现成 ESR 的谱线增宽，并在高于通常微波功率的情况下才发生饱和。然而，即使微扰有利于这两个物种中的一个，但能隙通常都很小，并且相互转变足够迅速以致给出了两个物种的平均自旋布居，尽管根据式（8.10）它们的权重并不相等（$C_+ > C_-$ 或反之亦然）。

朝较低对称性物种的畸变及其相互转变是由适合于"混合"其电子态的对称性分子振动所引起的。这种"振动混合"在不存在微扰（即简并）的情况下是有效的，在存在微扰的情况下，若这两个物种的能隙与振动能量相当（"近简并"）时也是有效的。

在下文（8.2～8.8 节）中，考虑了各类共轭烃的超精细数据，包括一些烷基取代的 π 自由基，特别是那些闭合共轭被扰动的自由基（8.6 节）。在随附的结构式中，通常省略了直接连接到 π 中心 μ 碳原子上的 H 原子和质子的耦合常数 a_X 等相关内容。对于自由基离子，结构式是中性、抗磁性或顺磁性化合物的结构式，在二价离子中不显示电荷符号，在单价和三价离子中也没有显示未配对电子和电荷的符号。

8.2 奇交替烃自由基

苯基取代的甲基自由基（phenyl-substituted methyl radicals）

当甲基自由基 $H_3C^{\cdot}$（**58·**）中的 H 原子逐步被苯基取代时，依次获得苄基自由基 $PhC^{\cdot}H_2$（**88·**）、二苯甲基自由基 $Ph_2C^{\cdot}H$（**323·**）和三苯甲基自由基 $Ph_3C^{\cdot}$（**1·**）。表 8.1 列举了这些自由基及其一部分衍生物的超精细数据[42,691,776-789]。在 **88·** 中，最大的正 π 自旋布居 ρ_7^{π}，类似大小的正 ρ_4^{π} 和 $\rho_{2,6}^{\pi}$ 及小的负 $\rho_{3,5}^{\pi}$ 等数值，反映了交替 π 体系中单占 NBMO 的形状，如第 207 页的自由基结构所示。质子和 ^{13}C 同位素的 $|a_{H7}|$ 和 a_{C7} 等的减小，表明了从环外 C7 原子到苯环的 π 自旋离域的增加（**58·** 的 $a_H = -2.30$ mT 对 **88·** 的 $a_{H7} = -1.63$ mT 和 **323·** 的 -1.47 mT；**58·** 的 $a_C = +3.83$ mT 对 **88·** 的 $a_{C7} = +2.45$ mT 和 **1·** 的 $+2.01$ mT）。C7 原子的 π 自旋布居从 **58·** 的 $+1$ 分别减少到 **88·**、**323·**

和 **1·** 的 $\rho_7^\pi \approx +0.60$、$+0.55$ 和 $+0.52$。一苯甲基（即苄基）自由基 **88·** 和二苯甲基自由基 **323·**，是平面的，而三苯甲基自由基（**1·**）具有螺旋桨形状，与分子平面呈约 $30°$ 的偏转角。这种扭转被认为会略微降低从环外 C7 原子到苯基的 π 自旋离域。一般地，烷基取代不会显著改变这三个自由基中的自旋分布，除非自由基平面受到大取代基的强烈影响。这种取代基（通常是叔丁基）所引起的自旋从 C7 到苯基离域的减少，通常由增大的耦合常数 a_{C7} 来表明，例如，在 **331·** 中（$+2.93$ mT），特别是在 **327·** 中（$+4.5$ mT）。从 **88·** 到 **327·**，苯基几乎垂直于 C7 原子 $2p_z$ 轨道的节点平面，π 共轭被削弱，因此 **327·** 必须被当成类甲基自由基，其自旋分布在该原子轨道中。因此，不仅耦合常数 a_{C7} 增加，而且在 **327·** 中对位（4 位）、邻位（2,6 位）和间位（3,5 位）的苯基质子的 $|a_{H_i}|$ 也显著降低；它们遵循的顺序是 $|a_{H4}| < |a_{H2,6}| \approx |a_{H3,5}|$，而不是在 **88·** 中观察的顺序，$|a_{H4}| \geq |a_{H2,6}| \gg |a_{H3,5}|$。其中，$a_{H4}$ 的绝对值减小最为明显，$a_{H2,6}$（均为负值）略有降低，$a_{H3,5}$（具有正号）就小得多了。这种不同趋势是苯环的特征，因为相对于携带自旋的自由基中心 C· 原子，苯环扭转出平面之外（偏转角度约 $60°$），而且这种扭转对 ^1H 耦合常数造成的贡献是正的。

在 **333·** 中，环丙基 β 质子的耦合常数，$+0.046$ mT，远小于 **332·** 中甲基质子的 $+0.304$ mT，但其他数值对于这两个自由基而言都是相同的。这一发现表明环丙基取代基的"平分"构象，β 质子接近 π 体系的节点平面。

所有苯基取代的甲基自由基的 g_{iso} 都是 2.0026 ± 0.0001。由于 π 自旋离域，它们通过连续的苯基取代而趋于稳定。因此，从 $\text{H}_3\text{C·}$（**58·**）到 PhC·H_2（**88·**）和 $\text{Ph}_2\text{C·H}$（**323·**），再到 $\text{Ph}_3\text{C·}$（**1·**），它们在溶液中的产生变得越来越容易，这一说法也适用于它们的烷基衍生物。**88·**、**324·** 和 **326·** 是通过用 $t\text{-BuO·}$ 从相应烃中拔氢而产生的，**325·** 是 β-苯丙酸发生脱羧而形成的。卤素衍生物与 $\text{Me}_3\text{Si·}$ 反应形成 **323·**，或与 Zn、Ag 或 Na 等金属反应产生 **1·**、**329·** 和 **331·**；只有 **327·** 是用草酸二酯在苯中与 Na/K 合金反应而形成。

在此，简要介绍一些关于苄基自由基（**88·**）的最新发现。首先是 **88·** 与用 $t\text{-BuO·}$ 或相应的酯光解产生的简单烷基自由基，如甲基（**58·**）、乙基（**59·**）和叔丁基（**141·**）等，加成到 [60] 富勒烯（C_{60}）形成二级交替 π 自由基[75,76,790,791]（2.2 节）。在这些加成产物中，自旋布居从原初自由基转移到 C_{60}-π 体系的特定中心。除了单加成产物外，还会形成高度对称的三或五加成产物。

表 8.1 部分苯基取代的甲基自由基的超精细数据

自由基	结构	位置	超精细常数	文献
苄基 (benzyl) 88·	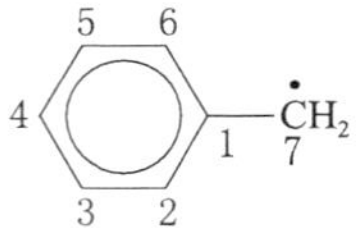 (CH₂· 于苯环1位, 编号 2,3,4,5,6,7)	H2,6 H3,5 H4 2H7 ¹³C1 ¹³C7	−0.515 +0.179 −0.618 −1.630 −1.445 +2.445	[42] [776]
4-甲基苄基 (4-methylbenzyl) 324·	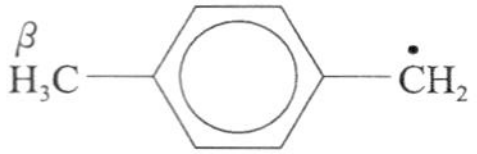 β-H₃C–C₆H₄–CH₂·	H2,6 H3,5 2H7 3H(β)	−0.513 +0.175 −1.607 +0.670	[777]
7-甲基苄基 (7-methylbenzyl) 325·	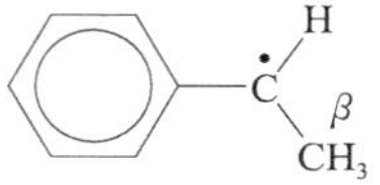 C₆H₅–C·H(CH₃), β	H2,6 H3,5 H4 H7 3H(β)	−0.49 +0.17 −0.61 −1.63 +1.79	[691]
7,7-二甲基苄基 (7,7-dimethylbenzyl) 326·	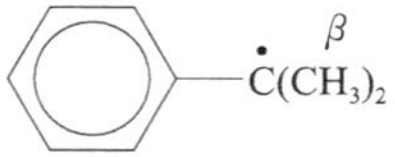 C₆H₅–C·(CH₃)₂, β	H2,6 H3,5 H4 6H(β)	−0.52 +0.17 −0.60 +1.65	[778]
7,7-二叔丁基苄基 (7,7-di-tert-butylbenzyl) 327·	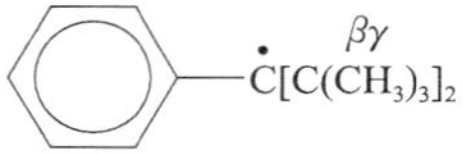 C₆H₅–C·[C(CH₃)₃]₂, βγ	H2,6 H3,5 H4 18H(γ) ¹³C1 ¹³C2,6 ¹³C7 6¹³C(β)	−0.091 +0.082 −0.031 0.047 −1.17 +1.82 +4.5 +1.17	[779]

第 8 章 共轭烃自由基　　215

续表

名称	结构	位置	数值	文献
四氢萘-1-基(tetralin-1-yl) **328·**	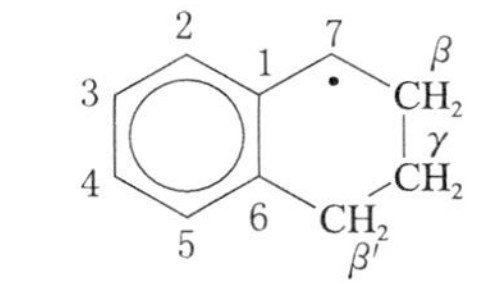 (结构式)	H2 H3,5 H4 H7 H$_{ax}$(β) H$_{eq}$(β) H$_{ax}$(β') H$_{eq}$(β') 2H(γ)	−0.499 +0.167 −0.606 −1.573 +3.33 +1.218 +0.790 +0.156 0.067	[780]
二苯甲基(diphenylmethyl) **323·**	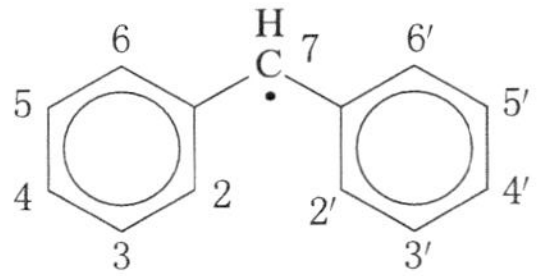 (结构式)	H2,2',6,6' H3,3',5,5' H4,4' H7	−0.37 +0.135 −0.42 −1.47	[781]
二莱基甲基(dimesitylmethyl) **329·**	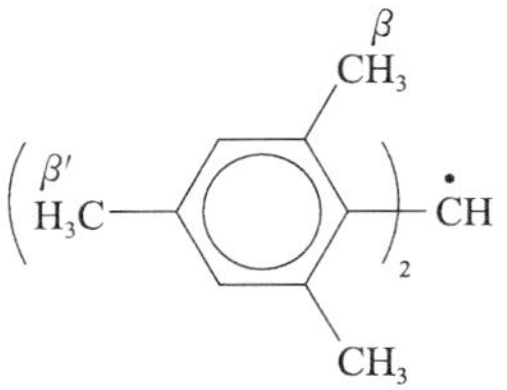 (结构式)	H3,3',5,5' H7 12H(β) 6H(β') ^{13}C7	+0.145 −1.57 +0.215 +0.338 +2.45	[782]
1,1-二苯基-1-乙基(1,1-diphenyl-1-ethyl) **330·**	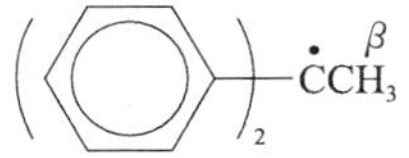 (结构式)	H2,2',6,6' H3,3',5,5' H4,4' 3H(β)	−0.324 +0.124 −0.335 +1.514	[784]
1,1-二苯基新戊基(1,1-diphenylneopentyl) **331·**	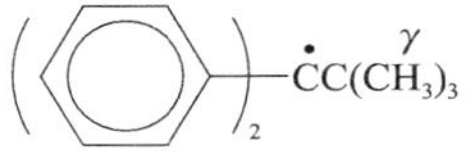 (结构式)	H2,2',6,6' H3,3',5,5' H4,4' 9H(γ) ^{13}C7	−0.268 +0.111 −0.277 0.025 +2.93	[785]

续表

名称	结构	位置	数值	文献
三苯甲基 (triphenylmethyl)(trityl) 1·	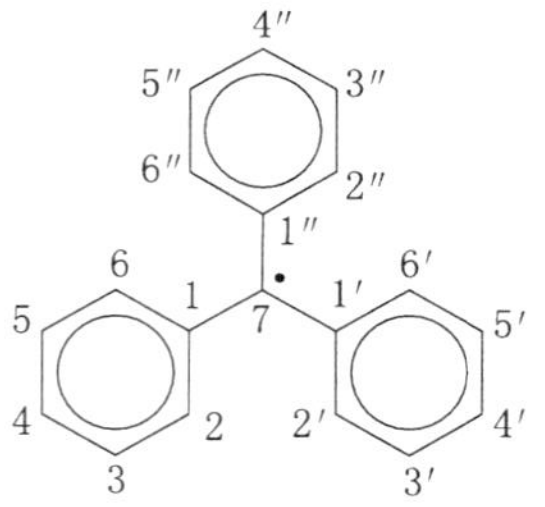	H2,2',2'',6,6',6'' H3,3',3'',5,5',5'' H4,4',4'' ^{13}C2,2',2'',6,6',6'' ^{13}C3,3',3'',5,5',5'' ^{13}C4,4',4'' ^{13}C7	−0.261 +0.114 −0.286 +0.64 −0.53 +0.61 +2.01	[786] [787]
三(对甲基苯基)甲基 [tris(4-methylphenyl)methyl] 332·	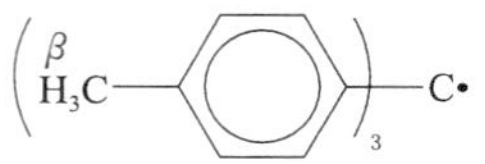	H2,2',2'',6,6',6'' H3,3',3'',5,5',5'' 9H(β)	−0.260 +0.114 +0.304	[788]
三(对环丙基苯基)甲基 [tris(4-cyclopropylphenyl)methyl] 333·	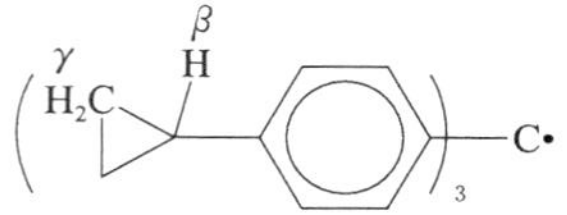	H2,2',2'',6,6',6'' H3,3',3'',5,5',5'' 3H(β) 12H(γ)	−0.260 +0.114 +0.046 0.026	[788]
三(3,5-二叔丁苯基)甲基 [tris(3,5-di-*tert*-butylphenyl)methyl] 334·	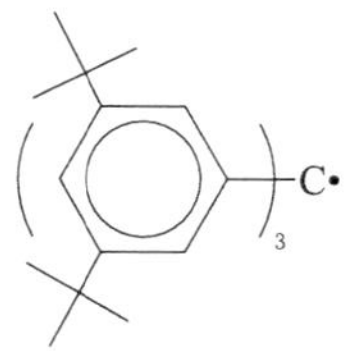	H2,2',2'',6,6',6'' H3,3',3'',5,5',5'' H4,4',4'' ^{13}C1,1',1'' ^{13}C2,2',2'',6,6',6'' ^{13}C3,3',3'',5,5',5'' ^{13}C4,4',4'' ^{13}C7	−0.257 −0.280 −1.13 +0.65 −0.32 +0.41 +2.35	[789]
三(对联苯基)甲基 [tris(*p*-biphenyl)methyl] 335·	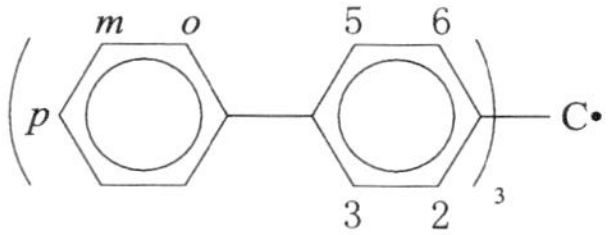	H2,2',2'',6,6',6'' H3,3',3'',5,5',5'' 6H$_o$,3H$_p$ 6H$_m$	−0.250 +0.114 −0.044 +0.017	[786]

烯丙基自由基 (allyl radicals)

烯丙基自由基 (**65·**) 及其一部分衍生物的超精细数据见表 8.2 [34,42,45,337,340,458,792-798]。母体 **65·** 中的 π 自旋分布已在 4.2 节作详细讨论。烷基取代并不会对这种自旋分布产生太大影响，除了具有两个叔丁基取代基而发生扭转的类甲基自由基 **340·** 以外 ($a_{C1} = +4.6$ mT)。在 **341·** 中，两个末端中心 1 和 3 上的四个苯基会导致扭转，因此耦合常数 a_{H2} 由 **65·** 的 +0.406 mT 增加到 **341·** 的 +0.881 mT。这种增加自然是来自附近苯环的直接自旋转移的正贡献，因为这些环不再位于烯丙基 π 体系的分子平面内。

表 8.2 部分烯丙基自由基的超精细数据

名称	结构	位置	数值	参考
烯丙基 (allyl) **65·**	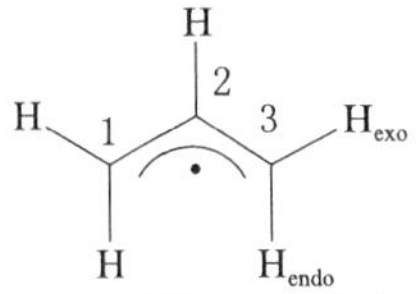	H1,3exo H1,3endo H2	−1.483 −1.393 +0.406	[34]
1-内侧向甲基烯丙基 (1-methylallyl) endo-**336·**	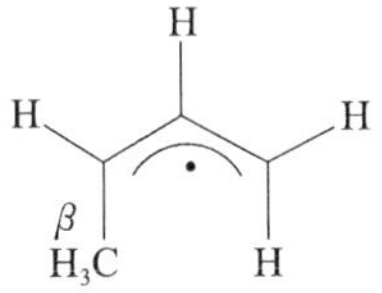	H1exo H2 H3exo H3endo 3H(β)	−1.417 +0.383 −1.494 −1.352 +1.401	[42]
1-外侧向甲基烯丙基 (1-methylallyl) exo-**336·**	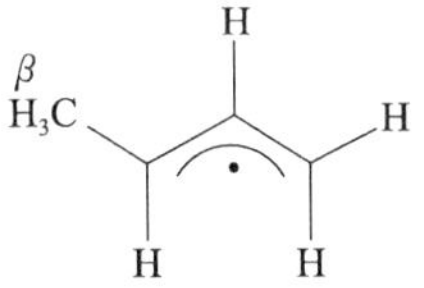	H1,3endo H2 H3exo 3H(β)	−1.383 +0.385 −1.478 +1.643	[42]
2-甲基烯丙基 (2-methylallyl) **337·**	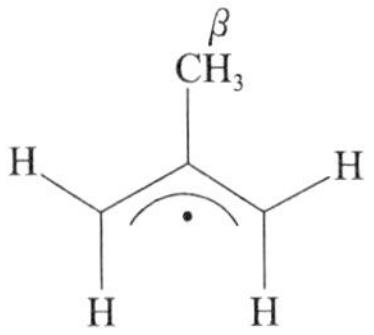	H1,3exo H1,3endo 3H(β)	−1.468 −1.382 −0.319	[42]
1,1-二甲基烯丙基 (1,1-dimethylallyl) **338·**	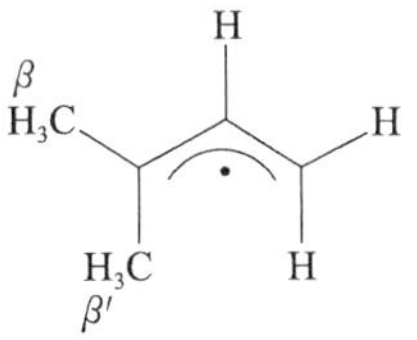	H2 H3exo H3endo 3H(β) 3H(β')	+0.356 −1.406 −1.333 +1.535 +1.222	[792]
1-内-2,3-外-三叔丁基烯丙基 (1-endo-2,3-exo-tri-*tert*-butyl-lallyl) **339·**	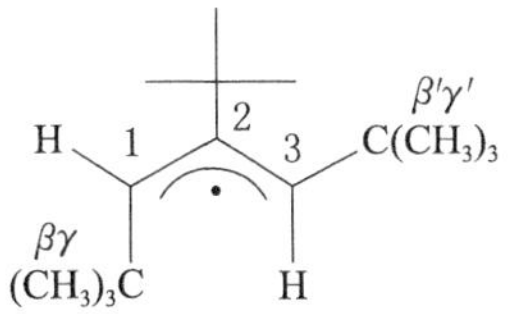	H1exo, H3endo 18H(γ, γ') ^{13}C1,3 ^{13}C2 6^{13}C(β, β')	−1.36 0.023 +2.39 −1.68 +0.58	[793]

续表

名称	结构	位置	值	参考
1,1-二叔丁基-2-甲基烯丙基 (1,1-di-*tert*-butyl-2-methylallyl) **340·**	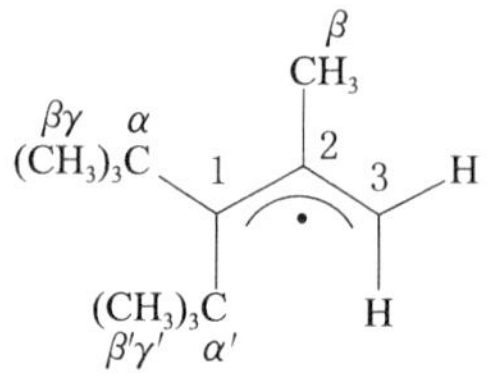 (CH₃)₃C-C(βγ α)-C(β CH₃, 2)=C(3)H-H ; (CH₃)₃C (β'γ' α')	H3$_{exo}$ H3$_{endo}$ 3H(β) 18H(γ,γ') ^{13}C1 ^{13}C2 ^{13}C3 2^{13}C(α,α') 6^{13}C(β,β')	−0.340 −0.096 −0.071 −0.045 +4.6 −1.2 +1.8 −1.2 +1.2	[794]
1,1,3,3-四苯基烯丙基 (1,1,3,3-tetraphenylallyl) **341·**	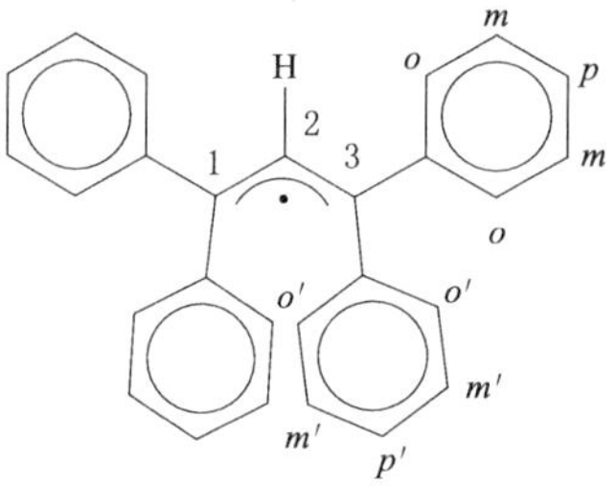 (结构式)	H2 4H$_o$ 4H$_m$ 2H$_p$ 4H$_{o'}$,2H$_{p'}$	+0.881 −0.189 +0.070 −0.201 −0.117	[795]
环丁烯基(cyclobutenyl) **71·**	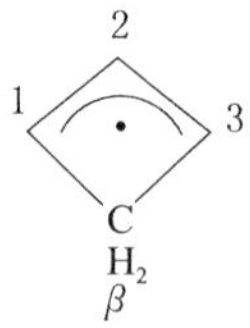 (结构式)	H1,3 H2 2H(β)	−1.520 +0.241 0.445	[458]
环戊烯基(cyclopentenyl) **342·**	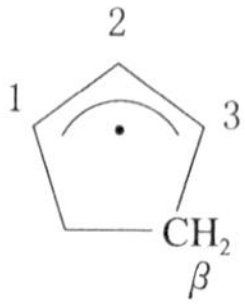 (结构式)	H1,3 H2 4H(β)	−1.430 +0.277 +2.15	[45]
二环[3.1.0]己烯基 (bicyclo[3.1.0]hexenyl) **343·**	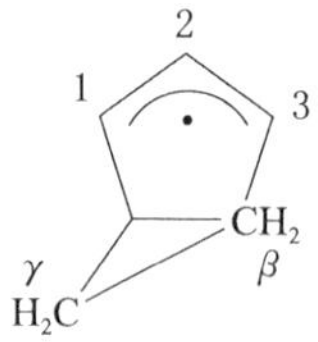 (结构式)	H1,3 H2 2H(β) H$_{syn}$(γ) H$_{anti}$(β)	−1.366 +0.254 +1.260 0.355 0.375	[796]
环己烯基(cyclohexenyl) **344·**	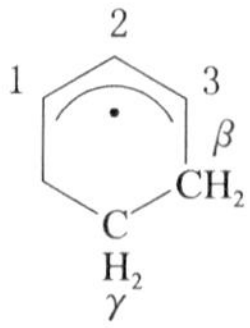 (结构式)	H1,3 H2 2H$_{ax}$(β) 2H$_{eq}$(β) 2H(γ)	−1.435 +0.338 +2.613 +0.827 0.094	[45]

续表

1-氢萘基 (1-hydronaphthyl) 345·	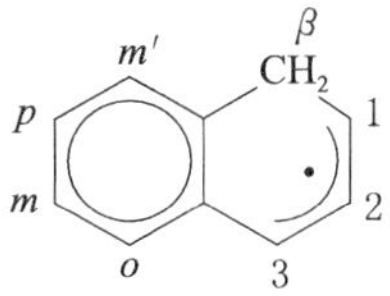 (结构图)	H1 H2 H3 H(β) H(β) H$_o$ H$_m$ H$_{m'}$ H$_p$	-1.07 $+0.274$ -1.301 $+3.58$ $+3.23$ -0.278 $+0.099$ $+0.10$ -0.309	[797]
亚甲基环丙烷 (dehydromethylenecyclopropane) 346·	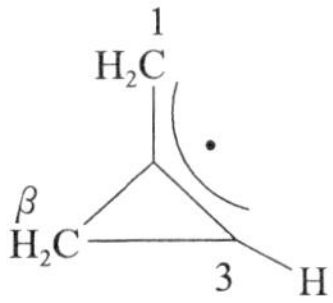 (结构图)	H1$_{exo}$, H1$_{endo}$ H3 2H(β)	-1.322^a -1.563 $+1.936$	[798]
环亚丙基环丙烷基 (dehydrobicyclopropylidene) 347·	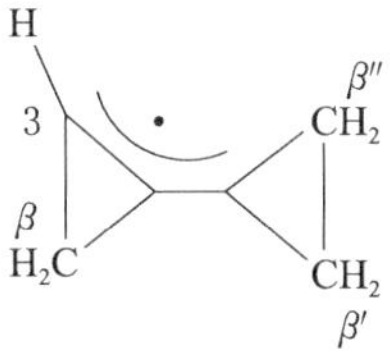 (结构图)	H3 2H(β) 2H(β') 2H(β')	-1.71 $+1.71$ $+1.57$ $+1.57$	[340]
六甲基杜瓦苯基 [hexamethyldehydro(Dewar)benzene] 348·	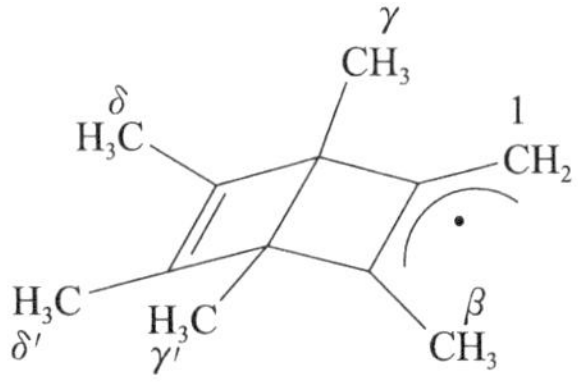 (结构图)	2H1 3H(β) 3H(γ) 3H(γ') 3H(δ) 3H(δ')	-1.50 $+1.405$ 0.315 0.197 0.056 <0.02	[337]

注：a. 氘代结果表示文献 [799] 的归属是不正确的。

所有烯丙基自由基的 g_{iso} 都是 2.0026 ± 0.0001。与苯基取代的甲基自由基一样，烯丙基及其大多数烷基取代衍生物是在溶液中用 t-BuO· 从其前体烃中拔氢而生成的，或者像 339· 那样用 Me$_3$Sn· 与溴代衍生物发生拔溴反应而形成。自由基 340· 是在苯中由二叔丁基烯丙醇的草酸酯与 Na/K 合金反应而生成的；341· 是在甲苯或液状石蜡中用 Fe(Ⅲ) 离子氧化相应的阴离子而形成。萘单晶经 X 射线辐照产生 345·，亚甲基环丙烷、环亚丙基环丙烷和六甲基杜瓦苯等在 CF$_2$ClCFCl$_2$ 基质中经 γ 辐解失去一个 H 原子，分别产生 346·、347· 和 348· 等二级顺磁性物种。

戊二烯基和庚三烯基自由基 (pentadienyl and heptatrienyl radicals)

表 8.3 列举了这些自由基的超精细数据[800-803]。戊二烯基自由基的两种异构体（全反式和顺/反式 349·）因相互转变势垒较小而形成一个平衡分布。它

们是用 t-BuO· 从 1,3-戊二烯中拔氢而产生的。类似地,庚三烯基自由基(**351**·)由 1,3,6-庚三烯产生。环己二烯基自由基(**70**·)是 **349**· 的环状类似物,经常可在多种条件下形成,例如,既可用 2.8 MeV 电子辐照[801]或 t-BuO· 使 1,3-环己二烯失去一个 H 原子而形成[803a],也可以通过往苯加成一个 H 原子[804,805];还可以通过 γ 辐照 $CF_2ClCFCl_2$ 基质中的环己-1,3-二烯自由基阳离子使其失去一个质子而变成[329]。在 **70**· 中,两个 β 质子大的耦合常数,+4.77 mT,是"Whiffen 效应"的一个范例(4.2 节)。

表 8.3   部分戊二烯基和庚三烯基自由基的超精细数据

名称	结构	质子	值	文献
全反式戊二烯基 (pentadienyl) all-*trans*-**349**·		$H1,5_{exo}$ $H1,5_{endo}$ $H2,4$ $H3$	−1.040 −0.962 +0.332 −1.158	[800]
顺-反式戊二烯基 (pentadienyl) *cis,trans*-**349**·		$H1_{exo}$ $H1_{endo}$ $H5_{exo}$ $H5_{endo}$ $H3$ $H2$ $H4$	−1.012 −0.969 −0.918 −0.848 −1.438 +0.362 +0.308	[800]
环己二烯基 (cyclohexadienyl) **70**·		$H2,6$ $H3,5$ $H4$ $2H(\beta)$	−0.899 +0.265 −1.304 +4.771	[801]
2-甲基环己二烯基 (2-methylcyclohexadi-enyl) **350**·		$H3,5$ $H4$ $H6$ $2H(\beta)$ $3H(\beta')$	+0.250 −1.270 −0.899 +4.420 +0.785	[802]
庚三烯基 (heptatrienyl) all-*trans*-**351**·		$H1,7_{exo}$ $H1,7_{endo}$ $H2,6$ $H3,5$ $H4$	−0.78 −0.73 +0.27 −0.95 +0.33	[803]

戊二烯基自由基 **349**· 两种异构体的 g_{iso} 是 2.0026。**70**· 的 g_{iso} 稍大,是 2.0027。

菲基自由基 (phenalenyl radicals)

菲基自由基(**4**·,D_{3h} 对称性)的 SOMO 是非简并的,是奇交替 π 体系

NBMO 的特征。因此，**4**· 的电子结构和化学性质的确定，是通过把 9 个与质子相连的 π 中心 μ 分成两组来进行的，分别是 6 个星标的 $\mu^* = 1、3、4、6、7、9$，3 个未星标的 $\mu° = 2、5、8$。在 4.2 节 **4**· 的自旋分布已作全面考虑。与质子相连的通常被认为是"活泼"的六个 μ^* 中心表现出较大的正自旋布居 $\rho_{\mu^*}^{\pi}$（+0.225），而与质子相连的其余三个 $\mu°$ 中心的相应 $\rho_{\mu°}^{\pi}$ 就要小得多了，并且还是负的（-0.065）。这种 π 自旋分布模式在苊基的 1-烷基和 1-苯基等衍生物中通常得到保留，其超精细数据如表 8.4 所示[88,89,806,807]。10,11,12-三氢苊基（**120**·），一种 1,9-三亚甲基苊基自由基，已在 6.7 节进行了讨论，其中它作为六元环构象相互转化而交换直立和平伏 β 质子耦合常数的一个范例。

表 8.4 部分苊基自由基的超精细数据

苊基(phenalenyl) **4**·	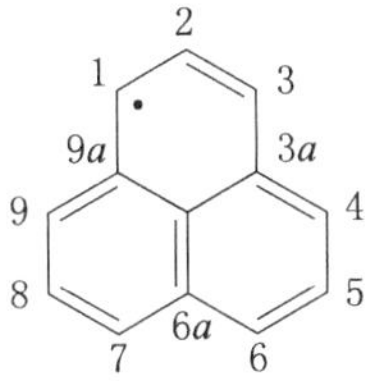	H1,3,4,6,7,9 H2,5,8 ^{13}C1,3,4,6,7,9 ^{13}C2,5,8 ^{13}C3a,6a,9a	-0.629 +0.181 +0.966 -0.784 -0.784	[88]
1-甲基苊基 (1-methylphenalenyl) **352**·	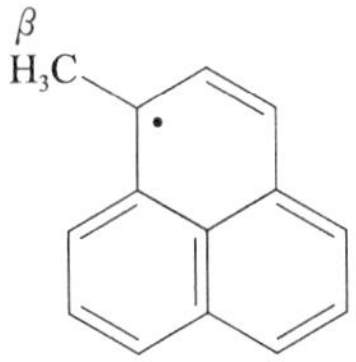	H2,5,8 H3 H4,6,7,9 3H(β)	+0.177 -0.648 -0.605 +0.627	[806]
1-环丙基苊基 (1-cyclopropylphenalenyl) **353**·	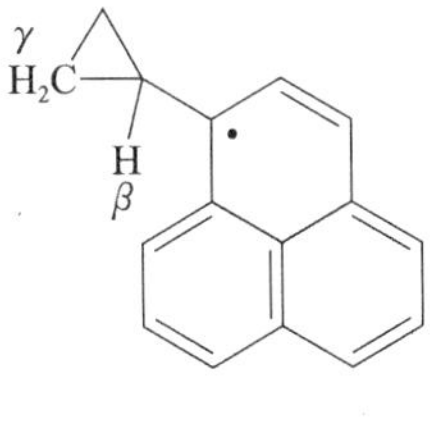	H2,5,8 H3 H4,6,7,9 H(β) 2H(γ) 2H(γ)	+0.178 -0.596 -0.618 +0.581 -0.026 +0.020	[807]
1-苯基苊基 (1-phenylphenalenyl) **354**·	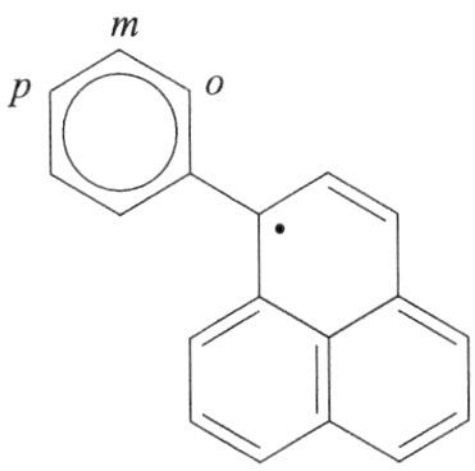	H2,5,8 H3,4,6,7,9 2H$_o$,H$_p$ 2H$_m$	+0.178 -0.612 -0.048 +0.039	[806]

10,11,12-三氢芘基(1,9-丙桥䓛基) (10,11,12-trihydropyrenyl) (1,9-trimethylenephenalenyl) **120·**	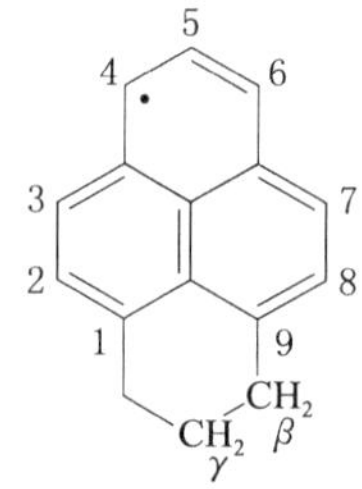 (结构图：编号1-9的稠环体系，5位为自由基中心·，9位连接CH₂(β)—CH₂(γ)—至1位)	H2,5,8 H3,4,6,7 2H$_{ax}(\beta)$ 2H$_{eq}(\beta)$ 2H(γ)	+0.173 −0.614 +1.197 +0.299 0.045	[89]

芘基自由基的 g_{iso} 是 2.00265 ± 0.00005。在溶液中，它们很容易由相应烃失去一个 H 原子来制备（其中一部分如 **4·** 和 **120·** 等仅仅通过将溶液与空气接触即可生成）。

8.3 奇非交替烃自由基和自由基二价阴离子

ESR 研究过的奇非交替烃自由基的数量少于奇交替烃自由基的。其中一些中性自由基可以摄入两个电子而形成自由基二价阴离子，使该中性自由基的 SOMO 填满，下一个更高能级的分子轨道变成单占轨道。表 8.5 列举了含有一个五元环和/或一个七元环的几个自由基和自由基二价阴离子的超精细数据[67,84,144,186-189,446,448,808-815]。在此暂不考虑环戊二烯基和环庚三烯基自由基的氘代和烷基衍生物，它们将在 8.6 节讨论。

正如预期的那样，中性自由基和其自由基二价阴离子的 SOMO 形状迥异，它们的 π 自旋分布也是如此。例如，对于最大自旋布居是 ρ_9^π 的芴基（**356·**），π 自旋分布和 ¹H 超精细数据与交替烃二苯甲基自由基（**323·**）的数值非常相似。相反地，在自由基二阶阴离子 **356·²⁻** 中，SOMO 在 9 位碳中心有一个垂直节点，因此 ρ_9^π 和 $|a_{H9}|$ 都很小。类似地，对于苯并䓬自由基（**362·**），在七元环中发现大部分自旋布居，其中在 μ=5、9 位和尤其是在 7 位具有最大的 ρ_μ^π 和 $|a_{H_\mu}|$。这些自旋分布和 ¹H 耦合常数与戊二烯基自由基（**349·**）和环己二烯基自由基（**70·**）的数据相似。同样地，自由基二价阴离子表现出完全不同的 ρ_μ^π 和 $|a_{H_\mu}|$，因为它的 SOMO 在 7 位碳中心有一个垂直节点。**362·** 和 **362·²⁻** 明显不同的超精细图谱，如图 8.3 的 ESR 谱所示。对于 **362·**，谱图宽度是 3.78 mT，而对于 **362·²⁻**，则仅为 2.36 mT（并且还包括了两个抗衡离子 K⁺ 的 ³⁹K 磁性核的 0.035 mT 的进一步裂分）。在 4,5-甲桥菲-11-基（或 4H-环五菲，**360**）和二苯并[1,2:4,5]䓬（**363**）的自由基二价阴离子中，π 自旋分布与反式和顺式二苯乙烯（**101**）自由基阴离子的相似，其中 SOMO 在 11 位碳中心具有一个垂直节点（8.4 节和表 8.12）。

表 8.5 部分奇非交替烃中性自由基和自由基二价阴离子（表中简写成"二价"）的超精细数据

自由基		原子	态/数据	文献
环戊二烯基（茂基）(cyclopentadienyl) **50·**	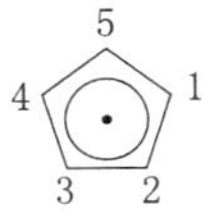	H1~5 ^{13}C1~5	中性 −0.602 +0.266	[446] [808]
茚基(indenyl) **355·**	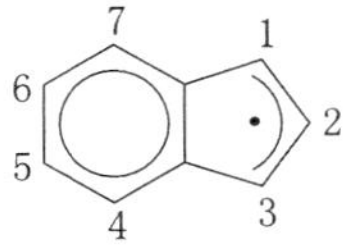	H1,3 H2 H4,7 H5,6	中性 −1.19 +0.218 −0.218 −0.147	[809]
芴基(fluorenyl) **356·/356·$^{2-}$**	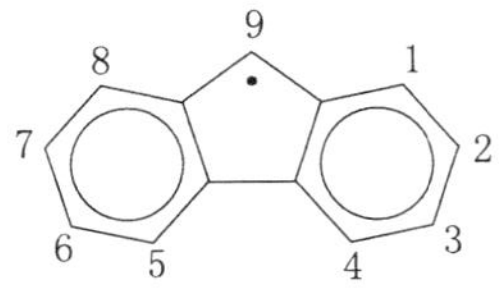	H1,8 H2,7 H3,6 H4,5 H9	中性/二价 −0.398/−0.305 +0.091/−0.305 −0.376/+0.035 +0.064/−0.453 −1.39/+0.053	[809][187]
1,8-二叔丁基芴基 (1,8-di-*tert*-butylfluorenyl) **357·**	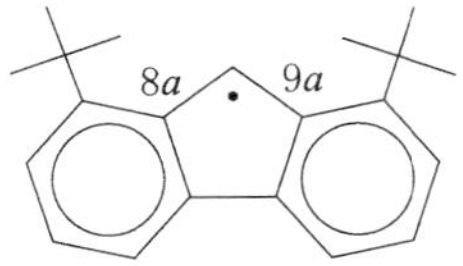	H2,7 H3,6 H4,5 H9 ^{13}C8a,9a ^{13}C9	中性 +0.080 −0.347 +0.060 −1.347 −1.02 +1.982	[810]
9-苯基芴基 (9-phenylfluorenyl) **358·**	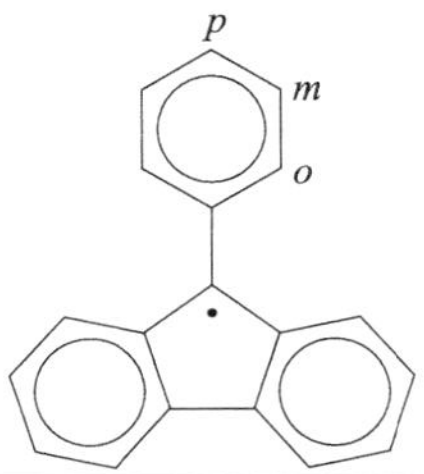	H1,8 H2,7 H3,6 H4,5 2H$_o$, H$_p$ 2H$_m$	中性 −0.328 +0.058 −0.347 +0.097 −0.195 +0.092	[811]

续表

9-荠基芴-9-基 (9-mesitylfluorenyl) **359·**	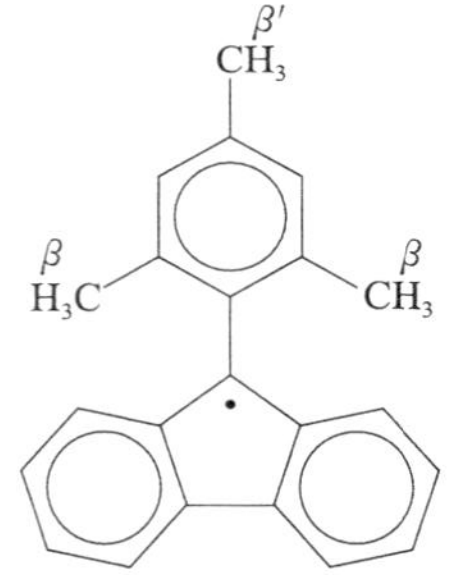 (structure)	H1,8 H2,7 H3,6 H4,5 2H$_m$ 6H(β) 3H(β')	中性 −0.377 +0.063 −0.359 +0.086 +0.097 +0.033 +0.043	[812]
4,5-甲桥菲-11-基(4H-环五菲) (4,5-methylenephenanthrene) **360·²⁻**	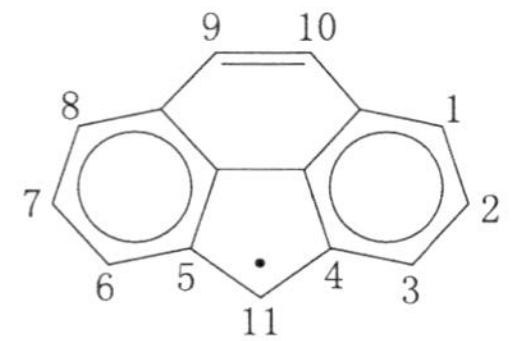 (structure)	H1,8 H2,7 H3,6 H9,10 H11	/二价 −0.302 +0.053 −0.302 −0.496 +0.036	[186,187]
二环[6.3.0]-1,3,5,7,9-十一碳五烯基 (bicyclo[6.3.0]undeca-1,3,5,7,9-pentaenyl) **361·²⁻**	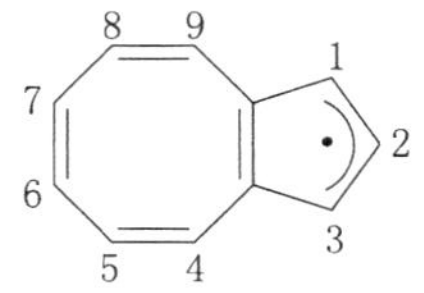 (structure)	H1,3 H2 H4,9 H5,8 H6,7	/二价 −0.509 +0.097 −0.586 +0.005 −0.328	[144]
环庚三烯基(䓬基) (cycloheptatrienyl)(tropyl) **63·／63·²⁻**	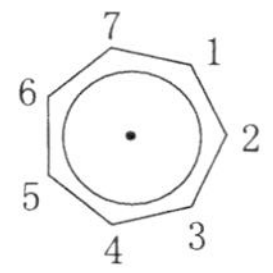 (structure)	H1~7 ¹³C1~7	中性/二价 −0.392/−0.352 +0.198/	[448] [188] [808]

224

第 8 章 共轭烃自由基

续表

苯并䓬基 (benzotropyl) **362·/362·²⁻**	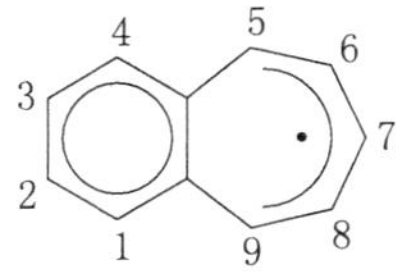	H1,4 H2,3 H5,9 H6,8 H7	中性/二价 −0.118/0.006 −0.114/−0.271 −0.816/−0.113 +0.292/−0.628 −1.103/+0.079	[67,813]
二苯并[1,2:4,5]䓬基 (dibenzo[1,2:4,5]tropyl) **363·²⁻**	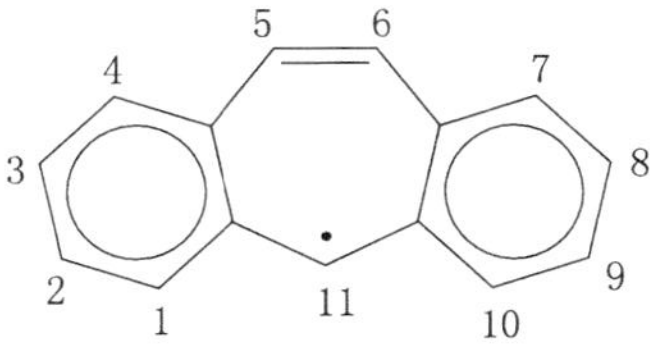	H1,10 H2,9 H3,8 H4,7 H5,6 H11	/二价 /+0.070 /−0.306 /+0.070 /−0.212 /−0.534 /+0.092	[189]
2,3-萘并䓬基 (2,3-naphthotropyl) **364·/364·²⁻**	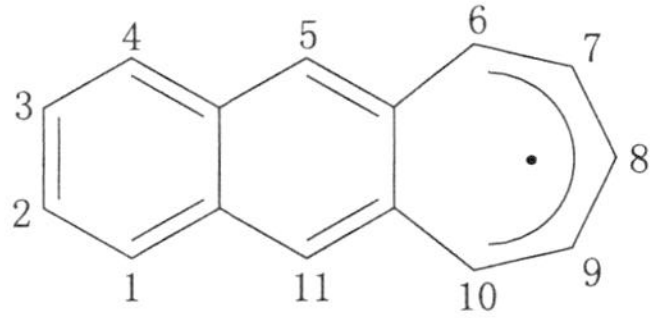	H1,4 H2,3 H5,11 H6,10 H7,9 H8	中性/二价 −0.062/<0.006 −0.039/−0.128 −0.213/0.056 −0.778/−0.139 +0.289/−0.595 −1.042/+0.089	[67]
环庚三烯并䓬基 (cyclohepta[c.d]phenalenyl) **365·**	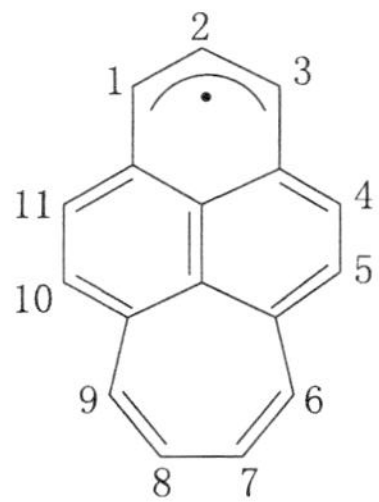	H1,3 H2 H4,11 H5,10 H6,9 H7,8	中性 −0.501 +0.136 −0.480 +0.155 +0.028 −0.295	[814]

				续表
1,3-二芴基烯丙基 [1,3-bis(diphenylene)allyl] **366·**	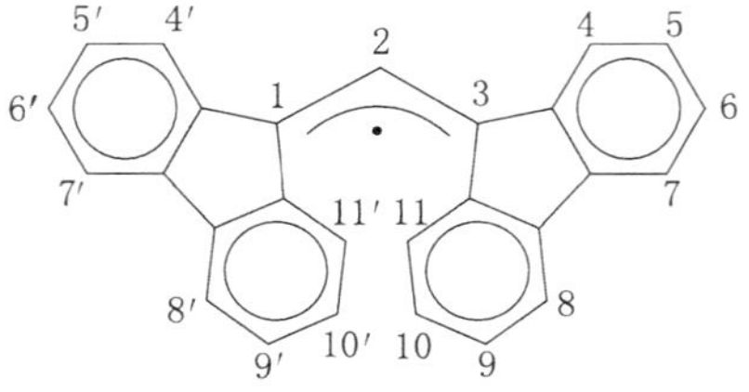 (structure with numbered positions 2,3,4,5,6,7,8,9,10,11 and 1',4',5',6',7',8',9',10',11')	H2 H4,4',11,11' H5,5',10,10' H6,6',9,9' H7,7',8,8'	中性 +1.340 −0.201 +0.052 −0.196 +0.039	[84]
1,3-二芴基-2-甲基烯丙基 [1,3-bis(diphenylene)-2-methylallyl] **367·**	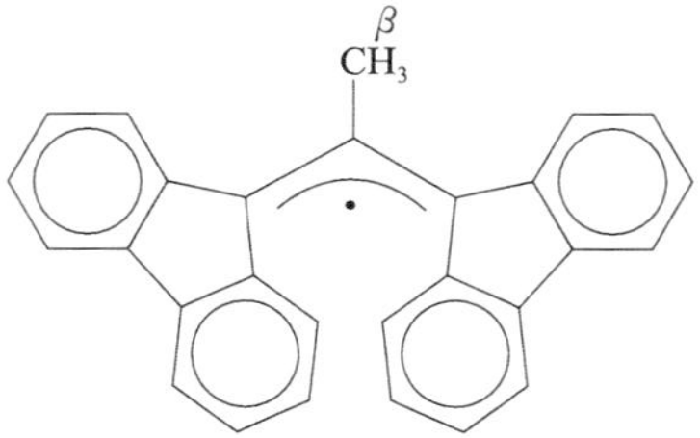 (structure with β-CH₃)	H4,4',11,11' H5,5',10,10' H6,6',9,9' H7,7',8,8' 3H(β)	中性 −0.176 +0.041 −0.164 +0.032 −0.112	[815]
1,3-二芴基-2-苯基烯丙基 [1,3-bis(diphenylene)-2-phenylallyl] **2·**	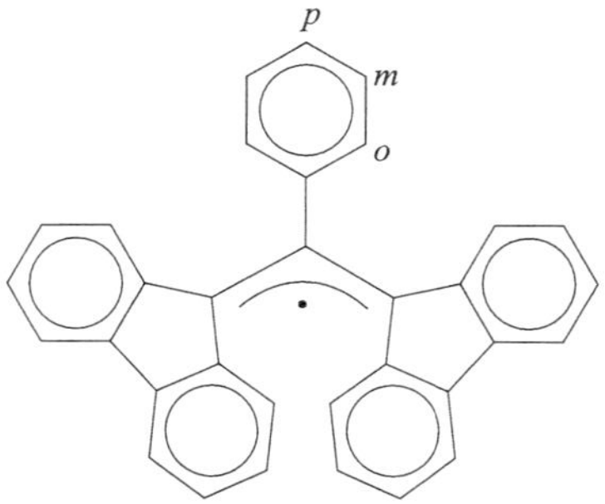 (structure with phenyl labeled o, m, p)	H4,4',11,11' H5,5',10,10' H6,6',9,9' H7,7',8,8' 2H$_o$,H$_p$ 2H$_m$	中性 −0.203 +0.050 −0.192 +0.036 −0.018 +0.010	[84]

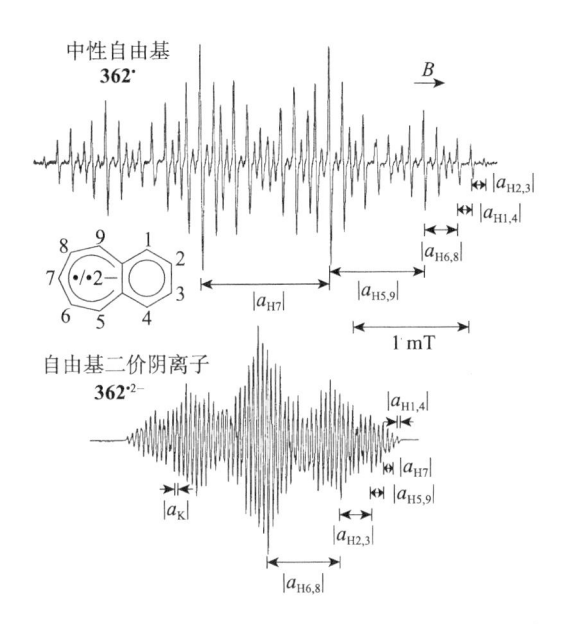

图 8.3 苯并䓬 (**362**) 中性自由基及其自由基二价阴离子的 ESR 谱。上图，中性 **362·**，溶剂高沸点油，温度 423 K；下图，二价阴离子 **362·**$^{2-}$，溶剂 DME，抗衡离子 K^+，温度 198 K。超精细数据见表 8.5。经许可复制[813]

从 **358·** 到 **359·**，即与芴基 9 位相连的苯基被�基（即均三甲苯基）替换后，该取代基上质子的耦合常数从与几乎共面的苯基相容的数值，变成了那些具有强烈扭转出共平面的特征值［参考上面对 7,7-二叔丁基苄基自由基（**327·**）的述评］。在 1,3-二芴基烯丙基自由基（**366·**）中，π 自旋分布与 1,1,3,3-四苯基烯丙基自由基（**341·**）的几乎相同（表 8.2）。然而，非交替自由基 **366·** 的扭转程度甚至比交替的 **341·** 更大，并且来自两个比较刚性的二芴基单元的直接自旋转移比来自四个柔性苯基取代基更有效，所以母体烯丙基自由基（**65·**）的耦合常数 a_{H2}（=+0.406 mT）在 **366·** 中增加的幅度更显著。即，在 **366·** 中该值是 +1.340 mT，而在 **341·** 中仅为 +0.881 mT。表 8.5 中的 ^{1}H 超精细数据表明，**366·** 中的 π 自旋分布并没有因 2 位被甲基（**367·**）或苯基（**2·**）取代而明显改变。相比于 **366·** 中 α 质子的 a_{H2}，**367·** 中三个甲基质子小的 $|a_{H2}(\beta)|$ = +0.12 mT（符号推测为负）是自旋布居 ρ_2^π 更好的量度，因为 β 质子的耦合常数对 π 自由基偏离平面的扭曲不太敏感［参考 4.3 节中 1,6-甲桥［10］轮烯自由基（**85·**）及其 2-甲基衍生物（**86·**）的自由基阴离子的超精细数据］。如 2.2 节所述，能分离成晶体的 1,3-二芴基-2-苯基烯丙

基自由基（**2˙**）是异常持久的，这是一个苯基和两个芴基共同完美屏蔽活泼烯丙基单元的结果。

非交替烃自由基的 g_{iso} 是 2.0026 ± 0.0001，相应自由基二价阴离子的 g_{iso} 是 2.0028 ± 0.0001。中性自由基 **50˙** 和 **355˙** 是用 t-BuO˙ 与底物发生拔氢反应而生成；**356˙** 是由 9-溴化物与 $Et_3Si˙$ 反应产生；**358˙** 和 **359˙** 是由类似的氯化物与 Hg 或 Zn 一起反应而形成的。另外一种方法是热解法，例如，**63˙** 和 **362˙** 由其二聚体分解形成；**366˙** 由过碳酸酯产生。电解还原相应的阳离子形成 **365˙**。自由基二价阴离子是用碱金属从相应的甲基醚或其他前体中转变而来。

8.4 偶交替烃自由基离子

多烯烃自由基离子（radical ions of polyenes）

表 $8.6^{[199,201,202,226,316,328,529,816,817]}$ 和表 $8.7^{[200,201,226,307,329,337,338,529,818-822]}$ 列举了一部分多烯烃及其烷基衍生物的自由基离子的超精细数据。反式 1,3-丁二烯自由基（**92˙**）离子的 ¹H 耦合常数依然反映了交替 π 体系中分子轨道的配对特性。然而，**92˙⁺** 和 **92˙⁻** 的 $a_{H1,4}$ 之比为 $-1.085\text{ mT}/-0.762\text{ mT}=1.42$，其中 -1.085 表示在内侧位和外侧位质子的平均值。这个比值超过了通常在两个相应的 π 自由基离子中同一 μ 中心质子的耦合常数（见下文）。需要注意的是，阳离子 **92˙⁺** 的差 $\Delta a_{H1,4} = |\Delta a_{H1,4_{exo}} - \Delta a_{H1,4_{endo}}| = 0.069\text{ mT}$，但阴离子 **92˙⁻** 的相应差太小（$<0.01\text{ mT}$）而无法分辨。

一般多烯烃自由基离子的 ¹H 超精细数据符合简单分子轨道方法（Hückel 模型和 McLachlan 方法）预测的 π 自旋分布。在 6.6 节，已经考虑了 1,4-二叔丁基-1,3-丁二烯（**90**）和 2,3-二叔丁基-1,3-丁二烯（**111**）等的自由基阴离子与碱金属抗衡离子的异常紧密缔合。在 1,3,5-环庚三烯自由基离子 **378˙⁻**（0.216 mT，符号待定）和 **378˙⁺**（$+6.98\text{ mT}$）中，两个亚甲基 β 质子的耦合常数为"Whiffen 效应"提供了新的例子。这些离子的 SOMO 分别具有交替 1,3,5-己三烯的 LUMO ψ_4 和 HOMO ψ_3 的节点性质。尽管对于 ψ_4 在相应末端中心 $\mu=1$ 和 6 的 LCAO 系数 $c_{4,1}$ 和 $c_{4,6}$ 具有相反的符号，但对于 ψ_3，$c_{3,1}$ 和 $c_{3,6}$ 的符号是相同的。（有关"Whiffen 效应"的第一个例子是 4.2 节所给出的中性自由基环己二烯基 **70˙** 和丁烯基 **71˙** 的类似耦合常数。）

表 8.6 部分多烯烃自由基离子的超精细数据

化合物	结构	位置	阴离子/阳离子	参考文献
反式 1,3-丁二烯 (*trans*-buta-1,3-diene) **92**·⁻/**92**·⁺	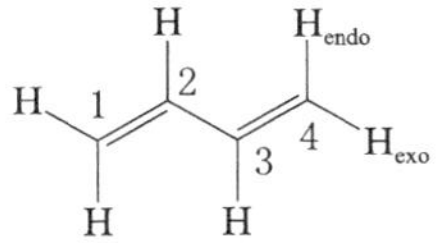 (结构式：H 1,2,3,4 H, H_endo, H_exo)	H1,4_exo H1,4_endo H2,3	阴离子/阳离子 −0.762/−1.119 −0.762/−1.050 −0.279/−0.283	[199]/[316]
反式 2,3-二甲基-1,3-丁二烯 (*trans*-2,3-dimethylbuta-1,3-diene) **368**·⁻	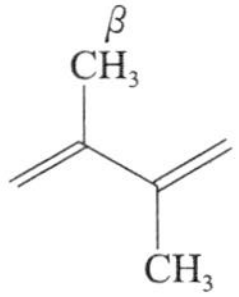 (结构式，含 β-CH₃)	H1,4_exo H1,4_endo 6H(β)	阴离子 −0.724 −0.700 +0.120	[201]
反式 1,4-二叔丁基-1,3-丁二烯 (*trans*-1,4-di-*tert*-butylbuta-1,3-diene) **90**·⁻ "transoid"	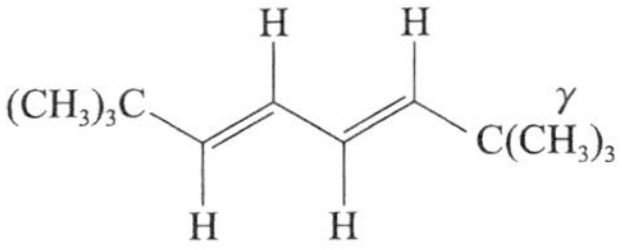 (CH₃)₃C—CH=CH—CH=CH—C(CH₃)₃	H1,4_endo H2,3 18H(γ)	阴离子 −0.715 −0.240 +0.026	[529]
反向 2,3-二叔丁基-1,3-丁二烯 (2,3-di-*tert*-butylbuta-1,3-diene) "transoid" **111**·⁻	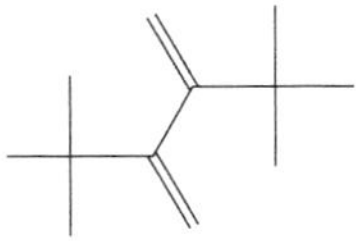 (结构式)	H1,4_exo H1,4_endo	阴离子 −0.71 −0.71	[529]
同向 2,3-二叔丁基-1,3-丁二烯 "cissoid" **111**·⁻	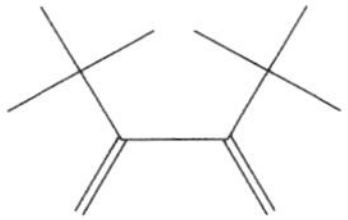 (结构式)	H2,3 H1,4_endo	阴离子 −0.672 −0.398	[529]
反式 1,1,4,4-四甲基-1,3-丁二烯 (*trans*-1,1,4,4-tetramethylbuta-1,3-diene) **369**·⁻/**369**·⁺	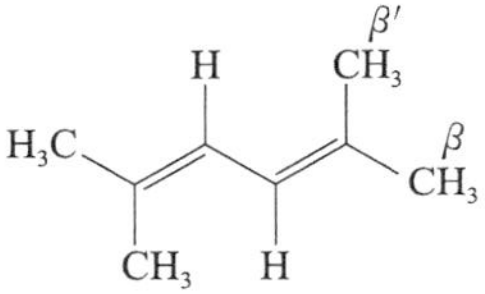 (结构式，含 β, β'-CH₃)	H2,3 6H(β) 6H(β')	阴离子/阳离子 −0.116/−0.300 +0.991/+1.290 +0.875/+1.075	[202]/[226]

续表

化合物	结构	位置	阴离子/阳离子	文献
反式六甲基-1,3-丁二烯 (*trans*-hexamethylbuta-1,3-diene) **370**·⁺	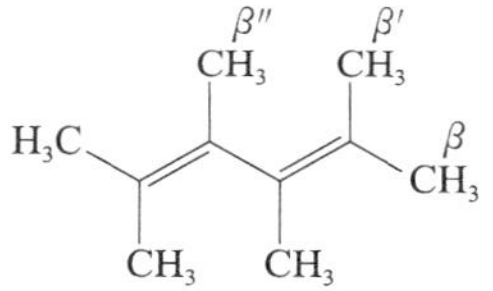 (结构式)	6H(β) 6H(β') 6H(β'')	/阳离子 /+1.07 /+1.055 /+0.42	[226]
全反式1,1,6,6-四甲基-1,3,5-己三烯 (1,1,6,6-tetra-*tert*-butylhexa-1,3,5-triene) all-*trans*-**371**·⁻	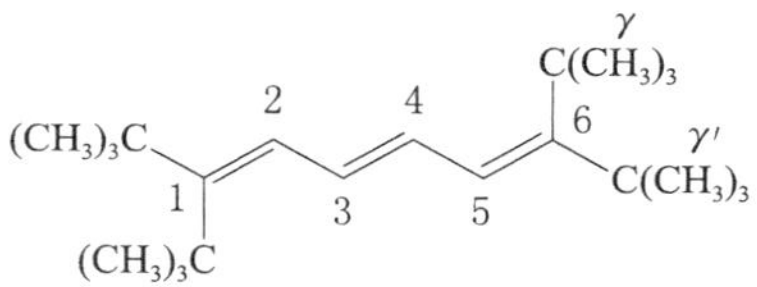 (结构式)	H2,5 H3,4 18H(γ) 18H(γ')	阴离子 +0.108 −0.465 +0.019 <0.01	[816]
反-顺-反-1,1,6,6-四甲基-1,3,5-己丁三烯 *trans-cis-trans*-**371**·⁻	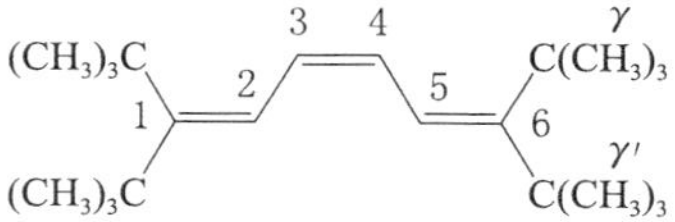 (结构式)	H2,5 H3,4 18H(γ) 18H(γ')	阴离子 +0.090 −0.453 +0.019 <0.01	[816]
全反式1,1,8,8-四甲基-1,3,5,7-辛四烯 (all-*trans*-1,1,8,8-tetra-*tert*-butylocta-1,3,5,7-tetraene) **372**·⁻	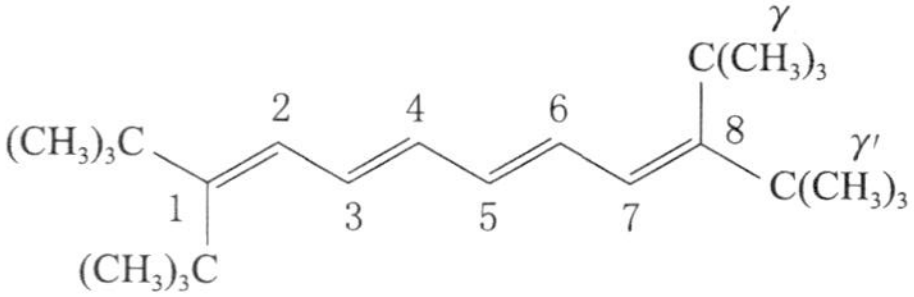 (结构式)	H2,7 H3,6 H4,5 18H(γ) 18H(γ')	阴离子 +0.152 −0.515 −0.152 +0.017 <0.01	[816]
四亚甲基乙烷 (tetramethyleneethane, TME) **43**·⁻/**43**·⁺	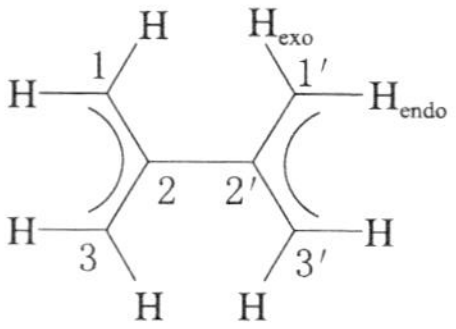 (结构式)	H1,1',3,3'ₑₓₒ H1,1',3,3'ₑₙdₒ	阴离子/阳离子 −0.765/−0.805 −0.765/−0.716	[817]/[328]

表 8.7　部分单环和双环多烯烃自由基离子的超精细数据

化合物	结构	位置	阴离子/阳离子	文献
1,3-环戊二烯 (cyclopenta-1,3-diene) **373**·+	(环戊二烯结构，编号1,2,3,4，CH$_2$(β))	H1,4$_{exo}$ H1,4$_{endo}$ 2H(β)	/阳离子 /−1.16 /−0.35 /<0.02	[307]
六甲基-1,3-环戊二烯 (hexamethylcyclopenta-1,3-diene) **374**·+	(六甲基环戊二烯结构，带β,β',γ标记)	6H(β) 6H(β') 6H(γ)	/阳离子 /+1.44 /+0.40 /0.13	[226]
1,3-环己二烯 (cyclohexa-1,3-diene) **375**·−/**375**·+	(环己二烯结构，编号1,2,3,4，CH$_2$(β))	H1,4 H2,3 2H$_{ax}$(β) 2H$_{eq}$(β)	阴离子/阳离子 −0.821/−0.854 −0.200/−0.407 +1.11/+3.187 +1.11/+2.909	[201]/[329]
1,4-二叔丁基-1,3-环己二烯 (1,4-di-*tert*-butylcyclohexa-1,3-diene) **376**·−	(1,4-二叔丁基环己二烯结构)	H2,3 2H$_{ax}$(β) 2H$_{eq}$(β)	阴离子 −0.20 +1.23 +0.95	[529]
1,3-环庚二烯 (cyclohepta-1,3-diene) **377**·+	(环庚二烯结构，编号1,2,3,4，CH$_2$(β))	H1,4 H2,3 2H$_{ax}$(β) 2H$_{eq}$(β)	/阳离子 /−0.854 /−0.255 /+2.814 /+1.028	[329]
1,3,5-环庚三烯 (cyclohepta-1,3,5-triene) **378**·−/**378**·+	(环庚三烯结构，编号1-6，CH$_2$(β))	H1,6 H2,5 H3,4 2H(β)	阴离子/阳离子 −0.764/−0.78 +0.059/<0.2 −0.490/−0.39 0.216/+6.98	[200]/[818]
二环[2.2.1]-2,5-庚二烯（二环庚二烯） (bicyclo[2.2.1]hepta-2,5-diene) (norbornadiene) **379**·+	(降冰片二烯结构，CH$_2$(γ)，编号2,3,5,6)	H2,3,5,6 2H(β) 2H(γ)	/阳离子 −0.780 −0.049 +0.304	[819]
二环[2.2.2]-2,5-辛二烯（二氢桶烯） (bicyclo[2.2.2]octa-2,5-diene) (dihydrobarrelene) **380**·+	(二氢桶烯结构，CH$_2$(γ)，编号2,3,5,6)	H2,3,5,6 2H(β) 4H(γ)	/阳离子 −0.676 −0.108 +0.162	[819]

二环[2.2.2]-2,5,7-辛三烯(桶烯) (bicyclo[2.2.2]octa-2,5,7-triene) (barrelene) **381**·⁺	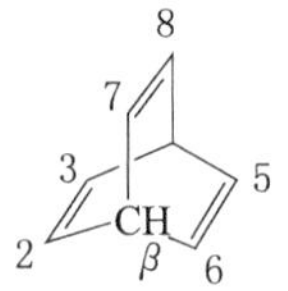	H2,3,5,6,7,8 2H(β)	/阳离子 -0.603 -0.115	[820]
1,2,3,4,5,6-六甲基双环[2.2.0]己-2,5-二烯(六甲基杜瓦苯) (hexamethylbicyclo[2.2.0]hexa-2,5-diene) [hexamethyl（Dewar）benzene] **382**·⁺	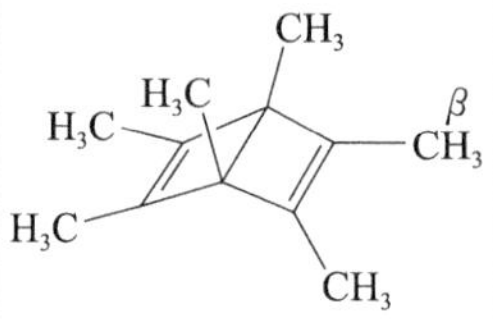	12H(β)	/阳离子 +0.92	[337,338, 821,822]

四亚甲基乙烷（TME，**43**··）是一种具有两个未配对电子和三重态基态的非凯库勒二烯烃（2.4 节和 11.3 节）。自由基离子 **43**·⁻ 和 **43**·⁺ 是带电的二烯基，其中两个烯丙基 π 片段可能不共面，¹H 耦合常数均约为烯丙基自由基（**65**·）相应值的一半左右（4.2 节和表 8.2）。

双环二烯 **379**、**380** 与 **382** 和双环三烯 **381**（具有 D_{3h} 对称性，是 Möbius 型分子的范例[823]），具有两个或三个非共轭双键，其中双键间的相互作用是贯穿空间的。自由基阳离子 **379**·⁺、**380**·⁺ 和 **382**·⁺ 的 SOMO 是两个乙烯 π 单元的反键组合，而 **381**·⁺ 的相应分子轨道（非简并）代表了三个该类 π 体系的相同组合。在这些双环自由基阳离子中 α 质子的耦合常数应与环单烯自由基阳离子的相关联，后者接近 −1.0 mT（表 7.15）。在二烯自由基阳离子 **379**·⁺ 和 **380**·⁺ 中，α 质子的 a_{H_μ} 值大大超过了预期的 −0.5 mT，而在三烯自由基阳离子 **381**·⁺ 中，a_{H_μ} 更是大大超过了预期的 −0.33 mT。这是因为在这些双环自由基中，插入的 C—C 键位于节点 π 平面外，它们的 σ 分子轨道对 $a_H(\alpha)$ 有贡献。另一方面，在 **382**·⁺ 中甲基质子的耦合常数 H(β) 相当于与烯烃的单烯自由基阳离子相应值的一半（表 7.15）。因为在 **379**·⁺、**380**·⁺ 和 **381**·⁺ 中桥头 β 质子位于节点 π 平面内，超共轭作用无效，自旋极化就足以解释它们小的耦合常数的负号。

电解还原或溶液中用钾还原生成的多烯烃自由基阴离子的 g_{iso} 是 2.0027±0.0001。当用较重的碱金属代替钾作为还原剂时，紧密离子对 **92**·⁻ 和 **111**·⁻ 的 g_{iso} 对于前者而言显著增大（Rb，2.0036；Cs，2.0056），而对于后者而言则略有减小（Rb，2.0024；Cs，2.0017）。多烯烃自由基阳离子的 g_{iso} 是 2.0022～2.0027，对于在氟利昂基质中产生的自由基阳离子则略有增加（2.0029～2.0037）。除了两种自由基离子都得到研究的少数多烯烃之外，表 8.6 和表 8.7 中列举的阴离子和阳离子并不是由同一种多烯烃前体产生的。这是因为多烯烃的还原和氧化会产生不同的问题。一方面，这些化合物的电负性足以在溶液中与碱金属进行还原反应，但由此形成的自由基阴离子若没有被叔丁基等大体积取代基进行位阻保护时，就会发生聚合反应。另一种方法，即在特殊条件下（如液氨溶剂或 THF 在极低温度下）进行电解还原，这对于 **92**、**368**、**369** 和 **378** 等被证明是成功的。另一方面，多烯烃的电离能相当高，因此自由基阳离子必须在氟利昂基质中用 γ 辐解产生。只有那些被烷基高度取代而导致电离能降低的化合物才能在溶液中被氧化，如 **369**、**370** 和 **374**，它们在流动三氟乙酸中与 Hg(Ⅱ) 离子发生光解时产生自由基阳离子。请注意，自由基离子 **43**·⁻ 和 **43**·⁺ 不是由四亚甲基乙烷（TME）本身直接产生的，而是分别由其前体二亚甲基环丁烷和二亚甲基环丙烷产生的。

稠合的苯衍生物自由基离子

含有稠合苯环的稳定多环有机物被称为多环芳香烃（PAHs）。它们大多数是中等强度的电子受体和供体，形成相当持久的 π 自由基阴离子和阳离子。这些自由基离子是首批被 ESR 所研究的物种之一，其环上 α 质子的耦合常数 a_{H_μ} 被用来建立和验证 McConnell 公式 [式 (4.5)]。苯和几种多环苯系烃自由基离子的超精细数据见表 8.8[131-135,139,222,242,287,447,480,824-830]。用 McLachlan 方法 [λ = 1.0，式 (4.34)] 计算所得的自由基阴离子与阳离子的 $a_{H_\mu}(\alpha)$ 和 π 自旋布居 ρ_μ^π 的关系，如图 8.4 所示。以 mT 为单位，拟合回归线是

$$a_{H_\mu}(\alpha) = -0.02 - 2.37\,\rho_\mu^\pi \tag{8.12}$$

其中，−2.37 mT 是式（4.5）中 π-σ 自旋极化参数 $Q_H^{C_\mu H_\mu}$ 的预估值。当单独考虑自由基阴离子或自由基阳离子时，阴离子的回归线是

$$a_{H_\mu}(\alpha) = -0.03 - 2.15\,\rho_\mu^\pi \tag{8.13}$$

阳离子的回归线是

$$a_{H_\mu}(\alpha) = -0.01 - 2.60\,\rho_\mu^\pi \tag{8.14}$$

这三条回归线的标准差均为 ±0.06 mT。

表 8.8　部分稠合芳烃自由基离子的超精细数据

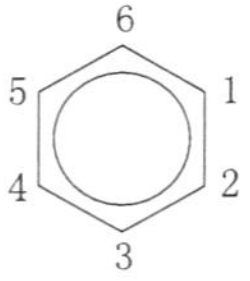 苯（benzene） **6**$_2^{-\cdot}$/**6**$_2^{+\cdot}$	H1~6 ^{13}C1~6	阴离子/阳离子 −0.375/−0.445 +0.28	[132][447]
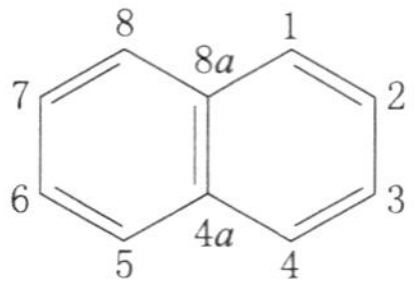 萘（naphthalene） **8**$_3^{-\cdot}$/**8**$_3^{+\cdot}$/**8**$_3^{2+}$	H1,4,5,8 H2,3,6,7 ^{13}C1,4,5,8 ^{13}C2,3,6,7 ^{13}C4a,8a	阴离子/阳离子/二聚体阳离子 −0.495/−0.587/2×(−0.276) −0.183/−0.167/2×(−0.103) +0.726 −0.109 −0.573	[135][480][287] [824]
蒽（anthracene） **6**$_8^{-\cdot}$/**6**$_8^{+\cdot}$/**6**$_8^{2+}$	H1,4,5,8 H2,3,6,7 H9,10 ^{13}C1,4,5,8 ^{13}C2,3,6,7 ^{13}C9,10 ^{13}C4a,5a,8a,9a	阴离子/阳离子/二聚体阳离子 −0.274/−0.306/2×(−0.142) −0.151/−0.138/2×(−0.071) −0.534/−0.653/2×(−0.325) +0.357 −0.025/−0.037 +0.876/+0.848 −0.459/−0.450	[134][134][287]
并四苯（naphthacene） **383**$^{-\cdot}$/**383**$^{+\cdot}$	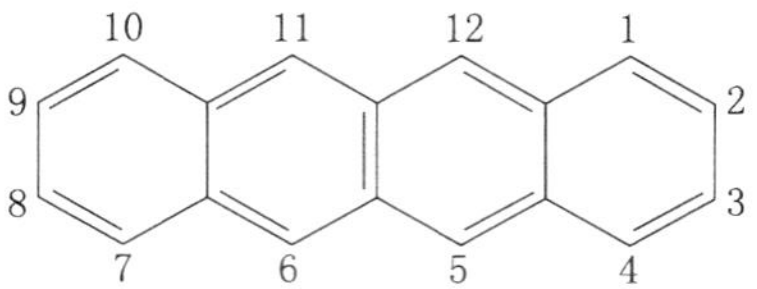 H1,4,7,10 H2,3,8,9 H5,6,11,12	阴离子/阳离子 −0.154/−0.168 −0.116/−0.102 −0.423/−0.501	[242][242]

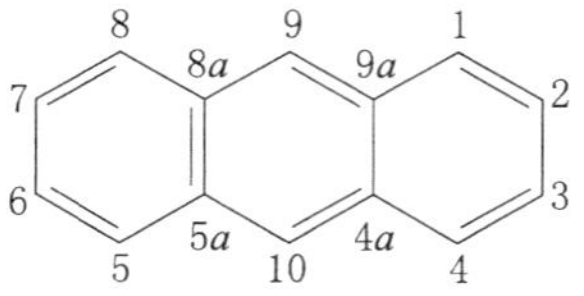

第 8 章　共轭烃自由基　235

续表

化合物	结构	位置	阴离子/阳离子	文献
并五苯 (pentacene) **384·⁻/384·⁺**	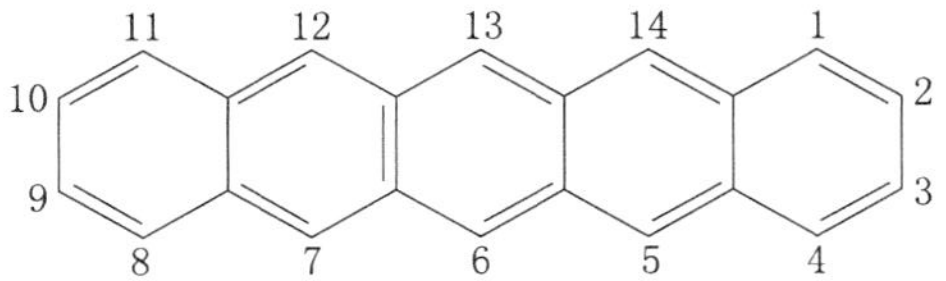	H1,4,8,11 H2,3,9,10 H5,7,12,14 H6,13	阴离子/阳离子 −0.092/−0.098 −0.087/−0.076 −0.303/−0.356 −0.426/−0.508	[242]/[242]
并六苯 (hexacene) **385·⁻/385·⁺**	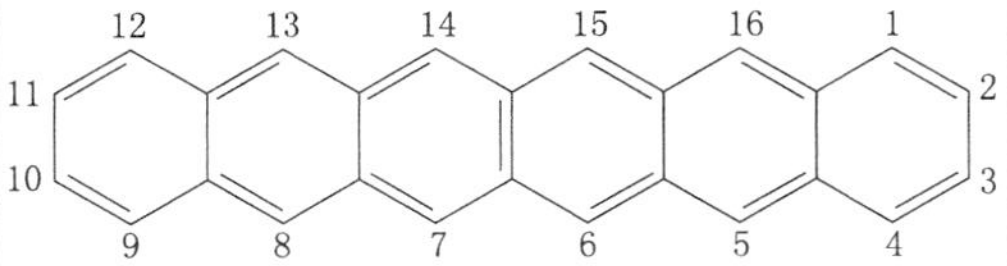	H1,4,9,12 H2,3,10,11 H5,8,13,16 H6,7,14,15	阴离子/阳离子 −0.063/−0.060 −0.057/−0.057 −0.210/−0.240 −0.365/−0.425	[139]/[139]
菲 (phenanthrene) **386·⁻/386·⁺**	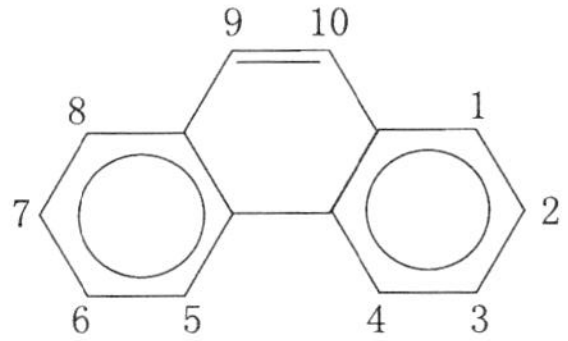	H1,8 H2,7 H3,6 H4,5 H9,10	阴离子/阳离子 −0.360/−0.422 +0.032/+0.086 −0.288/−0.383 −0.072/−0.070 −0.432/−0.489	[131]/[825]
芘(嵌二萘)(pyrene) **387·⁻/387·⁺/387₂·⁺**	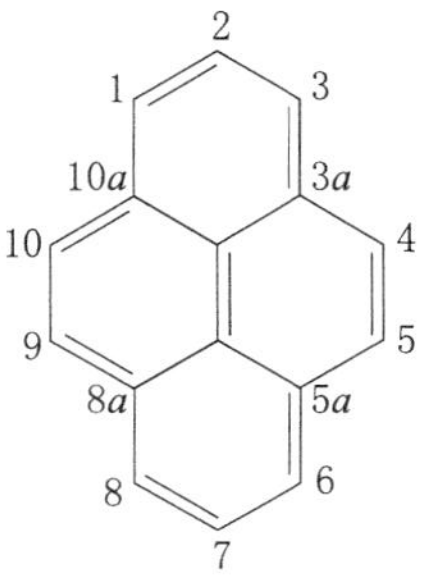	H1,3,6,8 H2,7 H4,5,9,10 ¹³C1,3,6,8 ¹³C2,7 ¹³C4,5,9,10 ¹³C3a,5a,8a,10a	阴离子/阳离子/二聚体阳离子 −0.475/−0.538/2×(−0.266) +0.109/+0.118/2×(+0.058) −0.208/−0.212/2×(−0.110) +0.710 −0.600 0.184 −0.258	[242]/[242]/[287] [825a]

续表

名称	结构	位置	偶合常数	参考文献
三亚苯(9,10-苯并菲)(triphenylene) **388**·⁻/**388**₂·⁺	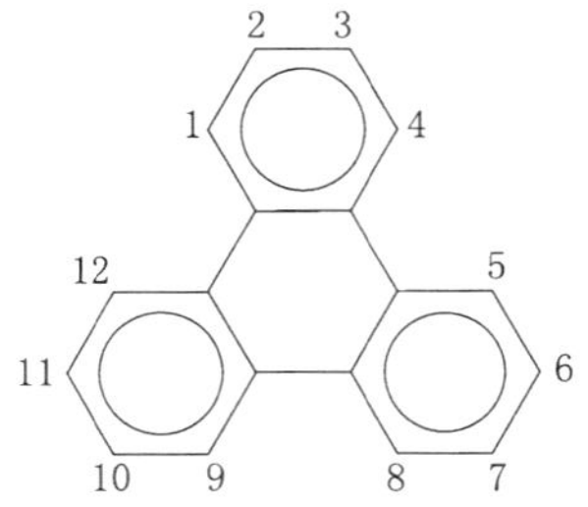	H1,4,5,8,9,12 H2,3,6,7,10,11	阴离子/二聚体阳离子 −0.128/2×(−0.059) −0.159/2×(−0.092)	[826][827]
苝(二萘嵌苯)(perylene) **389**·⁻/**389**·⁺/**389**₂·⁺	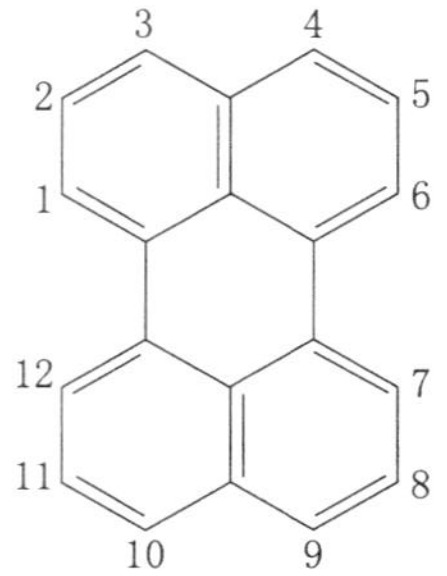	H1,6,7,12 H2,5,8,11 H3,4,9,10	阴离子/阳离子/二聚体阳离子 −0.308/−0.310/−0.149 +0.046/+0.046/+0.021 −0.353/−0.410/−0.191	[133][133][828]
二苯并[a,c]三亚苯(dibenzo[a,c]triphenylene) **390**·⁻/**390**·⁺	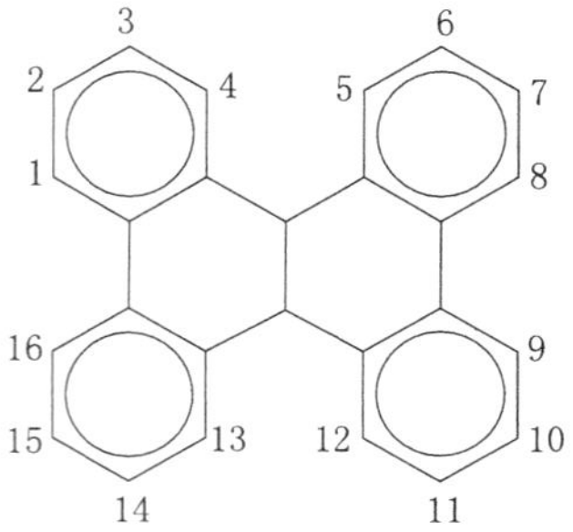	H1,8,9,16 H2,7,10,15 H3,6,11,14 H4,5,12,13	阴离子/阳离子 −0.062/−0.060 −0.171/−0.199 <0.003/<0.003 −0.206/−0.228	[242][242]

续表

结构	位置	阴离子/阳离子	文献
二苯并[a,c]并四苯 (dibenzo[a,c] naphthacene) **391·⁻/391·⁺**	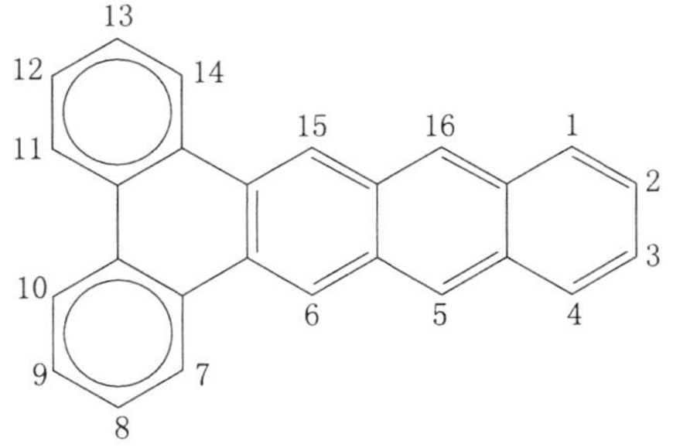 H1,4 H2,3 H5,16 H6,15 H7,14 H8,13 H9,12 H10,11	阴离子/阳离子 −0.170/−0.208 −0.119/−0.112 −0.436/−0.544 −0.407/−0.431 +0.008/<0.005 −0.043/−0.020 −0.067/−0.052 +0.016/+0.008	[829]/[829]
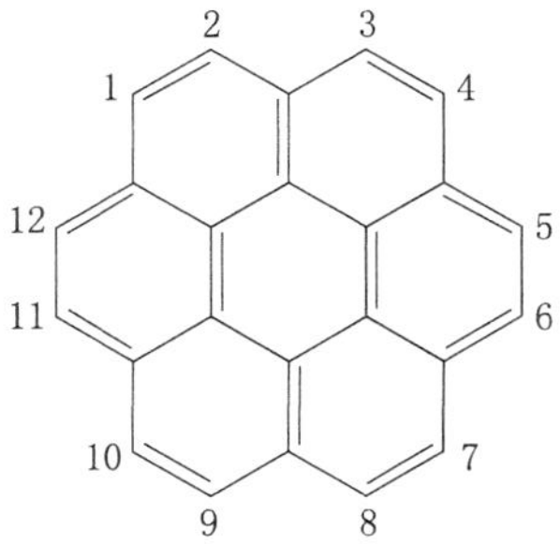 蔰(coronene) **392·⁻/392·⁺/392₂·⁺**	H1~12	阴离子/阳离子/二聚体阳离子 −0.147/−0.153/−0.076	[242]/[222]/[830]

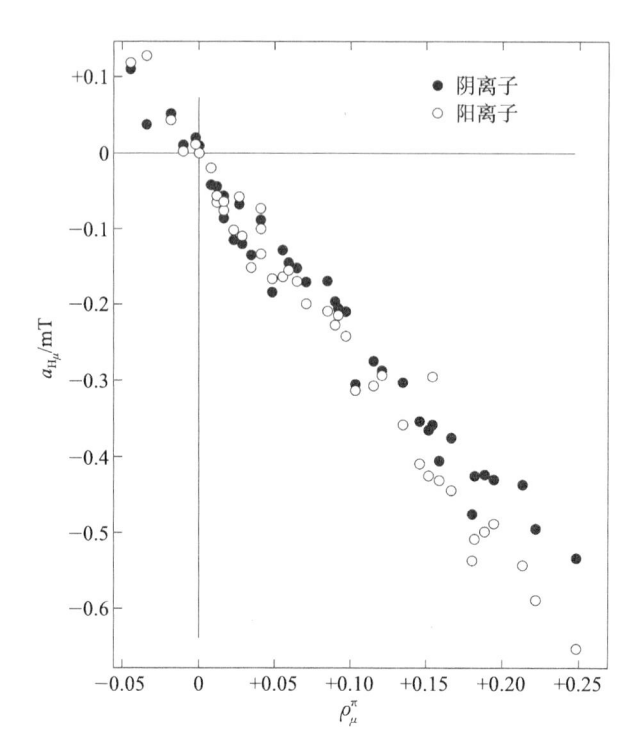

图 8.4 苯类交替烃自由基离子中 α 质子的耦合常数 a_{H_μ} 与 π 自旋布居 ρ_μ^π 的关系。超精细数据见表 8.8

根据交替 π 体系中 HOMO 和 LUMO 的配对特征，相同交替烃的自由基阳离子和自由基阴离子中的 π 自旋布居应该相同（8.1 节）。这一说法解释了观察到的两种自由基离子的相似超精细图谱，得到了如图 8.5 中 **389**·⁺ 和 **389**·⁻ 的 ESR 谱的支持。正如系数 $Q_H^{C_\mu H_\mu}$ [式（8.13）和式（8.14）] 的差异所表明的，自由基阳离子的 $|a_{H_\mu}|$ 通常比相应的阴离子大（4.2 节），虽然对于较小的耦合常数情况往往相反。[细心的读者可能已经注意到，从式（8.12）～式（8.14）中回归线的斜率获得的 $Q_H^{C_\mu H_\mu}$，处于 4.2 节中引用的这些值的范围的下限。这一结果是由于回归线的本质，即 a_H 对 ρ 的线性相关。]

二苯并 [a,c] 并四苯（**391**）是苯衍生物的一个例子，它有多达八对等性的 π 中心 μ。它也可以认为是由蒽和菲两个稠合 π 体系稠合而成。离子型 **391**·⁺ 和 **391**·⁻ 的耦合常数 a_{H_μ} 表明，大部分 π 自旋布居位于蒽单元一侧，这与线形稠合的苯衍生物比角稠合衍生物更容易还原和氧化的预期是相一致的。表 8.8 同时给出了几种二聚体自由基阳离子的超精细数据。对于其他苯衍生物，在溶液中也观察到由烃分子 **M** 形成 **M**₂·⁺ 这类物种，其中二聚体阳离子单独出现

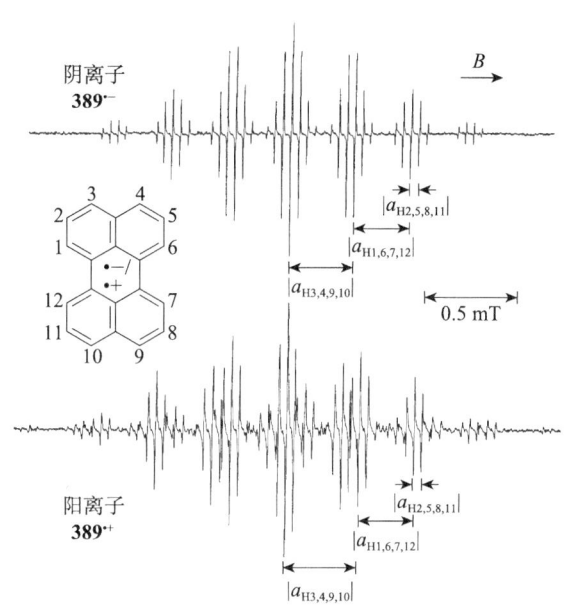

图 8.5 芘（或二萘嵌苯，389）自由基离子的 ESR 谱。上图：阴离子 **389**$^{\cdot-}$，溶剂 DME，抗衡离子 Na$^+$，温度 203 K。下图：阳离子 **389**$^{\cdot+}$，溶剂浓硫酸，抗衡离子 HSO$_4^-$，温度 298 K。**389**$^{\cdot-}$ 的谱峰数量明显少于 **389**$^{\cdot+}$，这是由于 $|a_{H3,4,9,10}| \approx |a_{H1,6,7,12}| + |a_{H2,5,8,11}|$ 的关系适用于阴离子。超精细数据见表 8.8

或和单体阳离子 **M**$^{\cdot+}$ 同时出现。在流动溶液中，萘的氧化只产生二聚体 **83**$_2^{\cdot+}$。图 8.6 示意了芘二聚体自由基阳离子 **387**$_2^{\cdot+}$ 和单体 **387**$^{\cdot+}$ 的 ESR 谱。

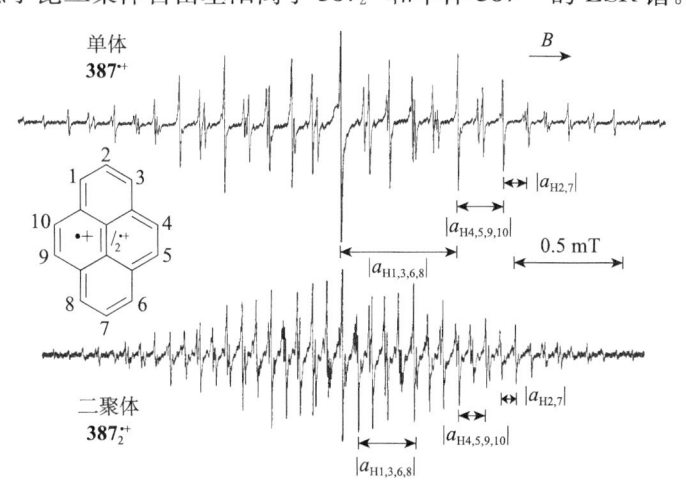

图 8.6 芘（**387**）的单体和二聚体自由基阳离子的 ESR 谱。上图，单体 **387**$^{\cdot+}$，下图，二聚体 **387**$_2^{\cdot+}$；溶剂二氯甲烷，抗衡离子 SbCl$_6^-$，温度 203 K。单体需要大量过量的 SbCl$_5$。超精细数据见表 8.8。经许可改动[287]

如 2.3 节所提到，高电离能、增大底物分子 **M** 的浓度和低温等都有利于二聚化。关于电离能的说法尤其适用于像萘（**83**）那样具有相当高电离能的烃分子，因为 **M** 和 **M**$^{\cdot +}$ 之间的相互作用形成更稳定的二聚体 **M**$_2^{\cdot +}$，如这些物种的 HOMO 所示：

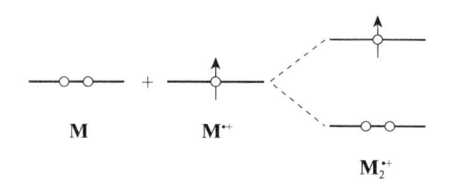

$$\text{M} \quad + \quad \text{M}^{\cdot +} \quad \longrightarrow \quad \text{M}_2^{\cdot +}$$

在二聚体自由基阳离子 **M**$_2^{\cdot +}$ 中，两个单元 π 平面彼此平行，间距与晶体中的距离相当（300～350 pm）。这两个单元不需要一定重叠，但可以像 **83**$_2^{\cdot +}$ 中那样相对于彼此扭曲，扭转角是 90°[831]。虽然在 **M**$_2^{\cdot +}$ 中具有耦合相互作用的质子数量是单体自由基离子的两倍，但在 **M**$_2^{\cdot +}$ 中较大的耦合常数略小于阳离子 **M**$^{\cdot +}$ 中相应数值的一半，而大于阴离子 **M**$^{\cdot -}$ 中相应数值的一半。因此，芘自由基离子 **387**$^{\cdot -}$、**387**$^{\cdot +}$ 和 **387**$_2^{\cdot +}$ 等的 ESR 谱总宽度 $\sum |a_{H_\mu}|$ 分别是 2.95 mT、3.34 mT 和 3.23 mT。这些值反映了耦合常数 $a_{H_\mu}(\alpha)$ 的电荷依赖性。（在二聚体自由基阳离子中，由于 μ 中心数量的加倍，μ 中心的正 π 电荷是相应单体的一半大小。）

对于既不具有简并基态也不具有接近简并基态的烷基取代苯衍生物 π 体系（8.1 节和 8.6 节），并且也不存在由取代基所引起的空间位阻的情况下，配对定理仍然是这两类相应自由基离子中 π 自旋分布的理论基础。然而，即使没有简并或近简并基态，自由基阴离子和自由基阳离子的超精细图谱也可能有很大不同，因为与烷基 α 质子的耦合常数相比，正的 π 电荷增大了 β 质子的耦合常数。连在高 π 电荷中心的烷基取代基的正 $a_{H_\mu}(\beta)$，在从自由基阴离子到相应阳离子的过程中可能会增加多达 2 倍。这种增加，首先得到了 4.2 节所提到的 9,10-二甲基蒽（**69**）自由基离子的佐证，然后表 8.9 中几种烷基取代的萘自由基阴离子和自由基阳离子的超精细数据对此作进一步说明[135,288,453,477,574,624,636,824,832,833]。1,2,3,4-四甲基萘（**394**）自由基离子的 ^{1}H 耦合常数表明，在阳离子 **394**$^{\cdot +}$ 中 π 自旋布居从无取代的环向有烷基取代的环转移，这与烷基基团致使电离能降低的效应相一致。另一方面，**67**$^{\cdot -}$/**67**$^{\cdot +}$ 的耦合常数 $a_{H_\mu}(\beta)$ 与 **66**$^{\cdot -}$/**66**$^{\cdot +}$，**393**$^{\cdot -}$/**393**$^{\cdot +}$ 的 $a_{H_\mu}(\beta)$ 与 **96**$^{\cdot -}$/**96**$^{\cdot +}$ 的两两比较，说明了 $a_{H_\mu}(\beta)$ 的构象依赖性，正如 4.2 节中指出的 **67**$^{\cdot -}$ 和 **66**$^{\cdot -}$ 那样。除了 **123** 和 **393** 之外，表 8.9 列举的烷基取代萘也形成二聚体自由基阳离子。对

于 **393**，四个甲基取代基的空间位阻可能会妨碍二聚体的形成。对于 **96$_2^{·+}$** 和 **394$_2^{·+}$**，^{1}H 耦合常数已列出；对于 **66$_2^{·+}$** 和 **67$_2^{·+}$**，^{1}H 耦合常数给出了相当复杂的超精细图谱，这是因为相对于单体，二聚体阳离子的对称性降低了[477]。

表 8.9　萘的部分烷基取代衍生物自由基离子的超精细数据

1,8-二甲基萘 (1,8-dimethylnaph-thalene) **66$^{·-}$/66$^{·+}$**	(结构图)	H2,7 H3,6 H4,5 6H(β)	阴离子/阳离子 −0.170/−0.245 −0.170/−0.116 −0.473/−0.573 +0.461/+0.825	[135]/[477]
二氢苊 (acenaph-thene) **67$^{·-}$/67$^{·+}$**	(结构图)	H2,7 H3,6 H4,5 4H(β)	阴离子/阳离子 −0.104/−0.313 −0.242/−0.059 −0.417/−0.659 +0.753/+1.318	[453]/[477]
1,4,5,8-四甲基萘 (1,4,5,8-tetra-methyl naphtha-lene) **393$^{·-}$/393$^{·+}$**	(结构图)	H2,3,6,7 12H(β)	阴离子/阳离子 −0.141/−0.176 +0.435/+0.784	[832]/[288]
匹拉省 (pyracene) **96$^{·-}$/96$^{·+}$/96$_2^{·+}$**	(结构图)	H2,3,6,7 8H(β) ^{13}C1,4,5,8 ^{13}C2,3,6,7 ^{13}C4a,8a 4^{13}C(α)	阴离子/阳离子/二聚体阳离子 −0.158/−0.200/2×(−0.115) +0.658/+1.280/2×(+0.555) +0.732 −0.118 −0.518 −0.187/−0.266	[624]/[574]/ [477] [824]
1,8:4,5-二丙桥萘 (1,2,3,6,7,8-hexahydro pyrene) **123$^{·-}$/123$^{·+}$**	(结构图)	H2,3,6,7 4H$_{ax}$(β) 4H$_{eq}$(β) 4H(γ)	阴离子/阳离子 −0.169/−0.190 +0.803/+1.463 +0.202/+0.390 0.050/0.040	[636]/[636]
1,2,3,4-四甲基萘 (1,2,3,4-tetra-methyl naphtha-lene) **394$^{·-}$/394$^{·+}$/394$_2^{·+}$**	(结构图)	H5,8 H6,7 6H(β) 6H(β')	阴离子/阳离子/二聚体阳离子 −0.532/−0.371/2×(−0.222) −0.175/−0.133/2×(−0.092) +0.374/+0.936/2×(+0.349) +0.198/+0.241/2×(+0.137)	[833]/[833]/ [477]

如 6.2 节所述，π 自由基阴离子的 g_{iso} 是 2.0027 ± 0.0001，相应阳离子和二聚体阳离子的 g_{iso} 是 2.0026 ± 0.0001；然而，具有简并基态的自由基离子，如苯（**62**）和蒄（**392**）的自由基，g_{iso} 略微增加到 $2.0028\sim2.0030$。

如 2.3 节所述，稠合苯型芳烃自由基离子可通过多种方法在溶液中产生。还原成自由基阴离子的最通用方法，是在醚溶剂中碱金属镜与中性前体接触；或者，在汞或金汞合金的阴极电解中性化合物。自由基阳离子，通常是将中性化合物溶解于质子酸如浓硫酸和三氟乙酸中，或在二氯甲烷中与路易斯酸如 $SbCl_5$ 或 $AlCl_3$ 反应；它们也可以在铂或金阳极上电解产生。对于难以氧化的化合物（电离能 IE>8 eV），必须采用更严厉的方法，如在氟利昂基质或其他冷冻液体中用高能辐照以获得 **62**$^{·-}$ 和 **83**$^{·+}$，在三氟乙酸中与 Tl(Ⅲ) 离子的光解形成 **386**$^{·+}$。与母体 **83**$^{·+}$ 相反，由于烷基取代，表 8.9 列举的所有自由基阳离子都可以在流动溶液中产生，无论是电解还是用 $AlCl_3$。二聚体自由基阳离子 **83**$_2^{·+}$、**68**$_2^{·+}$ 和 **387**$_2^{·+}$ 等是在二氯甲烷中用 $SbCl_5$ 氧化产生的，**388**$_2^{·+}$ 是与 Hg(Ⅱ) 离子反应形成。除了更高浓度的中性前体之外，二聚体自由基阳离子如 **96**$_2^{·+}$ 和 **394**$_2^{·+}$ 的电解，需要的氧化电势低于相应单体的。

交替的非苯型烃自由基离子

这类交替烃含有至少一个除苯以外的偶数元环，比苯型衍生物（PAH）更不稳定（更弱的芳香性）。表 8.10 就列举了含有四元或八元环的交替烃自由基离子的超精细数据[183,224,260,263,449,559,582,834-839]。未取代的环丁二烯自由基离子目前是未知的，只有四烷基取代衍生物的自由基阳离子如 **395**$^{·+}$ 已被 ESR 所研究。对于亚联苯（或联苯撑）和苯并联苯撑的自由基离子，分子轨道配对定理仍然有效，但最大的超精细耦合常数的变化，即从阴离子自由基 **396**$^{·-}$ 的 $|a_{H2,3,6,7}|$ 和 **397**$^{·-}$ 的 $|a_{H2,3}|$ 到相应阳离子自由基 **396**$^{·+}$ 到 **397**$^{·+}$ 的增加，比通常遇到的"纯"苯型自由基离子的幅度大。据推测，四元环中的应力不会对 HOMO 和 LUMO 产生同样程度的影响。然而，对于亚联萘自由基离子，配对定理似乎完全失效了，因为 **398**$^{·-}$ 和 **398**$^{·+}$ 的耦合常数 a_{H_μ} 差异显著。其中，环应力导致最高成键 π 分子轨道顺序的反转，使得实际的 HOMO 不再通过配对性质而与 LUMO 相关联。

表 8.10 部分非苯系交替烃自由基离子的超精细数据

化合物	结构	位置	阴离子/阳离子	文献
四甲基环丁-1,3-二烯 (tetramethylcyclobuta-1,3-diene) **395**·+	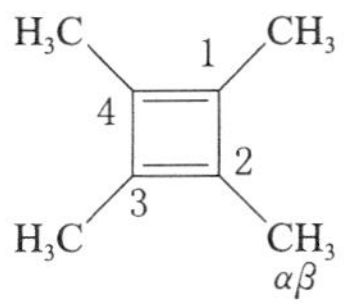 (结构图：四甲基环丁二烯，标注 1,2,3,4 及 α,β，四个CH₃)	12H(β) ^{13}C1~4 4^{13}C(α)	/阳离子 /+0.870 /+0.404 /−0.404	[834]
二联苯叉基（联苯撑） (biphenylene) **396**·−/**396**·+	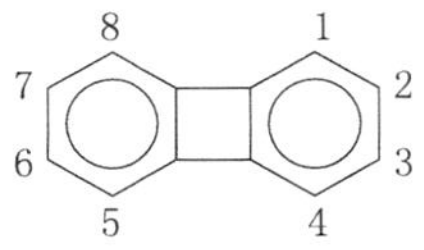 (结构图：联苯撑，标注 1–8)	H1,4,5,8 H2,3,6,7	阴离子/阳离子 +0.021/+0.021 −0.286/−0.369	[224]/[224]
苯并联苯撑 (benzo[b]biphenylene) **397**·−/**397**·+	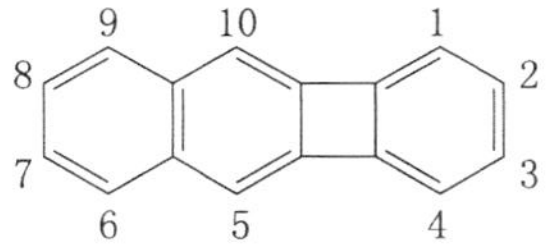 (结构图：苯并联苯撑，标注 1–10)	H1,4 H2,3 H5,10 H6,9 H7,8	阴离子/阳离子 +0.110/+0.085 −0.247/−0.325 +0.141/+0.068 +0.047/+0.085 −0.152/−0.183	[835]/[835]
亚联萘（binaphthylene） **398**·−/**398**·+	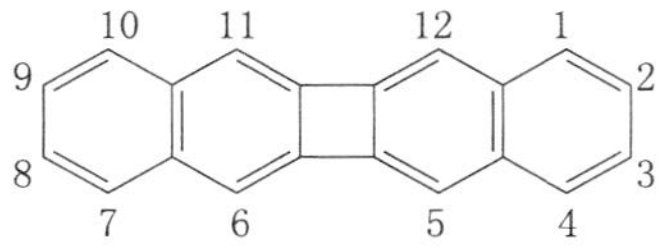 (结构图：亚联萘，标注 1–12)	H1,4,7,10 H2,3,8,9 H5,6,11,12	阴离子/阳离子 −0.157/<0.04 −0.090/−0.173 −0.423/+0.061	[582]/[582]

续表

化合物	结构	位置	离子/耦合常数	参考文献
1,3,5,7-环辛四烯 (cycloocta-1,3,5,7-tetraene) **64·⁻/64·⁺**	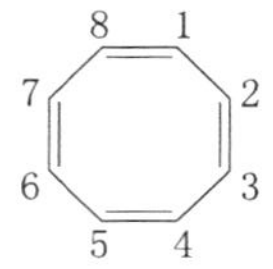 (八元环，编号1–8)	H1~8 ¹³C1~8	阴离子/阳离子 −0.321/−0.15 +0.130	[449]/[260] [559]
苯并环辛四烯 (benzocyclooctene) **399·⁻**	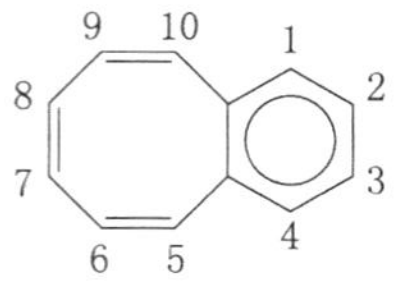 (苯并八元环，编号1–10)	H1,4 H2,3 H5,10 H6,9 H7,8	阴离子 +0.036 −0.191 −0.370 −0.200 −0.312	[836]
二苯并[a,e]环辛四烯 (dibenzo[a,e]cyclooctene) **400·⁻**	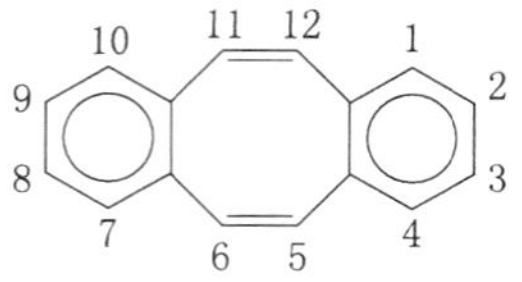 (二苯并结构，编号1–12)	H1,4,7,10 H2,3,8,9 H5,6,11,12	阴离子/阳离子 +0.022/<0.015 −0.184/−0.161 −0.260/−0.119	[183]/[263]
环辛三烯炔 (cyclooctatrienyne) **401·⁻**	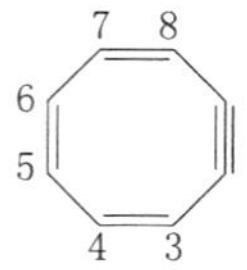 (环辛三烯炔，编号1–8)	H3,8 H4,7 H5,6	阴离子 −0.406 −0.292 −0.355	[837]

第 8 章 共轭烃自由基

续表

名称	结构	位置	类型/数值	文献
5,6,9,10-四去氢苯并环辛四烯 (5,6,9,10-tetradehydro benzocyclooctene) **402·⁻**	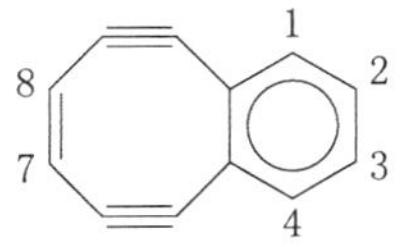	H1,4 H2,3 H7,8	阴离子 +0.031 −0.189 −0.473	[838]
5,6,11,12-四去氢二苯并[a,c]环辛四烯 (5,6,11,12-tetradehydrodi benzo[a,c] cyclooctene) **403·⁻**	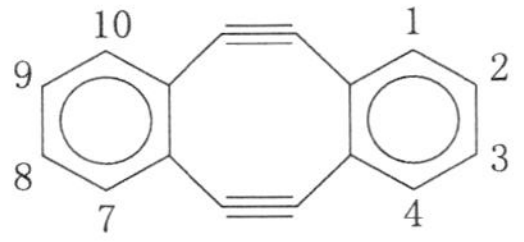	H1,4,7,10 H2,3,8,9	阴离子 +0.016 −0.204	[183]
辛搭烯(并二环辛四烯)(octalene) **404·⁻**	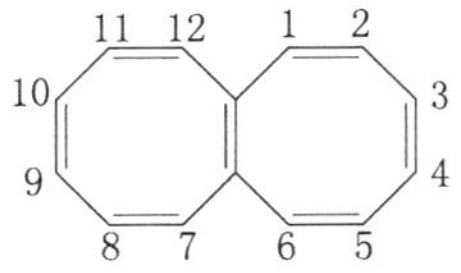	H1,6,7,12 H2,5,8,11 H3,4,9,10	阴离子 0.012 −0.198 −0.081	[839]
二苯并[c,j]辛搭烯 (dibenzo[c,j]octalene) **405·⁻/405·³⁻**	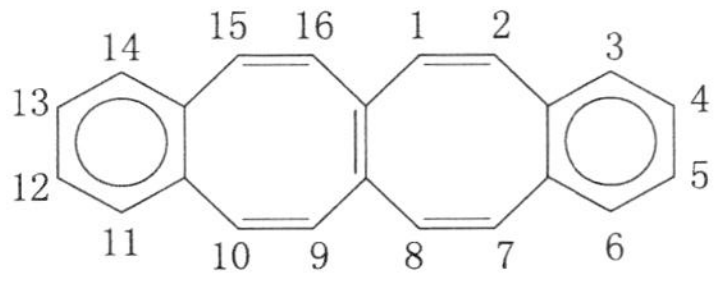	H1,8,9,16 H2,7,10,15 H3,6,11,14 H4,5,12,13	阴离子/三价离子 <0.01/−0.357 −0.261/−0.027 0.098/+0.046 0.069/−0.161	[839]/[839]

与澡盆形中性化合物（6.3 节）形成对比[556,557]，1,3,5,7-环辛四烯（COT，**64**）自由基阴离子已被充分研究，结果发现它与二价阴离子 **64**$^{2-}$ 都是平面的[182]，其中的电子数符合 Hückel 规则（8.1 节）。自由基阳离子 **64**$^{\cdot+}$ 也只能是澡盆形的，因为 **64**$^{\cdot+}$ 的耦合常数 $a_{H1\sim 8}$ 明显小于 **64**$^{\cdot-}$ 的（4.2 节）。在二苯并[a,e]环辛四烯（**400**）自由基离子的八元环中，也观察到 $a_{H5,6,11,12}$ 有类似的变化。在此，阳离子 **400**$^{\cdot+}$ 也应该像中性化合物一样是澡盆形的，而阴离子 **400**$^{\cdot-}$ 则是平面的。八元环的平面程度通过引入三键来提高。因此，中性 5,6,11,12-四去氢二苯并[a,c]环辛四烯（**403**）就是平面的，至少在结晶状态是平面的[840]。环辛三烯炔（**401**）自由基阴离子可以被视为是具有近简并基态的受微扰的 **64**$^{\cdot+}$。（这些物种将在 8.6 节进行讨论）

非苯衍生物的交替烃自由基离子的 g_{iso} 与稠合苯衍生物的相似。此外，自由基阴离子也是用相同的方法产生的，即电解还原或中性烃与碱金属反应（长时间接触会形成三价阴离子，如 **405**$^{\cdot 3-}$）。溴代环辛四烯和 5,10-二溴苯并环辛烯，通过 HBr 消除反应形成 **401**$^{\cdot-}$ 和 **402**$^{\cdot-}$。将相应的中性化合物溶解于浓硫酸时氧化成自由基阳离子 **396**$^{\cdot+}$ 和 **397**$^{\cdot+}$，在二氯甲烷中二甲基乙炔与 AlCl$_3$ 反应形成 **395**$^{\cdot+}$。其余的自由基阳离子是在流动三氟乙酸中用 Hg(Ⅱ) 离子（**398**$^{\cdot+}$ 和 **400**$^{\cdot+}$）或 Co(Ⅳ) 离子（**64**$^{\cdot+}$）处理中性底物而形成。

联苯型多环芳烃自由基离子（radical ions of polyaryls）

两个芳基间的单键连接，受到邻位 H 原子空间位阻的影响，这导致围绕该键的扭转和整个 π 体系偏离共面结构。这种位阻增大的顺序是联苯（**94**）≈ 2,2′-联萘（**415**）< 1,1′-联萘 < 邻三联苯（**407**）< 9,10-二苯基蒽（**414**）< 9,9′-联蒽（**416**）< 1,8-二苯基萘（**413**）< 5,6,11,12-四苯基并四苯（红荧烯，**417**）。表 8.11 列举了这些联苯型多环芳烃自由基离子的超精细数据，但尚没有可靠数据报道的 1,1′-联萘自由基离子除外[534,569,585,631,827,841-854]。很明显，对于 **414**$^{\cdot-}$、**414**$^{\cdot+}$ 和 **417**$^{\cdot-}$（但对于 **413**$^{\cdot-}$ 不是），偏离共平面使苯环上质子呈现特征的耦合常数，其中这些苯基垂直于携带大部分自旋布居的 π 体系（参见 8.2 节中对 7,7-二叔丁基苄基自由基 **327**$^{\cdot}$ 的评述）。对于含有两个非共面的等性蒽基单元的自由基离子 **416**$^{\cdot-}$ 和 **416**$^{\cdot+}$，π 自旋布居在超精细时间尺度上趋向于定域在这两个单元中的一个。四邻亚苯不仅中性化合物呈澡盆形，而且其自由基离子 **411**$^{\cdot-}$ 和 **411**$^{\cdot+}$ 也呈澡盆形。因此，必须将其视为联苯型多环芳烃自由基离子。当 **411**$^{\cdot-}$ 与碱金属抗衡离子紧密缔合时，π 自旋布居似乎定域于其中的一个联苯单元上[854a]。在与钾长时间接触后，1,8-二苯基萘（**413**）自由基阴离子再接受另外两个电子，形成自由基三价阴离子 **413**$^{\cdot 3-}$，其中两个几乎平行的苯基取代基仿效了与萘二价阴离子连接的"开链环戊烷"自由基阴离子。

表 8.11 部分联苯型多环芳烃自由基离子的超精细数据

化合物	结构	位置	阴离子/阳离子	文献
联苯(biphenyl) 94·⁻/94·⁺	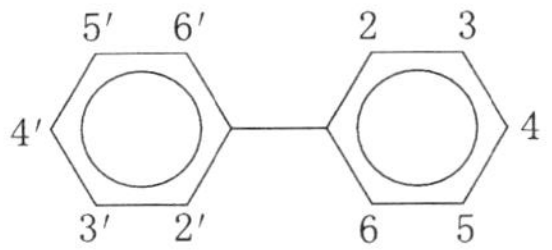 联苯结构，编号2,3,4,5,6,2',3',4',5',6'	H2,2',6,6' H3,3',5,5' H4,4'	阴离子/阴离子 −0.268/−0.315 +0.039/+0.051 −0.539/−0.630	[569]/[841]
2,2',6,6'-四甲基联苯 (2,2',6,6'-tetramethylbiphenyl) 406·⁻	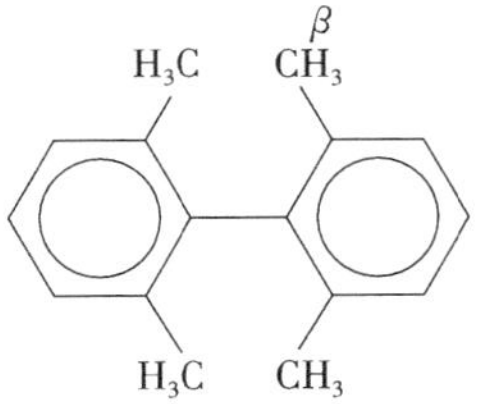 四甲基联苯结构	H3,3',5,5' H4,4' 12H(β)	阴离子 +0.033 −0.466 +0.222	[842]
邻三联苯(o-terphenyl) 407·⁻	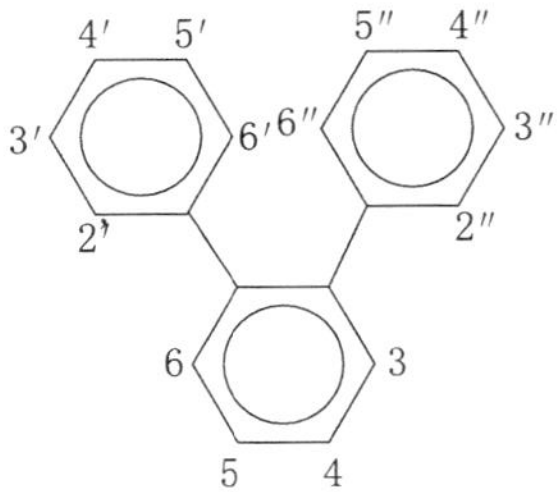 邻三联苯结构	H4,5 H3,6 H2',2" H3',3" H4',4" H5',5" H6',6"	阴离子 −0.267 +0.067 −0.194 +0.053 −0.296 +0.023 −0.140	[843]

续表

间三联苯(m-terphenyl) **408**·⁻	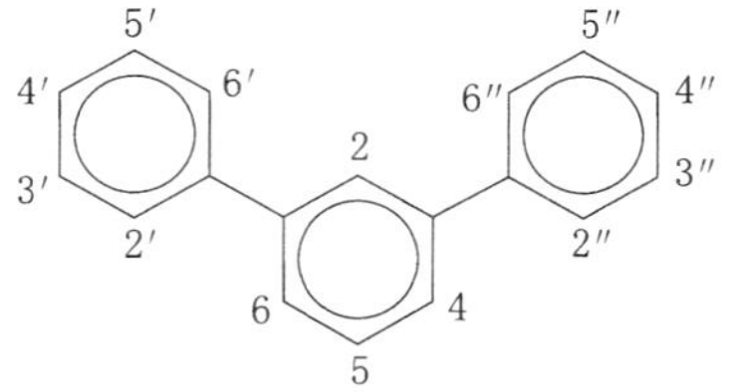 (structure)	H2 H4,6 H5 H2′,2″,6′,6″ H3′,3″,5′,5″ H4′,4″	阴离子 +0.075 −0.505 +0.139 −0.098 +0.021 −0.246 [843]
对三联苯(p-terphenyl) **409**·⁻/**409**·⁺	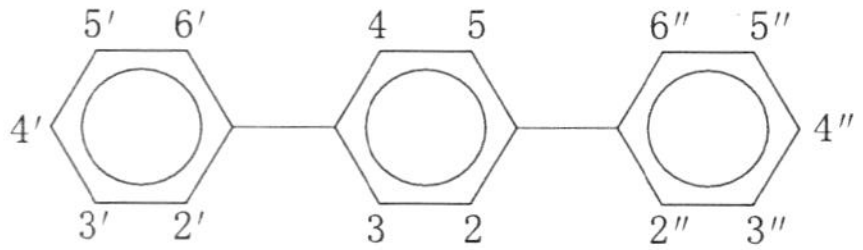 (structure)	H2,3,4,5 H2′,2″,6′,6″ H3′,3″,5′,5″ H4′,4″	阴离子/阳离子 −0.098/−0.122 −0.208/−0.228 +0.052/+0.061 −0.331/−0.365 [843]/[827]
p,p′-对四联苯 (p,p′-terphenyl) **410**·⁻/**410**·⁺	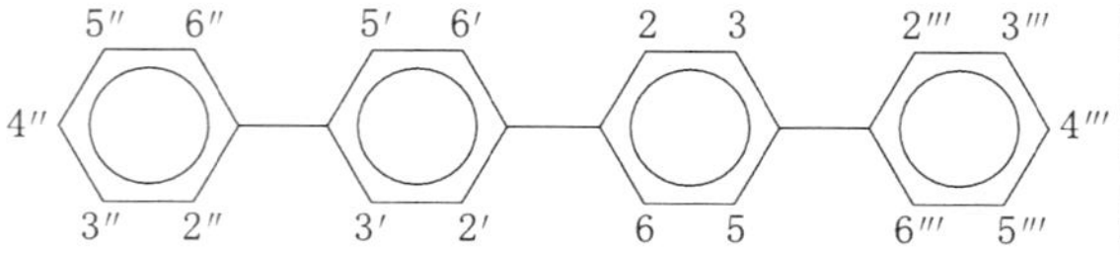 (structure)	H2,2′,6,6′ H3,3′,5,5′ H2″,2‴,6″,6‴ H3″,3‴,5″,5‴ H4″,4‴	阴离子/阳离子 −0.147/−0.183 +0.011/+0.056 −0.147/−0.127 +0.042/+0.010 −0.210/−0.194 [844]/[845]

第 8 章 共轭烃自由基　249

续表

化合物	结构	位置	阴离子/阳离子	文献
四邻亚苯 (tetraphenylene) **411**·⁻/**411**·⁺	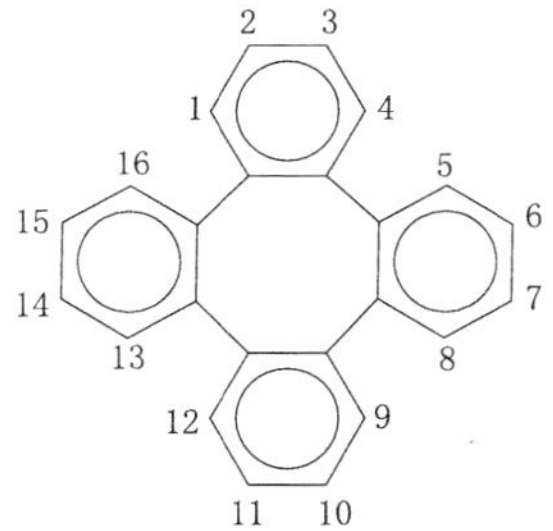	H1,4,5,8,9,12,13,16 H2,3,6,7,10,11,14,15	阴离子/阳离子 +0.016/<0.001 −0.134/−0.134	[846]/[847]
1,3,5-三苯基苯 (1,3,5-triphenylbenzene) **412**·⁻/**412**·⁺	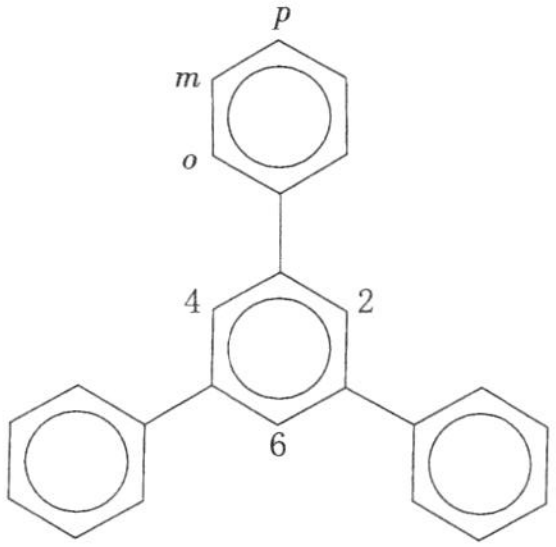	H2,4,6 6H$_o$ 6H$_m$ 3H$_p$	阴离子 −0.358 −0.093 +0.016 −0.155	[848]
1,8-二苯基萘 (1,8-diphenylnaphthalene) **413**·⁻/**413**·⁺	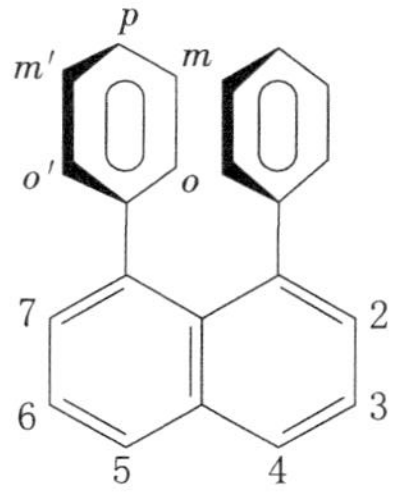	H2,7 H3,6 H4,5 2H$_o$ 2H$_m$ 2H$_{o'}$ 2H$_{m'}$ 2H$_p$	阴离子/阴离子 −0.261/−0.021 −0.060/−0.021 −0.459/−0.130 −0.096/−0.189 −0.057/−0.070 +0.035/+0.059 +0.019/+0.021 −0.114/−0.301	[534]/[849]

续表

化合物	结构	位置	阴离子/阳离子	参考文献
9,10-二苯基蒽 (9,10-diphenylanthracene) **414˙⁻/414˙⁺**	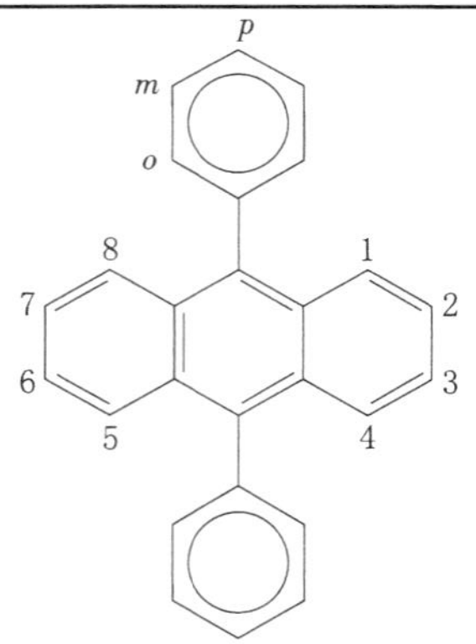 (structure)	H1,4,5,8 H2,3,6,7 4H$_o$ 4H$_m$ 2H$_p$	阴离子/阳离子 −0.260/−0.267 −0.145/−0.126 −0.031/−0.044 +0.023/+0.044 −0.023/−0.044	[585]/[585]
2,2'-联萘 (2,2'-binaphthalene) **415˙⁻**	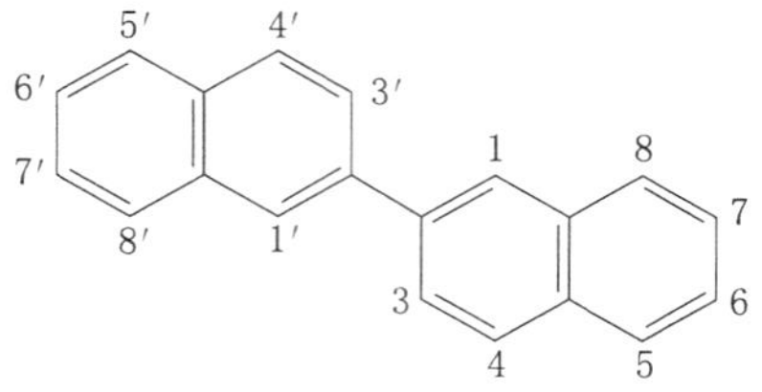 (structure)	H1,1' H3,3' H4,4' H5,5' H6,6' H7,7' H8,8'	阴离子 −0.471 −0.043 −0.238 −0.155 −0.043 −0.021 −0.258	[850]
9,9'-联蒽 (9,9'-bianthracene) **416˙⁻/416˙⁺**	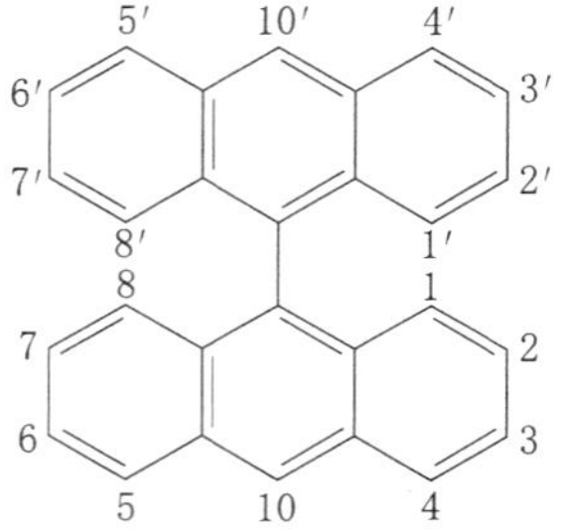 (structure)	定域 H1,4,5,8 H2,3,6,7 H10 离域 H1,1',4,4',5,5',8,8' H2,2',7,7' H3,3',6,6' H10,10'	阴离子/阳离子 −0.264/−0.297 −0.144/−0.130 −0.574/−0.639 −0.133/−0.138 −0.087/−0.059 −0.064/−0.059 −0.281/−0.353	[851]/[631]

第 8 章 共轭烃自由基   251

续表

红荧烯 (5,6,11,12-四苯基并四苯) (rubrene) (5,6,11,12-tetrabenzonaph-thacene) **417**·⁻ 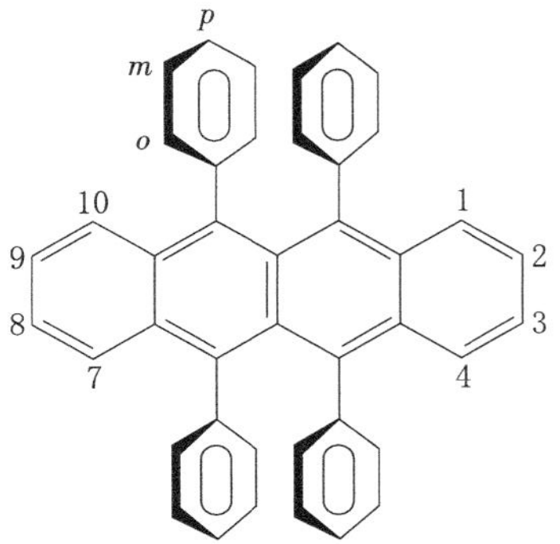		阴离子 H1,4,7,10 −0.134 H2,3,8,9 −0.106 8H$_o$ −0.020 8H$_m$ +0.022 4H$_p$ −0.020	[852]
1,3,5,7-四苯基环辛四烯 (1,3,5,7-tetraphenylcyclooc-tatetraene) **418**·⁻	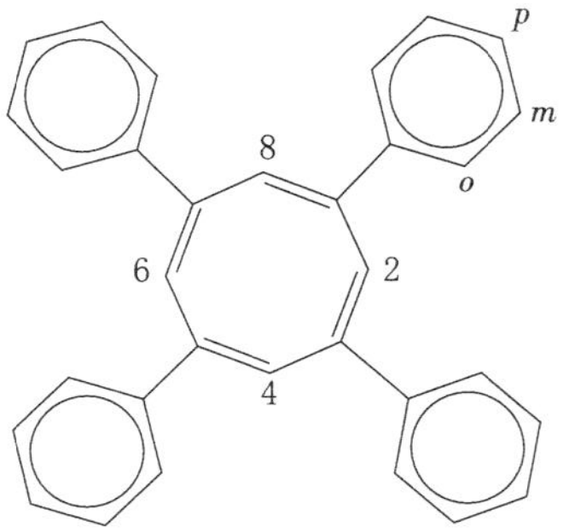	阴离子 H2,4,6,8 −0.330 8H$_o$,4H$_p$ −0.040 8H$_m$ +0.020	[853]
联环辛四烯 (bicyclooctatetraenyl) **419**·⁻	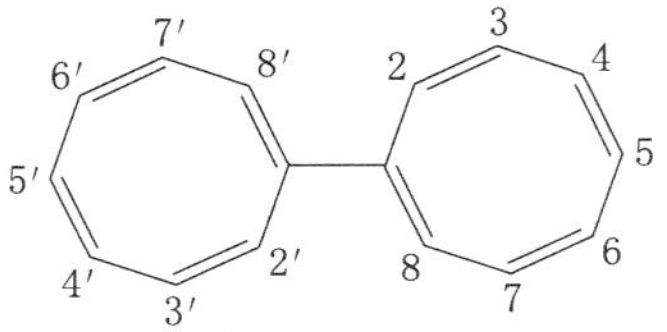	阴离子 H2,2',8,8' −0.238 H3,3',7,7' +0.028 H4,4',6,6' −0.238 H5,5' +0.028	[854]

联苯型多环芳烃自由基离子的 g_{iso} 是 2.0027 ± 0.0001。自由基阴离子由中性化合物与碱金属在醚中反应而形成。自由基阳离子 **94**$^{\cdot+}$ 和 **410**$^{\cdot+}$ 分别由联苯（或苯）和四联苯与 Hg(Ⅱ) 离子在三氟乙酸中光解而产生；**416**$^{\cdot+}$ 是联蒽被三氟乙酸中的 Tl(Ⅲ)，或六氟异丙醇中的 2,3-二氯-5,6-二氰基对苯醌（DDQ）氧化而获得。

芳基乙烯和芳基多烯自由基离子（radical ions of arylethenes and arylpolyenes）

表 8.12 列举了其中一部分芳基乙烯和芳基多烯自由基离子的超精细数据[143,550,592,825,855-862]。在苯乙烯（**420**）和二苯乙烯（**101**）的两种同分异构体自由基阴离子中，苯基至少在超精细时间尺度上不再能自由地围绕与双键相连的 C—C 单键旋转。如 6.5 节所述，在反式 **101**$^{\cdot-}$ 中两个邻位和两个间位质子的耦合常数，可以像 **421**$^{\cdot-}$ 那样通过比较烷基取代的自由基阴离子来区分，后者中邻位甲基应该占据空间位阻较小的位置。从无论是反式还是顺式异构体都非常拥挤的自由基阴离子 **422**$^{\cdot-}$ 中，围绕双键的大扭转都是可以预料的。其中，能级最低的，大致对应于 **422**$^{\cdot-}$ 两种构型中的一个，是可以通过低能垒而分开的，并且在苯环上所观察到的质子耦合常数和未取代的反式与顺式 **101**$^{\cdot-}$ 的相似。

一般顺式二苯乙烯自由基阴离子经历了快速的顺→反异构化，它比反式异构体更偏离平面。顺式 **101**$^{\cdot-}$ 自身的 ESR 谱，只有在严格控制条件下才能观察到。有趣的是，在顺式和反式 **101**$^{\cdot-}$ 中苯环质子的耦合常数彼此非常相近，但在顺式异构体中连在环外 C$_7$═C$_{7'}$ 键上质子的耦合常数呈更小的负值，即相对于反式异构体其绝对值大大降低了。这一结果表明，在这两种互为异构体的自由基阴离子中 π 自旋分布是相同的，因此，在顺式 **101**$^{\cdot-}$ 中更明显的非平面只能通过降低的 $|a_{H7,7'}|$ 给予证明（4.3 节）。如果把环外的 C$_7$═C$_{7'}$ 键并合成环以形成 1,2-二苯基环烯烃，则阻碍了二苯乙烯的顺→反异构化。含有顺式二苯乙烯 π 体系的烃自由基阴离子已被 ESR 所研究，其中环烯烃分别是丙烯[863]、丁烯[864]、戊烯[859] 和己烯[865] 等。在表 8.12 中，它们的代表是 1,2-二苯基环戊烯（**423**）自由基阴离子。

芳基多烯自由基离子的 g_{iso} 是 2.0027 ± 0.0001。自由基阴离子是由碱金属在醚中与前体反应产生的，但易聚合的苯乙烯除外，它的自由基阴离子 **420**$^{\cdot-}$ 必须在流动液氨中产生。自由基阳离子 **420**$^{\cdot+}$ 是在 CFCl$_3$ 基质中经 γ 辐解而形成的；反式 **101**$^{\cdot+}$ 是反式和顺式二苯乙烯与 Hg(Ⅱ) 离子在三氟乙酸中光解而获得的。

表8.12 部分芳基乙烯和芳基多烯自由基离子的超精细数据

		阴离子/阳离子	
苯乙烯(styrene) **420·⁻/420·⁺**	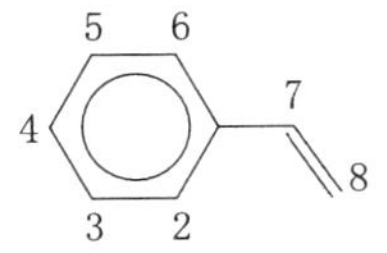 H2 H6 H3 H5 H4 H7 2H8	−0.382/−0.335 −0.200/−0.225 +0.086/<0.1 +0.059/≪0.1 −0.550/−0.675 −0.151/0.225 −0.735/−1.10	[855]/[856]
反式二苯乙烯(stilbene) *trans*-**101·⁻**/*trans*-**101·⁺**	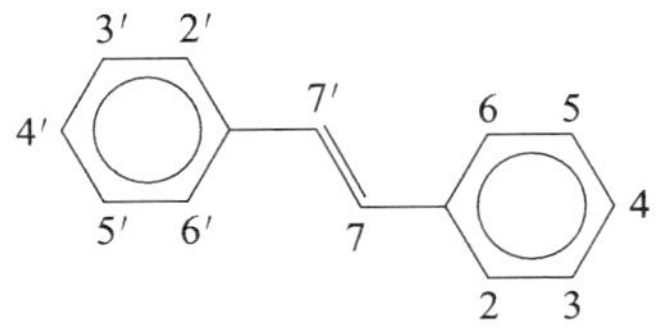 H2,2' H3,3' H4,4' H5,5' H6,6' H7,7'	阴离子/阳离子 −0.193/−0.278 +0.029/+0.072 −0.398/−0.453 +0.082/+0.072 −0.302/−0.278 −0.449/−0.453	[857]/[825]
顺式二苯乙烯(stilbene) *cis*-**101·⁻**	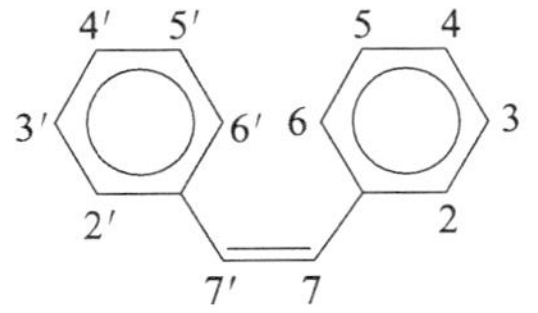 H2,2' H3,3' H4,4' H5,5' H6,6' H7,7'	阴离子 −0.194 +0.030 −0.386 +0.088 −0.291 −0.268	[857]

续表

化合物	结构	位置	阴离子	文献
反式 2,2'-二甲基二苯乙烯 (trans-2,2'-dimethylstilbene) **421**·⁻	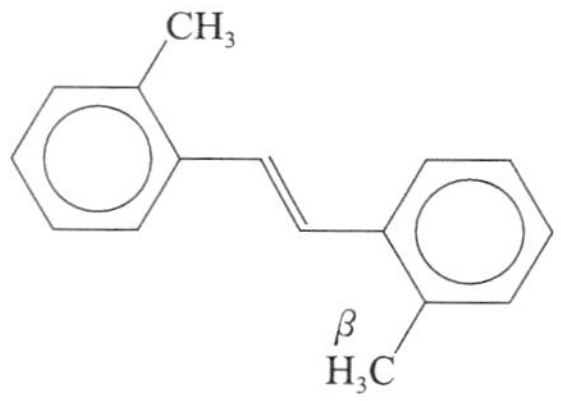	H3,3' H4,4' H5,5' H6,6' H7,7' 6H(β)	+0.039 −0.383 +0.082 −0.294 −0.460 +0.151	[592]
反式 7,7'-二叔丁基二苯乙烯 (trans-7,7'-di-tert-butyl-stilbene) **422**·⁻	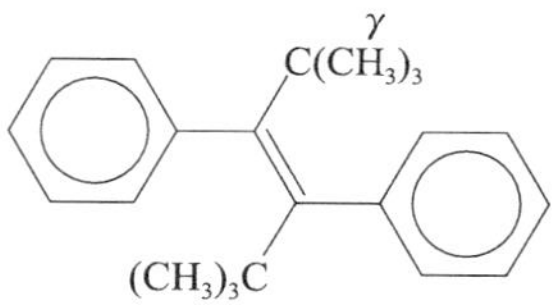	H2,2' H3,3' H4,4' H5,5' H6,6' 18H(γ)	−0.226 +0.025 −0.338 +0.085 −0.255 +0.085	[858]
1,2-二苯基环戊烯 (1,2-diphenylcyclopentene) **423**·⁻	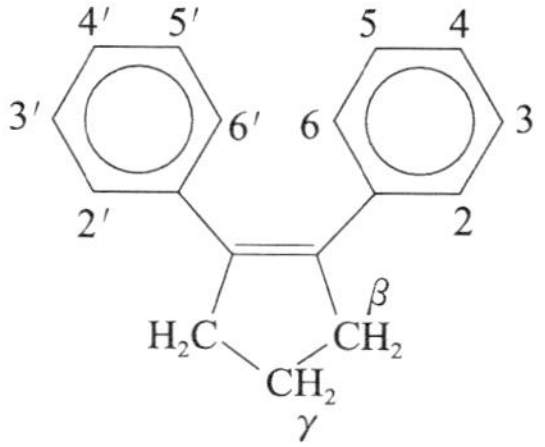	H2,2' H3,3' H4,4' H5,5' H6,6' 2H$_{ax}$(β) 2H$_{eq}$(β) 2H(γ)	−0.206 +0.036 −0.381 +0.078 −0.263 +0.659 +0.293 0.036	[859]

第 8 章 共轭烃自由基

化合物	结构	位置	阴离子/阳离子	文献
四苯基乙烯(tetraphenylethene) **424**$^{\cdot-}$/**424**$^{\cdot+}$	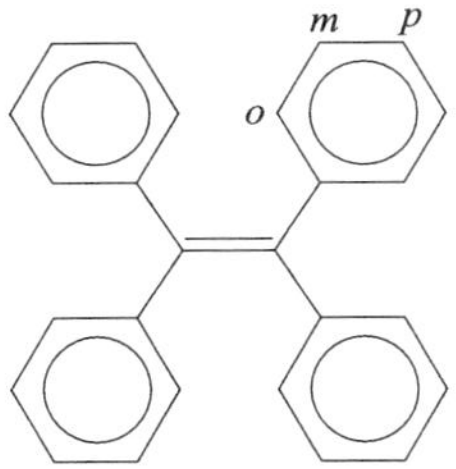	8H$_o$ 8H$_m$ 4H$_p$	阴离子/阳离子 −0.152/−0.206 +0.038/+0.052 −0.228/−0.293	[143]/[860]
反式1,2-二(萘-1-基)乙烯 [*trans*-1,2-di(1-naphthyl)-ethene] **425**$^{\cdot-}$	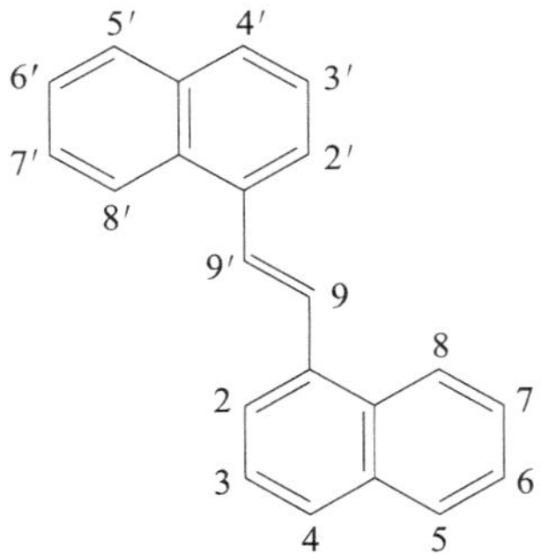	H2,2' H3,3' H4,4' H5,5' H6,6' H7,7' H8,8' H9,9'	阴离子 −0.326 +0.014 −0.420 −0.094 0.007 −0.076 −0.094 −0.348	[550]
反式1,2-二(萘-2-基)乙烯 [*trans*-1,2-di(2-naphthyl)-ethene] **426**$^{\cdot-}$	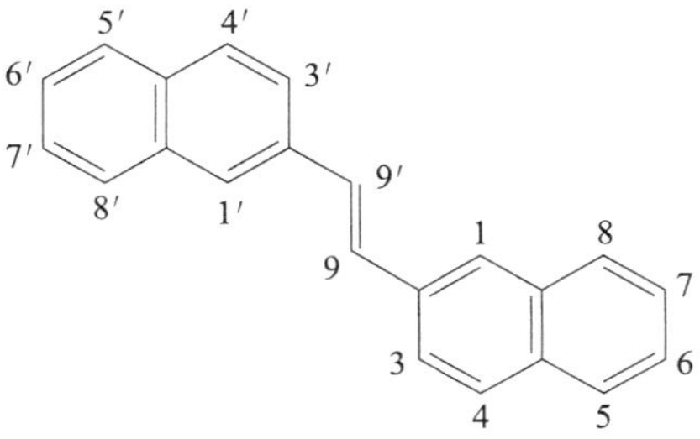	H1,1' H3,3' H4,4' H5,5' H6,6' H7,7' H8,8' H9,9'	阴离子 −0.423 0.014 −0.046 0.046 −0.174 +0.022 −0.210 −0.373	[550]

				续表
全反式 1,4-二苯基-1,3-丁二烯 (all-trans-1,4-diphenyl-buta-1,3-diene) **427·⁻**	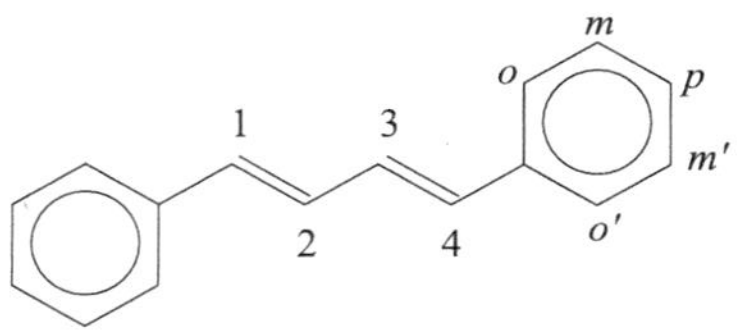 (结构图)	H1,4 H2,3 2H$_o$ 2H$_{o'}$ 2H$_m$ 2H$_{m'}$ 2H$_p$	阴离子 −0.489 −0.323 −0.193 −0.165 +0.076 +0.050 −0.248	[861]
全反式 1,6-二苯基-1,3,5-己三烯 (all-trans-1,6-diphenyhexa-1,3,5-triene) **428·⁻**	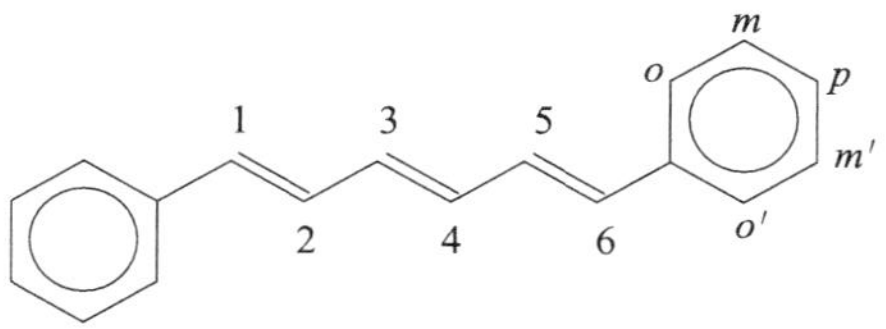 (结构图)	H1,6 H2,5 H3,4 2H$_o$ 2H$_{o'}$ 2H$_m$, 2H$_{m'}$ 2H$_p$	阴离子 −0.492 +0.067 −0.265 −0.205 −0.171 +0.051 −0.252	[862]

芳基乙炔和芳基丁二炔自由基阴离子（radical anions of arylacetylenes and aryldiacetylenes）

由于乙炔的电子亲和力和电离能均高于乙烯，因此芳基乙炔比芳基乙烯更容易被还原成自由基阴离子，但更难被氧化成自由基阳离子。然而，由于乙炔的高反应性，其烷基衍生物的自由基阴离子比其乙烯衍生物更不容易进行 ESR 研究（表 7.15），并且在此类研究中需要至少一个芳环取代基来充分地稳定乙炔自由基离子。表 8.13 列举了一部分芳基乙炔和芳基丁二炔自由基离子的超精细数据[213,226,550,866,867]。

从芳基乙烯到芳基乙炔，用三键取代双键可以消除芳基乙烯中存在的空间位阻，但通常不会极大地改变自由基阴离子中的 π 自旋分布。因此，二苯乙炔（**429**）和二(萘-1-基)乙炔（**430**）自由基阴离子中芳环上质子的耦合常数，分别类似于二苯乙烯（**101**）两个同分异构体和反式 1,2-二(萘-1-基)乙烯（**425**）自由基阴离子的数据（表 8.12）。在二苯基丁二炔（**436**）和二(萘-1-基)丁二炔（**437**）自由基阴离子中，这些耦合常数略有下降，因为 π 自旋布居被另外两个中心所共享。在 1,8-二(丙炔-1-基)萘（**432**）和 5,6,11,12-四去氢-7,8,9,10-四氢-二苯并[a,c]环十二烷六烯（**434**）自由基阴离子中，两个三键分别彼此平行和交叉。在这些物种中，分子轨道模型表明相邻的两个乙炔基片段之间存在微弱的键合相互作用。

含单乙炔基团的自由基离子如 **429**·⁻ ～ **435**·⁻ 的 g_{iso} 是 2.0027 ± 0.0001，对于 **429**·⁺ 是 2.0024。由于丁二炔基团的存在，自由基阴离子的 g_{iso} 明显减小：**436**·⁻ 和 **437**·⁻ 的是 2.0022 ± 0.0001，**436**·⁺ 的是 2.0013。这种降低用两个正交 π 体系来解释，其中一个（π_z）通常包含所有共轭的 $2p_z$ 轨道，另一个（π_y）由单个乙炔基团的两个 $2p_y$ 轨道和丁二炔基团中四个 $2p_y$ 轨道一起组成（z 方向垂直于分子 xy 平面）。这两个 π 体系（π_z 和 π_y）之间通过自旋-轨道耦合，导致含丁二炔基团的自由基阴离子的 g_x 分量减小的幅度显著大于具有单乙炔基团的阴离子，因为与含单乙炔基团的两中心 π_y 体系相比，含丁二炔基团的四中心 π_y 体系在能量上更接近扩展的 π_z 体系。这些自由基阴离子是在 DME 中由芳基乙炔或芳基丁二炔与钾反应产生的，其中在 **432**·⁻ ～ **434**·⁻ 中两个三键的一端被烷基而非芳基取代，使其持久性下降。对于最不稳定的 **434**·⁻，中性化合物在金汞合金螺旋阴极上的电解被证明比用钾还原更有利。若在三氟乙酸中光解，自由基阳离子 **436**·⁺ 需要结合 Hg(Ⅱ) 离子而 **429**·⁺ 则不需要。

表 8.13 部分芳基乙炔和芳基丁二炔自由基离子的超精细数据

化合物	结构	位置	阴离子/阳离子	参考
二苯乙炔 (diphenylacetylene) **429**·⁻/**429**·⁺	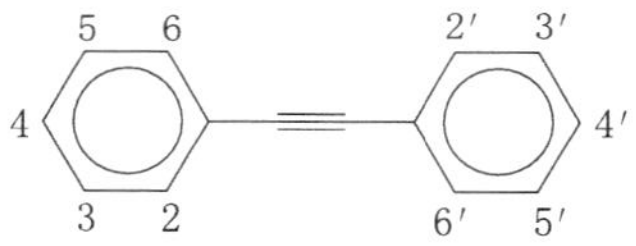	H2,2′,6,6′ H3,3′,5,5′ H4,4′	阴离子/阳离子 −0.271/−0.222 +0.059/+0.075 −0.485/−0.314	[213]/[226]
二(萘-1-基)乙炔 [di(1-naphthyl)acetylene] **430**·⁻	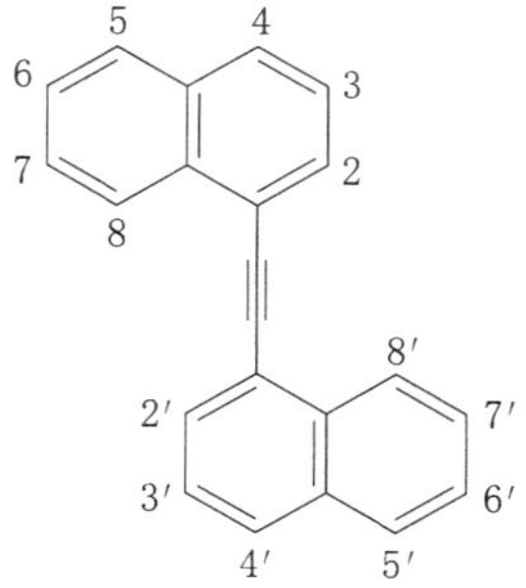	H2,2′ H3,3′ H4,4′ H5,5′ H6,6′ H7,7′ H8,8′	阴离子 −0.334 +0.027 −0.475 −0.138 0.012 −0.041 −0.126	[550]
二(蒽-9-基)乙炔 [di(9-anthryl)acetylene] **431**·⁻	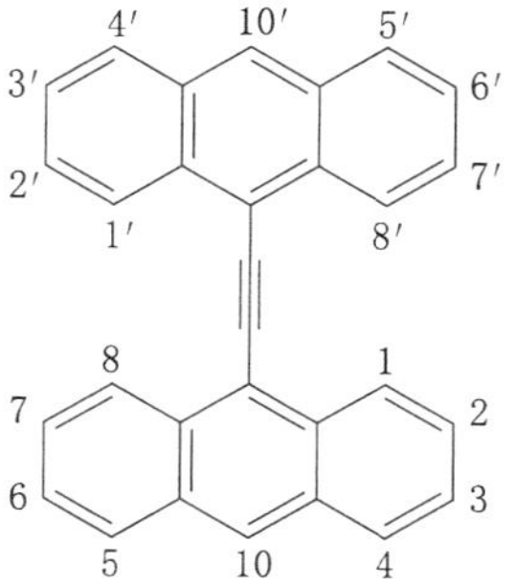	H1,1′,8,8′ H2,2′,7,7′ H3,3′,6,6′ H4,4′,5,5′ H10,10′	阴离子 0.018 −0.146 0.005 −0.159 −0.488	[550]

第8章 共轭烃自由基

续表

名称	结构	位置	阴离子	参考
1,8-二(丙炔-1-基)萘 [1,8-di(propyn-1-yl)-naphthalene] **432**·⁻	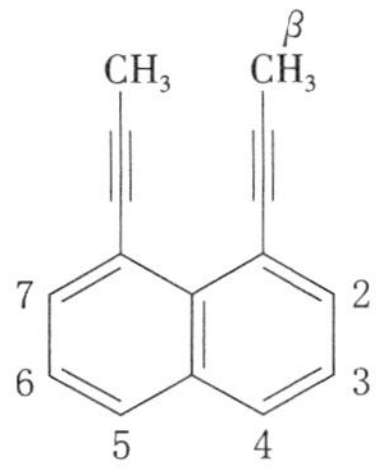 (见图)	H2,7 H3,6 H4,5 6H(β)	−0.293 −0.069 −0.515 +0.220	[866]
2,2'-二(丙炔-1-基)联苯 [2,2'-di(propyn-1-yl)biphenyl] **433**·⁻	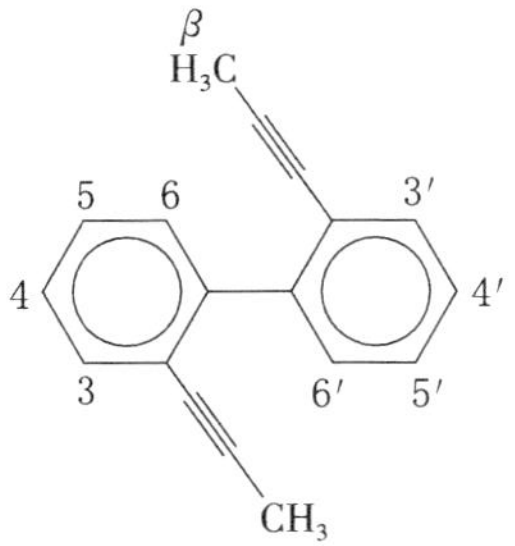 (见图)	H3,3' H4,4' H5,5' H6,6' 6H(β)	+0.092 +0.394 −0.084 −0.108 +0.261	[866]
5,6,11,12-四去氢-7,8,9,10-四氢-二苯并[a,c]环十二烷六烯 (5,6,11,12-tetradehydro-7,8,9,10-tetra-hydrodibenzo[a,c]-cyclodecene) **434**·⁻	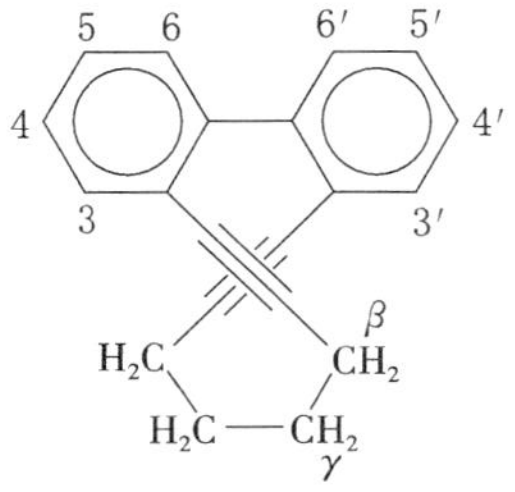 (见图)	H3,3' H4,4' H5,5' H6,6' 2H(β) 2H(β) 2H(γ) 2H(γ)	0.005 −0.131 −0.214 −0.126 +0.618 +0.455 0.175 0.036	[866]

化合物	结构	位置	耦合常数	参考
9,10-二(苯乙炔基)蒽 [9,10-bis(phenylethynyl)-anthracene] **435·−**	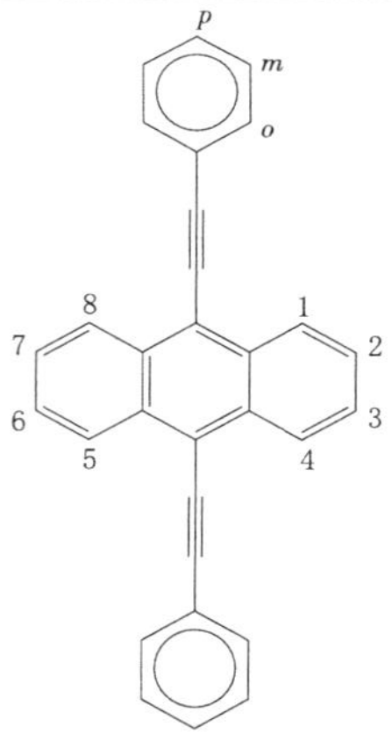	H1,4,5,8 H2,3,6,7 4H$_o$ 4H$_m$ 2H$_p$	阴离子 −0.137 −0.108 −0.080 +0.028 −0.096	[550]
二苯基丁二炔 (diphenyldiacetylene) **436·−/436·+**	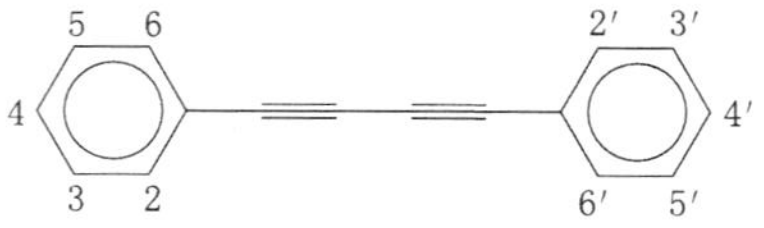	H2,2′,6,6′ H3,3′,5,5′ H4,4′	阴离子/阳离子 −0.247/−0.234 +0.066/+0.070 −0.396/−0.320	[867][226]
二萘基-1-基)丁二炔 [di(1-naphthyl)diacetylene] **437·−**	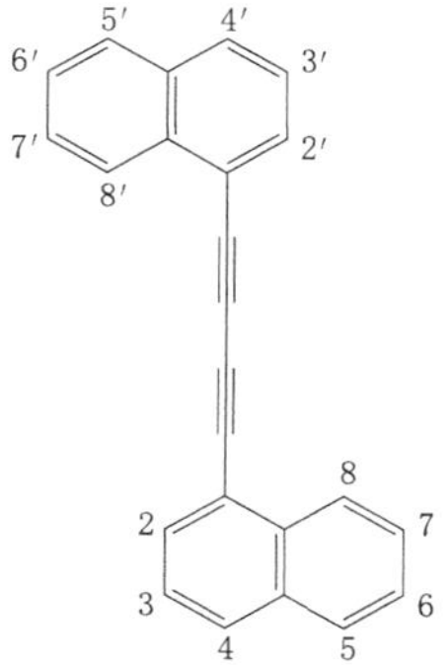	H2,2′ H3,3′ H4,4′ H5,5′ H6,6′ H7,7′ H8,8′	阴离子 −0.331 +0.022 −0.435 −0.107 <0.004 −0.063 −0.107	[550]

8.5 偶非交替烃自由基离子

从理论角度来看，偶非交替的 π 体系也比偶交替的更令人神往，因为它们的分子形貌变化多端。如 8.2 节所述，非交替烃缺少交替烃所具有的与反键和成键 π 分子轨道相关的配对属性。因此，非交替体系中 LUMO 和 HOMO 的节点特性和形状通常是不相同的。同样地，在同一非交替烃的自由基阴离子和自由基阳离子中，π 自旋布居 ρ_μ^π 和耦合常数 a_{X_μ} 也是不尽相同的。从表 8.14[179,184,185,239,242,861,868-878]、表 8.15[259,262,814,879-882] 和表 8.16[136,138,147,239,839,883-886] 中所列举的这些自由基离子的超精细数据中，可以明显地看出这种差异。非交替烃和它们的自由基离子通常不如相应的交替烃稳定，并且在某些情况下，只有它们的烷基取代衍生物特别是叔丁基取代衍生物才可开展研究。其中一些衍生物具有低能态的空置 π 分子轨道，因此它们能接受三个电子而形成自由基三价阴离子。

作为萘 (**83**) 的异构体，薁 (**112**) 是非交替烃的一个范例。薁的化学和物理性质取决于它们是涉及四个偶数位还是涉及四个奇数位 μ 中心[887]。因此，在自由基阴离子 **112**·− 中 π 自旋布居 ρ_μ^π 在 $\mu=2$、4、6、8 等中心不仅是大的而且还是正的，但在 $\mu=1$、3、5、7 等中心是小的且是负的。相应地，与偶数位 μ 中心相连的质子具有大的且负的耦合常数 a_{X_μ}，与奇数位 μ 中心相连的质子具有小的且正的耦合常数。与此恰好相反的说法，则适用于自由基阳离子 **112**·+ 的 ρ_μ^π 和 a_{X_μ}。

一般与具有非简并基态的交替烃自由基离子相比，在非交替烃自由基离子中 π 自旋分布对微扰更敏感。在 6.6 节中，这种敏感性既针对与抗衡离子缔合的非交替自由基阴离子而指出，也通过如 **453**·−、**453**·+ 和 **454**·− 等自由基离子中的烷基取代来阐释；对于偶数位和奇数位的中心，取代效果又是不同的。对于 5,5′-联薁 (**456**) 和 6,6′-联薁 (**457**) 自由基阴离子而言，这两个薁环 π 体系是在偶数位置相连还是在奇数位置相连同样至关重要。尽管在 **456**·− 中 π 自旋分布与两个弱相互作用的薁基单元相一致，但在 **457**·− 中 π 自旋布居表明这两个薁基单元之间存在明显的共轭。在薁并苊 **458** 和 **459** 的自由基阴离子中，π 自旋分布分别类似于 1-苊基薁和 6-苊基薁自由基阴离子中的分布，但是自由基阳离子 **458**·+ 可以被当成是通过两个键连接到䓬慃阳离子 (**63**+) 的苊基自由基 (**4**·)。

表 8.14 与富烯、富瓦烯、茂烯和环庚三烯等相关的部分非交替烃自由基离子的超精细耦合数据

6,6-二甲基富烯 (6,6-dimethylfulvene) **438**·⁺	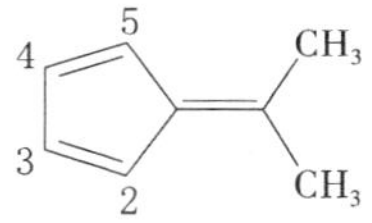 H2,5 H3,4	/阳离子 /−1.68 /−0.45	[868]
6,6-二苯基富烯 (6,6-diphenylfulvene) **439**·⁻	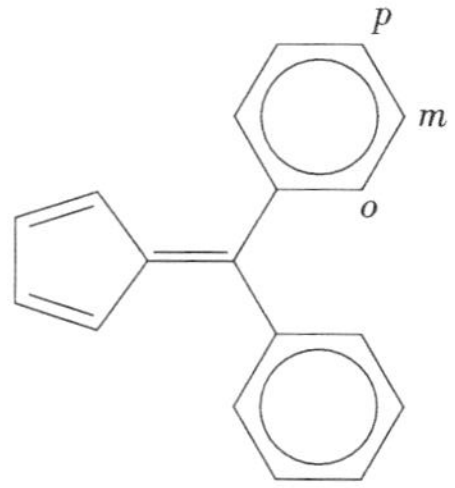 H2,5 H3,4 4H$_o$ 4H$_m$ 2H$_p$	阴离子 −0.179 −0.200 −0.196 +0.085 −0.240	[869]
富瓦烯 (fulvalene) **440**·⁻ 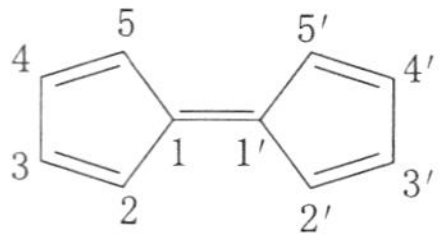	H2,2′,5,5′ H3,3′,4,4′ ¹³C1,1′ ¹³C2,2′,5,5′ ¹³C3,3′,4,4′	阴离子 −0.155 −0.370 +0.290 −0.140 +0.215	[870]
9,9′-联芴 (9,9′-bifluorene) **441**·⁻/**441**·⁺	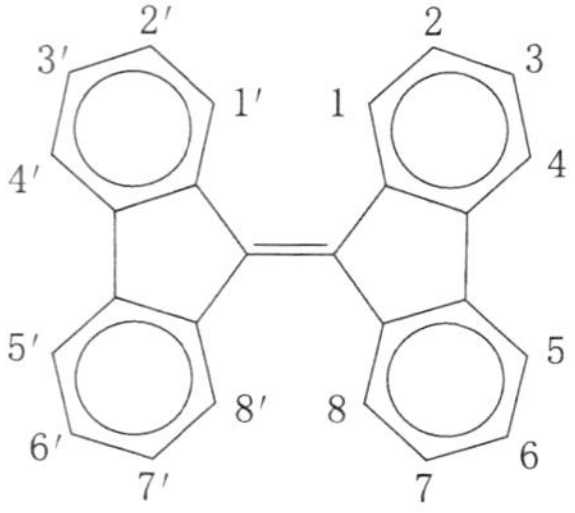 H1,1′,8,8′ H2,2′,7,7′ H3,3′,6,6′ H4,4′,5,5′	阴离子/阳离子 −0.151/−0.214 +0.054/+0.017 −0.193/−0.198 +0.027/+0.046	[861][242]

第8章 共轭烃自由基

续表

化合物	结构	位置	耦合常数	文献
戊搭烯(pentalene) **442**·⁻	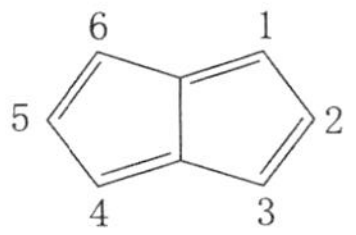 (结构图，编号1–6)	H1,3,4,6 H2,5	阴离子 −0.776 +0.095	[184]
1,3,5-三叔丁基戊搭烯 (1,3,5-tri-*tert*-butylpentalene) **443**·⁻/**443**·⁺	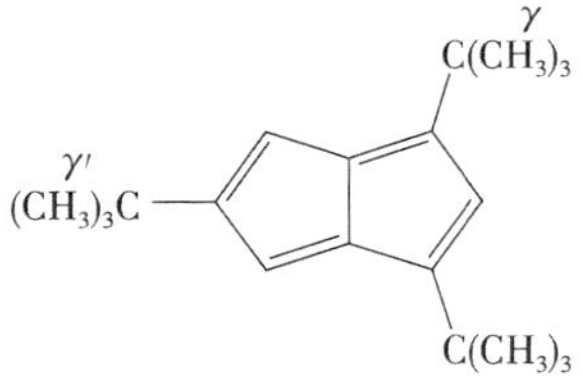 (结构图，带三个C(CH₃)₃取代基)	H2 H4,6 18H(γ) 9H(γ′)	阴离子/阳离子 +0.094/0.918 −0.645/+0.040 0.018/0.006 0.003/0.045	[871][871]
环戊[*c,d*]戊搭烯(acepentalene) **444**·⁻	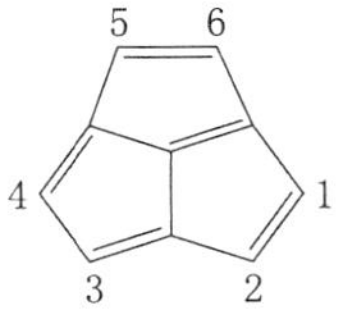 (结构图，编号1–6)	H1~6	阴离子 −0.215	[185]
1,3,5,7-四叔丁基非四环戊二烯 (1,3,5,7-tetra-*tert*-butyldicyclopenta[*a,e*]-pentalene) **445**·⁻/**445**·⁺	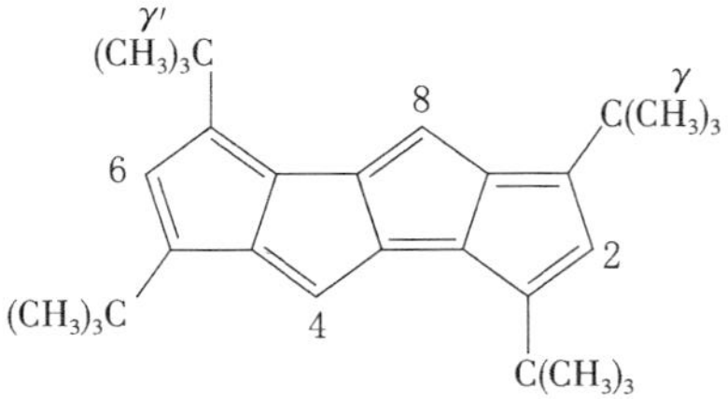 (结构图，带四个C(CH₃)₃取代基)	H2,6 H4,8 18H(γ) 18H(γ′)	阴离子/阳离子 −0.545/+0.045 −0.151/−0.169 +0.005/+0.017 +0.005/+0.017	[872][872]

续表

二苯并[*b*,*f*]戊搭烯 (dibenzo[*b*,*f*]pentalene) **446**·⁻/**446**·⁺	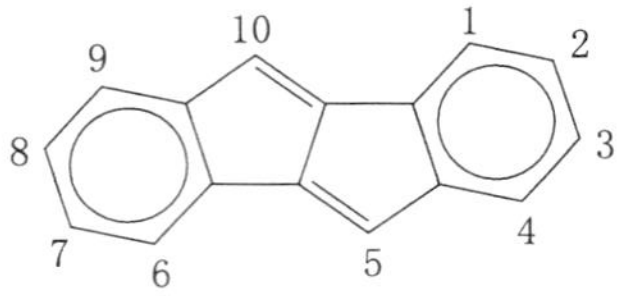 (结构图)	H1,6 H2,7 H3,8 H4,9 H5,10	阴离子/阳离子 −0.109/+0.058 +0.030/−0.353 −0.196/−0.005 +0.030/−0.147 −0.722/+0.033	[873]/[873]
二环庚三烯并[*cd*,*gh*]戊搭烯 (dicyclohepta[*cd*,*gh*]pentalene) **447**·⁻/**447**·⁺	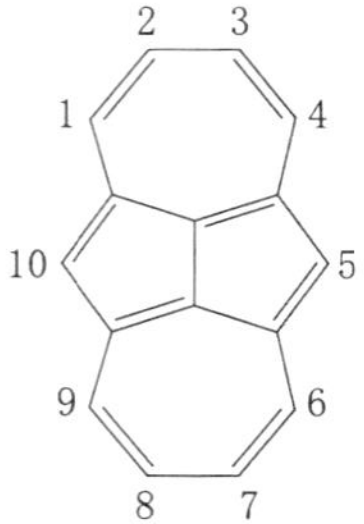 (结构图)	H1,4,6,9 H2,3,7,8 H5,10	阴离子/阳离子 −0.054/−0.305 −0.267/−0.064 +0.029/−0.190	[874]/[875]
庚富瓦烯(heptafulvalene) **448**·⁻/**448**·⁺	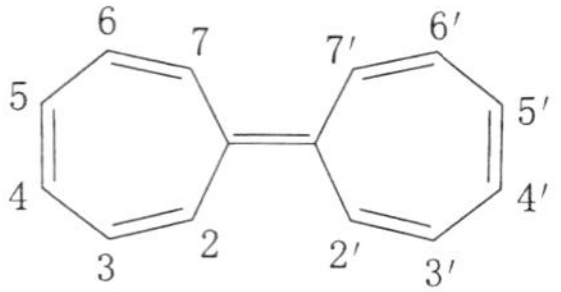 (结构图)	定域 H2,7 H3,6 H4,5 离域 H2,2′,7,7′ H3,3′,6,6′ H4,4′,5,5′	阴离子/阳离子 −0.822/0.008 <0.03/−0.290 −0.502/−0.172 −0.410 <0.015 −0.249	[876]/[876]

第 8 章 共轭烃自由基　　265

续表

庚搭烯 (heptalene) **449**·⁻	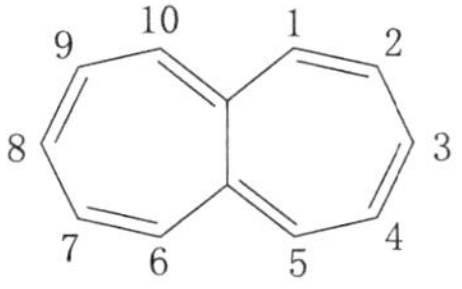 (structure with positions 1-10)	H1,5,6,10 H2,4,7,9 H3,8	阴离子 +0.069 −0.535 +0.079	[877]
3,5,8,10-四甲基-环戊烯并[ef]庚搭烯 (3,5,8,10-tetramethyl cyclopenta[ef] heptalene) **450**·⁻/**450**·⁺	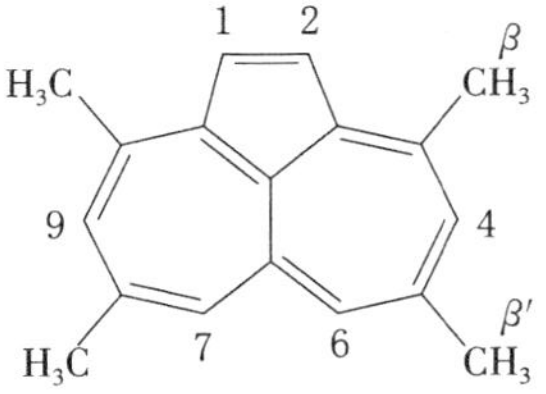 (structure with CH₃ groups at β, β′)	H1,2 H4,9 H6,7 6H(β) 6H(β′)	阴离子/阳离子 −0.032/−0.207 +0.128/−0.499 +0.099/−0.607 +0.544/−0.035 +0.512/−0.122	[239][239]
二环戊二烯并[ef,kl]庚搭烯 (薁芘) (dicyclopenta[ef,kl]heptalene) (azupyrene) **451**·⁻/**451**·³⁻	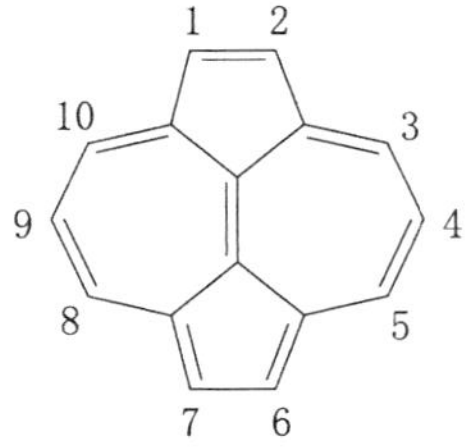 (structure with positions 1-10)	H1,2,6,7 H3,5,8,10 H4,9	阴离子/三价离子 −0.064/−0.257 −0.423/−0.396 +0.094/+0.100	[878][875]
碗烯 (心环烯) (corannulene) **452**·⁻/**452**·³⁻	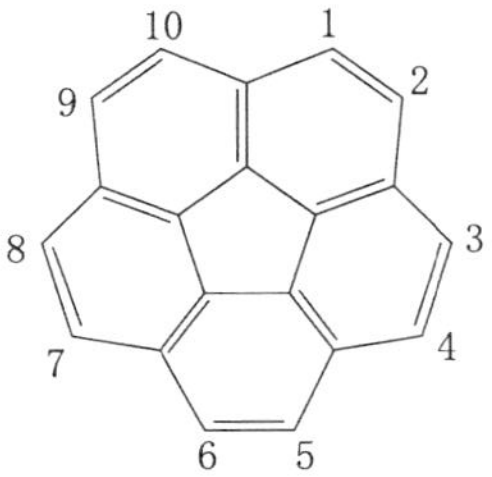 (structure with positions 1-10)	H1～10	阴离子/三价离子 −0.157/−0.162	[179][179]

表 8.15　与薁和茂并茚等相关的部分非交替烃自由基离子的超精细耦合数据

化合物	结构	位置	阴离子/阳离子	参考
薁（薁并茂）(azulene) **112·⁻/112·⁺**	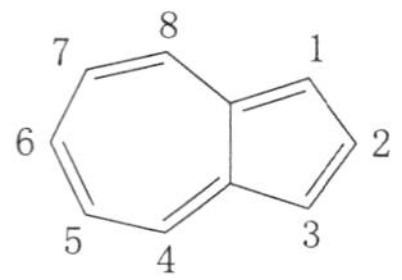	H1,3 H2 H4,8 H5,7 H6	+0.027/−1.065 −0.397/+0.152 −0.613/+0.038 +0.122/−0.415 −0.875/+0.112	[879]/[259]
1,3,5,7-四甲基薁 (1,3,5,7-tetramethylazulene) **453·⁻/453·⁺**	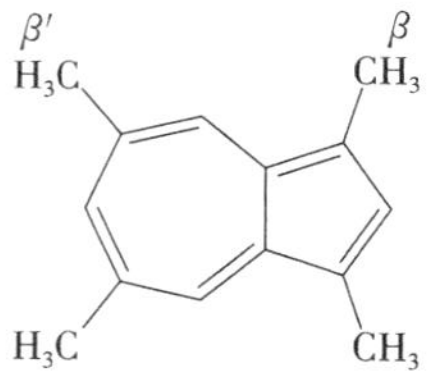	H2 H4,8 H6 6H(β) 6H(β')	阴离子/阳离子 −0.429/+0.123 −0.570/+0.022 −0.822/+0.103 −0.057/+1.170 −0.089/+0.485	[879]/[262]
2,4,6,8-四甲基薁 (2,4,6,8-tetramethylazulene) **454·⁻**	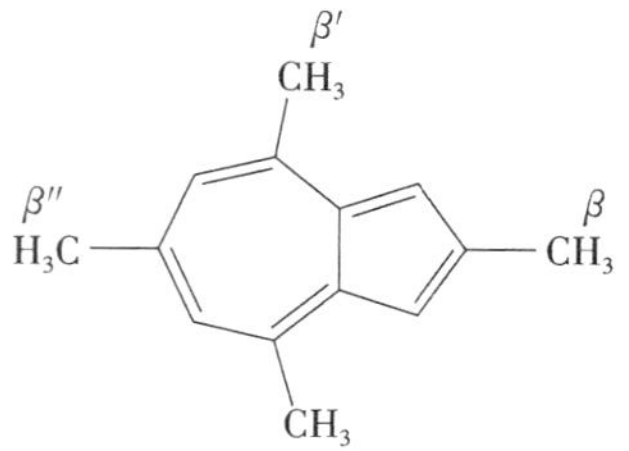	H1,3 H5,7 3H(β) 6H(β') 3H(β'')	阴离子 +0.023 +0.134 +0.423 +0.642 +0.912	[879]
1,1'-联薁 (1,1'-biazulenyl) **455·⁺**	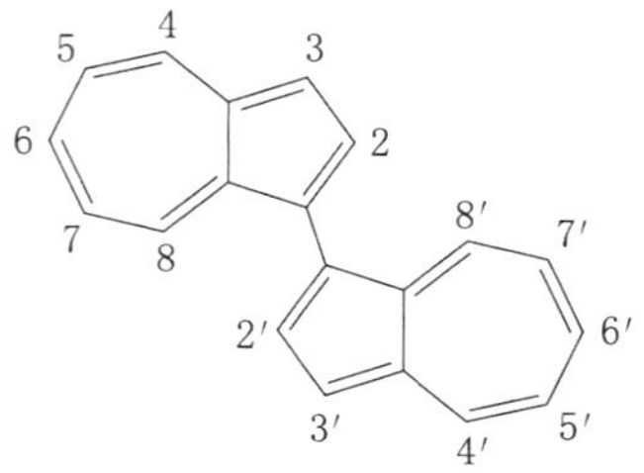	H2,2' H3,3' H4,4',8,8' H5,5',7,7' H6,6'	/阳离子 /+0.069 /−0.246 /+0.069 /−0.305 /+0.094	[262]

第 8 章　共轭烃自由基

续表

5,5′-联薁 (5,5′-biazulenyl) **456**·⁻		阴离子 +0.005 −0.209 +0.015 −0.259 −0.438 −0.054 −0.315	H1,1′ H2,2′ H3,3′ H4,4′ H6,6′ H7,7′ H8,8′	[880]
6,6′-联薁 (6,6′-biazulenyl) **457**·⁻		阴离子 +0.050 −0.314 −0.151 −0.082	H1,1′,3,3′ H2,2′ H4,4′,8,8′ H5,5′,7,7′	[880]
薁并[1,2,3-cd]菲 (azuleno[1,2,3-cd]phenalene) **458**·⁻/**458**·⁺		阴离子/阳离子 +0.02/−0.523 −0.08/+0.126 +0.01/−0.429 −0.08/+0.062 −0.67/+0.062 +0.16/−0.256 −0.90/+0.094	H1,3 H2 H4,12 H5,11 H6,10 H7,9 H8	[814][814]

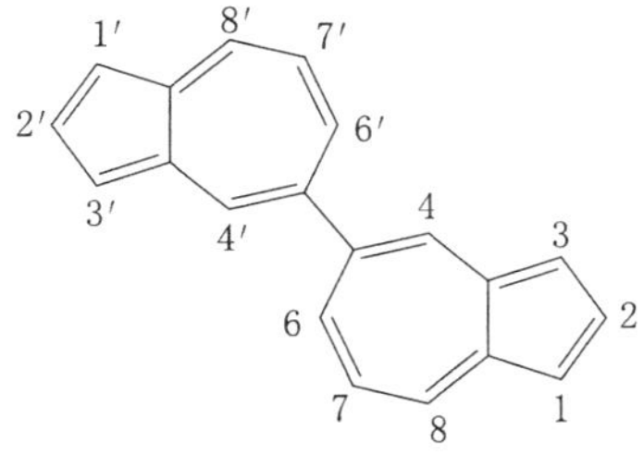

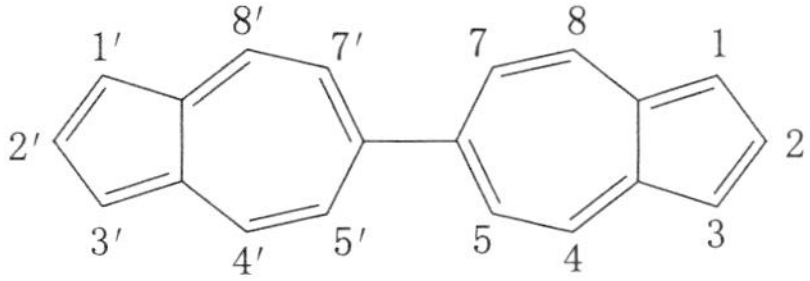

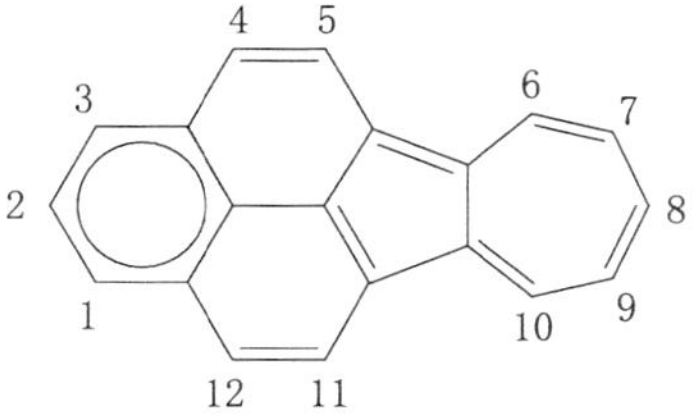

续表

名称	结构	位置	阴离子/阳离子	文献
薁并[5,6,7-cd]菲 (azuleno[5,6,7-cd]phenalene) **459**·⁻	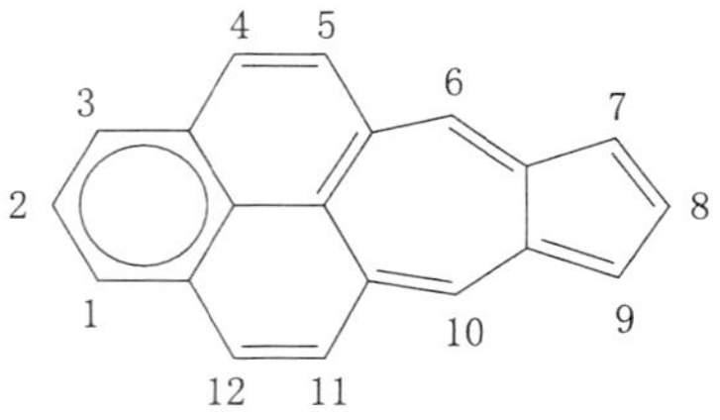 (结构图)	H1,3 H2 H4,12 H5,11 H6,10 H7,9 H8	阴离子 +0.073 −0.252 +0.031 −0.088 −0.504 +0.027 −0.419	[881]
1,3,5,7-四叔丁基-s-茂并茚 (1,3,5,7-tetra-*tert*-butyl-s-indacene) **460**·⁻/**460**·⁺	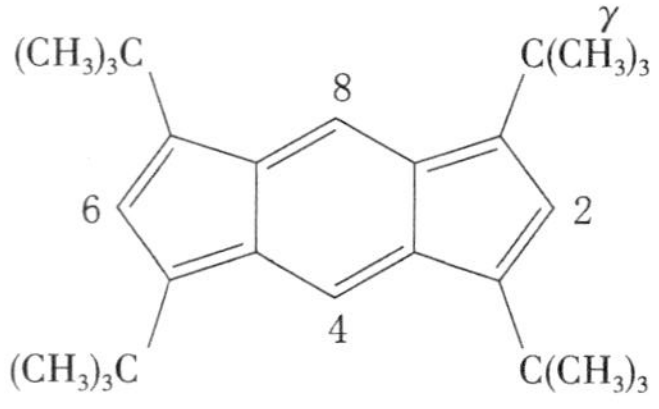 (结构图)	H2,6 H4,8 36H(γ)	阴离子/阳离子 +0.109/+0.226 −0.395/+0.091 +0.005/+0.028	[882]/[882]
2,7-二叔丁基-二环戊二烯并[a,e]环辛四烯 (2,7-di-*tert*-butyldicyclopenta[a,e] cyclooctene) **461**·⁻/**461**·⁺	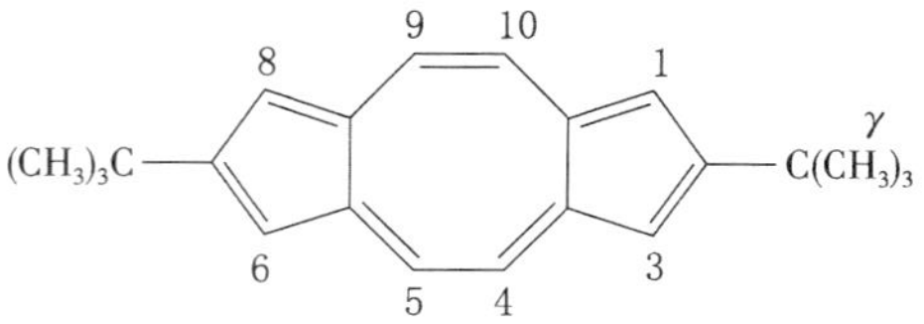 (结构图)	H1,3,6,8 H4,5,9,10 18H(γ)	阴离子/阳离子 +0.038/−0.662 −0.196/−0.108 +0.017/−0.005	[882]/[882]

表 8.16 与范和萘并环庚三烯化合物相关的部分非交替烃自由基离子的超精细耦合数据

		阴离子	
苊(acenaphthylene) 113·⁻	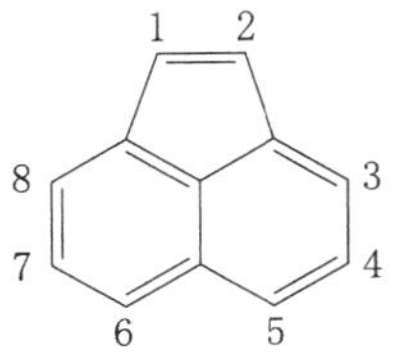 H1,2 H3,8 H4,7 H5,6	−0.309 −0.451 +0.045 −0.564	[137]
荧蒽(fluoranthene) 462·⁻	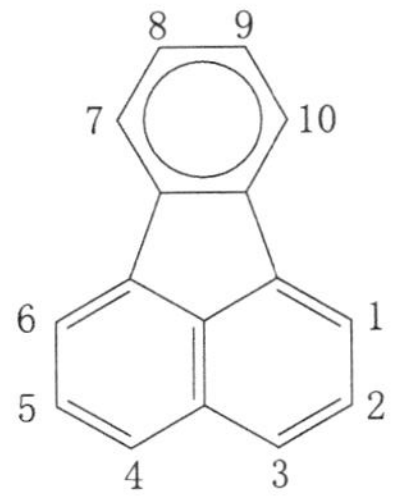 H1,6 H2,5 H3,4 H7,10 H8,9	−0.390 +0.017 −0.520 +0.008 −0.121	[147]
1,8:4,5-二亚基萘 (pyracylene) 463·⁻	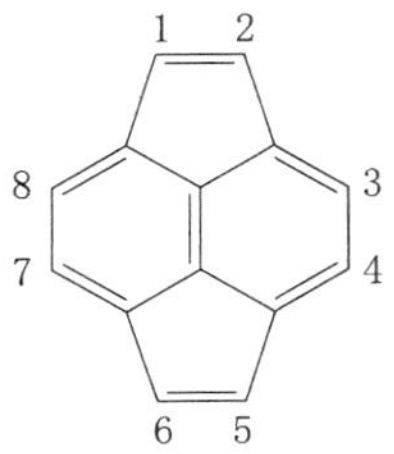 H1,2,5,6 H3,4,7,8	−0.252 −0.188	[883]

续表

			阴离子/阳离子	
茚并[1,2,3-cd]荧蒽 (indeno[1,2,3-cd]fluoranthene) **464·⁻/464·⁺**	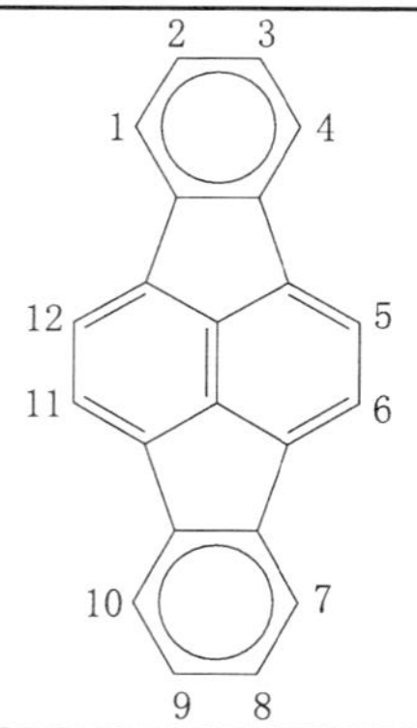	H1,4,7,10 H2,3,8,9 H5,6,11,12	−0.033/+0.015 −0.092/−0.199 −0.168/−0.070	[138]/[138]
苊基[1,2-a]并苊 (acenaphth[1,2-a]acenaphthylene) **465·⁻/465·⁺**	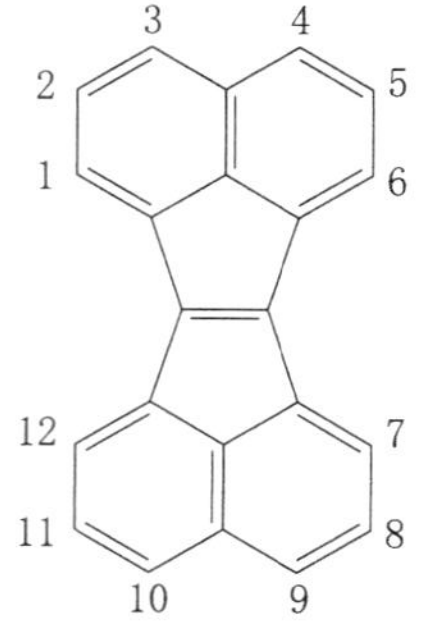	H1,6,7,12 H2,5,8,11 H3,4,9,10	−0.330/−0.100 +0.071/+0.024 −0.335/−0.176	[136,884]/[136,884]
环庚三烯并[de]萘(萘嵌环庚三烯) (cyclohepta[de]naphthalene) **466·⁻/466·⁺**	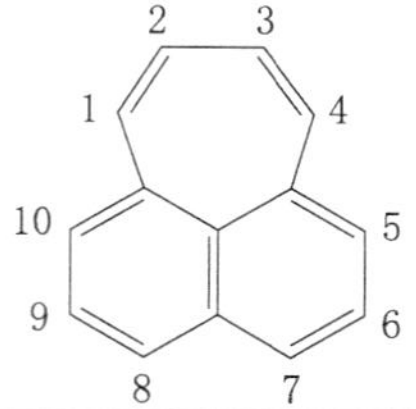	H1,4 H2,3 H5,10 H6,9 H7,8	−0.659/−0.256 −0.255/−0.233 −0.093/−0.446 +0.031/+0.070 −0.192/−0.545	[885]

第 8 章 共轭烃自由基

续表

名称	结构	位置	阴离子/阳离子	文献
环庚三烯并[fg]二氢苊 (cyclohepta[fg]acenaphthene) **467·⁻/467·⁺**	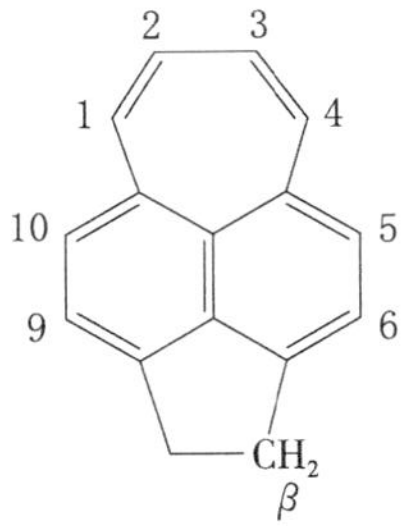	H1,4 H2,3 H5,10 H6,9 4H(β)	阴离子/阳离子 −0.633/−0.244 −0.256/−0.112 −0.071/−0.350 +0.020/+0.017 +0.305/+1.006	[239][239]
环庚三烯并[fg]苊 (cyclohepta[fg]acenaphthylene) **468·⁻/468·⁺/468·³⁻**	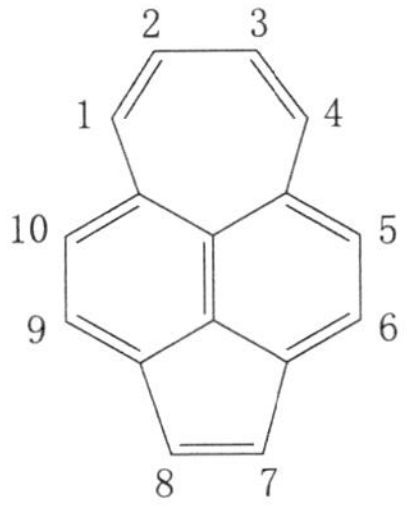	H1,4 H2,3 H5,10 H6,9 H7,8	阴离子/阳离子/三价阴离子 +0.021/−0.453/−0.625 −0.276/−0.213/−0.216 +0.080/−0.588/−0.068 −0.404/+0.078/+0.068 −0.244/−0.270/0.007	[136,884][136,884][839]
双环庚三烯并萘 (dipleiadiene) **469·⁻/469·⁺**	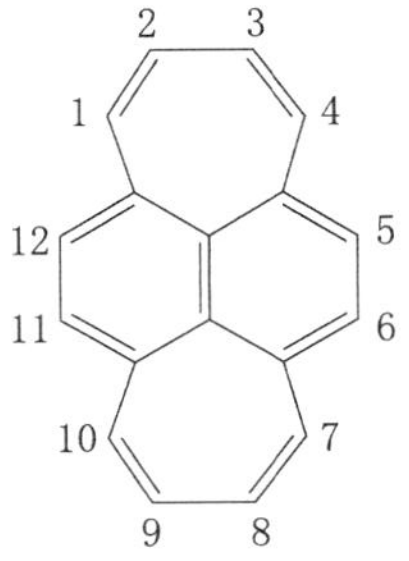	H1,4,7,10 H2,3,8,9 H5,6,11,12	阴离子/阳离子 −0.253/−0.100 −0.200/−0.231 −0.043/−0.143	[886]

与交替烃的自由基离子相反，同一非交替烃的自由基阴离子和自由基阳离子的 ESR 谱总宽度 $\sum_\mu |a_{H_\mu}|$ 通常是大不相同的，如下所示。

		$\sum_\mu |a_{H_\mu}|$		
		阴离子	阳离子	阳-阴比
交替烃	蒽 (**68**)	2.77	3.08	1.11
	芘 (**387**)	2.75	3.05	1.11
	苝 (**389**)	2.83	3.06	1.08
非交替烃	苊基 [1,2-a] 并苊 (**465**)	2.94	1.20	0.41
	环庚三烯并 [fg] 苊 (**468**)	2.05	3.00	1.46

这种差异最显著的例子，由图 8.7 所示的苊基 [1,2-a] 并苊 (**465**) 自由基离子的 ESR 谱所示。在 **465** 中，LUMO 的 LCAO 系数的平方 $c_{j,\mu}^2$ 在连有质子的外围中心 $\mu = 1 \sim 12$ 具有较大的数值，而在内部"盲"中心处的值很小，但 HOMO 则表现出截然相反的行为。因此，**465**$^{\cdot+}$ 的 a_{H_μ} 是 **465**$^{\cdot-}$ 的一半或更小。基于 π 电子模型的计算（如 McLachlan 方法），是无法重现所观察到的非交替烃自由基离子及其相应交替烃自由基的超精细数据。理论与实验的一些偏差可能是由于 McConnell 公式 [式 (4.5)] 的系数 $Q_H^{C_\mu H_\mu}$ 对 CCC 键角的依赖性，对于五元环和七元环，CCC 键角并不像苯类烃那样接近 120°。在 9,9'-联芴 (**441**) 自由基离子中，π 自旋类似于交替的四苯乙烯 (**424**，表 8.12) 自由基离子中的分布。

非交替烃自由基离子的 g_{iso} 在 2.0025~2.0028 之间。自由基阴离子是用常规方法产生的，即中性化合物与碱金属反应或电解还原形成，但 **442**$^{\cdot-}$ 和 **444**$^{\cdot-}$ 除外，它们分别是通过光氧化并环戊二烯和环戊 [c,d] 戊搭烯的二价阴离子而产生。自由基阳离子通常是中性前体溶于浓硫酸氧化、电解氧化或在二氯甲烷中与 SbCl$_5$ 或 AlCl$_3$ 反应。在含有 Hg(CF$_3$COO)$_2$ 的二氯甲烷中，像 **454** 那样的薁烷基衍生物中性前体发生光解而变成自由基阳离子，在同等条件下，1,3 位无取代的薁会形成 1,1'-联薁自由基阳离子。因此，**455**$^{\cdot+}$ 是从薁开始得到的，原初自由基阳离子 **112**$^{\cdot+}$ 只能在流动溶液中用 Co(Ⅳ) 离子氧化而产生。

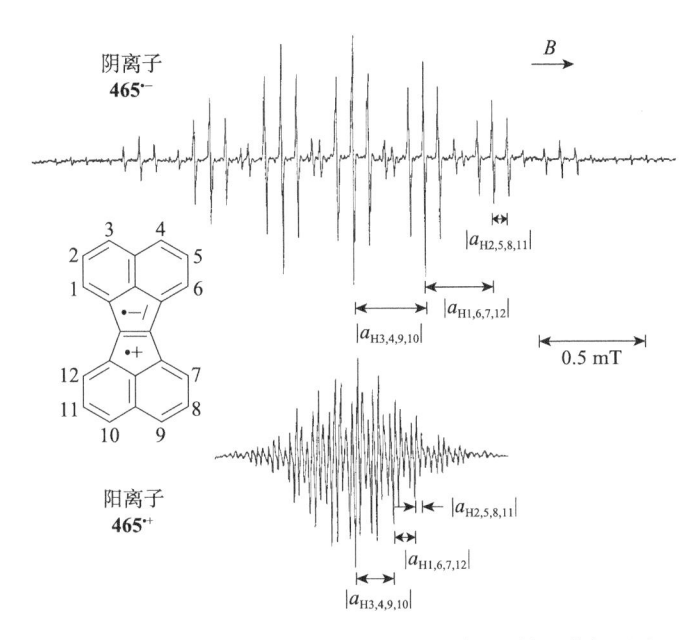

图 8.7 范基 [1,2-a] 并范（**465**）自由基离子的 ESR 谱，超精细数据见表 8.16。上图，阴离子 **465**$^{\cdot-}$，溶剂 DME，抗衡离子 Na$^+$，温度 213 K。下图，阳离子 **465**$^{\cdot+}$，溶剂浓硫酸，抗衡离子 HSO$_4^-$，温度 338 K。经许可复制[884]

8.6 含受扰闭合共轭环的自由基和自由基离子

闭合共轭环烃是 n 为偶数且交替的 [n] 轮烯，以及 n 为奇数且非交替的 [n] 轮烯基。无微扰的呈有效 D_{nh} 对称性的 [n] 轮烯基自由基和 [n] 轮烯自由基离子，具有二重简并的前线 π 分子轨道，并表现出在所有 n 个等性 μ 中心的 π 自旋布居都是 $\rho_\mu^\pi = +1/n$；然而，对这些 π 体系的微扰使其对称性降低，使未配对电子倾向于占据这两个简并分子轨道 ψ_{j+} 或 ψ_{j-} 中的一个。它们的 ESR 谱表明，这两个轨道中的哪一个是首选的 SOMO，与哪种效应导致简并的微扰和消除（8.1 节）。因此，这些研究具有特别的理论意义，将予以详细处理。

在 $n \leqslant 9$ 的 [n] 轮烯和 [n] 轮烯基中，闭合共轭环呈理想的 D_{nh} 对称性，其中所有 π 中心都位于同一个圆环上并且是等性的。它们是环丙烯基（$n=3$）、环丁二烯（$n=4$）、环戊二烯基（$n=5$）、苯（$n=6$）、环庚三烯基（䓬基）（$n=7$），以及平面的环辛四烯（$n=8$）与环壬四烯基（$n=9$）等。在苯中，所有CCC键角都是120°，这是应sp²杂化所要求的，而在D_{nh}对称的其他 [n] 轮烯和 [n] 轮烯基中，与120°键角的偏离随着n与6的差值增大而逐渐增加。当n≥10时，[n] 轮烯和 [n] 轮烯基并不是通过采用全顺式构型来保持D_{nh}对称性，而是通过引入反式构型来舍弃这种对称性，使CCC键角维持在120°成为可能。事实上，高活性的全顺和顺/反式构型的 [10] 轮烯已被成功合成[888]，然而，其中"环内"H原子的空间干扰造成偏离平面的严重畸变并伴随着构象的不稳定性。这些障碍可以通过引入"桥连的"亚烷基或"加固的"三键来克服，如烷基取代那样，这种结构修饰起到微扰的效果。在相关中性自由基和自由基离子中，SOMO可以和闭合共轭环烃的分子轨道ψ_{j+}或ψ_{j-}关联在一起。

下面考虑了选择性氘代、烷基取代、桥连的 [n] 轮烯基自由基与 [n] 轮烯自由基离子，以及四去氢 [n] 轮烯自由基离子。有关此类自由基离子的ESR研究，详见1984年发表的一篇综述[889]。

氘代和烷基取代的 [n] 轮烯基自由基和自由基二价阴离子（deuterio and alkyl derivatives of [n] annulenyl radicals and radical dianions）

表8.17列举了 [5] 轮烯基和 [7] 轮烯基的氘代和烷基取代衍生物的超精细数据[446,890-894]，其母体环戊二烯基自由基（**50·**）和环庚三烯基自由基（䓬基自由基，**63·**）的数据见表8.5。图8.8示意了五元闭合共轭环烃中简并的HOMO ψ_{1+}和ψ_{1-} [式（8.6）] 和七元闭合共轭环烃中简并的LUMO ψ_{2+}和ψ_{2-}，以及通过McLachlan方法 [$\lambda=1$，见式（4.34）] 计算所得的ψ_{j+}或ψ_{j-}被专一单占时的自旋布居$\rho_\mu^\pi(\psi_{j+})$和$\rho_\mu^\pi(\psi_{j-})$ [$C_+=1$、$C_-=0$，或反之亦然；见式（8.10）]。然后，通过McConnell公式 [式（4.5）]，这些自旋布居$\rho_\mu^\pi(\psi_{j+})$和$\rho_\mu^\pi(\psi_{j-})$转换成相应的耦合常数a_{X_μ}，对于 **50·**、**63·** 和 **63·**$^{2-}$ 等自由基，系数$Q_H^{C_\mu H_\mu}$分别是-3.01、-2.74和-2.44（表4.1）。最后，将这些理论计算所得的耦合常数$a_{X_\mu}(\psi_{j+})$和$a_{X_\mu}(\psi_{j-})$逐一与表8.17的实验数据相比较，从而阐明分子轨道ψ_{j+}和ψ_{j-}中的哪一个更适合被首选为 **50·** 和 **63·** 衍生物的SOMO [式（8.11）]。

表8.17 部分氘代和烷基取代的环戊二烯基自由基与环庚三烯基自由基及其二价阴离子自由基的超精细耦合数据

氘代环戊二烯基 (deuteriocyclopentadienyl) **50**-d·		H2,5 H3,4 D1	中性 -0.614 -0.600 -0.089	[446]

续表

名称	结构	位置	中性	文献
甲基环戊二烯基 (methylcyclopentadienyl) **470·**	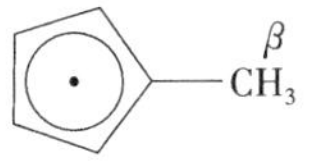 (环戊二烯基-CH₃, β)	H2,5 H3,4 3H(β)	中性 −0.085 −0.780 +1.510	[890,891]
叔丁基环戊二烯基 (*tert*-butylcyclopentadienyl) **471·**	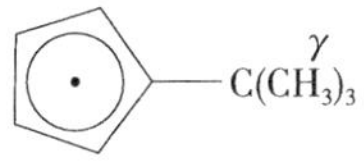 (环戊二烯基-C(CH₃)₃, γ)	H2,5 H3,4 9H(γ)	中性 −0.120 −0.740 0.065	[890]
1,2-二甲基环戊二烯基 (1,2-dimethylcyclopentadienyl) **472·**	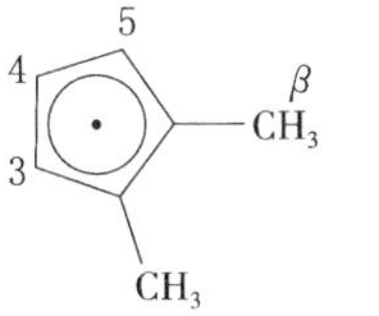 (1,2-二甲基环戊二烯基, β)	H3,5 H4 6H(β)	中性 +0.064 −1.200 +0.902	[891]
1,3-二甲基环戊二烯基 (1,3-dimethylcyclopentadienyl) **473·**	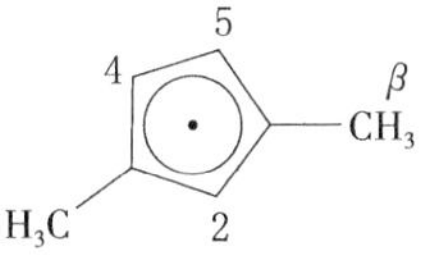 (1,3-二甲基环戊二烯基, β)	H2 H4,5 6H(β)	中性 +0.107 −0.378 +1.340	[891]
氘代环庚三烯基 (deuteriocycloheptatrienyl) **63-*d*·**	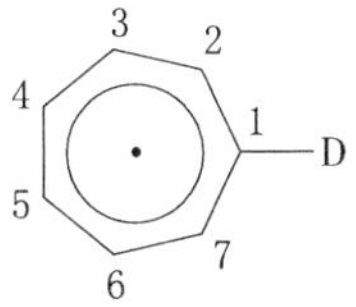 (环庚三烯基-D)	H2,7 H3,6 H4,5 D1	中性 −0.365 −0.365 −0.365 −0.056	[892]
甲基环庚三烯基 (methylcycloheptatrienyl) **474·/474·²⁻**	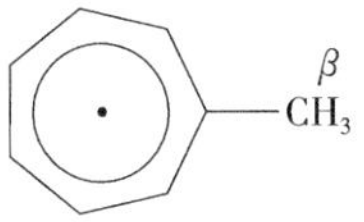 (环庚三烯基-CH₃, β)	H2,7 H3,6 H4,5 3H(β)	中性/二价阴离子 −0.576/−0.024 −0.192/−0.567 −0.384/−0.268 +0.192/+0.720	[893]
叔丁基环庚三烯基 (*tert*-butylcycloheptatrienyl) **475·**	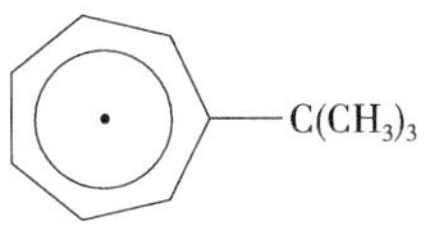 (环庚三烯基-C(CH₃)₃)	H2,7 H3,6 H4,5	中性 −0.491 −0.277 −0.418	[894]
环丙基环庚三烯基 (cyclopropylcycloheptatrienyl) **476·/476·²⁻**	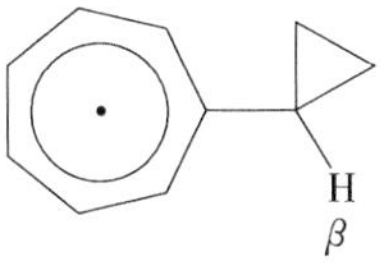 (环庚三烯基-环丙基, β)	H2,7 H3,6 H4,5 H(β)	中性/二价阴离子 −0.484/<0.02 −0.242/−0.558 −0.396/−0.278 +0.162/+0.323	[893]

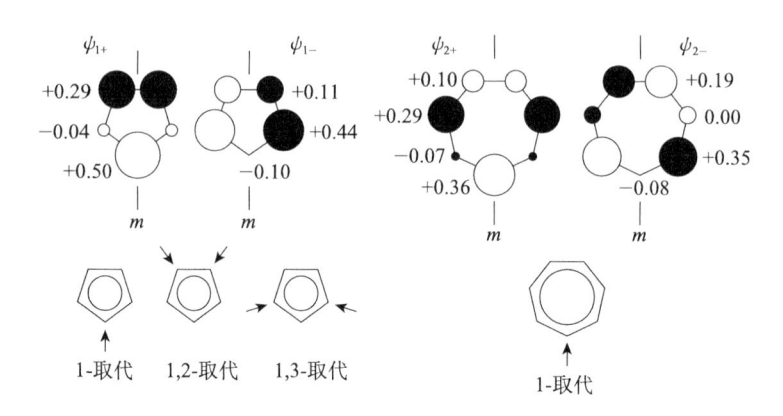

图 8.8 五元闭合共轭环烃（环戊二烯基自由基 **50·**）简并 HOMO ψ_{1+} 与 ψ_{1-}，以及七元闭合共轭环烃（环庚三烯基自由基 **63·**）简单 LUMO ψ_{2+} 与 ψ_{2-} 等的示意图。所标的 π 自旋布居 ρ_μ^π 预计将专一地占据其中的一个分子轨道。取代位置按对称性所需。m 表示垂直镜面

在 μ' 中心，取代基诱导效应对分子轨道 ψ_{j+} 和 ψ_{j-} 的微扰与该取代中心的平方系数 $C_{j+,\mu'}^2$ 与 $C_{j-,\mu'}^2$ 成正比，因此，该系数绝对值较大的分子轨道所受到的微扰，比该系数绝对值小的分子轨道更强烈。在下一节中，对单和双氘代苯自由基阴离子的 ESR 研究已经证实，氘的弱取代基效应是供电子诱导效应。因此，在氘代环戊二烯基自由基（**50-d·**）中，在 **50·** 的 1 位所引入的 D 原子使分子轨道 ψ_{1+} 比 ψ_{1-} 更加失稳 [式 (8.6) 和图 8.8]。实验发现，这种氘代对余下的 2～5 位质子的磁等性产生了轻微的影响。对于 **50-d**，-0.089 mT 的耦合常数 a_{D1} 理论上对应于 -0.580 mT 的 a_{H1}，小于 **50·** 的 $a_{\mathrm{H1\sim5}}$（-0.602 mT），这一发现表明相对于 ψ_{1+}，以 ψ_{1-} 作为 SOMO 稍微更有利（$C_+ < C_-$）。然而，由于 ψ_{1+} 和 ψ_{1-} 被 3 个电子占据，这种倾向意味着受到更强烈扰动的 ψ_{1+} 势必处于比 ψ_{1-} 更低的能级（第 211 页提到的情况④），因此，这背离了氘的弱取代基效应是供电子诱导的结论（第 211 页提到的情况②）。这个矛盾的合理解释是此时的主导效应是振动而非诱导（相对于 H 原子，D 原子面外振动的振幅减小了）[446]。

相反地，对于氘代环庚三烯基自由基（**63-d·**），在实验分辨率的范围内，D 原子取代引起的微扰不足以影响余下的 2～7 位质子的实际磁等性。

在任一个位置上的烷基取代都能明显地消除分子轨道的简并性，在 **50·** 衍

生物（$C_+>C_-$）中 SOMO 明显地倾向于 ψ_{1+}，而在 **63·** 衍生物（$C_+<C_-$）中则倾向于 ψ_{2-}。这些发现和烷基取代基的供电子诱导效应一致（图 8.8）。由于在 **50·** 中有 3 个电子被 ψ_{1+} 和 ψ_{1-} 所容纳，在 **63·** 中仅有 1 个电子被 ψ_{2+} 和 ψ_{2-} 所摄入，因此，供电子诱导效应对 ψ_{j+} 和 ψ_{j-} 能量的影响分别为第 211 页所示的情况②和①提供了案例。

在单烷基取代的环戊二烯基和环庚三烯基分别首选 ψ_{1+}（**470·** 和 **471·**）和 ψ_{2-}（**474·** 和 **475·**）的过程中，甲基的倾向性比叔丁基更明显，在烷基取代苯的自由基阴离子也观察到了这种效应（见下节）。通过类似于单烷基取代衍生物的论点，我们可以预测，**50·** 的 1,2-二烷基取代（$C_+>C_-$）也应该导致 ψ_{1+} 是首选单占，而 ψ_{1-} 在其 1,3-异构体（$C_+<C_-$）中必然是首选的（图 8.8）。这一预测被 **472·** 和 **473·** 的超精细数据所证实（表 8.17）。这些耦合常数与温度高度相关（**470·**～**473·** 的数据是在 213 K 观察到），而升高温度会促进轨道混合，即降低了对某个分子轨道的首选倾向性。

与中性自由基 **474·** 和 **476·** 相比，单烷基取代的环庚三烯基自由基二价阴离子 **474·**$^{2-}$ 和 **476·**$^{2-}$ 首选分子轨道 ψ_{2+} 作为 SOMO。这种首选是第 211 页情况②的另一个案例，因为二价离子比中性自由基多出两个电子，即 ψ_{2+} 和 ψ_{2-} 一起容纳了三个电子。

50· 和 **63·** 及其烷基衍生物的 g_{iso} 是 2.0026 ± 0.0001。烷基环戊二烯基 **470·**～**473·** 是由相应烃或其汞衍生物的光解而产生的，而烷基环庚三烯基 **474·**～**476·** 是通过二聚体的热解形成的。这些二聚体与碱金属的反应产生自由基二价阴离子 **474·**$^{2-}$ 和 **476·**$^{2-}$。

氘代和烷基取代的 [n] 轮烯衍生物自由基离子 (radical ions of deuterio and alkyl derivatives of [n] annulenes)

表 8.18 列举了一部分氘代和烷基取代的苯（**62**）($n=6$) 和环辛四烯（**64**）($n=8$) 自由基离子的超精细数据[145,228,560,563,598,776,895-902]。图 8.9 示意了相应的简并分子轨道 ψ_{j+} 和 ψ_{j-} 以及自旋布居 $\rho_\mu^\pi(\psi_{j+})$ 和 $\rho_\mu^\pi(\psi_{j-})$。对于 **62·**$^-$、**62·**$^+$ 和 **64·**$^-$，McConnell 公式的系数 $Q_H^{C_\mu H_\mu}$ 分别是 -2.25 mT、-2.66 mT 和 -2.57 mT（表 4.1）。

表 8.18 部分氘代和烷基取代的苯和环辛四烯自由基离子的超精细耦合数据

化合物	结构		耦合常数	文献
氘代苯 (monodeuteriobenzene) **62-d·⁻**	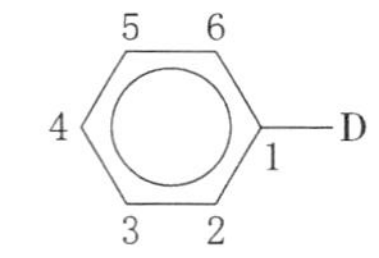	阴离子 H2,3,5,6 H4 D1	−0.398 −0.345 −0.056	[895]
1,3-二氘代苯 (1,3-dideuteriobenzene) **62-1,3-d_2·⁻**	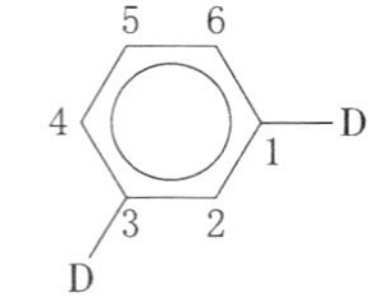	阴离子 H2,5 H4,6 D1,3	−0.419 −0.363 −0.058	[895]
1,4-二氘代苯 (1,4-dideuteriobenzene) **62-1,4-d_2·⁻**	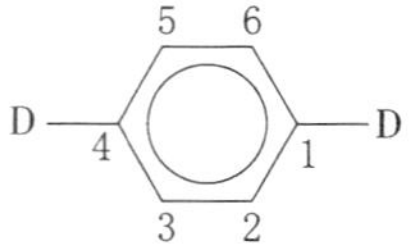	阴离子 H2,3,5,6 D1,4	−0.416 −0.051	[895]
甲苯(toluene) **477·⁻/477·⁺**	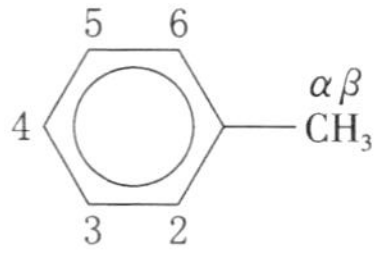	阴离子/阳离子 H2,6 H3,5 H4 3H(β) ¹³C(α)	−0.515/−0.193 −0.544 −0.051/−0.978 +0.077/+2.034 +0.079	[145,598][896] [776]
乙苯(ethylbenzene) **478·⁻/478·⁺**	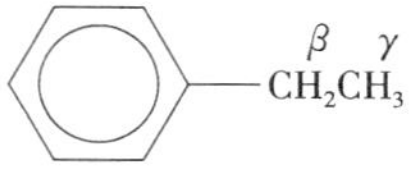	阴离子/阳离子 H2,6 H3,5 H4 2H(β) 3H(γ)	−0.499 −0.519 −0.085/−1.2 +0.079/+2.9 +0.002	[145,598][896]

第8章 共轭烃自由基

续表

化合物	位置	阴离子/阳离子	参考文献
异丙基苯(isopropylbenzene) **479·⁻/479·⁺**	H2,6 H3,5 H4 H(β) 6H(γ)	阴离子/阳离子 −0.497 −0.508 −0.107/−1.2 +0.051/+2.1 <0.01/0.6	[145,598]/[896]
叔丁基苯 (*tert*-butylbenzene) **480·⁻**	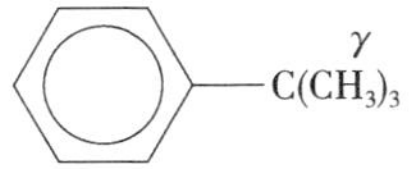 H2,6 H3,5 H4 9H(γ)	阴离子 −0.467 −0.471 −0.177 <0.05	[145,598]
环丁基苯 (cyclobutylbenzene) **481·⁻**	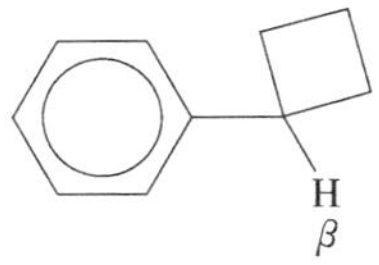 H2,6 H3,5 H4 H(β)	阴离子 −0.441 −0.449 −0.202 +0.100	[145]
环戊基苯 (cyclopentylbenzene) **482·⁻**	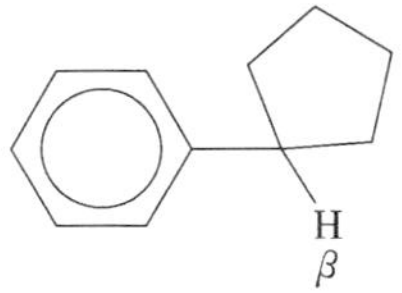 H2,6 H3,5 H4 H(β)	阴离子 −0.479 −0.495 −0.128 +0.054	[145]
环己基苯 (cyclohexylbenzene) **483·⁻**	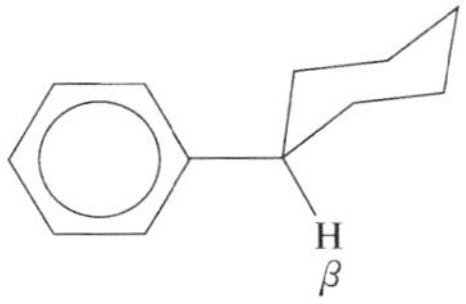 H2,6 H3,5 H4 H(β)	阴离子 −0.499 −0.517 −0.084 +0.020	[145]

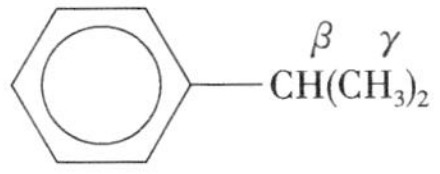

续表

名称	结构	位置	耦合常数	参考文献
环庚基苯 (cycloheptylbenzene) **484·⁻**	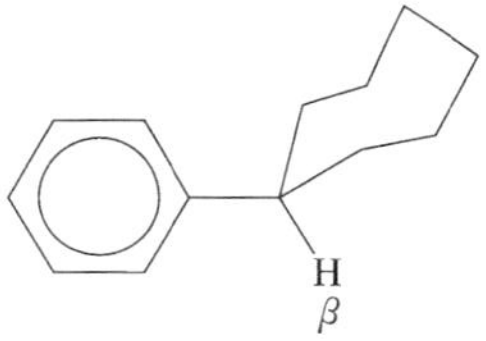 (结构图)	H2,6 H3,5 H4 H(β)	阴离子 −0.511 −0.538 −0.065 +0.015	[145]
邻二甲苯(o-xylene) **485·⁻/485·⁺**	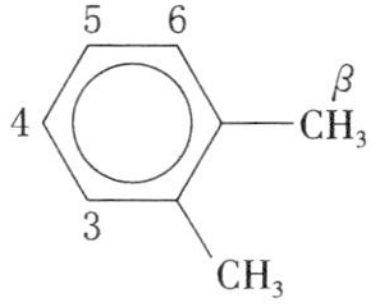 (结构图)	H3,6 H4,5 6H(β)	阴离子/阳离子 −0.693 −0.181/−0.544 +0.200/+1.376	[897]/[896]
间二甲苯(m-xylene) **486·⁻/486·⁺**	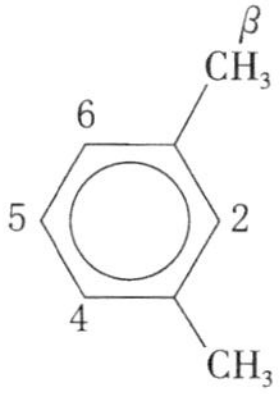 (结构图)	H2 H4,6 H5 6H(β)	阴离子/阳离子 −0.685 −0.146/−0.85 −0.772 +0.226/+1.20	[898]/[896]
对二甲苯(p-xylene) **487·⁻/487·⁺**	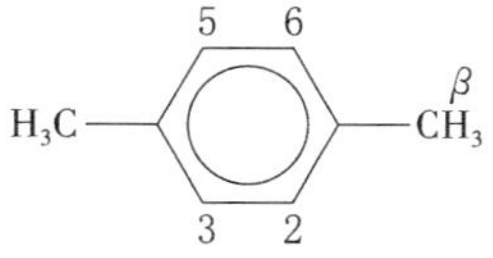 (结构图)	H2,3,5,6 6H(β)	阴离子/阳离子 −0.534/−0.373 −0.009/+1.894	[598,898]/[899]

第8章 共轭烃自由基

续表

名称	结构	位置	/阴离子	参考
杜烯（均四甲苯）(durene) **488·⁺**	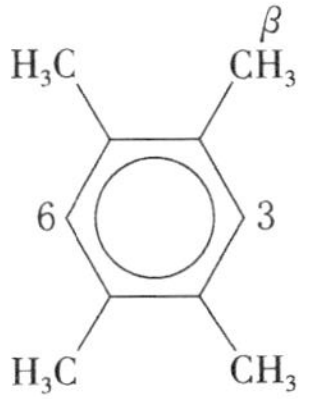 (结构图：1,2,4,5-四甲基苯，标注 β-CH₃, 3, 6 位)	H3,6 12H(β)	/+0.077 /+1.06	[228]
氘代环辛四烯 (deuteriocyclooctatetraene) **64-d·⁻**	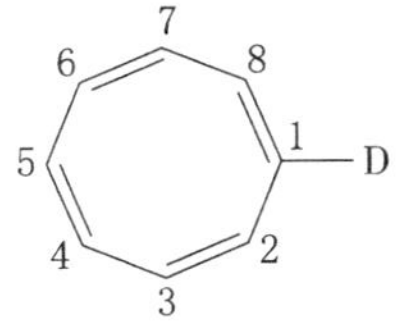 (结构图：环辛四烯，1位标D)	H2,8 H3,7 H4,6 H5 D1	阴离子 −0.32 −0.32 −0.32 −0.32 −0.05	[900]
甲基环辛四烯 (methylcyclooctatetraene) **489·⁻**	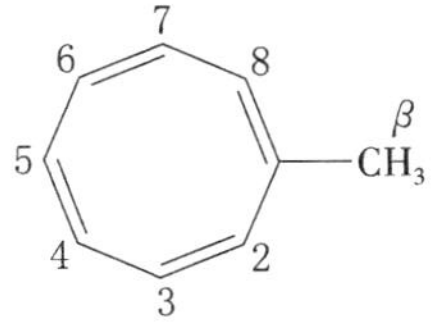 (结构图：环辛四烯，1位接β-CH₃)	H2,8 H3,7 H4,6 H5 3H(β)	阴离子 −0.16 −0.48 −0.16 −0.48 +0.51	[563]
邻二甲基环辛四烯 (1,2-dimethylcyclo octatetraene) **490·⁻**	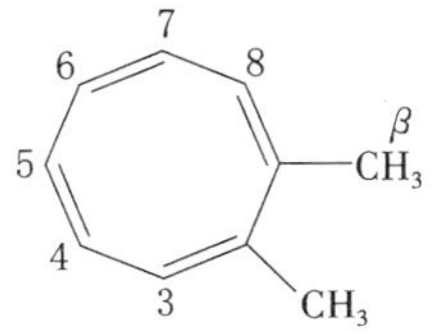 (结构图：环辛四烯，1,2位各接CH₃，β标记)	H3,8 H4,7 H5,6 6H(β)	阴离子 −0.295 −0.295 −0.262 +0.349	[901]

续表

名称	结构	位置	阴离子	参考
1,4-二甲基环辛四烯 (1,4-dimethylcyclo octatetraene) **491**·⁻	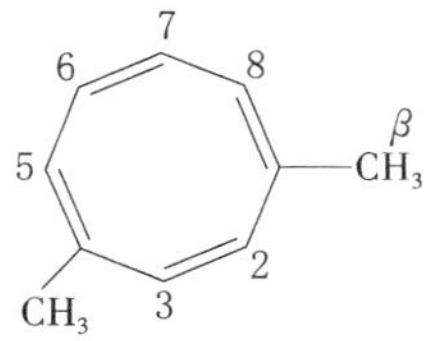 (结构图)	H2,3 H5,8 H6,7 6H(β)	阴离子 −0.311 −0.311 −0.311 +0.350	[560]
对二甲基环辛四烯 (1,5-dimethylcyclo octatetraene) **492**·⁻	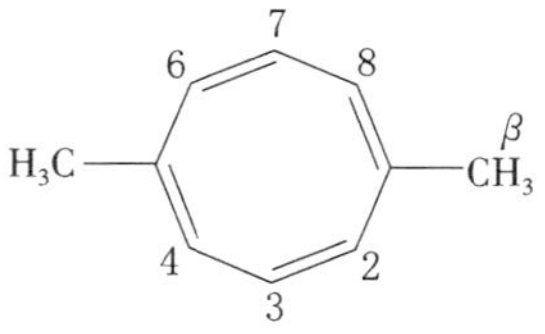 (结构图)	H2,4,6,8 H3,7 6H(β)	阴离子 0.048 −0.585 +0.627	[560]
1,3,5,7-四甲基环辛四烯 (1,3,5,7-tetramethylcyclo octatetraene) **493**·⁻	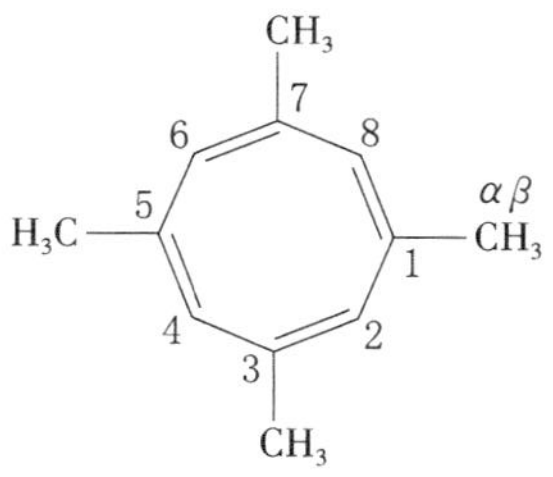 (结构图)	H2,4,6,8 12H(β) ^{13}C1,3,5,7 ^{13}C2,4,6,8 4^{13}C(α)	阴离子 0.045 +0.641 +0.937 −0.637 −0.423	[902]

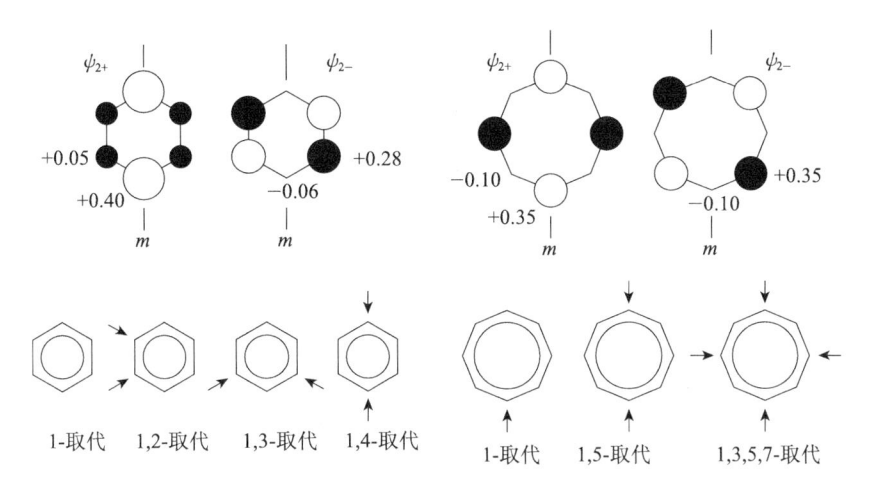

图 8.9　六元闭合共轭环烃（苯 **62**）的简并 LUMO ψ_{2+} 与 ψ_{2-}，以及八元闭合共轭环烃（平面环辛四烯 **64**）的简并 NBMO ψ_{2+} 与 ψ_{2-} 的示意图。所示的 π 自旋布居 ρ_μ^π 预计将专一地占据其中的一个分子轨道。取代位置按对称性所需。m 表示垂直镜面

一部分烷基苯自由基阴离子是被 ESR 所研究的第一批有机顺磁性物种之一，它们的结构可从其 ^{1}H 超精细数据中得到充分解释（早期综述见 [903]）。这种解释是基于共轭六元环中简并的 LUMO ψ_{2+} 和 ψ_{2-} [式（8.7）和图 8.9］。最轻微的微扰如氘代，就足以消除这些轨道的简并性。尽管很弱，但 D/H 取代的效果与烷基取代的效果方向相同，也就是供电子诱导效应。因此，在氘代和烷基衍生物的自由基阴离子中，在取代中心具有较大 LCAO 系数的分子轨道 ψ_{2+} 或 ψ_{2-} 将更强烈地失稳。因为一个电子必须容纳在 **62**$^{·}$ 的两个分子轨道中，这是第 208 页情况①的一个例子，其中失稳程度最弱的分子轨道被单独占据。对于单氘代和 1,4-氘代的 **62**-$d^·$ 和 **62**-1,4-$d_2^·$，这样的微扰有利于分子轨道 ψ_{2-}，而在 1,3-氘代衍生物 **62**-1,3-$d_2^·$ 中则有利于 ψ_{2+}（图 8.9）。这个对 ψ_{2-} 的倾向是非常轻微的（对于 **62**-$d^·$，$C_+^2 \approx 0.47$，$C_-^2 \approx 0.53$）。在单烷基取代的苯自由基阴离子 **477**$^{·-}$ ～ **484**$^{·-}$ 系列中，这种首选倾向逐渐减弱的次序是甲基≈环庚基（$C_+^2 \approx 0.20$，$C_-^2 \approx 0.80$）＞乙基＞环己基＞异丙基＞环戊基＞叔丁基＞环丁基（$C_+^2 \approx 0.35$，$C_-^2 \approx 0.65$）。

因此，在溶液中，自由基阴离子的开链取代基从甲基、乙基、异丙基到叔丁基时，对 ψ_{2-} 的首选倾向性随着取代烷基的增大而降低，但在取代基是环烷基的衍生物中，这个对 ψ_{2-} 的倾向性则随着环烷基取代基的环大小的增加而增加。

对于 **477**$^{·-}$ ～ **484**$^{·-}$，耦合常数是在 183 K 测得；随着温度的升高，ψ_{2-} 对

ψ_{2+} 的主导地位不再那么明显。根据理论预测（图 8.9），在 1,4 位取代的自由基阴离子 **487**$^{\cdot-}$ 中，单占的 ψ_{2-} 是首选，但分别在 1,2 位取代和 1,3 位取代的阴离子 **485**$^{\cdot-}$ 和 **486**$^{\cdot-}$ 中，ψ_{2+} 优选作为 SOMO。

对于烷基苯的自由基阳离子，相关的 HOMO ψ_{1+} 和 ψ_{1-} 分别与 ψ_{2+} 和 ψ_{2-} 配对，使得它们的 LCAO 系数的平方 $c_{j,\mu}^2$ 相等，该系数决定着取代基对分子轨道的诱导效应。此外，由于在 ψ_{1+} 与 ψ_{1-} 中容纳三个电子的自由基阳离子代表着第 211 页的情况②，所以当阴离子首选的 SOMO 是 ψ_{2-} 时，相应自由基阳离子则首选 ψ_{1+}；类似地，当 ψ_{2+} 是自由基阴离子的 SOMO 时，在相应自由基阳离子中 ψ_{1-} 是首选的。^{1}H 超精细数据证实了在 1 位和 1,4 位取代的自由基阳离子 **477**$^{\cdot+}$～**479**$^{\cdot+}$ 和 **487**$^{\cdot+}$ 中对 ψ_{1+} 的预期首选，而在 1,2 位、1,3 位和 1,2,4,5 位取代的自由基阳离子 **485**$^{\cdot+}$、**486**$^{\cdot+}$ 和 **488**$^{\cdot+}$ 中有利于首选 ψ_{1-} 的倾向。

在平面环辛四烯（图 8.9）中，简并 NBMO ψ_{2+} 和 ψ_{2-} 通过绕 C_8 轴简单旋转 45° 而彼此相互转化，因此它们必须通过选择定义其对称性的垂直镜面来加以区分[147]。因为在这些分子轨道中容纳了三个电子，所以不得不考虑第 211 页的情况②。在限于所能达到的分辨率范围内，环辛四烯的单氘代不影响 **64-d**$^{\cdot}$ 其余位置上质子的磁等性。在烷基取代衍生物的自由基阴离子中，1 位、1,5 位和 1,3,5,7 位取代的阴离子 **489**$^{\cdot-}$、**492**$^{\cdot-}$ 和 **493**$^{\cdot-}$ 等首选的单占分子轨道是 ψ_{2+}，但是 1,2 位和 1,4 位取代的阴离子 **490**$^{\cdot-}$ 和 **491**$^{\cdot-}$ 没有表现出明显的首选倾向。这些发现是符合理论预期的（图 8.9）。

这类自由基阴离子的 g_{iso} 是 2.0027±0.0001，它们是在溶液中由相应的氘代和烷基取代的苯和碱金属反应生成，或在溶液中电解还原环辛四烯衍生物形成。在氟利昂基质中经 γ 辐解形成的烷基取代苯自由基阳离子，g_{iso} 是 2.0029±0.0002。自由基阳离子 **488**$^{\cdot+}$ 含有四个能降低电离能的甲基取代基，因此用强紫外光照射溶解有中性烃的浓硫酸[225] 或 FSO_3H-SO_2 混合溶液[228] 即可生成。

桥连的 [n] 轮烯基自由基和自由基二价离子 (radicals and radical dianions of bridged [n] annulenyls)

表 8.19 列举了桥连的 [11] 轮烯基和 [15] 轮烯基自由基和自由基二价阴离子的超精细数据[67]。图 8.10 展示了 11 元闭合共轭环烃的简并 LUMO ψ_{3+} 与 ψ_{3-} 和 15 元闭合共轭环烃的 ψ_{4+} 与 ψ_{4-}；闭合共轭圆环是以这些桥连的轮烯基的特征形状而绘制的。

第 8 章 共轭烃自由基

表 8.19 桥连的 [11] 轮烯基和 [15] 轮烯基自由基和自由基二价阴离子的超精细数据

			中性/二价	
1,6-甲桥[11]轮烯 (1,6-methano[11]an- nulenyl) **494·/494·**$^{2-}$	(结构图)	H2,5 H3,4 H7,11 H8,10 H9 H(β) H(β')	−0.437/−0.232 <0.005/−0.357 −0.638/+0.235 +0.205/−0.492 −0.764/+0.058 −0.042/+0.060 −0.021/+0.017	[67]/[67]
1,6;8,14-丙基桥-1, 3-二次甲基[15]轮烯 (1,6;8,14-propane-1, 3-diylidene[15]annule- nyl) **495·/495·**$^{2-}$	(结构图)	H2,5 H3,4 H7,15 H9,13 H10,12 H11 H(β) H(β') 2H(γ)	−0.356/−0.234 0.025/−0.278 −0.472/+0.044 −0.495/−0.169 +0.252/−0.485 −0.609/+0.080 −0.114/+0.038 −0.025/<0.01 0.025/0.034	[67]/[67]

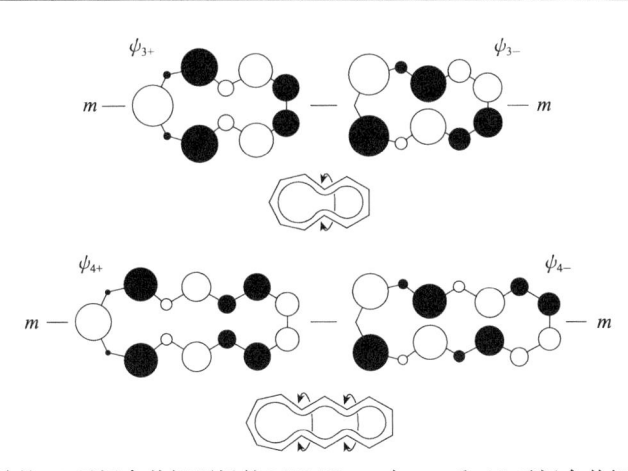

图 8.10 简并的 11 元闭合共轭环烃的 LUMO ψ_{3+} 与 ψ_{3-} 和 15 元闭合共轭环烃的 ψ_{4+} 与 ψ_{4-} 的轨道示意图。上、下图还分别示意了 **494·** 和 **495·** 两个闭合共轭环的形状和桥连。m 表示垂直镜面

桥连对 ψ_{j+} 和 ψ_{j-} 能量的两种影响必须要考虑：(1) 已知的供电子诱导效应，它使分子轨道以桥连中心的 LCAO 系数的平方成正比而失稳，(2) 这些空间上相互靠近的桥连中心之间的高位共轭 (homoconjugation)，它与相关 LCAO 系数的乘积成比例，并且在该乘积符号为正 (或负) 时起到趋稳 (或失稳) 的作用。显而易见的是，对于图 8.10 所示意的分子轨道，这两种效应的作用方向是相同的，因为相对于 ψ_{3+} 和 ψ_{4+}，它们都分别强烈地使 ψ_{3-} 和 ψ_{4-} 失

稳（在桥连中心，ψ_{j-} 的不同符号的大系数对应着 ψ_{j+} 的相同符号的小系数）。由于在中性自由基中这两个分子轨道必须容纳一个电子（第 211 页的情况①），在相应的自由基二价阴离子中则需容纳三个电子（该示意图中的情况②），所以在 **494·** 和 **495·** 中应该优选能量较低的 ψ_{3+} 和 ψ_{4+}，但在 **494·²⁻** 和 **495·²⁻** 中应该优选较高能量的 ψ_{3-} 和 ψ_{4-}。该预测符合所测到的 ¹H 超精细数据。这些自由基二价阴离子的 ESR 谱只呈现可分辨的源自一个碱金属抗衡离子磁性核的超精细分裂。因此，这两个抗衡离子是不等性的，它们可能分别位于桥连基团的上方和下方（表 A.2.3）。

与这两个桥连的 [n] 轮烯基自由基和自由基二价离子相关的 g_{iso} 尚未报道。这些自由基是通过二聚体的热均裂或用锌还原阳离子来制备的。自由基二价阴离子，可通过碱金属与前面提到的二聚体和阳离子等不同前体或相应的中性烃反应而形成。

桥连的 [n] 轮烯自由基离子 (radical ions of bridged [n] annulenes)

表 8.20 列举了一部分桥连 [10] 轮烯和 [14] 轮烯自由基离子的超精细数据[144,148-150,210,233,457,463]，其中中性闭合共轭环烃含有符合 Hückel 规则的多个 π 电子。10 元环的简并 LUMO ψ_{3+} 与 ψ_{3-} 和 14 元环的 ψ_{4+} 与 ψ_{4-} 分别如图 8.11 和图 8.12 所示，它们与自由基阴离子的单占分子轨道相关。这些闭合共轭环被描绘成类似于萘、薁、蒽或芘等的形状，以呈现适当桥连轮烯的特征。如上节所述，甲桥 [10] 轮烯 **85** 与 **496** 的自由基阴离子和 [11] 轮烯基自由基 **494·** 是 π 等电子体，桥连 [14] 轮烯 **76、97** 和 **497～500** 的自由基阴离子类似于 [15] 轮烯基自由基 **495·**。为了阐明 **85·⁻**、**496·⁻**、**97·⁻** 和 **497·⁻～499·⁻** 等自由阴离子中的 π 自旋分布，需要充分考虑桥连基团的供电子诱导效应和空间上相邻的桥连中心之间的高位共轭。在这六种自由基阴离子中的五种就和 **494·** 与 **495·** 类似，这两种效应在具有类萘共轭环的 **85·⁻** 中都朝着使 ψ_{3+} 比 ψ_{3-} 显得更加失稳的相同方向起作用（图 8.11 的上图，在桥连中心的 LCAO，ψ_{3+} 中符号相反的大系数对应着 ψ_{3-} 中为零的系数），在具有类蒽共轭环的 **97·⁻** 和 **497·⁻～499·⁻** 中，这两种效应则使 ψ_{4-} 相对于 ψ_{4+} 显得更加失稳（图 8.12 的上图，在桥连中心，ψ_{4+} 中符号相同的小系数对应着 ψ_{4-} 中符号相反的大系数）。只有在含类薁闭合共轭环的 **496·⁻** 中，这两种效应所起的作用才会相反（图 8.11 的下图，在桥连中心的 LCAO，ψ_{3+} 的符号相同的大系数对应着 ψ_{3-} 的符号相反的小系数）。其中，高位共轭通过使 ψ_{3+} 稳定而使 ψ_{3-} 失稳来克服供电子诱导效应。因此，在两个 LUMO 只容纳一个电子的情况下（第 211 页的情况①），**85·⁻** 首选的 SOMO 是分子轨道 ψ_{3-}，**496·⁻** 是 ψ_{3+}，**97·⁻** 与 **497·⁻～499·⁻** 是 ψ_{4+}。

表 8.20　部分桥连的 [10] 轮烯和 [14] 轮烯自由基离子的超精细数据

化合物	结构	位置	阴离子/阳离子	文献
1,6-甲桥[10]轮烯 (1,6-methano[10]annulene) **85·⁻**	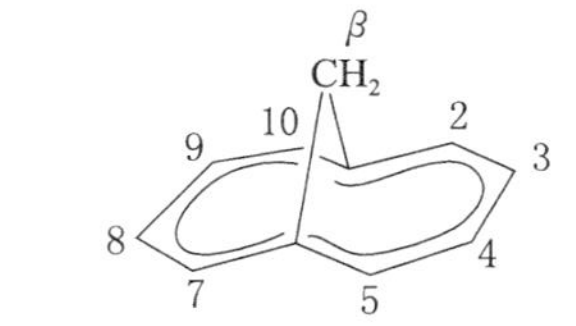	H2,5,7,10 H3,4,8,9 2H(β)	阴离子 −0.271 −0.010 −0.115	[149]
1,5-甲桥[10]轮烯 (高位薁) (1,5-methano[10]annulene) (homoazulene) **496·⁻**	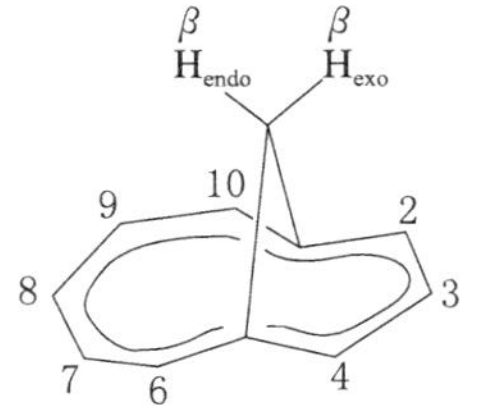	H2,4 H3 H6,10 H7,9 H8 H$_{exo}$ (β) H$_{endo}$ (β)	阴离子 +0.091 −0.432 −0.367 +0.328 −0.685 +1.342 0.045	[144]
顺式 1,6:8,13-二甲桥[14]轮烯 (*syn*-1,6:8,13-bismethano- [14]annulene) **497·⁻**	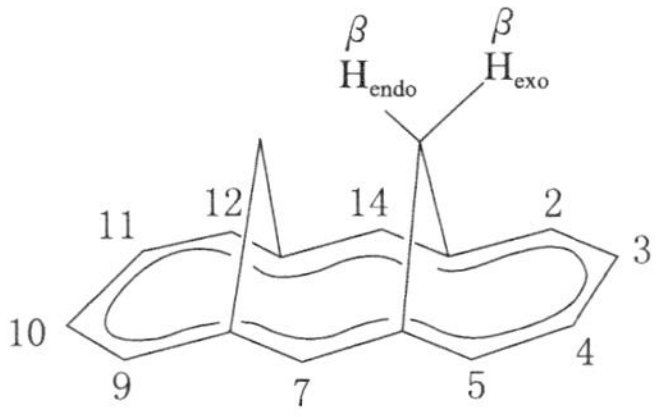	H2,5,9,12 H3,4,10,11 H7,14 2H$_{exo}$ (β) 2H$_{endo}$ (β)	阴离子 −0.239 −0.026 −0.281 −0.102 0.048	[150]
1,6,8,13-联亚丙基[14]轮烯 (1,6:8,13-propane-1,3- diylidene[14]annulene) **498·⁻ / 498·⁺**	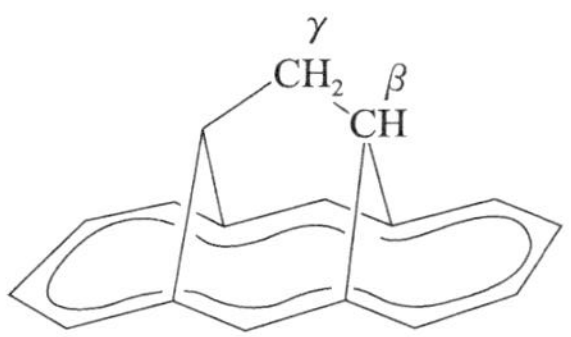	H2,5,9,12 H3,4,10,11 H7,14 2H (β) 2H (γ)	阴离子/阳离子 −0.280/−0.325 −0.010/−0.058 −0.341/−0.457 −0.088/−0.140 <0.008/0.140	[150,210] [233]

续表

			阴离子/阳离子	
1,6:8,13-联亚甲基[14]轮烯 (1,6:8,13-ethane-1,3-diylidene[14]annulene) **97·⁻/97·⁺**	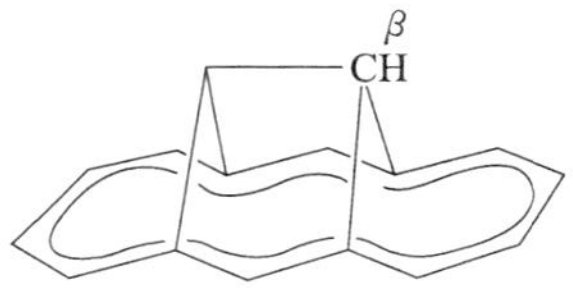	H2,5,9,12 H3,4,10,11 H7,14 2H(β)	−0.323/+0.014 −0.040/−0.248 −0.446/+0.092 −0.265/+2.815	[150,210]/[233]
1,6:8,13-联亚环丙基[14]轮烯 (1,6:8,13-cyclopropane-1,3-diylidene[14]annulene) **499·⁻**	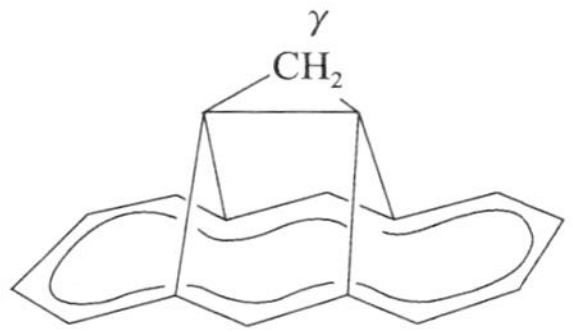	H2,5,9,12 H3,4,10,11 H7,14 2H(γ)	阴离子 −0.321 −0.078 −0.461 −0.028	[150,210]
顺式 10b,10c-二氢芘 (trans-10b,10c-dihydropyrene) **500·⁻/500·⁺**	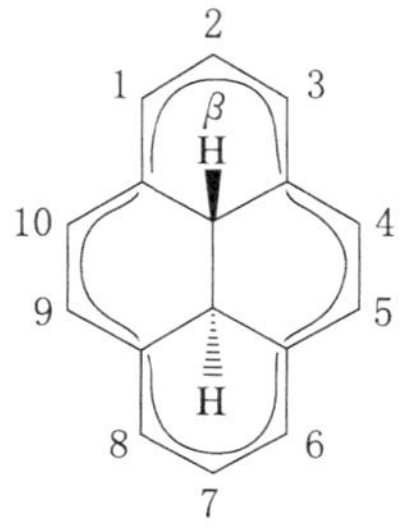	H1,3,6,8 H2,7 H4,5,9,10 2H(β)	阴离子 +0.051 −0.548 −0.086 +1.910	[457]
顺式 10b,10c-二甲基-10b,10c-二氢芘 (trans-10b,10c-dimethyl-10b,10c-dihydropyrene) **76·⁻/76·⁺**	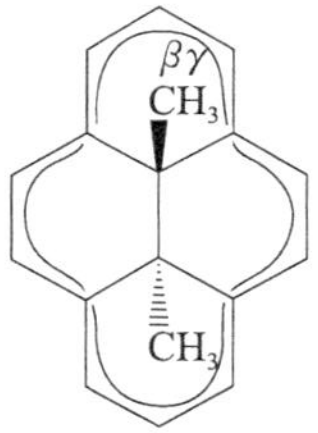	H1,3,6,8 H2,7 H4,5,9,10 6H(γ) ^{13}C(β)	阴离子/阳离子 +0.078/+0.103 −0.546/−0.478 −0.078/−0.150 0.020/0.009 +1.43/	[148]/[148] [463]

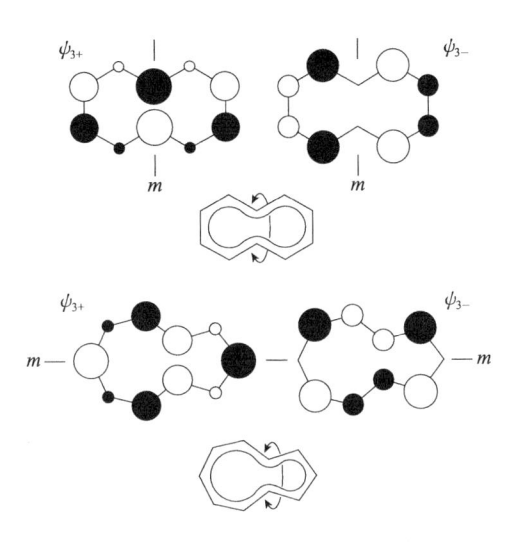

图 8.11　10 元闭合共轭环烃的简并 LUMO ψ_{3+} 与 ψ_{3-} 的示意图。上图和下图还分别示意了 **85** 和 **496** 两个共轭环的形状和桥连。m 表示垂直镜面

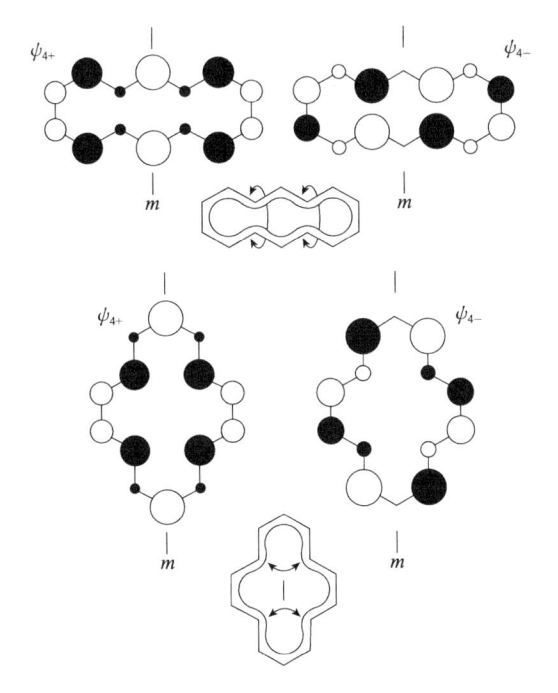

图 8.12　14 元闭合共轭环烃的简并 LUMO ψ_{4+} 和 ψ_{4-} 的示意图。这些共轭环的形状和桥连一并显示在上图（**97** 和 **497**～**499**）和下图（**76** 和 **500**）中。m 表示垂直镜面

在 8.2 节，以 1,6-甲桥［10］轮烯（**85**）自由基阴离子为例，对含有环状共轭的顺磁性物种进行介绍，尽管闭合共轭环与共平面有相当大的偏离。虽然 π 自旋分布并未明显受到这种偏离的影响，但这种非平面性导致连在闭合共轭环上 α 质子耦合常数 $|a_{H_\mu}|$ 的大幅降低。这些耦合常数强烈地依赖于温度，与预期升温时对 ψ_{3-} 的首选倾向变弱相一致（在 163 K 和 313 K 时，分别有 $a_{H2,5,7,10}=-0.278$ mT 和 -0.240 mT，$a_{H3,4,8,9}=-0.006$ mT 和 -0.024 mT）[147]。

在 1,5-甲桥［10］轮烯（**496**）自由基阴离子中，闭合共轭环与共平面的偏离至少和其异构体 **85** 中的偏离一样大，但由于完全不同的 π 自旋分布，这对 α 质子耦合常数的影响较小。**496**·⁻ 的 $a_{H_\mu}(\alpha)$ 类似于薁（**112**）自由基阴离子（表 8.15），这证明了将前者指定为高薁（homoazulene）自由基阴离子是合理的。与 **112**·⁻ 的耦合常数 $a_{H5,7}$ 相比，所观察到最大的变化是 **496**·⁻ 的 $a_{H7,9}$。这些耦合常数是正的，并且与负号的耦合常数相比，由于非平面的正贡献，它们的绝对值增加。

对于桥连［14］轮烯中较大的闭合共轭环，这种与共平面的偏离并不明显。对于那些含有类蒽闭合共轭环的轮烯，这种偏离的减小用 α 质子耦合常数的总和 $\sum|a_{H_\mu}|$ 来阐明，按顺序从 **497**·⁻、**498**·⁻、**97**·⁻ 到 **499**·⁻ 分别是从 1.62 mT 增加到 1.84 mT、2.34 mT 和 2.52 mT。

除了上述已作分析的自由基阴离子 **97**·⁻ 和 **498**·⁻ 之外，自由基阳离子 **97**·⁺ 和 **498**·⁺ 也已被 ESR 所研究。和这些自由基阳离子相关的 HOMO ψ_{3+} 与 ψ_{3-} 分别和 LUMO ψ_{4+} 与 ψ_{4-} 相配对（图 8.12 的上图），这意味着 $c_{3+,\mu^*}=c_{4+,\mu^*}$ 和 $c_{3-,\mu^*}=c_{4-,\mu^*}$，但是 $c_{3+,\mu^\circ}=-c_{4+,\mu^\circ}$ 和 $c_{3-,\mu^\circ}=-c_{4-,\mu^\circ}$。因为对于所有 μ 中心，$c_{3+,\mu}^2=c_{4+,\mu}^2$ 和 $c_{3-,\mu}^2=c_{4-,\mu}^2$，所以桥连基团的供电子诱导效应对 HOMO 的影响和对 LUMO 的影响是一样的，从而使 ψ_{3-} 比 ψ_{3+} 更失稳。相反地，在 **97** 和 **498** 中，桥连中心的系数对于 HOMO ψ_{3+} 与 ψ_{3-} 具有相同的符号，当 LUMO ψ_{4+} 和 ψ_{4-} 的相应系数具有相反的符号时，反之亦然，使得此时高位共轭使 ψ_{3-} 比 ψ_{3+} 更稳定。因此，这两种效应所起的作用是相反的，所观察到的耦合常数表明轨道能级顺序从 **498**·⁺ 到 **97**·⁺ 发生了转变。在 **97**·⁺ 中 ψ_{3-} 被首选为 SOMO，而在 **498**·⁺ 中则是 ψ_{3+}。在 ψ_{3+} 与 ψ_{3-} 容纳三个电子的情况下（第 211 页的情况②），这一发现意味着在 **97**·⁺ 中供电子诱导效应占主导，但在 **498**·⁺ 中高位共轭占主导。这一结论与之前得出的结论并不一致[233]。

在含有类芘闭合共轭环的自由基阴离子 **500**·⁻ 和 **76**·⁻ 中，桥连亚烷基的供电子诱导效应使 LUMO ψ_{4+} 比 ψ_{4-} 更失稳（图 8.12，下图），这一说法同样适用于相应的自由基阳离子，其中 HOMO ψ_{3+} 比 ψ_{3-} 更失稳，因为 LUMO 和 HOMO 同样是配对的。桥连中心之间的高位共轭不再那么重要，因为它们的间距相当远。因此，作为 SOMO 的首选，是自由基阴离子的 ψ_{4-} 和自由基阳离子的 ψ_{3+}（分别对应第 211 页的情况①和②）。

尽管这些预测都被自由基阳离子 **76**$^{\cdot+}$ 的耦合常数所证实，但它们与自由基阴离子 **500**$^{\cdot-}$ 和 **76**$^{\cdot-}$ 的实验不一致，其中 SOMO 像是 ψ_{4+} 而不是 ψ_{4-}。在 **500** 和 **76** 的桥连基团中，这种差异的原因被分别归结为 C—H(β) 和 C(β)—CH$_3$ 两个 σ 键与 14 元闭合共轭环分子轨道的超共轭。虽然相关化学键几乎垂直于闭合共轭环的平均平面，但是为了分别与 HOMO ψ_{3+} 和 LUMO ψ_{4+} 形成有效的超共轭，这些成键 σ 和反键 σ^* 分子轨道需具有恰当的几何形状和对称性。在 **76**$^{\cdot+}$ 中这种超共轭应抬升了 ψ_{3+} 的能量，从而与供电子诱导效应一起朝着相同方向起作用，但预计会降低 ψ_{4+} 的能量。这种稳定性可以克服供电子诱导效应，并导致 ψ_{4+} 优于 ψ_{4-} 成为 **500**$^{\cdot-}$ 和 **76**$^{\cdot-}$ 的 SOMO。

在 **500**$^{\cdot-}$ 中有效的超共轭表现为桥连基团上两个 β 质子的大的正耦合常数（+1.910 mT）。该值，连同在 **97**$^{\cdot+}$（+2.815 mT，见 6.4 节）和 **496**$^{\cdot-}$（+1.342 mT）内桥连基团上的两个和一个 β 质子的值，对于这种大小的 π 自由基而言是不同寻常的。它们是代表"Whiffen 效应"的另一个例子，因为桥连中心具有相同符号的 LCAO 系数，并且相应的二面角 θ 也小（**500** 的约 17°、**97** 的约 10°、**496** 的约 40°）。

在桥连 [10] 轮烯和 [14] 轮烯阴离子中 g_{iso} 是 2.0027~2.0030，在相应阳离子中是 2.0022~2.0027。所有这些自由基阴离子都是中性化合物在醚中与碱金属反应或在 DMF 中电解而产生的，但 **496**$^{\cdot-}$ 必须使用特殊的条件，这是因为延长还原时间时它很容易转变成 **361**$^{\cdot 2-}$ 和 **362**$^{\cdot 2-}$，即二环 [6.3.0]-1,3,5,7,9-十一碳五烯基和苯并䓬基的自由基二价阴离子（表 8.5）。对于 **500**$^{\cdot-}$，也必须使用特殊的预防措施（溶剂化电子的方法），因为它容易失去桥连基团的 H 原子并转变成芘（**387**）自由基阴离子（表 8.8）。自由基阳离子是将中性底物溶于浓硫酸，或溶于二氯甲烷中并用 AlCl$_3$ 氧化而形成的。在 193 K 低温用后一种方法所获得的 **76**$^{\cdot+}$，会在 223 K 时转变成 1,6-二甲基芘和 1,8-二甲基芘的自由基阳离子混合物（同时失去两个 H 原子），它们会歧化成 1,3,6,8-四甲基芘和取代较少的芘自由基阳离子[904]。

四去氢 [n] 轮烯的自由基离子 (radical ions of tetradehydro [n] annulenes)

表 8.21 列举了一部分四去氢 [14] 轮烯、[18] 轮烯、[22] 轮烯和 [26] 轮烯自由基离子的超精细数据[151,905,906],其中,中性闭合共轭环的 π 电子数满足 Hückel 规则。自由基阴离子中与单占相关的 LUMO ψ_{j+} 和 ψ_{j-} ($j=4$、5、6 和 7 分别对应 $n=14$、18、22 和 26),被示意在图 8.13 中。与两个三键的作用效果相比,叔丁基取代基对闭合共轭环分子轨道的微扰可以忽略不计,这一说法得到了环上 α 质子耦合常数的证明,它们与 **501**$^{\cdot-}$ 及其四叔丁基取代衍生物 **502**$^{\cdot-}$ 的耦合常数非常相似。当两个相关中心的 LCAO 系数具有相同符号时,三键(图 8.13 中的 μ 和 ν)的引入是趋稳的,当它们具有相反符号时则是失稳的。因此,这些效应的作用方向在从 $n=14$ 到 26 的过程中交替。对于 **501** 和 **502** ($n=14$) 以及 **504** ($n=22$),两个三键使 LUMO ψ_{j+} 稳定而令 ψ_{j-} 失稳,而对于 **503** ($n=18$) 和 **505** ($n=26$) 则相反。在自由基阴离子中有一个电子被 ψ_{j+} 和 ψ_{j-} 摄入的情况下,较低能量的分子轨道首选作为 SOMO,即 **501**$^{\cdot-}$ 和 **502**$^{\cdot-}$ 的 ψ_{4+},**503**$^{\cdot-}$ 的 ψ_{5-},**504**$^{\cdot-}$ 的 ψ_{6+} 和 **505**$^{\cdot-}$ 的 ψ_{7-}。

由于偶数元共轭圆环的配对性质,在相邻中心 μ 和 ν 上 HOMO ψ_{j+} 和 ψ_{j-} ($j=4$、5、6 和 7 分别对应着 $n=14$、18、22 和 26)的系数具有和对应 LUMO 在这些中心的系数相等的绝对值,但当它们的符号若对于 LUMO 是相同时,那么对于 HOMO 则是相反的;反之亦然。结果是,对于 $n=14$ 和 22,三键使 HOMO ψ_{j+} 失稳而使 ψ_{j-} 趋稳,但对于 $n=18$ 和 26,三键的作用刚好相反。然而,由于自由基阳离子中 HOMO ψ_{j+} 和 ψ_{j-} 容纳三个电子,使较低能级的分子轨道现在被双占,而较高能级的分子轨道是 SOMO。因此,基于相应镜平面,在给定的四去氢 [n] 轮烯自由基阴离子和自由基阳离子中 SOMO 具有相同的对称性。事实上,**502**$^{\cdot-}$/**502**$^{\cdot+}$、**503**$^{\cdot-}$/**503**$^{\cdot+}$ 和 **504**$^{\cdot-}$/**504**$^{\cdot+}$ 等两两相应的自由基离子中的相似耦合常数,反映了 π 交替体系的表观配对性质。

在自由基三价阴离子 **503**$^{\cdot 3-}$ 和 **504**$^{\cdot 3-}$ 中,较低能级的 LUMO,即相应自由基阴离子的 SOMO,被填满,而其不太稳定的配对轨道变成单占。因此,该分子轨道具有与一价阴离子 SOMO 相反的对称性,也就是对于 **503**$^{\cdot 3-}$ 是 ψ_{5+},对于 **504**$^{\cdot 3-}$ 是 ψ_{6-},如被观察到的耦合常数所证实的。

轮烯 **501**～**505** 自由基离子的 g_{iso} 尚未被报道。它们的自由基阴离子和三价阴离子是通过中性化合物在醚溶剂中与碱金属反应产生的(一价阴离子的接触时间短,三价阴离子的长),而自由基阳离子是由这些化合物在二氯甲烷中被 $AlCl_3$ 氧化而形成的。

表 8.21 部分四去氢 [14] 轮烯、[18] 轮烯、[22] 轮烯和 [26] 轮烯自由基离子的超精细数据

化合物	位置	超精细数据	文献
1,2,8,9-四去氢[14]轮烯 (1,2,8,9-tetradehydro[14]annulene) **501·⁻**	H3,7,10,14 H4,6,11,13 H5,12	阴离子 −0.454 +0.115 −0.515	[905]
3,7,10,14-四叔丁基-1,2,8,9-四去氢[14]轮烯 (3,7,10,14-tetra-*tert*-butyl-1,2,8,9-tetradehydro[14]annulene) **502·⁻ / 502·⁺**	H4,6,11,13 H5,12 36H(γ)	阴离子/阳离子 +0.108/+0.106 −0.514/−0.462 <0.01/0.019	[906]/[151]
3,9,12,18-四叔丁基-1,2,10,11-四去氢[18]轮烯 (3,9,12,18-tetra-*tert*-butyl-1,2,10,11-tetradehydro[18]annulene) **503·⁻ / 503·³⁻**	H4,8,13,17 H5,7,14,16 H6,15 36H(γ)	阴离子/阳离子/三价阴离子 +0.087/+0.086/−0.325 −0.402/−0.394/+0.120 +0.135/+0.129/−0.334 <0.01/0.018/<0.01	[906]/[151]/[151]
3,11,14,22-四叔丁基-1,2,12,13-四去氢[22]轮烯 (3,11,14,22-tetra-*tert*-butyl-1,2,12,13-tetradehydro[22]annulene) **504·⁻ / 504·³⁻**	H4,10,15,21 H5,9,16,20 H6,8,17,19 H7,18 36H(γ)	阴离子/阳离子/三价阴离子 +0.064/+0.069/−0.250 −0.337/−0.328/+0.057 +0.124/+0.123/−0.287 −0.399/−0.364/+0.093 <0.01/0.016/<0.01	[906]/[151]/[151]
3,13,16,26-四叔丁基-1,2,14,15-四去氢[26]轮烯 (3,13,16,26-tetra-*tert*-butyl-1,2,14,15-tetradehydro[26]annulene) **505·⁻**	H4,12,17,25 H5,11,18,24 H6,10,19,23 H7,9,20,22 H8,21 36H(γ)	阴离子 +0.061 −0.285 +0.114 −0.310 +0.122 <0.01	[906]

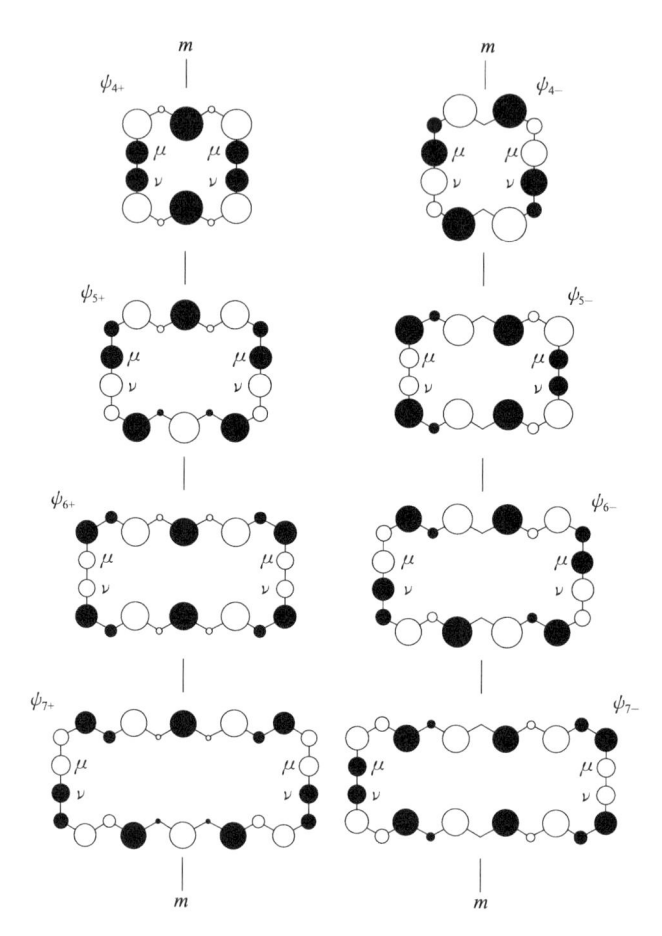

图 8.13　14 元、18 元、22 元和 26 元闭合共轭环烃的简并 LUMO ψ_{j+} 和 ψ_{j-} 示意图（$j=4$、5、6 和 7）。这些共轭环的形状和桥连如四去氢 [n] 轮烯 **501**～**505** 所示。三键中心用 μ 和 ν 标记。m 表示垂直镜面

8.7　蕃自由基离子

在此，"蕃"（phanes）是指含有两个 π 单元的有机物，它们被亚甲基或次甲基的短连接链约束为彼此靠近。在环蕃（cyclophanes）和非苯环蕃（arenophanes）通常所指的化合物中，这两个 π 单元分别都是苯环或都是其他比苯环更大的 π 共轭环。1983 年，有一篇综述小结了迄今为止对蕃自由基离子所进行的 ESR 研究[621]。

表 8.22 列举了一部分环蕃自由基离子的超精细数据[152,154-156,241,270,642,907-909]。

[2.2]对环蕃①（**118**）在蕃类有机物中的地位，相当于苯在芳香化合物中的地位。如6.6节所述，**118**的两个苯基π单元在间距300 pm的位置刚性面对面，这使该分子成为探测电子相互作用的一个理想体系。因此，毫不奇怪地，对自由基阴离子**118**·⁻的首次研究可以追溯到ESR谱的早期十年[910]。该研究中并没有报道关于谱图的详细分析，但随后试图解开超精细图谱的努力给出了错误的解释[911]。造成这种困难的原因是**118**·⁻与碱金属抗衡离子的缔合，如6.6节所考虑。尽管[2.2]对环蕃比苯更容易接受一个电子（还原电势分别为-3.0 V、-3.4 V）[912]，但其转变成自由基阴离子同样需要一个很强的还原剂，如钾。紧密离子对**118**·⁻/K⁺使ESR谱图复杂化，即增添了来自抗衡离子碱金属磁性核的超精细分裂（0.012 mT），特别是同时还把对称性从D_{2h}降至C_{2v}，这个结果显然是π自旋定域在其中一个苯基单元上所导致的。**118**·⁻与K⁺的松散或紧密缔合所给出的不同ESR谱，如图6.23所示。在一个苯基单元上的自旋定域，会随着溶剂的阳离子溶剂化能力的降低而变得愈加明显，其顺序是DME/HMPT（1.0）>DME（1.8）>THF（2.0）>MTHF（2.2），其中括号内的数字表示在两个苯基单元上α质子耦合常数之比[621]。如6.6节所述，在离子对**118**·⁻/K⁺的结构中，阳离子位于一个苯环上方或下方的C_2轴上[622]。这些能展现出自旋定位或离域的ESR谱，同样存在于结构上和**118**·⁻相关的其他环蕃自由基阴离子中，如1,2:9,10-二苯并[2.2]对环蕃（**509**）、[2.2.2.2](1,2,4,5)环蕃（**511**）等。

另外两种环蕃自由基阴离子，即[2.2]间对环蕃（**95**）和[2.2]对环蕃-1,9-二烯（**131**），已经分别在6.5节和6.7节展开讨论。其中，自由基阴离子**131**·⁻是一个用以展示具有不同耦合常数符号（±0.046 mT和±0.20 mT）的两组质子之间含时交换的例子；**95**·⁻的ESR谱则被用来证明如何通过特定的氘化和ENDOR技术来解析那些复杂且仅部分可分辨的超精细图谱。需要注意的是，**95**·⁻及其1,9-二烯（**513**）衍生物自由基阴离子的数据表明，间位桥连的环的构象翻转在超精细时间尺度上是缓慢的，至少在ESR研究的低温下是如此的。在**118**·⁻及其1,2:9,10-二苯并衍生物**509**·⁻中，SOMO可被当成是两个苯环的LUMO ψ_{2-}的组合，在**511**·⁻中相应地分子轨道可被当成它们配对轨道ψ_{2+}的组合（图8.9）。在**131**·⁻中，SOMO被假设成两个苯环的LUMO ψ_{2+}与两个乙烯π体系的LUMO之间的相互作用。

---

① 译者注：为清晰起见，当环蕃的两个π单元都是对位苯基，"paracyclophane"译为"对环蕃"；若有一个是间位苯基，"metaparacyclophane"译为"间对环蕃"；若两个都是间位苯基，"metacyclophane"译为"间环蕃"。

表 8.22 部分对位和间对位的 [2.2] 环蕃自由基离子的超精细数据

		离域阴离子	定域阴离子	
[2.2]对环蕃 ([2.2]paracyclophane) **118**·⁻	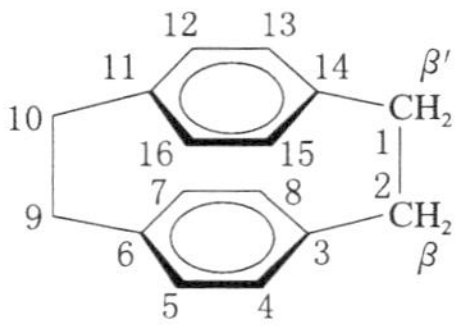 H4,5,7,8 H12,13,15,16 4H(β) 4H(β')	−0.297 +0.103	−0.379 −0.139 +0.125 +0.070	[152]
4,5,7,8-四甲基-[2.2]对环蕃 (4,5,7,8-tetramethyl-[2.2]paracyclophane) **506**·⁻/**506**₂·⁺	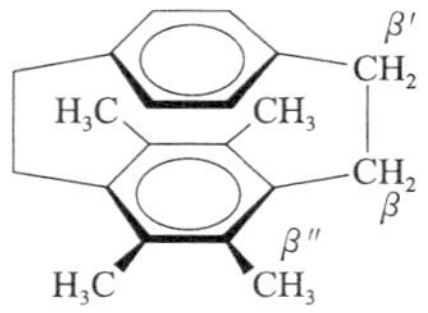 H12,13,15,16 4H(β) 4H(β') 12H(β'')	阴离子 −0.295 +0.015 +0.168 +0.099	二聚体阴离子 2×(0.035) 2×(+0.168) 2×(0.018) 2×(+0.223)	[241]/[270]
4,5,7,8,12,13,15,16-八甲基-[2.2]对环蕃 (4,5,7,8,12,13,15,16-octamethyl-[2.2]paracyclophane) **507**·⁺ 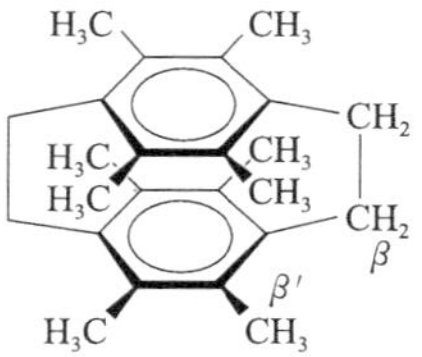	8H(β) 24H(β') ¹³C4,5,7,8,12,13,15,16 ¹³C3,6,11,14		阴离子 +0.008 +0.435 +0.328 −0.128	[907]
[2.2]对环蕃-1,9-二烯 ([2.2]paracyclophane-1,9-diene) **131**·⁻	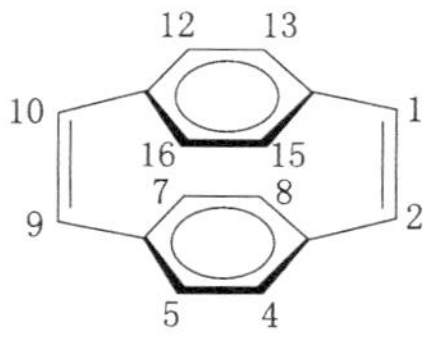 H1,2,9,10 H4,7,13,16 H5,8,12,15	阴离子 −0.422 ±0.046 ±0.020		[642]

第 8 章　共轭烃自由基　297

续表

化合物	结构	位置	类型	数值	参考
4,5,7,8-四甲基-[2.2]对环蕃-1,9-二烯 (4,5,7,8-tetramethyl[2.2]paracyclophane-1,9-diene) **508**·⁻	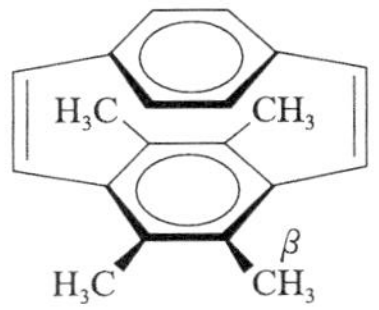 (H₃C, CH₃ 取代对环蕃结构)	H1,10 H2,9 H12,13,15,16 12H(β)	阴离子	−0.560 −0.325 <0.02 <0.02	[642]
1,2;9,10-二苯并[2.2]对环蕃 (1,2;9,10-dibenzo[2.2]paracyclophane) **509**·⁻	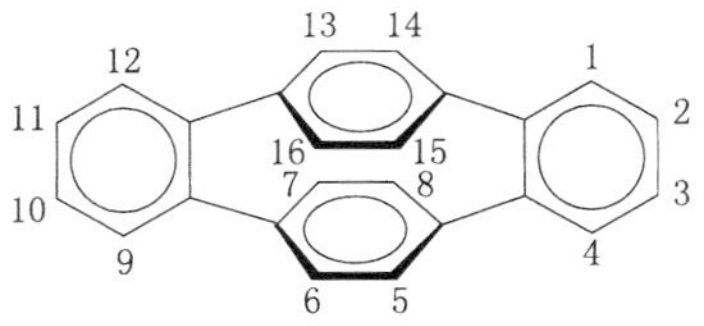 (稠合苯环对环蕃, 编号1–16)	H4,9 H1,12 H3,10 H2,11 H5~8 H13~16	离域阴离子 / 定域阴离子	−0.120 / −0.158 −0.120 / −0.094 −0.036 / −0.077 −0.036 / −0.018 −0.235 / −0.324 −0.235 / −0.158	[154]
4′,4″,5′,5″-四苯基-1,2;9,10-二苯并[2.2]对环蕃 (4′,4″,5′,5″-tetraphenyl-1,2;9,10-dibenzo[2.2]paracyclophane) **510**·⁻/**510**·³⁻	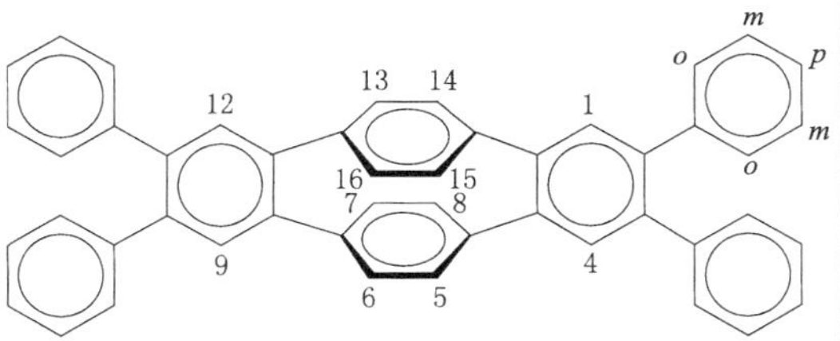 (四苯基取代结构, o, m, p 标记苯环)	H1,4,9,12 H5~8, 13~16 8H_o 8H_m 4H_p	阴离子 / 三价阴离子	+0.042 / −0.122 0.005 / −0.209 −0.076 / −0.022 +0.023 / +0.005 −0.126 / −0.022	[156]
[2.2.2.2](1,2,4,5)环蕃 ([2.2.2.2](1,2,4,5)cyclophane) **511**·⁻	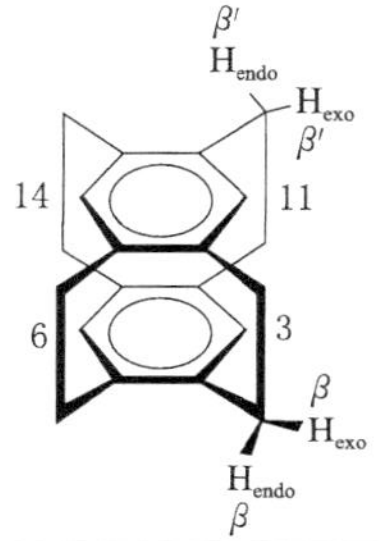 (桥联环蕃, H_exo/H_endo, β/β′ 标记)	H3,6 H11,14 4H_exo(β) 4H_exo(β′) 4H_endo(β) 4H_endo(β′)	离域阴离子 / 定域阴离子	−0.409 / −0.598 −0.409 / −0.234 +0.245 / −0.259 +0.245 / −0.213 +0.033 / +0.038 +0.033 / +0.028	[908]

化合物	结构	位置	阴离子 a/mT	文献
[3,3]对环蕃 ([3,3]paracyclophane) **512**·⁻	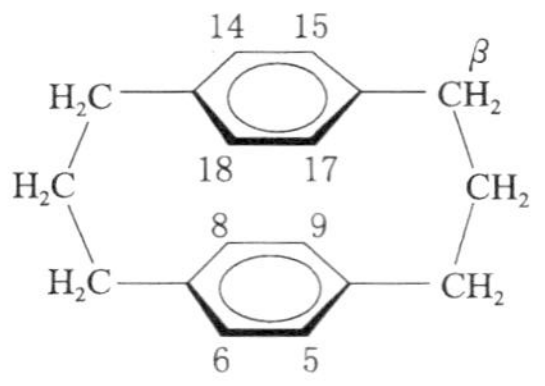 (结构图)	H5,6,14,15 H8,9,17,18 4H$_{ax}$(β) 4H$_{eq}$(β)	阴离子 −0.395 −0.188 +0.575 +0.192	[152]
[2,2]间对环蕃 ([2,2]metaparacyclophane) **95**·⁻ 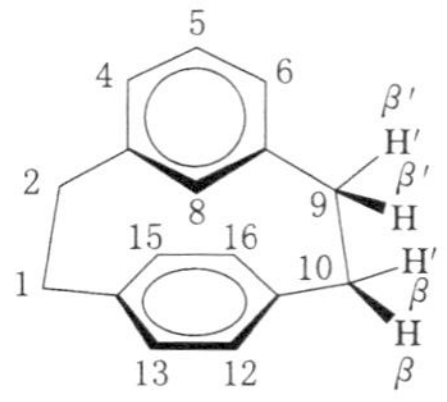	(结构图)	H4,6 H5 H8 H12,13 H15,16 2H(β) 2H'(β') 2H(β') 2H'(β')	阴离子 0.007 −0.036 −0.044 +0.106 +0.131 +0.268 +0.182 −0.065 +0.065	[155]
[2,2]间对环蕃-1,9-二烯 ([2,2]metaparacyclophane-1,9-diene) **513**·⁻	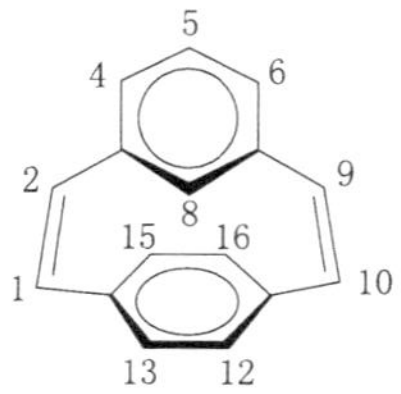 (结构图)	H2,9 H1,10 H4,6 H5 H8 H12,13 H15,16	阴离子 +0.270 −0.498 +0.032 0.015 +0.301 −0.316 −0.087	[909]

苯环上的烷基取代虽然使[2.2]对环蕃更难被还原，但却有助于其氧化。因此，高度取代的[2.2]对环蕃，如4,5,7,8,12,13,15,16-八甲基衍生物（**507**），就形成了自由基阳离子。在**507**$^{·+}$中，甲基β质子的耦合常数相当于均四甲苯（**488**）自由基阳离子中相应质子的一半（表8.18），后者以苯的HOMO ψ_{1-}作为首选的SOMO。

由于侧面四个苯基取代基扩展了整个π体系，1,2;9,10-二苯并[2.2]对环蕃的衍生物（**510**）会摄入不止一个电子。因此，该化合物与钾的长时间接触，会持续地产生自由基阴离子**510**$^{·-}$、三重态二价阴离子**510**$^{··2-}$（11.3节）和自由基三价阴离子**510**$^{·3-}$。在**510**$^{·3-}$中大部分π自旋布居由中心[2.2]对环蕃单元所容纳，而在**510**$^{·-}$和**510**$^{··2-}$中自旋布居主要定域于两侧的邻三联苯单元中。这一结论是通过分别比较**510**$^{·-}$和**510**$^{·3-}$与邻三联苯（**407**）（表8.11）和1,2;9,10-二苯并[2.2]对环蕃（**509**）自由基阴离子的超精细耦合常数来得出的，并与**510**中各个组分的还原电势相一致。

在[3.3]对环蕃自由基阴离子（**512**$^{·-}$）中，两个苯环上的八个α质子分化成两组各4个，这是由较长的亚丙基桥的柔性导致低对称性的构象，而非离子配对所导致。

表8.23列举了一些非环蕃自由基离子的超精细数据[142,153,229,623,913-916]。同样地，自由基阴离子与碱金属抗衡离子的紧密缔合表现为对称性的下降，这是π自旋布居被定域在一个π单元中的结果。然而，把[2.2]对环蕃中的两个苯环替换成更大的类苯共轭基团如萘、蒽和芘等，会减少这种定域的趋势。因此，与**118**$^{·-}$不同的是，[2.2]（1,4）萘蕃（**119**）的两种同分异构体自由基阴离子，只有在MTHF中才和抗衡离子K$^+$缔合成紧密离子对，在DME和THF中则没有；[2.2]（9,10）蒽蕃（**519**）自由基阴离子的相应离子对，在这三种溶剂中都是松散的。当两个π单元是非交替的并且比交替的苯类衍生物更易极化时，自由基阴离子与碱金属阳离子的缔合就尤为紧密了（6.6节）。因此，薁蕃衍生物的三个自由基阴离子**521**$^{·-}$及顺式与反式的**522**$^{·-}$，都呈现自旋定域在一个π单元中，正如对更紧密的离子对所预期的那样。在无论是紧密还是松散的离子对中，[2.2]非环蕃自由基阴离子的^{1}H超精细数据都反映了各自芳烃自由基阴离子中的π自旋分布（表8.8、表8.9和表8.15）。类似地，[2.2]（2,7）萘蕃-1,11-二烯（**516**）自由基阴离子的超精细数据，与1,2-二（萘-2-基）乙烯（**426**）自由基阴离子的（表8.12）有一些相似之处。

表 8.23 部分对位和间对位的 [2.2] 非环蕃等自由基离子的超精细数据

		离域阴离子	定域阴离子	
顺式[2.2](1,4)萘蕃 ([2.2](1,4)naphthalenophane) sys-**119**·⁻	H4,7 H14,17 H5,6 H15,16 H9,10 H19,20 2H(β) 2H(β') 2H(β) 2H(β')	−0.242 −0.242 −0.132 −0.132 −0.100 −0.100 +0.170 +0.170 +0.035 +0.035	−0.364 −0.106 −0.191 −0.060 −0.143 −0.055 +0.232 +0.090 +0.050 +0.016	[142, 623]
反式[2.2](1,4)萘蕃 anti-**119**·⁻	H4,7 H14,17 H5,6 H15,16 H9,10 H19,20 2H(β) 2H(β') 2H(β) 2H(β')	−0.300 −0.300 −0.098 −0.098 −0.060 −0.060 +0.213 +0.213 +0.028 +0.028	−0.448 −0.109 −0.159 −0.035 −0.095 −0.016 +0.380 +0.042 +0.046 +0.004	[142, 623]

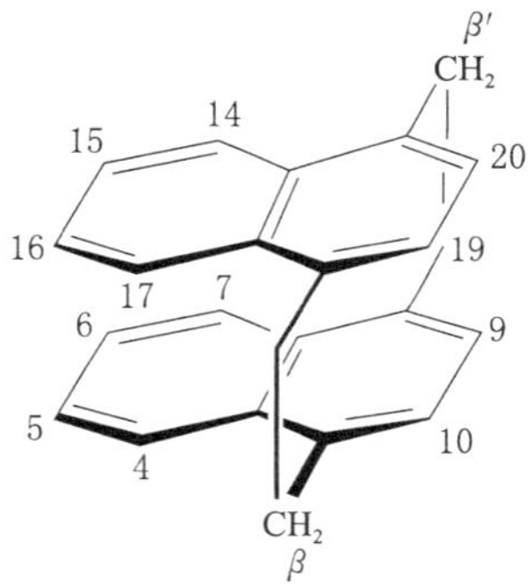

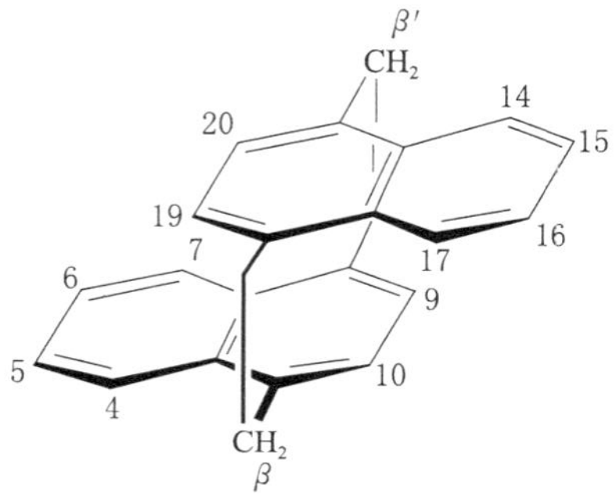

第 8 章 共轭烃自由基　　301

续表

反式[2.2](2,7)萘蕃 (anti-[2.2](2,7) naphtha-lenophane) **514**·⁻	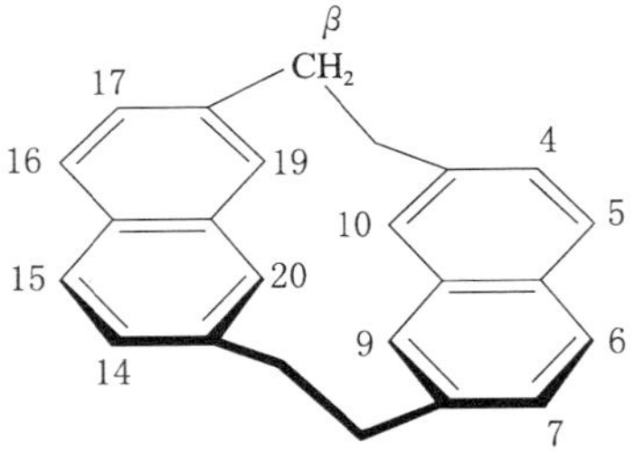	H4,7,14,17 H5,6,15,16 H9,10,19,20 4H(β) 4H(β)	阴离子 −0.083 −0.194 −0.268 +0.104 +0.043	[153]
9,10,19,20-四甲基-反式-[2.2](2,7)萘蕃 (9,10,19,20-tetramethyl-anti-[2.2](2,7) naphtha-lenophane) **515**·⁻	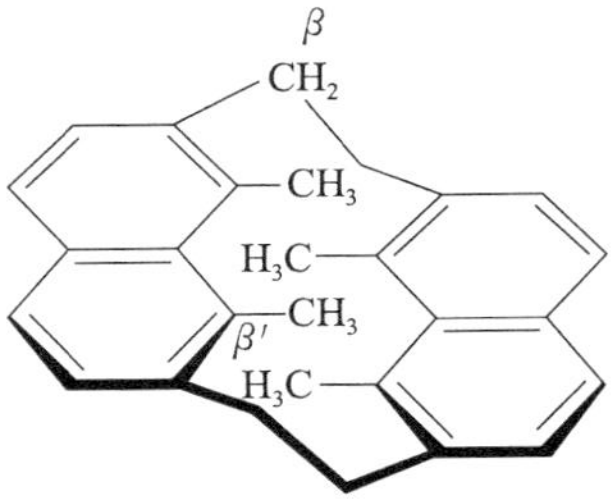	H4,7,14,17 H5,6,15,16 4H(β) 12H(β')	阴离子 −0.055 −0.199 +0.077 +0.050 +0.293	[913]
反式[2.2](2,7)萘蕃-1,11-二烯 (anti-[2.2](2,7) naphtha-lenophane-1,11-diene) **516**·⁻	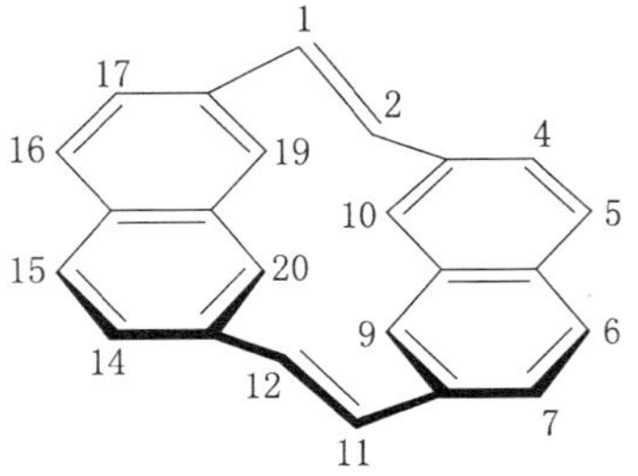	H1,2,11,12 H4,7,14,17 H5,6,15,16 H9,10,19,20	阴离子 −0.087 −0.032 −0.108 −0.307	[153]

			阴离子		阴离子	
9,10,19,20-四甲基-反式[2.2](2,7)萘蕃-1,11-二烯 (9,10,19,20-tetramethyl-*anti*-[2.2](2,7)naphthalenophane-1,11-diene) **517**·⁻/**517**·⁺	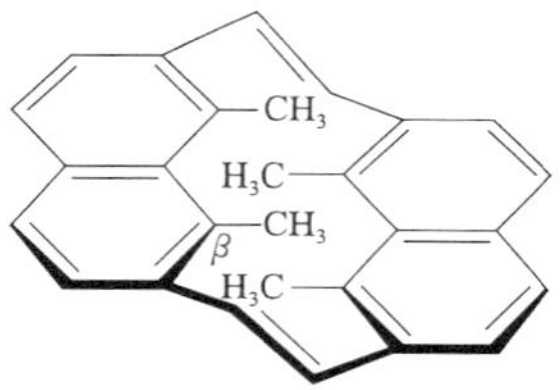	H1,2,11,12 H4,7,14,17 H5,6,15,16 12H(β)	−0.097 −0.039 −0.097 +0.222	−0.054 <0.01 −0.225 +0.316		[913]
顺式[2.2](1,4)蒽蕃 (*[2.2](1,4)anthracenophane) *sys*-**518**·⁻	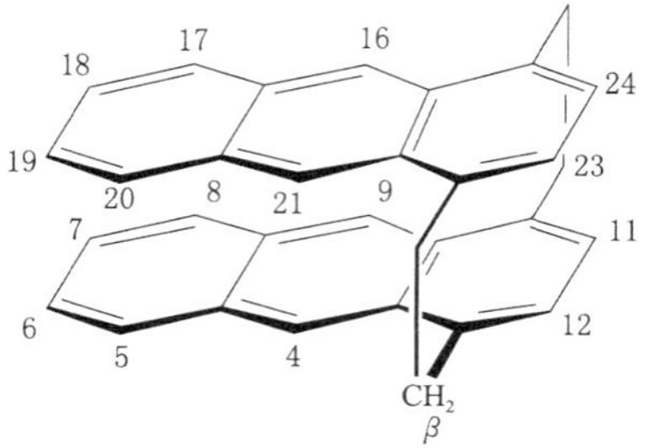	H4,9,16,21 H5,8,17,20 H6,7,18,19 H11,12,23,24 4H(β) 4H(β)	−0.268 −0.113 −0.077 −0.070 +0.090 +0.056			[914]
反式[2.2](1,4)蒽蕃 *anti*-**518**·⁻	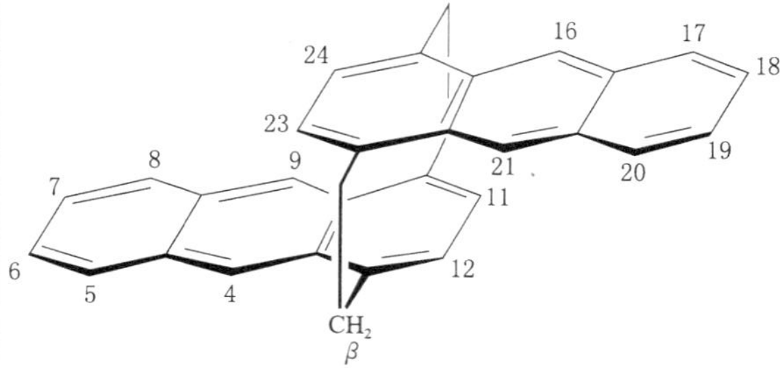	H4,9,16,21 H5,8,17,20 H6,7,18,19 H11,12,23,24 4H(β) 4H(β)	−0.244 −0.111 −0.079 −0.073 +0.168 +0.015			[914]

第 8 章 共轭烃自由基　　303

续表

[2.2](9,10)蒽蕃 ([2.2](9,10)anthracenophane) **519**·⁻/**519**·⁺	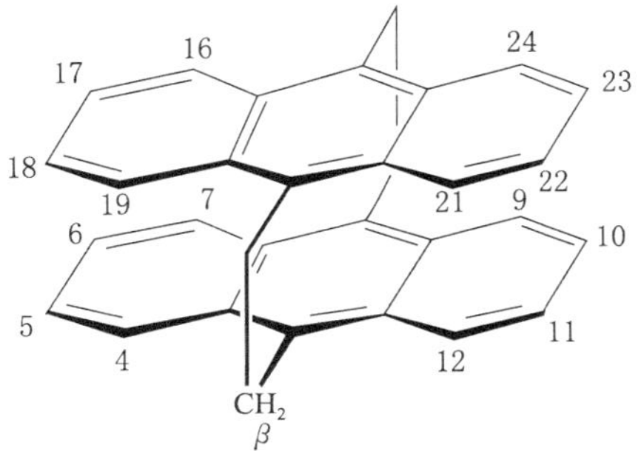	H4,7,9,12,16,19,21,24 H5,6,10,11,17,18,22,23 8H(β)	阴离子 −0.126 −0.078 +0.156	阴离子 −0.110 −0.065 +0.098	[142,229]/ [229]
[2.2][2.7]芘蕃 ([2.2](2,7)pyrenophane) **520**·⁻	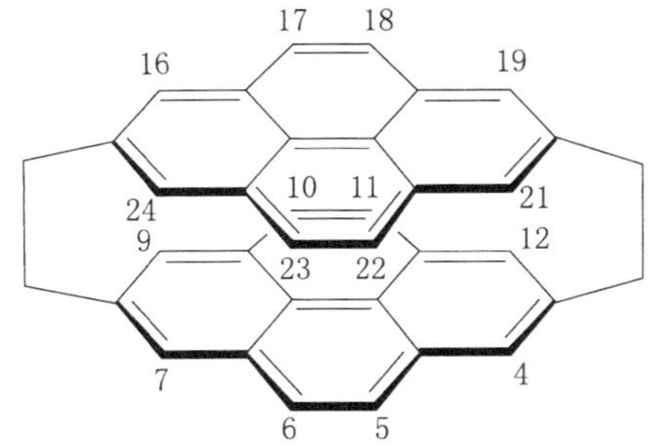	H4,7,9,12,16,19,21,24 H5,6,10,11,17,18,22,23	阴离子 −0.225 −0.108		[915]
反式[2.2](1,3)薁蕃 (*anti*-[2.2](1,3)azulenophane) **521**·⁻	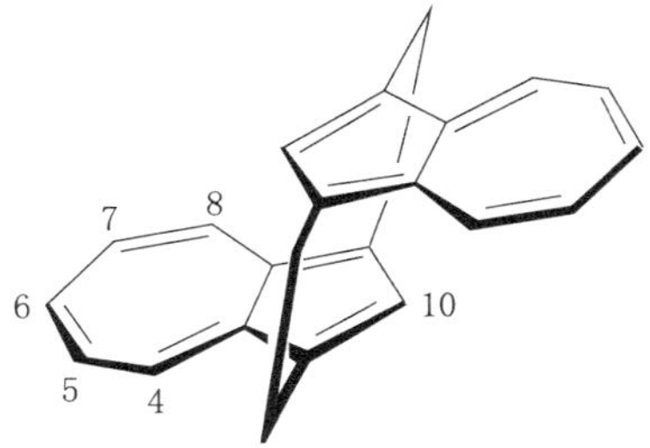	H4,8 H5,7 H6 H10	定域阴离子 −0.610 +0.110 −0.840 −0.367		[916]

续表

		定域阴离子		[916]
顺式[2.2](2.6)薁蕃 (sys-[2.2](2.6)azulenophane) sys-**522**·⁻ 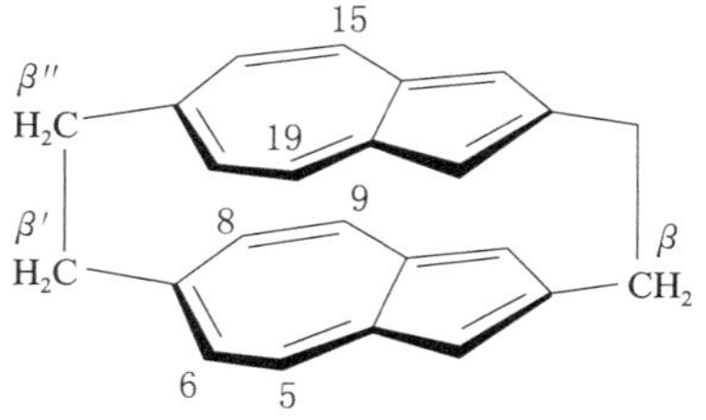	H5,9 H6,8 H15,19 2H(β) 2H(β') 2H(β'')	−0.557 +0.251 −0.094 +0.291 +0.517 +0.050		[916]
反式[2.2](2.6)薁蕃 anti-**522**·⁻	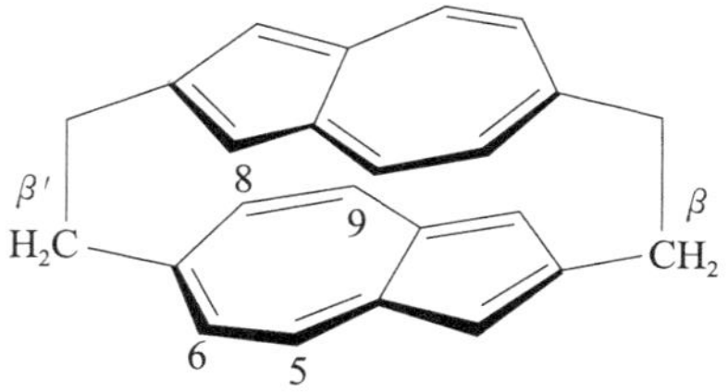 H5,9 H6,8 2H(β) 2H(β')	−0.599 +0.222 +0.349 +0.505		[916]

在 519·+ 中，π 单元上 α 质子的耦合常数接近于蒽二聚体阳离子 68₂·+ 的相应值（表 8.8）。这一发现表明了在这些二聚体中存在两个蒽环相互遮盖的结构，就像在 519·+ 中的相互遮盖那样。在将四个甲基引入之后，[2.2](2,7) 萘蕃-1,11 二烯更易于在溶液中发生氧化；与相应阴离子 517·− 相比，在由此形成的自由基阳离子 517·+ 的 ¹H 超精细数据彰显一些变化，虽然萘基和乙烯基等 π 体系组分都是交替的。这些差异可能是由于不同的几何形状，特别在这两个自由基离子中，具有空间干预能力的甲基对空间需求略有不同。

蕃自由基阴离子和自由基阳离子的 g_{iso} 分别是 2.0027±0.0001 和 2.0026±0.0001。自由基阴离子是在醚溶剂中由中性化合物与碱金属反应生成。它们的持久性随着从 [2.2] 对环蕃、[2.2] 间对环蕃到 [2.2] 间环蕃而降低。因此，反式 [2.2] 间环蕃及其 1,9-二烯的自由基阴离子不适用于 ESR 研究，因为它们迅速失去两个 H 原子，并分别转变成 4,5,9,10-四氢芘（**122**）和芘（**387**）的阴离子。在二氯甲烷中，4,5,7,8-四甲基-[2.2] 对环蕃（**506**）与 AlCl₃ 反应给出的，并率先归属给 **506**·+ 的 ESR 谱[241]，后来被证明是起源于经重排而形成的 1,3,6,8-四甲基芘自由基阳离子（几个甲基重排和失去六个 H 原子）[904]。在较温和的氧化条件下，例如，在二氯甲烷与三氟乙酸及其酸酐的混合溶液中金阳极上的电解，形成含有四个被遮盖的苯 π 体系的二聚体自由基阳离子 50₂·+。用电解氧化法和与 AlCl₃ 反应的化学法，分别把中性化合物氧化成 **507**·+ 和 **517**·+。在二氯甲烷或硝基甲烷的混合溶液中，蒽蕃与三氟乙酸及其酸酐反应时检测到 **519**·+ 的形成。有趣的是，[2.2](2,7) 萘蕃-1,11-二烯（**516**）自由基阴离子失去两个 H 原子，而转变成为反式 12b,12c-二氢蔻自由基阳离子[153]，它在结构上与反式 10b,10c-二氢芘（**500**），即桥连的 [14] 轮烯自由基阴离子相关（表 8.20）。

8.8 轴烯自由基离子

[n] 轴烯含有由 sp² 杂化 C 原子构成的 n 元环，其中每个 C 原子连一个亚甲基。它们有一个 D_{nh} 对称性的平面几何，当 n 为偶数时是交替 π 体系，而 n 为奇数时是非交替 π 体系。所有平面 [n] 轴烯的 LUMO 都是非简并的，交替 [n] 轴烯的 HOMO 也是如此，但非交替 [n] 轴烯的 HOMO 是二重简并的。n=3、4 和 6 的轴烯已经被合成，并用 ESR 研究了其中一部分烷基或苯基取代衍生物的自由基离子[917]。相应的超精细数据列在表 8.24 中[464,465,918,919]。**75**·− 的 ESR 谱如图 6.10 所示。

表 8.24 部分 [n] 轴烯自由基离子的超精细数据

化合物	结构	超精细耦合	数据	文献
六甲基[3]轴烯 (hexamethyl[3]radialene) **74·⁻**	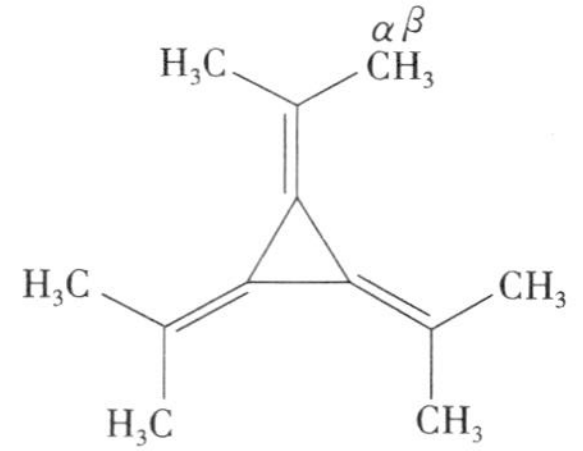	18H(β) 6^{13}C(α)	阴离子 +0.757 −0.465	[464]
八甲基[4]轴烯 (octamethyl[4]radialene) **523·⁻/523·⁺**	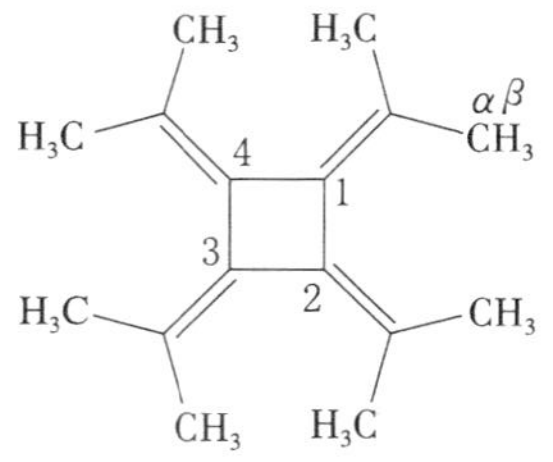	24H(β) ^{13}Cl~4 8^{13}C(α)	阴离子/阳离子 +0.567/+0.590 −0.16/−0.12 −0.37/−0.28	[918]
八苯基[4]轴烯 (octaphenyl[4]radialene) **524·⁻/524·⁺**	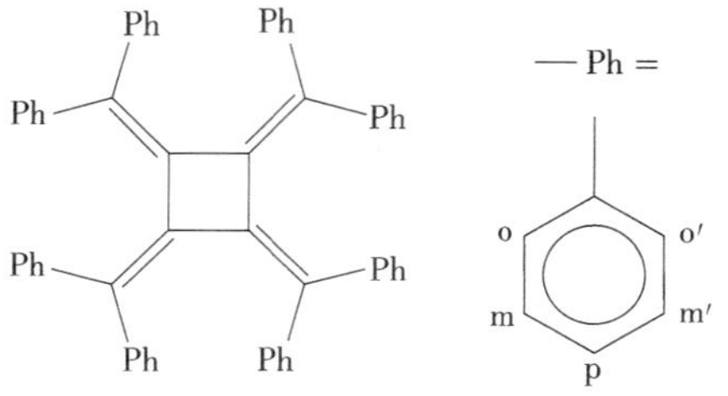	8H$_o$ 8H$_{o'}$ 8H$_m$ 8H$_{m'}$ 8H$_p$	阴离子/阳离子 −0.090/−0.045 −0.070/−0.045 +0.037/+0.066 +0.017/+0.066 −0.085/−0.023	[919]

7,8,9,10,11,12-六甲基[6]轴烯 (7,8,9,10,11,12-hexamethyl[6]-radialene) **75·⁻**	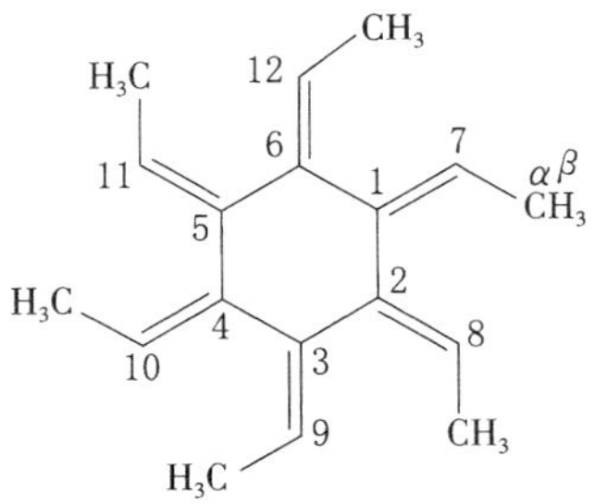	H7~12 18H(β) ¹³C1~6 6¹³C(α)	阴离子 −0.382 +0.382 −0.200 −0.200	[465]
7,8,9,10,11,12-六乙基[6]轴烯 (7,8,9,10,11,12-hexaethyl[6]radialene) **525·⁻**	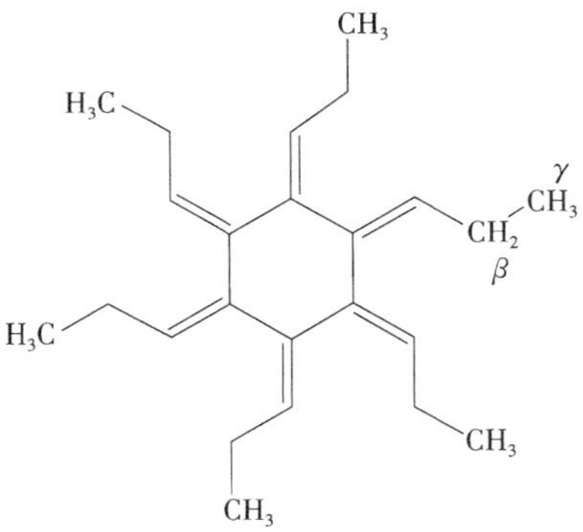	H7~12 6H(β) 6H(β) 18H(γ)	阴离子 −0.364 +0.468 +0.312 <0.02	[465]

在取代的 [4] 轴烯和 [6] 轴烯中，中心环应该是折叠的，并分别呈 D_{2d} 和 D_{3d} 对称性。然而，就自由基离子中自旋分布的处理方法而言，它们可以被视为是准平面的 π 体系。在自由基阴离子中，大部分 π 自旋布居应该均匀分布在 n 个环外侧 μ 中心之间，从而给出每个环外侧 μ 中心的 ρ_μ^π 是 $0.85/n$。因此，在 **74**·⁻、**523**·⁻ 和 **75**·⁻ 中甲基 β 质子的耦合常数之比是 $(1/3):(1/4):(1/6)$，并且该比值也大致表现在甲基 C 原子的 ¹³C 耦合常数中。自由基离子 **523**·⁻ 和 **523**·⁺ 的超精细数据反映了 [4] 轴烯交替烃的配对性质，但它们的苯基取代类似物 **524**·⁻ 和 **524**·⁺ 的数据不太符合这种性质。根据观察到的耦合常数绝对值大小关系，即 **524**·⁻ 的 $|a_{H_p}| \approx |a_{H_o}| \gg |a_{H_m}|$ 和 **524**·⁺ 的 $|a_{H_m}| > |a_{H_o}| > |a_{H_p}|$，在自由基阳离子中苯基取代基导致 [4] 轴烯 π 体系偏离共面的程度远大于阴离子的情况。

目前还没有 [n] 轴烯自由基离子 g_{iso} 的报道。自由基阴离子是在 DME 或 THF 中由中性化合物与钾反应产生。自由基阳离子 **523**·⁺ 和 **524**·⁺ 是在二氯甲烷中由相应的轴烯分别与 $AlCl_3$ 或 $Ti(CF_3COO)_3$ 反应而产生。

第 9 章 含杂原子的共轭自由基

大多数含有杂原子的共轭有机自由基，可以被认为要么是起源于中性 π 体系（8.1～8.8 节）与携带自旋的杂原子或基团（7.1～7.5 节）的组合，要么是起源于烃自由基中 π 中心碳原子被杂原子所取代。这种引入"结构修饰"的诸多方法带来了同样数量巨大的自由基。在 Landolt-Börnstein 汇编[18]中，关于含有杂原子的自由基的 ESR 数据，如硝酰基氧基、半二酮与半醌阴离子、硝基取代化合物的自由基阴离子等，占据了数百页之多。因此，针对此类自由基，仅包括少数相对简单但又极具有代表性的物种的必要性，比之前 7.1～7.5 节和 8.1～8.8 节所考虑的那些自由基都显得更加迫切。而且，最好还是分开单独地考虑中性自由基和自由基离子。在这些物种中，有几个高度持久的自由基已在 2.2 节和 2.3 节中提到。与相应的烃自由基一样，绝大多数具有杂原子的共轭自由基都具有 π 结构。然而，含孤电子对的杂原子会使一些自由基离子有可能转变成 σ 物种。

同样地，对于自由基离子和三价离子，以下各个表中的结构式都是缺少未配对电子和电荷符号的中性化合物结构式。只有在表 9.40 和表 9.41 中所列举的结构特殊的自由基阳离子，这些符号才被添加至结构式中。

9.1 中性自由基

在下面讨论的中性自由基中，携带自旋的杂原子或基团如烃氨基、烃氧基、肼基、四唑基、四嗪基和硝酰基氧基等，要么是连接到 π 体系，要么是并合成到环状 π 共轭体系。

烃氨基和烃氧基自由基（aminyl and oxyl radicals）

表 9.1[920-929]和表 9.2[580,920,930-938]列举了其中一部分自由基的超精细数据。当苄基自由基 PhC·H$_2$（**88·**）环外的 H$_2$C· 基团分别被 HN· 和 O· 取代时，形成苯氨基自由基 PhN·H（**526·**）和苯氧基自由基 PhO·（**538·**），这使得

526· 和 **538·** 与 **88·** 是等电子的。在从 $H_2C·$、$HN·$ 到 $O·$ 的顺序中，π自旋布居从环外侧链自由基中心向苯环的离域，表现为环上 α 质子耦合常数 $|a_H|$ 的增大（例如，对于 **88·**、**526·** 和 **538·** 分别有 $a_{H4}=-0.618$ mT、-0.822 mT 和 -1.022 mT）。在 7,7-二叔丁基苄基自由基（**327·**）中，环外 C 原子所连接的两个庞大取代基，削弱了 C 原子和苯基 π 体系的共轭，而在叔丁基苯基氨基自由基（**527·**）中，在 N 原子上引入一个叔丁基之类的取代基只对超精细数据产生中等强度的影响（例如，**88·** 的 $a_{C7}=+2.445$ mT 与 $a_{H4}=-0.618$ mT 对比于 **327·** 的 $a_{C7}=+4.5$ mT 与 $a_{H4}=-0.031$ mT，呈显著变化，但是，**526·** 的 $a_N=+0.795$ mT 与 $a_{H4}=-0.822$ mT 和 **527·** 的 $a_N=+0.970$ mT 与 $a_{H4}=-0.709$ mT 相比较，仅呈轻微变化）。

表 9.1 部分苯氨基和相关自由基的超精细数据

自由基	结构	核	耦合常数 (mT)	文献
苯氨基(phenylaminyl) **526·**	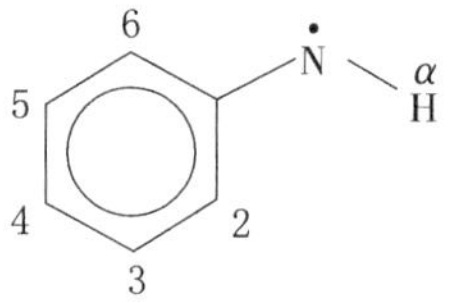 (苯环, N·-H, α)	^{14}N H(α) H2,6 H3,5 H4	+0.795 −1.294 −0.618 +0.201 −0.822	[920]
叔丁基苯基氨基 (*tert*-butylphenylaminyl) **527·**	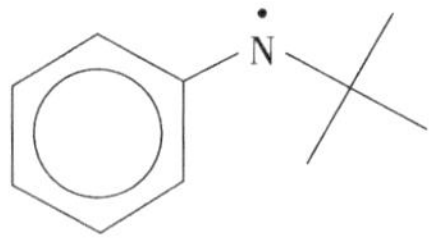 (苯环, N·-C(CH₃)₃)	^{14}N H2,6 H3,5 H4	+0.970 −0.584 +0.199 −0.709	[921]
(2,4,6-三叔丁基苯基)氨基 [(2,4,6-tri-*tert*-butylphenyl)-aminyl] **528·**	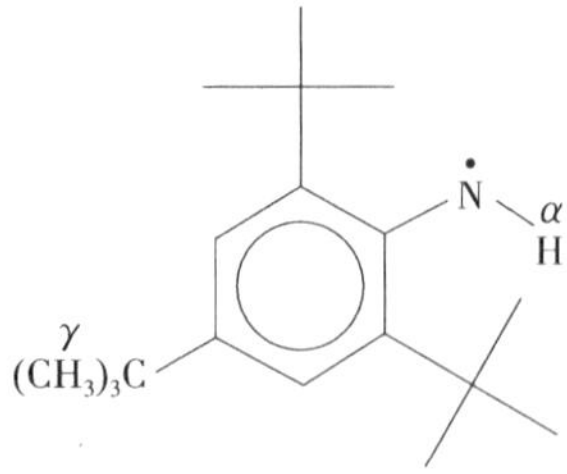 (2,4,6-三叔丁基苯环, N·-H, α, γ)	^{14}N H(α) H3,5 9H(γ)	+0.670 −1.175 +0.189 0.027	[922]
二苯氨基(diphenylaminyl) **529·**	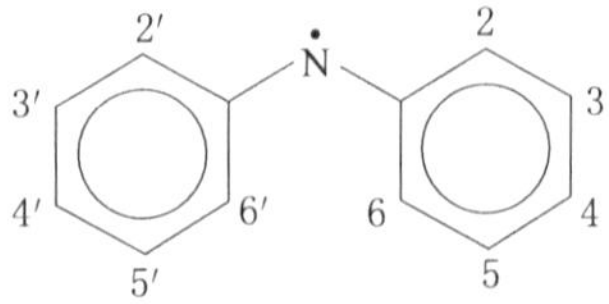 (二苯基, N·)	^{14}N H2,2',6,6' H3,3',5,5' H4,4'	+0.880 −0.368 +0.152 −0.428	[923]

续表

名称	结构	核	偶合常数	文献
1,8-二叔丁基-9-咔唑基 (1,8-di-*tert*-butyl-9-carbazolyl) **530·**	(结构式)	^{14}N H2,7 H3,6 H4,5	+0.697 +0.089 −0.430 +0.014	[924]
9,10-二氢-9,9-二甲基-10-吖啶基 (9,10-dihydro-9,9-dimethyl-10-acridinyl) **531·**	(结构式)	^{14}N H1,3,6,8 H2,7 H4,5	+0.800 +0.128 −0.452 −0.367	[923]
9-氧代-9,10-二氢-10-吖啶基 (9-oxo-9,10-dihydro-10-acridinyl) **532·**	(结构式)	^{14}N H1,8 H3,6 H2,7 H4,5	+0.698 +0.127 +0.076 −0.412 −0.367	[923]
10-吩噁嗪基 (10-phenoxazinyl) **533·**	(结构式)	^{14}N H1,9 H2,8 H3,7 H4,6	+0.803 −0.288 +0.097 −0.397 +0.065	[925]
10-吩噻嗪基 (10-phenothiazinyl) **534·**	(结构式)	^{14}N H1,9 H2,4,6,8 H3,7	+0.705 −0.285 +0.095 −0.366	[926]
1-吡咯基(1-pyrrolyl) **535·**	(结构式)	^{14}N H2,5 H3,4	−0.291 −1.326 −0.355	[927]
1-甲基-4-甲氧羰基吡啶 (1-methyl-4-carbomethoxypyridinyl) **536·**	(结构式)	^{14}N H2,6 H3,5 3H(β) 3H(β')	+0.625 −0.355 +0.08 +0.555 +0.08	[928]
1-甲基-2-甲氧基羰基吡啶 (1-methyl-2-carboxymethoxy-pyridinyl) **537·**	(结构式)	^{14}N H3 H5 H4 H6 3H(β) 3H(β')	+0.658 +0.140 +0.094 −0.628 −0.254 +0.564 +0.094	[929]

表 9.2　部分苯氧基和相关自由基的超精细数据

名称	结构	核	值	参考
苯氧基(phenoxyl) **538**·	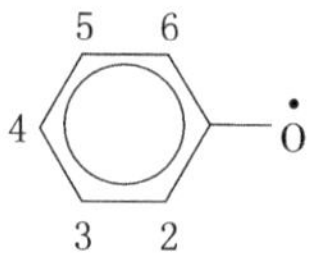	H2,6 H3,5 H4	−0.661 +0.185 −1.022	[920]
4-羟基苯氧基 (4-hydroxyphenoxyl) **539**·	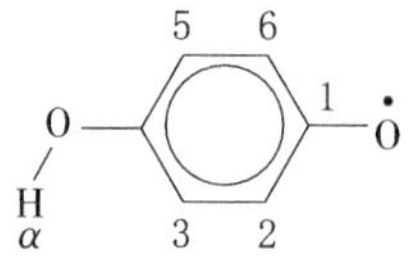	H2,6 H3,5 H(α) ^{13}C1 ^{13}C4	−0.509 +0.029 −0.186 −0.35 +0.34	[930] [931]
2,6-二羟基苯氧基 (2,6-dihydroxyphenoxyl) **540**·	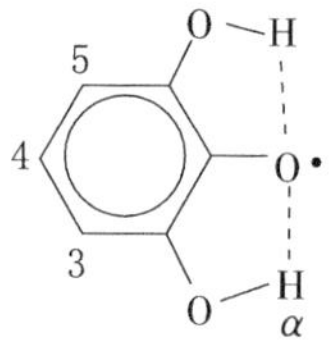	H3,5 H4 2H(α)	+0.153 −0.762 −0.107	[932]
2,4,6-三叔丁基苯氧基 (2,4,6-tri-*tert*-butylphenoxyl) **9**·	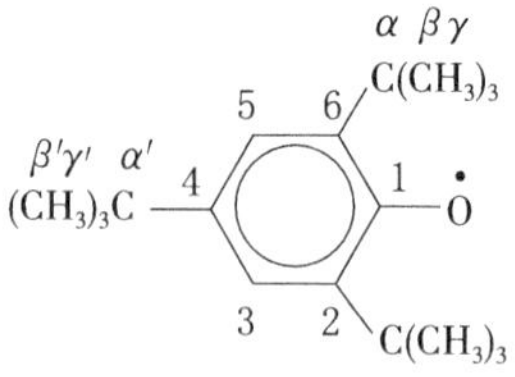	H3,5 18H(γ) 9H(γ') ^{13}C1 ^{13}C2,6 ^{13}C3,5 ^{13}C4 2^{13}C(α) ^{13}C(α') 6^{13}C(β) 3^{13}C(β') ^{17}O	+0.160 +0.006 +0.039 −0.951 +0.813 −0.877 +1.391 −0.300 −0.444 +0.182 +0.453 −1.203	[580] [933]
2,4,6-三苯基苯氧基 (2,4,6-triphenylphenoxyl) **541**·	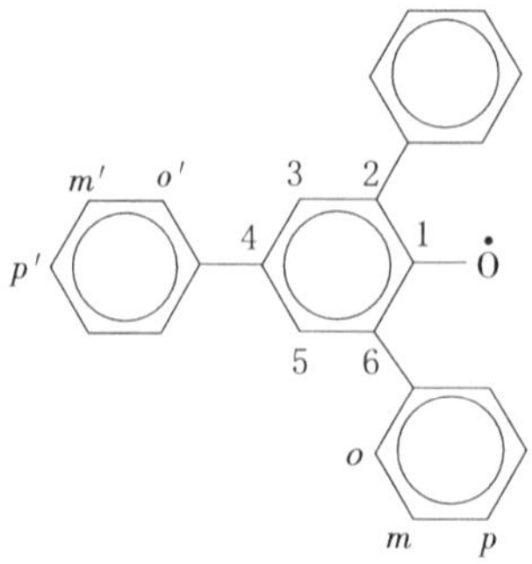	H3,5 4H$_o$, 2H$_p$ 4H$_m$ 2H$_{o'}$ 2H$_{m'}$ H$_{p'}$ ^{13}C1 ^{13}C2,6 ^{13}C3,5 ^{13}C4 ^{17}O	+0.168 −0.073 +0.038 −0.160 +0.059 −0.173 −1.25 +0.47 −0.87 +1.21 −0.97	[934] [935]

续表

2,6-二叔丁基-4-苯基苯氧基 (2,6-di-*tert*-butyl-4-phenylphenoxyl) **542·**	(结构图：联苯基，标注 m, o, p, 1, 3, 5, O·)	H3,5 2H$_o$ 2H$_m$ H$_p$ ^{13}C1	+0.169^a −0.175 +0.068 −0.192 −1.26	[936] [937]
2,6-二叔丁基-(2',6'-二叔丁基-1'-氧代-2'5'-环己二烯基)-对甲苯氧基（加尔万氧基）{4-[(2',6'-di-*tert*-butyl-1'-oxocyclohexa-2',5'-dien-4'-ylidene)methyl]-2,6-di-*tert*-butylphenoxyl}（galvinoxyl）**10·**	(结构图：galvinoxyl)	H3,3',5,5' H7 36H(γ) ^{13}C1,1' ^{13}C2,2',6,6' ^{13}C3,3',5,5' ^{13}C4,4' ^{13}C7 4^{13}C(α) 12^{13}C(β)	+0.133 −0.559 +0.005 −0.557 +0.499 −0.621 +1.073 −0.995 −0.18 +0.11	[938]

注：a. NMR 提供的数据。

二苯氨基自由基 Ph$_2$N·（**529·**）与二苯甲基自由基 Ph$_2$C·H（**323·**）是等电子体，所以在这两个自由基中环上 α 质子具有相似的耦合常数。鉴于 π 自旋分布，9-咔唑基（其 1,8-二叔丁基衍生物 **530·** 如表 9.1 所示）、吖啶基 **531·** 和 **532·**、吩噁嗪基 **533·** 和吩噻嗪基 **534·** 等，在此被当成是桥连的二苯氨基自由基。由于 π 自旋离域到苯环上，所以在 **526·**～**534·** 中 ^{14}N 耦合常数（a_N = +0.7～+1.0 mT）通常小于烷基氨基的（a_N = +1.2～+1.5 mT，表 7.4）。

在吡咯基和吡啶基自由基中，氨基 N 原子分别被并合成五元和六元的环状共轭体系。对于 1-吡咯基自由基（**535·**），小且负的 a_N，明显不同于氨基中的 ^{14}N 耦合常数，因为 SOMO 有一个穿过 N 原子的垂直节点。这个自由基必须被视为氮杂环戊二烯基，其中 SOMO 类似于五元闭合共轭环烃的 HOMO ψ_{1-}（图 8.8）。倘若 N 杂原子取代 CH 单元被视为是吸电子取代基的微扰（8.2 节），那么 **535·** 中被三个电子占据的简并 HOMO ψ_{1+} 和 ψ_{1-} 将表现为第 211 页的情况 ④。一方面，在 **535·** 中，π 自旋分布类似于等电子体的吡咯（**747**）自由基阳离子（表 9.29）。另一方面，吡啶基 **536·** 和 **537·** 的耦合常数 a_N 和 a_H(α) 接近吡啶（**79**）自由基阴离子的耦合常数（表 9.8）。虽然高持久性的 1-乙基-4-甲氧基羰基吡啶自由基（**6·**）（2.2 节）的 ESR 谱尚未被详细分析，但与其密切相关的自由基如 1-甲基衍生物 **536·** 的超精细数据已被报道（表 9.1）。**6·** 和 **536·** 的稳定性是由吸电子基团羧基取代基所引起，其对结构的影响如下面的离子结构所示。类似的结构式，也可用于 **536·** 的异构体 1-甲基-2-甲氧羰基吡啶自由基（**537·**）。这三个吡啶基自由基和它们的抗磁性二聚体形成一个平衡。

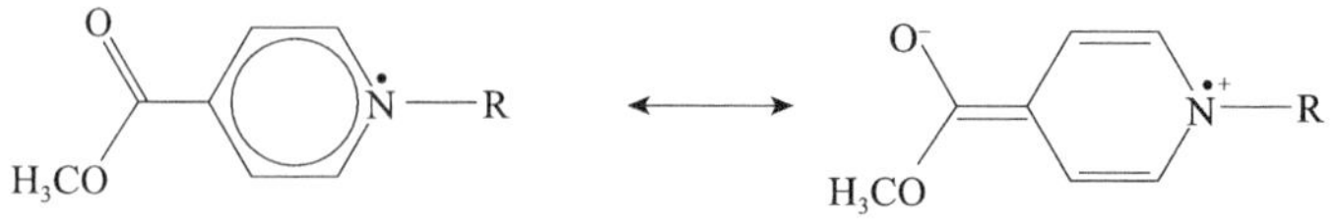

$$
\begin{array}{c}
\text{[结构式]}
\end{array}
$$

6· R=Et
536· R=Me

当苯氨基和苯氧基中的自由基活性位点 N·H 和 O· 被庞大的邻位取代基屏蔽时，2,4,6-三叔丁基衍生物 **528·** 和 2,4,6-三叔丁基苯氧基自由基（**9·**）等衍生物变成持久性的物种。其中，**9·** 和 2,4,6-三苯基苯氧基自由基（**541·**）已经被 ESR 广泛研究。高持久性和稳定性也是加尔万氧基自由基（**10·**）的特征，其结构通过两个等效结构作适当描述：

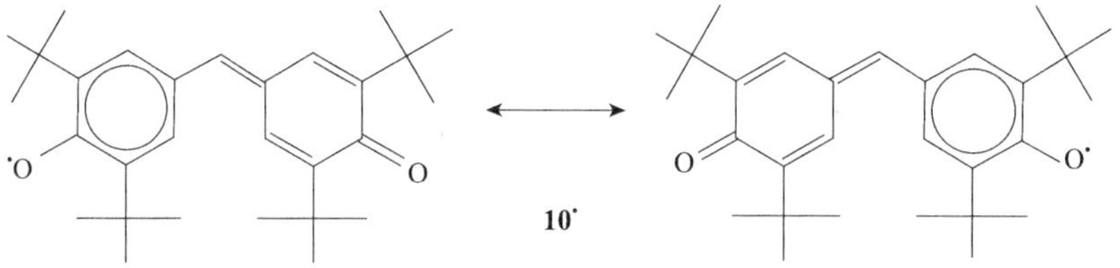

10·

对于羟基取代的苯氧基自由基 **539·** 和 **540·**，耦合常数显著地受到实验条件的影响，尤其是 pH 和温度。

大多数苯氨基自由基的 g_{iso} 是 2.0031~2.0035。其中，**532·** 和 **534·** 的 g_{iso} 稍大，分别是 2.0040 和 2.0046，而节点穿过 N 原子的 **535·** 的 g_{iso} 则小得多，仅为 2.0023。苯氧基自由基的 g_{iso} 是 2.0042~2.0046。在表 9.1 和表 9.2 中所列举的两类自由基都是在溶液中生成的。在这之前，母体自由基 **526·** 和 **538·** 分别是由辐照产生的 HO· 与苯胺和苯酚反应而形成的。前者也用于把吡咯变成 **535·**。位阻保护的苯氨基自由基 **528·** 和苯氧基自由基 **9·** 与 **541·** 分别用 PbO_2 氧化相应的取代苯胺和苯酚而获得。四氮烯（特屈拉辛，tetrazene）的光解产生 **527·**，肼/苯混合物在流动体系中的光解形成 **529·**。相应肼的热解产生 **531·** 和 **532·**，而 **533·** 与 **534·** 分别是通过吩噁嗪与空气、吩噻嗪与 PbO_2 的脱氢反应而获得。吡啶基自由基 **6·**、**536·** 和 **537·** 等是用锌还原相应阳离子的盐而形成。1,4-苯醌是 **539·** 的前体，邻苯三酚是 **540·** 的前体。加尔万氧基自由基 **10·** 可由相应的酚（加尔万酚，galvinol）与 PbO_2、$K_3Fe(CO)_3$ 等各种试剂反应而生成。

肼基自由基（hydrazyl radicals）

含有未取代苯基的肼基如三苯基衍生物 $Ph_2NN·Ph$（**543·**）等，只有少数被 ESR 所研究。更广为人知的是连硝基取代苯基的肼基，通过其三电子 N—N π 键赋予这些自由基持久性（7.3 节）。

在这些肼基自由基中，2,2-二苯基-1-苦基肼基自由基（DPPH，**5·**）特别突出。这个高度持久的自由基以结晶形式获得（2.2节），它是第一个在ESR谱中展现超精细分裂的自由基[511]。由于它的低对称性和预期的 $3^5 \times 2^{12} = 995328$ 条超精细峰，五重宽峰的超精细结构是由肼基中的两个 ^{14}N 磁性核所造成，耦合常数是 $+0.88 \pm 0.10$ mT。在随后对 **5·** 的研究中，结合同位素 ^{15}N/^{14}N 和 D/H 置换[527,587]，ELDOR[527]、ENDOR[587,939]、三共振 TRIPLE[587] 和核磁共振[940]等技术被轮番采用，对超精细图谱做了明确的分析，并对所有耦合常数做了正确的归属。相关数据列于表9.3中[527,587,940-942]。其中，a_H 依赖于温度，这是因为苦基环和苯环受到分子内围绕 C—N 键运动的影响。这些数值也随着所采用的共振技术而稍有变化。表9.3中列举的 ^{1}H 耦合常数，是在295 K 时于分子快速运动范围内用 ENDOR 检测的。硝基取代基内的小的 a_N 用 ^{15}N-NMR 测量（所得结果与 0.713 相乘即转换成 ^{14}N 的值，见 3.2 节），ELDOR 提供了肼基中大的 ^{14}N 耦合常数。除了 **5·** 之外，表9.3还列举了 π 自旋分布与 **5·** 相类似的三苯基肼基自由基（**543·**）和 9-咔唑基-(2,4,6-三硝基苯基) 氨基自由基（**544·**）的超精细数据。正如预期的那样，在含有扩展 π 体系的 **543·** 和 **544·** 中，一部分 a_N 小于相应烷基的 a_N（+0.9～+1.2 mT，表7.16）。

表 9.3　部分三苯基肼基和相关自由基的超精细数据

三苯基肼基 (triphenylhydrazyl) **543·**	Ph$_2$N —— ṄPh 　　2　　1	^{14}N1 ^{14}N2	+0.905 +0.428	[941]
2,2-二苯基-1-苦基肼基 (2,2-diphenyl-1-pic-rylhydrazyl, DPPH) **5·**		^{14}N1 ^{14}N2 H3′,5′ 4H$_o$ 4H$_m$ 2H$_p$ 2^{14}N′ ^{14}N″	+0.974 +0.795 +0.106 −0.155 +0.073 −0.158 +0.039^a +0.048	[527] [587] [940]
9-咔唑基-(2,4,6-三硝基苯基)氨基 [9-carbazolyl-(2,4,6-trinitrophenyl)aminyl] **544·**		^{14}N1 ^{14}N2 H3′,5′ H1″,8″ H2″,7″ H4″,5″ H3″,6″	+1.11 +0.60 +0.117 −0.192 +0.053 +0.041 −0.181	[942]

注：a. NMR 提供的数据。

DPPH (**5·**) 的 g_{iso} (2.0036) 已在 6.2 节提到，**544·** 的是 2.0036。在苯中，这三种肼基自由基都很容易地由相应的肼和 PbO_2 反应而形成。

四唑基和四嗪基自由基 (tetrazolinyl and verdazyl radicals)

这类自由基含有两个等性的肼基，其中任意一个肼基都可以形成三电子 π 键。这两个基团通过一个 C 原子共轭，形成一个 5 中心 7 电子的 π 体系；它们的末端 N 原子直接相接成四唑基的五元环，或者它们被四嗪基六元环中 sp^3 杂化的 C 原子所隔开。四唑基的结构由以下结构所描述，其中这四个 N 原子都分享了 π 自旋布居：

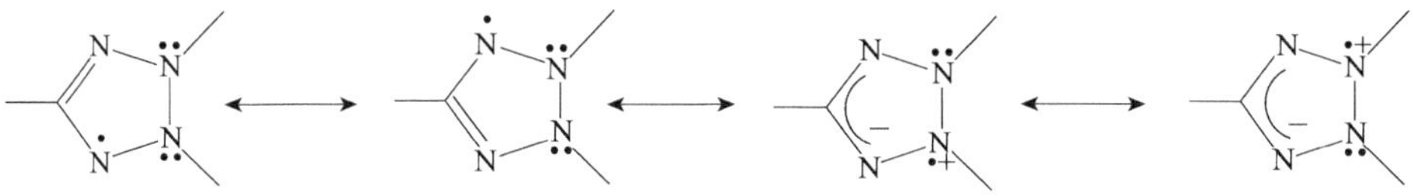

四嗪基也可以用类似的结构来描述。

在这两类自由基中，SOMO 都有一个穿过 C 中心的垂直节点平面；在四嗪基自由基中，该平面还穿过了 sp^3 杂化的 C 原子。因此，π 自旋分布在这两类自由基中是相似的，其中四个 N 原子中的每一个都携带约 +0.25 的自旋布居。其中，被 ESR 所研究的自由基都是特别稳定的，因为它们在四唑基的 2 位和 3 位 N 原子上或在四嗪基的 1 位和 5 位上被两个苯基（R=Ph）取代。这些自由基的化学和物理性质，可参考 1973 年发表的一篇综述[943]。表 9.4 列举了一些四唑基和四嗪基自由基的超精细数据[95,944-950]。

表 9.4 部分四唑基和四嗪基自由基的超精细数据

5-叔丁基-2,3-二苯基四唑基 (5-*tert*-butyl-2,3-diphenyl tetrazolinyl) **545·**	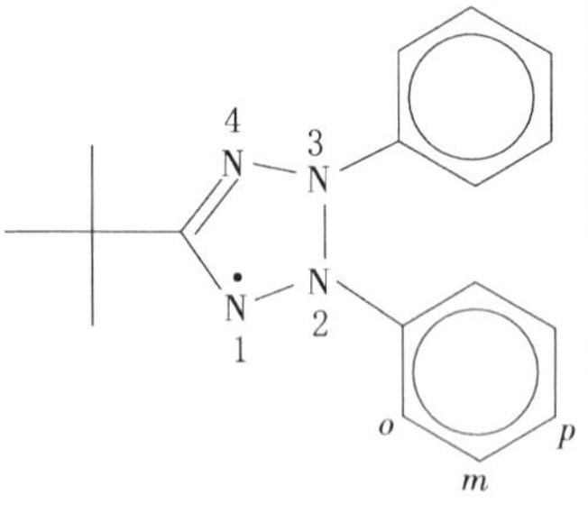	^{14}N1,4 ^{14}N2,3 4H$_o$, 2H$_p$ 4H$_m$	+0.57 +0.75 −0.095 +0.05	[944]
2,3,5-三苯基四唑基 (2,3,5-triphenyltetrazolinyl) **546·**	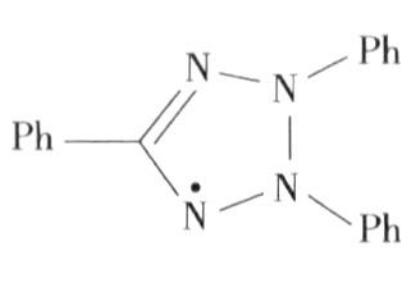	^{14}N1,4 ^{14}N2,3	+0.56 +0.75	[945]

续表

名称	结构	原子	耦合常数	参考
1-H-苯并[a]四唑并[2,3-a]噌啉-1-基 (1-H-benzo[a]tetrazolo-[2,3-a]cinnolin-1-yl) **547·**	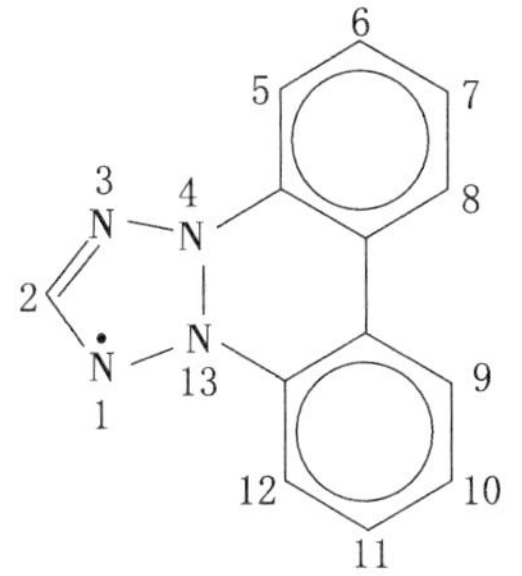 (结构图：编号 1–13 的稠环体系，自由基位于 N1)	^{14}N1,3 ^{14}N4,13 H2 H5,7,10,12 H6,11	+0.385 +0.77 +0.04 −0.19 +0.04	[946]
1,5-二苯基四嗪-2-基 (1,5-diphenylverdazyl) **548·**	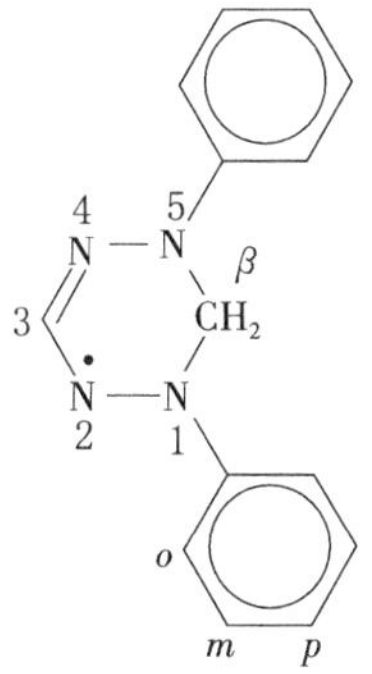 (结构图：verdazyl 环带两个苯基)	^{14}N1,2,4,5 H3 4H$_o$ 4H$_m$ 2H$_p$ 2H(β)	+0.60 +0.072^a −0.110 +0.040 −0.116 −0.072	[95] [947]
3-叔丁基-1,5-二苯基四嗪-2-基 (3-tert-butyl-1,5-diphenylverdazyl) **549·**	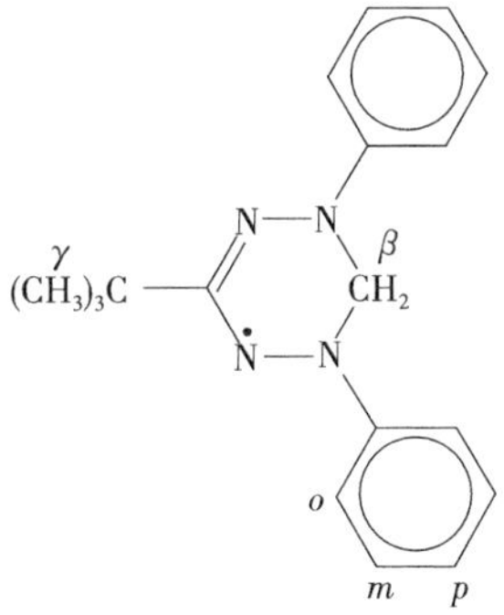 (结构图：3 位为 (CH$_3$)$_3$C 的 verdazyl)	^{14}N1,2,4,5 4H$_o$,2H$_p$ 4H$_m$ 2H(β) 9H(γ)	+0.59 −0.108^a +0.040 −0.008 +0.011	[948] [947]
1,3,5-三苯基四嗪-2-基 (1,3,5-triphenylverdazyl) **7·**	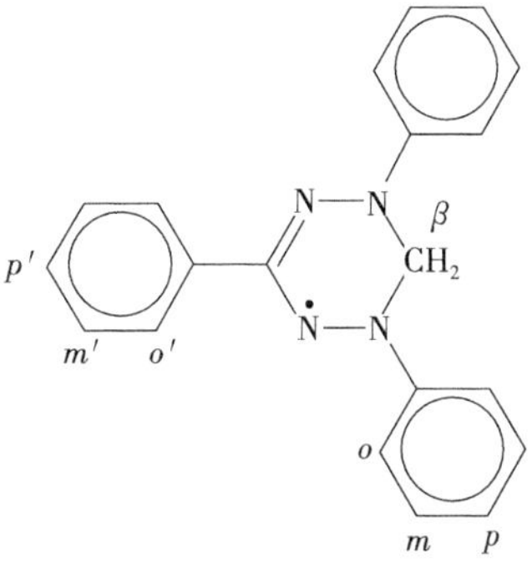 (结构图：3 位为苯基的 verdazyl)	^{14}N1,2,4,5 4H$_o$ 4H$_m$ 2H$_p$ 2H$_{o'}$ 2H$_{m'}$ H$_{p'}$ 2H(β)	+0.579 −0.112^a +0.043 −0.120 +0.043 −0.016 +0.031 −0.003	[949] [950]

注：a. NMR 提供的数据。

所有四唑基自由基的^{14}N 耦合常数均约为 $a_{N1,4}=(+0.5\pm0.1)$ mT 和 $a_{N2,3}=(+0.7\pm0.1)$ mT，但在四嗪基中这两个数值看起来是相等的，$a_{N2,4}=a_{N1,5}=+0.6$ mT。只有在结构上和2,3-二苯基四唑基相关的噌嗪衍生物 **547·** 中，耦合常数 $a_{N1,3}$（对应于 **545·** 和 **546·** 的 $a_{N1,4}$）才变得相当小。一般与肼基自由基相比，四唑基和四嗪基自由基的 a_N 都是减小的。

四唑基和四嗪基自由基的 g_{iso} 在 2.0034~2.0037 范围内，因此与肼基自由基相似。四唑基自由基 **545·** 和 **546·** 是由相应的甲脒和二对甲苯基二氨基反应而生成的，四嗪基自由基 **7·**、**548·** 和 **549·** 可很容易通过多种方法合成，如在空气存在下甲脒的烷基化，四唑盐与重氮烷烃的扩环等。用 $Na_2S_2O_4$ 还原相应的四氮唑盐可得到 **547·**。

硝酰基氧基自由基 (nitroxyl radicals)

表 9.5[749,757,923,951-957] 和表 9.6[958,959] 中所列举的超精细数据，仅仅是数百种硝酰基氧基自由基中的一小部分。由于 π 自旋布居的离域，^{14}N 耦合常数非常依赖于具体情况（7.4 节），从烷基硝酰基氧基自由基的 $a_N=+1.2\sim+1.7$ mT（表 7.20），降至苯基硝酰基氧基自由基的 $a_N=+0.7\sim+1.1$ mT。在苯基硝酰基氧基自由基中，该耦合常数与连在 N 原子上的质子的耦合常数之比，$|a_N|/|a_H(\alpha)|=0.75\pm0.1$，在很大程度上不受溶剂和苯基上取代基的影响[960]。在质子溶剂中 $|a_N|$ 和 $|a_H(\alpha)|$ 都增大，在非质子溶剂中则减小；例如，室温下 **550·** 的相关耦合常数，在水中分别是 $+1.063$ mT 和 -1.315 mT[961]，而在 DMSO 中则分别是 $+0.889$ mT 和 -1.175 mT[962]。在对位取代的苯基硝酰基氧基自由基中，当取代基是给电子时这些数值增加，而当取代基是吸电子时则减小。在 293 K 的 1,2-二羟基乙烷中，与母体苯基硝酰基氧基 (**550**) 的耦合常数为 $a_N=+0.975$ mT 和 $a_H(\alpha)=-1.275$ mT 相比，对甲氧基衍生物 (**551·**) 的耦合常数分别是 $+1.015$ mT 和 -1.375 mT，而对硝基取代衍生物 (**552·**) 的是 $+0.750$ mT 和 -1.010 mT。这种效应可以解释为通过给电子（或吸电子）取代基有利于（或不利于）硝酰基氧基的离子形式，如下面以离子形式的对甲氧基衍生物 **551·** 为例所说明的那样。

当 N 原子或苯基邻位上连有体积庞大的叔丁基取代基时，耦合常数 a_N 增大。这些取代基使硝酰基氧基扭曲出与其相连的 π 体系的共面结构，从而阻碍 π 自旋从硝基到苯环的离域，如 **553·** 和 **555·** 的超精细数据所示。

表 9.5　部分苯基硝酰基氧基和相关自由基的超精细数据

名称	结构	原子	值	参考
苯基硝酰基氧基 (phenylnitroxyl) **550**·	(p, m, o 标记的苯环-N(O·)H, α)	^{14}N H(α) $2H_o, H_p$ $2H_m$	+0.975 −1.275 −0.300 +0.100	[951]
对甲氧基苯基硝酰基氧基 (p-anisylnitroxyl) **551**·	H$_3$CO-C$_6$H$_4$-N(O·)H, β, α	^{14}N H(α) $2H_o$ $2H_m$ 3H(β)	+1.015 −1.375 −0.337^a +0.100 +0.050	[951]
对硝基苯基硝酰基氧基 (p-nitrophenylnitroxyl) **552**·	O$_2$N'-C$_6$H$_4$-N(O·)H, α	^{14}N H(α) $2H_o$ $2H_m$ ^{14}N'	+0.750 −1.010 −0.300 +0.085 +0.185	[951]
2,4,6-三叔丁基苯基硝酰基氧基 [(2,4,6-tri-*tert*-butylphenyl) nitroxyl] **553**·	(2,4,6-三叔丁基苯基)-N(O·)H, α	^{14}N H(α) $2H_m$	+1.165 −1.296 +0.103	[952]
甲基苯基硝酰基氧基 (methylphenylnitroxyl) **554**·	苯基-N(O·)CH$_3$, αβ	^{14}N $2H_o, H_p$ $2H_m$ 3H(β) ^{13}C(α)	+1.065 −0.275 +0.101 +0.969 −0.60	[953] [749]
叔丁基苯基硝酰基氧基 (*tert*-butylphenylnitroxyl) **555**·	苯基-N(O·)C(CH$_3$)$_3$, γ	^{14}N $2H_o$ $2H_m$ H_p 9H(γ)	+1.208 −0.209 +0.089 −0.229 +0.009	[954]
2,3-二氢吲哚基-1-硝酰基氧基 (2,3-dihydro-indolinyl-1-nitroxyl) **556**·	(5,6,7,4 标记的二氢吲哚环-N(O·)-CH$_2$, β)	^{14}N H4,6 H5,7 2H(β)	+1.175 +0.100 −0.374 +1.860	[955]

续表

名称	结构	核	a (mT)	文献
二苯基硝酰基氧基 (diphenylnitroxyl) 557·	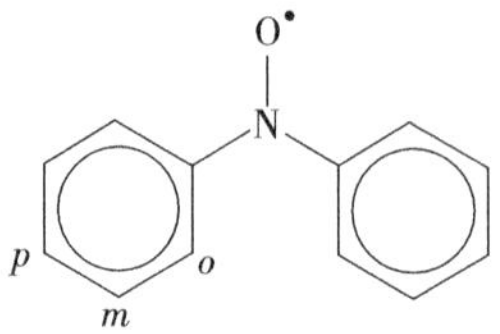 (结构图)	^{14}N $4H_o, 2H_p$ $4H_m$	+0.966 −0.183 +0.079	[956]
咔唑基-9-氧基 (carbazolyl-9-oxyl) 558·	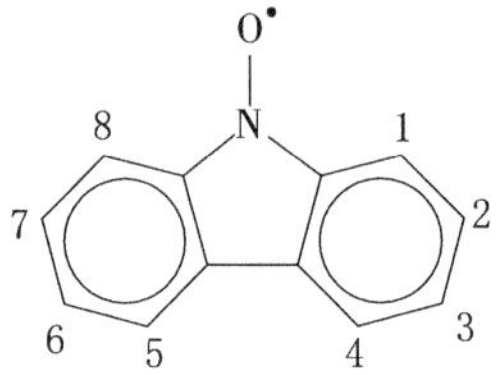 (结构图)	^{14}N H1,3,6,8 H2,4,5,7 ^{17}O	+0.665 −0.230 +0.055 −1.65	[757]
9,9-二甲基吖啶-10-氧基 (9,9-dimethylacridinyl-10-oxyl) 559·	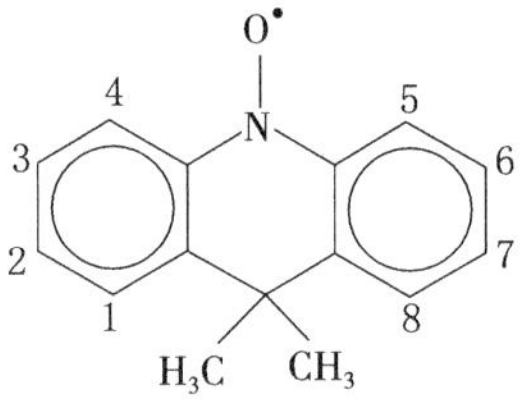 (结构图)	^{14}N H1,3,6,8 H2,4,5,7 ^{17}O	+0.875 +0.075 −0.230 −1.66	[757]
9-氧代吖啶-10-氧基 [(9H)-9-oxoacridinyl-10-oxyl] 560·	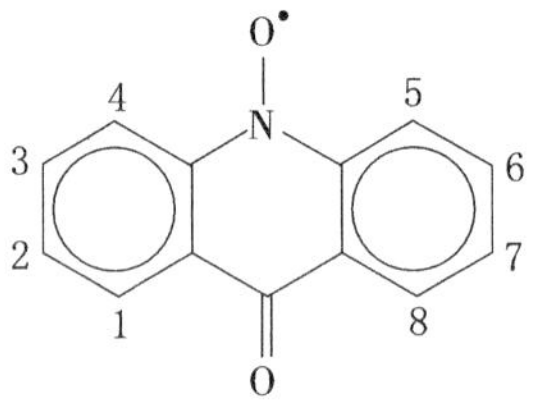 (结构图)	^{14}N H1,3,6,8 H2,7 H4,5	+0.689 +0.069 −0.211 −0.203	[923]
吩噁嗪基-10-氧基 (phenoxazinyl-10-oxyl) 561·	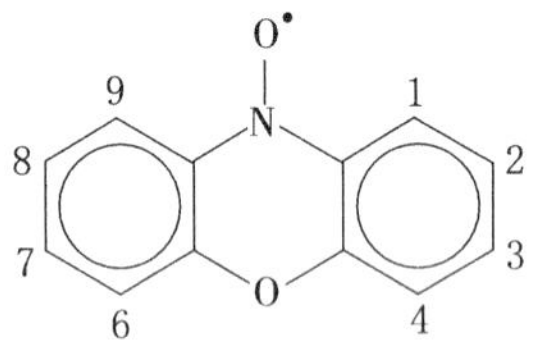 (结构图)	^{14}N H1,3,7,9 H2,4,6,8	+0.950 −0.240 +0.050	[757]
吩噻嗪基-10-氧基 (phenothiazinyl-10-oxyl) 562·	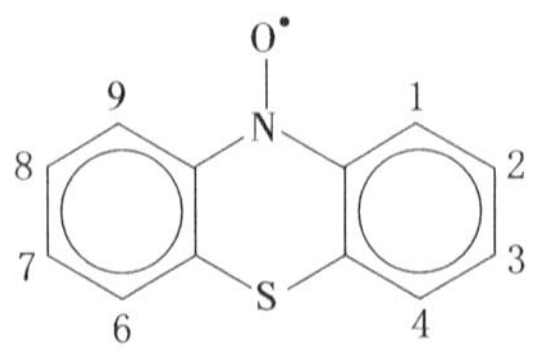 (结构图)	^{14}N H1,3,7,9 H2,8 H4,6	+0.901 −0.220 +0.063 +0.050	[957]

注：a. 平均值。

表9.6　部分烯硝酰基氧基和乙酰硝酰基氧基自由基的超精细数据

名称	结构	核	数值	文献
N-异丙基-N-(2,2-二叔丁基)乙烯基硝酰基氧基 [isopropyl-2,2-di(tertbutyl)vinylnitroxyl] **563·**	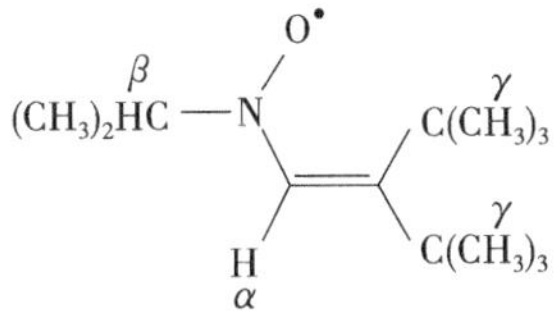 (结构式)	^{14}N H(α) H(β) 18H(γ)	+1.03 −0.75 +0.26 0.024	[958]
2,2-二叔丁基-苯基硝酰基氧基 [2,2-di(*tert*-butyl)-vinylphenylnitroxyl] **564·**	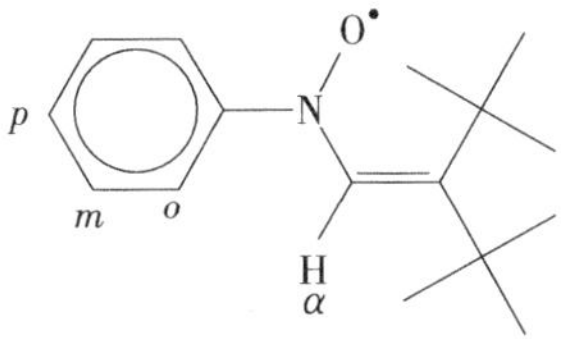 (结构式)	^{14}N H(α) 2H$_o$, H$_p$ 2H$_m$	+1.00 −1.36 −0.25 +0.09	[958]
反式乙酰硝酰基氧基 (acetylnitroxyl) *trans*-**565·**	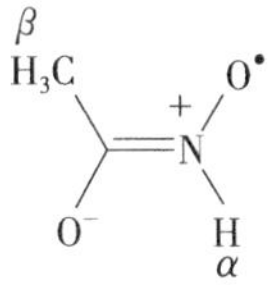 (结构式)	^{14}N H(α) 3H(β)	+0.605 −1.060 +0.185	[959]
顺式乙酰硝酰基氧基 *cis*-**565·**	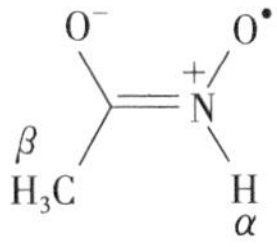 (结构式)	^{14}N H(α) 3H(β)	+0.645 −1.085 <0.05	[959]
苯甲酰基硝酰基氧基 (benzoylnitroxyl) **566·**	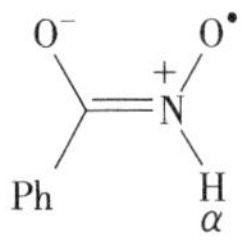 (结构式)	^{14}N H(α)	+0.610 −1.040	[959]

在咔唑基-9-氧基自由基 (**558·**)、吖啶基氧基自由基 **559·** 和 **560·**、吩噁嗪基自由基 **561·** 和吩噻嗪基自由基 **562·** 等中，π 自旋分布和二苯基硝酰基氧基 (**557**) 自由基 $Ph_2NO·$ 的相似，也类似于二苯氨基 (**529**) 自由基 $Ph_2N·H$ 及其三环衍生物 **530·** ~ **534·** 中的分布。

在 **563·** 和 **564·** 的乙烯硝酰基氧基自由基中，>N—O· 基团与双键共轭，a_N 约 +1.0 mT。然而，源自乙酰硝酰基氧基自由基 **565·** 和 **566·** 的极性结构与 N 原子的自旋结构不同；a_N 降至约 0.6 mT，$|a_N|$ 和 $|a_H(\alpha)|$ 之比变成 0.58 ± 0.1。

如前所述，所有硝酰基氧基自由基的 g_{iso} 是 2.0055~2.0065 (6.2 节)。这些持久性自由基很容易由相应的胺和羟胺与 H_2O_2、过氧酸、Ag(Ⅰ)、Ce(Ⅳ) 或 Pb(Ⅳ) 离子等在各种溶剂中生成 (2.2 节和 7.4 节)。对于持久性较低的乙酰硝酰基氧基自由基需要流动系统，对于乙烯硝酰基氧基自由基的形成，涉及亚硝基或硝基前体的特殊反应。

苯基取代的硅基、膦基、磷氧基、磷酰基、巯基或磺酰基自由基 (phenyl-substituted silyl, phosphinyl, phosphonyl, phosphoranyl, thiyl, and sulfonyl radicals)

表 9.7 列举了其中一部分自由基的超精细数据[708,775,963-967]，其中和杂原子相连的基团中至少有一个是苯基。由于硅基、膦基、磷氧基、磷酰基和磺酰基等结构中杂原子通常形成棱锥形的结构，自由基中心不能有效地与苯 π 体系发生共轭，并且 ^{29}Si、^{31}P 和 ^{33}S 等的相应耦合常数相对于烷基衍生物不应显著降低 (7.2 节和 7.5 节)。实验数据证实了这些预期，但三苯硅基自由基 (**567·**) 的 $|a_{Si}|$ 除外，其值远小于烷基硅基的 (表 7.13)；这一发现尚未得到理论上的解释。

表 9.7　部分苯基取代的硅基、膦基、磷酰基、巯基或磺酰基自由基的超精细数据

三苯硅基 (triphenylsilyl) **567·**	Ph₃Si·	^{29}Si	−7.96	[963]
二苯膦基 (diphenylphosphinyl) **568·**	Ph₂P·	^{31}P	+7.87	[708]
二苯基磷酰基 (diphenylphosphonyl) **569·**	Ph₂Ṗ=O	^{31}P	+36.16	[964]
叔丁氧基苯基二氢磷基 [*tert*-butoxydihydro(phenyl)-phosphoranyl] **570·**	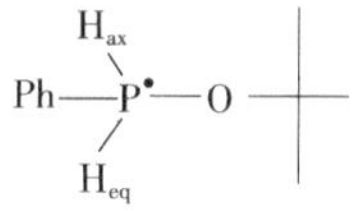 Ph—P·—O, H_ax, H_eq	^{31}P, H_ax, H_eq	+55.70, +12.65, +1.02	[965]
二甲氧基叔丁基苯磷基 [*tert*-butoxydimethoxy(phenyl)-phosphoranyl] **571·**	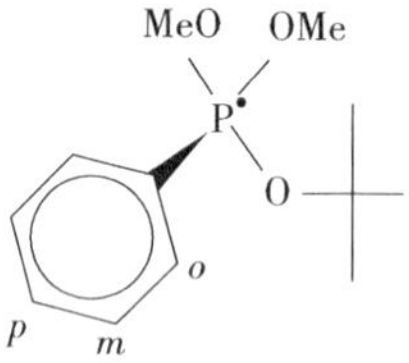 (MeO)₂P·(OBu^t)(Ph)	^{31}P, 2H_o, 2H_m, H_p	+0.97, −0.55, +0.09, −0.97	[965]
2,4,6-三叔丁基苯硫基 (2,4,6-tri-*tert*-butylphenylthiyl) **572·**	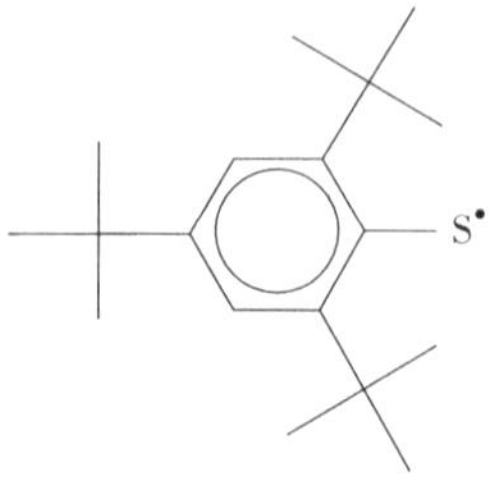	^{33}S	+1.475	[966]

续表

苯磺酰基(phenylsulphonyl) **573·**	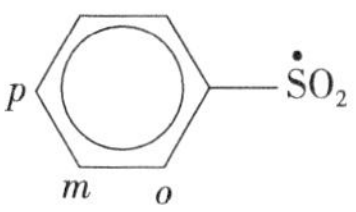 (结构式：p-苯环-SO₂·，标注 m, o 位)	^{33}S 2H$_o$ 2H$_m$ H$_p$	+8.32 −0.106 +0.033 −0.050	[967] [775]

苯磷基自由基分为两种类型，根据配体的性质，它们具有截然不同的 ^{31}P 耦合常数。双锥结构的自由基，如 **570·**，具有非常大的 a_P，其中未配对电子充当一个虚拟的配体（phantom ligand，P 原子处的 SOMO 具有可观的 3s 轨道成分）。一种可替代的，通常受关注的双锥形磷基分子轨道模型将 SOMO 表达为涉及轴向配体与 P 原子的 3 中心非键轨道[968]。相反地，四面体结构的自由基，如 **571·**，具有相当小的 a_P；它们通常连有如甲氧基等给电子配体，从而将自旋布居移向苯 π 体系。

对于 **567·**、**568·**、**569·**、**572·** 和 **573·**，已报道的 g_{iso} 分别是 2.0029、2.0051、2.0035、2.0103 和 2.0046；**570·** 和 **571·** 的 g_{iso} 尚未见到正式报道。在固相中，自由基 **567·**、**568·** 和 **569·** 分别通过三苯基硅烷、二苯基氯膦和二苯基氢磷等的辐解产生。其余自由基是在溶液中产生：将 t-BuO· 添加到相应的磷中形成 **570·** 和 **571·**，用 PbO$_2$ 氧化硫酚衍生物生成 **572·**，苯磺酰氯与 Et$_3$Si· 反应则变成 **573·**。

9.2 电子受体的自由基阴离子

如 8.4 节所述，对于苯类化合物，大多数共轭烃既是中等的电子受体也是中等的电子供体，通常可以转化为自由基阴离子和阳离子。杂原子或含有杂原子的基团赋予这类共轭烃更好的受体或供体性质，使其优先地，通常也是专一地转变成自由基阴离子或自由基阳离子。当共轭烃中的 C 中心被杂原子取代时，该原子的性质和电子结构（杂化）决定了该有机物是成为受体还是成为供体。于是，根据所连的是吸电子还是给电子基团，碳氢 π 体系与含杂原子官能团的连接会导致电子受体或电子供体。一般吸电子基团如偶氮、酮基、氰基和硝基等，是导致受体性质的基团。

杂环自由基阴离子（radical anions of heterocycles）

在相应的共轭烃中，C—H(α) 单元被 sp^2 杂化的 N 原子取代时变成含氮杂环，该 N 原子在其 2p$_z$ 轨道中有一个未配对电子参与共轭，在分子 xy 平面内还有一孤电子对。因为几乎任何一个 C—H(α) 单元都可以被这种等电子结构的 N 原子所取代，所以含氮杂环的有机物数量非常庞大。表 9.8[157,208,467,969]、表 9.9[159,162,970-972] 和表 9.10[159,267,970,973-976] 等列举了一部分氮杂苯类衍生物自由基阴离子的超精细数据。

表 9.8　部分氮杂苯阴离子自由基的超精细数据

吡啶(pyridine) 79·⁻	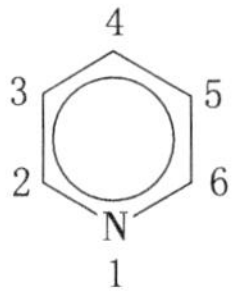 (结构式：吡啶环，N1位)	^{14}N1 H2,6 H3,5 H4	+0.628 −0.355 +0.082 −0.970	[467]
哒嗪(pyridazine) 574·⁻	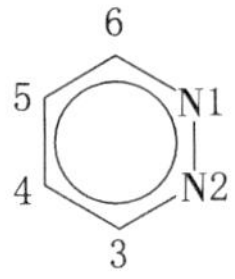 (结构式：N1,N2相邻)	^{14}N1,2 H3,6 H4,5	+0.590 +0.016 −0.647	[208]
嘧啶(pyrimidine) 575·⁻	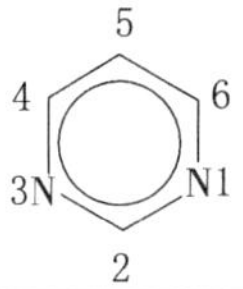 (结构式：N1,N3)	^{14}N1,3 H2 H4,6 H5	+0.326 +0.072 −0.978 +0.131	[467]
吡嗪(pyrazine) 576·⁻	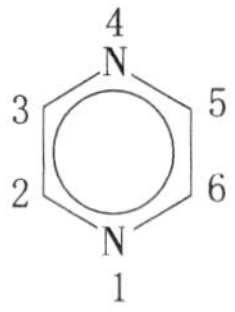 (结构式：N1,N4)	^{14}N1,4 H2,3,5,6	+0.718 −0.264	[157]
对称四嗪(*sym*-tetrazine) 577·⁻	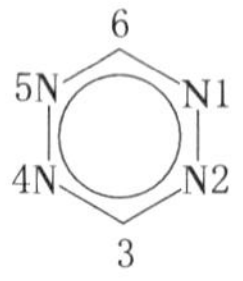 (结构式：N1,2,4,5)	^{14}N1,2,4,5 H3,6	+0.528 +0.212	[208]
吡啶-*N*-氧基 (pyridine-*N*-oxide) 578·⁻	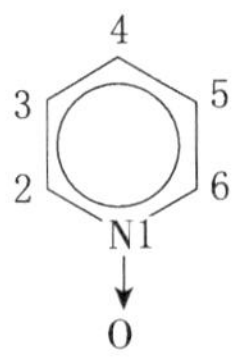 (结构式：N→O)	^{14}N H2,6 H3,5 H4	+1.091 −0.301 +0.044 −0.851	[969]
N,N'-二氧化吡嗪 (pyrazine-di-*N*-oxide) 579·⁻	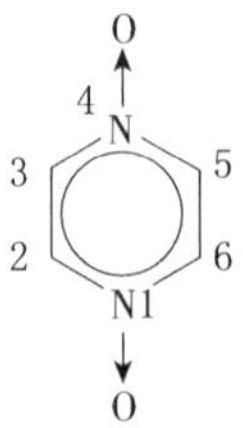 (结构式：两个N→O)	^{14}N1,4 H2,3,5,6	+0.949 −0.137	[969]

表9.9 部分氮杂萘、氮杂蒽和氮杂并四苯自由基阴离子的超精细数据

喹啉(quinoline) 580·⁻	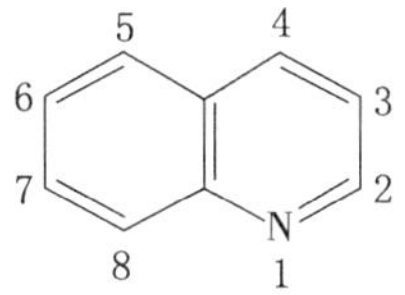 (结构式: 位置5,4,6,3,7,2,8,N1)	^{14}N1 H2 H3 H4 H5 H6 H7 H8	+0.395 −0.329 −0.126 −0.780 −0.390 −0.114 −0.202 −0.346	[970]
异喹啉 (isoquinoline) 581·⁻	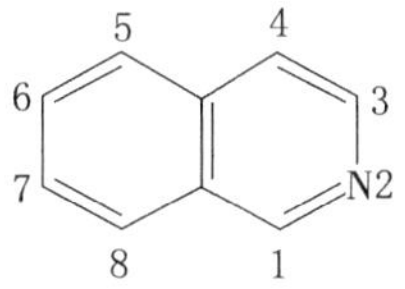 (结构式: 5,4,6,3,7,N2,8,1)	^{14}N2 H1 H3 H4 H5 H6 H7 H8	+0.192 −0.538 −0.037 −0.401 −0.395 −0.326 0.004 −0.626	[970]
喹喔啉 (quinoxaline) 582·⁻	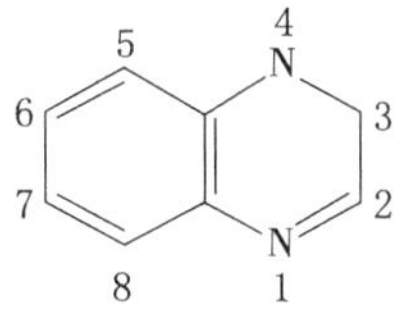 (结构式: 5,N4,6,3,7,N2,8,1)	^{14}N1,4 H2,3 H5,8 H6,7	+0.564 −0.332 −0.232 −0.100	[159]
1,5-萘啶 (1,5-naphthyridine) 583·⁻	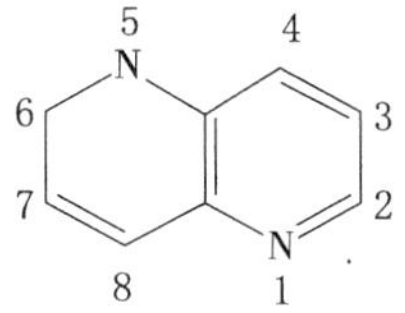 (结构式: N5,4,6,3,7,N2,8,1)	^{14}N1,5 H2,6 H3,7 H4,8	+0.336 −0.295 −0.169 −0.578	[971]
1,8-萘啶 (1,8-naphthyridine) 584·⁻	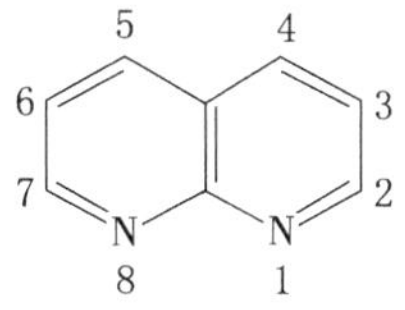 (结构式: 5,4,6,3,7,2,N8,N1)	^{14}N1,8 H2,7 H3,6 H4,5	+0.247 −0.407 +0.070 −0.654	[971]
2,3-二氮杂萘(苯并[d]哒嗪,或酞嗪) (phthalazine) 585·⁻	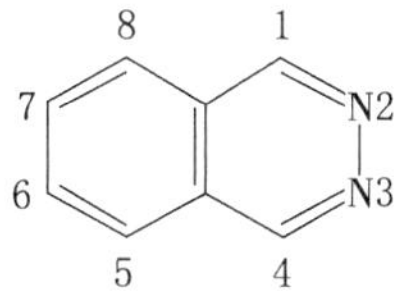 (结构式: 8,1,7,N2,6,N3,5,4)	^{14}N2,3 H1,4 H5,8 H6,7	+0.087 −0.578 −0.462 −0.209	[972]
1,4,5,8-四氮杂萘 (1,4,5,8-tetraaza naphthalene) 57·⁻	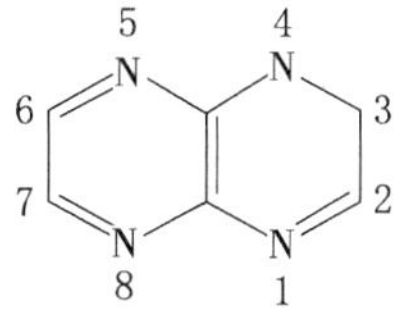 (结构式: 5,N4,6,3,7,N2,N8,N1)	^{14}N1,4,5,8 H2,3,6,7	+0.337 −0.314	[162]

名称	结构	超精细数据		参考
吖啶(acridine) 586·⁻	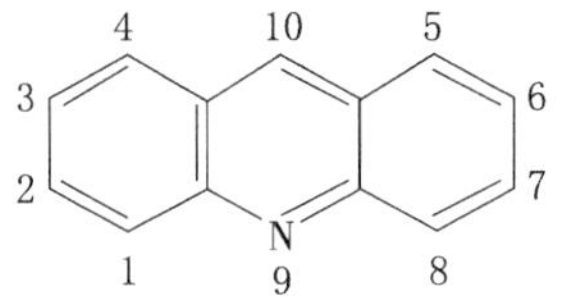 (结构图，编号1–10, N9)	^{14}N9 H1,8 H2,7 H3,6 H4,5 H10	+0.372 −0.182 −0.202 −0.091 −0.278 −0.760	[159]
吩嗪(phenazine) 587·⁻	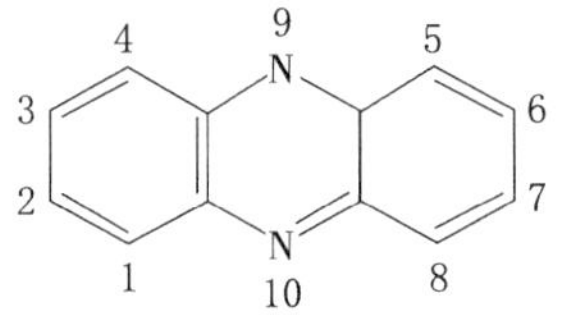 (结构图，N9,N10)	^{14}N9,10 H1,4,5,8 H2,3,6,7	+0.514 −0.193 −0.161	[159]
1,4,5,8-四氮杂蒽 (1,4,5,8-tetraza anthracene) 588·⁻	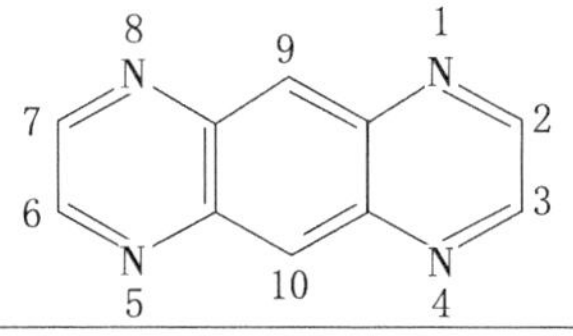 (结构图)	^{14}N1,4,5,8 H2,3,6,7 H9,10	+0.241 −0.273 −0.396	[159]
5,6,11,12-四氮杂并四苯 (5,6,11,12-tetraza naphthacene) 589·⁻	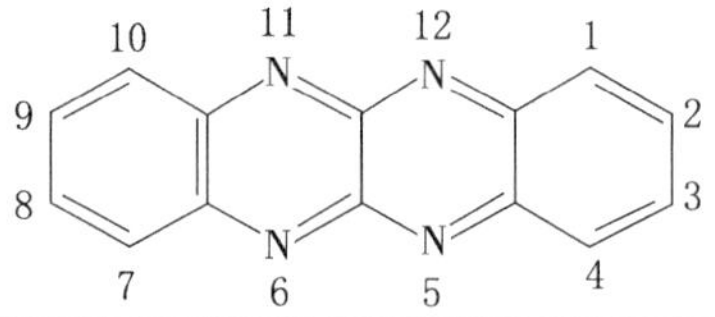 (结构图)	^{14}N5,6,11,12 H1,4,7,10 H2,3,8,9	+0.298 −0.084 −0.140	[971]

表 9.10　部分氮杂菲、氮杂芘和氮杂联苯自由基阴离子的超精细数据

名称	结构	超精细数据		参考
1,10-菲咯啉 (1,10-phenanthroline) 590·⁻	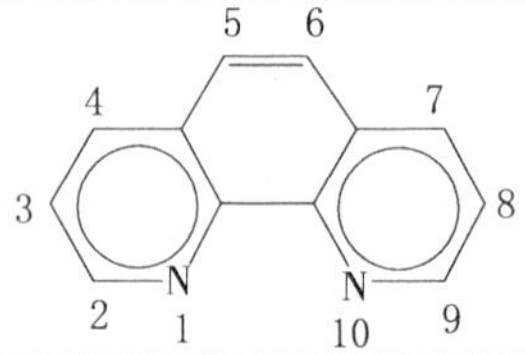 (结构图)	^{14}N1,10 H2,9 H3,8 H4,7 H5,6	+0.033 −0.277 +0.027 −0.317 −0.601	[973]
苯并[c]噌啉(9,10-二氮杂菲) (benzo[c]cinnoline) (9,10-diazaphenanthrene) 591·⁻	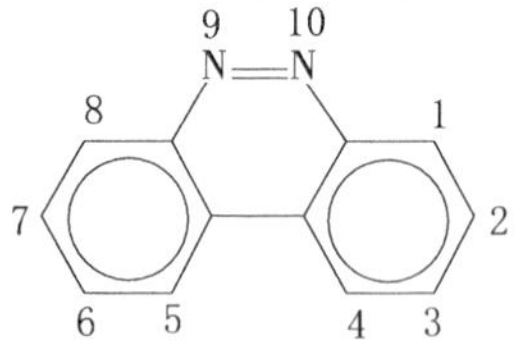 (结构图)	^{14}N9,10 H1,8 H2,7 H3,6 H4,5	+0.494 −0.366 +0.017 −0.291 0.081	[970]
2,7-二氮杂芘 (2,7-diazapyrene) 592·⁻	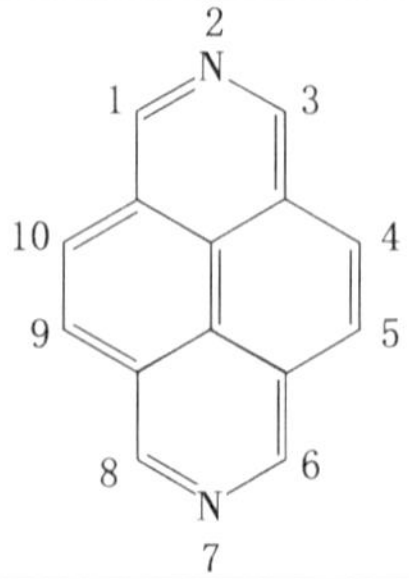 (结构图)	^{14}N2,7 H1,3,6,8 H4,5,9,10	−0.157 −0.505 −0.215	[267]

第 9 章 含杂原子的共轭自由基   327

续表

1,3,6,8-四氮杂芘 (1,3,6,8-tetraazapyrene) **593**·⁻	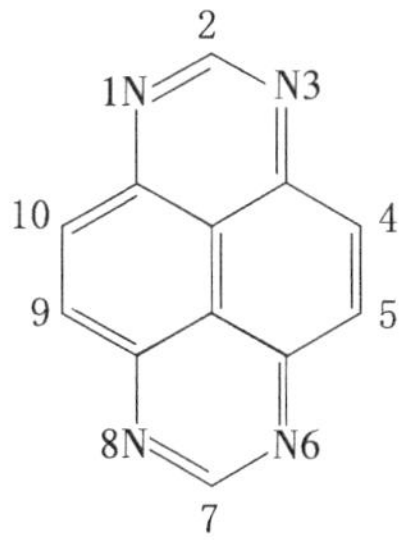 (结构式)	^{14}N1,3,6,8 H2,7 H4,5,9,10	+0.257 +0.036 −0.239	[974]
2,2′-联吡啶 (2,2′-bipyridyl) **594**·⁻	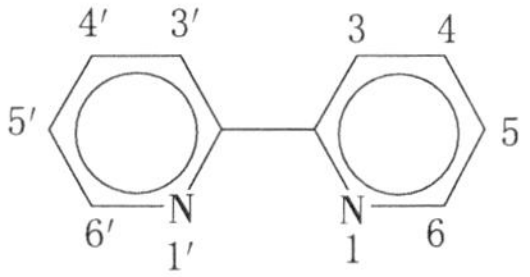 (结构式)	^{14}N1,1′ H3,3′ H4,4′ H5,5′ H6,6′	+0.254 −0.120 −0.105 −0.458 +0.054	[975]
4,4′-联吡啶 (4,4′-bipyridyl) **595**·⁻	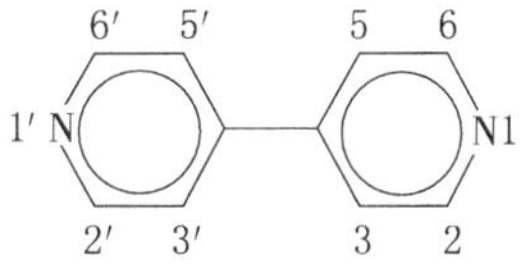 (结构式)	^{14}N1,1′ H2,2′,6,6′ H3,3′,5,5′	+0.364 +0.043 −0.235	[159]
2,2′-联嘧啶 (2,2′-bipyrimidyl) **596**·⁻	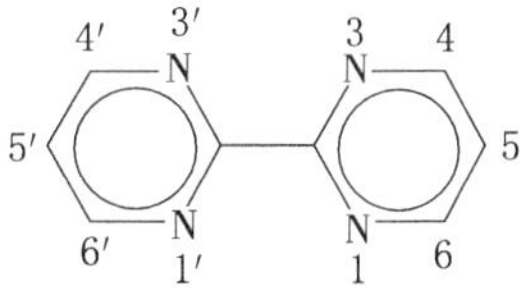 (结构式)	^{14}N1,1′,3,3′ H4,4′,6,6′ H5,5′	+0.141 +0.015 −0.493	[976]

将氮原子引入苯环对六元闭合共轭环分子轨道的影响非常大，不能仅仅视为微扰。然而，这种修饰对闭合共轭环的简并 LUMO ψ_{2+} 和 ψ_{2-} 的影响（图 8.9），模拟了在相应位置吸电子取代基所造成微扰的预测（8.1 节和 8.6 节）。因此，当 ψ_{2+} 和 ψ_{2-} 只容纳一个电子时（第 208 页的情况③），SOMO 的形状类似于吡啶（**79**）和吡嗪（**576**）自由基阴离子的 ψ_{2+}，但类似于哒嗪（**574**）、嘧啶（**575**）和对称四嗪（**577**）等自由基阴离子的 ψ_{2-}。

对于没有简并或几乎简并 LUMO 的共轭体系，在其氮杂衍生物的自由基阴离子中，SOMO 的形状和接踵而来的 π 自旋分布，与相应碳氢化合物的大致保持一致。这一说法适用于萘、蒽、并四苯、菲、芘和联苯等的氮杂衍生物 **57** 和 **580**～**596** 的自由基阴离子。其中，^{14}N 耦合常数 a_{N_μ} 和相似自旋布居 ρ_μ^π 的 μ 中心 C 原子所连的 $|a_{H_\mu}(\alpha)|$ 相当，但符号相反 [式 (4.5) 和式 (4.22)]。由于 N 原子含有未参与 π 体系的孤电子对，氮杂化合物自由基阴离子起到碱的作用，在酸溶液中容易质子化，所以将两个质子加成到 N 原子的适当位置会导致自由基阳离子二氢加成物的产生（2.3 节、6.3 节和 9.3 节以及表 9.30）。质子

化并不会改变 π-SOMO 的形状，但会增强 N 原子的电负性。当将 O 原子加成至 N 原子孤电子对时，这种效应得到进一步促进，如吡啶-N-氧基（**578**）和 N,N'-二氧化吡嗪（**579**）等自由基阴离子的超精细数据所示（表 9.8）。相对于母体氮杂环（**79** 和 **576**）的自由基阴离子，在 **578**·⁻ 和 **579**·⁻ 中 N 原子的 π 自旋布居显然以牺牲 C 中心的 π 自旋布居为代价而增加。N 原子孤电子对也参与和碱金属抗衡离子的紧密缔合，特别是当这两个孤电子对可以在 **584**·⁻、**57**·⁻ 和 **589**·⁻ 中的近位位置（peri positions）或在 **590**·⁻、**594**·⁻ 和 **596**·⁻ 中的湾区（bay-region）螯合阳离子时。1,10-菲咯啉（**590**）和 2,2'-联吡啶（**594**）就是众所周知的用于络合如 Cu(Ⅱ) 等过渡金属阳离子的首选配体。

磷杂苯（**80**）具有与吡啶（**79**）类似的 π 电子结构。在流动和冷冻溶液中，**80**·⁻ 以及 **82**·⁻ 与 **597**·⁻（分别为 2,4,6-三叔丁基与 2,4,6-三苯基衍生物）等自由基阴离子，已被 ESR 所研究（4.2 节）。**82**·⁻ 在冷冻 MTHF 中的 ESR 谱示意在图 4.8 中。在 **597** 中，三个苯基对共轭体系的扩展使磷杂苯能够接受一个以上的电子，以至于产生自由基三价阴离子 **597**·³⁻。其超精细数据与自由基阴离子 **80**·⁻、**82**·⁻ 和 **597**·⁻ 等一起列于表 9.11 中[165,181]。与吡啶的 LUMO 一样，磷杂苯的 LUMO 具有类似于苯的分子轨道 ψ_{2+} 的形状，而 NLUMO 类似于 ψ_{2-} 并具有穿过 P 原子和中心 4 的节点。因此，与表现出约 +3 mT 的大的正 ³¹P 耦合常数的 **80**·⁻、**82**·⁻ 和 **597**·⁻ 相比，在三价阴离子 **597**·³⁻ 中 $a_P = -0.267$ mT，并且在较重的 P 原子上缺少高自旋布居的情况下（5.2 节），其超精细图谱很容易被 ENDOR 技术所解析。

表 9.11　部分磷杂苯自由基阴离子的超精细数据

			阴离子		
磷杂苯(phosphabenzene) **80**·⁻	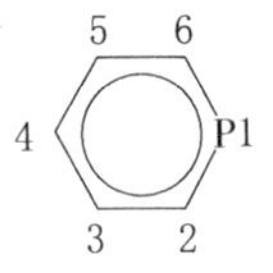	³¹P1 H2,6 H3,5 H4 ¹³C4	阴离子 +3.56 −0.37 <0.1 −0.76 +1.20		[165]
2,4,6-三叔丁基磷杂苯 (2,4,6-tri-*tert*-butyl-phos-phabenzene) **82**·⁻	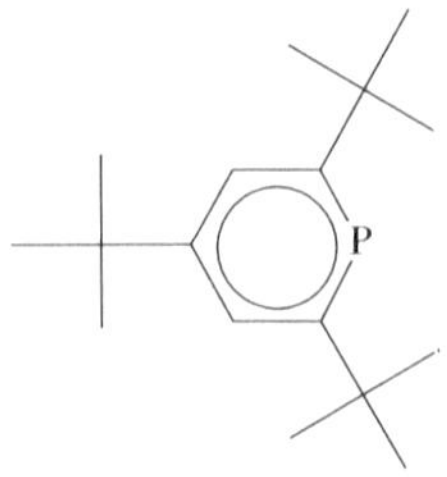	³¹P1	阴离子 +2.94		[165]

续表

			阴离子	三价阴离子	
2,4,6-三苯基磷杂苯 (2,4,6-triphenyl phosphabenzene) **597**·⁻/**597**·³⁻	(结构图)	^{31}P1 H3,5 2H$_o$ 2H$_{o'}$ 2H$_m$ 2H$_{m'}$ 2H$_p$	+3.31 <0.03 >0.3 >0.3 <0.3 <0.3 >0.3	−0.267 −0.473 −0.188 −0.075 +0.043 +0.032 −0.249	[181]

一般用 S 原子取代 C—H(α) 单元会形成富电子 π 体系,这是非常好的电子供体,很容易形成自由基阳离子(9.3节)。值得注意的例外是如 2,2′-联二噻吩(**598**)、[3,2-b]并二噻吩(**599**)和 6a-硫杂并二噻吩(**600**)等一部分噻吩衍生物,它们很容易转变成自由基阴离子,相应的超精细数据如表 9.12 所示[209,977-979]。**598**·⁻ 的顺式和反式旋转异构体是不相同的。非键共振化合物 **600** 是一个 8 中心 10 电子的 π 体系[980]。

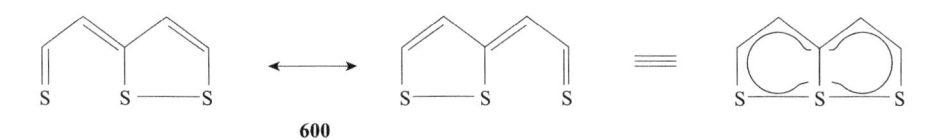

(结构图:**600** 的共振结构)

表 9.12 部分噻吩衍生物自由基阴离子的超精细数据

顺式 2,2′-联二噻吩 (2,2′-bithiophene) cis-**598**·⁻	(结构图)	H3,3′ H4,4′ H5,5′	−0.421 +0.077 −0.488	[977]
反式 2,2′-联二噻吩 trans-**598**·⁻	(结构图)	H3,3′ H4,4′ H5,5′	−0.401 +0.075 −0.476	[977]
[3,2-b]并二噻吩(噻吩[3,2-b]并噻吩) (thieno[3,2-b]thiophene) **599**·⁻	(结构图)	H2,5 H3,6	−0.487 +0.052	[978]

续表

6a-硫杂并二噻吩 (6a-thiathiophthene) **600**·⁻	(结构式)	H2,5 H3,6	−0.672 −0.173	[979]
2,5-二甲基-3,4-丙桥-6a-硫杂并二噻吩 (2,5-dimethyl-3,4-trimethylene-6a-thiathiophtene) **124**·⁻	(结构式)	2H$_{ax}$(β) 2H$_{eq}$(β) H$_{ax}$(γ) H$_{eq}$(γ) 6H(β')	+0.302 +0.124 0.052 0.013 +0.660	[209, 979]

  自由基阴离子 **600**·⁻ 历经顺→反异构化，以 $4H$-噻喃-4-硫酮自由基阴离子为最终产物（失去三个 S 原子中的一个）[979]。异构化因 3 位和 4 位与亚丙基链桥连成六元环而受到阻碍，所以自由基阴离子如 **124**·⁻ 更持久。

  目前仅有少数含氮杂环自由基阴离子的 g_{iso} 被报道，为 2.0030～2.0035，稍大于共轭烃自由基阴离子的。磷杂苯自由基阴离子的 g_{iso} 是 2.0047 ± 0.0001，而三价阴离子 **597**·³⁻ 的 g_{iso} 是 2.0027（在 P 原子处具有非常小的 π 自旋布居），与大多数烃基阴离子一样。在 6a-硫杂并二噻吩 (**600**) 和 **124** 自由基阴离子中，三个 S 原子使 g_{iso} 增至 2.0074～2.0080。表 9.8～表 9.12 所列举的所有自由基阴离子都是用两种传统方法从相应杂环化合物中产生的，即在醚溶剂或 HMPT 中与碱金属反应，和/或在液氨、DMF 或乙腈中电解还原。三价阴离子 **597**·³⁻ 由中性前体在 DME 中与钾长时间接触而形成。

偶氮芳烃自由基阴离子 (radical anions of azoarenes)

  作为等电子体二苯乙烯 (**101**) 的 7,7'-二氮杂衍生物，反式偶氮苯 (*trans*-**102**) 自由基阴离子自 20 世纪 60 年代初以来一直被 ESR 所研究，但 ¹⁴N 超精细各向异性所导致的谱线增宽，使谱图分析变得复杂。表 9.13 列举了反式 **102**·⁻ 和一部分偶氮芳烃自由基阴离子的超精细数据[551,858,981,982]。除了环状 $7H$-二苯并 [c,f]-1,2-二氮杂䓬(**602**) 自由基阴离子，所有这些自由基阴离子都呈较小空间位阻的反式构型。迅速的顺→反异构化阻碍了顺式 **102**·⁻ 的 ESR 研究，这与两种异构体都可以用耦合常数来表征的 **101**·⁻ 形成鲜明对比（表 8.12）。然而，顺式偶氮苯的 π 电子分布在 **602** 的大致平面内。在超精细时间尺度上，在反式 **102**·⁻ 中苯基围绕连在中心双键的 C—N 键的旋转不够快，而无法平均邻位和

第 9 章 含杂原子的共轭自由基

间位质子的耦合常数，像在反式 **101**·− 和顺式 **101**·− 中的一样。同样类似于反式 **101**·−，这些质子是通过研究邻位取代衍生物的自由基阴离子来甄别的，例如，反式 2,2′-二甲基偶氮苯自由基阴离子（反式 **601**·−）中烷基占据位阻较小的位置。在偶氮芳烃自由基阴离子中，π 自旋分布与相应碳氢化合物等电子体的相似（表 8.12）。链状自由基阴离子的 ^{14}N 耦合常数通常随着芳基大小的增加而降低（从反式 **102**·− 的 $a_N = +0.48$ mT 到 **605**·− 的 $+0.32$ mT）。这小于偶氮烷烃自由基阴离子的相应值，$a_N = +0.75 \sim +0.95$ mT（表 7.19）。

表 9.13　部分偶氮芳烃自由基阴离子的超精细数据

反式偶氮苯 (*trans*-azobenzene) *trans*-**102**·−	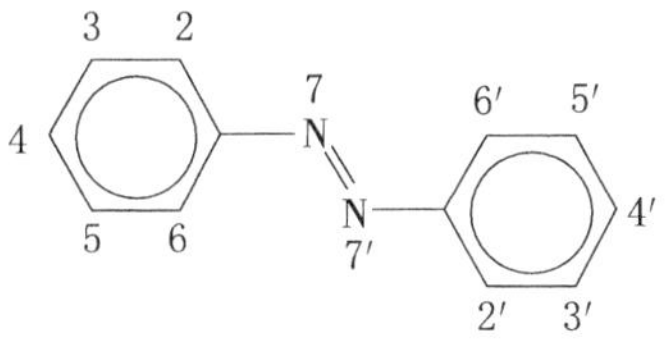	^{14}N7,7′ H2,2′ H3,3′ H4,4′ H5,5′ H6,6′	+0.478 −0.211 +0.062 −0.320 +0.089 −0.294	[551]
反式 2,2′-二甲基 偶氮苯 (*trans*-2,2′-dimethy- lazobenzene) *trans*-**601**·−	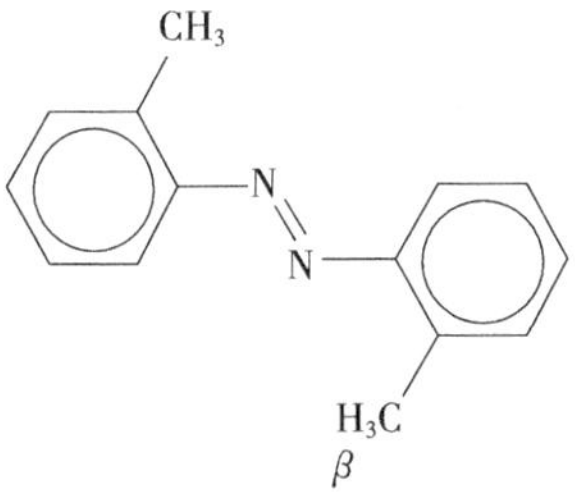	^{14}N7,7′ H3,3′ H4,4′ H5,5′ H6,6′ 6H(β)	+0.446 +0.058 −0.321 +0.090 −0.297 +0.151	[551]
7H-二苯并[c,f]- 1,2-二氮杂䓬 (7H-dibenzo[c,f]- 1,2-diazepine) **602**·−	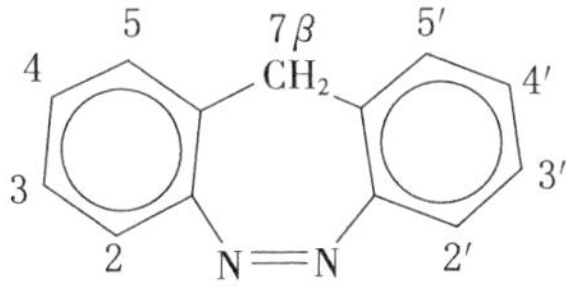	^{14}N7,7′ H2,2′ H3,3′ H4,4′ H5,5′ H$_{ax}$(β) H$_{eq}$(β)	+0.664 −0.234 +0.083 −0.305 +0.132 0.132 0.025	[858]
1,1′-偶氮萘 (1,1′-azonaphthalene) **603**·−	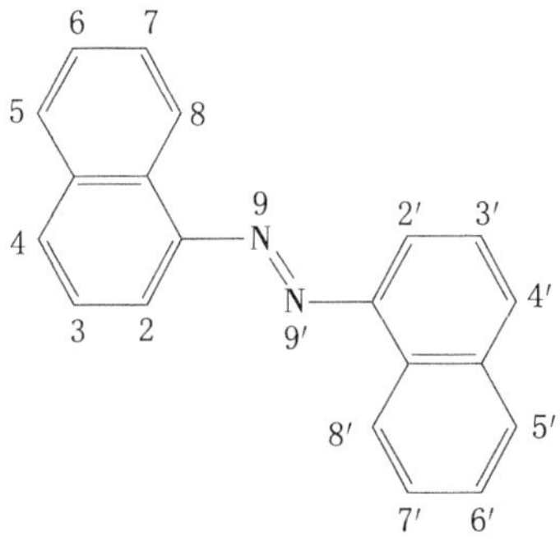	^{14}N9,9′ H2,2′,4,4′ H5,5′,7,7′	+0.444 −0.24 −0.06	[981]

2,2'-偶氮萘 (2,2'-azonaphtha-lene) **604·⁻**	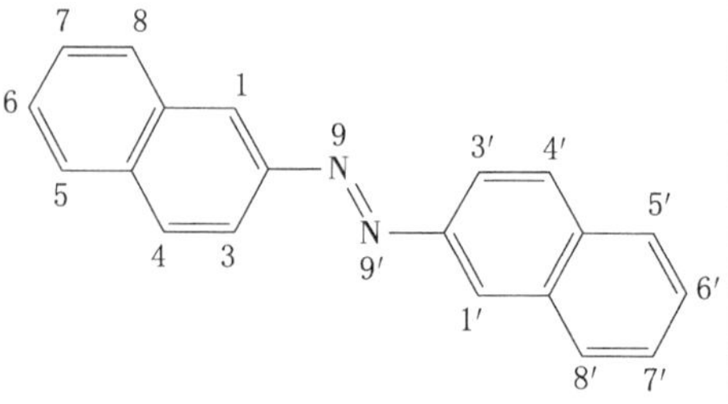 (structure with numbered positions 1-8, 9, 9', 1'-8')	^{14}N9,9' H1,1' H3,3',6,6' H8,8'	+0.485 −0.285 −0.075 −0.075	[981]
10,10'-偶氮蒽 (10,10'-azoanthracene) **605·⁻**	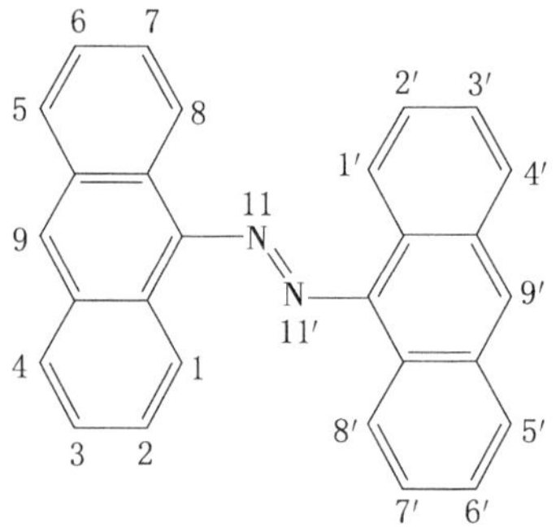 (structure with numbered positions 1-9, 11, 11', 1'-9')	^{14}N11,11' H2,2',4,4' H5,5',7,7' H9,9'	+0.320 −0.095 −0.095 −0.370	[982]

反式 **102·⁻** 和反式 **601·⁻** 的 g_{iso} 是 2.0035。表 9.13 中所列举的自由基阴离子是中性偶氮芳烃和碱金属在醚中反应而形成的。它们的偶氮基团与抗衡离子缔合（与偶氮烷烃中的类似），并在 ESR 谱中表现出碱金属磁性核的超精细分裂（表 A.2.2）。因为与相应的偶氮烷烃相比，偶氮芳烃是更好的电子受体，所以它们很容易形成抗磁性的二价阴离子，并且自由基阴离子倾向于歧化成二价阴离子和中性前体（2.2 节和 6.3 节）。

醛和酮自由基阴离子（羰基阴离子）[radical anions of aldehydes and ketones (ketyl anions)]

其中一分部醛和酮自由基阴离子的超精细数据列于表 9.14 中[213,214,218,983-988]。如 7.1 节所述，羰基可以表达成 >C·—O⁻ 的适当形式，其中约 2/3 的 π 自旋布居分布在 C 原子上。与相应的烷基相比，在共轭醛和酮的自由基阴离子中该原子的平面偏离所起的作用似乎很微小，并且自旋布居完全由 π 体系的其他部分所共享。在如 **606**、**612**～**614** 和 **617** 等烯酮及 2,5-二烯酮自由基阴离子中，很大一部分自旋布居转移到紧挨着羰基的下一个 π 中心：

$$>C=C-C·-O^- \rightleftharpoons >C·-C=C-O^-$$

在位于如 **616** 的 2,4-二烯酮阴离子的末端中心，也具有同样分量的自旋布居：

第9章 含杂原子的共轭自由基

$$>C=C-C=C-C\cdot-O \rightleftharpoons >C=C-C\cdot-C=C-O \rightleftharpoons$$
$$>C\cdot-C=C-C=C-O$$

在苯甲醛（**607**）和苯乙酮（**608**）等自由基阴离子中，自旋离域使羰基 C 原子的自旋布居降至约 1/3。

表 9.14　部分共轭醛/酮自由基阴离子的超精细数据

化合物	结构	位置	数值	参考
2,2,6,6-四甲基-4-庚烯-3-酮 (2,2,6,6-tetramethyl-4-hepten-3-one) **606**·⁻	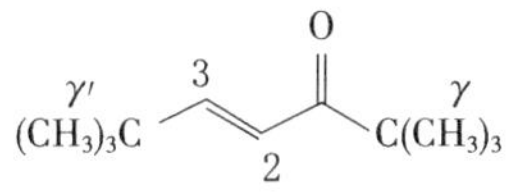 (CH₃)₃C—CH=CH—C(=O)—C(CH₃)₃	H2 H3 9H(γ) 9H(γ′)	<0.2 −1.167 0.039 0.027	[983]
苯甲醛 (benzaldehyde) **607**·⁻	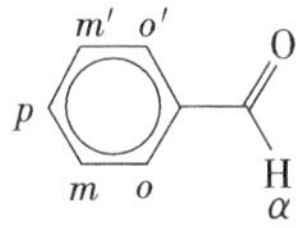 PhCHO	H(α) H$_o$ H$_{o'}$ H$_m$ H$_{m'}$ H$_p$	−0.851 −0.469 −0.340 +0.131 +0.075 −0.647	[984]
苯乙酮 (acetophenone) **608**·⁻	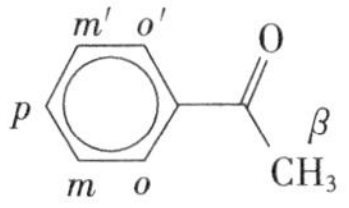 PhCOCH₃	H$_o$ H$_{o'}$ H$_m$ H$_{m'}$ H$_p$ 3H(β)	−0.425 −0.379 +0.113 +0.091 −0.655 +0.674	[984]
二苯甲酮 (benzophenone) **609**·⁻	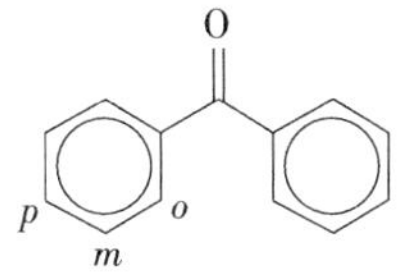 Ph₂C=O	4H$_o$ 4H$_m$ 2H$_p$ ¹⁷O	−0.252 +0.082 −0.350 −0.818	[985] [986]
二苯基环丙烯基酮 (diphenylcyclopropenone) **611**·⁻	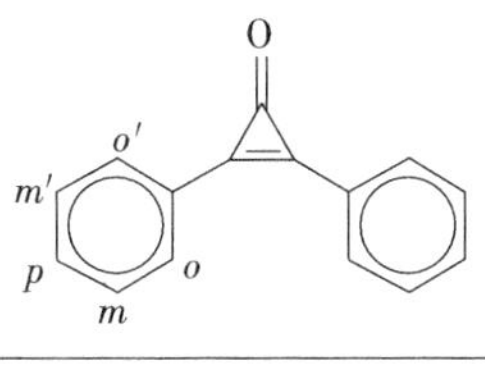	2H$_o$ 2H$_{o'}$ 2H$_m$ 2H$_{m'}$ 2H$_p$	−0.276 −0.311 +0.078 +0.096 −0.428	[213]
4,4,5,5-四甲基-2-环戊烯酮 (4,4,5,5-tetramethylcyclopent-2-en-1-one) **612**·⁻	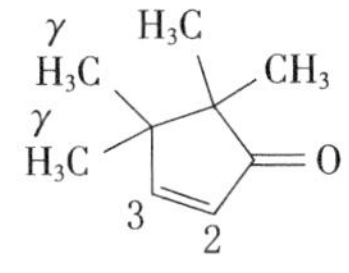	H2 H3 6H(γ)	+0.045 −1.10 0.064	[987]
环戊二烯酮 (cyclopentadienone) **613**·⁻	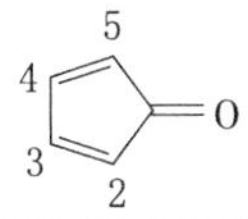	H2,5 H3,4	−0.291 −0.527	[988]

续表

名称	结构	位置	值	参考
1-茚酮(indene-1-one) 614·⁻	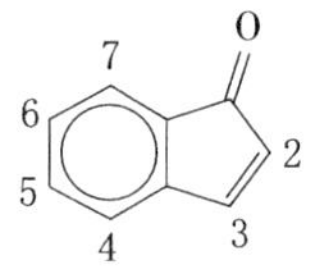 (结构图)	H2 H3 H4 H5 H6 H7	+0.020 −0.710 −0.115 −0.150 −0.204 −0.091	[988]
芴酮(fluorenone) 114·⁻	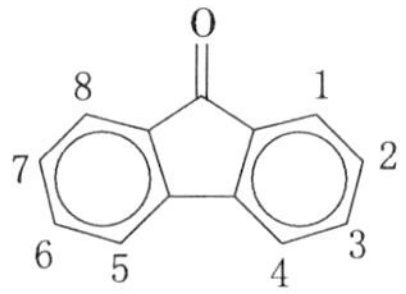 (结构图)	H1,8 H2,7 H3,6 H4,5 ^{17}O	−0.196 0.003 −0.308 +0.065 −0.921	[218] [986]
菲基-4,5-甲酮 (phenanthrylene-4,5-ketone) 615·⁻	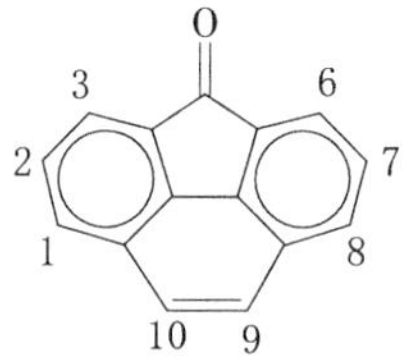 (结构图)	H1,8 H2,7 H3,6 H9,10	−0.306 0.003 −0.212 0.010	[218]
6,6-二甲基-2,4-环己二烯-1-酮 (6,6-dimethylcyclohexa-2,4-dien-1-one) 616·⁻	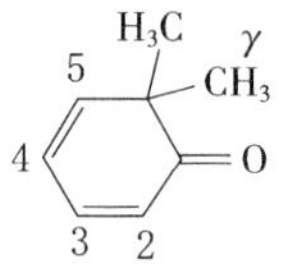 (结构图)	H2,4 H3 H5 6H(γ)	+0.133 −0.808 −0.940 0.008	[987]
4,4-二甲基-2,5-环己二烯-1-酮 (4,4-dimethylcyclohexa-2,5-dien-1-one) 617·⁻	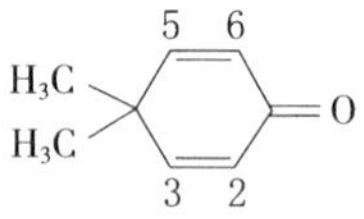 (结构图)	H2,6 H3,5	+0.114 −0.705	[987]
苯并-6,6-二甲基-2,4-环己二烯-1-酮 (2,3-benzo-6,6-dimethylcyclohexa-2,4-dien-1-one) 618·⁻	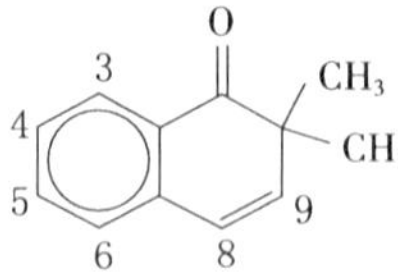 (结构图)	H3 H4,8 H5 H6 H9	−0.120 +0.035 −0.310 +0.082 −0.675	[987]
环庚三烯酮(tropone) 99·⁻	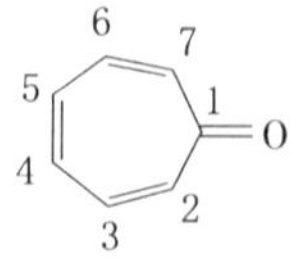 (结构图)	H2,7 H3,6 H4,5 ^{13}C1 ^{13}C2,7 ^{13}C3,6 ^{13}C4,5	−0.867 +0.010 −0.508 −0.832 +1.233 −0.602 +0.454	[214]

第 9 章 含杂原子的共轭自由基 335

在芴酮（**114**）和菲基-4,5-甲酮（**615**）等自由基阴离子中，π 自旋分布类似于二苯甲酮自由基阴离子（**609**·⁻）。然而，在二苯基环丙烯酮（**611**）自由基阴离子中，SOMO 具有穿过酮基的垂直节点平面，使得中心 C 原子的自旋布居类似于二苯乙烯自由基阴离子（**101**·⁻）的。据我们所知，环丙烯酮（**610**）本身的自由基阴离子仍然未知，但环戊二烯酮（**613**）和环庚三烯酮（䓬酮，**99**）的自由基离子已被 ESR 所研究（**99**·⁻ 的谱图及其分析，分别见图 6.11 和 6.4 节）。在 **610** 和 **99** 的偶极表达式中，带正电的闭合共轭环符合 Hückel（2+4m）规则（8.1 节），而 **613** 的偶极表达式则不符合。因此，在能量上应该有利的 **610** 和 **99** 是已知的，但 **613** 尚未被分离。但是，由于存在应力角，**610** 在低温下才能稳定[989]，所以唯有 **99** 才是可容易分离的化合物。

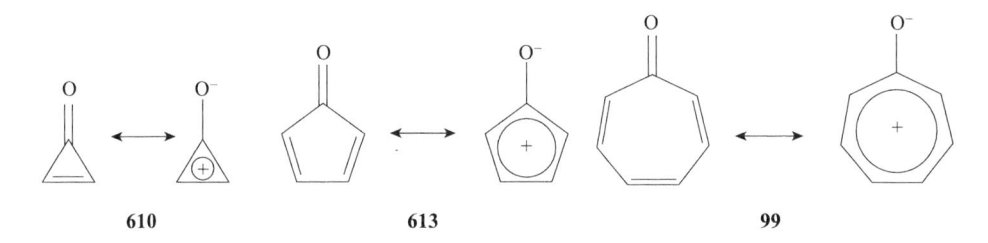

610　　　　　**613**　　　　　**99**

在羰基上具有 SOMO 一个节点的 **611**·⁻，g_{iso} 是 2.0026。表 9.14 列举的其他自由基阴离子的 g_{iso} 尚未被报道，预计在 2.0032～2.0035 之间，与相应的烷基羰基阴离子相似。在 DMF 中的电解还原，是用以产生共轭醛和酮自由基阴离子的常用方法。这些羰基阴离子的持久性，要求直接连到 π 体系的 sp³ 杂化的 C 原子上不能连有 H 原子。**614**·⁻、**616**·⁻ 和 **617**·⁻ 等自由基阴离子是在含有 t-BuOK 的流动 DMSO 中由相应的羰基化合物产生的，其中 **613**·⁻ 是由环戊二烯酮的溴代衍生物原位制备的，而不是直接从无法分离的母体 **613** 制备。

二醛和二酮自由基阴离子（烃基二酮和半醌阴离子）[radical anions of dialdehydes and diketones (semidione and semiquinone anions)]

最简单的二酮是 1,2-乙二酮（乙二醛，**619**），是一个 4 中心 π 体系。它的自由基阴离子是含有 5 个 π 电子的烃基二酮离子 **619**·⁻，其结构可表示成：

·O—C=C—O⁻ ⇌ O⁻—C·—C=O ⇌ O=C—C·—O⁻ ⇌ O⁻—C=C—O·

在这四个原子中，C 和 O 上的 π 自旋布居分别约为 +0.3 和 +0.2。

表 9.15[212,459,986,990-998] 和表 9.16[213,614,639,986,999-1003] 列举了一部分二酮自由基阴离子（烃基二酮）的超精细数据，而更早期的 ESR 研究详见 1968 年的一篇综述[7c]。二酮 π 体系因 **624**·⁻、**628**·⁻ 和 **630**·⁻ 中的共轭双键而扩展，也因

631·⁻～635·⁻、110·⁻和128·⁻中的苯基和/或亚苯基（phenylene）而扩展。

表 9.15　部分烷基二酮和烯基二酮自由基阴离子的超精细数据

化合物	结构	原子	值	文献
反式 1,2-乙二酮（乙二醛）(ethan-1,2-dione)(glyoxal) trans-**619**·⁻	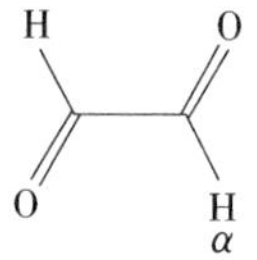	2H(α)	−0.76	[990]
顺式 1,2-乙二酮（乙二醛）cis-**619**·⁻	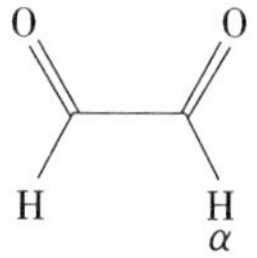	2H(α)	−0.87	[991]
反式 2,3-丁二酮（联乙酰）(butan-2,3-dione)(biacetyl) trans-**620**·⁻	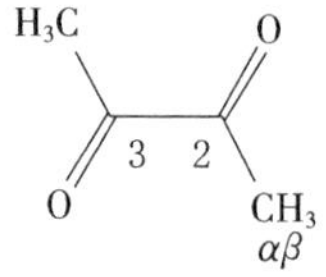	6H(β) ¹³C2,3 2¹³C(α)	+0.56 0.058 −0.45	[992] [993]
顺式 2,3-丁二酮（联乙酰）cis-**620**·⁻	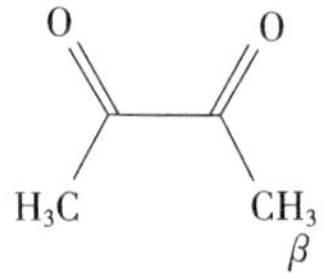	6H(β) ¹³C2,3 2¹³C(α)	+0.70 0.114 −0.52	[992] [993]
2,2,5,5-四甲基-3,4-己二酮 (2,2,5,5-tetramethylhexan-3,4-dione) trans-**621**·⁻	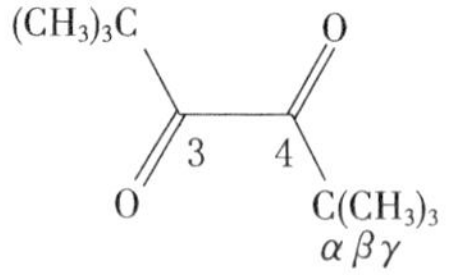	18H(γ) ¹³C3,4 2¹³C(α) 6¹³C(β) 2¹⁷O	0.029 0.14 −0.38 +0.243 −1.041	[994] [993] [986]
二环丙基反式 1,2-乙二酮 (dicyclopropylethan-1,2-dione) **622**·⁻	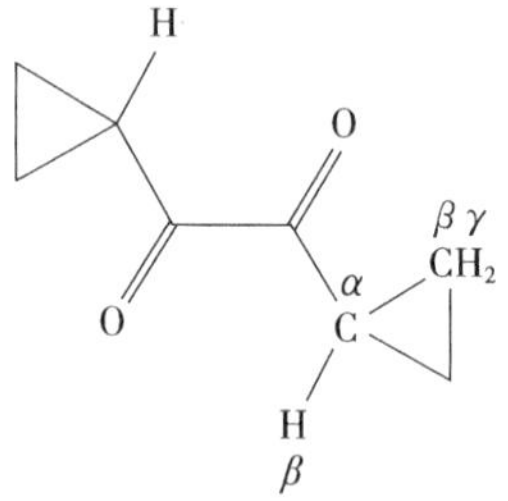	2H(β) 4H_syn(γ) 4H_anti(γ) 2¹³C(α) 2¹³C(β)	+0.057 0.020 0.037 −0.45 +0.81	[995] [993]
二环丁基反式 1,2-乙二酮 (dicyclobutylethan-1,2-dione) **623**·⁻	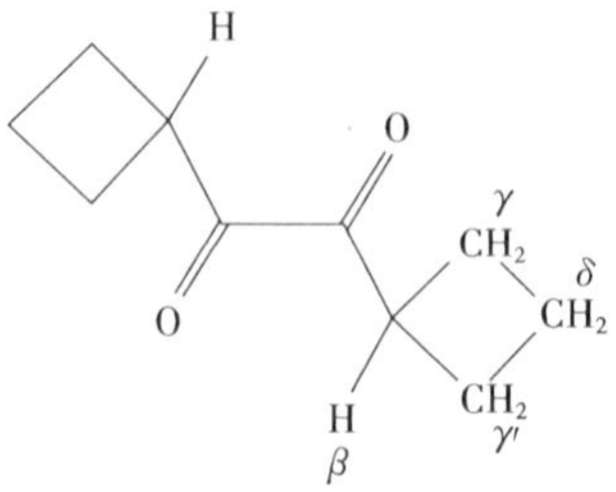	2H(β) 4H(γ) 4H(γ') 4H(δ)	+0.222 0.045 0.023 0.08	[995]

名称	结构	位置	值	参考
4-戊烯-2,3-二酮 (pent-4-ene-2,3-dione) **624·⁻**	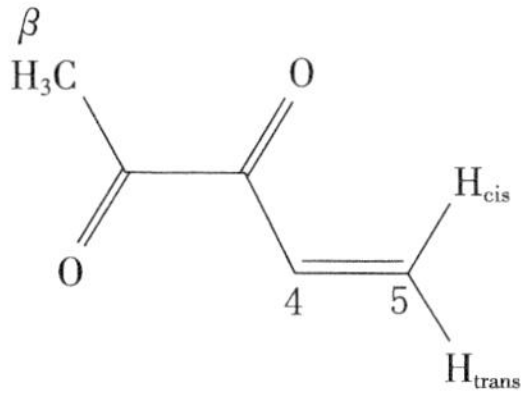 （结构式）	H4 H5$_{trans}$ H5$_{cis}$ 3H(β)	−0.125 −0.490 −0.500 +0.288	[995]
1,2-环丁二酮 (cyclobutene-1,2-dione) **625·⁻**	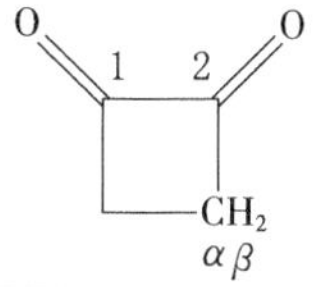 （结构式）	4H(β) ^{13}C1,2 2^{13}C(α)	+1.395 0.14 −0.54	[996] [986]
1,2-环戊二酮 (cyclopentane-1,2-dione) **626·⁻**	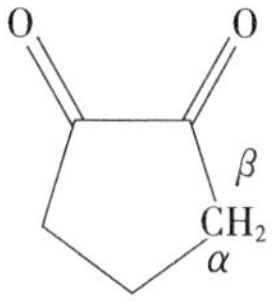 （结构式）	4H(β) 2^{13}C(α)	+1.416 −0.56	[997] [986]
1,2-环己二酮 (cyclohexane-1,2-dione) **627·⁻**	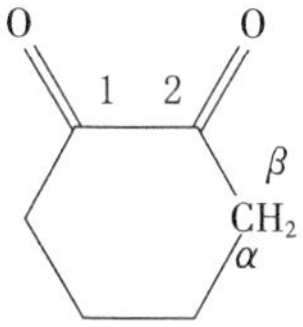 （结构式）	4H(β) 2^{13}C(α)	+0.982 −0.49	[997] [963]
2-环己烯-1,4-二酮 (cyclohex-2-en-1,4-dione) **628·⁻**	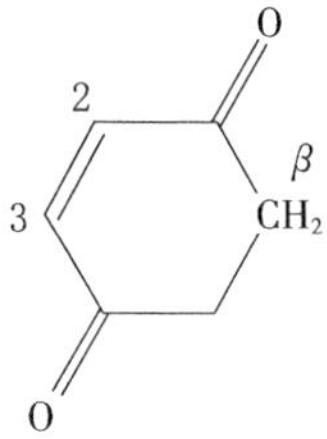 （结构式）	H2,3 4H(β)	−0.576 +0.236	[998]
二环[2.2.1]庚烷-2,3-二酮 (bicyclo[2.2.1]heptane-2,3-dione) **72·⁻**	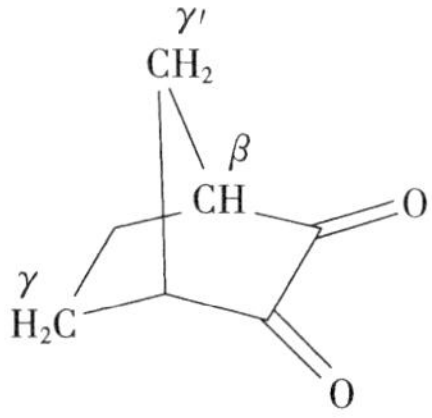 （结构式）	2H(β) 2H$_{exo}$(γ) 2H$_{endo}$(γ) H$_{syn}$(γ') H$_{anti}$(γ')	+0.249 +0.249 <0.01 0.036 +0.648	[459]
二环[2.2.1]-5-庚烯-2,3-二酮 (bicyclo[2.2.1]hept-5-ene-2,3-dione) **629·⁻**	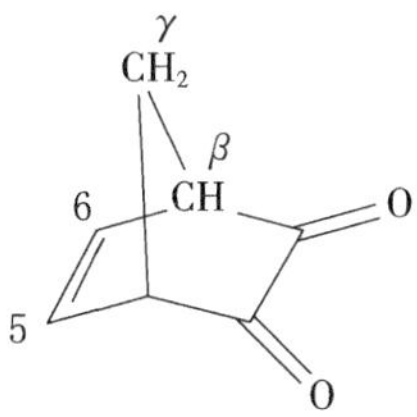 （结构式）	2H(β) H5,6 H$_{syn}$(γ') H$_{anti}$(γ')	+0.110 0.073 0.210 +0.819	[459]

续表

螺[5.5]-1,4,6,9-十一碳四烯-3,8-二酮 (spiro[5.5]undeca-1,4,6,9-tetraene-3,8-dione) **630**·⁻	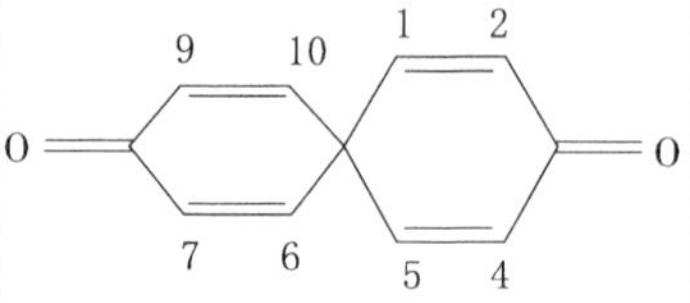	H1,5 H2,4 H6,10 H7,9	−0.762 +0.132 −0.087 +0.138	[212]

表 9.16 部分苯基取代的烃基二酮自由基阴离子的超精细数据

反式-苯基-1,2-乙二酮 (phenylethane-1,2-dione) *trans*-**631**·⁻	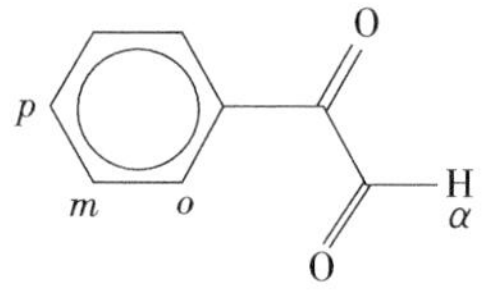	H(α) 2H$_o$ 2H$_m$ H$_p$	−0.559 −0.134 +0.045 −0.152	[999]
顺式-苯基-1,2-乙二酮 *cis*-**631**·⁻	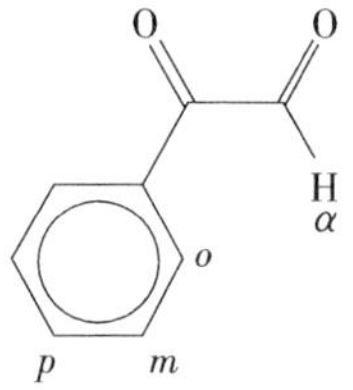	H(α) 2H$_o$ 2H$_m$ H$_p$	−0.688 −0.150 +0.052 −0.170	[999]
1,2-茚二酮 (indane-1,2-dione) **632**·⁻	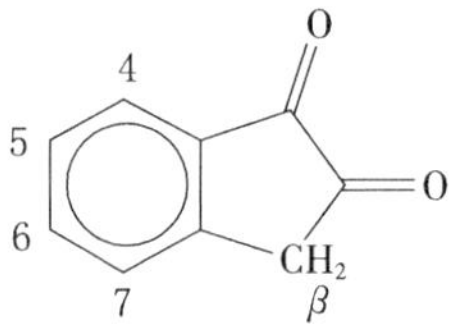	H4 H5 H6 H7 2H(β)	−0.295 +0.056 −0.283 +0.073 +0.262	[1000]
反式二苯基-1,2-乙二酮(联苯酰) (diphenylethane-1,2-dione) (benzil) *trans*-**633**·⁻	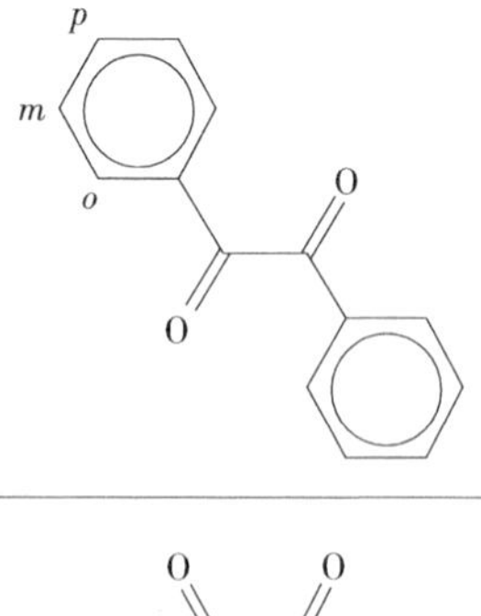	4H$_o$ 4H$_m$ 2H$_p$ 2¹⁷O	−0.100 +0.035 −0.111 −0.967	[213] [986]
顺式二苯基-1,2-乙二酮 *cis*-**633**·⁻	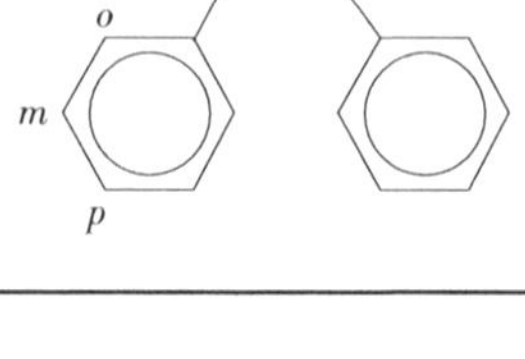	4H$_o$ 4H$_m$ 2H$_p$	−0.109ª +0.047 −0.154	[1001]

续表

名称	结构	位置	值	文献
邻苯二甲醛 (1,2-diformylbenzene) (o-phthaldehyde) **634**·⁻	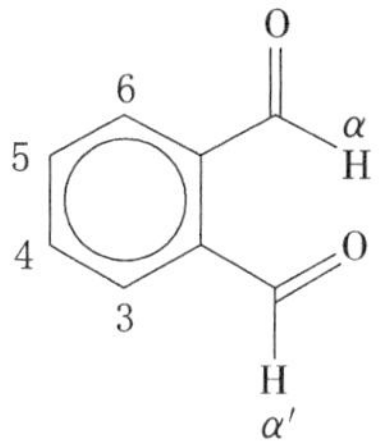	H(α) H(α') H3 H6 H4 H5	−0.462 −0.372 +0.049 +0.024 −0.291 −0.219	[639]
邻二茴酰基苯 (o-dimesitoylbenzene) **110**·⁻ (Mes = mesityl, 茴基或均三甲苯基)	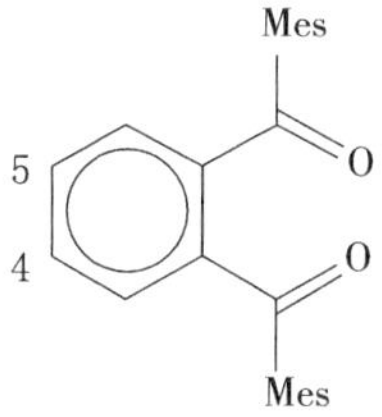	H4,5	−0.252	[614]
反式对苯二甲醛 (1,4-diformylbenzene) (Terephthaldehyde) *trans*-**128**·⁻	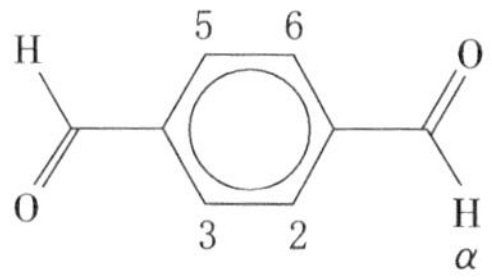	2H(α) H2,5 H3,6	−0.395 −0.206 −0.072	[1002]
顺式对苯二甲醛 *cis*-**128**·⁻	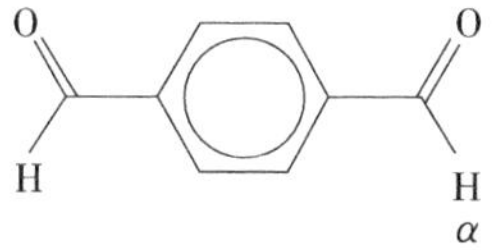	2H(α) H2,3 H5,6	−0.387 −0.154 −0.118	[1002]
1,3-二苯甲酰基苯 (*m*-dibenzoylbenzene) **635**·⁻	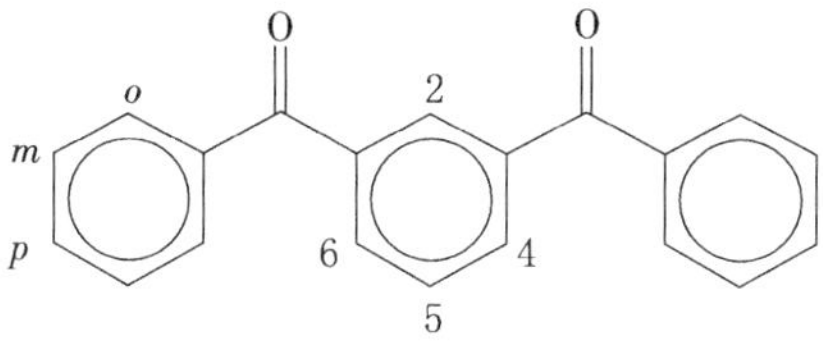	H2 H4,6 H5 4H_o 4H_m 2H_p	+0.068 −0.626 +0.136 −0.068 +0.024 −0.096	[1003]

注：a. SnMe₃ 络合物。

烃基二酮阴离子能以反式和顺式结构存在。通常反式构型是优先的，尤其像在 **621**·⁻ 中存在叔丁基那样的大体积取代基的情况下，ESR 只检测到反式异构体。顺式结构有利于与碱金属抗衡离子（Alk⁺）的紧密缔合，它们以螯合方式连接到两个 O 原子上。因此，顺-反平衡对离子配对非常敏感，这造成了以牺牲相邻 O 原子上的 π 自旋布居为代价，增强了羰基 C 原子上的 π 自旋布居。

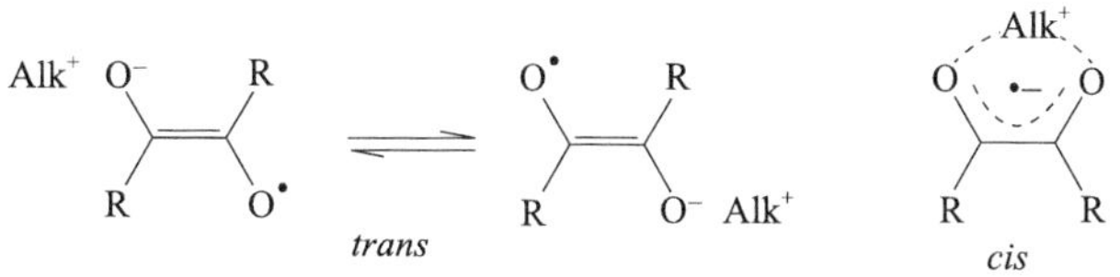

紧密离子配对的一个范例是邻二荚酰基苯（**110**）自由基阴离子，所缔合的碱金属抗衡离子具有非常大的耦合常数（6.6节和表A.2.2）。通过W平面相互作用的γ质子远程耦合而清楚地区分顺位与反位、内侧位与外侧位的质子（4.2节），是双环烃基二酮离子 **72**$^{\cdot-}$ 和 **629**$^{\cdot-}$ 具有的特征。在螺[5.5]-1,4,6,9-十一碳四烯-3,8-二酮（**630**）自由基阴离子中，π自旋分布相似于酮基阴离子自由基 **617**$^{\cdot-}$（表9.14），因为在超精细时间尺度上自旋布居主要定域在一个π单元上。抗衡离子（Et$_4$N$^+$）和/或溶剂分子（DMF/ACN）对一个O原子的微扰，就足以造成这种定域分布。

当两个羰基C原子都是完全共轭的环状π体系的一部分时，像8.4～8.6节中所考虑的烃自由基阴离子那样，二羰化合物被称为醌。它的自由基阴离子称为半醌阴离子，可以通过羰基O原子以单键连接到该烃的式子来描述。最著名的例子是对苯半醌（**19**）及其相应的半醌阴离子 **19**$^{\cdot-}$，后者是 **19** 和二价阴离子 **19**$^{\cdot 2-}$ 之间的中间体。**19**$^{\cdot-}$ 在一个O原子上的质子化形成中性4-羟基苯氧基 **19**H$^{\cdot}$（≡ **539**$^{\cdot}$）（表9.2），而将质子同时加成到两个O原子上时将形成自由基阳离子 **19**H$_2^{\cdot+}$（≡ **810**$^{\cdot+}$）（表9.36）。

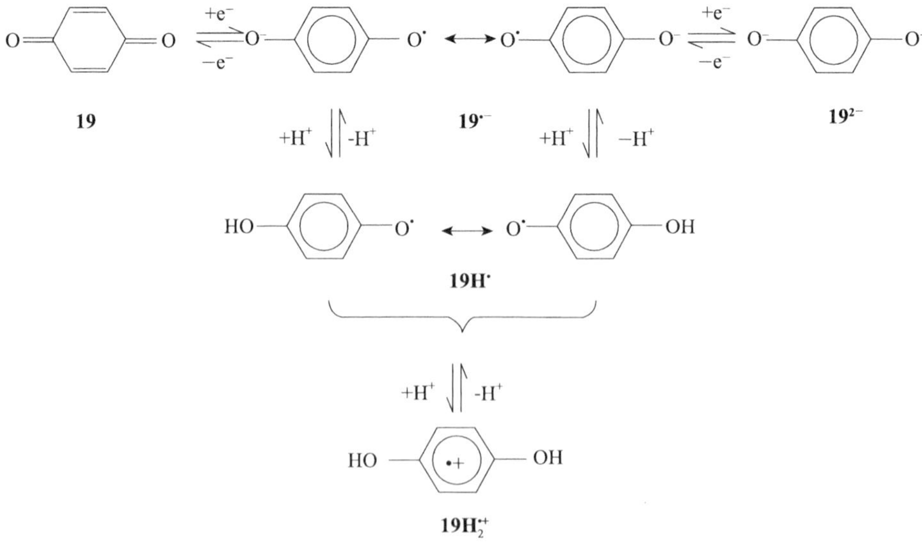

与只有一个羰基的醛和酮相比，二酮因含有两个这样的吸电子基团而成为更好的电子受体。将两个羰基并合到共轭环状π体系中，会增强摄入更多电子的趋势，从而使醌在化学和生物学中起到高效电子受体的作用。表9.17[986,1004,1015]和表9.18[148,192,567,986,971,1014,1016-1025]列举了其中的一部分自由基阴离子的超精细数据。这些半醌阴离子容易通过多种方法产生（见下文），并

在不同条件下被 ESR 广泛研究,特别是 **19**$^{\cdot-}$ 和 9,10-蒽半醌阴离子(**655**$^{\cdot-}$)。它们的 ESR 谱相当窄,因为大部分 π 自旋布居被羰基所容纳,而其中的原子核却对主要的超精细图谱没有贡献。在 **19**$^{\cdot-}$ 中,计算所得的每个 O 原子携带的自旋布居是 +0.018,而两个和四个 C 中心的 $\rho_{1,4}^{\pi}$ 和 $\rho_{2,3,5,6}^{\pi}$ 分别约为 +0.14 和 +0.09[1008]。自旋分布对溶剂和抗衡离子很敏感。α 和 β 质子的耦合常数,尤其是羰基中 ^{13}C 和 ^{17}O 的耦合常数,受到溶剂的强烈影响。以 **19**$^{\cdot-}$ 为例,从 DMSO 到水,耦合常数 $a_{C1,4}$ 由 -0.213 mT 变成 +0.024 mT,a_O 由 -0.946 mT 变成 -0.870 mT。这一现象可根据溶剂与 O 原子孤电子对之间的络合来解释,因为这种络合改变了 O 原子的电负性和自由基阴离子的 π 自旋分布。在极性较低的溶剂中,抗衡离子和 O 原子孤电子对的缔合也对这种分布有很大影响,尤其是邻位半醌阴离子。因此,邻苯半醌阴离子(**636**$^{\cdot-}$)不仅可以和碱金属阳离子形成螯合状络合物(表 A.2.2),也可以和其他金属阳离子形成螯合物。这些金属的磁性核通常在 ESR 谱中产生大的超精细分裂(^{113}Sn,+1.013 mT;^{117}Sn,+0.968 mT[1026])。

636$^{\cdot-}$ **636**$^{\cdot-}$/Sn$^+$Ph$_3$

四氯对苯半醌(**642**)是对苯半醌衍生物之一,其电子受体性质被四个氯取代基增强,因此在化学反应中被用来作为氧化剂。如前所述,一部分醌也具有与作为电子受体相关的生物学功能,如包括对苯半醌衍生物在内的 α-生育酚(醌型维生素 E,**643**)和泛醌(**644**)等,或如 1,4-萘醌的部分衍生物醌型维生素 K$_3$(甲萘醌,**648**)和醌型维生素 K$_1$(**649**)等。此外,含有 4,4'-二苯醌 π 体系的金丝桃素(**660**H),具有广泛的药理活性。即使在中性溶液中,自由基阴离子 **660**H$^{\cdot-}$ 也只具有相当低的持久性,迅速转变成其共轭碱,即自由基二价阴离子 **660**$^{\cdot 2-}$,其中 3,4 位的两个氧原子通过一个质子桥连起来。

比苯醌大的轮烯二酮自由基阴离子也是已知的。在此,它们由桥连的 [14] 轮烯二酮 **661** 及两个同分异构体八去氢 [18] 轮烯二酮 **662** 和 **663** 的自由基阴离子所代表。

半二酮、半醌和半萘醌自由基阴离子的 g_{iso} 是 2.0046~2.0052。这取决于实验条件,例如,**19**$^{\cdot-}$ 在 DMSO 中 g_{iso} 是 2.0052,但在水中是 2.0047[1006]。对于较大的半醌,g_{iso} 降到 2.0037~2.0042。

表 9.17 部分苯醌自由基阴离子的超精细数据

邻苯半醌 (o-benzoquinone) **636·⁻**	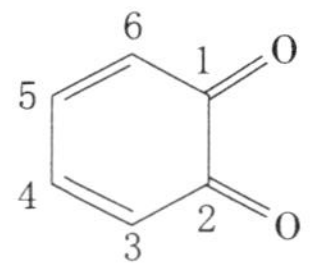 (结构：6,1,2,3,4,5 编号的邻苯醌)	H3,6 H4,5 ¹³C1,2 ¹³C3,6 ¹³C4,5	+0.096 −0.350 −0.120 −0.216 +0.29	[1004]
4,5-二甲基邻苯半醌 (4,5-dimethyl-o-obenzoquinone) **637·⁻**	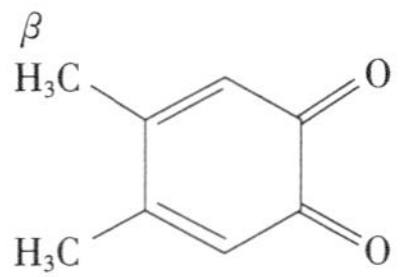 (结构：H₃C, H₃C，β)	H3,6 6H(β)	+0.05 +0.42	[1005]
对苯半醌 (p-benzoquinone) **19·⁻**	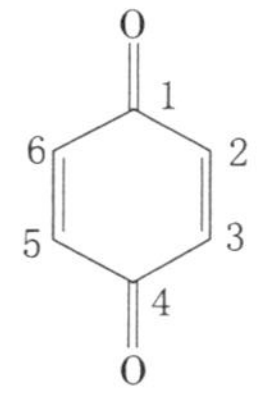 (结构：1,2,3,4,5,6 编号的对苯醌)	H2,3,5,6 ¹³C1,4 ¹³C2,3,5,6 2¹⁷O	DMSO/水 −0.242/−0.236 −0.213/+0.024 /−0.059ᵃ −0.946/−0.870	[1006] [1007] [1008]
2,3-二甲基对苯半醌 (2,3-dimethyl-p-benzoquinone) **638·⁻**	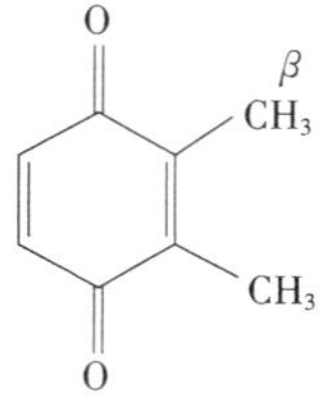 (结构：CH₃, CH₃，β)	H5,6 6H(β)	−0.262 +0.174	[1009]

续表

名称	结构	位置	数值	文献
2,5-二甲基对苯半醌 (2,5-dimethyl-p-benzoquinone) **639**·⁻	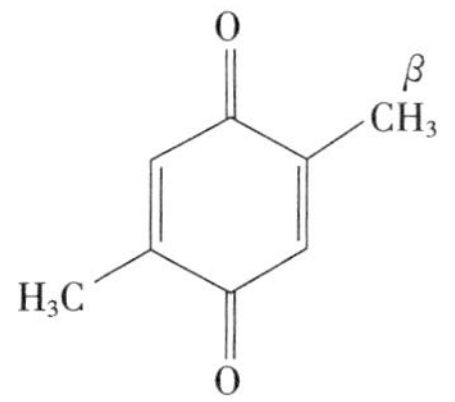 (2,5-dimethyl-p-benzoquinone structure with β-CH₃)	H3,6 6H(β)	−0.184 +0.232	[1009]
2,6-二甲基对苯半醌 (2,6-dimethyl-p-benzoquinone) **640**·⁻	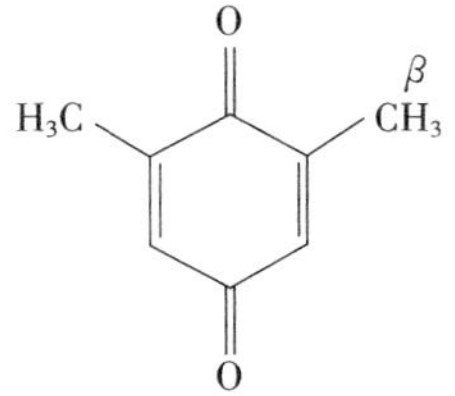 (2,6-dimethyl-p-benzoquinone structure with β-CH₃)	H3,5 6H(β)	−0.193 +0.212	[1009]
2,3,5,6-四甲基对苯半醌(杜醌) (2,3,5,6-tetramethyl-p-benzoquinone) (duroquinone) **641**·⁻	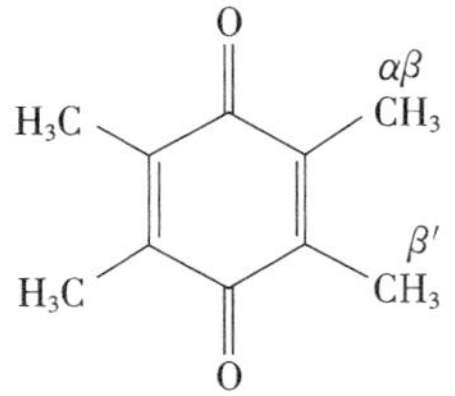 (duroquinone structure with αβ and β′ CH₃ groups)	6H(β) 6H(β') ^{13}C1,4 ^{13}C2,3,5,6 4^{13}C(α)	+0.190(+0.291ᵃ +0.093ᵇ) −0.107 −0.072 +0.138	[1010,1011]
四氯对苯半醌(对氯腈) (2,3,5,6-tetrachloro-p-benzoquinone) (chloranil) **642**·⁻	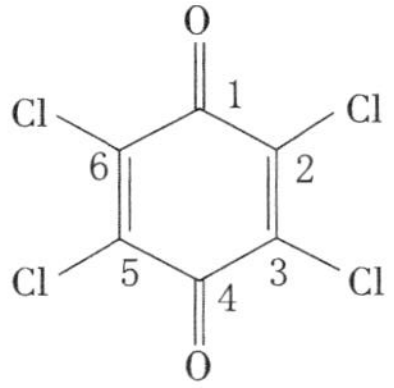 (chloranil structure with Cl at positions 2,3,5,6)	^{13}C1,4 ^{13}C2,3,5,6 2^{17}O	−0.257;0.48 0.28 −0.889(DMF)	[1012,1013] [986]

续表

化合物	结构	氢	a_H/mT	文献
α-生育酚(醌型维生素 E) (α-tocopherol) (vitamin E quinone) **643**·⁻	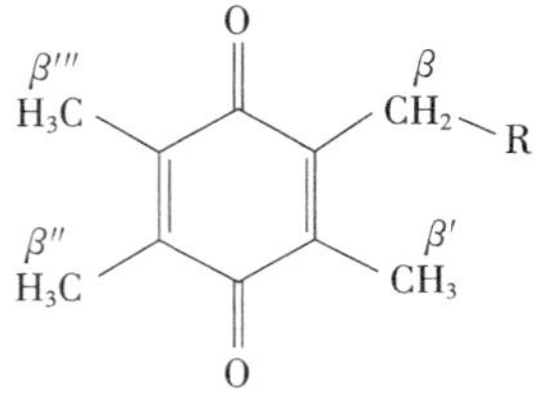 (结构式: 2,3-二甲基-5-(CH₂R)-6-(CH₃)-对苯醌，R=C₁₅H₃₁)	2H(β) 3H(β′) 3H(β″) 3H(β‴)	+0.091 +0.191	[1014]
泛醌(ubiquinone) **644**·⁻	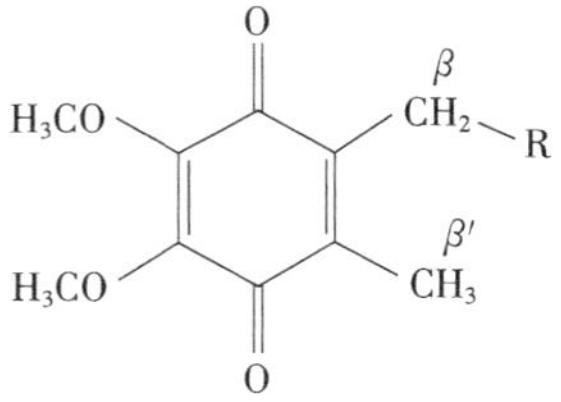 (结构式: 2,3-二甲氧基-5-(CH₂R)-6-(CH₃)-对苯醌，R=C(CH₃)(CH₂)₉CH₃)	2H(β) 3H(β′)	+0.102 +0.204	[1014]
苯并环丁二酮 (benzocyclobutane-1,2-dione) **645**·⁻	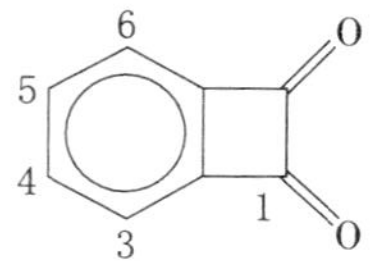 (结构式)	H3,6 H4,5	−0.374 −0.187	[1015]

注：a. 水相；b. 紧密离子对的超精细分裂。

表 9.18　部分稠芳醌和 [18] 轮烯二酮自由基阴离子的超精细数据

1,2-萘醌 (1,2-naphthoquinone) **646**·⁻ 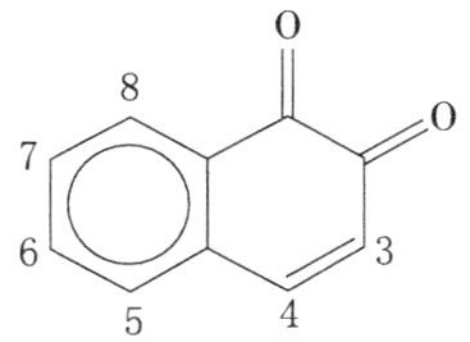		H3　+0.042 H4　−0.446 H5　　0.028 H6　−0.142 H7　　0.014 H8　−0.130	[1016]
1,4-萘醌 (1,4-naphthoquinone) **647**·⁻ 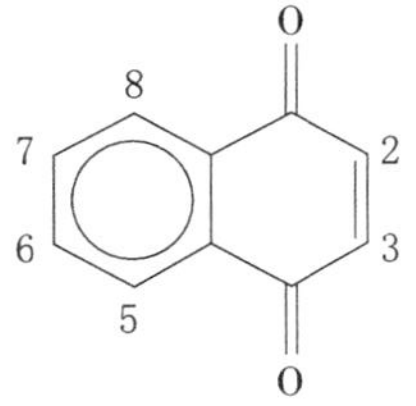		H2,3　−0.324 H5,8　　0.065 H6,7　　0.058 2¹⁷O　−0.858	[1016] [986]
甲萘醌(醌型维生素 K3) (menadione) (vitamin K3 quinone) **648**·⁻ 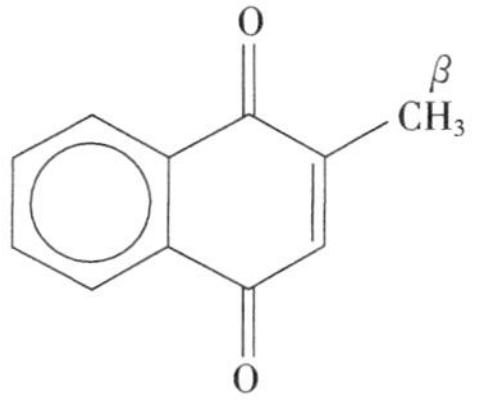		H3　−0.247 H5　−0.048 H6　−0.078 H7　−0.056 H8　−0.070 3H(β)　+0.291	[1014]

续表

名称	结构	位置	数值	文献
叶绿醌（醌型维生素 K₁）(phytonodione)(vitamin K₁ quinone) **649**·⁻	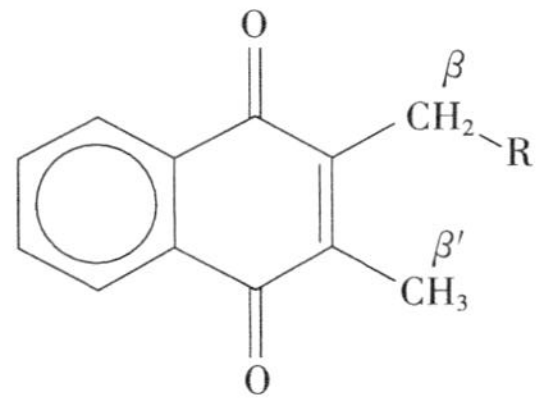 （结构式：2-甲基-3-植基-1,4-萘醌，R=C=C(CH₃)[(CH₂)₃CH(CH₃)]₃CH₃）	H5,8 H6,7 2H(β) 3H(β')	−0.052 −0.070 +0.127 +0.254	[1014]
5,8-二羟基-1,4-萘醌 (5,8-dihydroxy-1,4-naphthoquinone) **650**·⁻	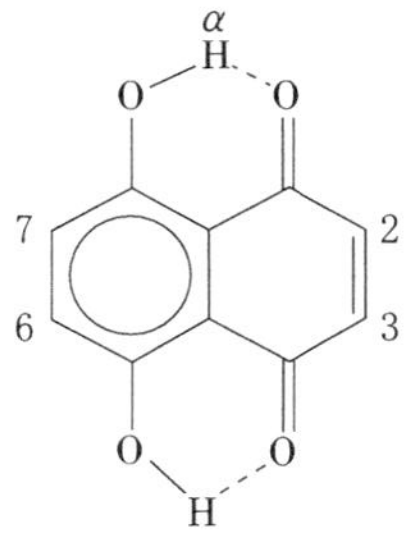 （结构式）	H2,3,6,7 2H(α)	−0.241 +0.052	[1017]
1,5-萘醌 (1,5-naphthoquinone) **651**·⁻	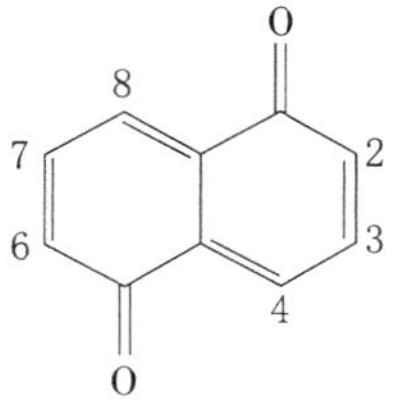 （结构式）	H2,6 H3,7 H4,8	−0.380 0.055 −0.525	[1018]

第 9 章　含杂原子的共轭自由基

续表

2,6-萘醌 (2,6-naphthoquinone) **652**·⁻	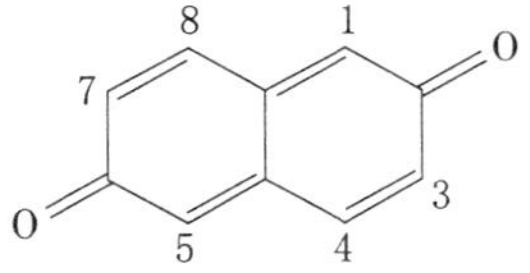 (结构图)	H1,4,5,8 H3,7	−0.425 0.130	[1018]
1,2-苊醌 (1,2-acenaphthoquinone) **653**·⁻	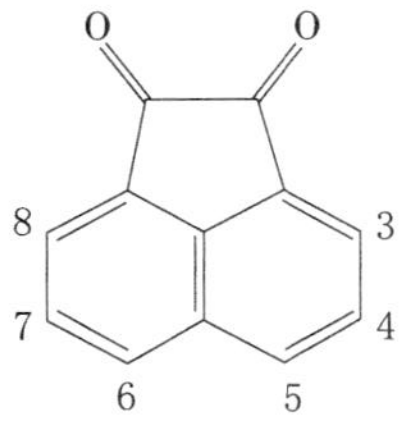 (结构图)	H3,8 H4,7 H5,6 2¹⁷O	−0.118 +0.027 −0.128 −0.884	[1019] [986]
1,4-蒽半醌 (1,4-anthraquinone) **654**·⁻	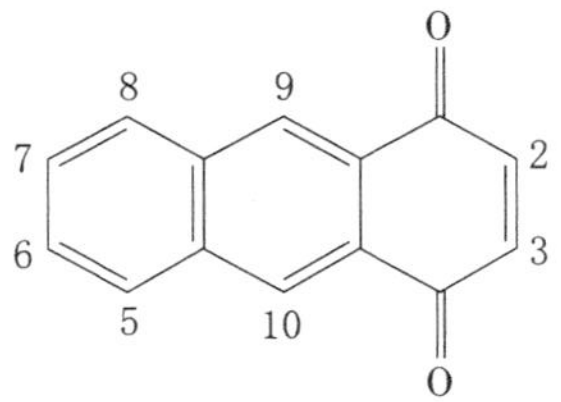 (结构图)	H2,3 H5,6,7,8 H9,10	−0.26 0.04 0.11	[1020]
9,10-蒽半醌 (9,10-anthraquinone) **655**·⁻	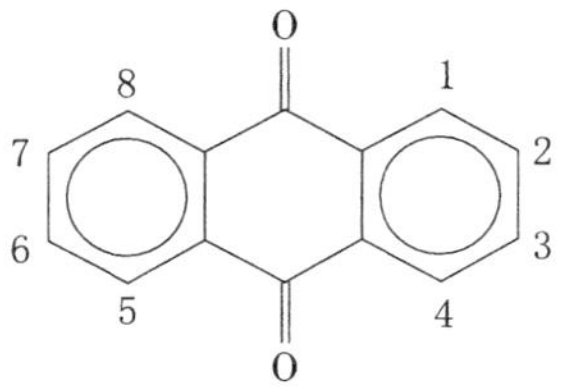 (结构图)	H1,4,5,8 H2,3,6,7 ¹³C1,4,5,8 ¹³C2,3,6,7 2¹⁷O	−0.055 −0.096 −0.137 0.070 −0.753	[567] [1021] [986]

续表

5,12-并四苯醌 (5,12-naphthacenequinone) **656**·⁻	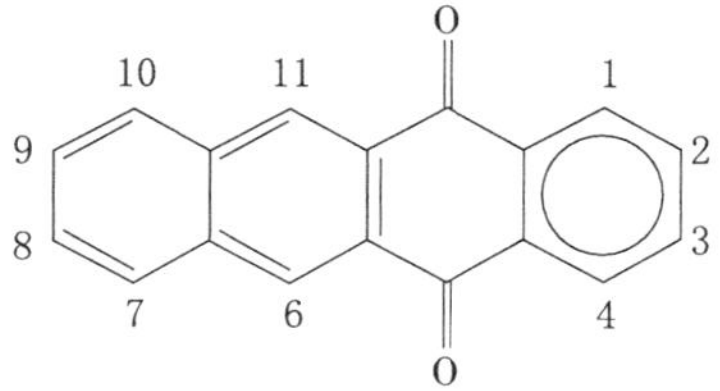 [structure with positions 1-11]	H1,4,8,9 H2,3 H6,11 H7,10	−0.037 −0.111 −0.074 <0.01	[1022]
9,10-菲醌 (9,10-phenanthrenequinone) **657**·⁻	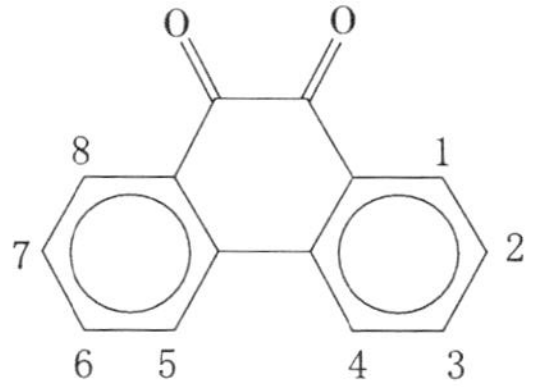 [structure with positions 1-8]	H1,8 H2,7 H3,6 H4,5 2¹⁷O	−0.137 +0.022 −0.165 +0.042 −0.819	[1023]
4,4′-联苯醌 (4,4′-diphenoquinone) **658**·⁻	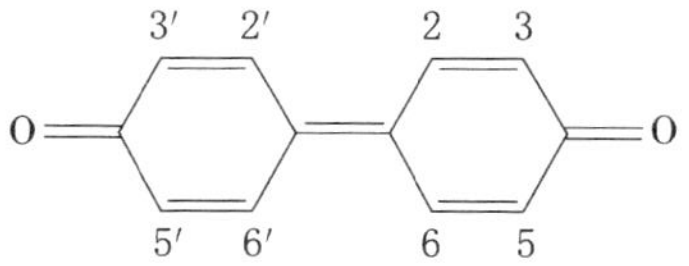 [structure]	H2,2′,6,6′ H3,3′,5,5′	+0.053 −0.229	[971]
3,3″,5,5″-四叔丁基-对三联苯醌 [3,3″,5,5″-tetra(*tert*-butyl)-*p*-terphenoquinone] **659**·⁻	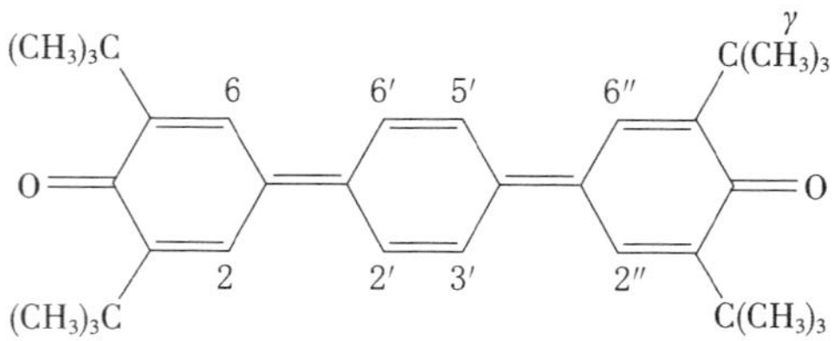 [structure with tert-butyl groups]	H2,2′,6,6″ H2′,3′,5′,6′ 36H(γ)	+0.019 −0.074 +0.004	[1024]

续表

金丝桃素 (hypericin) **660H·⁻/660·²⁻**	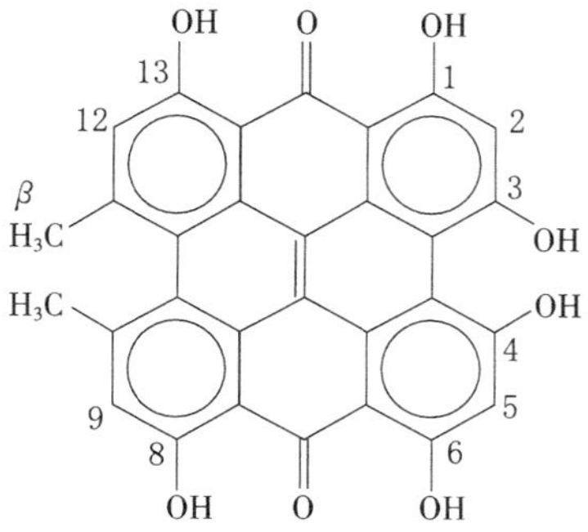 (structure 660H⁻)	H2,5 H9,12 2H(1,6-O) 2H(8,13-O) 2H(3,4-O) 1H(3,4-O) 6H(β)	阴离子/共轭碱 −0.005/−0.05 −0.005/−0.094 −0.026/−0.027 −0.026/−0.017 −0.059/ /+0.167 +0.119/+0.114	[192]
顺式10b,10c-二甲基-10b,10c-二氢芘-2,7-二酮 (trans-10b,10c-dimethyl-10b,10c-dihydrophenanthrene-2,7-dione) **661·⁻**	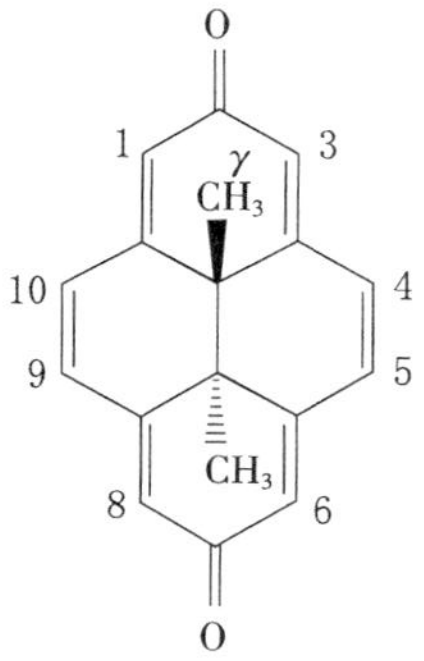 (structure 661)	H1,3,6,8 H4,5,9,10 6H(γ)	0.022 −0.166 0.011	[148]

续表

名称	结构	位置	偶合常数	文献
10,15-二甲基-2,3,4,5,11,12,13,14-八去氢[18]轮烯-1,6-二酮 (10,15-dimethyl-2,3,4,5,11,12,13,14-octadehydro[18]annulene-1,6-dione) **662·⁻**	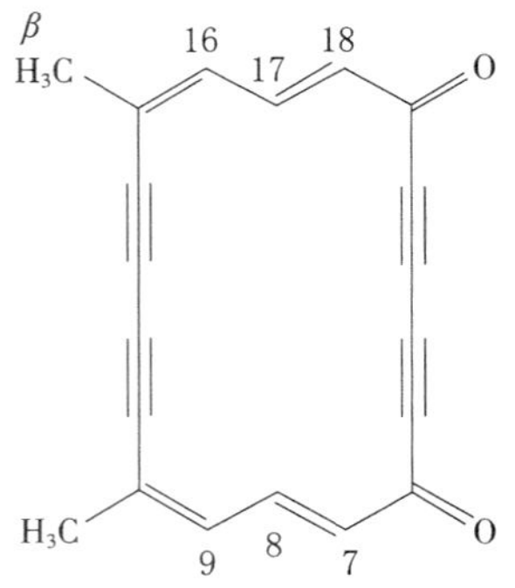	H7,9,16,18 H8,17 6H(β)	+0.034 −0.170 +0.198	[1025]
6,15-二甲基-2,3,4,5,11,12,13,14-八去氢[18]轮烯-1,10-二酮 (6,15-dimethyl-2,3,4,5,11,12,13,14-octadehydro[18]annulene-1,10-dione) **663·⁻**	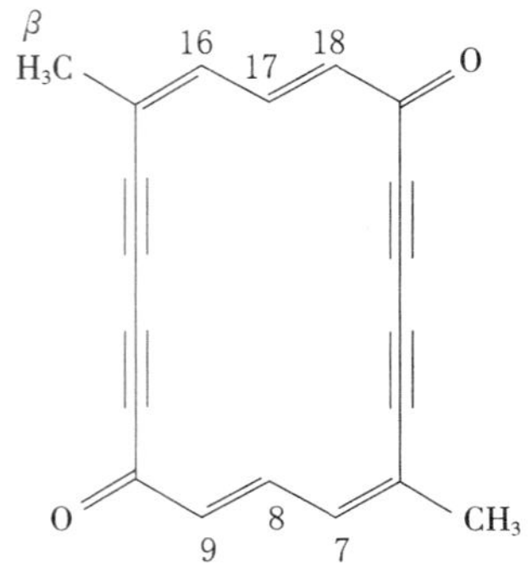	H7,16 H8,17 H9,18 6H(β)	+0.040 −0.156 +0.079 +0.198	[1025]

二羰和醌在溶液中通过多种方法很容易转化为自由基阴离子。除了在醚溶剂中与碱金属反应，以及在 DMF、ACN、DMSO 或它们与水的混合物中电解还原之外，还有不太严格的多种方法可采用。有几种半醌阴离子是在 DMSO 中用 t-BuOK 处理适当的二羰前体而产生，或者它们由相应的醌在含水碱性醇中自发形成。温和的试剂，如 DMF 或醇中的葡萄糖或锌，通常就足以将许多醌还原为自由基阴离子。

氰基取代衍生物的自由基阴离子和自由基三价阴离子（radical anions and radical trianions of cyano-substituted derivatives）

表 9.19[155,206]和表 9.20[177,207,1027-1030]列举了其中一部分自由基阴离子的超精细数据。吸电子基团氰基的取代，对苯的简并 LUMO 的影响类似于氮杂原子取代 C—H(α) 单元。在如苯甲腈（**664**）与吡啶（**79**）（$a_H = -0.842$ mT 对 -0.970 mT），间苯二甲腈（**666**）与嘧啶（**575**）（$a_{H4,6} = -0.829$ mT 对 -0.978 mT）等自由基阴离子中（表 9.8），α 质子耦合常数揭示了这种相似性。因此，在 **664**·⁻ 和 **667**·⁻ 中，位于连接有质子的 C 原子中心的 SOMO 形状，类似于六元闭合共轭环的 LUMO ψ_{2+}，而在 **665**·⁻、**666**·⁻ 和 **668**·⁻ 中的相应位置上则类似于 ψ_{2-}（8.6 节和图 8.9）。

表 9.19 乙烯、苯和相关化合物的部分氰基衍生物自由基阴离子的超精细数据

四氰基乙烯 (tetracyanoethene, TCNE) **18**·⁻	NC–C(1)=C(2)–CN 结构，另两个 CN 基	$4\ ^{14}N$ $^{13}C1,2$ $4\ ^{13}C(N)$	+0.157 +0.292 −0.945	[206]
苯甲腈 (cyanobenzene) (benzonitril) **664**·⁻	苯环1位CN，编号2,3,4,5,6	H2,6 H3,5 H4 ^{14}N $^{13}C(N)$	−0.363 +0.030 −0.842 +0.215 −0.612	[206]
1,2-二氰基苯(邻苯二甲腈) (1,2-dicyanobenzene) (phthalonitrile) **665**·⁻	苯环2,3位CN	H3,6 H4,5 $2\ ^{14}N$	+0.042 −0.413 +0.159	[206]
1,3-二氰基苯(间苯二甲腈) (1,3-dicyanobenzene) (isophthalonitrile) **666**·⁻	苯环1,3位CN	H2 H4,6 H5 $2\ ^{14}N$	+0.144 −0.829 <0.008 +0.102	[206]

续表

化合物	结构	位置	值	参考
1,4-二氰基苯(对苯二甲腈) (1,4-dicyanobenzene) (terephthalonitrile) **667**·⁻	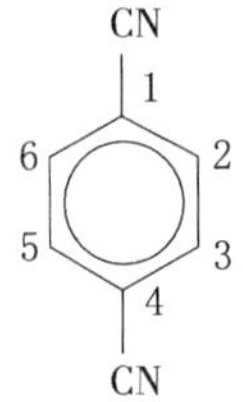	H2,3,5,6 2^{14}N ^{13}C1,4 ^{13}C2,3,5,6 2^{13}C(N)	−0.159 +0.181 +0.881 −0.198 −0.783	[206]
1,2,4,5-四氰基苯(均苯四甲腈) (1,2,4,5-tetracyanobenzene) (pyromellitonitrile) **668**·⁻	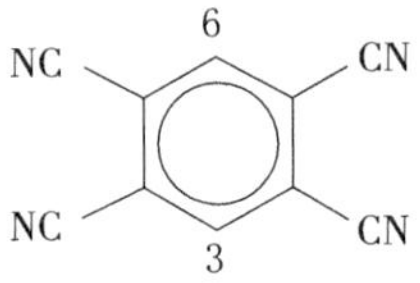	H3,6 4^{14}N	+0.111 +0.115	[206]
4,4′-二氰基联苯 (4,4′-联苯甲腈) (4,4′-dicyanobiphenyl) **669**·⁻	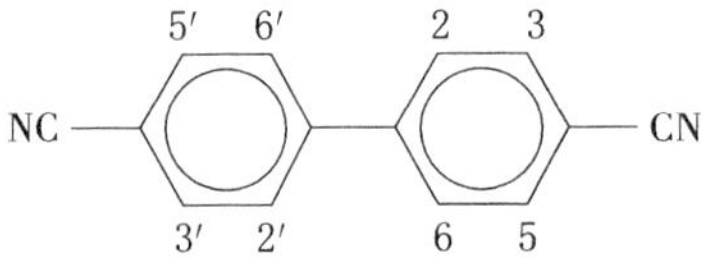	H2,2′,6,6′ H3,3′,5,5′ 2^{14}N	−0.181 0.029 +0.105	[206]
4-氰基吡啶 (4-cyanopyridine) **670**·⁻	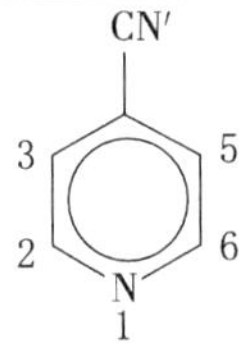	^{14}N1 H2,6 H3,5 ^{14}N′	+0.567 −0.140 −0.262 +0.233	[206]
8-氰基[2.2]间对环蕃 (8-cyano-[2.2]meta-paracyclophane) **671**·⁻	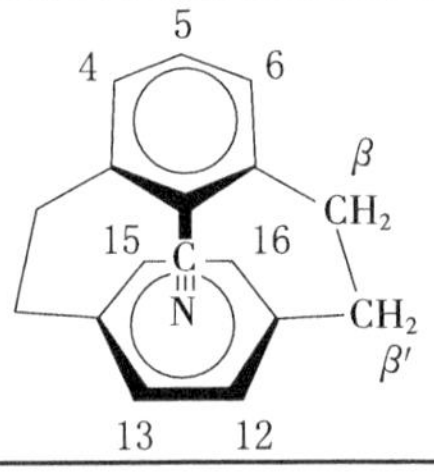	H4,6 H5 H12,13,15,16 2H(β) 2H(β) 4H(β′) ^{14}N	+0.047 −0.808 <0.01 +0.247 +0.159 0.022 +0.200	[155]

当与母体烃 **95** 自由基阴离子的超精细数据（表 8.22）相比时，棒状氰基取代基的空间效应显著地体现在 8-氰基 [2.2] 间对环蕃 (**671**) 自由基阴离子的数据中。在 **671**·⁻ 中两个苯环被迫排成几乎平行的平面，其中这两个 π 单元之间只有微弱的相互作用。π 自旋布居定域在连有吸电子基团氰基的间位苯环上，因此在该环中自旋分布和苯甲腈 (**664**) 自由基阴离子的非常相似。

作为化学反应中的一个氧化剂，2,3-二氯-5,6-二氰基对苯醌（DDQ，**672**）的氧化能力甚至比四氯对苯半醌 (**642**) 更强。在羰基 O 原子都被 C(CN)₂ 基团取代而衍生成的四氰基苯醌二甲烷，也是非常强大的电子受体。如 2.3 节所提到的第一个被发现的"有机金属"，就是由这些化合物中最简单的 7,7,8,8-四氰基对苯二醌二甲烷（TCNQ，**20**）和作为电子供体的四硫富瓦烯（TTF，**24**）等一起组成。

表 9.20 部分氰基取代的对苯醌、对二亚甲基对苯醌、对亚甲基醌亚胺和对二亚胺醌等的衍生物自由基离子的超精细数据

化合物	结构	原子位置	耦合常数	文献
2,3-二氯-5,6-二氰基对苯醌 (2,3-dichloro-5,6-dicyano-p-benzoquinone, DDQ) **672**·⁻	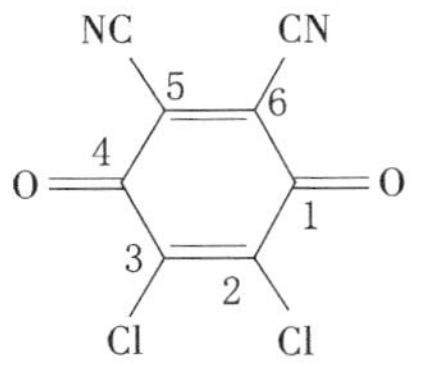	2¹⁴N ¹³C1,4 ¹³C2,3 2¹³C(CN)	阴离子 +0.057 −0.411 0.280 −0.458	[1027]
7,7,8,8-四氰基对苯醌二甲烷 (7,7,8,8-tetracyanobenzo-1,4-quinodimethane, TCNQ) **20**·⁻	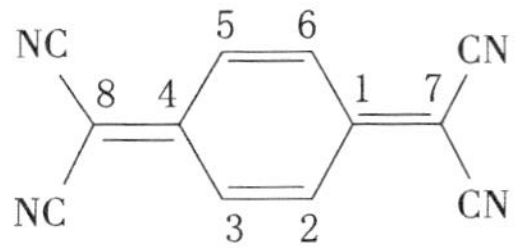	H2,3,5,6 4¹⁴N ¹³C1,4 ¹³C2,3,5,6 ¹³C7,8 4¹³C(CN)	阴离子 −0.142 +0.099 −0.440 +0.062 +0.718 −0.638	[207]
9,9,10,10-四氰基-1,4-萘醌二甲烷 (9,9,10,10-tetracyanonaphtho-1,4-quinodimethane) **673**·⁻ / **673**·³⁻	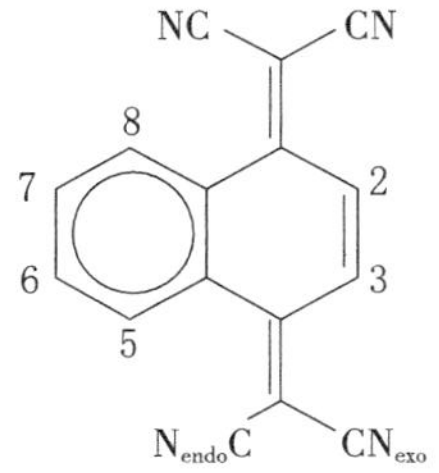	H2,3 H5,8 H6,7 2¹⁴N_exo 2¹⁴N_endo	一价离子/三价离子 −0.182/−0.163 0.040/−0.555 0.040/−0.163 +0.111/ <0.03 +0.078/ <0.03	[177]

续表

名称	结构	位置	耦合常数	文献
9,9,10,10-四氰基-2,6-萘醌二甲烷 (9,9,10,10-tetracyanonaphtho-2,6-quinodimethane) **674·⁻/674·³⁻**	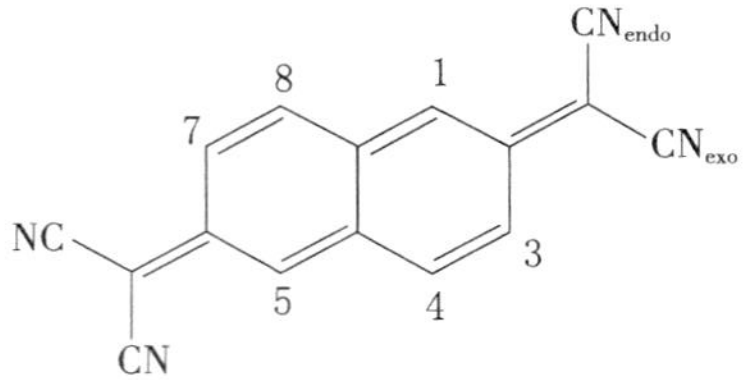 (structure)	H1,5 H3,7 H4,8 2¹⁴N$_{exo}$ 2¹⁴N$_{endo}$	一价离子/三价离子 −0.259/−0.432 0.041/−0.390 −0.085/−0.432 +0.093/<0.015 +0.082/<0.015	[177]
11,11,12,12-四氰基-9,10-蒽醌二甲烷 (11,11,12,12-tetracyanoanthra-9,10-quinodimethane) **675·⁻**	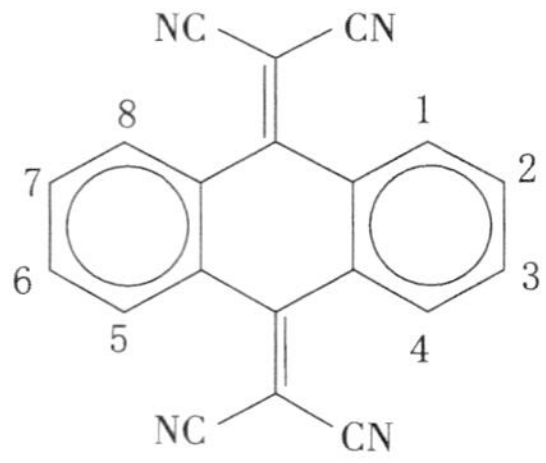 (structure)	H1,4,5,8 H2,3,6,7 4¹⁴N	阴离子 −0.042 −0.070 +0.081	[1028]
7,7,7′,7′-四氰基-联苯醌-4,4′-二甲烷 (7,7,7′,7′-tetracyanodipheno-4,4′-quinodimethane) **676·⁻**	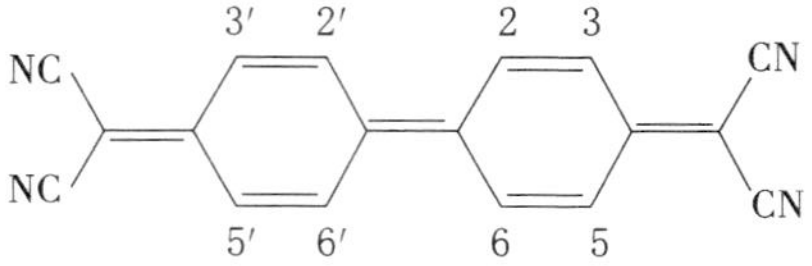 (structure)	H2,2′,6,6′ H3,3′,5,5′ 4¹⁴N	阴离子 −0.033 −0.152 +0.082	[177]

第9章 含杂原子的共轭自由基

续表

化合物	结构	位置	偶合常数	文献
11,11,12,12-四氰基-2,7-芘醌二甲烷 (11,11,12,12-tetracyanopyreno-2,7-quinodimethane) **677·⁻/677·³⁻**	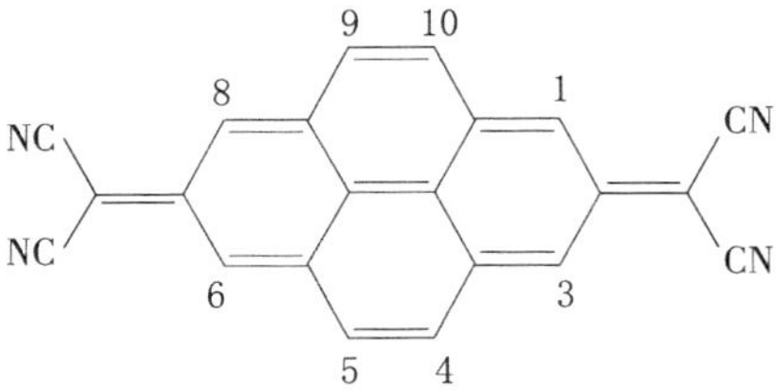 (结构式)	H1,3,6,8 H4,5,9,10 4¹⁴N	一价离子/三价离子 −0.154/−0.487 0.018/−0.221 −0.088/−0.10	[177]
N,7,7-三氰基-1,4-醌亚胺 (N-tricyanobenzo-1,4-quinomethanimine) **678·⁻**	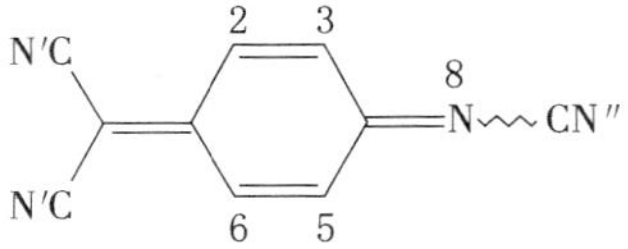 (结构式)	H2,6 H3 H5 ¹⁴N8 2¹⁴N′,¹⁴N″	阴离子 −0.167 −0.167 −0.136 +0.395 +0.110	[1029]
N,N′-二氰基-1,4-醌二亚胺 (N,N′-dicyanobenzo-1,4-quinone diimine) **679·⁻**	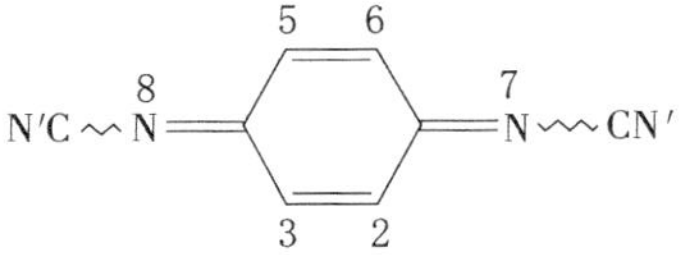 (结构式)	H2,3,5,6 ¹⁴N7,8 2¹⁴N′	阴离子 −0.201(2H) −0.163(2H) +0.442 +0.121	[1030]
N,N′-二氰基-2,3-二甲基-1,4-醌二亚胺 (N,N′-dicyano-2,3-dimethylbenzo-1,4-quinone diimine) **680·⁻**	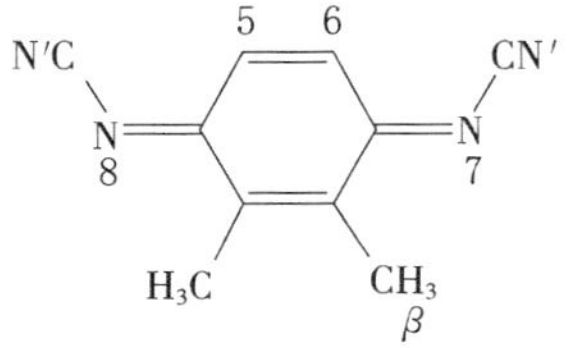 (结构式)	H5,6 6H(β) ¹⁴N7,8 2¹⁴N′	阴离子 −0.221 +0.107 +0.417 +0.115	[1030]

				续表
N,N'-二氰基-2,5-二甲基-1,4-醌二亚胺 (N,N'-dicyano-2,5-dimethylbenzo-1,4-quinone diimine) **681·⁻**	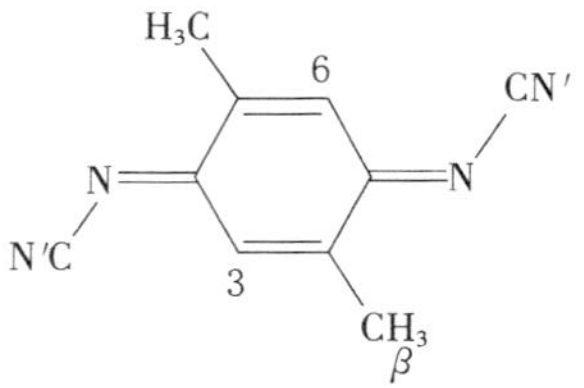	H3,6 6H(β) ^{14}N7,8 2^{14}N'	阴离子 −0.138 +0.167 +0.405 +0.119	[1030]
N,N'-二氰基-1,4-萘醌二亚胺 (N,N'-dicyanonaphtho-1,4-quinone diimine) **682·⁻**	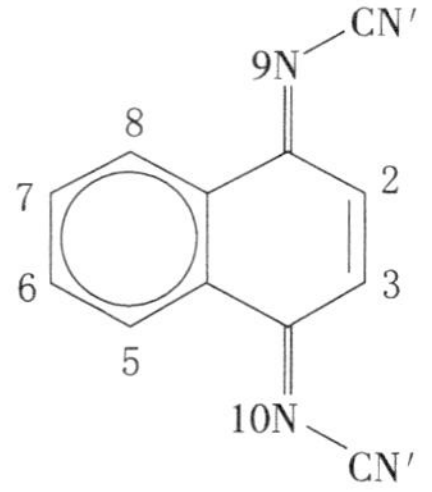	H2,3 H5,6,7,8 ^{14}N9,10 2^{14}N'	阴离子 −0.278 0.040 −0.382 +0.103	[1030]
N,N'-二氰基-9,10-蒽醌二亚胺 (N,N'-dicyanoanthra-9,10-quinone diimine) **683·⁻**	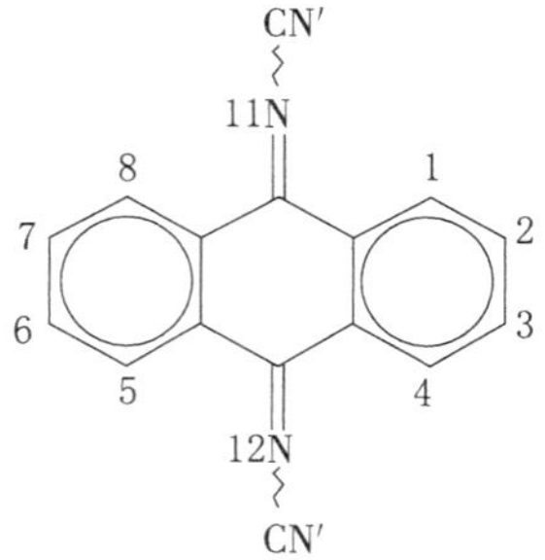	H1,4,5,8 H2,3,6,7 ^{14}N11,12 2^{14}N'	阴离子 −0.052(2H) −0.040(2H) −0.085(2H) −0.064(2H) +0.321 +0.119	[1030]

较大的四氰基芳醌二甲烷不仅可以容易地被还原为自由基阴离子,还可以(通过抗磁性二价阴离子)继续被还原成自由基三价阴离子。在一价阴离子中,大部分 π 自旋布居定域于两个 C(CN)$_2$ 基团中,主要位于两个环外 C 原子上,而在自由基三价阴离子中这两个 C(CN)$_2$ 基团都携带负电荷,并没有明显地参与自旋分布。在这些三价阴离子中,单占轨道是 NLUMO,它在苯并芘单元(arenediylidene moieties)中的形状类似于相应芳烃中的 LUMO。因此,在 **673**$^{\cdot 3-}$、**674**$^{\cdot 3-}$ 和 **677**$^{\cdot 3-}$ 中,α 质子的耦合常数和这些芳烃自由基阴离子中的耦合常数相当(表 8.8)。尤其是在 11,11,12,12 -四氰基- 2,7 -芘醌二甲烷(**677**)自由基三价阴离子中,SOMO 在中心 2 和 7 具有节点,耦合常数 $a_{\text{H1,3,6,8}}$ 和 $a_{\text{H4,5,9,10}}$ 几乎与芘(**387**)自由基阴离子的相同。在图 9.1 中,**677**$^{\cdot-}$ 和 **677**$^{\cdot 3-}$ 的 ESR 谱展示了这类一价阴离子和三价阴离子自由基的超精细图谱是何等的迥异。**677**$^{\cdot-}$ 的谱图范围与半醌阴离子的一样,仅 1.0 mT 宽,而 **677**$^{\cdot 3-}$ 的宽度超过了 2.8 mT。**677** 对三个电子的连续吸收,示意如下:

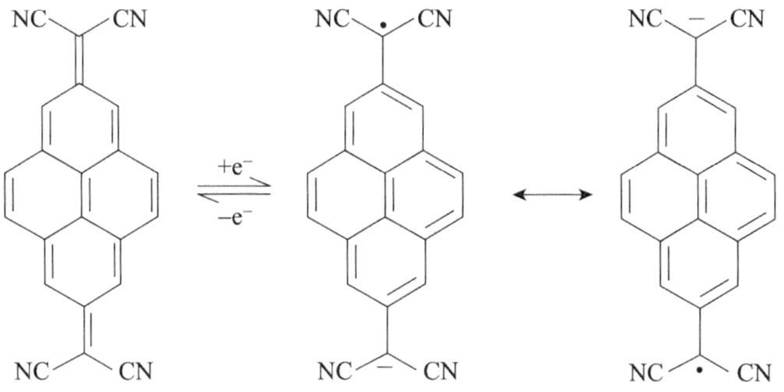

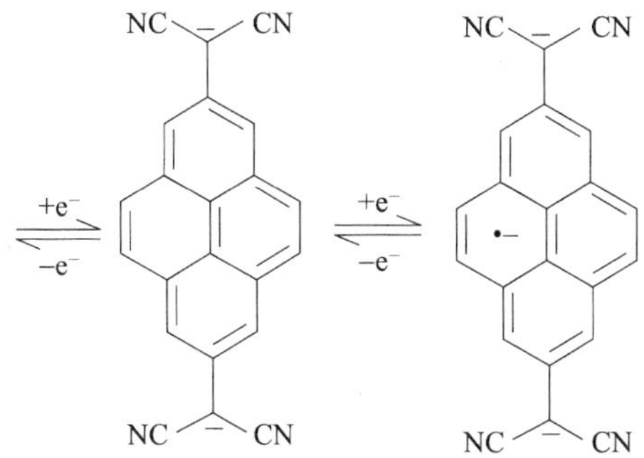

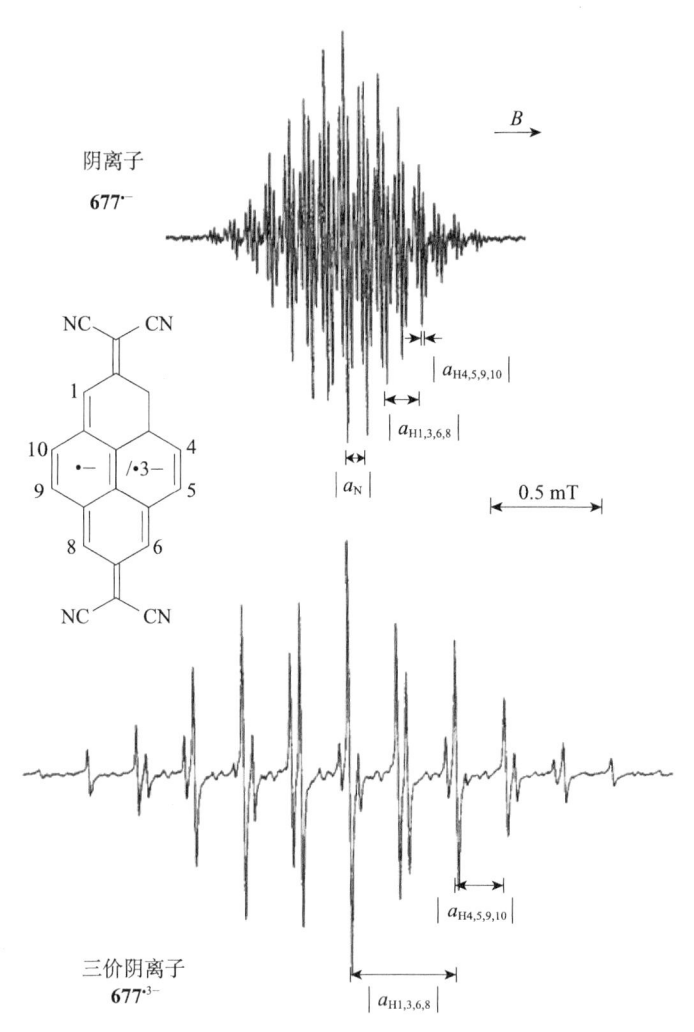

图9.1 11,11,12,12-四氰基-2,7-芘醌二甲烷(**677**)自由基阴离子和自由基三价阴离子的 ESR 谱。上图，阴离子 **677**·⁻；下图，三价阴离子 **677**·³⁻。溶剂 DME，抗衡离子 K⁺；阴离子和三价阴离子的实验温度分别为 273 K 和 233 K。经许可复制[177]

由于空间位阻，在四氰基醌二甲烷中 C(CN)$_2$ 基团倾向于偏转出芳基 π 体系所处的共平面，这种趋势在从 1,4-苯醌衍生物（**20**）到 1,4-萘醌衍生物（**673**），再到 9,10-蒽半醌衍生物（**675**）的过程中变得愈加明显。这种空间位阻，在 C(CN)$_2$ 基团被 NCN 基团取代的相应化合物 N,N′-二氰基醌二亚胺如 **679**、**682** 和 **683** 等中，得到减小。N,N′-二氰基-1,4-醌二亚胺（**679**）和 N,N′-二氰基-9,10-蒽醌二亚胺（**683**）以顺式和反式构型并存，这无法通过自由基阴离子 **679**·⁻ 和 **683**·⁻ 来区分。据推测，这两种构型在超精细时间尺度上是共存的，并给出一样的耦合常数。然而，2,3 位取代的二氰基-1,4-苯醌二亚胺自由基阴离子，如 **680**˙⁻，具有顺式构型，但 2,5 位取代的阴离子，如 **681**˙⁻，则采用反式构型。与 **679**˙⁻ 和 **683**˙⁻ 相反，N,N'-二氰基-1,4-萘醌二亚胺自由基阴离子（**682**˙⁻）只能以顺式构型存在。

同时含有 C(CN)₂ 和 NCN 基团的三氰基醌甲亚胺 **678**，是 **18** 和 **679** 的"杂交体"。三氰基醌甲亚胺和二氰基醌二甲亚胺处于醌和四氰基醌二甲烷之间的中间位置，并且自由基阴离子中未配对电子越来越有利于以此为顺序的 O、NCN、C(CN)₂ 基团，以牺牲苯并苊单元为代价。这种倾向反映在自由基阴离子中环上四个 α 质子耦合常数，在以从对苯半醌（**19**）及其衍生物、N,N'-二氰基-1,4-醌二亚胺（**679**）、$N,7,7$-三氰基-1,4-醌亚胺（**678**）到四氰基苯醌二甲烷（**20**）的次序逐渐减小。这四个质子耦合常数的总和 $\sum |a_{H_\mu}|$，0.95 mT、0.73 mT、0.64 mT 和 0.57 mT，以该顺序呈减小趋势。

氰基取代乙烯、苯、联苯和吡啶等自由基阴离子的 g_{iso} 尚未见到报道。它们是在 DMF 中电解还原相应的氰基衍生物而产生，除 **699** 外，它们以 4-氨基或 4-氟苯甲腈为前体（见下面氟化物的有关反应式）。DDQ（**672**）和 8-氰基[2.2]间对环蕃（**671**）等自由基阴离子的 g_{iso} 分别是 2.0052 和 2.0026。虽然 **672**˙⁻ 可以由 DDQ 与任何还原剂反应而形成，但由中性环蕃变成 **671**˙⁻ 是在 DMF 中电解或在 DME 中与钾反应。四氰基苯醌二甲烷的自由基阴离子和三价阴离子的 g_{iso} 是 2.0027 ± 0.0001，三氰基醌甲亚胺自由基阴离子的是 2.0032，二氰基醌二甲亚胺的是 2.0036 ± 0.0001。中性前体在醚中与钾反应或在 DME 中电解是生成自由基阴离子和三价阴离子 **673**˙³⁻ 的常用方法。二氢衍生物是用于制备 **674**˙⁻、**676**˙⁻ 和 **677**˙⁻ 以及 **674**˙³⁻ 和 **677**˙³⁻ 等的原料。这些衍生物首先用 t-BuOK 处理发生去质子化而变成二价阴离子，随后再用三（4-溴苯基）六氯锑酸铵（"魔蓝"）氧化成自由基阴离子，或用钾还原成自由基三价阴离子。

亚硝基和硝基取代衍生物的自由基阴离子（radical anions of nitroso- and nitro-substituted derivatives）

由两个电负性杂原子构成的 N═O 基团的吸电子性质，在 NO₂ 基团中受到另外一个 O 原子的影响而进一步增强（7.4 节）。当与 π 体系相连时，硝基会产出容易转变成相应自由基阴离子的高效电子受体。其中一部分阴离子的超精细数据列在表 9.21[196,619,620,1031-1043] 和表 9.22 中[1044-1051]。它们的原型，硝基苯（**115**）自由基阴离子，已广泛地被 ESR 研究。硝基容纳了自由基阴离子 **115**˙⁻中约 2/3 的自旋布居，因此可以当成苯基取代的硝基自由基阴离子。它的 ¹H 和 ¹⁴N 耦合常数与亚硝基苯（**35**）自由基阴离子的耦合常数并没有大的差异，后者也列在表 9.21 中。

表 9.21 亚硝基苯、部分硝基苯和硝基吡啶自由基阴离子的超精细数据

亚硝基苯(nitrosobenzene) 35·⁻	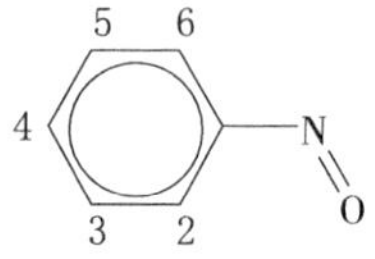 (结构式: 苯环 4,5,6,1(NO),2,3)	H2 H3,5 H4 H6 ^{14}N	−0.411 +0.103 −0.391 −0.302 +0.834	[1031]
硝基苯(nitrobenzene) 115·⁻	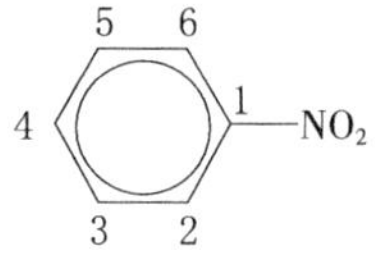 (结构式: 苯环 1-NO₂)	H2,6 H3,5 H4 ^{14}N ^{13}C1 ^{13}C4 ^{17}O	−0.334 +0.106 −0.401 +0.971 −0.762 +0.595 −0.884	[620] [1032]
邻硝基甲苯(o-nitrotoluene) 684·⁻	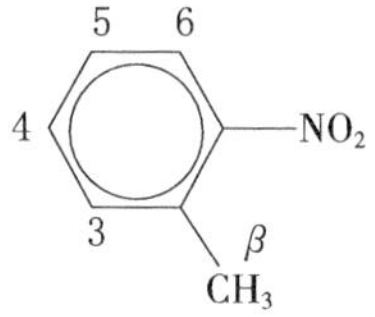 (结构式: 苯环 1-NO₂, 2-CH₃(β))	H3,5 H4 H6 3H(β) ^{14}N	+0.106 −0.387 −0.337 +0.324 +1.019	[1033]
间硝基甲苯(m-nitrotoluene) 685·⁻	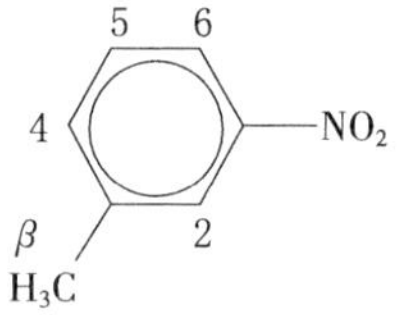 (结构式: 苯环 1-NO₂, 3-H₃C(β))	H2,6 H4 H5 3H(β) ^{14}N	−0.339 −0.384 +0.109 −0.109 +1.07	[1034]
对硝基甲苯 (p-nitrotoluene) 686·⁻	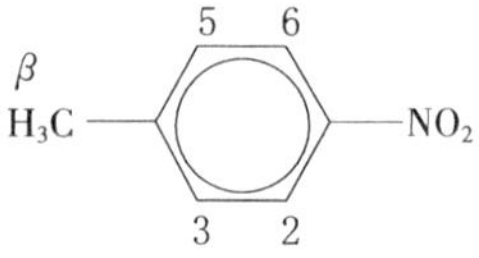 (结构式: H₃C(β)-苯环-NO₂)	H2,6 H3,5 3H(β) ^{14}N	−0.340 +0.110 +0.394 +1.040	[1033]
对硝基苯酚(p-nitrophenol) 687·⁻	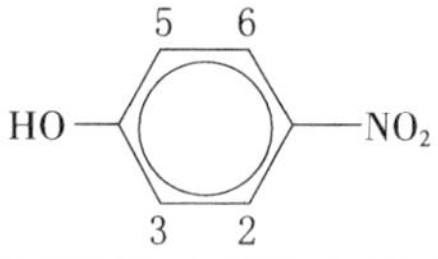 (结构式: HO-苯环-NO₂)	H2,6 H3,5 ^{14}N	−0.308 +0.073 +1.390	[1035]
4-三氟甲基硝基苯 (4-trifluoromethylnitrobenzene) 688·⁻	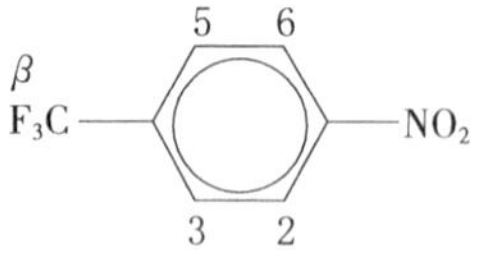 (结构式: F₃C(β)-苯环-NO₂)	H2,6 H3,5 3^{19}F(β) ^{14}N	−0.313 +0.084 +0.905 +0.760	[1036]
1,2-二硝基苯 (1,2-dinitrobenzene) 689·⁻	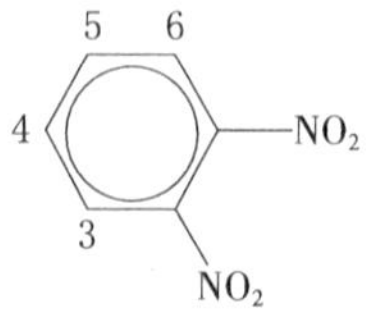 (结构式: 苯环 1-NO₂, 2-NO₂)	H3,6 H4,5 2^{14}N	+0.011 −0.172 +0.266	[196]

续表

名称	结构	原子	值	文献
1,3-二硝基苯 (1,3-dinitrobenzene) **116·⁻**	(结构图：苯环，位置1为NO₂，位置3为N'O₂，编号2,4,5,6)	H2 H4,6 H5 $^{14}N, ^{14}N'$ H2 H4 H6 H5 ^{14}N $^{14}N'$	−0.277 −0.450 +0.108 +0.397 0.330^a −0.445 −0.385 +0.110 +0.985 0.029	[196] [619]
对二硝基苯 (1,4-dinitrobenzene) **21·⁻**	(结构图：O₂N-苯环-NO₂，对位)	H2,3,5,6 $2^{14}N$ $^{13}C1,4$ $4^{17}O$	−0.114 +0.150 −0.236 −0.382	[1037] [1038]
2,3,5,6-四甲基-1,4-二硝基苯（二硝基杜烯） (2,3,5,6-tetramethyl-1,4-dinitrobenzene)(dinitrodurene) **127·⁻**	(结构图：苯环，1,4位为NO₂，2,3,5,6位为CH₃，β标注)	12H(β) $2^{14}N$	+0.025 +0.698	[1039]
1,3,5-三硝基苯 (1,3,5-trinitrobenzene) **690·⁻**	(结构图：苯环，1,3,5位为NO₂, N'O₂)	H2,4,6 $^{14}N, 2^{14}N'$ H2,6 H4 ^{14}N $2^{14}N'$	−0.421 +0.205 −0.35^a −0.50 +0.825 +0.025	[1040] [1041]
4-硝基吡啶 (4-nitropyridine) **691·⁻**	(结构图：吡啶环，4位为N'O₂)	H2,6 H3,5 $^{14}N1$ $^{14}N'$	0.040 −0.302 +0.262 +0.886	[1042]
3,5-二硝基吡啶 (3,5-dinitropyridine) **692·⁻**	(结构图：吡啶环，3位N'O₂，5位N''O₂)	H2,6 H4 $^{14}N1$ $^{14}N', ^{14}N''$ H2 H4 H6 $^{14}N1$ $^{14}N'$ $^{14}N''$	−0.485 −0.336 0.145 +0.352 −0.353^a −0.363 −0.511 0.137 +0.882 0.027	[1043] [1043]

注：a. 紧密离子对，自旋定域在某个硝基上。

表 9.22 稠环芳烃和其他共轭体系的部分硝基衍生物自由基阴离子的超精细数据

1,4-二硝基萘 (1,4-dinitronaphthalene) **693**·⁻	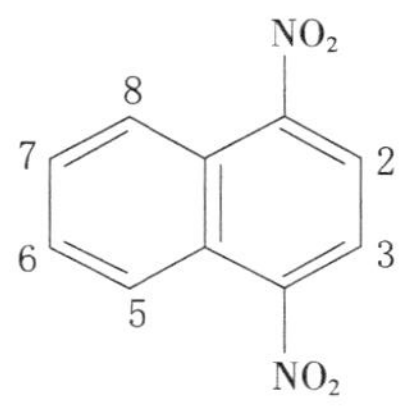 (structure with NO₂ at 1,4; positions 2,3,5,6,7,8)	H2,3 H5,8 H6,7 2¹⁴N	−0.169 −0.053 −0.041 +0.097	[1044]
1,5-二硝基萘 (1,5-dinitronaphthalene) **694**·⁻	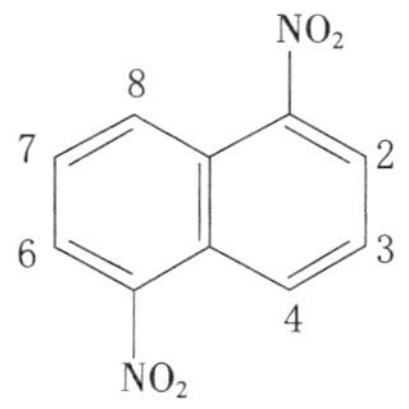 (structure with NO₂ at 1,5)	H2,6 H3,7 H4,8 2¹⁴N	−0.242 +0.044 −0.282 +0.971	[1044]
1,8-二硝基萘 (1,8-dinitronaphthalene) **695**·⁻	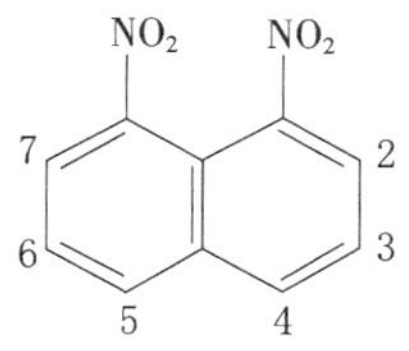 (structure with NO₂ at 1,8)	H2,4,5,7 H3,6 2¹⁴N	−0.373 +0.100 +0.307	[1045]
1,4,5,8-四硝基萘 (1,4,5,8-tetranitronaphthalene) **696**·⁻	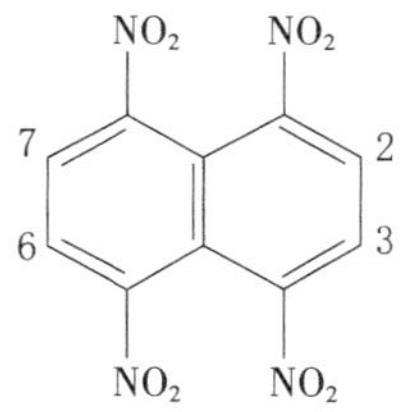 (structure with NO₂ at 1,4,5,8)	H2,3,6,7 4¹⁴N	−0.149 +0.026	[1045]

第 9 章 含杂原子的共轭自由基

续表

化合物	结构	位置	耦合常数	参考文献
9,10-二硝基蒽 (9,10-dinitroanthracene) **697**·⁻	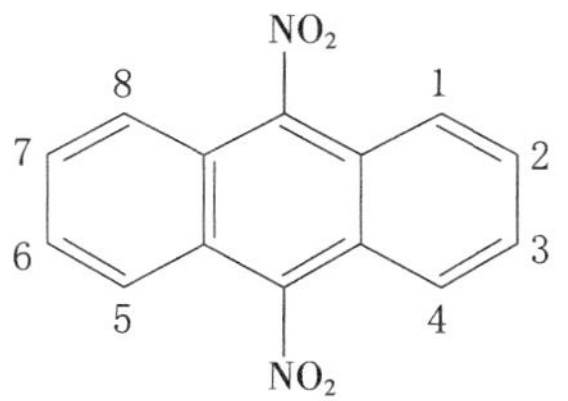	H1,4,5,8 H2,3,6,7 2^{14}N	−0.62 −0.43 +0.43	[1046]
2,2′-二硝基联苯 (2,2′-dinitrobiphenyl) **698**·⁻	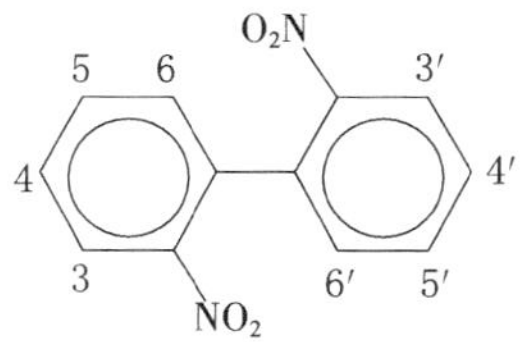	H3,3′ H4,4′ H5,5′ H6,6′ 2^{14}N	−0.140 +0.023 −0.183 +0.035 +0.383	[1047]
4,4′-二硝基联苯 (4,4′-dinitrobiphenyl) **699**·⁻	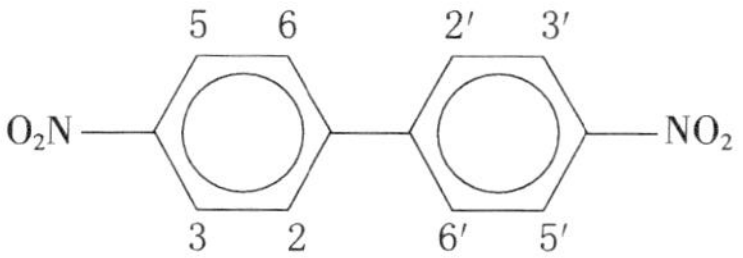	H2,2′,6,6′ H3,3′,5,5′ 2^{14}N	−0.127 0.013 +0.304	[1048]
4,4′-二硝基苯乙烯 (4,4′-dinitrostilbene) **700**·⁻	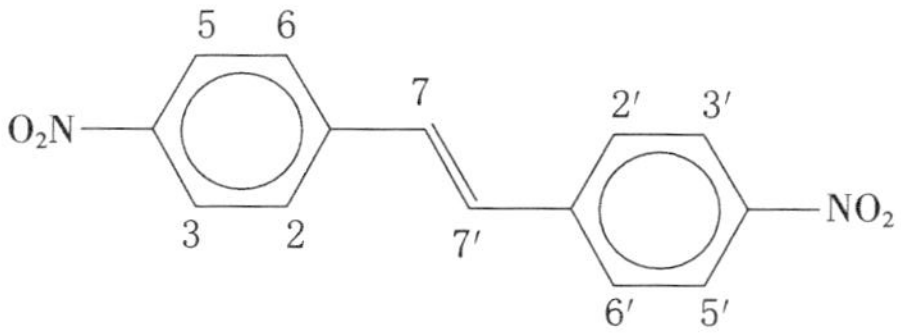	H2,2′,6,6′ H3,3′,5,5′ H7,7′ 2^{14}N	<0.05 −0.24 −0.35 +0.12	[1049]

续表

名称	结构	归属	a值	文献
4,4′-二硝基二苯基乙炔[1,2-双(4-硝基苯基)乙炔](4,4′-dinitrotolane) 701·⁻		H2,2′,6,6′ H3,3′,5,5′ 2¹⁴N	<0.1 −0.131 +0.291	[1050]
4,4′-二硝基苯甲酮 (4,4′-dinitrobenzophenone) 702·⁻	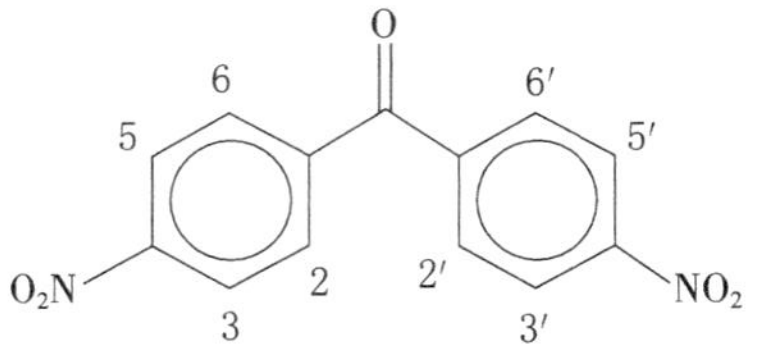	H2,2′,6,6′ H3,3′,5,5′ 2¹⁴N	<0.1 −0.094 +0.243	[1048]
1,2-双(4-硝基苯基)乙-1,2-二酮 (4,4′-dinitrobenzil) 703·⁻	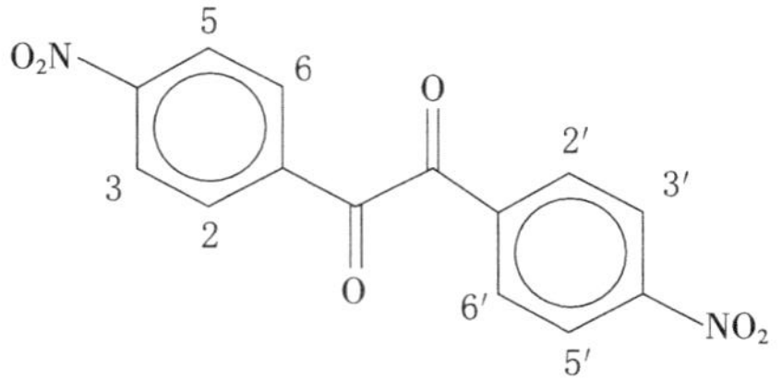	H2,2′,6,6′ H3,3′,5,5′ 2¹⁴N	<0.1[a] −0.218 +0.482	[1051]

a. 可能是二聚体

在 **115·⁻** 中，耦合常数a_N受到溶剂和温度的强烈影响，在$+0.8$ mT 到 $+1.4$ mT 之间变化，这远小于硝基烷烃自由基阴离子的相应值（$+2.2$～$+2.4$ mT）（表 7.21）。在表 9.21 中，**115·⁻** 的超精细数据与 **35·⁻** 的一样，以 DMF 和 300 K 为参考条件。在该温度下，对于 **115·⁻** 的耦合常数a_N，在 DMF 中是$+0.971$ mT，在 DMF/水（1∶9）混合物中增至$+1.387$ mT[1052]，而在 HMPT 中则降至$+0.848$ mT[1053]；与此同时，$a_{H_4}=-0.401$ mT 分别变为-0.355 mT 和 -0.421 mT，但¹⁷O 耦合常数（$a_O=-0.884$ mT）仅受到轻微影响。

为了解释这种影响，必须考虑硝基的结构修饰，如与溶剂形成氢键和 N 原子的角锥化结构。（后一种结构特征，被用来合理地解释了在硝基烷烃自由基阴离子中耦合常数a_N大于亚硝基烷烃的原因所在，见 7.4 节）。与 π 体系的相连使硝基扁平化，平面化程度可能受到溶剂和温度的影响。耦合常数a_N随苯基单元上的取代基而变化：给电子取代基使a_N增大，反之吸电子取代基则使a_N减小，与苯基硝酰基氧基（**550·⁻**，表 9.5）的变化一样。因此，在 300 K 的 DMF 中，对—OH（**687**）和对—CF₃取代硝基苯（**688**）自由基阴离子的a_N分别是$+1.390$ mT 和$+0.760$ mT，而 **115·⁻** 的a_N是$+0.971$ mT。

同样地，以牺牲苯基单元上的自旋布居为代价而增大硝基自旋布居的趋势，是通过把硝基基团扭转出与苯 π 体系所在的共平面来实现的。这样偏转的一个显著效果，体现在对二硝基苯（**21**，$+0.150$ mT）和对二硝基均四甲苯（**127**，$+0.698$ mT）自由基阴离子中差异明显的耦合常数a_N。

在 4-硝基吡啶（**691**）和 3,5-二硝基吡啶（**692**）的自由基阴离子中，π 自旋分布分别类似于相应的硝基苯衍生物 **115·⁻** 和 **116·⁻**，因为自旋分布是由硝基的位置而不是由氮杂原子取代基决定的。

当自由基阴离子含有两个以上的硝基时，它与碱金属抗衡离子在醚中的缔合（在超精细时间尺度上）会导致自旋布居定域在单个硝基上。该自旋定域的主要例子是 1,3-二硝基苯（**116**）（6.6 节）、1,3,5-三硝基苯（**690**）和 3,5-二硝基吡啶（**692**）等的自由基阴离子。

当硝基连接到具有比苯更强电子亲和力的更大 π 体系时，耦合常数a_N会变得更小。在一些相应的自由基阴离子如 1,8-二硝基萘（**695**）和 1,4,5,8-四硝基萘（**696**）等中，硝基必须强烈地扭转出与萘 π 体系的共平面。有趣的是，a_N从 **695·⁻**（$+0.307$ mT）到 **696·⁻**（$+0.026$ mT）显著下降，与从硝基苯（**115·⁻**，$+0.917$ mT）到 1,4-二硝基苯（**21·⁻**，$+0.150$ mT）的下降趋势相平行。在 2,2′-二硝基联苯（**698**）自由基阴离子中，通过围绕两个硝基苯单元之间 C—C 键的扭曲而减小了位阻应力，从而使得 **698·⁻** 的超精细数据接近 **115·⁻** 相应值的一半。

对于 **35**·⁻ 和 **115**·⁻，g_{iso} 也强烈地受到环境的影响，在 2.0044～2.0054 之间变化。其余硝基衍生物的自由基阴离子也落在此范围中。

生成 **115**·⁻ 和相关自由基阴离子的方法多种多样。除了中性化合物在 DMF、ACN 或 DMSO 中（同样地，在这些溶剂与水的混合物中）的电解，以及在 DME、THF、MTHF 或 HMPT 中的碱金属还原之外，还有其他一些方法，例如，中性化合物在 DMSO 中与 t-BuOK 反应等。

氟代和氟烷基取代衍生物的自由基阴离子（radical anions of fluoro- and fluoro-alkyl-substituted derivatives）

如 4.2 节所述，与 π 中心 μ 直接相连的 α 氟原子的耦合常数 a_{F_μ}，大致与该中心的自旋布居成比例，并且具有与 ρ_μ^π 相同的符号［式（4.30）］。当 ρ_μ^π 相当时，$|a_{F_\mu}|$ 比 α 质子的 $|a_{H_\mu}|$ 大 2～3 倍。然而，在 μ 中心的 F/H 置换很少满足这个条件，因为氟取代影响到 π 自旋分布。这种效应不仅是因为 F 原子自身高电负性的吸电子诱导效应，而且还因为 F 原子孤电子对引起的给电子共轭效应。在一些衍生物中，氟取代也会引入位阻效应，因为 F 原子比 H 原子大。因此，在 μ 中心的 F/H 置换时所观察到的 $|a_{F_\mu}|/|a_{H_\mu}|$ 比值差异很大。

表 9.23[1054-1058] 和表 9.24[177,986,1012,1059] 列举的超精细数据，来自几种不同 π 体系的一些氟取代衍生物自由基阴离子。就其生成而言，这些自由基阴离子可分为两组。较差或中等的电子受体需要相当严格还原条件的乙烯和苯等的氟取代衍生物，转变成自由基阴离子的反应需要在固相基质中进行，以防止分解成中性自由基和氟阴离子。

$$R\text{—}F \longrightarrow R\text{—}F^{\cdot-} \longrightarrow R^{\cdot} + F^-$$
$$2R^{\cdot} \longrightarrow R\text{—}R \longrightarrow R\text{—}R^{\cdot-}$$

因此，在醚溶液中用碱金属还原氟苯（R＝Ph）会产生联苯自由基阴离子（**94**，表 8.11）[971]。然而，对于良好电子受体如环辛四烯、对苯醌、四氰基苯醌二甲基和硝基苯等的氟衍生物自由基阴离子，这样的反应是不会发生的，因为这些衍生物可以在流动溶液中用较温和的方法进行还原。

表 9.23 乙烯、苯和环辛四烯的部分氟代衍生物自由基阴离子的超精细数据

四氟乙烯（tetrafluoroethene） **704**·⁻	F₂C=CF₂ (2,1)	¹⁹F 1,1,2,2	+9.39	[1054]
1,4-二氟苯 (1,4-difluorobenzene) **705**·⁻	1,4-F₂C₆H₄ (positions 5,6,3,2)	H 2,3,5,6 ¹⁹F 1,4	−0.530 0.175	[1055]

续表

名称	结构	核	超精细常数	文献
1,2,4,5-四氟苯 (1,2,4,5-tetrafluorobenzene) **706**·⁻	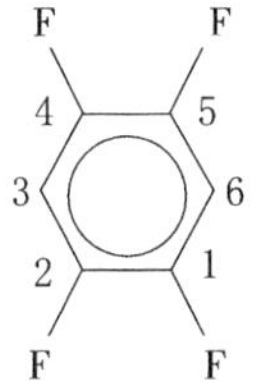	H3,6 ¹⁹F1,2,4,5	+0.780 +5.10	[1055]
六氟苯(hexafluorobenzene) **707**·⁻	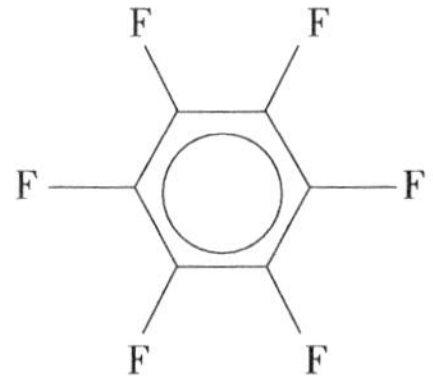	¹⁹F1~6 ¹³C1~6	+13.7 +1.21	[1055, 1056]
氟环辛四烯 (fluorocyclooctatetraene) **708**·⁻	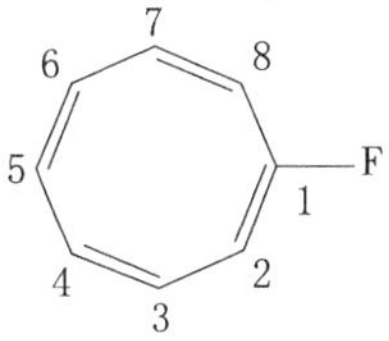	H3,5,7 H2,8 H4,6 ¹⁹F1	−0.650 0.033 0.016 +1.301	[1057]
八氟环辛四烯 (octafluorocyclooctatetraene) **709**·⁻	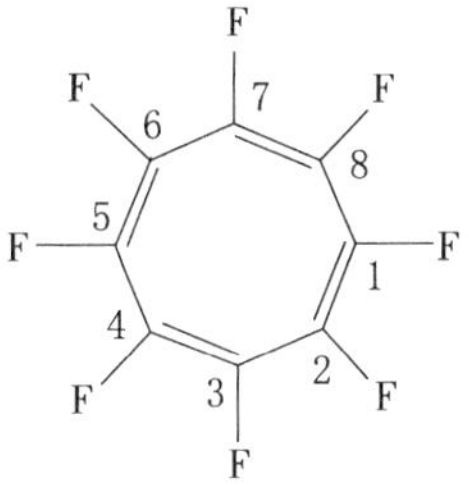	¹⁹F1~8	+1.092	[1058]

表 9.24　硝基苯、对苯醌和四氰基对苯醌的部分氟代衍生物自由基阴离子的超精细数据

名称	结构	核	超精细常数	文献
邻氟硝基苯 (2-fluoronitrobenzene) **710**·⁻	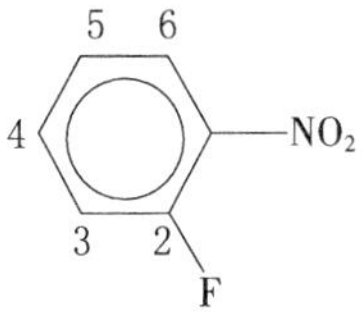	H3,5 H4 H6 ¹⁹F2 ¹⁴N	+0.101 −0.401 −0.347 +0.636 +0.982	[1059]
间氟硝基苯 (3-fluoronitrobenzene) **711**·⁻	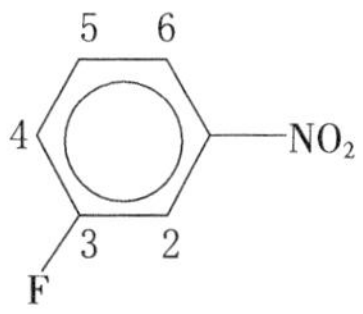	H2 H4 H5 H6 ¹⁹F3 ¹⁴N	−0.337 −0.391 +0.101 −0.316 −0.292 +0.923	[1059]

续表

名称	结构	核	值	文献
对氟硝基苯 (4-fluoronitrobenzene) **712**·⁻	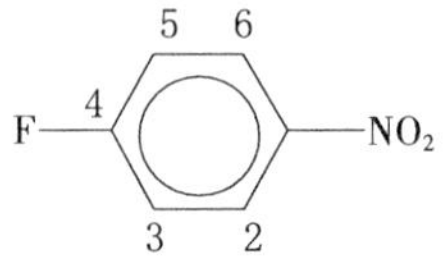	H2,6 H3,5 ¹⁹F4 ¹⁴N	−0.352 +0.114 +0.861 +0.995	[1059]
2,4-二氟硝基苯 (2,4-difluoronitrobenzene) **713**·⁻	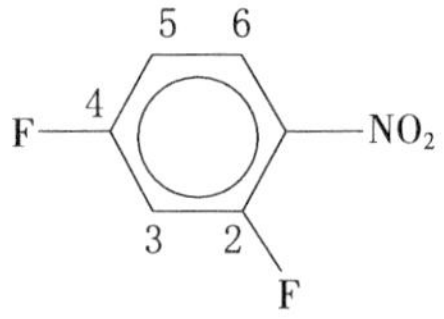	H3,5 H6 ¹⁹F2 ¹⁹F4 ¹⁴N	+0.111 −0.363 +0.640 +0.859 +0.981	[1059]
2,5-二氟硝基苯 (2,5-difluoronitrobenzene) **714**·⁻	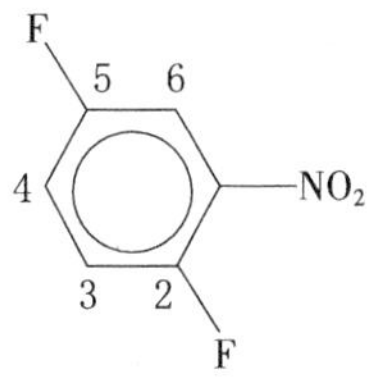	H3 H4 H6 ¹⁹F2 ¹⁹F5 ¹⁴N	+0.092 −0.419 −0.357 +0.624 −0.323 +0.844	[1059]
3,5-二氟硝基苯 (3,5-difluoronitrobenzene) **715**·⁻	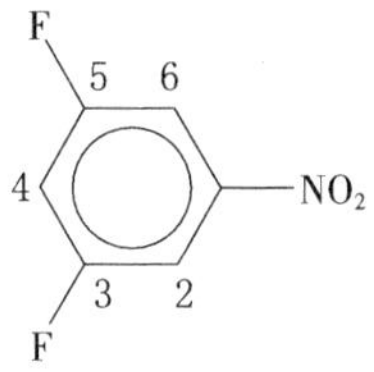	H2,6 H4 ¹⁹F3,5 ¹⁴N	−0.326 −0.398 −0.273 +0.810	[1059]
2,5-二氟对苯醌 (2,5-difluoro-*p*-benzoquinone) **716**·⁻	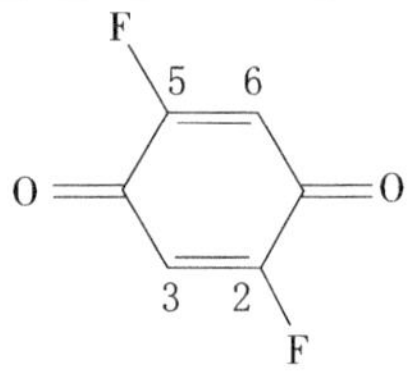	H3,6 ¹⁹F2,5	−0.141 +0.535	[1012]
四氟对苯醌 (2,3,5,6-tetrafluoro-*p*-benzoquinone) **717**·⁻	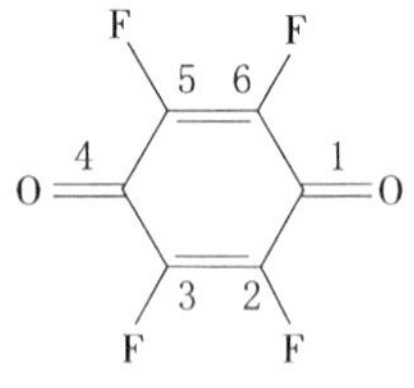	¹⁹F2,3,5,6 ¹³C1,4 ¹³C2,3,5,6 2¹⁷O	+0.395 −0.219 −0.080 −0.953	[1012] [986]
7,7,8,8-四氰基-2,3,5,6-四氟对苯醌二甲烷 (7,7,8,8-tetracyano-2,3,5,6-tetrafluorobenzo-1,4-quinodimethane) **718**·⁻	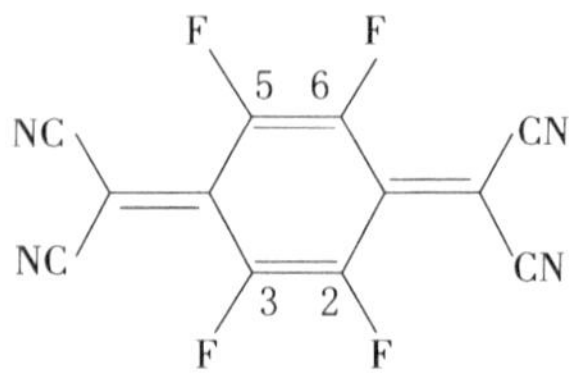	¹⁹F2,3,5,6 4¹⁴N	+0.395 −0.219	[177]

对于1,4-二氟苯（**705**）自由基阴离子，^{1}H和^{19}F的超精细数据将其归类为π物种。它们符合与苯LUMO ψ_{2-} 相似的SOMO（图8.9），因为$a_{H2,3,5,6}=-0.530$ mT接近于对二甲苯（**487**）自由基阴离子的值（表8.18），而且相对较小的$|a_{F1,4}|=0.175$ mT恰好表明^{19}F磁性核位于LUMO的垂直节点平面中。因此，对于只容纳一个未配对电子的苯的简并LUMO ψ_{2+} 和 ψ_{2-}，氟取代基的总体影响是给电子的（第211页的情况①）。随着苯环上这些取代基数量的增加，^{19}F的耦合常数显著增大，这表明在朝着σ结构转变：在1,2,4,5-四氟苯（**706**）和六氟苯（**707**）自由基阴离子中，$a_{F1,2,4,5}=+5.10$ mT和$a_{F1\sim 6}=+13.7$ mT。这些物种的结构尚有待讨论，四氟乙烯（**704**）自由基阴离子也是如此（$a_F=+9.39$ mT）。

值得注意的是，自旋布居离域在整个分子内的σ结构的自由基阴离子，也可以从形式上饱和的全氟环烷烃中获得[1060,1061]。它们的ESR谱展示了非常大的耦合常数，这些数值来自所有等性的^{19}F核并随着碳环的增大而有规律地递减（在全氟环丙烷、全氟环丁烷和全氟环戊烷等的自由基阴离子中，对于六个、八个和十个等性的^{19}F磁性核，a_F分别是$+19.8$ mT、$+14.8$ mT和$+11.5$ mT）。

当良好的电子受体被氟取代时，结构上的问题很少；它们的自由基阴离子都是π物种。在氟环辛四烯（**708**）自由基阴离子中，SOMO类似于八元闭合共轭环的NBMO ψ_{2-}（图8.9），而在奇数位中心上的大的π自旋布居，同样符合氟取代基对平面环辛四烯中三电子占据的简并NBMO ψ_{2+} 和 ψ_{2-} 的总体影响是给电子效应（第211页的情况②）。八氟环辛四烯（**709**）自由基阴离子也是具有π结构的。尽管在硝基苯、对苯醌和四氰基醌二甲烷等氟取代衍生物的自由基阴离子如**710**·⁻～**718**·⁻中，π自旋分布由NO_2、$C=O$和$C(CN)_2$等强吸电子基团所决定，但$|a_{F_\mu}|/|a_{H_\mu}|$比值能灵敏地反映取代位置的差异（a_{H_μ}在这里是指无取代自由基阴离子中相应质子的耦合常数）。在这方面，单氟硝基苯和二氟硝基苯（**710**～**715**）自由基阴离子提供了一套完整的分析数据。在邻氟硝基苯、间氟硝基苯和对氟硝基苯中，这个比值分别是1.9、2.5～3.0和2.1（**115**，表9.21）。在对苯半醌（**19**，表9.17）的2,5-二氟（**716**）和四氟衍生物（**717**）自由基阴离子中，类似比值分别是1.7和2.3，而在TCNQ的四氟衍生物（**718**）中，该比值降低至1.1（**20**，表9.20）。

对于π自由基阴离子**704**·⁻和**706**·⁻，g_{iso}是2.0030 ± 0.0002，而**707**·⁻的是2.0015，推测为σ自由基阴离子。这些自由基阴离子是在固体基质中高能辐照中性化合物而产生的，即γ辐照冷冻的氚代甲基环己烷-d_{14}（**704**·⁻）或X射线辐照掺有Me_3NBH_3的固体金刚烷（**705**·⁻～**707**·⁻）。**708**·⁻和**710**·⁻～**717**·⁻的g_{iso}未见到报道。**710**·⁻～**717**·⁻等的g_{iso}应和相应的非氟代物种一样分布在相同的范围内，如硝基苯和对苯醌自由基阴离子的 2.0044～2.0054 和 2.0046～2.0052。对于 **718**·⁻，曾报道的 g_{iso} 是 2.0029。γ 辐照，在新戊烷或四甲基硅烷基质中被用来产生全氟环烷烃自由基阴离子（g_{iso} = 2.0024～2.0031），在 MTHF 基质中被用来形成八氟环辛四烯（**709**）自由基阳离子（g_{iso} = 2.0049）。自由基阴离子 **710**·⁻～**718**·⁻ 是由中性化合物在 HMPT、DME、ACN 或 DMF 等不同溶剂中电解形成。

  三氟甲基和二氟亚甲基取代基对 π 体系的影响是强吸电子效应。这类化合物中只有相对少量的自由基阴离子被 ESR 所研究，表 9.25 列举了其中的一部分超精细数据[193,1062,1063]。三氟甲基硝基苯的三种同分异构体 **719**·⁻、**720**·⁻ 和 **688**·⁻ 等自由基阴离子的数据，应与相应的硝基甲苯 **684**·⁻～**686**·⁻ 的数据进行比较［4-三氟甲基硝基苯自由基阴离子（**688**·⁻）的耦合常数，与 **684**·⁻～**686**·⁻ 等的一起列在表 9.21 中］。虽然在硝基苯自由基阴离子（**115**·⁻）中 π 自旋分布仅受甲基取代的轻微影响［在 DMF 中，耦合常数 a_N 从 **115**·⁻ 的 +0.971 mT，增加至 **684**·⁻～**686**·⁻ 的（+1.04 ± 0.03）mT］，但是这种分布随着三氟甲基的引入而发生显著改变，尤其是在邻位和对位，**719**·⁻、**720**·⁻ 和 **688**·⁻ 等的 a_N 分别下降到 +0.767 mT、+0.873 mT 和 +0.760 mT。用这些自由基阴离子中 ¹⁹F 耦合常数和 **684**·⁻～**686**·⁻ 中甲基质子的相应数值作比较，即 $|a_F(\beta)|/|a_H(\beta)|$（也就是 3.0、1.2 和 2.3），反映了它们对取代位置的依赖性，即取决于电子（邻/对位对间位）和空间（间/对位对邻位）的相互影响。

表 9.25 三氟甲基硝基苯、四（全氟环丁基）环辛四烯、四（全氟环戊基）环辛四烯和八氟代二亚乙桥基 [2.2] 环蕃烷等自由基阴离子的超精细数据

邻三氟甲基硝基苯 (2-trifluoro-methylnitrobenzene) **719**·⁻	(结构式：2-CF₃-硝基苯)	H3 H4 H5 H6 3¹⁹F(β) ¹⁴N	+0.087 −0.436 +0.126 −0.306 +0.964 +0.767	[1062]
间三氟甲基硝基苯 (3-trifluoro-methylnitrobenzene) **720**·⁻	(结构式：3-CF₃-硝基苯)	H2,6 H4 H5 3¹⁹F(β) ¹⁴N	−0.327 −0.403 +0.101 −0.128 +0.873	[1062]

续表

四(全氟环丁基)环辛四烯 [tetrakis(perfluorobuta)- cyclooctatetraene] **721**·⁻	(结构式)	$16^{19}F(\beta)$ $^{13}C1\sim8$ $8^{13}C(\alpha)$	+0.315 +0.135 −0.191	[193]
四(全氟环戊基)环辛四烯 [tetrakis(perfluorocyclopenta)- cyclooctatetraene] **722**·⁻	(结构式)	$8^{19}F(\beta)$ $8^{19}F(\beta)$ $4^{19}F(\gamma)$ $4^{19}F(\gamma)$	+0.976 +0.935 0.090 0.059	[193]
八氟代二亚乙桥基[2.2]对环蕃 (1,1,2,2,9,9,10,10-octafluo- ro[2.2]paracyclophane) **723**·⁻	(结构式)	$H4,5,7,8,12,$ $13,15,16$ $8^{19}F(\beta)$	<0.10 +3.35	[1063]

吸电子的二氟亚甲基的取代,大大增强在四(全氟环烷基)衍生物 **721** 和 **722** 中环辛四烯 (**64**) 及在 1,1,2,2,9,9,10,10-八氟衍生物 **723** 中 [2.2] 对环蕃 (**118**) 的电子受体性质。特别地,在中性形式(与 **64** 相反)就已经呈平面的四(全氟环丁基)环辛四烯 (**721**),代表着一个已知的最强大的氧化剂之一,因为它在相对于饱和甘汞电极的正电势下被还原成自由基阴离子 **721**·⁻ 和二价阴离子 **721**²⁻。在 **721**·⁻ 和其环戊二烷类似物的自由基阴离子 (**722**·⁻) 中,^{19}F 耦合常数 $a_F(\beta)$ 分别是 +0.315 mT 和 +0.956 mT (平均值),目前没有相应的质子可供比较。对于 **721**·⁻ 较小的 $a_F(\beta)$ 可能是由稠合四元环中 1,3 位相互作用造成的。用 **723**·⁻ 中的两个强吸电子的四氟亚乙基取代 **118**·⁻ 中两个弱给电子的亚乙基桥,会导致 SOMO 变化,使其不能再被视为两个苯 LUMO ψ_{2-} 的组合,而必须被视为相应轨道 ψ_{2+} 的组合(图 8.9)。因此,从 **118**·⁻ 到 **723**·⁻,苯环上八个质子的耦合常数 $a_H(\alpha)$ 从 −0.297 mT 降低到绝对值小于 0.1 mT,并且八个亚甲基质子的耦合常数 $a_H(\beta)$ = +0.103 mT 也被八个 ^{19}F 的 $a_F(\beta)$ = +3.35 mT 所置换。

三氟甲基硝基苯自由基阴离子 **719**·⁻、**720**·⁻ 和 **688**·⁻ 等的 g_{iso} 尚未见到报道,它们也应在 2.0044~2.0054 的范围内。四(全氟环烷基)环辛四烯自由基阴离子的 g_{iso} 相当不寻常,如 **721**·⁻ 的 2.0010 和 **722**·⁻ 的 2.0021。**723**·⁻ 的 g_{iso} 还没

有被报道。自由基阴离子，要么由中性化合物电解产生（**688**˙⁻、**719**˙⁻、**720**˙⁻和**723**˙⁻），要么与钾反应形成（**721**˙⁻和**722**˙⁻）。对于**721**˙⁻，仅仅摇动含有汞和中性化合物的DME溶液就可以观察到自由基阴离子的形成。

三甲硅基取代衍生物的自由基阴离子（radical anions of trimethylsilyl-substituted derivatives）

表9.26[1064-1066]和表9.27[734,1067,1068]列举了其中一些衍生物和二甲基苯基膦等自由基阴离子的超精细数据。由于Si原子比C原子更具正电性，三甲硅基取代基对π体系的诱导作用应该是比叔丁基更强烈的给电子效应。然而，与烷基相比，在苯的三甲硅基衍生物自由基阴离子中，π自旋分布清楚地表明该取代基的总体作用是吸电子的。因此，在单取代和1,4-二取代自由基阴离子**726**˙⁻和**729**˙⁻中，SOMO类似于苯的LUMO ψ_{2+}，但在1,2-二取代和1,3-二取代衍生物**727**˙⁻和**728**˙⁻中，它则类似于 ψ_{2-}（图8.9）（第211页的情况③）。三甲硅基的吸电子效应，已经根据电子从π体系到硅原子中适当对称的3d空轨道的离域来做解释。这样的一个效应同样表现在二甲基膦取代基中，即用P取代Si作为杂原子时具有相同的效果，因为在**726**˙⁻和二甲苯基膦自由基阴离子（**733**˙⁻）中苯基质子的耦合常数 a_{H_μ} 是几乎相同的。

表9.26 部分三甲硅基取代共轭烃和二甲基苯基膦等自由基阴离子的超精细数据

反式-1,2-二(三甲硅基)乙烯 [*trans*-1,2-bis(trimethylsilyl)-ethane] **724**˙⁻	(CH₃)₃Si—CH=CH—Si(CH₃)₃	H1,2 18H(γ) 2²⁹Si ¹³C1,2	−0.749 0.036 −0.672 +0.56	[1064]
反式-1,4-二(三甲硅基)-1,3-丁二烯 [*trans*-1,4-bis(trimethylsilyl)-buta-1,3-diene] **725**˙⁻	(CH₃)₃Si—CH=CH—CH=CH—Si(CH₃)₃	H1,4 H2,3 18H(γ) 2²⁹Si	−0.671 −0.322 0.024 −0.573	[1064]
三甲硅基苯 (trimethylsilylbenzene) **726**˙⁻	C₆H₅—Si(CH₃)₃	H2,6 H3,5 H4 9H(γ) ²⁹Si	−0.265 +0.106 −0.809 0.026 −0.518	[1064]
邻二(三甲硅基)苯 [1,2-bis(trimethylsilyl)benzene] **727**˙⁻	1,2-(Me₃Si)₂C₆H₄	H3,6 H4,5 18H(γ) 2²⁹Si	+0.046 −0.523 0.023 −0.448	[1064]

第9章 含杂原子的共轭自由基

续表

名称	结构	偶合常数	文献
间二(三甲硅基)苯 [1,3-bis(trimethylsilyl) benzene] **728**·⁻ 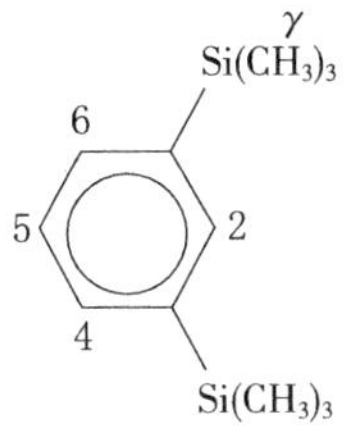	位置标记: 2,4,5,6; Si(CH₃)₃ 在 1,3 位 (γ)	H2 +0.030 H4,6 −0.694 H5 +0.066 18H(γ) 0.016 2 ^{29}Si −0.406 ^{13}C4,6 +0.93 ^{13}C5 −0.93	[1064]
对二(三甲硅基)苯 [1,4-bis(trimethylsilyl) benzene] **729**·⁻ 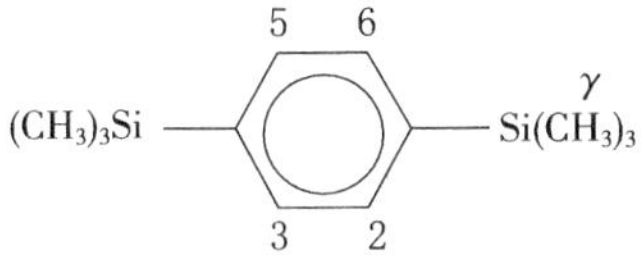	(CH₃)₃Si—C₆H₄—Si(CH₃)₃ (γ) 位置 2,3,5,6	H2,3,5,6 −0.176 18H(γ) 0.027 2 ^{29}Si −0.617	[1064, 1065]
1,4-二(三甲硅基)萘 [1,4-bis(trimethylsilyl)- naphthalene] **730**·⁻ 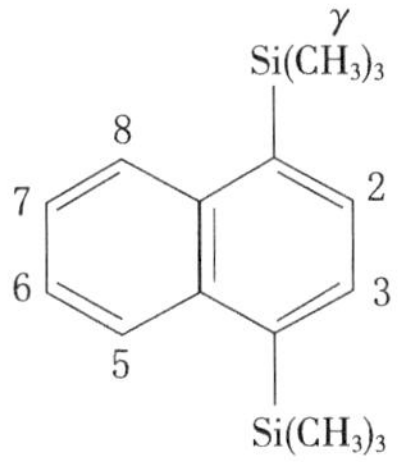	萘环, 1,4位 Si(CH₃)₃ (γ)	H2,3 −0.231 H5,8 −0.319 H6,7 −0.141 2 ^{29}Si −0.463	[1064]
1,5-二(三甲硅基)萘 [1,5-bis(trimethylsilyl)- naphthalene] **731**·⁻ 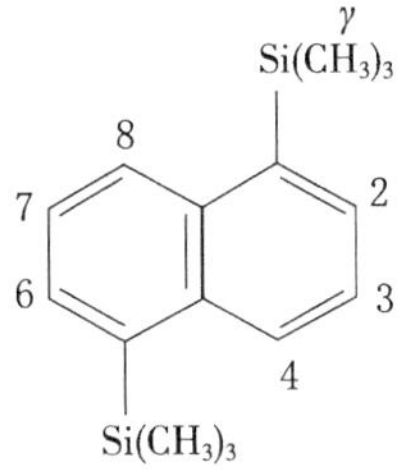	萘环, 1,5位 Si(CH₃)₃	H2,6 −0.212 H3,7 −0.166 H4,8 −0.470 2 ^{29}Si −0.353	[1064]
2,6-二(三甲硅基)萘 [2,6-bis(trimethylsilyl)- naphthalene] **732**·⁻ 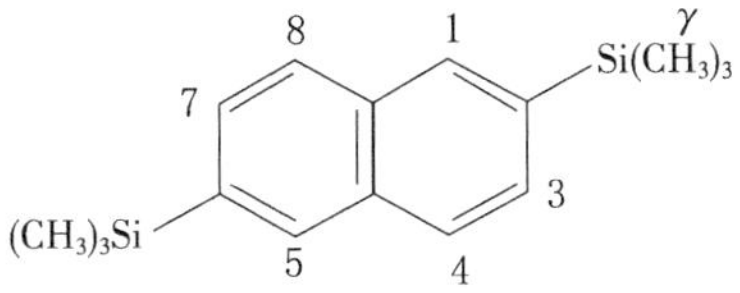	萘环, 2,6位 Si(CH₃)₃ (γ)	H1,5 −0.461 H3,7 0.022 H4,8 −0.449 2 ^{29}Si −0.267	[1064]
二甲苯基膦 (dimethylphenylphosphine) **733**·⁻ 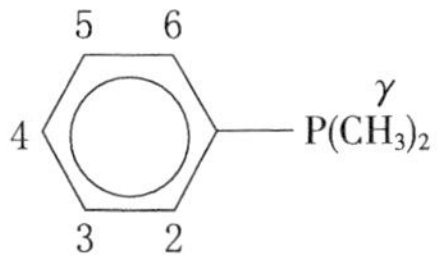	C₆H₅—P(CH₃)₂ (γ), 位置 2,3,4,5,6	H2,6 −0.331 H3,5 +0.039 H4 −0.906 6H(γ) 0.078 ^{19}P +0.828	[1066]

表 9.27　部分三甲硅基取代的杂 π 体系自由基阴离子的超精细数据

名称	结构	原子	数值	文献
三甲硅基对苯二醌 (trimethylsilyl-*p*-benzoquinone) **734**·⁻	对苯二醌，2 位 Si(CH₃)₃（γ），编号 3、5、6	H3 H5 H6 9H(γ) ^{29}Si	−0.268 −0.210 −0.252 <0.01 −0.182	[1067]
2,5-二(三甲硅基)对苯二醌 [2,5-bis(trimethylsilyl)-*p*-benzoquinone] **735**·⁻	对苯二醌，2,5 位各有 Si(CH₃)₃（γ），编号 3、6	H3,6 18H(γ) 2^{29}Si	−0.279 <0.01 −0.151	[1067]
三甲硅基苯基甲酮 (trimethylsilylphenylketone) **736**·⁻	苯环编号 2–6，C=O—Si(CH₃)₃（γ）	H2 H3,5 H4 H6 9H(γ) ^{29}Si	−0.428 +0.102 −0.525 −0.315 0.013 −0.834	[1067]
二(三甲硅基)二亚胺 [bis(trimethylsilyl)diimine] **737**·⁻	(CH₃)₃Si—N=N—Si(CH₃)₃（γ）	18H(γ) 2^{14}N 2^{29}Si	<0.01 +0.625 −0.70	[734]
N,N'-二(三甲硅基)对苯二亚胺 [N,N'-bis(trimethylsilyl)-*p*-benzoquinomethane diimide] **738**·⁻	(CH₃)₃Si—N=⟨苯环 2,3,5,6⟩=N—Si(CH₃)₃（γ）	H2,3,5,6 18H(γ) 2^{14}N 2^{29}Si ^{13}C2,3,5,6	−0.200 ≤0.008 +0.402 −0.386 +0.160	[1067, 1068]
N,N'-二(三甲硅基)苯胺 [N,N'-bis(trimethylsilyl)aniline] **739**·⁻	苯环编号 2–6，N(Si(CH₃)₃)₂（γ）	H2,6 H3,5 H4 18H(γ) ^{14}N	−0.51 −0.57 ≤0.05 ≤0.01 ≤0.05	[1067, 1068]
N,N,N',N'-四(三甲硅基)对苯二胺 [N,N,N',N'-tetrakis(trimethylsilyl)-*p*-phenylene diamine] **740**·⁻	((CH₃)₃Si)₂N—⟨苯环 2,3,5,6⟩—N(Si(CH₃)₃)₂（γ）	H2,3,5,6 36H(γ) 2^{14}N	−0.543 ≤0.1 ≤0.05	[1068]

令人惊奇的是，在 π 自旋布居相同的 μ 中心，三甲硅基取代基的耦合常数 $|a_{Si_\mu}|$ 与相应未取代的 α 质子的 $|a_{H_\mu}|$ 并没有太大差异。对 **724**·⁻～**732**·⁻ 超精细数据的分析结果表明[474]，a_{Si_μ} 与被取代 μ 中心的 ρ_μ^π 大致成比例 [式 (4.32)]，这一关系类似于 α 质子的 McConnell 公式 [式 (4.5)]。因为在所有相关自由基阴离子中 ρ_μ^π 都是正的，所以式 (4.32) 中的系数 $(Q_{Si}^{C_\mu Si_\mu})_{eff}$ 与耦合常数 a_{Si_μ} 具有相同的符号。同位素 ²⁹Si 的 g_N 是负的，因此 **724**·⁻～**732**·⁻ 的耦合常数 a_{Si_μ} 和参数 $Q_{Si}^{C_\mu Si_\mu}$ 想必也都是负的。

当取代反应发生在 N 杂原子上时，自旋向三甲硅基取代基的离域得到增强，这可能源自 N 原子上的孤电子对。因此，二（三甲硅基）二亚胺 (**737**) 自由基阴离子的耦合常数 a_N（+0.625 mT），显著小于含有两个叔丁基的 **268**·⁻ 中的相应值（+0.824 mT，表 7.19）。由于三甲硅基取代基的吸电子效应，N,N'-二（三甲硅基）苯胺 (**739**) 和 N,N,N',N'-四（三甲硅基）对苯二胺 (**740**) 可以被还原为自由基阴离子，而相应的二甲氨基取代苯则是典型的电子供体，用以生成如 Wurster 蓝那样的自由基阳离子 (**17**·⁺)。然而，整个二（三甲硅基）氨基对苯 π 体系的总体影响仍然是给电子的，所以在 **739**·⁻ 和 **740**·⁻ 中环上 α 质子的耦合常数接近于甲苯 (**477**) 和对二甲苯 (**487**) 自由基阴离子中的相应值（表 8.18）。这意味着 **739**·⁻ 和 **740**·⁻ 的 SOMO 与苯的 LUMO ψ_{2-} 相似，因为垂直节点平面穿过发生取代的 C 中心和 N 杂原子（图 8.9）。

724·⁻～**740**·⁻ 的 g_{iso} 尚未见到报道。这些自由基阴离子，要么是在 DMF 中的电解还原产生，要么是在 DME 或 THF 中与钾或钠反应而形成。

杂原子桥连 [n] 轮烯的自由基阴离子 (radical anions of heteroatom-bridged [n] annulenes)

表 9.28 给出了其中一部分自由基阴离子的超精细数据[149,150,160,164,1069,1070]，它们在结构上与由亚烷基桥连的 [n] 轮烯自由基阴离子（表 8.20）有关。对于 **85** 中的桥连 [10] 轮烯的甲桥基（或甲叉基），在 **741** 和 **742** 中分别被亚氨桥和氧桥所取代。类似地，在 **497**～**499** 和 **97** 等桥连 [14] 轮烯中的亚烷基桥，在 **743**、**744** 和 **32** 中被两个亚氨桥取代，在 **745** 中则是被两个氧桥取代。恰如闭合共轭环烃自由基阴离子的环上质子耦合常数所示，亚氨基桥和氧桥也对 π 分子轨道产生了给电子效应。因此，与 **85**·⁻ 一样，**741**·⁻ 和 **742**·⁻ 的 SOMO 类似于类萘的 10 元闭合共轭环的 LUMO ψ_{2-}（图 8.11），但在 **743**·⁻～**745**·⁻ 和 **32**·⁻ 以及 **497**·⁻～**499**·⁻ 和 **97**·⁻ 中，SOMO 相似于类蒽的 14 元闭合

共轭环的 LUMO ψ_{3+}（图 8.12）。

表 9.28　部分杂原子桥连 [n] 轮烯自由基阴离子的超精细数据

化合物	结构	位置	数值	文献
1,6-亚氨桥[10]轮烯 (1,6-imino[10]annulene) **741**·⁻		H2,5 H7,10 H3,4 H8,9 H′ ^{14}N ^{13}C2,5,7,10 ^{13}C5a,10a	−0.328 −0.286 −0.028 −0.014 0.058 <0.05 +0.70 −0.70	[1069]
1,6-氧桥[10]轮烯 (1,6-oxido[10]annulene) **742**·⁻		H2,5,7,10 H3,4,8,9	−0.344 −0.042	[149]
N,N'-二甲基-顺式-1,6:8,13-二亚氨桥[14]轮烯 (N,N'-dimethyl-syn-1,6:8,13-diimino[14]annulene) **743**·⁻		H2,5,9,12 H3,4,10,11 H7,14 6H′ 2^{14}N	−0.244 −0.063 −0.204 0.021 0.040	[150]
N,N'-甲桥-顺式-1,6:8,13-二亚氨桥[14]轮烯 (N,N'-methano-syn-1,6:8,13-diimino[14]annulene) **744**·⁻		H2,5,9,12 H3,4,10,11 H7,14 2H′ 2^{14}N	−0.279 <0.008 −0.318 0.017 0.017	[150]
N,N'-三亚甲基-顺式-1,6:8,13-二亚氨桥[14]轮烯 (N,N'-trimethylene-syn-1,6:8,13-diimino[14]annulene) **32**·⁻		H2,5,9,12 H3,4,10,11 H7,14 4H′ 2^{14}N	−0.252 <0.008 −0.318 0.032 0.022	[150]
顺式-1,6:8,13-二氧桥[14]轮烯 (syn-1,6:8,13-bisoxido[14]annulene) **745**·⁻		H2,5,9,12 H3,4,10,11 H7,14 ^{13}C1,6,8,13 ^{13}C2,5,9,12 ^{13}C7,14	−0.297 −0.036 −0.289 +0.49 +0.57 +0.73	[1070]
环[3.2.2]吖嗪 (cycl[3.2.2]azine) **89**·⁻		H1,4 H2,3 H5,7 H6 ^{14}N	−0.113 −0.534 −0.602 +0.120 −0.060	[160]

第 9 章 含杂原子的共轭自由基　　　　　　　　　　　　　　　377

续表

环[3.3.3]吖嗪 (cycl[3.3.3]azine) **746**·⁻	(结构图：环[3.3.3]吖嗪，编号 1, 2, 3, 3a, 4, 5, 6, 6a, 7, 8, 9, 9a，中心 N)	H1,3,4,6,7,9 +0.005 H2,5,8 −0.484 ^{14}N +0.654 ^{13}C1,3,4,6,7,9 −0.447 ^{13}C2,5,8 +0.656 ^{13}C3a,6a,9a +0.162	[164]

　　闭合共轭环上质子耦合常数的总和 $\sum |a_{H_\mu}|$ 是共轭环偏离共平面的一个度量（8.6 节）。该总和从 **85**·⁻（1.12 mT）到 **741**·⁻（1.31 mT）再到 **742**·⁻（1.54 mT）的增大趋势，表明用更柔性的亚氨基桥和氧桥取代甲桥来作为[10]轮烯的桥连基团时，减轻了该轮烯与平面的偏离。对于桥连[14]轮烯，这种结构效应不太明显，因为 **32**·⁻ 和 **743**·⁻ ~ **745**·⁻ 的 $\sum |a_{H_\mu}|$ 与相应的亚烷基桥连轮烯相同（表 8.20）。

　　环[3.2.2]吖嗪（**89**）和环[3.3.3]吖嗪（**746**）代表这样的一类化合物，其中闭合共轭环由一个 sp² 杂化的中心 N 原子所桥连。对于 **89** 中 10 元闭合共轭环的 LUMO 和 **746** 中 12 元闭合共轭环的 NBMO 等的简并分子轨道 ψ_{3+} 和 ψ_{3-}，该 N 原子的孤电子对呈给电子效应；这些分子轨道以适合这两种环吖嗪的形状展示在图 9.2 中。对于这两个化合物，在桥连中心具有较大 LCAO 系数的分子轨道 ψ_{3+} 应该比 ψ_{3-} 更不稳定。在 **89**·⁻ 中，一个电子必须分布在 10 元闭合共轭环的 LUMO 中（第 211 页的情况①）；在 **746**·⁻ 中，三个电子必须由 12 元闭合共轭环的 NBMO 所容纳（该示意图的情况②）。因此，**89**·⁻ 和 **746**·⁻ 的 SOMO 预计分别类似于 LUMO ψ_{3-} 和 NBMO ψ_{3+}。这一预期得到了两种自由基阴离子超精细数据的证实。

　　对于 **32**·⁻、**743**·⁻ 和 **745**·⁻，g_{iso} 在 2.0026~2.0029 之间。表 9.28 中其余自由基阴离子的 g_{iso} 尚未见到报道，但应在同一范围内。这些自由基阴离子，要么是中性桥连轮烯在 DME 或 THF 中与钾或钠反应而形成，要么是这些化合物在 DMF 中电解还原而产生。自由基阴离子 **741**·⁻ 和 **742**·⁻ 的寿命相当短暂，容易失去桥连基团而转变成萘（**83**）自由基阴离子。有趣的是，**741** 的 N-甲基衍生物在 DME 中与钠反应时，所得的二级顺磁性物种是薁（**112**）自由基阴离子，而非异构体萘自由基阴离子（**83**·⁻）[1069]。

9.3　电子供体的自由基阳离子

　　赋予碳氢 π 体系具有良好电子供体性质的那些杂原子通常是 N、O 和 S，

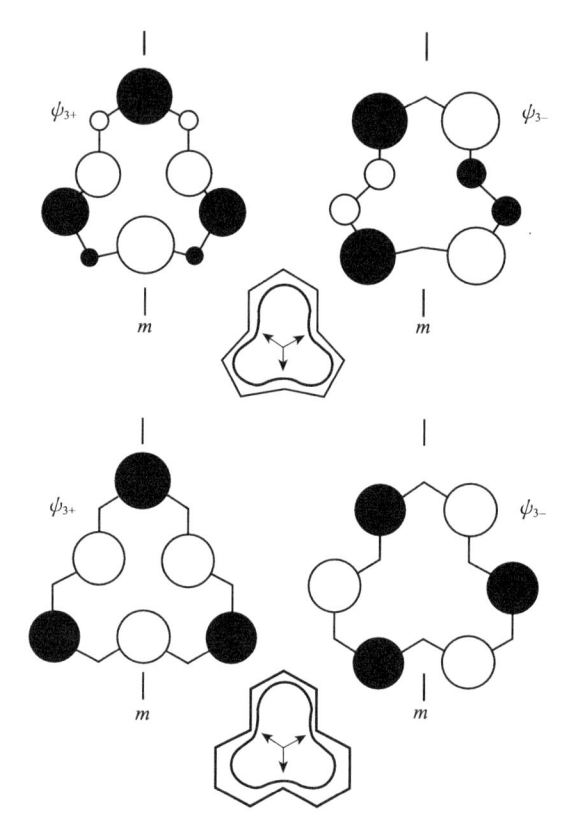

图 9.2 10 元闭合共轭环的简并 LUMO ψ_{3+} 与 ψ_{3-} 和 12 元闭合共轭环的简并 NBMO ψ_{3+} 与 ψ_{3-} 的示意图。两个闭合共轭环的形状和桥接，与环[3.2.2]吖嗪(**89**)（上图）和环[3.3.3]吖嗪(**746**)（下图）一样。m 表示垂直镜面

它们分别通过三个、两个或两个形式上的单键与相邻的 C 和/或 H 相连。每个杂原子的一个孤电子对都令碳氢 π 体系增加了两个额外的电子。它们要么替换共轭烃中的 C 中心，要么成为强给电子基团如氨基、肼基、羟基、烷氧基或硫基等的一部分。

杂环自由基阳离子（radical cations of heterocycles）

在杂环供体中，由于 N、O 或 S 原子中的每一个都向碳氢 π 体系贡献了两个电子，当它们含有一个、两个、三个和四个这样的杂原子时，所形成的自由基阳离子分别与对应烃的自由基、自由基阴离子、自由基二价阴离子和自由基三价阴离子等是 π 等电子体。

五中心六电子的 π 体系，如吡咯（**747**）、呋喃（**750**）和噻吩（**752**）等，是"芳香"苯的杂环对应物。表 9.29 列举了它们的自由基阳离子以及一些甲基衍生物的超精细数据[253,254,1071]。这些含有 5 个 π 电子的自由基阳离子和环戊

二烯基自由基是等电子的，并且它们的 SOMO 不仅具有类似于五元闭合共轭环的 LUMO ψ_{1-} 的形状，还具有穿过杂原子的垂直节点（图 8.8）。对于 ψ_{1-} 被首选为 **747**·⁺～**753**·⁺ 的 SOMO，符合闭合共轭环简并 HOMO ψ_{1+} 与 ψ_{1-} 被三个电子占据和杂原子的给电子效应等情况的（第 211 页的情况②），在 **747**·⁺～**753**·⁺ 中 α 质子的耦合常数，与 1,3-环戊二烯（**373**）自由基阳离子（表 8.7）和 1,2-二甲基环戊二烯基（**473**）自由基离子（表 8.17）等中的相应值相似。

表 9.29 吡咯、呋喃、噻吩及其部分甲基衍生物的自由基阳离子的超精细数据

化合物	结构	核/质子	耦合常数	文献
吡咯 (pyrrole) **747**·⁺	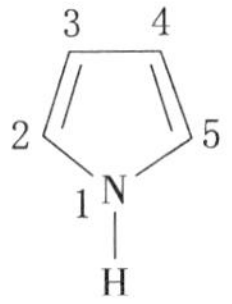	¹⁴N1 H1 H2,5 H3,4	～−0.35 ～+0.1 ～−1.80 ～−0.20	[1071]
2,5-二甲基吡咯 (2,5-dimethylpyrrole) **748**·⁺	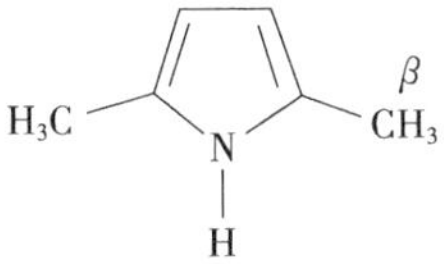	¹⁴N1 H1 H3,4 6H(β)	−0.40 +0.09 −0.36 +1.60	[253,254]
N,2,5-三甲基吡咯 (N,2,5-trimethylpyrrole) **749**·⁺	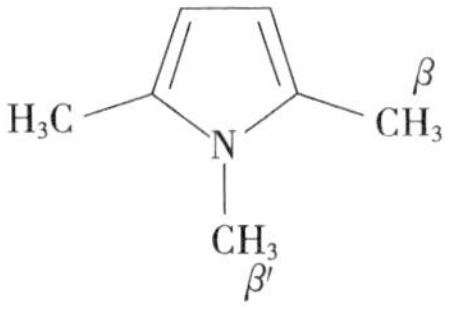	¹⁴N1 H3,4 6H(β) 3H(β')	−0.42 −0.34 +1.60 −0.15	[254]
呋喃 (furan) **750**·⁺	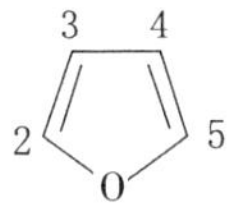	H2,5 H3,4	−1.44 −0.38	[1071]
2,5-二甲基呋喃 (2,5-dimethylfuran) **751**·⁺	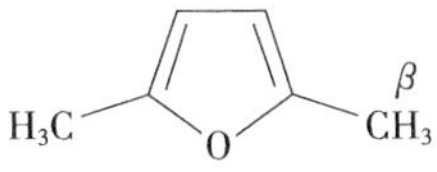	H3,4 6H(β)	−0.36 +1.66	[253]
噻吩 (thiophene) **752**·⁺	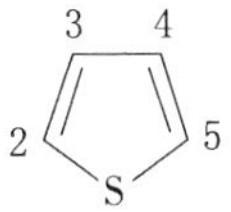	H2,5 H3,4	−1.18 −0.32	[1071]
2,5-二甲基噻吩 (2,5-dimethylthiophene) **753**·⁺	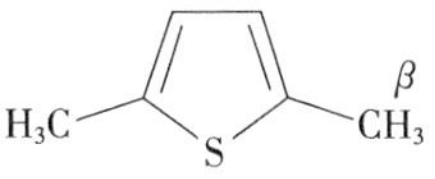	H3,4 6H(β)	−0.31 +1.70	[253,254]

由于杂原子位于 SOMO 的垂直节点内，这三种自由基阳离子及其衍生物的 g_{iso} 的变化范围是 2.0023～2.0027，呈烃基自由基的特征。未取代的自由基阳离子如 **747**·⁺、**750**·⁺ 和 **752**·⁺ 等必须是在氟利昂或其他基质中用 γ 辐照产生，而更持久的甲基取代自由基阳离子是在浓硫酸（**753**·⁺）、含有 Hg(Ⅱ) 离子的三氟乙酸（**748**·⁺ 和 **749**·⁺）或光照三氟乙酸（**751**·⁺）等溶液中形成。

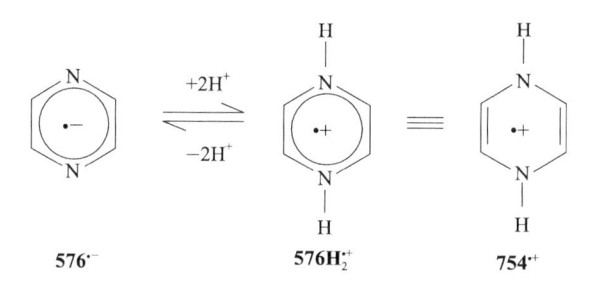

用两个 >N—H(α) 片段置换环状共轭 π 体系适当位置上的两个 >C—H(α) 片段，形成二氢二氮杂环化合物。表 9.30 列举了其中一些杂环化合物及其 N,N'-二甲基衍生物等的自由基阳离子的超精细数据[266,267,1072-1078]。二氢二氮杂环自由基阳离子与相应芳烃的自由基阴离子（表 8.8）及其氮杂衍生物的自由基阴离子（表 9.8～表 9.10）等互为等电子体，事实上，它们是双质子化的母体二氮杂环自由基阴离子（2.3 节和 6.4 节）。例如，1,4-二氢吡嗪（**754**）自由基阳离子，一种类似苯及其氮杂衍生物自由基阴离子的含 7 个 π 电子的物种，就是二质子化的吡嗪（**576**）自由基阳离子。

表 9.30 部分二氢二氮杂环化合物及其 N-甲基衍生物的超精细数据

1,4-二氢吡嗪 (1,4-dihydropyrazine) **754**·⁺		¹⁴N1,4 H1,4 H2,3,5,6	+0.740 −0.794 −0.313	[266]
1,4-二甲基-1,4-二氢吡嗪 (1,4-dimethyl-1,4-dihydropy- razine) **755**·⁺		¹⁴N1,4 H2,3,5,6 6H(β)	+0.836 −0.285 +0.803	[1072]

第9章 含杂原子的共轭自由基

续表

名称	结构	数据	参考
1,4-二氢喹噁啉 (1,4-dihydroquinoxaline) **756**·+ 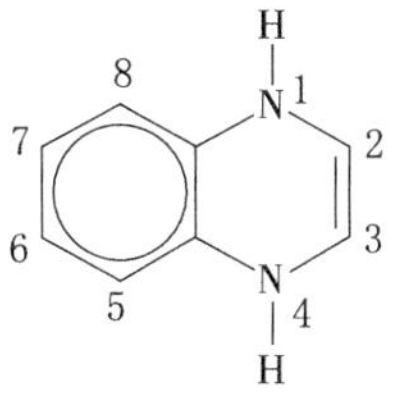	(结构式，位置编号 1-8)	^{14}N1,4 +0.665 H1,4 −0.717 H2,3 −0.399 H5,8 −0.075 H6,7 −0.138	[266]
1,4-二甲基-1,4-二氢喹噁啉 (1,4-dimethyl-1,4-dihydro-quinoxaline) **757**·+ 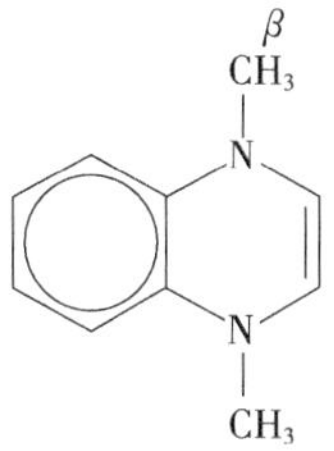	(结构式)	^{14}N1,4 +0.742 H2,3 −0.370 H5,8 −0.092 H6,7 −0.142 6H(β) +0.690	[1073]
1,5-二氢萘啶 (1,5-dihydro-1,5-naphthyridine) **758**·+ 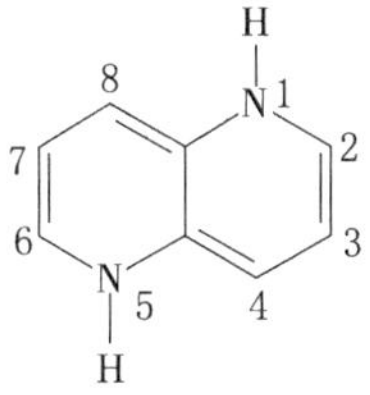	(结构式)	^{14}N1,5 +0.286 H1,5 −0.337 H2,6 −0.464 H3,7 −0.108 H4,8 −0.625	[1074]
1,5-二甲基-1,5-二氢萘啶 (1,5-dimethyl-1,5-dihydro-1,5-naphthyridine) **759**·+ 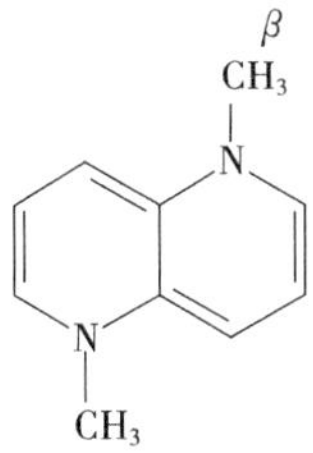	(结构式)	^{14}N1,5 +0.340 H2,6 −0.434 H3,7 −0.130 H4,8 −0.602 6H(β) +0.221	[1074]
9,10-二氢吩嗪 (9,10-dihydrophenazine) **760**·+	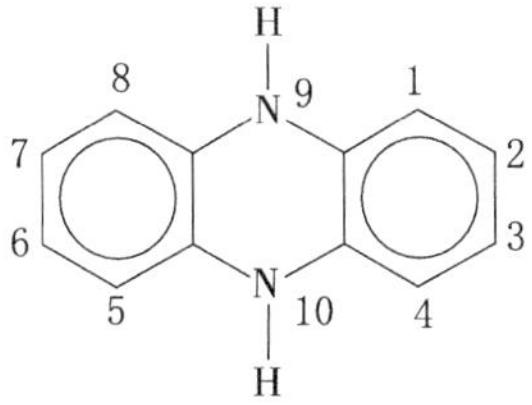 (结构式)	^{14}N9,10 +0.612 H1,4,5,8 −0.066 H2,3,6,7 −0.171 H9,10 −0.649	[266]
9,10-二甲基-9,10-二氢吩嗪 (9,10-dimethyl-9,10-dihydrophenazine) **761**·+	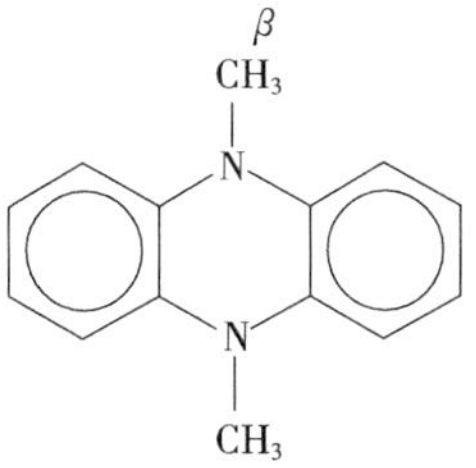 (结构式)	^{14}N9,10 +0.686 H1,4,5,8 −0.062 H2,3,6,7 −0.138 6H(β) +0.620	[1075]

续表

名称	结构	原子	值	参考
7-氢二吡啶并咪唑 (7-hydrodipyrido[1,2-c:2',1'-e]imidazole) **98**·+	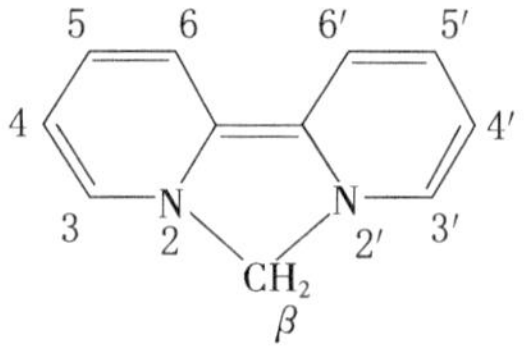	^{14}N2,2' H3,3' H4,4' H5,5' H6,6' 2H(β)	+0.434 -0.239 -0.065 -0.281 -0.023 +2.424	[1076]
7,8-二氢-二吡啶并吡嗪 (7,8-dihydrodipyrido[1,2-a:2',1'-c]pyrazine) **762**·+	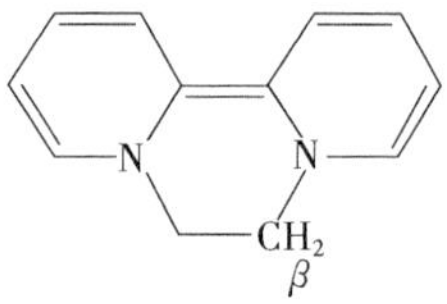	^{14}N2,2' H3,3' H4,4' H5,5' H6,6' 4H(β)	+0.408 -0.254 -0.058 -0.289 -0.036 +0.698	[1077]
1,1'-二氢-4,4'-联吡啶 (1,1'-dihydro-4,4'-dipyridine) **763**·+	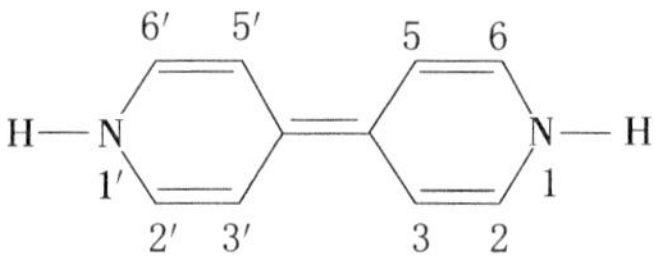	^{14}N1,1' H1,1' H2,2',6,6' H3,3',5,5'	+0.356 -0.406 -0.161 -0.145	[266]
1,1'-二甲基-1,1'-二氢-4,4'-联吡啶 (1,1'-dimethyl-1,1'-dihydro-4,4'-dipyridine) **764**·+	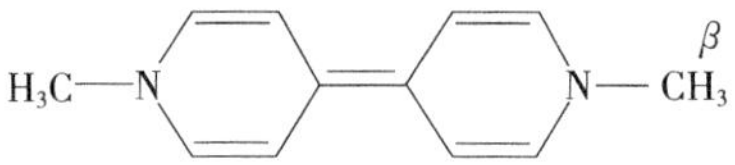	^{14}N1,1' H2,2',6,6' H3,3',5,5' 6H(β)	+0.423 -0.133 -0.157 +0.399	[267]
2,7-二氢-2,7-二氮杂芘 (2,7-dihydro-2,7-diazapyrene) **765**·+	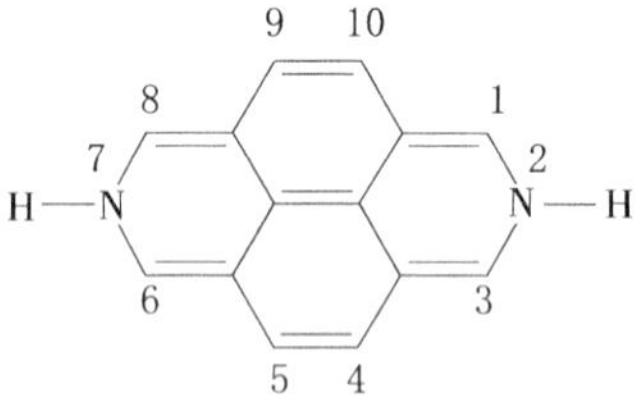	^{14}N2,7 H1,3,6,8 H2,7 H4,5,9,10	+0.404 -0.193 -0.452 -0.041	[267]
2,7-二甲基-2,7-二氢-2,7-二氮杂芘 (2,7-dimethyl-2,7-dihydro-2,7-diazapyrene) **766**·+	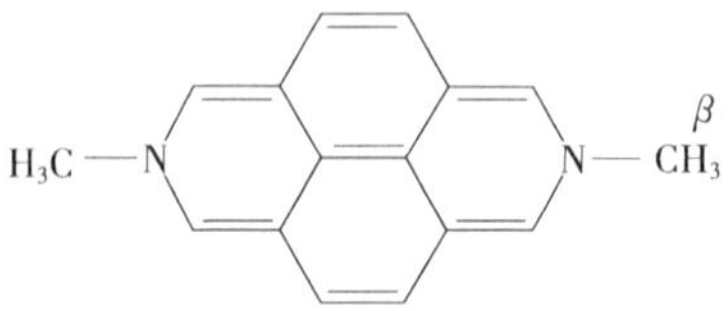	^{14}N2,7 H1,3,6,8 H4,5,9,10 6H(β)	+0.470 -0.183 -0.040 +0.439	[267]

因此，在二氢二氮杂环自由基阳离子中π自旋分布和母体二氮杂芳烃自由基阴离子中的相似，但2,7-二氮杂芘（**592**）除外，因为二氢衍生物（**765**）自由基阳离子的耦合常数$a_{N2,7}$是＋0.404 mT，而**592**·⁻的是－0.157 mT（表9.10）。在这种特殊情况下，质子化增强了两个N原子的电负性，从而导致相关LUMO能级顺序的反转。因此，相对于穿过中心2和7的垂直镜面，**765**·⁺及其甲基化类似物**766**·⁺的SOMO是对称的，而**592**·⁻的相应分子轨道是反对称的（类似于芘自由基离子**387**·⁻和**387**·⁺的分子轨道，表8.8）。对于连在N原子上的α质子与¹⁴N磁性核，$|a_{H_\mu}|/|a_{N_\mu}|$是1.10 ± 0.05。

两个N原子上的质子被甲基取代时只对π自旋分布产生轻微影响。然后，耦合常数a_{H_μ}是相应值的约1.15倍，甲基β质子和¹⁴N磁性核的耦合常数之比$|a_H(\beta)|/|a_{N_\mu}|$约0.95（除了**759**·⁺，该比值异常）。在7-氢二吡啶并咪唑（**98**）自由基阳离子中，两个亚甲基β质子的大耦合常数（＋2.424 mT）是值得注意的，因为它代表了"Whiffen效应"应用于连接两个N中心的桥基上质子的又一个范例［4.2节，式（4.11）］。

对于二氢二氮杂环化合物及其二甲基衍生物的自由基阳离子，g_{iso}是在2.0029～2.0032范围内。前者通常是在酸性溶液中用化学法或电解法还原相应的二氮杂环化合物来制备，后者则是中性二甲基二氢二氮杂环前体的氧化，或用锌还原其二价阳离子而形成。（其中，敌草快**98**·²⁺、**762**·²⁺和百草枯**764**·²⁺等三种二价自由基阳离子，是非常强效的除草剂。）

共轭的含S原子的有机物通常称为硫供体（S-donor）。其中，四硫富瓦烯（1,4,5,8-四硫-1,4,5,8-二氢富瓦烯，TTF，**24**），一种含14个π电子的体系，已因作为超导晶体（"有机金属"）中的供体而广为人知。其衍生物也都是高效的电子供体，尤其是双（乙二硫桥）四硫富瓦烯（**768**）。**24**·⁺和**768**·⁺以及一些相关自由基阳离子的超精细数据列于表9.31中[230,284,1079,1080]。它们的大部分π自旋布居定域于**24**和**767**~**771**的中心片段$S_2C=CS_2$，或**772**和**773**的$S_2C-C=C-CS_2$片段。在含有两个TTF单元的**770**·⁺和**771**·⁺中，自旋布居被这两个单元平均共享。在相应的自由基三价阳离子**770**·³⁺和**771**·³⁺中，一个TTF单元变成带两个电荷的，自旋布居被限定在另外一个带单个电荷的单元上。当这些自由基阳离子中的苯基被第三个TTF单元取代时，会形成自由基五价阳离子，其中两个TTF单元带双电荷，第三个TTF单元容纳未配对的电子[285]。

在295 K下将等摩尔的**773**和TCNQ（**20**）溶解在乙腈中，电子从供体**773**转递给受体**20**，可同时观察到自由基阳离子**773**·⁺和自由基阴离子**20**·⁻的ESR谱（图9.3）[1080]。

表 9.31 四硫富瓦烯（TTF）及其相关化合物的自由基阳离子和三价阳离子的超精细数据

化合物	结构	位置	超精细常数		文献
四硫富瓦烯 (1,4,5,8-tetrathia-1,4,5,8-tetrahydrofulvalene, TTF) **24**·⁺ 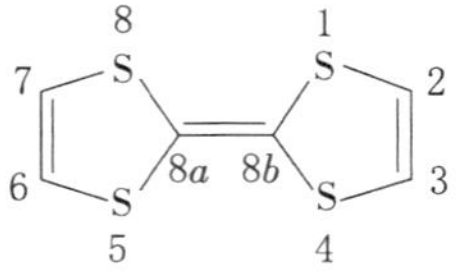		H2,3,6,7 ¹³C8a,8b ³³S1,4,5,8	−0.125 +0.285 +0.425		[230]
2,3,6,7-四甲基四硫富瓦烯 (2,3,6,7-tetramethyl-TTF) **767**·⁺ 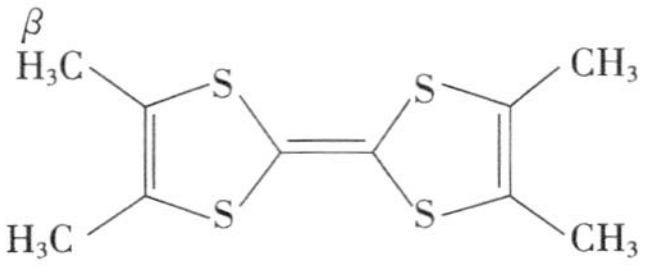		12H(β) ³³S1,4,5,8	+0.074 +0.395		[230]
双（乙二硫桥）四硫富瓦烯 [bis(ethylendithio)-TTF] **768**·⁺ 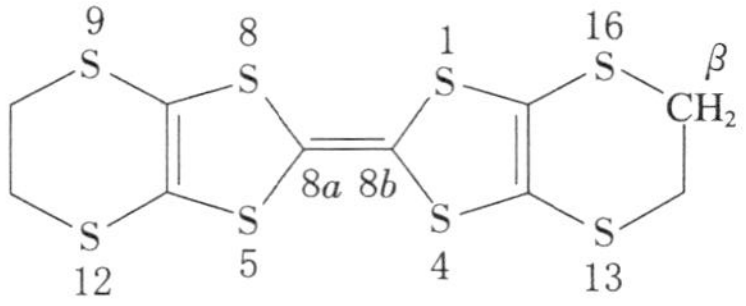		8H(β) ¹³C8a,8b ³³S1,4,5,8 ³³S9,12,13,16	≤0.005 +0.255 +0.370 <0.080		[230]
二苯并四硫富瓦烯 (dibenzo-TTF) **769**·⁺	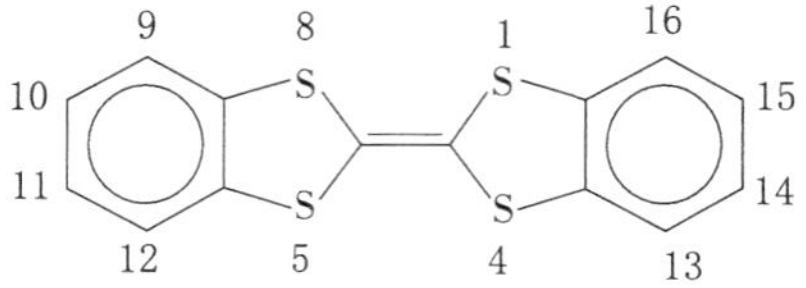	H9,12,13,16 H10,11,14,15 ³³S1,4,5,8	0.049 0.015 +0.410		[230]

第9章 含杂原子的共轭自由基 385

续表

名称	结构	位置	阳离子	位置	三价阳离子[a]	文献
二(四硫富瓦烯基)苯基膦 [bis(TTF-yl)phenylphosphine] **770·⁺/770·³⁺**	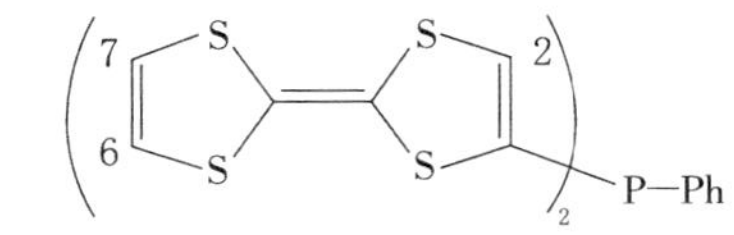	^{31}P H2,2′ H6,6′,7,7′	−0.054 −0.061 −0.061	^{31}P H2 H6,7	−0.056 −0.104 −0.129	[284]
二(6,7-二甲基四硫富瓦烯基)苯基膦 [bis(dimethyl-TTF-yl)-phenylphosphine] **771·⁺/771·³⁺**	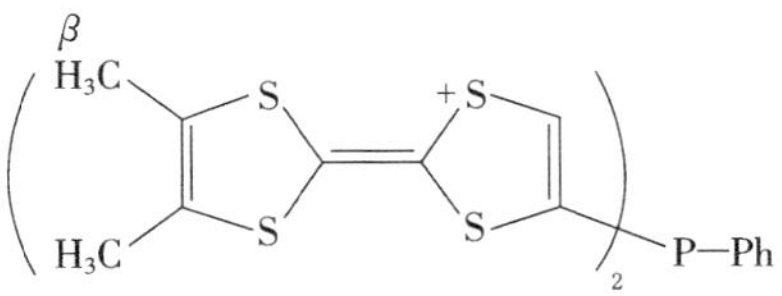	^{31}P H2,2′ 12H(β)	−0.034 −0.045 +0.045	^{31}P H2 6H(β)	−0.035 −0.086 +0.092	[284]
反式双(1,3-二硫代环戊烯-2-基)乙烯[2,2′-ethanediylidene(1,3-dithiole)] **772·⁺**	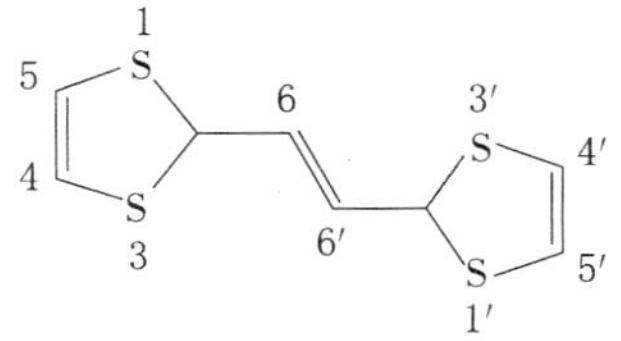	H4,4′ H5,5′ H6,6′ ^{33}S1,1′ ^{33}S3,3′	−0.123 −0.082 −0.313 +0.398 ∼+0.32			[1079]
反式双(4,5-二甲硫基-1,3-二硫代环戊烯-2-基)乙烯[4,4′,5,5′-tetrakis(methylthio)-2,2′-ethanediylidene(1,3-dithiole)] **773·⁺**	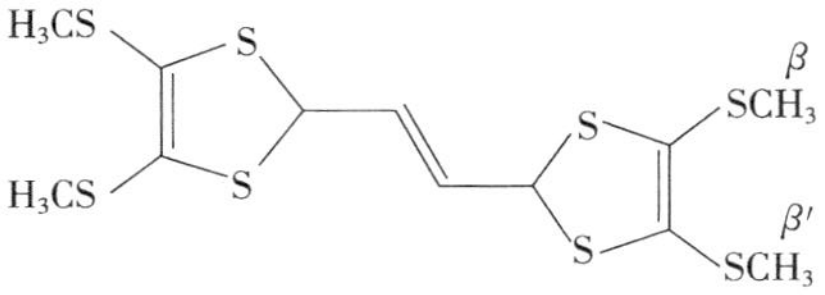	H6,6′ 6H(β) 6H(β′) ^{33}S1,1′ ^{33}S3,3′	−0.272 +0.072 +0.015 +0.383 +0.296			[1080]

注：a. 自旋定域在一个TTF单元上。

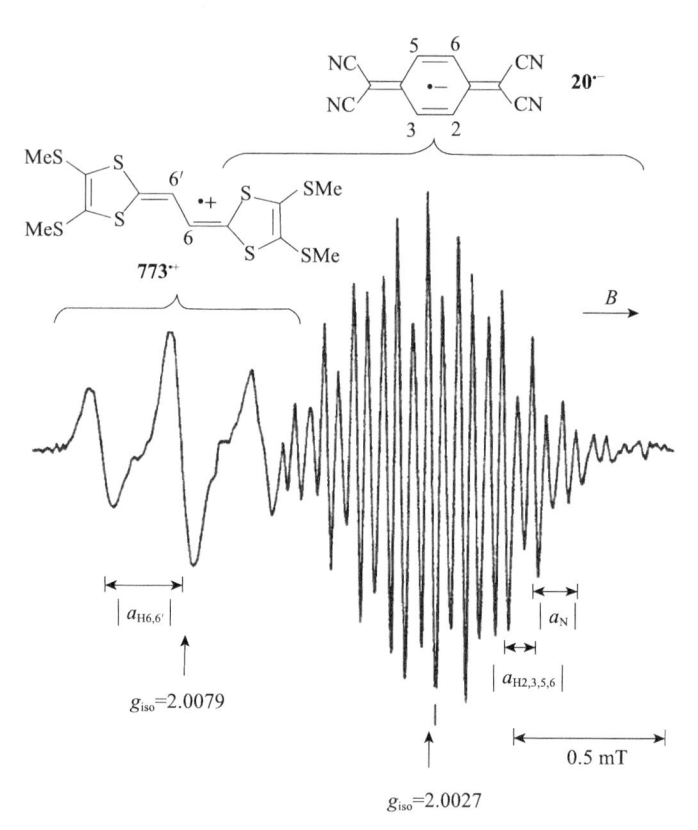

图 9.3 反式双(4,5-二甲硫基-1,3-二硫代环戊烯-2-基)乙烯（**773**）自由基阳离子和 7,7,8,8-四氰基对苯二醌二甲烷（**20**）形成供-受体复合物时的 ESR 谱。溶剂乙腈，温度 295 K。经许可复制[1080]

自由基阴离子 **24**$^{·+}$ 的 g_{iso} 是 2.0081。对于余下的自由基阳离子及自由基三价阳离子 **770**$^{·3+}$ 和 **771**$^{·3+}$，g_{iso} 是 2.0074～2.0080。只要用含相应试剂如 AlCl$_3$ 的二氯甲烷，或 TFA，或电化学方法等处理，所有自由基阳离子都很容易从中性化合物中产生。在这方面，即使是温和的氧化剂如 Ag(Ⅰ)离子也是有效的，特别是在将 **770** 和 **771** 氧化成它们的自由基一价阳离子方面，而使用 AlCl$_3$ 或 TFA 处理直接产生相应的三价阳离子。

表 9.32 列举了一些与 TTF 无关的硫杂环化合物自由基阳离子的超精细数据[469,546,1081-1084]。1,4-二噻烯（**774**）自由基阳离子，一种含 7 个 π 电子的物种，是苯自由基阴离子（**62**$^{·-}$）的 π 等电子体，其自旋分布类似于吡嗪（**576**）自由基阴离子（表 9.8）和相应的二氢二氮杂环衍生物（**754**）自由基阳离子（表 9.30）。同样地，其他二硫杂环自由基阳离子与相应芳烃自由基阴离子是

π 等电子的（表 8.8、表 8.11 和表 8.16），但四硫杂环的自由基阳离子如 **781**～**783**，与对应的但未知的碳氢自由基三价阴离子是 π 等电子的。（有关噻蒽自由基阳离子 **776**·⁺ 的 ESR 研究历史，请参考综述 [17d]。）所有这些自由基阳离子在每个 S 原子上都具有相当高的 π 自旋布居，这随着 π 体系的扩展而减少。

表 9.32 与四硫富瓦烯（TTF）无关的硫杂环自由基阳离子的超精细数据

1,4-二噻烯 (1,4-dithiin) **774**·⁺	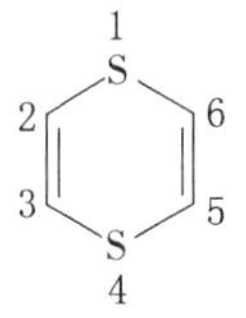	H2,3,5,6 ^{33}S1,4	−0.282 +0.984	[469]
苯并-1,4-二噻烯 (benzo-1,4-dithiin) **775**·⁺	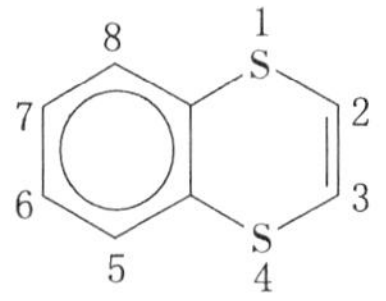	H2,3 H5,8 H6,7 ^{33}S1,4	−0.332 −0.020 −0.106 +0.935	[469]
噻蒽（二硫杂蒽） (thianthrene) **776**·⁺	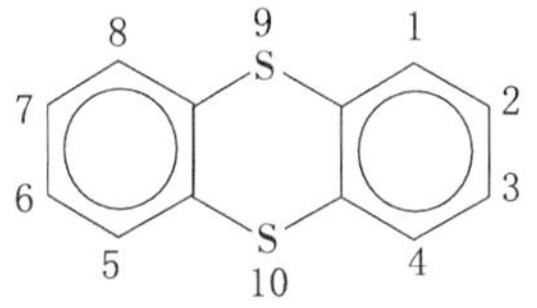	H1,4,5,8 H2,3,6,7 ^{33}S9,10	−0.014 −0.128 +0.915	[469]
1,6-二硫杂-1,6-二氢芘 (1,6-dithio-1,6-dihydropyrene) **777**·⁺	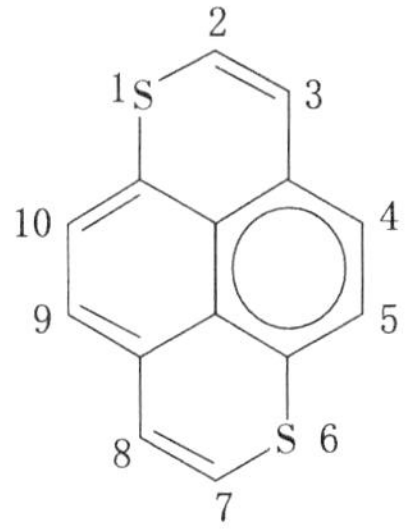	H2,7 H3,8 H4,9 H5,10 ^{33}S1,6	−0.184 −0.126 −0.166 −0.126 +0.530	[1081]
3,10-二硫杂-3,10-二氢苝 (3,10-dithia-3,10-dihydroperylene) **778**·⁺	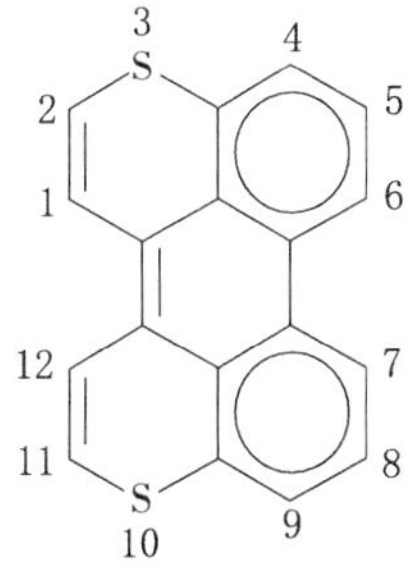	H1,12 H2,11 H4,9 H5,8 H6,7 ^{33}S3,10	−0.086 −0.247 −0.073 −0.030 −0.086 +0.46	[1081]

续表

名称	结构	位置	值	参考
4,4'-二硫杂-4,4'-二氢联苯 (4,4'-dithia-4,4'-dihydrobiphenyl) **779**·+	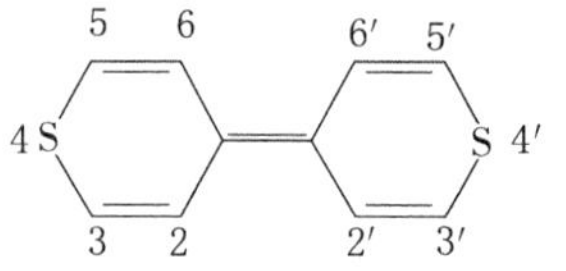	H2,2',6,6' H3,3',5,5'	−0.237 0.060	[1082]
1,2-二硫杂-二氢苊 (1,2-dithia-acenaphthene) **780**·+	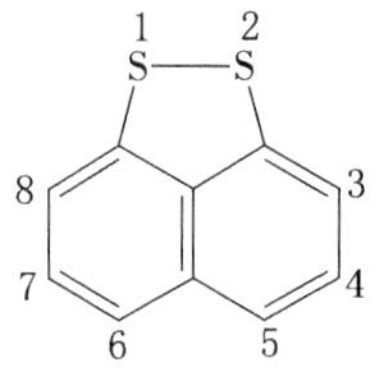	H3,8 H4,7 H5,6 ^{33}S1,2	−0.456 +0.096 −0.552 +0.716	[1083]
苊并[1,2-b]-1,4-二噻烯 (acenaphtho[1,2-b]-1,4-dithiene) **93**·+	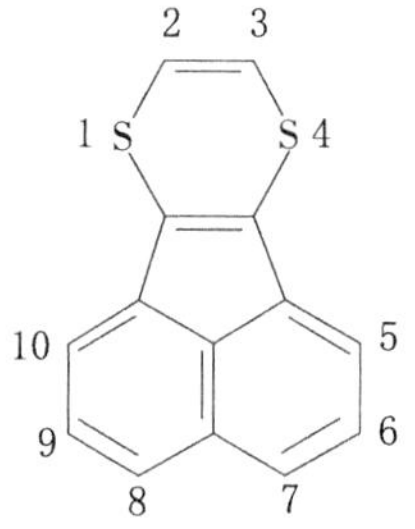	H2,3 H5,10 H6,9 H7,8 ^{33}S1,4	−0.206 −0.034 <0.005 −0.054 +0.83	[546]
1,4,5,8-四硫杂-四氢萘 (1,4,5,8-tetrathiatetraline) **781**·+	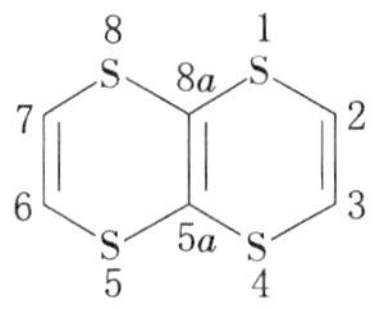	H2,3,6,7 ^{33}S1,4,5,8	−0.03 +0.417	[1084]
1,2,5,6-四硫杂-匹拉省 (1,2,5,6-tetrathiapyracene) **782**·+	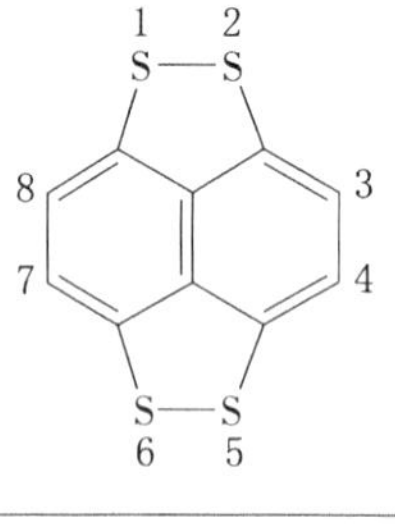	H3,4,7,8 ^{33}S1,2,5,6	−0.151 +0.437	[1083]
1,2,7,8-四硫杂-二苯并[c,i]匹拉省 (1,2,7,8-tetrathiadibenzo-[c,i]pyracene) **783**·+	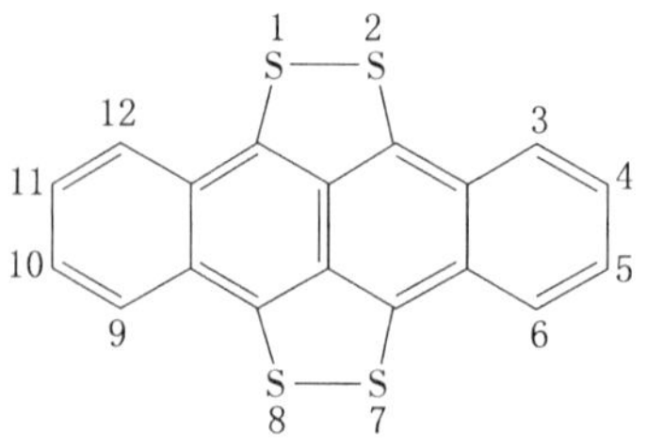	H3,6,9,12 H4,5,10,11 ^{33}S1,2,7,8	−0.055 −0.055 +0.336	[1083]

774 的 g_{iso} 是 2.0080，但对于较大的二硫杂环自由基阳离子，g_{iso} 稍小（**777·⁺** 和 **778·⁺** 的分别为 2.0057 和 2.0055）。四硫杂环自由基阳离子具有较高的 g_{iso}，如 **783·⁺** 的是 2.0094。自由基阳离子 **774·⁺** ~ **776·⁺** 是把中性化合物溶解于浓硫酸中，或在硝基甲烷中与 $AlCl_3$ 反应而产生的，在二氯甲烷中 $AlCl_3$ 被用来制备 **777·⁺**、**778·⁺**、**93·⁺** 和 **781·⁺**。**780·⁺** 是还原相应的二价阳离子而产生，**782·⁺** 和 **783·⁺** 是电解氧化中性前体而产生。

表 9.33 中收集了一些到目前为止还尚未被考虑的杂环化合物自由基阳离子的超精细数据[116,164,469,530,1085-1087]。环[3.3.3]吖嗪（**746**）自由基阴离子，是一个由中心 N 原子桥连的 12 元闭合共轭环，已在 9.2 节中讨论。如前所述，与 N 原子孤电子对的相互作用，使闭合共轭环的 NBMO ψ_{3+} 相对于 ψ_{3-} 失稳（图 9.2）。在 **746·⁻** 中，三个电子被放置在 ψ_{3+} 和 ψ_{3-} 中，SOMO 与不太稳定的分子轨道 ψ_{3+} 有关（第 211 页的情况②），而在 **746·⁺** 中 SOMO 则类似于能量较低的 ψ_{3-}（该能级中的情况①）。因此，在 **746·⁺** 中不仅 π 自旋分布几乎与 π 等电子的苊基自由基（**4·**）中的相同（4.2 节），而且 ^1H 和 ^{13}C 耦合常数都非常接近于 **4·** 的数据（表 8.4）。与 **4·** 等电子的还有萘并[1,3-cd]-1,2,3-噻二嗪（**784**）自由基阳离子，其中—NSN—片段为 π 体系贡献了三个电子。

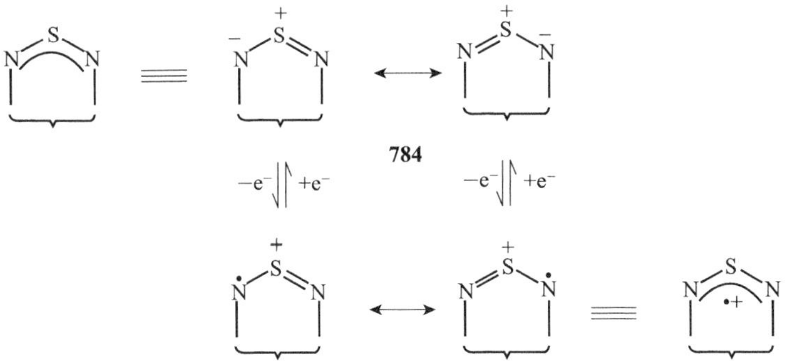

表 9.33 部分与苊基自由基和蒽自由基阴离子相关的杂环等电子体自由基阳离子的超精细数据

环[3.3.3]吖嗪 (cycl[3.3.3]azine) **746·⁺**	(结构图: 位置 1, 2, 3, 3a, 4, 5, 6, 6a, 7, 8, 9, 9a, N9b)	$^{14}N9b$ H1,3,4,6,7,9 H2,5,8 $^{13}C1,3,4,6,7,9$ $^{13}C2,5,8$ $^{13}C3a,6a,9a$	+0.129 −0.645 +0.178 +0.969 −0.811 −0.773	[164]

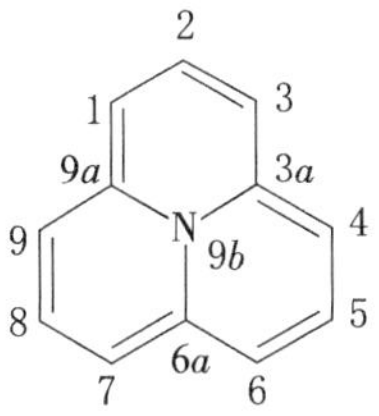

名称	结构	原子	偶合常数	文献
萘并[1,3-cd]-1,2,3-噻二嗪 (naphtho[1,3-cd]-1,2,3-thiadiazine) 784·+	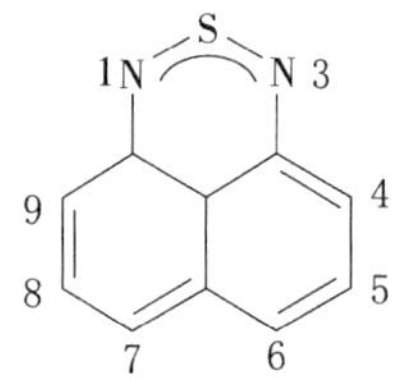	^{14}N1,3 H4,9 H5,8 H6,7 ^{13}C4,9 ^{13}C5,8 ^{13}C6,7	+0.196 −0.508 +0.077 −0.674 +0.75 −0.59 +0.93	[1085]
二苯并[b,e]-1,2,4,5-四嗪 (dibenzo[b,e]tetra-1,2,4,5-azine) 785·+	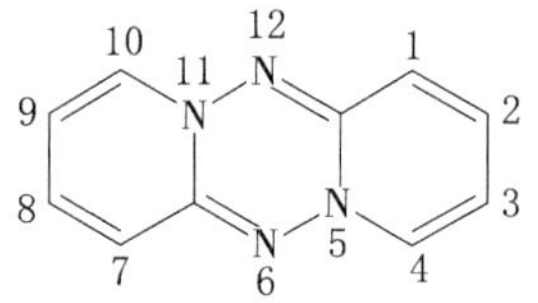	^{14}N5,11 ^{14}N6,12 H1,7 H2,8 H3,9 H4,10	+0.280 +0.618 −0.243 +0.099 −0.358 +0.117	[530]
二噻吩并[2,3-b,e]-1,2,4,5-四嗪 (dithieno[2,3-b,e]tetra-1,2,4,5-azine) 91·+	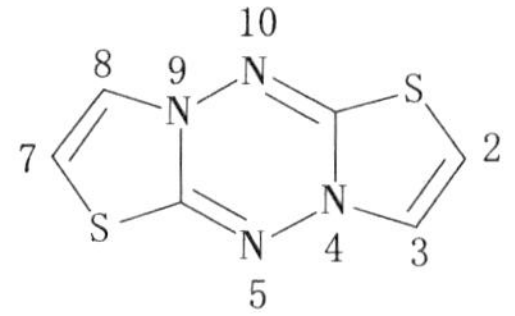	^{14}N4,9 ^{14}N5,10 H2,7 H3,8	+0.400 +0.596 −0.394 +0.074	[530]
吩恶嗪 (phenoxazine) 786·+	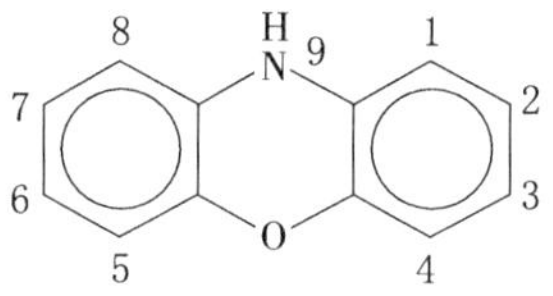	^{14}N9 H1,8 H2,7 H3,6 H4,5 H9	+0.783 −0.161 +0.044 −0.327 +0.066 −0.902	[1086]
吩噻嗪 (phenothiazine) 787·+	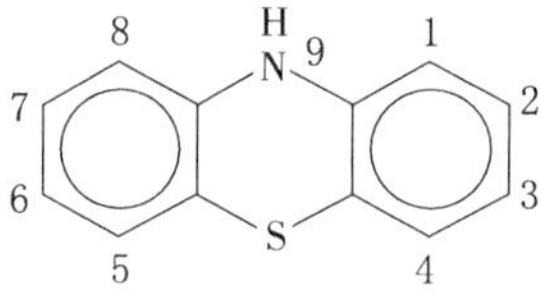	^{14}N9 H1,8 H2,4,5,7 H3,6 H9	+0.641 −0.114 +0.049 −0.250 −0.741	[1086]
二苯并-对-二恶英 (dibenzo-p-dioxine) 788·+	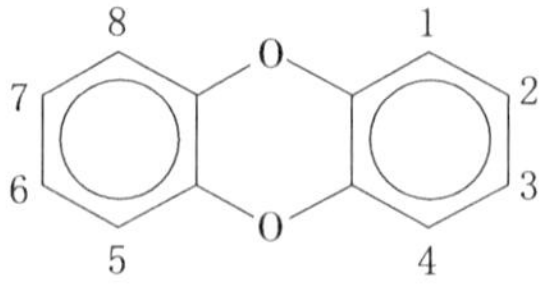	H1,4,5,8 H2,3,6,7	<0.01 −0.210	[1087]
吩恶噻 (phenoxathiine) 789·+	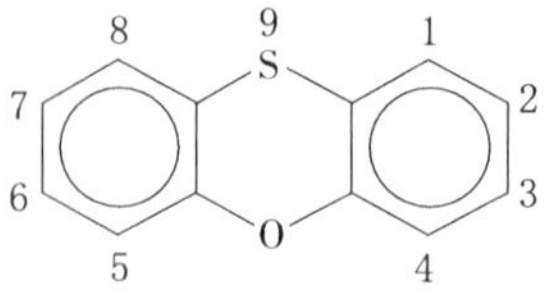	H1,8 H2,7 H3,6 H4,5 ^{33}S9	−0.056 −0.099 −0.214 +0.026 +1.191	[469]

二噻吩并[2,3-b,e]-1,2,4,5-四嗪(**91**)自由基阳离子的 ESR 和 ENDOR 谱如图 5.5 所示。自由基阳离子 **91**·+ 与 **785**·+ ~ **789**·+、蒽(**68**)(表 8.8)、吖啶(**586**)和吩嗪(**587**)(表 9.9)等自由基阴离子是 π 等电子的。在吩恶嗪

(**786**) 和吩噻嗪（**787**）的自由基阳离子中，π 自旋分布也和二苯胺自由基阳离子中的自旋分布有关（见下文）。

746$^{·+}$ 的 g_{iso} 尚未见到报道，它应接近 **4**$^·$ 的 2.0026。在余下的其他自由基阳离子中，g_{iso} 的范围从 **784**$^{·+}$ 的 2.0027 过渡到 **789**$^{·+}$ 的 2.0061。所有这些自由基阳离子都是非常持久的（**91**$^{·+}$ 和 **785**$^{·+}$ 分离成高氯酸盐），并且可以通过多种方法从中性化合物开始制备，如在乙腈或二甲氧基乙烷中与 Ag(Ⅰ) 离子反应（**746**$^{·+}$），在二氯甲烷（**784**$^{·+}$）或硝基甲烷（**789**$^{·+}$）中与 AlCl$_3$ 反应，或溶解于三氟乙酸/二氯甲烷（**785**$^{·+}$ 和 **91**$^{·+}$）或浓硫酸/硝基甲烷（**786**$^{·+}$ 和 **787**$^{·+}$）中，或在乙腈中电解（**788**$^{·+}$）。

氨基取代衍生物的自由基阳离子 (radical cations of amino-substituted derivatives)

具有强给电子能力的氨基和烷氨基取代基特别有效地赋予小到乙烯的碳氢 π 体系强电子供体的性质。这些持久性自由基阳离子的最突出代表是 N,N,N',N'-四甲基对苯二胺（**17**），它在很长一段时间以来被称为"Wurster 蓝"。这些胺自由基阳离子的超精细数据，列于表 9.34[269,274,276,283,517,1088-1091] 和表 9.35[282,1092-1094] 中。如相应的 ^{14}N 和 ^{1}H 耦合常数所示，这些氨基容纳了大部分 π 自旋布居。相对于烷基胺的自由基阳离子（表 7.5 和表 7.6），由于自旋离域到与氨基相连的 π 体系中，它们的 $|a_N|$、$|a_H(\alpha)|$ 和 $|a_H(\beta)|$ 都普遍显著地减小了。在表 9.34 中，最大的 ^{14}N 和 ^{1}H 耦合常数分布在 4-硝基苯胺自由基阳离子（**792**$^{·+}$，$a_N = +0.801$ mT，$a_H(\alpha) = +1.023$ mT）及其 N,N-二甲基衍生物自由基阳离子（**794**$^{·+}$，$a_N = +1.280$ mT，$a_H(\beta) = +1.483$ mT）中，而在苯胺自由基阳离子（**791**$^{·+}$，$a_N = +0.768$ mT，$a_H(\alpha) = -0.958$ mT）和 N,N-二甲基对甲苯胺自由基阳离子（**793**$^{·+}$，$a_N = +1.117$ mT，$a_H(\beta) = +1.222$ mT）中相应的值被对硝基取代基所促进。（最好是引用 **793**$^{·+}$ 的数据，而不是母体 N,N-二甲基苯胺自由基阳离子的数据，因为在该自由基阳离子中苯基 α 质子的已有值似乎并不真实[1095]。）正如预期的那样，耦合常数 a_N、$a_H(\alpha)$ 和 $a_H(\beta)$ 随着 π 体系的扩展和/或第二个氨基的引入而减小。其中，$|a_H(\alpha)|/|a_N|$ 和 $|a_H(\beta)|/|a_N|$ 比值分别是 1.2 ± 0.1 和 1.0 ± 0.1。与对苯二胺（**795**）自由基阳离子相比，在四甲基对苯二胺（**796**）自由基阳离子中，邻位甲基取代基对氨基的空间位阻使 $|a_N|$ 和 $|a_H(\alpha)|$ 发生适度的减小。六氮杂十八氢蔻（**799**）可以当成是六氨基苯的衍生物。它不仅可以被氧化成自由基阳离子 **799**$^{·+}$，也可以被氧化成相应的三价阳离子 **799**$^{·3+}$。由于与平面的偏离，每个亚甲基上的两个 β 质子都是不等性的，但在 **799**$^{·3+}$ 中侧链反转在超精细时间尺度上是迅速的。

表 9.34 部分乙烯和苯的氨基衍生物的自由基阳离子的超精细数据

名称	结构	核	耦合常数	参考
1,2-双(二甲氨基)乙烯 [1,2-bis(dimethylamino)ethene] **790·+**	(CH₃)₂N–CH=CH–N(CH₃)₂ (1,2-β)	2¹⁴N H1,2 12H(β)	+0.695 −0.435 +0.815	[1088]
四(二甲氨基)乙烯 [tetrakis(dimethylamino)ethene] **23·+**	(CH₃)₂N\\C=C/N(CH₃)₂ (β) with (CH₃)₂N, N(CH₃)₂	4¹⁴N 12H(β) 12H(β)	+0.490 +0.328 +0.284	[1088]
苯胺 (aniline) **791·+**	C₆H₅–NH₂ (α)	¹⁴N 2H(α) H2,6 H3,5 H4	+0.768 −0.958 −0.582 +0.152 −0.958	[276]
4-硝基苯胺 (4-nitroaniline) **792·+**	O₂N′–C₆H₄–NH₂ (α)	¹⁴N 2H(α) H2,6 H3,5 ¹⁴N′	+0.801 +1.023 −0.642 +0.206 +0.206	[276]
N,N-二甲基对甲苯胺 (N,N-dimethyl-p-toluidine) **793·+**	H₃C(β′)–C₆H₄–N(CH₃)₂(β)	¹⁴N H2,6 H3,5 6H(β) 3H(β′)	+1.117 −0.521 +0.136 +1.222 +0.997	[274]
N,N-二甲基对硝基苯胺 (N,N-dimethyl-4-nitroaniline) **794·+**	O₂N′–C₆H₄–N(CH₃)₂(β)	¹⁴N H2,6 H3,5 6H(β) ¹⁴N′	+1.280 −0.586 +0.187 +1.483 +0.391	[274]
对苯二胺 (p-phenylenediamine) **795·+**	H₂N–C₆H₄–NH₂ (α)	2¹⁴N 4H(α) H2,3,5,6	+0.529 −0.588 −0.213	[269]
四甲基对苯二胺(3,6-二氨基杜烯) (3,6-diaminodurene) **796·+**	H₂N–C₆(CH₃)₄–NH₂ (α, β)	2¹⁴N 4H(α) 12H(β)	+0.472 −0.510 +0.513	[1089]

名称	结构	核	值	参考
N,N-二甲基对苯二胺 (N,N-dimethylamino-p-phenylenediamine) **797** $\cdot$ +	α H$_2$N′—⟨5,6,3,2⟩—N(CH$_3$)$_2$ β	^{14}N ^{14}N′ 2H(α) H2,6 H3,5 6H(β)	+0.762 +0.473 −0.516 −0.265 −0.146 +0.775	[274]
$N,N,N′,N′$-四甲基对苯二胺 ($N,N,N′,N′$-tetramethyl-p-phenylenediamine) **17** $\cdot$ +	(CH$_3$)$_2$N—⟨5,6,3,2⟩—N(CH$_3$)$_2$ β	2^{14}N H2,3,5,6 12H(β)	+0.702 −0.198 +0.674	[517, 1090]
1,2,4,5-四(二甲氨基)苯 [1,2,4,5-tetrakis-(dimethylamino)-benzene] **798** $\cdot$ +	(CH$_3$)$_2$N, N(CH$_3$)$_2$, (CH$_3$)$_2$N, N(CH$_3$)$_2$ 苯环 6,3	4^{14}N H3,6 12H(β) 12H(β)	+0.357 +0.034 +0.376 +0.256	[1091]
2a,4a,6a,8a,10a,12a-六氮杂-1,2,2a,3,4,4a,5,6,6a,7,8,8a,9,10,10a,11,12,12a-十八氢蒄 (2a,4a,6a,8a,10a,12a-hexaaza-1,2,2a,3,4,4a,5,6,6a,7,8,8a,9,10,10a,11,12,12a-octadecahydrocoronene) **799** $\cdot$ +	(六氮杂十八氢蒄结构) β	阳离子 6^{14}N 12H(β) 12H(β) 三价阳离子 6^{14}N 12H(β) 12H(β)	+0.260 +0.422 +0.097 +0.281 +0.281 +0.281	[283]

表 9.35 苯以外的部分共轭烃氨基衍生物的自由基阳离子的超精细数据

名称	结构	核	值	参考
联苯胺 (benzidine) **800** $\cdot$ +	H$_2$N—⟨3′,2′,5′,6′⟩—⟨2,3,6,5⟩—NH$_2$ α	2^{14}N 4H(α) H2,2′,6,6′ H3,3′,5,5′	+0.360 −0.397 −0.162 −0.108	[1092]
$N,N,N′,N′$-四甲基联苯胺 ($N,N,N′,N′$-tetramethyl benzidine) **801** $\cdot$ +	(CH$_3$)$_2$N—⟨3′,2′,5′,6′⟩—⟨2,3,6,5⟩—N(CH$_3$)$_2$ β	2^{14}N H2,2′,6,6′ H3,3′,5,5′ 12H(β)	+0.488 −0.165 −0.073 +0.470	[1092]
二苯胺 (diphenylamine) **802** $\cdot$ +	⟨p,m,o⟩—N—⟨⟩ H α	^{14}N H(α) 4H$_o$ 4H$_m$ 2H$_p$	+0.903 −1.098 −0.346 +0.131 −0.486	[1093]

9,9-二甲基-9,10-二氢吖啶 (9,9-dimethyl-9,10-dihydroacridine) **803**·+	(structure with positions 1,2,3,4,1′,2′,3′,4′, H₃C, CH₃ at 9, NH α)	^{14}N H(α) H1,1′ H2,2′ H3,3′ H4,4′	+0.856 −1.106 +0.093 −0.473 +0.114 −0.319	[1093]
三苯胺 (triphenylamine) **804**·+	(p,m,o-substituted phenyl)₃N	^{14}N 6H$_o$ 6H$_m$ 3H$_p$	+1.019 −0.226 +0.122 −0.327	[1093]
三(二甲氨基)环丙烯阳离子 [tris(dimethylamino)-cyclopropenium] **805**·²⁺	(CH₃)₂N, N(CH₃)₂, (CH₃)₂N on cyclopropenium, β	3^{14}N 18H(β)	+0.733 +0.814	[282]
1,4,5,8-四(二甲氨基)萘 [1,4,5,8-tetrakis(dimethylamino) naphthalene] **806**·+	(naphthalene with (CH₃)₂N at 1,4,5,8 positions; β)	4^{14}N H2,3,6,7 12H(β) 12H(β)	+0.265 −0.153 +0.354 +0.177	[1094]

　　二苯胺（**802**）自由基阳离子中的 π 自旋分布，通常在吖啶衍生物 **803** 的自由基阳离子中得到保留，而吩噁嗪（**786**）和吩噻嗪（**787**）自由基阳离子（表 9.33）中保留的程度稍有降低。自由基二价阳离子 **805**·²⁺ 是三氨基环丙烯阳离子的氧化衍生物（表 9.35 中的结构式为该阳离子的结构式），是符合 Hückel 规则的最小 π 体系。它和六甲基[3]轴烯（**74**，表 8.24）自由基阴离子是 π 等电子体，尽管电荷不同，但这两种自由基离子具有相似的 π 自旋分布，如其甲基 β 质子的耦合常数所示（**805**·²⁺，+0.814 mT；**74**·⁻，+0.757 mT）。

　　据我们所知，1,8-双(二甲氨基)萘（**807**，"质子海绵"）自由基阳离子尚未被 ESR 所研究，尽管自由基阴离子 **807**·⁻ 用其超精细数据进行了表征[1096]。然而，对于 1,4,5,8-四(二甲氨基)萘（**806**，"双质子海绵"）自由基阳离子，相关研究已被报道。正如预期的那样，在 **806**·+ 周边位置上，这些二甲基氨基的自由旋转是被位阻阻碍的。

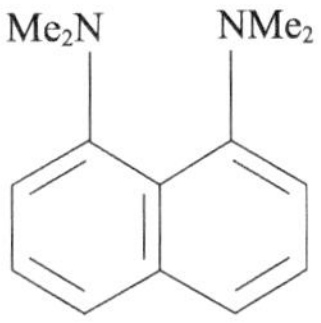

第 9 章 含杂原子的共轭自由基

$$\underset{\textbf{807}}{\text{Me}_2\text{N}\quad\text{NMe}_2}$$

对于氨基取代的环状 π 体系的自由基阳离子，g_{iso} 在 2.0027～2.0034 范围内；在四（二甲氨基）乙烯自由基阳离子（$23^{·+}$）中，g_{iso} 稍大（2.0036）。中性胺转变成自由基阳离子的氧化，要么是在乙腈或 DMF 中发生电解，要么是用化学法来完成，如在三氟乙酸中用 PbO_2，在乙腈、DMF 或二氯甲烷中用溴。苯胺（**791**）或 4-硝基苯胺（**792**）必须和含有 Ce(Ⅳ) 或 Pb(Ⅳ) 离子的流动系统一起使用，以产生相应的自由基阳离子。自由基二价阳离子 $805^{·2+}$ 的制备，是将相应抗磁性阳离子在 DMF 中电解，或溶解于浓硫酸中。

羟基、甲氧基和甲硫基取代衍生物的自由基阳离子（radical cations of hydroxy-, methoxy- and methylthio-substituted derivatives）

羟基、甲氧基和甲硫基等取代基具有接近氨基的给电子效应，并且它们也容易被氧化成自由基阳离子。表 9.36[231,1097-1104] 和表 9.37[641,1105-1107] 列举了其中一部分自由基阳离子的超精细数据［译者注：同时参考 Z. Rappoport 主编的专著 The Chemistry of Phenols（Wiley，2003）第十六章］。类似于二氢二氮杂环自由基阳离子和相应的二氮杂芳烃自由基阴离子，环状 π 体系的几种二羟基衍生物的自由基阳离子，就是具有相似 π 自旋分布的双质子化半醌阴离子（2.3 节和 6.4 节）。例如，$19^{·-} + 2\text{H}^+ = 19\text{H}_2^{·+} \equiv 810^{·+}$，其中 **19** 和 **810** 分别是对苯醌和对苯二酚。以同样的方式，自由基阳离子 $816^{·+}$、$818^{·+}$ 和 $820^{·+}$ 分别与相应的半醌阴离子 $647^{·-}$、$655^{·-}$ 和 $658^{·-}$ 相关联（表 9.18）。

表 9.36 部分苯的羟基、甲氧基和甲硫基衍生物自由基阳离子的超精细数据

苯甲醚 （anisole） $808^{·+}$	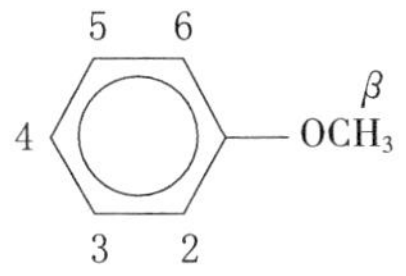 结构式	H2 H6 H3 H5 H4 3H(β)	−0.551 −0.452 +0.100 +0.021 −0.997 +0.483	[1097]
邻苯二甲醚 （1,2-dimethoxybenzene） $809^{·+}$	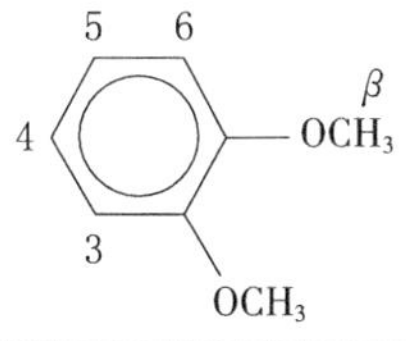 结构式	H3,6 H4,5 6H(β)	+0.016 −0.489 +0.333	[1097]

名称	结构	核	耦合常数	文献
顺式对苯二酚 (1,4-dihydroxybenzene) (hydroquinone) cis-**810**·+	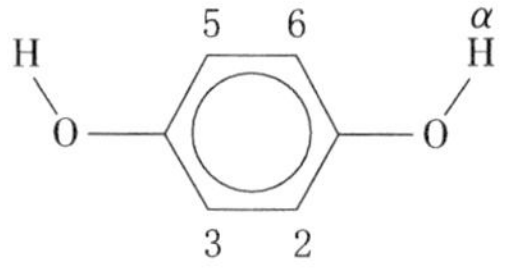	H2,3 H5,6 H(α) ^{13}C1,4 ^{13}C2,3 ^{13}C5,6 2^{17}O	-0.236 -0.215 -0.329 $+0.423$ -0.120 -0.165 -0.783	[1098] [1099]
反式对苯二酚 trans-**810**·+	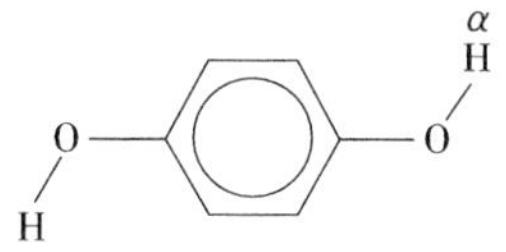	H2,5 H3,6 H(α) ^{13}C1,4 ^{13}C2,5 ^{13}C3,6 2^{17}O	-0.246 -0.206 -0.329 $+0.423$ -0.120 -0.165 -0.783	[1098] [1099]
顺式四甲基对苯二酚 [dihydroxydurene-(duroquinol)] cis-**129**·+	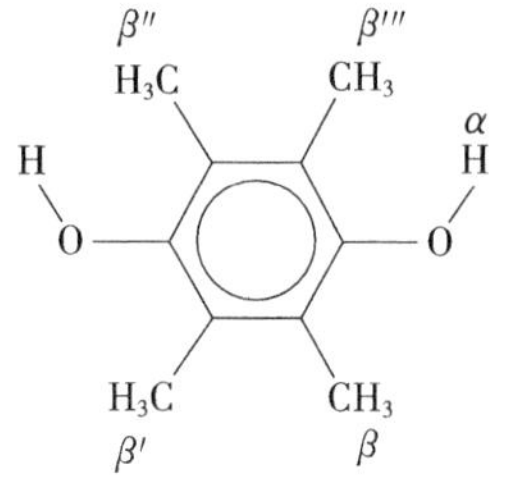	6H(β,β') 6H(β'',β''') 2H(α)	$+0.217$ $+0.193$ 0.289	[1100]
反式四甲基对苯二酚 trans-**129**·+	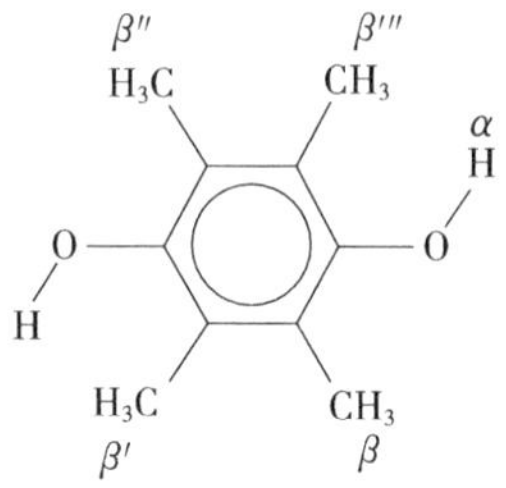	6H(β,β') 6H(β'',β''') 2H(α)	$+0.279$ $+0.139$ -0.289	[1100]
顺式对二甲氧基苯 (1,4-dimethoxybenzene) cis-**811**·+	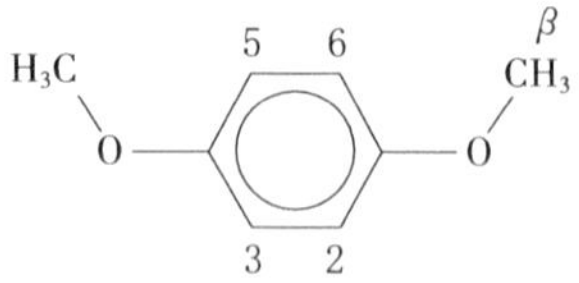	H2,3 H5,6 6H(β)	-0.261 -0.188 $+0.324$	[1097]
反式对二甲氧基苯 trans-**811**·+	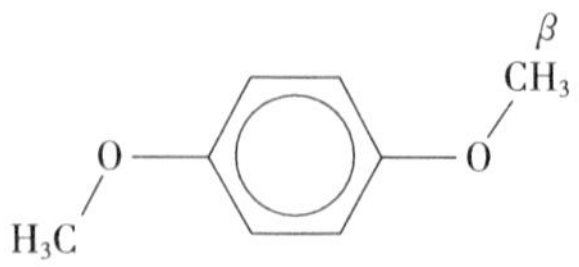	H2,5 H3,6 6H(β)	-0.292 -0.159 $+0.341$	[1097]

续表

名称	结构	氢	偶合常数	文献
1,4-二甲氧基杜烯 (1,4-dimethoxy durene) **812**·+	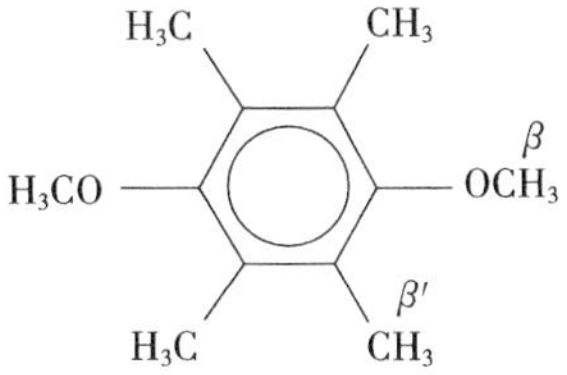 H₃CO-[环, H₃C/CH₃上下, CH₃/CH₃下, β, β']-OCH₃	6H(β) 12H(β')	+0.276 +0.211	[231]
1,2,4,5-四羟基苯 (1,2,4,5-tetrahydroxybenzene) **813**·+	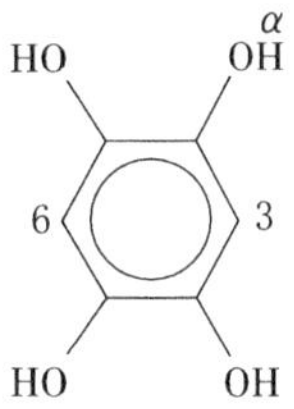 HO-[环 6,3]-OH, HO/OH, α	H3,6 4H(α)	+0.095 0.171	[1101]
1,2,4,5-四甲氧基苯 (1,2,4,5-tetramethoxybenzene) **22**·+	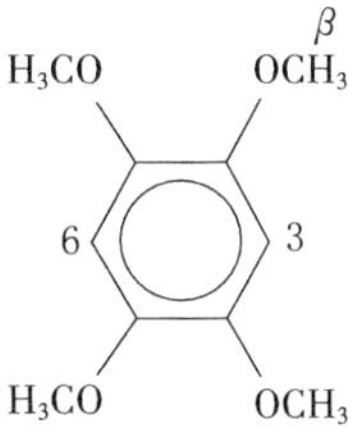 H₃CO-[环 6,3]-OCH₃, H₃CO/OCH₃, β	H3,6 12H(β)	+0.086 +0.227	[1102]
顺式 1,4-二甲硫基苯 [1,4-bis(methylthio)benzene] *cis*-**814**·+	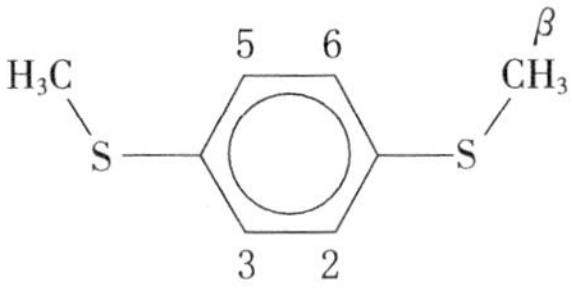 H₃C-S-[环 5,6/3,2]-S-CH₃, β	H2,3 H5,6 6H(β)	−0.170 −0.112 +0.531	[1103]
反式 1,4-二甲硫基苯 *trans*-**814**·+	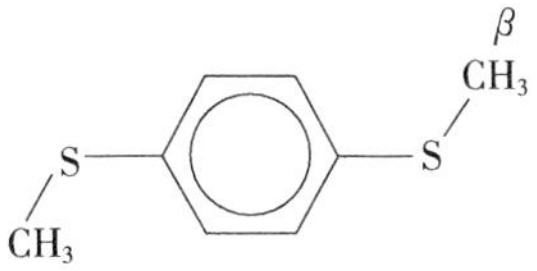 S-[环]-S, CH₃上/CH₃下, β	H2,5 H3,6 6H(β)	−0.103 −0.179 +0.544	[1103]
1,2,4,5-四甲硫基苯 [1,2,4,5-tetrakis(methylthio)-benzene] **815**·+	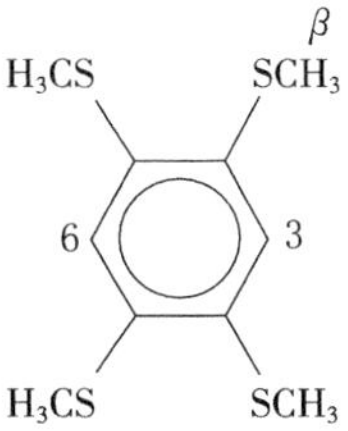 H₃CS-[环 6,3]-SCH₃, H₃CS/SCH₃, β	H3,6 12H(β)	+0.071 +0.259	[1104]

表 9.37　除苯之外的羟基和甲氧基取代芳烃自由基阳离子的超精细数据

1,4-萘二酚 (1,4-dihydroxynaphthalene) **816**·+	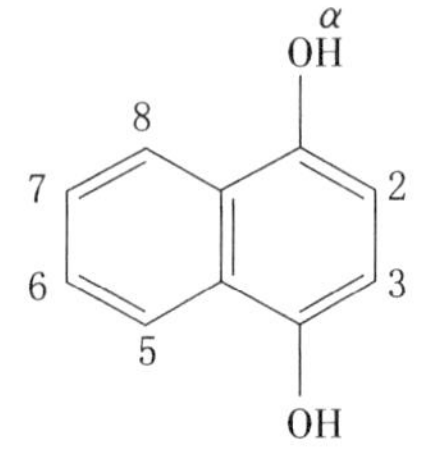 (α-OH at 1, OH at 4; positions 2,3,5,6,7,8)	H2,3 H5,8 H6,7 2H(α)	−0.309 −0.164 −0.082 −0.245	[1105]
1,4-二甲氧基萘 (1,4-dimethoxynaphthalene) **817**·+	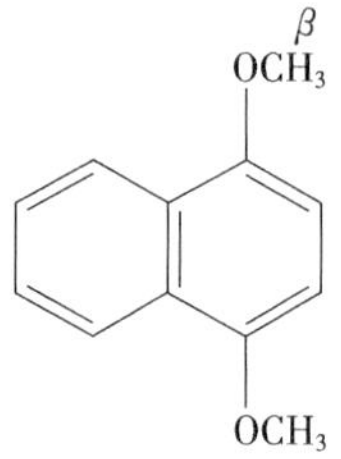 (β-OCH₃ at 1 and 4)	H2,3 H5,8 H6,7 6H(β)	−0.335 −0.146 −0.070 −0.219	[1106]
1,4,5,8-萘四酚(萘茜) (1,4,5,8-tetrahydroxy naphthalene) (naphthazarin) **130**·+	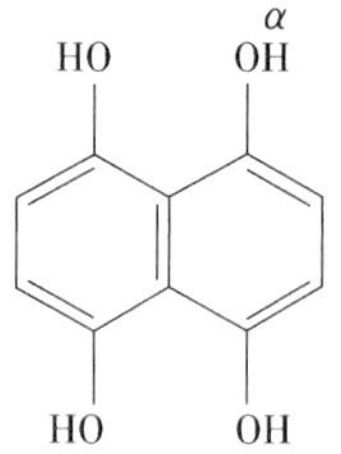 (OH at 1,4,5,8)	H2,3,6,7 4H(α)	−0.238 −0.12	[641]
9,10-蒽二酚 (9,10-dihydroxyanthracene) **818**·+	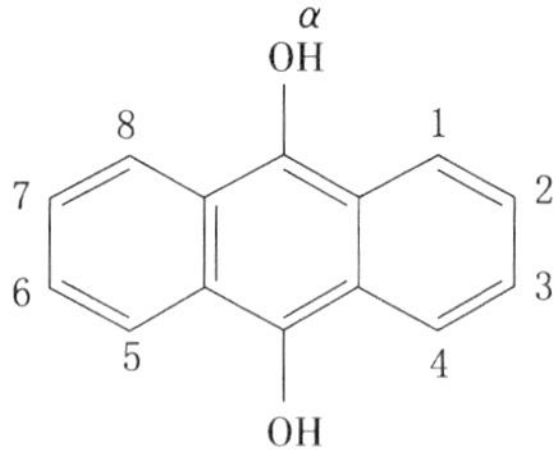 (α-OH at 9 and 10; positions 1–8)	H1,4,5,8 H2,3,6,7 2H(α)	−0.155 −0.104 −0.128	[1105]
9,10-二甲氧基蒽 (9,10-dimethoxyanthracene) **819**·+	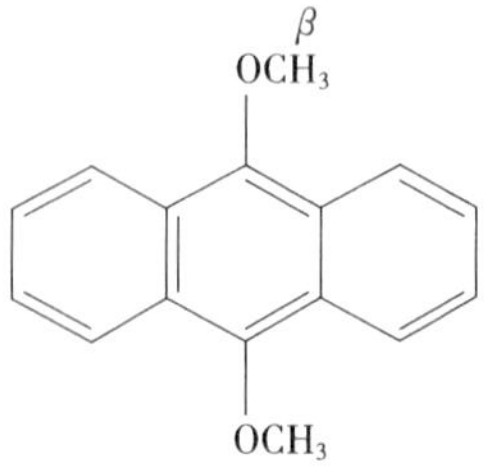 (β-OCH₃ at 9 and 10)	H1,4,5,8 H2,3,6,7 6H(β)	−0.172 −0.108 +0.119	[1106]

第 9 章 含杂原子的共轭自由基　399

续表

4,4'-二羟基联苯 (4,4'-dihydroxybiphe-nyl) 820·+	HO—⟨3' 2'⟩—⟨2 3⟩—OH α 　　　5' 6'　6 5	H2,2',6,6' H3,3',5,5' 2H(α)	-0.195^a $+0.075$ -0.168	[1107]
4,4'-二甲氧基联苯 (4,4'-dimethoxybiphe-nyl) 821·+	H₃CO—⟨　⟩—⟨　⟩—OCH₃ β	H2,2',6,6' H3,3',5,5' 6H(β)	-0.191^a $+0.078$ $+0.176$	[1107]

注：a. 顺式和反式异构体的平均值；C—O 键旋转的低势垒。

苯酚自由基阳离子尚未见到相关的 ESR 研究，而只见到苯甲醚 (**808**) 自由基阳离子的报道。在 **808**·+ 中，π 自旋分布与苯胺自由基阳离子 (**791**·+) 的相似（表 9.34）。一般羟基上的 H 原子被甲基取代时对 π 自旋分布只产生轻微影响。甲氧基质子和羟基质子耦合常数的比，$|a_H(\beta)|/|a_H(\alpha)|$，接近 1。由于围绕 C—O 键的旋转受到限制，羟基化合物和甲氧基化合物的自由基阳离子都会以顺式和反式构象存在，当这种相互转变速度比超精细时间尺度缓慢时，这些构象只在少数情况下才能加以区分。羟基质子的耦合常数 $a_H(\alpha)$ 强烈取决于环境和温度，至少不是因为这种相互转换。在 6.7 节，四甲基对苯二酚 (**129**) 和 1,4,5,8-萘四酚 (**130**) 的自由基阳离子被引用为四级跳的例子（见 152 页），这是因为其 ESR 谱中表现出线宽的交替变化。作为一个四级跳的顺-反相互转化，也发生在 1,2,4,5-四羟基苯 (**813**) 的自由基阳离子中，尽管在此并没有观察到特征的线宽效应。在 1,4-萘二酚 (**816**) 和 1,4-二甲氧基萘 (**817**) 的自由基阳离子中，顺式构象应该是有利的。反式 1,4-二甲硫基苯 (**814**) 自由基阳离子也以两种异构体形式并存，但这并不存在于 1,2,4,5-四取代衍生物 **815** 中。

对于羟基苯和甲氧基苯的自由基阳离子，g_{iso} 是 2.0034~2.0039，而对于萘、蒽和联苯等的羟基和甲氧基衍生物自由基离子，g_{iso} 是 2.0031~2.0032。对于甲硫基取代的自由基阳离子 **814**·+ 和 **815**·+，所报道的 g_{iso} 都相当大 (2.0079~2.0087)。

标准的制备方法将中性化合物在硝基甲烷中与 $AlCl_3$ 反应，尽管在浓硫酸中的溶解氧化对几个自由基也是有效的。甲氧基苯的自由基阳离子如 **809**·+、**811**·+ 和 **22**·+ 等，是在含有相应甲氧基苯和反应试剂如 Ti(Ⅲ)、Ag(Ⅱ) 的水溶液通过脉冲辐解而产生，或以 SO_4^- 为反应物。

三甲硅基取代衍生物的自由基阳离子 (radical cations of trimethylsilylmethyl-substituted derivatives)

这些取代基（结构通式—C—H$_{3-n}$SiMe$_n$）的给电子效应与二甲氨基、甲氧基和甲硫基相当；甚至像乙烯和苯这样的 π 体系的三甲硅基衍生物，也能在溶液中被氧化。表 9.38 列举了由此形成的一些自由基阳离子的超精细数据[576,577,1108-1110]，这些自由基阳离子因庞大的三甲硅基取代基而具有持久性（**100**·$^+$ 的 ESR 谱如图 6.12 所示）。这些取代基呈现一种最大 π 共轭与最小空间位阻相调和的构象。亚甲基质子和 ^{29}Si 同位素所具有的大的耦合常数 $|a_H(\beta)|$ 和 $|a_{Si}|$ 以及依稀可辨的大量硅甲基 δ 质子的超精细分裂，都表明 π 自旋布居基本离域到三甲硅基中。有机硅自由基阳离子的 ESR 研究，详见 1982 年的一篇综述[232]。

表 9.38 部分乙烯和苯的三甲硅基衍生物自由基阳离子的超精细数据

1,4-二(三甲硅基)-2,3-二甲基-2-丁烯 [1,4-bis(trimethylsilyl)-2,3-dimethyl-2-butene] **822**·$^+$	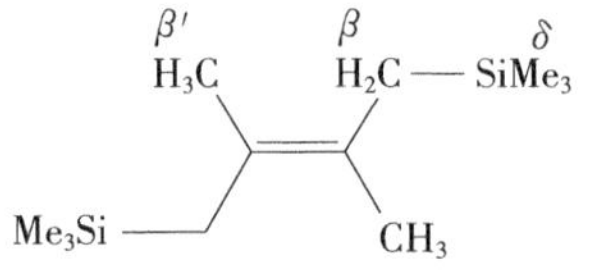	2H(β) 2H(β) 6H(β') 18H(δ) 2 ^{29}Si	+1.072 +0.762 +1.072 0.046 −1.4	[1108]
四(三甲硅基亚甲基)乙烯 [tetrakis(trimethylsilylmethyl)-ethene] **823**·$^+$	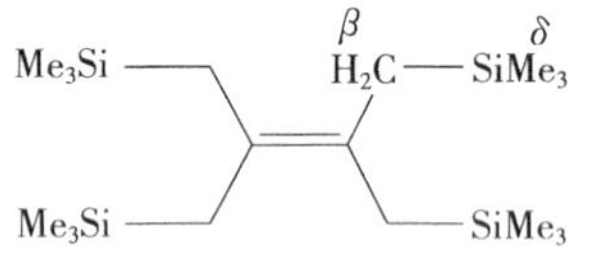	4H(β) 4H(β) 36H(δ) 4 ^{29}Si	+0.855 +0.729 0.031 −1.25	[1108]
2,2,4,4,6,6,8,8-八甲基-2,4,6,8-四硅杂双环[3.3.0]-1(5)-辛烯 (2,2,4,4,6,6,8,8-octamethyl-2,4,6,8-tetrasila[3.3.0]oct-1(5)-ene) **100**·$^+$	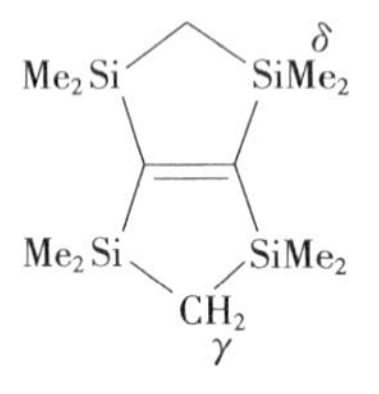	4H(γ) 24H(δ) 4 ^{29}Si	0.248 0.062 −2.271	[576, 577]
3,3,6,6-四(三甲硅基)-1,4-环己二烯 [3,3,6,6-tetrakis(trimethylsilyl)-cyclohexa-1,4-diene] **824**·$^+$	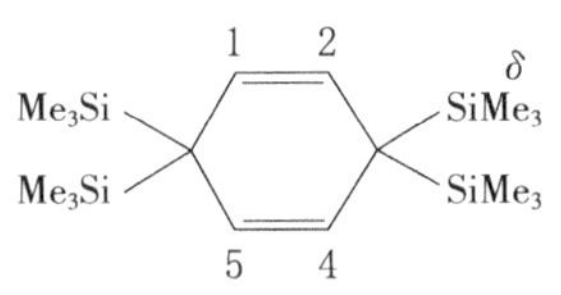	H1,2,4,5 36H(δ) 4 ^{29}Si	−0.303 0.018 −2.09	[1108]
7,8-六(三甲硅基)对二甲苯 {7,8-bis[tris(trimethylsilyl)-methyl]benzene} **825**·$^+$	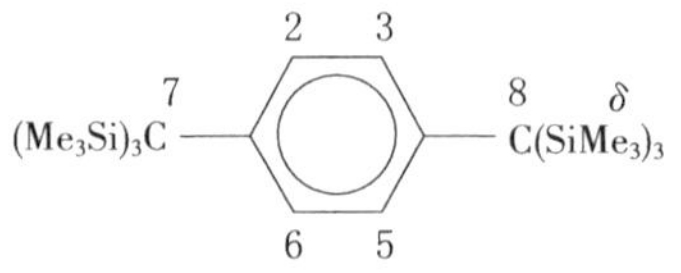	H2,3,5,6 54H(δ) 6 ^{29}Si	−0.171 0.018 −0.63	[1109]

续表

1,2,4,5-四(三甲硅基亚甲基)苯 [1,2,4,5-tetrakis(trimethylsilylmethyl)benzene] **826**·+	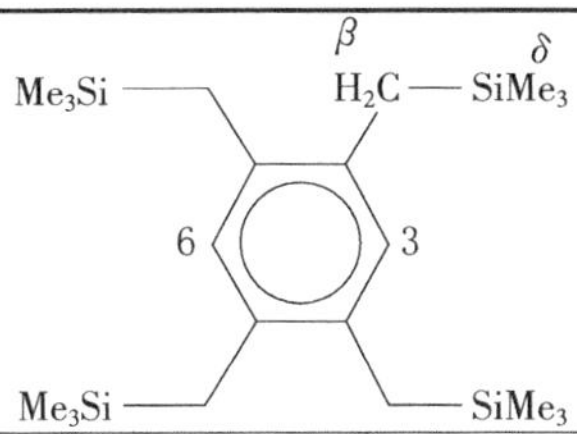 (结构式：苯环上2,3,5,6位为Me₃Si，1,4位为H₂C—SiMe₃，标记β、δ)	H3,6 8H(β) 36H(δ) 4²⁹Si	+0.061 +0.579 0.018 −0.825	[1110]
六(三甲硅基亚甲基)苯 [hexakis(trimethylsilylmethyl)-benzene] **827**·+	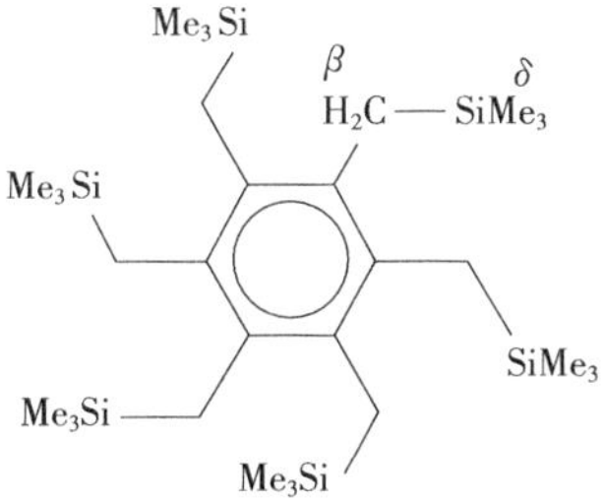 (结构式：苯环六位均为H₂C—SiMe₃，标记β、δ)	12H(β) 54H(δ) 6²⁹Si	+0.353 0.013 −0.54	[1110]

对于三甲硅基取代的自由基阳离子 **100**·+ 和 **822**·+ ～**827**·+，g_{iso} 尚未见到报道。这些阳离子是在二氯甲烷中由中性化合物与 $AlCl_3$ 反应而形成。

二氢哒嗪和苯肼的自由基阳离子（radical cations of dihydropyridazine and phenylhydrazines）

三电子 N—N π 键的离子肼，在 7.3 节中被当成是其烷基衍生物的自由基阳离子。表 9.39 中列举了二氢哒嗪和一部分苯肼自由基阳离子的超精细数据[1111-1113]。N,N'-二氢哒嗪（**828**）自由基阳离子中的自旋分布，类似于等电子的哒嗪（**574**）自由基阴离子（表 9.8）。在苯肼 **829**～**832** 的自由基阳离子中，π 自旋布居离域到苯基上，这体现在 ¹⁴N 耦合常数从烷基肼的（+1.5 ± 0.1）mT（表 7.17）降低至 **829**·+～**832**·+ 中的（+0.9 ± 0.2）mT。

表 9.39　二氢哒嗪和部分苯基取代肼的自由基阳离子的超精细数据

N,N'-二氢哒嗪 (N,N'-dihydropyridazine) **828**·+	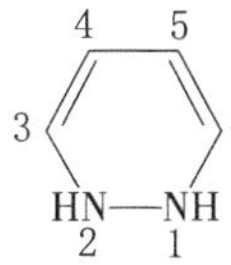 (结构式：六元环，位置编号3,4,5,6及HN—NH在1,2位)	¹⁴N1,2 H1,2 H3,6 H4,5	+0.781 −0.653 +0.092 −0.580	[1111]
1,2-二甲基-1,2-二苯肼 (1,2-dimethyl-1,2-diphenyl-hydrazine) **829**·+	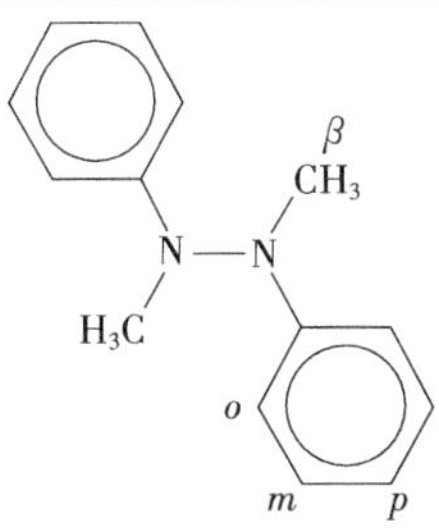 (结构式：两个苯基和两个CH₃分别连在N—N上，标记β、o、m、p)	2¹⁴N 4H_o,2H_p 4H_m 6H(β)	+1.085 −0.180 +0.08 +1.170	[1112]

化合物	结构	核	耦合常数/mT	参考文献
4,4′-二甲基-1,2-二苯基四氢吡唑 (4,4′-dimethyl-1,2-diphenylpyrazolidine) **830**·⁺	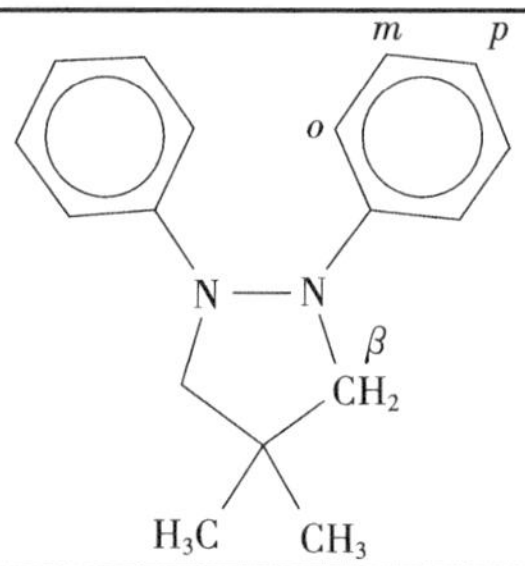	2^{14}N $4H_o, 2H_p$ $4H_m$ $4H(\beta)$	$+1.087$ -0.195 $+0.09$ $+1.185$	[1112]
9,10-二氢-9,10-二甲基噌啉 (9,10-dihydro-9,10-dimethylbenzo[c]cinnoline) **831**·⁺	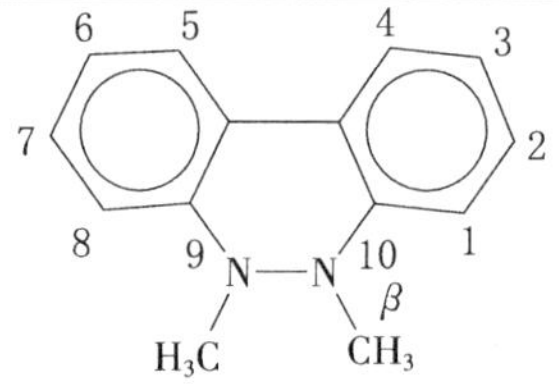	2^{14}N H1,8 H2,4,5,7 H3,6 $6H(\beta)$	$+0.879$ -0.173 $+0.055$ -0.231 $+0.822$	[1112]
四苯肼 (tetraphenylhydrazine) **832**·⁺	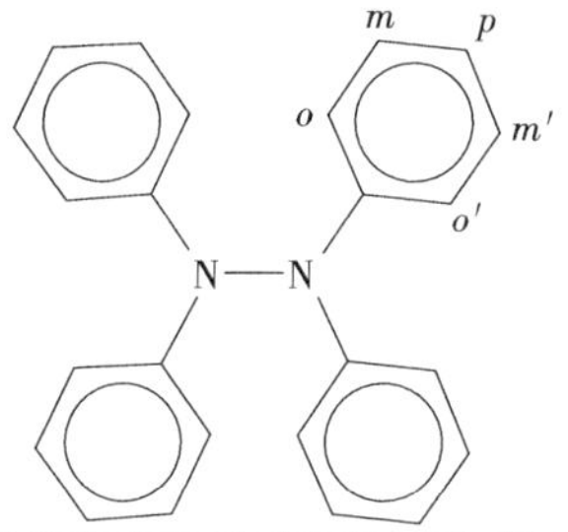	2^{14}N $4H_o$ $4H_{o'}$ $4H_m, 4H_{m'}$ $4H_p$	$+0.752$ -0.137 -0.107 $+0.048$ 0.186	[1113]

苯肼自由基阳离子的g_{iso}在2.0030～2.0034范围内。这些自由基阳离子是在三氟乙酸/二氯甲烷中由中性化合物与Pb(Ⅳ)离子反应而产生（四苯肼只要一溶解在三氟乙酸中就形成**832**·⁺），或在乙腈中电解而形成。

9.4 含特殊结构的自由基阳离子

亚硝基苯和二亚氨桥[14]轮烯的自由基阳离子（radical cations of nitrosobenzene and diimino [14] annulenes）

这些化合物的共同特征是，它们在还原为π自由基阴离子时表现为电子受体（9.2节），而相应的阳离子则是σ自由基，其中自旋布居主要定域在两个杂原子上。因此，亚硝基苯（**35**）自由基阴离子与硝基苯（**115**）的自由基阴离子一样，具有π结构（表9.21）。然而，亚硝基苯在硝基甲烷或乙腈中电解所形成的自由基阳离子**35**·⁺（$g_{iso}=2.0007$）[360]，在结构上和亚氨基氧基σ自由基相关（表7.22和表7.23）。这个结论是基于^{14}N和^{1}H耦合常数$a_N=+3.7$ mT

和$a_H=+0.38$ mT而得出的（后者是检测到的单个苯环质子，推测是间位）。

在1,6:8,13-二亚氨桥［14］轮烯自由基阴离子（表9.28）中，如同在1,6:8,13-二亚烷基［14］轮烯自由基阴离子和阳离子（表8.20）中，所预期的自旋分布与受扰的类蒽闭合共轭环一样（图8.12）。相反地，这些二亚氨桥［14］轮烯的自由基阳离子具有σ结构，该σ结构与双环烷二元胺（**30**、**31**、**265**）和奎宁环二聚体（**179**$_2$）的自由基阳离子有关，后者在中性化合物中具有两个形式上并未相连的氨基（表7.18）。这是因为两个二亚氨桥上杂原子孤电子对的离子化，导致了三电子N—Nσ键的形成。这两个非键的N原子孤电子对是贯穿空间发生相互作用，而SOMO表示它们的反键组合σ*（7.3节）。

一系列的二亚氨桥［14］轮烯自由基阳离子已经被ESR所研究，其中两个N原子由1~7个亚甲基单元的短链所桥连。表9.40给出超精细数据的自由基阳离子，分别含有一个（**744**$^{·+}$）、三个（**32**$^{·+}$）和四个（**33**$^{·+}$）亚甲基的桥连基团[244,302,303]。这些自由基阳离子的结构和性质主要取决于桥连短链的亚甲基单元的数量。当两个N原子通过一个（**744**）或两个亚甲基单元的短链相连时，在中性二亚氨桥［14］轮烯中N原子的孤电子对指向分子外侧，而当桥连短链包含三个（**32**）、四个（**33**）或更多个亚甲基单元时，它们指向分子内部。这种向内定向，同样存在于N,N'-二甲基衍生物**743**中；其自由基阳离子的超精细数据也包括在表9.40中。在氧化为自由基阳离子过程中所形成的三电子N—Nσ键，对具有朝外孤电子对的二亚胺而言相当弱，而对具有朝内孤电子对的二亚胺来说则很强。具有这种强键的自由基阳离子异常稳定，因此**32**$^{·+}$和**33**$^{·+}$分离成高氯酸盐，其单晶结构也得到研究。结果表明，在自由基阳离子中，N—Nσ键的形成和N—N原子间距离从**32**的270.5 pm减小到**32**$^{·+}$的216.0 pm[302]，与从**33**的256.0 pm减小到**33**$^{·+}$的218.9 pm的趋势是相一致的[303]。^{14}N耦合常数也反映了N—N键随着N原子孤电子对的指向由外向到内向转变过程中而增强，这体现为**744**$^{·+}$的$a_N=+0.633$ mT增加至**32**$^{·+}$的$a_N=+1.69$ mT。在**32**$^{·+}$中，这种N—N键涉及几乎一个具有"纯"p轨道特征的孤电子对的原子轨道，其对称轴几乎垂直于近似sp^{2}杂化的N原子"平面"。a_N的进一步增加，即**33**$^{·+}$的+2.57 mT和**743**$^{·+}$的+2.66 mT，则是与该几何平面的偏离，从而导致对相应原子轨道的特征的s轨道贡献。由于对称性，在自由基阳离子中N孤电子对的单占分子轨道σ*和14元闭合共轭环的HOMO ψ_{3-}相互作用（通过配对性质和LUMO ψ_{4-}关联；图8.12），而在相应的阴离子中SOMO类似于LUMO ψ_{4+}。这两个自由基离子的不同结构，形象地通过如图9.4中所示的**743**$^{·+}$和**743**$^{·-}$的ESR谱总宽度而展现出来。阳离子的总范围是14.04 mT，而阴离子仅是1.84 mT。

表 9.40 部分 1,6:8,13 二亚氨基 [14] 轮烯自由基阳离子的超精细数据

N,N'-甲桥-顺式-1,6:8,13-二亚氨基[14]轮烯 (N,N'-methano-syn-1,6:8,13-diimino[14]annulene) **744·+**	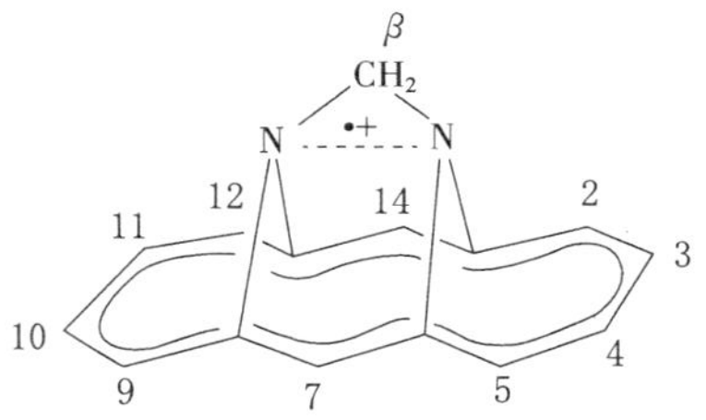	$2^{14}N$ H2,5,9,12 H3,4,10,11 H7,14 $2H(\beta)$	$+0.633$ $+0.062$ -0.143 <0.01 <0.01	[244]
N,N'-三亚甲基-顺式-1,6:8,13-二亚氨基[14]轮烯 (N,N'-trimethylene-syn-1,6:8,13-diimino[14]annulene) **32·+**	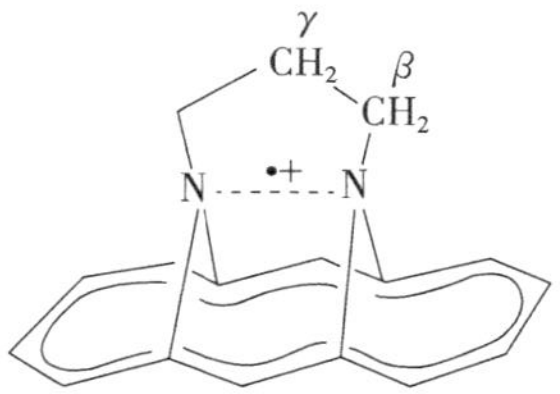	$2^{14}N$ H2,5,9,12 H3,4,10,11 H7,14 $2H(\beta)$ $2H(\beta)$ $H(\gamma)$ $H(\gamma)$	$+1.69$ $\{+0.174$ $\ \ +0.154$ $\{-0.210$ $\ \ -0.203$ $\{0.009$ $\ \ <0.005$ $+2.182$ $+0.059$ -0.246 -0.129	[244, 302]

续表

N,N'-四亚甲基-顺式-1,6,8,13-二亚氨桥[14]轮烯 (N,N'-tetramethylene-syn-1,6;8,13-diimino[14]annulene) **33**·+	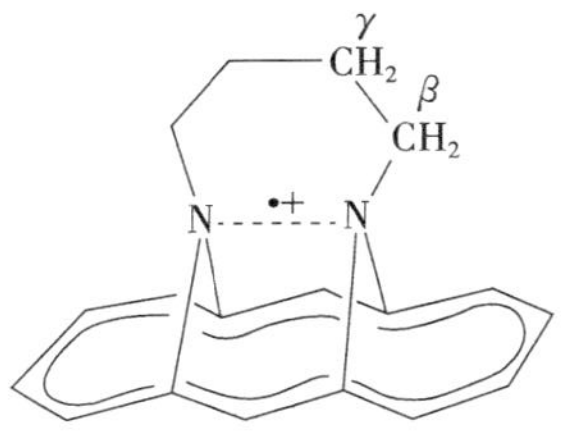	2^{14}N H2,5,9,12 H3,4,10,11 H7,14 4H(β) 4H(γ)	+2.57 +0.154[a] -0.188[a] 0.012 +0.718[a] 0.051[a]	[244, 303]
N,N'-二甲基-顺式-1,6;8,13-二亚氨桥[14]轮烯 (N,N'-dimethyl-syn-1,6;8,13-diimino[14]annulene) **743**·+	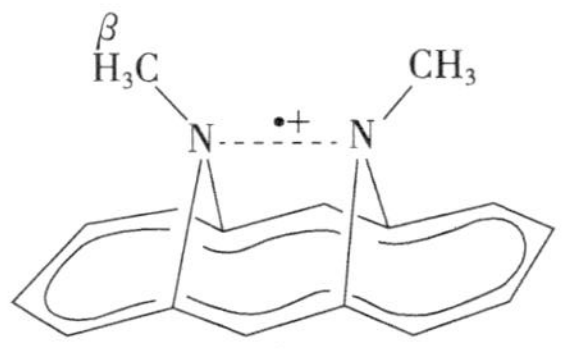	2^{14}N H2,5,9,12 H3,4,10,11 H7,14 6H(β)	+2.66 +0.172 -0.189 <0.02 +1.213	[244]

注：a. 两对质子的平均值。

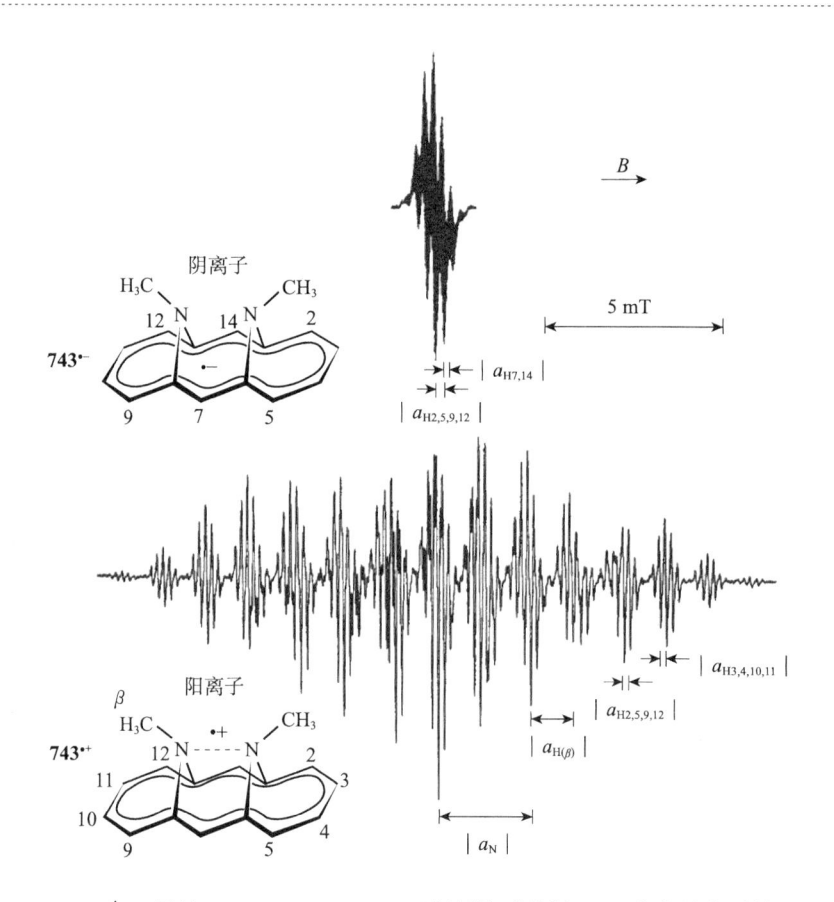

图 9.4　N,N'-二甲基-syn-1,6:8,13-二亚氨桥[14]轮烯(**743**)自由基离子的 ESR 谱。上图,阴离子 **743**$^{·-}$,溶剂 DME,抗衡离子 K$^+$,温度 273 K。下图,阳离子 **743**$^{·+}$,溶剂二氯甲烷,抗衡离子 SbCl$_6^-$,温度 298 K。**743**$^{·+}$的谱图经许可转载自[244]

对于 **744**$^{·+}$,g_{iso}是 2.0029,而含有强 N—N 键的其他二亚氨桥基[14]轮烯自由基阳离子,g_{iso}是 2.0036±0.0001。从中性化合物制备这些自由基阳离子,要么是二氯甲烷中电解或与 Ag(Ⅰ)和 Pb(Ⅳ)离子反应,要么是用亚硝四氟硼酸盐或三(4-溴苯基)六氯锑酸铵("魔蓝")氧化。

二苯基重氮甲烷和二苯基卡宾的自由基阳离子(radical cations of diphenyldiazomethanes and diphenylcarbene)

我们在前一节中就注意到,亚硝基苯和 1,6:8,13-二亚氨桥[14]轮烯自由基阳离子具有 σ 结构,而相应的阴离子却是 π 自由基。如 2.3 节所述,二苯基重氮甲烷(**37**)自由基阳离子同时具有 σ 和 π 两种结构。在不同条件下,这种自由基阳离子表现出显著不同的颜色、超精细图谱和光稳定性。由于其颜色

对环境的依赖性，所以被称为"化学变色龙"（chemical chameleon）。为方便起见，再次把 4.3 节提到的 **37**·+ 的超精细数据，与结构相关的 9-重氮-9,10-二氢-10,10-二甲基蒽（**833**）和 5-重氮-10,11-二氢-5H-二苯并［a,d］环庚烯（**834**）等自由基阳离子的数据，一起收录在表 9.41 中。以 π 或 σ 自由基阳离子形式存在的 **37**·+，其行为与 **834**·+ 的相同，但 **833**·+ 仅观察到 π 结构。π 自由基阳离子预测具有线形的—CNN—基团，该基团在相应的 σ 自由基阳离子应该是弯曲的。在 σ 自由基阳离子 σ-**37**·+ 和 σ-**834**·+ 中的这种弯曲，造成大的 ^{14}N 耦合常数（$a_N = +1 \sim +2$ mT）和微乎其微的 ^{1}H 超精细分裂，而 π 自由基阳离子 π-**37**·+、π-**833**·+ 和 π-**834**·+ 具有适中且类似的 $|a_N|$ 与 $|a_{H_{o,p}}|$（0.25～0.45 mT）。在与重氮相连的 C 原子中，^{13}C 同位素的耦合常数是 π-**37**·+ 的 +1.13 mT 和 σ-**37**·+ 的 +3.35 mT。图 9.5 中的 ESR 谱形象地展示了这个自由基阳离子处于 π 或 σ 结构所具有的截然不同的超精细图谱。仅仅依赖于实验条件的离子结构，表明 **37**·+ 的 π 和 σ 状态在能量上是非常接近的（见下文）。然而，在理论上这种接近并不是 **37**·+ 固有性质的发现，而必须是由于一些不明的溶剂（和/或抗衡离子）效应优先地稳定 σ 结构。

表 9.41 部分二苯基重氮甲烷和相关有机物的自由基阳离子的超精细数据

π-二苯基重氮甲烷 (diphenyldiazomethane) π-**37**·+	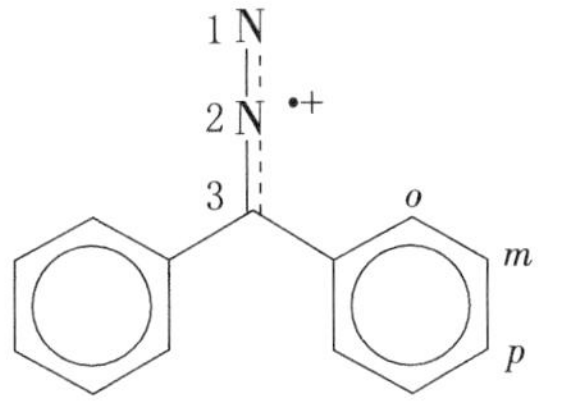	^{14}N1 ^{14}N2 4H$_o$ 4H$_m$ 2H$_p$ ^{13}C3	+0.44 −0.33 −0.25 +0.10 −0.34 +1.13	[245]
σ-二苯基重氮甲烷 σ-**37**·+	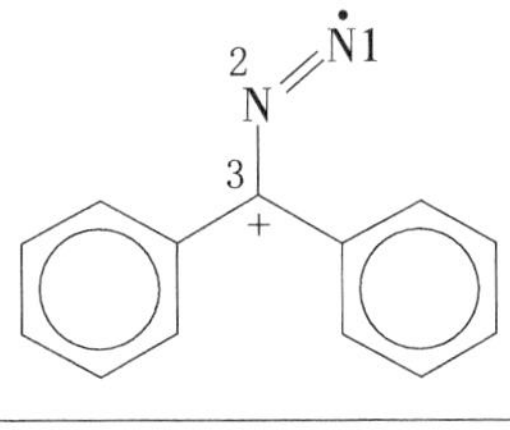	^{14}N1 ^{14}N2 4H$_o$,4H$_m$,2H$_p$ ^{13}C3	+1.01 +1.68 <0.2 +3.35	[245]
9-重氮-9,10-二氢-10,10-二甲基蒽 (9-diazo-9,10-dihydro-10, 10-dimethylanthracene) **833**·+	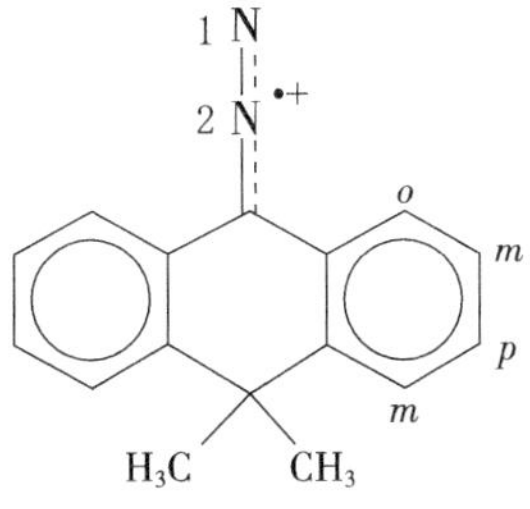	^{14}N1 ^{14}N2 4H$_o$ 4H$_m$ 2H$_p$	+0.40 −0.32 −0.24 +0.076 0.32	[245]

续表

5-重氮-10,11-二氢-5H-二苯并[a,d]环庚三烯 (5-diazo-10,11-dihydro-5H-dibenzo[a,d]cycloheptene) π-**834**$^{\cdot +}$	(结构式)	^{14}N1 ^{14}N2 4H$_o$ 4H$_m$ 2H$_p$ 2H$_{ax}(\beta)$ 2H$_{eq}(\beta)$	+0.44 −0.38 −0.26 +0.08 −0.35 +0.47 +0.18	[245]
σ-**834**$^{\cdot +}$	(结构式)	^{14}N1 ^{14}N2 4H$_o$,4H$_m$,2H$_p$ 4H(β)	+1.02 +1.84 <0.2	[245]

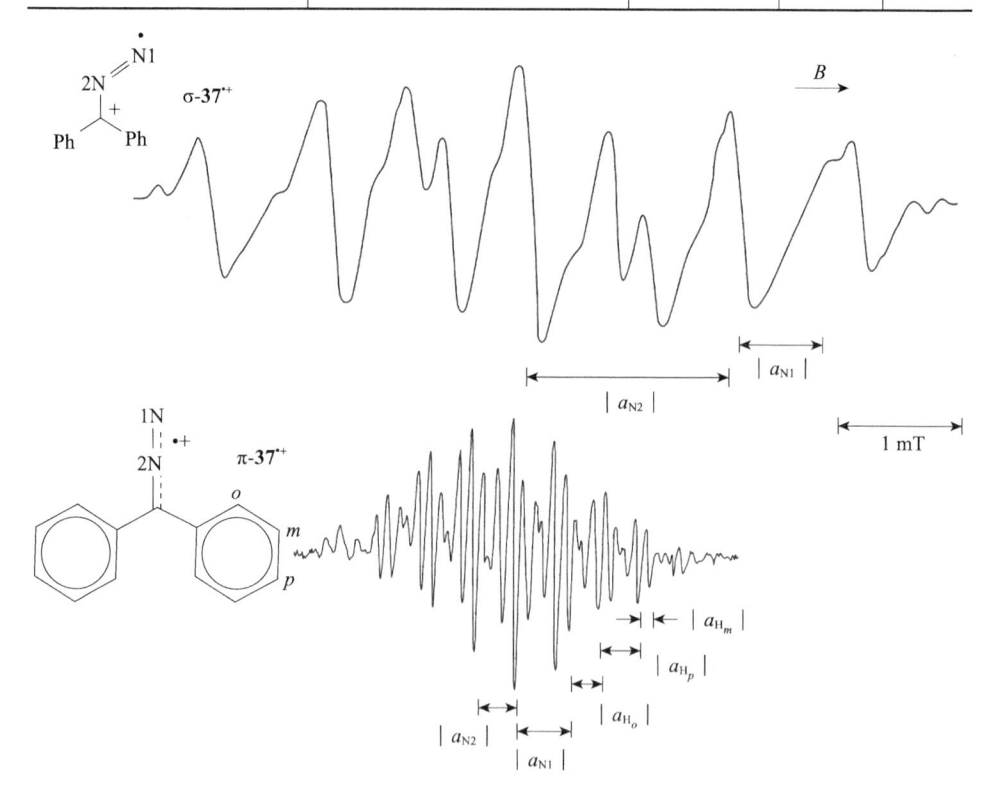

图 9.5 二苯基重氮甲烷(**37**)的 π 和 σ 自由基阳离子的 ESR 谱,溶剂二氯甲烷。上图,σ-**37**$^{\cdot +}$(电解法产生),抗衡离子 SbCl$_6^-$,温度 198 K。下图,π-**37**$^{\cdot +}$(化学法产生),抗衡离子 BF$_4^-$,温度 183 K。经许可复制[245]

对于 π 和 σ 自由基阳离子，g_{iso} 分别为 2.0027 ± 0.0002 和 2.0009 ± 0.0002。自由基阳离子 π-**37**$^{·+}$ 和 π-**833**$^{·+}$ 是由中性化合物与三（4-溴苯基）六氯锑酸铵或三(2,4-二溴苯基)六氯锑酸铵（分别是魔蓝和魔绿）在二氯甲烷中反应生成的，而 σ-**37**$^{·+}$ 和 σ-**834**$^{·+}$ 是中性化合物在二氯甲烷（支持盐是四氟硼酸四正丁基铵）中电解而获得的。**37** 和 **834** 在基质中的 γ 辐解，在冷冻 CF_2BrCF_2Br 中形成 π 自由基阳离子，但在冷冻 $CFCl_3$ 中形成的是 σ 阳离子；在 CF_2BrCF_2Br 基质中呈现蓝色，而在 $CFCl_3$ 中则变成浅粉色。在所有这些条件下，**833**$^{·+}$ 都只呈现 π 结构。原初自由基阳离子都不持久，在溶液中很容易失去一个 N_2 分子。其中，有一个 **37**$^{·+}$ 的二级顺磁性产物被甄别为四苯基乙烯（**424**）自由基阳离子（表 8.12）。

π-**37**$^{·+}$ 在 CF_2BrCF_2Br 基质中的光解，而不是 σ-**37**$^{·+}$ 在 $CFCl_3$ 玻璃中的光解，形成二苯基卡宾自由基阳离子 **36**$^{·+}$。该阳离子被证明具有 σ 结构，这是因为在与重氮基相连的 C 原子中观察到 ^{13}C 同位素的大的耦合常数 $a_C=+9.83$ mT[361]。这一发现与理论计算一致，理论计算预测 $\sigma^*\pi^0$ 态比 $\sigma^0\pi^*$ 态更稳定。

9.5 多重氧化还原体系的自由基离子

卟啉是具有扩展 π 体系的杂环化合物，在结构上与桥连的 [18] 轮烯和 [20] 轮烯相呼应；它们既可作为电子的好供体，也可作为好受体，从而形成抗磁性与顺磁性相交替的几个氧化还原阶段。它们深色的金属配合物在生物学上具有高度活性，故被称为"生命色素"[1114]。让人意外的是，对于呈有效 D_{4h} 对称性的无取代卟啉（**835**，M=2H）和相应金属卟啉（**835**，M=金属）的自由基离子，仅见到一些 ESR 研究报道。因为这些简并基态的分子具有动态 Jahn-Teller 效应（6.7 节和 8.1 节），所以相应自由基离子的 ESR 谱分辨率很差，并难以检测到 ENDOR 信号。对于阴离子 **835**$^{·-}$（M=2H 或金属），只观察到一个毫无特征的 ESR 单峰（对于 M=2H，$g_{iso}=2.0026$）[1115]。据我们所知，对相应阳离子 **835**$^{·+}$ 的 ESR 研究尚未见到报道，尽管有人曾用 ^{1}H-ENDOR 研究了具有低对称性的叶绿素 a 自由基阳离子[1116]。

四氧杂卟啉（**836**）也呈 D_{4h} 对称性，具有五个易于识别的氧化还原阶段，即二价阳离子（已分离成盐）、自由基阳离子、中性化合物 [四氧杂异二氢卟吩（tetraoxaisochlorin）]、自由基阴离子和二价阴离子。这些氧化还原阶段与游离碱卟啉（835，M＝2H）的五个氧化还原阶段是等电子的，即分别为中性化合物、自由基阴离子、二价阴离子、自由基三价阴离子和四价阴离子。与卟啉自由基离子一样，自由基离子 836·⁻ 和 836·⁺ 具有简并基态，给出一个宽的只有轻微超精细分裂的 ESR 信号。由于 ENDOR 技术不适用于这些自由基离子，只能通过计算机分析它们的超精细模式，所得的 ¹H 耦合常数列在表 9.42 中[268,613,1117]。与卟啉和金属卟啉的自由基离子相反，同分异构体卟啉烯（837，M＝2H）和金属卟啉烯（837，M＝金属）的自由基阴离子呈有效的 D_{2h} 对称性，并且它们表现出适用于 ENDOR 的良好分辨的 ESR 谱。四个 ¹⁴N 不仅对于金属卟啉烯（837，M＝金属）自由基阴离子是等性的，而且也适用于游离碱卟啉烯（M＝2H）的互变异构，这表明在超精细时间尺度上两个 α 质子间的快速互变异构化。作为四氧杂卟啉（836）的异构体，四氧杂卟啉烯（109）自由基离子的高分辨 ESR 谱和易于检测的 ENDOR 谱均已被报道。109 从二价阳离子到二价阴离子的五个氧还阶段，与游离碱卟啉烯（837，M＝2H）的相应氧还阶段（从中性化合物到四价阴离子）是等电子的，这类似于四氧杂卟啉相对于游离卟啉碱的五个氧化还原阶段。表 9.42 给出了 109·⁻ 与 109·⁺ 和 837·⁺（M＝2H 或 Zn）的超精细数据。如在 6.6 节所指出的，在 MTHF 中自由基阴离子 109·⁻ 和碱金属阳离子紧密缔合：抗衡离子位于四重轴上，并以类似螯合物的方式与四个 O 原子的孤电子对接触（第 138 页）。当离子对依抗衡离子大小减小的顺序而趋于更紧密时，109·⁻ 的 ¹H 耦合常数呈系统变化。（碱金属抗衡离子的耦合常数见表 A.2.2）。对于自由基阳离子 109·⁺ 和游离碱卟啉烯（837，M＝2H）自由基阴离子，¹H 耦合常数的相似性和它们的等电子结构有关。

　　836·⁻、836·⁺、109·⁻ 和 109·⁺ 的 g_{iso} 分别是 2.0031、2.0027、2.0032 和 2.0024，837·⁻ 的是 2.0025（M＝2H）和 2.0024（M＝Zn）。自由基阴离子 836·⁻ 和 109·⁻ 是在醚溶剂中由中性化合物或二价阳离子和碱金属反应而形成，自由基阳离子 836·⁺ 和 109·⁺ 是中性化合物在三氟乙酸中与 Tl(Ⅲ) 离子或在二氯甲烷中与 AlCl₃ 反应而形成，或者是二价阳离子与锌或汞反应产生。自由基阴离子 837·⁻（M＝2H 或金属）是由中性前体在四氢呋喃中与钠反应或电解而形成。

表 9.42 部分二苯基重氮甲烷和相关有机物的自由基离子的超精细数据

四氧杂卟啉 (tetraoxaporphyrin) **836·⁻/836·⁺**	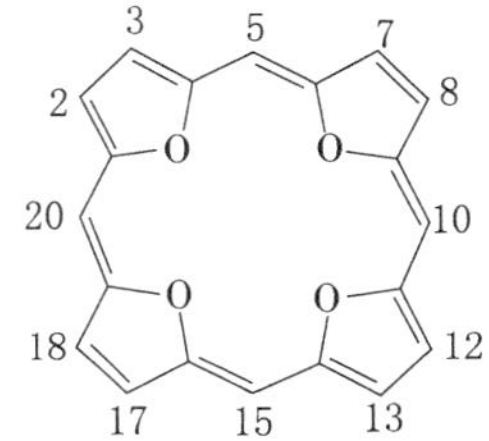 H2,3,7,8,12,13,17,18 H5,10,15,20	阴离子/阳离子 −0.129/−0.122 −0.197/−0.198	[268]
卟啉烯 (porphycene) **837·⁻**	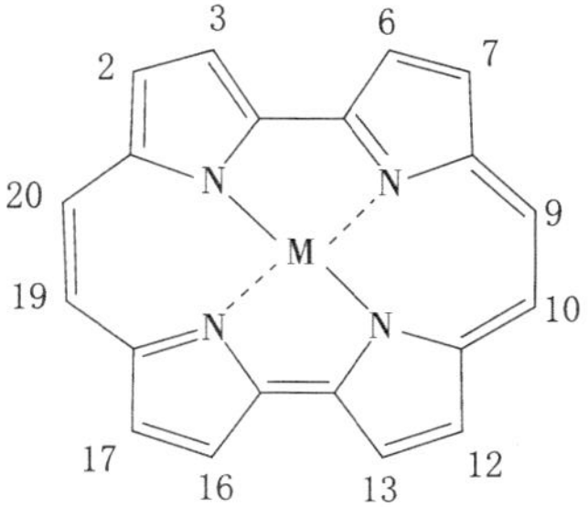 H2,7,12,17 H3,6,13,16 H9,10,19,20 2H(α) 4^{14}N	阴离子/阴离子 M=2H(α)/M=Zn −0.146/−0.165 −0.182/−0.171 −0.096/−0.083 +0.018/ −0.071/−0.068	[1117]
四氧杂卟啉烯 (tetraoxaporphycene) **109·⁻/109·⁺**	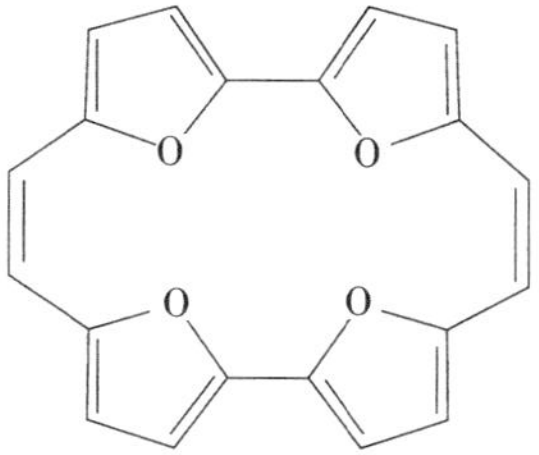 H2,7,12,17 H3,6,13,16 H9,10,19,20	阴离子/阳离子 −0.085/−0.145 −0.037/−0.169 −0.234/−0.123	[613]

第 10 章 饱和烃自由基

如 2.3 节所述，难以电离的有机分子（电离能 IE>8 eV）可以通过惰性基质中的高能辐照而转化为其自由基阳离子。在这种条件下形成的顺磁性活泼物种，具有足够长的寿命以通过 ESR 进行表征。这些说法尤其适用于饱和烃及其自由基阳离子，它们通常是 σ 型的，其 SOMO 在很大程度上局限于几个 C—C 和 C—H σ 键。然而，在一些环烷烃和双环烷烃发生电离子时，π 自由基阳离子也可以作为原初顺磁性物种形成。对于表 10.1~表 10.4 中的自由基阳离子，其化学式为不带未配对电子和电荷符号的中性烷烃。

10.1 烷烃自由基阳离子

这些自由基阳离子在固体基质中的 ESR 研究，详见 1987 年的一篇综述[306]。

开链烷烃自由基阳离子

在 4 K 的氖基质中，甲烷 CH_4 (**838**) 经高能粒子（原子、电子或光子）轰击而发生电离[334,335]。所形成的自由基阳离子 $CH_4^{·+}$ (**838**$^{·+}$) 在 T_d 对称性中具有简并基态，并发生 Jahn-Teller 畸变，它的 ESR 谱展现出来自四个质子的超精细结构，a_H 是 +5.48 mT (g_{iso} = 2.0029)。在相同的条件下，因两个质子和两个氘，自由基阳离子 $CH_2D_2^{·+}$ (**838**-$d_2^{·+}$) 的 a_H = +12.17 mT 和 a_D = −0.222 mT；其中，a_D 相当于 a_H = −0.222/0.1535 = −1.45 mT。从头计算预测了 **838**$^{·+}$ 的 C_{2v} 对称性，具有不同的 C—H 键和 HCH 键角[1118,1119]。因此，在该 σ 自由基阳离子中所观察到的四个质子的耦合常数代表了动态 Jahn-Teller 效应的平均值（6.7 节）。**838**$^{·+}$ 的 ^{13}C 耦合常数被确定为 a_C = +0.14 mT[1120]。

在固体 SF_6 或各种氟利昂基质中，高级烷烃的自由基阳离子是由中性化合物的 γ 辐解产生，其超精细图谱在一定程度上取决于基质和温度。表 10.1 中列

举的这些 σ 物种的数据都是在 77 K 的 SF_6 基质中获得的[331,1121]；对于乙烷（CH_3CH_3）自由基阳离子（**839**·+），在 4 K 下仅观察到 +15.25 mT 的值。与 $CH_4^{·+}$（**838**·+）一样，该自由基阳离子发生 Jahn-Teller 畸变，以避开 D_{3h} 对称的简并基态。在 4 K 下，它的超精细结构源自两个质子所具有的 +15.25 mT 的大耦合常数，这对应于约 0.3 的 1s 自旋布居（4.1 节）。在 77 K 下，这个图案可逆地转变为所有六个质子都参与的模式，并呈现出 +5.03 mT 的耦合常数，该值几乎是在 4 K 下观察到的两个质子相应值的三分之一。显然，随着温度的升高，**839**·+ 的对称性从 D_{3h} 降低到 C_{3h}，且动态的 Jahn-Teller 效应使耦合常数平均化。

表 10.1　部分正烷烃自由基阳离子的超精细数据

乙烷(ethane) **839**·+	CH_3CH_3	$2H_{ip}$ $4H_{op}$	+15.25 <0.2	6H	+5.03	[313]
丙烷(propane) **840**·+	$CH_3CH_2CH_3$	$2H_{ip}$	+9.50			[313]
丁烷(butane) **841**·+	$CH_3(CH_2)_2CH_3$	$2H_{ip}$ $4H_{op}$	+6.15 −1.05			[1121]
戊烷(pentane) **842**·+	$CH_3(CH_2)_3CH_3$	$2H_{ip}$	+4.95			[1121]
己烷(hexane) **843**·+	$CH_3(CH_2)_4CH_3$	$2H_{ip}$ $4H_{op}$ $4H_{op}$	+4.08 −0.68 −0.36			[1121]
庚烷(heptane) **843**·+	$CH_3(CH_2)_5CH_3$	$2H_{ip}$	+3.70			[1121]

两个质子具有大的耦合常数是正烷烃自由基阳离子的一个显著特征。这归因于末端甲基的两个面内质子（H_{ip}，in-plane），该平面包含延长链状结构中的两个 C—H_{ip} 键和所有 C—C σ 键。因此，当 C 原子的数量 n 为偶数时（包括 **839**·+，$n=2$）对称性应为 C_{2h}，当 n 为奇数时对称性应为 C_{2v}。耦合常数 $a_{H_{ip}}$ 随着链长的增加而平稳地减小，从 $n=2$ 的 +15.25 mT 降至 $n=7$ 的 +3.70 mT（表 10.1）。有时，会观察到额外的较小的耦合常数，并将其归属给碳链中亚甲基的面外质子（H_{op}，out-of-plane），它们的耦合常数在不同基质中是不同的。

表 10.2 列举了在氟利昂基质中几种支链烷烃形成的并在 77 K 下观察到的自由基阳离子的超精细数据[309,313,1122]。与"直链"对应物相比，它们的 SOMO 似乎局限于一个 C—C 键和与该键平行的甲基 C—H σ 键。在经常研究的六甲基乙烷（**851**）自由基阳离子中，给出可观察到的主要超精细分裂的六个质子

中的每一个都来自不同的甲基。

表 10.2 部分支链烷烃自由基阳离子的超精细数据

异丁烷(2-methylpropane) 845·+	$(CH_3)_3CH$	2H	+5.25	[313]
异戊烷(2-methylbutane) 846·+	$(CH_3)_2CHCH_2CH_3$	3H	+4.30	[1122]
新戊烷(2,2-dimethylpropane) 847·+	$(CH_3)_4C$	3H	+3.98	[313]
新己烷(2,2-dimethylbutane) 848·+	$(CH_3)_3CCH_2CH_3$	4H	+3.70	[1122]
2,3-二甲基丁烷(2,3-dimethylbutane) 849·+	$(CH_3)_2CHCH(CH_3)_2$	4H	+3.75	[1122]
2,2,3-三甲基丁烷(2,2,3-trimethylbutane) 850·+	$(CH_3)_3CCH(CH_3)_2$	5H	+3.20	[1122]
六甲基乙烷(hexamethylethane) 851·+	$(CH_3)_3CC(CH_3)_3$	6H	+2.90	[309]

在可见光辐照或升高温度时，烷烃自由基阳离子去质子化形成相应的烷基自由基（表 7.1）。因此，**839·+**、**840·+** 和 **845·+** 分别转变成乙基自由基（**59·**）、正丙基自由基（**60·**）或异丙基自由基（**140·**）和叔丁基自由基（**141·**），同时还发生了 H_2、CH_4 或通式是 C_nH_{2n+2} 的结构片段的消除。

环烷烃自由基阳离子

表 10.3 列举了其中一些 σ 自由基阳离子的超精细数据[351,1123-1128]，这些阳离子是中性环烷烃在氟利昂基质中的 γ 辐解产生的。未取代的自由基阳离子具有简并基态，以及发生 Jahn-Teller 畸变，这降低了它们的对称性。在 4 K 的 $CFCl_2CF_2Cl$ 基质中，环丙烷（**852**）自由基阳离子的超精细图谱源自耦合常数分别是 +2.10 mT 和 −1.25 mT 的两个和四个质子。因此，**852·+** 的对称性从 D_{3h} 降低至 C_{2v}，其中有一个 C—C 键伸长，另外两个则缩短。在 77 K 下，这两个值（具有相反符号）的平均值给出了太小而无法分辨的超精细分裂。类似地，在 145 K 的 $CFCl_3$ 基质中，1,1,2,2-四甲基环丙烷（**853**）自由基阳离子的 2 个环上质子和 12 个甲基质子，分别具有 +1.87 mT 和 1.50 mT 的耦合常数（其中，后者符号待定）。环丁烷（**854**）在 D_{2d} 对称中发生褶皱，其自由基阳离子畸变为 C_{2v} 结构。在 4 K 的 $CFCl_3$ 基质中的 **854·+** 内，两个、两个和四个等性质子分别具有 +4.9 mT、+1.4 mT 和 −0.5 mT 的耦合常数；它们在

77 K下转变成全部八个质子的平均值，+1.33 mT。在CF_3CCl_3基质中，环戊烷（**855**）自由基阳离子的ESR谱在6 K时只有两个质子（a_H = +2.24 mT）给出了超精细分裂，但在113 K时则观察到由全部10个质子产生的二项式模式，耦合常数为+0.63 mT。

表10.3 部分环烷烃及其甲基衍生物的自由基阳离子的超精细数据

环丙烷 (cyclopropane) **852**·+	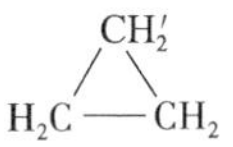 (结构式)	4H 2H'	−1.25 +2.10					[1123]
1,1,2,2-四甲基环丙烷 (1,1,2,2-tetramethyl-cyclopropane) **853**·+	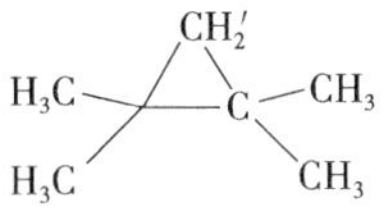 (结构式)	12H 2H'	1.50 +1.87					[315]
环丁烷 (cyclobutane) **854**·+	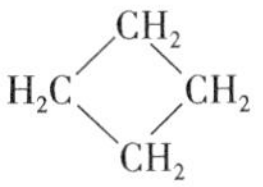 (结构式)	2H 2H 4H	+4.9 +1.4 −0.5	8H	+1.33			[1124]
环戊烷 (cyclopentane) **855**·+	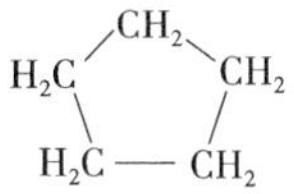 (结构式)	2H 8H	+2.24 <0.2	10H	+0.63			[1125]
环己烷 (cyclohexane) **856**·+	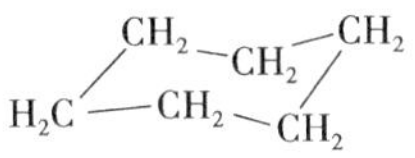 (结构式)	2H$_{eq}$ 2H$_{eq}$ 2H$_{eq}$	+8.5 +1.4 +3.4	4H$_{eq}$ 2H$_{eq}$	+5.0 +2.9	6H$_{eq}$	+4.3	[1126] [1125]
甲基环己烷 (methylcyclohexane) **857**·+	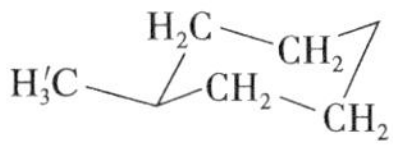 (结构式)	2H$_{eq}$ 2H$_{eq}$ 1H'	+4.88 +4.22 2.10					[1127]
1,4-二甲基环己烷(1,4-dimethyl-cyclohexane) **858**·+	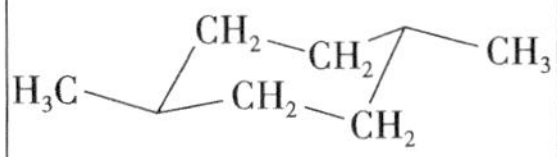 (结构式)	4H$_{eq}$	+5.62					[1128]

处于椅子构象的环己烷（**856**）具有D_{3d}对称性，其自由基阳离子的基态简并同样可通过畸变而被消除，转变为较低对称性的结构（C_{3h}或C_s）。所观察到

的 **856**$^{·+}$ 的超精细图谱取决于所使用的基质和温度。从 4 K 的 CFCl$_3$ 基质所获得的各向异性的 ESR 谱中，推导出三对质子的各向同性耦合常数分别是 +8.5 mT、+3.4 mT 和 +1.4 mT。当升温到 77 K 时，其中两个值平均成为四个等性质子的耦合常数 +5.0 mT，剩下的第三个值是 +2.9 mT。在 141 K 的 CF$_3$CCl$_3$ 基质中，所观察到的六个质子的耦合常数均为 +4.3 mT。给出可观察的超精细分裂的质子，推测是位于环己烷的平伏位置。在 77 K 的全氟甲基环己烷基质中，1,4-二甲基环己烷（**858**）自由基阳离子的超精细图谱由耦合常数为 +5.62 mT 的四个质子所给出，而甲基环己烷（**857**）的超精细结构则由具有 +4.88 mT 和 +4.22 mT 的两对环上质子及具有 2.10 mT（符号待定）的一个单质子一起给出。倘若甲基取代基位于平伏位置，那么这些结果分别表明 **858**$^{·+}$ 和 **857**$^{·+}$ 的 C_{2h} 和 C_s 对称。因此，所观察到的 **858**$^{·+}$ 的耦合常数和 **857**$^{·+}$ 的两个较大值，被归属给平伏位置的四个环上质子（**857**$^{·+}$ 的最小耦合常数被归属给一个甲基质子）。

当分别从 **854**$^{·+}$ 和 **856**$^{·+}$ 开始时，光照和变暖导致环烷烃自由基阳离子去质子化而转变成相应的环烷基自由基（表 7.2），如环丁基自由基（**61**$^·$）和环己基自由基（**121**$^·$）。

多环烷烃自由基阳离子

表 10.4 中列举了三种多环烷烃自由基阳离子的超精细数据，这些数据是在氟利昂基质中 γ 辐解而获得的[1129,1130]。在 4 K 的 CF$_2$ClCFCl$_2$ 基质中，降冰片烷（**859**）自由基阳离子的超精细图谱由四个亚甲基的外侧位质子造成，耦合常数是 +6.51 mT。当升温至 100 K 时，可观察到源自两个桥头次甲基质子的 −0.35 mT 的小的额外超精细分裂。二环［2.2.2］辛烷（**860**）具有 D_{3h} 对称性，它的自由基阳离子经历了 Jahn-Teller 畸变。在 4 K 的 CFCl$_3$ 中获得的 ESR 谱相当复杂，这是由动态 Jahn-Teller 效应的不完全平均所导致。模拟得到的耦合常数是 +3.85 mT、+1.58 mT 和 +0.82 mT，分别对应三组 4 质子中的每一个；这些值被归属给 **860**$^{·+}$ 中具有 C_{2v} 对称性的三组 4 个亚甲基的质子。在 77 K 的全氟环己烷基质中，观察到所有 12 个亚甲基质子的超精细分裂，平均的耦合常数是 +2.0 mT。四环庚烷（**861**）自由基阳离子是从异构体降冰片二烯（**379**）自由基阳离子（表 8.7）的光转化产物而获得，后者是由中性二烯烃在 CFCl$_3$ 基质中 γ 辐解产生。在 135 K，**861**$^{·+}$ 的 ESR 谱展示了 +0.57 mT 和 +0.27 mT 的耦合常数，分别归属给 1、3、6、7 位和 2、5 位的四个和两个次甲基质子。

表 10.4　三种多环烷烃自由基阳离子的超精细数据

降冰片烷 (norbornane) **859**·+	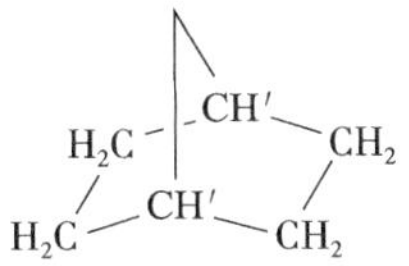	4H_{exo} 2H′	+6.51 −0.35		[1129]
二环 [2.2.2] 辛烷 (bicyclo [2.2.2] octane) **860**·+	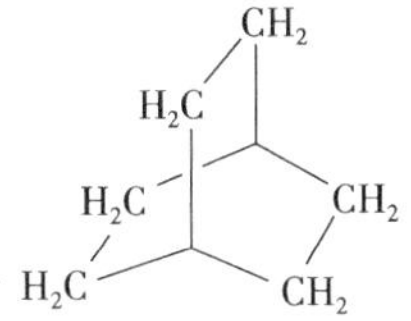	4H 4H 4H	+3.85 +1.58 +0.82	12H	+2.0	[1129]
四环庚烷 (quadricyclane) **861**·+	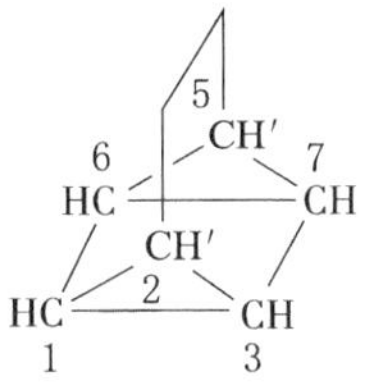	4H 2H′	+0.57 +0.27		[1130]

升温后，**859**·+ 去质子化成降冰片烷-2-基自由基（**154**·），**860**·+ 产生双环 [2.2.2] 辛-2-基自由基（**156**·，均见表 7.3），而 **861**·+ 异构成 **379**·+。

在 SF$_6$ 和氟利昂基质中，已报道的烷烃自由基阳离子的 g_{iso} 通常在 2.003～2.004 的范围内，尽管也观察到忽低或忽高的情况。相对于溶液中碳氢化合物 σ 自由基阳离子的 g_{iso}，它们似乎通过与基质的相互作用而增强。

10.2　结构修饰的自由基阳离子

如上所述，一部分环烷烃和双环烷烃在电离时会形成原初 π 自由基阳离子，伴随而来的结构变化包括一个 C—C σ 键相当大的伸长从而被极大弱化。因为相应分子 **M** 的几何完整性在电离时是守恒的，对于它们经结构修饰的自由基阳离子，正式符号被保留下来，称为 **M′**·+（而不是 **M**·+）。

环丙烷自由基阳离子的"开环形式"

在经 γ 辐照过的高于 80 K 的 CF$_2$ClCFCl$_2$ 基质中，针对被电离的环丙烷（**852**）提出了三亚甲基 π 自由基阳离子（**852′**·+，g_{iso}=2.0028）的结构[1131]，因为观察到的两个亚甲基质子的耦合常数 $a_H(\alpha)$=−2.24 mT 和 $a_H(\beta)$=+3.06 mT，与正丙基自由基（**60**·）的耦合常数相似（表 7.1）。由于"灵活多变的"CF$_2$ClCFCl$_2$ 基质特别有利于自由基的重排，因此开环结构是由 Jahn-Teller 畸变的环丙烷自由基阳离子（**852**$^{·+}$）中的一个 σ 键的进一步伸长而引起的（见上文）。在 $CF_2ClCFCl_2$ 基质中，在被电离的 1,1,2,2-四甲基环丙烷（**853**）内观察到的类似结构形式 **853**$'^{·+}$（g_{iso} = 2.0032），虽然温度仅高于 120 K[315]。在 **853**$'^{·+}$ 中超精细图谱源自两个亚甲基质子和六个甲基质子的耦合常数，$a_H(\beta)$ = +2.33 mT 和 $a_H(\beta')$ = +1.17 mT。对于 **852**$'^{·+}$ 和 **853**$'^{·+}$，有人提出了一种"荷基异位的"自由基阳离子结构，其中未配对电子和正电荷相互分离（2.3 节）。然而，这两个自由基阳离子在构象上应该有所不同，**852**$'^{·+}$ 具有"平分"构象，而 **853**$'^{·+}$ 具有"重叠"构象。

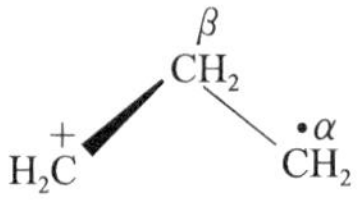

由二环烷烃制备二基自由基阳离子

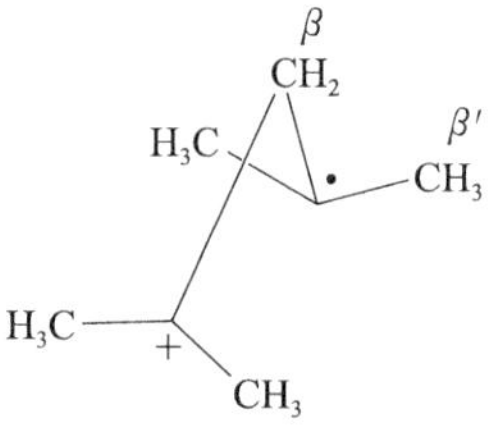

对于一些被电离的双环烷烃，其中一个 σ 键被拉伸到这样的程度，以至于自由基阳离子必须被视为具有两个相关 C 原子为 π 中心的二基，该中心携带大部分的自旋布居。在氟利昂基质中，由环丁烷-1,3-二基（**862**）、环戊烷-1,3-二基（房烷，**865**）及其部分甲基衍生物的 γ 辐解而产生的这类 1,3-二基阳离子如 **862**$'^{·+}$ ~ **867**$'^{·+}$ 等几个例子的超精细数据，列在表 10.5 中[317,329,330,1132,1133]。从 **862** 获得的环丁烷-1,3-二基自由基阳离子（**862**$'^{·+}$），具有两个作为自旋承载 π 中心 1 和 3 的亚甲基 C 原子，其几何结构介于平面三重态环丁烷-1,3-二基（**869**$^{··}$）和弯曲的 **862** 之间。相应 ESR 谱的显著特征是 +7.71 mT 的耦合常数，源自轴向位置的两个亚甲基 β 质子。这两个 π 中心上的高自旋布居（$\rho^\pi_{1,3} \approx 0.5$）、C—$H_{ax}(\beta)$ 键和 $2p_z$ 轴之间的小二面角（$\theta \approx 20°$），以及桥连亚甲基中质子的"Whiffen 效应"[式（4.11）]等，促成了这个非常大的耦合常数。平伏位置的两个亚甲基 α 质子和两个亚甲基 β 质子分别具有 −1.188 mT 和 +1.142 mT 的较小耦合常数。用 π 中心的甲基取代将自旋布居部分吸回（约 15%）到取代基上而导致所有 $|a_H|$ 的减小，如分别由 1-甲基（**863**）和 1,3-二甲基环丁烷-1,3-二基（**864**）产生的 1-甲基和 1,3-二甲基环丁烷-1,3-二基阳离子 **863**$'^{·+}$ 和 **864**$'^{·+}$ 等的超精细数据所示。

表 10.5　部分环烷-1,3-二基自由基阳离子的超精细数据

名称	结构	氢	数值	文献
环丁烷-1,3-二基 (cyclobutane-1,3-diyl) **862**′·⁺ (**869**·⁺)	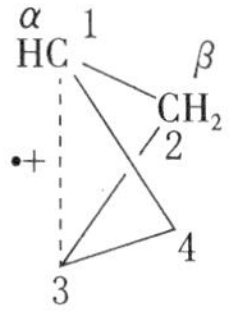	2H(α) 2H$_{ax}$(β) 2H$_{eq}$(β)	−1.142 +7.71 +1.188	[317,329]
1-甲基环丁烷-1,3-二基 (1-methylcyclobutane-1,3-diyl) **863**′·⁺ (**870**·⁺)	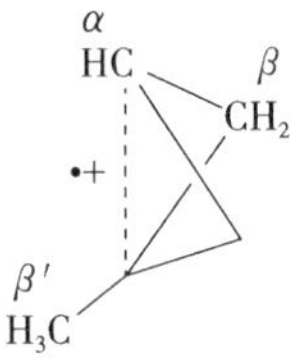	H(α) 2H$_{ax}$(β) 2H$_{eq}$(β) 3H(β′)	−0.92 +6.89 +0.92 +1.73	[329]
1,3-二甲基环丁烷-1,3-二基 (1,3-dimethylcyclobutane-1,3-diyl) **864**′·⁺ (**871**·⁺)	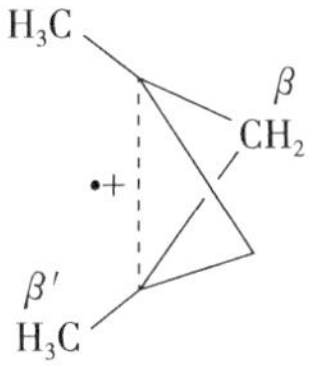	2H$_{ax}$(β) 2H$_{eq}$(β) 6H(β′)	+6.51 +0.89 +1.65	[329]
环戊烷-1,3-二基 (cyclopentane-1,3-diyl) **865**′·⁺ (**38**·⁺)	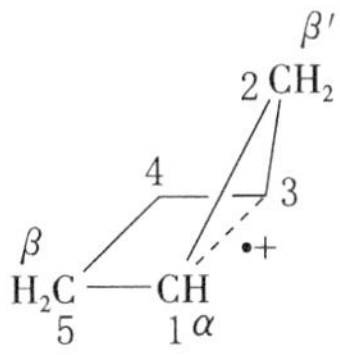	2H(α) 2H$_{exo}$(β) H$_{ax}$(β′)	−1.17 +3.35 +4.49	[717]
1,3-二甲基环戊烷-1,3-二基 (1,3-dimethylcyclopentane-1,3-diyl) **866**′·⁺ (**872**·⁺)	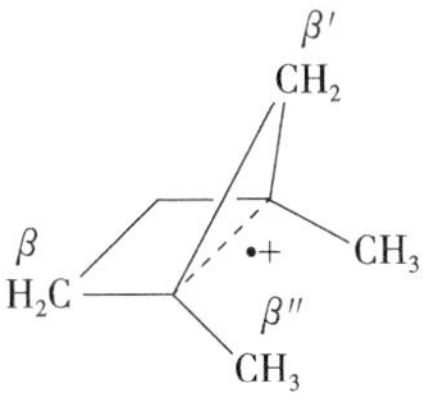	2H$_{exo}$(β) H$_{ax}$(β′) 6H(β)	+2.50 +4.21 +1.61	[330]
2-平伏-甲基环戊烷-1,3-二基 (2-eq-methylcyclopentane-1,3-diyl) eq-**867**′·⁺ (eq-**873**·⁺)	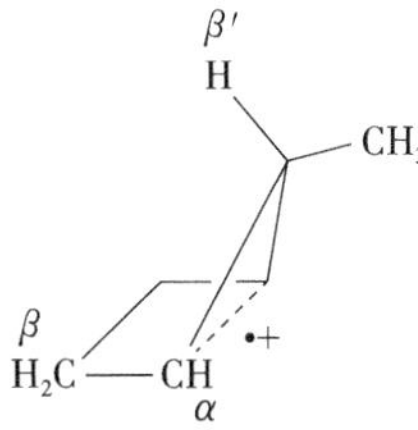	2H(α) 2H$_{exo}$(β) H$_{ax}$(β′)	−1.17 +3.28 +4.39	[1132]

2-直立-甲基环戊烷-1,3-二基 (2-ax-methylcyclopentane-1,3-diyl) ax-**867**′·⁺ (ax-**873**·⁺)	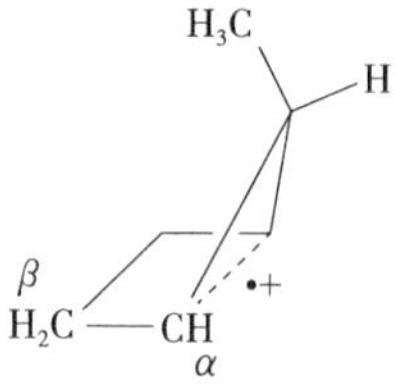	2H(α) 2H_exo(β)	−1.19 +3.25	[1132]
环己烷-1,4-二基 (cyclohexan-1,4-diyl) **874**·⁺ (**868**′·⁺)	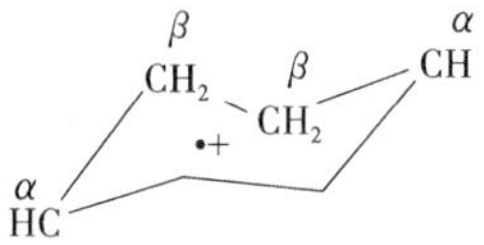	2H(α) 4H_ax(β)	−1.2 +1.2	[1133]

同样地，由房烷（**865**）产生的环戊烷-1,3-二基自由基阳离子（**865**′·⁺）具有两个π中心 1 和 3，并且其几何结构介于平面三重态环戊烷-1,3-二基（**38**··）和弯曲的**865**之间。对于轴向 2 位的单个亚甲基β′质子、4，5外侧位的两个亚甲基β质子和自旋中心 1、3 的两个α质子，ESR谱给出的耦合常数分别是+4.49 mT、+3.35 mT和−1.17 mT。（剩余质子的超精细分裂因太小无法分辨。）β′质子的大耦合常数同样是由高自旋布居$\rho^{\pi}_{1,3}$和小二面角θ所致；此外，桥连亚甲基上的 2 位轴向质子得益于"Whiffen效应"。对于由 1,4-二甲基房烷（**866**）产生的 1,3-二甲基环戊烷-1,3-二基自由基阳离子（**866**′·⁺）的超精细数据表明，在这里，π中心的 1,3-二甲基取代也降低了它们的自旋布居。2-甲基环戊烷-1,3-二基自由基阳离子的同分异构体，平伏和直立**867**′·⁺，分别由反式 5-甲基房烷和顺式 5-甲基房烷（*anti*-**867**和*syn*-**867**）产生。正如所预期的那样，这些自由基阳离子在没有环反转的情况下，对平伏 2位（eq-**867**·⁺）的甲基取代不会显著改变母体二基自由基阳离子**865**′·⁺的超精细图谱，但在相应的轴向位置（ax-**867**·⁺）上引入甲基则消除了这个β′质子的大耦合常数（+4.49 mT）。

上述弯曲的环烷-1,3-二基自由基阳离子**862**′·⁺∼**867**′·⁺的符号，强调了它们与生成它们的相应但更强烈弯曲的前体双环烷烃**862**∼**867**的结构关系。如上所述，它们的几何结构介于弯曲的双环烷烃和相应的平面三重态环烷基-1,3-二基**869**··∼**871**··、**38**··、**872**··及**873**··等之间。为了强调二基自由基阳离子是通过电离从这些三重态分子中正式衍生出来的，在表 10.5 中用括号展示了**869**·⁺∼**871**·⁺、**38**·⁺、**872**·⁺和**873**·⁺，以及**862**′·⁺∼**867**′·⁺等自由基阳离子的另外一种标注（粗体、上标等与原稿相同）。三重态环烷二基将在 11.3 节中进行考虑，表 11.5 中给出了由 ESR 表征的零场分裂参数和超精细数据。

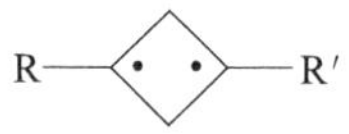

869" R = R' = H
870" R = Me, R' = H
871" R = R' = Me

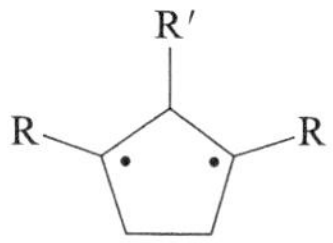

38" R = R' = H
872" R = Me, R' = H
873" R = H, R' = Me

在 CFCl$_3$ 基质中，环丁烷-1,3-二基自由基阳离子的 g_{iso} 是 2.0039。环戊烷-1,3-二基自由基阳离子的 g_{iso} 变化范围是 2.0033～2.0040，取决于基质。尽管 **862'·+**～**864'·+** 会一直持续到 CFCl$_3$ 基质的软化点，但在所有使用的氟利昂基质中，其未取代的环戊烷类似物 **865'·+** 在 90 K 以上迅速地异构成环戊烯（**239**）自由基阳离子（表 7.15）。对 π 中心的烷基取代具有稳定作用，使得 1,3-二甲基环戊烷-1,3-二基自由基阳离子（**866'·+**）在相同条件下不易发生异构。相反，2 位的甲基取代不能阻止 2-甲基环戊烷-1,3-二基自由基阳离子的异构；因此，eq-**867'·+** 转化为 1-甲基环戊烯，ax-**867'·+** 主要产生 3-异构体，这是一种显著的立体化学记忆效应。

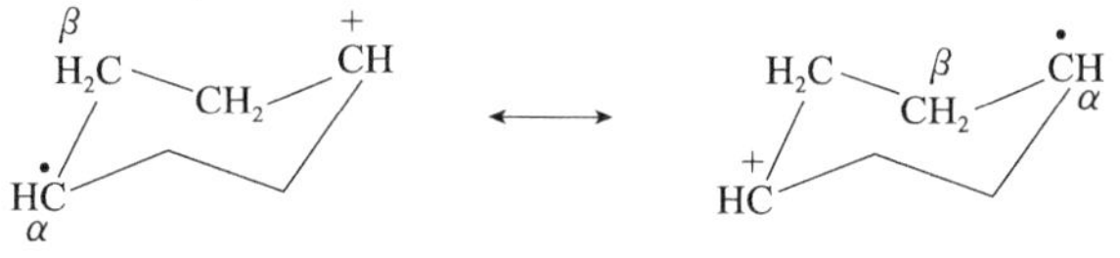

868'·+（874·+）

除了 **862'·+**～**867'·+** 的 ESR 谱外，在氟利昂基质中双环 [2.2.0] 己烷（**868**）的 γ 辐解和开环时，还观察到环己烷-1,4-二基自由基阳离子 **868'·+**（g_{iso} = 2.0026）的 ESR 谱[1133]。该二基自由基阳离子 **868'·+** 也作为 1,5-己二烯自由基阳离子与环己烯（**240**）自由基阳离子环化的中间体获得（表 7.15）[1134]。它呈椅式结构，几何形状介于弯曲的 **868** 和仍然假设的、可能更平面的三重态环己烷-1,4-二基（**874"**）的几何形状之间，因此也可以表示为 **874·+**。给出可观察到的超精细分裂的 **868'·+** 的六个质子源于 π 中心 1 和 4 位上的两个亚甲基 α 质子及椅子构象的轴向位置上的四个亚甲基 β 质子（耦合常数分别为 −1.2 mT 和 +1.2 mT）。两个次甲基 π 中心之间的相互作用是贯穿空间的[1135]。

在加热氟利昂基质后，环己烷-1,4-二基自由基阳离子（**868'·+**）转化为环己烯（**240**）自由基阳离子。

"笼状"烃的自由阳离子

笼状烃的主要代表是含有环丁环的宝塔烷，其中环丁环整合到刚性的多环碳骨架中（"笼状"）。在氧化为自由基阳离子后，该环中的两个平行 C—C σ 键被拉长，形成一个矩形，从中可以分辨出"紧凑的"和"伸展的"两种类型的结构。在紧凑结构中，理论上计算出两个平行的短键相距 175 pm，因此四元环仍然是"类环丁烷"，而在伸展结构中，该间距的理论预测是 260 pm。同样都是从含有环丁二烯环的宝塔中获得的结构，具有紧凑结构的自由基阳离子是短暂的，而具有伸展结构的被证明是持久的。在进一步氧化时，这两种不同结构的自由基阳离子都形成了在四元环中含有两个 π 电子的二阶阳离子，因此符合闭合共轭环的 Hückel ($2+4m$) 规则（8.1 节）。表 10.6 列举了五种宝塔烷自由基阳离子的超精细数据[1136-1139]。对于 **875**$'^{·+}$～**879**$'^{·+}$，理论和实验的 ^{1}H 耦合常数的比较，分辨出这两种类型的结构。这种比较要求源自 [1.1.1.1] 宝塔烷（**875**）和 [2.2.1.1] 异宝塔烷（**878**）的自由基阳离子 **875**$'^{·+}$ 和 **878**$'^{·+}$ 具有伸展结构，[1.1.1.1] 异宝塔烷（**876**）、[2.2.1.1] 宝塔烷（**877**）和 [2.2.2.2] 宝塔烷（**879**）的自由基阳离子 **876**$'^{·+}$、**877**$'^{·+}$ 和 **879**$'^{·+}$ 必须具有紧凑结构。在 **875**$'^{·+}$ 的 ESR 谱中，主要特征是由八个次甲基 β 质子给出的 $+1.544$ mT 的大耦合常数，这是由四个 μ 中心中的每一个所携带的高自旋布居（约 $+0.25$）和小的二面角 θ（约 $10°$）引起。其余自由基阳离子如 **876**$'^{·+}$～**879**$'^{·+}$ 等的超精细数据变化很大，通常取决于对称性（D_{2h} 或 C_{2v}），特别是中心四元环（平面或棱锥）的几何结构。

表 10.6　部分宝塔烷自由基阳离子的超精细数据

[1.1.1.1]宝塔烷(7,8;12,19-二断-正十二面烷) ([1.1.1.1]pagodane) (7,8;12,19-bissecododecahedrane) **875**$^{·+}$	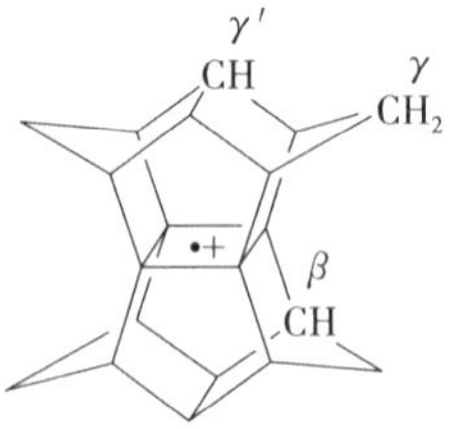	8H(β) 4H(γ) 4H(γ) 4H(γ')	$+1.544$ -0.117 -0.065 $+0.051$	[1136]
[1.1.1.1]异宝塔烷 ([1.1.1.1]isopagodane) **876**$^{·+}$	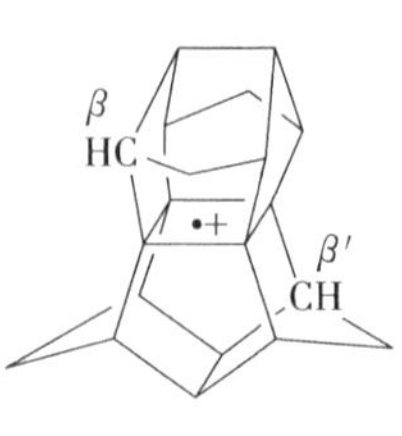	4H(β) 4H(β')	$+0.95$ $+0.11$	[1137]

续表

[2.2.1.1]宝塔烷 ([2.2.1.1]pagodane) **877**·+	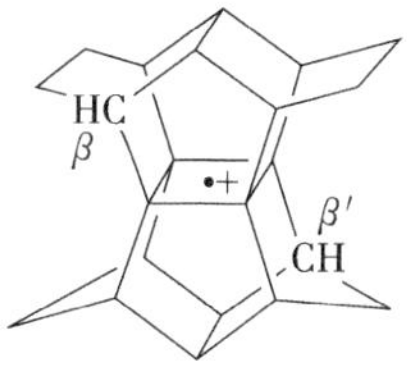	4H(β) 4H(β')	+1.76 +0.96	[1136]
[2.2.1.1]异宝塔烷 ([2.2.1.1]isopagodane) **878**·+	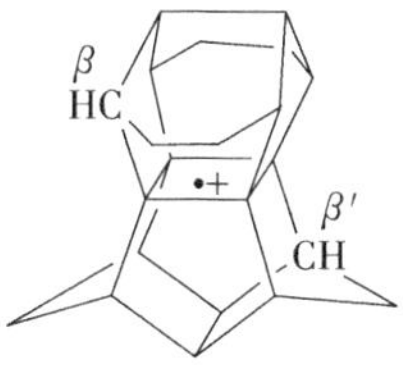	4H(β) 4H(β')	+1.63 <0.08	[1138]
[2.2.2.2]宝塔烷 ([2.2.2.2]pagodane) **879**·+	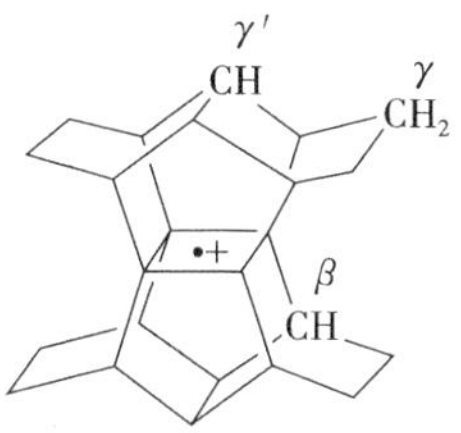	8H(β) 8H(γ) 8H(γ) 4H(γ')	−0.060 +0.582 −0.060 <0.05	[1139]

对于 **875**′·+ 和 **878**′·+，g_{iso} 分别是 2.0031 和 2.0040；其余自由基阳离子的 g_{iso} 尚未见到报道。自由基阳离子 **875**′·+ 具有高度的持久性，可通过多种方法由宝塔烷或相应的二烯烃在二氯甲烷中生成，如与 $AlCl_3$ 或三（4-溴苯基）六氯锑酸铵（"魔蓝"）反应或电解。自由基阳离子 **878**′·+ 及其不太持久的异构体 **877**′·+ 也可以通过其前体在二氯甲烷中与 $AlCl_3$ 或"魔蓝"反应而形成，短寿命的自由基阳离子 **876**′·+ 和 **879**′·+ 必须通过相应宝塔烷在 $CFCl_3$ 基质中的 γ 辐解而产生。

第11章 双自由基和三重态分子

对于这类在单占分子轨道（开壳层）中具有两个未配对电子的有机分子，相关的物理基础、产生方法和代表性例子已在2.4节作过介绍。当两个电子之间的相互作用可以忽略不计时，这些分子可以被当成具有两个均处于自旋二重态的独立单元。随着相互作用的加强，根据这两个电子是配对还是不配对，这两个二重态转变成单重态和三重态。这种相互作用由两个物理量来表示：(1) 两个电子所处轨道波函数的交换积分 J，它决定着单重态和三重态的能隙；(2) 零场分裂（ZFS）参数 D，它表征两个电子自旋之间的（各向异性）偶极磁相互作用。

在2.4节已提到，电子激发三重态的分子与三重态为基态或热可及的分子是不相同的。下面给予系统且更详细的分类，包括单个分子的特征 ZFS 参数。首先，单独处理一些特殊的分子，它们在基态有两个未配对电子而可以被当成双自由基。

11.1 双自由基

在此，"双自由基"（biradicals）一词是指具有两个未配对电子的分子，这些电子在溶液中给出可观察的 ESR 谱。这一术语事先假定了 ZFS 参数 D 的值比较小，因此在溶液中各向异性的电子-电子相互作用被平均化，就像电子-核的磁性相互作用一样（3.2节）。双自由基包含两个通常等性的携带电子自旋的 π 单元，这两个单元之间由一个"绝缘"片段隔开。有几类这样的双自由基已经被 ESR 所研究，其中两个 π 单元的结构与众所周知的持久性单自由基的结构密切相关，如二硝酰基氧基、二均四嗪基和双加尔万氧基。

二硝酰基氧基双自由基（bisnitroxyl biradicals）

在溶液中，以 2,2,6,6-四甲基哌啶基-1-氧基自由基（**292·**）及其4-氧代衍生物（TEMPO, **8·**）为代表，二硝酰基氧基中两个 π 单元上的未配对电

子之间的相互作用已被系统研究。其中，**55**··、**880**·· 和 **881**·· 等三个二硝酰基氧基的分子结构和 ESR 谱，如图 11.1 所示。隔开两个硝酰基氧基 π 单元的中间片段 X 是可变的，从而调节交换积分 J 的大小。对于具有最长片段（"—X—"为"—O—CO—C_6H_4—CO—O—"）的 **880**··，$|J| \ll a'_N$，其中 J 以 MHz 为单位，^{14}N 耦合常数 $a'_N = +44$ MHz（$a_N = +1.56$ mT）；因此，观察到的超精细图谱是硝酰基氧基单自由基 **292**· 或 **8**· 的（图 11.1，上图）。相比之下，对于具有最短连接基团（"=X="为"=N—N="）的 **55**··，$|J| \gg a'_N$，其超精细图谱来源于两个等性 ^{14}N 磁性核的超精细耦合常数，$a'_N = +0.74$ mT，约为 $a_N/2$（图 11.1，下图）。在中间范围内，以具有连接片段—X—（为"—O—CO—O—"）的 **881**·· 为例，$|J|$ 与 a'_N 相当，观察到更复杂的图（图 11.1，中间图）。这种图是可通过理论处理预测的，其中单重态和三重态的本征函数通过超精细相互作用发生混合[1140]。**881**·· 的谱图模拟，给出了 $|J|/a'_N = 1.85$（$a'_N = +44$ MHz），由此获得 $|J|$ 的值是 81 MHz。

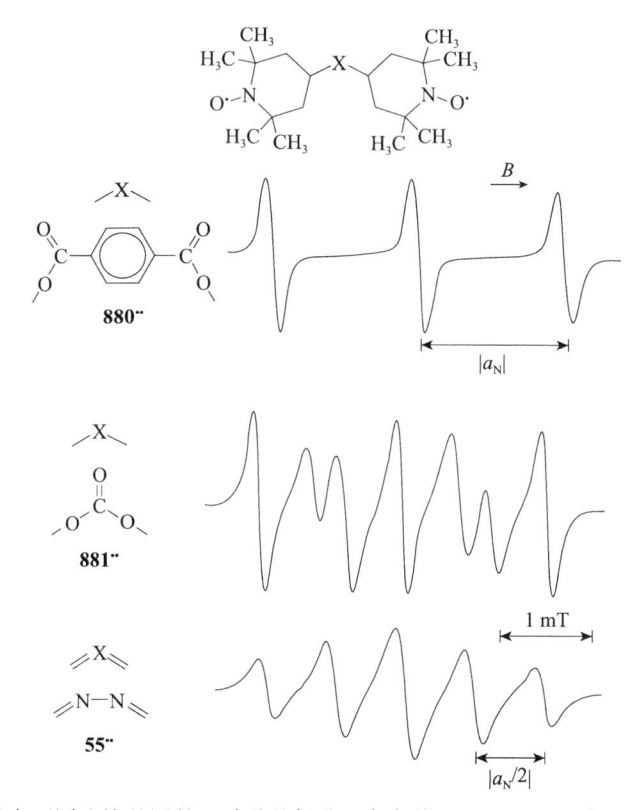

图 11.1 具有不同连接基团的二硝酰基氧基双自由基 **880**··、**881**·· 和 **55**·· 的 ESR 谱。溶剂 DMF，温度 298 K。经许可复制[433]

二均四嗪基双自由基（bisverdazyl biradicals）

在 **882··** ~ **884··** 中，两个 2,5-二苯基均四嗪基 π 单元由一个或两个苯基连接[1141]；在 **884··** 中四个甲基的空间位阻引起联苯内 C—C 键的扭曲。在苯中，**882··** 的 ESR 谱还未被解析，但 **883··** 和 **884··** 的谱图展现了两个均四嗪基单元中一共 8 个 [14]N 的超精细图谱。其中，+0.29 mT 的耦合常数，为单自由基二苯基均四嗪 **548·** 和 **549·** 中相应 a_N 的一半（表 9.4），表明 $|J| \gg a'_N$。根据双自由基在玻璃态 MTHF 中的 ESR 谱，获得了参数 D'，**882··** 的是 4.6 mT，**883··** 与 **884··** 的是 1.55 mT（E' 因太小而无法分辨）。这个 D' 值对应于这两个均四嗪基 π 单元中未配对电子之间的平均间距 r 分别是 850 pm 和 1230 pm [式（2.7）]。

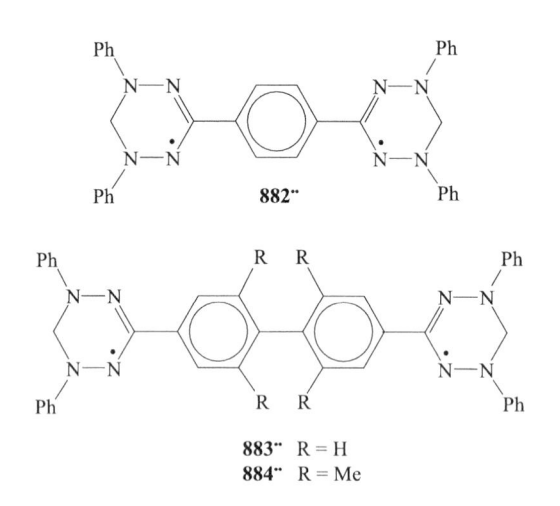

883·· R = H
884·· R = Me

双加尔万氧基双自由基（bisgalvinoxyl biradicals）

对于甲苯中的对苯双加尔万氧基双自由基（**56··**），所观察到八个环上质子和两个环外 C 原子的 [13]C 耦合常数分别是 +0.068 mT 和 +0.48 mT[435]。这些耦合常数来自两个 π 单元上的磁性核，并且是单个加尔万氧基单自由基 **10·** 中相应 $a_{H3,3',5,5'}$ 和 a_{C7} 的一半大小（表 9.2）。然而，杨氏双自由基 **885··**，必须被当成是"一个半加尔万氧基"，因为它除了含有一个类似于 **10·** 的单元外，还含有一个苯氧基[435,436,536]。因此，对于甲苯中的 **885··**，六个等性质子的实测耦合常数是 +0.085 mT，相当于 **10·** 中 $a_{H3,3',5,5'}$ 的三分之二，而单个环外 C 原子的 [13]C 耦合常数是 +0.86 mT，这比 **10·** 的 a_{C7} 小 14%（表 9.2）。冷冻后，从这些双自由基所获得的参数 D'，在 **56··** 中是 1.96 mT，在 **885··** 中是 3.25 mT[1142]，这反映出 **885··** 的两个加尔万氧基单元中未配对电子之间的平均距离比 56·· 中的短（同样，E' 太小而无法分辨）。

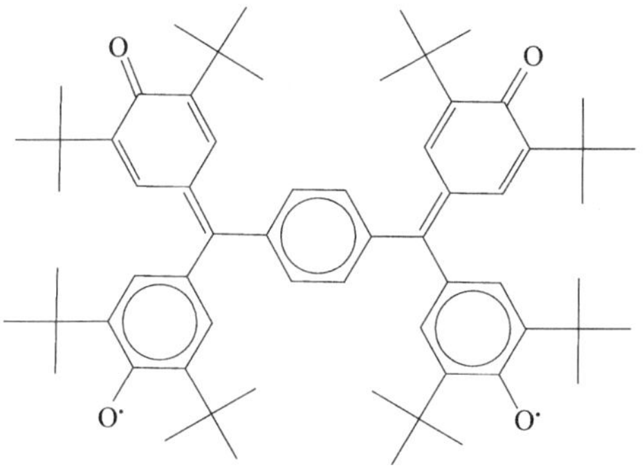

56·· 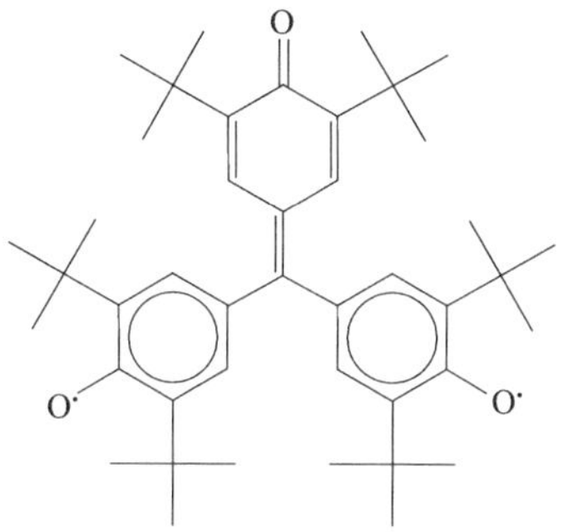　　　　　　　　　　　　　　**885··**

双自由基的 g_{iso} 及其产生方法无异于其相应的单自由基。

11.2　处于光激发三重态的分子

如 2.4 节所述，几乎所有稳定分子都具有基态单重态，其中所有电子都在双占轨道（闭合壳层）中配对。对于 π 体系，该能态与电子激发态相差几电子伏特。通过紫外或可见光将电子从成键的 π 分子轨道或杂原子非键的 n 分子轨道激发到反键的 π* 分子轨道（π → π* 或 n → π*），将导致该分子具有两个 SOMO，尽管处于单重态，因为该跃迁过程只允许自旋多重性不变（$\Delta S = 0$）的电子跃迁。图 2.5 中的 Jablonski 能级图示意了产生第一个激发三重态的事件演化序列，通常该三重态在能量上比激发单重态低。它们的特征是 ZFS 参数 D 和 E，像表 11.1[379,381-385,387,1143-1153] 和表 11.2[175,373,393,395,397,398,1154-1159] 所列的一部分相应值。按惯例，这些值以与能量成正比的波数 cm^{-1} 为单位。（对于 $g_{iso} \approx 2.0$，D' 和 E' 以磁场强度 B 为单位时，1 T 对应约 0.93 cm^{-1}。）

表 11.1　部分处于最低电子激发三重态分子的零场分裂参数 D 和 E

（单位：cm^{-1}）

化合物	主基质	D	E	参考文献
苯（benzene）[a] **62**···	硼嗪	+0.1568	+0.0199	[1143]
氘代苯（perdeuteriobenzene）[a] **62-d_6**···	硼嗪	+0.1581	+0.0064	[1143]

续表

化合物	主基质	D	E	参考文献
对二甲苯(p-xylene)[b] 487***	氘代对二甲苯	+0.1416	+0.0554	[1144]
萘(naphthalene)[a] 83***	均四甲苯	+0.10119	+0.01411	[1145]
蒽(anthracene)[a] 68***	联苯 吩嗪	+0.07156 ±0.07055	−0.00844 ∓0.00791	[1146] [379]
并四苯(naphthacene)[a] 383***	对三联苯	±0.0551	∓0.0047	[1147]
并五苯(pentacene)[a] 384***	对三联苯	+0.0460	−0.017	[1148]
菲(phenanthrene)[a] 386***	联苯	±0.10043	∓0.04658	[1145]
氘代芘(perdeuteriopyrene)[a] 387***	芴酮	±0.06577	∓0.003162	[382]
氘代联苯(biphenyl)[c] 94−d_{10}^{*}	二苯并呋喃	+0.11065	−0.00370	[383]
二苯乙炔(diphenylacetylene)[d] 429***	二苯甲酮	±0.1426	∓0.0306	[387]
喹啉(quinoline)[e] 580***	均四甲苯	±0.1030	∓0.0162	[385]
异喹啉(isoquinoline)[e] 580***	均四甲苯	+0.1004	0.0117	[385]
喹喔啉(quinoxaline)[e] 582***	均四甲苯	+0.1007	∓0.0182	[384]
1,5-萘啶(1,5-naphthyridine)[e] 583***	均四甲苯	+0.106	−0.017	[1149]
1,8-萘啶(1,8-naphthyridine)[e] 584***	均四甲苯	+0.1124	−0.01837	[1149]
吖啶(acridine)[e] 586***	联苯	+0.07366	−0.00872	[381]
吩嗪(phenazine)[e] 587***	联苯	+0.0744	−0.0110	[1150]
二苯甲酮(benzophenone)[f] 609***	4,4′-二溴二苯醚	+0.156473	−0.017434	[1151]
二苯基-1,2-乙二酮(benzil)[g] 633***	二苯甲酮	0.092	0.021	[1152]
9,10-二氢吩嗪 (9,10-dihydrophenazine)[h] 760***	氘代吩嗪	0.1157	0.0090	[1153]

注：源自单晶研究的数据。脚注表明分子结构的出处。a. 表 8.8；b. 表 8.18；c. 表 8.11；d. 表 8.13；e. 表 9.9；f. 表 9.14；g. 表 9.16；h. 表 9.30。

表 11.2 部分处于最低电子激发三重态分子的零场分裂参数 D 和 E

(单位：cm^{-1})

化合物	主基质	$|D|$	$|E|$	参考文献
氘代萘(perdeuterionaphthalene)[a] 83-d_8***	2-甲基呋喃	0.10046	0.01536	[373]
氘代蒽(perdeuterioanthracene)[a] 83-d_8***	2-甲基呋喃	0.0724	0.0081	[373]
菲(phenanthrene)[a] 386***	乙醇	0.1042	0.0462	[393]
9,10-苯并菲(三亚苯)(triphenylene)[a] 388***	2-甲基呋喃	0.1342	0	[373]
蔻(coronene)[a] 392***	乙醇/DMF	0.096	0	[393]
联苯(biphenyl)[b] 94***	乙醇	0.1094	0.036	[1154]
间三联苯(m-terphenyl)[b] 408***	3-甲基戊烷	0.110	0.004	[395]
十环烯(decacyclene)[c] 886***	2-甲基呋喃	0.057	0	[175]
1,3,5-三苯基苯 (1,3,5-triphenylbenzene)[b] 412***	3-甲基戊烷	0.111	<0.001	[395]
二氢苊(acenaphthene)[d] 67***	乙醇	0.0966	0.0140	[1154]
喹啉(quinoline)[e] 580***	乙醇/水	0.1014	0.0164	[1155]
质子化喹啉(protonated quinoline)[e] (580H)***	乙醇/水	0.0921	0.0150	[1155]
异喹啉(isoquinoline)[e] 581***	乙醇/水	0.1003	0.0113	[1155]
质子化异喹啉(protonated isoquinoline)[e] (581H)***	乙醇/水	0.0941	0.0112	[1155]
吖啶(acridine)[e] 586***	聚乙烯	0.0725	0.0084	[1156]
2,2'-联吡啶(2,2'-bipyridyl)[f] trans-594*** cis-594***	聚乙烯醇 聚乙烯醇	0.1079 0.1092	0.0123 0.0123	[1157]
4,4'-联吡啶(4,4'-bipyridyl)[f] 595***	乙醚	0.1197	0.040	[1154]

续表

化合物	主基质	$\lvert D\rvert$	$\lvert E\rvert$	参考文献
吩噁嗪(phenoxazine)g **786*****	乙醇	0.1247	0.0119	[1158]
9,10-蒽醌 (9,10-anthraquinone)h **655*****	醚/戊烷/乙醇	0.351	0.005	[1159]
[2.2]对环蕃([2.2]paracyclophane)i **118*****	醚/戊烷/乙醇	0.0059j		[397]
富勒烯 C_{60} (fullerene C_{60})c **887*****	甲苯	0.0114	0.00069	[398]
富勒烯 C_{70} (fullerene C_{70})c **888*****	甲苯	0.0052	0.00069	[398]

注：源自基质中的数据。脚注表明分子结构的出处。a. 表 8.8；b. 表 8.11；c. 见本小节插图；d. 表 8.9；e. 表 9.9；f. 表 9.10；g. 表 9.33；h. 表 9.18；i. 表 8.22；j. $D^* = \sqrt{(D^2 + 3E^2)}$。

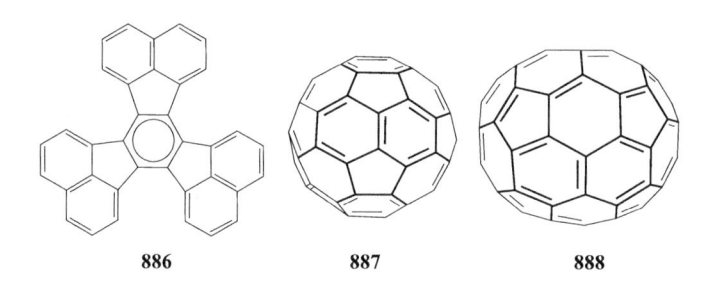

886　　**887**　　**888**

最初阻碍 ESR 研究三重态分子的有关问题，也已在 2.4 节中指出。精确的数值，包括 D 和 E 的符号（至少是这两个参数的相对符号）及其对磁场中样品取向的依赖性，都可以在单晶研究中确定（表 11.1），这是该领域首次成功的研究。然而，由于此类研究涉及生长目标分子所嵌入的适当宿主的单晶，因此，大多数研究都是在固态基质中随机取向的三重态分子（表 11.2）。通过这种方法所得的 D 和 E 与单晶中相同分子的测量值稍有差别。参数 D 取决于两个未配对电子之间的平均距离 r [参见式(2.7)中的 D' 和 r]，通常随着分子中 π 单元大小的增大而减小，而 E 值说明了偏离轴对称性的原因。它是 D 的 1/10 或更小，通常是相反的符号；对于轴对称（具有 $n \geqslant 3$ 的旋转轴 C_n）的三重态分子，如光激发的 9,10-苯并菲（或三亚苯，**388*****）、蔻（**392*****）、1,3,5-三苯基苯（**412*****）和十环烯（**886*****），该值为零（或几乎为零）。相反地，对于激发的苯三重态（**62*****），发现了显著的 $\lvert E\rvert$ 值，这表明在这种状态下几何结构失真，推测为 D_{2h} 对称的醌型结构。

在激发三重态分子的 ESR 谱中，超精细分裂一般是无法分辨的，但在少数研究中，¹H 耦合常数是用单晶来确定的，通常结合 ENDOR 技术。氘核以较小的耦合常数形成这种超精细分裂，从而使三重态组分的谱线增宽远小于质子所造成的，因此有时研究全氘代分子是很有利的，尤其是在基质的研究中。如 4.4 节所述，在苯类的激发三重态中，π 自旋分布与相应自由基离子中的相似（如参见 [1160]）。

一般对于处于电子激发三重态的分子，没有明确给出受周围环境影响的 g 因子，尽管它们可以从相应的 ESR 谱中确定。各向同性的 g_{iso} 与相应自由基离子的值相似，即三重态烃 **62**·· 和 **68**·· 的 2.0028 ± 0.0001，三重态氮杂芳烃 **586**·· 和 **587**·· 的 2.0035 ± 0.0001。光激发是在原位进行的（2.4 节）；单晶的主体分子和用于基质的冷冻溶剂分别如表 11.1 和表 11.2 所示。

11.3 基态或热可及三重态分子

三重态卡宾和氮宾 (triplet carbenes and nitrenes)

在 NBMO 含有两个电子的卡宾，有一个二价 C 原子，形成单重态或基态单重态。在最简单的亚甲基卡宾的最低单重态（H_2C：，**40**：）中，这两个电子在 NBMO 中配对，该轨道是一种 σ 性质的 sp^n 杂化，σ_y，其轴位于分子平面内。在相应的三重态（H_2C··，**40**··）中，即亚甲基的基态，这两个电子占据不同的 NBMO。其中一个 NBMO 是 σ_y，另一个是具有几乎"纯"π 特征的 π_z，其轴垂直于分子平面。于是，如图 11.2 所示，单重态的电子组态为 $\sigma_y^2 \pi_z^0$（左上图），而三重态的电子组态为 $\sigma_y^↑ \pi_z^↑$（右上图）。对于单重态 **40**：，HCH 键角是 102°，而在三重态 **40**·· 中 HCH 键角是 136°。这表明，与单重态相比，在三重态中 C—H 键具有更少的 p 轨道成分①，正如理论预测的那样[408]。在能量上，**40** 的三重态比单重态低 38 kJ/mol。

表 11.3 列出了 **40**·· 和其他几种三重态卡宾的 ZFS，其中有一个或两个 H 原子被烷基或芳基取代，以及具有把携带自旋的 C·· 原子并成环的三重态卡宾[373,402,403,406,1161-1172]。围绕该 C 原子的键角与母体 **40**·· 中的角度大致相同，$|D|$ 随着被烷基取代而减小，但随着被芳基取代降低得更多，与扩展 π 体系的

---

① 译者注：另外一种常见描述是，在对称卡宾中，C 原子形成 sp 杂化，这两个杂化轨道都参与形成 C—H 或 C—C 键，另外两个未杂化的 p 轨道各容纳一个电子，以形成三重态；在不对称卡宾中，C 原子形成不等性的 sp^2 杂化，其中两个杂化轨道参与形成 C—H 或 C—C 键，第三个杂化轨道容纳孤电子对，未杂化的 p_z 轨道是空的，形成单重态。

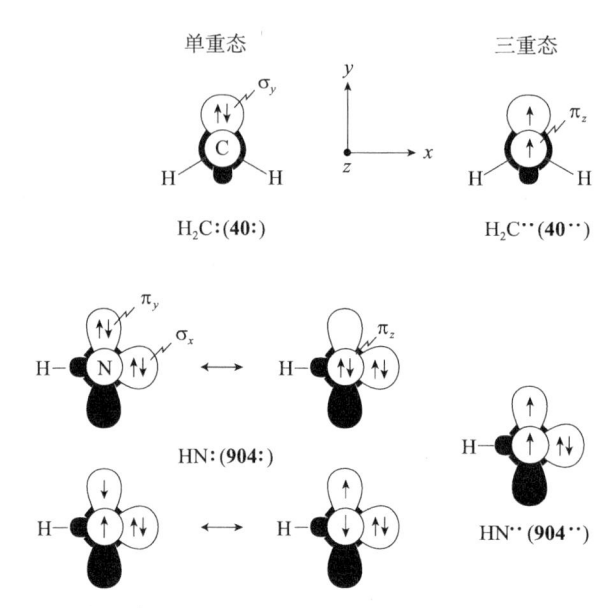

图 11.2 在最简单卡宾的单重态 H₂C：(**40**：) 和三重态 H₂C·· (**40**··) 以及最简单氮宾的单重态 HN：(**904**：) 和三重态 HN·· (**904**··) 中的NBMO及其占据情况。经许可复制[408]

大小顺序相关。这是因为最初占据 NBMO π_z 中的未配对电子离域到芳基取代基的 π 体系中。因此，它与到依然定域在面内 NBMO σ_y 中的另外一个未配对电子的平均距离增大了。

表 11.3 部分三重态卡宾的零场分裂参数 D 和 E

(单位：cm^{-1})

化合物	基质	$\|D\|$	$\|E\|$	参考文献
亚甲基(methylene) **40**··	氙气	0.6964	0.0039	[402,403]
氘代亚甲基(dideuteriomethylene) **40**-d_2··	氙气	0.76	0.0046	[1161]
二叔丁基亚甲基 (di-*tert*-butylmethylene) **889**··	2-甲基呋喃	0.689	0.039	[1162]
苯基亚甲基(phenylmethylene) **890**··	氟碳润滑油	0.518	0.024	[1163]
二苯基亚甲基(diphenylmethylene) **36**··	氟碳润滑油 二苯甲酮	0.4055 +0.4078[a]	0.0194 −0.0206[a]	[373] [406]
二䓛基亚甲基(dimesitylmethylene) **891**··	正辛烷	0.3517	0.0115	[1164]

续表

化合物	基质	$\|D\|$	$\|E\|$	参考文献
1-萘基亚甲基(1-naphthylmethylene)				
syn-**892**··	二苯甲酮	0.4347	0.0208	[1165]
anti-**892**··	二苯甲酮	0.4555	0.0202	[1165]
2-萘基亚甲基(2-naphthylmethylene)				
syn-**893**··	二苯甲酮	0.4926	0.0209	[1165]
anti-**893**··	二苯甲酮	0.4711	0.0243	[1165]
9-蒽基亚甲基(9-anthrylmethylene) **894**··	二苯甲酮	0.3008	0.0132	[1165]
9,9'-二蒽基亚甲基 (9,9'-dianthrylmethylene) **895**··	9,9'-二蒽基重氮甲烷	0.113	0.0011	[1166]
喹啉基-4-亚甲基(4-quinolylmethylene)				
syn-**896**··	碳氟化合物	0.4666	0.219	[1167]
anti-**896**··	碳氟化合物	0.4865	0.207	[1167]
喹啉基-8-亚甲基(8-quinolylmethylene)				
syn-**897**··	碳氟化合物	0.4434	0.0225	[1167]
anti-**897**··	碳氟化合物	0.4641	0.0225	[1167]
戊二烯亚基(cyclopentadienylidene) **898**··	六氟苯	0.4089	0.0120	[1168]
芴-9-叉基(fluoren-9-ylidene) **899**··	六氟苯	0.4078	0.0283	[1168]
环庚三烯基(cycloheptatrienylidene) **900**··	氩气	0.317	0.087	[1169]
		0.425	0.022	[1170]
4,5-苯并环庚三烯基 (4,5-benzocycloheptatrienylidene) **901**··	相应重氮化合物	0.52	0.021	[1171]
二苯并[a,d]环庚二烯基 (dihydrodibenzo[a,d]cycloheptenylidene) **902**··	相应重氮化合物	0.3932	0.017	[1172]
二苯并[a,d]环庚三烯亚基 (dibenzo[a,d]cycloheptenylidene) **903**··	相应重氮化合物	0.3787	0.0162	[1172]

注：分子结构列在表后。
a. 单晶数据，确定 D 和 E 符号。

当 C·· 原子并合成环状 π 体系时，也会产生类似的效果。芴-9-叉基（**899**··）的 $\|D\|$ 几乎与二苯基亚甲基（**36**··）的相同，但二萘基亚甲基（**891**··）的 $\|D\|$ 要小得多。与对单蒽基类似物（**894**··）相比，在二蒽基亚甲基（**895**··）还发现远不及预期的非常小的 $\|D\|$。这些发现可根据空间位阻来解释，该空间位阻迫使 **891**·· 和 **895**·· 中两个芳基单元几乎彼此垂直，CC··C 角接近 180°。于是，三重态卡宾

的 NBMO σ_y 需要一个"几乎纯的"p 轨道特征，它理应被重新命名为 π_y；因此，这个电子构型表达成 $\pi_y^{\uparrow}\pi_z^{\uparrow}$。由于 π_y 和 π_z NBMO 中的两个未配成对电子中的每一个都各自离域到一个独立的均三甲苯基（芙基）或蒽基 π 体系中，因此与假设的平面二芙基亚甲基和二蒽基亚甲基相比，即一个电子保持定域（σ_y）而另一个（π_z）离域到两个 π 体系中，|D| 值减小。几乎垂直的几何形状意味着呈几乎轴对称 D_{2d}，与非常小的 E 值一致，尤其是对于 **895··**。在如萘基亚甲基 **892··**、**893··**，以及喹啉基亚甲基 **896··**、**897··** 等一些三重态卡宾中，几何异构性和自旋分布的分析详见文献 [1173]。尽管较大卡宾的单-三重态能隙小于母体 **40··** 的能隙，但表 11.3 中所列举的所有烃卡宾的基态都是三重态。然而，单重态可以是一些含杂原子卡宾的基态[437]。

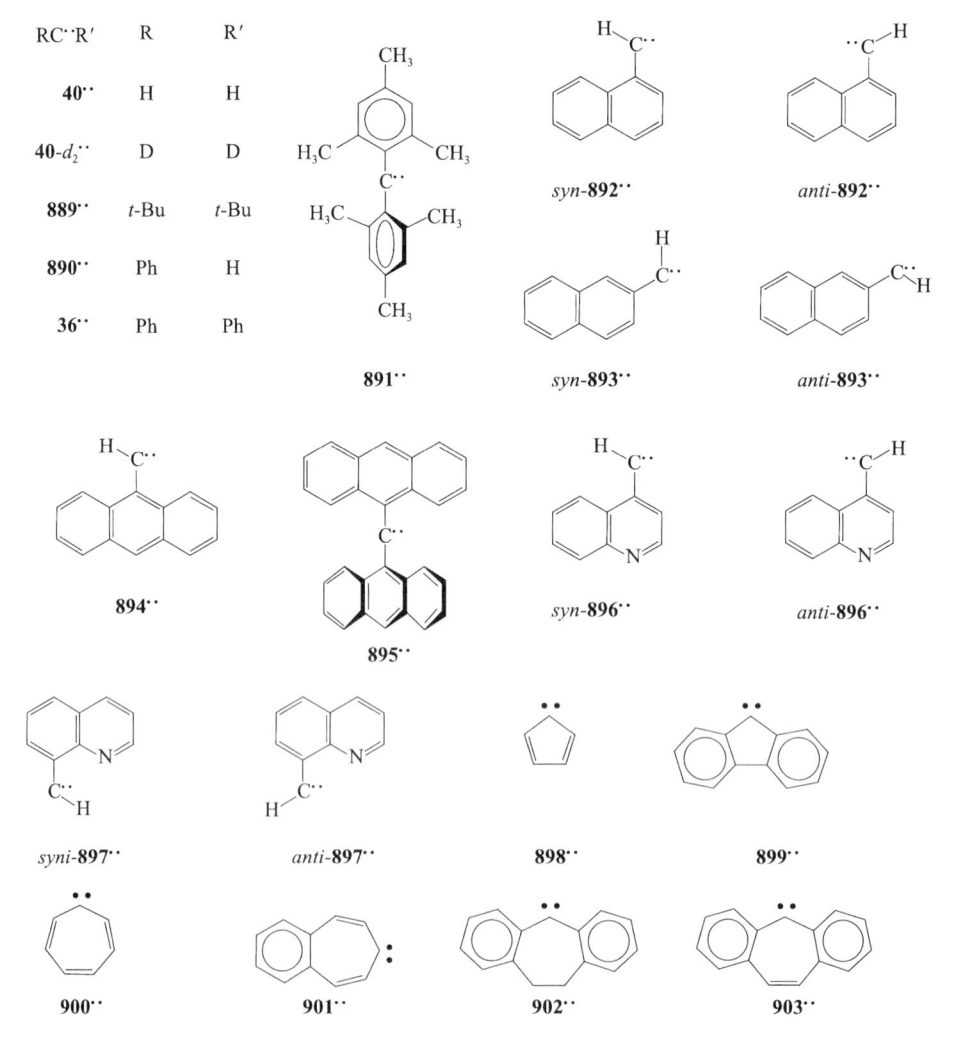

最简单氮宾的单重态和三重态，HN：(**904：**) 和 HN··(**904··**)，分别与对应的卡宾 H_2C：(**40：**) 和 H_2C··(**40··**) 是等电子的。然而，用氮宾中的二价 N 原子替换卡宾中的二价 C 原子带来显著影响，这意味着卡宾中一个 C—H σ 键的两个电子被氮宾中的 N 孤电子对所取代。这是因为这两个 NBMO 现在大体上是 π_y 和 π_z，都具有"纯"p 轨道性质和简并。如图 11.2 所示，单重态 HN：(**904：**) 有一个"闭壳层"组分 $\pi_y^2 \leftrightarrow \pi_z^2$（中图）和一个"开壳层"组分 $\pi_y^\uparrow \pi_z^\downarrow \leftrightarrow \pi_y^\downarrow \pi_z^\uparrow$（左下图），它比电子组态为 $\pi_y^\uparrow \pi_z^\uparrow$（右下图）的三重态 HN··(**904··**) 高 150 kJ/mol。单重态-三重态的能级差因此是相应最简单卡宾的四倍。虽然在取代的氮宾中这个能隙会减小，但它仍然相对较大，所以迄今为止所研究的氮宾的基态都是三重态。

HN··(**904··**) 与一部分三重态烷基氮宾和芳基氮宾的 D 和 E 列在表 11.4 中[1174-1177]。三重态 HN·· 尚未通过 ESR 进行表征，但其 $|D|$ 值是通过气相光谱法测得。在氮宾中该值是相应卡宾（表 11.3）的两倍左右，它随着未配对的 π_z 电子离域到烷基特别是到芳基取代基而减小。因为 D 与 r^{-3} 成比例，所以在氮宾中这两个未配对电子之间的平均距离 r 比在卡宾中短约 25%。这是 N 原子高于 C 原子的核电荷所导致的 NBMO π_y 和 π_z 收缩的结果。1971 年，有一篇关于氮宾的综述[1175]，最近又有一篇比较讨论了它们相对于卡宾的物理和化学性质的综述[408]。

表 11.4　部分三重态氮宾的零场分裂参数 D 和 E

（单位：cm^{-1}）

化合物	R	$\|D\|$	$\|E\|$	参考文献
氮宾(nitrene) **904··**	H	1.86	0	[1174,1175]
甲基氮宾(methynitrene) **905··**	甲基	1.595	<0.003	[1175]
正丙基氮宾(n-propylnitrene) **906··**	正丙基	1.607	0.0034	[1175,1176]
叔丁基氮宾(tert-butylnitrene) **907··**	叔丁基	1.625	<0.002	[1175,1176]
环戊基氮宾(cyclopentylnitrene) **908··**	环戊基	1.575	<0.002	[1175,1176]
环己基氮宾(cyclohexylnitrene) **909··**	环己基	1.599	<0.002	[1175,1177]
二苯甲基氮宾(diphenylmethylnitrene) **910··**	二苯甲基	1.636	<0.002	[1175,1176]

续表

化合物	R	$|D|$	$|E|$	参考文献
三苯甲基氮宾（triphenylmethylnitrene） 911··	三苯甲基	1.660	<0.002	[1175,1177]
苯基氮宾（phenylnitrene） 41··	苯基	0.9978	<0.002	[1175]
联苯-4-氮宾（4-biphenylnitrene） 912··	联苯-4-基	0.9367	<0.003	[1175]
萘-1-氮宾（1-naphthylnitrene） 913··	萘-1-基	0.7890	<0.002	[1175]
萘-2-氮宾（2-naphthylnitrene） 914··	萘-2-基	1.0083	<0.003	[1175]
蒽-1-氮宾（1-anthrylnitrene） 915··	蒽-1-基	0.6625	<0.003	[1175]
蒽-2-氮宾（2-anthrylnitrene） 916··	蒽-2-基	0.7779	<0.003	[1175]
吡啶-3-氮宾（3-pyridinylnitrene） 917··	吡啶-3-基	1.0048	<0.003	[1175]

注：结构通式是RN··，R如表中所列。

卡宾和氮宾，分别通过光解相应的重氮化合物和叠氮化物而在基质中产生（2.4节）。有时，芳香酮被用作光敏剂。

三重态的环烷烃-1,3-二基

该类化合物中，第一个用ZFS参数进行表征的是三重态环戊烷-1,3-二基（**38··**）。三重态环丁烷-1,3-二基（**869**）的ESR谱尚未被观测到，但其一些由1,3-取代基而趋于稳定的衍生物可用于ESR研究。表11.5中给出了**38··**的D和E，同时还列举了1,3-二苯衍生物（**39··**）和三种1,3-取代的环丁烷-1,3-二基的参数[399-401,1178]。在三重态环烷烃-1,3-二基携带自旋的1、3位置上，用乙烯基或苯基取代导致$|D|$减小，正如预期的那样，两个未配对电子离域到取代基的π体系，从而增大了两个电子之间的平均距离。这种离域被观察到的 ^{1}H 耦合常数 a_H 所证实，它们是从ESR谱中半场位置上的弱各向异性的"$\Delta M_S=\pm 2$"组分的超精细分裂中获得；这些 a_H 也一起列在表11.5中。

表11.5　部分环烷烃-1,3-二基的零场分裂参数 D、E（cm^{-1}）和超精细数据（mT）

1,3-二甲基环丁烷-1,3-二基 (1,3-dimethylcyclobutane-1,3-diyl) 871··	H₃C–·〈CH₂(β)／CH₂(β')〉·–CH₃	$|D|$ $|E|$ 4H(β) 6H(β')	0.112 0.005 +3.2 +1.6	[1178]

续表

1,3-二苯基环丁烷-1,3-二基 (1,3-diphenylcyclobutane-1,3-diyl) **918··**		$\|D\|$ $\|E\|$ $4H(\beta)$ $4H_o, 2H_p$ $4H_m$	0.060 0.002 +2.25 −0.3 +0.05	[1178]
1,3-二乙烯基环丁烷-1,3-二基 (1,3-divinylcyclobutane-1,3-diyl) **919··**		$\|D\|$ $\|E\|$ $4H(\beta)$ $H2', 2''$ $H1', 1''_{exo, endo}$	0.050 0.001 +1.9 +0.2 −0.7	[1178]
环戊烷-1,3-二基 (cyclopenta-1,3-diyl) **38··**		$\|D\|$ $\|E\|$	0.084 0.002	[399, 400]
1,3-二苯基环戊烷-1,3-二基 (1,3-diphenylcyclopenta-1,3-diyl) **39··**		$\|D\|$ $\|E\|$ $2H(\beta)$ $2H(\beta')$ $4H_o, 2H_p$ $4H_m$	0.045 0.001 +2.4 +1.4 −0.3 <0.1	[401]

在 **871··**、**918··**、**919··** 和 **39··** 中，对于桥连带自旋的 1、3 位置上亚甲基 β 质子，所观察到的大耦合常数与这类质子的预期一致["Whiffen 效应"，式（4.11）]。这些常数与自旋布居 $\rho^\pi_{1,3}$ 成正比，$|D|$ 也是（大致）如此，正如在结构上与 **39··** 相关的一系列三重态 1,3-二基中所发现的那样[1179]。**871··** 的甲基 β 质子、**919··** 的乙烯基 α 质子、**39··** 与 **918··** 的苯基 α 质子等的耦合常数 a_H，约为乙基（**59··**）（表 7.1）、烯丙基（**65·**）（表 8.2）和苄基（**88·**）（表 8.1）等自由基中相应值的一半。所有环烷烃-1,3-二基都假定是平面的，并且具有基态单重态。这一假设得到了母体二基 **869··** 和 **38··** 等计算结果的支撑，这表明 **869··**（7.1 kJ/mol）的单-三重态能隙几乎是 **38··**（3.8 kJ/mol）的两倍[1180]。在 $\pi(2p_z)$-NBMO 中，两个电子贯穿空间的相互作用将导致基态单重态，但这被连接它们的亚甲基的类 π 轨道介导的贯穿化学键耦合而失衡。对于较小的环，这两种效应都更加明显，因此在 **869··** 中基态单重态相对于 **38··** 的优先也是如此。环丁二基和一些非凯库勒烃（见下节）中的自旋分布，详见文献 [1181]。

在冷冻二甲基四氢呋喃或其他玻璃状溶剂中，环烷烃-1,3-二基是通过相应偶氮化合物的光解而形成的。

三重态的非凯库勒烃

术语"非凯库勒"(non-Kekulé)适用于偶共轭体系(8.1 节),对于该系统,不可能写出少于两个非 π 键键合 C· 原子的 Kekulé 公式(2.4 节)。这样的体系具有两个单独占据 π NBMO 的电子(8.1 节)。它们最简单的代表,结构式如 2.4 节所示,是三亚甲基甲烷(TMM,**42··**,ESR 谱如图 4.9 所示)、四亚甲基乙烷(TME,**43··**)、间二亚甲基苯(间苯醌二甲烷,**44··**)和 1,8-二亚甲基萘(**45··**)。表 11.6 列举了 **42··** ~ **45··** 及其一些衍生物的 D 和 $E^{[410-417,419,420,1182-1187]}$。其中,甲亚基环戊基-1,3-二基 **46··** 和 **920··** ~ **922··** 是 TMM(**42··**)的环状衍生物,亚甲基环己烷-1,4-二基 **47··** 是 TME(**43··**)的环状类似物。

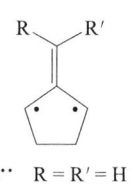

920·· R = R′ = H
46·· R = R′ = Me
921·· R = Ph, R′ = H
922·· R = R′ = Ph

924··

表 11.6 部分非凯库勒烃及其衍生物的零场分裂参数 D 和 E

(单位:cm^{-1})

化合物	$\|D\|$	$\|E\|$	参考文献
三亚甲基甲烷(trimethylenemethane, TMM)[a] **42··**	0.025/0.024 +0.0248 0.0219	<0.001 0.0003[b] <0.0054[c]	[410,411] [1182] [1183]
2-亚甲基环戊烷-1,3-二基 (2-methylenecyclopentane-1,3-diyl)[d] **920··**	0.0265	0.0055	[1184]
2-亚丙基环戊烷-1,3-二基 (2-isopropylidenecyclopentane-1,3-diyl)[de] **46··**	0.0256	0.0034	[416,1184]
2-苯基亚甲基环戊烷-1,3-二基 (2-benzylidenecyclopentane-1,3-diyl)[d] **921··**	0.0196	0.004	[1184]
2,2-二苯基亚甲基环戊烷-1,3-二基 (2,2-diphenylmethylidenecyclopentane-1,3-diyl)[d] **922··**	0.180	0.0025	[1184]

续表

化合物	$|D|$	$|E|$	参考文献
四亚甲基乙烷 (tetramethyleneethane, TME)[a] **43**··	0.025	<0.001	[412]
2,3-二亚甲基环己烷-1,4-二基 (2,3-dimethylenecyclohexane-1,4-diyl)[e] **47**··	0.0204	0.0016	[417]
间二亚甲基苯 (*m*-benzoquinodimethane)(*m*-xylylene)[e] **44**··	0.011	<0.001	[413]
7,7,7′,7′-四苯基-1,1′-联苯(Schlenk 烃) (7,7,7′,7′-tetraphenyl-*m*-benzoquinodimethane) (Schlenk's hydrocarbon)[ef] **48**··	0.0064 0.0079	0.0006 <0.0005	[1185] [419]
1,1,1′,1′-四苯基-4,4′-联苯-1,1′-二醌二甲烷 (Chichibabin 烃) (1,1,1′,1′-tetraphenyl-*p*-benzoquinodimethane) (Chichibabin's hydrocarbon)[e] **923**··	0.0135	0.0005	[1186]
1,8-二亚甲基萘 (1,8-naphthoquinodimethane)[e] **45**··	0.0218	0.0021	[415]
苊-1,3-二基(perinaphtha-1,3-diyl)[f] **49**··	0.026	<0.002	[420]
2,3-二氢环庚三烯并[*de*]萘-1,4-二基 (1,4-dihydronaphtho[1,8-*de*][1,2]diazepine) (2,3-dihydropleiadiene)[d] **924**··	0.018	<0.003	[414,1187]

注：脚注表明分子结构的出处。a. 见 2.4 节第 31 页；b. γ辐照的亚甲基环丙烷单晶；c. 当温度从 196 K 升至 233 K 时，出现低对称的三重态，这个变化是可逆的；d. 见本小节插图和参考表 8.15；e. 见 2.4 节第 31 页；f. 见 2.4 节第 31 页。

随着 π 体系的扩展和自旋中心 π 自旋布居的减少，$|D|$ 变小。如 4.4 节所述，根据 ESR 谱中半场位置"$\Delta M_S = \pm 2$"组分的超精细分裂，确定了 **42**·· 中六个质子的耦合常数是 (0.90 ± 0.01) mT，后来也在"$\Delta M_S = \pm 1$"组分中观察到了这种超精细结构（图 4.9）[772]。在 **43**·· 中八个质子也具有类似的值，同样是从"$\Delta M_S = \pm 2$"组分的裂分中而解析。这两个值分别与 **42**·· 和 **43**·· 中三个和四个与质子相连的 π 中心上的 π 自旋布居的期望值一致。在苊-1,3-二基（**49**··）的 ESR 谱中，所有组分都表现出因两个 β 质子大耦合常数（+2.6 mT）的超

精细分裂，这也与两个 π 中心之间的亚甲基中此类质子的预期值相一致（"Whiffen 效应"）。

根据 Hund 规则，非凯库勒烃在基态单重态时应该是顺磁性的。对于两个 NBMO 无法根据它们在不同 π 中心上延伸［非不相交的 NBMO（non-disjoint NBMO）］而分开的那些非凯库勒烃，这一规则预计同样适用。然而，当这两个 NBMO［不相交的 NBMO（disjoint NBMO）］可以进行类似这样的分离时，Hund 规则预计会失败，非凯库勒烃应该具有基态单重态[409]。理论计算结果表明 TMM（**42··**）[410,411,1188-1191] 和间二亚甲基苯（**44··**）[1191,1192] 处于三重态基态，它们具有非分离的 NBMO，为 Hund 规则所预测和实验所证实[413,1193]。相比之下，对于具有不相交 NBMO 的平面 TME，单重态（**43：**）和三重态（**43··**）的能量必须接近，这灵敏地取决于两个烯丙基单元的共面性[1194]；支持基态单重态或具有可热及三重态的基态单重态的实验证据并不确凿[409]。

作为间二亚甲基苯（**44··**）的四苯基衍生物，Schlenk 烃（**48··**）及其异构体 Chichibabin 烃（**923··**），都含有两个三苯基甲基（**1·**）单元。这两种化合物为人所知已有一个多世纪了，并以首次合成它们的化学家的名字来命名[1195,1196]。当将它们溶解时，观察到分辨率良好的 ESR 谱（将其归类为双自由基），被证明是由于它们相互之间或与溶剂反应而形成单自由基[1185,1197,1198]。尽管 Schlenk 烃（**48··**）如其母体间二亚甲基苯（**44**）那样，肯定是非凯库勒烃 π 体系，但 Chichibabin 烃可以表示成要么是所有电子均两两配对的醌型分子 **923**，要么是具有两个未配对电子的 **923··**[419]。相应地，三重态 **48··** 是基态，能级差比单重态低 13 kJ/mol，而热可及三重态 **923··** 比其基态单重态高 23 kJ/mol[1186]。这两个分子与它们的单自由基对应物三苯基甲基（**1·**）相似，稍微偏离共平面。

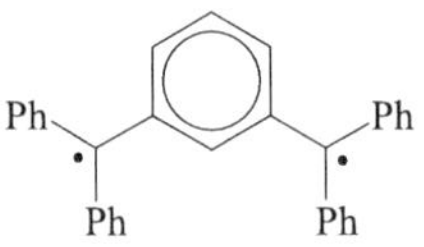

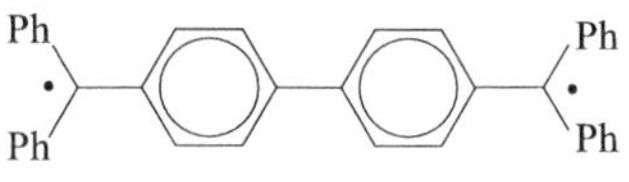

48·· 和 **923··** 这两种烃是由它们的卤化物前体与锌反应，或电解相应的阳离子制备的，并在冷冻甲苯中观察到它们的三重态谱图。其余非凯库勒烃的三重态通常是在冷冻二甲基四氢呋喃中光解相应的偶氮化合物而产生的（第 31 页）。

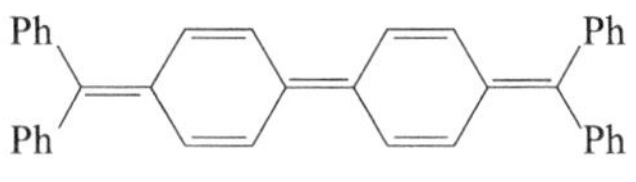

轴对称分子的三重态离子和二价离子

中性奇数自由基的 SOMO 吸收一个 π 电子产生阴离子，而从该分子轨道（交替烃中的 NBMO）中去除一个 π 电子则产生阳离子。当自由基阴离子的

SOMO（通常是 LUMO）再摄入另外一个 π 电子时变成二价阴离子，而自由基阳离子从 SOMO（通常是 HOMO）再释放另外一个 π 电子时则形成二价阳离子（图 8.1）。一般由此而得的离子和二价离子是所有电子均配对的闭壳单重态。然而，在轴对称分子（$n \geqslant 3$ 的旋转对称轴 C_n）中，前线轨道可以是简并的，因此这些离子或二价离子在开壳层中有两个 π 电子，形成三重态基态或热可及三重态。对具有这种结构的一些离子和二价离子已进行了一些 ESR 研究，D 和 E 列在表 11.7 中[175,283,286,421,425-428,1199]。

表 11.7　部分三重态离子和二价离子的零场分裂参数 D 和 E

(单位：cm^{-1})

化合物	$|D|$	$|E|$	参考文献
环戊二烯基(cyclopentadienyl)[a] **50**·· +	0.1844	0	[425]
五氯环戊二烯基(pentachlorocyclopentadienyl)[a] **51**·· +	0.1495	<0.002	[426,427]
五苯环戊二烯基(pentaphenylcyclopentadienyl)[b] **52**·· +	0.1050	0	[427,428]
六氯苯(hexachlorobenzene)[b] **53**·· 2+	0.1012	<0.003	[286]
9,10-苯并菲(三亚苯)(triphenylene)[c] **388**·· 2−	0.0458	0.0089	[1199]
蔻(coronene)[c] **392**·· 2−	0.053	0	[421]
1,3,5-三苯基苯 (1,3,5-triphenylbenzene)[d] **412**·· 2−	0.111	<0.001	[175]
十环烯(decacyclene)[e] **886**·· 2−	0.021	0	[175]
六氮杂十八氢蔻(2a,4a,6a,8a,10a,12a-六氮杂-1,2,2a,3,4,4a,5,6,6a,7,8,8a,9,10,10a,11,12,12a-十八氢蔻) (hexaazaoctadecahydrocoronene)[f] **799**·· 2+	0.0550	0.0024	[283]

注：脚注表明分子结构的出处。a. 见 2.4 节第 33 页；b. 见 2.4 节第 33 页；c. 表 8.8；d. 表 8.11；e. 表 11.2；f. 表 9.34。

分子轨道模型(8.1 节)预测了分别是 D_{5h} 和 D_{6h} 对称性的五元和六元闭合共轭环的 HOMO $\psi_{|1|}$ 是二重简并的(图 8.2)。当 $\psi_{|1|}$ 被四个电子完全占据时，环戊二烯基阴离子(**50**−)是符合 Hückel($2+4m$)规则的单重态，但在 $\psi_{|1|}$ 中具有三个

电子的相应中性自由基(**50··**)(表 8.5)是具有简并基态的二重态。通过对 **50··+**(g_{iso} =2.0023)及其五氯代衍生物(**51··+**)(g_{iso} =2.0070)和五苯基衍生物(**52··+**)的 ESR 研究,证实了在 $\psi_{|1|}$ 的两个轨道中每个轨道中具有未配对电子的环戊二烯基阳离子应处于基态单重态的预测。从苯的完全占据的简并 HOMO $\psi_{|1|}$ 中去除一个电子,这是 Huckel 规则的一个范例,导致其自由基阳离子 **62·+**(表 8.8),该分子轨道中有三个电子和简并基态,而再失去一个电子应产生三重态 **62··2+**,其中 $\psi_{|1|}$ 的两个轨道中各有一个未配对的电子。这一预测也通过观察六氯苯自由基二价阳离子(**53··2+**)(g_{iso} =2.0116)得到了证实,该二价阳离子具有与 **50··2+** 和 **51··2+** 一样的基态单重态。**52··2+** 和晶体 **799··2+** 的三重态是热可及的。

环戊二烯基阳离子(**50··2+**)和一个 4π 电子物种的 TMM(**42··**)的理论方面,详见综述[1190]。

研究发现,具有 D_{3h} 对称性的几种烃如 9,10-苯并菲(三亚苯,**388**)、1,3,5-三苯基苯(**412**)和十环烯(**886**)等的二价阴离子处于基态单重态,但具有相同对称性的䓛(**392**)二价阴离子具有热可及三重态。**388**、**392**、**412** 和 **886** 的 $|D|$ 和 $|E|$(表 11.7),小于处于光激发三重态中的相应中性分子 **388*··**、**392*··**、**412*··** 和 **886*··** 的值(表 11.2),因为在二价阴离子中两个负电荷的相互排斥增大了未配对电子之间的平均距离 r。

环戊二烯基阳离子(**50··+**)及其五氯代衍生物 **51··+** 分别由溴代和六氯环戊二烯与 SbF_5 反应来制备,五苯基取代阳离子 **52··+** 是五苯基环戊二醇与 BF_3 反应而获得。所有样品都需冷冻才能用于 ESR 研究。二价阳离子 **53··2+** 是将固体六氯苯与用氯气饱和的 $SbCl_5$ 黏性溶液混合而产生。二价阴离子是由中性化合物与碱金属长时间还原产生的,首选在玻璃状 MTHF 中。

具有两个 π 单元和一个隔断物的分子的三重态阴离子

当分子含有两个由适当中间隔断隔开(通常等性的)的 π 体系时,还原可以导致三重态基态或热可及三重态的二价阴离子,其中两个 π 单元各自携带一个额外的未配对电子。在四苯基取代的二苯并[2.2]对环蕃-1,9-二烯(**510**)三重态二价阴离子中,对环蕃单元就充当了两个侧向的邻三联苯单元之间的中间隔断,而 **510** 的自由基阴离子和三价阴离子如表 8.22 所示[156]。在 **135**(**1**)[423] 和 **136**(**2**)[424](结构参见第 156 页)的三重态二价阴离子中,中间隔断分别是螺环丁基和由两个稠合的降冰片基,该片段都在其 2 和 3 位连接到两个萘单元。螺二芴(**117**)也发现会形成三重态二价阴离子[141],其自由基阴离子给出了如图 6.22 所示的 ESR 谱。**117** 具有 D_{2d} 对称性,两个相互正交的类联苯单元由中心螺 C 原子连接。三重态可能是所有四个二价阴离子的基态，如 **510**·· ²⁻ 的实验所验证的。

在中性化合物于 MTHF 中与钾长时间接触后的冷冻溶液，观察到 **510**·· ²⁻、**135(1)**·· ²⁻、**136(2)**·· ²⁻ 和 **117**·· ²⁻ 等的 ESR 谱。（**510**·· ²⁻ 的 ESR 谱也可以在 150 K 的黏性四氢呋喃中获得。）以 mT 为单位的 D' 分别是 3.35、4.7、5.7 和约 6，所对应的平均距离 [式 (2.7)] 分别是 **510**·· ²⁻ 中两个邻三苯基单元间的 940 pm，**135(1)**·· ²⁻ 和 **136(2)**·· ²⁻ 中两个萘单元间的 790 pm，**117**·· ²⁻ 中两个联苯单元间的 780 pm。

一般三重态基态或热可及三重态分子的 g_{iso} 不会被报道。

附　　录

A.1　作为自旋标记和自旋加成的硝酰基氧基

自旋标记

当有机小分子被嵌入生物大分子中时，它们可以提供有关这些大分子的分子结构和生物功能的信息。这些小分子被称为标记物，这些信息与 X 射线晶体分析获得的信息是互补的。第一类标记物是荧光和染料分子，它们在生物分子中的性质和行为通过辐射和吸收光谱来研究[1200]。随着 ESR 谱学的出现，该工具已成为光学研究的替代品。具有未配对电子自旋的适当标记物，即所谓的自旋标记[17k]，是持久性的中性自由基，通常是与 2,2,6,6-四甲基哌啶-1-氧基自由基（**292·**）及其 4-氧代衍生物（TEMPO，**8·**）有关的硝酰基氧基（表 7.20）[1201]。它们可以共价结合或通过扩散而整合到生物大分子中。硝酰基氧基的突出超精细特征是由 ^{14}N 核造成的三重超精细峰，其中各个峰的形状和宽度则由各向异性的 g 因子和超精细相互作用共同来决定，如二叔丁基亚硝酰基氧基自由基（**108·**，图 6.19）。这些影响灵敏地受到环境的影响，对于自旋标记而言，环境是周围的生物结构。因此，硝酰基氧基标记的 ESR 谱反映了这种材料的结构，尤其是其黏度，影响了自由基的迁移速率。首次对自旋标记进行的简要回顾，是 1968 年[1202,1203]，几年后，有几位作者对此进行更全面的考虑，最终形成了两卷专著[1204]。该技术已被用于研究脂质和膜[1204b,1204c,1204d,1205]、蛋白质和核酸[1202,1204f,1206]、酶[1204a]和聚合物[1204e]的结构，在适当条件下同样可以应用于体外和体内体系[1207-1209]。

自旋捕获

只有当自由基以足够的浓度产生时，才能通过 ESR 谱直接识别溶液中的短寿命自由基，这有时可以通过原位或优选在快速混合流动体系中光催化产生它们来实现。一种特别适用于化学反应的替代方法是将瞬态自由基加成到适当结构的分子中，从而产生稳定的二级自由基。相应分子称为自旋捕获剂，瞬态自由基对它们的加成反应称为自旋捕获[17g]。常规的自旋捕获剂是亚硝基化合物 $R'N=O$ 和硝酮 $R'CH=N^+(R'')-O^-$，它们与短寿命的原初自由基 $R·$ 的加成，形成作为自旋加成产物的持久硝酰基氧基自由基。

自旋捕获剂　　　　　　　　　　　自旋加成物
$R·+R'N=O$　　　　　　　　　⟶　　$R'RN-O·$
$R·+R'CH=N^+(R'')-O^-$　　⟶　　$R'RCH-N(R'')-O·$

亚硝基叔丁烷（t-BuN=O，**925**）[1210-1212] 和苯基叔丁基硝酮（PBN，**926**）[1213-1216] 是最常见的自旋捕获剂，与各种短寿命的自由基 $R·$ 反应，如烷基、烷氧基、酰基、氨基、硫基、苄基，甚至羟基和苯基。

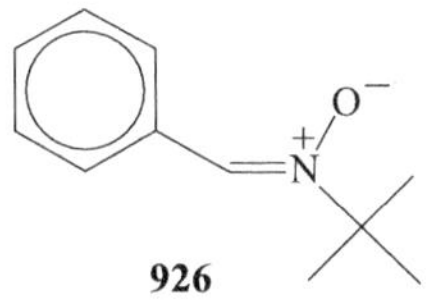

926

亚硝基化合物 $R'N=O$ 作为自旋捕获剂的优点是在自旋加成物 $R'RN-O·$ 的 ESR 谱中，$R·$ 的磁性核给出明显的额外的超精细分裂。因此，烷基的 $α$ 质子在加成产物中变成 $β$ 质子，它们的超精细图谱展示这些质子的数量。除了硝酰基氧基的三重超精细分裂，在以 N 原子为中心的自由基中 ^{14}N 核给出另外一种三重超精细分裂。在捕获苯基自由基时，在自旋加成物中观察到其质子的耦合常数，$|a_H|$ 的大小顺序是对位≥邻位≫间位（8.2 节）。在这方面，**925** 特别有用，因为其九个叔丁基 $γ$ 质子的小分裂通常无法分辨；甚至更有利的是全氘代化合物 **925**-d_9。甲基、琥珀酰亚氨基（N 原子中心自由基）和苯基等与 **925** 的加成，分别形成如下所示的硝酰基氧基自由基 **927·**～**929·**：

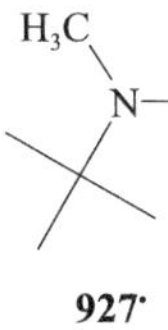

927· 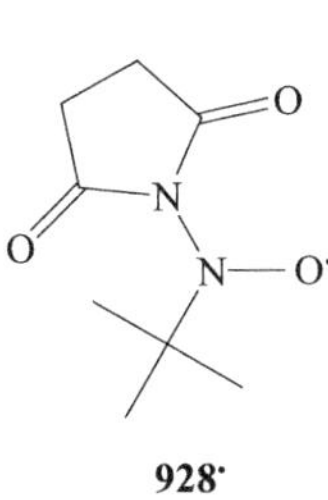　　　　　　**928·** 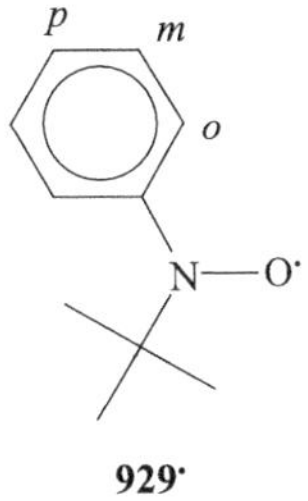　　　　　　**929·**

硝酰基氧基的耦合常数 a_N 随着加成基团 **R** 的吸电子能力而变化。当烷氧基、硫基和酰基与 $R'N=O$ 相连时，a_N 的变化范围分别是 $+2.7\sim+2.8$ mT、

+1.7～+1.85 mT 和+0.7～+0.85 mT。此外，当与 N 相连的基团 **R** 的原子属于第二周期元素而不是第一周期元素时，硝酰基氧基的 g_{iso} 从约 2.006 增加到 2.007。亚硝基自旋捕获剂的缺点是它们对光解的不稳定性，导致二聚和副反应，以及它们的一些自旋加成物倾向于分裂成一个亚硝基化合物和一个原初自由基以外的自由基。

与亚硝基捕获剂相比，硝酮自旋捕获剂 R′CH＝N$^+$(R″)—O$^-$ 和由此形成的硝酰基氧基 R′RCH—N(R″)—O· 就稳定许多，但原初自由基 **R**· 的甄别可不那么简单。这是因为除了 ^{14}N 的三重超精细峰之外，加成产物硝酰基氧基的 ESR 谱还会因次甲基 β 质子而呈现出明显的分裂，并且加成基团 R 的磁性核仅产生微小的超精细特征。然而，使用 ^{1}H-ENDOR 与 ^{14}N-ENDOR 技术和 **926** 的氘代衍生物作为自旋捕获剂，可获得更详细的数据[1216]。

有关自旋捕获，再三地被整理成综述[77-79]。最近的一项调查描述了这项技术在活细胞中的应用，用于原位甄别瞬态 C 和 O 中心自由基，并深入了解它们在生物学中的作用[1217]。

A.2 自由基阴离子抗衡离子中碱金属核的超精细分裂

在醚溶剂中自由基阴离子与其碱金属抗衡离子的缔合（离子配对），如 6.6 节所考虑。如前所述，对于具有和不具有杂原子的自由基阴离子，离子对的结构通常是不同的。在烃自由基阴离子的离子对中，碱金属阳离子被溶剂化而位于分子平面上方或下方的 π 电子云中。但是，在含有杂原子的自由基阴离子离子对中，阳离子直接接触这些杂原子孤电子对的面内 σ 电子。与这两类自由基阴离子相关的碱金属核的超精细数据，见表 A.2.1[140,151,152,154,529,562,617,621,624,876,897,908,1218-1232] 和表 A.2.2[162,169,551,552,613-615,619,734,973,1004,1043,1051,1070,1230,1233-1251]，对于部分自由基二价阴离子的数据见表 A.2.3[67,188,189]。在自由基一价阴离子的离子对中，通常只有一个碱金属阳离子的磁性核给出超精细分裂。这种分裂似乎很少出自两个抗衡离子，例如，与环状偶氮烷烃 269～271 自由基阴离子缔合的抗衡离子中的两个 ^{7}Li（表 7.19 和表 A.2.2）。在平面烃自由基二价阴离子的 ESR 谱中，可以观察到分子平面上方和下方的两个等性抗衡离子的磁性核的超精细分裂。但是，非平面自由基二价阴离子的两个抗衡离子可以是不等价的，桥接的[11]轮烯和[15]轮烯二价阴离子（**494**· 和 **495**·）就是如此（表 8.19 和 A.2.3），其中只有一个阳离子 ^{23}Na 或 ^{39}K 具有可观察的耦合常数。

表 A.2.1 在 1,2-二甲氧基乙烷 (DME)、四氢呋喃 (THF)、2-甲基四氢呋喃 (MTHF) 和乙醚 (DEE) 中，部分烃自由基阴离子抗衡离子的碱金属核超精细数据

化合物	碱金属	溶剂	耦合常数/mT	温度/K	参考文献
苯(benzene)[a] 62·⁻	⁷Li	MTHF	0.169	220	[1218]
邻二甲苯(o-xylene)[b] 485·⁻	³⁹K	DME	0.017	193	[897]
对二甲苯(p-xylene)[b] 487·⁻	³⁹K	DME	0.0100	182	[1219]
	¹³³Cs	DME	0.3766		
萘(naphthalene)[a] 83·⁻	⁷Li	THF	0.019		[140,1220, 1221]
	⁷Li	MTHF	0.046		
	²³Na	DME	0.041		
	²³Na	THF	0.1036		
	²³Na	MTHF	0.1115		
	⁸⁵Rb	DME	0.0095		
	⁸⁷Rb	DME	0.0316		
	⁸⁷Rb	THF	0.0290		
	¹³³Cs	DME	0.1071		
	¹³³Cs	THF	0.1117		
二氢苊(acenaphthene)[c] 67·⁻	²³Na	DME	0.108		[1222]
匹拉省(pyracene)[c] 96·⁻	²³Na	THF	0.0146	243	[624,1223]
	²³Na	MTHF	0.0176	193	
蒽(anthracene)[a] 68·⁻	²³Na	THF	0.15		[1224,1225]
	²³Na	DEE	0.25		
	³⁹K	THF	0.01		
	³⁹K	DEE	0.262		
	¹³³Cs	DME	0.047		
	¹³³Cs	THF	0.055		
菲(phenanthrene)[a] 386·⁻	²³Na	THF	0.040		[1226]
芘(pyrene)[a] 387·⁻	³⁹K	MTHF	0.0057	249	[1227]
	¹³³Cs	MTHF	0.0714		
9,10-苯并菲(triphenylene)[a] 388·⁻	²³Na	MTHF	0.060		[1228]
	²³Na	DEE	0.085		
联苯(biphenyl)[d] 94·⁻	³⁹K	THF	0.0043	283	[1129] [1230]
	⁷Li	THF	+0.0017[e]		
	⁷Li	MTHF	+0.0023[e]		
	²³Na	DME	+0.0015[e]		
	²³Na	THF	+0.0036[e]		
	³⁹K	DME	0.0013[e]		
	⁸⁵Rb	DME	0.016[e]		
	⁸⁷Rb	DME	0.050[e]		

续表

化合物	碱金属	溶剂	耦合常数/mT	温度/K	参考文献
环辛四烯(cyclooctatetraene)[f] 64·⁻	[7]Li [23]Na	THF THF	0.02 0.09		[562]
二联苯叉基(biphenylene)[f] 396·⁻	[23]Na [39]K [133]Cs	THF THF THF	0.012 0.010 0.174		[1231]
奠(azulene)[g] 112·⁻	[7]Li [23]Na [39]K	THF THF DEE	0.0174 0.0538 0.0202		[1225]
苊(acenaphthylene)[h] 113·⁻	[39]K [133]Cs [133]Cs	THF DME THF	0.007 0.107 0.117		[617]
庚富瓦烯(heptafulvalene)[i] 448·⁻	[39]K	THF	0.023	183	[876]
反式1,4-二叔丁基-1,3-丁二烯 (1,4-di-*tert*-butylbuta-1,3-diene)[j] 90·⁻	[39]K [39]K [85]Rb [87]Rb [85]Rb [87]Rb [133]Cs [133]Cs	DME THF DME DME THF THF DME THF	+0.136 +0.146 +0.495 +0.167 +0.620 +2.11 +0.80 +0.99	270 280 240 240 280 280 240 280	[529]
反向-2,3-二叔丁基-1,3-丁二烯 (2,3-di-*tert*-butylbuta-1,3-diene)[j] 111·⁻	[39]K [85]Rb [87]Rb [133]Cs [133]Cs	DME DME DME DME THF	+0.155 +0.840 +2.84 +1.65 +2.57	260 260 260 240 320	[529]
1,6-甲桥[10]轮烯 (1,6-methano[10]annulene)[k] 85·⁻	[39]K	THF	0.008	243	[1232]
[2.2]间对环蕃 ([2.2]metaparacyclophane)[l] 95·⁻	[39]K	DME	0.062	168	[155]
1,2;9,10-二苯并[2.2]对环蕃-1,9-二烯 (1,2;9,10-dibenzo[2.2]-paracyclophane-1,9-diene)[l] 509·⁻	[39]K	DME	0.011	183	[154]
[2.2]对环蕃 [2.2]paracyclophane[l] 118·⁻	[39]K [39]K [133]Cs	THF MTHF THF	0.012 0.013 0.038	183 163 183	[152,621]

续表

化合物	碱金属	溶剂	耦合常数/mT	温度/K	参考文献
[2.2.2.2](1,2,4,5)环蕃 ([2.2.2.2](1,2,4,5)cyclophane)^l **511·−**	^{39}K ^{39}K	DME MTHF	0.075 0.103	183 210	[908]
3,7,10,14-四叔丁基-1,2,8,9-四去氢[14]轮烯 (3,7,10,14-tetra-*tert*-butyl-1,2,8,9-tetradehydro[14]annulene)^m **502·−**	^{7}Li ^{23}Na ^{39}K ^{133}Cs	DEE DEE DEE DEE	+0.913 +0.781 +0.235 +1.920	270 210	[151]
3,9,12,18-四叔丁基-1,2,10,11-四去氢[18]轮烯 (3,9,12,18-tetra-*tert*-butyl-1,2,10,11-tetradehydro[18]annulene)^m **503·−**	^{39}K ^{133}Cs	DEE DEE	+0.078 +0.655	270	[151]
3,11,14,22-四叔丁基-1,2,12,13-四去氢[22]轮烯 (3,11,14,22-tetra-*tert*-butyl-1,2,12,13-tetradehydro[22]annulene)^m **504·−**	^{39}K ^{133}Cs	DEE DEE	+0.060 +0.388	270	[151]

注：在室温下观察，除非另有说明。脚注指示分子结构式的出处。a. 表 8.8；b. 表 8.18；c. 表 8.9；d. 表 8.11；e. NMR；f. 表 8.10；g. 表 8.15；h. 表 8.14；i. 表 8.14；j. 表 8.6；k. 表 8.20；l. 表 8.22；m. 表 8.21。

表 A.2.2 在 1,2-二甲氧基乙烷（DME）、四氢呋喃（THF）、2-甲基四氢呋喃（MTHF）和乙醚（DEE）中，部分含杂原子阴离子的抗衡离子的碱金属核超精细数据

化合物	碱金属	溶剂	耦合常数/mT	温度/K	参考文献
吡嗪(pyrazine)^a **576·−**	^{7}Li ^{23}Na ^{23}Na ^{39}K ^{39}K ^{133}Cs	THF DME THF DME THF THF	0.070 0.052 0.059 0.010 0.011 0.127		[1233-1235]
1,4,5,8-四氮杂萘 (1,4,5,8-tetraazanaphthalene)^b **57·−**	^{23}Na ^{39}K	DME DME	0.095 0.020	223	[162]
2,2'-联吡啶(2,2'-bipyridyl)^c **594·−**	^{23}Na	DME	0.058	265	[1236]

续表

化合物	碱金属	溶剂	耦合常数/mT	温度/K	参考文献
1,10-菲罗啉 (1,10-phenanthroline)[c] 590·⁻	^{23}Na	DME	0.08	190	[973]
二(三甲硅基)二亚胺 [bis(trimethylsilyl)diimine][d] 737·⁻	^{23}Na	THF	0.105	190	[734]
偶氮苯(azobenzene)[e] 102·⁻	^{39}K ^{39}K	DME MTHF	+0.041 +0.035		[551]
3,3,5,5-四甲基-1-吡唑啉 (3,3,5,5-tetramethyl-1-pyrazo-line)[f] 269·⁻	^{7}Li ^{23}Na ^{39}K ^{133}Cs	DME DME DME DME	−0.116 +0.236 +0.058 +0.554	203 273 273	[552]
2,3-二氮杂双环[2.2.1]庚-2-烯 (2,3-diazabicyclo[2.2.1]hept-2-ene)[f] 270·⁻	^{7}Li ^{39}K ^{133}Cs	DME DME DME	−0.053 +0.055 +0.493		[552]
2,3-二氮杂双环[2.2.2]辛-2-烯 (2,3-diazabicyclo[2.2.2]-oct-2-ene)[f] 271·⁻	^{7}Li ^{39}K ^{133}Cs	DME DME DME	−0.112 +0.061 +0.547		[552]
二苯甲酮(benzophenone)[g] 609·⁻	^{7}Li ^{7}Li ^{23}Na ^{23}Na ^{39}K ^{39}K	DME THF DME THF DME THF	0.0673 0.032 0.1125 0.118 0.039 0.024		[169,1237,1238]
芴酮(fluorenone)[g] 114·⁻	^{23}Na ^{7}Li ^{23}Na ^{85}Rb ^{87}Rb ^{133}Cs	THF THF DME THF THF THF	+0.16 +0.025[h] +0.35[h] +0.09[h] +0.31[h] +0.06[h]	283 333 333 333	[169] [1230]
反式二苯基-1,2-乙二酮 (benzil)[i] 633·⁻	^{23}Na	DME	0.061	223	[1239]

续表

化合物	碱金属	溶剂	耦合常数/mT	温度/K	参考文献
邻二莱酰基苯 (o-dimesitoylbenzene)[i] **110**·−	[7]Li [23]Na [39]K [85]Rb [87]Rb [133]Cs	DME DME DME DME DME DME	+0.375 +0.695 +0.133 +0.491 +1.66 +1.02	220 220	[614,615]
邻苯半醌(o-benzoquinone)[j] **636**·−	[7]Li [23]Na [85]Rb [133]Cs	MTHF MTHF MTHF MTHF	0.064 0.050 0.025 0.093		[1004]
对苯半醌(p-benzoquinone)[j] **19**·−	[23]Na	DME	0.109		[1240]
2,3-二甲基对苯半醌 (2,3-dimethyl-p-benzoquinone)[j] **638**·−	[133]Cs	DME	0.026	383	[1241]
2,6-二甲基对苯半醌 (2,6-dimethyl-p-benzoquinone)[j] **640**·−	[7]Li [133]Cs	DME DME	0.020 0.024	185 373	[1241]
杜醌(duroquinone)[j] **641**·−	[23]Na [23]Na	DME THF	0.0387 0.0346		[1240]
1,2-萘醌 (1,2-naphthoquinone)[k] **646**·−	[7]Li [23]Na [85]Rb [87]Rb [133]Cs	DME DME DME DME DME	0.054 0.049 0.010 0.029 0.056	272 272 272 272 272	[1242]
9,10-蒽半醌 (9,10-anthraquinone)[k] **655**·−	[23]Na	DME	0.041		[1243]
1,2-苊醌 (1,2-acenaphthoquinone)[k] **653**·−	[7]Li [23]Na [39]K [85]Rb [87]Rb [133]Cs	DME DME DME DME DME DME	0.053 0.069 0.009 0.027 0.087 0.029		[1244]
邻苯二甲腈(phthalonitrile)[l] **665**·−	[23]Na [23]Na	DME MTHF	0.030 0.026		[1244]

续表

化合物	碱金属	溶剂	耦合常数/mT	温度/K	参考文献
对苯二甲腈 (terephthalonitrile)^l **667**$\cdot-$	^{23}Na ^{23}Na ^{23}Na ^{39}K	DME THF MTHF MTHF	0.030 0.038 0.046 0.013		[1245]
硝基苯(nitrobenzene)^m **115**$\cdot-$	^{7}Li ^{23}Na ^{23}Na ^{39}K ^{39}K ^{85}Rb ^{87}Rb ^{133}Cs ^{133}Cs	DME DME THF DME THF DME DME DME THF	0.0125 0.039 0.036 0.023 0.025 0.110 0.345 0.295 0.323	273	[619,1246, 1247]
1,2-二硝基苯 (1,2-dinitrobenzene)^m **689**$\cdot-$	^{23}Na ^{39}K ^{133}Cs	DME DME DME	0.038 0.022 0.330		[619]
1,3-二硝基苯 (1,3-dinitrobenzene)^m **116**$\cdot-$	^{7}Li ^{23}Na ^{39}K ^{85}Rb ^{87}Rb ^{133}Cs	DME DME DME DME DME DME	0.125 0.029 0.021 0.09 0.21 0.246	273 269	[619,1248]
4-硝基吡啶 (4-nitropyridine)^m **691**$\cdot-$	^{7}Li ^{23}Na ^{39}K	DME DME DME	0.030 0.034 0.021	273	[1249]
3,5-二硝基吡啶 (3,5-dinitropyridine)^m **692**$\cdot-$	^{23}Na ^{133}Cs	THF THF	0.025 0.219		[1043]
2,2'-二硝基联苯 (2,2'-dinitrobiphenyl)^n **698**$\cdot-$	^{7}Li ^{23}Na	DME DME	0.035 0.018		[1250]
4,4'-二硝基苯甲酮 (4,4'-dinitrobenzophenone)^n **702**$\cdot-$	^{23}Na ^{39}K	DME DME	0.027 0.017		[1051]

续表

化合物	碱金属	溶剂	耦合常数/mT	温度/K	参考文献
顺式1,6;8,13-二氧桥[14]轮烯 (syn-1,6;8,13-bisoxido[14]annulene)º **745·⁻**	²³Na	DME	0.020		[1070]
四氧杂卟啉烯 (tetraoxaporphycene)ᵖ **109·⁻**	⁷Li ²³Na ³⁹K ¹³³Cs	MTHF MTHF MTHF MTHF	−0.019 −0.030 −0.009 −0.076	198 198 198 198	[613]

注：在室温下观察，除非另有说明。脚注指示分子结构式的出处。a. 表9.8；b. 表9.9；c. 表9.10；d. 表9.27；e. 表9.13；f. 表7.19；g. 表9.14；h. NMR；i. 表9.16；j. 表9.17；k. 表9.18；l. 表9.19；m. 表9.21；n. 表9.22；o. 表9.28；p. 表9.42。

表A.2.3 在1,2-二甲氧基乙烷（DME）中，部分烃自由基二价阴离子的抗衡离子的碱金属核超精细数据

化合物	碱金属	耦合常数/mT	温度/K	参考文献
环庚三烯基(䓬基) (cycloheptatrienyl)(tropyl)ª **63·²⁻**	2²³Na	0.176	183	[188]
苯并䓬基(benzotropyl)ª **362·²⁻**	2²³Na 2³⁹K	0.107 0.039	193 193	[67]
二苯并䓬[1,2;4,5]基 (dibenzo[1,2;4,5]tropyl)ª **363·²⁻**	2²³Na	0.070	193	[189]
2,3-萘并䓬基 (2,3-naphthotropyl)ª **364·²⁻**	2³⁹K	0.038	193	[67]
1,6-甲桥[11]轮烯 (1,6-methano[11]annulenyl)ᵇ **494·²⁻**	1²³Na 1³⁹K	0.115 0.038	193 193	[67]
1,6;8,14-丙基桥-1,3-二次甲基[15]轮烯 (1,6;8,14-propane-1,3-diylidene[15]annulenyl)ᵇ **495·²⁻**	1²³Na 1³⁹K	0.066 0.038	193 193	[67]

注：脚注指示分子结构式的出处。a. 表8.5；b. 表8.19。

参 考 文 献

[1] D. J. E. INGRAM, *Free Radicals as Studied by Electron Spin Resonance*, Butterworth, London 1958.

[2] L. A. BLJUMENFELD, V. V. VOYEVODSKY, E. G. SEMIONOV, *Application of Electron Spin Resonance in Chemistry*, Siberian Akad. Nauk., Novosibirsk 1963; *Anwendung der Paramagnetischen Elektronenresonanz in der Chemie*, Akademische Verlagsgesellschaft, Leipzig 1966.

[3] A. L. BUCHACHENKO, *Stable Radicals*, Academy of Sciences Press, Moscow, 1963; English Edition: Consultants Bureau, New York 1965.

[4] P. B. AYSCOUGH, *Electron Spin Resonance in Chemistry*, Methuen & Co Ltd, London 1967.

[5] A. CARRINGTON, A. D. MCLACHLAN, *Introduction to Magnetic Resonance*, Harper und Row, New York, and J. Weatherhill inc., Tokyo 1967.

[6] F. Gerson, *Hochauflösende ESR Spektroskopie*, Verlag Chemie Weinheim 1967; English Edition: *High-Resolution ESR Spectroscopy*, Wiley, New York, and Verlag Chemie, Weinheim, Germany 1970.

[7] *Radical Ions*, E. T. Kaiser, L. Kevan (eds.), Wiley-Interscience, New York 1968; a) J. R. BOLTON, in Chapt. 1; b) N. HIROTA, in Chapt. 2; c) G. A. RUSSELL, in Chapt. 3; d) G. VINCOW, in Chapt. 4; e) K. W. BOWERS, in Chapt. 5; f) M. T. JONES, in Chapt. 6; g) G. URRY, in Chapt. 7; h) M. M. URBERG, E. T. KAISER, in Chapt. 8; i) W. H. HAMILL, in Chapt. 9.

[8] K. SCHEFFLER, H. B. Stegmann, *Elektronenspinresonanz*, Springer-Verlag, Berlin 1970.

[9] *Ions and ion pairs in organic reactions*, M. SZWARC (ed.), Wiley, New York, Vol. 1 1972; Vol. 2 1974; a) J. H. SHARP, M. C. R. SYMONS, in Vol. 1, Chapt. 5; b) E. DE BOER, J. L. SOMMERDIJK, in Vol. 1, Chapt. 7; c) J. L. SOMMERDIJK, E. DE BOER, in Vol. 1, Chapt. 8; d) M. SZWARC, J. JAGUR-GRODZINSKI, in Vol. 2, Chapt. 1.

[10] First edition: J. E. WERTZ, J. R. BOLTON, *Electron Spin Resonance*, McGraw-Hill, New York, 1972; Second Edition: J. A. WEIL, J. R. BOLTON, J. E. WERTZ, Wiley-

Interscience, New York 1994.

[11] First Edition: N. M. ATHERTON, *Electron Spin Resonance*, Halsted Press, London, 1973; Second Edition: *Principles of Electron Spin Resonance*, Ellis Horwood, New York 1993.

[12] L. KEVAN, L. D. KISPERT, *Electron Spin Double Resonance*, John Wiley & Sons, New York 1976.

[13] M. C. R. SYMONS, *Chemical and Biochemical Aspects of Electron Spin Resonance*, Halsted Press, New York 1978.

[14] J. E. HARRIMAN, *Theoretical Foundation of Electron Spin Resonance*, Academic Press, New York 1978.

[15] *Multiple Electron Resonance Spectroscopy*, M. M. DORIO, J. H. FREED (eds.) Plenum Press, New York 1979; a) D. S. LENIART, in Chapt. 2; b) J. H. FREED, in Chapt. 3; c) N. M. ATHERTON, in Chapt. 4; d) H. C. BOX, in Chapt. 10; e) M. D. KEMPLE, in Chapt. 12; f) K. MÖBIUS, R. BIEHL, in Chapt. 14.

[16] H. KURRECK, B. KIRSTE, W. LUBITZ, *Electron Nuclear Double Resonance Spectroscopy of Radicals in Solution*, VCH Publishers 1988.

[17] *Foundation of Modern EPR*, G. R. EATON, S. S. EATON, K. M. SALIKOV (eds.), World Scientific, Singapore 1998; a) S. A. GOUDSMIT, in Chapter A. 1; b) B. BLEANEY, in Chapt. A. 3; c) K. M. SALIKOV, in Chapt. A. 5; d) H. J. SHINE, in Chapt. C. 2; e) F. GERSON, in Chapt. C. 3; f) H. M. MCCONNELL, in Chapt. C. 4; g) E. G. Janzen, in Chapt. C. 5; h) A. J. BARD, T. M. MCKINNEY, I. B. GOLDBERG, in Chapt. E. 1; i) M. C. R. SYMONS, in Chapt. F. 1; j) R. W. FESSENDEN, in Chapt. F. 3; k) H. M. MCCONNELL, in Chapt. G. 5; l) K. H. HAUSSER, H. BRUNNER, in Chapt. H. 2; m) C. A. HUTCHINSON, JR., in Chapt. H. 3; n) S. S. EATON, G. R. EATON, in Chapt. H. 6; o) G. FEHER, in Chapt. H. 8; p) K. MÖBIUS, in Chapt. H. 9; q) J. S. HYDE, in Chapt. K. 1; r) A. SCHMALBEIN, in Chapt. K. 2.

[18] *Landolt-Börnstein*, *Magnetic Properties of Free Radicals*, K.-H. HELLWEGE, A. M. HELLWEGE (eds.), H. FISCHER, Vol. II/1, 1965; H. FISCHER, K. H. HELLWEGE (eds.), Springer-Verlag, Berlin, Vol. II/9: C. DAUL, H. FISCHER, J. R. MORTON, K. F. PRESTON, A. V. ZELEWSKY, Part a, 1977; A. BERNDT, H. FISCHER, H. PAUL, Part b, 1977; A. R. FORRESTER, F. A. NEUGEBAUER, Part c1, 1979; A. G. DAVIES, J. A. HOWARD, M. LEHNIG, B. P. ROBERTS, H. B. STEGMANN, W. UBER, Part c2, 1979; A. BERNDT, M. T. JONES, M. LEHNIG, L. LUNAZZI, G. PLACUCCI, H. B. STEGMANN, K. B. ULMSCHNEIDER, Part d1, 1980; A. R. FORRESTER, K. ISHIZU, G. KOTHE, S. F. NELSEN, H. OHYA-NISHIGUCHI, K. WATANABE, W. WILKER, Part d2, 1980; Supplement and extension to Vol. II/1, II/9, (H. FISCHER ed): C. DAUL, H. FISCHER, J. R. MORTON, K. F.

PRESTON, C. W. SCHLÄPFER, A. V. ZELEWSKY, Subvol. a, 1987; F. A. NEUGEBAUER, Subvol. b, 1987; A. BERNDT, F. A. NEUGEBAUER, Subvol. c, 1987; A. R. FORRESTER, Subvol. d, Part 1, Part 2, 1989; G. DEUSCHLE, J. A. HOWARD, D. KLOTZ, H. B. STEGMANN, P. TORDO, Subvol. e, 1988; A. BERNDT, L. GROSSI, M. T. JONES, M. LEHNIG, L. LUNAZZI, Subvol. f, 1988; TH. JÜLICH, D. KLOTZ, M. LEHNIG, H. B. STEGMANN, G. WAX, Subvol. g, 1989; H. C. CHANDRA, A. R. FORRESTER, K. ISHIZU, G. KOTHE, P. MEIER, S. F. NELSEN, H. OHYA-NISHIGUCHI, M. C. R. SYMONS, K. TAJIMA, A. TERAHARA, Subvol. h, 1990.

[19] *Electron Spin Resonance*, *Specialist Periodical Reports*, The Chemical Society, Chapters on organic radicals and triplets; Vol. 1 1973; Vol. 2 1974; Vol. 3 1976; Vol. 4 1977; Vol. 5 1978; Vol. 6 1981; Vol. 7 1982; Vol. 8 1983; Vol. 9 1985; Vol. 10 1986; Vol. 11 1988; Vol. 12 1990; Vol. 13 1992; Vol. 14 1994; Vol. 15 1996; Vol. 16 1998; Vol. 17 2000; Vol. 18 2002.

[20] G. E. UHLENBECK, S. GOUDSMIT, *Naturwissenschaften* 1925, 13, 953; *Nature* 1926, 117, 264.

[21] W. PAULI, *Z. Physik.* 1925, 31, 765.

[22] P. A. M. DIRAC, *Proc. Roy. Soc.* (London) 1928, A117, 610; 1928, A118, 351.

[23] Y. TEKI, T. TAKUI, K. ITOH, H. IWAMURA, K. KOBAYASHI, *J. Am. Chem. Soc.* 1983, 105, 3722.

[24] H. IWAMURA, *Pure Appl. Chem.* 1986, 58, 187.

[25] Y. TEKI, T. TAKUI, T. KINOSHITA, S. ICHIKAWA, H. YAGI, K. ITOH, *Chem. Phys. Lett.* 1987, 141, 201.

[26] M. MATSUSHITA, T. MOMOSE, T. SHIDA, Y. TEKI, T. TAKUI, K. ITOH, *J. Am. Chem. Soc.* 1990, 112, 4700.

[27] M. MATSUSHITA, T. NAKAMURA, T. MOMOSE, T. SHIDA, Y. TEKI, T. TAKUI, T. KINOSHITA, K. ITOH, *J. Am. Chem. Soc.* 1992, 114, 7470.

[28] M. GOMBERG, *Ber. Dtsch. Chem. Ges.* 1900, 33, 3150.

[29] M. GOMBERG, *J. Am. Chem. Soc.* 1900, 22, 757.

[30] H. LANKAMP, W. T. NAUTA, C. MACLEAN, *Tetrahedron Lett.* 1968, 249.

[31] D. GRILLER, K. U. INGOLD, *Acc. Chem. Res.* 1976, 9, 13.

[32] C. RÜCHARDT, H.-D. BECKHAUS, *Angew. Chem. Int. Ed. Engl.* 1980, 19, 429.

[33] R. W. FESSENDEN, R. H. SCHULER, *J. Chem. Phys.* 1960, 33, 935.

[34] R. W. FESSENDEN, R. H. SCHULER, *J. Chem. Phys.* 1963, 39, 2147.

[35] T. COLE, O. H. PRITSCHARD, N. R. DAVIDSON, H. M. MCCONNELL, *Mol. Phys.* 1958, 1, 406.

[36] P. H. KASAI, E. HEDAYA, E. B. WHIPPLE, *J. Am. Chem. Soc.* 1969, 91, 4364.

[37] R. A. SHELDON, J. K. KOCHI, *J. Am. Chem. Soc.* 1970, 92, 4395.

[38] P. J. KRUSIC, J. K. KOCHI, *J. Am. Chem. Soc.* 1969, 91, 3940.

[39] D. J. EDGE, J. K. KOCHI, *J. Am. Chem. Soc.* 1973, 95, 2635.

[40] P. BAKUZIS, P. K. KRUSIC, J. K. KOCHI, *J. Am. Chem. Soc.* 1970, 92, 1434.

[41] P. J. KRUSIC, T. A. RETTIG, P. V. R. SCHLEYER, *J. Am. Chem. Soc.* 1972, 94, 995.

[42] P. J. KRUSIC, J. K. KOCHI, *J. Am. Chem. Soc.* 1968, 90, 7155.

[43] J. K. KOCHI, P. J. KRUSIC, *J. Am. Chem. Soc.* 1968, 90, 7157.

[44] J. K. KOCHI, P. J. KRUSIC, D. R. EATON, *J. Am. Chem. Soc.* 1969, 91, 1877.

[45] J. K. KOCHI, P. J. KRUSIC, *Essays on Free Radical Chemistry*, *Chem. Soc. Special Publications* 1971, 24, 147.

[46] J. K. KOCHI, *Advances Free Radical Chemistry*, 1975, 5, 189.

[47] A. HUDSON, H. A. HUSSEIN, *Mol. Phys.* 1969, 16, 199.

[48] A. HUDSON, R. A. JACKSON, *J. Chem. Soc., Chem. Commun.* 1969, 1323.

[49] L. R. C. BARCLAY, D. GRILLER, K. U. INGOLD, *J. Am. Chem. Soc.* 1974, 96, 3011.

[50] A. G. DAVIES, D. GRILLER, K. U. INGOLD, D. A. LINDSAY, J. C. WALTON, *J. Chem. Soc. Perkin Trans.* 2, 1981, 633.

[51] G. PLACUCCI, L. GROSSI, *Gaz. Chim. Ital.* 1982, 112, 375.

[52] H. G. KORTH, R. SUSTMANN, B. GIESE, B. RÜCKERT, K. S. Groeninger, *Chem. Ber.* 1990, 123, 1891.

[53] B. P. ROBERTS, T. M. SMITS, M. TEIKA, *J. Chem. Soc., Perkin Trans.* 2, 1999, 2691.

[54] R. LIVINGSTON, H. ZELDES, *J. Chem. Phys.* 1966, 44, 1245.

[55] R. LIVINGSTON, H. ZELDES, *J. Chem. Phys.* 1966, 45, 1946.

[56] R. LIVINGSTON, H. ZELDES, *J. Chem. Phys.* 1967, 47, 4173.

[57] R. LIVINGSTON, H. ZELDES, *J. Am. Chem. Soc.* 1976, 98, 7717.

[58] R. LIVINGSTON, D. G. DOHERTY, H. ZELDES, *J. Am. Chem. Soc.* 1975, 97, 3198.

[59] W. T. DIXON, R. O. C. NORMAN, *Nature* 1962, 196, 891.

[60] W. T. DIXON, R. O. C. NORMAN, *J. Chem. Soc.* 1963, 3119.

[61] W. T. DIXON, R. O. C. NORMAN, *J. Chem. Soc.* 1964, 4850, 4857.

[62] H. FISCHER, *Z. Naturforsch.* 1964, 19a, 866.

[63] R. O. C. NORMAN, B. C. GILBERT, *Adv. Phys. Org. Chem.* 1967, 5, 53.

[64] T. SHIGA, *J. Phys. Chem.* 1965, 69, 3805.

[65] T. J. STONE, W. A. WATERS, *J. Chem. Soc.* 1964, 213.

[66] E. M. KOSOWER, E. J. POZIOMEK, *J. Am. Chem. Soc.* 1964, 86, 5515.

[67] F. GERSON, W. HUBER, K. MÜLLEN, *Helv. Chim. Acta* 1981, 64, 2766.

[68] W. M. SCHWARZ, E. M. KOSOWER, I. SHAIN, *J. Am. Chem. Soc.* 1961, 83, 3164.

[69] C. CHATGILIALOGLU, K. U. INGOLD, J. C. SCAIANO, *J. Am. Chem. Soc.* 1983, 105, 3292.

[70] T. OZAWA, T. KWAN, *Polyhedron* 1986, 5, 1531.

[71] H. FISCHER, H. PAUL, *Acc. Chem. Res.* 1987, 20, 200.

[72] K. EIBEN, R. W. FESSENDEN, *J. Phys. Chem.* 1971, 75, 1186.

[73] K. EIBEN, R. H. SCHULER, *J. Chem. Phys.* 1975, 62, 3093.

[74] D. GRILLER, K. DIMROTH, T. M. FYLES, K. U. INGOLD, *J. Am. Chem. Soc.* 1975, 97, 5526.

[75] P. J. KRUSIC, E. WASSERMAN, B. A. PARKINSON, B. MALONE, E. R. HOLLER, JR., P. N. KEIZER, J. R. MORTON, K. F. PRESTON, *J. Am. Chem. Soc.* 1991, 113, 6274.

[76] J. R. MORTON, F. NEGRI, K. F. PRESTON, *Acc. Chem. Res.* 1998, 31, 63.

[77] C. LAGERKRANTZ, S. FORSHULT, *Nature* 1968, 218, 1247.

[78] C. LAGERKRANTZ, *J. Phys. Chem.* 1971, 75, 3466.

[79] E. G. JANZEN, *Acc. Chem. Res.* 1971, 4, 31.

[80] D. E. WOOD, R. V. LLOYD, *J. Chem. Phys.* 1970, 52, 3840.

[81] D. E. WOOD, R. V. LLOYD, *J. Chem. Phys.* 1970, 53, 3932.

[82] D. E. WOOD, L. F. WILLIAMS, R. F. SPRECHER, W. A. LANTHAN, *J. Am. Chem. Soc.* 1972, 94, 6241.

[83] R. V. LLOYD, D. E. WOOD, M. T. ROGERS, *J. Am. Chem. Soc.* 1974, 96, 7130.

[84] K. WATANABE, J. YAMAUCHI, H. OHYA-NISHIGUCHI, Y. DEGUCHI, K. ISHIZU, *Chem. Lett.* 1974, 489.

[85] M. BALLESTER, J. RIERA-FIGUERAS, J. CASTAÑER, C. BADFA, J. M. MONSO, *J. Am. Chem. Soc.* 1971, 93, 2215.

[86] P. B. SOGO, M. NAKAZAKI, M. CALVIN, *J. Chem. Phys.* 1957, 26, 1343.

[87] J. E. BENNETT, *Proc. Chem. Soc.* 1961, 144.

[88] F. GERSON, *Helv. Chim. Acta* 1966, 49, 1463.

[89] F. GERSON, E. HEILBRONNER, H. A. REDDOCH, D. H. PASKOVICH, N. C. DAS, *Helv. Chim. Acta*, 1967, 50, 813.

[90] H. R. FALLE, G. R. LUCKHURST, *Mol. Phys.* 1966, 11, 299.

[91] B. KIRSTE, H. KURRECK, H.-J. FEY, C. HASS, G. SCHLÖMP, *J. Am. Chem. Soc.* 1979, 101, 7457.

[92] Y. DEGUCHI, *J. Chem. Phys.* 1960, 32, 1584.

[93] R. W. HOLMBERG, R. LIVINGSTON, W. T. SMITH, Jr., *J. Chem. Phys.* 1960, 33, 541.

[94] R. KUHN, H. TRISCHMANN, *Angew. Chem. Int. Ed. Engl.* 1963, 75, 294.

[95] R. KUHN, H. TRISCHMANN, *Mh. Chem.* 1964, 457.

[96] E. G. ROSANTSEV, *Free Nitroxyl Radicals*, Plenum Press, New York, 1970.

[97] E. G. ROSANTZEV, M. B. NEIMAN, *Tetrahedron* 1964, 20, 131.

[98] A. HUDSON, H. A. HUSSEIN, *J. Chem. Soc.* B, 1967, 1299.

[99] A. R. FORRESTER, J. M. HAY, in *"Organic Chemistry of Stable Radicals"* London, Academic Press, 1968.

[100] G. M. COPPINGER, J. D. SWALEN, *J. Am. Chem. Soc.* 1961, 83, 4900.

[101] J. G. PANNELL, *Mol. Phys.* 1962, 5, 291.

[102] G. CHAPELET-LETOURNEUX, H. LEMAIRE, A. RASSAT, *Bull. Soc. Chim. France* 1965, 3283.

[103] H. WIELAND, M. OFFENBÄCHER, *Ber. Dtsch. Chem. Ges.* 1914, 47, 2111.

[104] J. Q. ADAMS, *J. Am. Chem. Soc.* 1967, 89, 6022.

[105] R. BRIÈRE, H. LEMAIRE, A. RASSAT, *Bull. Soc. Chim. France* 1965, 3273.

[106] E. MÜLLER, K. LEY, *Chem. Ber.* 1954, 87, 922.

[107] E. MÜLLER, A. SCHICK, R. MAYER, K. SCHEFFLER, *Chem. Ber.* 1960, 93, 2649.

[108] E. MÜLLER, K. LEY, W. KIEDAISCH, *Chem. Ber.* 1954, 87, 1605.

[109] G. M. COPPINGER, *J. Am. Chem. Soc.* 1957, 79, 501.

[110] E. I. COCHRAN, F. J. ADRIAN, V. A. BOWERS, *J. Chem. Phys.* 1964, 40, 213.

[111] J. E. BENNETT, B. MILE, A. THOMAS, *J. Chem. Soc., Chem. Commun.* 1965, 265.

[112] H. ZEMEL, R. W. FESSENDEN, *J. Phys. Chem.* 1975, 79, 1419.

[113] F. J. ADRIAN, E. I. COCHRAN, V. A. BOWERS, *J. Chem. Phys.* 1962, 36, 1661.

[114] A. BRIVATI, N. KEEN, M. C. R. SYMONS, *J. Chem. Soc.* 1962, 237.

[115] B. C. GILBERT, R. O. C. NORMAN, *J. Chem. Soc.* B 1966, 722.

[116] M. GOMBERG, W. E. BACHMANN, *J. Am. Chem. Soc.* 1927, 49, 2584, 2666.

[117] W. E. BACHMANN, *J. Am. Chem. Soc.* 1933, 55, 1179.

[118] R. N. DOESCHER, G. W. WHELAND, *J. Am. Chem Soc.* 1934, 56, 2011.

[119] S. SUDGEN, *Trans. Faraday Soc.* 1934, 30, 18.

[120] L. MICHAELIS, *J. Biol. Chem.* 1931, 92, 211.

[121] L. MICHAELIS, M. P. SCHUBERT, R. K. REBER, J. A. KUCK, S. GRANICK, *J. Am. Chem. Soc.* 1938, 60, 1678.

[122] W. SCHLENK, E. BERGMANN, B. BENEDIKT, O. BLUM, C. BRESIEWICZ, I. RODLOFF, J. APPENROTH, K. EHNINGER, H. Ender, *Liebigs. Ann. Chem.* 1928, 463, 1.

[123] N. D. SCOTT, J. F. WALKER, V. L. HANSLEY, *J. Am. Chem. Soc.* 1936, 58, 2442.

[124] S. I. WEISSMAN, J. TOWNSEND, D. E. PAUL, G. E. PAKE, *J. Chem. Phys.* 1953, 21, 2227.

[125] D. LIPKIN, D. E. PAUL, J. TOWNSEND, S. I. WEISSMAN, *Science* 1953, 117, 534.

[126] D. E. PAUL, D. LIPKIN, S. I. WEISSMAN, *J. Am. Chem. Soc.* 1956, 78, 116.

[127] E. DE BOER, S. I. WEISSMAN, *J. Am. Chem. Soc.* 1958, 80, 4549.

[128] T. R. TUTTLE, JR., S. I. WEISSMAN, *J. Am. Chem. Soc.* 1958, 80, 5342.

[129] A. CARRINGTON, F. DRAVNIEKS, M. C. R. SYMONS, *J. Chem. Soc.* 1959, 947.

[130] G. J. HOIJTINK, J. TOWNSEND, S. I. WEISSMAN, *J. Chem. Phys.* 1961, 34, 507.

[131] S. H. GLARUM, L. C. SNYDER, *J. Chem. Soc.* 1962, 36, 2989.

[132] J. R. BOLTON, *Mol. Phys.* 1963, 6, 219.

[133] J. P. COLPA, J. R. BOLTON, *Mol. Phys.* 1963, 6, 273.

[134] J. R. BOLTON, G. K. FRAENKEL, *J. Chem. Phys.* 1964, 40, 3307.

[135] F. GERSON, B. WEIDMANN, E. HEILBRONNER, *Helv. Chim. Acta.* 1964, 47, 1951.

[136] F. GERSON, J. HEINZER, *J. Chem. Soc., Chem. Commun.* 1965, 488.

[137] F. GERSON, B. WEIDMANN, *Helv. Chim. Acta*, 1966, 49, 1837.

[138] CH. ELSCHENBROICH, F. GERSON, *Helv. Chim. Acta*, 1970, 53, 838.

[139] H. ANGLIKER, F. GERSON, J. LOPEZ, J. WIRZ, *Chem. Phys. Lett.* 1981, 81, 242.

[140] N. M. ATHERTON, S. I. WEISSMANN, *J. Am. Chem. Soc.* 1961, 83, 1330.

[141] F. GERSON, B. KOWERT, B. M. PEAKE, *J. Am. Chem. Soc.* 1974, 96, 118.

[142] F. GERSON, W. B. MARTIN, JR., C. WYDLER, *J. Am. Chem. Soc.* 1976, 98, 1318.

[143] A. CSERHEGYI, J. JAGUR-GRODZINSKI, M. SZWARC, *J. Am. Chem. Soc.* 1969, 91, 1892.

[144] F. GERSON, J. KNO·BEL, A. METZGER, L. T. SCOTT, M. A. KIRMS, M. ODA, C. A. SUMPTER, *J. Am. Chem. Soc.* 1986, 108, 7920.

[145] F. GERSON, G. MOSHUK, M. SCHWYZER, *Helv. Chim. Acta* 1971, 54, 361.

[146] F. GERSON, R. HECKENDORN, *Angew. Chem. Int. Ed. Engl.* 1983, 22, 556.

[147] F. GERSON, J. H. HAMMONS, *ESR Spectra of Radical Ions of Nonbenzenoid Aromatics*, Chapt. 2, in *Nonbenzenoid Aromatics*, Vol. II, J. P. SNYDER (ed.), Academic Press, New York 1971.

[148] F. GERSON, E. HEILBRONNER, V. BOEKELHEIDE, *Helv. Chim. Acta* 1964, 47, 1123.

[149] F. GERSON, E. HEILBRONNER, W. A. BÖLL, E. VOGEL, *Helv. Chim. Acta*

1965, 48, 1494.

[150] F. GERSON, J. KNO·· BEL, J. LOPEZ, E. VOGEL, *Helv. Chim. Acta* 1985, 68, 371.

[151] W. HUBER, *Helv. Chim. Acta* 1985, 68, 1140.

[152] F. GERSON, W. B. MARTIN, JR., *J. Am. Chem. Soc.* 1969, 91, 1883.

[153] CH. ELSCHENBROICH, F. GERSON, J. A. REISS, *J. Am. Chem. Soc.* 1977, 99, 60.

[154] F. GERSON, W. B. MARTIN, JR., H. N. C. WONG, C. W. CHAN, *Helv. Chim. Acta* 1987, 70, 79.

[155] J. BRUHIN, F. GERSON, W. B. MARTIN, JR., H. NOVOTNY, *J. Am. Chem. Soc.* 1988, 110, 6377.

[156] A. DE MEIJERE, F. GERSON, B. KÖNIG, O. REISER, T. WELLAUER, *J. Am. Chem. Soc.* 1990, 112, 6827.

[157] N. M. ATHERTON, F. GERSON, J. N. MURRELL, *Mol. Phys.* 1962, 5, 509.

[158] C. A. MCDOWELL, K. F. PAULUS, J. R. ROWLANDS, *Proc. Chem. Soc.* 1962, 60.

[159] A. CARRINGTON, J. DOS SANTOS-VEIGA, *Mol. Phys.* 1962, 5, 21.

[160] F. GERSON, J. D. W. VAN VOORST, *Helv. Chim. Acta* 1963, 46, 2257.

[161] F. GERSON, *Helv. Chim. Acta* 1964, 47, 1484.

[162] F. GERSON, W. L. F. ARMAREGO, *Helv. Chim. Acta* 1965, 48, 112.

[163] F. GERSON, *Mol. Phys.* 1972, 24, 445.

[164] F. GERSON, J. JACHIMOWICZ, D. LEAVER, *J. Am. Chem. Soc.* 1973, 95, 6702.

[165] F. GERSON, G. PLATTNER, A. J. ASHE, III, G. MAERKL, *Mol. Phys.* 1974, 28, 601.

[166] P. FÜRDERER, F. GERSON, M. P. CAVA, M. V. LAKSHMIKANTHAM, *Heterocycles*, 1978, 11, 93.

[167] F. GERSON, A. METZGER, *Helv. Chim. Acta* 1983, 66, 2031.

[168] N. HIROTA, S. I. WEISSMAN, *J. Am. Chem. Soc.* 1960, 82, 4424.

[169] P. B. AYSCOUGH, R. WILSON, *Proc. Chem. Soc.* 1962, 229.

[170] E. T. KAISER, D. H. EARGLE, Jr., *J. Am. Chem. Soc.* 1963, 85, 1821.

[171] F. GERSON, G. MOSHUK, C. WYDLER, M. J. GOLDSTEIN, *Org. Magn. Reson.* 1974, 6, 667.

[172] F. GERSON, C. WYDLER, F. KLUGE, *J. Magn. Reson.* 1977, 26, 271.

[173] J. STINCHCOMBE, A. PENICAUD, B. BHYRAPPA, P. W. D. BOYD, C. A. REED, *J. Am. Chem. Soc.* 1993, 115, 5212.

[174] B. BHYRAPPA, P. PAUL, J. STINCHOMBE, P. W. D. BOYD, C. A. REED, *J. Am. Chem. Soc.* 1993, 115, 11004.

[175] R. E. JESSE, P. BILOEN, R. PRINS, J. D. W. VAN VOORST, G. J. HOIJTINK,

Mol. Phys. 1963，6，633.

[176] H. VAN VILLIGEN, J. A. M. VAN BROEKHOVEN, E. DE BOER, *Mol. Phys.* 1967，12，533.

[177] F. GERSON, R. HECKENDORN, D. A. COWAN, A. M. KINI, M. R. MAXFIELD, *J. Am. Chem. Soc.* 1983，105，7017.

[178] F. GERSON, W. HUBER, *Acc. Chem. Res.* 1987，20，85.

[179] M. BAUMGARTNER, L. GHERGEL, M. WAGNER, A. WEITZ, M. RABINOVITZ, P. C. CHENG, L. T. SCOTT, *J. Am. Chem. Soc.* 1995，117，6254.

[180] K. DIMROTH, F. W. STEUBER, *Angew. Chem. Int. Ed. Engl.* 1967，6，446.

[181] F. GERSON, P. MERSTETTER, S. PFENNINGER, G. MAERKL, *Magn. Reson. Chem.* 1997，35，384.

[182] F. J. SMENTOWSKI, G. R. STEVENSON, *J. Am. Chem. Soc.* 1967，89，5120.

[183] F. GERSON, W. B. MARTIN, JR., G. PLATTNER, F. SONDHEIMER, H. N. C. WONG, *Helv. Chim. Acta.* 1976，59，2038.

[184] D. WILHELM, J. L. COURTNEIDGE, T. CLARK, A. G. DAVIES, *J. Chem. Soc., Chem. Commun.* 1984，810.

[185] A. de Meijere, F. Gerson, P. R. Schreiner, P. Merstetter, F.-M. Schüngel, *J. Chem. Soc., Chem. Commun.* 1999，2189.

[186] E. G. JANZEN, J. G. PACIFICI, *J. Am. Chem. Soc.* 1965，87，5504.

[187] E. G. JANZEN, J. G. PACIFICI, J. L. GERLOCK, *J. Phys. Chem.* 1966，70，3021.

[188] N. L. BAULD, M. S. BROWN, *J. Am. Chem. Soc.* 1965，87，4390.

[189] N. L. BAULD, M. S. BROWN, *J. Am. Chem. Soc.* 1967，89，5417.

[190] P. B. AYSCOUGH, F. B. SARGENT, R. WILSON, *J. Chem. Soc.* 1963，5418.

[191] P. L. KOLKER, W. A. WATERS, *J. Chem. Soc.* 1964，1136.

[192] F. GERSON, G. GESCHEIDT, P. HÄRING, Y. MAZUR, D. FREEMAN, H. SPREITZER, J. DAUB, *J. Am. Chem. Soc.* 1995，117，11861.

[193] F. GERSON, W. HUBER, P. MERSTETTER, G. PERSY, R. L. SOULEN, C. SPÖNDLIN, J. WIRZ, *Helv. Chim. Acta* 1999，82，1434.

[194] D. H. GESKE, A. H. MAKI, *J. Am. Chem. Soc.* 1960，82，2671.

[195] A. H. MAKI, D. H. GESKE, *J. Chem. Phys.* 1960，33，825.

[196] P. H. RIEGER, G. K. FRAENKEL, *J. Chem. Phys.* 1963，39，609.

[197] D. H. GESKE, J. L. RAGLE, M. A. BAMBENEK, A. L. BALCH, *J. Am. Chem. Soc.* 1964，86，987.

[198] I. BERNAL, P. H. RIEGER, G. K. FRAENKEL, *J. Chem. Phys.* 1962，37，1489.

[199] D. H. LEVY, R. J. MYERS, *J. Chem. Phys.* 1964，41，1062.

[200] D. H. LEVY, R. J. MYERS, *J. Chem. Phys.* 1965，43，3063.

[201] D. H. LEVY, R. J. MYERS, *J. Chem. Phys.* 1966, 44, 4177.

[202] W. M. TOLLES, D. W. MOORE, *J. Chem. Phys.* 1967, 46, 2102.

[203] F. GERSON, H. OHYA-NISHIGUCHI, C. WYDLER, *Angew. Chem. Int. Ed. Engl.* 1976, 15, 552.

[204] H. OHYA-NISHIGUCHI, *Bull. Chem. Soc. Jpn.* 1979, 52, 2064.

[205] A. K. HOFFMANN, W. G. HODGSON, D. L. MARICLE, W. H. JURA, *J. Am. Chem. Soc.* 1964, 86, 631.

[206] P. H. RIEGER, I. BERNAL, W. H. REINMUTH, G. K. FRAENKEL, *J. Am. Chem. Soc.* 1963, 85, 683.

[207] P. M. H. FISCHER, C. A. M. MCDOWELL, *J. Am. Chem. Soc.* 1963, 85, 2694.

[208] E. W. STONE, A. M. MAKI, *J. Chem. Phys.* 1963, 39, 1635.

[209] F. GERSON, J. HEINZER, M. STAVAUX, *Helv. Chim. Acta* 1973, 56, 1845.

[210] F. GERSON, K. MÜLLEN, E. VOGEL, *J. Am. Chem. Soc.* 1972, 94, 2924.

[211] J. F. M. OTH, H. BAUMANN, J.-M. GILES, G. SCHRÖDER, *J. Am. Chem. Soc.* 1972, 94, 3498.

[212] F. GERSON, R. GLEITER, G. MOSHUK, A. S. DREIDING, *J. Am. Chem. Soc.* 1972, 94, 2919.

[213] P. FÜRDERER, F. GERSON, A. KREBS, *Helv. Chim. Acta* 1977, 60, 1226.

[214] P. FÜRDERER, F. GERSON, *J. Phys. Chem.* 1978, 82, 1125.

[215] P. FÜRDERER, F. GERSON, J. HEINZER, S. MAZUR, H. OHYA-NISHIGUCHI, A. H. SCHRÖDER, *J. Am. Chem. Soc.* 1979, 101, 2275.

[216] E. W. STONE, A. M. MAKI, *J. Chem. Phys.* 1962, 36, 1944.

[217] J. J. GENDELL, J. H. FREED, G. K. FRAENKEL, *J. Chem. Phys.* 1962, 37, 2832.

[218] R. DEHL, G. K. FRAENKEL, *J. Chem. Phys.* 1963, 39, 1793.

[219] J. E. ALMLOFF, M. W. FEYEREISEN, T. H. JOZEFIAK, L. L. MILLER, *J. Am. Chem. Soc.* 1990, 112, 1206.

[220] S. I. WEISSMAN, E. DE BOER, J. J. CONRADI, *J. Chem. Phys.* 1957, 26, 963.

[221] C. A. MCDOWELL, J. R. ROWLANDS, *Can. J. Chem.* 1960, 38, 503.

[222] J. R. BOLTON, A. CARRINGTON, *Mol. Phys.* 1961, 4, 271.

[223] J. R. BOLTON, A. CARRINGTON, A. D. MCLACHLAN, *Mol. Phys.* 1962, 5, 31.

[224] A. CARRINGTON, J. DOS SANTOS-VEIGA, *Mol. Phys.* 1962, 5, 285.

[225] R. HULME, M. C. R. SYMONS, *Proc. Chem. Soc.* 1963, 241.

[226] J. L. COURTNEIDGE, A. G. DAVIES, *Acc. Chem. Res.* 1987, 20, 90.

[227] A. G. DAVIES, *Chem. Soc. Rev.* 1993, 22, 299.

[228] A. G. DAVIES, C. J. SHIELDS, *J. Chem. Soc., Perkin Trans.* 2 1989, 1001.

[229] F. GERSON, G. KAUPP, H. OHYA-NISHIGUCHI, *Angew. Chem. Int. Ed.*

Engl. 1977, 16, 657.

[230] L. CAVARA, F. GERSON, D. O. COWAN, K. LERSTRUP, *Helv. Chim. Acta* 1986, 69, 141.

[231] W. F. FORBES, P. D. SULLIVAN, *J. Am. Chem. Soc.* 1966, 88, 2862.

[232] H. BOCK, W. KAIM, *Acc. Chem. Res.* 1982, 15, 9.

[233] F. GERSON, W. HUBER, J. LOPEZ, *J. Am. Chem. Soc.* 1984, 106, 5808.

[234] J. L. COURTNEIDGE, A. G. DAVIES, *J. Chem. Soc.*, Chem. Commun 1984, 136.

[235] F. GERSON, P. MERSTETTER, F. BARBOSA, E. VOGEL, C. KÖNIG, J. LEX, K. MÜLLEN, M. WAGNER, *Chem. Eur. J.* 1999, 5, 2757.

[236] H. BOCK, C. GÖBEL, Z. HAVLAS, S. LIEDLE, H. OBERHAMMER, *Angew. Chem. Int. Ed. Engl.* 1991, 30, 187.

[237] A. DE MEIJERE, V. CHAPLINSKI, F. GERSON, P. MERSTETTER, E. HASELBACH, *J. Org. Chem.* 1999, 64, 6951.

[238] E. C. BAUGHAM, T. P. JONES, L. G. STOODLEY, *Proc. Chem. Soc.* 1963, 274.

[239] F. GERSON, J. HEINZER, *Helv. Chim. Acta* 1967, 50, 1852.

[240] A. C. BUCHANAN III, R. LIVINGSTON, A. S. DVORKIN, G. P. SMITH, *J. Phys. Chem.* 1980, 84, 423.

[241] J. BRUHIN, F. GERSON, H. OHYA-NISHIGUCHI, *J. Chem. Soc., Perkin Trans.* 2 1980, 1045.

[242] I. C. LEWIS, L. S. SINGER, *J. Chem. Phys.* 1965, 43, 2712.

[243] F. A. BELL, A. LEDWITH, D. S. SHERINGTON, *J. Chem. Soc. C* 1969, 2719.

[244] F. GERSON, G. GESCHEIDT, J. KNÖBEL, W. B. MARTIN, JR., L. NEUMANN, E. VOGEL, *J. Am. Chem. Soc.* 1992, 114, 7107.

[245] TH. BALLY, C. CARRA, S. MATZINGER, L. TRUTTMANN, F. GERSON, R. SCHMIDLIN, M. S. PLATZ, A. ADMASU, *J. Am. Chem. Soc.* 1999, 121, 7011.

[246] S. F. NELSEN, C. R. KESSEL, *J. Chem. Soc., Chem. Commun* 1977, 490.

[247] W. SCHMIDT, E. STECKHAN, *Chem. Ber.* 1980, 113, 577.

[248] L. EBERSON, M. P. HARTSHORN, O. PERSSON, *J. Chem. Soc., Chem. Commun.* 1965, 1131.

[249] L. EBERSON, M. P. HARTSHORN, O. PERSSON, *J. Chem. Soc., Perkin Trans.* 2 1995, 1735.

[250] L. EBERSON, M. P. HARTSHORN, O. PERSSON, *Angew. Chem. Int. Ed. Engl.* 1995, 34, 2268.

[251] W. LAU, J. C. HUFFMAN, J. K. KOCHI, *J. Am. Chem. Soc.* 1982, 104, 5515.

[252] W. LAU, J. K. KOCHI, *J. Am. Chem. Soc* 1986, 108, 6720.

[253] A. G. DAVIES, L. JULIA, S. N. YAZDI, *J. Chem. Soc., Chem. Commun.* 1987, 929.

[254] A. G. DAVIES, L. JULIA, S. N. YAZDI, *J. Chem. Soc.*, *Perkin Trans.* 2, 1989, 239.

[255] I. H. ELSON, J. K. KOCHI, *J. Am. Chem. Soc.* 1973, 95, 5060.

[256] W. LAU, J. K. KOCHI, *J. Am. Chem. Soc.* 1984, 106, 7100.

[257] R. O. C. NORMAN, C. B. THOMAS, P. J. WARD, *J. Chem. Soc.*, *Perkin Trans* 1 1973, 2914.

[258] R. M. DESSAU, S. SHIH, E. I. HEIBA, *J. Am. Chem. Soc.* 1970, 92, 412.

[259] R. M. DESSAU, S. SHIH, *J. Chem. Phys.* 1970, 53, 3169.

[260] R. M. DESSAU, *J. Am. Chem. Soc.* 1970, 92, 6356.

[261] J. L. COOKSEY, J. L. COURTNEIDGE, A. G. DAVIES, P. S. GREGORY, J. G. EVANS, C. C. ROWLANDS, *J. Chem. Soc.*, *Perkin Trans* 2 1988, 807.

[262] F. GERSON, M. SCHOLZ, H.-J. HANSEN, P. UEBELHART, *J. Chem. Soc.*, *Perkin Trans.* 2 1995, 215.

[263] F. GERSON, P. FELDER, R. SCHMIDLIN, H. N. C. WONG, *J. Chem. Soc.*, *Chem. Commun.* 1994, 1659.

[264] J. R. BOLTON, A. CARRINGTON, *Proc. Chem. Soc.* 1961, 385.

[265] J. R. BOLTON, A. CARRINGTON, J. DOS SANTOS-VEIGA, *Mol. Phys.* 1962, 5, 465.

[266] B. L. BARTON, G. K. FRAENKEL, *J. Chem. Phys.* 1964, 41, 1455.

[267] J. BRUHIN, F. GERSON, *Helv. Chim. Acta* 1975, 58, 2422.

[268] R. BACHMANN, F. GERSON, G. GESCHEIDT, E. VOGEL, *J. Am. Chem. Soc.* 1992, 114, 10855.

[269] M. T. MELCHIOR, H. MAKI, *J. Chem. Phys.* 1961, 34, 471.

[270] J. BRUHIN, F. GERSON, H. OHYA-NISHIGUCHI, *Helv. Chim. Acta* 1977, 60, 2471.

[271] L. S. MARCOUX, A. LOMAX, A. J. BARD, *J. Am. Chem. Soc.* 1970, 92, 243.

[272] F. GERSON, J. LOPEZ, R. AKABA, S. F. NELSEN, *J. Am. Chem. Soc.* 1981, 103, 6716.

[273] F. GERSON, G. GESCHEIDT, S. F. NELSEN, L. A. PAQUETTE, M. F. TEASLEY, L. WAYKOLE, *J. Am. Chem. Soc.* 1989, 111, 5518.

[274] B. M. LATTA, R. W. TAFT, *J. Am. Chem. Soc.* 1967, 89, 5172.

[275] R. F. NELSON, R. N. ADAMS, *J. Phys. Chem.* 1968, 72, 740.

[276] F. A. NEUGEBAUER, S. BAMBERGER, W. R. GROH, *Chem. Ber.* 1975, 108, 2406.

[277] K. R. STICKLEY, S. C. BLACKSTOCK, *J. Am. Chem. Soc.* 1994, 116, 11576.

[278] G. CAUQUIS, H. DELHOMME, D. SERVE, *Tetrahedron Lett.* 1971, 4694.

[279] S. F. NELSEN, P. J. HINTZ, *J. Am. Chem. Soc.* 1972, 94, 7114.

[280] S. F. NELSEN, G. R. WEISMAN, P. J. HINTZ, D. OLP, M. R. FAHEY, *J. Am. Chem. Soc.* 1974, 96, 2916.

[281] S. F. NELSEN, *Acc. Chem. Res.* 1981, 14, 131.

[282] F. Gerson, G. Plattner, Z. Yoshida, *Mol. Phys.* 1971, 21, 1027.

[283] J. S. MILLER, D. A. DIXON, J. C. CALABRESE, C. VAZQUEZ, P. J. KRUSIC, M. D. WARD, E. WASSERMAN, R. L. HARLOW, *J. Am. Chem. Soc.* 1990, 112, 381.

[284] F. GERSON, A. LAMPRECHT, A. FOURMIGUÉ, *J. Chem. Soc.*, Perkin Trans 2 1996, 1409.

[285] E. WASSERMANN, R. S. HUTTON, V. J. KUCK, E. A. CHANDROSS, *J. Am. Chem. Soc.* 1974, 96, 1965.

[286] O. W. HOWARTH, G. K. FRAENKEL, *J. Am. Chem. Soc.* 1966, 88, 4514.

[287] O. W. HOWARTH, G. K. FRAENKEL, *J. Chem. Phys.* 1970, 52, 6258.

[288] Y. YOSHIMI, K. KUWATA, *Mol. Phys.* 1972, 23, 297.

[289] J. P. FERRARIS, D. O. COWAN, V. WALATKA, JR., J. H. PERLSTEIN, *J. Am. Chem. Soc.* 1973, 95, 948.

[290] L. B. COLEMAN, M. J. COHEN, D. J. SANDMAN, F. G. YAMAGISHI, A. F. GARITO, A. J. HEEGER, *Solid State Commun.* 1973, 12, 1125.

[291] A. F. GARITO, A. J. HEEGER, *Acc. Chem. Res.* 1974, 7, 232.

[292] J. H. PERLSTEIN, *Angew. Chem. Int. Ed. Engl.* 1977, 16, 519.

[293] J. B. TORRANCE, *Acc. Chem. Res.* 1979, 12, 79.

[294] P. C. W. LEUNG, M. A. BENO, T. J. EMGE, H. H. WANG, M. K. BOWMAN, M. A. FIRESTONE, L. M. SOWA, J. M. WILLIAMS, *Mol. Cryst. Liq. Cryst.* 1985, 125, 113.

[295] S. F. NELSEN, G. T. CUNKLE, D. H. EVANS, K. J. HALLER, M. KAFTORY, B. KIRSTE, H. KURRECK, T. CLARK, *J. Am. Chem. Soc.* 1985, 107, 3829.

[296] S. F. NELSEN, W. C. HOLLINSED, C. R. KESSEL, J. C. CALABRESE, *J. Am. Chem. Soc.* 1978, 100, 7876.

[297] T. M. MCKINNEY, D. H. GESKE, *J. Am. Chem. Soc.* 1965, 87, 3013.

[298] R. W. ALDER, R. B. SESSIONS, *J. Am. Chem Soc.* 1979, 101, 3651.

[299] R. W. ALDER, *Acc. Chem. Res.* 1983, 16, 321.

[300] B. KIRSTE, R. W. ALDER, R. B. SESSIONS, M. BOCK, H. KURRECK, S. F. NELSEN, *J. Am. Chem. Soc.* 1985, 107, 2635.

[301] R. W. ALDER, A. G. ORPEN, J. M. WHITE, *J. Chem. Soc., Chem. Commun.* 1985, 949.

[302] F. GERSON, J. KNO··BEL, U. BUSER, E. VOGEL, M. ZEHNDER, *J. Am. Chem. Soc.* 1986, 108, 3781.

[303] F. GERSON, G. GESCHEIDT, U. BUSER, E. VOGEL, J. LEX, M. ZEHNDER,

A. RIESEN, *Angew. Chem. Int. Ed. Engl.* 1989, 28, 902.

[304] T. SHIDA, E. HASELBACH, T. BALLY, *Acc. Chem. Res.* 1984, 17, 180.

[305] M. C. R. SYMONS, *Chem. Soc. Rev.* 1984, 13, 393.

[306] M. SHIOTANI, *Magn. Reson. Rev.* 1987, 12, 333.

[307] T. SHIDA, Y. EGAWA, H. KUBODERA, T. Kato, *J. Chem. Phys.* 1980, 73, 5963.

[308] M. C. R. SYMONS, *Chem. Phys. Lett.* 1980, 69, 198.

[309] J. T. WANG, F. WILLIAMS, *J. Phys. Chem.* 1980, 84, 3156.

[310] F. GERSON, *Acc. Chem. Res.* 1994, 27, 63.

[311] J. T. WANG, F. WILLIAMS, *Chem. Phys. Lett.* 1981, 82, 177.

[312] H. KUBODERA, T. SHIDA, K. SHIMOKOSHI, *J. Phys. Chem.* 1981, 85, 2583.

[313] K. TORIYAMA, K. NUNONE, M. IWASAKI, *J. Chem. Phys.* 1982, 77, 5891.

[314] M. SHIOTANI, Y. NAGATA, J. SOHMA, *J. Am. Chem. Soc.* 1984, 106, 4640.

[315] X.-Z. QIN, L. D. SNOW, F. WILLIAMS, *J. Am. Chem. Soc.* 1984, 106, 7640.

[316] F. GERSON, X.-Z. QIN, *Helv. Chim. Acta* 1988, 71, 1065.

[317] F. GERSON, X.-Z. QIN, C. ESS, E. KLOSTER-JENSEN, *J. Am. Chem. Soc.* 1989, 111, 6456.

[318] G. F. CHEN, J. T. WANG, F. WILLIAMS, K. BELFIELD, J. E. BALDWIN, *J. Am. Chem. Soc.* 1991, 113, 9853.

[319] T. BALLY, L. TRUTTMANN, T. J. WANG, F. WILLIAMS, *J. Am. Chem. Soc.* 1995, 117, 7916.

[320] J. T. WANG, F. WILLIAMS, *J. Am. Chem. Soc.* 1981, 103, 6994.

[321] L. D. SNOW, J. T. WANG, F. WILLIAMS, *Chem. Phys. Lett.* 1983, 100, 193.

[322] M. C. R. SYMONS, B. W. WREN, *J. Chem. Soc., Perkin Trans. 2* 1984, 511.

[323] Q.-Z. QIN, L. D. SNOW, F. WILLIAMS, *J. Am. Chem. Soc.* 1985, 107, 3366.

[324] G. W. EASTLAND, D. N. RAO, M. C. R. SYMONS, *J. CHEM. SOC., PERKIN TRANS. 2* 1984, 1551.

[325] X.-Z. QIN, F. WILLIAMS, *J. Phys. Chem.* 1986, 90, 2292.

[326] X.-Z. QIN, F. WILLIAMS, *J. Am. Chem. Soc.* 1987, 109, 595.

[327] K. USHIDA, T. SHIDA, J. C. WALTON, *J. Am. Chem. Soc.* 1986, 108, 2805.

[328] F. GERSON, A. DE MEIJERE, X.-Z. QIN, *J. Am. Chem. Soc.* 1989, 111, 1135.

[329] A. ARNOLD, U. BURGER, F. GERSON, E. KLOSTER-JENSEN, S. P. SCHMIDLIN, *J. Am. Chem. Soc.* 1993, 115, 4271.

[330] W. ADAM, C. SAHIN, J. SENDELBACH, H. WALTER, G. F. CHEN, F. WILLIAMS, *J. Am. Chem. Soc.* 1994, 116, 2576.

[331] M. IWASAKI, K. TORIYAMA, K. NUNOME, *J. Am. Chem. Soc.* 1981, 103, 3591.

[332] K. TORIYAMA, M. OKAZAKI, *J. Phys. Chem.* 1992, 96, 6986.

[333] L. B. KNIGHT, JR., J. STEADMAN, *J. Chem. Phys.* 1982, 77, 1750.

[334] L. B. KNIGHT, JR., *Acc. Chem. Res.* 1986, 19, 313.

[335] L. B. KNIGHT, JR., J. STEADMAN, D. FELLER, E. R. DAVIDSON, *J. Am. Chem. Soc.* 1984, 106, 3701.

[336] M. MATSUSHITA, T. MOMOSE, T. SHIDA, L. B. KNIGHT, JR., *J. Chem. Phys.* 1995, 103, 3367.

[337] A. ARNOLD, F. GERSON, *J. Am. Chem. Soc.* 1990, 112, 2027.

[338] F. WILLIAMS, Q.-X. GUO, S. F. NELSEN, *J. Am. Chem. Soc.* 1990, 112, 2028.

[339] F. GERSON, R. SCHMIDLIN, A. DE MEIJERE, T. SPÄTH, *J. Am. Chem. Soc.* 1995, 117, 8431.

[340] M. IWASAKI, H. MUTO, K. TORIYAMA, K. NUNOME, *Chem. Phys. Lett.* 1984, 105, 586.

[341] K. TORIYAMA, K. NUNONE, M. IWASAKI, *J. Am. Chem. Soc.* 1987, 109, 4496.

[342] Q.-Z. QIN, A. D. TRIFUNAC, *J. Phys. Chem.* 1990, 94, 4751.

[343] V. RAMAMURTHY, J. V. CASPAR, D. R. CORBIN, *J. Am. Chem. Soc.* 1991, 113, 594.

[344] C. J. RHODES, M. STANDING, *J. Chem. Soc., Perkin Trans.* 2 1992, 1455.

[345] M. V. BARNABAS, D. W. WERST, A. D. TRIFUNAC, *Chem. Phys. Lett.* 1993, 204, 435.

[346] R. CROCKETT, E. RODUNER, *J. Chem. Soc., Perkin Trans.* 2 1994, 347.

[347] K. TORIYAMA, K. NUNOME, M. IWASAKI, *J. Chem. Phys.* 1981, 85, 2149.

[348] W. C. DANEN, R. C. RICKARD, *J. Am. Chem. Soc.* 1975, 97, 2303.

[349] J. P. DINNOCENZO, T. E. BANACH, *J. Am. Chem. Soc.* 1988, 110, 971.

[350] A. R. LYONS, M. C. R. SYMONS, *J. Chem. Soc. Faraday Trans.* 2 1972, 68, 1589.

[351] T. GILLBRO, C. M. L. KERR, F. WILLIAMS, *Mol. Phys.* 1974, 28, 1225.

[352] M. IWAIZUMI, T. KISHI, F. WATARI, T. ISOBE, *Bull. Chem. Soc. Japan* 1975, 48, 3483.

[353] M. C. R. SYMONS, G. D. G. MCCONNACHIE, *J. Chem. Soc., Chem. Commun.* 1982, 851.

[354] B. C. GILBERT, D. K. C. HODGEMAN, R. O. C. NORMAN, *J. Chem. Soc., Perkin Trans.* 2 1973, 1748.

[355] W. K. MUSKER, T. L. WOLFORD, *J. Am. Chem. Soc.* 1976, 98, 3055.

[356] W. K. MUSKER, P. B. ROUSH, *J. Am. Chem. Soc.* 1976, 98, 6745.

[357] M. J. DAVIES, B. C. GILBERT, R. O. C. NORMAN, *J. Chem. Soc., Perkin*

Trans. 2 1984, 503.

[358] K. NISHIKIDA, F. WILLIAMS, *Chem. Phys. Lett.* 1975, 34, 302.

[359] R. L. HUDSON, F. WILLIAMS, *J. Phys. Chem.* 1980, 84, 3483.

[360] G. CAUQUIS, M. GENIES, H. LEMAIRE, A. RASSAT, J. P. RAVAT, *J. Chim. Phys.* 1967, 47, 4642.

[361] T. BALLY, S. MATZINGER, L. TRUTTMANN, M. S. PLATZ, A. ADNASU, F. GERSON, A. ARNOLD, R. SCHMIDLIN, *J. Am. Chem. Soc.* 1993, 115, 7007.

[362] B. F. YATES, W. J. BOUMA, L. RADOM, *J. Am. Chem. Soc.* 1984, 106, 5805.

[363] B. F. YATES, W. J. BOUMA, L. RADOM, *Tetrahedron* 1986, 42, 6225.

[364] B. J. SMITH, M. T. NGUYEN, L. RADOM, *J. Am. Chem. Soc.* 1992, 114, 1151.

[365] J. W. GAULD, L. RADOM, *J. Am. Chem. Soc.* 1997, 119, 9831.

[366] P. MICHON, A. RASSAT, *J. Am. Chem. Soc.* 1975, 97, 696.

[367] S. I. WEISSMAN, *J. Chem. Phys.* 1958, 29, 1189.

[368] S. I. WEISSMAN, *Acc. Chem. Res.* 1973, 6, 233.

[368a] Chapt. 10.6 in [10], first edition.

[369] C. A. HUTCHINSON, JR., B. W. MANGUM, *J. Chem. Phys.* 1958, 29, 952.

[370] C. A. HUTCHINSON, JR., B. W. MANGUM, *J. Chem. Phys.* 1960, 32, 1261.

[371] C. A. HUTCHINSON, JR., B. W. MANGUM, *J. Chem. Phys.* 1961, 34, 908.

[372] W. A. YAGER, E. WASSERMAN, R. M. R. CRAMER, *J. Chem. Phys.* 1962, 37, 1148.

[373] E. WASSERMAN, L. C. SNYDER, W. A. YAGER, *J. Chem. Phys.* 1964, 41, 1763.

[374] P. KOTTIS, R. LEFEBVRE, *J. Chem. Phys.* 1964, 41, 379, 3660.

[375] S. S. EATON, K. M. MORE, B. M. SAVANT, G. R. EATON, *J. Am. Chem. Soc.* 1983, 105, 6560.

[376] A. JABLONSKI, *Z. Physik* 1935, 94, 38.

[377] G. N. LEWIS, M. KASHA, *J. Am. Chem. Soc.* 1944, 66, 2100.

[378] P. VERGRAGT, J. H. VAN DER WAALS, *Mol. Phys.* 1977, 33, 1507.

[379] R. H. CLARKE, C. A. HUTCHISON, JR., *J. Chem. Phys.* 1971, 54, 2962.

[380] R. W. BRANDON, R. E. GERKIN, C. A. HUTCHISON, JR., *J. Chem. Phys.* 1964, 41, 3717.

[381] J. P. GRIVET, *Chem. Phys. Lett.* 1971, 11, 267.

[382] S. W. CHARLES, P. H. H. FISCHER, C. A. MCDOWELL, *Mol. Phys.* 1965, 9, 517.

[383] J. MISPELTER, *Chem. Phys. Lett.* 1971, 10, 539.

[384] J. S. VINCENT, A. H. MAKI, *J. Chem. Phys.* 1963, 39, 3088.

[385] J. S. VINCENT, A. H. MAKI, *J. Chem. Phys.* 1965, 42, 865.

[386] R. E. GERKIN, A. M. WINER, *J. Chem. Phys.* 1972, 56, 1359.

[387] J. HIGUCHI, T. ITO, O. KANEHISA, *Chem. Phys. Lett.* 1973, 23, 440.

[388] E. T. HARRIGAN, N. HIROTA, *J. Am. Chem. Soc.* 1975, 97, 6647.

[389] E. T. HARRIGAN, N. HIROTA, *J. Am. Chem. Soc.* 1976, 98, 3460.

[390] J. H. VAN DER WAALS, M. S. GROOT, *Mol. Phys.* 1959, 2, 333.

[391] M. S. DE GROOT, J. H. VAN DER WAALS, *Mol. Phys.* 1960, 3, 190.

[392] B. SMALLER, *J. Chem. Phys.* 1962, 37, 1578.

[393] J. M. LHOSTE, A. HAUG, M. PTAK, *J. Chem. Phys.* 1966, 44, 654.

[394] J. S. BRINEN, M. K. ORLOFF, *J. Chem. Phys.* 1966, 45, 4747.

[395] J. S. BRINEN, J. G. KOREN, W. G. HODGSON, *J. Chem. Phys.* 1966, 44, 3095.

[396] J. S. VINCENT, *J. Chem. Phys.* 1967, 47, 1830.

[397] F. B. BRAMWELL, J. GENDELL, *J. Chem. Phys.* 1973, 58, 420.

[398] M. R. WASIELEWSKI, M. P. O'NEILL, K. R. LYKKE, M. J. PELLIN, D. M. GRÜN, *J. Am. Chem. Soc.* 1991, 113, 2774.

[399] S. L. BUCHWALTER, G. L. CLOSS, *J. Am. Chem. Soc.* 1975, 97, 3857.

[400] S. L. BUCHWALTER, G. L. CLOSS, *J. Am. Chem. Soc.* 1979, 101, 4688.

[401] F. D. COMS, D. A. DOUGHERTY, *Tetrahedron Lett.* 1988, 29, 3753.

[402] E. WASSERMAN, W. A. YAGER, V. J. KUCK, *Chem. Phys. Lett.* 1970, 7, 409.

[403] R. A. BERNHEIM, H. W. BERNARD, P. S. WANG, L. S. WOOD, P. S. SKELL, *J. Chem. Phys.* 1970, 53, 1280.

[404] E. Wassermann, R. S. Hutton, *Acc. Chem. Res.* 1977, 10, 27.

[405] R. W. MURRAY, A. M. TROZZOLO, E. WASSERMANN, W. A. YAGER, *J. Am. Chem. Soc.* 1962, 84, 3213.

[406] R. J. ANDERSON, B. E. KOHLER, *J. Chem. Phys.* 1975, 63, 5081.

[407] G. SMOLINSKI, E. WASSERMAN, W. A. YAGER, *J. Am. Chem. Soc.* 1962, 84, 3220.

[408] W. T. BORDEN, N. P. GRITSAN, C. M. HADAD, W. L. KARNEY, C. R. KEMNITZ, M. S. PLATZ, *Acc. Chem. Res.* 2000, 33, 765.

[409] W. T. BORDEN, H. IWAMURA, J. A. BERSON, *Acc. Chem. Res.* 1994, 27, 109.

[410] P. DOWD, *J. Am. Chem. Soc.* 1966, 88, 2587.

[411] P. DOWD, *Acc. Chem. Res.* 1972, 5, 242.

[412] P. DOWD, W. CHANG, Y. H. PAIK, *J. Am. Chem. Soc.* 1986, 108, 7416.

[413] P. DOWD, W. CHANG, C. J. PARTIAN, W. ZHANG, *J. Phys. Chem.* 1993, 97, 13408.

[414] B. B. WRIGHT, M. S. PLATZ, *J. Am. Chem. Soc.* 1983, 105, 628.

[415] R. M. PAGNI, M. N. BURNETT, J. R. DODD, *J. Am. Chem. Soc.* 1977, 99, 1972.

[416] J. A. BERSON, R. J. BUSHBY, J. M. BRIDE, M. TREMELLING, *J. Am. Chem. Soc.* 1971, 93, 1544.

[417] W. R. ROTH, G. ERKER, *Angew. Chem. Int. Ed. Engl.* 1973, 12, 503.

[418] P. DOWD, W. CHANG, Y. H. PAIK, *J. Am. Chem. Soc.* 1987, 109, 5284.

[419] G. KOTHE, K. D. DENKEL, W. SÜMMERMANN, *Angew. Chem. Int. Ed. Engl.* 1970, 9, 906.

[420] J.-F. MULLER, D. MULLER, H. J. DEWEY, J. MICHL, *J. Am. Chem. Soc.* 1978, 100, 1629.

[421] M. GLASBEEK, J. D. W. VAN VOORST, G. J. HOIJTINK, *J. Chem. Phys.* 1966, 45, 1852.

[422] D. DUBOIS, M. T. JONES, K. M. KADISH, *J. Am. Chem. Soc.* 1992, 114, 6446.

[423] F. GERSON, W. HUBER, W. B. MARTIN, JR., P. CALUWE, T. PEPPER, M. SZWARC, *Helv. Chim. Acta*, 1984, 67, 416.

[424] F. GERSON, T. WELLAUER, A. M. OLIVER, M. N. PADDON-ROW, *Helv. Chim. Acta* 1990, 73, 1586.

[425] M. SAUNDERS, R. BERGER, A. JAFFE, J. M. MCBRIDE, J. O'NEILL, R. BRESLOW, J. M. HOFFMAN, JR., C. PERCHONOCK, E. WASSERMANN, R. S. HUTTON, V. J. KUCK, *J. Am. Chem. Soc.* 1973, 95, 3017.

[426] R. BRESLOW, R. HILL, E. WASSERMAN, *J. Am. Chem. Soc.* 1964, 86, 5349.

[427] R. BRESLOW, H. W. CHANG, R. HILL, E. WASSERMAN, *J. Am. Chem. Soc.* 1967, 89, 1112.

[428] R. BRESLOW, H. W. CHANG, W. A. YAGER, *J. Am. Chem. Soc.* 1963, 85, 2033.

[429] W. BROSER, P. SIEGLE, H. KURRECK, *Chem. Ber.* 1967, 100, 788.

[430] W. Broser, P. Siegle, H. Kurreck, *Chem. Ber.* 1968, 101, 69.

[431] R. B. BRESLOW, in *Topics in Nonbenzenoid Chemistry*, T. NOZOE, R. BRESLOW, K. HAFNER, S. ITÔ, I. MURATA (eds.), Hirokawa, Tokyo 1973, Volume 1, p. 81.

[432] J. VECIANA, C. ROVIRA, M. I. CRESPO, O. ARMET, V. M. DOMINGO, F. PALACIO, *J. Am. Chem. Soc.* 1991, 113, 2552.

[433] R. BRIE' RE, R.-M. DUPEYRE, M. LEMAIRE, C. MORAT, A. RASSAT, P. REY, *Bull. Soc. Chim. France* 1965, 3290.

[434] R. M. DUPEYRE, H. LEMAIRE, A. RASSAT, *J. Am. Chem. Soc.* 1965, 87, 3771.

[435] H. VAN WILLIGEN, M. PLATO, K. MÖBIUS, K. P. DINSE, H. KURRECK, J. REUSCH, *Mol. Phys.* 1975, 30, 1359.

[436] B. KIRSTE, H. KURRECK, K. SCHUBERT, *Tetrahedron Lett.* 1978, 777.

[437] A. J. ARDUENGO, III, *Acc. Chem. Res.* 1999, 32, 913.

[438] R. W. FESSENDEN, *J. Phys. Chem.* 1967, 71, 74.

[439] M. KARPLUS, G. K. FRAENKEL, *J. Chem. Phys.* 1961, 35, 1312.

[440] J. R. MORTON, *Chem. Rev.* 1964, 64, 453.

[441] M. T. ROGERS, L. D. KISPERT, *J. Chem. Phys.* 1967, 46, 221.

[442] H. M. MCCONNELL, J. STRATHDEE, *Mol. Phys.* 1959, 2, 129.

[443] H. M. MCCONNELL, C. HELLER, T. COLE, R. W. FESSENDEN, *J. Am. Chem. Soc.* 1960, 82, 766.

[444] K. TORIYAMA, M. IWASAKI, K. NUNONE, H. MUTO, *J. Chem. Phys.* 1981, 75, 1633.

[445] H. M. MCCONNELL, *J. Chem. Phys.* 1956, 24, 632, 764.

[446] P. J. BARKER, A. G. DAVIES, M.-W. TSE, *J. Chem. Soc., Perkin Trans. 2* 1980, 941.

[447] C. CARTER, G. VINCOW, *J. Chem. Phys.* 1967, 47, 292.

[448] G. VINCOW, M. L. MORELL, W. V. VOLLAND, H. J. DAUBEN, JR., F. R. HUNTER, *J. Am. Chem. Soc.* 1965, 87, 3527.

[449] T. J. KATZ, H. L. STRAUSS, *J. Chem. Phys.* 1960, 32, 1873.

[450] J. R. BOLTON, *J. Chem. Phys.* 1965, 43, 309.

[451] B. L. BARTON, G. K. FRAENKEL, *J. Chem. Phys.* 1964, 41, 695.

[452] J. P. COLPA, E. DE BOER, *Phys. Lett.* 1963, 5, 225.

[453] J. P. COLPA, E. DE BOER, *Mol. Phys.* 1963-64, 7, 333.

[454] H. C. HELLER, H. M. MCCONNELL, *J. Chem. Phys.* 1960, 32, 1535.

[455] A. HORSFIELD, J. R. MORTON, D. H. WHIFFEN, *Mol. Phys.* 1961, 4, 425.

[456] D. H. WHIFFEN, *Mol. Phys.* 1963, 6, 223.

[457] C. ELSCHENBROICH, F. GERSON, V. BOEKELHEIDE, *Helv. Chim. Acta* 1975, 58, 1245.

[458] P. J. KRUSIC, J. P. JESSON, J. K. KOCHI, *J. Am. Chem. Soc.* 1969, 91, 4566.

[459] G. A. RUSSELL, G. W. HOLLAND, K.-Y. CHANG, R. G. KESKE, J. MATTOX, C. S. C. CHUNG, K. STANLEY, K. SCHMITT, R. BLANKESPOOR, Y. KOSUGI, *J. Am. Chem. Soc.* 1974, 96, 7237.

[460] A. ARNOLD, F. GERSON, U. BURGER, *J. Am. Chem. Soc.* 1991, 113, 4359.

[461] E. T. STROM, G. R. UNDERWOOD, D. JURKOWITZ, *Mol. Phys.* 1972, 24, 901.

[462] S. H. GLARUM, J. H. MARSHALL, *J. Chem. Phys.* 1966, 44, 2884.

[463] F. GERSON, W. HUBER, *Angew. Chem. Int. Ed. Engl.* 1985, 24, 495.

[464] F. GERSON, E. HEILBRONNER, G. KÖBRICH, *Helv. Chim. Acta*, 1965, 48, 1525.

[465] F. GERSON, *Helv. Chim. Acta*, 1964, 47, 1941.

[466] P. H. RIEGER, G. K. FRAENKEL, *J. Chem. Phys.* 1962, 37, 2795.

[467] C. L. TALCOTT, R. L. MYERS, *Mol. Phys.* 1967, 12, 549.

[468] M. BROZE, Z. LUZ, B. L. SILVER, *J. Chem. Phys.* 1967, 46, 4891.

[469] P. D. SULLIVAN, *J. Am. Chem. Soc.* 1968, 90, 3618.

[470] A. HINCHLIFFE, J. N. MURRELL, *Mol. Phys.* 1968, 14, 147.

[471] A. HUDSON, K. D. J. ROOT, *Adv. Magn. Reson.* 1971, 5, 1.

[472] D. R. EATON, A. D. JOSEY, W. D. PHILLIPS, R. E. BENSON, T. L. CAIRNS, *J. Am. Chem. Soc.* 1962, 84, 4100.

[473] E. G. JANZEN, J. L. GERLOCK, *J. Am. Chem. Soc.* 1967, 89, 4902.

[474] F. GERSON, J. HEINZER, H. BOCK, *Mol. Phys.* 1970, 18, 461.

[475] R. E. WATSON, A. J. FREEMAN, *Phys. Rev.* 1961, 124, 1117; quoted in J. R. MORTON, *Chem. Rev.* 1964, 64, 453.

[476] J. R. MORTON, K. F. PRESTON, *J. Magn. Reson.* 1978, 30, 577.

[477] A. TERAHARA, H. OHYA-NISHIGUCHI, N. HIROTA, A. OKU, *J. Phys. Chem.* 1986, 90, 1564.

[478] G. S. OWEN, G. VINCOW, *J. Chem. Phys.* 1971, 54, 368.

[479] F. GERSON, X.-Z. QIN, *Chem. Phys. Lett.* 1988, 153, 546.

[480] R. ERICKSON, N. P. BENETIS, A. LUND, M. LINDGREN, *J. Phys. Chem.* 1997, 101, 2390.

[481] F. GERSON, K. MÜLLEN, C. WYDLER, *Helv. Chim. Acta* 1976, 59, 1371.

[482] R. W. FESSENDEN, R. H. SCHULER, *J. Chem. Phys.* 1965, 43, 2704.

[483] R. BERGENE, A. MINEGISHI, P. RIESZ, T. B. MEL $\varnothing$, *Int. J. Radiat. Biol. Relat. Stud. Phys. , Chem. Med.* 1980, 37, 237.

[484] R. BERGENE, A. MINEGISHI, P. RIESZ, *Int. J. Radiat. Biol. Relat. Stud. Phys. , Chem. Med.* 1980, 38, 383.

[485] N. HIROTA, C. A. HUTCHISON, JR. , P. PALMER, *J. Chem. Phys.* 1964, 40, 3717.

[486] P. DOWD, A. GOLD, K. SACHDEV, *J. Am. Chem. Soc.* 1968, 90, 2715.

[487] R. SCHMIDLIN, Dissertation, Basel 1995.

[488] A. STREITWIESER, JR. , *Molecular Theory for Organic Chemists*, Wiley, New York 1961.

[489] E. HEILBRONNER, H. BOCK, *The HMO Model and Its Applications*, Verlag Chemie, Weinheim, Germany, and Wiley, New York 1976.

[490] A. D. MCLACHLAN, *Mol. Phys.* 1960, 3, 233.

[491] J. A. POPLE, D. L. BEVERIDGE, P. A. DOBOSH, *J. Am. Chem. Soc.* 1968, 90, 4201.

[492] J. A. POPLE, D. L. BEVERIDGE, *Approximate Molecular Orbital Theory*, McGraw-Hill, New York 1970.

[493] S. F. NELSEN, *J. Chem. Soc.*, *Perkin Trans.* 2 1988, 1005.

[494] M. J. S. DEWAR, E. G. ZOEBISH, E. F. HEALY, J. J. P. STEWART, *J. Am. Chem. Soc.* 1985, 107, 3902.

[495] N. L. ALLINGER, *J. Am. Chem. Soc.* 1977, 89, 8127.

[496] N. L. ALLINGER, K. CHEN, J.-H. LII, *J. Comp. Chem.* 1996, 17, 642.

[497] F. WILLIAMS, Q.-X. GUO, P. A. PETILLO, S. F. NELSEN, *J. Am. Chem. Soc.* 1988, 110, 7887.

[498] W. J. HEHRE, L. RADOM, P. V. R. SCHLEYER, J. A. POPLE, *Ab initio Molecular Orbital Theory*, Wiley, New York 1976.

[499] W. KOHN, L. J. SHAM, *Phys. Rev.* 1965, 140, A1133.

[500] W. KOHN, A. D. BECKE, R. G. PARR, *J. Phys. Chem.* 1996, 100, 12974.

[501] M. J. FRISCH, G. W. TRUCKS, H. B. SCHLEGEL, G. E. SCUSERIA, M. A. ROBB, J. R. CHEESEMAN, V. G. ZAKRZEWSKI, J. A. MONTGOMERY, R. E. STRAUMANN, JR., J. C. BURANT, S. DAPPRICH, J. M. MILLAM, A. D. DANIELS, K. N. KUDIN, M. C. STRAIN, O. FARKAS, J. TOMASI, V. BARONE, M. COSSI, R. CAMMI, B. MENNUCCI, C. POMELLI, C. ADAMO, S. CLIFFORD, J. OCHTERSKI, G. A. PETERSSON, P. Y. AYALA, Q. CUI, K. MOROKUMA, D. K. MALICK, A. D. RABUCK, K. RAGHAVACHARI, J. B. FORESMAN, J. CIOSLOWSKI, J. V. ORTIZ, B. B. STEFANOV, G. LIU, A. LIASHENKO, P. PISKORZ, I. KOMAROMI, R. GOMPERTS, R. L. MARTIN, D. J. FOX, T. KEITH, M. A. AL-LAHAM, C. Y. PENG, A. NANAYAKKARA, C. GONZALEZ, M. CHALLOCOMBE, P. M. W. GILL, B. G. JOHNSON, W. CHEN, M. W. WONG, J. L. ANDRES, M. HEAD-GORDON, E. S. REPLOGLE, J. A. POPLE, Gaussian 98, Revision A. 5; Gaussian, Inc., Pittsburg, PA, 1998.

[502] L. A. ERICKSSON, J. WANG, R. J. BOYD, S. LUNNELL, *J. Phys. Chem.* 1994, 98, 792.

[503] V. BARONE, *Theor. Chim. Acta* 1995, 91, 113.

[504] L. A. ERICKSSON, O. L. MALKINA, V. G. MALKIN, D. R. SALAHUB, *J. Chem. Phys.* 1994, 100, 5066.

[505] R. BATRA, B. GIESE, M. SPICHTY, G. GESCHEIDT, K. N. HOUK, *J. Phys. Chem.* 1996, 100, 18371.

[506] A. D. BECKE, *Phys. Rev. A* 1988, 38, 3098; *J. Chem. Phys.* 1993, 38, 5648.

[507] C. LEE, W. YANG, R. G. PARR, *Phys. Rev B* 1988, 37, 785.

[508] E. ZAVOISKII, *J. Phys. SSSR* 1945, 9, 211, 245.

[509] S. I. WEISSMANN, J. C. SOWDEN, *J. Am. Chem. Soc.* 1953, 75, 503.

[510] H. S. JARRETT, G. J. SLOAN, *J. Chem. Phys.* 1954, 22, 1783.

[511] C. A. HUTCHISON, JR., R. C. PASTOR, A. G. KOWALSKY, *J. Chem. Phys.* 1952, 20, 534.

[512] T. L. CHU, G. E. PAKE, D. E. PAUL, J. TOWNSEND, S. I. WEISSMAN, *J. Phys. Chem.* 1953, 57, 504.

[513] B. VENKATARAMAN, G. K. FRAENKEL, *J. Am. Chem. Soc.* 1955, 77, 2707.

[514] B. VENKATARAMAN, G. K. FRAENKEL, *J. Chem. Phys.* 1955, 23, 588.

[515] J. E. WERTZ, J. L. VIVO, *J. Chem. Phys.* 1955, 23, 2441.

[516] A. N. HOLDEN, W. A. YAGER, F. R. MERRITT, *J. Chem. Phys.* 1951, 19, 1319.

[517] K. H. HAUSSER, Z. Naturforsch. 1959, 14a, 425.

[518] A. FAVA, P. B. SOGO, M. CALVIN, *J. Am. Chem. Soc.* 1957, 79, 1078.

[519] T. R. TUTTLE, JR., R. L. WARD, S. I. WEISSMANN, *J. Chem. Phys.* 1956, 25, 189.

[520] T. R. TUTTLE, JR., S. I. WEISSMANN, *J. Chem. Phys.* 1956, 25, 189.

[521] G. FEHER, *Phys. Rev.* 1956, 103, 834.

[522] J. S. HYDE, A. H. MAKI, *J. Chem. Phys.* 1964, 40, 3117.

[523] J. S. HYDE, *J. Chem. Phys.* 1965, 43, 1806.

[524] K. MÖBIUS, K. P. DINSE, *Chimia* 1972, 26, 461.

[525] R. BIEHL, M. PLATO, K. MÖBIUS, *J. Chem. Phys.* 1975, 63, 3515.

[526] J. S. HYDE, J. C. W. CHIEN, J. H. FREED, *J. Chem. Phys.* 1968, 48, 4211.

[527] J. S. HYDE, R. C. SNEED, G. H. RIST, *J. Chem. Phys.* 1969, 51, 1404.

[528] H. KURRECK, B. KIRSTE, W. LUBITZ, *Angew. Chem. Int. Ed. Engl.* 1984, 23, 173.

[529] F. GERSON, H. HOPF, P. MERSTETTER, C. MLYNEK, D. FISCHER, *J. Am. Chem. Soc.* 1998, 120, 4815.

[530] F. GERSON, A. LAMPRECHT, *Helv. Chim. Acta* 1994, 77, 86.

[531] F. GERSON, J. JACHIMOWICZ, K. MÖBIUS, R. BIEHL, J. S. HYDE, D. S. LENIART, *J. Magn. Reson.* 1975, 18, 471.

[532] P. FÜRDERER, F. GERSON, *Helv. Chim. Acta* 1976, 59, 2492.

[533] F. NEMOTO, A. TAKAOKA, K. ISHIZU, *Chem. Phys. Lett.* 1982, 86, 401.

[534] F. GERSON, R. HECKENDORN, R. MÖCKEL, *J. Chem. Soc., Chem. Commun.* 1985, 689.

[535] K. P. DINSE, R. BIEHL, K. MÖBIUS, *J. Chem. Phys.* 1974, 61, 4335.

[536] B. KIRSTE, H. KURRECK, W. LUBITZ, K. SCHUBERT, *J. Am. Chem. Soc.* 1978, 100, 2292.

[537] P. EHRET, H. C. WOLF, *Z. Naturforsch* 1968, 23a, 1740.

[538] A. M. PONTE GONCALVES, C. A. HUTCHISON, JR., *J. Chem. Phys.* 1968, 49, 4235.

[539] H. C. BRENNER, C. A. HUTCHISON, JR., M. D. KEMPLE, *J. Chem. Phys.* 1974, 60, 2180.

[540] C. A. HUTCHISON, JR., V. H. MCCANN, H. VALDA, *J. Chem. Phys.* 1974, 61, 820.

[541] C. A. HUTCHISON, JR., G. A. PEARSON, H. VALDA, *J. Chem. Phys.* 1969, 47, 520.

[542] C. A. HUTCHISON, JR., B. E. KOHLER, *J. Chem. Phys.* 1969, 51, 3327.

[543] J. S. HYDE, *Annu. Rev. Phys. Chem.* 1974, 25, 407.

[544] C. P. POOLE, JR., *Electron Spin Resonance. A Comprehensive Treatise on Experimental Technique*, Interscience Publ., New York, 1967. Second edition: 1982.

[545] R. S. ALGIER, *Electron Paramagnetic Resonance: Techniques and Applications*, Interscience Publ., New York 1968.

[546] M. R. BRYCE, A. K. LAY, A. CHESNEY, A. S. BATSANOV, J. A. K. HOWARD, U. BUSER, F. GERSON, P. MERSTETTER, *J. Chem. Soc., Perkin Trans. 2*, 1999, 755.

[547] A. J. DOBBS, in Chapt. 10, Vol. 2 of [19].

[548] B. G. SEGAL, M. KAPLAN, G. K. FRAENKEL, *J. Chem. Phys.* 1965, 43, 4191.

[549] R. D. ALLENDOERFER, *J. Chem. Phys.* 1971, 55, 3615.

[550] F. GERSON, I. B. GOLDBERG, T. M. MCKINNEY, *Magn. Reson. Chem.* 1988, 26, 319.

[551] U. BUSER, C. H. ESS, F. GERSON, *Magn. Reson. Chem.* 1991, 29, 721.

[552] C. H. ESS, F. GERSON, W. ADAM, *Helv. Chim. Acta*, 1991, 74, 2078.

[553] H. PAUL, H. FISCHER, *Helv. Chim. Acta* 1973, 56, 1575.

[554] M. IWASAKI, K. TORIYAMA, H. MUTO, K. NUNOME, M. FUKAYA, *J. Phys. Chem.* 1981, 85, 1326.

[555] K. H. HAUSSER, *Naturwissenschaften* 1960, 47, 251.

[556] O. BASTIANSEN, O. HASSEL, *Acta Chem. Scand.* 1949, 3, 209.

[557] I. L. KARLE, *J. Chem. Phys.* 1952, 20, 65.

[558] T. J. KATZ, *J. Am. Chem. Soc.* 1960, 82, 3784.

[559] R. D. ALLENDOERFER, P. H. RIEGER, *J. Am. Chem. Soc.* 1965, 87, 2336.

[560] J. H. HAMMONS, C. T. KRESGE, L. A. PAQUETTE, *J. Am. Chem. Soc.* 1976, 98, 8172.

[561] T. J. KATZ, *J. Am. Chem. Soc.* 1960, 82, 3785.

[562] H. L. STRAUSS, T. J. KATZ, G. K. FRAENKEL, *J. Am. Chem. Soc.* 1963, 85, 2360.

[563] A. CARRINGTON, P. F. TODD, *Mol. Phys.* 1963-64, 7, 533.

[564] F. LENDZIAN, M. PLATO, K. MÖBIUS, *J. Magn. Reson.* 1981, 44, 20.

[565] E. WEIBACHER, Dissertation, Freie Universität Berlin, 1983.

[566] B. BOHN, Dissertation, Freie Universität Berlin, 1984.

[567] G. VINCOW, G. K. FRAENKEL, *J. Chem. Phys.* 1961, 34, 1333.

[568] F. GERSON, E. HEILBRONNER, J. HEINZER, *Tetrahetron Lett.* 1966, 2095.

[569] Chapt. 4.4 in [10], first edition.

[570] T. W. LAPP, J. G. BURR, R. B. INGALLS, *J. Chem. Phys.* 1965, 43, 4183.

[571] F. C. ADAM, C. R. KEPFORD, *Can. J. Chem.*, 1971, 49, 3529.

[572] B. KIRSTE, *Anal. Chim. Acta* 1992, 265, 191.

[573] D. DULING, WINSIM, *Public EPR Software Tools*, Institute of Environmental Health Sciences, Research Triangle Park, NC, USA, 1996.

[574] E. DE BOER, E. L. MACKOR, *Mol. Phys.* 1962, 5, 493.

[575] J. C. EVANS, A. Y. OBAID, C. C. ROWLANDS, *Chem. Phys. Lett.*, 1984, 109, 398.

[576] H. BOCK, G. BRÄHLER, G. FRITZ, E. MATERN, *Angew. Chem. Int. Ed. Engl.*, 1976, 15, 668.

[577] H. BOCK, private communication.

[578] W. LUBITZ, W. BROSER, B. KIRSTE, K. SCHUBERT, *Z. Naturforsch.* 1978, 33A, 1072.

[579] H. BOCK, B. HIERHOLZER, H. KURRECK, W. LUBITZ, *Angew. Chem. Int. Ed. Engl.* 1983, 22, 787.

[580] B. KIRSTE, *J. Magn. Reson.* 1985, 62, 242.

[581] B. KIRSTE, R. WEST, K. KURRECK, *J. Am. Chem. Soc.* 1985, 107, 3013.

[582] A. G. DAVIES, G. GESCHEIDT, K. M. NG, M. K. SHEPHERD, *J. Chem. Soc., Perkin Trans.* 2 1994, 2423.

[583] H. G. BENSON, A. HUDSON, *Mol. Phys.* 1970, 20, 185.

[584] M. PLATO, W. LUBITZ, K. MÖBIUS, *J. Phys. Chem.*, 1981, 85, 1202.

[585] R. BIEHL, K. HINRICHS, H. KURRECK, W. LUBITZ, U. MENNENGA, K. ROTH, *J. Am. Chem. Soc.* 1977, 99, 4278.

[586] C. HASS, B. KIRSTE, H. KURRECK, G. SCHLÖMP, *J. Am. Chem. Soc.* 1983, 105, 7375.

[587] R. Biehl, K. Möbius, S. E. O'Connor, R. I. Walter, H. Zimmermann, *J. Phys. Chem.* 1979, 83, 3449.

[588] J. J. WINDLE, K. WIERSEMA, *J. Chem. Phys.* 1963, 39, 1139.

[589] R. BRIÈRE, H. LEMAIRE, A. Rassat, *Tetrahedron Lett.* 1964, 27, 1755.

[590] R. L. WARD, *J. Chem. Phys.* 1960, 32, 1592.

[591] N. HIROTA, *J. Am. Chem. Soc.* 1967, 89, 32.

[592] J. HIGUCHI, K. ISHIZU, F. NEMOTO, K. TAJIMA, H. SUZUKI, K. OGAWA, *J. Am. Chem. Soc.* 1984, 106, 5403.

[593] F. A. NEUGEBAUER, H. G. WEGER, *Chem. Ber.* 1975, 108, 2703.

[594] G. W. CANTERS, B. M. P. HENDRICKS, E. DE BOER, *J. Chem. Phys.* 1970, 53, 445.

[595] G. W. CANTERS, B. M. P. HENDRIKS, J. W. M. DE BOER, E. DE BOER, *Mol. Phys.* 1973, 25, 1135.

[596] J. W. M. DE BOER, M. R. ARICK, E. DE BOER, *J. Chem. Phys.* 1973, 59, 638.

[597] E. DE BOER, C. MACLEAN, *J. Chem. Phys.* 1966, 44, 1334.

[598] E. DE BOER, J. P. COLPA, *J. Phys. Chem.* 1967, 71, 21.

[599] G. W. CANTERS, E. DE BOER, B. M. P. HENDRICKS, H. VAN WILLIGEN, *Chem. Phys. Lett.* 1968, 1, 627.

[600] B. M. P. HENDRICKS, G. W. CANTERS, C. CORVAJA, J. W. M. DE BOER, E. DE BOER, *Mol. Phys.* 1971, 20, 193.

[601] R. W. KREILICK, *J. Chem. Phys.* 1967, 46, 4260.

[602] M. S. DAVIS, K. MOROKUMA, R. W. KREILICK, *J. Am. Chem. Soc.* 1972, 94, 5588.

[603] M. DUPEYRE, A. RASSAT, *Tetrahedron* 1978, 34, 1501.

[604] A. R. FORRESTER, F. A. NEUGEBAUER, H. FISCHER, *J. Chem. Soc., Perkin Trans. 2* 1978, 1014.

[605] R. W. KREILICK, *J. Am. Chem. Soc.* 1968, 90, 5991.

[606] G. W. ESPERSEN, R. W. KREILICK, *Mol. Phys.* 1969, 16, 577.

[607] J. W. NEELY, G. F. HATCH, R. W. KREILICK, *J. Am. Chem. Soc.* 1974, 96, 652.

[608] Chapt. 9.7 in [10], first edition.

[609] O. H. GRIFFITH, D. W. CORNELL, H. M. MCCONNELL, *J. Chem. Phys.* 1965, 43, 2909.

[610] A. HUDSON, G. R. LUCKHURST, *Chem. Rev.* 1969, 69, 191.

[611] A. CARRINGTON, G. R. LUCKHURST, *Mol. Phys.* 1964, 8, 401.

[612] G. BOCHE, F. HEIDENHAIN, *Angew. Chem. Int. Ed. Engl.* 1978, 17, 283.

[613] R. BACHMANN, F. GERSON, G. GESCHEIDT, E. VOGEL, *J. Am. Chem. Soc.* 1993, 115, 10286.

[614] B. J. HEROLD, A. F. NEIVA-CORREIRA, J. DOS SANTOS-VEIGA, *J. Am. Chem. Soc.* 1965, 87, 2661.

[615] H. VAN WILLIGEN, M. PLATO, R. BIEHL, K. P. DINSE, K. MÖBIUS, *Mol. Phys.* 1973, 26, 793.

[616] A. H. REDDOCH, *J. Chem. Phys.* 1964, 41, 444.

[617] M. IWAIZUMI, T. ISOBE, *Bull. Chem. Soc. Jpn.* 1964, 37, 1651.

[618] N. HIROTA, Ph. Thesis, Washington University, 1963.

[619] C. Y. LING, J. GENDELL, *J. Chem. Phys.* 1967, 47, 3475.

[620] G. L. SWARTZ, W. M. GULICK, JR., *Mol. Phys.* 1975, 30, 869.

[620a] C. Y. LING. J. GENDELL, *J. Chem. Phys.* 1967, 46, 400.

[621] F. GERSON, *Topics Curr. Chem.* 1983, 115, 57.

[622] F. GERSON, W. B. MARTIN, JR., C. WYDLER, *Helv. Chim. Acta* 1976, 59, 1365.

[623] J. BRUHIN, F. GERSON, W. B. MARTIN, JR., C. WYDLER, *Helv. Chim. Acta*, 1977, 60, 1915.

[624] E. DE BOER, E. L. MACKOR, *J. Am. Chem. Soc.* 1964, 86, 1513.

[625] A. H. REDDOCH, *Chem. Phys. Lett.* 1971, 10, 108.

[626] T. E. GOUGH, P. R. HINDLE, *Can. J. Chem.* 1969, 47, 1698, 3393.

[627] T. E. GOUGH, P. R. HINDLE, *Trans. Faraday Soc.* 1970, 66, 2420.

[628] J. A. M. VAN BROEKHOVEN, H. VAN WILLIGEN, E. DE BOER, *Mol. Phys.* 1968, 15, 101.

[629] P. D. SULLIVAN, *J. Am. Chem. Soc.* 1973, 95, 288.

[630] S. F. NELSEN, R. F. ISMAGILOV, *J. Phys. Chem. A* 1999, 103, 5373.

[631] M. N. KAHN, C. PALIVAN, F. BARBOSA, J. AMADRAUT, G. GESCHEIDT, *J. Chem. Soc., Perkin Trans.* 2002, 1522.

[632] J. HEINZER, *J. Magn. Reson.* 1974, 13, 124.

[633] S. OGAWA, R. W. FESSENDEN, *J. Chem. Phys.* 1964, 41, 994.

[634] M. IWAIZUMI, T. ISOBE, *Bull. Chem. Soc. Jpn.* 1963, 36, 939.

[635] M. IWAIZUMI, T. ISOBE, *Mol. Phys.* 1975, 29, 549.

[636] E. DE BOER, A. D. PRAAT, *Mol. Phys.* 1964, 8, 291.

[637] J. H. FREED, G. K. FRAENKEL, *J. Chem. Phys.* 1962, 37, 1156.

[638] A. H. MAKI, *J. Chem. Phys.* 1961, 35, 761.

[639] E. W. STONE, A. H. MAKI, *J. Chem. Phys.* 1963, 38, 1999.

[640] J. R. BOLTON, A. CARRINGTON, *Mol. Phys.* 1962, 5, 161.

[641] J. R. BOLTON, A. CARRINGTON, P. F. TODD, *Mol. Phys.* 1963, 6, 169.

[642] J. BRUHIN, F. GERSON, R. MÖCKEL, G. PLATTNER, *Helv. Chim. Acta* 1985, 68, 377.

[643] C. GAZE, B. C. GILBERT, *J. Chem. Phys. Perkin Trans 2*, 1977, 116.

[644] M. IWAZAKI, K. TORIYAMA, N. NUNONE, *J. Chem. Soc. , Chem. Commun.* 1983, 320.

[645] K. SHIMADA, G. MOSHUK, H. D. CONNOR, P. CALUWE, M. SZWARC, *Chem. Phys. Lett.* 1972, 14, 396.

[646] M. SZWARC, 22nd Nobel Symposium (Almquist and Wiksell, Uppsala), Halsted, Press book, Wiley, New York 1973, p. 291.

[647] K. SHIMADA, M. SZWARC, *Chem. Phys. Lett.* 1974, 28, 540.

[648] S. BRUMBY, *J. Phys. Chem.* 1983, 87, 1917.

[649] G. P. LAROFF, R. W. FESSENDEN, W. RICHARD, *J. Chem. Phys.* 1972, 57, 5614.

[650] R. LIVINGSTON, H. ZELDES, *J. Magn. Reson.* 1969, 1, 169.

[651] H. FISCHER, *Z. Naturforsch.* 1965, 20a, 428.

[652] D. GRILLER, K. U. INGOLD, P. J. KRUSIC, H. FISCHER, *J. Am. Chem. Soc.* 1978, 100, 6750.

[653] L. J. JOHNSTON, K. INGOLD, *J. Am. Chem. Soc.* 1986, 108, 2343.

[654] S. DEYCARD, J. LUSZTYK, K. U. INGOLD, F. ZERBETTO, M. Z. ZGIERSKI, W. SIEBRAND, *J. Am. Chem. Soc.* 1988, 110, 6721.

[655] A. L. J. BECKWITH, P. K. TINDAL, *Aust. J. Chem.* 1971, 24, 2099.

[656] B. C. GILBERT, M. TRENWITH, *J. Chem. Soc. Perkin II*, 1975, 1083.

[657] V. BARONE, R. SUBRA, *J. Chem. Phys.* 1996, 104, 2630.

[658] V. BARONE, C. ADAMO, Y. BRUNEL, R. SUBRA, *J. Chem. Phys.* 1996, 105, 3168.

[659] J. C. WALTON, *J. Chem. Soc. , Perkin Trans.* 2 1988, 1371.

[660] T. KAWAMURA, M. MATSUMAGA, T. YONEZAWA, *J. Am. Chem. Soc.* 1975, 97, 3234.

[661] T. KAWAMURA, Y. SUGIYAMA, T. YONEZAWA, *Mol. Phys.* 1977, 33, 1499.

[662] J. K. KOCHI, P. BAKUZIS, P. J. KRUSIC, *J. Am. Chem. Soc.* 1973, 95, 1516.

[663] L. BONAZZOLA, R. MARX, *Mol. Phys.* 1970, 19, 405.

[664] S. P. MISHRA, M. C. R. Symons, *Tetrahedron Lett.* 1973, 2267.

[665] M. KIRA, M. WATANABE, M. ICHINOSE, H. SAKURAI, *J. Am. Chem. Soc.* 1982, 104, 3762.

[666] E. W. DELLA, G. M. ELSEY, N. J. HEAD, J. C. WALTON, *J. Chem. Soc. , Chem. Commun.* 1990, 1589.

[667] V. BARONE, C. ADAMO, A. GRAND, R. SUBRA, *Chem. Phys. Lett.* 1995, 246, 53.

[668] D. R. SMITH, W. A. SEDDON, *Can. J. Chem.* 1970, 48, 1938.

[669] W. C. DANEN, T. T. KENSLER, *J. Am. Chem. Soc.* 1970, 92, 5235.

[670] W. C. DANEN, T. T. KENSLER, *Tetrahedron Lett.* 1971, 2247.

[671] M. SHIOTANI, L. SJÖQUIST, A. LUND, S. LUNELL, L. ERIKSSON, M.-B. HUANG, *J. Phys. Chem.* 1990, 94, 8081.

[672] S. N. FONER, E. L. COCHRAN, V. A. BOWERS, C. K. JEN, *Phys. Rev. Lett.* 1958, 1, 91.

[673] Y. L. CHOW, W. C. DANEN, S. F. NELSEN, D. H. ROSENBLATT, *Chem. Rev.* 1978, 78, 243.

[674] W. C. DANEN, R. C. RICKARD, *J. Am. Chem. Soc.* 1972, 94, 3254.

[675] R. W. FESSENDEN, P. J. NETA, *J. Phys. Chem.* 1972, 76, 2857.

[676] A. DE MEIJERE, V. CHAPLINSKI, H. WINSEL, M. A. KUSNETZOV, P. RADEMACHER, R. BOESE, T. HAUMANN, P. V. R. SCHLEYER, T. ZYWIETZ, H. JIAO, P. MERSTETTER, F. GERSON, *Angew. Chem. Int. Ed. Engl.* 1999, 38, 2430.

[677] F. GERSON, P. MERSTETTER, M. MASCAL, N. M. NEXT, *Helv. Chim. Acta*, 1998, 81, 1749.

[678] A. J. BLAKE, E. A. V. EBSWORTH, A. J. WELCH, *Acta Crystallogr. Sect. C* 1984, 40, 413.

[679] R. BOESE, D. BLÄR, M. Y. ANTIPIN, V. CHAPLINSKI, A. DE MEIJERE, *Chem. Commun.* 1998, 781.

[680] M. C. R. SYMONS, K. V. S. RAO, *J. Chem. Soc A* 1971, 2163.

[681] H. C. BOX, E. E. BUDZINSKI, H. G. FREUND, K. T. LILGA, *J. Chem. Phys.* 1970, 53, 1059.

[682] P. PREMOVIC, O. GAL, *J. Magn. Reson.* 1974, 13, 177.

[683] M. I. IWASAKI, K. TORIYAMA, *J. Am. Chem. Soc.* 1978, 100, 1964.

[684] H. C. BOX, E. E. BUDZINSKI, *J. Chem. Phys.* 1983, 79, 4142.

[685] E. E. BUDZINSKI, H. C. BOX, *J. Chem. Phys.* 1985, 82, 3487.

[686] L. B. KNIGHT, JR., J. STEADMAN, *J. Chem. Phys.* 1983, 78, 5940.

[687] H. KUBODERA, T. SHIDA, K. SHIMOKOSHI, *J. Phys. Chem.* 1981, 85, 2583.

[688] A. G. DAVIES, A. G. NEVILLE, *J. Chem. Soc., Perkin Trans. 2* 1992, 163.

[689] A. J. DOBBS, B. C. GILBERT, R. O. C. NORMAN, *J. Chem. Soc., Perkin Trans. 2* 1972, 786.

[690] Y. ELLINGER, A. RASSAT, R. SUBRA, G. BERTHIER, *J. Chem. Phys.* 1975, 62, 1.

[691] J. W. COOPER, B. P. ROBERTS, J. N. WINTER, *J. Chem. Soc., Chem. Commun.* 1977, 320.

[692] P. NETA, R. W. FESSENDEN, *J. Phys. Chem.* 1970, 74, 3362.

[693] R. F. HUDSON, K. A. F. RECORD, *J. Chem. Soc., Chem. Commun.* 1976, 539.

[694] R. F. HUDSON, A. J. LAWSON, K. A. F. RECORD, *J. Chem. Soc., Chem. Commun.* 1974, 488.

[695] S. P. MISHRA, M. C. R. SYMONS, *J. Chem. Soc., Chem. Commun.* 1975, 909.

[696] L. D. SNOW, F. WILLIAMS, *J. Chem. Soc., Chem. Commun.* 1983, 1090.

[697] L. D. SNOW, F. WILLIAMS, *Faraday Disc. Chem. Soc.* 1984, 78, 57.

[698] P. J. BOON, L. HARRIS, M. T. OLM, J. L. WYATT, M. C. R. SYMONS, *Chem. Phys. Lett.* 1984, 106, 408.

[699] F. BARIGELLETTI, G. POGGI, A. BRECCIA, *J. Chem. Soc., Faraday Trans.* 2, 1974, 70, 1198.

[700] G. BRUNTON, D. GRILLER, L. R. C. BARCLAY, K. U. INGOLD, *J. Am. Chem. Soc.* 1976, 98, 6803.

[701] G. BRUNTON, J. A. GRAY, D. GRILLER, R. C. B. BARCLAY, K. U. INGOLD, *J. Am. Chem. Soc.* 1978, 100, 4197.

[702] P. H. KASAI, P. A. CLARK, E. B. WHIPPLE, *J. Am. Chem. Soc.* 1970, 92, 2640.

[703] P. H. KASAI, D. MCLEOD, JR., *J. Am. Chem. Soc.* 1975, 97, 1548.

[704] D. N. R. RAO, G. W. EASTLAND, M. C. R. SYMONS, *J. Chem. Soc., Faraday Trans.* 2, 1985, 81, 727.

[705] P. J. KRUSIC, J. K. KOCHI, *J. Am. Chem. Soc.* 1969, 91, 3938.

[706] R. L. MOREHOUSE, J. J. CHRISTIANSEN, W. GORDY, *J. Chem. Phys.* 1966, 45, 1751.

[707] J. H. S. SHARP, M. C. R. SYMONS, *J. Chem. Soc,* A. 1970, 3084.

[708] B. W. FULLAM, S. P. MISHRA, M. C. R. SYMONS, *J. Chem. Soc., Dalton Trans.* 1974, 2145.

[709] J. J. WINDLE, A. K. WIERSEMA, A. L. TAPPEL, *Nature* 1964, 203, 404.

[710] E. E. SMISSMAN, J. R. J. SORENSON, *J. Org. Chem.* 1965, 30, 4008.

[711] T. GILLBRO, *Chem. Phys.* 1974, 4, 476.

[712] X.-Z. QIN, Q.-C. MENG, F. WILLIAMS, *J. Am. Chem. Soc.* 1987, 109, 6778.

[713] M. SHIOTANI, L. SJÖQVIST, quoted in [675].

[714] S. LUNELL, M. B. HUANG, *Chem. Phys. Lett.* 1990, 168, 63.

[715] H. EIERDANZ, S. POTTHOFF, R. BOLZE, A. BERNDT, *Angew. Chem. Int. Ed. Engl.* 1984, 23, 526.

[716] F. GERSON, X.-Z. QIN, T. BALLY, J.-N. AEBISCHER, *Helv. Chim. Acta* 1988, 71, 1069.

[717] F. WILLIAMS, Q.-X. GUO, T. M. KOLB, S. F. NELSEN, *J. Chem. Soc.,*

Chem. Commun. 1989, 1835.

[718] K. MORIHASHI, H. KOMETANI, O. TAKAHASHI, H. TOGA, O. KIKUCHI, J. Chem. Soc., Chem. Commun. 1989, 1473.

[719] F. GERSON, J. LOPEZ, A. KREBS, W. RÜGER, Angew. Chem. Int. Ed. Engl. 1981, 20, 95.

[720] H. EIERDANZ, A. BERNDT, Angew. Chem. Int. Ed. Engl. 1982, 21, 690.

[721] A. DE MEIJERE, H. WENK, S. ZÖLLNER, P. MERSTETTER, A. ARNOLD, F. GERSON, P. R. SCHREINER, R. BOESE, R. GLEITER, S. KOZHUSKOV, Eur. J. Chem. 2001, 7, 5382.

[722] J. N. AEBISCHER, T. BALLY, K. ROTH, E. HASELBACH, F. GERSON, X.-Z. Qin, J. Am. Chem. Soc. 1989, 111, 7909.

[723] V. MALATESTA, D. L. LINDSAY, E. C. HORSWILL, K. U. INGOLD, Can. J. Chem. 1974, 52, 864.

[724] V. MALATESTA, K. U. INGOLD, J. Am. Chem. Soc. 1973, 95, 6110.

[725] L. LUNAZZI, K. U. INGOLD, J. Am. Chem. Soc. 1974, 96, 5558.

[726] D. E. WOOD, C. A. WOOD, W. A. LATHAN, J. Am. Chem. Soc. 1972, 94, 9278.

[727] H. R. FALLE, Can. J. Chem. 1968, 46, 1703.

[728] P. SMITH, R. D. STEVENS, R. A. KABA, J. Phys. Chem. 1971, 75, 2048.

[729] S. F. NELSEN, L. ECHEGOYEN, J. Am. Chem. Soc. 1975, 97, 4930.

[730] S. F. NELSEN, V. E. PEACOCK, G. R. WEISSMAN, M. E. LANDIS, J. A. SPENCER, J. Am. Chem. Soc. 1978, 100, 2806.

[730a] R. HOFFMANN, Acc. Chem. Res. 1971, 4, 1.

[731] R. W. ALDER, R. B. SESSIONS, J. M. MELLOR, M. F. RAULIN, J. Chem. Soc, Chem. Commun. 1977, 747.

[732] R. SUSTMANN, R. SAUER, J. Chem. Soc., Chem. Commun. 1985, 1248.

[733] C. J. RHODES, J. Chem. Soc., Faraday Trans. 1 1988, 84, 3215.

[734] U. KRYNITZ, F. GERSON, N. WIBERG, M. VEITH, Angew. Chem. Int. Ed. Engl. 1969, 8, 755.

[735] F. GERSON, X.-Z. QIN, Helv. Chim. Acta 1988, 71, 1498.

[736] M. E. MEDICINO, S. C. BLACKSTOCK, J. Am. Chem. Soc. 1991, 113, 713.

[737] G. GESCHEIDT, A. LAMPRECHT, C. RÜCHARDT, M. SCHMITTEL, Helv. Chim. Acta 1992, 75, 351.

[738] G. GESCHEIDT, A. LAMPRECHT, J. HEINZE, B. SCHULER, M. SCHMITTEL, S. KIAU, C. RÜCHARDT, Helv. Chim. Acta 1992, 75, 1607.

[739] The Chemistry of Diazonium and Diazo Groups (S. PATAI ed.) Wiley, New York 1978.

[740] C. B. LITTLE, G. B. SCHUSTER, *J. Am. Chem. Soc.* 1984, 106, 7167.

[741] T. J. KEMP, M. J. WELBOURN, *Tetrahedron Lett.* 1974, 87.

[742] K. U. INGOLD, J. R. MORTON, *J. Am. Chem. Soc.* 1964, 86, 3400.

[743] J. E. BENNETT, R. SUMMERS, *J. Chem. Soc.*, *Faraday Trans.* 2 1973, 1043.

[744] K. U. INGOLD, *ACC. Chem. Res.* 1969, 2, 1.

[745] F. R. BERINGER, J. G. CASTLE, *Phys. Rev.* 1954, 95, 1954.

[746] J. Q. ADAMS, S. W. NIKSIC, J. R. THOMAS, *J. Chem. Phys.* 1966, 45, 654.

[747] H. LEMAIRE, Y. MARECHAL, R. RAMASSEUL, A. RASSAT, *Bull. Soc. Chim. Fr.* 1965, 372.

[748] K. HAUSSER, H. BRUNNER, J. C. JOCHIMS, *Mol. Phys.* 1966, 10, 253.

[749] R. BRIERE, G. CHAPLET-LETOURNEUX, H. LEMAIRE, A. RASSAT, *Mol. Phys.* 1971, 20, 211.

[750] R. J. FABER, F. W. MARKLEY, J. A. WEIL, *J. Chem. Phys.* 1967, 46, 1652.

[751] T. A. J. WAJER, A. MACKOR, T. J. DE BOER, J. D. W. VAN VOORST, *Tetrahedron* 1967, 32, 4021.

[752] T. A. J. WAJER, A. MACKOR, T. J. DE BOER, *Recl. Trav. Chim. Pays. Bas.* 1971, 90, 568.

[753] C. MORAT, A. RASSAT, *Bull. Soc. Chim. Fr.* 1971, 893.

[754] A. H. M. KAYEN, K. DE BOER, T. J. DE BOER, J. D. W. VAN VOORST, *Recl. Trav. Chim. Pays-Bas* 1977, 96, 1.

[755] A. HUDSON, H. A. HUSSEIN, *J. Chem. Soc. B* 1968, 1346.

[756] R. E. ROLFE, K. D. SALES, J. H. P. UTLEY, *J. Chem. Soc.*, *Perkin Trans* 2, 1973, 1171.

[757] H. G. AURICH, K. HAHN, K. STORK, W. WEISS, *Tetrahedron* 1977, 33, 969.

[758] G. F. HATCH, R. W. KREILICK, *J. Chem. Phys.* 1972, 57, 3696.

[759] H. HAYAT, B. L. SILVER, *J. Phys. Chem.* 1973, 77, 72.

[760] H. CZEPLUCH, Dissertation, Marburg. 1979.

[761] K. EIBEN, R. W. FESSENDEN, *J. Phys. Chem.* 1968, 72, 3387.

[762] B. C. GILBERT, M. TRENWITH, *J. Chem. Soc.*, *Perkin Trans.* 1973, 2010.

[763] A. PROKOF'EV, V. M. CHIBRIKIN, O. A. YUZHAKOVA, R. G. KOSTYANOVSKII, *Akad, Nauk SSSR Ser. Khim.* 1966, 1105.

[764] D. MULVEY, W. A. WATERS, *J. Chem. Soc.*, *Perkin Trans.* 2 1974, 666.

[765] C. A. MCDOWELL, J. B. FARMER, C. L. GARDNER, M. C. L. GERRY, P. RAGHUNATHAN, *J. Phys. Chem.* 1971, 75, 2448.

[766] J. R. THOMAS, *J. Am. Chem. Soc.* 1964, 86, 1446.

[767] B. C. GILBERT, R. O. C. NORMAN, *J. Chem. Soc. B* 1968, 123.

[768] J. L. BROKENSHIRE, J. R. ROBERTS, K. U. INGOLD, *J. Am. Chem. Soc.* 1972, 94, 7040.

[769] K. U. INGOLD, S. BROWNSTEIN, *J. Am. Chem. Soc.* 1975, 97, 1817.

[770] G. D. MENDENHALL, K. U. INGOLD, *J. Am. Chem. Soc.* 1973, 95, 627.

[771] B. C. GILBERT, V. MALATESTA, R. O. C. NORMAN, *J. Am. Chem. Soc.* 1971, 93, 3290.

[772] B. C. GILBERT, R. O. C. NORMAN, *J. Chem. Soc. B* 1967, 981.

[773] A. BEGUM, M. C. R. SYMONS, *J. Chem. Soc., Faraday Trans.* 2 1973, 69, 43.

[774] K. NISHIKIDA, F. WILLIAMS, *J. Am. Chem. Soc.* 1974, 96, 4781.

[775] A. G. DAVIES, B. P. ROBERTS, B. R. SANDERSON, *J. Chem. Soc., Perkin Trans.* 2 1973, 626.

[776] A. M. IHRIG, P. R. JONES, I. N. JUNG, R. V. LYOLD, J. L. MARSHALL, D. E. WOOD, *J. Am. Chem. Soc.* 1975, 97, 4477.

[777] P. NETA, R. H. SCHULER, *J. Phys. Chem.* 1973, 77, 1368.

[778] A. HUDSON, H. A. HUSSAIN, *J. Chem. Soc. B* 1969, 793.

[779] K. SCHREINER, A. BERNDT, *Angew. Chem. Int. Ed. Engl.* 1974, 13, 144.

[780] M. S. CONRADI, H. ZELDES, R. LIVINGSTON, *J. Phys. Chem.* 1979, 83, 633.

[781] A. R. BASSINDALE, A. J. BOWLES, A. HUDSON, R. A. JACKSON, K. SCHREINER, A. BERNDT, *Tetrahedron Lett.* 1973, 3185.

[782] H. R. FALLE, F. C. ADAM, *Can. J. Chem.* 1966, 44, 1387.

[783] F. C. ADAM, S. I. WEISSMAN, *Abstracts, 133rd Meeting of ACS, San Francisco* 1958.

[784] H. SAKURAI, K. MOCHIDA, M. KIRA, *J. Organomet. Chem.* 1977, 124, 235.

[785] F. BÄR, A. BERNDT, K. DIMROTH, *Chemie in unserer Zeit*, 1975, 9, 43.

[786] A. H. MAKI, R. D. ALLENDOERFER, J. C. DANNER, R. T. KEYS, *J. Am. Chem. Soc.* 1968, 90, 4225.

[787] B. MOHOS, F. TUDOS, L. JOKAY, *Acta. Chim. Acad. Sci. Hung.* 1968, 55, 73.

[788] N. L. BAULD, J. D. MCDERMED, C. E. HUDSON, Y. S. RIM, J. ZOELLER, JR., R. D. GORDON, J. S. HYDE, *J. Am. Chem. Soc.* 1969, 91, 6666.

[789] K. SCHREINER, A. BERNDT, F. BÄR, *Mol. Phys.* 1973, 26, 929.

[790] J. R. MORTON, K. F. PRESTON, P. J. KRUSIC, E. WASSERMAN, *J. Chem. Soc., Perkin Trans* 2 1992, 1425.

[791] P. N. KEIZER, J. R. MORTON, K. F. PRESTON, P. J. KRUSIC, *J. Chem. Soc., Perkin Trans.* 2 1993, 1041.

[792] P. J. KRUSIC, P. MEAKIN, B. E. SMART, *J. Am. Chem. Soc.* 1974, 96, 6211.

[793] W. AHRENS, K. SCHREINER, H. REGENSTEIN, A. BERNDT, *Tetrahedron*

Lett. 1975, 4511.

[794] H. REGENSTEIN, A. BERNDT, *Angew. Chem. Int. Ed. Engl.* 1974, 13, 145.

[795] K. WATANABE, *Bull. Chem. Soc. Jpn.* 1975, 48, 1732.

[796] R. SUSTMANN, F. LÜBBE, *Tetrahedron Lett.* 1974, 2831.

[797] U. R. BÖHME, H. C. WOLF, *Chem. Phys. Lett.* 1972, 17, 582.

[798] A. ARNOLD, Dissertation, Basel 1991.

[799] L. LUNAZZI, G. PLACUCCI, L. GROSSI, *J. Chem. Soc., Perkin Trans.* 2 1980, 1063.

[800] D. GRILLER, K. U. INGOLD, J. C. WALTON, *J. Am. Chem. Soc.* 1979, 101, 758.

[801] R. W. FESSENDEN, R. H. SCHULER, *J. Chem. Phys.* 1963, 38, 773.

[802] D. R. GEE, J. K. S. WAN, *Can. J. Chem.* 1971, 49, 20.

[803] I. G. GREEN, J. C. WALTON, *J. Chem. Soc., Perkin Trans.* 2 1984, 1253.

[803a] M. KIRA, H. SAKURAI, *J. Am. Chem. Soc.* 1977, 99, 3892.

[804] C. U. MORGAN, K. J. WHITE, *J. Am. Chem. Soc.* 1970, 92, 3309.

[805] M. B. YIM, D. E. WOOD, *J. Am. Chem. Soc.* 1975, 97, 1004.

[806] I. C. LEWIS, L. S. SINGER, *J. Phys. Chem.* 1969, 73, 215.

[807] B. KIRSTE, W. BROSER, K. GREIN, H. KURRECK, G. SCHLÖMP, *Chem. Ber.* 1985, 118, 3464.

[808] M. KIRA, M. WATANABE, M. ICHINOSE, H. SAKURAI, *J. Am. Chem. Soc.* 1980, 102, 5202.

[809] A. ATTO, A. HUDSON, R. A. JACKSON, N. P. C. SIMMONS, *Chem. Phys. Lett.* 1975, 33, 477.

[810] F. A. NEUGEBAUER, W. R. GROH, *Chem. Ber.* 1974, 107, 1903.

[811] K. MARUYAMA, M. YOSHIDA, K. MURAKAMI, *Bull. Chem. Soc. Jpn.* 1970, 43, 152.

[812] K. ISHIZU, *Proc. of 2. Intern. Symp. On Organic Free Radicals*, Aix-en-Provence 1977.

[813] F. GERSON, W. HUBER, K. MÜLLEN, *Helv. Chim. Acta* 1979, 62, 2109.

[814] F. GERSON, J. JACHIMOWICZ, I. MURATA, K. NAKASUJI, K. YAMAMOTO, *Helv. Chim. Acta* 1975, 58, 2473.

[815] R. KUHN, F. A. NEUGEBAUER, *Monatsh. Chem.* 1964, 95, 3.

[816] F. GERSON, P. MERSTETTER, D. FISCHER, H. HOPF, P. KILIÇKIRAN, *Helv. Chim. Acta* 1999, 82, 1266.

[817] N. L. BAULD, G. R. STEVENSON, *J. Am. Chem. Soc.* 1969, 91, 3675.

[818] A. FAUCITANO, A. BUTTAFAVA, F. MARTINOTTI, R. SUSTMAN, H.-G. KORTH, *J. Chem. Soc., Perkin Trans.* 2 1992, 865.

[819] F. GERSON, X.-Z. QIN, *Helv. Chim. Acta* 1989, 72, 383.

[820] F. GERSON, A. DE MEIJERE, X.-Z. QIN, *J. Chem. Soc., Chem. Commun.* 1989, 1077.

[821] C. J. RHODES, *J. Am. Chem. Soc.* 1988, 110, 4446.

[822] X.-Z. QIN, D. W. WERST, A. D. TRIFUNAC, *J. Am. Chem. Soc.* 1990, 112, 2026.

[823] E. HASELBACH, L. NEUHAUS, R. P. JOHNSON, K. N. HOUK, M. N. PADDON-ROW, *Helv. Chim. Acta* 1982, 65, 1743.

[824] D. J. M. FASSAERT, E. DEBOER, *Recl. Trav. Chim. Pays-Bas* 1972, 91, 273.

[825] J. L. COURTNEIDGE, A. G. DAVIES, P. S. GREGORY, *J. Chem. Soc., Perkin Trans. 2* 1987, 1527.

[825a] R. F. CLARIDGE, C. M. KIRK, B. M. PEAKE, *Aust. J. Chem.* 1973, 26, 2055.

[826] B. M. P. HENDRIKS, E. DEBOER, *Mol. Phys.* 1975, 29, 129.

[827] J. L. COURTNEIDGE, A. G. DAVIES, D. C. MCGUCHAN, *Recl. Trav. Chim. Pays-Bas*, 1988, 107, 190.

[828] T. C. CHIANG, A. H. REDDOCH, *J. Chem. Phys.* 1970, 52, 1371.

[829] Y. COHEN, Y. FRAENKEL, M. RABINOVITZ, P. FELDER, F. GERSON, *Helv. Chim. Acta* 1990, 73, 2048.

[830] H. VAN WILLIGEN, E. DE BOER, J. T. COOPER, W. F. FORBES, *J. Chem. Phys.* 1968, 49, 1190.

[831] H. P. FRITZ, H. GEBAUER, P. FRIEDRICH, U. SCHUBERT, *Angew. Chem. Int. Ed. Engl.* 1978, 17, 275.

[832] R. E. MOSS, N. A. ASHFORD, R. G. LAWLER, G. K. FRAENKEL, *J. Chem. Phys.* 1969, 51, 1765.

[833] F. GERSON, B. M. PEAKE, G. M. WHITESIDES, *Org. Magn. Reson.* 1972, 4, 361.

[834] J. L. COURTNEIDGE, A. G. DAVIES, E. LUSZTYK, J. LUSZTYK, *J. Chem. Soc., Perkin Trans. 2*, 1984, 155.

[835] F. GERSON, W. B. MARTIN, JR., F. SONDHEIMER, H. N. C. WONG, *Helv. Chim. Acta* 1975, 58, 2431.

[836] G. R. STEVENSON, M. COLÓN, I. OCASIO, J. G. CONCEPCIÓN, A. M. BLOCK, *J. Phys. Chem.* 1975, 79, 1685.

[837] G. R. STEVENSON, M. COLÓN, J. G. CONCEPCIÓN, A. M. BLOCK, *J. Am. Chem. Soc.* 1974, 96, 2283.

[838] F. GERSON, R. HECKENDORN, H. N. C. WONG, *Helv. Chim. Acta* 1983, 60, 1409.

[839] W. HUBER, *Tetrahedron Lett.* 1983, 24, 3595.

[840] R. DESTRO, T. PILATI, M. SIMONETTA, *J. Am. Chem. Soc.* 1975, 97, 658.

[841] J. L. COURTNEIDGE, A. G. DAVIES, T. CLARK, D. WILHELM, *J. Chem. Soc., Perkin Trans.* 2, 1984, 1197.

[842] K. ISHIZU, H. HASEGAWA, H. CHIKAKI, H. NISHIGUCHI, N. DEGUCHI, *Kogyo Kagaku Zasshi* 1965, 68, 1522.

[843] R. BIEHL, K. P. DINSE, K. MÖBIUS, *Chem. Phys. Lett.* 1971, 10, 605.

[844] A. L. ALLRED, L. W. BUSH, *J. Phys. Chem.* 1968, 72, 2238.

[845] M. K. CARTER, *J. Phys. Chem.* 1971, 75, 902.

[846] W. HUBER, *Tetrahedron Lett.* 1985, 26, 181.

[847] D. V. AVILA, A. G. DAVIES, M. L. GIRBAL, K. M. NG, *J. Chem. Soc., Perkin Trans.* 2 1990, 1693.

[848] J. A. VAN BROEKHOVEN, B. M. P. HENDRICKS, E. DEBOER, *J. Chem. Phys.* 1971, 54, 1988.

[849] F. GERSON, R. HECKENDORN, R. MÖCKEL, F. VÖGTLE, *Helv. Chim. Acta*, 1985, 68, 1923.

[850] S. KONISHI, A. H. REDDOCH, D. S. LENIART, *J. Magn. Reson.* 1977, 28, 41.

[851] U. MÜLLER, M. BAUMGARTEN, *J. Am. Chem. Soc.* 1995, 117, 5840.

[852] R. BIEHL, K.-P. DINSE, K. MÖBIUS, M. PLATO, H. KURRECK, U. MENNENGA, *Tetrahedron* 1973, 29, 363.

[853] R. D. RIEKE, R. A. COPENHAFER, *Tetrahedron Lett.* 1971, 4097.

[854] G. R. STEVENSON, J. G. CONCEPCIÓN, *J. Am. Chem. Soc.* 1973, 95, 5692.

[854a] M. SCHOLZ, G. GESCHEIDT, *J. Chem. Soc., Perkin. Trans.* 2, 1994, 735.

[855] A. R. BUICK, T. J. KEMP, G. T. NEAL, T. J. STONE, *J. Chem. Soc., Chem. Commun.* 1970, 282.

[856] L. BONAZZOLA, J. P. MICHAUT, J. RONCIN, H. MISAWA, H. SAKURAGI, K. TOKUMARU, *Bull. Chem. Soc. Jpn.* 1990, 63, 347.

[857] F. GERSON, H. OHYA-NISHIGUCHI, M. SZWARC, G. LEVIN, *Chem. Phys. Lett.* 1977, 52, 587.

[858] F. GERSON, A. LAMPRECHT, M. SCHOLZ, H. TROXLER, D. LENOIR, *Helv. Chim. Acta* 1996, 79, 307.

[859] F. GERSON, W. B. MARTIN, JR., C. WYDLER, *Helv. Chim. Acta* 1979, 62, 2517.

[860] A. REYMOND, G. K. FRAENKEL, *J. Phys. Chem.* 1967, 71, 4570.

[861] J. C. CHIPPENDALE, P. S. GILL, E. WARHURST, *Trans. Faraday. Soc.* 1967, 63, 1089.

[862] R. SCHENK, W. HUBER, P. SCHADE, K. MÜLLEN, *Chem. Ber.* 1988, 121, 2201.

[863] S. KONISHI, A. H. REDDOCH, *J. Magn. Reson.* 1978, 29, 113.

[864] I. B. GOLDBERG, *Org. Magn. Reson.* 1973, 5, 29.

[865] F. GERSON, W. B. MARTIN, Jr., *Helv. Chim. Acta* 1987, 70, 1558.

[866] C. ELSCHENBROICH, F. GERSON, H. OHYA-NISHIGUCHI, C. WYDLER, A. NISSEN, *Helv. Chim. Acta* 1977, 60, 2530.

[867] I. B. GOLDBERG, A. J. BARD, *Chem. Phys. Lett.* 1970, 7, 139.

[868] C. J. RHODES, *J. Chem. Soc., Chem. Commun.* 1988, 647.

[869] C. M. CAMAGGI, M. J. PERKINS, P. WARD, *J. Chem. Soc. B* 1971, 2416.

[870] A. G. DAVIES, J. R. M. GILES, J. LUSZTYK, *J. Chem. Soc., Perkin Trans 2*, 1981, 747.

[871] P. FÜRDERER, F. GERSON, K. HAFNER, *Helv. Chim. Acta* 1978, 61, 2974.

[872] F. GERSON, G. GESCHEIDT, K. HAFNER, N. NIMMERFROH, B. STOWASSER, *Helv. Chim. Acta* 1988, 71, 1011.

[873] P. FÜRDERER, F. GERSON, M. RABINOVITZ, I. WILLNER, *Helv. Chim. Acta*, 1978, 61, 2981.

[874] K. MÜLLEN, H. REEL, *Helv. Chim. Acta* 1973, 56, 363.

[875] W. HUBER, *Helv. Chim. Acta* 1983, 66, 2582.

[876] M. D. SEVILLA, S. H. FLAYSER, G. VINCOW, H. J. DAUBEN, Jr., *J. Am. Chem. Soc.* 1969, 91, 4139.

[877] K. MÜLLEN, *Helv. Chim. Acta* 1974, 57, 2399.

[878] K. MÜLLEN, *Helv. Chim. Acta* 1978, 61, 2307.

[879] R. BACHMANN, C. BURDA, F. GERSON, M. SCHOLZ, H.-J. HANSEN, *Helv. Chim. Acta* 1994, 77, 1458.

[880] F. GERSON, J. LOPEZ, A. METZGER, C. JUTZ, *Helv. Chim. Acta* 1980, 63, 2135.

[881] F. GERSON, J. JACHIMOWICZ, C. JUTZ, *Helv. Chim. Acta* 1974, 57, 1408.

[882] R. BACHMANN, F. GERSON, G. GESCHEIDT, K. HAFNER, *Magn. Reson. Chem.* 1995, 33, S60.

[883] B. M. TROST, S. F. NELSEN, D. R. BRITELLI, *Tetrahedron Lett.* 1967, 3959.

[884] F. GERSON, J. HEINZER, *Helv. Chim. Acta*, 1966, 49, 7.

[885] Y. IKEGAMI, M. IWAIZUMI, I. MURATA, *Chem. Lett.* 1974, 1141.

[886] R. BACHMANN, F. GERSON, P. MERSTETTER, E. VOGEL, *Helv. Chim. Acta* 1996, 79, 1627.

[887] E. HEILBRONNER, in *Nonbenzenoid Aromatic Compounds*, D. GINSBURG (ed.), Intersience Publisher, New York 1959.

[888] S. MASAMUNE, N. DARBY, *Acc. Chem. Res.* 1972, 5, 272.

[889] K. MÜLLEN, *Chem. Rev.* 1984, 84, 603.

[890] P. J. BARKER, A. G. DAVIES, J. D. FISHER, *J. Chem. Soc, Chem. Commun.* 1979, 587.

[891] A. G. DAVIES, E. LUSZTYK, J. LUSZTYK, *J. Chem. Soc., Perkin Trans. 2,* 1982, 729.

[892] W. V. VOLLAND, G. VINCOW, *J. Chem. Phys.* 1968, 48, 5589.

[893] F. FARR, Y. S. RIM, N. L. BAULD, *J. Am. Chem. Soc.* 1971, 93, 6888.

[894] G. VINCOW, M. L. MORRELL, F. R. HUNTER, H. J. DAUBEN, JR., *J. Chem. Phys.* 1968, 48, 2876.

[895] R. G. LAWLER, G. K. FRAENKEL, *J. Chem. Phys.* 1968, 49, 1126.

[896] D. N. R. RAO, M. C. R. SYMONS, *J. Chem. Soc., Perkin Trans 2,* 1985, 991.

[897] J. R. BOLTON, *J. Chem. Phys.* 1964, 41, 2455.

[898] J. R. BOLTON, A. CARRINGTON, *Mol. Phys.* 1961, 4, 497.

[899] R. M. KADAM, Y. ITAGAKI, R. ERICKSON, R. LUND, *J. Phys. Chem.* 1999, 103, 1480.

[900] A. CARRINGTON, H. C. LONGUET-HIGGINS, R. E. MOSS, P. F. TODD, *Mol. Phys.* 1965, 9, 187.

[901] R. L. BLANKESPOOR, C. M. SNAVELY, *J. Org. Chem.* 1976, 41, 2071.

[902] J. G. CONCEPTION, G. VINCOW, *J. Phys. Chem.* 1975, 79, 2042.

[903] A. CARRINGTON, *Quart. Rev.* 1963, 17, 67.

[904] F. GERSON, W. HUBER, T. WELLAUER, *Helv. Chim. Acta* 1989, 72, 1428.

[905] N. M. ATHERTON, R. MASON, R. J. WRATTEN, *Mol. Phys.* 1966, 11, 525.

[906] F. GERSON, J. JACHIMOWICZ, M. NAKAGAWA, M. IYODA, *Helv. Chim. Acta* 1974, 57, 2141.

[907] F. GERSON, J. LOPEZ, H. HOPF, *Helv. Chim. Acta* 1982, 65, 1398.

[908] F. GERSON, J. LOPEZ, V. BOEKELHEIDE, *J. Chem. Soc., Perkin Trans. 2* 1981, 1298.

[909] J. BRUHIN, U. BUSER, F. GERSON, T. WELLAUER, *Helv. Chim. Acta* 1990, 73, 2058.

[910] S. I. WEISSMANN, *J. Am. Chem. Soc.* 1958, 80, 6462.

[911] A. ISHITANI, S. NAGAKURA, *Mol. Phys.* 1967, 12, 1.

[912] R. LUND, P. LEMOINE, M. GROSS, *Angew. Chem. Int. Ed. Engl.* 1982, 21, 305.

[913] W. D. ROHRBACH, F. GERSON, R. MÖCKEL, V. BOEKELHEIDE, *J. Org. Chem.* 1984, 49, 4128.

[914] F. NEMOTO, K. ISHIZU, T. TOYODA, Y. SAKATA, *J. Am. Chem. Soc.* 1980, 102, 654.

[915] K. ISHIZU, Y. SUGIMOTO, T. UMEMOTO, Y. SAKATA, S. MISUMI, *Bull. Chem. Soc. Jpn.* 1977, 50, 2801.

[916] M. IWAIZUMI, Y. FUKAZAWA, N. KATO, S. ITÔ, *Bull. Chem. Soc. Jpn.* 1981, 54, 1299.

[917] H. HOPF, G. MAAS, *Angew. Chem. Int. Ed. Engl.* 1992, 31, 931.

[918] H. BOCK, G. ROHN, *Helv. Chim. Acta* 1991, 74, 1221.

[919] H. BOCK, G. ROHN, *Helv. Chim. Acta* 1992, 75, 160.

[920] P. NETA, R. W. FESSENDEN, *J. Phys. Chem.* 1974, 78, 523.

[921] S. F. NELSEN, R. T. LANDIS, L. H. KIEHLE, T. H. LEUNG, *J. Am. Chem. Soc.* 1972, 94, 1610.

[922] G. MUKAI, H. NISHIGUCHI, K. ISHIZU, Y. DEGUCHI, H. TAKAKI, *Bull. Chem. Soc. Jpn.* 1967, 40, 2731.

[923] F. A. NEUGEBAUER, S. BAMBERGER, *Chem. Ber.* 1979, 107, 2362.

[924] F. A. NEUGEBAUER, H. FISCHER, S. BAMBERGER, H. O. SMITH, *Chem. Ber.* 1972, 105, 2694.

[925] K. SCHEFFLER, H. B. STEGMANN, *Tetrahedron Lett.* 1968, 3619.

[926] D. CLARKE, B. C. GILBERT, P. HANSON, *J. Chem. Soc., Perkin Trans 2* 1977, 517.

[927] A. SAMUNI, P. NETA, *J. Phys. Chem.* 1973, 77, 1629.

[928] M. ITOH, S. NAGAKURA, *Tetrahedron Lett.* 1965, 417.

[929] J. HERMOLIN, M. LEVIN, Y. IKEGAMI, M. SAWAYANAGI, E. M. KOSOWER, *J. Am. Chem. Soc.* 1981, 103, 4795.

[930] T. WARASHIMA, O. EDLUND, H. YOSHIDA, *Bull. Chem. Soc. Jpn.* 1975, 48, 636.

[931] T. E. GOUGH, G. A. TAYLOR, *Can. J. Chem.* 1969, 47, 3717.

[932] K. LOTH, M. ANDRIST, F. GRAF, H. H. GÜNTHARD, *Chem. Phys. Lett.* 1974, 29, 163.

[933] A. RIEKER, K. SCHEFFLER, *Tetrahedron Lett.* 1965, 1337.

[934] J. S. HYDE, *J. Phys. Chem.* 1967, 71, 68.

[935] K. DIMROTH, A. BERNDT, F. BÄR, A. SCHWEIG, R. VOLLAND, *Angew. Chem. Int. Ed. Engl.* 1967, 6, 34.

[936] S. ICLI, R. W. KREILICK, *J. Phys. Chem.* 1971, 75, 3462.

[937] S. P. SOLODOVNIKOV, A. I. PROKOF'EV, G. N. BOGDANOV, G. A. NIKIFOROV, V. V. ERSHOV, *Teor. i Eksperim. Kim.* 1967, 3, 382.

[938] B. KIRSTE, H. KURRECK, M. SORDO. *Chem. Ber.* 1985, 118, 1782.

[939] N. S. DALAL, D. E. KENNEDY, C. A. MCDOWELL, *Chem. Phys. Lett.* 1975, 30, 186.

[940] N. S. DALAL, J. A. RIPPMEESTER, A. H. REDDOCH, *J. Magn. Reson.* 1978, 31, 471.

[941] D. BRAUN, G. PESCHK, E. HECHLER, *Chemiker-Ztg.* 1970, 94, 703.

[942] N. S. DALAL, D. E. KENNEDY, C. A. MCDOWELL, *J. Chem. Phys.* 1974, 61, 1689.

[943] F. A. NEUGEBAUER, *Angew. Chem. Int. Ed. Engl.* 1973, 12, 455.

[944] F. A. NEUGEBAUER, *Tetrahedron*, 1970, 26, 4843.

[945] F. A. NEUGEBAUER, G. A. RUSSELL, *J. Org. Chem.* 1968, 33, 2744.

[946] F. A. NEUGEBAUER, *Chem. Ber.* 1969, 102, 1339.

[947] H. BRUNNER, K. H. HAUSSER, F. A. NEUGEBAUER, *Tetrahedron*, 1971, 27, 3611.

[948] F. A. NEUGEBAUER, *Tetrahedron* 1970, 26, 4853.

[949] K. MUKAI, T. YAMAMOTO, M. KOHNO, N. AZUMA, K. ISHIZU, *Bull. Chem. Soc. Jpn.* 1974, 47, 1797.

[950] P. KOPF, K. MOROKUMA, R. KREILICK, *J. Chem. Phys.* 1971, 54, 105.

[951] G. BARBARELLA, A. RASSAT, *Bull. Soc. Chim. Fr.* 1969, 2378.

[952] S. TERABE, K. KURUMA, R. KONAKA, *J. Chem. Soc., Perkin Trans.* 2 1973, 1252.

[953] T. NISHIKAWA, K. SOMENA, *Bull. Chem. Soc. Jpn.* 1974, 47, 2881.

[954] K. ISHIZU, H. NAGAI, K. MUKAI, M. KOHNO, T. YAMAMOTO, *Chem. Lett.* 1973, 1261.

[955] P. BRUNI, L. GRECI, *J. Heterocyclic Chem.* 1972, 9, 1455.

[956] P. H. H. FISCHER, F. A. NEUGEBAUER, *Z. Naturforsch.* 1964, 19a, 1514.

[957] B. C. GILBERT, M. F. CHIU, P. HANSON, *J. Chem. Soc. B* 1970, 1700.

[958] H. G. AURICH, K. HAHN, A. STORK, *Angew. Chem. Int. Ed. Engl.* 1975, 14, 551.

[959] J. V. RAMSBOTTOM, W. A. WATERS, *J. Chem. Soc. B* 1966, 132.

[960] T. NISHIKAWA, K. SOMENO, *Bull. Chem. Soc. Jpn.* 1971, 44, 851.

[961] G. A. RUSSELL, E. J. GEELS, F. J. SMENTOWSKI, K.-Y. CHANG, J. REYNOLDS, G. KAUPP, *J. Am. Chem. Soc.* 1967, 89, 3821.

[962] P. B. AYSCOUGH, F. B. SARGENT, *J. Chem. Soc. B*, 1966, 907.

[963] M. GEOFFROY, E. A. C. LUCKEN, *Helv. Chim. Acta* 1970, 53, 813.

[964] B. P. ROBERTS, K. SINGH, *J. Organometal. Chem.* 1978, 159, 31.

[965] A. G. DAVIES, M. J. PARROTT, B. P. ROBERTS, *J. Chem. Soc., Chem. Commun.*

1974, 973.

[966] W. RUNDEL, K. SCHEFFLER, *Angew. Chem. Int. Ed. Engl.* 1965, 4, 220.

[967] M. GEOFFROY, E. A. C. LUCKEN, *J. Chem. Phys.* 1971, 55, 2719.

[968] T. GILLBRO, F. WILLIAMS, *J. Am. Chem. Soc.* 1974, 96, 5032.

[969] T. KUBOTA, K. NISHIKIDA, M. MIYAZAKI, K. IWATANI, Y. OISHI, *J. Am. Chem. Soc.* 1968, 90, 5080.

[970] J. CHAUDHURI, S. KUME, J. JAGUR-GRODZINSKY, M. SZWARC, *J. Am. Chem. Soc.* 1968, 90, 6421.

[971] F. GERSON and coworkers, unpublished results.

[972] D. M. W. VAN DEN HAM, J. J. DU SART, D. VAN DER MEER, *Mol. Phys.* 1971, 21, 989.

[973] C. GOOIJER, N. H. VELTHORST, C. MCLEAN, *Mol. Phys.* 1972, 24, 1361.

[974] F. GERSON, *Helv. Chim. Acta* 1964, 47, 1484.

[975] J. C. M. HENNING, *J. Chem. Phys.* 1966, 44, 2139.

[976] D. H. GESKE, G. R. PADMANABHAN, *J. Am. Chem. Soc.* 1965, 87, 1651.

[977] P. C. D'ORO, A. MANGINI, G. F. PEDULLI, P. SPAGNOLO, M. TIECCO, *Tetrahedron Lett.* 1969, 4179.

[978] L. LUNAZZI, G. PLACUCCI, M. TIECCO, *Tetrahedron Lett.* 1972, 3847.

[979] F. GERSON, R. GLEITER, H. OHYA- NISHIGUCHI, *Helv. Chim. Acta*, 1977, 60, 1220.

[980] R. GLEITER, R. GYGAX, *Topics Curr. Res.* 1976, 63, 49.

[981] A. G. EVANS, J. C. EVANS, P. J. EMES, C. L. JAMES, P. J. POMERY, *J. Chem. Soc. B* 1971, 1484.

[982] A. G. EVANS, J. C. EVANS, C. L. JAMES, P. J. POMERY, *J. Chem. Soc., Perkin Trans. 2* 1974, 1385.

[983] K. W. BOWERS, R. W. GIESE, J. GRIMSHAW, H. O. HOUSE, N. H. KOLODNY, K. KRONBERGER, D. K. ROE, *J. Am. Chem. Soc.* 1970, 92, 2783.

[984] N. STEINBERGER, G. K. FRAENKEL, *J. Chem. Phys.* 1964, 40, 723.

[985] P. H. RIEGER, G. K. FRAENKEL, *J. Chem. Phys.* 1962, 37, 2811.

[986] M. BROZE, Z. LUZ, *J. Chem. Phys.* 1969, 51, 738.

[987] G. A. RUSSELL, G. R. STEVENSON, *J. Am. Chem. Soc.* 1971, 93, 2432.

[988] G. A. RUSSELL, R. L. BLANKESPOOR, *Tetrahedron Lett.* 1971, 4573.

[989] R. BRESLOW, M. ODA, *J. Am. Chem. Soc.* 1972, 94, 4787.

[990] G. A. RUSSELL, D. F. LAWSON, *J. Am. Chem. Soc.* 1972, 94, 1699.

[991] S. STEENKEN, E. D. SPRAGUE, D. SCHULTE-FROHLINDE, *Photochem. Photobiol.* 1975, 22, 19.

[992] G. A. RUSSELL, D. F. LAWSON, H. L. MALKUS, R. D. STEPHENS, G. R. UNDERWOOD, T. TAKANO, V. MALATESTA, *J. Am. Chem. Soc.* 1974, 96, 5830.

[993] G. A. RUSSELL, D. F. LAWSON, H. L. MALKUS, P. R. WHITTLE, *J. Chem. Phys.* 1971, 54, 2164.

[994] G. A. RUSSELL, G. R. UNDERWOOD, *J. Phys. Chem.* 1968, 72, 1074.

[995] G. A. RUSSELL, M. BALLENEGGER, H. L. MALKUS, *J. Am. Chem. Soc.* 1975, 97, 1900.

[996] G. A. RUSSELL, P. R. WHITLE, R. G. GESKE, G. HOLLAND, C. AUBUCHON, *J. Am. Chem. Soc.* 1972, 94, 1693.

[997] G. A. RUSSELL, E. T. STROM, *J. Am. Chem. Soc.* 1964, 86, 7445.

[998] G. A. RUSSELL, T. TAKANO, Y. KOSUGI, *J. Am. Chem. Soc.* 1979, 101, 1491.

[999] G. A. RUSSELL, D. F. LAWSON, L. A. OCHRYMOWICZ, *Tetrahedron Lett.* 1970, 26, 4697.

[1000] G. A. RUSSELL, C. L. MYERS, P. BRUNI, F. A. NEUGEBAUER, R. BLANKESPOOR, *J. Am. Chem. Soc.* 1970, 92, 2762.

[1001] B. SCHROEDER, W. P. NEUMANN, H. HILLGÄRTNER, *Chem. Ber.* 1974, 107, 3494.

[1002] L. LUNAZZI, A. TICCA, D. MACCIANTELLI, G. SPUNTA, *J. Chem. Soc., Perkin Trans.* 2, 1976, 1121.

[1003] J. CHAUDHURI, R. F. ADAMS, M. SZWARC, *J. Am. Chem. Soc.* 1971, 93, 5617.

[1004] M. BRUSTOLON, L. PASIMENI, C. CORVAJA, *J. Chem. Soc., Faraday Trans.* 2 1975, 71, 193.

[1005] E. MÜLLER, F. GÜNTHER, F. SCHEFFLER, P. ZIEMIEK, A. RIEKER, *Liebigs Ann. Chem.* 1965, 688, 134.

[1006] T. YONEZAWA, T. KAWAMURA, M. USHIO, Y. NAKAO, *Bull. Chem. Soc. Jpn* 1970, 43, 1022.

[1007] E. W. STONE, A. H. MAKI, *J. Am. Chem. Soc.* 1965, 87, 454.

[1008] W. M. GULICK, JR., D. H. GESKE, *J. Am. Chem. Soc.* 1966, 88, 4119.

[1009] P. ASHWORTH, W. T. DIXON, *J. Chem. Soc., Perkin Trans.* 2 1972, 1130.

[1010] T. A. CLAXTON, D. MCWILLIAMS, *Trans. Faraday Soc.* 1968, 64, 2593.

[1011] J. OAKES, M. C. R. SYMONS, *Trans. Faraday Soc.* 1970, 66, 10.

[1012] W. E. GEIGER, JR., W. M. GULICK, *J. Am. Chem. Soc.* 1969, 91, 4657.

[1013] E. MELAMUD, B. L. SILVER, *J. Phys. Chem.* 1974, 78, 2140.

[1014] M. R. DAS, H. D. CONNOR, D. S. LENIART, J. H. FREED, *J. Am. Chem. Soc.* 1970, 92, 2258.

[1015] R. D. RIEKE, D. G. WESTMORELAND, L. I. RIEKE, *Org. Magn. Reson.*

1974, 78, 269.

[1016] P. ASHWORTH, W. T. DIXON, *J. Chem. Soc.*, *Perkin Trans.* 2 1974, 739.

[1017] L. H. PIETTE, M. OKAMURA, G. P. RABOLD, R. T. OGATA, R. E. MOOR, P. J. SCHEUER, *J. Phys. Chem.* 1967, 71, 29.

[1018] W. T. DIXON, P. N. KOK, D. MURPHY, *Tetrahedron Lett.* 1976, 623.

[1019] B. M. TROST, S. F. NELSEN, *J. Am. Chem. Soc.* 1966, 88, 2876.

[1020] A. I. BRODSKII, L. L. GORDIENKO, A. G. CHUKHLATTSEVA, A. A. BALANDIN, R. Y. ALIEVA, E. L. CHUKHLATTSEVA, L. V. ANTIK, *Zh. Strukt. Khim.* 1970, 11, 604.

[1021] M. R. DAS, G. K. FRAENKEL, *J. Chem. Phys.* 1965, 42, 1350.

[1022] K. MÖBIUS, M. PLATO, *J. Phys. Chem.* 1968, 72, 1830.

[1023] R. POUPKO, I. ROSENTHAL, *J. Phys. Chem.* 1973, 77, 1722.

[1024] P. BOLDT, D. BRUHNKE, F. GERSON, M. SCHOLZ, P. G. JONES, F. BÄR, *Helv. Chim. Acta* 1993, 76, 1739.

[1025] F. GERSON, H.-D. BECKHAUS, F. SONDHEIMER, *Isr. J. Chem.* 1980, 20, 240.

[1026] H. B. STEGMANN, W. UBER, K. SCHEFFLER, *Tetrahedron Lett.* 1977, 2697.

[1027] C. CORVAJA, L. PASIMENI, M. BRUSTOLON, *Chem. Phys.* 1976, 14, 177.

[1028] A. M. KINI, D. O. COWAN, F. GERSON, R. MÖCKEL, *J. Am. Chem. Soc.* 1985, 107, 556.

[1029] M. R. BRYCE, S. R. DAVIES, A. M. GRAINGER, J. HELLBERG, M. B. HURSTHOUSE, M. MAZIN, R. BACHMANN, F. GERSON, *J. Org. Chem.* 1992, 57, 1690.

[1030] F. GERSON, G. GESCHEIDT, R. MÖCKEL, A. AUMÜLLER, P. ERK, S. HÜNIG, *Helv. Chim. Acta* 1988, 71, 1665.

[1031] P. B. AYSCOUGH, F. B. SARGENT, R. WILSON, *J. Chem. Soc. B* 1966, 903.

[1032] W. M. GULICK, JR., D. H. GESKE, *J. Am. Chem. Soc.* 1965, 87, 4049.

[1033] T. M. MCKINNEY, D. H. GESKE, *J. Am. Chem. Soc.* 1967, 89, 2806.

[1034] T. FUJINAGA, Y. DEGUCHI, K. UMEMOTO, *Bull. Chem. Soc. Jpn.* 1964, 37, 822.

[1035] P. L. NORDIO, M. V. PAVAN, C. CORVAJA, *Trans. Faraday. Soc.* 1964, 60, 1985.

[1036] E. A. POLENOV, B. I. SHAPIRO, L. M. YAGUPOL'SKII, *Zh. Strukt. Khim.* 1971, 12, 163.

[1037] R. G. PARRISH, G. S. HALL, W. M. GULICK, JR., *Mol. Phys.* 1973, 26, 1121.

[1038] W. M. GULICK, W. E. GEIGER, D. H. GESKE, *J. Am. Chem. Soc.* 1968, 90, 4218.

[1039] R. D. ALLENDOERFER, P. H. RIEGER, *J. Chem. Phys.* 1967, 46, 3410.

[1040] S. H. GLARUM, J. H. MARSHALL, *J. Chem. Phys.* 1964, 41, 2182.

[1041] R. K. GUPTA, J. SUBRAMANIAN, N. R. RAY, P. T. NARASIMHAN, *Chem. Phys. Lett.* 1968, 2, 150.

[1042] T. KUBOTA, Y. OISHI, K. NISHIKIDA, M. MIYAZOKI, *Bull. Chem. Soc. Jpn.* 1970, 43, 1622.

[1043] M. BARZAGHI, P. CREMASCHI, A. GAMBA, G. MOROSI, C. OLIVA, M. SIMONETTA, *J. Am. Chem. Soc.* 1978, 100, 3132.

[1044] P. H. H. FISCHER, C. A. MCDOWELL, *Can. J. Chem.* 1965, 43, 3400.

[1045] F. GERSON, R. N. ADAMS, *Helv. Chim. Acta* 1965, 48, 1539.

[1046] E. BRUNNER, F. DÖRR, *Ber. Bunsenges.* 1964, 68, 468.

[1047] J. SUBRAMANIAN, P. T. NARASHIMAN, *J. Chem. Phys.* 1972, 56, 2572.

[1048] M. BARZAGHI, P. L. BELTRAME, A. GAMBA, M. SIMONETTA, *J. Am. Chem. Soc.* 1978, 100, 251.

[1049] B. I. SHAPIRO, V. M. KAZAKOVA, Y. K. SYRKIN, *Zh. Strukt. Khim.* 1965, 6, 540.

[1050] C. J. W. GUTCH, W. A. WATERS, M. C. R. SYMONS, *J. Chem. Soc.* B 1970, 1261.

[1051] K. MARUYAMA, T. OTSUKI, *Bull. Chem. Soc. Jpn.* 1968, 41, 444.

[1052] P. LUDWIG, T. LAYTOFF, R. N. ADAMS, *J. Am. Chem. Soc.* 1964, 86, 4568.

[1053] G. R. STEVENSON, L. ECHEGOYEN, L. R. LIZARDI, *J. Phys. Chem.* 1972, 76, 1439.

[1054] J. R. MORTON, K. F. PRESTON, J. T. WANG, F. WILLIAMS, *Chem. Phys. Lett.* 1979, 64, 71.

[1055] M. B. YIM, D. E. WOOD, *J. Am. Chem. Soc.* 1976, 98, 2053.

[1056] T. Z. WANG, F. WILLIAMS, *Chem. Phys. Lett.* 1980, 71, 471.

[1057] J. H. HAMMONS, M. BERNSTEIN, R. J. MYERS, *J. Phys. Chem.* 1979, 83, 2034.

[1058] B. W. WALTHER, F. WILLIAMS, D. M. LENAL, *J. Am. Chem. Soc.* 1984, 106, 548.

[1059] P. H. H. FISCHER, H. ZIMMERMANN, *Can. J. Chem.* 1968, 46, 3847.

[1060] M. SHIOTANI, F. WILLIAMS, *J. Am. Chem. Soc.* 1976, 98, 4006.

[1061] A. HASEGAWA, M. SHIOTANI, F. WILLIAMS, Disc. *Faraday Chem. Soc.* 1977, 63, 157.

[1062] J. W. ROGERS, W. H. WATSON, *J. Phys. Chem.* 1968, 72, 68.

[1063] F. GERSON, H. OHYA-NISHIGUCHI, G. PLATTNER, *Helv. Chim. Acta* 1982, 65, 551.

[1064] F. GERSON, J. HEINZER, H. BOCK, H. ALT, H. SEIDL, *Helv. Chim. Acta* 1968, 51, 707.

[1065] H. ALT, H. BOCK, F. GERSON, J. HEINZER, *Angew. Chem. Int. Ed. Engl.* 1967, 6, 941.

[1066] F. GERSON, G. PLATTNER, H. BOCK, *Helv. Chim. Acta* 1970, 53, 1629.

[1067] F. GERSON, U. KRYNITZ, H. BOCK, *Helv. Chim. Acta* 1969, 52, 2512.

[1068] F. GERSON, U. KRYNITZ, H. BOCK, *Angew. Chem. Int. Ed. Engl.* 1969, 8, 767.

[1069] F. GERSON, J. HEINZER, E. VOGEL, *Helv. Chim. Acta*, 1970, 53, 95.

[1070] F. GERSON, J. HEINZER, E. VOGEL, *Helv. Chim. Acta*, 1970, 53, 103.

[1071] M. SHIOTANI, Y. NAGATA, M. TASAKI, J. SOHMA, T. SHIDA, *J. Phys. Chem.* 1983, 87, 1170.

[1072] M. K. AHN, C. S. JOHNSON, JR., *J. Chem. Phys.* 1969, 50, 632.

[1073] W. KAIM, *Heterocycles*, 1985, 23, 1363.

[1074] P. D. SULLIVAN, W. W. PAUDLER, *Can. J. Chem.* 1973, 51, 4095.

[1075] R. F. NELSON, D. W. LEEDY, E. T. SEO, R. N. ADAMS, FRESENIUS, *Z. Anal. Chem.* 1967, 224, 184.

[1076] P. D. SULLIVAN, J. Y. FONG, M. L. WILLIAMS, V. D. PARKER, *J. Phys. Chem.* 1978, 82, 1181.

[1077] P. D. SULLIVAN, M. L. WILLIAMS, *J. Am. Chem. Soc.* 1976, 98, 1711.

[1078] C. S. JOHNSON, JR., H. S. GUTOWSKI, *J. Chem. Phys.* 1963, 39, 58.

[1079] A. TERAHARA, H. OHYA-NISHIGUCHI, N. HIROTA, H. AWAJI, T. KAWASE, S. YONEDA, T. SUGIMOTO, Z. YOSHIDA, *Bull. Chem. Soc. Jpn.* 1984, 57, 1760.

[1080] M. R. BRYCE, A. J. MOORE, B. K. TANNER, R. WHITEHEAD, W. CLEGG, F. GERSON, A. LAMPRECHT, S. PFENNINGER, *Chem. Mater* 1996, 8, 1182.

[1081] F. GERSON, G. GESCHEIDT, J. KNÖBEL, I. MURATA, K. NAKASUJI, *Helv. Chim. Acta* 1987, 70, 2065.

[1082] Z. YOSHIDA, T. SUGIMOTO, S. YONEDA, *J. Chem. Soc., Chem. Commun.* 1972, 60.

[1083] F. B. BRAMWELL, R. C. HADDON, F. WUDL, M. L. KAPLAN, J. H. MARSHALL, *J. Am. Chem. Soc.* 1978, 100, 4612.

[1084] H. BOCK, B. ROTH, M. V. LAKSHIKANTHAN, M. P. CAVA, *Phosphorus and Sulfur* 1984, 21, 67.

[1085] F. GERSON, G. PLATTNER, R. BARTEZKO, R. GLEITER, *Helv. Chim. Acta* 1980, 63, 2144.

[1086] P. D. SULLIVAN, J. R. BOLTON, *J. Magn. Reson.* 1969, 1, 356.

[1087] S. P. SORENSEN, W. H. BRUNING, *J. Am. Chem. Soc.* 1972, 94, 6352.

[1088] B. C. GILBERT, R. H. SCHLOSSEL, W. M. GULICK, *J. Am. Chem. Soc.* 1970, 92, 2974.

[1089] M. R. DAS, G. K. FRAENKEL, *J. Chem. Phys.* 1965, 42, 792.

[1090] K. H. HAUSSER, *Mol. Phys.* 1963, 7, 195.

[1091] K. ELBL-WEISER, F. A. NEUGEBAUER, H. A. STAAB, *Tetrahedron Lett.* 1989, 30, 6161.

[1092] P. SMEJTEK, J. HONZL, V. METALOVA, *Collection Czechoslov. Chem. Commun.* 1965, 30, 3875.

[1093] S. BAMBERGER, D. HELLWINKEL, F. A. NEUGEBAUER, *Chem. Ber.* 1975, 108, 2416.

[1094] T. BARTH, C. KRIEGER, F. A. NEUGEBAUER, H. A. STAAB, *Angew. Chem. Int. Ed. Engl.* 1991, 30, 1028.

[1095] B. G. PROBEDIMSKIJ, A. L. BUCHACHENKO, M. B. NEIMAN, *Russ. J. Phys. Chem.* (Engl. Transl.) 1968, 42, 748.

[1096] F. GERSON, E. HASELBACH, G. PLATTNER, *Chem. Phys. Lett.* 1971, 12, 316.

[1097] P. O'NEILL, S. STEENKEN, D. SCHULTE-FROHLINDE, *J. Phys. Chem.* 1975, 79, 2773.

[1098] A. B. BARABAS, W. F. FORBES, P. D. SULLIVAN, *Can. J. Chem.* 1967, 45, 267.

[1099] P. D. SULLIVAN, J. R. BOLTON, W. E. GEIGER, JR., *J. Am. Chem. Soc.* 1970, 92, 4176.

[1100] D. G. ONDERCIN, P. D. SULLIVAN, *J. Phys. Chem.* 1974, 78, 130.

[1101] A. T. BULLOCK, C. B. HOWARD, *Mol. Phys.* 1974, 27, 949.

[1102] S. A. FAIRHURST, I. M. SMITH, L. H. SUTCLIFFE, S. M. TAYLOR, *Org. Magn. Reson.* 1982, 18, 231.

[1103] W. F. FORBES, P. D. SULLIVAN, *Can. J. Chem.* 1966, 44, 1501.

[1104] A. ZWEIG, W. G. HODGSON, *Proc. Chem. Soc.* 1964, 417.

[1105] P. D. SULLIVAN, *J. Phys. Chem.* 1971, 75, 2195.

[1106] P. D. SULLIVAN, *J. Phys. Chem.* 1970, 74, 2563.

[1107] P. D. SULLIVAN, J. M. FONG, *J. Phys. Chem.* 1977, 81, 71.

[1108] H. BOCK, W. KAIM, *J. Am. Chem. Soc.* 1980, 102, 4429.

[1109] H. BOCK, W. KAIM, H. E. ROHWER, *Chem. Ber.* 1978, 111, 3573.

[1110] H. BOCK, W. KAIM, *Chem. Ber.* 1978, 111, 3552.

[1111] H. ZELDES, R. LIVINGSTON, *J. Phys. Chem.* 1972, 76, 3348.

[1112] F. A. NEUGEBAUER, H. WEGER, *J. Phys. Chem.* 1978, 82, 1152.

[1113] F. A. NEUGEBAUER, M. BOCK, S. KUHNHÄUSER, H. KURRECK, *Chem.*

Ber. 1986, 119, 980.

[1114] A. R. BATTERSBY, E. MC. DONALD, Acc. Chem. Res. 1979, 12, 14.

[1115] J. SETH, D. F. BOCIAN, J. Am. Chem. Soc. 1994, 116, 143.

[1116] H. SCHEER, J. J. KATZ, J. R. NORRIS, J. Am. Chem. Soc. 1977, 99, 1372.

[1117] J. SCHLÜPMANN, M. HUBER, M. TOPOROWICZ, M. PLATO, M. KÖCHER, E. VOGEL, H. LEVANON, K. MÖBIUS, J. Am. Chem. Soc. 1990, 112, 6463.

[1118] D. FELLER, E. R. DAVIDSON, J. Chem. Phys. 1984, 80, 1006.

[1119] M. R. PADDON-ROW, D. J. FOX, J. A. POPLE, K. N. HOUK, D. W. PRATT, J. Am. Chem. Soc. 1985, 107, 7696.

[1120] L. B. KNIGHT, G. M. KING, J. T. PETTY, M. MATSUSHITA, T. MOMOSE, T. SHIDA, J. Chem. Phys. 1995, 103, 3377.

[1121] K. TORIYAMA, K. NUNOME, M. IWASAKI, J. Phys. Chem., 1986, 90, 6836.

[1122] K. TORIYAMA, K. NUNOME, M. IWASAKI, J. Chem. Phys. 1983, 79, 2499.

[1123] M. IWASAKI, K. TORIYAMA, K. NUNOME, J. Chem. Soc., Chem. Commun. 1983, 202.

[1124] K. USHIDA, T. SHIDA, M. IWASAKI, K. TORIYAMA, K. NUNONE, J. Am. Chem. Soc. 1983, 105, 5496.

[1125] M. TABATA, A. LUND, Chem. Phys. 1983, 75, 379.

[1126] K. TORIYAMA, K. NUNOME, M. IWASAKI, J. Chem. Soc., Chem. Soc. 1984, 143.

[1127] M. SHIOTANI, N. OHTA, T. ICHIKAWA, Chem. Phys. Lett. 1988, 149, 185.

[1128] Quoted in [1127].

[1129] K. NUNONE, K. TORIYAMA, M. IWASAKI, Tetrahedron 1986, 42, 6315.

[1130] G.-F. CHEN, R. S. PAPPAS, F. WILLIAMS, J. Am. Chem. Soc. 1992, 114, 8314.

[1131] X.-Z. QIN, F. WILLIAMS, Chem. Phys. Lett. 1984, 112, 79.

[1132] W. ADAM, H. WALTER, G.-F. CHEN, F. WILLIAMS, J. Am. Chem. Soc. 1992, 114, 3007.

[1133] F. WILLIAMS, Q.-X. GUO, D. C. DEBOUT, B. K. CARPENTER, J. Am. Chem. Soc. 1989, 111, 4133.

[1134] Q.-X. GUO, X.-Z. QIN, J. T. WANG, F. WILLIAMS, J. Am. Chem. Soc. 1988, 110, 1974.

[1135] F. WILLIAMS, J. Chem. Soc., Faraday Trans. 1994, 90, 1681.

[1136] HORST PRINZBACH, B. A. R. C. MURTY, W.-D. FESSNER, J. MORTENSEN, J. HEINZE, G. GESCHEIDT, F. GERSON, Angew. Chem. Int. Ed. Engl. 1987, 26, 457.

[1137] H. PRINZBACH, M. WOLLENWEBER, R. HERGES, H. NEUMANN, G.

GESCHEIDT, R. SCHMIDLIN, *J. Am. Chem. Soc.* 1995, 117, 1439.

[1138] G. GESCHEIDT, R. HERGES, H. NEUMANN, J. HEINZE, M. WOLLENWEBER, M. ETZKORN, H. PRINZBACH, *Angew. Chem. Int. Ed. Engl.* 1995, 34, 1016.

[1139] M. ETZKORN, F. WAHL, M. KELLER, H. PRINZBACH, F. BARBOSA, V. PERON, G. GESCHEIDT, J. HEINZE, R. HERGES, *J. Org. Chem.* 1998, 63, 6080.

[1140] A. J. BURSHTEIN, Y. I. NABERUKHIN, *Dokl. Akad. Nauk. SSSR* 1961, 140, 1106.

[1141] F. A. NEUGEBAUER, R. BERNHARDT, H. FISCHER, *Chem. Ber.* 1977, 110, 2254.

[1142] B. KIRSTE, H. VAN WILLIGEN, H. KURRECK, K. MÖBIUS, M. PLATO, R. BIEHL, *J. Am. Chem. Soc.* 1978, 100, 7505.

[1143] P. J. VERGRAGT, J. H. VAN DER WAALS, *Chem. Phys. Lett.* 1976, 42, 193.

[1144] P. J. VERGRAGT, J. A. KOOTER, J. H. VAN DER WAALS, *Mol. Phys.* 1977, 33, 1523.

[1145] C. A. HUTCHINSON, JR., Chapt. 2 in "Triplet States" Proceeding of an International Symposium, Beirut, Lebanon, 1967.

[1146] J.-P. GRIVET, *Chem. Phys. Lett* 1969, 4, 104.

[1147] H.-L. YU, T. S. LIN, D. J. SLOOP, *J. Chem. Phys.* 1983, 78, 2184.

[1148] D. J. SLOOP, H.-L. YU. T. S. LIN, S. I. WEISSMANN, *J. Chem. Phys.* 1981, 75, 3746.

[1149] A. M. NISHIMURA, J. S. VINCENT, D. S. TINTI, *Chem. Phys. Lett.* 1971, 12, 360.

[1150] J.-P. GRIVET, J. M. LHOSTE, *Chem. Phys. Lett* 1969, 3, 445.

[1151] R. M. HOCHSTRASSER, G. W. SCOTT, A. H. ZEWAIL, *Mol. Phys.* 1978, 36, 475.

[1152] H. HAYASHI, K. MORIGAKI, S. NAGAKURA, *Chem. Phys. Lett.* 1971, 9, 119.

[1153] B. PRASS, C. VON BARCZYKOWSKI, P. STEIDL, D. STEHLIK, *J. Phys. Chem.* 1987, 91, 2298.

[1154] Y. GONDO, A. H. MAKI, *J. Phys. Chem.* 1968, 72, 3215.

[1155] A. KOMURA, K. UCHIDA, M. YAGI, J. HIGUCHI, *Photochem. Photobiol.* 1988, 42, 293.

[1156] M. S. BROWN, P. J. PHILLIPS, D. PARIKH, *Chem. Phys. Lett.* 1986, 132, 273.

[1157] M. YAGI, K. MAKIGUCHI, A. OHNUKI, K. SUZUKI, J. HIGUCHI, S. NAGASE, *Bull. Chem. Soc. Jpn.* 1985, 58, 252.

[1158] J. M. LHOSTE, A. HAUG, M. PTAK, *J. Chem. Phys.* 1966, 44, 648.

[1159] H. MURAI, T. HAYASHI, Y. J. L'HAYA, *Chem. Phys. Lett.* 1984, 106, 139.

[1160] H.-L. YU, T.-S. LIN, *Chem. Phys. Lett.* 1983, 102, 529.

[1161] R. A. BERNHEIM, S. H. CHIEN, *J. Chem. Phys.* 1977, 66, 5703.

[1162] J. E. GANO, R. H. WETTACH, M. S. PLATZ, V. SENTHILNATHAN, *J. Am. Chem. Soc.* 1982, 104, 2326.

[1163] A. M. TROZZOLO, R. W. MURRAY, E. WASSERMANN, *J. Am. Chem. Soc.* 1962, 84, 4990.

[1164] A. S. NASRAN, E. J. GABE, Y. LEPAGE, D. J. NORTHCOTT, J. M. PARK, D. GRILLER, *J. Am. Chem. Soc.* 1983, 105, 2912.

[1165] A. M. TROZZOLO, E. WASSERMANN, W. A. YAGER, *J. Am. Chem. Soc.* 1965, 87, 129.

[1166] E. WASSERMANN, V. J. KUCK, W. A. YAGER, R. S. HUTTON, F. D. GREENE, V. P. ABEGG, N. M. WEINSHENKER, *J. Am. Chem. Soc.* 1971, 93, 6335.

[1167] R. S. HUTTON, H. D. ROTH, M. L. M. SCHILLING, W. SUGGS, *J. Am. Chem. Soc.* 1981, 103, 5147.

[1168] E. WASSERMANN, L. BARASH, A. M. TROZZOLO, R. W. MURRAY, W. A. YAGER, *J. Am. Chem. Soc.* 1964, 86, 2304.

[1169] R. J. MCMAHON, O. L. CHAPMAN, *J. Am. Chem. Soc.* 1986, 108, 1713.

[1170] M. KUZAJ, H. LU¨ERSSEN, C. WENTRUP, *Angew. Chem. Int. Ed. Engl.* 1986, 25, 480.

[1171] J. E. CHATEUNEUF, K. A. HORN, T. G. SAVINO, *J. Am. Chem. Soc.* 1988, 110, 539.

[1172] I. MORITANI, S.-I. MURAHASHI, M. NISHIRO, Y. YAMAMOTO, K. ITOH, N. MATAGA, *J. Am. Chem. Soc.* 1967, 89, 1259.

[1173] R. S. HUTTON, H. D. ROTH, *J. Am. Chem. Soc.* 1982, 104, 7395.

[1174] R. N. DIXON, *Can. J. Phys.* 1956, 37, 1171.

[1175] E. WASSERMANN, *Progress Phys. Org. Chem.* 1971, 8, 319.

[1176] E. WASSERMANN, G. SMOLINSKY, W. A. YAGER, *J. Am. Chem. Soc.* 1964, 86, 3166.

[1177] L. BARASH, E. WASSERMANN, W. A. YAGER, *J. Am. Chem. Soc.* 1967, 89, 3931.

[1178] R. JAIN, M. B. SPONSLER, F. D. COMS, D. A. DOUGHERTY, *J. Am. Chem. Soc.* 1988, 110, 1356.

[1179] W. ADAM, H. M. HARRER, F. KITA, H.-G. KORTH, W. M. NAU, *J. Org. Chem.* 1997, 62, 1419.

[1180] A. H. GOLDBERG, D. A. DOUGHERTY, *J. Am. Chem. Soc.* 1983, 105, 284.

[1181] D. A. DOUGHERTY, *Acc. Chem. Res.* 1991, 24, 88.

[1182] O. CLAESSON, A. LUND, T. GILLBRO, T. ICHIKAWA, O. EDLUND, H. YOSHIDA, *J. Chem. Phys.* 1980, 72, 1463.

[1183] P. Dowd, M. Chow, *J. Am. Chem. Soc.* 1977, 99, 2825.

[1184] M. S. PLATZ, J. M. MCBRIDE, R. D. LITTLE, J. J. HARRISON, A. SHAW, S. E. POTTER, J. A. BERSON, *J. Am. Chem. Soc.* 1976, 98, 5725.

[1185] G. R. LUCKHURST, G. F. PEDULLI, M. TIECCO, *J. Chem. Soc. B* 1971, 329.

[1186] H.-D. BRAUER, H. STIEGER, H. HARTMANN, *Z. Phys. Chem.* 1969, 63, 50.

[1187] R. M. PAGNI, C. R. WATSON, JR., J. E. BOOR, J. R. DODD, *J. Am. Chem. Soc.* 1974, 96, 4064.

[1188] D. R. YARKONY, H. F. SCHAEFER III, *J. Am. Chem. Soc.* 1974, 96, 3754.

[1189] J. H. DAVIS, W. A. GODDARD, *J. Am. Chem. Soc.* 1976, 98, 303.

[1190] D. M. HOOD, H. F. SCHAEFER III, R. M. PITZER, *J. Am. Chem. Soc.* 1978, 100, 8009.

[1191] P. M. LAHTI, A. R. ROSSI, J. A. BERSON, *J. Am. Chem. Soc.* 1985, 107, 2273.

[1192] S. KATO, K. MOROKUMA, D. FELLER, E. R. DAVIDSON, W. T. BORDEN, *J. Am. Chem. Soc.* 1983, 105, 1791.

[1193] R. J. BASEMAN, D. W. PRATT, M. CHOW, P. DOWD, *J. Am. Chem. Soc.* 1976, 98, 5726.

[1194] P. NACHTIGALL, K. D. JORDAN, *J. Am. Chem. Soc.*, 1993, 115, 270.

[1195] A. E. CHICHIBABIN, *Ber. Dtsch. Chem. Ges.* 1901, 40, 1810.

[1196] W. SCHLENCK, M. BRAUNS, *Ber. Dtsch. Chem. Ges.* 1901, 48, 661.

[1197] H. D. BRAUER, H. STIEGER, J. S. HYDE, L. D. KISPERT, G. R. LUCKHURST, *Mol. Phys.* 1969, 17, 457.

[1198] W. J. VAN DER HART, L. J. OOSTERHOFF, *Mol. Phys.* 1970, 18, 281.

[1199] H. VAN WILLIGEN, J. A. M. VAN BROEKHOVEN, E. DE BOER, *Mol. Phys.* 1968, 15, 101.

[1200] A. H. COONS, H. J. CREECH, R. N. JONES, *Proc. Soc. Exptl. Biol. Med.* 1941, 47, 200.

[1201] T. J. STONE, T. BUCKMAN, P. L. NORDIO, H. M. MCCONNELL, *Proc. Natl. Acad. Sci. US* 1965, 54, 1010.

[1202] C. L. HAMILTON, H. M. MCCONNELL, in *Structural Chemistry and Molecular Biology*, A. RICH, N. DAVIDSON (eds.), W. H. Freeman and Co., San Francisco 1968.

[1203] O. H. GRIFFITH, A. S. WAGGONER, *Acc. Chem. Res.* 1969, 2, 17.

[1204] *Spin Labeling, I and II, Theory and Applications*, L. J. BERLINER (ed.), Academic Press, New York 1976 and 1979; a) T. R. KRUGH in Vol. I, Chapt. 9; b) I.

C. P. SMITH, K. W. BUTLER in Vol. I, Chapt. 11; c) O. H. GRIFFITH, P. C. JOST in Vol. I, Chapt. 12; d) H. M. MCCONNELL in Vol. I, Chapt. 13; e) W. G. MILLER in Vol. II, Chapt. 4; f) A. M. BOBST in Vol. II, Chapt. 7.

[1205] M. G. TAYLOR, I. C. P. SMITH, *Biochemistry* 1981, 20, 5252.

[1206] I. C. P. SMITH, *Biochemistry* 1968, 7, 745.

[1207] P. T. EMMERSON, P. HOWARD-FLANDERS, *Nature* 1964, 204, 1005.

[1208] M. KLIMEK, *Nature* 1966, 209, 1256.

[1209] E. C. WEAVER, H. P. CHON, *Science* 1966, 153, 301.

[1210] C. LAGERCRANTZ, S. FORSHULT, *ACTA Chem. Scand.* 1969, 23, 811.

[1211] S. FORSHULT, C. LAGERCRANTZ, K. TORSSELL, *Acta. Chem. Scand.* 1969, 23, 522.

[1212] C. LAGERCRANTZ, *J. Am. Chem. Soc.* 1973, 95, 220.

[1213] E. G. JANZEN, B. J. BLACKBURN, *J. Am. Chem. Soc.* 1968, 90, 5909.

[1214] E. G. JANZEN, B. J. BLACKBURN, *J. Am. Chem. Soc.* 1969, 91, 4481.

[1215] E. G. JANZEN, C. A. EVANS, *J. Am. Chem. Soc.* 1975, 97, 205.

[1216] E. G. JANZEN, U. M. OEHLER, D. L. HAIRE, Y. KOTAKE, *J. Am. Chem. Soc.* 1986, 108, 6858.

[1217] S. POU, H. J. HALPERN, P. TSAI, G. M. ROSEN, *Acc. Chem. Res.* 1999, 32, 155.

[1218] W. HUBER, *J. Chem. Soc., Chem. Commun.* 1985, 1630.

[1219] E. DE BOER, C. MCLEAN, *J. Chem. Phys.* 1966, 44, 1334.

[1220] W. H. BRUNING, G. HENRICI-OLIVÉ, S. OLIVÉ, *Z. Phys. Chem.* 1965, 47, 114.

[1221] C. L. DODSON, A. H. REDDOCH, *J. Chem. Phys.* 1968, 48, 3226.

[1222] A. M. HERMANN, A. REMBAUM, W. R. CARPER, *J. Phys. Chem.* 1967, 71, 2661.

[1223] E. DEBOER, E. L. MACKOR, *Proc. Chem. Soc.* 1963, 23.

[1224] A. H. REDDOCH, *J. Chem. Phys.* 1965, 43, 225.

[1225] N. HIROTA, *J. Phys. Chem.* 1967, 71, 127.

[1226] T. TAKESHITA, N. HIROTA, *J. Chem. Phys.* 1973, 58, 3745.

[1227] R. F. C. CLARIDGE, C. M. KIRK, *J. Chem. Soc., Faraday Trans.* 1 1977, 73, 344.

[1228] H. VAN WILLIGEN, J. A. VAN BROEKHOVEN, E. DE BOER, *Mol. Phys.* 1967, 12, 533.

[1229] H. NISHIGUCHI, Y. NAKAI, K. NAKAMURA, K. ISHIZU, Y. DEGUCHI, M. TAKAKI, *J. Chem. Phys.* 1964, 40, 241.

[1230] G. W. CANTERS, E. DE BOER, *Mol. Phys.* 1973, 26, 1185.

[1231] C. CORVAJA, L. PASIMENI, J. CHEM. SOC., *Faraday Trans.* 2 1973, 69, 623.

[1232] F. GERSON, K. MÜLLEN, E. VOGEL, *Helv. Chim. Acta* 1971, 54, 2731.

[1233] J. DOS SANTOS-VEIGA, A. F. NEIVA-CORREIRA, *Mol. Phys.* 1965, 9, 395.

[1234] N. M. ATHERTON, A. E. GOGGINS, *Trans. Faraday Soc.* 1966, 62, 1702.

[1235] C. A. MCDOWELL, K. F. G. PAULUS, *Can. J. Chem.* 1965, 43, 224.

[1236] J. DOS SANTOS-VEIGA, W. L. REYNOLDS, J. R. Bolton, *J. Chem. Phys.* 1966, 44, 2214.

[1237] A. H. REDDOCH, *J. Chem. Phys.* 1965, 43, 3411.

[1238] R. TANIKAGA, K. MARUYAMA, R. GOTO, *Bull. Chem. Soc. Jpn.* 1965, 38, 144.

[1239] G. R. LUCKHURST, L. E. ORGEL, *Mol. Phys.* 1963-64, 7, 297.

[1240] M. P. KHAKHAR, B. S. PRABHANANDA, M. R. DAS, *J. Am. Chem. Soc.* 1967, 89, 3100.

[1241] P. S. GILL, T. E. GOUGH, *Trans. Faraday Soc.* 1968, 64, 1997.

[1242] E. WARHURST, A. M. WILDE, *Trans. Faraday Soc.* 1969, 65, 1413.

[1243] A. W. RUTTER, E. WARHURST, *Trans. Faraday Soc.* 1968, 64, 2338.

[1244] K. NAKAMURA, Y. DEGUCHI, *Bull. Chem. Soc. Jpn.* 1967, 40, 705.

[1245] K. NAKAMURA, *Bull. Chem. Soc. Jpn.* 1967, 40, 1019.

[1246] J. M. GROSS, J. D. BARNES, G. N. PILLANS, *J. Chem. Soc. A* 1969, 109.

[1247] J. M. GROSS, J. D. BARNES, *J. Chem. Soc. A* 1969, 2437.

[1248] T. A. CLAXTON, W. M. FOX, M. C. R. SYMONS, *Trans. Faraday Soc.* 1967, 63, 2570.

[1249] P. CREMASCHI, A. GAMBA, G. MOROSI, C. OLIVA, M. SIMONETTA, *J. Chem. Soc., Faraday Trans.* 2 1975, 71, 1829.

[1250] Y. NAKAI, K. KAWAMURA, K. ISHIZU, Y. DEGUCHI, H. TAKAKI, *Bull. Chem. Soc. Jpn.* 1966, 39, 847.

[1251] K. MARUYAMA, T. OTSUKI, *Bull. Chem. Soc. Jpn.* 1968, 41, 444.